Klimawandel in Deutschland

Klimawandel in Deutschland

Herausgeber
Prof. Dr. Guy P. Brasseur,
ausführend für: Helmholtz-Zentrum Geesthacht, Climate Service Center Germany, Hamburg
derzeit: Max-Planck-Institut für Meteorologie, Hamburg

Prof. Dr. Daniela Jacob,
Helmholtz-Zentrum Geesthacht, Climate Service Center Germany, Hamburg

Susanne Schuck-Zöller,
Helmholtz-Zentrum Geesthacht, Climate Service Center Germany, Hamburg

Projektleitung
Susanne Schuck-Zöller, Helmholtz-Zentrum Geesthacht, Climate Service Center Germany, Hamburg

Dieses Buch ist ein Gemeinschaftswerk, das nur durch das Engagement sehr vieler Beteiligter zustande kommen konnte.
Finanziert wurde das Buch durch das Helmholtz-Zentrum Geesthacht Zentrum für Material- und Küstenforschung GmbH, zu dem das Climate Service Center Germany (GERICS) gehört.

Guy Brasseur
Daniela Jacob
Susanne Schuck-Zöller
(Hrsg.)

Klimawandel in Deutschland

Entwicklung, Folgen, Risiken und Perspektiven

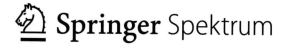 Springer Spektrum

Herausgeber
Prof. Dr. Guy Brasseur
ausführend für: Helmholtz-Zentrum Geesthacht,
Climate Service Center Germany, Hamburg
derzeit: Max-Planck-Institut für Meteorologie,
Hamburg

Prof. Dr. Daniela Jacob
Helmholtz-Zentrum Geesthacht,
Climate Service Center Germany, Hamburg

Susanne Schuck-Zöller
Helmholtz-Zentrum Geesthacht,
Climate Service Center Germany, Hamburg

ISBN   978-3-662-50396-6   ISBN   978-3-662-50397-3 (eBook)
DOI 10.1007/978-3-662-50397-3

Die Deutsche Nationalbibliothek verzeichnet diese Publikation in der Deutschen Nationalbibliografie; detaillierte
bibliografische Daten sind im Internet über http://dnb.d-nb.de abrufbar.

Springer Spektrum

Beteiligte

Herausgeber

Prof. Dr. Guy Brasseur

Guy Brasseur initiierte in seiner Eigenschaft als Direktor des *Climate Service Center*, Einrichtung des Helmholtz-Zentrums Geesthacht, die Entstehung des Buches und rief das *editorial board* zusammen.

Als *senior scientist* und ehemaliger Direktor des Max-Planck-Instituts für Meteorologie in Hamburg ist Guy Brasseur ebenfalls *Distinguished Scholar* und ehemaliger stellvertretender Direktor des *National Center for Atmospheric Research* (NCAR) in Boulder, Colorado/USA. Brasseurs wissenschaftliche Interessen liegen im Bereich globaler Veränderungen, Klimawandel, Klimavariabilität, der Beziehung zwischen Chemie und Klima, der Interaktionen zwischen Biosphäre und Atmosphäre, der Abnahme des stratosphärischen Ozons, der globalen und regionalen Luftverschmutzung und solar-terrestrischer Beziehungen.

Gegenwärtig ist Guy Brasseur Vorsitzender des *Joint Scientific Committee* des Weltklimaforschungsprogramms (WCRP). Er war koordinierender Leitautor des Vierten Sachstandsberichts (WG-1) des Weltklimarats (IPCC), der 2007 mit dem Friedensnobelpreis ausgezeichnet wurde. Von 2009 bis 2014 baute Brasseur als Direktor das *Climate Service Center* in Hamburg auf. Er ist Mitglied verschiedener Wissenschaftsakademien (Hamburg, Brüssel, Oslo) und der Academia Europaea. An den Universitäten Hamburg und Brüssel unterrichtet Guy Brasseur als Professor. Darüber hinaus ist er Ehrendoktor der Universitäten Paris 6 (Pierre and Marie Curie), Oslo und Athen.

Prof. Dr. Daniela Jacob

Daniela Jacob ist Herausgeberin des vorliegenden Buches und hat Teil I gemeinsam mit Christoph Kottmeier editiert. Darüber hinaus ist sie gemeinsam mit ihm Leitautorin von Kapitel 4.

Sie hat in Darmstadt Meteorologie studiert und wurde in Hamburg promoviert. Von 1993 bis 2015 forschte sie am Max-Planck-Institut für Meteorologie in Hamburg und entwickelte das regionale Klimamodell REMO. Im Juni 2010 wurde sie in die Riege der Hauptautoren für den Fünften Sachstandsbericht des Weltklimarates (IPCC) berufen und übernahm am 1. Juni 2014 die kommissarische Leitung des *Climate Service Center Germany* (GERICS), Einrichtung des Helmholtz-Zentrums Geesthacht, in Hamburg. Seit dem 1. Juni 2015 ist Daniela Jacob Direktorin des *Climate Service Center Germany*. GERICS entwickelt wissenschaftlich fundiert prototypische Produkte und Dienstleistungen, um Entscheidungsträger aus Politik, Wirtschaft und Gesellschaft bei der Anpassung an den Klimawandel zu unterstützen. Von 2009 bis 2013 war Daniela Jacob *Adjunct Professor* an der Universität Bergen/Norwegen. Seit Januar 2016 ist sie als Gastprofessorin an der Fakultät für Nachhaltigkeit der Leuphana Universität Lüneburg tätig.

Susanne Schuck-Zöller

Susanne Schuck-Zöller hat die Entstehung und Produktion des vorliegenden Buches als Herausgeberin, Projektleiterin und Redakteurin betreut.

Sie moderiert im *Climate Service Center Germany*, Einrichtung des Helmholtz-Zentrums Geesthacht, das Netzwerksystem, bestehend aus den wissenschaftlichen Partnern auf der einen und den Kunden aus Politik, Wirtschaft und Verwaltung auf der anderen Seite. Ihr wissenschaftliches Interesse liegt im Bereich der Qualität von transdisziplinärer Forschung (gemeinsam von Wissenschaftlern und Praxisakteuren betrieben) sowie deren Evaluation. Die Journalistin und Literaturwissenschaftlerin leitete von 2000 bis 2010 die Stabsstelle Presse und Kommunikation der Christian-Albrechts-Universität zu Kiel. Für das *Climate Service Center Germany* baute sie u. a. das Klimaportal der deutschen Klimaforschung „klimanavigator.de" mit zahlreichen Partnern auf.

Editors der Teile I bis V

Prof. Dr. Jörn Birkmann

hat gemeinsam mit Olivia Serdeczny und Franziska Piontek Teil IV „Übergreifende Risiken und Unsicherheiten" editiert. Darüber hinaus ist er Leitautor von Kapitel 26.

Birkmann ist Direktor des IREUS und Leitautor des *Intergovernmental Panel on Climate Change* (IPCC) für den Spezialbericht SRES und den fünften Sachstandsbericht (AR5). Er ist zudem Mitglied der Akademie für Raumordnung und Landesplanung und des von ICSU (International Council of Science) getragenen Expertengremiums IRDR (*Integrated Research on Disaster Risk*). Birkmann hat über 100 Publikationen zu den Themen Vulnerabilität, Risiko und Anpassung an den Klimawandel sowie adaptive Planung veröffentlicht und bereits mehrere Verbundprojekte geleitet und koordiniert. Er war auch Mitglied im Expertenkreis für die Nationale Plattform Zukunftsstadt.

Peggy Gräfe

hat gemeinsam mit Harry Vereecken und Hermann Lotze-Campen Teil III „Auswirkungen des Klimawandels in Deutschland" editiert.

Gräfe studierte an der Landwirtschaftlich-Gärtnerischen Fakultät der Humboldt-Universität Berlin und ist seit 1993 am Potsdam-Institut für Klimafolgenforschung (PIK) beschäftigt. Ihr inhaltlicher Fokus lag zu Beginn ihrer Tätigkeit am PIK auf Untersuchungen zu den Auswirkungen von erhöhtem CO_2 auf das Pflanzenwachstum. Später folgten verschiedene Projekte mit dem Schwerpunkt integrierter Analysen von Klimafolgen in Deutschland und in China. Seit 2009 ist sie wissenschaftliche Koordinatorin des Forschungsbereiches „Klimawirkungen und Vulnerabilität" am PIK.

Prof. Dr. Christoph Kottmeier

ist Mitglied des *editorial board* und hat gemeinsam mit Herausgeberin Daniela Jacob Teil I „Globale Klimaprojektionen und regionale Projektionen für Deutschland und Europa" editiert. Darüber hinaus ist er gemeinsam mit Daniela Jacob Leitautor von Kapitel 4.

Kottmeier leitet seit 2003 das Institut für Meteorologie und Klimaforschung (IMK-TRO) des Karlsruher Instituts für Technologie (KIT). Er ist Diplom-Meteorologe und seine Forschungsgebiete sind die Analyse von Prozessen in der Troposphäre, die Neuentwicklung meteorologischer Instrumente und die regional Klimamodellierung. Kottmeier war und ist Sprecher größerer Forschungsprogramme, wie z.B. des Helmholtz-Programms *Atmosphere and Climate* und des KIT-Zentrums *Climate and Environment*. Er ist Mitglied der Leitungsgremien bedeutender Atmosphären- und Klimaforschungsprogramme wie HyMeX im Mittelmeerraum und des *Helmholtz Dead Sea Programme* DESERVE im Nahen Osten sowie REKLIM der Helmholtz-Gemeinschaft und MiKLip des Bundesforschungsministeriums.

Prof. Dr. Hermann Lotze-Campen

hat gemeinsam mit Harry Vereecken und Peggy Gräfe Teil III „Auswirkungen des Klimawandels in Deutschland" editiert. Lotze-Campen ist als Agrarökonom seit 2001 am Potsdam-Institut für Klimafolgenforschung (PIK) tätig. Er hat ein globales Simulationsmodell entwickelt, um verschiedene Wechselwirkungen zwischen Landwirtschaft, Landnutzung und Klima zu analysieren. Seit 2012 ist er Leiter des PIK-Forschungsbereichs „Klimawirkung und Vulnerabilität", mit dem Schwerpunktthema sektor-übergreifende Bewertung von Klimawirkungen. Im Jahr 2014 wurde Hermann Lotze-Campen neben seiner Tätigkeit am PIK zum Professor für Nachhaltige Landnutzung und Klimawandel an die Humboldt-Universität zu Berlin berufen.

Petra Mahrenholz

ist Mitglied des *editorial board* und hat Teil V „Integrierte Strategien zur Anpassung an den Klimawandel" editiert. Darüber hinaus ist sie Leitautorin von Kapitel 33.

Mahrenholz ist Diplom-Meteorologin und seit 1991 im Umweltbundesamt (UBA) zu den Themen Schutz der Erdatmosphäre, Klimaschutz und Klimaanpassung tätig. Sie verhandelte für die deutsche Regierung bis 2003 u.a. die Zusammenarbeit von UNFCCC mit dem Weltklimarat (IPCC) sowie die Biodiversitätskonvention (CBD) und leitet seit 2006 das Kompetenzzentrum Klimafolgen und Anpassung (KomPass) im UBA. Schwerpunkte ihrer Tätigkeit sind die wissenschaftlich fundierte Politikberatung zur Umsetzung und Weiterentwicklung der Deutschen Strategie zur Anpassung an den Klimawandel (DAS), die Forschungsförderung sowie Synthese von Forschungsprojekten zur Klimaanpassung sowie nationale, europäische und internationale Gremientätigkeit (u. a. IPCC-Regierungsbegutachtung insbesondere für *working group* 2 sowie Mitglied der deutschen Delegation; *National Reference Centre* für Klimawandel und -anpassung im EIONET der Europäischen Umweltagentur).

Prof. Dr. Bruno Merz

ist Mitglied des *editorial board* und hat Teil II „Klimawandel in Deutschlang: regionale Besonderheiten und Extreme" editiert. Merz leitet die Sektion Hydrologie am Deutschen Geoforschungszentrum GFZ und ist Professor an der Universität Potsdam. Seine Forschungsgebiete sind hydrologische Extreme, Hochwasserrisiken sowie Monitoring und Modellierung von hydrologischen und hydraulischen Prozessen. Er hat mehrere große Forschungsprojekte, wie z.B. das Deutsche Forschungsnetz Naturkatastrophen oder RIMAX (Risikomanagement von extremen Hochwasserereignissen), koordiniert. Er ist Mitherausgeber der Fachzeitschriften *Natural Hazards and Earth System Sciences, Water Security* sowie *Journal of Hydrology*.

Dr. Franziska Piontek

hat gemeinsam mit Olivia Serdeczny und Jörn Birkmann Teil IV „Übergreifende Risiken und Unsicherheiten" sowie gemeinsam mit Bruno Merz Kapitel 11 editiert.

Piontek ist Wissenschaftlerin am Potsdam-Institut für Klimafolgenforschung (PIK), wo ihr Fokus hauptsächlich auf Berechnungen der Kosten des Klimawandels liegt, insbesondere deren Einbeziehung in *Integrated-assessment*-Modelle. Darüber hinaus ist sie Mitkoordinatorin des inter-sektoralen Modellvergleiches zu Klimafolgen ISIMIP. Franziska Piontek hat Physik an der Universität Tübingen studiert und in Astrophysik am Astrophysikalischen Institut Potsdam promoviert. Zusätzlich verfügt sie über einen Masterabschluss in Friedensforschung und Sicherheitspolitik der Universität Hamburg.

Olivia Serdeczny

hat gemeinsam mit Franziska Piontek und Jörn Birkmann Teil IV „Übergreifende Risiken und Unsicherheiten" editiert. Serdeczny arbeitet als wissenschaftliche Referentin für *Climate Analytics* und ist Gastwissenschaftlerin am Potsdam-Institut für Klimafolgenforschung (PIK). Sie berät die Ländergruppen der Inselstaaten und am wenigsten entwickelten Länder auf den Klimaverhandlungen. Zuvor war sie als wissenschaftliche Referentin von Professor Schellnhuber für den Wissenschaftlichen Beirat der Bundesregierung Globale Umweltveränderungen tätig. In den Jahren 2012 und 2013 koordinierte und mitverfasste sie die *Turn Down the Heat*-Berichte für die Weltbank. Sie verfügt über einen Masterabschluss in Philosophie der Freien Universität Berlin.

Prof. Dr. Harry Vereecken

ist Mitglied des *editorial board* und hat gemeinsam mit Peggy Gräfe und Hermann Lotze-Campen Teil III „Auswirkungen des Klimawandels in Deutschland" editiert

Vereecken promovierte an der Universität Leuven (Belgien) im Bereich Agrarwissenschaften im Jahr 1988. 1990 wechselte er zum Forschungszentrum Jülich (FZJ) als Leiter der Abteilung Schadstoffe in geologischen Systemen. Seit 2000 ist er Direktor des Agrosphäre-Instituts am FZJ und Professor für Bodenkunde an der Universität Bonn. Er ist wissenschaftlicher Direktor des Geoverbundes ABC/J (2015-2016), vom *International Soil Modeling Consortium* und wissenschaftlicher Koordinator von TERENO. Sein Forschungsgebiet umfasst Bodenkunde, Hydrologie und die Modellierung terrestrischer Systeme. 2014 wurde er *fellow* der *American Geophysical Union* (AGU) und 2016 wurde ihm der *Dalton Award* der *European Geosciences Union* (EGU) verliehen.

Autoren

■ **Leitautoren**

Dr. Jobst Augustin, Universitätsklinikum Hamburg-Eppendorf

Prof. Dr. Jörn Birkmann, Universität Stuttgart

Prof. Dr. Guy Brasseur, Max-Planck-Institut für Meteorologie, ehemals Helmholtz-Zentrum Geesthacht, Climate Service Center Germany, Hamburg

Prof. Dr. Axel Bronstert, Universität Potsdam

Prof. Dr. Nicolas Brüggemann, Forschungszentrum Jülich

Dr. Thomas Deutschländer, Deutscher Wetterdienst, Offenbach

Dr. Andreas Dobler, Meteorologisches Institut Norwegen, Oslo, ehemals Freie Universität Berlin

Prof. Dr. Annette Eschenbach, Universität Hamburg

Prof. Dr. Heike Flämig, Technische Universität Hamburg-Harburg

Dr. Mark Fleischhauer, plan + risk consult, Dortmund

Prof. Dr. Thomas Glade, Universität Wien

Dr. Horst Gömann, Landwirtschaftskammer Nordrhein-Westfalen, Bonn, ehemals Johann Heinrich von Thünen-Institut, Braunschweig

Prof. Dr. Hermann Held, Universität Hamburg

Dr. Jesko Hirschfeld, Institut für Ökologische Wirtschaftsforschung, Berlin

Prof. Dr. Daniela Jacob, Helmholtz-Zentrum Geesthacht, Climate Service Center Germany, Hamburg

Dr. Frank Kaspar, Deutscher Wetterdienst, Offenbach

Prof. Dr. Gernot Klepper, Institut für Weltwirtschaft Kiel

Dr. Stefan Klotz, Helmholtz-Zentrum für Umweltforschung – UFZ, Halle

Dr. Hagen Koch, Potsdam-Institut für Klimafolgenforschung – PIK

Prof. Dr. Michael Köhl, Universität Hamburg

Prof. Dr. Christoph Kottmeier, Karlsruher Institut für Technologie

Prof. Dr. Harald Kunstmann, Universität Augsburg & Karlsruher Institut für Technologie (Campus Alpin), Garmisch-Partenkirchen

Dr. Michael Kunz, Karlsruher Institut für Technologie

Prof. em. Dr. Wilhelm Kuttler, Universität Duisburg-Essen

Petra Mahrenholz, Umweltbundesamt, Dessau-Roßlau

Prof. Dr. Andreas Matzarakis, Deutscher Wetterdienst, Freiburg

Dr. Insa Meinke, Helmholtz-Zentrum Geesthacht

Dr. Manfred Mudelsee, Climate Risk Analysis, Bad Gandersheim

Prof. Dr. Jean Charles Munch, Technische Universität München, ehemals Helmholtz-Zentrum München

Prof. Dr. Jürgen Oßenbrügge, Universität Hamburg

Prof. Dr. Eva-Maria Pfeiffer, Universität Hamburg

Dr. G. Joaquim Pinto, Universität zu Köln & University of Reading

Dr. Daniel Plugge, ehemals Universität Hamburg

Prof. Dr. Ortwin Renn, Universität Stuttgart & International Institute for Advanced Sustainability Studies, Potsdam

Dr. Wilfried Rickels, Institut für Weltwirtschaft Kiel

Prof. Dr. Rainer Sauerborn, Universität Heidelberg

Prof. Dr. Jürgen Scheffran, Universität Hamburg

Prof. Dr. Oliver Schenker, Frankfurt School of Finance and Management, ehemals Zentrum für Europäische Wirtschaftsforschung, Mannheim

Dr. Hauke Schmidt, Max-Planck-Institut für Meteorologie, Hamburg

Dr. Martin Schultz, Forschungszentrum Jülich

Prof. Dr. Reimund Schwarze, Helmholtz-Zentrum für Umweltforschung – UFZ, Leipzig

Andreas Vetter, Umweltbundesamt, Dessau-Roßlau

Dr. Ralf Weiße, Helmholtz-Zentrum Geesthacht

■ **Beitragende Autoren**

Dr. Hubertus Bardt, Institut der deutschen Wirtschaft Köln

Dr. Paul Becker, Deutscher Wetterdienst, Offenbach

Dr. Hendrik Biebeler, Institut der deutschen Wirtschaft Köln

Prof. Dr. Helge Bormann, Jade Hochschule, Oldenburg

Dr. Gerd Bürger, Universität Potsdam

Dr. Katrin Burkart, Humboldt-Universität zu Berlin

Prof. Dr. Klaus Butterbach-Bahl, Karlsruher Institut für Technologie

Esther Chrischilles, Institut der deutschen Wirtschaft Köln

Prof. Dr. Martin Claußen, Universität Hamburg & Max-Planck-Institut für Meteorologie, Hamburg

Prof. Dr. Klaus Eisenack, Carl von Ossietzky Universität Oldenburg

Prof. Dr. Wilfried Endlicher, Humboldt-Universität zu Berlin

Dr. Veronika Eyring, Deutsches Zentrum für Luft und Raumfahrt, Oberpfaffenhofen

Hendrik Feldmann, Karlsruher Institut für Technologie

Prof. Dr. Peter Fröhle, Technische Universität Hamburg-Harburg

Dr. Cathleen Frühauf, Deutscher Wetterdienst, Braunschweig

Prof. Dr. Carsten Gertz, Technische Universität Hamburg-Harburg

Prof. Dr. Stefan Greiving, Technische Universität Dortmund

Martin Gutsch, Potsdam-Institut für Klimafolgenforschung – PIK

Prof. Dr. Uwe Haberlandt, Leibniz Universität Hannover

Guido Halbig, Deutscher Wetterdienst, Essen

Dr. Gerrit Hansen, Potsdam-Institut für Klimafolgenforschung – PIK

Dr. Fred F. Hattermann, Potsdam-Institut für Klimafolgenforschung – PIK

Dr. Maik Heistermann, Universität Potsdam

Alina Herrmann, geb. Vandenbergh, Universität Heidelberg

Dr. Peter Hoffmann, Potsdam-Institut für Klimafolgenforschung – PIK

Dr. Shaochun Huang, Norwegian Water Resources and Energy Directorate, Oslo, ehemals Potsdam-Institut für Klimafolgenforschung – PIK

Prof. Dr. Daniela Jacob, Helmholtz-Zentrum Geesthacht, Climate Service Center Germany, Hamburg

Prof. Dr. Susanne Jochner, Katholische Universität Eichstätt-Ingolstadt

Prof. Dr. Helmut Karl, Ruhr-Forschungsinstitut für Innovations- und Strukturpolitik e. V., Bochum

Dr. Michael Kersting, Ruhr-Forschungsinstitut für Innovations- und Strukturpolitik e. V., Bochum

Christian Kind, adelphi, Berlin

Dr. Dieter Klemp, Forschungszentrum Jülich

Prof. Dr. Jörg Knieling, HafenCity Universität Hamburg

Prof. Dr. Andrea Knierim, Universität Hohenheim

Vassilis Kolokotronis, Landesanstalt für Umwelt, Messungen und Naturschutz Baden-Württemberg, Karlsruhe

Dr. Christina Koppe, Deutscher Wetterdienst, Offenbach

Zbigniew Kundzewicz, Potsdam-Institut für Klimafolgenforschung – PIK

Petra Lasch-Born, Potsdam-Institut für Klimafolgenforschung – PIK

Prof. Dr. Mojib Latif, Helmholtz-Zentrum für Ozeanforschung, Kiel

Dr. Christian Lindner, plan + risk consult, Dortmund

Prof. Dr. Martin Lohmann, Leuphana Universität Lüneburg

Rainer Lucas, Wuppertal Institut für Klima, Umwelt, Energie

Dr. Johannes Lückenkötter, plan + risk consult, Dortmund

Dr. Andrea Lüttger, Julius-Kühn-Institut, Kleinmachnow

Dr. Hermann Mächel, Deutscher Wetterdienst, Offenbach

Dr. Mahammad Mahammadzadeh, Hochschule Fresenius, Köln

Petra Mahrenholz, Umweltbundesamt, Dessau-Roßlau

Dr. Grit Martinez, Ecologic Institute, Berlin

Dr. Andreas Marx, Helmholtz-Zentrum für Umweltforschung – UFZ, Leipzig

Prof. Dr. Annette Menzel, Technische Universität München

Prof. Dr. Lucas Menzel, Universität Heidelberg

Prof. Dr. Günter Meon, Technische Universität Braunschweig

Prof. Dr. Bruno Merz, Helmholtz-Zentrum Potsdam/Deutsches Geoforschungsfentrum - GFZ

Prof. Dr. Dirk Messner, Deutsches Institut für Entwicklungspolitik, Bonn

Dr. Andreas Meuser, Landesamt für Umwelt, Rheinland-Pfalz, Mainz

Dr. Susanna Mohr, Karlsruher Institut für Technologie

Prof. Dr. Heike Molitor, Hochschule für Nachhaltige Entwicklung Eberswalde

Dr. Hans-Guido Mücke, Umweltbundesamt, Berlin

Dr. Thorsten Mühlhausen, Deutsches Zentrum für Luft und Raumfahrt, Braunschweig

Prof. Dr. Michael Müller, Technische Universität Dresden
Prof. Dr. Eva Nora Paton, Technische Universität Berlin, ehemals Universität Potsdam
Dr. Anna Pechan, Carl von Ossietzky Universität Oldenburg
Juliane Petersen, Helmholtz-Zentrum Geesthacht, Climate Service Center Germany, Hamburg
Dr. Theresia Petrow, Universität Potsdam
Dr. Diana Rechid, Helmholtz-Zentrum Geesthacht, Climate Service Center Germany, Hamburg
Dr. Christopher P. O. Reyer, Potsdam-Institut für Klimafolgenforschung – PIK
Dr. Mark Reyers, Universität zu Köln
Prof. Dr. Robert Sausen, Deutsches Zentrum für Luft und Raumfahrt, Oberpfaffenhofen
Dr. Inke Schauser, Umweltbundesamt, Dessau-Roßlau
Prof. Dr. Hans-Joachim Schellnhuber, Potsdam-Institut für Klimafolgenforschung – PIK
Sonja Schlipf, HafenCity Universität Hamburg
Susanne Schuck-Zöller, Helmholtz-Zentrum Geesthacht, Climate Service Center Germany, Hamburg
Dr. Sven Schulze, Hamburgisches WeltWirtschaftsInstitut
Olivia Serdeczny, Climate Analytics, Berlin
Dr. Josef Settele, Helmholtz-Zentrum für Umweltforschung – UFZ, Halle
Dr. Gerhard Smiatek, Karlsruher Institut für Technologie (Campus Alpin), Garmisch-Partenkirchen
Dr. Claas Teichmann, Helmholtz-Zentrum Geesthacht, Climate Service Center Germany, Hamburg
Dr. Kirsten Thonicke, Potsdam-Institut für Klimafolgenforschung – PIK
Prof. Dr. Uwe Ulbrich, Freie Universität Berlin
Prof. Dr. Andreas Wahner, Forschungszentrum Jülich
Christian Wanger, Bayerisches Staatsministerium für Umwelt und Verbraucherschutz, München
Prof. Dr. Hans-Joachim Weigel, Johann Heinrich von Thünen-Institut, Braunschweig
Dr. Nicola Werbeck, Ruhr-Forschungsinstitut für Innovations- und Strukturpolitik e. V., Bochum
Prof. Dr. Peter C. Werner, Potsdam-Institut für Klimafolgenforschung – PIK

Review editors, reviewers

■ Review editors

Dr. Hans-Martin Füssel, Europäische Umweltagentur, Kopenhagen
Prof. em. Dr. Hartmut Graßl, Max-Planck-Institut für Meteorologie, Hamburg
Prof. em. Dr. Michael Hantel, Universität Wien

■ Reviewers

Prof. Dr. Bodo Ahrens, Goethe-Universität Frankfurt am Main
Prof. Dr. Friedrich Beese, Universität Göttingen
Prof. Dr. Karl-Christian Bergmann, Allergie-Centrum Charité, Berlin
Dr. Claus Brüning, Europäische Kommission, Brüssel
Dr. Olaf Burghoff, Gesamtverband der Deutschen Versicherungswirtschaft e. V., Berlin
Elisabeth Czorny, Landeshauptstadt Hannover
Dr. Claus Doll, Fraunhofer-Institut für System- und Innovationsforschung, Karlsruhe
Dr. Fabian Dosch, Bundesinstitut für Bau-, Stadt- und Raumforschung, Bonn
Dr. Bernhard Gause, Gesamtverband der Deutschen Versicherungswirtschaft e. V., Berlin
Prof. Dr. Maximilian Gege, Bundesdeutscher Arbeitskreis für Umweltbewusstes Management, Hamburg
Prof. Dr. Manfred Grasserbauer, Technische Universität Wien
Dr. Peter Greminger, RIBADE, Münchringen, ehemals Bundesamt für Umwelt, Bern
Prof. Dr. Edeltraud Günther, Technische Universität Dresden
Prof. Dr. Heinz Gutscher, Schweizerische Akademie der Geistes- und Sozialwissenschaften, Bern
Andreas Hartmann, Kompetenzzentrum Wasser Berlin
Dr. Sebastian Helgenberger, Institute for Advanced Sustainability Studies, Potsdam
Klaus Markus Hofmann, Deutsche Bahn AG und NETWORK Institute, Berlin
Dr. Christian Huggel, Universität Zürich
Prof. Dr. Alexander Knohl, Georg-August-Universität Göttingen
Dr. Christian Kölling, Bayerische Landesanstalt für Wald und Forstwirtschaft, Freising
Susanne Krings, Bundesamt für Bevölkerungsschutz und Katastrophenhilfe, Bonn
Dr. Mark A. Liniger, Bundesamt für Meteorologie und Klimatologie MeteoSchweiz, Zürich

Prof. Dr. Jörg Matschullat, Technische Universität Bergakademie Freiberg
Dr. Christoph Matulla, Zentralanstalt für Meteorologie und Geodynamik, Wien
Dr. Bettina Menne, World Health Organisation Regionalbüro Europa, Bonn
Prof. Dr. Frits Mohren, Wageningen University
Prof. Dr. Hans-Peter Nachtnebel, Universität für Bodenkultur Wien
Hanz D. Niemeyer, ehemals Forschungsstelle Küste im Niedersächsischen Landesbetrieb für Wasserwirtschaft, Küsten- und Naturschutz, Norderney
Prof. Dr. Heiko Paeth, Julius-Maximilians-Universität Würzburg
Dr. Thomas Probst, Bundesamt für Umwelt, Bern
Andrea Prutsch, Umweltbundesamt, Wien
Dr. Diana Reckien, Universiteit Twente, Enschede
Dr. Ulrich Reuter, Amt für Umweltschutz, Stuttgart
Dr. Christoph Ritz, Akademie der Naturwissenschaft Schweiz, Bern
Dr. Helmut Rott, Universität Innsbruck
Dr. Ernest Rudel, Österreichische Gesellschaft für Meteorologie, Wien
Simone Ruschmann, Handelskammer Hamburg
Prof. Dr. Christoph Schär, ETH Zürich
Dr. Natalie Scheck, Hessisches Ministerium für Wirtschaft, Energie, Verkehr und Landesentwicklung, Wiesbaden
Olaf Schlieper, Deutsche Zentrale für Tourismus e. V., Frankfurt am Main
Prof. Dr. Peter Schlosser, Columbia University, New York
Prof. Dr. Jürgen Schmude, Ludwig-Maximilians-Universität, München
Prof. Dr. Renate Schubert, ETH Zürich
Dr. Astrid Schulz, Wissenschaftlicher Beirat der Bundesregierung Globale Umweltveränderungen, Berlin
Prof. Dr. Andreas Schumann, Ruhr-Universität Bochum
Stefan Schurig, Stiftung World Future Council, Hamburg
Dieter Seidler, Ministerium für Ländliche Entwicklung, Umwelt und Landwirtschaft des Landes Brandenburg, Potsdam
Dr. Karl-Heinz Simon, Universität Kassel
Prof. Dr. Ulrich Strasser, Universität Innsbruck
Prof. Dr. Bruno Streit, Goethe-Universität Frankfurt am Main
Dr. Ulrich Sukopp, Bundesamt für Naturschutz, Bonn
Dr. Matthias Themeßl, Wegener Zentrum für Klima und Globalen Wandel, Graz
Dr. Manfred Treber, Germanwatch e. V., Bonn
Dr. Victor Venema, Universität Bonn
Wolfgang Vogel, Landesamt für Landwirtschaft, Umwelt und Ländliche Räume des Landes Schleswig-Holstein, Flintbek
Reinhard Vogt, ehemals Hochwasserschutzzentrale Köln
Dr. Roland von Arx, Bundesamt für Umwelt, Bern
Prof. Dr. Andreas von Tiedemann, Georg-August-Universität Göttingen
Heiko Werner, ehemals Bundesanstalt Technisches Hilfswerk, Bonn
Dr. Andreas Wurpts, Forschungsstelle Küste im Niedersächsischen Landesbetrieb für Wasserwirtschaft, Küsten- und Naturschutz, Norderney

Technische Unterstützung

- **Glossar**

  Dr. Jörg Cortekar, Helmholtz-Zentrum Geesthacht, Climate Service Center Germany (GERICS), Hamburg (Koordinator); Dr. Steffen Bender, Dr. Markus Groth, Dr. Diana Rechid (Reviewer); Dr. Steffen Bender, Dr. Paul Bowyer, Dr. Andreas Hänsler, Dr. Elke Keup-Thiel, Dr. Juliane Otto, Dr. Diana Rechid (Textbeiträge)

- **Formatierung und Korrektorat**

  pur.pur GmbH Visuelle Kommunikation, Heikendorf

- **Satz**

  le-tex publishing services GmbH, Leipzig

- **Mitwirkung**

  Dr. Uwe Kehlenbeck, Dr. Juliane Otto (Abbildungen); Christian Kassin (gemeinsames Webportal)

- **Unterstützung**

  Steffi Ehlert; Dominic Ahrens, Lüder Beecken, Tobias Stürzebecher (Praktikanten); Maren Ellermann, David Williams, Jessica Wilke (studentische Hilfskräfte)

Inhaltsverzeichnis

II   Klimawandel in Deutschland: regionale Besonderheiten und Extreme

IV Übergreifende Risiken und Unsicherheiten

V   Integrierte Strategien zur Anpassung an den Klimawandel

Einführung

Guy Brasseur, Paul Becker, Martin Claußen, Daniela Jacob,
Hans-Joachim Schellnhuber, Susanne Schuck-Zöller

G. Brasseur, D. Jacob, S. Schuck-Zöller (Hrsg.), *Klimawandel in Deutschland*, DOI 10.1007/978-3-662-50397-3_1

1

Bereits 1972 stellte die Konferenz der Vereinten Nationen über die Umwelt des Menschen in Stockholm fest, dass zur Lösung der Schlüsselprobleme, mit denen die Menschheit auf der Erde in den nächsten Jahrzehnten konfrontiert sein wird, wesentliche Beiträge aus Wissenschaft und Technik unabdingbar sind (UNEP 1972). In der Folge wurden internationale Forschungsprogramme aufgesetzt, die zu einer Mobilisierung und Neuausrichtung der Wissenschaftsgemeinschaft führten. Durch intensive wissenschaftliche Arbeit konnte mit zunehmender Sicherheit dargestellt werden, dass das industrielle Wirtschaften des Menschen auf dem Planeten zu einer Veränderung des Klimas, zu einer Minderung der biologischen Vielfalt, aber auch zur Zunahme der Wasser- und Luftverschmutzung sowie zu einer Abnahme des stratosphärischen Ozons führt. Als langfristige Folge dieser Entwicklung sah man schon frühzeitig die Gefährdung der natürlichen Lebensgrundlagen und damit des Wohlergehens der Weltgemeinschaft voraus (Vogler 2014; Heinrichs und Grunenberg 2009).

Auch die Erkenntnis, dass es um globale Veränderungen geht, war eine Konsequenz dieser Konferenz: Es wurde klar, dass die Menschheit durch ihr Verhalten den Planeten insgesamt mit langfristigen Folgen verändert. Weltweite Forschungsanstrengungen wie etwa das *World Climate Research Programme* (WCRP) oder das *International Geosphere-Biosphere Programme* (IGBP) entwickelten eine anspruchsvolle Agenda, die von der internationalen Wissenschaftsgemeinschaft verfolgt wurde (Deutsches Komitee für Nachhaltigkeitsforschung in Future Earth 2014). Physikalische, chemische sowie biologische Prozesse und Rückkopplungseffekte, welche die Funktionsweise des Systems Erde maßgeblich bestimmen, wurden untersucht und auf ihre Anfälligkeit gegenüber menschlichen Einflüssen überprüft. Einige weit vorausschauende Politiker, beispielsweise die ehemalige norwegische Ministerpräsidentin Gro Harlem Brundtland, verstanden schnell, dass die einzig denkbare zukünftige Form wirtschaftlichen Wachstums nachhaltigen Charakter besitzen muss (Vogler 2014; Brundtland 1987).

Der Klimawandel und die damit einhergehenden Veränderungen sind nur ein Teil dieser globalen Herausforderungen. Aber bereits sie sind äußerst komplex; sie bedingen sich teilweise gegenseitig und hängen vom gesellschaftlichen Rahmen ab, auf den sie auch wieder zurückwirken.

Mehr als 500 internationale Konventionen und Verträge, die sich mit dem Schutz der Umwelt beschäftigen, wurden seit 1972 unterschrieben. Die Wissenschaftsgemeinschaft veröffentlicht unablässig Berichte über die neuesten Erkenntnisse und stellt hierzu umfangreiche Erkenntnisse zur Unterstützung politischer Entscheidungsvorgänge bereit. Zu diesen Berichten gehören die detaillierten Einschätzungen, die der Zwischenstaatliche Ausschuss über Klimaänderungen *(Intergovernmental Panel on Climate Change)*, in den Medien meist „Weltklimarat" genannt, alle 5–7 Jahre durchführt (IPCC 2014a). Diese Dokumente und ihre Zusammenfassungen für Entscheidungsträger werden von Wissenschaftlern aus vielen Ländern verfasst und sorgfältig von einer noch größeren Gruppe wissenschaftlicher und praxisnaher Experten zur Überarbeitung kommentiert. Die Berichte stellen eine einzigartige Zusammenschau der klimarelevanten Wissenschaftsbereiche dar, die in aller Welt bearbeitet werden. Das sind

vor allem die naturwissenschaftlich-physikalischen Grundlagen, die sozioökologischen Folgen sowie Anpassungs- und Klimaschutzthemen. Dabei sind diese Berichte – und darin vor allem die *summaries for policymakers* (SPMs) – für politische Entscheidungen bedeutsam (*policy-relevant),* zeichnen aber keine Entscheidungen vor (*not policy-prescriptive*) (IPCC 2014b).

Ohne Zweifel sind die Sachstandsberichte des Weltklimarats für die internationalen Verhandlungen unerlässlich. Derzeit aktuell ist der Fünfte Sachstandsbericht (für einen Überblick: IPCC 2013 und 2014). Obwohl inzwischen auch diese Berichte kleinräumige Informationen beinhalten und Aussagen für einzelne Regionen machen, finden Entscheidungsträger und Praxisakteure, die Informationen zu einzelnen Regionen oder Sektoren benötigen, jedoch nicht immer die gesuchte Information. Deshalb sind zur Ergänzung der internationalen Berichte und unabhängig davon diverse nationale oder sogar subnationale Berichte entstanden (GERICS 2016). Diese berücksichtigen vor allem klimabedingte Risiken und Chancen, die für einzelne Regionen oder Sektoren entstehen könnten (▶ Kap. 33).

Das Ziel des vorliegenden Berichts besteht darin, die wissenschaftlichen Informationen zum Klimawandel in Deutschland zu sammeln und im Zusammenhang zu betrachten. Dieser Bericht enthält also keine neuen wissenschaftlichen Resultate, die in der einschlägigen Literatur noch nicht publiziert wären. Die Autoren geben auch keine Handlungsempfehlungen. Vielmehr analysiert dieser Bericht bereits veröffentlichte Erkenntnisse der einschlägigen Experten und bewertet – soweit angebracht – die Schlussfolgerungen, welche die jeweiligen Autoren aus ihnen ziehen.

Die Themen sind breit gefächert und reichen von der physikalischen Seite des Klimawandels bis zu dessen Auswirkungen auf die natürlichen (ökologische Aspekte) und gesellschaftlichen Systeme (sozioökonomische Aspekte). Die Autoren benennen Verwundbarkeiten und untersuchen klimabedingte Risiken für verschiedene Wirtschaftssektoren und Gesellschaftsbereiche. Möglichkeiten, um die Elastizität der Gesellschaft gegenüber dem klimatischen Schaden (Resilienz) zu stärken, werden diskutiert und die Notwendigkeit hervorgehoben, Klimaschutz- und Anpassungsmaßnahmen zu entwickeln.

Für politische Entscheidungen zur Weiterentwicklung der Deutschen Anpassungsstrategie (DAS, Bundesregierung 2011) hat die Bundesregierung in dieser Legislaturperiode einen ersten Bericht vorgelegt (2015). Er thematisiert u. a. die Priorisierung von Klimarisiken und Handlungserfordernissen, zeigt den derzeitigen Stand der Aktivitäten auf und schreibt den Handlungsrahmen zur Anpassung an den Klimawandel fort. Dieser Fortschrittsbericht schätzt die mit dem Klimawandel verbundenen regionalen, sektoralen und gesamtgesellschaftlichen Risiken und Chancen nach einheitlichen Maßstäben ab. Darüber hinaus stellt er eine Methodik dar, die eine regelmäßige Aktualisierung der Vulnerabilitätsabschätzung für Deutschland ermöglicht. Diese Methodik und das darauf aufbauende deutschlandweite und sektorenübergreifende Vulnerabilitätsgesamtbild gehen auf die Arbeit des Netzwerks „Vulnerabilität" der Bundesoberbehörden zurück (▶ Kap. 27 und adelphi 2015). Dieses Vulnerabilitätsgesamtbild bezieht die Expertise aus Ressorts und Fachbehörden komplett ein.

Der vorliegende Bericht ist als Ergänzung des IPCC-Berichts gedacht und legt den Schwerpunkt auf die Problematik in Deutschland. Er behandelt ganz verschiedene Facetten des Klimawandels und diskutiert die neuesten Erkenntnisse. Eine derartige Synthese von Wissen kann nur interdisziplinär erfolgen.

Die Initiative, die vorliegende Zusammenschau durchzuführen, wird von Akteuren einer vielfältigen Forschungslandschaft mitgetragen. Wissenschaftler mehrerer Universitäten, der Helmholtz-Gemeinschaft, der Leibniz-Gemeinschaft, des Deutschen Wetterdienstes und der Max-Planck-Gesellschaft haben sich in einem *editorial board* zusammengefunden, das die Entstehung des Berichts begleitet hat (siehe Auflistung zu Beginn dieses E-Books). Sie alle sind überzeugt, dass es die Aufgabe guter Forschung ist, ihre Ergebnisse mit der Gesellschaft zu teilen. Mehr als 120 Autoren ganz verschiedener Fachrichtungen und aus einer breiten Palette unterschiedlicher deutscher Forschungseinrichtungen haben ihre Expertise beigesteuert (siehe „Beteiligte" ab Seite V.).

Die einzelnen Teile wurden durch Teileditoren strukturiert und vom Herausgeberteam durchgesehen. Um zu gewährleisten, dass die wiedergegebene Information neutral, genau und relevant ist, wurde jeder Text von mindestens zwei unabhängigen Fachleuten (*reviewers*) anonym begutachtet, von denen einer der Wissenschaft zugerechnet werden kann und der andere eher von der Nutzerseite kommt, also aus der praktischen Anwendung (komplette Liste der *reviewers* siehe Seite X). Auf diese Weise wurden einerseits die fachliche Zuverlässigkeit und Qualität, andererseits aber auch die Anwendbarkeit sichergestellt. Dem Herausgebergremium erschien ein derart inter- und transdisziplinäres Vorgehen die beste Möglichkeit, auf die komplexen Herausforderungen einzugehen, die der Klimawandel bedeutet.

Ein Dreiergremium überwachte den Begutachtungsprozess. Die Rolle dieser *review editors* (siehe Seite X) bestand darin sicherzustellen, dass die Autoren die Kommentare der Gutachter sorgfältig bedenken und den Text ggf. entsprechend anpassen.

Geschrieben wurde der vorliegende Bericht für Leser mit einem Grundverständnis von klimarelevanten Fragen, die jedoch keine Spezialisten in den einzelnen Disziplinen sein müssen. Er richtet sich vor allem an Fachleute aus der öffentlichen Verwaltung, der Politik und dem Wirtschaftsleben sowie an die ganze wissenschaftliche Gemeinschaft.

Das Buch gliedert sich in fünf Teile. Der erste Teil richtet den Blick auf das physikalische Klimasystem und skizziert den aktuellen Stand der Projektionen, welche die Klimamodelle auf der globalen und regionalen Skala derzeit liefern. Beobachtungen über das Klima der vergangenen 100 Jahre in Deutschland werden dargestellt und aus der Klimamodellierung resultierende Unsicherheiten diskutiert. Der zweite Teil handelt von den zu erwartenden physikalischen Klimafolgen. Besonders werden Temperatur, Niederschläge, Windfelder und die Häufigkeit von Extremereignissen wie Hochwasser, Dürren, Waldbrände und Stürme betrachtet. Um die potenziellen sozioökonomischen Klimafolgen geht es im dritten Teil; das Augenmerk liegt auf Luftqualität, Gesundheit, ökologischen Systemen, Land- und Forstwirtschaft sowie weiteren Wirtschaftssektoren und der Infrastruktur in Deutschland. Teil IV untersucht Verletzlichkeiten, Risiken – und systemische

Ungewissheiten. Schließlich fasst der letzte Teil die Diskussion zu integrierten Anpassungsstrategien zusammen, indem er sich mit den Ideen zu einer klimaresilienten Gesellschaft beschäftigt und in der Literatur dargestellte weitere Anpassungsmaßnahmen untersucht. Grundsätzlich betrachtet der Bericht Klimaschutz und Anpassung an den Klimawandel ganzheitlich und kennzeichnet, wo konkurrierende Maßnahmen oder auch *win-win*-Situationen identifiziert werden.

Wir haben eine große Anzahl von Spezialisten als Autoren eingebunden, sowohl Frauen als auch Männer. Um die Texte möglichst gut lesbar zu halten, verzichten wir darauf, immer auch die weibliche Form der Personengruppen zu nennen. Die Frauen unter den Autoren, Wissenschaftlern und Editoren sind natürlich immer mit gemeint. Weil das Buch sehr interdisziplinär angelegt ist, alle Kapitel weitgehend selbstständigen Charakter haben und auch einzeln heruntergeladen werden können, waren wir mit der Vereinheitlichung von Fachbegriffen sehr zurückhaltend. Je nach Kapitel scheinen deshalb die Fächerkulturen sprachlich durch. Allerdings wurden versucht, die Fachbegriffe für ein interdisziplinäres Publikum verständlich zu machen. Begriffe, die immer wieder vorkommen, wurden in ein Glossar übernommen. Ein Berühren der entsprechenden Begriffe mit der Computermaus öffnet ein Fenster im *enhanced e-book* mit der jeweiligen Begriffserklärung. Eine alphabetische Zusammenstellung der Begriffe kann auf der Homepage zur Publikation ebenfalls heruntergeladen werden.

Trotz eingehender Diskussion konnten mit Sicherheit nicht alle Aspekte des Klimawandels angesprochen werden. So wird etwa eine Diskussion des kontroversen Themas *climate engineering* zukünftigen Aktualisierungen vorbehalten bleiben (Rickels et al. 2011). Zurzeit trägt die Forschungsbasis diesbezüglich für eine fundierte Einschätzung noch nicht.

Auch die Forschung zur Klimageschichte in Deutschland, die viel zu einem tieferen Verständnis des Klimawandels beiträgt, erschien dem Herausgeberteam in Bezug auf die konkrete Anwendbarkeit nicht als zwingend in die Zusammenschau gehörig. Betrachtet man den Klimawandel als globale Herausforderung, spielen zu erwartende Sicherheitsprobleme eine große Rolle – u. a. Konflikte um Trinkwasser oder Flüchtlingsbewegungen aufgrund von Dürren oder Verlust von fruchtbarem Boden. Diese Herausforderungen auf der internationalen Ebene wurden in diesem Bericht ebenfalls nicht vertieft.

Für derart komplexe, globale Problemlagen wie den Klimawandel verändert sich die Situation praktisch täglich. So erwarten wir beispielsweise, dass ein Teil der Aussagen zum demografischen Wandel vor dem Hintergrund der starken Migrationsbewegungen nach Deutschland neu zu treffen sein wird. Auch die Beschlüsse des Pariser Klimagipfels vom Dezember 2015 und ihre Umsetzung werden Einschätzungsänderungen bewirken müssen. Da an dem vorliegenden Bericht mehr als 2 Jahre gearbeitet wurde, konnten derartige aktuelle Geschehnisse nur sehr begrenzt einfließen. Mit dem vorliegenden Bericht konnten die Autoren also naturgemäß nur einen kleinen Ausschnitt darstellen. Das Herausgeberteam sieht die Hauptaufgabe des Berichts deshalb in der Integration und Synthese des heutigen Wissensstandes. Aktualisierungen in angemessenen Zeitabständen sind geplant. Eine Überarbeitung in einigen Jahren würde das Bild wieder anders und vollständiger zeichnen können.

1

Literatur

adelphi/PRC/EURAC (2015) Vulnerabilität Deutschlands gegenüber dem Klimawandel. Umweltbundesamt. Climate Change 24/2015, Dessau-Roßlau. https://www.umweltbundesamt.de/sites/default/files/medien/378/publikationen/climate_change_24_2015_vulnerabilitaet_deutschlands_gegenueber_dem_klimawandel_0.pdf. Zugegriffen: 3. Januar 2016

Brundtland GH (1987) Report of the World Commission on Environment and Development: Our Common Future. http://www.un-documents.net/our-common-future.pdf. Zugegriffen: 14. April 2016

Bundesregierung (2011) Aktionsplan Anpassung der Deutschen Anpassungsstrategie an den Klimawandel http://www.bmub.bund.de/fileadmin/bmu-import/files/pdfs/allgemein/application/pdf/aktionsplan_anpassung_klimawandel_bf.pdf. Zugegriffen: 29. August 2014

Bundesregierung (2015) Fortschrittsbericht zum Aktionsplan Anpassungsstrategie an den Klimawandel. http://www.bmub.bund.de/themen/klima-energie/klimaschutz/klima-klimaschutz-download/artikel/fortschrittsbericht-zur-klimaanpassung/. Zugegriffen: 18. Februar 2016

Deutsches Komitee für Nachhaltigkeitsforschung in Future Earth (2014) Globale Umweltprogramme. http://www.dkn-future-earth.org/community/future-earth/globale-umweltprogramme/. Zugegriffen: 21. Juli 2014

GERICS/Climate Service Center Germany (2016) Assessments zum Klimawandel. Welche Staaten haben einen nationalen Klimabericht veröffentlicht? http://www.gerics.de/ueberblick-klimaberichte. Zugegriffen: 6. April 2016

Heinrichs H, Grunenberg H (2009) Klimawandel und Gesellschaft. Verlag für Sozialwissenschaften, Wiesbaden

IPCC (2013 und 2014) Fifth Assessment Report (AR5) https://www.ipcc.ch/report/ar5/ (zugegriffen am 1. Juni 2016)

IPCC (2014a) Climate Change 2014: Mitigation of Climate Change. Contribution of Working Group III. In: Edenhofer O, Pichs-Madruga R, Sokona Y, Farahani E, Kadner S, Seyboth K, Adler A, Baum I, Brunner S, Eickemeier P, Kriemann B, Savolainen J, Schlömer S, von Stechow C, Zwickel T, Minx JC (Hrsg) Fifth Assessment Report of the Intergovernmental Panel on Climate Change. Cambridge University Press, Cambridge, UK, und New York, NY, USA

IPCC (2014b) Organization. https://www.ipcc.ch/organization/organization.shtml/. Zugegriffen: 21. April 2014

Rickels W, Klepper G, Dovern J, Betz G, Brachatzek N, Cacean S, Güssow K, Heintzenberg J, Hiller S, Hoose C, Leisner T, Oschlies A, Platt U, Proelß A, Renn O, Schäfer S, Zürn M (2011) Gezielte Eingriffe in das Klima? Eine Bestandsaufnahme der Debatte zu Climate Engineering. Sondierungsstudie für das Bundesministerium für Bildung und Forschung

UNEP (1972) Declaration of the United Nations Conference on the Human Environment. www.unep.org/Documents.Multilingual/Default.asp?documentid=97&articleid=1503. Zugegriffen: 17. Juli 2014

Vogler J (2014) Environmental Issues. In: Baylis A, Smith S, Owens P (Hrsg) The Globalization of World Politics. An introduction to international relations. Oxford University Press, Oxford, New York, S 341–356

Eine wesentliche Rolle bei der Erforschung des Klimawandels auf der Erde und insbesondere der menschlichen Einflüsse auf das Klima spielen seit etwa einem halben Jahrhundert numerische Modelle. Diese Rechenmodelle sind die einzige Möglichkeit, mathematisch-physikalisch basierte und quantitative Aussagen über die Änderungen des Klimas, auch für die Zukunft, zu gewinnen. Die anfänglichen Modellansätze wurden dabei in international abgestimmter Forschung weiterentwickelt, indem neben Atmosphäre und Ozean auch das Eis, die Landoberflächen, die biologischen Prozesse, die Variabilität der Sonneneinstrahlung und z. B. auch Vulkanausbrüche Berücksichtigung fanden.

Mit globalen Klimamodellen werden sogenannte Projektionen des zukünftigen Klimas berechnet, die dann in bestimmten Regionen, beispielsweise Europa, mit Ausschnittsmodellen regionalisiert, also verfeinert werden. Globale Modelle sind geeignet, natürliche und menschenbeeinflusste Änderungen des Klimas für Zeiträume von Jahrzehnten bis Jahrhunderten abzubilden. Dagegen liefern Regionalisierungsverfahren detaillierte Aussagen für Gebiete innerhalb der Gitterpunkte mit realistischerer Darstellung der Erdoberfläche und vieler Prozesse. Für viele Anwendungsfragen, z. B. zur Wasserverfügbarkeit und -nutzung, besteht Bedarf an solchen hochaufgelösten Ergebnissen.

Eine wichtige Validierung der Modelle stellt der Vergleich von Modellergebnissen mit Beobachtungen an der Erdoberfläche, in der freien Atmosphäre und vom Weltraum aus dar. Die grundsätzlich erprobten Modelle sind dann, angewandt auf die Zukunft, in sich konsistente Darstellungen des Klimas unter zukünftigen Bedingungen. Diese Bedingungen unterscheiden sich von den heutigen deutlich, insbesondere hinsichtlich der atmo-

sphärischen Zusammensetzung aufgrund der Freisetzung von Treibhausgasen wie Kohlendioxid, Methan und Distickstoffoxid (Lachgas). Aber auch Nutzungsänderungen der Erdoberfläche wie die Ausweitung von Siedlungsflächen oder Rodungen führen zu Änderungen des Klimas. Klimamodelle weisen wegen der großen Komplexität der dargestellten Prozesse und der mathematisch-physikalischen Methoden nur mögliche Zukünfte auf. Auf diese wird die Menschheit dann zusteuern, wenn die getroffenen Grundannahmen stimmen. Insbesondere ergeben sich je nach Emissionsszenarien der Treibhausgase und der Veränderungen der Schwebteilchen unterschiedliche Modellergebnisse. Die Unterschiede zwischen den Ergebnissen verschiedener Modelle sind dabei nicht als Fehler einzelner Modelle zu verstehen, sondern als Unschärfe der Aussagen aufgrund der komplex ineinandergreifenden Prozesse in und zwischen den Komponenten des Klimasystems. Infolgedessen werden heute vielfach, global wie auch regional, mehrere Klimamodelle hinzugezogen. Die Klimaprojektionen zeigen insgesamt jedoch ein nach Richtung und Betrag der Änderungen, insbesondere der Temperaturen, weitgehend widerspruchsfreies Bild.

Statt auf einer einzigen Simulation basieren Aussagen zum künftigen Klima heute auf einem Ensemble, einem Set von vielen Simulationen. Dadurch wird zusätzlich zu den abgeleiteten mittleren Änderungen eine Abschätzung der Unsicherheiten ermöglicht. Nichtsdestotrotz besitzen die globalen wie auch regionalen Klimamodelle weiterhin großes Potenzial zur Weiterentwicklung, so etwa in ihren physikalischen Grundlagen, der numerischen Umsetzung, den berücksichtigten Prozessen und ihren Kopplungen.

Christoph Kottmeier, Daniela Jacob
(*Editors* Teil I)

Globale Sicht des Klimawandels

Hauke Schmidt, Veronika Eyring, Mojib Latif, Diana Rechid, Robert Sausen

© Der/die Herausgeber bzw. der/die Autor(en) 2017
G. Brasseur, D. Jacob, S. Schuck-Zöller (Hrsg.), *Klimawandel in Deutschland*, DOI 10.1007/978-3-662-50397-3_2

Eine Vielzahl von Beobachtungen zeigt, dass sich das Klima ändert. Um der Gesellschaft eine informierte Antwort darauf zu ermöglichen, ist es notwendig, Natur und Ursachen des Wandels zu verstehen und die mögliche zukünftige Entwicklung zu charakterisieren. In der Klimaforschung sind numerische Modelle dafür unverzichtbare Werkzeuge. Sie beruhen auf mathematischen Gleichungen, die das Klimasystem oder Teile davon abbilden und sich nur mithilfe von Computern berechnen lassen. Die Klimamodelle helfen uns, das komplexe Zusammenspiel verschiedener Komponenten und Prozesse im Erdsystem zu verstehen und Beobachtungen zu interpretieren. Mit Modellen lassen sich Projektionen des künftigen Klimas erstellen. Diese liefern Antworten auf die Frage: „Was wäre, wenn?" Wie entwickelt sich das Klima unter bestimmten Bedingungen, beispielsweise wenn der Mensch zusätzliche Treibhausgase in die Atmosphäre entlässt? Oder: Welchen Effekt hätte ein großer Vulkanausbruch auf das Klima?

2.1   Geschichte der Klimamodellierung

Die aktuell verwendeten Klimamodelle sind das Ergebnis einer seit über einem halben Jahrhundert andauernden und bei weitem nicht abgeschlossenen Entwicklung. Das erste Modell, das auf physikalischen Grundlagen beruht, war ein eindimensionales Strahlungskonvektionsmodell (Manabe und Möller 1961). Darin sorgen Sonneneinstrahlung und vertikale Luftströmungen für eine stabile vertikale Temperaturverteilung auf der Erde – es stellt sich eine Gleichgewichtstemperatur ein. Seit 1969 rechnen Energiebilanzmodelle mit der Energie von Strahlungs- und Wärmeflüssen (Budyko 1969; Sellers 1969). Obwohl die einfachsten dieser Modelle den horizontalen Wärmetransport vernachlässigen, lässt sich mit ihnen abschätzen, wie empfindlich die Gleichgewichtstemperatur an der Erdoberfläche etwa gegenüber Änderungen der Sonneneinstrahlung reagiert. Heute werden dreidimensionale atmosphärische Zirkulationsmodelle (*atmospheric general circulation models*, AGCMs) verwendet. Diese stammen aus der Wettervorhersage: Der Meteorologe Norman Phillips fragte sich 1956, ob die Modelle zur Wettervorhersage auch die allgemeine Zirkulation der Atmosphäre und damit das Klima wiedergeben würden (Phillips 1956). Obwohl er in seinem Experiment nicht mehr als 30 Tage simulieren konnte, wird es häufig als die erste Klimasimulation angesehen. Die moderne Klimamodellierung und Wettervorhersage basieren auch weiterhin auf der rechnerischen Lösung ähnlicher Gleichungssysteme.

Bahnbrechend war die Simulation der Klimaeffekte, die aus einer Verdopplung des Kohlendioxidgehalts in der Atmosphäre resultieren (Manabe und Wetherald 1967). Das Modell verwendete eine idealisierte Verteilung von Land und Meer und vernachlässigte den täglichen und saisonalen Zyklus der Sonneneinstrahlung. Dennoch zeigte die Berechnung erstmals das Temperaturmuster der Erde mit einem starken Land-See-Kontrast und einer maximalen Erwärmung in den hohen nördlichen Breiten. Die „Mutter" der heutigen Klimamodelle, das erste gekoppelte Atmosphäre-Ozean-Zirkulationsmodell, entstand 1969 (Manabe und Bryan 1969). Inzwischen werden vermehrt sogenannte Erdsystemmodelle (ESM) verwendet, die außer den Komponenten Atmosphäre, Landoberfläche, Ozean und Meereis auch den Kohlenstoffkreislauf und andere interaktive Komponenten wie Aerosole (atmosphärische Mikropartikel, die die Strahlungsbilanz beeinflussen und eine Lufttrübung bewirken) berücksichtigen. In einem solchen Modell kann z. B. berücksichtigt werden, dass ein wärmerer Ozean tendenziell weniger CO_2 aufnimmt, sodass mehr CO_2 in der Atmosphäre bleibt.

Es handelt sich dabei also um einen positiven, d. h. einen die Reaktion des Klimas auf menschengemachte Antriebe verstärkenden Rückkopplungseffekt. Der schwedische Physiker und Chemiker Svante August Arrhenius untersuchte 1896 als Erster die Änderung der Oberflächentemperatur in Abhängigkeit von der CO_2-Konzentration (Arrhenius 1896). Er berechnete eine Gleichgewichtsklimasensitivität von etwa 6 °C, spekulierte aber, dass sie möglicherweise überschätzt klein sein könnte. Die Gleichgewichtsklimasensitivität gibt an, wie sich die globale Erdoberflächentemperatur langfristig ändern würde, wenn sich die CO_2-Konzentration verdoppelte (▶ Abschn. 2.2). Auf der Basis von nur zwei Klimamodellen schätzte die US-amerikanische National Academy of Sciences 1979 einen Wert zwischen 1,5 und 4,5 °C (Charney et al. 1979). In den vergangenen Jahrzehnten haben sich die Schätzungen kaum verändert. Auch im jüngsten, dem Fünften Sachstandsbericht des Weltklimarats (IPCC 2013a und 2013b), findet man diese Temperaturspanne.

Die sogenannte transiente Klimasensitivität gibt an, um wie viel Grad Celsius die globale Erdoberflächentemperatur zum Zeitpunkt der CO_2-Verdopplung angestiegen ist: Berechnungen zufolge hat sich die Erde dann mit einer Wahrscheinlichkeit von 90 % bereits um 0,9 bis 2,0 °C erwärmt (Otto et al. 2013). Selbst wenn die CO_2-Konzentration danach nicht mehr steigen sollte, würden sich die Troposphäre, d. h. die Atmosphäre bis in etwa 10 km Höhe, und die Ozeane weiter erwärmen – so lange, bis eine Gleichgewichtstemperatur erreicht ist.

Weltweit sind sich die Klimaforscher weitgehend einig: Nach dem jetzigen Kenntnisstand wird sich die Erde weiter erwärmen, wenn noch mehr Treibhausgase die Atmosphäre belasten. Wie sehr sich die Erde tatsächlich erwärmt, wird von den zukünftigen Treibhausgasemissionen abhängen – das zeigen die Projektionen für verschiedene Zukunftsszenarien (▶ Abschn. 2.4.2). Außerdem ist zu erwarten, dass sich Regionen sehr unterschiedlich stark erwärmen.

2.2   Komponenten des Klimasystems, Prozesse und Rückkopplungen

Die wesentlichen Komponenten des Klimasystems sind:
- die Atmosphäre,
- der Ozean mit seinem Meereis und seiner Biosphäre,
- die Landoberfläche mit der Landbiosphäre sowie den ober- und unterirdischen Wasserflüssen und
- die Eisschilde inklusive der Schelfeise.

Das Wettergeschehen spielt sich in der Troposphäre ab. Wichtige Kenngrößen des Wetters sind u. a. Druck, Temperatur, Wind und die Komponenten des Wasserkreislaufs wie Wasserdampfgehalt, Niederschlag und Bewölkung. Über diese Größen erfährt der

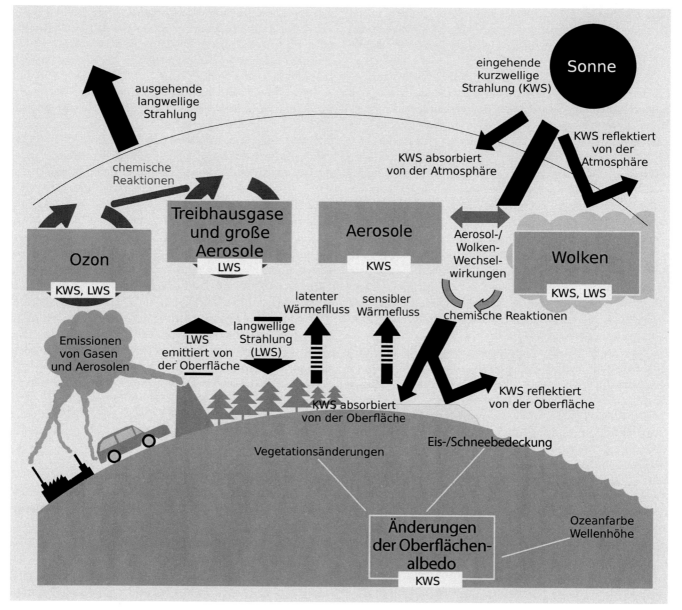

◘ Abb. 2.1 Wesentliche Antriebe des Klimasystems: Globale Klimaantriebe stören das Strahlungsgleichgewicht zwischen einfallender kurzwelliger Strahlung (*KWS*) von der Sonne und in den Weltraum hinausgehender langwelliger Strahlung (*LWS*). Von Menschen verursachte Emissionen von Gasen und Aerosolen greifen in den Strahlungshaushalt ein: entweder direkt als Treibhausgase oder Aerosole oder indirekt über chemische Reaktionen wie die Änderung der Ozon-konzentration über sekundär gebildete Aerosole oder Änderungen der Wolkeneigenschaften und Wolkenbedeckung. Außerdem verändert der Mensch die Oberflächeneigenschaften der Erde, besonders die Rückstreuung von KWS durch das Erdsystem. Zu den anthropogenen Antrieben kommen natürliche hinzu, z. B. Schwankungen der solaren Einstrahlung oder Emissionen durch Vulkane und natürliche Waldbrände. (Sausen nach IPCC)

Mensch das Wetter und seine langfristige Statistik – das Klima. Der entscheidende Antrieb des Klimasystems (◘ Abb. 2.1) ist die Sonneneinstrahlung, die vom Ort sowie von der Tages- und Jahreszeit abhängt. Sowohl die Erdoberfläche als auch die Wolken streuen einen Teil dieser (kurzwelligen) Strahlung direkt zurück in den Weltraum. Der größere Teil der Strahlung wird jedoch vom Boden, also von den Ozeanen und dem Land, sowie von Wolken und Spurenstoffen (Gase und Mikropartikeln) in die Atmosphäre aufgenommen und führt zu deren Erwärmung. Die so vom Klimasystem aufgenommene Strahlungsenergie der Sonne wird sowohl vom Boden als auch von strahlungsakti-ven Substanzen in der Atmosphäre über (langwellige) Wärme-strahlung in den Weltraum geschickt. Dieses sind vor allem die

Treibhausgase (s. u.), aber auch feste und flüssige Partikel wie Wolkentropfen, Eiskristalle oder Aerosole. Langfristig besteht ein Gleichgewicht zwischen einfallender und ausgehender Strahlung. Da die Ausstrahlung des Klimasystems in den Weltraum zeitlich und räumlich wesentlich gleichmäßiger erfolgt als die Sonnen-einstrahlung, gibt es einen Energiegewinn in den Tropen und einen Energieverlust in hohen Breiten. Wärmetransport durch Strömungen in der Atmosphäre und im Ozean gleicht diesen Unterschied aus.

Die langwellige Ausstrahlung gelangt zu einem großen Teil nicht direkt in den Weltraum, sondern wird von den Treibhaus-gasen, insbesondere Wasserdampf, Kohlendioxid, Methan, Di-stickstoffoxid (Lachgas) und Ozon, absorbiert und in alle Richtungen, also auch zum Erdboden hin, wieder emittiert. Dieser Treibhauseffekt sorgt dafür, dass in Bodennähe Temperaturen herrschen, die in den meisten Gebieten der Erde Leben ermöglichen.

Wasserdampf ist zwar für den größten Anteil am Treibhauseffekt verantwortlich, hat jedoch eine kurze Lebensdauer und reagiert schnell, insbesondere auf Temperaturveränderungen. Wenn es aufgrund einer Erhöhung der Konzentration anderer, zumeist langlebigerer und damit in der unteren Atmosphäre gut durchmischter Treibhausgase zu einem Temperaturanstieg in der Troposphäre kommt, zieht dies auch eine Erhöhung des Wasserdampfgehalts der Atmosphäre nach sich und verstärkt die Temperaturerhöhung – ein positiver Rückkopplungseffekt (z. B. Lacis et al. 2010).

Kohlendioxid, Methan, Distickstoffoxid und Ozon stammen zum Teil direkt aus natürlichen Quellen, gelangen durch menschliche Einflüsse in die Atmosphäre oder werden durch chemische Prozesse gebildet. Daher gehören auch die chemischen Kreisläufe mit ihren Quellen, Transporten, Senken und Prozessen zum Klimasystem, beispielsweise die Kreisläufe von Kohlenstoff, Stickstoff und Schwefel oder die Ozonchemie. Auch die Aerosole, ob fest oder flüssig, sind sowohl im Bereich der Sonneneinstrahlung als auch der Wärmestrahlung aktiv. Viele Aerosole dienen zudem als Kondensationskerne bei der Wolkenbildung und beeinflussen diese damit.

Der Mensch greift in das Klimasystem ein, indem er Spurenstoffe freisetzt und die Erdoberfläche durch Landnutzung verändert. Letzteres beeinflusst den Wasserkreislauf und die Rückstreuung der Sonneneinstrahlung. Insbesondere durch Nutzung fossiler Brennstoffe hat sich der atmosphärische Volumenanteil des Kohlendioxids von einem vorindustriellen Wert von ca. 280 ppm auf etwa 400 ppm im Jahr 2015 erhöht. Diese erhöhte Treibhausgaskonzentration verstärkt, wie oben erläutert, den Treibhauseffekt und führt zur Erderwärmung. Gelangen dagegen Schwefelverbindungen in die Atmosphäre, leidet zwar die Luftqualität und es entsteht saurer Regen, jedoch kommt es durch verstärkte Rückstreuung der Sonneneinstrahlung auch zu einer Abkühlung.

Betrachtet man die von Menschen verursachten (anthropogenen) Änderungen der Konzentrationen von Treibhausgasen und anderer strahlungsaktiver Spurenstoffe sowie die direkten Folgen daraus für das Klima, so stellt man fest: Die tatsächliche Klimaänderung ist größer, als man es aufgrund des geänderten Strahlungsantriebs dieser Gase erwarten würde. Das liegt an den positiven Rückkopplungen im Klimasystem wie der oben genannten Wasserdampf- und Eis-Albedo-Rückkopplung. Letztere beruht darauf, dass bei einer Erwärmung an der Erdoberfläche das Meereis teilweise abschmilzt. Eis reflektiert jedoch Sonneneinstrahlung besser als Ozeanwasser. Weniger Eis reflektiert demzufolge weniger Sonneneinstrahlung, und die Erde erwärmt sich zusätzlich. Andererseits strahlt jeder Gegenstand, also auch die Erde, mit steigender Temperatur mehr Wärme ab. Das dämpft die Erwärmung der Atmosphäre – eine negative Rückkopplung.

Die gesamte Wirkung aller Rückkopplungen im Klimasystem kann man über die oben angesprochenen Klimasensitivitäten erfassen. Sie lassen sich nicht direkt messen, sondern nur durch Kombination von Messungen, z. B. auch von Temperatur- und Treibhausgaskonzentrationsänderungen auf paläontologischen Zeitskalen und numerischen Studien abschätzen. Die relativ hohe Unsicherheit dieser Abschätzungen (▶ Abschn. 2.1) ist eine der Ursachen für Unsicherheiten in den Projektionen des zukünftigen Klimas (▶ Abschn. 2.4.2).

Wie wird die Menschheit in Zukunft das Klima verändern? Diese Frage kann man nur mithilfe der Klimamodelle untersuchen. Hier steht man vor einem Dilemma: Einerseits möchte man das wirkliche Klimasystem möglichst genau mit all seinen Prozessen, Rückkopplungen und Wirkungen beschreiben, andererseits reichen weder die gegenwärtigen Computerleistungen, um das in beliebiger Genauigkeit zu tun, noch sind alle grundlegenden Prozesse im Klimasystem hinreichend verstanden, um sie in einem numerischen Modell exakt abzubilden.

Politik, Wirtschaft und Gesellschaft sind aber auf wissenschaftlich fundierte Erkenntnisse über den Klimawandel angewiesen, um Entscheidungen zu treffen. Deshalb wird eine Hierarchie von Klimamodellen angewendet: Am einen Ende der Hierarchie stehen Modelle größtmöglicher Komplexität und Auflösung, die die gegenwärtigen Computerleistungen ausschöpfen, am anderen Ende konzeptionelle Modelle, in denen man versucht, wesentliche Prozesse des Klimasystems herauszudestillieren, um so zu einem besseren Verständnis zu gelangen (z. B. Bony et al. 2013). Diese benötigen eine geringere Rechnerleistung und erlauben daher eine große Zahl von Experimenten.

Wenn man sich der Grenzen der Modelle bewusst ist, lassen sich damit nützliche Erkenntnisse zum Klimawandel gewinnen.

2.3 Ensembles von Klimamodellen und Szenarien

Die Modellergebnisse des jüngsten Weltklimaberichts beruhen vor allem auf Simulationen mit ca. 40 verschiedenen Erdsystemmodellen (IPCC 2013a). Diese Simulationen wurden im Rahmen des internationalen Modellvergleichsprojekts *Coupled Model Intercomparison Project Phase 5* (CMIP5) durchgeführt (Taylor et al. 2012). Ein Ziel des Projekts ist es, vergangene und mögliche künftige Klimaänderungen aufgrund anthropogener und natürlicher Strahlungsantriebe mithilfe mehrerer Modelle zu verstehen. Dazu werden regelmäßig die Randbedingungen der Simulationen neu bestimmt. Die Projektteilnehmer rechnen diese dann mit ihren Modellen und stellen die Ergebnisse in einem zentralen Datenarchiv für Analysen bereit. In CMIP5 unterscheidet man erstmals zwischen Langzeit- und dekadischen Simulationen. Letztere starten mit Beobachtungsdaten sich langsam ändernder Komponenten des Klimasystems wie Temperatur und Salzgehalt des Ozeans, da sie die aktuellen Schwankungen im Klimasystem widerspiegeln. Dekadische Simulationen sollen Aussagen für Jahre bis Jahrzehnte liefern – ein aktuelles Forschungsfeld.

Im Verlauf des CMIP wurden die Prozesse und Rückkopplungen in den Modellen erweitert und verbessert. Vor allem simulieren erstmals in CMIP5 viele Modelle den Kohlenstoffkreislauf interaktiv (Friedlingstein et al. 2014). Einige Modelle berücksichtigen chemische Prozesse (Eyring et al. 2013; Lamarque et al. 2013) sowie Aerosole (Flato et al. 2013). Ein wichtiger Fortschritt

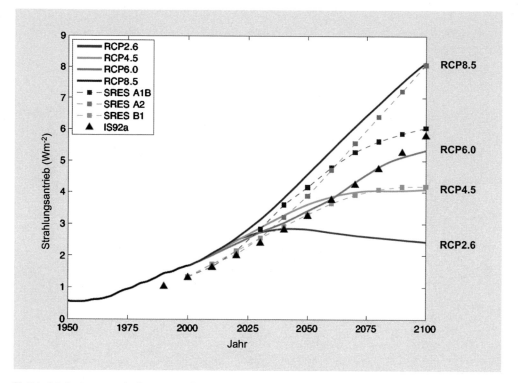

▣ Abb. 2.1 Anthropogen bedingte Veränderung des Strahlungsantriebs an der Tropopause (gemessen in Kohlenstoffäquivalenten) im Vergleich zum vorindustriellen Wert um 1765 für den historischen Zeitraum im 20. Jahrhundert und projiziert für das 21. Jahrhundert auf Basis der SRES-Emissionsszenarien (grau) (verwendet in CMIP3/AR4 2007) im Vergleich zu den RCPs (CMIP5/AR5 2013) und dem Szenario IS92a (AR2 1996). Die gesamte Veränderung der Strahlungsbilanz als Grundlage für die Klimaprojektionen ergibt sich aus anthropogen plus natürlich bedingtem Strahlungsantrieb. (IPCC 2013b, Abb. 1.15, S. 146)

ist auch die größere Anzahl von Simulationen mit den einzelnen Modellen und die größere Anzahl verwendeter Modelle, also ein größeres Modellensemble. Verschiedene Modelle reagieren auf einen gleichen Strahlungsantrieb unterschiedlich. Die dadurch hervorgerufene Schwankungsbreite der Ergebnisse wird häufig im Hinblick auf die Unsicherheit künftiger Klimaänderungen interpretiert. Dabei ist jedoch Vorsicht geboten, da etwaige systematische Fehler aller Modelle nicht ausgeschlossen werden können. Ebenfalls ist umstritten, ob Modelle, die Beobachtungen besser reproduzieren als andere, in einem Modellensemble stärkeres Gewicht erlangen sollen. Für die Meereisprojektionen wurde im Fünften Sachstandsbericht erstmalig nicht nur ein Mittelwert für das gesamte Modellensemble präsentiert, sondern auch für eine Auswahl von Modellen, die die beobachtete Meereisentwicklung der Vergangenheit am besten wiedergeben (IPCC 2013a).

2.3.1 Beschreibung der Szenarien

Während die Klimaprojektionen im Vierten Sachstandsbericht des IPCC auf den SRES-Emissionsszenarien beruhten (IPCC 2007; Nakicenovic und Swart 2000), verwendete man im Fünften IPCC-Bericht die sogenannten repräsentativen Konzentrationspfade (RCPs) (van Vuuren et al. 2011; Meinshausen et al. 2011). Im Vergleich zu den SRES-Emissionsszenarien decken die RCPs eine weitere Spanne möglicher Treibhausgaskonzentrationen und damit Strahlungsantriebe ab (▣ Abb. 2.2). Während die drei RCPs mit höheren Strahlungsantrieben für die Emissionen von CO_2

und Methan (CH_4) nicht ganz die Breite der SRES-Szenarien abdecken, erweitert das Szenario RCP2.6 die Bandbreite deutlich nach unten. Je nach Modell und Experiment gehen die Konzentrationen oder die Emissionen der RCPs in die Simulationen ein, deren Ergebnisse dann die Grundlage für Klimaprojektionen bilden.

2.4 IPCC-Bericht: Fortschritte und Schlüsselergebnisse

Im Fünften Sachstandsbericht (IPCC 2013a) behandelt der Bericht der ersten Arbeitsgruppe die physikalischen Grundlagen des Klimawandels und benutzt eine einheitliche Sprachregelung zur Angabe von Wahrscheinlichkeiten und Unsicherheiten. So gilt eine Aussage als „sehr wahrscheinlich", wenn sie mit mehr als 90-prozentiger Sicherheit zutrifft. Im Folgenden sind derartige Angaben durch Anführungszeichen als Zitat aus dem Bericht gekennzeichnet.

2.4.1 Simulation des historischen Klimawandels

Ein wichtiges Element des CMIP5-Projekts, dessen Ergebnisse im IPCC-Bericht verwendet werden, ist die Simulation des Klimas von 1850 bis 2005. Gespeist wird diese Simulation mit Daten aus Beobachtungen, insbesondere der zeitlichen Entwicklung der Zusammensetzung der Atmosphäre und der Sonneneinstrah-

2

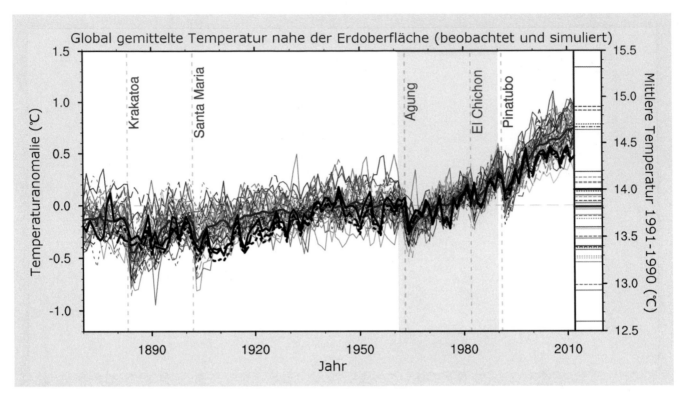

● **Abb. 2.3** Beobachtete und simulierte global und jährlich gemittelte Oberflächentemperaturen, dargestellt als Abweichung von der mittleren Temperatur der Jahre 1961–1990 (gelb hinterlegt). Die vertikalen gestrichelten Linien markieren große Vulkanausbrüche. Gezeigt sind Einzelsimulationen der CMIP5-Modelle (dünne Linien), das Mittel über alle Modelle (dicke rote Linie) und drei verschiedene Beobachtungen (dicke schwarze Linien). Alle Simulationen nutzen historische Strahlungsantriebe bis 2005 und das RCP4.5-Szenario. Waagerechte Linien am rechten Rand: Mittelwerte der beobachteten und von den verschiedenen Modellen simulierten absoluten Oberflächentemperaturen der Jahre 1961–1990. (Modifizierte Abb. 9.8, IPCC-AR5-WG1, Flato et al. 2013)

lung. Ziel dieser Simulationen der Vergangenheit ist insbesondere die Bewertung der Modelle (Flato et al. 2013): Wenn ein Modell das beobachtete Klima annähernd widerspiegelt, steigt das Vertrauen in seine Prognosefähigkeit. Darüber hinaus liefern historische Simulationen Anfangszustände für die Projektionen des zukünftigen Klimas und dienen als Referenz.

Zur Bewertung wird die Klimavariabilität, die aus den Modellrechnungen hervorgeht, räumlich und zeitlich mit der beobachteten Variabilität verglichen. Verlässliche Beobachtungen oder Rekonstruktionen bis in die vorindustrielle Zeit zurück sind allerdings rar. Erst seit Beginn des Satellitenzeitalters hat sich die Beobachtungslage deutlich verbessert. Wie realistisch können die heutigen Modelle also langfristige Entwicklungen, aber auch saisonale Klimaschwankungen und Schwankungen zwischen einzelnen Jahren darstellen? Im Vergleich zu ihren Vorgängern können die Modelle von CMIP5 die Entwicklung bestimmter Kenngrößen besser abbilden, etwa der regionalen Oberflächentemperaturen, kontinentaler Niederschlagsmuster oder von Extremereignissen. Auch das El-Niño-Phänomen im tropischen Pazifik und den Rückgang des Meereises im arktischen Sommer reproduzieren diverse Modelle relativ realistisch selbst, wenngleich Letzterer im Mittel immer noch unterschätzt wird. Bei den regionalen Temperatur- und Niederschlagsmustern ist der in CMIP5 erreichte Fortschritt allerdings nicht mehr so groß wie bei früheren Modellgenerationen.

Im deutschen Beitrag zu CMIP5 wurden Simulationen mit dem Erdsystemmodell MPI-ESM durchgeführt (Giorgetta et al.

2013). In Evaluationsstudien schneidet das MPI-ESM gegenüber anderen Modellen gut ab, z. B. bei der Simulation von Extremereignissen wie Hitzewellen oder Starkregen (Sillmann et al. 2013).

● Abb. 2.3 zeigt den Verlauf der mittleren globalen Oberflächentemperatur aus Simulationen und Beobachtungen seit Mitte des 19. Jahrhunderts. Die simulierte Temperatur einiger Modelle weicht deutlich von der beobachteten ab. Die meisten Modelle geben die beobachtete Variation der Oberflächentemperatur und besonders den langfristigen Anstieg recht gut wieder. Deutlich erkennbar sind die Auswirkungen großer Vulkanausbrüche. Zum Ende der Beobachtungszeit (2005) liegt die Änderung des Modellmittels etwa 0,15 °C über der aus den Beobachtungen, was auf die deutliche Abschwächung der Erderwärmung in den vergangenen 15 Jahren zurückzuführen ist. Warum erwärmte sich die Erde in diesem Zeitraum langsamer? Gründe für diesen „Hiatus" werden auch im Fünften Sachstandsbericht diskutiert: Bei „mittlerem Vertrauen" liegt das „grob zu gleichen Teilen" an einem schwächeren Strahlungsantrieb und natürlichen Schwankungen (IPCC 2013a). Letztere ergeben sich wahrscheinlich aus einer veränderten vertikalen Wärmeverteilung im Ozean, sodass sich das Wasser an der Ozeanoberfläche – und damit auch die bodennahe Luft – weniger erwärmt hat als das Wasser in der Tiefe. Tatsächlich ist während der vergangenen 15 Jahre der Ozean insgesamt deutlich wärmer geworden und der Meeresspiegel angestiegen. Die Oberflächentemperatur hat sich jedoch nur geringfügig erhöht. Dass der Strahlungsantrieb nachgelassen hat, soll hauptsächlich zum einen an mehreren kleinen Vulkanausbrüchen liegen, die die Aerosolbelastung in der Stratosphäre (Atmosphärenschicht, die sich von etwa 15 bis 50 km Höhe erstreckt) erhöht haben, wodurch dort mehr Sonnenlicht zurückgestreut wird. Zum anderen ist die Sonne weniger aktiv als vor etwa 15 Jahren. Die Klimamodelle im CMIP5-Projekt simulieren in der Regel für die letzten 15 Jahre einen deutlich stärkeren Temperaturanstieg als beobachtet. Eine statistische Analyse von Modellen und Messdaten (Marotzke und Forster 2015) zeigt jedoch, dass man daraus nicht zwangsläufig auf Modellfehler schließen kann, sondern dass die Diskrepanz von der spontanen Variabilität des Klimas dominiert wird. Eine neue Analyse der globalen Mitteltemperatur (Karl et al. 2015) kommt zu dem Ergebnis, dass der Temperaturtrend der letzten 15 Jahre tatsächlich stärker ist als in bisherigen Analysen berechnet. Demnach wäre die Diskrepanz zwischen Modellen und Beobachtungen deutlich geringer als bisher angenommen. Das letzte Wort ist in der Diskussion um den „Hiatus" sicherlich noch nicht gesprochen.

Dank besserer Modelle und längerer Beobachtung lässt sich im Fünften noch klarer als im Vierten Sachstandsbericht nachweisen, dass der Mensch das Klima beeinflusst. So ist es jetzt „extrem wahrscheinlich", dass der Mensch mehr als die Hälfte des seit 1951 beobachteten Anstiegs der global gemittelten Temperatur verursacht hat. Ebenso gilt jetzt als „sehr wahrscheinlich", dass der Mensch mitverantwortlich ist für den seit 1979 beobachteten Rückgang des arktischen Meereises (IPCC 2013a).

Die CMIP5-Modelle werden nicht mehr nur für Projektionen über Zeitskalen von mehreren Jahrzehnten bis Jahrhunderten genutzt, sondern sie werden auch im Hinblick auf die Qualität sogenannter dekadischer Vorhersagen analysiert. Im aktuellen Sachstandsbericht (IPCC 2013a) wird abgeschätzt, dass bei Vorhersagen von 10 Jahren die Unsicherheit aufgrund interner Klimavariabilität deutlich höher ist als die Unsicherheit, die sich aus dem Emissionsverlauf ergibt. Umgekehrt ist deren Verhältnis, wenn man mehrere Jahrzehnte betrachtet. Die Vorhersagbarkeit relativ kurzer Zeiträume wurde im CMIP5-Projekt getestet: Vergangene Dekaden wurden mit beobachteten Anfangswerten simuliert und diese mit historischen Simulationen verglichen, die nicht mit Beobachtungen initialisiert wurden. Bezüglich der Oberflächentemperatur sowohl im globalen Mittel als auch in verschiedenen Regionen wie dem Nordatlantik, Teilen des Südpazifiks und dem tropischen Indischen Ozean wurden bessere Ergebnisse erzielt, in anderen Regionen dagegen schlechtere. Da die dekadische Vorhersage ein neues Forschungsgebiet ist, kann in den nächsten Jahren mit Verbesserungen gerechnet werden.

2.4.2 Projektionen des zukünftigen Klimas

Bei Projektionen des Klimas für das weitere 21. Jahrhundert schaut die Öffentlichkeit häufig auf die mittlere globale Oberflächentemperatur. ◘ Abb. 2.4a zeigt ihren Anstieg nach den verschiedenen RCP-Szenarien bis Ende des 21. Jahrhunderts im Vergleich zum Mittel der Jahre 1986–2005. Im Szenario RCP8.5 steigt die Temperatur im CMIP5-Modellmittel um 3,7 °C. Wegen unterschiedlicher Ergebnisse der verschiedenen Modelle wird für den „wahrscheinlichen" Temperaturanstieg ein Unsicherheitsbereich von ± 1,1 °C

um diesen Mittelwert herum angegeben (IPCC 2013a). Im Szenario RCP 2.6 steigt die Temperatur „wahrscheinlich" nur um 1,0 ± 0,7 °C. Szenario RCP2.6 geht von einer drastischen Verringerung der CO_2-Emissionen bis hin zu sogenannten negativen Emissionen (z. B. durch Verbrennung von Biomasse und anschließender Abscheidung und Speicherung des emittierten Kohlendioxids) ab etwa 2070 aus. Nicht zu vergessen: Das öffentlich diskutierte Zwei-Grad-Ziel bezieht sich auf den mittleren Temperaturanstieg gegenüber der vorindustriellen Zeit. Seitdem ist die Temperatur bereits um etwa 0,8 °C gestiegen. Auch ist die globale Erwärmung von den großen Ozeanflächen dominiert. Der Temperaturanstieg über dem Land liegt im Mittel jedoch „wahrscheinlich" 1,4- bis 1,7-fach höher als der Anstieg über den Ozeanen (IPCC 2013a). Auch in Zukunft ist über den Kontinentalregionen ein stärkerer Anstieg als im globalen Mittel zu erwarten.

Die Erwärmung der Erdoberfläche bis zum Ende des 21. Jahrhunderts hängt nur geringfügig vom zeitlichen Verlauf der Emissionen ab. Wegen der langen Lebensdauer von Kohlendioxid und der Trägheit des Klimasystems schlagen hier vielmehr die über viele Jahrzehnte angehäuften Gesamtemissionen zu Buche (◘ Abb. 2.5). So wird die Zwei-Grad-Grenze voraussichtlich in etwa dann erreicht, wenn sich 800 Gt (Mrd. Tonnen) Kohlenstoff aus anthropogenen CO_2-Emissionen angesammelt haben. Je nach Emissionsszenario kann diese Marke früher oder später erreicht werden. Deutschland hat bisher etwa 23 Gt Kohlenstoff (Boden et al. 2012) zu den Gesamtemissionen beigetragen.

Die historische Simulation des abnehmenden arktischen Meereises liegt in CMIP5 deutlich näher an den Beobachtungen als in der vorangegangenen CMIP-Phase – wenngleich die Modelle den Rückgang im Mittel immer noch unterschätzen. ◘ Abb. 2.4b zeigt den projizierten zukünftigen Rückgang des arktischen Meereises. Demnach ist im RCP8.5-Szenario ab etwa 2050 die Arktis im Sommer fast komplett eisfrei. Auch für das antarktische Meereis wird ein Rückgang projiziert. Allerdings passen Modelle und Beobachtungen nicht zusammen: Während die Modelle im Mittel für die vergangenen 3 Jahrzehnte einen leichten Rückgang simulieren, hat sich das Eis aber tatsächlich leicht ausgedehnt.

Bis Ende des 21. Jahrhunderts (Mittel der Jahre 2081–2100) steigt den CMIP5-Modellen zufolge der Meeresspiegel global um 0,40 ± 0,14 m (RCP2.6) bis 0,63 ± 0,18 m (RCP8.5) verglichen mit der Zeit von 1986–2005. Etwas weniger als die Hälfte des Anstiegs geht auf das Konto der wärmebedingten Ausdehnung des Meerwassers. Außerdem schmelzen Gletscher sowie das grönländische und antarktische Inlandeis. Die Dynamik dieser Eismassen ist bisher in den CMIP5-Modellen meist nicht integriert, sondern wird *offline* berechnet. Ihr Beitrag zum zukünftigen Meeresspiegelanstieg gilt noch als sehr unsicher. Bekannt ist jedoch, dass der Meeresspiegel nicht überall gleich ansteigt. Das liegt daran, dass sich Bodendruck und Ozeandynamik regional unterschiedlich ändern. Auch wirken sich Änderungen der Eisbedeckung auf der Erdoberfläche auf das Gravitationsfeld der Erde nicht überall gleich aus. Das heißt: Der Meeresspiegel steigt also an einzelnen Küsten unterschiedlich stark.

Auch hinsichtlich der Entwicklung von Niederschlägen sagt der globale Wert wenig aus. In den Szenarien mit stärkeren Emissionen als im Szenario RCP2.6 liegt der Anstieg „sehr wahrscheinlich" bei 1–3 %, wenn sich die Erde um 1 °C erwärmt. Regional betrachtet heißt das: *wet gets wetter, dry gets drier* (Held

2

○ Abb. 2.4 Änderung der oberflächennahen Lufttemperatur relativ zum Mittel der Jahre 1986–2005 (**a**). **b** Meereisbedeckung der Arktis im September in Mio. km^2 (als laufendes 5-Jahres-Mittel). Die *Kurven* zeigen die historische Simulation (*schwarz*) sowie die Szenarien RCP8.5 (*rot*) und RCP2.5 (*blau*). Rechts neben der Grafik sind Mittelwerte und Unsicherheiten der Jahre 2081–2100 für verschiedene Szenarien angegeben. Bei **a** zeigt die Linie das Multimodellmittel, die Schraffierung dessen Unsicherheit. Die Anzahl der verwendeten Modelle ist angegeben. Bei **b** ist das Multimodellmittel gepunktet. Die durchgezogenen Linien zeigen Mittelwerte jener fünf Modelle, die die beobachtete Meereisentwicklung am besten simulieren (RCP2.6 wurde nur von drei Modellen simuliert). Die Schattierung zeigt den Bereich zwischen Minimal- und Maximalwert jener „besten" Modelle. (Modifizierte Abb. SPM.7, IPCC-AR5-WG1, IPCC 2013b)

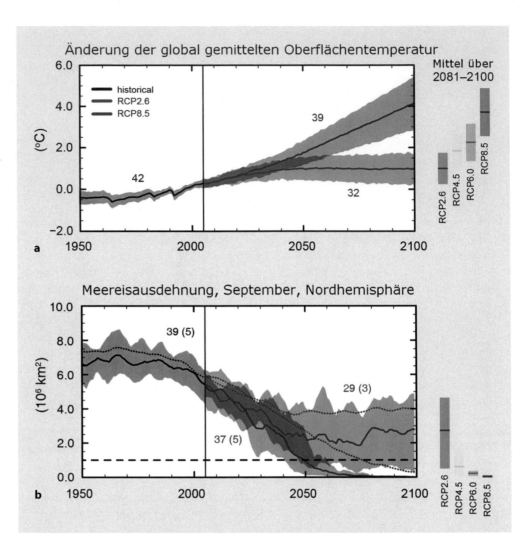

○ Abb. 2.5 Anstieg der mittleren globale Oberflächentemperatur (relativ zum Mittel der Jahre 1861–1880) als Funktion der kumulativen globalen CO$_2$-Emissionen (in Mrd. Tonnen Kohlenstoff) als Mittel aus verschiedenen CMIP5-Simulationen. Die Jahreszahlen stehen jeweils für das Mittel für die vorangehenden 10 Jahre und geben an, in welchem Jahrzehnt bei dem entsprechenden Szenario der jeweilige Wert erreicht wird. Die rote Fläche illustriert den Schwankungsbereich der Simulationen zu den unterschiedlichen RCP-Szenarien. Die schwarze dünne Linie und die graue Fläche stammen aus idealisierten CMIP5-Simulationen, bei denen die CO$_2$-Konzentration jährlich um 1 % erhöht wurde. Bei gleichen CO$_2$-Emissionen werden hier niedrigere Temperaturen als in den RCP-Szenarien erreicht, weil in die RCPs Emissionen weiterer Treibhausgase einfließen. (Modifizierte Abb. SPM.10, IPCC-AR5-WG1, IPCC 2013b)

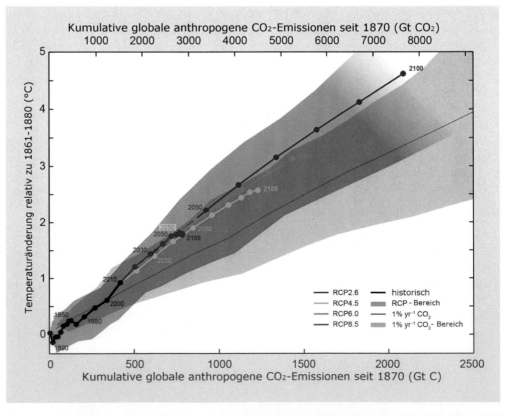

und Soden 2006). So auch in Europa: Während für den trockenen Mittelmeerraum weniger Niederschlag projiziert wird, soll es im nassen Skandinavien mehr regnen und schneien. Detailliertere Untersuchungen des regionalen Klimawandels werden mit regionalen Modellen durchgeführt (▶ Kap. 4), die Ergebnisse der globalen Modelle als Randbedingungen nutzen.

2.5 Kurz gesagt

Computermodelle des Klimas sind die einzig verfügbaren Werkzeuge für belastbare Klimaprojektionen. Diese beschreiben die Entwicklung des Klimas unter der Annahme eines Szenarios künftiger Emissionen von Treibhausgasen. Die im aktuellen Weltklimabericht benutzten Szenarien unterscheiden sich deutlich von früheren Szenarien. Insbesondere werden massive Maßnahmen zur Eindämmung des Klimawandels bis hin zu negativen CO_2-Emissionen in der zweiten Hälfte des 21. Jahrhunderts berücksichtigt. Abhängig vom Szenario ergibt sich im Modellmittel ein mittlerer globaler Temperaturanstieg bis zum Ende des 21. Jahrhunderts um 1,7–4,4 °C, verglichen mit der Zeit von 1850 bis 1900. Über den Kontinenten wird sich die Atmosphäre deutlich stärker erwärmen als über den Ozeanen. Daneben sind weitere spürbare Veränderungen des Klimas zu erwarten: So wird z. B. der Meeresspiegel weiter ansteigen und das Meereis weiter zurückgehen.

Literatur

Arrhenius S (1896) On the influence of carbonic acid in the air upon the temperature of the ground. The London, Edinburgh and Dublin Philosophical Magazine and Journal of Science 5:237–276

Boden TA, Marland G, Andres RJ (2012) Global, regional and national fossil fuel CO_2-emissions. Carbon Dioxide Information Analysis Center, Oak Ridge National Laboratory, US Department of Energy, Oak Ridge

Bony S, Stevens B, Held IH, Mitchell F, Dufresne J-L, Emanuel KA, Friedlingstein P, Griffies S, Senior C (2013) Carbon dioxide and climate: perspectives on a scientific assessment. In: Climate Science for Serving Society. Springer, Netherlands, S 391–413

Budyko MI (1969) The effect of solar radiation variations on the climate of the earth. Tellus 21(5):611–619

Charney JG, Arakaw A, Baker DJ et al (1979) Carbon Dioxide and Climate: a Scientific Assessment. National Academy of Sciences Press, Washington

Cubasch, U., D. Wuebbles, D. Chen, M.C. Facchini, D. Frame, N. Mahowald, and J.-G. Winther, 2013: Introduction. In: Climate Change 2013: The Physical Science Basis. Contribution of Working Group I to the Fifth Assessment Report of the Intergovernmental Panel on Climate Change [Stocker, T.F., D. Qin, G.-K. Plattner, M. Tignor, S.K. Allen, J. Boschung, A. Nauels, Y. Xia, V. Bex and P.M. Midgley (eds.)]. Cambridge University Press, Cambridge, United Kingdom and New York, NY, USA

Eyring V, Arblaster JM, Cionni I, Sedlacek J, Perlwitz J, Young PJ, Bekki S, Bergmann D, Cameron Smith P, Collins WJ, Faluvegi G, Gottschaldt K-D, Horowitz LW, Kinnison DE, Lamarque J-F, Marsh DR, Saint-Martin D, Shindell DT, Sudo K, Szopa S, Watanabe S (2013) Long-term ozone changes and associated climate impacts in CMIP5 simulations. J Geophys Res Atmos 118. doi:10.1002/jgrd.50316

Flato G, Marotzke J, Abiodun B, Braconnot P, Chou SC, Collins W, Cox P, Driouech F, Emori S, Eyring V, Forest C, Gleckler P, Guilyardi E, Jakob C, Kattsov V, Reason C, Rummukainen M (2013) Evaluation of climate models. In: Stocker TF, Qin D, Plattner G-K, Tignor M, Allen SK, Boschung J, Nauels A, Xia Y, Bex V, Midgley PM (Hrsg) Climate Change 2013: The Physical Science

Basis. Contribution of working group I to the fifth assessment report of the Intergovernmental Panel on Climate Change. Cambridge University Press, Cambridge, United Kingdom and New York, NY, USA

Friedlingstein P, Meinshausen M, Arora VK, Jones CD, Anav A, Liddicoat SK, Knutti R (2014) Uncertainties in CMIP5 climate projections due to carbon cycle feedbacks. J Climate 27:511–526. doi:10.1175/JCLI-D-12-00579.1

Giorgetta MA, Jungclaus JH, Reick CH, Legutke S, Brovkin V, Crueger T, Esch M, Fieg K, Glushak K, Gayler V, Haak H, Hollweg H-D, Ilyina T, Kinne S, Kornblueh L, Matei D, Mauritsen T, Mikolajewicz U, Mueller WA, Notz D, Raddatz T, Rast S, Redler R, Roeckner E, Schmidt H, Schnur R, Segschneider J, Six K, Stockhause M, Wegner J, Widmann H, Wieners K-H, Claussen M, Marotzke J, Stevens B (2013) Climate and carbon cycle changes from 1850–2100 in MPI-ESM simulations for the coupled model intercomparison project phase 5. Journal of Advances in Modeling Earth Systems 5:572–597

Held IM, Soden BJ (2006) Robust responses of the hydrological cycle to global warming. J Climate 19:5686–5699

IPCC (2007) In: Solomon S, Qin D, Manning M, Chen Z, Marquis M, Averyt KB, Tignor M, Miller HL (Hrsg) eds. Cambridge University Press, Cambridge, United Kingdom and New York, NY, US

IPCC (2013a) In: Stocker TF, Qin D, Plattner G-K, Tignor M, Allen SK, Boschung J, Nauels A, Xia Y, Bex V, Midgley PM (Hrsg) Climate Change 2013: The physical science basis. Contribution of Working Group I to the Fifth Assessment Report of the Intergovernmental Panel on Climate Change. Cambridge University Press, Cambridge, United Kingdom and New York, NY, US

IPCC (2013b) Summary for policymakers. In: Stocker TF, Qin D, Plattner G-K, Tignor M, Allen SK, Boschung J, Nauels A, Xia Y, Bex V, Midgley PM (Hrsg) Climate Change 2013: The physical science basis. Contribution of Working Group I to the Fifth Assessment Report of the Intergovernmental Panel on Climate Change. Cambridge University Press, Cambridge, United Kingdom and New York, NY, USA

Karl TR, Arguez A, Huang B, Lawrimore JH, McMahon JR, Menne MJ, Peterson TC, Vose RS, Zhang H-M (2015) Possible artifacts of data biases in the recent global surface warming hiatus. Science 348(6242):1469–1472

Lacis AA, Schmidt GA, Rind D, Ruedy RA (2010) Atmospheric CO_2: Principal control knob governing earth's temperature. Science 330(6002):356–359

Lamarque J-F, Shindell DT, Josse B, Young PJ, Cionni I, Eyring V, Bergmann D, Cameron-Smith P, Collins WJ, Doherty R, Dalsoren S, Faluvegi G, Folberth G, Ghan DJ, Horowitz LW, Lee YH, MacKenzie IA, Nagashima T, Naik V, Plummer D, Righi M, Rumbold ST, Schulz M, Skeie RB, Stevenson DS, Strode S, Sudo K, Szopa S, Voulgarakis A, Zeng G (2013) The Atmospheric Chemistry and Climate Model Intercomparison Project (ACCMIP): overview and description of models, simulations and climate diagnostics. Geosci Model Dev 6:179–206. doi:10.5194/gmd-6-179-2013

Manabe S, Bryan K (1969) Climate calculations with a combined ocean-atmosphere model. Journal of the Atmospheric Sciences 26:786–789

Manabe S, Möller F (1961) On the radiative equilibrium and heat balance of the atmosphere. Monthly Weather Review 31:118–133

Manabe S, Wetherald RT (1967) Thermal equilibrium of the atmosphere with a given distribution of relative humidity. Journal of the Atmospheric Sciences 24:241–259

Marotzke J, Forster PM (2015) Forcing, feedback and internal variability in global temperature trends. Nature 517:565–570

Meinshausen M et al (2011) The RCP greenhouse gas concentrations and their extensions from 1765-2300. Climatic Change 109:213–241

Nakicenovic N, Swart R (2000) IPCC Special report on emissions scenarios. Cambridge University Press, Cambridge, UK, S 612

Otto A et al (2013) Energy budget constraints on climate response. Nature Geoscience 6:415–416. doi:10.1038/ngeo1836

Phillips NA (1956) The General Circulation of the Atmosphere: A Numerical Experiment. Quarterly Journal of the Royal Meteorological Society 82:123–164

Sellers WD (1969) A global climatic model based on the energy balance of the earth-atmosphere system. Journal of Applied Meteorology 8(3):392–400

Sillmann J, Kharin VV, Zhang X, Zwiers F, Bronaugh D (2013) Climate extremes indices in the CMIP5 multimodel ensemble: Part 1. Model evaluation in the present climate. Journal of Geophysical Research: Atmospheres 118(4):1716–1733

Taylor KE, Stouffer RJ, Meehl GA (2012) An Overview of CMIP5 and the expe-
    riment design. Bull Amer Meteor Soc 93:485–498. doi:10.1175/BAMS-
    D-11-00094.1
Van Vuuren et al (2011) The representative concentration pathways: an over-
    view. Climatic Change 109:5–31. doi:10.1007/s10584-011-0148-z

3

Beobachtung von Klima und Klimawandel in Mitteleuropa und Deutschland

Frank Kaspar, Hermann Mächel

© Der/die Herausgeber bzw. der/die Autor(en) 2017
G. Brasseur, D. Jacob, S. Schuck-Zöller (Hrsg.), *Klimawandel in Deutschland*, DOI 10.1007/978-3-662-50397-3_3

3.1   Einleitung

Der weltweite Klimawandel wirkt sich regional unterschiedlich aus. Um Klimaänderungen in Mitteleuropa und Deutschland genau zu beschreiben, benötigt man daher Beobachtungen und Klimamodelle mit größerer räumlicher Auflösung als bei globalen Betrachtungen (▶ Kap. 2). Für Deutschland und die Nachbarländer gibt es viele regionale Daten, sodass sich das hiesige Klima des vergangenen Jahrhunderts gut beschreiben lässt. Diese Datenbasis erlaubt daher auch eine Qualitätseinschätzung von Klimasimulationen auf der regionalen Skala (▶ Kap. 4). Zur Evaluation von regionalen Klimamodellen werden häufig atmosphärische, bodennahe Variable herangezogen, insbesondere Temperatur und Niederschlag, da von diesen direkte Auswirkungen auf die Gesellschaft ausgehen.

Die Entwicklung der Wetterbeobachtung ist eng mit der Geschichte der Wetterdienste verknüpft. Heute beobachtet der Deutsche Wetterdienst (DWD) das Wetter systematisch und international abgestimmt. Neben den Beobachtungsdaten der Wetterstationen werden zur Bewertung der Klimamodelle häufig aufbereitete Daten eingesetzt, die, ausgehend von den Beobachtungen, auf ein regelmäßiges räumliches Raster umgerechnet werden. Zusätzlich zu den traditionellen Beobachtungen wurde das Wetter während der vergangenen Jahrzehnte auch mit Satelliten und Wetterradaren beobachtet.

Die gesamten Daten erlauben Beschreibungen der Atmosphäre vom täglichen Wetter bis zu mehreren Jahrzehnten, über die sich das Klima ändert. Unter dem Begriff Klima versteht man dabei die statistische Beschreibung der relevanten Klimaelemente. Dabei muss ein ausreichend langer Zeitraum verwendet werden, sodass die statistischen Eigenschaften der Erdatmosphäre hinreichend genau charakterisiert werden. Gemäß den Empfehlungen der Weltmeteorologieorganisation (WMO 1959) werden daher bei der Berechnung von Klimagrößen üblicherweise drei aufeinanderfolgende Jahrzehnte verwendet. In der Vergangenheit wählte man überwiegend 1961 bis 1990, teilweise 1971 bis 2000. Aufgrund der Klimaerwärmung ist die Zeit von 1961 bis 1990 aber nicht mehr repräsentativ für das aktuelle Klima (Scherrer et al. 2006). Für die Bewertung von Klimaänderungen ist aber weiterhin der ursprüngliche Referenzzeitraum (also 1961–1990) angemessen und wird durch die WMO für diesen Zweck nach wie vor empfohlen. Viele Anwendungen benötigen aber eine statistische Beschreibung des aktuellen Klimas. Für diesen Zweck wird daher die Verwendung eines aktuelleren Zeitraums empfohlen, und viele Wetterdienste stellen daher Auswertungen auch für den Vergleichszeitraum von 1981 bis 2010 zur Verfügung.

International entsteht im Rahmen des *Global Climate Observing System* (GCOS; Karl et al. 2010) ein langfristiges Beobachtungssystem. Dafür wurde eine Liste „essenzieller Klimavariablen" definiert: Diese derzeit 50 Kenngrößen der Atmosphäre, des Ozeans und der Landoberfläche dienen einer ausführlichen Beschreibung des gesamten Klimasystems, sodass eine systematische langfristige Beobachtung dieser Kenngrößen angestrebt wird. Auch deutsche Institutionen leisten dazu umfangreiche Beiträge (Deutscher Wetterdienst 2013).

Seit einigen Jahrzehnten stehen auch Satellitendaten zur Verfügung. Aus ihnen lassen sich Datensätze verschiedener Klima-

kenngrößen erstellen. Dabei ist aber zu berücksichtigen, dass die (frühen) Satelliteninstrumente nicht für diesen Zweck entwickelt wurden und daher zunächst die methodische Einheitlichkeit der Daten sichergestellt werden muss. Einige Projekte arbeiten an satellitenbasierten Datensätzen verschiedener essenzieller Klimavariable. So bearbeitet beispielsweise die *Climate Change Initiative* der Europäischen Weltraumorganisation ESA derzeit Datensätze von 13 Variablen (Hollmann et al. 2013). Die Europäische Organisation für die Nutzung meteorologischer Satelliten EUMETSAT erstellt im Rahmen ihrer *Satellite Application Facility on Climate Monitoring* Datensätze zu Strahlung, Wasserdampf und Bewölkung (siehe z. B. Karlsson et al. 2013).

3.2   Beobachtung des Klimawandels in Deutschland

3.2.1   Geschichte der Wetterbeobachtung in Deutschland

Seit jeher fasziniert das Wetter die Menschen und sie versuchten, ihre Beobachtungen in Bild und Wort festzuhalten – vor allem bei außergewöhnlichen Ereignissen. Doch erst mit der Erfindung von Messinstrumenten begann die objektive Wetteraufzeichnung (Schneider-Carius 1955, ◻ Tab. 3.1). Im Jahr 1781 gründete sich in Mannheim die Pfälzische Meteorologische Gesellschaft *Societas Meteorologica Palatina*. Sie baute in Europa 39 Messstationen auf, 12 davon in Deutschland (Wege 2002) – alle mit den gleichen, geeichten Messinstrumenten, einer Anleitung sowie einheitlichen Formularen und Wettersymbolen. Die Messungen von Temperatur, Feuchte, Luftdruck, Sonnenschein und Niederschlag sowie die Schätzung von Bewölkung und Wind erfolgten dreimal täglich. Aus Geldmangel stellte diese Institution nach ein paar Jahren ihre Aktivitäten ein. Einige Beobachter führten die Messungen aber eigenständig weiter (Winkler 2006).

Es dauerte noch mehr als 50 Jahre, bis auf Initiative von Alexander von Humboldts 1848 der erste staatliche Wetterdienst in Preußen entstand (Hellmann 1887). Danach gründeten weitere Königreiche und Herzogtümer in Deutschland ihre eigenen Wetterdienste (Hellmann 1883). Allerdings wurden erst im Laufe der Zeit durch systematische Untersuchungen die Anforderungen an die Beobachtungen beschrieben und in den Beobachteranleitungen verbreitet. Weitere Verbesserungen gingen mit der Schulung der Laienbeobachter, einer repräsentativeren Auswahl der Beobachtungsstandorte und der technischen Entwicklung im Instrumentenbau einher.

Von Anfang an stützten sich die Wetterdienste auf Privatpersonen oder Institutionen, die schon vorher meteorologische Messungen durchführten. Diese Messungen waren aber sehr an deren individuelle Gegebenheiten angepasst, was sich in den unterschiedlichsten Beobachtungsterminen widerspiegelt. Beispielsweise konzentrierte sich das im Königreich Sachsen von der Forstwirtschaft errichtete Stationsnetz zur Untersuchung von Frostschäden vor allem auf die Minimumtemperatur und den Niederschlag, die beide mittags abgelesen wurden (Freydank 2013).

Nach dem Ersten Weltkrieg entstanden, bedingt durch den zunehmenden Flugverkehr, Flugwetterwarten mit Berufsbeob-

◘ **Tab. 3.1** Wichtige Schritte auf dem Weg zur systematischen Klimabeobachtung	
Erfindung des Barometers und Alkoholthermometers	1643/1654
Erste Klimaaufzeichnungen in Deutschland: individuelle, zum Teil unregelmäßige Beobachtungen	1700
Erstes europaweites, meteorologisches Messnetz von der *Societas Meteorologica Palatina* in Mannheim	1781–1792
Gründung staatlicher Wetterdienste	ab 1848
Gründung der Internationalen Meteorologieorganisation IMO, dadurch zunehmend Vereinheitlichung der Beobachtungen	1873
Deutsche Seewarte veröffentlicht täglich Bodenwetterkarten von Zentraleuropa und dem Atlantik, telegrafische Verbreitung von Wettermeldungen	1876
Aufbau eines dichten Niederschlagsmessnetzes in Deutschland mit einheitlichen Messgeräten	1880
Deutschlandweiter Wetterdienst, der die Beobachtungen weiter vereinheitlicht	1934
Gründung der Weltorganisation für Meteorologie (*World Meteorological Organization*, WMO)	1950
Automatisierung des Messnetzes des Deutschen Wetterdienstes	ab 1995

achtern. Auch wurde es für die Wettervorhersagen immer wichtiger das Wetter gleichzeitig an vielen Standorten zu beobachten. Daher wurden Wetterwarten eingerichtet, die rund um die Uhr mit Berufsbeobachtern besetzt waren. Nebenbei schulten diese Profis die Laienbeobachter ihres Kreises. Viele Laienbeobachter hielten das tägliche Messen jedoch nicht lange durch, was häufig zu Stationsverlegungen und mehrmonatigen Lücken in den Messreihen führte. An fast allen Standorten gab es 1945 bei den Beobachtungen Unterbrechungen von Tagen bis mehreren Jahren (Mächel und Kapala 2013).

3.2.2 Das aktuelle Stationsmessnetz in Deutschland

Heute ist die Wetterbeobachtung durch einen gesetzlichen Auftrag geregelt: Der Deutsche Wetterdienst soll meteorologische Prozesse, Struktur und Zusammensetzung der Atmosphäre kurzfristig und langfristig erfassen, überwachen und bewerten. Dafür betreibt er ein Messnetz, archiviert die Beobachtungen, prüft deren Qualität und wertet sie aus (Deutscher Wetterdienst 2013). Zusammen mit den Beobachtungen der Vorgängerorganisationen ermöglichen diese Daten Aussagen darüber, wie sich das Klima in Deutschland entwickelt. Genug Daten für regionale Auswertungen liegen seit etwa 1881 vor (Kaspar et al. 2013). Die elektronischen Datenkollektive werden ständig ergänzt – auch durch die Digitalisierung historischer, täglicher Klimaaufzeichnungen aus Papierarchiven (Kaspar et al. 2015; Mächel et al. 2009; Brienen et al. 2013).

Kernstück des DWD-Messnetzes sind 182 hauptamtlich betriebene Wetterwarten und -stationen (Stand 01.11.2013). Der Geoinformationsdienst der Bundeswehr betreibt 31 weitere in das Netz integrierte Bodenwetterstationen. Darüber hinaus werden 1786 Mess- und Beobachtungsstationen ehrenamtlich betreut. Wetterradare gibt es an 19 Standorten, mit denen eine flächendeckende Niederschlagserfassung über Deutschland möglich ist. Messungen mit Radiosonden werden an 9 Stationen durchgeführt. Außerdem betreibt der DWD ein Netz mit 1267 phänologischen Beobachtungsstellen, an denen überwiegend ehrenamtliche Beobachter das Auftreten von Wachstumsphasen

ausgewählter Pflanzenarten dokumentieren (Kaspar et al. 2014). Seit 2014 ist ein Großteil der Beobachtungsdaten frei zugänglich (www.dwd.de/cdc).

Zudem messen auch andere Institutionen und Privatpersonen verschiedene Klimavariable. Diese Daten fließen aber nur zu einem geringen Teil in die Datenbank des DWD oder in andere internationale Datensätze ein, weil sie oft nicht repräsentativ sind, die Anforderungen an das Messprogramm und die Dauerhaftigkeit des Betriebs nicht erfüllen oder datenpolitische Aspekte im Wege stehen.

Ein wichtiger Aspekt bei der Auswertung längerfristiger Trends ist die Homogenität der Messreihen. Veränderungen in den Messbedingungen können Messreihen inhomogen werden lassen. Es treten dann Sprünge auf, die nicht durch tatsächliche Klimaveränderungen verursacht wurden. Abhängig vom Messprinzip können die Ursachen der Inhomogenitäten sehr unterschiedlich sein. Müller-Westermeier (2004) hat die Homogenität deutscher Temperatur- und Niederschlagsreihen untersucht. Augter (2013) hat Vergleichsmessungen von automatischen und manuellen Messungen der Klimareferenzstationen verwendet, um die Auswirkungen der Automatisierung des Messnetzes zu analysieren. Der folgende Abschnitt diskutiert Einzelheiten der wichtigsten Parameter.

3.2.3 Die Beobachtung wichtiger Klimagrößen im Einzelnen

■ **Temperatur**

Seit 60 Jahren wird an mehr als 500 Stationen die Temperatur gemessen. Zuvor war das Netz weniger dicht (Kaspar et al. 2015). Für die Zeit bis zum Zweiten Weltkrieg gibt es teilweise nur Monatswerte, viele Tageswerte gingen verloren. Weiter zurück bis 1881 liegen Monatswerte von mehr als 130 Stationen digitalisiert vor. Noch ältere Messreihen gibt es nur wenige, die aufgrund verschiedener Messverfahren und Beobachtungsprogramme meist inhomogen sind. Die längste dieser Reihen aus Berlin reicht bis 1719 zurück (Cubasch und Kadow 2011). Müller-Westermeier (2004) kommt bei der Untersuchung von Messreihen mit einer Dauer von mehr als 80 Jahren zu dem

Ergebnis, dass die Mehrheit der Reihen eine oder mehrere In-homogenität/en aufweist. Diese betrugen bis zu 1,7 K; wobei am häufigsten Inhomogenitäten von 0,2 K auftraten. In den meisten Fällen wurden dabei Stationsverlegungen als Ursache identifiziert. Ein weiterer wichtiger Faktor sind Veränderungen beim Strahlungsschutz der Messgeräte.

Zwischen 1995 und 2005 lösten elektrische Thermometer die visuell abzulesenden Quecksilberthermometer und Registriergeräte auf Bimetallbasis an den meisten Stationen ab. An ausgewählten Stationen wird weiter parallel analog gemessen (s. auch Augter 2013). Wesentliche Auswirkungen in den Zeitreihen von Monats- und Jahresmittelwerten haben sich dabei aber nicht ergeben. An allen Stationen mit Temperaturmessungen wird auch Feuchte gemessen.

- **Niederschlag**

Das DWD-Niederschlagsmessnetz besteht derzeit aus rund 1900 Messstellen. Seit etwa 60 Jahren liegen Tageswerte in hoher räumlicher Dichte vor, die in früheren Jahrzehnten teilweise aber noch deutlich höher war als heute. Von 1969 bis 2000 gab es mehr als 4000 Stationen. Monatswerte gibt es für die vergangenen 100 Jahre von mehr als 2000 Stationen, und zurück bis 1881 liegt noch ein Netz von mehreren 100 Stationen vor. Noch ältere Messreihen basieren auf sehr verschiedenen Messverfahren. Die längste durchgehende Niederschlagsreihe in Deutschland besitzt die Station Aachen, die seit 1844 in Betrieb ist. Müller-Westermeier (2004) fand bei der Untersuchung von 505 Niederschlagsmessreihen mit einer Dauer von mindestens 80 Jahren weniger Inhomogenitäten als im Fall der Temperatur, was aber auch durch die schwierigere Identifikation der Inhomogenitäten aufgrund der hohen Variabilität des Niederschlags bedingt ist. Die Inhomogenitäten lagen im Bereich von −30 bis +40 % und sind in den meisten Fällen (61 %) durch Stationsverlagerungen verursacht.

Seit etwa 1995 wird die Niederschlagsmessung zunehmend auf digitale Messsysteme umgestellt. Für diese Stationen liegen die Messungen zeitnah und in hoher zeitlicher Auflösung bis hin zu Minuten vor. Heute erfassen auch Wetterradare den Niederschlag. Durch Aneichung an Bodenniederschlagsstationen können flächendeckend, räumlich und zeitlich hoch aufgelöst Niederschlagsmengen abgeleitet werden.

- **Schneehöhe**

An den Niederschlagsstationen wird auch die Gesamtschneehöhe gemessen. In Bayern begannen diese Messungen bereits 1887, in den nördlichen Teilen Deutschlands erst gegen Ende der 1920er-Jahre. Ab etwa 1951 sind ausreichend digitale Schneehöhenangaben für ganz Deutschland vorhanden, obwohl diese an den Niederschlagsstationen in den alten Bundesländern erst ab 1979 vollständig digitalisiert vorliegen. Für die Zeit vor 1979 sind in den alten Bundesländern die Schneehöhen für die Klimastationen – d. h. Messstationen, an denen auch weitere Größen erfasst wurden – und einige nachträglich digitalisierte Niederschlagsstationen vorhanden. Mit der Automatisierung der Stationen ersetzten Schneehöhensensoren die manuellen Messungen.

- **Luftdruck**

Rund 210 Messstellen erfassen derzeit den Luftdruck. Vor 1950 gab es weniger Stationen und vor etwa 1930 nur einzelne Messreihen, die oft aufgrund verschiedener Messverfahren und Beobachtungsprogramme inhomogen sind. Die Messreihe des Observatoriums am Hohenpeißenberg begann 1781. Zwischen 1995 und 2005 ersetzten digitale Geräte weitgehend die Quecksilber- und Dosenbarometer – ohne wesentliche Inhomogenitäten in den Zeitreihen.

- **Wind**

Seit etwa 20 Jahren messen rund 300 Stationen den Wind. Dazu kommen Windschätzungen von den nebenamtlich betriebenen Stationen. Vor 1950 gab es nur einzelne Messreihen. Zeitreihen von Windschätzungen gehen teilweise bis ins 19. Jahrhundert zurück, sind aber wegen unterschiedlicher Mess- und Auswertemethoden nur bedingt für längerfristige Auswertungen nutzbar.

- **Sonnenscheindauer**

Wie lange die Sonne scheint, erfassen seit 60 Jahren rund 300 Stationen. Davor gab es nur einzelne, häufig inhomogene Messreihen. Ursprünglich wurden die Messungen auf der Basis des Brennglaseffekts durchgeführt, visuell ausgewertet und stündlich dokumentiert. Zwischen 1995 und 2005 wurde das Messnetz weitgehend auf automatische Messgeräte umgestellt, die mit hoher zeitlicher Auflösung arbeiten. Aufgrund des grundsätzlich anderen Messprinzips sind hier stärkere Inhomogenitäten durch die Automatisierung festgestellt worden als bei anderen Größen (Augter 2013).

- **Wolken**

An 64 Wetterstationen des DWD und 31 Stationen des Geoinformationsdienstes der Bundeswehr werden Wolkenart, Bedeckungsgrad und Wolkenuntergrenze visuell erfasst und dokumentiert. Die Zeitreihen reichen zurück bis in die 1940er-Jahre, an einigen Stationen sogar bis ins 19. oder 18. Jahrhundert. Seit den 1990er-Jahren dienen Laser-Ceilometer dazu, die Wolkenbedeckung und die Wolkenuntergrenze genau zu bestimmen.

Weiterhin gibt es inzwischen ausreichend lange Beobachtungen per Wettersatelliten, um daraus Datensätze etwa für Bedeckungsgrad, Wolkentyp, optische Dicke, Wolkenphase und Wolkenobergrenze abzuleiten, z. B. in der *Satellite Application Facility on Climate Monitoring* (Karlsson et al. 2013) oder der *Climate Change Initiative* der ESA.

- **Strahlung**

Strahlung wird an 121 Stationen gemessen. Dabei kommen allerdings Messinstrumente unterschiedlicher Qualität zum Einsatz. Als höherwertig werden Pyranometer angesehen (Becker und Behrens 2012). Diese messen an 28 Stationen die kurzwellige Globalstrahlung und langwellige Wärmestrahlung der Atmosphäre sowie zusätzlich die diffuse Sonneneinstrahlung. An neun dieser Stationen erfassen auch Pyrgeometer die Wärmestrahlung der Atmosphäre. Gespeichert werden Ein-Minuten-Mittelwerte. An neun Stationen liegen Messreihen der Globalstrahlung von mindestens 50 Jahren vor. Auch bei der bodennahen Strahlung lassen sich Satellitendaten nutzen (Posselt et al. 2012).

Intervall	Frühling		Sommer		Herbst		Winter		Jahr	
Tab. 3.2 Temperatur- und Niederschlagstrends in Deutschland in verschiedenen Zeiträumen										
Temperaturtrend in °C pro Dekade (links) sowie über den angegebenen Zeitraum (rechts)										
1881–2014	0,11	1,4	0,09	1,2	0,10	1,3	0,09	1,1	0,10	1,3
1901–2014	0,10	1,1	0,11	1,2	0,11	1,3	0,07	0,8	0,10	1,1
1951–2014	0,30	1,9	0,25	1,6	0,15	0,9	0,28	1,8	0,24	1,5
Niederschlagstrend in mm pro Dekade (links in jeder Spalte) sowie in % pro Dekade relativ zum Mittelwert 1961–1990 (rechts in jeder Spalte)										
1881–2014	1,5	0,8	−0,1	0,0	1,0	0,6	3,6	2,0	6,1	0,8
1901–2014	1,6	0,8	0,1	0,0	1,5	0,8	3,0	1,7	6,2	0,8
1951–2014	1,4	0,8	−2,2	−0,9	3,5	1,9	4,1	2,3	6,5	0,8
Mittelwert des Niederschlags für die Periode 1961–1990 in mm										
	186		239		183		181		789	

3.2.4 Klimatrends in Deutschland und den Bundesländern

Aus den Beobachtungen der Messstationen lässt sich ableiten, wie sich das Klima in Deutschland in den vergangenen 130 Jahren verändert hat, auch speziell in einzelnen Regionen. Regelmäßig aktualisiert der Deutsche Wetterdienst ausgehend von diesen Daten seine Auswertungen, beispielsweise in Form von Karten im Deutschen Klimaatlas. Aus den Karten lassen sich Mittelwerte und Trends für Gesamtdeutschland, die Bundesländer oder andere Regionen berechnen (Kaspar et al. 2013). Dabei wird wie folgt vorgegangen: Zunächst werden die beobachteten Werte zeitlich gemittelt. Dann wird ein Rasterfeld mit einer Auflösung von 1 km² erzeugt – dabei wird die Höhenabhängigkeit der Klimagrößen berücksichtigt (Müller-Westermeier 1995; Maier et al. 2003). Dieses Rasterfeld dient dann dazu, Mittelwerte für bestimmte Regionen zu berechnen. Im Vergleich zu einer reinen Mittelwertbildung aus den Stationsdaten reduziert diese Vorgehensweise die Auswirkungen, die Veränderungen im Messnetz auf die Ergebnisse haben. Auch der Effekt von Inhomogenitäten einzelner Stationsreihen, z. B. infolge von Verlegung, wird reduziert. Daten für dieses Verfahren liegen für Temperatur und Niederschlag für die Zeit seit 1881 und für Sonnenscheindauer seit 1951 ausreichend vor. ◻ Abb. 3.1 zeigt Ergebnisse dieser Auswertungen.

Von 1881 bis 2014 stieg die Temperatur deutlich, sowohl im Jahresdurchschnitt (+1,3 °C) als auch im Sommer (+1,2 °C) und Winter (+1,1 °C). Damit erwärmte sich Deutschland mehr als die Erde im Durchschnitt. Im Westen Deutschlands stieg die Temperatur etwas stärker als im Osten.

Die Resultate stimmen mit früheren Auswertungen anderer Autoren überein: Auch der Klima-Trendatlas Deutschland 1901 bis 2000 zeigt Trends der mittleren Temperatur in Deutschland. Allerdings wurden Daten von weniger Stationen verwendet (Schönwiese und Janoschitz 2008; Schönwiese et al. 2004). Für den Zeitraum 1901 bis 2000 erhalten Schönwiese et al. (2004) für Deutschland einen linearen Trend von +1 °C.

Da die Temperatur stets schwankt, bestimmt der Startzeitpunkt der Berechnung die Stärke des Trends. Ebenso fällt der Trend je nach Länge des Zeitraums mehr oder weniger stark

aus. Er ist stärker, wenn man Zeiträume in der zweiten Hälfte des 20. Jahrhunderts wählt (◻ Tab. 3.2). Die wärmsten Jahre von 1881 bis 2014 in Deutschland waren 2000, 2007 und 2014, die kältesten 1940, 1956 und 1888.

Die Niederschläge haben von 1881 bis 2014 um 10,2 % zugenommen, verglichen mit dem langjährigen Mittel von 1961 bis 1990. Im Winter stieg die Niederschlagsmenge um 26 % – dabei mehr im Westen Deutschlands als im Osten. Im Sommer gab es dagegen 0,6 % weniger Niederschläge. Seit 1951 nahm die jährliche Sonnenscheindauer deutschlandweit um etwa 4 % zu. Um einen Vergleich über unterschiedliche Zeiträume zu ermöglichen, sind die prozentualen Änderungen in ◻ Tab. 3.2 jeweils pro Jahrzehnt angegeben.

Wie signifikant ein Trend ausfällt, hängt von der betrachteten Klimagröße, der Region, der Jahreszeit und dem Zeitraum der Auswertung ab. Dies wurde mit vielen Details von Rapp (2000) ausgewertet: In den 100 Jahren von 1896 bis 1995 erwärmte sich Deutschland überwiegend statistisch signifikant. Niederschläge nahmen besonders im Winterhalbjahr signifikant zu und daraus resultierend auch ganzjährig, vor allem im Westen des Landes. Vergleichbar signifikant sind die Trends der deutschlandweiten Mittelwerte in ◻ Abb. 3.1.

3.3 Datensätze für Deutschland und Europa

3.3.1 Stationsdaten

Der niederländische Wetterdienst KNMI sammelt und aktualisiert Daten europäischer Wetterstationen im Projekt *European Climate Assessment and Data (ECA&D)* (Klok und Klein-Tank 2008). Der Datenbestand dieses Projekts basiert auf Zulieferungen von Wetterdiensten, Observatorien und Universitäten aus 62 Ländern in Europa, im Mittelmeerraum und Vorderasien. Dabei handelt es sich um tägliche Daten von zwölf meteorologischen Kenngrößen: Minimum-, Mittel- und Maximaltemperatur, Niederschlagsmenge, Sonnenscheindauer, Wolkenbedeckung, Schneehöhe, Luftfeuchtigkeit, Windgeschwindigkeit, Windspitze, Windrichtung und Luftdruck. Derzeit liegen 37.025

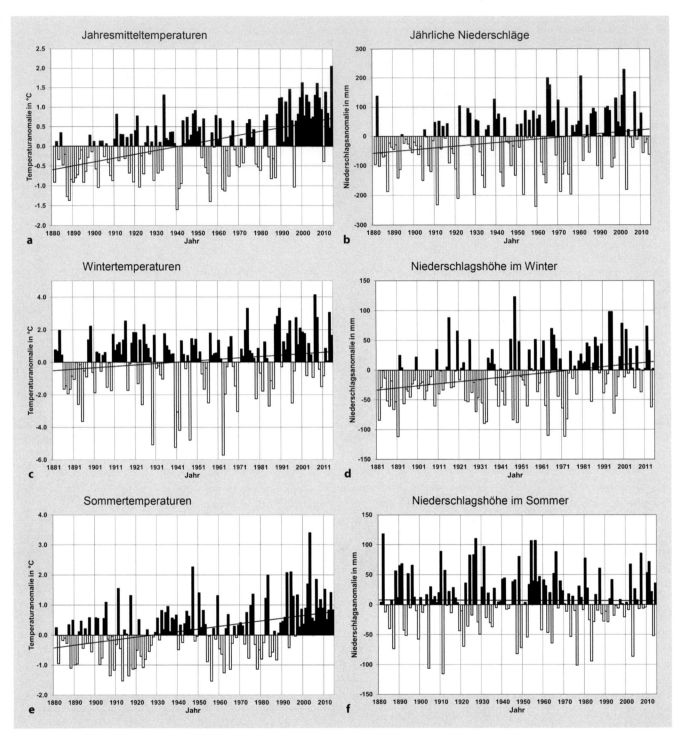

◼ **Abb. 3.1** Trends der Temperatur und Niederschlaghöhe in Deutschland von 1881 bis 2014 jeweils als Abweichung vom Mittelwert des Zeitraums 1961 bis 1990. **a** Jahresmitteltemperaturen: Der lineare Trend von insgesamt 1,3 °C innerhalb von 134 Jahren ist statistisch hoch signifikant (p-Wert < 0,001). **b** Jährliche Niederschläge: Der lineare Trend über die Gesamtzeit ist statistisch hoch signifikant (Zunahme um 81 mm; p-Wert ~ 0,004). **c** Wintertemperaturen: Der lineare Trend von insgesamt 1,1 °C innerhalb von 134 Jahren ist statistisch gering signifikant (p-Wert ~ 0,03). **d** Niederschlaghöhe im Winter: Der lineare Trend über die Gesamtzeit ist statistisch hoch signifikant (Zunahme um 47 mm; p-Wert < 0,001). **e** Sommertemperaturen in Deutschland: Der lineare Trend von insgesamt 1,2 °C innerhalb von 134 Jahren ist statistisch hoch signifikant (p-Wert < 0,001). **f** Niederschlaghöhe im Sommer: Es besteht kein statistisch signifikanter linearer Trend über die Gesamtzeit (Abnahme um 1,5 mm; p-Wert ~ 0,9). Sommer bezieht sich jeweils auf Juni bis August. Winter bezieht sich auf Dezember bis Februar und den Zeitraum von 1881/82 bis 2014/15

◨ Tab. 3.3 Klimatologische Rasterdaten für Deutschland und angrenzende Gebiete

Datensatz/ Projekt	Parameter	Gebiet	Räumliche Auflösung	Zeitraum und zeitliche Auflösung	Referenz
E-OBS	Temperatur, Niederschlag, Druck	Europa	25 km	Ab 1950; täglich	Haylock et al. (2008), van den Besselaar et al. (2011)
REGNIE	Niederschlag	Deutschland	Ca. 1 km	Ab 1931: alte Bundesländer; ab 1951: alle Bundesländer; täglich	Rauthe et al. (2013)
HYRAS	Niederschlag	Deutsche Flusseinzugsgebiete mit Nachbarländer	1 km	1951–2006, täglich	Rauthe et al. (2013)
DWD-Klimaüberwachung	Niederschlag, Temperatur, Sonnenscheindauer	Deutschland	1 km	1881 bis heute, Sonnenscheindauer ab 1951; monatlich	Kaspar et al. (2013)
STAMMEX	Niederschlag	Deutschland	1931 bis heute in 0,5°; 1951 bis heute in 0,5°; 0,25°; 1971–2000 in 0,5°; 0,25°; 0,1°	Jeweils täglich	Zolina et al. (2014)
DEKLIM	Wind	Deutschland	1 km	1951–2001, monatlich	Walter et al. (2006)
HISTALP	Temperatur, Niederschlag	Alpen	5 min	Temperatur (1780–2009), Niederschlag (1801–2003), monatlich	Chimani et al. (2013,2011)
ALPIMP	Niederschlag	Alpen	1/6 Grad	1800–2003, monatlich	Efthymiadis et al. (2006)
EURO4M/Alpine	Niederschlag	Alpen	5 km	1971–2008, täglich	Isotta et al. (2013)

Zeitreihen von 7848 meteorologischen Stationen vor. Allerdings variiert die Menge der bereitgestellten Daten aus den einzelnen Ländern erheblich. Für Deutschland liegt mit 1084 Stationen eine vergleichsweise hohe Datendichte vor (Stand aller Angaben 26.01.2014, abgerufen unter ecad.knmi.nl). Für wissenschaftliche Zwecke sind 61 % der Daten frei zugänglich. Die Daten des ECA&D-Bestands wurden nicht homogenisiert, da für tägliche Daten derzeit keine automatischen Verfahren verfügbar sind. Da bei Trendanalysen, insbesondere im Fall von Extremwerten, die Homogenität der Zeitreihe beachtet werden muss, wurden zumindest Tests der Homogenität durchgeführt: In einer Untersuchung von Wijngaard et al. (2003) wurde für den Zeitraum von 1901 bis 1999 die Homogenität von 94 % der Temperaturreihen und 25 % der Niederschlagsreihen als „suspekt" oder „zweifelhaft" bewertet. Weitere Untersuchungen zur Homogenität führten ebenfalls zu dem Ergebnis, dass sich die Anzahl der als homogen eingestuften Reihen stark zwischen den Klimagrößen unterscheidet: Für den Zeitraum von 1960 bis 2004 wurden dabei zwischen 12 % (Minimumtemperatur) und 59 % (Niederschlag) der Reihen als homogen bewertet (Begert et al. 2008).

3.3.2 Gerasterte Datensätze

Die oben beschriebenen Routineanalysen dienen vor allem dazu, langfristige Trends zu bestimmen und eine Einordnung der aktuellen Monate vorzunehmen. Darüber hinaus gibt es für andere Zwecke weitere gerasterte Datensätze. Diese basieren für die Region Deutschland üblicherweise ebenfalls auf den Beobachtungen des DWD, können sich aber, etwa in Bezug auf die ausgewählten Messstationen, zusätzlich genutzte Datenquellen oder die Methodik unterscheiden. Datensätze, die mehr als Deutschland abdecken, enthalten vergleichbare Informationen aus den Messnetzen der Nachbarländer. Aufgrund datenpolitischer Einschränkungen basieren diese aber oft auf einer deutlich geringeren Stationsdichte als vergleichbare nationale Datensätze.

Ein häufig genutzter gerasterter Datensatz für Europa ist der Datensatz E-OBS, der auf den Stationsdaten des ECA&D-Projekts basiert. Als Rasterprodukte stehen Temperatur und Niederschlag (Haylock et al. 2008) sowie Luftdruck (van den Besselaar et al. 2011) zur Verfügung. Für die Bewertung regionaler Klimamodelle und der Analyse von Extremereignissen ist er allerdings nur eingeschränkt verwendbar (Hofstra et al. 2009). Bei geringer Stationsdichte sind die Rasterdaten stark geglättet (Hofstra et al. 2010), was insbesondere bei der Bewertung von Trends in Extremen berücksichtigt werden muss. Im Vergleich zu einem höher aufgelösten nationalen Datensatz für Großbritannien zeigen Maraun et al. (2012), dass sich vor allem extreme Niederschläge in bergigen und datenarmen Regionen mit dem E-OBS-Datensatz nicht gut untersuchen lassen. Kyselý und Plavcová (2010) zeigen, dass sich Minimum- und Maximumtemperatur des E-OBS-Datensatzes und eines nationalen Rasterdatensatzes für die Tschechische Republik aufgrund der unterschiedlichen Stationsdichte deutlich unterscheiden.

◨ Tab. 3.3 gibt eine Übersicht über neuere Datensätze, die für Überprüfung von Modellen in Deutschland und angrenzenden Regionen relevant sind.

◘ Tab. 3.4 Ausgewählte Informationsportale

Klimaatlas des Deutschen Wetterdienstes	► www.deutscher-klimaatlas.de
Klimaatlas der regionalen Klimabüros der Helmholtz-Gemeinschaft	► www.regionaler-klimaatlas.de
Norddeutscher Klimaatlas des Norddeutschen Klimabüros	► www.norddeutscher-klimaatlas.de
Klimaatlas Nordrhein-Westfalen	► www.klimaatlas.nrw.de
Klimaatlas Baden-Württemberg	► www4.lubw.baden-wuerttemberg.de/servlet/is/16703
Norddeutscher Klimamonitor	► www.norddeutscher-klimamonitor.de
Umweltatlas Hessen	► atlas.umwelt.hessen.de/atlas/
Umweltatlas Berlin	► www.stadtentwicklung.berlin.de/umwelt/umweltatlas

Der Datensatz HYRAS deckt die deutschen Flusseinzugsgebiete inklusive der zugehörigen Regionen der Nachbarländer ab. Er basiert auf insgesamt 6200 Stationen (Rauthe et al. 2013). Durch seine räumliche Auflösung von 1 km verfügt er über eine deutlich andere Häufigkeitsverteilung für Niederschläge als der E-OBS-Datensatz mit einer Auflösung von 25 km. Dabei stimmt die Verteilung im HYRAS-Datensatz gut mit der Verteilung überein, die direkt aus Stationen abgeleitet wird.

Im STAMMEX-Projekt wurde bei der Erzeugung der Datensätze versucht, eine gleichbleibende Stationsdichte zu erreichen. Es wurden tägliche Raster in unterschiedlicher räumlicher Auflösung erzeugt.

Für die Alpen realistische Rasterfelder des Niederschlags zu erzeugen ist aufgrund ihrer komplexen Oberflächenstruktur besonders schwierig. Daher wurde diese Fragestellung in mehreren Projekten behandelt (HISTALP, ALPIMP, EURO4M).

Klimatologische Informationen enthalten auch Klimaatlanten. Diese gibt es sowohl für Deutschland (z. B. Deutscher Wetterdienst 1999, 2001, 2003, 2006) als auch für einzelne Regionen (z. B. Oberrheinische Universitäten 1996). Im Internet finden sich zudem verschiedene interaktive Klimaatlanten, die teilweise auch Ergebnisse aus Szenarienrechnungen enthalten (◘ Tab. 3.4).

3.4 Kurz gesagt

Erste systematische Wetterbeobachtungen gab es bereits im 18. Jahrhundert. Aber nur an einzelnen Standorten wurden sie kontinuierlich fortgesetzt. Mit der Gründung staatlicher Wetterdienste im 19. Jahrhundert begannen umfangreichere Beobachtungen. Heute beobachten die Wetterdienste in Deutschland und den Nachbarländern, wie sich das Klima in Mitteleuropa verändert. Auf Basis der gesammelten Beobachtungen lassen sich Aussagen über die Klimaentwicklung in Deutschland treffen: Von 1881 bis 2014 stiegen die mittleren Temperaturen in Deutschland deutlich, sowohl im Jahresdurchschnitt (+1,3 °C) als auch im Sommer (+1,2 °C) und Winter (+1,1 °C). In diesem Zeitraum haben die jährlichen Niederschläge um 10,2 % zugenommen (im Vergleich zum langjährigen Mittelwert 1961–1990). Die Zunahme wird überwiegend durch die Zunahme der Winterniederschläge um 26 % verursacht. Aus den Beobachtungen lassen sich auch Datensätze ableiten, mit denen sich regionale Klima-

modelle überprüfen lassen. Dabei sind allerdings die spezifischen Eigenschaften der Datensätze zu berücksichtigen, die sich etwa aus der unterschiedlichen Stationsdichte ergeben. Insbesondere bei der Betrachtung von Extremen und Trends sind regionale Datensätze mit hoher Stationsdichte vorteilhaft.

Literatur

Augter G (2013) Vergleich der Referenzmessungen des Deutschen Wetterdienstes mit automatisch gewonnenen Messwerten, 2. Aufl. Berichte des Deutschen Wetterdienstes, Bd. 238.

Becker R, Behrens K (2012) Quality assessment of heterogeneous surface radiation network data. Adv Sci Res 8:93–97. doi:10.5194/asr-8-93-2012

Begert M, Zenkusen E, Haeberli C, Appenzeller C, Klok L (2008) An automated homogenization procedure; performance assessment and application to a large European climate dataset. Meteor Z 17(5):663–672

Besselaar EJM van den, Haylock MR, Schrier G van der, Klein Tank AMG (2011) An European daily high-resolution observational gridded data set of sea level pressure. J Geophys Res 116:D11110. doi:10.1029/2010JD015468

Brienen S, Kapala A, Mächel H, Simmer C (2013) Regional centennial precipitation variability over Germany from extended observation records. Int J Climatol 33. doi:10.1002/joc.3581

Chimani B, Böhm R, Matulla C, Ganekind M (2011) Development of a longterm dataset of solid/liquid precipitation. Adv Sci Res 6:39–43

Chimani B, Matulla C, Böhm R, Hofstätter M (2013) A new high resolution absolute temperature grid for the Greater Alpine Region back to 1780. Int J Climatol 33:2129–2141. doi:10.1002/joc.3574

Cubasch U, Kadow C (2011) Global climate change and aspects of regional climate change in the Berlin-Brandenburg region. Die Erde 142:3–20

Deutscher Wetterdienst (1999) Klimaatlas Bundesrepublik Deutschland. Teil 1 Lufttemperatur, Niederschlagshöhe, Sonnenscheindauer. Selbstverlag des Deutschen Wetterdienstes, Offenbach

Deutscher Wetterdienst (2001) Klimaatlas Bundesrepublik Deutschland. Teil 2 Verdunstung, mittlere tägliche Extremwerte, Kontinentalität. Selbstverlag des Deutschen Wetterdienstes, Offenbach

Deutscher Wetterdienst (2003) Klimaatlas Bundesrepublik Deutschland. Teil 3 Bewölkung, Globalstrahlung, Tage mit Überschreitung klimatologischer Schwellenwerte, Phänologie. Selbstverlag des Deutschen Wetterdienstes, Offenbach

Deutscher Wetterdienst (2006) Klimaatlas Bundesrepublik Deutschland. Teil 4 Klimatische Wasserbilanz, Tägliche Temperaturschwankung, Windgeschwindigkeit, Dampfdruck, Schneedecke. Selbstverlag des Deutschen Wetterdienstes, Offenbach

Deutscher Wetterdienst (2013) Die deutschen Klimabeobachtungssysteme. Inventarbericht zum Global Climate Observing System (GCOS). Selbstverlag des Deutschen Wetterdienstes, Offenbach (http://www.gcos.de/inventarbericht)

Efthymiadis D, Jones PD, Briffa KR, Auer I, Böhm R, Schöner W, Frei C, Schmidli J (2006) Construction of a 10-min-gridded precipitation data set for the Greater Alpine Region for 1800–2003. J Geophys Res 111:D01105. doi:10.1029/2005JD006120

Freydank E (2013) 150 Jahre staatliches meteorologisches Messnetz in Sachsen. In: Goethes weiteres Erbe: 200 Jahre Klimastation Jena. Beiträge des Jubiläumskolloquiums „200 Jahre Klimamessstation Jena". Annalen d Meteorol, Bd. 46. Selbstverlag des Deutschen Wetterdienstes, Offenbach a M, S 172

Haylock MR, Hofstra N, Klein Tank AMG, Klok EJ, Jones PD, New M (2008) A European daily high-resolution gridded dataset of surface temperature and precipitation for 1950–2006. J Geophys Res (Atmospheres) 113:D20119. doi:10.1029/2008JD10201

Hellmann G (1883) Repertorium der deutschen Meteorologie: Leistungen der Deutschen in Schriften, Erfindungen und Beobachtungen auf dem Gebiet der Meteorologie und dem Erdmagnetismus von den ältesten Zeiten bis zum Schluss des Jahres 1881. Engelmann-Verlag, Leipzig (XXIV: 996)

Hellmann G (1887) Geschichte des Königl. Preuß Meteorologischen Instituts von seiner Gründung im Jahre 1847 bis Reorganisation im Jahre 1885. In: Ergebnisse der Meteorologischen Beobachtungen im Jahre 1885. Königlich Preußisches Meteorologisches Institut, Berlin, S XX–LXIX

Hofstra N, Haylock M, New M, Jones PD (2009) Testing E-OBS European high-resolution gridded data set of daily precipitation and surface temperature. J Geophys Res 114:D21101

Hofstra N, New M, McSweeney C (2010) The influence of interpolation and station network density on the distributions and trends of climate variables in gridded daily data. Climate Dynamics 35(5):841–858

Hollmann R, Merchant CJ, Saunders R, Downy C, Buchwitz M, Cazenave A, Chuvieco E, Defourny P, de Leeuw G, Forsberg R, Holzer-Popp T, Paul F, Sandven S, Sathyendranath S, van Roozendael M, Wagner W (2013) The ESA Climate Change Initiative: Satellite data records for essential climate variables. Bull Amer Meteor Soc 94:1541–1552. doi:10.1175/BAMS-D-11-00254.1

Isotta FA, Frei C, Weilguni V, Perčec Tadić M, Lassègues P, Rudolf B, Pavan V, Cacciamani C, Antolini G, Ratto SM, Munari M, Micheletti S, Bonati V, Lussana C, Ronchi C, Panettieri E, Marigo G, Vertačnik G (2013) The climate of daily precipitation in the Alps: development and analysis of a high-resolution grid dataset from pan-Alpine rain-gauge data. Int J Climatol. doi:10.1002/joc.3794

Karl TR, Diamond HJ, Bojinski S, Butler JH, Dolman H, Haeberli W, Harrison DE, Nyong A, Rösner S, Seiz G, Trenberth K, Westermeyer W, Zillman J (2010) Observation needs for climate information, prediction and application: Capabilities of Existing and Future Observing Systems. Procedia Environmental Sciences 1:192–205. doi:10.1016/j.proenv.2010.09.013

Karlsson KG, Riihelä A, Müller R, Meirink JF, Sedlar J, Stengel M, Lockhoff M, Trentmann J, Kaspar F, Hollmann R, Wolters E (2013) CLARA-A1: a cloud, albedo, and radiation dataset from 28 yr of global AVHRR data. Atmos Chem Phys 13:5351–5367. doi:10.5194/acp-13-5351-2013

Kaspar F, Müller-Westermeier G, Penda E, Mächel H, Zimmermann K, Kaiser-Weiss A, Deutschländer T (2013) Monitoring of climate change in Germany – data, products and services of Germany's National Climate Data Centre. Adv Sci Res 10:99–106. doi:10.5194/asr-10-99-2013

Kaspar F, Zimmermann K, Polte-Rudolf C (2014) An overview of the phenological observation network and the phenological database of Germany's national meteorological service (Deutscher Wetterdienst). Adv Sci Res 11:93–99. doi:10.5194/asr-11-93-2014

Kaspar F, Tinz B, Mächel H, Gates L (2015) Data rescue of national and international meteorological observations at Deutscher Wetterdienst. Adv Sci Res 12:57–61. doi:10.5194/asr-12-57-2015

Klok EJ, Klein Tank AMG (2008) Updated and extended European dataset of daily climate observations. Int J Climatol 29:1182. doi:10.1002/joc.1779

Kyselý J, Plavcová E (2010) A critical remark on the applicability of E-OBS. European gridded temperature data set for validating control climate simulations. doi:10.1029/2010JD014123

Mächel H, Kapala A (2013) Bedeutung langer historischer Klimareihen. In: Goethes weiteres Erbe: 200 Jahre Klimastation Jena. Beiträge des Jubiläumskolloquiums „200 Jahre Klimamessstation Jena". Annalen d Meteorol, Bd. 46. Selbstverlag des Deutschen Wetterdienstes, Offenbach a M, S 172

Mächel H, Kapala A, Behrendt J, Simmer C (2009) Rettung historischer Klimadaten in Deutschland: das Projekt KLIDADIGI des DWD. Klimastatusbericht 2008. Deutscher Wetterdienst, Offenbach/Main

Maier U, Kudlinski J, Müller-Westermeier G (2003) Klimatologische Auswertung von Zeitreihen des Monatsmittels der Lufttemperatur und der monatlichen Niederschlagshöhe im 20. Jahrhundert. Berichte des Deutschen Wetterdienstes, Bd. 223. Selbstverlag des Deutschen Wetterdienstes, Offenbach am Main

Maraun D, Osborn TJ, Rust HW (2012) The influence of synoptic airflow on UK daily precipitation extremes. Part II: regional climate model and E-OBS data validation. Climate Dynamics 39(1–2):287–301

Müller-Westermeier G (1995) Numerisches Verfahren zur Erstellung klimatologischer Karten. Berichte des Deutschen Wetterdienstes, Bd. 193. Selbstverlag des Deutschen Wetterdienstes, Offenbach am Main

Müller-Westermeier G (2004) Statistical analysis of results of homogeneity testing and homogenization of long climatological time series in Germany. Fourth seminar for homogenization and quality control in climatological databases, Budapest, Hungary, 06–10 October 2003. World Climate Data and Monitoring Programme Series (WCDMP-No 56). WMO Technical Document, Bd. 1236. World Meteorological Organization, Geneva, Switzerland

Oberrheinische Universitäten (Basel, Freiburg, Straßburg, Karlsruhe) (Hrsg) (1996) REKLIP-Klimaatlas Oberrhein Mitte-Süd. vdf-Hochschulverlag, Zürich

Posselt R, Mueller RW, Stöckli R, Trentmann J (2012) Remote sensing of solar surface radiation for climate monitoring – the CM-SAF retrieval in international comparison. Remote Sensing of Environment 118:186–198. doi:10.1016/j.rse.2011.11.016

Rapp J (2000) Konzeption, Problematik und Ergebnisse klimatologischer Trendanalysen für Europa und Deutschland. Berichte des Deutschen Wetterdienstes, Bd. 212. Selbstverlag des Deutschen Wetterdienstes, Offenbach am Main

Rauthe M, Steiner H, Riediger U, Mazurkiewicz A, Gratzki A (2013) A Central European precipitation climatology. Part I: Generation and validation of a high resolution gridded daily data set (HYRAS). Meteorologische Zeitschrift 22(3):235–256

Scherrer SC, Appenzeller C, Liniger MA (2006) Temperature trends in Switzerland and Europe: implications for climate normal. International Journal of Climatology 26(5):565–580. doi:10.1002/joc.1270

Schneider-Carius K (1955) Wetterkunde Wetterforschung: Geschichte ihrer Probleme und Erkenntnisse in Dokumenten aus drei Jahrtausenden. Verlag Karl Alber, Freiburg/München

Schönwiese C-D, Janoschitz R (2008) Klima-Trendatlas Deutschland 1901–2000, 2. Aufl. Berichte des Instituts für Atmosphäre und Umwelt der Universität Frankfurt/Main, Bd. 4.

Schönwiese C-D, Staeger T, Trömel S (2004) The hot summer 2003 in Germany. Some preliminary results of a statistical time series analysis. Meteorol Z N F 13:323–327

Walter A, Keuler K, Jacob D, Knoche R, Block A, Kotlarski S, Müller-Westermeier G, Rechid D, Ahrens W (2006) A high resolution reference data set of German wind velocity 1951–2001 and comparison with regional climate model results. Meteorologische Zeitschrift 15(6):585–596

Wege K (2002) Die Entwicklung der meteorologischen Dienste in Deutschland. Geschichte der Meteorologie in Deutschland, Bd. 5. Selbstverlag des Deutschen Wetterdienstes, Offenbach am Main

Wijngaard JB, Klein Tank AMG, Konnen GP (2003) Homogeneity of 20th century European daily temperature and precipitation series. Int J Climatol 23:679–692

Winkler P (2006) Hohenpeißenberg 1781–2006: das älteste Bergobservatorium der Welt. Geschichte der Meteorologie in Deutschland 7:174

WMO (1959) Technical regulations. Volume 1: General meteorological standards and recommended practices. WMO Technical Document, Bd. 49. World Meteorological Organization, Geneva, Switzerland

Zolina O, Simmer C, Kapala A, Shabanov P, Becker P, Mächel H, Gulev S, Groisma P (2014) New view on precipitation variability and extremes in Central Europe from a German high resolution daily precipitation dataset: Results from the STAMMEX project. Bulletin of the American Meteorological Society 95:995–1002. doi:10.1175/BAMS-D-12-00134.1

Regionale Klimamodellierung

Daniela Jacob, Christoph Kottmeier, Juliane Petersen, Diana Rechid, Claas Teichmann

© Der/die Herausgeber bzw. der/die Autor(en) 2017
G. Brasseur, D. Jacob, S. Schuck-Zöller (Hrsg.), *Klimawandel in Deutschland,* DOI 10.1007/978-3-662-50397-3_4

Globale Klimamodelle sind geeignet, natürliche und menschenbeeinflusste Änderungen des Klimas in Jahrzehnten bis Jahrhunderten abzubilden. Dazu gehören auch die Wechselwirkungen innerhalb und zwischen den Komponenten des Klimasystems: der Atmosphäre, dem Wasser und Eis, der Vegetation und dem Boden (zur globalen Klimamodellierung ▶ Kap. 2). Deshalb werden die Ergebnisse globaler Klimamodelle für kleinere Gebiete verfeinert (regionalisiert). Mit den Ergebnissen lassen sich Anwendungsfragen, etwa aus der Wasserwirtschaft (▶ Kap. 24), oder z. B. Fragen nach extremen Wetterereignissen mit Relevanz für die Versicherungswirtschaft (Teil II) und die Landwirtschaft (▶ Kap. 18) besser beantworten als mit den Ergebnissen globaler Modelle. Die Ergebnisse regionaler Modellrechnungen lassen sich auch direkter mit Beobachtungen vergleichen. Im Folgenden werden die Ergebnisse solcher Modellrechnungen im Vergleich mit Beobachtungen und für zwei zukünftige Zeiträume dieses Jahrhunderts dargestellt. Die eher methodischen Aspekte (z. B. in ▶ Abschn. 4.1) können von Anwendern mit nur allgemeinem Interesse am Klimawandel übergangen werden.

4.1   Methoden der regionalen Klimamodellierung

Bei der Regionalisierung des globalen modellierten Klimawandels unterscheidet man statistische und dynamische Downscaling-Verfahren. Beide erfordern die Eingabe von Daten aus Globalmodellen. Vor dem jüngsten Weltklimabericht, dem Fünften IPCC-Sachstandsbericht, basierten Regionalisierungen auf Globalmodellen mit SRES-Szenarien, vielfach den Szenarien A1B und B1. Die Projektionen für diesen neuen Bericht stützen sich nun auf sogenannte *representative concentration pathways* (kurz RCPs; Moss et al. 2010). EURO-CORDEX, der europäische Teil des internationalen CORDEX-Programms, entwickelte für ganz Europa Regionalisierungen mit einer horizontalen Auflösung von etwa 12 km. Auch in Arbeiten zur dekadischen Klimavorhersage werden Regionalisierungen mit RCP-basierten Strahlungsantrieben berechnet (Mieruch et al. 2013).

Die dynamische Regionalisierung erfolgt heute vielfach mit dynamischen regionalen Klimamodellen: *COSMO Climate Model* (CCLM; Berg et al. 2013), den Modellen REMO (Jacob et al. 2012), WRF-CLIM (Skamarock et al. 2008; Wagner et al. 2013; Warrach et al. 2013) und HIRLAM (Christensen et al. 1997). In weiteren Projekten wurden Klimarechenläufe auch bis zu einer Auflösung von 7 km, teilweise 2,8 km verfeinert (Feldmann et al. 2013). In der Klimafolgenforschung und für verschiedene Anwendungen setzt man zudem statistische oder statistisch-dynamische Regionalisierungen globaler Modelle ein (Enke et al. 2005; Spekat et al. 2007, 2010; Kreienkamp et al. 2011a, 2013).

4.1.1   Dynamische Regionalisierung

Die Modelle zur dynamischen Regionalisierung berechnen Klimaänderungen in einem dreidimensionalen Ausschnitt der Atmosphäre – nur mit höherer räumlicher Auflösung als die Globalmodelle. Hierbei wird auf einem Gitter das zugrunde liegende Gleichungssystem numerisch gelöst. Die Gleichungen repräsentieren die Erhaltungssätze für Energie, Impuls und Masse von Luft sowie Wasser und Wasserdampf. Das dynamische Regionalmodell startet mit den Ergebnissen eines globalen Klimamodells und erhält von ihm etwa alle 6 h neue Randwerte. Das Globalmodell prägt somit auch die langfristige Variabilität und großräumigen Abläufe in der Modellregion. Für diese berechnet man dann mit höherer horizontaler Auflösung das regionale Klima, und zwar schrittweise, um die großen Auflösungssprünge an den Rändern auszugleichen: erst 50 km Gitterweite, dann 10 oder 7 km bis teilweise 3 km und vereinzelt 1 km. Dynamische regionale Klimamodelle werden auch mit dynamischen Boden-Vegetationsmodellen gekoppelt (Schädler 2007), teilweise auch mit hochauflösenden Ozeanmodellen (Sein et al. 2015).

Mit der höheren räumlichen Auflösung lassen sich die Eigenschaften der Erdoberfläche wie etwa Höhenstruktur und Landbedeckung besser abbilden, ebenso Prozesse wie Gebirgsüberströmung, Wolken- und Niederschlagsbildung. Je nach Lage der Region und vorherrschender Wetterlage bestimmen entweder die großskaligen Strömungen des Globalmodells oder die lokalen Gegebenheiten und kleinräumigen Prozesse das simulierte regionale Klima.

Dynamische Modellrechnungen dienen auch dazu, regionale Klimaänderungen zu ermitteln. Dafür werden zunächst 30 Jahre aus der Vergangenheit (oft 1971–2000) mit einem bekannten Klima simuliert, um zu überprüfen, wie gut die regionalisierten Daten mit den Daten aus Stationsbeobachtungen übereinstimmen. Dann werden 30 Jahre der Zukunft simuliert. Mit einem so überprüften Modell lässt sich das Klimaänderungssignal für die Vergangenheit und die Zukunft ableiten.

Selbst mit einem „perfekten" Modell ergibt eine Simulation jedoch immer nur eine einzelne Realisierung vieler möglicher zukünftiger Klimazustände. Das liegt an den zufallsartigen Eigenschaften des Klimas. Deshalb werden sogenannte Ensembles von Realisierungen berechnet, wobei die Anfangs- oder Randbedingungen variiert werden. Die Wettervorhersage greift seit Längerem auf Ensembles zurück – das Wetter lässt sich jedoch täglich und damit besser überprüfen als das Klima. Ensemble-Konstruktionen, entweder die genannten Sets aus Realisierungen oder auch Ensembles aus unterschiedlichen Klimamodellen (Multimodellansätze), und ihre Überprüfung stehen derzeit weit oben in der Forschung.

4.1.2   Statistische Regionalisierung

Mit statistischer Regionalisierung lassen sich ebenfalls Simulationsdaten globaler Klimamodelle räumlich verfeinern. Für Deutschland wurden regionale Klimaprojektionen vor allem mit den statistischen Modellen WETTREG (WETTerlagen-basierte REGionalisierung; Kreienkamp et al. 2013) und STARS (*STAtistical Regional model*; Gerstengarbe et al. 2013) erstellt. Dabei untersucht man die Zusammenhänge zwischen den großräumigen Wetterlagen oder globalen Zirkulationsmustern und den lokalen Klimadaten. WETTREG unterscheidet zehn Wetterlagen für die Temperatur und acht Wetterlagen für Feuchte im Frühling,

◘ Abb. 4.1 Systemkomponenten regionaler Klimamodelle. (KIT)

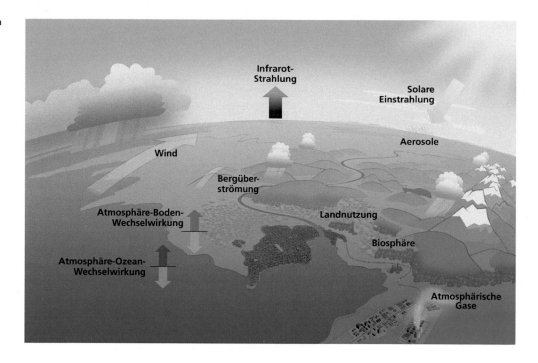

Sommer, Herbst und Winter. Über eine Wetterlagenklassifikation werden die gefundenen Zusammenhänge auf die Projektionen mit einem globalen Klimamodell übertragen. Alternativ geben die Projektionsläufe dynamischer Klimamodelle Auskunft darüber, wie häufig ein Zirkulationsmuster auftritt. Bei STARS werden beobachtete oder modellierte Zeitreihen von Klimavariablen umsortiert, um vorgegebene lineare Trends zu berücksichtigen.

Es entstehen also synthetische vergleichbare Zeitreihen meteorologischer Größen an den Orten der Messstationen. Diese Zeitreihen basieren auf den von dynamischen Klimamodellen projizierten Änderungen in der großräumigen Zirkulation. Die räumliche Dichte der Stationen, die Zeitreihen geliefert haben, bestimmt dabei die horizontale Auflösung. Da statistische Modelle einen vergleichsweise geringen Rechenaufwand erfordern, können sie auch für viele Regionalisierungen und regionale Ensembleansätze genutzt werden. Größere meteorologische Extreme, als sie in der Vergangenheit beobachtet wurden, können allerdings nicht direkt ermittelt werden.

4.2   Bestandteile regionaler Klimamodelle

Komplexe Atmosphärenmodelle beschreiben das regionale Klima. Diese Modelle werden mit einem Boden-Vegetationsmodell und teilweise bereits mit einem Ozeanmodell gekoppelt. Somit berücksichtigen sie die Atmosphäre, den Boden, die Vegetation und Landnutzung sowie Gletscher, Schneedecken und Eis im Boden (◘ Abb. 4.1).

Neben den Hoch- und Tiefdruckgebieten prägen viele andere Prozesse die regionale Atmosphäre: die Überströmung flacher und gebirgiger Landschaften oder Wolkenbildung und Niederschläge. Temperaturkontraste sind verantwortlich für Land-Meer- und Berg-Tal-Winde. Die Wirbelstärke atmosphärischer Zirkulationen, auch in der mittleren und oberen Troposphäre, ist entscheidend für solche Prozesse. In Deutschland und Zentraleuropa hängen die Vorgänge in der Atmosphäre auch von der geografischen Lage ab, also etwa Küstenferne oder Gebirgsnähe.

Das atmosphärische Klimamodell muss hoch aufgelöst sein, um solche Vorgänge richtig zu zeigen. Da Modelle für die Wettervorhersage grundsätzlich das gleiche leisten müssen und regelmäßig mit Beobachtungen verglichen werden, eignen sie sich gut als Ausgangspunkt für regionale Klimamodelle. Ein zusätzliches Erfordernis ist aber, dass systematische Modellfehler bei Klimamodellen sehr klein bleiben, da sich diese sonst über Jahre und Jahrzehnte zu großen Fehlern summieren können.

Für viele Modelle gibt es unterschiedliche Versionen. Die Modelle lösen auf einem dreidimensionalen Gitter die Gleichungen für Strömungen in einer wasserdampfhaltigen Atmosphäre. Je Gitterzelle erhält man einen gemittelten Wert, z. B. für die Temperatur, den Druck, die Windgeschwindigkeit, den Wasserdampf-, Flüssigwasser- und Eisgehalt der Atmosphäre sowie die Luftdichte. Kleinskalige Prozesse liegen unterhalb der Modellauflösung und müssen parametrisiert werden.

Die Vorgänge in der Atmosphäre, im Boden und in der Bestandsschicht sind eng verknüpft. Niederschlag und Verdunstung sowie Energieflüsse in Form von Wärmeleitung, Strahlung und Verdunstung koppeln das Land an die Atmosphäre. Vegetation, Versiegelung und Oberflächenbeschaffenheit des Landes spielen dabei eine wichtige Rolle. Wasser- und Energietransport im Boden beeinflussen die Wechselwirkungen an der Oberfläche. Der Wasserabfluss auf der Erdoberfläche muss ebenso berücksichtigt werden wie der Abfluss ins Grundwasser. Mit Boden-Vegetationsmodellen lassen sich Wechselwirkungen zwischen Vegetation, Boden und Atmosphäre abbilden. Sie heißen beispielsweise TERRA (Heise et al. 2003), VEG3D (Schädler 2007), CLM2 (Davin et al. 2011; Edouard et al. 2011) und REMO-iMOVE (Reick et al. 2013; Wilhelm et al. 2014).

Das Boden-Vegetationsmodell VEG3D enthält neben dem Boden, der in nach unten dicker werdende Schichten unterteilt ist, und der Vegetation auch Elemente, mit denen sich die Dichte von Pflanzenwurzeln, Schnee sowie Gefrier- und Schmelzprozesse abbilden lassen (Rutter et al. 2009; Khodayar und Schädler 2013; Meißner 2008). Die Vegetation befindet sich zwischen der Erdoberfläche und der untersten Atmosphärenschicht. Die verschiedenen Arten der Vegetation und Oberflächen werden je nach Landnutzung klassifiziert. Jahreszeitliche Veränderungen der Vegetation werden ebenfalls berücksichtigt.

4.3 Modellvalidierung und Evaluierung des Referenzklimas

Um die Güte eines Modells beurteilen und es verbessern zu können, werden durch Validierung Modellergebnisse mit Beobachtungen verglichen. Hierzu wird das Regionalmodell mit sogenannten Reanalysedaten angetrieben. Durch die Randwerte von Temperatur, Druck, Feuchte und Strömungsgeschwindigkeit aus einem globalen Datensatz (in diesem Fall die Reanalysedaten) wird das globale Klima berücksichtigt. Reanalysedaten werden mit Modellen der globalen Zirkulation unter Einbezug von täglichen Beobachtungen erstellt und sind damit nahe am beobachteten Klima. Ein so angetriebenes regionales Klimamodell bildet die Prozesse auf regionaler Skala gut ab und simuliert dabei die Wetterlagen in ihrer zeitlichen Abfolge.

Zur Validierung des Regionalmodells werden beobachtete meteorologische Größen wie Temperatur und Niederschlag, für die es ein großflächiges, dichtes Messnetz gibt, mit den Modellergebnissen verglichen. Typischerweise werden klimatologisch relevante Zeiträume von 30 Jahren für den Vergleich herangezogen.

Das validierte Regionalmodell wird unter Vorgabe von Randwerten eines globalen Klimamodells eingesetzt, um das Klima im Referenzzeitraum (z. B. 1971–2000) zu beschreiben. Einzelne Jahre können nicht mit beobachteten Jahren in Bezug gesetzt werden. Vergleicht man jedoch das Klima über längere Zeiträume – typischerweise über 30 Jahre oder mehr –, kann man erwarten, dass das simulierte Klima dem beobachteten entspricht, wobei Schwankungen, die sich über mehrere 10-Jahres-Perioden erstrecken (sogenannte multidekadische Schwankungen) auch bei 30-Jahres-Mitteln zu Unterschieden führen können.

Manche Impaktmodelle reagieren sehr empfindlich auf systematische Abweichungen zwischen dem simulierten und dem tatsächlich beobachteten Klima, auf dessen Basis sie kalibriert und validiert werden. Eine mögliche Lösung ist die Erzeugung biaskorrigierter Klimamodelldaten. Die Korrekturen werden dann auf die Klimaläufe für die Zukunft übertragen. Die Qualität der Biaskorrektur hängt von der Qualität des eingehenden Beobachtungsdatensatzes und der Biaskorrekturmethode ab. Generell sind die Methoden von Biaskorrekturen und ihre Auswirkung auf die Konsistenz und Unschärfe der erzeugten Eingaben für Impaktmodelle Gegenstand aktueller Forschung.

In regionalen Studien werden Simulationen des Referenzklimas globaler und regionaler Klimamodelle evaluiert. Schoetter et al. (2012) zeigen anhand der hauptsächlich in Deutschland entwickelten Regionalmodelle (CLM und REMO) sowie des Globalmodells ECHAM5, dass Temperatur und Windgeschwindigkeit der Metropolregion Hamburg gut simuliert werden. Bei der relativen Feuchte, der Bewölkung und dem Niederschlag gibt es in bestimmten Jahreszeiten größere Unterschiede zu den Beobachtungen. Beide Regionalmodelle wurden auch in Bezug auf Extremereignisse evaluiert. Früh et al. (2010) untersuchen, welche Niederschlagswerte nach bestimmten Zeitperioden im statistischen Mittel wieder auftreten. Diese Werte werden in den Modellen im Vergleich zu Beobachtungen eher überschätzt. Die Ergebnisse beider Modelle für den Niederschlag in Südwestdeutschland sind von Feldmann et al. (2008) mit ähnlichen Aussagen untersucht worden. Eine gute Übersicht zu verschiedenen Evaluierungsmethoden und der Quantifizierung von Ungenauigkeiten regionaler Klima- und Klimaänderungssimulationen in Mitteleuropa findet sich in Keuler (2006) sowie in Jacob et al. (2012).

Die mittleren Jahresgänge (1971–2000) von Temperatur und Niederschlag für Deutschland sind anhand von Beobachtungsdaten und Modellsimulationen in ◘ Abb. 4.2 gegenübergestellt, wobei die Bandbreite der verschiedenen Modellsimulationen (2 × CLM, 3 × REMO) durch die vertikalen Balken dargestellt werden. Befinden sich die Beobachtungen innerhalb dieser Bandbreite, werden sie durch das jeweilige Modell sehr gut dargestellt. Eine außerhalb liegende Kurve deutet auf eine systematische Abweichung und somit auf Defizite im Modell oder im Beobachtungsdatensatz hin. Die Temperatur im April sowie im Herbst wird von REMO leicht überschätzt, wohingegen sie vor allem im Sommer von CLM unterschätzt wird. Für den Niederschlag werden die Werte von REMO gut simuliert und liegen nur in der zweiten Winterhälfte und im Spätsommer über den Beobachtungen. Der Niederschlag wird von CLM im ganzen Jahresverlauf (bis auf März und Juni) überschätzt. Da auch die Messungen Unsicherheiten aufweisen, bedeuten Modellergebnisse innerhalb der Unsicherheiten der Beobachtungen ein Fehlen systematischer Unterschiede. Neben den nationalen Evaluierungsaktivitäten wurden auch international koordinierte Modellevaluierungen durchgeführt, z. B. in den europäischen Projekten PRUDENCE (Christensen et al. 2002) und ENSEMBLES (Hewitt und Griggs 2004). Im Rahmen der internationalen Initiative CORDEX (Giorgi et al. 2009) des Weltklimaforschungsprogramms (*World Climate Research Programme,* WCRP) werden koordinierte Simulationen mit einer Auflösung von ca. 50 km für alle wichtigen Regionen der Erde durchgeführt. Für Europa werden zusätzlich Simulationen mit ca. 12 km Auflösung im Rahmen der EURO-CORDEX-Initiative erstellt (Jacob et al. 2014). In der Studie von Vautard et al. (2013) wird untersucht, wie gut Hitzewellen von den EURO-CORDEX-Modellen simuliert werden. In der Studie von Kotlarski et al. (2014) wird die derzeitig erreichbare Genauigkeit regionaler Klimasimulationen für Europa quantifiziert.

Im Zuge solcher Projekte werden die Modelle weiterentwickelt und stellen das gegenwärtige Klima immer besser und detailreicher dar. Dadurch steigt auch das Vertrauen in die mit den Modellen errechneten Klimaprojektionen. Außerdem wird mittels höherer Modellauflösungen eine neue Qualität erreicht, was die zeitliche und räumliche Genauigkeit des regionalen Klimas betrifft.

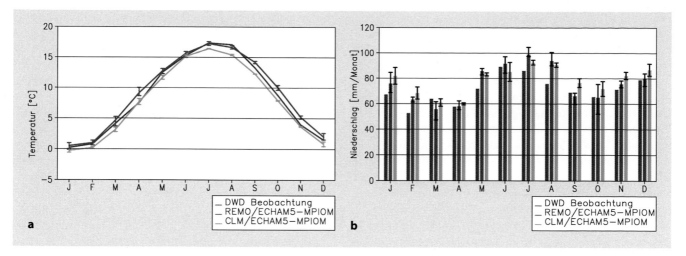

◻ Abb. 4.2 Simulierter mittlerer Jahresgang von Temperatur [°C] (**a**) und Niederschlag [mm/Monat] (**b**) 1971–2000 in Deutschland als Mittelwert von drei REMO- und zwei CLM-Simulationen, jeweils angetrieben mit Simulationen des Globalmodells ECHAM5-MPIOM, in Balkendarstellung die Bandbreiten der jeweiligen Simulationen im Vergleich zu Beobachtungsdaten des DWD. (Grafiken erstellt nach Rechid et al. 2014)

4.4 Ensemble und Bandbreiten regionaler Klimaprojektionen

Die Regionalisierung globaler Klimaprojektionen ermöglicht die Untersuchung der Auswirkungen globaler Klimaänderungen auf einzelne Regionen. Auch mit regionalen Klimamodellen werden zunehmend international koordinierte Multimodell-Ensembles erstellt, um die Bandbreiten möglicher regionaler Klimaentwicklungen systematisch abzubilden (z. B. Déqué et al. 2007; Jacob et al. 2012; Moseley et al. 2012; Rechid et al. 2014). Dabei werden Simulationen verschiedener Globalmodelle mit verschiedenen regionalen Klimamodellen kombiniert und Klimaprojektionen für verschiedene Emissionsszenarien erstellt.

In regionalen Klimaprojektionen werden die in den Globalmodellen abgebildeten großskaligen Klimaschwankungen durch Regionalisierung mehrerer globaler Modellsimulationen erfasst. Die aus den globalen Simulationen übernommene interne Klimavariabilität prägt sich regional unterschiedlich aus. Auch im regionalen Klimasystem gibt es nichtlineare Prozesse, die in Regionalmodellen zu zusätzlicher interner Variabilität führen können. Es wurden verschiedene Methoden verwendet, um den Anteil der internen Klimavariabilität, der allein von den Regionalmodellen simuliert wird, abzuschätzen (Alexandru et al. 2007; Lucas-Picher et al. 2008; Nikiéma und Laprise 2010; Sieck 2013). Diese zusätzliche interne Variabilität in Regionalmodellen spielt allerdings auf der Zeitskala von mehreren Jahrzehnten im Vergleich zu der in Globalmodellen abgebildeten großskaligen Variabilität im Klimasystem nur eine untergeordnete Rolle.

Verschiedene Modelle reagieren unterschiedlich empfindlich auf die veränderten Treibhausgaskonzentrationen. Diese methodische Unsicherheit beruht auf strukturellen Merkmalen der Modelle, die sich beispielsweise in numerischen Lösungsmethoden, physikalischen Parametrisierungen und der Repräsentierung und Kopplung der Teilsysteme und Prozesse des Klimasystems unterscheiden. Das dadurch abgebildete Spektrum möglicher globaler Klimaänderungen wird auch in die Simulationen der regionalen Klimamodelle übernommen. Es bestimmt einen großen Anteil der simulierten Bandbreiten regionaler Klimaentwicklungen.

Hinzu kommen Unterschiede durch verschiedene physikalische Parametrisierungen und Konfigurationen der Regionalmodelle. Einerseits spielt es z. B. eine Rolle, wie die regionale in die globale Simulation eingebettet ist, wie groß der simulierte Gebietsausschnitt ist und wo die geografischen Grenzen dieses Gebietes liegen. Andererseits können Regionalmodelle lokale Prozesse im Klimasystem besser abbilden. Dieser Mehrwert regionaler Simulationen wurde in zahlreichen Studien für verschiedene Regionen evaluiert (z. B. Feser et al. 2011; Paeth und Manning 2012).

Neben den in globalen Modellen berücksichtigten Emissionsszenarien (Moss et al. 2010) und großskaligen Landnutzungsänderungen (Hurtt et al. 2011) können in regionalen Modellen zudem regionale und lokale Änderungen der Landnutzung und Landbewirtschaftung implementiert werden. Dazu wurden bislang nur einzelne Experimente realisiert (z. B. Paeth et al. 2009; Gálos et al. 2013; Trail et al. 2013). Zukünftig sind auch hierzu koordinierte Simulationen unterschiedlicher Ensembles geplant.

4.5 Projizierte Veränderungen von Temperatur und Niederschlag im 21. Jahrhundert

Für Deutschland stehen zahlreiche regionale Klimasimulationen auf relativ hoch aufgelösten Gittern mit Kantenlängen von etwa 25–7 km zur Verfügung. Viele der Simulationen basieren auf den globalen SRES-Emissionsszenarien. Die Regionalisierungen der Projektionen des globalen Modellsystems ECHAM5-MPIOM mit dynamischen und statistischen Methoden (MPI-M 2006; Hollweg et al. 2008; Jacob et al. 2008, 2012; Wagner et al. 2013; Spekat et al. 2007; Kreienkamp et al. 2011b; Orlowsky et al. 2008; DWD 1996–2014) dienten in vielen deutschen Projekten zur Klimafolgenforschung wie in KLIMZUG, KLIFF, KLIWA und KLIWAS als Grundlage. Multi-Global-/Regionalmodell-Ensembles wurden im Rahmen des EU-Forschungsprojekts ENSEMBLES für das SRES Szenario A1B erstellt und ausgewertet (Hewitt und Griggs 2004; Jacob et al. 2012). Seit 2014 stehen mit der Initiative EURO-CORDEX (▶ Abschn. 4.3) hoch aufgelöste Klimaänderungssimulationen für ganz Europa auf Rastern mit Kantenlängen von 12 km zur Verfügung. Sie basieren auf international koordinierten Simulationen von Multi-Global-/Regionalmodell-Ensembles für verschiedene RCPs (Jacob et al. 2014).

Insgesamt existieren für Deutschland verschiedene regionale Modellsimulationen und Datensätze, die zum Teil nicht in koordinierten Experimenten durchgeführt wurden. Diese Ergebnisse liegen daher teilweise auf unterschiedlichen Gebietsausschnitten und räumlichen Auflösungen vor und wurden mit unterschiedlichen Kombinationen von globalen und regionalen Klimamodellen für verschiedene Emissionsszenarien erstellt. In Veröffentlichungen wurden die Modellsimulationen für bestimmte Gebiete innerhalb Deutschlands und für unterschiedliche Zeiträume ausgewertet. Bei der Verwendung der Ergebnisse ist es besonders wichtig, auf die Datengrundlagen der Veröffentlichungen zu achten.

Im Folgenden wird zunächst auf die wesentlichen Ergebnisse, basierend auf den Daten der SRES-Emissionsszenarien B1, A1B und A2 aus den oben aufgeführten Studien, eingegangen. Die neuesten Ergebnisse der Klimasimulationen werden dann vorgestellt, die im Rahmen der EURO-CORDEX-Initiative für Europa erstellt und als Ensemble ausgewertet wurden.

Dynamische und statistische Modelle projizieren im Gebietsmittel über Deutschland eine deutliche Temperaturzunahme, die meisten Modelle einen stärkeren Temperaturanstieg im Winter als im Sommer. Die mittleren Niederschlagsmengen schwanken erheblich von Jahr zu Jahr. Gegen Ende des 21. Jahrhunderts zeigt die Mehrheit der Simulationen mehr Jahre mit höheren Niederschlagsmengen als Jahre mit geringeren Niederschlagsmengen im Vergleich zum Referenzzeitraum. Im Sommer zeigen die meisten Simulationen im Mittel eine Niederschlagsabnahme, wenige eine Niederschlagszunahme. Im Verlauf des Jahrhunderts unterscheiden sich die für das B1-Szenario simulierten Temperaturen immer deutlicher von den Ergebnissen der A1B- und A2-Szenarien. Das bedeutet, dass durch eine Verminderung der Treibhausgasemissionen und damit geringeren Treibhausgaskonzentrationen in der Atmosphäre deutlich geringere Klimaänderungen zu erwarten sind.

Die neuesten Ergebnisse im Rahmen der EURO-CORDEX-Initiative wurden mit verschiedenen Regionalmodellen in Kombination mit mehreren Globalmodellen auf der Basis von drei RCPs berechnet. Das Szenario RCP2.6 stellt dabei eine neue, in den SRES-Szenarien nicht verfolgte Möglichkeit der zukünftigen Entwicklung der Treibhausgasemissionen dar, die nur durch sehr ambitionierte klimapolitische Maßnahmen und gegen Ende des 21. Jahrhunderts sogar negative Emissionen erreichbar ist. Bislang liegen für RCP2.6 nur wenige regionale Simulationen vor.

In ◨ Abb. 4.3a–d ist das fortlaufende 30-Jahres-Mittel der simulierten Temperatur- und Niederschlagsänderungen im Vergleich zur Referenzperiode 1971–2000 für das Gebietsmittel über Deutschland zu sehen. Zum Ende des 21. Jahrhunderts wird ein Anstieg der bodennahen Lufttemperatur im Winter um 1,2–3,2 °C für RCP4.5 und um 3,2–4,6 °C für RCP8.5 projiziert (◨ Abb. 4.3a). Im Sommer nimmt die Lufttemperatur in den verwendeten Simulationen für RCP4.5 um 1,3–2,6 °C und für RCP8.5 um 2,7–4,8 °C zu (◨ Abb. 4.3b). Für RCP2.6 wird zum Ende des 21. Jahrhunderts im Gebietsmittel eine Stabilisierung

des Temperaturanstiegs um etwa 1 °C gegenüber 1971–2000 in beiden Jahreszeiten erreicht. Die meisten Simulationen zeigen unterschiedliche regionale Entwicklungen (Jacob et al. 2014): Im Alpenraum wird im Sommer ein höherer Temperaturanstieg projiziert als in Norddeutschland. Im Winter sind bei den meisten Simulationen stärkere Temperaturzunahmen im Osten Deutschlands zu erkennen und schwächere im Westen. Die großräumigen räumlichen Muster ändern sich im Vergleich zu den Projektionen der SRES-Szenarien nicht.

Die Niederschlagsänderungen zeigen eine hohe Variabilität zwischen den einzelnen Dekaden, die auch in den gleitenden 30-Jahres-Mitteln zu sehen ist (◨ Abb. 4.3c, d). Gegen Ende des 21. Jahrhunderts projizieren die meisten Modelle eine Niederschlagszunahme im Winter für RCP4.5 mit einer Bandbreite von −3 bis+17 % und alle Simulationen für RCP8.5 um +8 bis +32 % (◨ Abb. 4.3). Im Sommer werden für die RCPs im Gebietsmittel über Deutschland sowohl mögliche Abnahmen als auch Zunahmen projiziert (◨ Abb. 4.3d). Daraus kann keine Aussage über den Trend für eine Änderung des mittleren Niederschlags im Sommer abgeleitet werden. Großräumig betrachtet verläuft im Sommer durch Deutschland im Ensemble-Mittel der Übergangsbereich von abnehmenden Niederschlägen in Südwesteuropa und zunehmenden Niederschlägen in Nordeuropa (Jacob et al. 2014).

Um räumlich differenzierte Aussagen zu projizierten Niederschlagsänderungen im Sommer und Winter zu treffen, kann eine Analyse zur Robustheit der simulierten Änderungssignale z. B. nach Pfeifer et al. (2015) durchgeführt werden. Nach dieser Methode werden die Übereinstimmung der Modellergebnisse in der Richtung des Änderungssignals sowie die Signifikanz der Ergebnisse für jede Simulation untersucht und daraus eine Aussage zur Robustheit der projizierten Änderungen abgeleitet. Eine robuste Abnahme des Sommerniederschlags zeigen danach nur wenige Regionen in Südwestdeutschland für RCP8.5. Für den Winterniederschlag werden hingegen robuste Zunahmen gegen Ende des 21. Jahrhunderts für RCP4.5 vor allem in Süd- und Mitteldeutschland und für RCP8.5 in fast allen Regionen Deutschlands projiziert (Pfeifer et al. 2015).

4.6   Kurz gesagt

Regionalisierungen von globalen Klimaprojektionen liefern detailliertere Aussagen für bestimmte Gebiete innerhalb der Gitterweite globaler Modelle. Viele Fragen, etwa nach der Verfügbarkeit von Wasser oder der Änderung von Wetterextremen, lassen sich eher mit solchen hochaufgelösten Daten beantworten als mit den Ergebnissen der Globalmodelle. Die neuesten Ergebnisse der EURO-CORDEX Ensemblesimulationen auf Basis der RCPs zeigen einen möglichen Anstieg der bodennahen Lufttemperatur im Winter bis zum Ende des 21. Jahrhunderts um 1,2–3,2 °C für RCP4.5 und um 3,2–4,6 °C für RCP8.5. Im Sommer werden Temperaturanstiege für RCP4.5 um 1,3–2,6 °C und für RCP8.5 um 2,7–4,8 °C projiziert.

Die simulierten Niederschlagsänderungen unterscheiden sich je nach Gebiet und weisen eine zeitlich höhere Variabilität auf. Gegen Ende des 21. Jahrhunderts zeigen die meisten Simu-

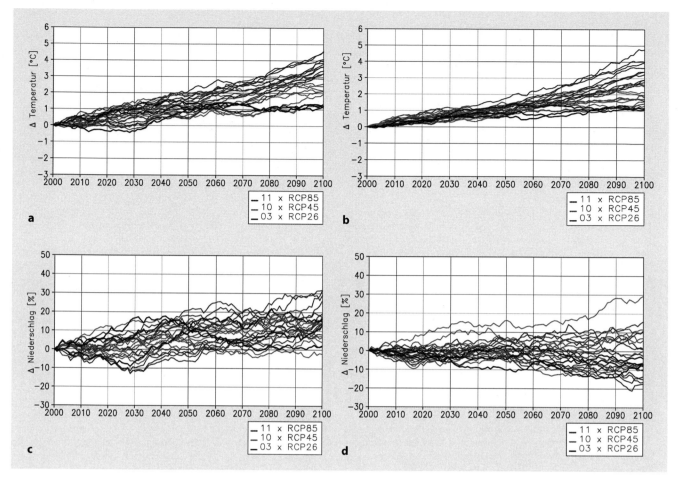

Abb. 4.3 Projizierte Änderungen der bodennahen Lufttemperatur (2 m über Grund) im Winter (**a**) und im Sommer (**b**) sowie relative Abweichungen der Niederschlagsmenge im Winter (**c**) und im Sommer (**d**). Vergleichszeitraum: 1971–2000 (als gleitendes 30-Jahres-Mittel, abgebildet jeweils auf das 30. Jahr). Es wurden Simulationen verschiedener Global-/Regionalmodellkombinationen auf Basis der Szenarien RCP8.5 (*rot*), RCP4.5 (*blau*) und RCP2.6 (*schwarz*) verwendet, die für das Gebietsmittel der Bundesrepublik Deutschland abgebildet sind

lationen im Vergleich zur Referenzperiode 1971–2000 im Winter einen Trend der Niederschlagszunahme mit einer Bandbreite für RCP4.5 von −3 bis +17 % und für RCP8.5 um +8 bis +32 %. Im Sommer zeigen Simulationen sowohl Zunahmen als auch Abnahmen, sodass kein Trend für eine Änderung des mittleren Niederschlags abgeleitet werden kann.

Literatur

Alexandru A, Elia R de, Laprise R (2007) Internal variability in Regional Climate Downscaling at the Seasonal Scale. Mon Weather Rev 135:3221–3238

Berg P, Wagner S, Kunstmann H, Schädler G (2013) High resolution regional climate model simulations for Germany: Part 1 – validation. Clim Dyn 40:401–414

Christensen JH, Machenhauer B, Jones RG, Schär C, Ruti PM, Castro M, Visconti G (1997) Validation of present-day regional climate simulations over Europe: LAM simulations with observed boundary conditions. Clim Dyn 13:489–506

Christensen JH, Carter TR, Giorgi F (2002) PRUDENCE employs new methods to assess European climate change. Eos, Trans Am Geophys Union 83:147–147

Davin EL, Stöckli R, Jaeger EB, Levis S, Seneviratne SI (2011) COSMO-CLM2: a new version of the COSMO-CLM model coupled to the Community Land Model. Clim Dyn 37:1889–1907. doi:10.1007/s00382-011-1019-z

Déqué M, Rowell PD, Lüthi D, Giorgi F, Christensen JH, Rockel B, Jacob D, Kjellström E, De Castro M, van den Hurk BJJM (2007) An intercomparison of regional climate simulations for Europe: assessing uncertainties in model projections. Clim Chang 8:53–70

DWD (1996–2014): Regionaler Klimawandel – Klimamodelle im Vergleich. http://www.dwd.de/bvbw/appmanager/bvbw/dwdwwwDesktop?_nfpb=true&_pageLabel=dwdwww_start&T9980382717119632835426 9gsbDocumentPath=Navigation%2FOeffentlichkeit%2FHomepage%2 FKlimawandel%2FKlimawandel__neu__Klimasz__D__node.html%3F__ nnn%3Dtrue. Zugegriffen am 29.04. 2014

Edouard LD, Stöckli R, Jaeger EB, Levis S, Seneviratne SI (2011) COSMO-CLM²: a new version of the COSMO-CLM model coupled to the Community Land Model. Clim Dyn 37:1889–1907. doi:10.1007/s00382-011-1019-z

Enke W, Schneider F, Deutschländer T (2005) A novel scheme to derive optimized circulation pattern classifications for downscaling and forecast purposes. Theor Appl Climatol 82:51–63

Feldmann H, Früh B, Schädler G, Panitz HJ, Keuler K, Jacob D, Lorenz P (2008) Evaluation of the precipitation for south-western Germany from high resolution simulations with regional climate models. Meteorol Z 17:455–465. doi:10.1127/0941-2948/2008/0295

Feldmann H, Schädler G, Panitz HJ, Kottmeier Ch (2013) Near future changes of extreme precipitation over complex terrain in Central Europe derived from high resolution RCM ensemble simulations. Int J Climatol 33:1964–1977

Feser F, Rockel B, von Storch H, Winterfeldt J, Zahn M (2011) Regional Climate Models Add Value to Global Model Data: A Review and Selected Examples. Bull Amer Meteor Soc 92:1181–1192

Früh B, Feldmann H, Panitz H-J, Schädler G, Jacob D, Lorenz P, Keuler K (2010) Determination of Precipitation Return Values in Complex Terrain and Their Evaluation. J Climate 23:2257–2274

Galos B, Hagemann S, Hänsler A, Kindermann G, Rechid D, Sieck K, Teichmann C, Jacob D (2013) Case study for the assessment of the biogeophysical effects of a potential afforestation in Europe. Carbon Balance Manag 8:1–12

Gerstengarbe F-W, Werner PC, Österle H, Burghoff O (2013) Winter storm- and summer thunderstorm-related loss events with regard to climate change in Germany. Theor Appl Climatol 114:715–724. doi:10.1007/s00704-013-0843-y

Giorgi F, Jones C, Asrar G (2009) Addressing climate information needs at the regional level: the CORDEX framework. WMO Bulletin 58:175–183

Heise E, Lange M, Ritter B, Schrodin R (2003) Improvement and validation of the multilayer soilmodel. COSMO Newsl 3:198–203 (http://www.cosmo-model.org/content/model/documentation/news Letters/default.htm)

Hewitt CD, Griggs DJ (2004) Ensembles-Based Predictions of Climate Changes and Their Impacts (ENSEMBLES). Eos Trans AGU 85:566. doi:10.1029/2004EO520005

Hollweg H-D, Böhm U, Fast I, Hennemuth B, Keuler K, Keup-Thiel E, Lautenschlager M, Legutke S, Radtke K, Rockel B, Schubert M, Will A, Woldt M, Wunram C (2008): Ensemble Simulations over Europe with the Regional Climate Model CLM forced with IPCC AR4 Global Scenarios. Technical Report 3, Modelle und Daten at the Max Planck Institute for Meteorology: 150

Hurtt GC, Chini LP, Frolking S, Betts RA, Feddema J, Fischer G, Fisk JP, Hibbard K, Houghton RA, Janetos A, Jones CD, Kindermann G, Kinoshita T, Kees Klein Goldewijk, Riahi K, Shevliakova E, Smith S, Stehfest E, Thomson A, Thornton P, van Vuuren DP, Wang YP (2011) Harmonization of land-use scenarios for the period 1500–2100: 600 years of global gridded annual land-use transitions, wood harvest and resulting secondary lands. Clim Chang 109:117–161

Jacob D, Göttel H, Kotlarski S, Lorenz P, Sieck K (2008): Klimaauswirkungen und Anpassung in Deutschland: Erstellung regionaler Klimaszenarien für Deutschland mit dem Klimamodell REMO. Forschungsbericht, 204 41 138 Teil 2, iA des UBA Dessau

Jacob D, Bülow K, Kotova L, Moseley C, Petersen J, Rechid D (2012) Regionale Klimaprojektionen für Europa und Deutschland: Ensemble Simulationen für die Klimafolgenforschung. CSC Report, Bd. 6. Climate-Service-Center, Hamburg

Jacob D, Petersen J, Eggert B, Alias A, Christensen OB, Bouwer LM, Braun A, Colette A, Déqué M, Georgievski G, Georgopoulou E, Gobiet A, Menut L, Nikulin G, Haensler A, Hempelmann N, Jones C, Keuler K, Kovats S, Kröner N, Kotlarski S, Kriegsmann A, Martin E, van Meijgaard E, Moseley C, Pfeifer S, Preuschmann S, Radermacher C, Radtke K, Rechid D, Rounsevell M, Samuelsson P, Somot S, Soussana J-F, Teichmann C, Valentini R, Vautard R, Weber B, Yiou P (2014) EURO-CORDEX: new high-resolution climate change projections for European impact research. Reg Envir Changes 14:563–578. doi:10.1007/s10113-013-0499-2

Keuler K (2006) Quantifizierung von Ungenauigkeiten regionaler Klima- und Klimaänderungssimulationen (QUIRCS) QUIRCS Abschlussbericht, 156 pp. http://www.tu-cottbus.de/meteo/Quircs/forschung/abschlussbericht.pdf

Khodayar S, Schädler G (2013) The impact of soil moisture variability on seasonal convective precipitation simulations. Part II: sensitivity to land-surface models and prescribed soil type distributions. Meteorol Z 22:507–526

Kotlarski S, Keuler K, Christensen OB, Colette A, Déqué M, Gobiet A, Goergen K, Jacob D, Lüthi D, van Meijgaard E, Nikulin G, Schär C, Teichmann C, Vautard R, Warrach-Sagi K, Wulfmeyer V (2014) Regional climate modeling on European scales: a joint standard evaluation of the EURO-CORDEX RCM ensemble. Geosc Model Dev 7:1297–1333

Kreienkamp F, Baumgart S, Spekat A, Enke W (2011a) Climate Signals on the Regional Scale Derived with a Statistical Method: Relevance of the Driving Model's Resolution. Atmosphere 2:129–145

Kreienkamp F, Spektat A, Enke W (2011b) Ergebnisse regionaler Szenarienläufe für Deutschland mit der statistischen Methode WETTREG auf der Basis der SRES-Szenarien A2 und B1 modelliert mit ECHAM5/MPI-OM. Bericht: Climate and Environment Consulting Potsdam GmbH, finanziert vom Climate-Service-Center. Eigenverlag der GmbH, Hamburg

Kreienkamp F, Spekat A, Enke W (2013) The weather generator used in the empirical statistical downscaling method wettreg. Atmosphere 4:169–197

Lucas-Picher P, Caya D, de Elia R, Laprise R (2008) Investigation of regional climate models' internal variability with a ten-member ensemble of 10-year simulations over a large domain. Clim Dyn 31:927–940. doi:10.1007/s00382-008-0384-8

Meißner C (2008) High-resolution sensitivity studies with the regional climate model COSMO-CLM. Institute of Meteorology and Climate Research, Karlsruhe

Mieruch S, Feldmann H, Schädler G, Lenz C-J, Kothe S, Kottmeier CH (2013) The regional MiKlip decadal forecast ensemble for Europe. Geosci Model Dev Discuss 6:5711–5745. doi:10.5194/gmdd-6-5711-2013

Moseley C, Panferov O, Döring C, Dietrich J, Haberlandt U, Ebermann V, Rechid D, Beese F, Jacob D (2012) Klimaentwicklung und Klimaszenarien. In: Empfehlung für eine niedersächsische Strategie zur Anpassung an die Folgen des Klimawandels. Niedersächsisches Ministerium für Umwelt, Energie und Klimaschutz, Regierungskommission Klimaschutz, Hannover

Moss RH, Edmonds JA, Hibbard KA, Manning MR, Rose SK, Vuuren DP van, Carter TR, Emori S, Kainuma M, Kram T, Meehl GA, Mitchell JFB, Nakicenovic N, Riahi K, Smith SJ, Stouffer RJ, Thomson AM, Weyant JP, Wilbanks TJ (2010) The next generation of scenarios for climate change research and assessment. Nature 463:747–756

MPI-M (2006) Klimaprojektionen für das 21. Jahrhundert. Max-Planck-Institut für Meteorologie, Hamburg Nikiema O, Laprise R (2010): Diagnostic budget study of the internal variability in ensemble simulations of the Canadian Regional Climate Model. Clim Dyn 36:2313–2337. doi:10.1007/s00382-010-0834-y

Nikiéma O, Laprise R (2010) Diagnostic budget study of the internal variability in ensemble simulations of the Canadian RCM. Clim Dyn 36:2313–2337. doi:10.1007/s00382-010-0834-y

Orlowsky B, Gerstengarbe FW, Werner PC (2008) A resampling scheme for regional climate simulations and its performance compared to a dynamical RCM. Theor Appl Climatol 92:209–223

Paeth H, Manning B (2012) On the added value of regional climate modeling in climate change assessment. Clim Dyn 41:1057–1066. doi:10.1007/s00382-012-1517-7

Paeth H, Born K, Girmes R, Podzun R, Jacob D (2009) Regional climate change in Tropical and Northern Africa due to greenhouse forcing and land use changes. J Clim 22:114–132. doi:10.1175/2008JCLI2390.1

Pfeifer S, Bülow K, Gobiet A, Hänsler A, Mudelsee M, Otto J, Rechid D, Teichmann C, Jacob D (2015) Robustness of Ensemble Climate Projections Analyzed with Climate Signal Maps: Seasonal and Extreme Precipitation for Germany. Atmosphere 6:677–698

Rechid D, Petersen J, Schoetter R, Jacob D (2014) Klimaprojektionen für die Metropolregion Hamburg. Berichte aus den KLIMZUG-NORD Modellgebieten, Bd. 1. TuTech Verlag, Hamburg

Reick C, Raddatz T, Brovkin V, Gayler V (2013) The representation of natural and anthropogenic land cover change in mpi-esm. J Adv Model Earth Syst 5:459–482

Rutter N, Essery R, Pomeroy J, Altimir N, Andreadis K, Baker I, Barr A, Bartlett P, Boone A, Deng H, Douville H, Dutra E, Elder K, Ellis C, Feng X, Gelfan A, Goodbody A, Gusev Y, Gustafsson D, Hellström R, Hirabayashi Y, Hirota T, Jonas T, Koren V, Kuragina A, Lettenmaier D, Li WP, Luce C, Martin E, Nasonova O, Pumpanen J, Pyles D, Samuelsson P, Sandells M, Schädler G, Shmakin A, Smirnova TG, Stähli M, Stöckli R, Strasser U, Su H, Suzuki K, Takata K, Tanaka K, Thompson E, Vesala T, Viterbo P, Wiltshire A, Xia K, Xue Y, Yamazaki T, (2009). Evaluation of forest snow processes models (Snow-MIP2). J. Geophys. Res., 114, D06111, doi: 10.1029/2008JD011063 (18 pp.)

Schädler G (2007) A Comparison of Continuous Soil Moisture Simulations Using Different Soil Hydraulic Parameterisations for a Site in Germany. J Appl Meteorol Clim 46:1275–1289. doi:10.1175/JAM2528.1

Schoetter R, Hoffmann P, Rechid D, Schlünzen KH (2012) Evaluation and Bias Correction of Regional Climate Model Results Using Model Evaluation Measures. J Appl Meteor Climatol 51:1670–1684. doi:10.1007/s00382-011-1019-z

Sein DV, Mikolajewicz U, Gröger M, Fast I, Cabos W, Pinto JG, Hagemann S, Semmler T, Izquierdo A, Jacob D (2015) Regionally coupled atmosphere-ocean-sea ice-marine biogeochemistry model ROM: 1. Description and validation. J Adv Model Earth Sy. doi:10.1002/2014MS000357

Sieck K (2013) Internal Variability in the Regional Climate Model REMO. Berichte zur Erdsystemforschung, Bd. 142. Max-Planck-Institut für Meteorologie, Hamburg

Skamarock WC, Klemp JB, Dudhia J, Gill DO, Barker DM, Duda MG, Huang X-Y, Wang W, Powers JG (2008) A Description of the Advanced Research WRF Version 3, NCAR Technical Note NCAR/TN-475+STR. National Center for Atmospheric Research, Boulder

Spekat A, Enke W, Kreienkamp F (2007) Neuentwicklung von regional hoch aufgelösten Wetterlagen für Deutschland und Bereitstellung regionaler Klimaszenarien auf der Basis von globalen Klimasimulationen mit dem Regionalisierungsmodell WETTREG auf der Basis von globalen Klimasimulationen mit ECHAM5/MPI-OM T63 L31 2010-2100 für die SRES-Szenarien B1, A1B und A2. Endbericht. Umweltbundesamt, Dessau

Spekat A, Kreienkamp F, Enke W (2010) An impact-oriented classification method for atmospheric patterns. Phys Chem Earth 35:352–359

Trail M, Tsimpidi AP, Liu P, Tsigaridis K, Hu Y, Nenes A, Stone B, Russell AG (2013) Potential impact of land use change on future regional climate in the Southeastern U.S.: Reforestation and crop land conversion. J Geophys Res 118:11577–11588. doi:10.1002/2013JD020356

Vautard R, Gobiet A, Jacob D, Belda M, Colette A, Déqué M, Fernández J, García-Díez M, Goergen K, Güttler I, Halenka T, Karacostas T, Katragkou E, Keuler K, Kotlarski S, Mayer S, Meijgaard E, Nikulin G, Patarčić M, Scinocca J, Sobolowski S, Suklitsch M, Teichmann C, Warrach-Sagi K, Wulfmeyer V, Yiou P (2013) The simulation of European heat waves from an ensemble of regional climate models within the EURO-CORDEX project. Clim Dyn 41:2555–2575

Wagner S, Berg P, Schädler G, Kunstmann H (2013) High resolution regional climate model simulations for Germany: Part II-projected climate changes. Clim Dyn 40:415–427. doi:10.1007/s00382-012-1510-1

Warrach-Sagi K, Schwitalla T, Wulfmeyer V, Bauer HS (2013) Evaluation of a climate simulation in Europe based on the WRF–NOAH model system: precipitation in Germany. Evaluation of a climate simulation in Europe based on the WRF–NOAH model system: precipitation in Germany. Clim Dyn 41:755–774. doi:10.1007/s00382-013-1727-7

Wilhelm C, Rechid D, Jacob D (2014) Interactive coupling of regional atmosphere with biosphere in the new generation regional climate system model REMO-iMOVE. Geosci Model Dev 7:1093–1114. doi:10.5194/gmd-7-1093-2014

Grenzen und Herausforderungen der regionalen Klimamodellierung

Andreas Dobler, Hendrik Feldmann, Uwe Ulbrich

© Der/die Herausgeber bzw. der/die Autor(en) 2017
G. Brasseur, D. Jacob, S. Schuck-Zöller (Hrsg.), *Klimawandel in Deutschland*, DOI 10.1007/978-3-662-50397-3_5

Klimamodelle sind heute gängige Werkzeuge der Klima- und Klimafolgenforschung. Sowohl die globalen als auch die regionalen Klimamodelle entwickeln sich stetig weiter, und die Rechenressourcen nehmen zu. Dadurch haben sich in den vergangenen Jahren die räumliche Auflösung und Zuverlässigkeit von dynamischen Regionalisierungen (regionalen Klimamodellsimulationen mit erhöhter raumzeitlicher Auflösung) deutlich verbessert. Zudem hat sich die Interpretation der Modellergebnisse gewandelt: Basierten die Aussagen einst auf einer einzigen Simulation, liegt heute ein Ensemble von vielen Simulationen zugrunde. Dies erlaubt es, Unsicherheiten abzuschätzen, die sich aus den verschiedenen Möglichkeiten der regionalen Wetterentwicklung bei gleichem überregionalem Antrieb ergeben. Im vorliegenden Abschnitt wird das Potenzial zur Weiterentwicklung der regionalen Klimamodellierung betrachtet, das – z. B. hinsichtlich der Berücksichtigung sehr kleinräumiger Prozesse wie der Wolken- und Niederschlagsbildung – aus der Formulierung der Modellgleichungen oder der Lösung der Modellgleichungen besteht. Dabei muss berücksichtigt werden, dass die regionalen Klimamodelle von den Randbedingungen abhängig sind, die ihnen vorgegeben werden. Am atmosphärischen Rand des Simulationsgebiets bestimmt das globale Modell die betrachteten Wettersituationen, am unteren Rand sind die extern vorgegebenen Verteilungen der Landnutzung, des Meereises oder der Ozeantemperaturen wichtige Einflussgrößen. Ein Regionalmodell kann Fehler in den vorgegebenen Randbedingungen nicht korrigieren. Allerdings werden Prozesse, die die unteren Randbedingungen innerhalb des Modellgebiets bestimmen, zunehmend auch in Regionalmodellen berücksichtigt. Es gibt also Grenzen und Herausforderungen bei den Anforderungen an die Modelle, bei der Robustheit der Ergebnisse, bei der Ensemblekonstruktionen und dem Mehrwert der Regionalisierungen gegenüber den Globalmodellen.

5.1 Anforderungen an Modelle

Ähnlich wie die globalen Wettervorhersage- und Klimamodelle sind die Regionalmodelle in den vergangenen 20 Jahren höher aufgelöst und zuverlässiger geworden. Die regionalen Modelle besitzen eine Auflösung, die jene der globalen Modelle um das 10- bis 15-Fache übersteigt (◱ Abb. 5.1). Sie ermöglichen also eine wesentlich detailliertere Darstellung.

Um angesichts der Tatsache, dass die globalen Modelle immer höher aufgelöst werden, weiter einen entsprechenden Nutzen der regionalen Modelle zu gewährleisten, müssen die regionalen Klimamodelle steigende Anforderungen erfüllen. So muss bei einer detaillierteren Simulation auch der Detailgrad der im Modell repräsentierten physikalischen Prozesse und Wechselwirkungen angepasst werden.

Derzeit ist in regionalen Klimamodellen eine Auflösung von etwa 10 km üblich. Für kleinere Regionen in Europa gibt es bereits Klimasimulationen mit einer Auflösung von 1–3 km (Hohenegger et al. 2008; Prein und Gobiet 2011; Suklitsch et al. 2011; Fosser et al. 2015; Ban et al. 2014; Kendon et al. 2014). Bei diesen Auflösungen werden dabei zum Teil klimatische Phänomene simuliert, für die es bisher keine Beobachtungsdaten in der

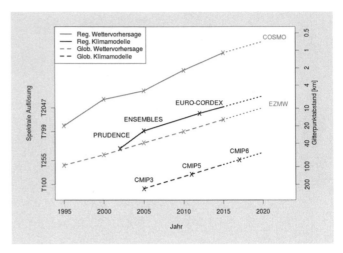

◱ **Abb. 5.1** Entwicklung der Auflösung von Modellen von 1995 bis 2015 und geschätzte Entwicklungen bis 2020 (*gepunktet*). *Grau*: Werte für das regionale Wettervorhersagemodell COSMO (www.cosmo-model.org) und für das globale Wettervorhersagemodell des Europäischen Zentrums für mittelfristige Wettervorhersage (EZMW, www.ecmwf.int). *Schwarz*: Werte aus den regionalen Klimamodellprojekten PRUDENCE (www.prudence.dmi.dk), ENSEMBLES (www.ensembles-eu.metoffice.com) und EURO-CORDEX (www.euro-cordex.net) sowie den globalen Klimamodellvergleichsprojekten CMIP3, CMIP5 und CMIP6 (www.cmip-pcmdi.llnl.gov). Kreuze geben die jeweils aktuelle Auflösung zu Beginn der entsprechenden Jahre wieder. Die Linien dienen der Illustration und stellen nicht die konkrete Auflösung in den einzelnen Jahren dar. Nur bei der spektralen Auflösung des EZMW-Modells handelt es sich um exakte Werte. Ferner handelt es sich um ungefähre Werte, da die Umrechnung in km nicht eindeutig ist oder unterschiedliche Koordinatensysteme und Modellauflösungen zum Einsatz kommen

entsprechenden räumlichen und zeitlichen Dichte gibt, wie man sie aber für eine systematische Bewertung benötigt (Rummukainen 2010). Für Extremniederschläge bieten sich mittlerweile die Radarbeobachtungen an, die für qualitative Vergleiche in hoher Auflösung geeignet sein können. Geht es aber um prozessorientierte Studien, z. B. zur regionalen Wasserbilanz, reichen die vorhandenen Beobachtungsdaten höchstens während spezieller Messekampagnen aus (Sasse et al. 2013).

Anders als in den meisten Regionalmodellen vorausgesetzt, ist auf Skalen unterhalb von 10 km das hydrostatische Gleichgewicht – also das Gleichgewicht zwischen der Schwerkraft und dem aus Dichteunterschieden in der Luft resultierenden statischen Auftrieb in der Atmosphäre – nur noch bedingt gültig (Giorgi und Mearns 1999; Steppeler et al. 2003). Hydrostatische Regionalmodelle stoßen hier also an ihre Grenzen. Nur wenige Regionalmodelle wie COSMO-CLM und eine Version von REMO verzichten auf die Annahme des hydrostatischen Gleichgewichts und können vertikal beschleunigte Luftbewegungen simulieren.

Bei jenen regionalen Klimamodellen, die aus Wettervorhersagemodellen abgeleitet sind (► Kap. 4), lässt sich die erhöhte Auflösung meist relativ einfach umsetzen, da die Wettervorhersagemodelle bereits in diese Richtung entwickelt worden sind (◱ Abb. 5.1). Während aber bei der Wettervorhersage Wechselwirkungen mit langsam veränderlichen Komponenten des Klimasystems – wie Boden, Vegetation, Gletscher, Ozeanen, Städten oder Aerosolen – nicht oder stark vereinfacht behandelt werden können, erfordern Simulationen auf der Klimazeitskala eine detailliertere Berücksichtigung. Ein Beispiel sind die

Wechselwirkungen zwischen Boden und Atmosphäre in Europa während des Sommers, die das Klima in dieser Jahreszeit entscheidend beeinflussen (Seneviratne et al. 2006; Vautard et al. 2013). Eine unzureichende Behandlung dieser Prozesse in regionalen Modellen kann beim Einsatz auf der Klimazeitskala dazu führen, dass für die Sommermonate Temperatur und Niederschlag im Modell schlechter mit den Beobachtungen übereinstimmen als für die Wintermonate (Kotlarski et al. 2014). Durch die unterschiedlichen Anforderungen auf der Wetter- und Klimazeitskala bezüglich der Wechselwirkungen können regionale Klimamodelle hier nur wenig von den Entwicklungen in der Wettervorhersage profitieren. Vielmehr müssen eigenständige regionale Erdsystemmodelle entwickelt werden, die die zentralen Wechselwirkungen zwischen Boden und Atmosphäre, Ozean und Atmosphäre oder Aerosolen und Wolken berücksichtigen.

Modellrechnungen mit höheren Auflösungen benötigen zudem eine erhöhte Rechenleistung. Im Prinzip führt eine Verdoppelung der Auflösung zu einer 8-fach erhöhten Anzahl von notwendigen Berechnungen (Verdoppelung der Gitterpunkte in Ost-West- und Süd-Nord-Richtung bei halbiertem Zeitschritt). Diese Erfordernisse erfüllen Rechenzentren durch innovative Rechnersysteme. Die damit verbundenen Umstellungen erfordern häufig eine Anpassung der inneren Strukturen und Codes der Regionalmodelle und damit jeweils einen technischen Aufwand.

Weil Regionalmodelle nur einen Gebietsausschnitt behandeln, benötigen sie Antriebsdaten an den Rändern des Modellgebiets (Randbedingungen). Dafür müssen die Daten des jeweils verwendeten Globalmodells dem Regionalmodell auf seiner höheren räumlichen und zeitlichen Auflösung zur Verfügung gestellt werden. Dabei treten grundsätzliche mathematische und physikalische Probleme auf. Ein Effekt, der in diesem Zusammenhang beobachtet wird, ist das Auftreten von Wolken und intensiven Niederschlägen an den Rändern der betrachteten Region, für die es im verwendeten Globalmodell keine Hinweise gibt. Auch wenn sich solche Fehler auf den Randbereich des Regionalmodells beschränken, können sie die Ergebnisse im inneren Modellgebiet beeinflussen (Giorgi und Mearns 1999).

Eine sogenannte Zweiwegekopplung hebt den Unterschied zwischen dem angetriebenen Regionalmodell und dem antreibenden Modell teilweise auf, indem das Regionalmodell auch das Globalmodell beeinflusst (Giorgi und Mearns 1999; Rummukainen 2010). Während das globale Modell die Einflüsse von außen auf die Zielregion liefert, bestimmt das regionale Modell die Vorgänge im Innern seines Modellgebiets. Für einige Regionalmodelle wird derzeit eine solche Zweiwegekopplung entwickelt. Vor allem für die Darstellung der Sommermonate in Europa könnte es hilfreich sein, dass das Regionalmodell dadurch leichter eigene Zirkulationsstrukturen durchsetzen kann: Im Sommer beeinflussen regionale Prozesse das Klima stärker als im Winter, wenn der großräumige Transport von Luftmassen entscheidender ist (Giorgi und Mearns 1999; Vautard et al. 2013).

5.2　Robustheit der Ergebnisse aus der regionalen Klimamodellierung

Viele Untersuchungen haben gezeigt, dass unterschiedliche Regionalmodelle und Modellkonfigurationen den beobachteten Jahresgang und das klimatologische Mittel von Niederschlag, Temperatur und großräumiger Zirkulation über Europa mehrheitlich gut wiedergeben (Giorgi und Mearns 1999; Déqué et al. 2007; Jacob et al. 2007; Kotlarski et al. 2014). Die Regionalmodelle reproduzieren dabei generell die großräumige Zirkulation des antreibenden Globalmodells (Jacob et al. 2007), wobei die Wahl des antreibenden Globalmodells die Simulationen meistens mehr als die Wahl des Regionalmodells beeinflusst. Dies gilt besonders für Simulationen der Temperatur und der Wintermonate. Bei Simulationen von Sommerniederschlägen trägt die Wahl des Regionalmodells ungefähr genauso viel zur Gesamtunsicherheit bei wie das für den Antrieb gewählte Modell.

Die Vielzahl an Möglichkeiten, ein Regionalmodell zu konfigurieren, ist ein Grund für uneinheitliche Modellergebnisse. So kann der Unterschied in der simulierten Temperatur zwischen zwei Konfigurationen desselben Modells genau so groß sein wie zwischen zwei verschiedenen Modellen (Kotlarski et al. 2014). Das betrifft großräumige und langfristige Mittelwerte weniger als die Simulationen von Extremereignissen wie etwa Starkniederschlägen oder Hitzeperioden (Giorgi und Mearns 1999; Rummukainen 2010). Ein Beispiel: Je nach verwendetem Schema zur Modellierung der Konvektion simuliert dasselbe Modell für Europa entweder rund 10 % oder mehr als 25 % Hitzetage im Sommer (Vautard et al. 2013).

Die Position und Ausdehnung des Modellgebiets kann die Modellergebnisse ebenfalls beeinflussen (Giorgi und Mearns 1999). Der Einfluss der Randbedingungen verringert sich jedoch mit zunehmendem Abstand von den Rändern (Giorgi und Mearns 1999; Rummukainen 2010).

Erstellt man Klimaprojektionen auf Basis unterschiedlicher Emissionsszenarien, ergeben sich in den Regionalmodellen entsprechend zu den antreibenden Globalmodellen großräumig – also etwa auf kontinentaler Skala – ähnliche Muster in den Änderungssignalen von Niederschlag und Temperatur. Hauptsächlich unterscheiden sich die Simulationen dabei hinsichtlich der Amplitude der Änderungssignale, je nachdem wie stark das vorgegebene Emissionsszenario ist (Jacob et al. 2014). Dies gilt sowohl für die neueren, nach den RCP-Szenarien ausgeführten Klimaprojektionen als auch für die älteren SRES-basierten Simulationen. Kleinräumig, etwa auf Länderebene, unterscheiden sich die RCP-Simulationen jedoch von den SRES-Simulationen. Dies liegt weniger an den Unterschieden der Emissionsszenarien als u. a. an der höheren Auflösung der RCP-Simulationen und der Weiterentwicklung der Modelle (Jacob et al. 2014; Ban et al. 2014; Kendon et al. 2014). Oft zeigen Regionalmodelle bei steigender Auflösung höhere Niederschlagsmengen (Jacob et al. 2014; Kotlarski et al. 2014), was – je nachdem ob das jeweilige Regionalmodell in gröberer Auflösung ein Niederschlagsdefizit oder einen Überschuss zeigt – zu realistischeren oder unrealistischeren Resultaten führt. Hinsichtlich der Dauer von Hitzeperioden finden Vautard et al. (2013) bei höherer Modellauflösung eine verringerte Überschätzung.

5.3 Erzeugung und Interpretation von Ensembles

Aussagen über die zukünftige Entwicklung des Klimas sind immer mit Unsicherheiten behaftet (Foley 2010). Prinzipiell gibt es vier Gründe für Unsicherheiten im Zusammenhang mit dem Klimawandel:

1. Unsicherheiten, die darauf beruhen, dass wir das Klimasystem mit seinen Wechselwirkungen und Rückkopplungen noch nicht vollständig verstanden haben,
2. Defizite in der numerischen Umsetzung der Klimaprozesse,
3. prinzipielle Unkenntnis der künftigen Entwicklung der äußeren Klimaantriebe (Treibhausgasemissionen, solare Einstrahlung oder große Vulkanausbrüche) und
4. die interne Klimavariabilität auf verschiedenen Zeitskalen, die weitgehend durch natürliche Schwankungen und Rückkopplungen im Klimasystem zustande kommen.

Der Umgang mit den verschiedenen Arten von Unsicherheit unterscheidet sich je nach ihrer Ursache. Die Lücken im Wissen um die Klimaprozesse können durch weitere Forschung reduziert werden. Auch an einer verbesserten Umsetzung des vorhandenen Wissens in den Modellen wird ständig gearbeitet. Hier erleichtert es die weiter steigende Leistungsfähigkeit der Rechnersysteme, zusätzliche Prozesse und komplexere Zusammenhänge berücksichtigen und die Klimaprozesse räumlich besser auflösen zu können. Ein Beispiel sind die Prozesse in Wolken, die von der mikroskopischen Skala (etwa bei den Keimen, an denen sich Wolkentropfen bilden können) bis zur globalen Skala (z. B. in ihrer Wirkung auf die Strahlungsbilanz der Erde) reichen. Bei den Wolkenprozessen gibt es sowohl noch großen Forschungsbedarf als auch Potenzial für eine verbesserte Beschreibung in den Modellen. In globalen Klimamodellen ist die Gitterweite in der Regel größer als eine typische Wolke. Wolken müssen daher parametrisiert, d. h. vereinfacht beschrieben werden. In sehr hoch aufgelösten Regionalmodellen können hingegen viele Eigenschaften der Wolken direkt beschrieben werden. Auf diesem und anderen Gebieten sind daher deutliche Fortschritte zu erreichen.

Die oben unter Punkt 3 und 4 genannten Probleme lassen sich dagegen prinzipiell nicht vollständig beseitigen. Daher spricht man in diesem Zusammenhang auch von Klimaprojektionen und nicht von Klimaprognosen oder Klimavorhersagen. Diese beiden Faktoren führen dazu, dass eine exakte Übereinstimmung der zeitlichen Entwicklung zwischen Klimasimulationen und Beobachtungen nicht erwartet werden kann. Jedoch muss eine Übereinstimmung der statistischen Klimaeigenschaften zwischen Modell und Beobachtung das Ziel sein. Die reale Klimaentwicklung wird bestimmte Antriebe und eine bestimmte interne Variabilität aufweisen, die selbst mit idealen Modellen nicht exakt vorherzusagen ist. Für die zukünftige Entwicklung anthropogener Treibhausgase lassen sich bestenfalls plausible Emissionsszenarien der möglichen Entwicklungen angeben. Für andere von außen auf das Klimasystem einwirkende Faktoren (z. B. große Vulkanausbrüche) ist dagegen keine Vorhersage zu Zeitpunkt, Ort und Stärke möglich. Dazu kommt die interne Variabilität des Klimasystems durch natürliche Schwankungen und Rückkopplungen auf verschiedenen räumlichen und zeitlichen

Skalen. Ein Beispiel hierfür ist etwa das sogenannte „El-Niño/La-Niña"-Phänomen (Latif 2006), bei dem es durch Rückkopplungen zwischen den Passatwinden und den Meeresströmungen im äquatorialen Pazifik in einem mehrjährigen Rhythmus zu Schwankungen des Klimas mit globalen Auswirkungen kommt. Solche natürlichen Schwankungen sind, ähnlich dem Wetter, nur begrenzt vorhersagbar. In den letzten Jahren werden allerdings verstärkt Anstrengungen, basierend auf dem zunehmend besser erfassten aktuellen Zustand des Klimas, unternommen, Klimaprognosen auf der saisonalen bis dekadischen Skala zu erstellen (Meehl et al. 2009), die die Vorhersagbarkeit aus langsamen Prozessen im Klimasystem ausnutzen, etwa aus den Schwankungen von Meeresströmungen und ihren Wechselwirkungen mit der Atmosphäre. Die Unsicherheiten aufgrund dieser internen Schwankungen lassen sich aber aufgrund der chaotischen Komponenten nicht völlig vermeiden. Beim Vergleich von Klimaprojektionen ist also zu erwarten, dass sie unterschiedliche Zeitverläufe der internen Variabilität zeigen, ohne dass das Modell dadurch „falsch" wäre. Allerdings sollten gute Klimamodelle auch in der Lage sein, diese natürlichen Schwankungen im Prinzip nachzubilden. Deren Schwankungsbreite ist im Verhältnis zum gesuchten Änderungssignal kurz- bis mittelfristig sehr groß. Daher braucht man lange Zeitreihen, um Änderungssignale in Beobachtungen und in den Projektionen mit statistischer Sicherheit nachweisen zu können. Üblicherweise werden Klimakenngrößen als 30-Jahres-Mittelwerte angegeben. Es gibt aber durchaus natürliche Schwankungen des Klimas auf noch längeren Zeitskalen – etwa durch Schwankungen der Meeresströmungen über mehrere Jahrzehnte (Srokosz et al. 2012), die die Klimaänderungssignale überlagern.

Im Idealfall simuliert ein Klimamodell also in einem Rechenlauf eine unter den gegebenen äußeren Antrieben mögliche Klimaentwicklung. Diese wird auch in diesem Idealfall nicht dem Verlauf der realen Klimaentwicklung entsprechen, da wie beim Wetter kleine Abweichungen einen deutlich anderen Verlauf verursachen können. Eine Abhilfe können sogenannte Ensembles von Simulationen bieten, bei denen eine Reihe von Simulationen mit im Rahmen der Unsicherheiten variierten Bedingungen erzeugt wird. Ziel ist es dabei, Aussagen über die Wahrscheinlichkeit oder die wahrscheinliche Bandbreite möglicher Entwicklungen des Klimas unter den getroffenen Annahmen über die äußeren Antriebe zu gewinnen und den Einfluss der Unsicherheitsfaktoren auf die Ergebnisse zu reduzieren.

Ensembles von Modellläufen eines Modells können beispielsweise durch den Start des Modells mit unterschiedlichen Ausgangswerten erzeugt werden (Tebaldi und Knutti 2007). Da sich die verschiedenen Mitglieder des Ensembles in einem gegebenen Zeitraum typischerweise in verschiedenen Phasen der natürlichen Variabilität befinden (Unsicherheitsfaktor 4), kürzt sich dieser Effekt bei der Überlagerung vieler Mitglieder heraus (Anfangswert Ensemble). Ein in allen Simulationen wirkender Anstieg der Treibhausgase bleibt aber erhalten und lässt sich durch die Reduktion der simulierten Variabilität besser als das gesuchte Signal identifizieren.

Ein anderer Ansatz verwendet für eine Reihe von Simulationen verschiedene Konfigurationen eines Klimamodells, die aber im Rahmen der Unsicherheit über die Klimaprozesse und deren Implementierung im Modell realistisch sind. Alternativ können mehrere verschiedene Klimamodelle verwendet werden (Multimodell-Ensemble). Dadurch lässt sich die Bandbreite der Unsicherheiten abschätzen, die durch die unter 1) und 2) genannten Faktoren verursacht werden.

Die Bandbreite, die auf Unsicherheiten durch äußere Faktoren unter 3), also vor allem die Emissionsszenarien, zurückgeht, kann durch die Verwendung mehrerer Szenarien innerhalb des Ensembles abgeschätzt werden.

Sowohl in der globalen Klimamodellierung (Projekte CMIP5, MIKLIP) als auch in regionalen Ensembles (Projekte PRUDENCE, ENSEMBLES, EURO-CORDEX) werden ein oder mehrere dieser Ensemblemethoden verwendet (Taylor et al. 2012; van der Linden und Mitchell 2009; Jacob et al. 2014).

Mit der Rechnerleistung und Auflösung der Modelle ist auch die Größe der Ensembles gestiegen (Jacob et al. 2014). Dadurch lassen sich die Unsicherheiten in den Klimaprojektionen und Wahrscheinlichkeitsaussagen zu den Risiken bestimmter Klimaentwicklungen zuverlässiger abschätzen. Verglichen mit Ensembles aus der Wettervorhersage sind die Ensembles der regionalen Klimamodellierung aber weiterhin oft klein bzw. nicht systematisch aufgebaut. Dies kommt daher, dass der Aufwand für das dynamische *downscaling* immer noch sehr groß ist, besonders auch in Bezug auf die anfallenden Datenmengen. So stehen in der Regel nur von wenigen Globalmodellen die notwendigen Antriebsdaten für Regionalmodelle zur Verfügung, da diese die Informationen über den dreidimensionalen Zustand der Atmosphäre in hoher zeitlicher Auflösung (mindestens alle 6 h) brauchen. Dadurch kann oft nicht die ganze Spanne der möglichen Entwicklungen (über verschiedene Globalmodelle oder Emissionsszenarien) abgedeckt werden, vor allem nicht mit einer Vielzahl von Regionalmodellen. So setzen sich die Ensembles häufig aus dem zusammen, was verfügbar oder mit dem erzielbaren Aufwand machbar ist.

Jede Stufe einer Modellkette, von den Globalmodellen über die Regionalmodelle bis zu Impaktmodellen, trägt spezifische Beiträge zur Gesamtunsicherheit bei und erhöht den Komplexitätsgrad und die Zahl der notwendigen Simulationen, um ein systematisches Ensemble erzeugen zu können.

Am häufigsten stellt man Ensembleergebnisse über den Ensemblemittelwert dar. Studien zufolge lässt sich damit das Klima oft besser abbilden als mit einzelnen Mitgliedern des Ensembles (Tebaldi und Knutti 2007; Sillmann et al. 2013). Dabei kann man den verschiedenen Ensemblemitgliedern auch eine unterschiedliche Gewichtung geben, etwa nach der Qualität der Ergebnisse von Simulationen bereits vergangener Zeiträume. Dies birgt allerdings das Risiko, dass die Gewichtung zu schlechteren Ergebnissen führt, wenn die Fehlercharakteristik der Modelle nicht sehr genau bekannt ist (Weigel et al. 2010).

Die Bandbreite des Ensembles zeigt gut die Unsicherheiten der Ergebnisse: Eine geringe Bandbreite bedeutet beispielsweise, dass der Ensemblemittelwert eine robuste Schätzung innerhalb das Ensembles ist (Weigel 2011). Eine weitere Information bietet die Einheitlichkeit der zeitlichen Entwicklung innerhalb eines Ensembles: Zeigen viele Ensemblemitglieder eine gemeinsame Tendenz, kann daraus geschlossen werden, dass das Ergebnis gegenüber den oben genannten Unsicherheiten – wie etwa der natürlichen Variabilität – robust ist (Feldmann et al. 2013). Allerdings muss dabei gewährleistet sein, dass das verwendete Ensemble die Spannbreite der Unsicherheiten angemessen abdeckt.

Zusätzlich zur Änderung von Mittelwerten kann sich auch die Schwankungsbreite der jahreszeitlichen bis mehrjährigen Variabilität des Klimas ändern. Auch hierfür werden Ensembles von Klimasimulationen eingesetzt, um die Datenbasis der Untersuchungen zu vergrößern. Eine Änderung der zeitlichen Variabilität wirkt sich deutlich auf die Häufigkeit von Extremereignissen aus. So weisen Beobachtungen und Modellsimulationen auf eine Zunahme der Schwankungsbreite in Mitteleuropa hin (Schär et al. 2004), was mit einer höheren Wahrscheinlichkeit sowohl von Trockenperioden als auch Starkregen verbunden ist. Oft ändern sich die Wahrscheinlichkeiten für das Auftreten von Extremen wie z. B. die Häufigkeit von Starkniederschlagsereignissen (Frei et al. 2006) oder die Anzahl von Hitzetagen, anders als die entsprechenden mittleren Klimaparameter wie etwa mittlerer Niederschlag oder mittlere Temperatur (Fischer et al. 2014). Die hohe zeitliche und räumliche Auflösung der regionalen Klimamodelle erlaubt dabei auch eine Einschätzung von kurzzeitigen und kleinräumigen Extremereignissen. Statistisch signifikante Ergebnisse verlangen jedoch wegen des schlechteren Signal-zu-Rausch-Verhältnisses eine große Zahl von Ensemblemitgliedern.

5.4 Mehrwert der regionalen Modellierung

Viele Nutzer der Daten von Klimamodellen interessieren sich weniger für weltweite Änderungen wie etwa der globalen Mitteltemperatur als für das regionale oder lokale Klima: Wie ändert sich das Klima in „meiner" Region? Prinzipiell decken auch globale Modelle jede beliebige Region der Erde ab. Was ist also der Mehrwert der regionalen Modellierung, der den zusätzlichen Aufwand rechtfertigt?

Der Mehrwert der Regionalisierung ist besonders dort zu erwarten, wo es zu einer regionalen Beeinflussung von Klimakenngrößen kommt (Feser et al. 2011). Neben der besseren räumlichen Wiedergabe kann die Regionalisierung aber auch dazu führen, dass überregionale Mittelwerte von Temperatur, Niederschlag und anderen Kenngrößen besser dargestellt werden als in den Globalmodellen (Feser 2006; Diaconescu und Laprise 2013; Di Luca et al. 2013). In solchen Fällen kann mit der Zweiwegekopplung (▶ Abschn. 5.1) in relevanten Regionen der Mehrwert der regionalen Modellierung an die globalen Modelle zurückgegeben werden. Beispiele solch regionaler Einflüsse auf das großräumige Klimageschehen sind Land-See-Windzirkulation an Küsten, Über- oder Umströmen von Gebirgen mit unterschiedlichen Niederschlägen auf der Luv- und der Leeseite oder die regional unterschiedliche Beschaffenheit des Erdbodens wie etwa durch Felder-, Wälder- oder städtische Bebauung.

Für Europa stellen die Alpen eine relevante Barriere für die großräumigen Strömungen dar und beeinflussen damit das Wetter: Sie sorgen etwa für Föhn oder verstärkte Niederschläge auf der Luvseite, also der dem Wind zugewandten Seite. Auch an der Entwicklung extremer Niederschläge in Deutschland sind die Alpen beteiligt (Mudelsee et al. 2004). Solche Starkregen führten in den vergangenen Jahren zu großen Überflutungen an Elbe, Oder und Donau (Schröter et al. 2013). Um solche me-

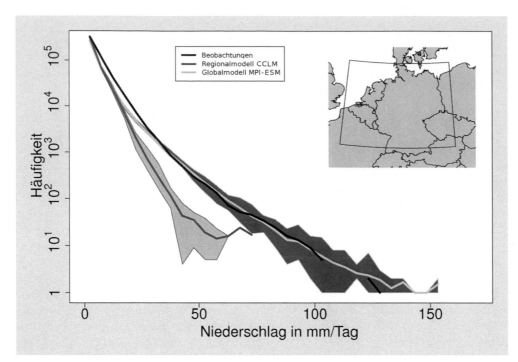

◼ Abb. 5.2 Intensitätsverteilung des täglichen Niederschlags in Mitteleuropa (siehe Kartenausschnitt) von 2001–2010. Die Häufigkeit gibt dabei die Anzahl der Ereignisse an, an denen im Zeitraum 2001–2010 an einem beliebigen Modellgitterpunkt innerhalb der ausgewählten Region eine Niederschlagsintensität überschritten wurde. *Schwarz:* Beobachtungsdaten mit einer Auflösung von 25 km (Datensatz E-OBS, Haylock et al. 2008). *Hellgrau:* Globalmodell MPI-ESM, Auflösung etwa 200 km, Ensemble mit neun Realisierungen, Ensemblemittel und Bandbreite. *Dunkelgrau:* Regionalmodell COSMO-CLM, Auflösung 25 km, Ensemble durch dynamische Regionalisierung der neun Simulationen mit dem Globalmodell MPI-ESM

teorologischen Situationen und ihren Einfluss auf Wetter und Klima wiedergeben zu können, braucht man regionale Modelle mit einer höheren Auflösung, als die Globalmodelle sie derzeit leisten können (Schlüter und Schädler 2010). Auch die Mittelgebirge beeinflussen das regionale Klima spürbar: Schwarzwald und Vogesen kanalisieren die Luftmassen im Rheintal. Auf der Luvseite der Mittelgebirge entstehen stärkere Niederschläge, auf der Leeseite – vom Wind abgewandt – dagegen schwächere Niederschläge. Will man in Impaktstudien z. B. die Auswirkungen von Klimaänderungen auf die Wasserflüsse in Flusseinzugsgebieten untersuchen, müssen diese Vorgänge räumlich gut wiedergegeben werden. Dafür braucht man eine hohe Auflösung, die Globalmodelle nicht bieten. Die Regionalisierung reduziert dann den Sprung zwischen der Auflösung des antreibenden Globalmodells und jener Auflösung, in der die Klimafolgen untersucht werden sollen. Heutige Regionalmodelle zeigen bereits gut, wie sich Niederschläge verteilen (Berg et al. 2013). So werden in Ott et al. (2013) mehrere hydrologische Modelle zur Untersuchung der Auswirkungen des Klimawandels auf verschiedene kleinere bis mittlere Flusseinzugsgebiete verwendet. Die globalen Modelle, die als Antrieb für das Ensemble verwendet werden, haben eine Auflösung von mindestens 200 km. Um die meteorologische Variabilität in den topografisch stark strukturierten Einzugsgebieten (Ruhr, Mulde, Ammer) wiedergeben zu können, wurden zwei Regionalmodelle mit einer Auflösung von ca. 7 km für eine Regionalisierung des globalen Antriebs verwendet. Allerdings arbeiten Impaktmodelle häufig mit Gitterweiten von einigen zehn bis zu einigen hundert Metern – immer noch deutlich feiner aufgelöst als in den am höchsten aufgelösten Regionalmodellen. Auch erfüllen dynamische Regionalmodelle oft noch nicht die sehr hohen Ansprüche von Anwendungsmodellen an die Wiedergabe der meteorologischen Eingangsdaten. So brauchen hydrologische Modelle – als Beispiel solcher Anwendungsmodelle – nicht nur Niederschlagsinformationen, sondern auch Daten

wie Temperatur, Feuchte und Wind in hoher Genauigkeit, um die Wasserbilanz in einem Einzugsgebiet richtig beschreiben zu können. Um dieses Problem zu umgehen, findet oft eine Korrektur der Modellergebnisse mithilfe von Beobachtungen statt (Berg et al. 2012) (s. auch ▶ Kap. 4).

Regionale Simulationen verbessern besonders die Beschreibung der Niederschläge im Sommer, weil dann kleinskalige Vertikalbewegungen in der Atmosphäre die Niederschlagsbildung wesentlich beeinflussen (Feldmann et al. 2008). Globalmodelle können diese nicht ausreichend auflösen. Winterniederschläge sind in den mittleren Breiten hingegen stärker von großräumigen Wettersystemen geprägt, die die Globalmodelle bereits gut wiedergeben. Bei Starkniederschlägen spielen ebenfalls kleinräumige Vorgänge eine große Rolle. Globalmodelle können aber Häufigkeiten von Extremereignissen nicht gut darstellen: Extreme Niederschläge mit mehr als 50 mm pro Tag treten in Globalmodellen deutlich seltener auf als beobachtet. Dagegen können Regionalmodelle mit Gitterweiten unter 25 km die Häufigkeitsverteilung der täglichen Niederschläge deutlich besser wiedergeben (◼ Abb. 5.2; Berg et al. 2013). Simulationen im Projekt EURO-CORDEX zeigen: Erhöht man die Auflösung der Regionalmodelle von 50 auf 12,5 km, passen die Modellergebnisse sowohl hinsichtlich der räumlichen Verteilung der Niederschläge als auch der räumlichen Variabilität über Deutschland besser zu den Beobachtungen (Prein et al. 2015).

5.5   Kurz gesagt

Die regionale Klimamodellierung steht vor Herausforderungen. Da in den kommenden Jahren eine Gitterauflösung von weniger als 10 km üblich sein wird, werden hydrostatische Regionalmodelle an ihre Grenzen stoßen und durch nichthydrostatische Modelle abgelöst werden. Derzeit treibt die Forschung die Modellentwicklung in mehrere Richtungen voran: Beispielsweise wird an der Entwicklung regionaler Erdsystemmodelle und der Zweiwegekopplung an Globalmodelle gearbeitet. Auch die informationstechnologische Seite der Klimamodellierung steht vor großen Herausforderungen: Die Anpassung jener regionalen Klimamodelle, die nicht aus Modellen der Wettervorhersage abgeleitet sind, an die sich ändernden Computersysteme ist zum Teil sehr aufwendig. Aus heutiger Sicht wird eine solche Anpassung aber notwendig sein, um die zügige Weiterentwicklung von Modellauflösung, Ensemblegröße und Modellkomplexität zu gewährleisten. Nicht zuletzt müssen für die Validierung der Modelle entsprechend hoch aufgelöste und dabei flächenhaft verfügbare Daten bereitgestellt werden. Dies ist für einige Regionen und Parameter (z. B. Radardaten für Wolken und Niederschlag) heute schon realisierbar oder in greifbarer Nähe. Eine weitergehende Überprüfung im Sinne einer Evaluation verlangt dagegen eine Weiterentwicklung der Beobachtungsnetze.

Literatur

Ban N, Schmidli J, Schär C (2014) Evaluation of the convection-resolving regional climate modeling approach in decade-long simulations. Journal of Geophysical Research: Atmospheres 119(13):7889–7907. doi:10.1002/2014JD021478

Berg P, Feldmann H, Panitz H-J (2012) Bias correction of high resolution RCM data. J Hydrol 448–449:80–92

Berg P, Wagner S, Kunstmann H, Schädler G (2013) High resolution regional climate model simulations for Germany: part 1 – validation. Clim Dyn 40:401–414

Déqué M, Rowell DP, Lüthi D, Giorgi F, Christensen JH, Rockel B, Jacob D, Kjellström E, De Castro M, van den Hurk B (2007) An intercomparison of regional climate simulations for Europe: assessing uncertainties in model projections. Clim Chang 81(1):53–70

Diaconescu EP, Laprise R (2013) Can added value be expected in RCM-simulated large scales? Clim Dyn 41:1789–1800. doi:10.1007/s00382-012-1649-9

Feldmann H, Früh B, Schädler G, Panitz HJ, Keuler K, Jacob D, Lorenz P (2008) Evaluation of the precipitation for south-western Germany from high resolution simulations with regional climate models. Meteorologische Zeitschrift 17:455–465. doi:10.1127/0941-2948/2008/0295

Feldmann H, Schädler G, Panitz HJ, Kottmeier CH (2013) Near future changes of extreme precipitation over complex terrain in Central Europe derived from high resolution RCM ensemble simulations. Int J Climatol 33:1964–1977

Feser F (2006) Enhanced Detectability of Added Value in Limited-Area Model Results Separated into Different Spatial Scales. Mon Wea Rev 134:2180–2190

Feser F, Rockel B, Storch H von, Winterfeldt J, Zahn M (2011) Regional Climate Models add Value to Global Model Data: A Review and selected Examples. Bull Am Met Soc 92:1181–1192. doi:10.1175/2011BAMS3061.1

Fischer AM, Keller DE, Liniger MA, Rajczak J, Schär C, Appenzeller C (2014) Projected changes in precipitation intensity and frequency in Switzerland: a multi-model perspective. Int J of Climatol 35(11):3204-3219. doi:10.1002/joc.4162

Foley AM (2010) Uncertainty in regional climate modelling: A review. Progress in Physical Geography 34(5):647–670. doi:10.1177/0309133310375654

Fosser G, Khodayar S, Berg P (2015) Improving physical consistency for convective precipitation through cloud-resolving climate model simulations. Clim Dyn 44:45–60. doi:10.1007/s00382-014-2242-1

Frei C, Schöll R, Fukutome S, Schmidli J, Vidale PL (2006) Future change of precipitation extremes in Europe: Intercomparison of scenarios from regional climate models. J Geophys Res 111(D6):D06105. doi:10.1029/2005JD005965

Giorgi F, Mearns LO (1999) Introduction to special section: Regional climate modeling revisited. J Geophys Res: Atmospheres 104(D6):6335–6352

Haylock MR, Hofstra N, Klein Tank AMG, Klok EJ, Jones PD, New M (2008) A European daily high-resolution gridded dataset of surface temperature and precipitation. J Geophys Res (Atmospheres) 113:D20119. doi:10.1029/2008JD10201

Hohenegger C, Brockhaus P, Schär C (2008) Towards climate simulations at cloud-resolving scales. Meteorologische Zeitschrift 17(4):383–394. doi:10.1127/0941-2948/2008/0303

Jacob D, Barring L, Christensen OB, Christensen JH, de Castro M, Déqué M, Giorg F, Hagemann S, Lenderink G, Rockel B, Sanchez E, Schär C, Seneviratne SI, Somot S, van Ulden A, van den Hurk B (2007) An inter-comparison of regional climate models for Europe: model performance in present-day climate. Clim Chang 81(1):31–52

Jacob D, Petersen J, Eggert B, Alias A, Christensen OB, Bouwer LM, Braun A, Colette A, Déqué M, Georgievski G, Georgopoulou E, Gobiet A, Menut L, Nikulin G, Haensler A, Hempelmann N, Jones C, Keuler K, Kovats S, Kröner N, Kotlarski S, Kriegsmann A, Martin E, Meijgaard E, Moseley C, Pfeifer S, Preuschmann S, Radermacher C, Radtke K, Rechid D, Rounsevell M, Samuelsson P, Somot S, Soussana JF, Teichmann C, Valentini R, Vautard R, Weber B, Yiou P (2014) EURO-CORDEX: new high-resolution climate change projections for European impact research. Reg Env Change 14(2):563–578. doi:10.1007/s10113-013-0499-2

Kendon EJ, Roberts NM, Fowler HJ, Roberts MJ, Chan SC, Senior CA (2014) Heavier summer downpours with climate change revealed by weather forecast resolution model. Nature Climate Change 4:570–576. doi:10.1038/nclimate2258

Kotlarski S, Keuler K, Christensen OB, Colette A, Déqué M, Gobiet A, Goergen K, Jacob D, Lüthi D, van Meijgaard E, Nikulin G, Schär C, Teichmann C, Vautard R, Warrach-Sagi K, Wulfmeyer V (2014) Regional climate modeling on European scales: a joint standard evaluation of the EURO-CORDEX RCM ensemble. Geosci Mod Dev Discus 7(1):217–293

Latif M (2006) Das El Niño/Southern Oscillation-Phänomen. promet 32(3/4):123–129

Linden P van der, Mitchell JFB (2009) ENSEMBLES: Climate Change and its impacts: Summary of research and results from the ENSEMBLES project. Technical report, Met Off Hadley Cent, Exeter, UK 56(2):167–189. doi:10.5697/oc.56-2.167

Luca A di, Elía R, Laprise R (2013) Potential for small scale added value of RCM's downscaled climate change signal. Clim Dyn 40(3–4):601–618

Meehl GA, Goddard L, Murphy J, Stouffer RJ, Boer G, Danabasoglu G, Dixon K, Giorgetta MA, Greene A, Hawkins E, Hegerl G, Karoly D, Keenlyside N, Kimoto M, Kirtman B, Navarra A, Pulwarty R, Smith D, Stammer D, Stockdale T (2009) Decadal prediction: can it be skillful? Bull Am Met Soc 90:1467–1485

Mudelsee M, Börngen M, Tetzlaff G, Grünewald U (2004) Extreme floods in central Europe over the past 500 years: Role of cyclone pathway „Zugstrasse Vb". J Geophys Res 109:D23101. doi:10.1029/2004JD005034

Ott I, Düthmann D, Liebert J, Berg P, Feldmann H, Ihringer J, Kunstmann H, Merz B, Schädler G, Wagner S (2013) High-Resolution Climate Change Impact Analysis on Medium-Sized River Catchments in Germany: An Ensemble Assessment. J Hydrometeor 14:1175–1193

Prein AF, Gobiet A (2011) NHCM-1: Non-hydrostatic climate modelling. Part I: Defining and Detecting Added Value in Cloud Resolving Climate Simulations. Sci Rep, Bd. 39. Wegener Center Verlag, Graz, Austria, S 74 (http://www.uni-graz.at/igam7www_prein_gobiet_2011_02_nhcm1_part-i_added_value_of_crcs.pdf)

Prein AF, Gobiet A, Truhetz H, Keuler K, Görgen K, Teichmann C, Maule CF, Meijgaard E van, Déqué M, Grigory N, Vautard R, Kjellström E, Colette A (2016) Precipitation in the EURO-CORDEX 0.11° and 0.44° simulations: High resolution, High benefits? Clim Dyn 46(1):383–412. doi:10.1007/s00382-015-2589-y

Rummukainen M (2010) State-of-the-art with regional climate models. Wiley Interdisciplinary Reviews. Clim Chang 1(1):82–96

Sasse R, Schädler G, Kottmeier CH (2013) The Regional Atmospheric Water Budget over Southwestern Germany under Different Synoptic Conditions. J Hydrometeor 14(1):69-84. doi:10.1175/JHM-D-11-01-0110.1

Schär C, Vidale PL, Lüthi D, Frei C, Häberli C, Liniger MA, Appenzeller C (2004) The role of increasing temperature variability in European summer heatwaves. Nature 427(6972):332–336

Schlüter I, Schädler G (2010) Sensitivity of Heavy Precipitation Forecasts to Small Modifications of Large-Scale Weather Patterns for the Elbe River. J Hydrometeor 11:770–780

Schröter K, Mühr B, Elmer F, Kunz-Plapp T, Trieselmann W (2013) Juni-Hochwasser 2013 in Mitteleuropa – Fokus Deutschland – Bericht 1 Update 2: Vorbedingungen, Meteorologie, Hydrologie. CEDIM Forensic Disaster Analysis Group (FDA): pp 13. https://www.cedim.de/download/FDA_Juni_Hochwasser_Bericht1.2.pdf

Seneviratne SI, Lüthi D, Litschi M, Schär C (2006) Land–atmosphere coupling and climate change in Europe. Nature 443(7108):205–209

Sillmann J, Kharin VV, Zhang X, Zwiers FW, Bronaugh D (2013) Climate extremes indices in the CMIP5 multimodel ensemble: Part 1. Model evaluation in the present climate. J Geophys Res 118:1716–1733. doi:10.1002/jgrd.50203

Srokosz M, Baringer M, Bryden H, Cunningham S, Delworth T, Lozier S, Marotzke J, Sutton R (2012) Past, Present and Future Changes in the Atlantic Meridional Overturning Circulation. Bull Am Met Soc 93(11):1663–1676

Steppeler J, Doms G, Schättler U, Bitzer HW, Gassmann A, Damrath U, Gregoric G (2003) Meso-gamma scale forecasts using the nonhydrostatic model LM. Meteor Atmos Phys 82(1–4):75–96

Suklitsch M, Prein AF, Truhetz H, Gobiet A (2011) NHCM-1: Non-hydrostatic climate modelling. Part II: Current state of selected cloud-resolving regional climate models and their error characteristics. Sci Rep, Bd. 40. Wegener Center Verlag, Graz, Austria, S 90 (http://www.uni-graz.at/igam7www_suklitsch_etal_2011_02_nhcm1_part-ii_error_characteristics_of_lcms.pdf)

Taylor KE, Stouffer RJ, Meehl GA (2012) An Overview of CMIP5 and the experiment design. Bull Am Met Soc 93:485–498. doi:10.1175/BAMS-D-11-00094.1

Tebaldi C, Knutti R (2007) The use of the multi-model ensemble in probabilistic climate projections. Phil Trans R Soc A 365(1857):2053–2075. doi:10.1098/rsta.2007.2076

Vautard R, Gobiet A, Jacob D, Belda M, Colette A, Déqué M, Fernández J, García-Díez M, Goergen K, Güttler I, Halenka T, Karacostas T, Katragkou E, Keuler K, Kotlarski S, Mayer S, Meijgaard E, Nikulin G, Patarčić M, Scinocca J, Sobolowski S, Suklitsch M, Teichmann C, Warrach-Sagi K, Wulfmeyer V, Yiou P (2013) The simulation of European heat waves from an ensemble of regional climate models within the EURO-CORDEX project. Clim Dyn 41(9–10):2555–2575. doi:10.1007/s00382-013-1714-z

Weigel AP (2011) Verifikation von Ensemblevorhersagen. PROMET 37(3/4):31–41

Weigel AP, Knutti R, Liniger M, Appenzeller C (2010) Risks of Model Weighting in Multimodel Climate Projections. Journal of Climate 23(15):4175–4191. doi:10.1175/2010JCLI3594.1

Klimabezogene Naturgefahren haben eine große Bedeutung für Deutschland. Im Zeitraum 1970–2014 entstanden hierdurch volkswirtschaftliche Schäden von 91 Mrd. Euro (in Werten von 2014; Munich Re 2015). Etwa 60 % der Schäden wurden durch Sturm und Unwetter verursacht. Überschwemmungen und Massenbewegungen trugen mit 33 % dazu bei, Temperaturextreme, Dürre und Waldbrand mit 6 %. Geophysikalische Ereignisse wie Erdbeben, Tsunami oder Vulkanausbruch spielen in dieser Statistik mit weniger als 1 % eine geringe Rolle (Munich Re 2015). Der größte Einzelschaden entstand durch das Hochwasser im August 2002 in den Einzugsgebieten von Elbe und Donau mit 14,2 Mrd. Euro (in Werten von 2014; Munich Re 2015). Das Hochwasser im Juni 2013 war aus hydrologischer Sicht sogar noch deutlich stärker als 2002 (Schröter et al. 2015).

Der Klimawandel beeinflusst Häufigkeit und Intensität solcher klimabezogenen Naturgefahren. Aber haben sich klimabezogene Extreme in der Vergangenheit in Deutschland verändert? Inwieweit kann dies dem Klimawandel zugewiesen werden und inwieweit spielen andere Faktoren eine Rolle? Welche Veränderungen sind in der Zukunft zu erwarten?

Auf diese Fragen können keine pauschalen Antworten gegeben werden. Die Veränderungen variieren je nach Prozess, Region, Jahreszeit, Indikator und Bezugszeitraum. Die Zusammenschau in diesem Kapitel macht deutlich, dass der Wissensgehalt und die Zuverlässigkeit der Aussagen sehr unterschiedlich sind. Während in einigen Fällen relativ sichere Antworten gegeben werden können, z. B. zur Veränderung von Temperaturextremen, sind in vielen Fällen heute (noch) keine gesicherten Aussagen möglich. Teilweise können wichtige Prozessinteraktionen nicht genügend genau quantifiziert werden. Beispielsweise wird von einer erhöhten Waldbrandgefährdung aufgrund des Klimawandels ausgegangen. Allerdings kann auch ein höherer CO_2-Gehalt in der Atmosphäre die Wassernutzungseffizienz der Wälder und dabei die Wasserspeicherung im Boden erhöhen. Dieser sogenannte CO_2-Düngungseffekt kann die Produktivität der Wälder steigern und dabei möglicherweise indirekt die Waldbrandgefährdung reduzieren.

Dieses Kapitel liefert einen Überblick über den Wissensstand zu Veränderungen von klimarelevanten Naturgefahren in Deutschland und den fundamentalen Klimaparametern wie Temperatur, Niederschlag und Wind, die hierfür eine besondere Rolle spielen. Es werden die Veränderungen der letzten Dekaden, basierend auf Analysen von Beobachtungsdaten, sowie Projektionen für die Zukunft, basierend auf Modellsimulationen, beleuchtet. Des Weiteren wird dargestellt, wie sich diese Veränderungen regional ausprägen, sofern genügend Erkenntnisse dafür vorliegen. Zudem wird herausgearbeitet, wie sicher bzw. unsicher heutige Aussagen zu Veränderungen sind.

Bruno Merz
(*Editor* Teil II)

■ **Literatur**

Munich Re 2015, NatCatSERVICE, **www.munichre.com/de/reinsurance/business/non-life/natcatservice**. (Zugegriffen am 19.01.2015)

Schröter K, Kunz M, Elmer F, Mühr B and Merz B 2015 What made the June 2013 flood in Germany an exceptional event? A hydro-meteorological evaluation. Hydrol Earth Syst Sci 19:309–327, doi:10.5194/hess-19-309-2015

Temperatur inklusive Hitzewellen

Thomas Deutschländer, Hermann Mächel

© Der/die Herausgeber bzw. der/die Autor(en) 2017
G. Brasseur, D. Jacob, S. Schuck-Zöller (Hrsg.), *Klimawandel in Deutschland*, DOI 10.1007/978-3-662-50397-3_6

Neben den im Zuge der globalen Erwärmung erwarteten Änderungen der Mitteltemperaturen in Deutschland sind es insbesondere die Temperaturextreme, die unser Leben prägen. Es wird davon ausgegangen, dass es nicht nur zu einer allgemeinen Verschiebung der Temperaturverteilung hin zu höheren Werten kommen wird, sondern auch zu einer Zunahme der Klimavariabilität (Fischer und Schär 2009). Ohne den zusätzlichen Anstieg der Mitteltemperaturen hätte eine erhöhte Temperaturvariabilität das vermehrte Auftreten von kalten und warmen Extremen zur Folge. Durch die Überlagerung mit einem zeitlichen Temperaturanstieg ist jedoch zukünftig zu erwarten, dass sich die Häufigkeit kalter Witterungsextreme kaum ändert, aber häufigere und intensivere warme Extreme auftreten (Hartmann et al. 2013). Hieraus ergibt sich die Frage, inwieweit es auch zu neuen, in einer bestimmten Region bislang noch nicht beobachteten Rekordwerten kommen könnte. Aus Gründen der statistischen Robustheit wird dieser Fragestellung in Auswertungen jedoch nur selten nachgegangen. Zusätzlich lassen sich gerade absolute Spitzentemperaturen mit dynamischen Klimamodellen nur bedingt realitätsgetreu simulieren. Das trifft auch auf rein statistische Klimamodelle zu.

Die Mehrzahl der wissenschaftlichen Untersuchungen beschäftigt sich vorwiegend oder gar ausschließlich mit den Veränderungen am warmen Ende der Temperaturverteilung, da dort ein höheres Schadenspotenzial zu erwarten ist. Hier spielen oft medizinische Implikationen eine wesentliche Rolle, wie der Sommer 2003 mit einer deutlich erhöhten Sterblichkeitsrate infolge der beiden Hitzewellen im Juni und insbesondere im August im westlichen und zentralen Europa deutlich gezeigt hat (z. B. Koppe et al. 2003; Robine et al. 2008). Auch die Veränderungen bei den kalten Werten sind von sozioökonomischer Bedeutung, wurden aber nur vereinzelt untersucht (Auer et al. 2005; Matulla et al. 2014).

Speziell für das Gebiet der Bundesrepublik Deutschland existieren bislang relativ wenige Publikationen zum sich verändernden Extremverhalten der beobachteten Temperatur. Dennoch lassen sich auf Basis der zumeist 50–100 Jahre umfassenden Beobachtungszeitreihen sowie den für Deutschland vorliegenden regionalen Klimaprojektionen bereits einige weitestgehend gesicherte Erkenntnisse ableiten. Die Aussagen für die Zukunft werden dabei von den Ergebnissen einer Reihe europäischer Forschungsprojekte gestützt, in deren Rahmen gezielt Ensembles regionaler Klimaprojektionen erstellt und kollektiv für den Kontinent ausgewertet wurden (Matulla et al. 2014; Jacob et al. 2014). Untersuchungsgrößen sind dabei häufig die sogenannten Kenn- oder Ereignistage. Teilweise werden die zu über- oder unterschreitenden Schwellenwerte aber auch mittels statistischer Quantile bestimmt. Hierbei werden bevorzugt moderate Schwellen wie z. B. das 10. oder 90. Perzentil betrachtet, was den 10 % der niedrigsten bzw. höchsten Werte der vorliegenden Daten oder jeweils 36 Werten pro Jahr entspricht. Durch diese Vorgehensweise werden zwar die stärksten Extreme und somit besonders die impaktrelevanten Ereignisse nicht allein, sondern die 10 % der höchsten oder niedrigsten Werte insgesamt in die Analyse einbezogen. Dafür nimmt aber die Verlässlichkeit der Ergebnisse zu.

Über die Untersuchungen auf Tagesbasis hinaus wurde auch das Verhalten von länger andauernden Ereignissen bereits ausgewertet – insbesondere Hitzewellen. Eine absolut einheitliche

Definition gibt es dabei zwar nicht, die unterschiedlichen Ergebnisse sind jedoch trotzdem gut miteinander vergleichbar. In Einzelfällen wurden auch aggregierte Werte vordefinierter Länge wie Monats- oder Jahreszeitenwerte betrachtet.

6.1 Beobachtete Temperaturänderungen

In den letzten 10–20 Jahren wurden zahlreiche Studien zu den in den vergangenen 50–130 Jahren beobachteten Änderungen extremer Temperaturereignisse – global und für Europa – publiziert. Deren wesentliche Ergebnisse wurden in einem Sonderbericht des IPCC (IPCC 2012) sowie im Fünften Sachstandsberichts des IPCC zusammengefasst (Hartmann et al. 2013). Diese Studien weisen eine generelle Tendenz zur Verschiebung der Tagesmitteltemperatur in Richtung hoher Quantilwerte und eine höhere Wahrscheinlichkeit für das Auftreten von extrem heißen Tagen auf. Es gilt als sicher, dass die Anzahl der warmen Tage und Nächte angestiegen und die Anzahl der kalten Tage und Nächte in Europa seit den 1950er-Jahren zurückgegangen ist. Als ebenso gesichert gilt, dass in den meisten Regionen Europas in den letzten Dekaden überproportional viele Hitzewellen (s. Box „Klimatologische Kenngrößen" in ▶ Abschn. 6.2.1) aufgetreten sind (Hartmann et al. 2013).

Für die statistische Auswertung stationsbezogener Messungen in Europa stehen neben den Daten der nationalen Wetterdienste auch europaweite und globale Datensammlungen zur Verfügung. Eine der am häufigsten verwendeten ist die des *European Climate Assessment & Dataset* (ECA&D) mit einer Auswahl an europäischen Stationen mit Tageswerten verschiedener meteorologischer Messgrößen (Klok und Klein-Tank 2009; ▶ Kap. 3).

6.1.1 Klimatologische Kenntage und Quantile

Für Deutschland existieren bislang noch wenige Publikationen zum Extremverhalten der Temperatur. Die Studie von Hundecha und Bárdossy (2005) analysiert u. a. die Trends der Temperaturindizes für kalte Nächte, TN10p, und warme Tage, TX90p, sowie der Zahl der Frosttage (s. Box „Klimatologische Kenngrößen" in ▶ Abschn. 6.2.1) in allen Jahreszeiten und pro Jahr der Periode 1958–2000 für das Rheingebiet in Südwestdeutschland anhand von 232 Temperaturstationen. Für das ganze Jahr im Mittel aller Stationen zeigt TN10p einen Anstieg von 1 °C und TX90p einen Anstieg von 0,6 °C. Dabei variiert die Größenordnung der Trends mit den Jahreszeiten erheblich. Einen positiven Trend (ganzes Jahr) für TX90p und TN10p weisen 87 % von 232 Stationen auf, aber nur 50 % bzw. 22 % der positiven TX90p- und TN10p-Trends sind statistisch signifikant. Eine Abnahme der Frosttage wurde an 87 % der Stationen festgestellt, die an 47 % der Stationen signifikant war.

In der räumlichen Verteilung der signifikanten Trends ist keine eindeutige Struktur erkennbar. Ein Nebeneinander von signifikanten und nichtsignifikanten Trends, auch mit unterschiedlichen Vorzeichen an benachbarten Stationen, weist auf Inkonsistenzen in den Änderungen der extremen Temperaturen hin, die offensichtlich auf inhomogene Daten zurückzuführen

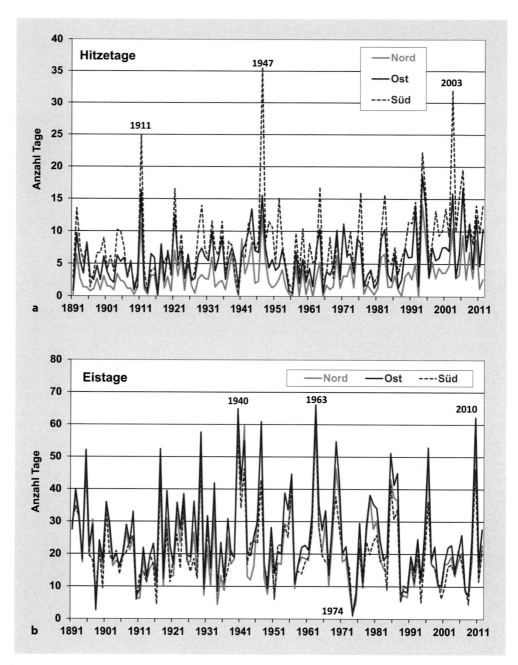

■ **Abb. 6.1** Zeitreihe der jährlichen Anzahl an Hitze- (**a**) und Eistagen (**b**) für den Zeitraum 1891–2012 für Nord-, Ost- und Süddeutschland (Mittel jeweils über 15, 13 und 15 Stationen). (DWD)

sind. Diese Vermutung wird durch die Studie von Nemec et al. (2012) für Österreich gestützt.

Insgesamt ist festzuhalten, dass sich die Maximumtemperatur zu mehr Extremen hin verschiebt, während die Minimumtemperatur mit positiven Trends zu weniger extremen Werten tendiert, was sich auch im Rückgang der Frosttage widerspiegelt. Dabei variieren das Vorzeichen und die Signifikanz der Trends mit der Jahreszeit. Dies zeigt sich auch in den Untersuchungen langjähriger Temperaturtrends und Änderungen in der Temperaturverteilung für einige ausgewählte deutsche Stationen, z. B. Hohenheim, Hohenpeißenberg und Hamburg (Wulfmeyer und Henning-Müller 2006; Winkler 2006; Schlünzen et al. 2010), aber auch für Österreich (Nemec et al. 2012).

Auch Studien, die über Deutschland hinausgehen, gelangen zu ähnlichen Resultaten. So kommen z. B. Klein-Tank und Können (2003) zu dem Ergebnis, dass die Zahl der Frosttage im Mittel über insgesamt 86 europäische Stationen zwischen 1946 und 1999 um rund 9 Tage zurückgegangen ist, während die Zahl der Sommertage (s. Box „Klimatologische Kenngrößen" in ▶ Abschn. 6.2.1) gleichzeitig um rund 4 Tage gestiegen ist.

Vorläufige ausgewählte Auswertungsergebnisse der z. T. erst in den letzten Jahren digitalisierten täglichen Temperaturreihen von 43 Stationen für den Zeitraum 1891–2012 bietet ■ Abb. 6.1, in der die Zeitreihe der Anzahl von Hitze- und Eistagen pro Jahr (s. Box „Klimatologische Kenngrößen" in ▶ Abschn. 6.2.1) für die drei Subregionen Nord-, Ost- und Süddeutschland als Mittel über 15, 13 und 15 Stationen dargestellt ist. Dabei ist beispielsweise erkennbar, dass die Hitzetage häufiger in Süddeutschland als in Ost- und Norddeutschland auftreten, während in Ostdeutschland die höchsten Zahlen an Eistagen notiert werden. Ferner ist ersichtlich, dass den von Jahr zu Jahr stark variierenden Zahlen der Hitze- und Eistage dekadische Schwankungen über-

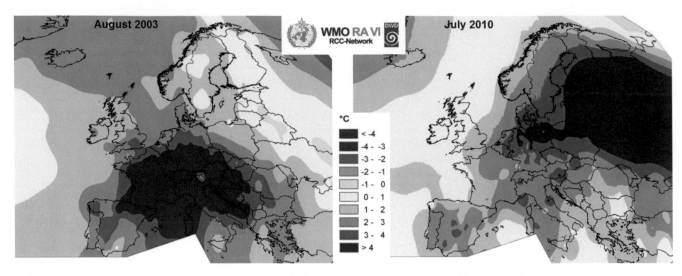

◘ Abb. 6.2 Temperaturabweichung vom Normalwert 1961–1990 für die Hitzewellen im August 2003 und Juli 2010. (DWD)

lagert sind. Dies gilt ebenso für die weniger extremen Sommer-
und Frosttage (nicht dargestellt).

■ Hitzewellen

Einen ersten Hinweis auf das mögliche Auftreten von Hitzewellen liefern die Zeitreihen der Anzahl der Hitzetage in ◘ Abb. 6.1.
Daraus ist zu entnehmen, dass die Spitzenwerte der Hitzetage
nicht zeitlich simultan in den drei Subregionen auftreten. In
Süddeutschland ragen die Sommer 1947 und 2003 heraus. Während die Hitzewelle im Sommer 2003 intensiv untersucht wurde
(z. B. Schär et al. 2004; Jonas et al. 2005), stehen derzeit kaum
Informationen zu dem heißen Sommer 1947 in Deutschland zur
Verfügung. Ob das Jahr 1947 den ersten Rang nach der noch
ausstehenden Homogenisierung der Temperaturreihen behält,
ist unsicher. Die Hitzewelle im August 2003, die weite Teile Süd-
und Zentraleuropas erfasste und bis nach Süddeutschland ragte,
gilt bis Redaktionsschluss als die bisher stärkste für diese Gebiete
(◘ Abb. 6.2).

In Ostdeutschland wurde 1992 die höchste Anzahl an heißen Tagen beobachtet. Auf die Hitzewelle Anfang August 1992
gehen Gerstengarbe und Werner (1993) näher ein. Das Zentrum lag über Ostdeutschland, mit einer Maximumtemperatur
von fast 39 °C südlich von Berlin. Der Sommer zeichnete sich
dort in allen Monaten durch eine relative Trockenheit aus. Im
Westen Deutschlands – etwa in Nordrhein-Westfahlen, Hessen
und Rheinland-Pfalz – war die Hitze wegen der vorkommenden
Niederschläge nicht so extrem. Der Süden Deutschlands war
bei normalen Niederschlägen im August um +4 °C wärmer als
im Mittel.

Im Allgemeinen sind die Küsten und der Westen Deutschlands wegen der Nähe zu den Meeren nicht so gefährdet wie Ostdeutschland, wo ein mehr kontinental geprägtes Klima herrscht.
In Süddeutschland sorgen heiße südliche Winde dafür, dass Hitzewellen häufiger als in Ostdeutschland auftreten (◘ Abb. 6.1).

Diese relativ wenigen Analysen der täglichen Lufttempe-
raturzeitreihen von deutschen Messstationen fügen sich in die
Ergebnisse von Studien aus anderen europäischen Ländern ein
(Nemec et al. 2012).

Della-Marta et al. (2007a, 2007b) zeigen anhand von homogenisierten Zeitreihen der Tageshöchsttemperatur für 54 europäische Stationen, dass sich die Länge der sommerlichen Hitzewellen (hier anders als in der Box in ▶ Abschn. 6.2.1: die Höchstzahl
der aufeinanderfolgenden Tage mit Temperaturmaximum über
dem 95. Perzentil) im Zeitraum 1880–2005 über Westeuropa
verdoppelt und die Häufigkeit sehr warmer Tage (TX95p) gar
verdreifacht hat. Dabei werden in den Häufigkeitsverteilun-
gen signifikante Änderungen sowohl in den Mittelwerten als
auch in der Varianz festgestellt. Das Auftreten von Hitzewellen
in Europa scheint den Autoren zufolge eng mit einem anomal
hohen Luftdruck über Skandinavien und über dem westlichen
Zentraleuropa verbunden zu sein. Diese Erklärung geben auch
Gerstengarbe und Werner (1993) für die extreme Wärme im August 1992.

Jacobeit et al. (2009) geben als Ursache für außergewöhnlich
warme Witterungsabschnitte in Mitteleuropa bestimmte Zirku-
lationstypen an, bei denen das Azorenhoch im Sommer deutlich
östlich von seiner normalen Position liegt und somit höherer
Luftdruck über dem Mittelmeer vorherrscht, der sich auch über
ganz Deutschland ausdehnt und mit trockenem, wolkenlosem
Wetter verbunden ist.

Da die betrachteten Hitzewellen über mehrere Wochen andauern, prägen sie auch die Monats- und Jahreszeitenmittel, die
Luterbacher (2004) untersuchte. Durch Verwendung dieser, vor
1900 allerdings aus Proxydaten abgeleiteten Monats- und Saiso-
nalwerte, konnte er den für seine Untersuchung von Hitzewellen
zur Verfügung stehenden Zeitraum auf die Jahre 1500–2003 zu-
rückverlängern. Der wärmste Sommer (JJA) dieser Zeitreihe trat
2003, der kälteste 1902 auf. Barriopedro et al. (2011) verlängern
den Zeitraum bis 2010 und setzen die Hitzewelle über Russland
aus dem Jahr 2010 in Beziehung zu derjenigen von 2003 über
Mitteleuropa (◘ Abb. 6.2). Zusätzlich leiten sie eine Rangfolge
der kältesten und wärmsten Sommer für Europa aus Monats-
werten ab.

6.2   Zukunftsprojektionen

In den letzten Jahren sind viele Untersuchungen zum zukünftigen Klima publiziert und im Fünften Sachstandsbericht (Hartmann et al. 2013) zusammengefasst worden. Die verschiedenen Arbeiten basieren im Wesentlichen auf den Resultaten von insgesamt drei großen und zeitlich aufeinanderfolgenden internationalen Projekten zur Generierung von Klimaprojektionsensembles, wodurch auch unterschiedliche Emissionsszenarien verwendet wurden. Darüber hinaus leidet die Vergleichbarkeit der Ergebnisse unter der Vielfalt der Untersuchungsregionen und der ausgewerteten statistischen Kenngrößen, wobei in diesem Rahmen häufig die sogenannten klimatologischen Indizes verwendet werden. Hierbei handelt es sich zwar vorwiegend um Schwellenwertereignisse, diese gehören aber trotzdem oft zu verschiedenen Teilbereichen der Häufigkeitsverteilung. Das bedeutet, es werden Extremereignisse unterschiedlicher Stärke oder, anders ausgedrückt, unterschiedlicher Auftrittshäufigkeit betrachtet. Unter dem Strich dürfte aber dennoch ein hohes Maß an Vertrauen in die vorliegenden Erkenntnisse gerechtfertigt sein. Hierzu trägt nicht zuletzt die Tatsache bei, dass die vorliegenden Klimaprojektionen sowohl von verschiedenen Modelltypen – dynamisch und statistisch – als auch aus unterschiedlichen Generationen von Modellen stammen, wodurch größtmögliche Vielfalt gewährleistet ist. Dabei ist aber natürlich zu berücksichtigen, dass sowohl statistische als auch dynamische Klimamodelle bei der Modellierung neuer, bislang nicht beobachteter Extreme an ihre Grenzen stoßen.

Zur möglichst einheitlichen und übersichtlichen Darstellung der zu erwartenden Änderungen von Temperaturextremen sind im Folgenden sämtliche Ergebnisse nach Art der betrachteten Indizes gegliedert. Einer aktuellen Studie von Jacob et al. (2014) zufolge wurde Deutschland hierfür in drei Subregionen unterteilt: in die maritim geprägte Nordwesthälfte, die dem Kontinentalklima zugehörigen südöstlichen Landesteile sowie die Alpenregion. Diese Regionseinteilung unterscheidet sich von der in ▶ Abschn. 6.1.1 verwendeten Unterteilung hauptsächlich in der eigenständigen Betrachtung der Alpenregion. Während die als „Süddeutschland" bezeichnete Region im ▶ Abschn. 6.1.1 quasi das gesamte Gebiet südlich der Mainlinie umfasst, sind große Teile Bayerns hier mit den neuen Bundesländern zu einer gemeinsamen Region zusammengefasst. Der Oberrheingraben sowie die südlich des Mains gelegenen westlichen Mittelgebirgsregionen sind dagegen der maritim geprägten Nordwesthälfte zugeordnet.

6.2.1   Klimatologische Kenntage

Bereits die Analyse der klimatologischen Kenntage zeigt deutlich, dass auch in Deutschland zukünftig mit einer wesentlich höheren Anzahl warmer Temperaturextreme zu rechnen ist. Am kalten Rand der Temperaturverteilung beschränken sich die Untersuchungen zumeist auf die Analyse der Frosttage, deren Anzahl voraussichtlich merklich zurückgehen dürfte (Matulla et al. 2014).

Für den Fall einer gemäßigten Entwicklung der atmosphärischen Treibhausgaskonzentrationen (SRES A1B-Szenario) ist davon auszugehen, dass die Zahl der Frosttage im Vergleich zum Bezugszeitraum 1971–2000 bis zum Ende des 21. Jahrhunderts abnehmen wird: um voraussichtlich rund 30 Tage pro Jahr im nordwestdeutschen Bereich und um bis zu 50 Tage pro Jahr in der Alpenregion. Für den Fall eines hohen Treibhausgasausstoßes (SRES A2-Szenario) ergeben sich sogar Werte zwischen 40 und 70 Tagen pro Jahr. Dabei schwanken die Werte innerhalb der Teilregionen natürlich in Abhängigkeit von der genauen Ortslage. Darüber hinaus weisen sie infolge der Berücksichtigung mehrerer Studien und der Verwendung von Ensembles, d. h. mehrerer verschiedener Klimaprojektionsläufe, einen zusätzlichen Unsicherheitsbereich auf.

In ◘ Abb. 6.3 ist der wahrscheinlichste Schwankungsbereich unter Voraussetzung des gemäßigten A1B SRES-Szenarios für die drei ausgewählten Klimaregionen Deutschlands dargestellt. Für die klimatologischen Kenntage basieren die dargestellten Ergebnisspannen im Allgemeinen auf den Arbeiten von Jacob et al. (2014) sowie von Spekat et al. (2007). Demnach dürfte der Rückgang der Anzahl der Frosttage gemäß diesem Szenario z. B. in der Nordwesthälfte aller Voraussicht nach zwischen 15 und 47 Tagen pro Jahr liegen. Damit verbunden ist auch ein Rückgang der Häufigkeit und/oder Dauer von Kälteperioden. Mit insgesamt nur 5–6 Tagen pro Jahr weniger, die als Teil solcher Kälteperioden auftreten, fällt dieser im Vergleich zur Abnahme der Frosttage voraussichtlich jedoch deutlich geringer aus. Zudem dürfte dieser Rückgang auch unabhängig vom betrachteten Emissionsszenario sein. Untersucht wurde hier der sogenannte *cold-spell duration index* (CSDI), eine Serie von moderat zu kalten Tagen für die jeweilige Jahreszeit (siehe Box „Klimatologische Kenngrößen" auf der nächsten Seite). Während die Zahl der kalten Tage also allgemein deutlich zurückgeht, ist auch zukünftig mit einem relativ häufigen Auftreten zusammenhängender Kälteepisoden zu rechnen. Konkrete Zahlenwerte, auch für die aktuellen RCP-Szenarien 4.5 und 8.5, finden sich in der Studie von Jacob et al. (2014). Konsistent mit der Abnahme der Anzahl der Frosttage wird die Zahl der Sommertage voraussichtlich deutlich zunehmen. In weiten Teilen Deutschlands könnte sie sich möglicherweise sogar verdoppeln. Dies gilt dabei nicht nur für die Regionen, in denen bislang kaum Sommertage auftreten, sondern auch für die bereits sehr warmen Regionen in der Südosthälfte Deutschlands. In einigen Regionen Südwestdeutschlands wäre dann fast jeder zweite Tag in der Zeit von April–September ein meteorologischer Sommertag. Insgesamt reicht die Spanne der zu erwartenden Zunahme von etwas unter 10 Sommertagen pro Jahr in der Nordwesthälfte bis zu über 40 in der Südosthälfte. In der Alpenregion liegt sie zwischen 11 und 24 Tagen (◘ Abb. 6.3).

Für die aus medizinischer Sicht besonders relevanten Tropennächte unterscheiden sich die Ergebnisse in Bezug auf Emissionsszenario und betrachtete Region am deutlichsten. Nimmt deren Anzahl gemäß dem moderaten Szenario RCP4.5 in der Alpenregion und im maritim geprägten Nordwesten im Gebietsmittel nur um 1–3 bzw. 1–5 Tage pro Jahr zu, so liegt der wahrscheinlichste Wert in den kontinentalen Landesbereichen gemäß den beiden Szenarien A1B und RCP8.5 bei über 20 Tagen pro Jahr. Für diese Region ergibt sich jedoch auch für das RCP4.5-Szenario bereits eine Änderung von etwa 9 Tagen pro Jahr (Jacob

Klimatologische Kenngrößen bezogen auf die Temperatur

- Frosttag: Die Tiefsttemperatur des Tages (24 h) liegt unter 0 °C.
- Eistag: Die Tageshöchsttemperatur bleibt unterhalb von 0 °C.
- Sommertag: Die Tageshöchsttemperatur erreicht mindestens 25 °C.
- Hitzetag: Die Tageshöchsttemperatur erreicht mindestens 30 °C (im klimatologischen Sprachgebrauch häufig auch als sogenannter „Heißer Tag" bezeichnet).
- Tropennacht: Die Tiefsttemperatur des Tages (24 h) fällt nicht unter 20 °C.
- Kalte Nächte (TN10p): Zahl der Tage, an denen die tägliche Minimumtemperatur unter das 10 %-Quantil der täglichen Minimumtemperaturen einer beliebigen, aber fixen Bezugsperiode fällt.
- Warme Nächte (TN90p): Zahl der Tage, an denen die tägliche Minimumtemperatur über dem 90 %-Quantil der täglichen

Minimumtemperaturen einer beliebigen, aber fixen Bezugsperiode liegt.
- Kalte Tage (TX10p): Zahl der Tage, an denen die tägliche Maximumtemperatur unter das 10 %-Quantil der täglichen Maximumtemperaturen einer beliebigen, aber fixen Bezugsperiode fällt.
- Warme Tage (TX90p): Zahl der Tage, an denen die tägliche Maximumtemperatur über dem 90 %-Quantil der täglichen Maximumtemperaturen einer beliebigen, aber fixen Bezugsperiode liegt.
- Sehr warme Tage (TX95p): Zahl der Tage, an denen die tägliche Maximumtemperatur über dem 95 %-Quantil der täglichen Maximumtemperaturen einer beliebigen, aber fixen Bezugsperiode liegt.
- Cold spell duration index (CSDI): Anzahl aufeinanderfolgender Tage (mindestens 6), an denen die Tiefsttemperatur des Tages

in den Bereich der 10 % kältesten Werte aller für den jeweiligen Tag des Jahres vorliegenden Werte einer beliebigen, aber fixen Bezugsperiode fällt.
- Warm spell duration index (WSDI): Anzahl aufeinanderfolgender Tage (mindestens 6), an denen die Tageshöchsttemperatur in den Bereich der 10 % wärmsten Werte aller für den jeweiligen Tag des Jahres vorliegenden Werte einer beliebigen, aber fixen Bezugsperiode fällt.
- Hitzewelle (wie hier verwendet): eine Episode von mehr als 3 aufeinanderfolgenden Tagen im Zeitraum Mai–September, an denen die Tageshöchsttemperatur in den Bereich der 1 % wärmsten Werte aller für den Zeitraum Mai–September vorliegenden Werte einer beliebigen, aber fixen Bezugsperiode fällt.

et al. 2014). Die Auswertungen von Spekat et al. (2007) weisen zumindest für die gesamte Südosthälfte (inklusive der Alpenregion) eine deutlich geringere Zunahme der Anzahl der Tropennächte aus. Hiernach muss mit einer Zunahme dieser Ereignisse von maximal 5 Tagen pro Jahr gerechnet werden. Entsprechend groß ist der in ◘ Abb. 6.3 dargestellte Unsicherheitsbereich für diese Kenngröße.

▪ Wärmeperioden

Zur Bewertung der Veränderungen länger andauernder warmer Temperaturextreme existieren ebenfalls mehrere verschiedene Indizes. Besonders geläufig ist dabei der *warm spell duration index (WSDI)*, bei dem es sich analog zum CSDI um eine Abfolge von moderat zu warmer Tage für die jeweilige Jahreszeit handelt. Die Anzahl der in Form solcher Wärmeperioden auftretenden Tage nimmt auch bei diesem Index, wiederum bezogen auf das gesamte Kalenderjahr und nicht nur auf die warme Jahreszeit, schon dem gemäßigten RCP4.5-Szenario zufolge zukünftig deutlich zu. Die stärkste Zunahme mit etwa 34 Tagen wird dabei für die Alpenregion projiziert. Aber auch in den anderen Gebieten liegt der wahrscheinlichste Wert bei über 20 Tagen pro Jahr. Die für das RCP8.5-Szenario berechneten Änderungssignale sind nochmals etwa um den Faktor 3 höher. In der Alpenregion könnten somit zum Ende des 21. Jahrhunderts nahezu 100 Tage mehr als heute einer solchen Periode angehören. Legt man die auf dem 90. Perzentil basierende Definition dieses Indexes zugrunde, so entspräche das annähernd einer Vervierfachung der aktuellen Häufigkeit. Im Gegensatz zu den Änderungen der Tropennächte liegen die Ergebnisse für das SRES A1B-Szenario bei diesem Index etwa in der Mitte zwischen den beiden betrachteten RCP-Szenarien (Jacob et al. 2014).

Vermutlich von größerem Interesse als die Häufigkeit von überdurchschnittlich warmen Perioden im gesamten Jahresverlauf ist die zu erwartende Änderung speziell in den Sommermonaten. Zu deren Abschätzung haben Fischer und Schär (2010) die Auswertungen mithilfe des WSDI auf den meteorologischen

Sommer, d. h. die Monate Juni, Juli und August, beschränkt. Wie ◘ Abb. 6.3 zeigt, steigt die Häufigkeit dieser so definierten gemäßigten Hitzewellen bei Betrachtung des SRES A1B-Szenarios bis zum Ende des 21. Jahrhunderts in Deutschland weitverbreitet um das 6- bis 18-Fache an. In der Alpenregion könnte die Zunahme sogar noch größer ausfallen. Zudem ist davon auszugehen, dass auch die Intensität von Hitzewellen in Mitteleuropa zukünftig deutlich zunehmen wird. Im Hinblick auf deren Andauer ist dagegen mit weniger ausgeprägten Änderungen zu rechnen (Beniston et al. 2007; Fischer und Schär 2010; Hundecha und Bárdossy 2005, Koffi und Koffi 2008).

Jacob et al. (2014) verwenden gleich zwei weitere Definitionen zur Erfassung von Hitzewellen während der warmen Jahreszeit. Beide basieren auf den täglichen Höchsttemperaturen ausschließlich im Zeitraum Mai–September, unterscheiden sich aber sowohl in Bezug auf die Mindestandauer als auch hinsichtlich der exakten Schwellenwertbestimmung. Zum einen verwenden die Autoren die z. B. auch schon von Frich et al. (2002) verwendete strenge Definition von Hitzewellen als ein Ereignis von mehr als 5 aufeinanderfolgenden Tagen mit einer Höchsttemperatur von mindestens 5 °C oberhalb der mittleren Höchsttemperatur im Zeitraum Mai–September. Diese ist jedoch für Deutschland kaum von Bedeutung. Lediglich für den Süden ergibt sich überhaupt ein von Null verschiedenes Änderungssignal. Im Zeitraum 2071–2100 könnten dort gemäß dem RCP8.5-Szenario im Mittel etwa 1–3 solcher Ereignisse pro Jahr mehr auftreten als es im Bezugszeitraum 1971–2000 der Fall war. Hierzulande relevanter ist dagegen die zweite von Jacob et al. (2014) untersuchte Definition einer Hitzewelle, bei der der Schwellenwert unter Verwendung des 99. Perzentils der Verteilungsfunktion bestimmt und die Andauer des Ereignisses auf mehr als 3 Tage reduziert wird. Hiermit ergeben sich zumindest für das Ende des Jahrhunderts für weite Teile Deutschlands nennenswerte Änderungssignale. Die Unterschiede zwischen den beiden Emissionsszenarien sind dabei allerdings deutlich. Zusätzlich ist ein markanter Nord-Süd-Gradient vorhanden. Dem moderaten Szenario zufolge dürfte sich die Anzahl der Hitzewellen in Norddeutschland auch bis zum Zeitraum 2071–2100 kaum verändern, während sie im Süden vermutlich um 5–10 Ereignisse pro Jahr zunimmt. Für das RCP8.5-Szenario ergeben sich Werte zwischen 5 im Norden und 30 Fällen pro Jahr im Süden.

6.2.2 Prozentuale Schwellenwerte und Wiederkehrwahrscheinlichkeiten

Eine jahreszeitlich differenzierte Auswertung sowohl separat für sieben Teilregionen als auch für Deutschland insgesamt haben Deutschländer und Dalelane (2012) vorgelegt. Neben der häufig verwendeten klassischen Extremwertstatistik erfolgte die Auswertung der Klimaprojektionen dabei insbesondere auch durch Anwendung der Methode der Kerndichteschätzung. Letzteres Verfahren entspricht der Berechnung eines gewichteten gleitenden Mittels und ermöglicht die statistisch robuste und von der Wahl der Schwelle unabhängige Abschätzung der Überschreitungswahrscheinlichkeiten bestimmter Temperaturwerte als kontinuierliche Funktion der Zeit (Dalelane und Deutschländer 2013).

Wie die Untersuchung zeigt, nimmt die Überschreitungswahrscheinlichkeit sowohl moderater als auch relativ hoher Schwellen der Tageshöchsttemperaturen im Verlauf des 21. Jahrhunderts in beinahe allen Jahreszeiten praktisch ohne Pause zu. Untersucht wurden dafür das 90., 95. und 99. Perzentil. Insbesondere in der zweiten Hälfte des Jahrhunderts steigt die Auftrittshäufigkeit solcher Ereignisse gemäß SRES A1B-Szenario rasant an und erreicht bis zum Jahr 2100 im Jahresmittel mindestens das 3- bis 5-Fache der heutigen Verhältnisse. Nur für das Frühjahr ergeben sich etwas geringere Änderungssignale. Zudem kommt es ausschließlich zu dieser Jahreszeit im späten Verlauf des Jahrhunderts wieder zu einem leichten Rückgang der Häufigkeit extremer Temperaturereignisse. Die größten Änderungen ergeben sich jedoch für die Hauptjahreszeiten. Trotz der vergleichsweise großen Schwankungsbreite der einzelnen Modellergebnisse übertreffen die zu erwartenden Änderungen während der Sommermonate die für das vollständige Kalenderjahr ermittelten Werte nochmals deutlich. In den Monaten Juni, Juli und August könnten die zukünftigen Überschreitungswahrscheinlichkeiten auf mindestens das 4-Fache im Fall der beiden unteren Schranken und auf das 5- bis sogar 17-Fache der aktuellen Häufigkeiten im Falle des 99. Perzentils ansteigen (◘ Abb. 6.3). Das bedeutet, dass ein heute in einer bestimmten Region nur etwa einmal pro Sommer erreichter Tageshöchstwert zum Ende des 21. Jahrhunderts zwischen 5- und möglicherweise sogar bis zu 16-mal auftreten würde. Prinzipiell stützen andere Veröffentlichungen diese Erkenntnisse speziell für den Sommer (z. B. Fischer und Schär 2009 oder Kjellström et al. 2007). Zwar übertreffen die für den Winter berechneten Änderungssignale die Werte für den Sommer sogar noch, jedoch dürften die sozioökonomischen Auswirkungen zu dieser Jahreszeit zumeist von eher geringerer Bedeutung sein.

Noch drastischer fallen die Ergebnisse der mittels klassischer Extremwertstatistik bestimmten Wiederkehrintervalle für Temperaturschwellen mit heute 10-, 25- und 50-jährigen Intervallen aus. Die Auswertungen für diese im Vergleich zu den mittels

Kerndichteschätzung analysierten Schwellen deutlich selteneren Ereignisse zeigen zumeist nochmals wesentlich größere Änderungssignale. Für Ereignisse, die derzeit noch etwa einmal pro Jahr auftreten (99. Perzentil bei meteorologisch definierten Jahreszeiten), wurden maximale Zunahmen um das 20- bis 25-Fache berechnet. Um das Jahr 2090 herum dürften Ereignisse, die aktuell alle 50 Jahre auftreten, nahezu jährlich zu beobachten sein. Lediglich für den Frühling zeigen sich auch mit dieser Auswertemethode und für diese Schwellenwerte etwas geringere Änderungen.

Zwischen März und Mai liegen die Wiederkehrintervalle in Abhängigkeit von der Region in Deutschland sowie der betrachteten Klimaprojektion meist bei 3–5 Jahren. Gesondert erwähnt seien auch für diese bereits am oberen Rand der statistischen Belastbarkeit liegenden Temperaturschwellen die für den Sommer zu erwartenden Änderungen. Für die 25-jährigen Ereignisse ergeben sich bis zum Ende des 21. Jahrhunderts praktisch für alle betrachteten Simulationen deutschlandweit Wiederkehrintervalle von unter 10 Jahren, zumeist aber eine Spanne von 0,2–5 Jahren (◘ Abb. 6.3). Der ungünstigste Fall wäre also, dass heute noch äußerst selten überhaupt zu beobachtende Höchsttemperaturwerte zukünftig bis zu 5-mal pro Jahr auftreten würden.

Auch Knote et al. (2010) untersuchen die zu erwartenden Änderungen 10- und 30-jähriger Wiederkehrintervalle der Temperatur im Sommer für den Zeitraum 2015–2024, also für eine sehr nahe Zukunft. Hierfür verwenden sie eine mit 1,3 km sehr hoch aufgelöste Projektion des regionalen Klimamodells COSMO-CLM, um sowohl konvektive Prozesse als auch topografische Effekte adäquat simulieren zu können. Das Modellgebiet beschränkt sich dabei der hohen Auflösung entsprechend auf Rheinland-Pfalz sowie die angrenzenden Regionen. Dieser Studie zufolge ist schon während dieses baldigen Zeitraums – 2015 bis 2024 – mit einem Anstieg beider Wiederkehrwerte der täglichen Tiefsttemperaturen um gut 2 °C gegenüber dem Bezugszeitraum 1960–1969 zu rechnen. Für die Tagesmitteltemperaturen ergibt sich ein Anstieg um etwa 3,4 °C und für die täglichen Höchsttemperaturen sogar um mehr als 4 °C. Vor dem Hintergrund der allgemeinen Erwartung stärker steigender Minimumtemperaturen ist dieses Resultat sicher ebenso überraschend wie die überdurchschnittlich hohe Größenordnung der Änderungen selbst.

6.2.3 Monatliche und saisonale Extreme

Eine etwas andere Herangehensweise an die Fragestellung, wie sich Temperaturextreme zukünftig verändern könnten, haben Estrella und Menzel (2013) gewählt. Sie untersuchen die gemeinsame Verteilung monatlicher und saisonaler Temperatur- und Niederschlagsanomalien im Hinblick auf das Auftreten extremer Ereignisse für das Gebiet von Bayern auf Basis einer Simulation für SRES B2 mit dem statistischen Regionalmodell WettReg. Hierfür definierten sie insgesamt vier extreme Klassen: kühl/trocken, kühl/feucht, warm/trocken sowie warm/feucht. Demnach werden die kühlen Extreme zukünftig allgemein rasch abnehmen. Besonders markant fällt das Ergebnis der Untersuchung für den Monat Juni aus, der im Zeitraum 2041–2050 fast in der Hälfte

6

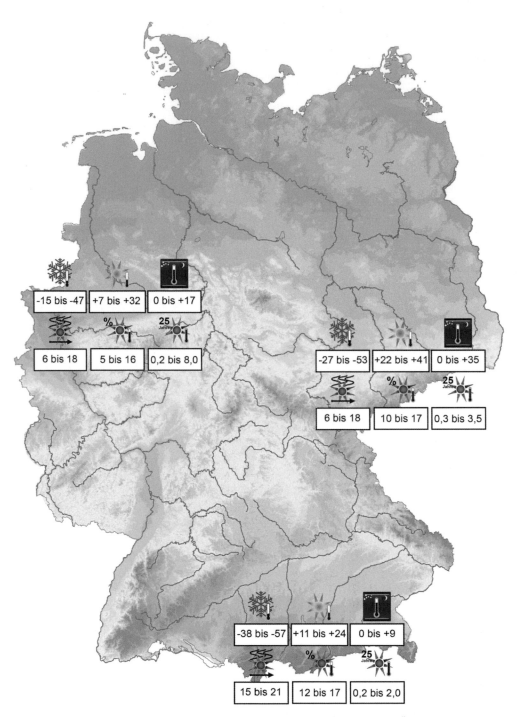

□ **Abb. 6.3** Für den Zeitraum 2071–2100 gemäß Emissionsszenario SRES A1B zu erwartende Änderungen ausgewählter Klimakenngrößen im Vergleich zum Klima des 20. Jahrhunderts (C20-Simulation) für drei großräumige Klimaregionen Deutschlands. Von oben links nach unten rechts: Zahl der Frosttage; Zahl der Sommertage; Zahl der Tropennächte; Änderung der mittleren Anzahl der Tage pro Sommer (Juni–August), die einer Wärmeperiode gemäß der Definition des WSDI angehören, als Verhältnis Szenario/C20; Änderung der Überschreitungshäufigkeiten des 99. Perzentils der Tageshöchsttemperaturen (für die Sommermonate und bezogen auf das Klima des 20. Jahrhunderts) als Verhältnis Szenario/C20; Wiederkehrintervalle (in Jahren) von Ereignissen im Szenariozeitraum, die im Klima des 20. Jahrhunderts ein Intervall von 25 Jahren aufweisen (ebenfalls für die Sommermonate). Alle angegebenen Zahlenwerte basieren auf den Ergebnissen der Studien von Deutschländer und Dalelane (2012), Fischer und Schär (2010), Jacob et al. (2014) und Spekat et al. (2007). Die Bandbreite der dargestellten Resultate ergibt sich infolge der Vielzahl der untersuchten Klimamodellläufe sowie durch die räumlichen Unterschiede innerhalb der drei betrachteten Klimaregionen

aller Fälle (43 %) extrem warm und trocken werden könnte. Außerdem ist davon auszugehen, dass bis zu diesem Zeitraum etwa jeder zweite Winter und jeder dritte Februar in die Klasse warm/feucht fällt. Mit einer sehr ähnlichen Vorgehensweise hatte Beniston (2009) schon gezeigt, dass kalte Wettersituationen in Europa

bis zum Jahr 2100 vermutlich praktisch vollständig zugunsten warmer Verhältnisse verschwinden werden. Im Rahmen dieser Studie wurde allerdings das im Verhältnis zum SRES B2-Szenario sehr pessimistische SRES A2 betrachtet.

- **Änderung der Verteilungsform**

Ein sehr wichtiger Aspekt in Bezug auf Temperaturextreme ist die Frage, ob es im Zuge des Klimawandels zu einer grundsätzlich erhöhten Klimavariabilität und damit tatsächlich auch zu einer überdurchschnittlich hohen Zunahme der Häufigkeit besonders starker Hitzeereignisse kommen wird. Ebenso ist natürlich von Interesse, ob zukünftig auch bislang nicht erreichte Temperaturen auftreten könnten.

Eine eindeutige Antwort, zumindest auf die erste Frage, liefern Deutschländer und Dalelane (2012). Das in dieser Studie beschriebene Verhältnis der Zunahme der Überschreitungswahrscheinlichkeit in Abhängigkeit von der Höhe der Schwelle untermauert die grundsätzliche Erwartung: Je seltener das Ereignis grundsätzlich ist, desto größer ist dessen prozentuale Zunahme. Besonders heftige Extreme dürften demnach zukünftig – im Vergleich zu heute – unverhältnismäßig oft auftreten. Dies gilt für alle betrachteten Jahreszeiten sowie für alle Regionen. Dieses Resultat wird durch die Arbeit von Jacob et al. (2008) gestützt. Für alle drei von den Autoren betrachteten Emissionsszenarien (SRES A1B, B1 und A2) zeigen die Auswertungen eine prozentual höhere Zunahme der Zahl der „heißen Tage" als im Fall der Sommertage und untermauern somit dieses wichtige Ergebnis. Knote et al. (2010) stellen dagegen keine Zunahme des Änderungssignals mit steigendem Wiederkehrintervall fest.

Jacob et al. (2008) untersuchen zudem auch das Verhalten der absoluten Temperaturmaxima. Für den Zeitraum 2071–2100 zeigen die betrachteten Simulationen mit dem Regionalmodell REMO einen Anstieg der Werte von 3,2 °C (B1-SRES-Szenario) bis zu 6,5 °C (A2-SRES-Szenario) gegenüber dem Bezugszeitraum 1961–1990. Demnach würden zukünftig deutlich höhere Temperaturspitzenwerte erreicht werden als bisher. Demgegenüber konstatieren Spekat et al. (2007) auf Basis des statistischen Regionalmodells WettReg ebenfalls mit den SRES-Szenarien A1B, B1 und A2, dass der Ausgleich der deutlich zurückgehenden Anzahl der Tage mit niedrigen Höchsttemperaturen „hauptsächlich im Bereich der mittleren Werte und der ‚mittleren Extreme', und nicht so sehr bei den höchsten Werten" stattfindet. Auch die Anzahl neuer Extremwerte würde diesen Simulationen zufolge nicht übermäßig stark zunehmen.

6.3　Kurz gesagt

Teilweise bis in das 19. Jahrhundert zurückreichende Beobachtungsdaten zeigen eine allgemeine Zunahme warmer Temperaturextreme bei gleichzeitiger Abnahme kalter Extreme. Besonders deutlich ist diese Entwicklung im Fall der jahreszeitlichen Mitteltemperaturen von meteorologischem Sommer und Winter und gerade auf der kalten Seite zu erkennen.

Aber nicht nur die jahreszeitlichen Mittelwerte haben sich verändert, auch die Verteilung der Tagesmitteltemperaturen zeigt eine Verschiebung in Richtung höherer Temperaturwerte. Damit geht auch eine erhöhte Wahrscheinlichkeit für das Auftreten extremer Hitzetage einher. Als praktisch erwiesen gilt zudem die Tatsache, dass die Anzahl warmer Tage und Nächte angestiegen und die Anzahl kalter Tage und Nächte seit den 1950er-Jahren zurückgegangen ist. Gerade aus medizinischer Sicht ist zusätzlich

von Bedeutung, dass sich die Andauer sommerlicher Hitzewellen über Westeuropa seit 1880 etwa verdreifacht hat.

Für die Zukunft lassen Klimaprojektionen insbesondere bei unverminderter Treibhausgasemission eine deutliche Verschärfung der bereits beobachteten Entwicklung erwarten. So könnte z. B. die Anzahl von Hitzewellen bis zum Ende des 21. Jahrhunderts im ungünstigsten Falle um bis zu 5 Ereignisse pro Jahr in Norddeutschland und um bis zu 30 Ereignisse pro Jahr in Süddeutschland zunehmen. Auch die Auftrittswahrscheinlichkeit derzeit nur etwa einmal pro Jahr zu beobachtender Tageshöchsttemperaturen dürfte drastisch ansteigen. Speziell während der Sommermonate scheint hier selbst eine Verzehnfachung solcher Ereignisse durchaus realistisch zu sein.

Literatur

Auer I, Matulla C, Böhm R, Ungersböck M, Maugeri M, Nanni T, Pastorelli R (2005) Sensitivity of frost occurrence to temperature variability in the European Alps. International Journal of Climatology 25:1749–1766

Barriopedro D, Fischer EM, Luterbacher J, Trigo RM, Garcia-Herrera R (2011) The hot summer of 2010. Redrawing the temperature record map of Europe Science 332:220–224

Beniston M (2009) Decadal-scale changes in the tails of probability distribution functions of climate variables in Switzerland. Int J Climatol 29:1362–1368

Beniston M, Stephenson DB, Christensen OB, Ferro CAT, Frei C, Goyette S, Halsnaes K, Holt T, Jylhä K, Koffi B, Palutikof J, Schöll R, Semmler T, Woth K (2007) Future extreme events in European climate: an exploration of regional climate model projections. Climatic Change 81:71–95. doi:10.1007/s10584-006-9226-z

Dalelane C, Deutschländer T (2013) A robust estimator for the intensity of the Poisson point process of extreme weather events. Weather and Climate Extremes 1:69–76. doi:10.1016/j.wace.2013.07.003

Della-Marta PM, Haylock MR, Luterbacher J, Wanner H (2007a) Doubled length of western European summer heat waves since 1880. J Geophys Res 112. doi:10.1029/2007jd008510

Della-Marta PM, Luterbacher J, von Weissenfluh H, Xoplaki E, Brunet M, Wanner H (2007b) Summer heat waves over western Europe 1880 to 2003, their relationship to large-scale forcings and predictability. Climate Dynamics 29:251–275. doi:10.1007/s00382-007-0233-1

Deutschländer T, Dalelane C (2012) Auswertung regionaler Klimaprojektionen für Deutschland hinsichtlich der Änderung des Extremverhaltens von Temperatur, Niederschlag und Windgeschwindigkeit. Ein Forschungsvorhaben der ressortübergreifenden Behördenallianz; Bundesamt für Bevölkerungsschutz und Katastrophenhilfe, Bundesanstalt Technisches Hilfswerk. Deutscher Wetterdienst, Umweltbundesamt, Offenbach am Main (Abschlussbericht)

Estrella N, Menzel A (2013) Recent and future climate extremes arising from changes to the bivariate distribution of temperature and precipitation in Bavaria, Germany. International Journal of Climatology 33:1687–1695. doi:10.1002/joc.3542

Fischer EM, Schär C (2009) Future changes in daily summer temperature variability: driving processes and role for temperature extremes. Climate Dynamics 33:917–935. doi:10.1007/s00382-008-0473-8

Fischer EM, Schär C (2010) Consistent geographical patterns of changes in high-impact European heatwaves. Nature Geoscience 3:398–403. doi:10.1038/NGEO866

Frich P, Alexander LV, Della-Marta P, Gleason B, Haylock M, Klein Tank AMG, Peterson T (2002) Observed coherent changes in climatic extremes during the second half of the twentieth century. Climate Research 19:193–212

Gerstengarbe F-W, Werner PC (1993) Extreme klimatologische Ereignisse an der Station Potsdam und an ausgewählten Stationen Europas. Berichte des Eigenverlag Offenbach, 615 p. 1.

Hartmann DL, Klein Tank AMG, Rusticucci M, Alexander LV, Brönnimann S, Charabi Y, Dentene FJ, Dlugokencky EJ, Easterling DR, Kaplan A, Soden BJ,

6

Thorne W, Wild M, Zhai PM (2013) Observations: Atmosphere and Surface. In: Stocker TF, Qin D, Plattner G-K, Tignor M, Allen SK, Boschung J, Nauels A, Xia Y, Bex V, Midgley PM (Hrsg) Climate Change 2013: The Physical Science Basis. Contribution of Working Group I to the Fifth Assessment Report of the Intergovernmental Panel on Climate Change. Cambridge University Press, Cambridge, United Kingdom and New York, NY, USA

Hundecha Y, Bárdossy A (2005) Trends in daily precipitation and temperature extremes across Western Germany in the second half of the 20th century. Int J Climatol 25:1189–1202

IPCC (2012) Managing the Risks of Extreme Events and Disasters to Advance Climate Change Adaptation. In: Field CB, Barros V, Stocker TF, Qin D, Dokken DJ, Ebi KL, Mastrandrea MD, Mach KJ, Plattner G-K, Allen SK, Tignor M, Midgley PM (Hrsg) A special report of Working Groups I and II of the Intergovernmental Panel on Climate Change. Cambridge University Press, Cambridge, UK and New York, NY, S 582

Jacob D, Göttel H, Kotlarski S, Lorenz P, Sieck K (2008): Klimaauswirkungen und Anpassung in Deutschland – Phase 1: Erstellung regionaler Klimaszenarien für Deutschland. Umweltbundesamt, Climate Change, 11/08, Forschungsbericht, 204 41 138, UBA-FB 000969, ISSN 1862-4359

Jacob D, Petersen J, Eggert B, Alias A, Bøssing Christensen O, Bouwer LM, Braun A, Colette A, Déqué M, Georgievski G, Georgopoulou E, Gobiet A, Menut L, Nikulin G, Haensler A, Hempelmann N, Jones C, Keuler K, Kovats S, Kröner N, Kotlarski S, Kriegsmann A, Martin E, van Meijgaard E, Moseley C, Pfeifer S, Preuschmann S, Radermacher C, Radtke K, Rechid D, Rounsevell M, Samuelsson P, Somot S, Soussana J-F, Teichmann C, Valentini R, Vautard R, Weber B, Yiou P (2014) EURO-CORDEX: new high-resolution climate change projections for European impact research. Reg Environ Change 14:563–578. doi:10.1007/s10113-013-0499-2

Jacobeit J, Rathmann J, Philipp A, Jones PD (2009) Central European temperature and precipitation extremes in relation to large-scale atmospheric circulation types. Meteorol Z 18:397–410

Jonas M, Staeger T, Schönwiese C-D (2005): Berechnung der Wahrscheinlichkeiten für das Eintreten von Extremereignissen durch Klimaänderungen - Schwerpunkt Deutschland. Umweltbundesamt, Forschungsbericht, 201 41 254, UBA-FB 000845

Kjellström E, Bärring L, Jacob D, Jones R, Lenderink G, Schär C (2007) Modelling daily temperature extremes: recent climate and future changes over Europe. Climatic Change 81:249–265. doi:10.1007/s10584-006-9220-5

Klein-Tank AMG, Können GP (2003) Trends in Indices of Daily Temperature and Precipitation Extremes in Europe, 1946–99. J Climate 16:3665–3680

Klok EJ, Klein Tank AMG (2009) Updated and extended European dataset of daily climate observations. Int J Climatol 29:1182–1191. doi:10.1002/joc.1779

Knote C, Heinemann G, Rockel B (2010) Changes in weather extremes: Assessment of return values using high resolution climate simulations at convection-resolving scale. Meteorologische Zeitschrift 19:11–23. doi:10.1127/0941-2948/2010/0424

Koffi B, Koffi E (2008) Heat waves across Europe by the end of the 21st century: multiregional climate simulations. Climate Research 36:153–168. doi:10.3354/cr00734

Koppe C, Jendritzky G, Pfaff G (2003): Die Auswirkungen der Hitzewelle 2003 auf die Gesundheit. Klimastatusbericht 2003, 152–162. Deutscher Wetterdienst, Offenbach a Main, ISSN 1437-7691

Luterbacher J, Dietrich D, Xoplaki E, Grosjean M, Wanner H (2004) European Seasonal and Annual Temperature Variability, Trends and Extremes Since 1500. Science 303:1499–1503

Matulla C, Namyslo J, Andre K, Chimani B, Fuchs T (2014) Design guideline for a climate projection data base and specific climate indices for roads: CliPDaR. TRA2014. 10p. http://tra2014.traconference.eu/papers/pdfs/TRA2014_Fpaper_17592.pdf

Nemec J, Gruber C, Chimani B, Auer I (2012) Trends in extreme temperature indices in Austria based on a new homogenised dataset. International Journal of Climatology. doi:10.1002/joc.3532

Robine J-M et al (2008) Death toll exceeded 70,000 in Europe during the summer of 2003. C R Biologies 331:171–178

Schär C, Vidale PL, Lüthi D, Frei C, Häberli C, Liniger MA, Appenzeller C (2004) The role of increasing temperature variability in European summer heatwaves. Nature 427:332–336. doi:10.1038/nature02300

Schlünzen KH, Hoffmann P, Rosenhagen G, Riecke W (2010) Long-term changes and regional differences in temperature and precipitation in the metropolitan area of Hamburg. International Journal of Climatology 30:1121–1136

Spekat A, Enke W, Kreienkamp F (2007): Neuentwicklung von regional hoch aufgelösten Wetterlagen für Deutschland und Bereitstellung regionaler Klimaszenarien auf Basis von globalen Klimasimulationen mit dem Regionalisierungsmodell WETTREG auf der Basis von globalen Klimasimulationen mit ECHAM5/MPI-OM T63/L31 2010–2100 für die SRES-Szenarien B1, A1B und A2. Forschungsprojekt im Auftrag des Umweltbundesamtes, Förderkennzeichen, 204 41 138

Winkler P (2006) Hohenpeißenberg 1781–2006: das älteste Bergobservatorium der Welt. Geschichte der Meteorologie in Deutschland 7:174

Wulfmeyer V, Henning-Müller I (2006) The climate station of the University of Hohenheim: Analyses of air temperature and precipitation time series since 1878. International Journal of Climatology 26(113):138. doi:10.1002/joc.1240

Niederschlag

Michael Kunz, Susanna Mohr, Peter Werner

© Der/die Herausgeber bzw. der/die Autor(en) 2017
G. Brasseur, D. Jacob, S. Schuck-Zöller (Hrsg.), *Klimawandel in Deutschland*, DOI 10.1007/978-3-662-50397-3_7

Das Niederschlagsgeschehen an einem bestimmten Ort in Deutschland ist vor allem von der naturräumlichen Gliederung, der Topografie und der Entfernung zum Meer geprägt. Die höchsten jährlichen Niederschlagssummen von über 2000 mm fallen in den Alpen und den Höhenlagen der Mittelgebirge. Die niederschlagsärmsten Regionen sind die Magdeburger Börde und das Thüringer Becken mit weniger als 500 mm pro Jahr. Im Sommer überwiegen kurz andauernde konvektive Niederschläge, die mit Schauern oder Gewittern verbunden sind, während im Winter länger anhaltende advektive Niederschläge dominieren.

Niederschlag kann in flüssiger Form als Niesel oder Regen (▶ Abschn. 7.1) oder in gefrorener, fester Form als Graupel, Hagel (▶ Abschn. 7.2) oder Schnee (▶ Abschn. 7.3) zu Boden fallen. Der gefallene flüssige Niederschlag wird meist als Niederschlagshöhe bzw. -summe (in Millimeter = Liter pro Quadratmeter) oder Niederschlagsintensität (Niederschlagshöhe pro Zeiteinheit) angegeben. Bisherige Niederschlagsrekorde für Deutschland waren 126 mm in 8 min (Füssen, 1920), 200 mm in 1 Stunde (Miltzow, 1968), 245 mm in 2 Stunden (Münster, 2014), 312 mm am Tag (Zinnwald, 2002) und 777 mm in 1 Monat (Stein, 1954). Die höchste Schneedecke betrug 830 cm (Zugspitze, 1944), das größte Hagelkorn hatte einen Durchmesser von 14,1 cm (Sonnenbühl, 2013).

Durch die globale Erwärmung intensiviert sich der Wasserkreislauf, was zu einer zeitlichen und räumlichen Veränderung des charakteristischen Jahresgangs der Niederschlagshöhe an einem bestimmten Ort, also dem Niederschlagsregime, führt (Jacob und Hagemann 2011; IPCC 2013). Außerdem ist zu erwarten, dass sich im Zuge des Klimawandels auch die Häufigkeit bestimmter Wetterlagen ändern wird, die das Niederschlagsgeschehen grundsätzlich bestimmen. Hier ist bereits ein Trend sowohl zu niederschlagsträchtigen als auch zu konvektionsrelevanten Wetterlagen zu erkennen (Bardossy und Caspary 2000; Kapsch et al. 2012; Hoy et al. 2014). Hinzu kommt, dass durch die Erwärmung die Intensität der Niederschläge weiter zunehmen wird, da neben der stärkeren Verdunstung wärmere Luft mehr Feuchtigkeit enthalten kann (Held und Soden 2000; Haerter et al. 2010). Damit sind auch Änderungen in der Häufigkeit und Intensität von Überschwemmungen als Folge von Starkniederschlägen oder Dürren als Folge längerer Trockenzeiten zu erwarten (IPCC 2012, 2013).

7.1   Starkniederschläge

Niederschläge, die im Verhältnis zu ihrer Dauer eine hohe Intensität aufweisen, werden generell als Starkniederschläge bezeichnet. Dieser Einordnung liegen allerdings verschiedene Definitionen wie die Überschreitung einer bestimmten Niederschlagshöhe (Schwellenwert), ein bestimmter Teil einer Datenmenge (Perzentile der Verteilungsfunktion) oder die Niederschlagshöhe (Wiederkehrwert) einer bestimmten Wahrscheinlichkeit (oder Wiederkehrperiode) zugrunde. Auch die hier betrachteten Studien verwenden unterschiedliche Definitionen.

Die natürliche Klimavariabilität, z. B. als Folge bestimmter atmosphärischer Zirkulationsmuster über dem Atlantik (Lavers und Villarini 2013), beeinflusst besonders deutlich das Niederschlagsgeschehen. Daher sind für Trendanalysen möglichst lange

Zeitreihen notwendig. Aufgrund der hohen natürlichen Niederschlagsvariabilität weisen die Trends allerdings häufig eine geringe statistische Signifikanz auf (in den verschiedenen Studien wird hier uneinheitlich ein Signifikanzniveau von 90 oder 95 % berücksichtigt).

7.1.1   Beobachtete Änderungen in der Vergangenheit

Niederschlagsmessungen werden in Deutschland an einer Vielzahl von Messstationen durchgeführt (▶ Kap. 3). Deren Daten eignen sich aufgrund der hohen Stationsdichte und des langen Beobachtungszeitraums besonders gut für statistische Analysen. Allerdings sind die Messungen aufgrund von Stationsverlegungen, Messgerätewechsel oder der Veränderung der Umgebung an einer Station häufig nicht homogen. Diese Einschränkungen erschweren die statistische Analyse der Niederschlagszeitreihen und führen zu einer nicht vermeidbaren Unsicherheit der Ergebnisse, insbesondere im Fall von selten und oft sehr lokal auftretenden Starkniederschlägen (Grieser et al. 2007).

- **Sommerniederschläge**

Sommerliche Starkniederschläge weisen aufgrund ihres primär konvektiven Verhaltens eine hohe räumliche und zeitliche Variabilität auf. Daher ist die Repräsentanz einzelner Punktmessungen auch eingeschränkt, und die Trends sind oft nicht signifikant. Insgesamt haben im Sommer die Niederschlagssummen im Mittel in Deutschland leicht abgenommen. Zolina et al. (2008) beispielsweise quantifizierten für den Zeitraum 1950–2004 an den meisten Stationen in Westdeutschland eine in vielen Fällen nicht signifikante Abnahme der Starkniederschläge (95. Perzentil) um bis zu 8 % pro Jahrzehnt.

Je nach Region fallen die Trends aber sehr unterschiedlich aus. Die stärkste Abnahme ergibt sich nach Bartels et al. (2005) für die Mitte Deutschlands, den äußersten Westen und einige küstennahe Gebiete (◘ Abb. 7.1a). Dies bestätigen in ähnlicher Weise auch Schönwiese et al. (2005), nach deren Analysen die Abnahme, insbesondere in der Nordhälfte Deutschlands, am größten ausfiel. Während fast in ganz Hessen extrem feuchte Monate im Sommer abgenommen haben (Schönwiese 2012), sind die Trendrichtungen in Sachsen uneinheitlich und von geringer statistischer Signifikanz (Łupikasza et al. 2011). Positive Trends im Sommer (August) ergaben sich außerdem für einige Stationen in Bayern und Baden-Württemberg, insbesondere in den Einzugsgebieten von Donau und Main (Schönwiese et al. 2005; Hattermann et al. 2013). Bei höheren Dauerstufen (24–240 Stunden) sind die Änderungen insgesamt gering (Bartels et al. 2005; KLIWA 2006).

Bezüglich der Anzahl der Tage mit Starkniederschlägen (Tage mit einer Niederschlagssumme, die im Mittel nur einmal in 100 Tage auftritt) fanden Malitz et al. (2011) dagegen im Mittel über alle Stationen eine Zunahme um 13 % für das Sommerhalbjahr (1951–2000 gegenüber 1901–1950).

- **Winterniederschläge**

Im Winterhalbjahr sind die Änderungen der Starkniederschläge im Vergleich zum Sommerhalbjahr deutlicher ausgeprägt. Auch

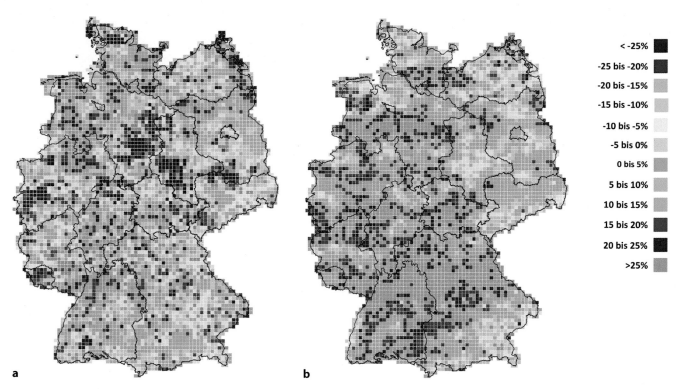

◘ Abb. 7.1 Felder der prozentualen Abweichungen der Starkniederschlagshöhen für eine Wiederkehrperiode von 100 Jahren für den Zeitraum 1971–2000 gegenüber 1951–1980 für eine Dauerstufe von 24 Stunden für **a** Sommer und **b** Winter. (Bartels et al. 2005; Grafik DWD)

sind die Trends mehrheitlich signifikant (Moberg und Jones 2005), vor allem im Nordwesten und Südosten (Hattermann et al. 2013). Insgesamt haben sowohl extrem hohe als auch geringe Niederschläge (90./95. bzw. 5. Perzentile) auf Kosten mittlerer Niederschläge im Winter zugenommen (Hänsel et al. 2005; Hattermann et al. 2013). Dabei kann in vielen Regionen eine Zunahme sowohl der Niederschlagssummen (Bartels et al. 2005) als auch der Anzahl der Starkniederschlagstage (Malitz et al. 2011) beobachtet werden.

Wie schon im Sommer zeigen sich auch für das Winterhalbjahr erhebliche räumliche Unterschiede. Besonders stark haben die Winterniederschläge im Westen Deutschlands, in den küstennahen Gebieten und in einigen Mittelgebirgsregionen zugenommen (Bartels et al. 2005; ◘ Abb. 7.1b). Nach Zolina et al. (2008) liegen die Änderungen pro Dekade zwischen +5 und +13 % (95. und 99. Perzentile). Dabei beobachteten die Autoren die größte Zunahme im Norden mit über 10 % pro Jahrzehnt. Auch in Süddeutschland nahmen in den meisten Regionen die maximalen eintägigen Gebietsniederschlagshöhen im hydrologischen Winterhalbjahr (November–April; 1932–2010) signifikant zu (KLIWA 2012). Die stärksten Zunahmen (zwischen 34 und 44 %) konnten dort im Nordosten Bayerns, im oberen Maingebiet und im angrenzenden Saale-Naab-Gebiet verzeichnet werden, während in Baden-Württemberg die Änderungen mit rund 20 % etwas geringer ausfielen. Eine ähnliche Zunahme wurde auch für Hessen (Schönwiese 2012) und Sachsen (Łupikasza et al. 2011) beobachtet.

Dagegen dominiert im äußersten Nordwesten und Nordosten sowie im Südosten eine Abnahme der winterlichen Starkniederschläge (◘ Abb. 7.1b). Geringe Abnahmen zeigen sich außerdem in einigen Regionen in der Mitte (Zolina et al. 2008) und in Norddeutschland (Trömel und Schönwiese 2007).

■ **Jahresniederschläge**
Über das gesamte Jahr betrachtet sind die Änderungen der Starkniederschläge eher gering, da in vielen Regionen entgegengesetzte Trends für das Sommer- und Winterhalbjahr vorherrschen (s. auch ◘ Abb. 7.1). Dennoch nahm in den letzten Jahrzehnten in weiten Teilen Deutschlands die Zahl der Tage mit Starkniederschlägen zu, vor allem im Nordwesten und Süden (Hattermann et al. 2013). Gerstengarbe und Werner (2009) fanden für die meisten Regionen – außer im Nordosten – einen Anstieg in der Häufigkeit der Tage mit Summen ≥10 mm (1951–2006), der aber nur an 31 % aller Stationen signifikant ausfiel. Auch Malitz et al. (2011) kommen zum Schluss, dass in weiten Teilen Deutschlands die Anzahl der Tage mit Starkniederschlägen (Wiederkehrperiode 100 Tage; Vergleich 1951–2000 und 1901–1950) deutlich zugenommen hat (im Mittel um 22 %). Brienen et al. (2013) weisen darauf hin, dass in den beiden Hälften des 20. Jahrhunderts bei verschiedenen Niederschlagsindizes teilweise entgegengesetzte Trends vorherrschen (z. B. Zunahme der Niederschlagssummen im Sommer in der ersten Hälfte des Jahrhunderts und Abnahme in der zweiten Hälfte).

Darüber hinaus haben einigen Studien zufolge auch die Niederschlagssummen an Starkniederschlagstagen zugenommen. So fanden Hattermann et al. (2013), dass – mit Ausnahme der neuen Bundesländer – die Anzahl der Tage mit Summen ≥20 mm im Zeitraum 1951–2006 stärker zugenommen hat als die mit geringeren Summen (<20 mm). Noch unterschiedlicher fallen die Änderungen des Anteils der Starkniederschläge am Jahresniederschlag aus. Sie reichen den Untersuchungen zufolge von −48 bis +180 % mit der stärksten Zunahme in Nordwest- und Norddeutschland. Dagegen beobachteten Malitz et al. (2011) keine wesentlichen Änderungen.

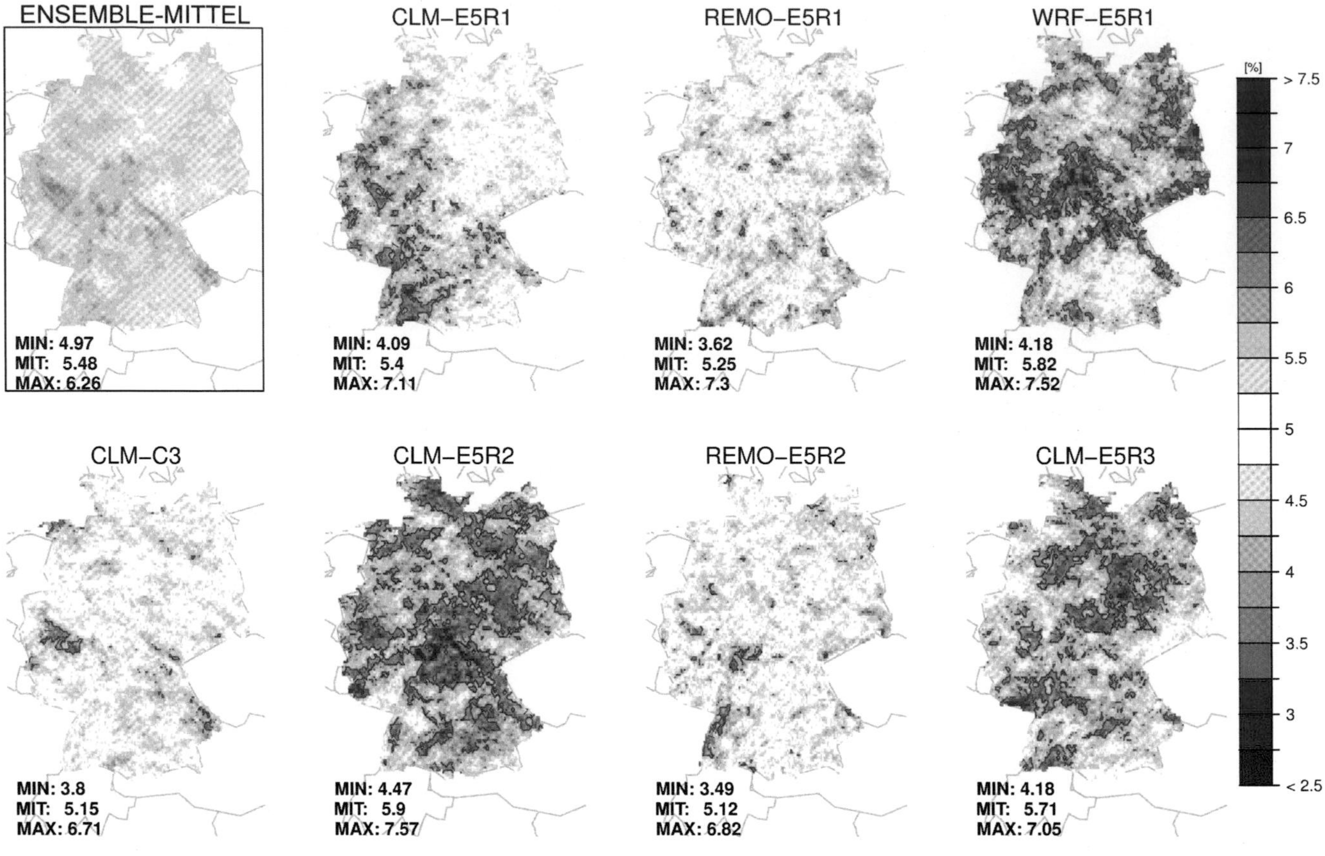

■ **Abb. 7.2** Anzahl der Tage mit einer Niederschlagssumme oberhalb des 95. Perzentils für 2021–2050 bezogen auf die Referenzperiode 1971–2000 und basierend auf den Ergebnissen der Modelle CCLM, REMO und WRF, angetrieben mit ECHAM5 Lauf 1–3 und CCCma3 für das mittlere Szenario A1B. Werte oberhalb von 5 % (*blauer Bereich*) bedeuten eine Zunahme, Werte unterhalb davon (*roter Bereich*) eine Abnahme. Eingezeichnet sind außerdem in % jeweils Minimum (MIN), Mittelwert (MIT) und Maximum (MAX) der Änderungssignale aller Gitterpunkte. (Wagner et al. 2013)

Zusammenfassend kann festgehalten werden, dass bereits Änderungen in der Häufigkeit und Intensität der Starkniederschläge beobachtet werden können. Allerdings sind die regionalen und saisonalen Variationen erheblich. In vielen Regionen haben im Winter Anzahl und Intensität der Starkniederschlagsereignisse zugenommen, wobei diese Änderungen meist statistisch signifikant sind. Bei den sommerlichen Starkniederschlägen dagegen ist das Bild uneinheitlich, aber mit Tendenz zu einer leichten Verringerung der Summen. Diese Änderungsmuster zeigen sich in ähnlicher Weise für die meisten Regionen Europas, für die generell die meist positiven Trends im Winter konsistenter und in mehr Regionen signifikant sind als im Sommer (IPCC 2012, 2013). Die Diskrepanzen zwischen den verfügbaren Studien hinsichtlich der Änderungssignale und ihrer räumlichen Struktur sind vor allem auf unterschiedliche Auswertezeiträume und unterschiedliche statistische Methoden zurückzuführen.

7.1.2   Änderungen in der Zukunft

Nach den Ergebnissen regionaler Klimamodelle wird sich in vielen Regionen Europas und Deutschlands die Häufigkeit und Intensität von Starkniederschlagsereignissen in der Zukunft ändern (Rajczak et al. 2013). Diese Änderungen sind in erster Linie die Folge der Zunahme des Wasserdampfgehalts in der Atmosphäre als Reaktion auf den weiteren Temperaturanstieg und einer

Veränderung der vorherrschenden großräumigen Zirkulationsmuster (IPCC 2013). Jedoch sind die Ergebnisse der regionalen Modelle mit erheblichen Unsicherheiten behaftet, und die projizierten Änderungssignale sind nur in einigen Gebieten signifikant und robust. Um eine große Bandbreite möglicher Realisierungen des zukünftigen Klimas zu berücksichtigen, verwenden viele Arbeiten ein Ensemble aus verschiedenen Klimasimulationen. Nach dem Ensemblemittel aus mehreren hoch aufgelösten regionalen Klimamodellen nehmen der Studie von Wagner et al. (2013) zufolge in der Zukunft Starkniederschläge (95. Perzentil) insgesamt zu, wobei die einzelnen Modelle Unterschiede von bis zu ± 10 % aufweisen (■ Abb. 7.2). So ist z. B. nach dem Regionalmodell REMO für den Osten Deutschlands eine Abnahme der Starkniederschlagstage zu erwarten, während CCLM für diese Region eine deutliche Zunahme projiziert, obwohl beide Regionalmodelle mit dem gleichen Globalmodell angetrieben wurden. Dies verdeutlicht die teils erheblichen Unterschiede der Änderungssignale für die Zukunft, die hier vor allem vom jeweiligen regionalen Modell bestimmt sind.

Die Auswertungen von Feldmann et al. (2010, 2013) zeigen für ein ähnliches Ensemble zu allen Jahreszeiten in Südwestdeutschland einen Anstieg der Starkniederschlagsintensität für die nahe Zukunft (Wiederkehrperiode 10 Jahre; 2011–2040 gegenüber 1971–2000), wobei dieser im Frühjahr am schwächsten und im Herbst am stärksten ausfällt. Im Winter nehmen der Studie zufolge Starkniederschläge weitgehend flächendeckend gleichmäßig zu, während sie im Sommer räumlich sehr heterogen sind. Im Fall von Extremniederschlägen (99. Perzentil) ergeben sich für das gesamte Gebiet dagegen nur geringe Änderungen, die aber, lokal und saisonal betrachtet, erheblich ausfallen können.

Für die ferne Zukunft (2070–2099 gegenüber 1970–1999) zeigen die Ergebnisse von Rajczak et al. (2013) im Rahmen des Projekts ENSEMBLES eine Zunahme sowohl für die 90. Perzentile als auch für Tagessummen einer Wiederkehrperiode von 5 Jahren zu allen Jahreszeiten und für ganz Deutschland (A1B-Szenario). Am stärksten ist das Änderungssignal mit einem Anstieg von 20–30 % im Herbst über den südlichen Landesteilen, am geringsten (± 5 %) in den Sommermonaten über dem Nordwesten. Für eine Teilregion um Dresden im Osten Deutschlands fanden Schwarzak et al. (2014) eine wahrscheinliche Zunahme extremer Niederschläge (99. Perzentil) zum Ende des 21. Jahrhunderts. Dieses Änderungssignal zeigt sich den Autoren zufolge zu allen Jahreszeiten, sogar während der Sommermonate – trotz projizierter abnehmender Mittelwerte (Bernhofer et al. 2009).

Deutschländer und Dalelane (2012) berücksichtigten neben den dynamischen Regionalmodellen CCLM und REMO auch die statistischen Modelle STAR und WettReg (▶ Kap. 4). In Übereinstimmung mit anderen Studien fanden die Autoren für ganz Deutschland nach den Simulationen mit CCLM und REMO einen leichten bis mäßigen Anstieg der Wahrscheinlichkeit für das Überschreiten von Extremen (95. und 99. Perzentile), wobei die stärksten Änderungen in der zweiten Hälfte des 21. Jahrhunderts zu erwarten sind. Das statistische Modell WettReg dagegen projiziert einen Rückgang (75 % gegenüber der Vergangenheit). Die von STAR projizierten Starkniederschläge bleiben bis 2055 – das Ende des Projektionszeitraums für dieses Klimamodell – annähernd konstant. Saisonal betrachtet zeigen alle vier Modelle für Winterniederschläge nur eine geringe Zunahme der Überschreitungswahrscheinlichkeiten. Dagegen ist die stärkste Zunahme im Frühjahr zu erwarten, wobei auch für den Sommer und zum Teil für den Herbst eine Intensivierung der Starkniederschläge bei gleichzeitigem Rückgang der Anzahl der Niederschlagstage projiziert wird.

Sowohl Jacob et al. (2014) als auch Sillmann et al. (2014) verwenden für ihre Niederschlagsanalysen ein Ensemble regionaler Modellläufe mit den neuen Szenarien RCP4.5 und RCP8.5, die im Rahmen der EURO-CORDEX-Initiative gerechnet wurden. Je nach Szenario nehmen nach Jacob et al. (2014) Starkniederschläge (95. Perzentil) über Deutschland zwar am Ende des Jahrhunderts zu, allerdings mit deutlich geringeren räumlichen und jahreszeitlichen Unterschieden gegenüber dem A1B-Szenario. Diese Ergebnisse decken sich mit der Studie von Sillmann et al. (2014).

Insgesamt ist für die Zukunft zu erwarten, dass sich die bereits in der Vergangenheit beobachtete Tendenz einer Zunahme der winterlichen Starkniederschläge bei gleichzeitig leichter Abnahme der sommerlichen Starkniederschläge weiter fortsetzen wird (Maraun 2013). Allerdings werden die Trends der Starkniederschläge saisonal und räumlich sehr unterschiedlich ausfallen. Da sich die Änderungssignale je nach Modell (Global- und Regionalmodell), Emissionsszenario, Realisierung, Zeitraum und verwendeten statistischen Methoden teils erheblich unterscheiden, sind quantitative Aussagen jedoch mit größeren Unsicherheiten behaftet.

7.2 Hagel

Hagel bildet sich im Aufwindbereich organisierter Gewittersysteme, wenn sich eine Vielzahl unterkühlter Tröpfchen – Flüssigwasser im Temperaturbereich zwischen 0 und −38 °C – an die wenigen verfügbaren Eisteilchen anlagern. Hagelkörner haben definitionsgemäß einen Durchmesser von über 5 mm. In seltenen Fällen erreichen sie sogar die Größe von Tennisbällen oder Grapefruits, die dann Schäden in Milliardenhöhe an Gebäuden, Fahrzeugen oder landwirtschaftlichen Kulturen verursachen können.

Wegen der geringen räumlichen Ausdehnung der von Hagel betroffenen Flächen lässt sich eine Hagelklimatologie nicht direkt aus Stationsmessungen ableiten. Hagelbeobachtungen liegen zwar zum Teil als Augenzeugenberichte oder in Form von Schadendaten vor, allerdings ist deren zeitliche und räumliche Konsistenz für statistische Zwecke zu gering. Aussagen über die Häufigkeit von Hagel können daher nur aus indirekten Beobachtungen (*proxies*) – z. B. von Niederschlagsradaren oder Satelliten – abgeleitet werden. Darüber hinaus können die für die Gewitter- oder Hagelentstehung notwendigen atmosphärischen Bedingungen, insbesondere die Stabilität der Atmosphäre, aus Radiosondendaten oder regionalen Klimamodellen ermittelt werden, die über Zeiträume von mehreren Jahrzehnten vorliegen. Allerdings spiegeln diese indirekten Daten nur das Potenzial der Atmosphäre für die Entstehung von Gewittern und Hagel wider. Wie auch im Fünften Sachstandsbericht des IPCC (2013) angemerkt, sind aufgrund der Beobachtungsproblematik zu wenige wissenschaftliche Arbeiten zum Thema Hagel verfügbar, um daraus annähernd gesicherte Erkenntnisse bezüglich eines Klimaänderungssignals ableiten zu können.

7.2.1 Hagelwahrscheinlichkeit und Änderungen in der Vergangenheit

■ **Hagelwahrscheinlichkeit**

Mithilfe eines multikriteriellen Ansatzes, der Radardaten, Blitzdaten und Analysen des Wettervorhersagemodells COSMO zwischen 2005 und 2011 berücksichtigte, bestimmte Puskeiler (2013) flächendeckend die Hagelhäufigkeit in Deutschland. Die Ergebnisse zeigen eine Zunahme der Anzahl der Hageltage von Norden nach Süden sowie einige Maxima, die vor allem im Lee der Mittelgebirge liegen (◘ Abb. 7.3). Diese Maxima können teilweise auf Umströmungseffekte der Berge und damit verbundene Strömungskonvergenzen im Lee zurückgeführt werden (Kunz und Puskeiler 2010). Detaillierte Analysen der Hagelgefährdung auf der Grundlage von Radar- und Versicherungsdaten wurden außerdem für Teile Baden-Württembergs von Kunz und Puskeiler (2010) sowie von Kunz und Kugel (2015) für einen Zeitraum von 11 bzw. 15 Jahren erstellt. Die Ergebnisse bestätigen ein ausgeprägtes Maximum im Lee des Schwarzwalds südlich von Stuttgart.

Weiterhin verwenden einige Arbeiten Strahlungstemperaturen im Mikrowellenbereich aus Satellitendaten (Bedka 2011; Cecil und Blankenship 2012; Punge et al. 2014) oder meteorologische Größen aus Modelldaten (Brooks et al. 2003; Hand

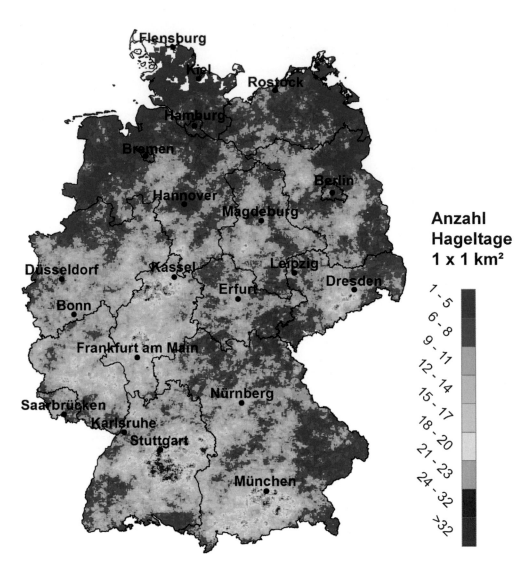

Abb. 7.3 Anzahl der aus Radardaten in Kombination mit weiteren Datensätzen abgeleiteten Hageltage pro Jahr für Flächen der Größe 1 × 1 km² im Zeitraum 2005–2011. (Puskeiler 2013)

**Anzahl
Hageltage
1 x 1 km²**

1 - 5
6 - 8
9 - 11
12 - 14
15 - 17
18 - 20
21 - 23
24 - 32
>32

und Cappelluti 2010; Mohr et al. 2015) als *proxy* für schwere konvektive Stürme. Die Ergebnisse dieser Arbeiten, deren räumliche Auflösung aber zum Teil relativ gering ist, bestätigen den Nord-Süd-Gradienten der Hagelgefährdung in Deutschland, der plausibel mit der vorherrschenden Klimatologie erklärt werden kann, insbesondere mit der geringeren Stabilität der Atmosphäre im Süden als Voraussetzung für die Entstehung von Gewittern (Mohr und Kunz 2013).

Schließlich liegen auch einige Hagelstatistiken von Versicherungsunternehmen vor, die vor allem auf deren Schadendaten basieren. Um den nichtmeteorologischen Einfluss der Versicherungsdaten auf die Hagelstatistiken zu verringern, verwenden einige Unternehmen zusätzlich Radardaten (z. B. *HailCalc* von *Risk Management Solution,* RMS).

■ **Änderungen in der Vergangenheit**
Aussagen über eine Änderung der Häufigkeit oder Intensität von Hagelstürmen sind noch schwieriger abzuleiten als über deren Klimatologie, da hierfür homogene Datensätze über einen möglichst langen Zeitraum vorliegen müssen. Da die derzeitigen regionalen Klimamodelle nicht in der Lage sind, Hagel zu simulieren, muss auch bei Trendanalysen auf indirekte Daten zurückgegriffen werden. Diese umfassen meteorologische Größen, mit denen

die Stabilität der Atmosphäre quantifiziert werden kann (Kunz 2007; Mohr und Kunz 2013), oder Großwetterlagen, welche die großräumigen synoptischen Bedingungen widerspiegeln (Kapsch et al. 2012).

Untersuchungen verschiedener aus Beobachtungen abgeleiteter Stabilitätsmaße zeigen, dass in Deutschland das Potenzial für die Entstehung von Gewittern und Hagel in den vergangenen 30 Jahren signifikant zugenommen hat (Kunz et al. 2009; Mohr und Kunz 2013). Eine Zunahme zeigt sich sowohl bei den Extremwerten (90. Perzentil, Sommerhalbjahr) als auch bei der Anzahl der Tage über bestimmten Schwellenwerten. Auch Reanalysen zeigen eine Verringerung der Stabilität in den vergangenen Jahrzehnten, wobei hier die Trends meist nicht signifikant sind (Riemann-Campe et al. 2009; Mohr 2013). Durch Vergleich mit Schadendaten von Versicherungen konnten Kapsch et al. (2012) vier Großwetterlagen identifizieren, die besonders häufig mit Hagelschlag verbunden sind. Diese Wetterlagen haben im Zeitraum 1971–2000 leicht, aber statistisch signifikant zugenommen.

Um die Diagnostik von Hagelereignissen zu verbessern, entwickelte Mohr (2013) mithilfe eines multivariaten Analyseverfahrens ein statistisches Hagelmodell, das es erlaubt, aus Großwetterlagen und verschiedenen meteorologischen Größen das Potenzial für schadenrelevanten Hagel abzuschätzen. An-

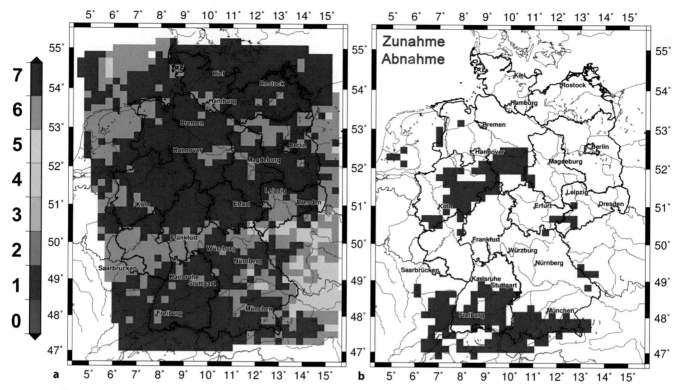

○ **Abb. 7.4** Änderung des potenziellen Hagelindexes (*PHI*; Anzahl der Tage pro Jahr mit Potenzial für Hagel) im Zeitraum 2021–2050 gegenüber 1971–2000, basierend auf einem Ensemble von sieben regionalen Klimamodellen: **a** Anzahl der Simulationen, die eine Zunahme zeigen; **b** signifikante Änderungen (95 %). Die Berechnung des PHI beruht auf einem statistischen Hagelmodell, das die atmosphärische Stabilität, die bodennahen Bedingungen in der Grenzschicht und die vorherrschende Großwetterlage berücksichtigt. (Mohr et al. 2015)

gewendet auf dynamisch herunterskalierte Reanalysen zeigen die Ergebnisse, dass in Deutschland seit den 1970er-Jahren das Hagelpotenzial zugenommen hat, wobei die Zunahme an den meisten Gitterpunkten der Reanalysen nicht signifikant ist.

Die beobachtete Verringerung der atmosphärischen Stabilität ist vor allem auf die Zunahme der bodennahen Feuchte zurückzuführen (Held und Soden 2006). Dadurch nimmt die für die Entstehung der Gewitter notwendige Energie, die konvektive verfügbare potenzielle Energie (*convective available potential energy*, CAPE) zu. Ob der beobachtete Anstieg des Konvektionspotenzials ausschließlich durch den Klimawandel bedingt ist oder zum Teil aus der natürlichen Klimavariabilität folgt, kann aus diesen Arbeiten nicht abschließend geklärt werden.

7.2.2 Zukunftsszenarien

Mögliche Änderungen der Hagelwahrscheinlichkeit in der Zukunft lassen sich ebenfalls nur indirekt über geeignete *proxy*-Daten quantifizieren. Nach Sander (2011) könnten in Europa schwere Gewitter in der fernen Zukunft (2079–2100 gegenüber 1979–2000) seltener auftreten, da den Untersuchungen zufolge die Häufigkeit von Inversionen, bei denen die Temperatur mit der Höhe ansteigt, in den bodennahen Luftschichten zunehmen wird. Bei starken Inversionen wird der Vertikalaustausch der Luftschichten verhindert, sodass die Wahrscheinlichkeit für die Gewitterentstehung abnimmt. Wenn es aber zur Auslösung der Konvektion kommt, ist mit einer höheren Intensität der Gewitter zu rechnen.

Mithilfe eines statistischen Modells schätzten Kapsch et al. (2012) die Anzahl der Hageltage pro Jahr aus Großwetterlagen ab. Angewendet auf ein Ensemble aus sieben regionalen Klimamodellen nimmt danach in der Zukunft (2031–2045) die Zahl der Hageltage leicht zu. Der aus dem statistischen Hagelmodell von Mohr (2013) resultierende potenzielle Hagelindex (PHI) zeigt für das gleiche Ensemble in ganz Deutschland für die Zukunft einen Anstieg der Hagelwahrscheinlichkeit (Mohr et al. 2015; ○ Abb. 7.4a), wobei die Änderungen nur im Nordwesten und Süden signifikant sind (○ Abb. 7.4b). Auch die Modellrechnungen von Gerstengarbe et al. (2013), die verschiedene meteorologische Größen des statistischen Modells STAR mit Versicherungsdaten kombinierten, projizieren für die nächsten Dekaden einen erheblichen Anstieg der Hagelschäden.

7.3 Schnee

Schneehöhe und Schneedauer spielen im Klimasystem von Deutschland vor allem im Bereich der Alpen und Mittelgebirge eine wichtige Rolle, da Veränderungen des Schneedeckenregimes dort nachhaltige Auswirkungen auf den hydrologischen Kreislauf haben. Dies betrifft z. B. die Grundwasserneubildung oder die Entstehung von Hochwasserereignissen. Untersuchungen des Schneefalls im alpinen Raum zeigen einen Zusammenhang zu klimatischen Strömungen über dem Nordatlantik (NAO), mit dem die großen dekadischen Schwankungen der Schneehöhen teilweise erklärt werden können (Beniston 1997). Scherrer und Appenzeller (2006) weisen darauf hin, dass etwa die Hälfte der

Schwankungsbreite der alpinen Schneedecke durch blockierende Wetterlagen verursacht wird.

Zur Beschreibung der Schneeverhältnisse werden meist die Schneedeckendauer, also die Anzahl der ununterbrochenen Schneedeckentage in einer bestimmten Zeitspanne, oder die Schneedeckenzeit, die Zeitspanne zwischen erstem und letztem Auftreten der Schneedecke, berücksichtigt. Letzteres kann auch schneedeckenfreie Tage beinhalten. Aufgrund der Temperaturabhängigkeit sind beide Größen direkt von der Geländehöhe abhängig.

7.3.1 Änderung der Schneedecke in der Vergangenheit

Nach Daten des DWD beträgt die mittlere jährliche Schneedeckendauer (1981–2012) in Höhenlagen von 500–1000 m 75 ± 18 Tage, in Lagen oberhalb von 1000 m 118 ± 15 Tage. Die Schneedeckenzeit erstreckt sich bei einer Geländehöhe von 500–1000 m im Mittel über 130 Tage (1981–2005).

Für den alpinen Raum beobachteten Scherrer et al. (2004) eine Abnahme der Anzahl der Schneetage an den Beobachtungsstationen unter 1300 m (1958–1999). Aber auch in Deutschland hat die Schneedeckendauer insgesamt abgenommen. So zeigen Analysen für Bayern und Baden-Württemberg einen deutlich negativen Trend der Schneedeckendauer für die unteren und mittleren Höhenlagen (KLIWA 2005). Tiefer gelegene Gebiete bis 300 m weisen den Untersuchungen zufolge an den meisten Stationen seit 1950 eine Abnahme um 30–40 % auf, während in mittleren Lagen (300–800 m) die Abnahme nur 10–20 % beträgt. Allerdings sind die Änderungen wegen der hohen jährlichen Schwankungen nur in wenigen Fällen signifikant. Durch die Zunahme der Winterniederschläge (▶ Abschn. 7.1) und die vorherrschenden niedrigen Temperaturen zeigen sich in höheren Lagen über 800 m kaum Änderungen.

7.3.2 Änderungen in der Zukunft

Es kann davon ausgegangen werden, dass sich infolge des zu erwartenden Temperaturanstiegs zukünftig die Schneemenge in allen Gebirgsketten der Alpen weiter verringern wird (Bavay et al. 2009). Dies betrifft insbesondere Lagen unterhalb von 1500–2000 m (Gobiet et al. 2014; de Vries et al. 2014).

Auch Jacob et al. (2008) fanden in Klimarechnungen mit REMO, dass die Winterniederschläge zukünftig häufiger als Regen und nicht als Schnee fallen werden. Während für die zweite Hälfte dieses Jahrhunderts noch ein Drittel des Gesamtniederschlags als Schnee fallen wird, könnte es den Autoren zufolge Ende des Jahrhunderts nur noch ein Sechstel davon sein. Zu einem ähnlichen Ergebnis kommen auch de Vries et al. (2014), deren Studie auf einem Ensemble an Klimasimulationen mit den neuen RCPs basiert. Da die Klimamodelle eine Abnahme der Schneefalltage und geringere Schneefallmengen projizieren, nimmt demzufolge die Schneemenge in tieferen bis mittleren Höhenlagen um bis zu 15 % pro °C Temperaturzunahme ab. Da-

mit verringert sich die Schneedeckendauer weiter, wobei niedrigere Regionen stärker betroffen sein werden.

7.4 Kurz gesagt

In Deutschland ist bereits eine Änderung der Niederschlagsregime zu beobachten. In vielen Regionen haben die winterlichen Starkniederschläge zugenommen, während bei den sommerlichen eine geringfügige, oft nicht signifikante Abnahme zu verzeichnen ist. Außerdem werden bereits höhere Intensitäten bei Starkniederschlagsereignissen beobachtet. Änderungssignale von Hagel, der insbesondere im Süden Deutschlands häufiger auftritt, können nicht direkt aus Stationsdaten bestimmt werden. Analysen indirekter Klimadaten (Proxies) deuten jedoch auf eine leichte Zunahme des Hagelpotenzials in der Vergangenheit hin. Bedingt durch die beobachtete Temperaturzunahme zeigen Schneedeckendauer und Schneedeckenzeit eine erhebliche Abnahme vor allem in tieferen Lagen.

Bei den in der Zukunft zu erwartenden Niederschlagsänderungen sind die Ergebnisse sehr unsicher und unterscheiden sich zum Teil erheblich je nach Klimamodell, Realisierung und Emissionsszenario. Insgesamt ist zu erwarten, dass sich die bereits in der Vergangenheit beobachteten Trends mit einer Zunahme, vor allem der winterlichen Starkniederschläge, weiter fortsetzen werden. Dies ist jedoch stark von der jeweiligen Region abhängig. Durch mehr Wasserdampf in der Atmosphäre wird auch das Potenzial für schwere Gewitter und Hagel wahrscheinlich weiter ansteigen. Dagegen ist zu erwarten, dass Winterniederschläge zukünftig häufiger als Regen und nicht als Schnee fallen.

Literatur

Bardossy A, Caspary HJ (2000) Detection of climate change in Europe by analyzing European circulation patterns from 1881–1989. Theor Appl Climatol 42:155–167. doi:10.1007/BF00866871

Bartels H, Dietzer B, Malitz G, Albrecht FM, Guttenberger J (2005) Starkniederschlagshöhen für Deutschland (1951–2000). Fortschreibungsbericht, KOSTRA-DWD-2000. Deutscher Wetterdienst, Offenbach

Bavay M, Lehning M, Jonas T, Löwe H (2009) Simulations of future snow cover and discharge in alpine headwater catchments. Hydrol Process 23:95–108. doi:10.1002/hyp.7195

Bedka KM (2011) Overshooting cloud top detections using MSG SEVIRI infrared brightness temperatures and their relationship to severe weather over Europe. Atmos Res 99:175–189. doi:10.1016/j.atmosres.2010.10.001

Beniston M (1997) Variations of snow depth and duration in the Swiss Alps over the last 50 years: links to changes in large-scale climatic forcings. Climatic Change 36:281–300. doi:10.1023/A:1005310214361

Bernhofer C, Matschullat J, Bobeth A (2009) Das Klima in der REGKLAM – Modellregion Dresden. REGKLAM Publikationsreihe, Bd. 1. Rhombus Verlag, Berlin

Brienen S, Kapala A, Mächel H, Simmer C (2013) Regional centennial precipitation variability over Germany from extended observation records. Int J Climatol 33:2167–2184. doi:10.1002/joc.3581

Brooks HE, Lee JW, Craven J (2003) The spatial distribution of severe thunderstorm and tornado environments from global reanalysis data. Atmos Res 67:73–94. doi:10.1016/S0169-8095(03)00045-0

Cecil DJ, Blankenship CB (2012) Toward a global climatology of severe hailstorms as estimated by satellite passive microwave imagers. J Climate 25:687–703. doi:10.1175/JCLI-D-11-00130.1

Deutschländer T, Dalelane C (2012) Auswertungen regionaler Klimaprojektionen für Deutschland hinsichtlich der Änderung des Extremverhaltens von Temperatur, Niederschlag und Windgeschwindigkeit. Abschlussbericht. Deutscher Wetterdienst (DWD), Offenbach (http://www.dwd.de/bvbw/generator/DWDWWW/Content/Presse/Pressekonferenzen/2012/PK__30__10__12/Studie__20121030,templateId=raw,property=publicationFile.pdf/Studie_20121030.pdf.Zugegriffen am 25.03.2015)

Feldmann H, Früh B, Kottmeier C, Panitz H-J, Schädler G (2010) Hochauflösende regionale Simulationen künftiger Starkniederschlagsereignisse in Baden-Württemberg (ReSiPrec). Forschungsbericht. http://www.herausforderung-klimawandel-bw.de/downloads/ReSiPrec_Schlussbericht_Herausforderung_Klimawandel.pdf. Zugegriffen: 25. März 2015

Feldmann H, Schädler G, Panitz H-J, Kottmeier C (2013) Near future changes of extreme precipitation over complex terrain in Central Europe derived from high resolution RCM ensemble simulations. Int J Climatol 33:1964–1197. doi:10.1002/joc.3564

Gerstengarbe F-W, Werner PC (2009) Klimaextreme und ihr Gefährdungspotential für Deutschland. Geograf Rundsch 9:12–19

Gerstengarbe F-W, Werner PC, Österle H, Burghoff O (2013) Winter storm- and summer thunderstorm-related loss events with regard to climate change in Germany. Theor Appl Climatol 114:715–724. doi:10.1007/s00704-013-0843-y

Gobiet A, Kotlarski S, Beniston M, Heinrich G, Rajczak J, Stoffel M (2014) 21st century climate change in the European Alps – A review. Sci Total Environ 493:1138–1151. doi:10.1016/j.scitotenv.2013.07.050

Grieser J, Staeger T, Schönwiese C-D (2007) Estimates and uncertainties of return periods of extreme daily precipitation in Germany. Meteor Z 16:553–564. doi:10.1127/0941-2948/2007/0235

Haerter JO, Berg P, Hagemann S (2010) Heavy rain intensity distributions on varying time scales and at different temperatures. J Geophys Res 115:1–7. doi:10.1029/2009JD013384

Hand WH, Cappelluti G (2010) A global hail climatology using the UK Met Office convection diagnosis procedure (CDP) and model analyses. Met App 18:446–458. doi:10.1002/met.236

Hänsel S, Küchler W, Matschullat J (2005) Regionaler Klimawandel Sachsen. Extreme Niederschlagsereignisse und Trockenperioden 1934–2000. UWSF-Z Umweltchem Ökotox 17(3):159–165

Hattermann FF, Kundzewicz ZW, Huang S, Vetter T, Gerstengarbe F-W, Werner PC (2013) Climatological drivers of changes in flood hazard in Germany. Acta Geophys 61:463–477. doi:10.1201/b12348-14

Held IM, Soden BJ (2000) Water vapor feedback and global warming. Annual review of energy and the environment 25:441–475. doi:10.1146/annurev.energy.25.1.44

Held IM, Soden BJ (2006) Robust responses of the hydrological cycle to global warming. J Climate 19:5686–5699. doi:10.1175/JCLI3990.1

Hoy A, Schucknecht A, Sepp M, Matschullat J (2014) Large-scale synoptic types and their impact on European precipitation. Theor Appl Climatol 116:19–35. doi:10.1007/s00704-013-0897-x

IPCC (2012) Managing the risks of extreme events and disasters to advance climate change adaptation. A special report of working groups I and II of the Intergovernmental Panel on Climate Change. Cambridge University Press, Cambridge

IPCC (2013) Working group I, Contribution to the IPCC fifth assessment report (AR5), Climate Change 2013: The physical science basis. Cambridge University Press, Cambridge

Jacob D, Hagemann S (2011) Verstärkung des Wasserkreislaufs – wichtiges Kennzeichen des Klimawandels. In: Lozán JL, Graßl H, Hupfer P, Karbe L, Schönwiese CD (Hrsg) Warnsignal Klima: Genug Wasser für alle?, 3. Aufl. Universitätsverlag, Hamburg, S 276–282

Jacob D, Göttel H, Kotlarski S, Lorenz P, Sieck K (2008) Klimaauswirkungen und Anpassung in Deutschland – Phase 1: Erstellung regionaler Klimaszenarien für Deutschland. Forschungsbericht 204 41, 138, UBA-FB 000969. Umweltbundesamt, Dessau

Jacob D, Petersen J, Eggert B, Alias A, Christensen OB, Bouwer LM, Braun A, Colette A, Déqué M, Georgievski G, Georgopoulou E, Gobiet A, Menut L, Nikulin G, Haensler A, Hempelmann N, Jones C, Keuler K, Kovats S, Kröner N, Kotlarski S, Kriegsmann A, Martin E, van Meijgaard E, Moseley C, Pfeifer S, Preuschmann S, Radermacher C, Radtke K, Rechid D, Rounsevell M, Samu-

elsson P, Somot S, Soussana J-F, Teichmann C, Valentini R, Vautard R, Weber B, Yiou P (2014) EURO-CORDEX: new high-resolution climate change projections for European impact research. Reg Environ Change 14:563–578. doi:10.1007/s10113-013-0499-2

Kapsch ML, Kunz M, Vitolo R, Economou T (2012) Long-term variability of hail-related weather types in an ensemble of regional climate models. J Geophys Res 117:D15107. doi:10.1029/2011JD017185

KLIWA (2005) Langzeitverhalten der Schneedecke in Baden-Württemberg und Bayern. KLIWA-Berichte, Heft 6. http://www.kliwa.de/download/KLIWA-Heft6.pdf. Zugegriffen: 25. März 2015

KLIWA (2006) Langzeitverhalten der Starkniederschläge in Baden-Württemberg und Bayern. KLIWA-Berichte, Heft 8. http://www.kliwa.de/download/KLIWAHeft8.pdf. Zugegriffen: 25. März 2015

KLIWA (2012) Klimawandel in Süddeutschland, Veränderungen von meteorologischen und hydrologischen Kenngrößen – Klimamonitoring im Rahmen des Kooperationsvorhabens KLIWA. Monitoringbericht 2011. http://www.kliwa.de/download/KLIWA_Monitoringbericht_2011.pdf. Zugegriffen: 25. März 2015

Kunz M (2007) The skill of convective parameters and indices to predict isolated and severe thunderstorms. Nat Hazards Earth Syst Sci 7:327–342. doi:10.5194/nhess-7-327-2007

Kunz M, Kugel PIS (2015) Detection of hail signatures from single-polarization C-band radar reflectivity. Atmos Res 153:565–577. doi:10.1016/j.atmosres.2014.09.010

Kunz M, Puskeiler M (2010) High-resolution assessment of the hail hazard over complex terrain from radar and insurance data. Meteor Z 19:427–439. doi:10.1127/0941-2948/2010/0452

Kunz M, Sander J, Kottmeier C (2009) Recent trends of thunderstorm and hail storm frequency and their relation to atmospheric characteristics in southwest Germany. Int J Climatol 29:2283–2297. doi:10.1002/joc.1865

Lavers DA, Villarini G (2013) The nexus between atmospheric rivers and extreme precipitation across Europe. J Geophys Res 40:3259–3264. doi:10.1002/grl.50636

Malitz G, Beck C, Grieser J (2011) Veränderung der Starkniederschläge in Deutschland (Tageswerte der Niederschlagshöhe im 20. Jahrhundert). In: Lozán JL, Graßl H, Hupfer P, Karbe L, Schönwiese CD (Hrsg) Warnsignal Klima: Genug Wasser für alle?, 3. Aufl. Universitätsverlag, Hamburg, S 311–316

Maraun D (2013) When will trends in European mean and heavy daily precipitation emerge? Environ Res Lett 8:1–7. doi:10.1088/1748-9326/8/1/014004

Moberg A, Jones PD (2005) Trends in indices for extremes in daily temperature and precipitation in central and western Europe 1901–1999. Int J Climatol 25:1149–1117. doi:10.1002/joc.1163

Mohr S (2013) Änderung des Gewitter- und Hagelpotentials im Klimawandel. Wiss Berichte d Instituts für Meteorologie und Klimaforschung des Karlsruher Instituts für Technologie Bd. 58. KIT Scientific Publishing, Karlsruhe

Mohr S, Kunz M (2013) Recent trends and variabilities of convective parameters relevant for hail events in Germany and Europe. Atmos Res 123:211–228. doi:10.1016/j.atmosres.2012.05.016

Mohr S, Kunz M, Keuler K (2015) Development and application of a logistic model to estimate the past and future hail potential in Germany. J Geophys Res 120:3939–3956. doi:10.1002/2014JD022959

Punge H, Werner A, Bedka K, Kunz M (2014) A new physically based stochastic event catalogue for hail in Europe. Nat Haz 73:1625–1645. doi:10.1007/s11069-014-1161-0

Puskeiler M (2013) Radarbasierte Analyse der Hagelgefährdung in Deutschland. Wiss Berichte d Instituts für Meteorologie und Klimaforschung des Karlsruher Instituts für Technologie Bd. 59. KIT Scientific Publishing, Karlsruhe

Rajczak J, Pall P, Schär C (2013) Projections of extreme precipitation events in regional climate simulations for Europe and the Alpine Region. J Geophys Res 118:3610–3626. doi:10.1002/jgrd.50297

Riemann-Campe K, Fraedrich K, Lunkeit F (2009) Global climatology of convective available potential energy (CAPE) and convective inhibition (CIN) in ERA-40 reanalysis. Atmos Res 93:534–545. doi:10.1016/j.atmosres.2008.09.037

Sander J (2011): Extremwetterereignisse im Klimawandel: Bewertung der derzeitigen und zukünftigen Gefährdung. Dissertation, Ludwig-Maximilians-Universität, München

Scherrer SC, Appenzeller C (2006) Swiss Alpine snow pack variability: major patterns and links to local climate and large-scale flow. Clim Res 32:187–199. doi:10.3354/cr032187

Scherrer SC, Appenzeller C, Laternser M (2004) Trends in Swiss Alpine snow days: the role of local-and large-scale climate variability. Geophys Res Lett 31:L13. doi:10.1029/2004GL020255

Schönwiese C-D (2012): Analyse der Klimaänderungen in Hessen für den Zeitraum 1901–2003. In: INKLIM 2012 Baustein II – Klimawandel und Klimafolgen in Hessen, Abschlussbericht, Frankfurt/Main: 3–11

Schönwiese C-D, Staeger T, Trömel S (2005) Klimawandel und Extremereignisse in Deutschland. In: Wetterdienst D (Hrsg) Klimastatusbericht 2005. Eigenverlag, Offenbach, S 7–17

Schwarzak S, Hänsel S, Matschullat J (2014) Projected changes in extreme precipitation characteristics for Central Eastern Germany (21st century, model-based analysis). Int J Climatol. doi:10.1002/joc.4166

Sillmann J, Kharin VV, Zwiers FW, Zhang X, Bronaugh D, Donat MG (2014) Evaluating model-simulated variability in temperature extremes using modified percentile indices. Int J Climatol 34:1097–0088. doi:10.1002/joc.3899

Trömel S, Schönwiese C-D (2007) Probability change of extreme precipitation observed from 1901–2000 in Germany. Theor Appl Climatol 87:29–39. doi:10.1007/s00704-005-0230-4

Vries H de, Lenderink G, van Meijgaard E (2014) Future snowfall in western and Central Europe projected with a high-resolution regional climate model ensemble. Geophys Res Lett 41:4294–4299. doi:10.1002/2014GL059724

Wagner S, Berg P, Schädler G (2013) High resolution regional climate model simulations for Germany: Part II – projected Climate Changes. Clim Dyn 40:415–427. doi:10.1007/s00382-012-1510-1

Zolina O, Simmer C, Kapala A, Bachner S, Gulev S, Maechel H (2008) Seasonally dependent changes of extremes over Germany since 1950 from a very dense observational network. J Geophys Res 113:1–17. doi:10.1029/2007JD008393

Łupikasza E, Hänsel S, Matschullat J (2011) Regional and seasonal variability of extreme precipitation trends in southern Poland and central-eastern Germany. Int J Climatol 31:2249–2271. doi:10.1002/joc.2229

Winde und Zyklonen

Joaquim G. Pinto, Mark Reyers

© Der/die Herausgeber bzw. der/die Autor(en) 2017
G. Brasseur, D. Jacob, S. Schuck-Zöller (Hrsg.), *Klimawandel in Deutschland*, DOI 10.1007/978-3-662-50397-3_8

8

Stärkere gerichtete Bewegungen der Luft werden als Wind bezeichnet. Sie entstehen durch Unterschiede des Luftdrucks in der Erdatmosphäre, wobei die Luft immer von Gebieten mit hohem Druck in Richtung des tiefen Drucks bewegt wird. Durch die Erdrotation wird die Luft auf der Nordhalbkugel zusätzlich nach rechts relativ zur Strömungsrichtung abgelenkt, sodass der großskalige Wind parallel zu Bereichen mit gleichem Druck weht. Der großskalige Wind stellt sich annähernd in der Höhe ein, wo sich die Kräfte, die aufgrund des Druckgradienten und der Erdrotation wirken, im Gleichgewicht befinden und es keinen Einfluss der Bodeneigenschaften gibt. Der Großteil Europas befindet sich in den mittleren Breiten, wo im Mittel der Druck von Süden nach Norden hin abnimmt. Damit liegen weite Teile Europas und speziell Deutschland in einem Bereich, in dem der mittlere Wind aus Westen kommt. Die Stärke der Westwinde über Europa wird vor allem durch den Druckunterschied zwischen den niederen und höheren Breiten über dem östlichen Nordatlantik bestimmt: Je stärker der Druckunterschied zwischen Azorenhoch und Islandtief ist, desto stärker ist der großskalige Wind. Der Druckunterschied zwischen subtropischen und subpolaren Luftmassen ist im Winter am größten. Deshalb ist in der Regel der großskalige Wind im Winter stärker als im Sommer.

Der lokale Wind kann sich durch den Einfluss von Bodeneigenschaften, Höhenstrukturen, atmosphärischen Bedingungen und lokalen Gegebenheiten stark vom großskaligen Wind unterscheiden. Dabei sind Böen – also kurzfristige Abweichungen vom Mittelwind – von besonderer Bedeutung, da sie deutlich höhere Geschwindigkeiten aufweisen als der mittlere Wind. Böen können beispielsweise auftreten, wenn Luftströmungen aus größeren Höhen, die meist höhere Windgeschwindigkeiten besitzen als bodennahe Luftströmungen, durch atmosphärische Turbulenzen Richtung Erdboden transportiert werden.

Die stärksten Winde und Böen in Nord- und Zentraleuropa treten in Verbindung mit Zyklonen der mittleren Breiten auf – Tiefdruckwirbel mit einem Durchmesser von bis zu einigen Tausend Kilometern. Im Zentrum von Zyklonen herrschen typischerweise tiefe Luftdruckwerte von 970–1000 hPa, in manchen Extremfällen können diese auch unterhalb von 920 hPa liegen. Aufgrund der oben genannten Kräfte kann es dadurch zu einer starken Bewegung von Luftmassen mit einer Geschwindigkeit von bis zu 200 km/h entgegen dem Uhrzeigersinn um das Zyklonenzentrum kommen. Dabei werden Winde mit einer Stärke von mindestens 9 Beaufort (ca. 75 km/h) bereits als Sturm bezeichnet. Somit beeinflussen Zyklonen maßgeblich die Winde in den mittleren Breiten und tragen außerdem in erheblichem Maße zu den Witterungs- und klimatischen Bedingungen in Europa bei: Zum einen sind sie für den Transport von Feuchte und Wärme nach Europa verantwortlich und bestimmen somit das Klima in Deutschland. Zum anderen sind Zyklonen für einen Großteil von extremen Wetterereignissen wie Starkniederschläge, Sturmböen und Überflutungen bzw. Sturmfluten in den mittleren Breiten verantwortlich (Ulbrich et al. 2009; Schwierz et al. 2010), die auch in Deutschland zu erheblichen Schäden führen können. Ein prominentes Beispiel ist der Sturm Kyrill (Fink et al. 2009), der vom 17. bis 19.01.2007 über Mitteleuropa zog, Dutzende Todesopfer forderte sowie erhebliche Forst- und Gebäudeschäden verursachte. Weitere Beispiele aus der jüngeren Vergangenheit

sind die Stürme Paula und Emma (beide Anfang 2008) sowie Xynthia (Februar 2010), Christian (Oktober 2013) und Xaver (Dezember 2013).

Zyklonen entstehen in Regionen mit hohen Temperaturunterschieden, indem sie Energie, die durch die Hebung von Luftpaketen aufgebaut wird (z. B. durch Erwärmung), in Bewegungsenergie in Form von Wind umwandeln. Diese ausgeprägten Temperaturgradienten können zum einen durch die unterschiedlich starke solare Erwärmung niedriger und hoher Breiten entstehen, oder sie bilden sich aufgrund der unterschiedlich starken Erwärmung von Land- und Meeresoberflächen. Die besten Bedingungen für das Entstehen und die weitere Entwicklung von Zyklonen herrschen über dem Nordatlantik – besonders über dem westlichen Nordatlantik in der Nähe von Neufundland, wo beide genannten Effekte zur Bildung von Temperaturgradienten gegeben sind. Die sich entwickelnden Zyklonen wandern anschließend mit der westlichen Grundströmung nach Europa, wo sie meistens Richtung Britische Inseln und Skandinavien weiterziehen. Gemessen an der Gesamtzahl der Zyklonen treffen hingegen vergleichsweise wenige auf das Festland Westeuropas. Insgesamt werden ihre Zugbahnen stark von den oben genannten Druckunterschieden zwischen Azorenhoch und Islandtief beeinflusst. Im Falle eines stark ausgeprägten Azorenhochs und Islandtiefs werden Zyklonen hauptsächlich Richtung Skandinavien abgelenkt, während sie bei einem schwach ausgeprägten Azorenhoch und Islandtief auch weiter südlich auf das europäische Festland treffen können (Pinto et al. 2009). Das sich über dem Nordatlantik befindliche Gebiet, in dem vermehrt Zyklonen entstehen und sich entwickeln, wird auch nordatlantischer *storm track* genannt (Hoskins und Valdes 1990). Der Begriff steht in diesem Zusammenhang für die mittleren Zugbahnen von Hoch- und Tiefdruckgebieten. Die *storm tracks* bilden daher ein geeignetes Maß zur Bewertung der Auswirkung des Klimawandels auf die für Europa und Deutschland relevanten Zyklonen. So geht eine mögliche Verlagerung dieser *storm tracks* in den vergangenen Jahrzehnten und in einem zukünftigen Klima also mit veränderten Zugbahnen der Zyklonen und somit veränderten klimatischen Bedingungen und bodennahen Winden über Deutschland einher.

In den vergangenen Jahren wurden verschiedene objektive Verfahren zur Identifizierung von Zyklonen sowie deren Zugbahnen in Reanalysen und globalen Klimamodellen (*global climate models*) entwickelt. Dabei hat sich gezeigt, dass sich die Ergebnisse dieser Verfahren stark unterscheiden können. So ist die Identifizierung von Zyklonen nicht nur sensitiv gegenüber der Wahl des Verfahrens an sich, sondern auch gegenüber den Eingangsdaten, auf die das Verfahren angewendet wird (Raible et al. 2008; Ulbrich et al. 2009; Neu et al. 2013). Diese Unsicherheiten sollten bei der Bewertung von Zukunftsszenarien berücksichtigt werden.

8.1   Gegenwärtiges Klima und beobachtete Trends

Deutschland ist im gegenwärtigen Klima durch regional unterschiedliche Windgeschwindigkeiten geprägt. Im klimatologischen Mittel ist der Wind im küstennahen Bereich am stärksten. Mit zunehmendem Abstand von der Küste ist ein deutlicher Rückgang der mittleren Windgeschwindigkeit zu verzeichnen. Ausnahmen bilden die höheren Lagen wie z. B. der Nordrand der Alpen oder die Mittelgebirge, wo im Durchschnitt höhere Windgeschwindigkeiten auftreten. Im Gegensatz dazu herrschen in Tallagen – etwa im Rheintal – niedrigere mittlere Windgeschwindigkeiten vor.

Die Böengeschwindigkeiten zeigen ein ähnliches Muster wie der mittlere Wind, mit hohen Werten über dem Meer und einer Abnahme landeinwärts (◘ Abb. 8.1). In Tallagen sind die Böengeschwindigkeiten besonders niedrig, so z. B. im Rhein- oder Donautal. Eine besonders heterogene Verteilung der Wind- und Böengeschwindigkeit ist in Gebieten mit komplexen Höhenstrukturen zu finden, etwa im Schwarzwald.

Die Windverteilungen in Deutschland, speziell das Nord-Süd-Gefälle der Wind- und Böengeschwindigkeiten, sind entscheidend von der Stärke und den Zugbahnen der vom Nordatlantik kommenden Zyklonen geprägt (◘ Abb. 8.2). Während eine große Anzahl von ihnen über den Bereich der Nordsee zieht und damit für starke Windverhältnisse in den Küstenregionen sorgt, wird der Süden Deutschlands seltener von starken Zyklonen getroffen.

Da die *storm tracks* stark von den Temperaturverteilungen im Nordatlantikbereich abhängen, ist zu erwarten, dass der Klimawandel zu einer Veränderung der *storm tracks* und somit der Zyklonenaktivität führt und sich damit die Windverhältnisse über Deutschland ändern. Studien zu historischen Trends dieser Aktivität liefern jedoch unterschiedliche Aussagen (für eine Literaturübersicht s. Ulbrich et al. 2009 oder Feser et al. 2015). Die meisten Studien, die auf Reanalysen für die zweite Hälfte des 20. Jahrhunderts beruhen, zeigen eine generelle Zunahme der nordatlantischen *storm track*-Aktivität (Chang und Fu 2002; Hu et al. 2004). In einigen Studien wird für längere Zeiträume eine Zunahme der Zyklonenanzahl über dem Nordatlantik identifiziert (z. B. Wang et al. 2009, 2011; Schneidereit et al. 2007), während Hanna et al. (2008) und Lambert (2004) einen Rückgang feststellen. Für Europa wiederum ergeben sich sehr heterogene Trends in Bezug auf die beobachtete Anzahl an Zyklonen: So fand Trigo (2006) für den Zeitraum von 1958 bis 2002 eine Zunahme der Zyklonenanzahl über Nordeuropa, aber eine Abnahme über Mittel- und Südeuropa heraus. Einen generellen Anstieg der Anzahl von starken Zyklonen über dem östlichen Nordatlantik und der südlichen Nordsee seit 1958 haben Weisse et al. (2005) gefunden. Dieser Trend hat sich jedoch gegen Ende des 20. Jahrhunderts über der Nordsee stark abgeschwächt und über dem Nordatlantik sogar umgekehrt. Bestätigt werden diese Ergebnisse von Druckmessungen an Stationen (Schmidt und von Storch 1993). Diese Stationsmessungen ermöglichen ebenfalls eine Abschätzung des großskaligen Windes und haben den Vorteil, dass sie viel weiter in die Vergangenheit reichen als Reanalysen. Alexandersson et al. (2000) konnten zeigen, dass der positive Trend seit den 1950er-Jahren und die Abschwächung zum Ende des 20. Jahrhunderts auch in den Stationsdaten vorhanden sind. Die Betrachtung eines weitaus länger zurückreichenden Zeitraums in den Stationsmessungen weist allerdings auch darauf hin, dass diese Schwankungen innerhalb der natürlichen Variabilität des Sturmklimas liegen.

Feser et al. (2015) haben die Ergebnisse von Studien zusammengefasst, die sich ausschließlich mit Stürmen über dem Nordatlantik und Europa befassen, und sind zu folgendem Schluss gekommen: Während Studien, die auf Daten aus Stationsmessungen basieren, für Mitteleuropa und die Nordsee häufig eine Abnahme der Sturmaktivität im 20. Jahrhundert zeigen, weisen Reanalysen auf keinen oder einen positiven Trend hin. Der aktuelle Fünfte Sachstandsbericht des Weltklimarates (IPCC AR5) wiederum weist auf einen Trend zu mehr und intensiveren Zyklonen über dem Nordatlantik in Reanalysen der vergangenen 60 Jahre hin (Hartmann et al. 2013). Ein Grund für diese teils widersprüchlichen Aussagen liegt in den unterschiedlichen Verfahrensweisen, die bei diesen Studien verwendet werden. Wichtige Faktoren sind dabei die verschiedenen Verfahren zur Quantifizierung der Zyklonenaktivität und unterschiedliche Datensätze (Raible et al. 2008; Neu et al. 2013). Ein weiteres Problem liegt in dem begrenzten Zeitraum von ungefähr 50 Jahren, für den flächendeckende Beobachtungen vorliegen. So ist es schwierig festzustellen, ob eine beobachtete Änderung in diesem Zeitraum einem langzeitlichen Trend entspricht oder auf Zeitskalen von einzelnen oder mehreren Dekaden innerhalb der natürlichen Variabilität liegt, die für die Zyklonenaktivität sehr ausgeprägt ist (Donat et al. 2011b; Krueger et al. 2013; Wang et al. 2011). Die geringere Dichte von Beobachtungsdaten vor den 1960er-Jahren trägt zusätzlich zu diesen Unsicherheiten bei. Wie oben erwähnt, sind jedoch sehr lange Beobachtungsreihen erforderlich, um verlässliche Aussagen über die tatsächliche Veränderung des Sturmklimas über Deutschland treffen zu können (Bärring und von Storch 2004; Matulla et al. 2008). Entsprechend kann für Deutschland ebenfalls kein klarer Trend der Zyklonenaktivität gefunden werden, da auch hier die zwischenjährlichen und dekadischen Schwankungen weitaus stärker sind als ein möglicher langzeitlicher Trend.

Die oben genannten Schlussfolgerungen bezüglich der Unsicherheit der beobachteten Zyklonenaktivität innerhalb der letzten Jahrzehnte gelten auch für die beobachteten Windverhältnisse über Europa und Deutschland (IPCC AR5; Hartmann et al. 2013). Wang et al. (2011) z. B. zeigen für die Nordsee und die Alpen eine Zunahme für das Auftreten starker Winde bis Ende des 20. Jahrhunderts. Allerdings hat sich dieser positive Trend über der Nordsee seit Mitte der 1990er-Jahre abgeschwächt. Insgesamt ist somit für Deutschland in Bezug auf Zyklonen und Winde kein eindeutiger historischer Langzeittrend zu finden (Hofherr und Kunz 2010). Dies steht im Einklang mit Studien, die sich mit dem Windstauklima über der Nordsee – also der Veränderung des Wasserspiegels durch Windeinfluss – und den damit verbundenen Sturmfluten befassen (▶ Kap. 9). Auch das Windstauklima zeigt ausgeprägte dekadische Schwankungen, aber keinen erkennbaren historischen Trend.

8.2 Trends im zukünftigen Klima

Das *World Climate Research*-Programm hat die sogenannten *Coupled Model Intercomparison*-Projekte (CMIP) ins Leben gerufen, um eine umfassende Evaluierung von verschiedenen Klimamodellen und Klimamodellprojektionen zu ermöglichen.

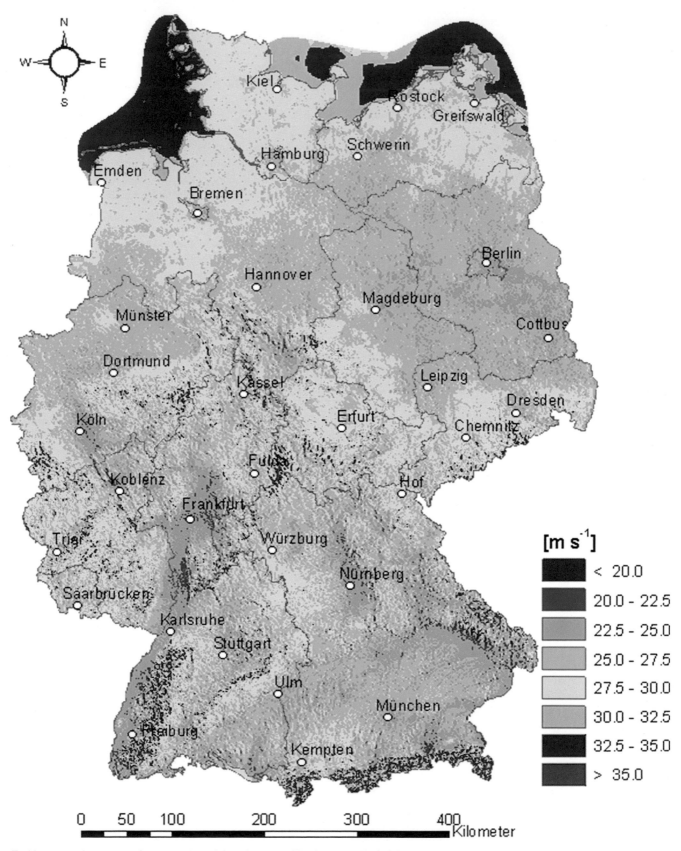

□ **Abb. 8.1** Simulierte maximale Böengeschwindigkeit über Deutschland mit einer Wiederkehrperiode von 2 Jahren für den Zeitraum 1971–2000 mit einer Auflösung von 1 × 1 km. (Aus Hofherr und Kunz 2010)

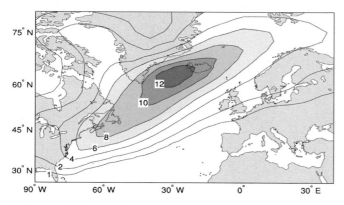

Abb. 8.2 Flächengewichtete Dichte der Zyklonenzugbahnen von starken Zyklonen (in Anzahl der Tage mit Zyklonen pro Winter pro Breitengrad zum Quadrat) für den Zeitraum 1958–1998, abgeleitet aus den stärksten 10 % aller Zyklonen. (Aus Pinto et al. 2009)

Eine Vielzahl von Modellen der beiden aktuellsten CMIP-Projekte (CMIP3 und CMIP5) simulieren im Mittel für die Nordhemisphäre eine Nordverschiebung der Zyklonenzugbahnen bzw. *storm tracks* bis Ende des 21. Jahrhunderts (Yin 2005; Gastineau und Soden 2009; Harvey et al. 2012). Des Weiteren herrscht eine gute Übereinstimmung bezüglich einer generellen Abnahme der Anzahl aller Zyklonen im globalen Mittel. Große Unsicherheiten gibt es hingegen im Hinblick auf mögliche regionale Änderungen der Zyklonenaktivität (Ulbrich et al. 2008, 2009) sowie den damit verbundenen zukünftigen Trends der regionalen Charakteristika von Windböen und Böen. Diese Unsicherheiten basieren hauptsächlich auf einer von Klimamodellen unterschiedlich projizierten Veränderung der Temperaturgradienten zwischen den Subtropen und der Polarregion in der oberen und unteren Troposphäre, also jenem Teil der Atmosphäre, der je nach Klimazone bis in eine Höhe von ungefähr 8–15 km reicht (Harvey et al. 2014). Zusätzlich beeinflussen lokale, nur schwer vorhersagbare Prozesse die regionale Änderung der *storm-track*-Aktivität (IPCC AR5, Kirtman et al. 2013). In einigen Studien wird beispielsweise ein Einfluss des Meereisrückgangs auf die Zyklonenaktivität nachgewiesen (Bader et al. 2011; Deser et al. 2010). Für Zyklonen über dem Nordatlantik spielen vermutlich Änderungen in der Ozeanzirkulation eine wichtige Rolle, die in den verschiedenen Klimamodellen teils sehr unterschiedlich wiedergegeben werden (Woollings et al. 2012).

Einige Klimaprojektionen anhand des Ensembles aus dem Programm CMIP3 deuten auf eine Ausdehnung des nordatlantischen *storm tracks* nach Osten hin und damit auf eine Verschiebung der Zyklonenzugbahnen in Richtung Europa (Bengtsson et al. 2006, 2009; Catto et al. 2011; Pinto et al. 2007b; Ulbrich et al. 2008). Auch in CMIP5-Modellen zeigt sich eine solche Verschiebung Richtung Europa, die hier jedoch schwächer ausgeprägt ist (Harvey et al. 2012; Zappa et al. 2013). Des Weiteren ist anzunehmen, dass es in einer wärmeren Atmosphäre aufgrund von mehr verfügbarer latenter Wärme, die beim Phasenübergang von Wasserdampf zu Flüssigwasser frei wird, zu besseren Wachstumsbedingungen für starke Zyklonen kommen kann und somit zu potenziell stärkeren Stürmen (Pinto et al. 2009; Fink et al. 2012). Eine deutliche Erhöhung der Sturmaktivität über Westeuropa wäre die Folge (Pinto et al. 2009; Donat et al. 2010; McDonald 2011). Dies stimmt mit kürzeren Wiederkehrperioden von starken Zyklonen über der Nordsee und Westeuropa bis zum Jahr 2100 überein, wie sie Della-Marta und Pinto (2009) gefunden haben. Insgesamt zeigt der größte Teil der Studien, die sich mit der Sturmaktivität befassen, eine Zunahme der Anzahl von Stürmen über Mitteleuropa und der Nordsee bis zum Ende des 21. Jahrhunderts (für eine Literaturübersicht s. Feser et al. 2015).

Die meisten Studien und Modelle stimmen darin überein, dass es durch die Zunahme starker Zyklonen insgesamt zu einem häufigeren Auftreten von Starkwindereignissen kommt. Dies wurde sowohl in globalen als auch regionalen Modellen mit Fokus auf Deutschland festgestellt. So simulieren einige globale CMIP3-Klimamodelle für das Ende des 21. Jahrhunderts stärkere maximale tägliche Windgeschwindigkeiten über Nordwesteuropa, der Nordsee und Deutschland (Pinto et al. 2007a; Donat et al. 2010) oder auch mehr Starkwindereignisse über Nordeuropa (Gastineau und Soden 2009). Studien auf Basis von CMIP5-Klimamodellen kommen zu dem Schluss, dass die Anzahl von Starkwindereignissen im Zusammenhang mit Zyklonen über Mitteleuropa steigen kann (Zappa et al. 2013). Auf der regionalen Skala gibt es einige übereinstimmende Ergebnisse vor allem für den nördlichen Bereich Zentraleuropas (Beniston et al. 2007; Rockel und Woth 2007; Fink et al. 2009; Hueging et al. 2013). So identifizieren Rockel und Woth (2007) anhand eines Ensembles von Regionalmodellen für den Zeitraum 2071–2100 eine Zunahme der täglichen maximalen Windgeschwindigkeiten in Mitteleuropa im Winter, während im Herbst eine Abnahme festzustellen ist. Ein negativer Trend bis zum Ende des 21. Jahrhunderts für die höchsten Wind- bzw. Böengeschwindigkeiten über Deutschland findet sich in verschiedenen hoch aufgelösten Modellen auch für den Sommer (Bengtsson et al. 2009; Hueging et al. 2013; Walter et al. 2006). Der Fünfte Sachstandsbericht des IPCC kommt zu der Schlussfolgerung, dass es bis zum Ende des 21. Jahrhunderts im Winter zu einer leichten Zunahme von Starkwinden über Nord- und Mitteleuropa kommen wird, während keine verlässlichen Trends für andere Jahreszeiten und Regionen gefunden werden (Kovats et al. 2014). Folglich wird in den meisten Klimamodellen für Nord- und Mitteleuropa eine Zunahme des Windes und somit des Windenergieertrags im Winter erwartet (Hueging et al. 2013), wobei sich die Stärke dieser Zunahme in den verschiedenen Klimamodellen deutlich unterscheiden kann (Reyers et al. 2016). Die Projektionen für den jährlichen Windenergieertrag über Deutschland variieren hingegen je nach Modell zwischen einer Ab- und Zunahme von bis zu 10 % (Tobin et al. 2015). Für Deutschland zeigen die meisten Regionalisierungen insgesamt einen generellen Anstieg der Böengeschwindigkeit im Norden und Nordwesten sowie an der Nord- und Ostseeküste (Walter et al. 2006; Rauthe et al. 2010). Speziell für Nordrhein-Westfalen zeigt sich ein deutlicher Anstieg der Böengeschwindigkeit zum Ende des 21. Jahrhunderts (Pinto et al. 2010).

Ein besonderer Fokus wird auf eine Studie von Rauthe et al. (2010) gelegt, da in dieser Untersuchung Ergebnisse von sieben verschiedenen regionalen Klimamodellen für die Projektion von Böengeschwindigkeiten berücksichtigt werden und nicht nur von einzelnen Modellen wie in der Mehrzahl anderer Studien. Dabei zeigt das Mittel über alle sieben Modelle (Ensemblemittel) eine Zunahme bis 2050 von bis zu 7 % für Böen mit einer Wieder-

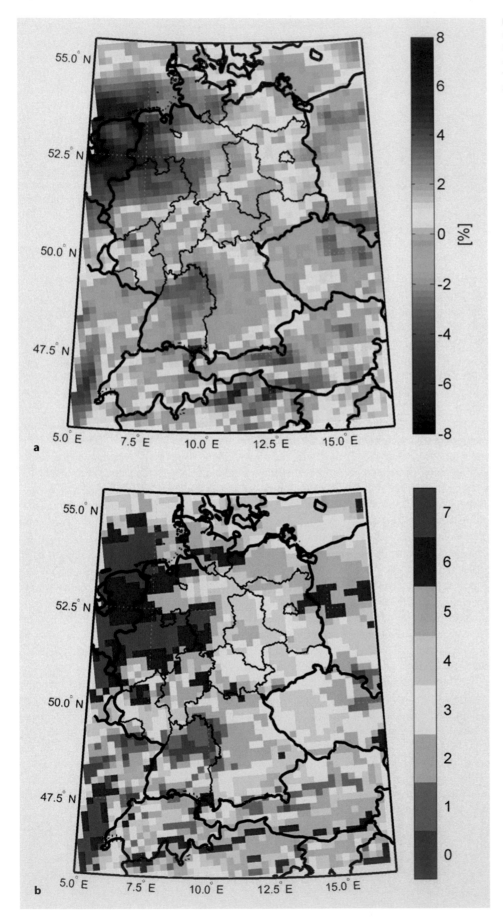

Abb. 8.3 Ensemblemittel von sieben regionalen Klimamodellen (*RCM*): **a** Relative Änderung der mittleren Böe mit einer Wiederkehrperiode von 10 Jahren für den Zeitraum 2021–2050 im Vergleich zu 1971–2000, **b** Anzahl der RCM-Simulationen mit einer positiven relativen Änderung der Böengeschwindigkeit mit einer Wiederkehrperiode von 10 Jahren. (Rauthe et al. 2010)

kehrperiode von 10 Jahren über Teilen Nordrhein-Westfalens und Niedersachsens (◘ Abb. 8.3a). Zusätzlich stimmen für diesen Bereich nahezu alle Modelle dahingehend überein, dass es generell zu einer Zunahme starker Böen kommt (◘ Abb. 8.3b). Große Übereinstimmung zwischen den Modellen findet sich außerdem für den Norden Baden-Württembergs, wo bis zu sieben Modelle eine Abnahme simulieren (◘ Abb. 8.3b), die im Ensemblemittel mehr als −6 % betragen kann (◘ Abb. 8.3a). Für andere Bereiche Deutschlands sind die Ergebnisse hingegen nicht eindeutig. So projiziert das Ensemblemittel z. B. für Schleswig-Holstein einen Anstieg starker Böen um 2–6 % (◘ Abb. 8.3a), jedoch simulieren teilweise nur vier von sieben Modellen eine generelle Zunahme (◘ Abb. 8.3b). Insgesamt lässt sich schlussfolgern, dass abgesehen von einigen wenigen Bereichen in Deutschland bezüglich der möglichen zukünftigen Zu- oder Abnahme von starken Böen Unsicherheit zwischen den einzelnen Modellen herrscht.

Die projizierte Zunahme von Starkwindereignissen und Böengeschwindigkeiten, vor allem im Winter, hätte einen Anstieg der potenziellen Gebäudeschäden im Zusammenhang mit Winterstürmen über Mitteleuropa zur Folge, mit starken Auswirkungen für Deutschland (Schwierz et al. 2010; Donat et al. 2011a; Pinto et al. 2012; Held et al. 2013). Für eine detaillierte Analyse der ökonomischen Auswirkungen des Klimawandels sei hier auf ► Kap. 25 verwiesen.

8.3   Kurz gesagt

In Beobachtungen der vergangenen Jahrzehnte und in Klimaprojektionen für das zukünftige Klima wird eine starke zwischenjährliche Variabilität der Zyklonenaktivität über dem Nordatlantik festgestellt. Unsicherheit herrscht dagegen über einen langzeitlichen Trend der Zyklonenanzahl und -intensitäten, vor allem in Regionen des europäischen Festlands. So zeigt sich in Reanalysedaten für die zweite Hälfte des 20. Jahrhunderts eine ausgeprägte dekadische Variabilität der Zyklonenaktivität über dem östlichen Nordatlantik, Europa, Deutschland und der Nordsee. Druckmessungen an Stationen über Nordeuropa und Deutschland belegen eine starke derartige Variabilität sogar für einen noch längeren Zeitraum. Ein langzeitlicher Trend kann jedoch nicht verlässlich identifiziert werden. Dasselbe gilt für die Windverhältnisse über Deutschland in den vergangenen 50 Jahren.

Für das zukünftige Klima ist eine Verschiebung des nordatlantischen *storm tracks* in Richtung Europa wahrscheinlich, was jedoch nicht durch eine Zunahme der Gesamtzahl aller Zyklonen, sondern durch ein häufigeres Auftreten starker Zyklonen bedingt ist. Die Wiederkehrperiode starker Zyklonen über der Nordsee und Westeuropa wird sich demnach verkürzen, während es bis 2100 allgemein weniger Zyklonen geben wird. Daher ist es wahrscheinlich, dass bereits ab Mitte des 21. Jahrhunderts mehr Starkwindereignisse und starke Böen über der Nordsee und Nordwestdeutschland auftreten werden. Diese werden vor allem im Winter zunehmen, während es im Sommer eher zu einer Abnahme kommen wird. Für die anderen Bereiche Deutschlands sind Aussagen für zukünftige Klimatrends in Bezug auf den Wind unsicher; es werden aber nur geringe Änderungen im Vergleich zum gegenwärtigen Klima erwartet.

Literatur

Alexandersson H, Tuomenvirta H, Schmith T, Iden K (2000) Trends of storms in NW Europe derived form an updated pressure data set. Climate Research 14:71–73

Bader J, Mesquita MDS, Hodges KI, Keenlyside N, Osterhus S, Miles M (2011) A review on Northern hemisphere sea-ice, storminess and the North Atlantic Oscillation: Observations and projected changes. Atmospheric Research 101:809–834

Bärring L, von Storch H (2004) Scandinavian storminess since about 1800. Geophysical Research Letters 31:L20202

Bengtsson L, Hodges KI, Roeckner E (2006) Storm tracks and climate change. Journal of Climate 19(15):3518–3543

Bengtsson L, Hodges KI, Keenlyside N (2009) Will Extratropical Storms Intensify in a Warmer Climate? Journal of Climate 22:2276–2301

Beniston M, Stephenson DB, Christensen OB, Ferro CAT, Frei C, Goyette S, Halsnaes K, Holt T, Jylha K, Koffi B, Palutikof J, Scholl R, Semmler T, Woth K (2007) Future extreme events in European climate: an exploration of regional climate model projection. Climatic Change 81:71–95

Catto JL, Shaffrey LC, Hodges KI (2011) Northern hemisphere extratropical cyclones in a warming climate in the HiGEM high resolution climate model. Journal of Climate 24:5336–5352

Chang EKM, Fu Y (2002) Interdecadal variations in Northern hemisphere winter storm track intensity. Journal of Climate 15:642–658

Della-Marta PM, Pinto JG (2009) Statistical uncertainty of changes in winter storms over the North Atlantic and Europe in an ensemble of transient climate simulations. Geophysical Research Letters 36:L14703

Deser C, Tomas R, Alexander M, Lawrence D (2010) The Seasonal Atmospheric Response to Projected Arctic Sea Ice Loss in the Late 21st Century. Journal of Climate 23:333–351

Donat MG, Leckebusch GC, Pinto JG, Ulbrich U (2010) European storminess and associated circulation weather types: future changes deduced from a multi-model ensemble of GCM simulations. Climate Research 42:27–43

Donat MG, Leckebusch GC, Wild S, Ulbrich U (2011a) Future changes of European winter storm losses and extreme wind speeds in multi-model GCM and RCM simulations. Natural Hazards and Earth System Sciences 11:1351–1370

Donat MG, Renggli D, Wild S, Alexander LV, Leckebusch GC, Ulbrich U (2011b) Reanalysis suggests long-term upward trends in European storminess since 1871. Geophysical Research Letters 38:L14703

Feser F, Barcikowska M, Krueger O, Schenk F, Weisse R, Xia L (2015) Storminess over the North Atlantic and Northwestern Europe – a Review. Quarterly Journal of the Royal Meteorological Society 141:350–382

Fink AH, Brücher T, Ermert E, Krüger A, Pinto JG (2009) The European Storm Kyrill in January 2007: Synoptic Evolution and Considerations with Respect to Climate Change. Natural Hazards and Earth System Sciences 9:405–423

Fink AH, Pohle S, Pinto JG, Knippertz P (2012) Diagnosing the influence of diabatic processes on the explosive deepening of extratropical cyclones. Geophysical Research Letters 39:L07803

Gastineau G, Soden BJ (2009) Model projected changes of extreme wind events in response to global warming. Geophysical Research Letters 36:L10810

Hanna E, Cappelen J, Allan R, Jónsson T, le Blancq F, Lillington T, Hickey K (2008) New insights into North European and North Atlantic surface pressure variability, storminess and related climatic change since 1830. Journal of Climate 21:6739–6766

Hartmann DL, Klein Tank AMG, Rusticucci M, Alexander LV, Brönnimann S, Charabi Y, Dentener FJ, Dlugokencky EJ, Easterling DR, Kaplan A, Soden BJ, Thorne PW, Wild M, Zhai PM (2013) Observations: Atmosphere and Surface. In: Stocker TF, Qin D, Plattner G-K, Tignor M, Allen SK, Boschung J, Nauels A, Xia Y, Bex V, Midgley PM (Hrsg) Climate Change 2013: The physical science basis. Contribution of Working Group I to the Fifth Assessment Report of the Intergovernmental Panel on Climate Change. Cambridge University Press, Cambridge, United Kingdom and New York, NY, USA

Harvey BJ, Shaffrey LC, Woollings TJ, Zappa G, Hodges KI (2012) How large are projected 21st century storm track changes? Geophysical Research Letters 39:L18707

Harvey BJ, Shaffrey LC, Woollings TJ (2014) Equator-to-pole temperature differences and the extra-tropical storm track responses of the CMIP5 climate models. Climate Dynamics 43:1171–1182

Held H, Gerstengarbe FW, Pardowitz T, Pinto JG, Ulbrich U, Born K, Donat MG, Karremann MK, Leckebusch GC, Ludwig P, Nissen KM, Osterle H, Prahl BF, Werner PC, Befort DJ, Burghoff O (2013) Projections of global warming-induced impacts on winter storm losses in the German private household sector. Climate Change 121:195–207

Hofherr T, Kunz M (2010) Extreme wind climatology of winter storms in Germany. Climate Research 41:105–123

Hoskins BJ, Valdes PJ (1990) On the existence of storm tracks. Journal of Atmospheric Sciences 47:1854–1864

Hu Q, Tawaye Y, Feng S (2004) Variations of the Northern Hemiphere atmospheric energetics. Journal of Climate 17:1975–1986

Hueging H, Born K, Haas R, Jacob D, Pinto JG (2013) Regional changes in wind energy potential over Europe using regional climate model ensemble projections. Journal of Applied Meteorology and Climatology 52:903–917

Kirtman B, Power SB, Adedoyin JA, Boer GJ, Bojariu R, Camilloni I, Doblas-Reyes FJ, Fiore AM, Kimoto M, Meehl GA, Prather M, Sarr A, Schär C, Sutton R, van Oldenborgh GJ, Vecchi G, Wang HJ (2013) Near-term Climate Change: Projections and Predictability. In: Stocker TF, Qin D, Plattner G-K, Tignor M, Allen SK, Boschung J, Nauels A, Xia Y, Bex V, Midgley PM (Hrsg) Climate Change 2013: The physical science basis. Contribution of Working Group I to the Fifth Assessment Report of the Intergovernmental Panel on Climate Change. Cambridge University Press, Cambridge, United Kingdom and New York, NY, USA

Kovats RS, Valentini R, Bouwer LM, Georgopoulou E, Jacob D, Martin E, Rounsevell M, Soussana JF (2014) Europe. In: Barros VR, Field CB, Dokken DJ, Mastrandrea MD, Mach KJ, Bilir TE, Chatterjee M, Ebi KL, Estrada YO, Genova RC, Girma B, Kissel ES, Levy AN, MacCracken S, Mastrandrea PR, White LL (Hrsg) Climate Change 2014: Impacts, Adaption and Vulnerability. Part B: Regional Aspects. Contribution of Working Group II to the Fifth Assessment Report of the Intergovernmental Panel on Climate Change. Cambridge University Press, Cambridge, United Kingdom and New York, NY, USA, S 1267–1326

Krueger O, Schenk F, Feser F, Weisse R (2013) Inconsistencies between Long-Term Trends in Storminess Derived from the 20th CR Reanalysis and Observations. Journal of Climate 26:868–874

Lambert SJ (2004) Changes in winter cyclone frequencies and strengths in transient enhanced greenhouse warming simulations using two coupled climate models. Atmosphere-Ocean 42:173–181

Matulla C, Schöner W, Alexandersson H, von Storch H, Wang XL (2008) European Storminess: Late 19th Century to Present. Climate Dynamics 31:125–130

McDonald RE (2011) Understanding the impact of climate change on Northern hemisphere extra-tropical cyclones. Climate Dynamics 37:1399–1425

Neu U, Akperov MG, Bellenbaum N, Benestad RS, Blender R, Caballero R, Cocozza A, Dacre HF, Feng Y, Fraedrich K, Grieger J, Gulev S, Hanley J, Hewson T, Inatsu M, Keay K, Kew SF, Kindem I, Leckebusch GC, Liberato MLR, Lionello P, Mokhov II, Pinto JG, Raible CC, Reale M, Rudeva I, Schuster M, Simmonds I, Sinclair M, Sprenger M, Tilinina ND, Trigo IF, Ulbrich S, Ulbrich U, Wang XLL, Wernli H (2013) IMILAST: A community effort to intercompare extratropical cyclone detection and tracking algorithms. Bulletin of the American Meteorology Society 94:529–547

Pinto JG, Fröhlich EL, Leckebusch GC, Ulbrich U (2007a) Changing European storm loss potentials under modified climate conditions according to ensemble simulations of the ECHAM5/MPI-OM1 GCM. Natural Hazards and Earth System Sciences 7:165–175

Pinto JG, Ulbrich U, Leckebusch GC, Spangehl T, Reyers M, Zacharias S (2007b) Changes in storm track and cyclone activity in three SRES ensemble experiments with the ECHAM5/MPI-OM1 GCM. Climate Dynamics 29:195–121

Pinto JG, Zacharias S, Fink AH, Leckebusch GC, Ulbrich U (2009) Factors contributing to the development of extreme North Atlantic cyclones and their relationship with the NAO. Climate Dynamics 32:711–737

Pinto JG, Neuhaus CP, Leckebusch GC, Reyers M, Kerschgens M (2010) Estimation of wind storm impacts over Western Germany under future climate conditions using a statistical-dynamical downscaling approach. Tellus A 62:188–201

Pinto JG, Karremann MK, Born K, Della-Marta PM, Klawa M (2012) Loss potentials associated with European windstorms under future climate conditions. Climate Research 54:1–20

Raible CC, Della-Marta PM, Schwierz C, Wernli H, Blender R (2008) Northern hemisphere extratropical cyclones: A comparison of detection and tracking methods and different reanalyses. Monthly Weather Review 136:880–897

Rauthe M, Kunz M, Kottmeier C (2010) Changes in wind gust extremes over Central Europe derived from a small ensemble of high resolution regional climate models. Meteorologische Zeitschrift 19:299–312

Reyers M, Moemken J, Pinto JG (2016) Future changes of wind energy potentials over Europe in a large CMIP5 multi-model ensemble. International Journal of Climatology. 36:783–786 doi:10.1002/joc.4382

Rockel B, Woth K (2007) Extremes of near-surface wind speed over Europe and their future changes as estimated from an ensemble of RCM simulations. Climatic Change 81:267–280

Schmidt H, von Storch H (1993) German Bight storms analyzed. Nature 365:791

Schneidereit A, Blender R, Fraedrich K, Lunkheit F (2007) Iceland climate and North Atlantic cyclones in ERA40 reanalyses. Meteorologische Zeitschrift 16:17–23

Schwierz C, Zenklusen Mutter E, Vidale PL, Wild M, Schär C, Köllner-Heck P, Bresch DN (2010) Modelling European winterwind storm losses in current and future climate. Climate Change 101:485–514

Tobin I, Vautard R, Balog I, Breon F-M, Jerez S, Ruti PM, Thais F, Vrac M, Yiou P (2015) Assessing climate change impacts on European wind energy from ENSEMBLES high-resolution climate projections. Climatic Change 128:99–112

Trigo IF (2006) Climatology and interannual variability of storm tracks in the Euro-Atlantic sector: a comparison between ERA40 and NCEP/NCAR reanalyses. Climate Dynamics 26:127–143

Ulbrich U, Pinto JG, Kupfer H, Leckebusch GC, Spangehl T, Reyers M (2008) Changing Northern hemisphere storm tracks in an ensemble of IPCC climate change simulations. Journal of Climate 21:1669–1679

Ulbrich U, Leckebusch GC, Pinto JG (2009) Extra-tropical cyclones in the present and future climate: a review. Theoretical and Applied Climatology 96:117–131

Walter A, Keuler K, Jacob D, Knoche R, Block A, Kotlarski S, Mueller-Westermeier G, Rechid D, Ahrens W (2006) A high resolution reference data set of German wind velocity 1951–2001 and comparison with regional climate model results. Meteorologische Zeitschrift 15:585–596

Wang XL, Zwiers FW, Swail V, Feng Y (2009) Trends and variability of storminess in the Northeast Atlantic region, 18742007. Climate Dynamics 33:1179–1195

Wang XL, Wan H, Zwiers FW, Swail V, Compo GP, Allan RJ, Vose RS, Jourdain S, Yin X (2011) Trends and low-frequency variability of storminess over western Europe 1878–2007. Climate Dynamics 37:2355–2371

Weisse R, von Storch H, Feser F (2005) Northeast Atlantic and North Sea Storminess as simulated by a regional climate model during 1958–2001 and comparison with observations. Journal of Climate 18:465–479

Woollings T, Gregory JM, Pinto JG, Reyers M, Brayshaw DJ (2012) Response of the North Atlantic storm track to climate change shaped by ocean-atmosphere coupling. Nature Geoscience 5:313–317

Yin JH (2005) A consistent poleward shift of the storm tracks in simulations of 21st century climate. Geophysical Research Letters 32:L18701

Zappa G, Shaffrey LC, Hodges KI, Sansom PG, Stephenson DB (2013) A Multi-model Assessment of Future Projections of North Atlantic and European Extratropical Cyclones in the CMIP5 Climate Models. Journal of Climate 26:5846–5862

Meeresspiegelanstieg, Gezeiten, Sturmfluten und Seegang

Ralf Weiße, Insa Meinke

© Der/die Herausgeber bzw. der/die Autor(en) 2017

G. Brasseur, D. Jacob, S. Schuck-Zöller (Hrsg.), *Klimawandel in Deutschland,* DOI 10.1007/978-3-662-50397-3_9

Extreme Sturmflutwasserstände stellen für die deutschen Küstenregionen an Nord- und Ostsee eine beträchtliche Gefährdung dar. Sie werden durch eine Reihe verschiedener Faktoren beeinflusst, deren Bedeutung je nach Region variiert. Gezeiten spielen vor allem in der Nordsee eine Rolle. Meteorologische Effekte wie Windstau (resultierend aus der Übertragung von Windenergie auf die Wasseroberfläche), Änderung des Wasserstands unter dem Einfluss des Luftdrucks (invers-barometrischer Effekt) oder der mit hohen Windgeschwindigkeiten verbundene Seegang sind sowohl in der Nord- als auch in der Ostsee von Bedeutung. Ebenso spielen langfristige Änderungen im mittleren Meeresspiegel in beiden Regionen eine zentrale Rolle bei der Änderung von Eintrittswahrscheinlichkeiten besonders hoher Sturmflutwasserstände. Beiträge von kurzfristigeren Schwankungen im mittleren Wasserstand (Vorfüllung) und Eigenschwingungen (Seiches) sind vor allem in der Ostsee von Bedeutung. Letztere wurden auch schon in kleinen Tidebecken in der Nordsee beobachtet. Im Folgenden wird das Wissen in Bezug auf vergangene und mögliche zukünftige Veränderungen der einzelnen Faktoren für Nord- und Ostsee diskutiert. Aufgrund der unterschiedlichen Relevanz der verschiedenen Prozesse sowie der daraus resultierenden unterschiedlichen Darstellung des Wissens in der Literatur erfolgt die Darstellung des Wissensstands für Nord- und Ostsee getrennt.

9.1   Nordsee

Der Wasserstand an der deutschen Nordseeküste wird durch eine Überlagerung astronomischer Anteile wie Gezeiten und meteorologischer Anteile wie den direkten Einfluss des Luftdrucks auf den Meeresspiegel oder durch Wind verursachten Seegang (Windstau) beeinflusst. Ebenso können Wind- und Luftdruckschwankungen über dem Atlantik sogenannte Fernwellen auslösen, die von außen in die Nordsee eindringen und den Wasserstand kurzfristig erhöhen (z. B. Rossiter 1958). Weiterhin können Wechselwirkungen einzelner Komponenten wie z. B. von Gezeiten und Windstau in flachem Wasser eine Rolle spielen (Horsburgh und Wilson 2007). Hinzu kommt ein weiterer Anteil, der durch den langsamen Anstieg des mittleren Meeresspiegels bedingt ist. Alle Anteile können über die Zeit schwanken oder sich langfristig und systematisch verändern. Im Folgenden wird das Wissen über vergangene und mögliche zukünftige Änderungen der einzelnen Komponenten getrennt diskutiert.

9.1.1   Mittlerer Meeresspiegel

Für die Nordsee existiert eine Vielzahl von Studien, die vergangene Änderungen des Meeresspiegels für unterschiedliche Regionen mit unterschiedlichen Methoden und Datensätzen untersuchen. Für den Küstenschutz sind dabei vor allem relative Veränderungen relevant, d. h. Veränderungen durch Überlagerung von Meeresspiegelanstieg und lokaler Landhebung oder -senkung. Aufgrund der Verschiedenheit der vorliegenden Arbeiten sind ihre Ergebnisse zum Teil nur schwer vergleichbar. Beispielsweise untersuchten Woodworth et al. (2009) absolute

Meeresspiegeländerungen für England, Haigh et al. (2009) Pegeldaten für den englischen Kanal, Wahl et al. (2010) und Albrecht et al. (2011) Pegeldaten und relative Änderungen für die Deutsche Bucht und Madsen (2009) Satellitendaten und Änderungen an der dänischen Küste. Eine umfassende Analyse, basierend auf einem einheitlichen Datenmaterial und einheitlicher Methodik, wurde jüngst von Wahl et al. (2013) vorgestellt. Die Autoren analysierten dabei die Meeresspiegeländerungen in der Nordsee seit 1800 anhand eines homogenisierten Pegeldatensatzes, der Pegel aus allen Nordseeanrainerstaaten berücksichtigte. Basierend auf ihren Auswertungen geben Wahl et al. (2013) einen gemeinsamen Trend von 1,6 mm/Jahr für den Zeitraum von 1900 bis 2011 an. Dies entspricht in etwa dem Anstieg des globalen Mittelwerts über einen annähernd gleichen Zeitraum (1,7 mm/Jahr für die Zeitspanne 1901–2010 (Church et al. 2013)). Für die deutsche Nordseeküste wurden Anstiegsraten zwischen 1,6 und 1,8 mm/Jahr gefunden, mit höheren Werten entlang der schleswig-holsteinischen und geringeren Werten entlang der niedersächsischen Küste (Wahl et al. 2010; Albrecht et al. 2011). Innerhalb des untersuchten Zeitraums wurden mehrere Perioden mit beschleunigtem Meeresspiegelanstieg gefunden, die zum Teil mit entsprechenden Schwankungen im großräumigen Luftdruckfeld verbunden waren. Dabei sind in jüngster Zeit relativ hohe Anstiegsraten zu finden, die jedoch mit den früheren Perioden vergleichbar sind (Wahl et al. 2013).

In Bezug auf mögliche zukünftige Änderungen des mittleren Meeresspiegels existiert inzwischen eine Reihe von Projektionen für verschiedene Nordseeregionen, etwa Katsman et al. (2011) für die niederländische, Lowe et al. (2009) für die englische und Simpson et al. (2012) sowie Nilsen et al. (2012) für die norwegische Küste. Anhand eines Ensembles von Klimamodellrechnungen für unterschiedliche Emissionsszenarien analysierten Slangen et al. (2012) mögliche zukünftige relative Meeresspiegeländerungen. Demnach können zukünftige Anstiegsraten in der Nordsee zum Teil, hauptsächlich infolge der postglazialen (nacheiszeitlichen) Landsenkung (Wanninger et al. 2009; Wahl et al. 2013), höher als der globale Meeresspiegelanstieg ausfallen.

9.1.2   Meteorologisch verursachte Wasserstandsänderungen

Meteorologisch verursachte Wasserstandsänderungen (z. B. Windstau oder Seegang) sind für große Teile der deutschen Nordseeküste relevant. Ein typisches Maß zur Beurteilung des Einflusses solcher wetterinduzierten Meeresspiegelschwankungen ist deren monatliche Standardabweichung (Pugh 2004). Für die deutsche Bucht beträgt die monatliche Standardabweichung meteorologisch induzierter Wasserstandsschwankungen etwa 30–40 cm, was auf einen substanziellen Beitrag an der Gesamtvariabilität der Wasserstände schließen lässt (Weisse und von Storch 2009). Dabei sind die Werte der Standardabweichung im Winter tendenziell höher als im Sommer, was die saisonale Variabilität von Starkwindereignissen widerspiegelt (Weisse und von Storch 2009).

Vergangene Änderungen im Windstau- und Seegangklima der Nordsee sind sowohl anhand von Beobachtungen als auch mit Modellen und statistischen Methoden untersucht worden. Basierend auf einer Idee von de Ronde bereinigten von Storch und Reichart (1997) die Wasserstandszeitreihe von Cuxhaven um ihre jährlichen Mittelwerte und verwendeten das Ergebnis als Proxy für den Windstauanteil. Bezogen auf den Gesamtzeitraum 1876–1993 fanden sie dabei keine systematischen Veränderungen im Windstau, jedoch ausgeprägte Schwankungen zwischen den Jahren und Jahrzehnten, die konsistent mit den Schwankungen der Sturmaktivität in der Region sind (z. B. Krüger et al. 2013; Dangendorf et al. 2014). Updates der Analysen für die Zeiträume von 1843 bis 2006 (Weisse et al. 2012) und 1843 bis 2012 (Emeis et al. 2015) bestätigen diese Ergebnisse.

Einen alternativen Ansatz, Änderungen im Windstauklima zu analysieren, stellen Studien mit hydrodynamischen Modellen dar, die durch reanalysierte Wind- und Luftdruckfelder angetrieben werden. Typischerweise kann mit solchen Simulationen das Windstauklima bis etwa 1958 rekonstruiert werden. Wenngleich in diesen Rechnungen andere Einflüsse wie z. B. Meeresspiegelanstieg oder Veränderungen durch wasserbauliche Maßnahmen explizit nicht berücksichtigt sind, erhält man eine Abschätzung langfristiger Änderungen im Windstauklima. Die Ergebnisse solcher Modellstudien (z. B. Langenberg et al. 1999; Weisse und Plüß 2006) stimmen mit den oben beschriebenen beobachteten Veränderungen im Stauklima tendenziell dahingehend überein, dass das Stauklima ausgeprägte Schwankungen, jedoch keinen substanziellen Langzeittrend im Zeitbereich von Jahren und Dekaden aufweist. Ähnliche Ergebnisse ergeben sich aus Analysen beobachteter und modellierter Veränderungen des Seegangklimas (z. B. WASA 1998; Günther et al. 1998; Vikebø et al. 2003; Weisse und Günther 2007).

Zukünftige Änderungen im Windstau- und Seegangklima hängen von entsprechenden Änderungen in den atmosphärischen Windfeldern ab, die sehr unsicher sind (Christensen et al. 2007). Diese Unsicherheit pflanzt sich in den entsprechenden Studien zu Änderungen im Windstau- und Seegangklima fort. Die Mehrheit der Studien zeigt dabei keine (z. B. Sterl et al. 2009) oder nur geringe Änderungen im Windstau- (z. B. Langenberg et al. 1999; Kauker und Langenberg 2000; Woth 2005; Woth et al. 2006; Debernhard und Roed 2008; Gaslikova et al. 2013) und Seegangklima (z. B. Grabemann und Weisse 2008; Debernhard und Roed 2008; Groll et al. 2014; Grabemann et al. 2015). Für den Windstau werden die größten Änderungen größtenteils für den Bereich der Deutschen Bucht gefunden (z. B. Woth 2005; Gaslikova et al. 2013). Jedoch sind nicht alle Änderungen in allen Studien detektierbar, was bedeutet, dass sie zum Teil innerhalb der beobachteten Schwankungsbreite liegen. Etwas größere Änderungen werden von Lowe und Gregory (2005) beschrieben, die zum Ende des Jahrhunderts einen Anstieg der 50-jährigen Wiederkehrwerte des Windstaus um bis zu 50–70 cm als Folge des anthropogenen Klimawandels analysierten. Diese Zahlen weichen allerdings erheblich von denen anderer Studien ab, die mit gleichen Techniken keine oder nur geringe Änderungen fanden (Lowe et al. 2001; Flather und Williams 2000; Sterl et al. 2009).

Wechselwirkungen zwischen Windstau und Meeresspiegeländerungen können ebenfalls zu Änderungen im Sturmflutklima führen. Statistische Analysen globaler Pegeldatensätze zeigen eine Zunahme von Sturmfluthöhen, die primär durch einen Anstieg des Meeresspiegels verursacht wurden (Menéndez und Woodworth 2010). Auch in der Deutschen Bucht lässt sich diese Tendenz bisher beobachten (Weisse 2011). Zukünftig kann der Anstieg von Sturmfluthöhen, insbesondere in Flachwassergebieten, aufgrund von Wechselwirkungen allerdings stärker als der zugrunde liegende Meeresspiegelanstieg ausfallen (z. B. Arns et al. 2015). Wechselwirkungen und Änderungen im Gezeitenregime können diese Effekte verstärken, wobei die Größenordnungen derzeit kontrovers diskutiert werden (▶ Abschn. 9.1.3).

Unsicherheiten in Bezug auf die zukünftige Entwicklung im Wind- und Sturmklima spiegeln sich in Aussagen zu zukünftigen Änderungen im Windstau- und Seegangklima wider. Solche Unsicherheiten entstehen zum einen infolge der Spannbreite möglicher gesellschaftlicher Entwicklungen (verschiedene Emissionsszenarien), zum anderen liefern Klimamodelle, die mit demselben Szenario angetrieben werden, ebenfalls eine Bandbreite an möglichen Änderungen. Letzteres reflektiert u. a. unser unvollständiges Wissen über die relevanten Prozesse im Klimasystem. Die Bandbreite an Ergebnissen eines Modells unter Verwendung eines Emissionsszenarios, jedoch mit verschiedenen leicht geänderten Anfangsbedingungen, lässt Rückschlüsse auf die interne Variabilität des Klimasystems zu. Ein Beispiel hierfür liefern Sterl et al. (2009), die mit einem globalen Klimamodell unter Verwendung des A1B-SRES-Szenarios 17-mal den Zeitraum 1950–2100 simulierten. Die Windfelder dieser Rechnungen wurden anschließend mithilfe eines statistischen *downscalings* verwendet, um Bandbreiten möglicher Änderungen im Windstauklima an der deutschen Nordseeküste abzuschätzen (Weisse et al. 2012). Die Ergebnisse zeigen, dass sich das Windstauklima der einzelnen Realisationen zum Ende des 21. Jahrhunderts zum Teil beträchtlich unterscheidet und dass die interne Klimavariabilität bei der Interpretation von Ergebnissen anhand einzelner Simulationen oder eines begrenzten Ensembles entsprechend berücksichtigt werden muss.

9.1.3 Gezeiten

Für die Nordsee existiert eine Reihe von Arbeiten, die sich mit Änderungen im Gezeitenregime und der Tidedynamik beschäftigen. Mudersbach et al. (2013) analysierten langfristige Änderungen in Extremwasserständen in Cuxhaven und fanden, dass ein Teil des Anstiegs auf Änderungen im Tidehub zurückzuführen ist. Ähnliche Ergebnisse werden von Jensen et al. (2004) für eine Reihe von Pegeln in der Deutschen Bucht sowie von Hollebrandse (2005) für die niederländische Küste beschrieben. Mithilfe der Analyse eines globalen Datensatzes kommt Woodworth (2010) zu ähnlichen Ergebnissen für die Nordsee. Anhand seiner Analyse ist ferner erkennbar, dass die größten Änderungen hauptsächlich im Bereich der Deutschen Bucht zu finden sind.

Obwohl solche Änderungen in den Beobachtungsdaten sichtbar sind, sind die Ursachen dafür bisher nur unzureichend bekannt und erforscht. Eine Reihe von Autoren diskutiert Änderungen im mittleren Meeresspiegel als potenzielle Ursache (z. B. Mudersbach et al. 2013). Es wurde deshalb versucht, die Änderungen in der Tidedynamik infolge eines Meeresspiegelanstiegs mit hydrodynamischen Modellen zu modellieren (z. B. Kauker

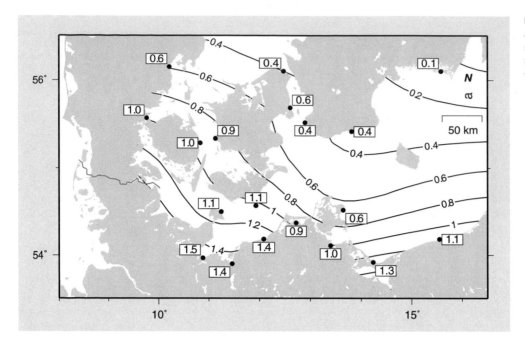

◘ Abb. 9.1 Hundertjähriger linearer Trend des relativen Meeresspiegelanstiegs (mm/Jahr) in der südwestlichen Ostsee. (Nach Richter et al. 2012)

1999; Plüß 2006; Pickering et al. 2011). Die von den Modellen simulierten Änderungen sind jedoch generell zu klein, um die beobachteten Änderungen in der Tidedynamik durch den beobachteten Meeresspiegelanstieg vollständig zu erklären. Als weitere mögliche Ursachen werden deshalb u. a. der Einfluss wasserbaulicher Maßnahmen (z. B. Hollebrandse 2005) oder Änderungen im atlantischen Gezeitenregime (z. B. Woodworth et al. 1991) diskutiert. Langfristige periodische Änderungen im mittleren Tidehub können weiterhin durch den sogenannten Nodaltidezyklus (astronomische Tide; z. B. Pugh und Woodworth 2014) mit einer Periode von etwa 18,6 Jahren verursacht werden. In der Deutschen Bucht haben solche Änderungen eine Größenordnung von etwa 1–2 % des mittleren Tidehubs (Hollebrandse 2005). Eine Reihe weiterer möglicher Ursachen, die bisher für die Nordsee nicht untersucht wurden, findet man z. B. in Woodworth (2010) und Müller (2011).

9.2 Ostsee

Wasserstände an der deutschen Ostseeküste werden durch Überlagerung verschiedener Prozesse auf unterschiedlichen räumlichen und zeitlichen Skalen beeinflusst. Zu den kurzfristigen Prozessen zählen vor allem meteorologische, hydrologische und ozeanografische, wie Windstau, Füllungsgrad, Gezeiten, Abfluss aus Fließgewässern und Eigenschwingungen (interne Beckenschwingungen; oft wird hier auch der Begriff „Badewanneneffekt" verwendet). Klimaänderungen können einerseits die Verteilung dieser kurzfristigen Prozesse in der Ostsee beeinflussen, sodass diese mit veränderter Häufigkeit und/oder Intensität auftreten. Andererseits können weltweit schmelzende Eismassen und eine wärmebedingte Ausdehnung des Wasserkörpers langfristig auch den mittleren Meeresspiegel in der Ostsee ansteigen lassen. Zusätzlich stehen die vertikalen Entlastungsbewegungen der Erdkruste seit der letzten Eiszeit in Wechselwirkung mit diesen Prozessen und wirken sich auf die Ostseewasserstände

aus. Für die deutsche Ostseeküste sind sowohl langfristige Änderungen des mittleren Wasserstands als auch Änderungen des Sturmflutgeschehens im Hinblick auf Höhe, Häufigkeit und Dauer von Bedeutung. Nachfolgend werden die bisherigen und künftig möglichen Entwicklungen dokumentiert.

9.2.1 Mittlerer Meeresspiegel

Im Hinblick auf Küstenschutz und weitere Anpassungsmaßnahmen an mögliche Folgen des Klimawandels ist der relative Meeresspiegelanstieg von Bedeutung, also die Änderungen des Wasserstands in Relation zur Küste. Deshalb wird nachfolgend der relative Meeresspiegelanstieg in der Ostsee betrachtet. Die langfristigen Änderungen des mittleren Wasserstands in der Ostsee sind ein besonders gutes Beispiel für das Zusammenwirken mariner und kontinentaler Bewegungskomponenten. Im gesamten nördlichen Teil der Ostsee, insbesondere in Skandinavien, übertrifft die Hebung der Landmassen seit der letzten Eiszeit (isostatischer Ausgleich) den Meeresspiegelanstieg relativ zum Erdmittelpunkt erheblich. Dies führt dazu, dass der mittlere Wasserstand relativ zum Messpegel an Land um derzeit etwa 8 mm pro Jahr sinkt (Liebsch 1997). Im südlichen Teil der Ostsee – und somit auch an der deutschen Ostseeküste – addieren sich die isostatische Senkung der Landmassen und der Meeresspiegelanstieg relativ zum Erdmittelpunkt, wodurch der Meeresspiegel relativ zum Messpegel an Land derzeit ansteigt (◘ Abb. 9.1, Lampe und Meier 2003). Während dekadische Schwankungen des Meeresspiegels in der zentralen und östlichen Ostsee gut durch Luftdruckschwankungen wie die nordatlantische Oszillation (NAO) erklärt werden können, weisen dekadische Schwankungen des mittleren Meeresspiegels in der südwestlichen Ostsee stärkere Korrelationen mit der durchschnittlichen Niederschlagsmenge in der Region auf (Hünicke 2010).

Innerhalb des letzten Jahrhunderts wurde an allen Pegeln der deutschen Ostseeküste ein mittlerer Meeresspiegelanstieg von

Abb. 9.2 Lineare Trends des
mittleren Meeresspiegels innerhalb
30- (*grau*), 60- (*schwarz*) und 80-jäh-
riger (*rot*) gleitender Zeitfenster in
Warnemünde. (Richter et al. 2012)

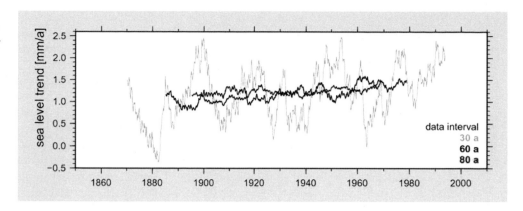

Abb. 9.2 Lineare Trends des mittleren Meeresspiegels innerhalb 30- (*grau*), 60- (*schwarz*) und 80-jähriger (*rot*) gleitender Zeitfenster in Warnemünde. (Richter et al. 2012)

etwa 1 mm pro Jahr gemessen (Mudersbach und Jensen 2008; Richter et al. 2012; Meinke 1999). Dieser Anstieg weist innerhalb der südwestlichen Ostsee ein deutliches Gefälle von Süd-West nach Nord-Ost auf. Die gemessenen Trends liegen zwischen 1,5 mm pro Jahr in Eckernförde und Wismar und 0,4 mm pro Jahr in Saßnitz (vgl. ◘ Abb. 9.1 sowie Mudersbach und Jensen 2008). Das bedeutet, dass eine Sturmflut wie am 12./13. November 1872 heute allein aufgrund des inzwischen angestiegenen Meeresspiegels etwa 5–20 cm höher auflaufen würde als damals. Dabei bleiben nichtlineare Wechselwirkungseffekte (z. B. Annutsch 1977) unberücksichtigt, die jedoch, vermutlich im Vergleich zum direkten Effekt des ansteigenden Meeresspiegels, gering ausfallen (z. B. Lowe et al. 2001). Stigge (1993) untersuchte die Eintrittswahrscheinlichkeiten von Ostseesturmfluten bei einer Änderung des mittleren Wasserstands von 10 cm und fand Hinweise für deutliche Häufigkeitszunahmen von Sturmfluten an der mecklenburgischen Küste.

Inwieweit sich der Meeresspiegelanstieg an der deutschen Ostseeküste bereits beschleunigt hat, kann z. B. mit einer Zeitreihe jeweils 30-jähriger Trends untersucht werden. Auf diese Weise kann die aktuelle Geschwindigkeit des Meeresspiegelanstiegs in Relation zu den Raten vergangener Zeitfenster analysiert werden. In ◘ Abb. 9.2 ist diese Auswertung für Warnemünde auf Basis von Pegelmessungen dargestellt. Daraus wird deutlich, dass die Raten des relativen Meeresspiegelanstiegs in Warnemünde am Ende des Untersuchungszeitraums mit 2–2,5 mm pro Jahr recht hohe Werte im Vergleich zu früheren Perioden innerhalb des Messzeitraums aufweisen. Wird diese Rate jedoch in Relation zu historischen Raten gesetzt, wird deutlich, dass dies nicht beispiellos ist. Vielmehr zeigt sich, dass die Raten des Meeresspiegelanstiegs starken Schwankungen unterliegen, wobei zu Beginn des 20. Jahrhunderts und in den 1950er-Jahren ähnlich hohe Raten wie heute auftraten. Größere Zeitfenster von 60 oder 80 Jahren lassen eine langsame Beschleunigung des relativen Meeresspiegelanstiegs in Warnemünde vermuten, wobei dieser Trend statistisch jedoch nicht signifikant ist (vgl. Richter et al. 2012 und ◘ Abb. 9.2).

Globale Klimaszenarien des Fünften Sachstandberichts des Weltklimarats (IPCC 2013) weisen darauf hin, dass sich der globale mittlere Meeresspiegelanstieg bis Ende des 21. Jahrhunderts beschleunigen kann. Demnach kann sich der globale mittlere Meeresspiegel bis Ende des 21. Jahrhunderts (2081–2100) im Vergleich zur Gegenwart (1986–2005) um weitere 30–80 cm erhöhen (Church et al. 2013). Dieser Meeresspiegelanstieg vollzieht

sich jedoch weltweit nicht gleichmäßig, sondern in räumlich sehr heterogenen Mustern. In der Ostsee erfolgt zudem eine Überlagerung durch glazial-isostatische Ausgleichsbewegungen der Erdkruste, durch die der künftige relative Meeresspiegelanstieg in der Ostsee je nach Region deutlich von den Werten des projizierten globalen mittleren Meeresspiegelanstiegs abweichen kann.

Ein Ansatz zur Erstellung regionaler Meeresspiegelprojektionen in der Ostsee ist die individuelle Projektion der einzelnen Haupteinflussgrößen, die auf den Meeresspiegel einwirken (Grinsted 2015). Hierzu zählen die thermische Ausdehnung des Wasserkörpers, Änderungen im Schwerefeld der Erde, der Einfluss schmelzender Eismassen im Inland, auf Grönland und in der Antarktis sowie glazial-isostatische Ausgleichsbewegungen. Dabei werden die zentralen Projektionen des globalen Einflusses dieser Größen mit ihren regionalen Charakteristika in der Ostsee kombiniert. Ausgehend von dem Emissionsszenario SRES A1B lässt dieser Ansatz bis Ende des 21. Jahrhunderts (2090–2099) im Vergleich zu heute (1990–1999) einen relativen Meeresspiegelanstieg von etwa 60 cm an der deutschen Ostseeküste erwarten. In diesem Fall würde sich die aktuelle Rate (1990–2000) des Meeresspiegelanstiegs von 2–2,5 mm pro Jahr (s. o.) an der südwestlichen Ostseeküste bis Ende des Jahrhunderts etwa verdreifachen.

Ein anderer Ansatz für regionalisierte Klimaszenarien von zukünftigen Ostseewasserständen basiert auf gekoppelten regionalen Ozean-Atmosphäre-Modellen und zum Teil auch auf Erdsystemmodellen, deren Entwicklung derzeit an vielen Forschungseinrichtungen vorangetrieben wird. Obwohl einzelne Auswertungen bereits existieren, können bislang noch keine belastbaren Bandbreiten für mögliche Änderungen angegeben werden. Zudem werden wesentliche Komponenten, die den Meeresspiegel beeinflussen, außer Acht gelassen. So geben z. B. Klimasimulationen mit den gekoppelten Modellen (MPIOM/REMO) Aufschluss über die Größenordnung der thermischen Ausdehnung im Ozean und die regionale Verteilung dieser Komponente durch veränderte Meeresströmungen und Winde. Sie zeigen für die Ostsee unter Berücksichtigung von SRES A1B eine Erhöhung des Meeresspiegels in der Größenordnung von 30 cm bis Ende des Jahrhunderts (Klein et al. 2011). Der Beitrag der anderen Komponenten, etwa das Verhalten der großen Eisschilde und die Effekte der Landhebung und -senkung nach Verlust von Eismassen, wurden hier nicht berücksichtigt.

Zusammenfassend deuten die bisherigen Ergebnisse regionaler Meeresspiegelszenarien, die für die Ostsee größtenteils auf dem Emissionsszenario SRES A1B basieren, darauf hin, dass auch unter Berücksichtigung der regionalen Besonderheiten der Meeresspiegelanstieg an der deutschen Ostseeküste auch künftig innerhalb der Bandbreite des zu erwartenden globalen mittleren Anstiegs liegen kann.

9.2.2 Ostseesturmfluten

Die Ostseesturmflut vom 12./13. November 1872 gilt bisher als eine der schwersten Naturkatastrophen an der westlichen Ostseeküste. Mindestens 270 Menschen starben, mehrere Tausend Bewohner wurden obdachlos. Nachfolgend werden wissenschaftliche Erkenntnisse zur bisherigen und zukünftigen Entwicklung von Häufigkeit, Höhe und Verweilzeit von Sturmfluten an der deutschen Ostseeküste dokumentiert. Es sei jedoch angemerkt, dass sich das Maß der Auswirkungen von Sturmfluten neben den sturmfluteigenen Merkmalen nach dem vorherrschenden wirtschaftlichen Status der Küstenbevölkerung, ihrer Risikowahrnehmung und – oft damit zusammenhängend – nach Präsenz und Zustand der Küstenschutzbauwerke richtet.

In der südwestlichen Ostsee ist das bisherige Sturmflutklima anhand von Wasserstandsmessungen und mit Modellen untersucht worden (z. B. Baerens 1998; Hupfer et al. 2003; Meinke 1998, Weidemann 2014). Basierend auf der Idee von de Ronde bereinigte Meinke (1998) die Wasserstandszeitreihe von Warnemünde um ihre jährlichen Mittelwerte und verwendete die Residuen als Proxy für den meteorologisch bedingten Anteil von Sturmfluten. Bezogen auf den Untersuchungszeitraum 1883–1997 lässt sich eine Zunahme der Sturmfluthäufigkeit erkennen. Bei Unterteilung des Untersuchungszeitraums in zwei gleichlange Zeiträume von 57 Jahren, weist die zweite Hälfte mit 35 Sturmfluten zehn Ereignisse mehr auf als die erste Hälfte. So hat sich die durchschnittliche Dauer von sturmflutfreien Zeitfenstern von knapp 3 Jahren in der ersten Hälfte auf knapp 2 Jahre in der zweiten Hälfte verkürzt. Sturmflutpausen von mehr als 5 aufeinanderfolgenden Jahren, wie sie in der ersten Hälfte des Untersuchungszeitraums noch auftreten, sind im zweiten Zeitabschnitt verschwunden. Dennoch ist die Häufigkeitszunahme der Sturmfluten dieses Untersuchungszeitraums insgesamt nicht statistisch signifikant. Einen alternativen Ansatz, Änderungen im Sturmflutklima der Ostsee zu analysieren, verfolgt Weidemann (2014) unter Verwendung hydrodynamischer Modelle. Da die Modellläufe ausschließlich mit beobachteten Wind- und Luftdruckfeldern angetrieben werden, bleiben andere Einflüsse unberücksichtigt, z. B. der Meeresspiegelanstieg oder Veränderungen durch wasserbauliche Maßnahmen. Somit ist davon auszugehen, dass langfristige Änderungen der Wasserstände in den Modellläufen meteorologischen Ursachen zuzuordnen sind. Nach diesem Ansatz rekonstruiert Weidemann (2014) die Wasserstände der Ostsee von 1948 bis 2011. Die Auswertungen der Modellläufe zeigen eine leichte Zunahme der Sturmfluthäufigkeit in der südwestlichen Ostsee, beispielhaft in Flensburg, Wismar und Greifswald. Während die Häufigkeit der Ereignisse in den 1950er- und 1960er-Jahren unter dem langjährigen Durchschnitt liegt, weist insbesondere der Zeitraum 1980–1995 auf erhöhte Sturmfluthäufigkeit hin. Ab etwa 1996 ist im langjährigen Mittel

wiederum eine Abnahme der Sturmfluthäufigkeit zu beobachten. Weidemann (2014) untersuchte weiterhin die Beiträge von Eigenschwingungen und Füllungsgrad der Ostsee (Vorfüllung) zu den Sturmflutwasserständen. Er zeigte, dass beide Faktoren einen wesentlichen Einfluss auf die Sturmflutwasserstände haben können. Sturmfluten mit und ohne Beiträge von Vorfüllung traten demnach in den letzten Dekaden zu ungefähr gleichen Anteilen auf. Bei etwa einem Drittel der Fälle wurden Beiträge von Eigenschwingungen von mehr als 10 cm zum Höchstwasserstand nachgewiesen. Zeitreihenanalysen zeigen außerdem, dass die erhöhten Sturmfluthäufigkeiten in der südwestlichen Ostsee mit einer erhöhten Häufigkeit von Eigenschwingungen in der Ostsee zusammenfallen (Weidemann 2014). Diese Ergebnisse sind konsistent mit den Ergebnissen von Meinke (1998), bei denen gezeigt wird, dass die Häufigkeitszunahme der Sturmfluten in Warnemünde innerhalb des Zeitraums 1953–1997 mit einer Zunahme leichter Sturmfluten zusammenfällt, bei deren Entstehung Beiträge von Eigenschwingungen ermittelt wurden. Zudem fällt die Häufigkeitszunahme der Sturmfluten insgesamt mit einer Häufigkeitszunahme von Sturmfluten mit erhöhter Vorfüllung zusammen.

Bei Untersuchungen von Langzeitänderungen der Sturmfluttätigkeit ist neben der Häufigkeit solcher Ereignisse auch von Interesse, ob Sturmfluten heute höher auflaufen als in der Vergangenheit. Die Ergebnisse solcher Auswertungen sind abhängig vom zugrunde liegenden Zeitfenster und variieren räumlich. Richter et al. (2012) haben Zeitreihen der Wasserstandspegel in der südwestlichen Ostsee analysiert und um historische Dokumente und Flutmarken ergänzt. Innerhalb der letzten 200 Jahre konnten keine klimabedingten Änderungen der Wasserstandsextreme nachgewiesen werden (s. auch Hünicke et al. 2014). Diese Ergebnisse sind konsistent mit den Ergebnissen einer Auswertung der jährlichen maximalen Wasserstände am Pegel Warnemünde innerhalb des Zeitraums 1905–1995 (Meinke 1998). Nach Bereinigung um die jährlichen Mittelwasserstände zeigen die Wasserstandsextreme starke jährliche und dekadische Schwankungen (Meinke 1998). In den 1950er-Jahren vollzog sich in Warnemünde der stärkste Anstieg jährlicher Wasserstandsextreme. Allerdings wurde dieses Höhenniveau schon einmal Anfang des 20. Jahrhunderts erreicht und überschritten. In den 1990er-Jahren erfolgte erneut ein Anstieg der jährlichen Wasserstandsextreme, wobei das Höhenniveau der 1950er-Jahre jedoch nicht erreicht wurde. Weidemann (2014) fand innerhalb des Zeitraums von 1948 bis 2011 positive lineare Anstiege der maximalen Sturmflutwasserstände an der deutschen Ostseeküste (Flensburg, Wismar und Greifswald). Zu ähnlichen Ergebnissen kommen auch Mudersbach und Jensen (2008), deren Pegelaufzeichnungen größtenteils ab 1920 vorlagen. Die Auswertung der längsten lückenlosen Wasserstandszeitreihe von 1826 bis 2006 in Travemünde zeigt für die jährlichen maximalen Hochwasser einen linearen Trend von 2,2 mm pro Jahr im gesamten Zeitraum (Jensen et al. 2004). Fast alle in dieser Studie untersuchten Pegel in der südwestlichen Ostsee, mit Ausnahme von Kiel und Flensburg, weisen für die jährlichen maximalen Hochwasser höhere Trends auf als für den mittleren Meeresspiegel. Diese Ergebnisse decken sich mit den Erkenntnissen von Hünicke et al. (2014). Zusammenfassend scheint das Vorzeichen des Trends bei den

Sturmfluthöhen von dem jeweils betrachteten Zeitfenster abhängig zu sein. Insgesamt sind hinsichtlich der Sturmfluthöhen bisher keine Tests bekannt, die statistisch signifikante Änderungen belegen.

Bezüglich der Auswirkungen von Sturmfluten sind auch die Verweilzeiten relevant. Die erhöhten Wasserstände stellen sich wegen der schwachen Gezeitenwirkung während der gesamten Sturmdauer ein und können somit über mehrere Tage unvermindert anhalten. Hierdurch ergeben sich auch bei mittleren Hochwasserständen hohe Energieeinträge auf die Küste und auf Küsten- und Hochwasserschutzbauwerke. Gefährdet sind insbesondere Hochwasserschutzdünen, die bereits bei Wasserständen, die den Dünenfuß erreichen, abgetragen werden (Koppe 2003). Insbesondere im Höhenbereich 552–626 cm über Pegelnull (etwa 50–125 cm über NN) fand Meinke (1998) am Pegel Warnemünde Zunahmen der absoluten jährlichen Verweilzeiten und Wellenenergien innerhalb des Beobachtungszeitraums 1953–1997. Diese sind jedoch nicht auf eine zunehmende Andauer einzelner Sturmfluten zurückzuführen, sondern vor allem auf die zunehmende Häufigkeit von leichten Sturmfluten bzw. erhöhten Wasserständen. Weidemann (2014) untersuchte die Änderung der maximalen jährlichen Verweilzeit von Wasserständen oberhalb eines definierten Schwellenwertes und beschrieb eine leicht zunehmende, nichtsignifikante Tendenz der maximalen Verweilzeiten innerhalb des Zeitraums von 1948 bis 2010 für Flensburg, Greifswald und Wismar.

Szenarien für mögliche zukünftige Entwicklungen von Ostseesturmfluten wurden bislang von Meier (Meier et al. 2004, Meier 2006) sowie von Gräwe und Burchard (2011) durchgeführt. Dabei wurden jedoch die Sturmfluthöhen in Meier (Meier et al. 2004, Meier 2006) bei einer Modellgitterweite von 10 km deutlich unterschätzt, wogegen Gräwe und Burchard (2011) bei einer Auflösung von 1 km zu deutlich besseren Ergebnissen kamen. Gräwe und Burchard (2011) testeten ferner die Sensitivität der Sturmfluthöhen in Bezug auf einen vorgegebenen Meeresspiegelanstieg von 50 cm und eine Windgeschwindigkeitserhöhung von 4 %. Bei diesen Vorgaben kommen sie zu der Erkenntnis, dass der Einfluss des Meeresspiegelanstiegs auf den Anstieg der Sturmflutwasserstände größer ist als der Einfluss des Windstaus. Hundertjährige Wasserstände an den Pegeln Lübeck, Koserow und Geedser würden sich demnach von 2,10 auf 2,70 m erhöhen. Da ein Meeresspiegelanstieg von 50 cm vorgegeben war, entfallen lediglich 10 cm der Wasserstandserhöhung auf den Windstau.

9.3 Kurz gesagt

Extreme Wasserstände an Nord- und Ostsee entstehen durch das Zusammenspiel einer Vielzahl von Faktoren. Während der Anstieg des mittleren Meeresspiegels sowie Veränderungen im Windklima eine zentrale Rolle in beiden Randmeeren spielen, stellen Beiträge von Füllungsgrad oder Eigenschwingungen eine Besonderheit der Ostsee dar. Vertikale Landbewegungen spielen für die Küsten in beiden Meeren eine Rolle, sind jedoch im nördlichen Teil der Ostsee besonders ausgeprägt. Gezeiten und ihre Wechselwirkungen mit anderen Faktoren wie z. B. Stau oder Meeresspiegelanstieg spielen dagegen hauptsächlich in der

Nordsee eine Rolle. In beiden Meeren haben sich Sturmflutwasserstände in den letzten 100 Jahren im Wesentlichen infolge von mittleren Meeresspiegeländerungen erhöht. Der Meeresspiegel ist in diesem Zeitraum im Bereich der deutschen Nord- und Ostseeküsten um etwa 10–20 cm angestiegen. Sowohl für die Nord- als auch für die Ostsee wurden in der jüngsten Vergangenheit höhere Anstiegsraten ermittelt, die aber, verglichen mit historischen Raten, bisher jedoch noch nicht als außergewöhnlich anzusehen sind, sodass derzeit keine signifikante Beschleunigung des Meeresspiegelanstiegs zu erkennen ist. Die meteorologisch bedingten Anteile an den Extremwasserständen zeigen eine ausgeprägte Variabilität im Zeitbereich von Jahren bis zu einigen Jahrzehnten, jedoch ebenfalls bisher keine systematische Veränderung über längere Zeiträume. Aussagen zu zukünftigen Änderungen meteorologisch bedingter Anteile an Sturmflutwasserständen wie Windstau oder Seegang weisen erhebliche Bandbreiten auf, insbesondere als Folge von Unsicherheiten hinsichtlich zukünftiger Änderungen im Windklima.

Literatur

Albrecht F, Wahl T, Jensen J, Weisse R (2011) Determining sea level change in the German Bight. Ocean Dynamics 61(12):2037–2050

Annutsch R (1977) Der Seewart Nautische Zeitschrift für die deutsche Seefahrt. Wasserstandsvorhersage und Sturmflutwarnung 38:185–204

Arns A, Dangendorf S, Wahl T, Jensen J (2015) The impact of sea level rise on storm surge water levels in the northern part of the German Bight. Coastal Engineering 96:118–131. doi:10.1016/j.coastaleng.2014.12.002

Baerens Chr (1998): Extremwasserstandsereignisse an der Deutschen Ostseeküste. Dissertation, FU Berlin, 163 S

Christensen J, Hewltson B, Busuioc A, Chen A, Gao X, Held I, Jones R, Kolli R, Kwon W-T, Laprise R, Rueda VM, Mearns L, Menéndez C, Räisänen J, Rinke A, Sarr A, Whetton P (2007) Regional climate projections. In: Solomon S, Qin D, Manning M, Chen Z, Marquis M, Averyt K, Tignor M, Miller H (Hrsg) Climate Change 2007: The physical science basis. Contribution of Working Group I to the Fourth Assessment Report of the Intergovernmental Panel on Climate Change. Cambridge University Press, Cambridge, United Kingdom and New York, NY, USA

Church JA, Clark PU, Cazenave A, Gregory JM, Jevrejeva S, Levermann A, Merrifield MA, Milne GA, Nerem RS, Nunn PD, Payne AJ, Pfeffer WT, Stammer D, Unnikrishnan AS (2013) Sea Level Change. In: Stocker TF, Qin D, Plattner G-K, Tignor M, Allen SK, Boschung J, Nauels A, Xia Y, Bex V, Midgley PM (Hrsg) Climate Change 2013: The physical science basis. Contribution of Working Group I to the Fifth Assessment Report of the Intergovernmental Panel on Climate Change. Cambridge University Press, Cambridge, United Kingdom and New York, NY, USA

Dangendorf S, Müller-Navarra S, Jensen J, Schenk F, Wahl T, Weisse R (2014) North Sea storminess from a novel storm surge record since AD 1843. J Climate 27:3582–3595. doi:10.1175/JCLI-D-13-00427.1

Debernhard J, Roed L (2008) Future wind, wave and storm surge climate in the Northern Seas: a revist. Tellus A 60:427–438. doi:10.1111/j.1600-0870.2008.00312.x

Emeis K, Beusekom J van, Callies U, Ebinghaus R, Kannen A, Kraus G, Kröncke I, Lenhart H, Lorkowski I, Matthias V, Möllmann C, Pätsch J, Scharfe M, Thomas H, Weisse R, Zorita E (2015) The North Sea – a shelf sea in the anthropocene. Journal of Marine Systems 141:18–33. doi:10.1016/j.jmarsys.2014.03.012

Flather R, Williams J (2000) Climate change effects on storm surges: methodologies and results. In: Beersma J, Agnew M, Viner D, Hulme M (Hrsg) Climate Scenarios for Water-related and Coastal Impact. ECLAT-2 Workshop Report, Bd. 3., S 66–78

Gaslikova L, Grabemann I, Groll N (2013) Changes in North Sea storm surge conditions for four transient future climate realizations. Nat Hazards 66:1501–1518. doi:10.1007/s11069-012-0279-1

Grabemann I, Weisse R (2008) Climate change impact on extreme wave conditions in the North Sea: an ensemble study. Ocean Dynamics 58:199–212

Grabemann I, Groll N, Möller J, Weisse R (2015) Climate change impact on North Sea wave conditions: a consistent analysis of ten projections. Ocean Dynamics 65:255–267. doi:10.1007/s10236-014-0800-z

Gräwe U, Burchard H (2011) Storm surges in the Western Baltic Sea: the present and a possible future. Clim Dyn 39:165–183. doi:10.1007/s00382-011-1185-z

Grinsted A (2015) Changes in the Baltic Sea Level. In: BACC II (Hrsg) Second Assessment of Climate Change for the Baltic Sea Basin

Groll N, Grabemann I, Gaslikova L (2014) North Sea Wave Conditions: an analysis of four Transient Future Climate Realization. Ocean Dynamics 64:1–12. doi:10.1007/s10236-013-0666-5

Günther H, Rosenthal W, Stawarz M, Carretero J, Gomez M, Lozano I, Serrano O, Reistad M (1998) The wave climate of the Northeast Atlantic over the period 1955–1994: the WASA wave hindcast. Global Atmos Ocean Syst 6:121–164

Haigh ID, Nicholls RJ, Wells NC (2009) Mean sea-level trends around the English Channel over the 20th century and their wider context. Continental Shelf Research 29:2083–2098

Hollebrandse F (2005): Temporal development of the tidal range in the southern North Sea, PhD, TU Delft,

Horsburgh K, Wilson C (2007) Tide-surge interaction and its role in the distribution of surge residuals in the North Sea. J Geophys Res 112:C08003. doi:10.1029/2006JC004033

Hünicke B (2010) Contribution of regional climate drivers to future winter sea-level changes in the Baltic Sea estimated by statistical methods and s of climate models. Int J Earth Sci 99:1721–1730. doi:10.1007/s00531-009-0470-0

Hünicke B, Zorita E, Soomere T, Skovgaard Madsen K, Johansson M, Suursaar Ü (2014) Recent (mainly last 200 years) and current climate change Baltic Sea: Sea level and wind waves. In Second Assessment of Climate Change for the Baltic Sea Basin. Springer,

Hupfer P, Harff J, Sterr H, Stigge HJ (2003) Sonderheft: Die Wasserstände an der Ostseeküste, Entwicklung – Sturmfluten – Klimawandel. In: Kuratorium für Forschung und Küsteningenieurwesen (Hrsg) Die Küste, Bd. 66. Westholsteinische Verlagsanstalt Boyens & Co, Heide i Holstein

IPCC (2013) Working group I, Contribution to the IPCC fifth assessment report (AR5), Climate Change 2013: The physical science basis. Cambridge University Press, Cambridge

Jensen J, Mudersbach C (2004) Zeitliche Änderungen in den Wasserstandszeitreihen an den Deutschen Küsten. In: Gönnert G, Graßl H, Kelletat D, Kunz H, Probst B, von Storch H, Sündermann J (Hrsg.): Klimaänderung und Küstenschutz, Proceedings, Universität Hamburg

Katsman CA, Sterl A, Beersma JJ, van den Brink HW, Hazeleger W et al (2011) Exploring high-end scenarios for local sea level rise to develop flood protection strategies for a low-lying delta – the Netherlands as an example. Climatic Change. doi:10.1007/s10584-011-0037-5

Kauker F (1999) Regionalization of Climate Model Results for the North Sea. Univ of Hamburg, Hamburg, S 111

Kauker K, Langenberg H (2000) Two Models for the Climate Change Related Development of Sea Levels in the North Sea – A Comparison. Climate Res 15:61–67

Klein B, Mikolajewicz U, Sein D, Groeger M, Heinrich H, Rosenhagen G (2011) Der Anstieg des Meeresspiegels im 21. Jahrhundert. Poster KLIWAS-Statuskonferenz.

Koppe B (2013) Hochwasserschutzmanagement an der deutschen Ostseeküste. Rostocker Berichte aus dem Fachbereich Bauingenieurwesen, Heft 8, Dissertation Universität Rostock

Krüger O, Schenk F, Feser F, Weisse R (2013) Inconsistencies between long-term trends in storminess derived from the 20th CR reanalysis and observations. J Climate 26:868–874

Lampe R, Meyer M (2003) Wasserstandsentwicklungen in der südlichen Ostsee während des Holozäns. Die Küste 66:4–21

Langenberg H, Pfizenmayer A, von Storch H, Sündermann J (1999) Storm-Related Sea Level Variations along the North Sea Coast: Natural Variability and Anthropogenic. Change Continental Shelf Res 19:821–842

Liebsch 1997: Aufbereitung und Nutzung von Pegelmessungen für geodätische und geodynamische Zielsetzungen. Dissertation Universität Leipzig (1997), 105 S

Lowe J, Gregory J (2005) The effects of climate change on storm surges around the United Kingdom. Phil Trans R Soc A 363:1313e1328. doi:10.1098/rsta.2005.1570

Lowe J, Gregory J, Flather R (2001) Changes in the occurrence of storm surges around the United Kingdom under a future climate scenario using a dynamic storm surge model driven by the Hadley Centre climate models. Clim Dyn 18:179–188

Lowe JA, Howard TP, Pardaens A, Tinker J, Holt J, Wakelin S, Milne G, Leake J, Wolf J, Horsburgh K, Reeder T, Jenkins G, Ridley J, Dye S, Bradley S (2009) UK Climate Projections Science Report: Marine and Coastal Projections. Met Office Hadley Centre, Exeter, UK

Madsen KS (2009): Recent and Future Climatic Changes in Temperature, Salinity and Sea Level of the North Sea and the Baltic Sea. (PhD thesis) Niels Bohr Institute, University of Copenhagen

Meier HEM (2006) Baltic Sea climate in the late twenty-first century: a dynamical downscaling approach using two global models and two emission scenarios. Clim Dynam 27:39–68. doi:10.1007/s00382-006-0124-x

Meier HEM, Broman B, Kjellström E (2004) Simulated sea level in past and future climates of the Baltic Sea. Clim Res 27(1):59–75

Meinke I (1998): Das Sturmflutgeschehen in der südwestlichen Ostsee – dargestellt am Beispiel des Pegels Warnemünde. Diplomarbeit am Fachbereich Geographie der Universität Marburg, 171 S

Meinke I (1999) Sturmfluten in der südwestlichen Ostsee – dargestellt am Beispiel des Pegels Warnemünde. Marburger Geographische Schriften 134:1–23

Menéndez M, Woodworth PL (2010) Changes in extreme high water levels based on a quasi-global tide-gauge data set. J Geophys Res Oceans 115:C10011

Mudersbach C, Jensen J (2008): Statistische Extremwertanalyse von Wasserständen an der Deutschen Ostseeküste. In: Abschlussbericht 1.4 KFKI-VERBUNDPROJEKT Modellgestützte Untersuchungen zu extremen Sturmflutereignissen an der Deutschen Ostseeküste (MUSTOK)

Mudersbach C, Wahl T, Haigh I, Jensen J (2013) Trends in high sea levels of German North Sea gauges compared to regional mean sea level changes. Continental Shelf Res 65, 111–120 (online first)

Müller M, (2011) Rapid change in semi-diurnal tides in the North Atlantic since 1980, Geophys. Res. Lett., 38, L11602 doi: 10.1029/2011GL047312

Nilsen JEØ, Drange H, Richter K, Jansen E, Nesje A (2012) Changes in the past, present and future sea level on the coast of Norway. NERSC Special Report, Bd. 89. Bjerknes Centre for Climate Research, Bergen, S 48

Pickering M, Wells N, Horsburgh K, Green J (2011) The impact of future sea-level rise on the European Shelf tides. Continental Shelf Res 35:1–15

Plüß A (2006) Nichtlineare Wechselwirkung der Tide auf Änderungen des Meeresspiegels im Küste/Ästuar am Beispiel der Elbe. In: Gönnert G, Grassl H, Kellat D, Kunz H, Probst B, von Storch H, Sündermann J (Hrsg) Klimaänderung und Küstenschutz. Proceedings

Pugh D (2004) Changing Sea Levels: Effects of Tides, Weather and Climate. Cambridge University Press, Cambridge

Pugh DT, Woodworth PL (2014) Sea-level science: understanding tides, surges tsunamis and mean sea-level changes. Cambridge University Press, Cambridge

Richter A, Groh A, Dietrich R (2012) Geodetic observation of sea-level change and crustal deformation in the Baltic Sea region. Physics and Chemistry of the Earth 53–54:43–53. doi:10.1016/j.pce.2011.04.011

Rossiter JR (1958) Storm Surges in the North Sea, 11 to 30 December 1954. Philosophical Transactions of the Royal Society of London. Series A, Mathematical and Physical Sciences 251(991):139–160. doi:10.1098/rsta.1958.0012

Simpson M, Breili K, Kierulf HP, Lysaker D, Ouassou M, Haug E (2012) Estimates of future sea-level changes for Norway. Technical Report of the Norwegian Mapping Authority

Slangen ABA, Katsman CA, van de Wal RSW, Vermeersen LLA, Riva REM (2012) Towards regional projections of twenty-first century sea-level change based on IPCC SRES scenarios. Climate Dynamics. doi:10.1007/s00382-011-1057-6

Literatur

Sterl A, van den Brink H, de Vries H, Haarsma R, van Meijgaard E (2009) An ensemble study of extreme storm surge related water levels in the North Sea in a changing climate. Ocean Sci 5:369–378

Stigge H-J (1993) Sea level change and high water probability on the German Baltic Coast. International Workshop, Sea Level Changes and Water Management 19–23 April 1993. Noordsdwijerhout Nederlands: pp. 19–29, Hamburg, S 19–23

Storch H von, Reichardt H (1997) A scenario of storm surge statistics for the German Bight at the expected time of doubled atmospheric carbon dioxide concentration. J Climate 10:2653–2662

Vikebø F, Furevik T, Furnes G, Kvamstø N, Reistad M (2003) Wave height variations in the North Sea and on the Norwegian Continental Shelf, 1881–1999. Cont Shelf Res 23:251e263

Wahl T, Jensen J, Frank T (2010) On analysing sea level rise in the German Bight since 1844. Natural Hazards and Earth System Sciences 10:171–179. doi:10.5194/nhess-10-171-2010

Wahl T, Haigh I, Woodworth PL, Albrecht F, Dillingh D, Jensen J, Nicholls R, Weisse R, Wöppelmann G (2013) Observed mean sea level changes around the North Sea coastline from 1800 to present. Earth Science Reviews 124:51–67

Wanninger L, Rost C, Sudau A, Weiss R, Niemeier W, Tengen D, Heinert M, Jahn C-H, Horst S, Schenk A (2009) Bestimmung von Höhenänderung im Küstenbereich durch Kombination geodätischer Messtechniken. Die Küste 76:121–180

WASA (1998) Changing waves and storms in the Northeast Atlantic? Bull Amer Met Soc 79:741–760

Weidemann H (2014): Klimatologie der Ostseewasserstände: Eine Rekonstruktion von 1949–2011. Dissertation Universität Hamburg

Weisse R, Günther H (2007) Wave climate and long-term changes for the Southern North Sea obtained from a high-resolution hindcast 1958–2002. Ocean Dynamics 57:161–172

Weisse R, Plüß A (2006) Storm-related sea level variations along the North Sea coast as simulated by a high-resolution model 1958–2002. Ocean Dynamics 56:16–25

Weisse R, Storch H von (2009) Marine Climate and Climate Change. Storms, Wind Waves and Storm Surges. Springer Praxis 219:1

Weisse R (2011) Das Klima der Region und mögliche Änderungen in der Deutschen Bucht. In: von Storch H, Claussen M (Hrsg.) Klimabericht für die Metropolregion Hamburg. Springer Berlin, Heidelberg, New York, ISBN 978-3-642-16034-9, 91–120

Weisse R, Storch H von, Niemeyer H, Knaack H (2012) Changing North Sea storm surge climate: An increasing hazard? Ocean and Coastal Management 68:58–68

Woodworth PA (2010) Survey of recent changes in the main components of the ocean tides Cont. Shelf Res 30:1680–1691

Woodworth PL, Shaw SM, Blackman DB (1991) Secular trends in mean tidal range around the British Isles and along the adjacent European coastline. Geophysical Journal International 104(3):593–610

Woodworth PL, Teferle FN, Bingley RM, Shennan I, Williams SDP (2009) Trends in UK mean sea level revisited. Geophysical Journal International 176(22):19–30. doi:10.1111/j.1365-246X.2008.03942.x

Woth K (2005) North Sea storm surge statistics based on projections in a warmer climate: How important are the driving GCM and the chosen emission scenario? Geophys Res Lett 32:L22708. doi:10.1029/2005GL023762

Woth K, Weisse R, Storch H von (2006) Climate change and North Sea storm surge extremes: An ensemble study of storm surge extremes expected in a changed climate projected by four different Regional Climate Models. Ocean Dynamics 56:3–15. doi:10.1007/s10236-005-0024-3

Hochwasser und Sturzfluten an Flüssen in Deutschland

*Axel Bronstert, Helge Bormann, Gerd Bürger, Uwe Haberlandt,
Fred Hattermann, Maik Heistermann, Shaochun Huang, Vassilis Kolokotronis,
Zbigniew Kundzewicz, Lucas Menzel, Günter Meon, Bruno Merz,
Andreas Meuser, Eva Nora Paton, Theresia Petrow*

© Der/die Herausgeber bzw. der/die Autor(en) 2017
G. Brasseur, D. Jacob, S. Schuck-Zöller (Hrsg.), *Klimawandel in Deutschland*, DOI 10.1007/978-3-662-50397-3_10

Durch Starkniederschläge ausgelöste Flusshochwasser sind in Deutschland die Naturereignisse, die die größten wirtschaftlichen Schäden verursachen. Neben der niederschlagsbedingten Abflussbildung wirken häufig weitere Mechanismen, die zu lokalen Überschwemmungen führen und die in diesem Bericht nicht behandelt werden können, so etwa der Verschluss von Fließgewässerquerschnitten durch Treibgut an Brücken und Durchlässen, Rückstau an hydraulischen Engstellen oder Abflusshindernisse durch Hangrutschungen oder Eisblockaden. Ein besonderes Risiko ergibt sich aus dem Versagen von Hochwasserschutzanlagen wie z. B. Deichen.

Die Frage des möglichen Einflusses der Klimaänderungen bzw. der globalen Erwärmung auf die Hochwasserverhältnisse in Deutschland wird von der Öffentlichkeit sowie der Fachwelt intensiv und kontrovers geführt, vor allem während und kurz nach starken Hochwasserereignissen. Auch für solche Diskussionen ist eine Zusammenschau des Wissens für Deutschland umso mehr von hoher Relevanz, als in globalen Assessment Reports wenig Konkretes zur Situation in Deutschland vorhanden ist. Im Fünften Sachstandsbericht (AR5) des Weltklimarats (IPCC) ist im zweiten Kapitel der 1. Arbeitsgruppe im Unterkapitel 2.6.2.2 (Hartmann et al. 2013) zu Hochwasser lediglich zu finden:

» „… Trends regionaler Hochwasser sind stark von Wassermanagementmaßnahmen beeinflusst …" und „… andere Studien in Europa und Asien zeigen Belege für steigende, fallende oder gar keine Trends …".

Im dritten Kapitel der 2. Arbeitsgruppe ist im Unterkapitel 3.2.7 (Jiménez Cisneros 2014) zu extremen hydrologischen Ereignissen und deren Wirkungen noch erwähnt:

» „Es gibt keine starken Belege für eine Zunahme der Hochwasser in den USA, Europa, Südamerika und Afrika. Allerdings ist in kleineren Raumskalen in Teilen von Nordwesteuropa eine Zunahme des maximalen Abflusses beobachtet worden, wogegen in Südfrankreich eine Abnahme beobachtet wurde."

Daraus wird klar, dass die Aussagen im AR5 zu Flusshochwasser im Allgemeinen und Deutschland im Besonderen sehr spärlich und für etwaige Management- oder Anpassungsmaßnahmen in Deutschland irrelevant sind.

Bei der Kategorisierung von Flusshochwasserereignissen ist es sinnvoll, nach Entstehungs- und Wirkungsmechanismen zu unterscheiden. Demnach sind Sturzfluten plötzlich eintretende Hochwasserereignisse, die durch kleinräumige Regenereignisse kurzer Dauer, aber hoher Intensität ausgelöst werden. Sie haben insbesondere für kleinere Einzugsgebiete mit kurzen Reaktionszeiten (Zeit zwischen dem auslösenden Niederschlags- und dem Hochwasserereignis) ein hohes Schadenspotenzial. Entsprechend der Dauer dieser Niederschlagsereignisse ergeben sich Sturzfluten meist im Zusammenhang mit Reaktionszeiten von weniger als 6 Stunden (Borga et al. 2011). In großen Flussgebieten werden Hochwasser dagegen durch lang anhaltende, großräumige Regenereignisse ausgelöst. Weitere Differenzierungsmerkmale liefern die verschiedenen Entstehungsmechanismen, z. B. zwischen Winter- und Sommerhochwasserereignissen, Hochwasser aufgrund von Schneeschmelze,

Hochwasser als Folge von Regen auf gesättigte Böden oder als Folge von Starkniederschlag auf wenig durchlässige Böden.

Bei der Untersuchung der Klimaänderungswirkungen auf die Hochwasser wird die Komplexität der Hochwasserentstehung häufig missachtet, was zu falschen Kausalitätsannahmen oder Fehlinterpretationen führen kann. Eine vollumfassende, d. h. flächendeckende, regionsspezifische und ereignisdifferenzierende Beurteilung möglicher Klimaänderungseffekte auf das Hochwasserregime erfordert Aussagen zu Veränderungen der Größe (sowohl nach Abflusshöhe als auch nach räumlicher Ausdehnung), der Dauer des jahreszeitlichen Auftretens und der Häufigkeit der Hochwasserereignisse in der adäquaten Raum- und Zeitskala (s. u.). Infolge der Prozess- und Systemvielfalt sind hierzu regional differenzierte Aussagen unter Berücksichtigung der maßgebenden Hochwasserentstehungsbedingungen notwendig, die hohe Anforderungen an Aussagen zu Veränderungen der meteorologischen Ursachen der Hochwasserentstehung sowie klimatischer Randbedingungen (z. B. der Vorfeuchte) stellen. Die aktuell verfügbaren pragmatischen Ansätze der Datenanalyse von Hochwasserzeitreihen und/oder die prozessbasierte Modellierung in gekoppelten meteorologisch-hydrologisch-hydraulischen Modellsystemen sind die für diese Problemstellung adäquaten Werkzeuge. Gleichwohl sind deren Ergebnisse infolge begrenzter Datenverfügbarkeit und einer modellbedingten Vernachlässigung der Komplexität meist nur von eingeschränkter Aussagefähigkeit.

Es ist zu beachten, dass zur Hochwasseranalyse adäquate Skalen zugrunde gelegt werden, d. h. Skalen, in denen die Prozesse der Abflussentstehung und -konzentration auftreten und zudem Managementmaßnahmen wirken können. Diese typische Raumskala ist die obere Mesoskala von etwa 1000 bis 100.000 km² – also nicht kontinental oder gar global – für Hochwasser an den größeren Flüssen. Für Sturzfluten ist die adäquate Raumskala die untere Mesoskala von etwa 50 bis 1000 km². Die relevante Zeitskala der Hochwasserentstehung liegt für große Flusshochwasser meist bei mehreren Tagen bis Wochen, bei einer zeitlichen Auflösung von Tagen. Für Sturzfluten ist die relevante Zeitskala zwischen Stunden und ca. 1 Tag, bei einer stündlichen bis ca. 5-minütlichen zeitlichen Auflösung. Letztlich gilt generell, dass Aussagen zu den Wirkungen von Umweltänderungen – z. B. zur Änderung der Landnutzung, des Klimas oder auch des Flussbaus – auf Hochwasserverhältnisse umso unschärfer werden, je seltener ein derartiges Ereignis auftritt. Mit geringerer Auftretenswahrscheinlichkeit des Ereignisses sinkt also die Zuverlässigkeit der Aussagen.

10.1 Hochwasser in Flussgebieten der Mesoskala

10.1.1 Ergebnisse für Deutschland insgesamt

■ **(Daten-)Analyse der Vergangenheit (bis heute)**
Untersucht man langjährige Veränderungen in den hydrologischen Prozessen einer Region oder eines Einzugsgebiets, wird normalerweise unterschieden zwischen der Detektion eines Trends durch Verfahren der statistischen Zeitreihenanalyse und der Attribution des Trends, also der Zuschreibung der Ursachen (Merz et al. 2012). Schwierig ist es, wenn mehrere Einflussgrößen

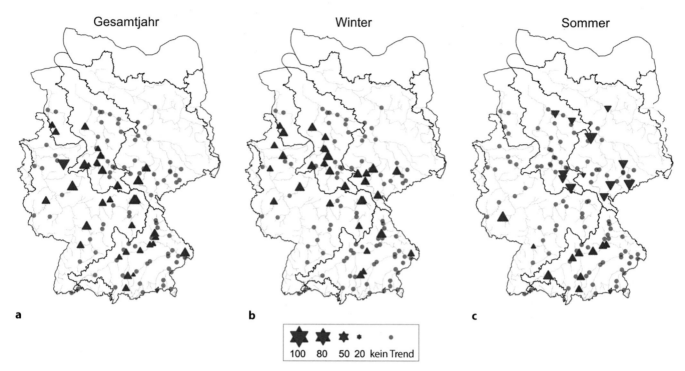

Abb. 10.1 Räumliche Verteilung von signifikanten Trends in Jahreshöchstabflüssen. **a** Gesamtjahr, **b** Winter (November–März), **c** Sommer (April–Oktober). *Dreiecke* signifikante Trends, *Graue Punkte* keine signifikanten Veränderungen, *Größe der Dreiecke* Stärke des Trends, *Blau* abnehmender Trend, *Rot* ansteigender Trend. (Petrow und Merz 2009, geändert)

als Ursache für einen beobachteten Trend infrage kommen, wie es beim Hochwasser der Fall ist. Neben dem Klima als wichtiger Einflussgröße können auch Änderungen in der Landschaft, die in den letzten 100 Jahren besonders intensiv waren, ursächlich für Trends im Hochwassergeschehen sein – z. B. Flussbegradigungen, Versiegelung und Landschaftswandel. Zusätzlich werden Aussagen zu Veränderungen des Hochwassergeschehens dadurch erschwert, dass in der Regel nur ein Hochwassermerkmal betrachtet wird. Bei diesem Merkmal handelt es sich um den Hochwasserscheitel, der sowohl ereignisabhängig als auch infolge seiner Sensitivität gegenüber anthropogenen Einflussfaktoren sehr stark schwankt. Statistisch spricht man von einem ungünstigen Trend-Rausch-Verhältnis; dies bedingt eine hohe Unsicherheit bereits bei der Detektion eines Trends. Außerdem treten große Hochwasser oft gehäuft auf. Je nachdem, ob eine derartige Häufung am Beginn oder Ende des analysierten Zeitraums auftritt, ergibt sich ein (durchaus statistisch signifikanter) fallender oder steigender Trend. Hochwassertrendanalysen sind deshalb vorsichtig zu interpretieren (s. a. grundsätzliche Diskussion in Merz et al. 2012).

Petrow und Merz (2009) analysierten die Hochwassertrends an 145 Abflusspegeln für Einzugsbiete über 500 km^2 Fläche, die über ganz Deutschland verteilt waren. Sie ermittelten für diese Pegel acht Hochwasserindikatoren: jährliche und saisonale Höchstabflüsse (jeweils ein Wert pro Jahr) sowie Hochwasserscheitelabflüsse, die vorgegebene Schwellenwerte überschritten, wobei auch die jährlichen Häufigkeiten dieser Überschreitungen sowohl für das Winter- als auch das Sommerhalbjahr betrachtet wurden. Diese Analysen wurden für alle Pegel für den identischen Zeitraum 1951–2002 durchgeführt.

Die Ergebnisse dieser Untersuchung des Zeitraums 1951–2002 lassen sich wie folgt zusammenfassen:

- Die jährlichen Maxima der Tagesabflussmittelwerte zeigten an 28 % der Pegel signifikant zunehmende Trends, an nur zwei Pegeln waren fallende Trends zu beobachten. 23 % der Pegel zeigten einen steigenden Trend der Wintermaxima. Die Sommermaxima wiesen an jeweils 10 % der Pegel steigende bzw. fallende Trends auf. Bei der Interpretation dieser Prozentanteile muss beachtet werden, dass Hochwasserzeitreihen an benachbarten Pegeln häufig korreliert sind und somit per se ein ähnliches Trendverhalten aufweisen.
- Für die verschiedenen Hochwasserindikatoren und Flusseinzugsgebiete ergaben sich erhebliche Unterschiede. Die Einzugsgebiete der Donau und des Rheins zeigten die meisten Trends, Weser und Elbe deutlich weniger. So wies etwa ein Drittel der Pegel im westlichen und südwestlichen Teil Deutschlands signifikant steigende Trends der jährlichen Höchstabflüsse auf, wogegen fast keine steigenden Trends in Ostdeutschland (Elbe) zu verzeichnen waren.
- Für die Mehrheit aller Pegel (zwischen 71 und 97 %) wurden keine signifikanten Trends detektiert. Wenn signifikante Änderungen gefunden wurden, waren diese fast durchweg positiv, d. h., in diesen Fällen nahmen die Hochwasserscheitel bzw. -häufigkeiten zu.
- Interessant waren räumliche Clusterungen sowie saisonale Differenzierungen von Trends: z. B. im Winter ausschließlich steigende Trends, im Sommer steigende und fallende Trends (**Abb. 10.1**). Trends der Wintermaxima wurden insbesondere für Pegel in Mitteldeutschland gefunden. Die Sommerhochwasser zeigten in Süddeutschland einen zunehmenden, in Ostdeutschland einen abnehmenden Trend.
- Die räumliche und saisonale Konsistenz von Trends lässt auf großräumige und saisonal unterschiedliche Ursachen

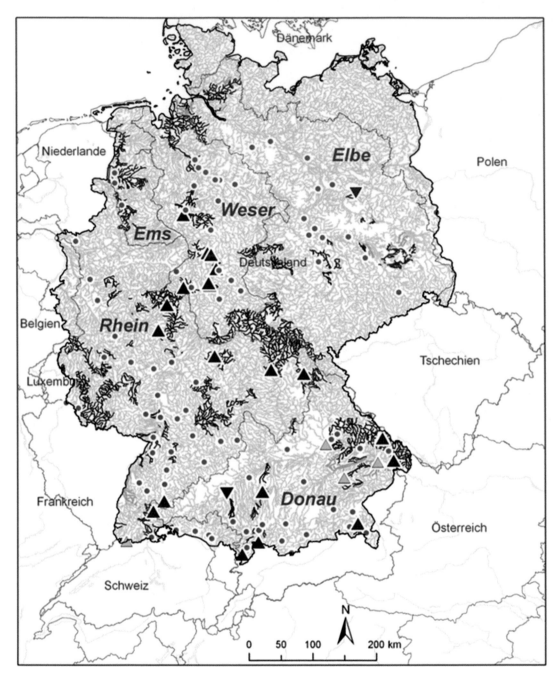

◘ **Abb. 10.2** Beobachtete und simulierte Hochwassertrends für 1951–2003. (Hattermann et al. 2012, geändert)

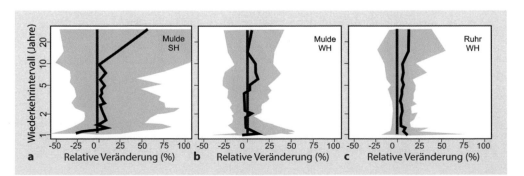

◘ **Abb. 10.3** Simulierte Änderungen der Hochwasserabflüsse in zwei deutschen Flussgebieten (**a** Mulde – Sommerhalbjahr, **b** Mulde – Winterhalbjahr, **c** Ruhr – Winterhalbjahr). Gezeigt werden die relativen Unterschiede der Perioden 2021–2050 und 1971–2000, für Wiederkehrintervalle zwischen 1 und 50 Jahren. Die *grau hinterlegten Bereiche* markieren die Bandbreite für die Ensembleläufe. (Ott et al. 2013, geändert)

schließen. Daher vermuten Petrow und Merz (2009) die Klimavariabilität und/oder den Klimawandel als Ursache.

Diese Studie belegt, dass sich zwischen 1951 und 2002 die Hochwasserverhältnisse in einigen Einzugsgebieten in Deutschland verändert haben. Eine zeitliche Extrapolation dieser Trends ist trotz des Auftretens großer Hochwasser in den Jahren 2005, 2006 und 2013 in den Flussgebieten von Elbe und Donau nicht zulässig, da diese Veränderungen Teil von langfristigen zyklischen Schwankungen des Hochwasserregimes sein können (Schmocker-Fackel und Naef 2010).

- **Attribution von Veränderungen des Hochwasserregimes über die Entwicklung der Großwetterlagen**

Insbesondere für große Flüsse besteht ein statistischer Zusammenhang zwischen den Häufigkeiten der Hochwasserereignisse und der Häufigkeit von Großwetterlagen. In Petrow et al. (2009) wird ein Zusammenhang zwischen den oben beschriebenen Trendänderungen und den täglichen Großwetterlagen über Europa (nach Hess und Brezowsky, einer subjektiven Wetterlagenklassifizierung) untersucht. Dazu wurde Deutschland in drei Regionen mit homogenem Hochwasserregime zusammengefasst. Die potenziell hochwasserauslösenden Großwetterlagen (GWL) wurden für jede Region ermittelt und anschließend die Trends in Hochwasserindikatoren für jede Region mit Trends in Häufigkeit und Persistenz von GWL verglichen. Es lässt sich ein statistisch signifikanter Trend hin zu einer geringeren Vielfalt von GWL beobachten, dafür aber eine längere Dauer. Dies gilt auch insbesondere für hochwasserauslösende GWL (Petrow et al. 2009). Dieser Anstieg von Frequenz und Andauer hochwasserträchtiger GWL kann als Ursache für den genannten Trend der zunehmenden Häufigkeit von Hochwasserereignissen im Winterhalbjahr in Deutschland interpretiert werden.

Diese Trendanalysen der GWL stützen die Hypothese, dass die Zunahme des (häufigen, also nicht extremen) Hochwasserauftretens klimatisch bedingt ist. Allerdings muss beachtet werden, dass Hochwasserzeitreihen längerfristige Fluktuationen zeigen, sodass die Ergebnisse von Trendanalysen vom betrachteten Zeitraum abhängen. Hattermann et al. (2013) verglichen für denselben Zeitraum die Regionen, in denen die Hochwasser signifikant ansteigen, mit Trends in der jährlichen Häufigkeit von Tagen mit starken Niederschlägen (von mehr als 30 mm pro Tag) und zeigten, dass es hier eine deutliche regionale Übereinstimmung gab.

Eine weitere Möglichkeit, die beobachteten Ursachen einer Umweltänderung kausal zuzuordnen, ist die Anwendung von prozessbasierten Modellen, welche die relevanten hydrologischen Prozesse im Modellkonzept integrieren. So betrieben Hattermann et al. (2013) für ganz Deutschland ein hydrologisches Modell (SWIM, *Soil and Water Integrated Model,* Krysanova et al. 1998) mit täglicher Auflösung für 1951–2003. Dabei hielten sie die Landnutzung und die wasserwirtschaftlichen Einflüsse konstant und belegten durch die hohe Übereinstimmung zwischen beobachteten und simulierten Abflüssen (◘ Abb. 10.2), dass die Ursachen der durch Petrow und Merz (2009) ermittelten Trends in den jährlichen Hochwasserabflüssen für 1951–2002 nicht in der Wasserbewirtschaftung und dem Landschaftswandel, sondern eher in Änderungen der meteorologischen Eingangsgrößen liegen.

Auch Hundecha und Merz (2012) untersuchten mit einer Modellierungsstudie acht deutsche Einzugsgebiete mit unterschiedlichen Hochwasserregimen für den Zeitraum 1951–2003. Mit einem Wettergenerator wurden sowohl stationäre als auch instationäre meteorologische Felder für Niederschlag und Temperatur erzeugt. Damit wurde das hydrologische Modell SWIM angetrieben, ohne Veränderungen in den Landnutzungs- oder anderen Modellparametern. Das Ergebnis: Wo die simulierten mit den beobachteten Hochwassertrends übereinstimmen, waren diese durch Veränderungen im Niederschlag bedingt. Temperaturänderungen waren dagegen untergeordnet. Allerdings konnten die beobachteten Hochwassertrends nicht in allen Fällen durch Klimaeinflüsse erklärt werden. Dann spielten vermutlich andere Ursachen eine wesentliche Rolle, etwa Änderungen in der Landnutzung oder im Flussbau.

- **Modellierungsergebnisse zu künftigen Klimabedingungen**

Ott et al. (2013) untersuchten den möglichen Einfluss des künftigen Klimawandels auf Hochwasser für den Zeitraum 2021–2050 in drei mesoskaligen Einzugsgebieten mit verschiedenen Hochwasserregimen: Ammer, Mulde und Ruhr. Als Basisklimaszenario wurde das SRES-Szenario A1B gewählt. Davon wurde ein (kleines) klimatologisch-hydrologisches Ensemble von zehn regionalen Simulationen abgeleitet, bestehend aus der Kombination zweier hydrologischer Modelle (WaSim und SWIM) mit zwei hochaufgelösten regionalen Klimamodellen (WRF und CLM) und den Ergebnissen von zwei globalen Klimamodellen mit insgesamt vier Realisationen – drei Realisationen mit ECHAM5 (E5R1 bis E5R3) und eine Realisation vom kanadischen Modell CCCma3 (C3). Die Ergebnisse (◘ Abb. 10.3) zeigen, dass die durch das Ensemble abgebildete Unsicherheit groß ist und mit der Saison und dem Einzugsgebiet variiert.

10.1.2 Ergebnisse für Flussgebiete in Südwest- und Süddeutschland

- **(Daten-)Analyse der Vergangenheit (bis heute)**

Im Kooperationsvorhaben KLIWA stehen die Ermittlung bisheriger Veränderungen des Klimas und des Wasserhaushalts sowie die Abschätzung der Auswirkungen möglicher zukünftiger Klimaveränderungen auf den Wasserhaushalt für Flüsse und Einzugsgebiete in Südwest- und Süddeutschland der Bundesländer Baden-Württemberg, Bayern und Rheinland-Pfalz im Vordergrund. Für die Analyse des Langzeitverhaltens der Hochwasserkennwerte dienten Zeitreihen der Monatshöchstwerte HQ(m) der Jahre 1932–2010 von insgesamt 115 Pegeln an allen relevanten Flüssen in dieser Region (KLIWA 2011).

Für die Analyse des Langzeitverhaltens der jährlichen und halbjährlichen Abflusshöchstwerte eines Pegels wurden die monatlichen Höchstwerte des Abflusses zu Jahresserien für das hydrologische Jahr, das Sommer- und das Winterhalbjahr zusammengefasst. Für diese Serien wurde anschließend die langjährige Veränderung in Form von linearen Trends und deren statistische Signifikanzen ermittelt. Die Ergebnisse der Trenduntersuchun-

◨ Tab. 10.1 Überblick über das Trendverhalten der Hochwasserabflüsse an den 115 untersuchten Pegeln in Baden-Württemberg, Bayern und Rheinland-Pfalz im Zeitraum 1932–2010

Tendenzen	Anzahl der Pegel mit Trend[*]	Prozentualer Anteil der Pegel mit Trend[*]
Hydrologisches Gesamtjahr (November–Oktober)		
⭦ Pegel mit abnehmendem Trend/signifikant	31/6	27/20
⭧ Pegel mit zunehmendem Trend/signifikant	84/28	73/33
Hydrologisches Winterhalbjahr (November–April)		
⭦ Pegel mit abnehmendem Trend/signifikant	28/6	24/21
⭧ Pegel mit zunehmendem Trend/signifikant	87/36	75/41
Hydrologisches Sommerhalbjahr (Mai–Oktober)		
⭦ Pegel mit abnehmendem Trend/signifikant	47/6	41/13
⭧ Pegel mit zunehmendem Trend/signifikant	68/32	59/47

[*] Gesamtzahl Pegel mit vorliegendem Trend/Anzahl mit signifikantem Trend α ≥80 % bzw. Irrtumswahrscheinlichkeit <20 %

gen sind für alle 115 Pegel in ◨ Tab. 10.1 zusammengefasst. Die Analyse für 1932–2010 zeigt für 84 Pegel bezogen auf das Gesamtjahr einen ansteigenden Trend (73 %); nur 31 Pegel (27 %) weisen eine Abnahme auf. Bei der Bewertung der Ergebnisse muss berücksichtigt werden, dass die an den Pegeln ermittelten zunehmenden Trends nur zu einem Drittel (33 %) signifikant sind, bei einem relativ niedrig gewählten Signifikanzniveau von α ≥80 % (entsprechend einer Irrtumswahrscheinlichkeit ≤20 %). An den Pegeln mit abnehmenden Trends sind lediglich 20 % signifikant.

Das hydrologische Winterhalbjahr zeigt mit zunehmenden Trends an 75 % der Pegel ein dem gesamten hydrologischen Jahr weitgehend ähnliches Verhalten mit signifikant zunehmenden Trends an 41 % aller Pegel. Im hydrologischen Sommerhalbjahr zeigen nur 59 % der Pegel ansteigende Trends der Hochwasserabflüsse, davon ungefähr die Hälfte (47 %) mit signifikanten Zunahmen. Bezogen auf die 115 betrachteten Pegel ist im Mittel der Anteil von Pegeln mit signifikant zunehmendem Trend (30 %) höher als von Pegeln mit abnehmendem Trend (5 %).

Bei der Betrachtung der einzelnen Bundesländer treten nur geringfügige Unterschiede im Verhalten der Hochwasserabflüsse für den Zeitraum 1932–2010 auf: Während in Baden-Württemberg bis zu 90 % der Pegel Zunahmen im Gesamtjahr und im Winterhalbjahr zeigen, sind es in Bayern und Rheinland-Pfalz mit 75 bzw. 70 % der Pegel geringfügig weniger. Im Sommerhalbjahr ist die Anzahl der entsprechenden Pegel in allen drei Bundesländern geringer.

10.1.3 Ergebnisse für den Rhein

▪ Analyse der Abflussdaten seit 1927

Eine durch die globale Erwärmung bedingte Änderung des hydrologischen Regimes eines Flusssystems ist besonders bei durch Schnee geprägten (nivalen) Abflussregimetypen zu erwarten, da hier die zeitliche Verteilung der Abflüsse im Jahresverlauf von der Schneeschmelze (mit-)geprägt wird. Diese Frage ist für den Rhein besonders relevant, da dieser zu den am stärksten genutzten und bewirtschafteten Flüssen der Erde gehört und entlang des

Flusslaufs Wirtschaftsgüter von sehr hohem Wert konzentriert sind. Der Rhein hat im Oberlauf bis etwa Karlsruhe ein nivales Abflussregime und flussabwärts ein gemischtes (nival-pluvial; pluvial: durch Regen geprägt), d. h. komplexes Abflussregime.

◨ Abb. 10.4 zeigt die 50 %- und 95 %-Quantile der täglichen Abflüsse, gegliedert nach Monaten, am Oberrhein, Pegel Maxau, für die Perioden 1927–1956 und 1967–1996 (Bronstert et al. 2009). Deutlich zu sehen ist bei den Mittelwasserabflüssen (Median, durchgezogene Linien), dass im zweiten Zeitraum die Jahreszeit der hohen Abflusswerte früher beginnt und dass die zugehörigen Höchstwerte 1 Monat früher auftreten, bei in etwa gleichbleibender Größe. Bei Hochwasserbedingungen (95 %-Quantil, gestrichelte Linien) treten die hohen Abflusswerte sogar 2 Monate früher und zudem verstärkt auf. Das heißt, die 95 %-Quantile der Abflüsse im Februar bis Juni wurden höher, die entsprechenden Werte der Monate August bis November dagegen niedriger. Eine solche zeitliche Verschiebung des nivalen hydrologischen Regimes eines Flusses kann deutlich mit der Klimaerwärmung in Zusammenhang gebracht werden, da die erhöhten Frühjahrstemperaturen und die dadurch hervorgerufenen früheren Schneeschmelzereignisse die Verschiebung der Frühsommerhochwasser aus dem Hochgebirge bedingen.

Die Wirkung einer solchen Änderung des Abflussregimes ist zunächst eine schlichte zeitliche Verschiebung. Da sich das Abflussregime des Mittel- und Niederrheins aber aus zwei überlagernden Regimen zusammensetzt, und zwar aus dem alpinen Regime mit Abflussmaxima im Frühsommer und aus dem nival-pluvialen der Mittelgebirge mit Abflussmaxima im Herbst, Winter oder Frühjahr, bedeutet dies, dass sich die Maxima aus beiden Regimen zeitlich annähern. Bei den bekannten hohen Schadenspotenzialen entlang des Rheins – insbesondere am Niederrhein – bedeutete selbst eine nur geringfügige Erhöhung der Auftretenswahrscheinlichkeit eines Extremhochwassers eine beachtliche Zunahme des Hochwasserrisikos.

Da am Rhein und seinen Nebenflüssen in den vergangenen Jahrzehnten massive flussbauliche Veränderungen vorgenommen wurden, versuchten Vorogushyn und Merz (2013) die beobachteten Trends der Abflüsse am Rhein in einen Zusammenhang mit

◘ **Abb. 10.4** Quantile der Tages-abflüsse am Rhein, gegliedert nach Monaten, Pegel Maxau. *Durchgezogen* 50 %-Quantil (Median), *gestrichelt* 95 %-Quantil, *schwarz* 1927–1956, *rot* 1967–1996. (Bürger 2003, zitiert in Bronstert et al. 2009)

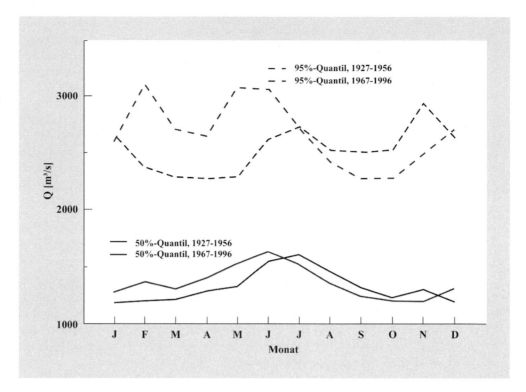

unterschiedlichen Umweltänderungen zu setzen. Sie untersuchten explizit den Einfluss von Flussbaumaßnahmen wie den Bau der Staustufen am Oberrhein mit umfangreichen Verlusten an Überflutungsflächen im Zeitraum 1957–1977 und den Einsatz von Poldern auf die beobachtete Veränderung von Jahresmaximalabflüssen im Zeitraum 1952–2009. Methodisch wurde diese Frage durch eine Homogenisierung der beobachteten Hochwasserzeitreihen am Rhein von Karlsruhe-Maxau bis zur deutsch-niederländischen Grenze angegangen: Es wurden Hochwasserzeitreihen am Rhein für die hypothetische Situation ohne Flussbaumaßnahmen abgeleitet. Anschließend wurden die Trends in den beobachteten und homogenisierten Hochwasserzeitreihen verglichen.

Die Ergebnisse zeigen, dass die homogenisierten Hochwasserzeitreihen nur unwesentlich reduzierte Trends gegenüber den Trends in den beobachteten Zeitreihen aufweisen (bis max. 15 % geringere relative Änderung). Vorogushyn und Merz (2013) schlussfolgern dazu, dass die Flussbaumaßnahmen nur einen geringen Einfluss auf die beobachteten Trends hatten. Ein Großteil der Veränderung sollte somit durch die Summe von Klima- und Landnutzungsänderungen sowie von Einflüssen der Wasserbaumaßnahmen in den Zuflüssen hervorgerufen werden. Dieses Ergebnis stützt somit die Hypothese von Petrow et al. (2009), wonach der Klimaeinfluss die Trends der Hochwasserabflüsse am Rhein dominiert. Diese Aussage gilt allerdings nur mit zwei Einschränkungen: Zum einen wurden die weitreichenden Flussbaumaßnahmen vor dem Zweiten Weltkrieg und im 19. Jahrhundert nicht in diese Analyse einbezogen. Zum anderen wirkt die Bereitstellung zusätzlichen Retentionsvolumens (Retention = Wasserrückhalt) nur bei sehr großen – d. h. seltenen – Ereignissen, also etwa bei einem Wiederkehrintervall von 50 bis 100 Jahren und darüber abflussreduzierend.

Umfangreiche Untersuchungen der Internationalen Hochwasserstudienkommission (HSK 1978) zeigen etwa für den Oberrhein, Pegel Maxau und Worms deutliche Einflüsse des Stauhaltungsbaus auf die Hochwasserdynamik. Der hier geführte Nachweis der Hochwasserverschärfung im Oberrhein als Folge des Oberrheinausbaus führte zu einer vertraglichen Vereinbarung zwischen Deutschland und Frankreich, die u. a. umfangreiche Retentionsmaßnahmen zur Kompensation der Hochwasserverschärfung durch den Oberrheinausbau vorsieht, von denen bis 2013 rund 60 % des vereinbarten Retentionsvolumens einsatzbereit waren. Auch detaillierte Untersuchungen der Internationalen Kommission zum Schutz des Rheins IKSR (2012) weisen auf den deutlichen Einfluss von Flussbau- und Retentionsmaßnahmen auf die Hochwasserverhältnisse am Rhein hin.

■ **Modellierungsergebnisse zu künftigen Klimabedingungen**

Im Projekt KLIWA werden auch Simulationen für die Abflussbedingungen im Rhein unter Klimabedingungen für die „nahe Zukunft" von 2021 bis 2050 durchgeführt. Exemplarisch werden hier Ergebnisse bis zum Pegel Worms (Größe des Einzugsgebiets ca. 69.000 km²) gezeigt. Zur Simulation der Hydrologie wurde in einer 1-km²-Auflösung das Modellsystem LARSIM eingesetzt. Für die Hydrodynamik des Flusslaufs des Oberrheins zwischen Basel und Worms kam das sogenannte synoptische Rheinmodell (Modellinformation s. KLIWA 2013) zum Einsatz. Wie bereits dargelegt, ist zu beachten, dass das Abflussregime des Oberrheins aufgrund der Dominanz der Zuflüsse aus den schweizerischen Alpen nival geprägt ist, mit einem Abflussmaximum im Sommer. Dagegen sind die deutschen Zuflüsse z. B. aus dem Schwarzwald pluvial geprägt, mit einem Abflussmaximum im Winter.

◘ Tab. 10.2 zeigt die mit dem regionalen Klimamodell CCLM ermittelten Klimaänderungssignale – Temperatur und Niederschlag – bis 2050 für drei CCLM-Realisationen auf Basis des Emissionsszenarios SRES A1B. Es ergibt sich eine Niederschlags-

Tab. 10.2 Veränderung von Temperatur und Niederschlag im Rheineinzugsgebiet bei Vergleich der Zukunft (2021–2050) mit dem Ist-Zustand (1971–2000) auf Basis von CCLM 4.8

ECHAM 5, A1B, CCLM 4.8	Sommerhalbjahr (Mai–Oktober)		Winterhalbjahr (November–April)	
	Temperatur (°C)	Niederschlag (%)	Temperatur (°C)	Niederschlag (%)
Realisation 1	+1,3	−3,8	+0,9	+7,6
Realisation 2	+1,2	−6,1	+1,3	+11,4
Realisation 3	+0,9	−2,2	+0,9	+3,1

abnahme im Sommerhalbjahr und eine Zunahme im Winter (KLIWA 2013).

Die Ergebnisse für die mittleren monatlichen Hochwasserabflüsse (MoMHQ) auf Basis der genannten drei CCLM-Realisationen für das Szenario „Nahe Zukunft" (2021–2050), SRES A1B, sind in **Abb. 10.5** für den Pegel Worms dargestellt. Die Unterschiede zwischen den verschiedenen Realisationen von CCLM sind teilweise ausgeprägt. Aus Gründen der besseren Übersichtlichkeit ist als Vergleich anstelle des jeweils simulierten Ist-Zustands der mit meteorologischen Messdaten simulierte Ist-Zustand eingetragen (grüne Linie). Zudem sind auch frühere Ergebnisse auf Basis zweier Varianten des statistischen regionalen Klimamodells WETTREG eingetragen, die größere Abweichungen aufweisen. Beim dem noch eher nival geprägten Abflussregime des Rheinpegels Worms macht sich für die Zukunft auch der Einfluss des Neckars als zusätzliches pluviales Abflussregime bemerkbar. Dies zeigt sich dann an den höheren Abflüssen im Winterhalbjahr. Auf Basis der CCLM-Klimaprojektionen wurde im Winterhalbjahr eine Zunahme im Mittel um 8 %, im Sommerhalbjahr eine Abnahme um 4 % ermittelt (KLIWA 2013).

Die Abflusszeitreihen bis 2050 wurden extremwertstatistisch ausgewertet und den entsprechenden Ergebnissen des si-mulierten Ist-Zustands gegenübergestellt. In **Abb. 10.6** sind für Hochwasserabflüsse unterschiedlicher Wiederkehrintervalle an verschiedenen Pegeln im Rheineinzugsgebiet die relativen Veränderungen zwischen simulierter Zukunft und simuliertem Ist-Zustand dargestellt (KLIWA 2013). Es ergibt sich meist eine Tendenz zu höheren Abflüssen, d. h., der Faktor auf der y-Achse ist größer als 1: Die Zunahme liegt z. B. beim HQ100 (100-jähriges Hochwasser) bei den Pegeln am Oberrhein mit nivalem Regime bei 3–5 % (Basel, Maxau, Worms) im Bereich der statistischen Unschärfe und fällt somit geringer aus als bei den Pegeln mit pluvialem Regime wie etwa beim Pegel Rockenau/Neckar mit 12 %.

10.1.4 Ergebnisse für das obere Elbegebiet

Das „obere Elbegebiet" umfasst hier den Mittelgebirgsteil des Elbegebiets – im Wesentlichen Riesen-, Erz- und Elstergebirge. Wenngleich Dresden damit streng genommen nicht zum Oberlauf des Flusses gehört, schließt die Betrachtung dennoch Hochwasser bis zum Elbepegel Dresden mit ein.

■ Analyse der Abflussdaten der letzten 150 Jahre

Die Jahreshöchstwerte des Durchflusses am Pegel Dresden zeigen über die letzten ca. 150 Jahre einen abnehmenden Trend (Kundzewicz und Menzel 2005; Menzel 2008). Dies könnte auf ein Klimasignal hindeuten. Denn es ist bekannt, dass sich die Häufigkeit starker winterlicher Hochwasser in der Elbe in diesem Zeitraum verringert hat (Mudelsee et al. 2003; ▶ Kap. 11) und dies auf eine geringere Bedeutung von Schneeschmelze für die Hochwasserentstehung und einen Rückgang der winterlichen Eisbedeckung und der damit häufig verbundenen Eisstauereignisse durch wärmere Wintertemperaturen zurückgeführt werden kann. Durch Flusslaufverkürzungen und Begradigungen der Elbe hat sich auch die Fließgeschwindigkeit der Elbe erhöht, was die Ausbildung einer winterlichen Eisdecke ebenfalls verzögert. Weiterhin reduzieren Kühlwasser- und Salzeinträge

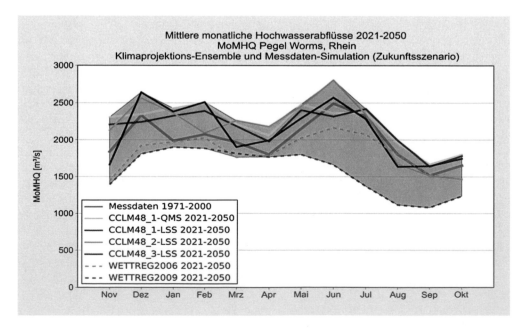

Abb. 10.5 Mittlere monatliche Hochwasserabflüsse am Pegel Worms/Rhein beim Zukunftsszenario 2021–2050. (KLIWA 2013)

▣ Abb. 10.6 Extremwertstatistische Hochwasserauswertungen bis Worms. (KLIWA 2013)

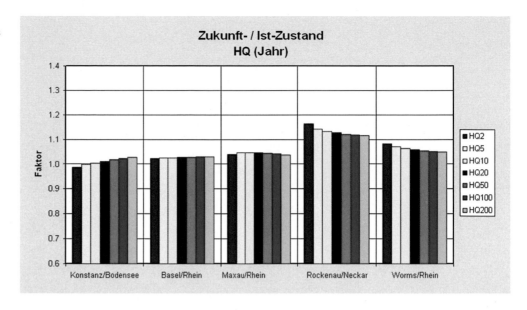

die Eisentstehung. Während das Hochwasser von 1845 im März auftrat, also im Winterhalbjahr, wie der größte Teil der Elbehochwasser in den letzten Jahrhunderten, handelte es sich bei den Hochwasserereignissen 2002 und 2013 um Sommerfluten. Solche extremen Sommerhochwasser kommen vor allem durch großräumige, langanhaltende und ergiebige Niederschläge im Mittelgebirgseinzugsgebiet der Elbe zustande. Diese werden durch advektive Wetterlagen, hier durch den großräumigen Transport warm-feuchter auf relativ kalte aufgleitende Luftmassen, bedingt. Sie werden verstärkt durch orografische Effekte, d. h., der Regen verstärkt sich durch Hebung der Luftmassen an Gebirgen. Wenn z. B. Zugbahnen der sogenannten Vb-Zyklone (eine Wetterlage, die gekennzeichnet ist durch die Zugbahn eines Tiefdruckgebiets von Italien hinweg nordostwärts) (Kundzewicz et al. 2005), die Quellgebiete von Elbe und Oder queren, können solche Konstellationen auftreten. Ihre absolute Zahl ist jedoch so gering, dass sich daraus keine statistisch signifikanten Trends erkennen lassen. Somit ist an der Elbe bis zum Pegel Dresden in den letzten 150 Jahren bislang keine statistisch signifikante Erhöhung der Hochwasserhäufigkeit detektierbar (► Kap. 11).

■ **Modellierungsergebnisse zu künftigen Klimabedingungen**

Bezüglich der zukünftigen Entwicklung der Abflussverhältnisse im oberen Elbegebiet ist zuerst auf die als sicher geltende Zunahme der mittleren Lufttemperaturen hinzuweisen. Temperaturbedingt höhere Regenanteile an den Winterniederschlägen würden sicherlich das zeitliche Auftreten und die Höhe von Abflussspitzen bzw. von Hochwasserereignissen verändern. Die Frühjahrsschmelze findet entweder zeitlich eher oder mangels Schneebedeckung kaum noch statt. Menzel (2008) hat anhand des Einzugsgebiets der Weißen Elster gezeigt, dass sich in einem hydrologischen Szenario (Basis: statistisches *downscaling* und IPCC SRES A1-Szenario) für den Zeitraum 2021–2050 die mittlere Schneedeckenandauer in diesem Gebiet gegenüber dem Referenzzeitraum 1961–1990 um ein Drittel verkürzt. Einer Erhöhung der winterlichen Abflüsse in den Mittelgebirgsregionen

stehen verringerte Abflüsse infolge erhöhter Verdunstungsaktivität in den Sommermonaten gegenüber. Das wird vermutlich zu einem deutlich ausgeprägter verlaufenden Jahresgang der Abflussregime der Elbe und ihrer Zuflüsse führen. Menzel und Bürger (2002) zeigen für das Einzugsgebiet der Mulde, dass dem gewählten Szenario zufolge (statistisches *downscaling* auf Basis des IPCC-Szenarios IS95a [ältere Version der SRES-Szenarien]) sowohl die mittleren als auch die mittleren saisonalen Abflüsse zum Teil deutlich zurückgehen, was von Menzel (2008) für das Einzugsgebiet der Weißen Elster bestätigt wurde. Beide Studien beinhalten einen prognostizierten großräumigen Rückgang der Jahresmittel des Niederschlags, was auch von Christensen und Christensen (2003) ähnlich projiziert wird. Diese Aussagen betreffen die mittleren saisonalen Abflussverhältnisse.

Simulationen zum künftigen Auftreten von Starkniederschlägen sind in der für Hochwasserstudien erforderlichen räumlich-zeitlichen Auflösung derzeit kaum verfügbar und mit nicht quantifizierbaren Unsicherheiten behaftet (Bronstert et al. 2007), insbesondere für das gebirgige Einzugsgebiet der Elbe. Christensen und Christensen (2003) kommen in ihrer Untersuchung zu dem Ergebnis, dass in weiten Teilen Europas – so auch im oberen Elbeeinzugsgebiet – die zukünftigen Niederschlagsintensitäten in den Sommermonaten deutlich ansteigen könnten, auch wenn die mittleren Sommerniederschlagsmengen abnehmen. Zu ähnlichen Ergebnissen kommen Kundzewicz et al. (2005) für die Quellgebiete von Elbe, Oder und Weichsel. Sie argumentieren, dass potenziell hochwasserauslösende Vb-Zyklone in Zukunft noch intensivere Niederschläge als bisher liefern würden. Es bleibt allerdings offen, inwieweit diese möglicherweise zunehmenden Niederschlagsintensitäten das Hochwasserrisiko im oberen Elbegebiet verschärfen könnten oder ob ein genereller Trend zur Abnahme mittlerer Niederschlagsmengen die Häufigkeiten und Intensitäten von Hochwasser künftig reduziert.

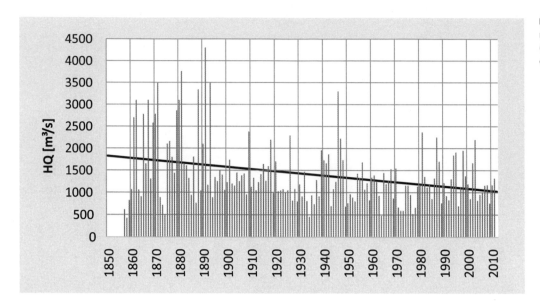

◘ Abb. 10.7 Jährliche Abfluss-maxima am Pegel Intschede (Weser) von 1857–2011 sowie der dazugehörige lineare Trend

10.1.5 Ergebnisse für das Weser- und Emsgebiet

■ **Analyse der Abflussdaten der letzten 150 Jahre**

Analysen der Hochwasserentwicklung an der Weser zeigen, dass die maximalen jährlichen Abflüsse an den Quellflüssen Werra und Fulda zwischen 1950 und 2005 signifikant zugenommen haben (Petrow und Merz 2009; Bormann et al. 2011). Die Weserpegel flussabwärts bis zu den Pegeln Vlotho und Porta weisen für denselben Untersuchungszeitraum ebenfalls signifikant steigende Hochwasserabflüsse auf. Werden Beobachtungen mehrerer Dekaden vor 1950 bei der Trendanalyse berücksichtigt, sind diese Trends aber nur mehr schwach signifikant, wofür hier eine Irrtumswahrscheinlichkeit von >10 % angesetzt wird. Weiter flussabwärts führen die Zuflüsse aus östlicher Richtung von Aller und Leine zu einer abnehmenden Signifikanz der positiven Trends. Jahreszeitliche Analysen ergaben, dass die Weser durch die Zunahme von Winterhochwassern seit Mitte des 20. Jahrhunderts geprägt ist (Petrow und Merz 2009), was auch die Ergebnisse der gesamtjährlichen Analyse dominiert. Sommerliche Hochwasser zeigen für den analysierten Zeitraum keine zunehmende Tendenz.

Die Trends im Abflussverhalten zwischen 1950 und 2005 stehen in einem engen statistischen Zusammenhang mit einem veränderten Niederschlagsverhalten in den jeweiligen Einzugsgebieten (Bormann 2010). Die Winter sind durch zunehmende maximale Niederschläge geprägt, wie Haberlandt et al. (2010) sowohl für 24-Stunden-Niederschläge als auch für 5-Tages-Niederschläge gezeigt haben. Diese Zunahme spiegelt sich in den Trends steigender Hochwasserabflüsse wider (Petrow und Merz 2009; Bormann et al. 2011).

Die Trends der Spitzenabflüsse an der Ems zeigen dieselben Muster wie die an der Weser. Winterhochwasser nahmen von 1951 bis 2002 am Oberlauf zu (Petrow und Merz 2009), während im Sommer kein Trend zu erkennen ist. Insgesamt führte dies zu einer statistisch signifikanten Zunahme der jährlichen Höchstabflüsse am Oberlauf (z. B. Pegel Greven, Bormann et al. 2011). Ähnlich wie am Rhein werden die Spitzenabflüsse allerdings auch von flussbaulichen Veränderungen beeinflusst (Busch et al. 1989;

Bormann et al. 2011), die zum Teil zu einer Kompensation von Abflusstrends, an einigen Pegeln aber auch zu einer Verstärkung des Trends geführt haben (z. B. Pegel Rethem/Aller, Herrenhausen/Leine, Rheine/Ems).

Während die maximalen Hochwasserabflüsse der letzten 50–60 Jahre vielfach steigende Trends aufweisen, zeigen Vergleiche mit Pegelmessungen aus dem 19. Jahrhundert und die Analyse längerer Datenreihen, dass die seit 1950 an der Weser aufgetretenen Hochwasserereignisse moderat im Vergleich zu historischen Hochwassern – vor allem aus der zweiten Hälfte des 19. Jahrhunderts – sind (Sturm et al. 2001; Mudelsee et al. 2006; Bormann et al. 2011, ◘ Abb. 10.7). Zwischen 1870 und 1890 tritt eine Häufung von Hochwasserereignissen auf, die die maximalen Abflüsse des 20. Jahrhunderts deutlich übertreffen. Diese Hochwasser wurden aber u. a. durch Eisstau hervorgerufen, was heute aufgrund des Klimawandels und anthropogener Einflüsse zunehmend unwahrscheinlich ist. Für die Ems liegen an keinem der verfügbaren Pegel entsprechende Datenlängen vor, sodass diese Aussage nicht direkt von der Weser auf die Ems übertragbar ist.

■ **Modellierungsergebnisse zu künftigen Klimabedingungen**

Dieser Abschnitt gibt eine Zusammenschau zum möglichen (projizierten) Einfluss der Klimaänderung auf die Hochwasserabflüsse im 15.000 km² großen Aller-Leine-Einzugsgebiet in Niedersachsen. Die Ergebnisse stammen aus den niedersächsischen Forschungsprojekten KliBiW (NLWKN 2012) und KLIFF (NN 2013).

Als globale klimatische Ausgangsinformationen wurden Ergebnisse des globalen Klimamodells ECHAM5 genommen. Für die hier vorgestellten Untersuchungen wurden darauf basierend zwei dynamische *downscaling*-Datensätze des regionalen Klimamodells REMO („BfG-Realisierung" und „UBA-Realisierung") (Jacob et al. 2008) und drei ausgewählte *downscaling*-Ergebnisse des statistischen Modells WETTREG 2006 (Spekat et al. 2007) herangezogen. Es wurden jeweils 30-jährige Perioden aus dem Kontrolllauf (1971–2000), der das Klima des späten 20. Jahrhunderts widerspiegelt, und aus dem A1B-Zukunftsszenario („Nahe Zukunft": 2021–2050, „Ferne Zukunft": 2071–2100) verwendet. Die hydro-

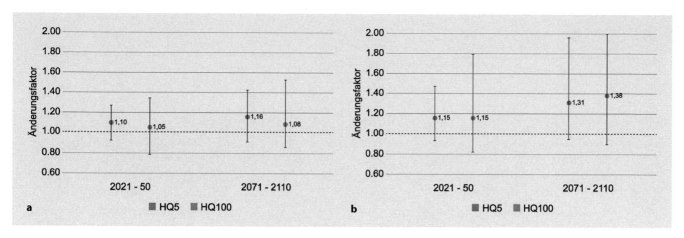

Abb. 10.8 Projiziertes Änderungssignal für häufige/kleine (HQ5) und seltene/große (HQ100) Hochwasser im Aller-Leine-Flussgebiet. Dargestellt sind die simulierten Änderungsfaktoren für die Perioden 2021–2050 und 2071–2100 gegenüber heutigen Bedingungen. **a** Mittelwerte für acht relativ große Teilgebiete, **b** Mittelwerte für sechs kleine Einzugsgebiete.

logischen Simulationen erfolgten mit den Modellen PANTA RHEI (LWI-HYWA 2012) und einer modifizierten Version von HBV (SMHI 2008). Mit PANTA RHEI wurde eine flächendeckende Simulation für das Aller-Leine-Gebiet in Tageszeitschritten durchgeführt. Änderungssignale wurden für acht Referenzpegel mit vergleichsweise großen Einzugsgebieten (800–15.000 km²) analysiert, für die die Modelle validiert werden konnten. Zusätzlich wurden mit PANTA RHEI für sechs ausgewählte, vergleichsweise kleine Teilgebiete (45–600 km²) und mit HBV für 41 Teilgebiete Simulationen in Stundenzeitschritten durchgeführt (Wallner et al. 2013). Die Modelle zeigten für die untersuchten Einzugsgebiete sowohl im Hinblick auf die Wasserbilanz als auch auf die Hochwasserstatistik (z. B. HQ, MHQ) eine gute Wiedergabe (NLWKN 2012) der Beobachtungen im Referenzzeitraum (1971–2000).

Abb. 10.8 zeigt die simulierten Änderungssignale (relative Änderung zum heutigen Zustand) für die acht relativ großen Einzugsgebiete aus der Tageswertsimulation (PANTA RHEI) und für die sechs kleineren Gebiete aus der Stundenwertsimulation (PANTA RHEI und HBV) für zwei Zukunftszeiträume: für kleine Hochwasser (HQ5), die im statistischen Mittel alle 5 Jahre auftreten, sowie große Hochwasser (HQ100), die im statistischen Mittel einmal in 100 Jahren auftreten. Für die großen Einzugsgebiete werden relativ geringe Zunahmen der Hochwasser projiziert, wobei die HQ5 mit 10 und 16 % Zunahme (d. h. Änderungsfaktor 1,10 bzw. 1,16) prozentual etwas stärker zunehmen als die HQ100 mit 5 und 8 %. Die Spannweite der Änderung über alle Realisationen und Einzugsgebiete sind insgesamt sehr groß. Für die kleineren Einzugsgebiete werden etwas stärkere Zunahmen projiziert, wobei hier die Änderung der HQ100 mit 15 und 38 % bedeutender ist als die der HQ5 mit 15 und 31 %. Die große Spannweite zeigt jedoch, dass die Unsicherheit von Projektionen für die kleinen Gebiete deutlich höher ist als für die großen.

Die Ergebnisse zeigen eine projizierte Zunahme der Hochwasserabflüsse im Aller-Leine-Gebiet, die physikalisch plausibel ist und mit projizierten Änderungen des Niederschlags korrespondiert. Die Anzahl der hier untersuchten Realisationen (u. a. nur ein globales Klimamodell, ein Klimaszenario) ist jedoch zu gering, um daraus konkrete Anpassungsmaßnahmen ableiten zu können.

10.2 Sturzfluten und Extremniederschläge kurzer Dauer

10.2.1 Spezifika von Sturzfluten

Sturzfluten sind plötzlich eintretende Hochwasserereignisse, die typischerweise durch kleinräumige, konvektive Starkregenereignisse ausgelöst werden. Sie werden gegenüber Hochwasser in größeren Flüssen durch die Zeit der Verzögerung zwischen dem auslösenden Niederschlagsereignis und dem Eintreten des Hochwasserscheitels abgegrenzt („Reaktionszeit"). Von einer Sturzflut wird typischerweise bei einer Reaktionszeit von nicht mehr als 6 Stunden gesprochen (Borga et al. 2011). Sie treten in Gebieten kleiner als ca. 500 km² auf, insbesondere in gebirgigen und urbanen Räumen: Dort ist die Aufnahmefähigkeit des Bodens eher gering. Zudem begünstigen geringe Oberflächenrauigkeiten und kleine Gebietsgrößen, zum Teil mit ausgeprägtem Relief, eine rasche Abflusskonzentration. Die besondere Gefährdung, die von Sturzfluten ausgeht, wird durch folgende Merkmale geprägt:

- **Geringe Vorwarnzeit:** Die Vorwarnzeit ist bei Sturzfluten *per definitionem* sehr kurz. Die Vorwarnung wird nicht nur durch die rasche Reaktion des Abflusses erschwert, sondern auch durch Probleme bei der Erfassung und Vorhersage der auslösenden Niederschlagsereignisse. Damit sind die Handlungsoptionen zur Einleitung von Gegenmaßnahmen begrenzt. Jonkman (2005) konnte zeigen, dass die Mortalitätsrate, berechnet aus der Zahl der Todesfälle geteilt durch die Zahl der Betroffenen, bei Sturzfluten deutlich größer ist als bei Flusshochwasserereignissen.

- **Hohe Fließgeschwindigkeiten:** Die für Quelleinzugsgebiete typische hohe Reliefenergie führt zusammen mit extremen Abflüssen nicht nur im Gerinne selbst, sondern auch in Überflutungsbereichen zu sehr hohen Fließgeschwindigkeiten. Zusammen mit der großen Menge und Geschwindigkeit des mitgeführten Materials führt dies potenziell zu extremen Schäden an Gebäuden und der Infrastruktur.

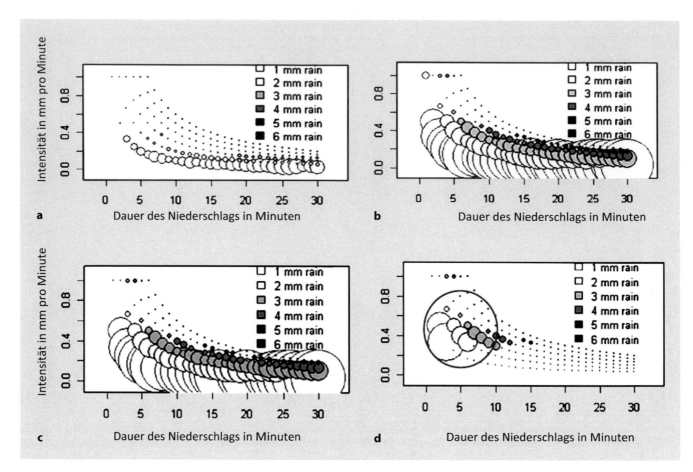

◻ Abb. 10.9 Blasendiagramm für die Station Essen: **a** Positive Trends für Ereignisse mit gegebener Dauer, Intensität und Niederschlagsmenge für die Periode 1940–2009; **b** wie zuvor, aber für die Periode 1975–2009; **c** wie zuvor, aber nur mit den signifikanten Trends; **d** wie c, aber nur mit erosionsrelevanten Ereignissen. Die Größe der Blasen ist gleich skaliert. Die größten Blasen (in Plot b) entsprechen einem positiven Trend von 0,5 Ereignissen/Jahr, und ein Punkt entspricht einem Null-Trend. (Aus Müller und Pfister 2011)

— **Singuläres (chaotisches) Verhalten:** Das Ausuferungs- und Überflutungsverhalten ist bei Sturzfluten schwer vorhersagbar und wird oft durch singuläre Gegebenheiten maßgeblich beeinflusst. Ein typisches Beispiel dafür sind Verschlüsse von Fließgewässern durch Treibgut an Brücken oder sonstigen Verengungen, die je nach Menge und Beschaffenheit des mitgeführten Materials zu spontanem Rückstau und Änderungen des Fließweges führen können. Spontane Wiederauflösungen derartiger Hindernisse können darüber hinaus zu einer massiven Verstärkung der Abflussspitzen führen.

Daher ist es viel schwieriger, Sturzfluten zu erfassen als Flussüberschwemmungen. Insofern liegen nur wenige fundierte Aussagen zu zeitlichen Veränderungen der Sturzflutgefährdung vor, und es ist nicht möglich, eine regionale Differenzierung wie bei den Flussüberschwemmungen vorzunehmen.

10.2.2 Datenanalyse zur Entwicklung von hochintensiven Starkregenereignissen

In einer detaillierten Studie berichten Müller und Pfister (2011) über die Analyse langer Niederschlagszeitreihen, die für acht

Stationen im Emscher-Lippe-Gebiet in Nordrhein-Westfalen in einer außergewöhnlich hohen zeitlichen Auflösung (1 min) für die letzten 70 Jahre (1940er–2009) zur Verfügung standen. Aus diesen Datenreihen wurden Ereignisse mit Dauern von 1 min bis 30 min herausgefiltert, die jeweils Niederschlagsmengen von 1–10 mm überschritten. Ereignisse über einem Schwellenwert der Niederschlagsintensität von 0,3 mm/min bzw. >20 mm/h wurden hinsichtlich Trends und Änderungen statistisch untersucht. Die Ergebnisse zeigen, dass für alle untersuchten Stationen die Anzahl dieser kurz andauernden Niederschlagsereignisse mit starken Intensitäten in den letzten Jahrzehnten zugenommen hat. Diese Trends haben sich in den letzten 35 Jahren noch ausgeprägter gezeigt als in der Zeit davor. Die Trendzunahme war besonders in den Sommermonaten von Juli bis September stark ausgeprägt. Diese hoch intensiven Starkregen treten zwischen 4- und 15-mal im Jahr auf. Die festgestellte Zunahme von bis zu 0,5 Ereignissen pro Jahr würde also eine Vervielfachung der Häufigkeit dieser Ereignisse in nur wenigen Jahrzehnten bedeuten. Diese Studie belegt zum ersten Mal quantitativ, dass sich das Auftreten solcher hoch intensiven Regenereignisse im Untersuchungsgebiet deutlich verstärkt hat. Müller und Pfister (2011) diskutieren ihre Ergebnisse bezüglich der Wirkung dieser Änderung des Intensitätsregimes für Erosion auslösende Regenfälle (I_{Regen} >0,3 mm/min). In ◻ Abb. 10.9

sind diese Ergebnisse verschiedenen Zeitperioden, Signifikanzen und Intensitätsschwellenwerte gegenübergestellt. Hier kann ein kritischer Bereich für Erosionsereignisse identifiziert werden (für einen Wertebereich der Niederschlagsintensitäten I_{Regen} = 0,3–0,7 mm/min, Niederschlagsdauer t_{Regen} = 2–10 min und Niederschlagsmenge h_{Regen} = 1–3 mm), der mit dem roten Kreis gekennzeichnet ist.

Zwei weitere Studien analysierten denselben Datensatz: Die Studie von Fiener et al. (2013) für das gleiche Untersuchungsgebiet bestätigt die Kernaussagen, dass der erosionsrelevante Starkregen seit Mitte der 1970er-Jahre signifikant zunimmt; in ihrer Studie gehen sie von einer Zunahme von 21 % pro Jahrzehnt aus. In der Analyse von 5-Minuten-Dauerstufen der ExUS-Studie (NRW 2010) wurden keine statistisch signifikanten Trends für das Auftreten von Extremereignissen in ihrem Analysezeitraum 1950–2008 gefunden; eine nach Zeiträumen differenzierte Analyse erfolgte in dieser Studie nicht.

Es ist nicht davon auszugehen, dass der Trendanstieg des Betrachtungszeitraums 1975–2009 auf die Verbesserung der Messtechnik (Umstellung von analogen auf digitale Systeme) zurückzuführen ist, da man im Zeitreihenverlauf ab den 1990er-Jahren eher einen kontinuierlichen und nicht einen abrupten Anstieg ausmachen kann. Für die Stadtentwässerung kann der Anstieg dieser Starkregen von Bedeutung sein. In der bisherigen Kanalbemessung wird typischerweise eine Dauerstufe von 15 min für den Konzentrationszeitraum von Abflussspitzen eingesetzt. Es bleibt zu überprüfen, inwiefern Starkregen von geringerer Dauerstufe, aber dafür sehr starken Intensitäten in Zukunft berücksichtigt werden müssen. Für landwirtschaftlich genutzte Flächen könnte ein vermehrtes Auftreten an erosionsrelevanten Starkregen zu einem Anstieg der Bodenerosionserscheinungen an Hängen, Auslaugen der Böden, verstärktem Ausspülen von Nähr- und Schadstoffen und einer Verlagerung dieser Stoffe in die Oberflächengewässer mit entsprechend negativen Auswirkungen auf die Gewässerökologie führen. Die Allgemeingültigkeit dieser Aussage sollte in einem nächsten Analyseschritt für weitere hoch aufgelöste Niederschlagszeitreihen für die Großregion Deutschland/Zentraleuropa überprüft werden. Dies wird jedoch schwierig sein, da Zeitreihen mit einer vergleichbaren zeitlichen Auflösung und Länge im Normalfall nicht existieren. Des Weiteren steht eine Untersuchung aus, inwieweit die Entstehungsmechanismen von Niederschlägen und ggf. dazugehörigen Großwetterlagen, die Starkregen der beschriebenen Intensitäts- und Dauerstufen auslösen, durch eine mögliche weitere Klimaerwärmung beeinflusst werden.

10.2.3 Zur künftigen Entwicklung von hoch intensiven Starkregenereignissen

Um zukünftige Auswirkungen des Klimawandels auf die Häufigkeit und Amplitude von Sturzflutereignissen zu ermitteln, bedürfte es Niederschlagsprojektionen für kurze Dauerstufen kleiner als einer Stunde. Derartige Projektionen sind auf Grundlage gegenwärtiger Simulationsmodelle nicht verfügbar. So betrachtet beispielsweise eine aktuelle Auswertung im Rahmen einer ressortübergreifenden Behördenallianz (DWD 2012) lediglich extreme Niederschläge auf Tagesbasis. Alternativ zur unmittelbaren Betrachtung simulierter Niederschlagshöhen aus Klimamodellen hat sich in den vergangen Jahren eine neue Perspektive entwickelt: die Betrachtung der Abhängigkeit extremer Niederschläge kurzer Dauer von der Lufttemperatur. Grundsätzlich hängt der Einfluss der Lufttemperatur auf den Niederschlag stark von der betrachteten zeitlich-räumlichen Skala ab. Der globale Gesamtniederschlag nimmt im Mittel um etwa 3 % pro Grad Erwärmung zu und ist im Wesentlichen über den latenten Wärmefluss, also in erster Linie Verdunstung und Kondensation, beschränkt (Allen und Ingram 2002). Der Zusammenhang zwischen extremen lokalen Niederschlägen und der Lufttemperatur scheint hingegen deutlich stärker ausgeprägt zu sein. Aus langjährigen Beobachtungsreihen in Westeuropa (Lenderink und van Meijgaard 2008), Deutschland (u. a. Haerter und Berg 2009; Haerter et al. 2010; Bürger et al. 2014) und anderen Kontinenten (Panthou et al. 2014 für Kanada, Mishra et al. 2012 für die USA, Hardwick Jones et al. 2010 für Australien) ergaben sich für Extremintensitäten des stündlichen Niederschlags Werte, die recht gut durch die Clausius-Clapeyron-Beziehung beschrieben werden. Diese besagt – verkürzt – nichts anderes, als dass die besonders extremen Kurzzeitereignisse durch nichts limitiert sind als den maximalen Feuchtigkeitsgehalt der Atmosphäre, der seinerseits exponentiell von der Temperatur abhängt. Wahrscheinlich variiert der Zusammenhang zwischen Temperatur und Extremniederschlag auch auf subtäglicher Skala (Loriaux et al. 2013) und ist ferner abhängig von der Wetterlage und von den regionalen hydroklimatischen Bedingungen.

Nichtsdestotrotz bietet sich hiermit eine neue Perspektive, aus Projektionen über die zukünftige Erwärmung auch Veränderungen zukünftiger Niederschlagsextreme kurzer Dauerstufen abzuleiten. So werden gegenwärtig Ansätze entwickelt, die genannten Beziehungen direkt auf globale Klimaprojektionen anzuwenden und Abschätzungen für zukünftiges Kurzfristverhalten zu gewinnen (Bürger et al. 2014).

10.3 Kurz gesagt

Flusshochwasser werden in lokale/plötzliche Sturzfluten und in Hochwasser in/an größeren Flüssen unterschieden. Ansätze zur Beurteilung der Klimaänderungswirkungen auf Hochwasser sind die Analyse von Hochwasserzeitreihen und/oder die prozessbasiert-gekoppelte Modellierung. Die erste Methode wurde für die Analyse der in der Vergangenheit beobachteten Bedingungen eingesetzt, die zweite für die Abschätzung der bis ca. 2100 zu erwartenden Entwicklung.

Für Deutschland zeigen sich an größeren Flüssen Trends in den jährlichen Höchstabflüssen für 1951–2002 an ca. 30 % der untersuchten Pegel. Die große Mehrheit dieser Trends ist positiv (also zunehmende Hochwasserwerte). Für verschiedene Hochwasserindikatoren und Flusseinzugsgebiete ergeben sich erhebliche Unterschiede. Die Einzugsgebiete der Donau und des Rheins zeigen die meisten Trends, Weser und Elbe deutlich weniger.

Bezüglich der für Sturzfluten relevanten extremen Niederschlagsintensitäten in kurzen Zeiträumen (wenige Minuten) zeigt eine neue Analyse im Emscher-Lippe-Gebiet, dass dort solche

Ereignisse in den letzten Dekaden sehr signifikant zugenommen haben, was für agrar- und urbanhydrologische Fragestellungen von hoher Bedeutung sein kann.

Bei den Simulationen der bis ca. 2100 zu erwartenden Hochwasserbedingungen fällt die enorme Unsicherheit der Ergebnisse ins Gewicht. Es wird an manchen Flüssen eine Zunahme der Hochwasserabflüsse projiziert, die bei Pegeln mit nivalem Regime geringer ausfällt als bei den Pegeln mit pluvialem Regime. Diese Projektionen sind physikalisch plausibel und korrespondieren mit den projizierten Niederschlagsänderungen. Die Unsicherheiten sind allerdings zu hoch, um aus diesen Ergebnissen bereits quantitativ fundierte Anpassungsmaßnahmen ableiten zu können. Gleichwohl sollten aufgrund der überwiegend positiven Tendenzen bereits jetzt Möglichkeiten der qualitativen Anpassungsmaßnahmen bei neuen Hochwasserschutzmaßnahmen erwogen werden.

Literatur

Allen MR, Ingram WI (2002) Constraints on future changes in climate and the hydrologic cycle. Nature 419(6903):224–232

Borga M, Anagnostou EN, Bloeschl G, Creutin J-D (2011) Flash flood forecasting, warning and risk management: the HYDRATE project. Environ Sci Policy 14:834–844

Bormann H (2010) Runoff regime changes in German rivers due to climate change. Erdkunde 64(3):257–279

Bormann H, Pinter N, Elfert S (2011) Hydrological signatures of flood trends on German rivers: flood frequencies, flood heights and specific stages. J Hydrol 404:50–66

Bronstert A, Kolokotronis V, Schwandt D, Straub H (2007) Comparison and evaluation of regional climate scenarios for hydrological impact analysis: general scheme and application example. Int J Climatol 27:1579–1594

Bronstert A, Kneis D, Bogena H (2009) Interaktionen und Rückkopplungen beim hydrologischen Wandel: Relevanz und Möglichkeiten der Modellierung. Hydrol Wasserbewirtsch 53(5):289–304

Bürger G (2003) Rhein-Hochwasser und ihre mögliche Intensivierung unter globaler Erwärmung: die Überlagerung von Schmelz- und Niederschlagseffekten. Universität Potsdam, Institut für Geoökologie (unveröffentlichte Studie)

Bürger G, Heistermann M, Bronstert A (2014) Towards sub-daily rainfall disaggregation via Clausius-Clapeyron. J Hydrometeorol 15:1303–1311

Busch D, Schirmer M, Schuchardt B, Ullrich P (1989) Historical changes of the River Weser. Petts GE (Hrsg) Historical change of large alluvial rivers: Western Europe. Wiley, Chichester, S 297–321

Christensen JH, Christensen OB (2003) Severe summertime flooding in Europe. Nature 421:805–806

DWD (2012) Auswertung regionaler Klimaprojektionen für Deutschland hinsichtlich der Änderung des Extremverhaltens von Temperatur, Niederschlag und Windgeschwindigkeit. Abschlussbericht, Oktober 2012, Offenbach, Main, 153 S

Fiener P, Neuhaus P, Botschek J (2013) Long-term trends in rainfall erosivity – analysis of high resolution precipitation time series (1937–2007) from Western Germany. Agric For Meteorol 171–172(2013):115–123

Haberlandt U, Belli A, Hölscher J (2010) Trends in beobachteten Zeitreihen von Temperatur und Niederschlag in Niedersachsen. Hydrol Wasserbewirtsch 54:28–36

Haerter JO, Berg P (2009) Unexpected rise in extreme precipitation caused by a shift in rain type? Nat Geosci 2:372–373

Haerter JO, Berg P, Hagemann S (2010) Heavy rain intensity distributions on varying time scales and at different temperatures. J Geophys Res: Atmospheres 115(D17):2156–2202

Hardwick Jones R, Westra S, Sharma A (2010) Observed relationships between extreme sub-daily precipitation, surface temperature, and relative humidity. Geophys Res Lett 37:L22805

Hartmann DL, Klein Tank AMG, Rusticucci M, Alexander LV, Brönnimann S, Charabi Y, Dentener FJ, Dlugokencky EJ, Easterling DR, Kaplan A, Soden BJ, Thorne PW, Wild M, Zhai PM (2013) Observations: Atmosphere and surface. In: Stocker TF, Qin D, Plattner G-K, Tignor M, Allen SK, Boschung J, Nauels A, Xia Y, Bex V, Midgley PM (Hrsg) Climate change 2013: The physical science basis. Contribution of working group I to the fifth assessment report of the Intergovernmental Panel on Climate Change. Cambridge University Press, Cambridge

Hattermann FF, Kundzewicz ZW, Huang S, Vetter T, Kron W, Burghoff O, Merz B, Bronstert A, Krysanova V, Gerstengarbe F-W, Werner P, Hauf Y (2012) Flood risk in holistic perspective – observed changes in Germany. In: Kundzewicz ZW (Hrsg) Changes in flood risk in Europe. Special Publication No 10. IAHS Press, Wallingford, Oxfordshire, UK (Ch 11)

Hattermann FF, Kundzewicz ZW, Huang S, Vetter T, Gerstengarbe FW, Werner P (2013) Climatological drivers of changes in flood hazard in Germany. Acta Geophys 61(2):463–477

HSK (1978) Schlussbericht der Hochwasser-Studienkommission für den Rhein

Hundecha Y, Merz B (2012) Exploring the relationship between changes in climate and floods using a model-based analysis. Water Resour Res 48:W04512. doi:10.1029/2011WR010527

IKSR (2012) Nachweis der Wirksamkeit von Maßnahmen zur Minderung der Hochwasserstände im Rhein. Internationale Kommission zum Schutze des Rheins, Bericht 199. www.iksr.org/uploads/media/199_d.pdf

Jacob D, Göttel H, Kotlarski S, Lorenz P, Sieck K (2008) Klimaauswirkungen und Anpassung in Deutschland – Phase 1: Erstellung regionaler Klimaszenarien für Deutschland. Climate Change 11/08. Umweltbundesamt, Dessau-Roßlau

Jiménez Cisneros BE, Oki T, Arnell NW, Benito G, Cogley JG, Döll P, Jiang T, Mwakalil SS (2014) Freshwater resources. In: Field CB, Barros VR, Dokken DJ, Mach KJ, Mastrandrea MD, Bilir TE, Chatterjee M, Ebi KL, Estrada YO, Genova RC, Girma B, Kissel ES, Levy AN, MacCracken S, Mastrandrea PR, White LL (Hrsg) Climate change 2014: Impacts, adaptation, and vulnerability. Part A: Global and sectoral aspects. Contribution of working group II to the fifth assessment report of the Intergovernmental Panel on Climate Change. Cambridge University Press, Cambridge, S 229–269

Jonkman SN (2005) Global Perspectives on Loss of Human Life Caused by Floods. Natural Hazards 34:2

KLIWA (2011) Klimawandel in Süddeutschland – Veränderungen von meteorologischen und hydrologischen Kenngrößen, Klimamonitoring im Rahmen des Kooperationsvorhabens KLIWA, Monitoringbericht 2011

KLIWA (2013) Klimaveränderung und Konsequenzen für die Wasserwirtschaft. Fachvorträge beim 5. KLIWA-Symposium, Würzburg, 06. und 07.12.2012. KLIWA Heft, Bd. 19.

Krysanova V, Müller-Wohlfeil DI, Becker A (1998) Development and test of a spatially distributed hydrological / water quality model for mesoscale watersheds. Ecol Model 106:261–289

Kundzewicz ZW, Menzel L (2005) Natural flood reduction strategies – a challenge. Int J River Basin Management 3(2):125–131

Kundzewicz ZW, Ulbrich U, Brücher T, Graczyk D, Krüger A, Leckebusch G, Menzel L, Pinskwar I, Radziejewski M, Szwed M (2005) Summer floods in Central Europe – climate change track? Nat Hazards 36:165–189

Lenderink G, van Meijgaard E (2008) Increase in hourly precipitation extremes beyond expectations from temperature changes. Nat Geosci 1(8):511–514

Loriaux JM, Lenderink G, De Roode SR, Siebesma AP (2013) Understanding convective extreme precipitation scaling using observations and an entraining plume model. J Atmo Sci 130814132040006. doi:10.1175/JAS-D-12-0317.1

LWI-HYWA (2012) PANTA RHEI Benutzerhandbuch – Programmdokumentation zur hydrologischen Modellsoftware. Leichtweiß-Institut für Wasserbau (LWI), Abteilung Hydrologie, Wasserwirtschaft und Gewässerschutz (HYWA), Technische Universität Braunschweig, Braunschweig

Menzel L (2008) Modellierung hydrologischer Auswirkungen von Klimaänderungen. In: Kleeberg H-B (Hrsg) Klimawandel – Was kann die Wasserwirtschaft tun? Forum für Hydrologie und Wasserbewirtschaftung, Bd. 24.08. Eigenverlag, Hennef, S 35–51

Menzel L, Bürger G (2002) Climate change scenarios and runoff response in the Mulde catchment (Southern Elbe, Germany). J Hydrol 267:53–64

Merz B, Vorogushyn S, Uhlemann S, Delgado J, Hundecha Y (2012) HESS Opinions, More efforts and scientific rigour are needed to attribute trends in flood time series. Hydrol Earth Syst Sci 16:1379–1387. doi:10.5194/hess-16-1379-2012

Mishra V, Wallace JM, Lettenmaier DP (2012) Relationship between hourly extreme precipitation and local air temperature in the United States. Geophys Res Lett 39:L16403

Mudelsee M, Börngen M, Tetzlaff G, Grünewald G (2003) No upward trends in the occurrence of extreme floods in central Europe. Nature 425:166–169

Mudelsee M, Deutsch M, Börngen M, Tetzlaff G (2006) Trends in flood risk of the river Werra (Germany) over the past 500 years. Hydrol Sci J 51(5):818–833

Müller EN, Pfister A (2011) Increasing occurrence of high-intensity rainstorm events relevant for the generation of soil erosion in a temperate lowland region in Central Europe. J Hydrol 411(3):266–278

NLWKN (2012) Globaler Klimawandel – Wasserwirtschaftliche Folgenabschätzung für das Binnenland. Oberirdische Gewässer, Bd. 33. Niedersächsischer Landesbetrieb für Wasserwirtschaft, Küsten- und Naturschutz, Hildesheim

NN (2013) KLIFF – Klimafolgenforschung Niedersachsen. http://www.kliff-niedersachsen.de.vweb5-test.gwdg.de/

NRW (2010) ExUS Extremwertstatistische Untersuchungen von Starkregen in Nordrhein-Westfalen, aqua_plan GmbH, hydro & meteo GmbH & Co. KG und dr. papadakis GmbH

Ott I, Duethmann D, Liebert J, Berg P, Feldmann H, Ihringer J, Kunstmann H, Merz B, Schaedler G, Wagner S (2013) High-resolution climate change impact analysis on medium-sized river catchments in Germany: An ensemble assessment. J Hydrometeorol 14:1175–1193. doi:10.1175/JHM-D-12-091.1

Panthou G, Mailhot A, Laurence E, Talbot G (2014) Relationship between surface temperature and extreme rainfalls: A multi-time-scale and event-based analysis. J Hydrometeorol 15:1999–2011

Petrow T, Merz B (2009) Trends in flood magnitude, frequency and seasonality in Germany in the period 1951 - 2002. J Hydrol 371(1–4):129–141

Petrow T, Zimmer J, Merz B (2009) Changes in the flood hazard in Germany through changing frequency and persistence of circulation patterns. Nat Hazards Earth Syst Sci (HNESS) 9:1409–1423 (www.nat-hazards-earth-syst-sci.net/9/1409/2009)

Schmocker-Fackel P, Naef F (2010) More frequent flooding? Changes in flood frequency in Switzerland since 1850. J Hydrol 381:1–2 (1–8)

SMHI (2008) Integrated hydrological modelling system – Manual version 6.0. Swedish Meteorological and Hydrological Institute

Spekat A, Enke W, Kreienkamp F (2007) Neuentwicklung von regional hoch aufgelösten Wetterlagen für Deutschland und Bereitstellung regionaler Klimaszenarios auf der Basis von globalen Klimasimulationen mit dem Regionalisierungsmodell WETTREG auf der Basis von globalen Klimasimulationen mit ECHAM5/MPI-OM T63L31 2010 bis 2100 für die SRESSzenarios B1, A1B und A2, Forschungsprojekt im Auftrag des Umweltbundesamtes (UBA), FuE-Vorhaben Förderkennzeichen 204 41 138

Sturm K, Glaser R, Jacobeit J, Deutsch M, Brazdil R, Pfister C, Luterbacher J, Wanner H (2001) Hochwasser in Mitteleuropa seit 1500 und ihre Beziehung zur atmosphärischen Zirkulation. Petermanns Geographische Mitteilungen 145(6):14–23

Vorogushyn S, Merz B (2013) Flood trends along the Rhine: the role of river training. Hydrol Earth Syst Sci 17(10):3871–3884

Wallner M, Haberlandt U, Dietrich J (2013) A one-step similarity approach for the regionalization of hydrological model parameters based on Self-Organizing Maps. J Hydrol 494:59–71

Exkurs: Unsicherheiten bei der Analyse und Attribution von Hochwasserereignissen

Manfred Mudelsee

© Der/die Herausgeber bzw. der/die Autor(en) 2017
G. Brasseur, D. Jacob, S. Schuck-Zöller (Hrsg.), *Klimawandel in Deutschland,* DOI 10.1007/978-3-662-50397-3_11

Extremereignisse zeigen am augenfälligsten, wie verletzlich Deutschland gegenüber dem Klima und seinen Veränderungen ist. Betrachtet man Extremereignisse genauer, verursachten in den vergangenen 20 Jahren Hochwasser die größten Schäden (Ernst Rauch, Münchener Rückversicherungs-Gesellschaft, persönliche Mitteilung). In der Wissenschaft herrscht Einigkeit darüber, dass sich der zukünftige globale Wasserkreislauf durch steigende atmosphärische Treibhausgaskonzentrationen verändern wird (Kirtman et al. 2013). Doch selbst bei der vergleichsweise guten Datenlage für Deutschland ist es unsicher, ob sich die Auftrittsrate – die Anzahl an Ereignissen pro Jahr – von Hochwasser verändert (Trend), wie stark eventuell vorliegende Trends sind und wie stark der Klimawandel ursächlich einwirkt. Diese Zuschreibung der Ursachen wird als Attribution bezeichnet.

Gleichzeitig bilden diese Informationen eine wichtige Grundlage für Entscheidungsträger, die über Mitigations- und Anpassungsstrategien befinden. Die damit verbundenen Unsicherheiten müssen daher möglichst transparent kommuniziert werden, um einen Umgang damit zu ermöglichen. Ihre Quellen und Ausmaße werden im Folgenden am Beispiel der Elbehochwasser ausführlich illustriert. Für die Elbe ist der Wissensstand aufgrund der guten Datenqualität und umfangreicher wissenschaftlicher Untersuchungen relativ hoch. Für andere Flüsse (▶ Kap. 10) und andere Ereignistypen sind die Unsicherheiten zum Teil wesentlich größer.

11.1   Elbehochwasser

Das Hochwasser in Zentraleuropa im Juni 2013 verursachte direkte ökonomische Schäden in Höhe von insgesamt 11,7 Mrd. Euro bzw. 10,0 Mrd. Euro in Deutschland und das Hochwasser im August 2002 Schäden in Höhe von insgesamt 16,7 Mrd. Euro bzw. 11,6 Mrd. Euro in Deutschland (Ernst Rauch, Münchener Rückversicherungs-Gesellschaft, persönliche Mitteilung). Einige Menschen verloren bei diesen Ereignissen ihr Leben. Beide Male war das Gebiet der Elbe besonders betroffen.

Die beste, d. h. die genaueste und zeitlich längste Datengrundlage über Elbehochwasser ist die Abflusszeitreihe vom Pegel Dresden (◻ Abb. 11.1). Abfluss ist definiert als Volumen Wasser pro Zeit. Die Abflusswerte sind abgeleitet über Eichbeziehungen aus den gemessenen Wasserständen. Dies stellt eine Quelle von Unsicherheiten dar, weil 1) Messwerte grundsätzlich immer fehlerbehaftet sind (Ablesefehler, Geräteungenauigkeiten) und 2) – im vorliegenden Fall gravierender – die Form der Eichkurve nicht physikalisch abgeleitet, sondern nur empirisch bestimmt werden kann (▶ Abschn. 11.2). Die Daten zeigen, dass die Hochwasser im August 2002 und Juni 2013 zu den größten in Dresden gemessenen Ereignissen gehören (Conradt et al. 2013), aber auch frühere Elbehochwasser (z. B. im März/April 1845) waren von vergleichbarer Größenordnung (Königliche Elbstrombauverwaltung 1898).

Das Ergebnis der Analyse der Hochwasserwahrscheinlichkeit (◻ Abb. 11.2) zeigt beträchtliche Unsicherheitsbereiche der geschätzten Hochwasserauftrittsraten über die vergangenen 200 Jahre. Es wird saisonal differenziert, da die Ursachen von

Hochwasser im Winter (von der Hydrologie festgesetzt auf November bis April) sich von denen für den Sommer unterscheiden. Der Fokus in der räumlichen Dimension liegt auf der mittleren Elbe (zwischen den Städten Litoměřice und Magdeburg). „Geschätzt" bezieht sich dabei auf die Auftrittsratenkurve, die bei der vorliegenden Datenmenge und bei Gültigkeit der gemachten Annahmen (◻ Tab. 11.1) idealerweise nur wenig von der wahren, jedoch unbekannten Auftrittsratenkurve abweicht. „90 %-Band" bedeutet, dass für einen einzelnen Zeitpunkt die unbekannte Auftrittsrate mit einer Wahrscheinlichkeit von 90 % zwischen der oberen und der unteren Bandgrenze liegt. Beispiel: Das Maximum der Auftrittsrate von Winterhochwasser von 0,22 pro Jahr (im Mittel ein Ereignis alle 4–5 Jahre) im Jahr 1832 liegt zu 90 % zwischen 0,13 und 0,31 pro Jahr. Auch die Korrektheit des Bandes hängt von der Gültigkeit der getroffenen Annahmen (◻ Tab. 11.1) ab. Wie stark die Effekte sind, die auftreten, wenn diese Annahmen nicht zutreffen, lässt sich im Prinzip mithilfe von Sensitivitätsanalysen bestimmen. Zu weiteren Details der Analyse, Attribution und Interpretation siehe ▶ Abschn. 11.2 und Mudelsee et al. (2003, 2004).

Es zeigt sich, dass Winterhochwasser der mittleren Elbe längerfristig – d. h. auf Zeitskalen von mindestens drei Jahrzehnten – seltener werden und Sommerhochwasser im Auftreten konstant bleiben (◻ Abb. 11.2). Winterhochwasser traten im Mittel über den Zeitraum 1806–2002 etwa 6,4-mal häufiger auf als Sommerhochwasser. Für kürzere Zeitskalen – also weniger als drei Jahrzehnte – sind keine belastbaren Aussagen möglich, da die Datenanzahl zu gering und der statistische Fehler zu groß ist (◻ Tab. 11.1).

Die beobachteten Trends lassen sich zum Teil attributiv dem Klimawandel zuordnen. Eine Attribution hat grundsätzlich den Charakter einer Hypothese, die mithilfe der Daten getestet wird und deren Ergebnis eine Irrtumswahrscheinlichkeit aufweist. Die beobachtete regionale Erwärmung im Einzugsgebiet (Hartmann et al. 2013) lässt den Fluss winters seltener vereisen und reduziert damit die Wahrscheinlichkeit des Auftretens von „Eishochwasser". Hierbei führt eine aufbrechende Eisdecke zu einer Verstauung der Schollen, was eine örtliche Wasserstandserhöhung bewirkt, wie z. B. im März/April 1845. Die Attribution für Sommerhochwasser, die durch Extremniederschläge ausgelöst werden, erfolgt über eine andere Kausalkette. Regionale Erwärmung führt zu einer steigenden atmosphärischen Wasserdampfaufnahmefähigkeit, die eine erhöhte Auftrittsrate extremer Niederschläge und damit eine erhöhte Hochwasserauftrittsrate zur Folge hat (Allen und Ingram 2002; Boucher et al. 2013; Hirabayashi et al. 2013). Diese Kette ist jedoch deutlichen Störeinflüssen ausgesetzt, weshalb eventuell vorhandene Trends für den Zeitraum in ◻ Abb. 11.2 (bis August 2002) nicht nachweisbar sind (Mudelsee et al. 2004). Störeinflüsse könnten hypothetisch in den Änderungen der am häufigsten auftretenden Windrichtungen und des damit zusammenhängenden orografischen Niederschlags (Mudelsee et al. 2006) bestehen. Die bewegten Luftmassen werden hierbei an den Gebirgen gehoben und dadurch abgekühlt, und der gasförmige, in der Luft enthaltene Wasserdampf kondensiert in flüssigen Niederschlag. Das ist ein Störeinfluss, weil von einer signifikanten physikalischen Einwirkung auszugehen ist, die jedoch in ihrer Größe nicht genau bekannt ist, weil Windrichtungen räumlich und zeitlich stark schwanken. Möglicherweise sind mittlerweile Trends im Auftreten von Sommerhochwasser der Elbe nachweisbar, da mehr Ereignisse vorliegen; dazu liegt jedoch noch keine begutachtete Literatur vor. Die Bestimmung des maximalen Abflusses am Hochwasserscheitel im Juni 2013 wurde erst Anfang 2014 abgeschlossen.

Die Befunde sind relativ robust. Das bedeutet in diesem Fall: kaum beeinflusst durch die Wahl des Schwellenwerts für die Definition extrem großer Ereignisse (◘ Abb. 11.1), wie Sensitivitätsanalysen (Mudelsee et al. 2004) zeigen. Sensitivitätsanalysen sind Computerexperimente, die untersuchen, wie sich das Ergebnis ändert, wenn man die zugrunde liegenden Annahmen ändert (Mudelsee 2014). Beispielsweise ergeben sich auch abfallende Trends im Auftreten von Winterhochwasser der Elbe, wenn man den Schwellenwert auf die Grenze für kleinere Hochwasser herabsetzt (Mudelsee et al. 2003). Ein statistischer Test erhärtet diese Trendbefunde (Mudelsee et al. 2004).

Eine Anzahl alternativer Erklärungen für vorliegende Trends ist prinzipiell denkbar. Zu diesen zählen Wasserbau und Landnutzungsänderungen.

Im Wasserbau kann ein koordiniertes Management der Hochwasserrückhaltebecken und anderer Reservoire den Hochwasserscheitel senken, wie für die Elbe im August 2002 bei Magdeburg (Bronstert 2003) und im Juni 2013 bei mehreren Stationen (Belz et al. 2013) gezeigt wurde. Hier zählt jeder Zentimeter, weil die Kurve der Schäden gegenüber der Ereignisstärke, wie generell bei vielen Ereignistypen, im oberen Bereich sehr stark ansteigt (Stern 2007; Ward et al. 2011). Sensitivitätsanalysen zeigen jedoch, dass die Auftrittsraten extrem starker Hochwasser der mittleren Elbe dadurch nicht reduziert werden können (Mudelsee et al. 2004). Der Einfluss von Begradigungen auf die Auftrittsrate über die vergangenen drei Jahrhunderte ist vernachlässigbar (Mudelsee et al. 2003).

Auch das Argument der Landnutzungsänderungen als Ursache für die Veränderungen wurde geprüft. Die vorgetragene Behauptung (van der Ploeg und Schweigert 2001) einer Zunahme der Hochwasserauftrittsrate der unteren mittleren und unteren Elbe aufgrund von Kultivierungsmaßnahmen in der frühen DDR wurde widerlegt (Mudelsee et al. 2004):

1. Die Frist von 1949 bis vor 1989 ist zu kurz, um belastbare Ergebnisse zu erzielen.

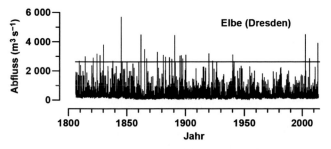

◘ **Abb. 11.1** Abflusszeitreihe der Elbe vom Pegel Dresden für das Intervall von Januar 1806 bis Dezember 2013 (Tageswerte). Der Schwellenwert für die Definition extrem großer Ereignisse (horizontale Linie) liegt bei 2 630 m³s⁻¹. (Mudelsee et al. 2003; Wasser- und Schifffahrtsverwaltung des Bundes, WSV, bereitgestellt durch die Bundesanstalt für Gewässerkunde, BfG)

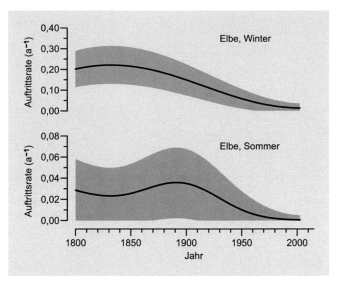

◘ **Abb. 11.2** Geschätzte Auftrittsraten (*durchgezogene Linien*) extrem großer Hochwasserereignisse der mittleren Elbe, saisonal differenziert. Ebenfalls gezeigt (*schattiert*) sind die 90 %-Bänder der statistischen Unsicherheiten, die durch Simulationsrechnungen bestimmt wurden. (Mudelsee et al. 2003)

2. Die längerfristigen Trends weisen in die andere Richtung (◘ Abb. 11.2).
3. Es fehlte die saisonale Differenzierung in der genannten Arbeit.

Die grundsätzliche Herausforderung bei der Attribution ist es, zwischen unterschiedlichen Kausaleinflüssen oder Kausalkombinationen zu entscheiden. Das physikalische Vorwissen hilft, Kausaleinflüsse zu identifizieren, und die statistische Methodik hilft, diese hypothetischen Einflüsse zu testen. Wir finden im Beispiel der Elbehochwasser Hinweise auf den Attributionsfaktor „Klimawandel" und keine Hinweise auf die Faktoren „Wasserbau" oder „Landnutzungsänderungen".

11.2 Unsicherheiten bei der statistischen Analyse von Ereignissen in der Vergangenheit

Die Auftrittsrate, die für die Analyse von Veränderungen im Hochwassergeschehen als relevante Größe betrachtet wird, ist definiert als die Anzahl an Extremereignissen pro Jahr. Bei einem sich mit der Zeit ändernden Klima kann davon ausgegangen werden, dass sich auch die Auftrittsrate ändert. Diese Zeitabhängigkeit der Auftrittsrate kann neben dem Klimawandel auch durch andere zeitabhängig einwirkende Kausalfaktoren hervorgerufen werden.

Zur Analyse der zeitabhängigen Auftrittsrate von Klimaextremen wird eine statistische Methode auf eine Datenbasis (Beobachtungen oder Modellresultate) angewendet. Die Methode besteht im Prinzip aus dem Abzählen von Ereignissen pro Zeitintervall; dazu kommen mathematische Verfeinerungen (Mudelsee 2014). Das Abzählen kann man mathematisch als eine Gewichtung beschreiben, bei der die Ereignisse innerhalb eines Abzählzeitintervalls voll, die Ereignisse außerhalb überhaupt nicht mitgerechnet werden.

1

◻ **Tab. 11.1** Unsicherheiten bei der statistischen Analyse von Hochwasser (vergangenes Klima)	
Zufällige Fluktuationen	**Systematische Fehler**
Ablesefehler Wasserstand*	Nullpunktsetzung Wasserstand*
Messfehler Abfluss (Eichung Wasserstand – Abfluss)	Funktionale Form Eichkurve
	Nichtaktualisierte Eichkurve (z. B. nach Hochwasserereignissen)
Kurzfristige Fluktuationen (Niederschlag)	Räumliche Extrapolationen (z. B. Nebenflüsse)
Räumliche Fluktuationen (Abflussbedingungen Boden)	Über-/Untertreibungen in historischen Klimadokumenten
Messfehler Indikatorvariablen an natürlichen Klimaarchiven** (vorinstrumentelle Periode, d. h. vor ca. 1850***)	Systematische Fremdeinflüsse (d. h. Einflüsse von anderen Faktoren als Hochwasser) auf Indikatorvariablen (vorinstrumentelle Periode)
	Fremdeinfluss Landnutzungsänderung
	Fremdeinfluss Wasserbau
Begrenzte Datenverfügbarkeit (statistische Methode)	Schwellenwert für die Definition extrem großer Ereignisse (statistische Methode)
Begrenzte Rechenkapazität (statistische Methode)*	

* Vernachlässigbar gering
** Zum Beispiel Seesedimente (Czymzik et al. 2010)
*** Die instrumentell gemessenen Abflusswerte für die Elbe bei Dresden (◻ Abb. 11.1) reichen ungewöhnlich weit (bis in das Jahr 1806) zurück

Weniger „sprunghafte" Gewichtungen, wie in ◻ Abb. 11.2 verwendet, liefern jedoch ein genaueres Schätzergebnis (Mudelsee 2014).

Die statistische Analyse ist geprägt durch zwei Unsicherheitstypen: 1) zufällige Fluktuationen in den Beobachtungen, aber auch im komplexen Klimasystem und 2) systematische Fehler, die auftreten, wenn getroffene Annahmen nicht zutreffen. Am Beispiel der Elbehochwasser zeigt sich, dass der – zufällige – Ablesefehler des Wasserstands gegenüber den anderen Unsicherheiten vernachlässigbar gering ist. Auch der Nullpunkt des Pegels ist sehr genau bekannt. Nennenswerte Fehler können lediglich bei der Untersuchung historischer Hochwasserereignisse auftreten, wenn etwa das Datum einer Nullpunktverlegung unbekannt ist. Dies wäre ein systematischer Fehler: Eine unberücksichtigte Nullpunktsenkung etwa würde eine erhöhte Auftrittsrate für den Zeitraum danach vortäuschen.

Die hydrologisch relevante Größe für die hier vorgestellte Analyse ist der Abfluss, der jedoch aus Kostengründen nicht wie der Wasserstand kontinuierlich, sondern nur zu bestimmten Zeitpunkten gemessen wird. An die Messwertepaare Wasserstand–Abfluss wird eine Eichkurve (Mudelsee et al. 2003) angepasst. Im kontinuierlichen Betrieb wird der Abfluss aus Wasserstandsmessung und Eichkurve gewonnen. Wichtig für die Genauigkeit des Abflusswertes ist hierbei die Korrektheit der Eichkurve. Hochwasserereignisse können die Geometrie eines Flusses und damit die Form der Eichkurve jedoch verändern. Deshalb sind nichtaktualisierte Eichkurven eine Quelle systematischer Fehler (◻ Tab. 11.1). Die Unsicherheitstypen werden am Beispiel des Ereignistyps „Hochwasser" dargestellt. Für die Elbe ist die Aktualisierung allerdings regelmäßig erfolgt und der entsprechende Fehler gering (Helms et al. 2002).

Selbst wenn die Abflusswerte fehlerfrei wären, würde sich keine regelmäßige Folge (z. B. jedes vierte Jahr) von Hochwasserereignissen einstellen. Deren Auftreten schwankt unregelmäßig, weil das „erzeugende" atmosphärische System – der Niederschlag – variiert. Es ist wahrscheinlich, dass diese durch die Kli-

mavariationen bewirkten Auftrittsratenschwankungen andere Fehlereinflüsse dominieren (Mudelsee et al. 2003).

Eine weitere Annahme bei der statistischen Analyse ist die Unabhängigkeit der Ereignisse. Für die Elbehochwasser liegen die Datenpunkte Juni 2013 und August 2002 weit auseinander, und dazwischen gab es Phasen niedrigen Wasserstands, etwa im Hitzesommer 2003 (► Kap. 6); diese beiden Ereignisse können deshalb als unabhängig angesetzt werden. Wenn es dagegen, als hypothetisches Beispiel, nach dem Durchlaufen eines ersten Hochwasserscheitels nur eine kurzzeitige Senkung von 3 Tagen gegeben hätte und danach ein zweiter Scheitel aufgetreten wäre, dann gehörten die beiden Scheitel hydrologisch zusammen und würden als ein einzelnes Ereignis gewertet. Um die Unabhängigkeit der Ereignisse in einem Datensatz zu gewährleisten, sind deshalb oft detaillierte Studien der historischen Quellen oder der Abflusszeitreihen (◻ Abb. 11.1) notwendig (Mudelsee et al. 2003).

Das Analyseergebnis weicht wegen dieser Unsicherheiten von der wahren, jedoch unbekannten zeitabhängigen Auftrittsrate ab. Die typische Größe der Abweichungen, die durch die zufälligen Fluktuationen hervorgerufen werden, lässt sich statistisch bestimmen und in Form eines Unsicherheitsbandes angeben (◻ Abb. 11.2). Die typische Größe der Abweichungen, die auftreten, wenn die getroffenen Annahmen nicht zutreffen, lässt sich im Prinzip durch rechenintensive Wiederholungsanalysen bestimmen, nämlich durch Zugrundelegung variierter Annahmen.

Zum Beispiel simulierten Mudelsee et al. (2003) die für das Management von Hochwasser zur Verfügung stehende Reservoirgröße. Wenn um das Jahr 1900 – ab dem in nennenswerter Weise Reservoire für die Elbe gebaut wurden – und davor bereits der heutige Stauraum zur Verfügung gestanden hätte, dann hätte man durch geschicktes Hochwassermanagement den Hochwasserscheitel senken können. Mudelsee et al. (2003) erstellten derartige auf die Reservoirgröße korrigierte Hochwasserdaten für Elbe und Oder. Diese Korrektur zeigte nur einen geringen

Einfluss auf die Trendbefunde. Des Weiteren erzeugten Mudelsee et al. (2003) simulierte Hochwasserdaten mithilfe eines Zufallsgenerators unter Zugrundelegung des Eichfehlers aus der Beziehung zwischen Wasserstand und Abfluss. Auch diese Simulationen zeigten nur einen geringen Einfluss auf die Trendbefunde.

Dieser Typ von Abweichungen wird als systematischer Fehler bezeichnet. Die Möglichkeiten derartiger Sensitivitätsanalysen sind jedoch insofern beschränkt, als das Wissen über Kausalfaktoren oder weitere Annahmen begrenzt ist.

11.3 Unsicherheiten bei der statistischen Analyse von Projektionen in die Zukunft

Um Wissen über die zukünftigen Hochwasserauftrittsraten zu erzeugen, werden Klimamodelle eingesetzt. Gegenwärtig wird mit Modellketten (Teil I) gearbeitet. Hierbei gibt ein räumlich gröber aufgelöstes globales Modell die Klimazustände am Rand eines feiner aufgelösten regionalen Modells (z. B. für Europa) vor. Der Output des regionalen Modells für die Variable „Niederschlag" ist dann der Input des lokalen Impaktmodells, das die relevante Variable (Abfluss) in hoher Auflösung simuliert. An diese simulierte Abflusszeitreihe wird der Schwellenwert für die Definition extrem großer Ereignisse (◘ Abb. 11.1) angepasst. Die so simulierten Hochwasserereignisse werden mit der gleichen statistischen Methode analysiert wie die Hochwasserereignisse der Vergangenheit (▶ Abschn. 11.2).

Das Wissen über Hochwasserauftrittsraten in der Zukunft zeigt, wie das für die Vergangenheit, die beiden Unsicherheitstypen „zufällige Fluktuationen" und „systematische Fehler" (◘ Tab. 11.2). Die mit der Klimamodellierung zusammenhängenden Unsicherheiten treten nun an die Stelle der mit den Beobachtungen zusammenhängenden Unsicherheiten (Messwerte, historische Dokumente und Indikatorvariablen).

Bei globalen Klimamodellen bilden die anthropogenen Treibhausgasemissionen, welche die physikalischen Strahlungseigenschaften der Erde verändern, den wichtigsten Antrieb (Stocker et al. 2013); die Emissionen wirken sich stärker aus als natürliche Prozesse wie Schwankungen der Sonnenaktivität oder Vulkanaktivität. Ein Weg, der damit einhergehenden großen systematischen Unsicherheit zu begegnen, ist, bestimmte Emissionsszenarien vorzugeben und „Wenn-dann"-Rechnungen durchzuführen. Die hieraus hervorgehenden Klimaprojektionen decken eine Bandbreite an Emissionsszenarien ab (Teil I). Eine weitere Ursache systematischer Fehler bei globalen Klimamodellen liegt in der relativ groben räumlichen Auflösung. Dies erzwingt, für Prozesse, die auf kleinerer Raumskala ablaufen (z. B. Wolkenbildung), empirische physikalische Formeln, Parametrisierungen genannt, anzusetzen. Diese Formeln sind jedoch nicht exakt bekannt. Eine Möglichkeit, diese Unsicherheit zu quantifizieren, besteht in wiederholten Simulationen des globalen Klimas unter variierten Parametrisierungen (Allen 1999). Diese Vorgehensweise entspricht den Sensitivitätsanalysen, die für vergangene Klimazustände durchgeführt werden (▶ Abschn. 11.2). Die begrenzte Rechenkapazität erlaubt jedoch keine hohe Zahl an derartigen Modellsimulationen (◘ Tab. 11.2).

◘ **Tab. 11.2** Unsicherheiten bei der statistischen Analyse von Hochwasser (zukünftiges Klima)

Zufällige Fluktuationen	Systematische Fehler
Globales Klimamodell	
	Strahlungsantrieb (anthropogene Treibhausgasemissionen, natürliche Prozesse*)
Modellimplementierung (Numerik)	Modellformulierung
Kurzfristige Fluktuationen (in den Variablen, die an das regionale Klimamodell übergeben werden)	
Begrenzte Rechenkapazität	
Regionales Klimamodell	
Modellimplementierung (Numerik)	Modellformulierung
Kurzfristige Fluktuationen (Niederschlag)	
Begrenzte Rechenkapazität	
Lokales Impaktmodell	
Modellimplementierung (Numerik)	Modellformulierung
	Landnutzungsszenario
	Wasserbauszenario
Begrenzte Rechenkapazität**	
Statistische Methode	
Begrenzte Datenverfügbarkeit	Schwellenwert für die Definition extrem großer Ereignisse
Begrenzte Rechenkapazität**	

* Sonnenaktivität, Vulkanausbrüche
** Vernachlässigbar gering

Klima ist ein chaotisches System, in dem sich zwei hypothetische, zu einem Anfangszeitpunkt nahe beieinander liegende Klimazustände nach einer gewissen Zeit weit auseinander befinden. Um das chaotische Verhalten mit globalen Klimamodellen zu quantifizieren, werden wiederholte Simulationen unter variierten Anfangszuständen, sogenannte Ensemble-Simulationen, durchgeführt (▶ Kap. 5). Die begrenzte Rechenkapazität erlaubt auch hier keine hohe Anzahl an Ensembles (◘ Tab. 11.2).

Selbst wenn der zukünftige Strahlungsantrieb genau bekannt wäre, die Formulierung globaler Klimamodelle perfekt und der Anfangszustand exakt bestimmt, so würden doch zufällige Ergebnisabweichungen zwischen unterschiedlichen Modellimplementierungen resultieren. Dies liegt an der Wahl der Computerhardware und -software, die sich auf die Genauigkeit von Kommazahlen im Computer und der näherungsweisen numerischen Lösung von mathematischen Gleichungen auswirkt.

Bei den regionalen Klimamodellen besteht die wichtigste Ursache systematischer Fehler in der Modellformulierung (▶ Kap. 5). Durch die feinere räumliche Auflösung ist es mit regionalen Modellen möglich, zusätzliche (im Vergleich zu globalen Modellen) biogeochemische Prozesse explizit mathematisch abzubilden; die Herausforderung ist jedoch, diese zusätzlichen Gleichungen realistisch zu formulieren. Und auch regionale Klimamodelle benötigen – unsichere – Parametrisierungen kleinskaliger Prozesse. Prinzipiell lassen sich diese Unsicherheiten wie bei den globalen Klimamodellen mithilfe von Simulationsrechnungen bestimmen.

Die relativen Anteile der einzelnen Unsicherheitsquellen an der gesamten Unsicherheit ändern sich mit der Zeit. Während momentan für die Jahre bis etwa 2030 die kurzfristigen chaotischen Klimafluktuationen den Hauptanteil ausmachen, überwiegen auf längerer Frist (bis 2100) die Unsicherheiten in den Treibhausgasemissionen und der Modellformulierung (Kirtman et al. 2013).

Auch bei den zufälligen Fluktuationen zeigen regionale Modelle Ähnlichkeiten zu den globalen Modellen (◘ Tab. 11.2): numerische Aspekte der Modellimplementierung und begrenzte Rechenkapazität. Die chaotischen Eigenschaften auf der regionalen Skala betreffen nun die Klimavariable „Niederschlag", die der Input für die Impaktmodelle ist.

Das lokale Impaktmodell ist ein hydrologisches Modell (▶ Kap. 10), das den Abfluss simuliert. Die Modellformulierung ist anfällig für systematische Fehler (z. B. Bodeneigenschaften). Von besonderer Bedeutung sind die nichtklimatischen Faktoren Landnutzungsänderung und Wasserbau (◘ Tab. 11.2). Wenn diese auch für das Hochwassergeschehen der mittleren Elbe in der Vergangenheit von vernachlässigbarem Einfluss waren (▶ Abschn. 11.1), so mögen sie doch für die Zukunft oder für andere Flüsse (insbesondere kleine Einzugsgebiete) zu berücksichtigen sein. Anthropogenen Ursprungs wie der Faktor Treibhausgasemissionen, können Landnutzung und Wasserbau mithilfe von Szenarien analysiert werden. Die Streuung der Ergebnisse über diese Landnutzungs- oder Wasserbauszenarien ist ein grobes Maß der Analyseunsicherheiten. Während auch Impaktmodelle implementiert werden müssen, sind sie im Vergleich zu globalen oder regionalen Klimamodellen deutlich weniger komplex, und die begrenzte Rechenkapazität stellt hier kein Hindernis dar.

Für die statistische Analysemethode der Hochwasserdaten (◘ Tab. 11.2) und deren Unsicherheitsquellen (hauptsächlich Datenverfügbarkeit und Schwellenwert) spielt es prinzipiell keine Rolle, ob die Daten die Zukunft betreffen (Modellkette) oder die Vergangenheit (Beobachtungen). Zur Wahl des Schwellenwerts im simulierten Abfluss für die Definition extrem großer Hochwasser (◘ Abb. 11.1): Um hier systematischen Fehlern vorzubeugen, müssen Simulationsergebnisse auch für die Vergangenheit vorliegen. Damit kann der Schwellenwert für die Modelldaten so eingestellt werden, dass im Überlappungszeitbereich Beobachtungen und Modellsimulationen gleich große Auftrittsraten zeigen.

Obwohl sich in den zurückliegenden Jahren mit steigender Rechenkapazität auch die Anzahl an Klimamodellsimulationen (das Produkt aus der Anzahl globaler Simulationen, der Anzahl regionaler Simulationen und der Anzahl an Impaktsimulationen) erhöht hat (▶ Kap. 5), sind es doch relativ wenige für die Anforderungen einer anspruchsvollen statistischen Analyse. Während für die einfache statistische Kenngröße „Mittelwert" weniger Simulationen für eine belastbare Einschätzung benötigt

werden, braucht es für die die Unsicherheit messende Kenngröße „Standardabweichung" mehr Simulationen, etwa 100–400 (Efron und Tibshirani 1993). Diese Größenordnung sollte in näherer Zukunft für die Teil-Modellketten (global–regional) betreibenden Institutionen machbar sein. Dazu darf die künftige, stark erhöhte Rechenkapazität jedoch nicht ausschließlich in eine feinere räumliche Auflösung der Modelle investiert werden.

11.4 Unsicherheitsreduzierung durch intelligentes Fragen

Vergangene und projizierte künftige Hochwasserereignisse können statistisch analysiert werden (▶ Abschn. 11.2 und 11.3). Ebenso kann der ursächliche Zusammenhang mit dem Klimawandel untersucht werden. Die mit diesen Analysen einhergehenden Unsicherheiten sind zum Teil beträchtlich (◘ Abb. 11.2). Wie lassen sie sich reduzieren? Für die Wissenschaft liegt der Schlüssel in der Auswahl des Schätzobjekts. Allgemeinverständlicher formuliert: Manche den Klimawandel betreffende Fragen lassen sich genauer als andere, in die gleiche Richtung zielende Fragen beantworten.

Als hypothetisches Beispiel seien die mit einer Modellkette simulierten Elbehochwasser für den Zeitraum von 1806 bis 2100 betrachtet. Das Schätzobjekt „zeitabhängige Auftrittsrate" ist wegen der unterschiedlichen Unsicherheitsquellen (◘ Tab. 11.2) nur sehr ungenau bekannt. Wenn man dagegen das Schätzobjekt „Auftrittsratenänderung (Vergangenheit/Zukunft)" wählt, so wirken sich einige Unsicherheitsquellen, etwa die Wahl des Schwellenwerts für die Definition extrem großer Ereignisse, für die Vergangenheit gleich aus wie für die Zukunft, und die entsprechenden Unsicherheiten heben sich gegenseitig auf.

Generell sind vergleichende, Änderungen betreffende Fragestellungen „intelligenter" als absolute Fragestellungen. Auch die Unsicherheiten in der Modellformulierung (◘ Tab. 11.2) lassen sich dadurch besser herauskürzen. Anderes Beispiel: Eine der „unintelligentesten" Fragen wäre die nach einem Hochwasser in Meißen zu Ostern im Jahr 2084, also 300 Jahre nach dem großen Osterhochwasser an gleicher Stelle (Mudelsee et al. 2003).

Jedoch sind nicht alle alternativen Frageformulierungen für die Entscheidungsträger akzeptabel. Manchmal interessieren eben doch absolute Zahlen. Ein eng abgestimmtes Gespräch zwischen der Wissenschaft und den Entscheidungsträgern ist deshalb unerlässlich, um herauszufinden, was geht und welche Fragen die richtigen sind. Hierin liegt ein großes Potenzial.

11.5 Kurz gesagt

Extreme Wetter- und Klimaereignisse wie Hochwasser, Stürme oder Hitzewellen verursachten in Deutschland in der Vergangenheit beträchtliche ökonomische Schäden und Verluste an Menschenleben. Die Aufgabe, diese Ereignistypen in ihrem Auftreten zu quantifizieren, Trends darin nachzuweisen und eine kausale Zuschreibung in Bezug auf das Klima und andere Einflüsse vorzunehmen, stößt gegenwärtig auf erhebliche methodische Hindernisse und Unsicherheiten. Die Größe der Unsicherheiten lässt sich mithilfe von Simulations- und Sensitivitätsanalysen prinzipiell bestimmen, die Unsicherheiten selbst werden jedoch bestehen bleiben. Die methodischen Hindernisse lassen sich durch verbesserte statistische Algorithmen prinzipiell abtragen.

Wegen der Schwankungen im atmosphärischen System und wegen der Messfehler und Unsicherheiten in den Daten und Modellen weisen die Analyseergebnisse zwangsläufig Unsicherheiten auf. Während auf langen Zeitskalen aus physikalischen Gründen mit deutlichen, durch den Klimawandel hervorgerufenen Trends zu rechnen ist, stellen die Bestimmung der Auftrittsrate extremer Ereignisse und die Attribution weiterhin große wissenschaftliche Herausforderungen dar. Die Entscheidungen von Politik und Gesellschaft für dem Klimawandel begegnende Maßnahmen – betreffend Hochwasser und andere Extreme im Klimasystem – sind deshalb in einer Situation der Unsicherheit zu treffen. Intelligente, vergleichende Fragestellungen helfen hierbei, die Unsicherheiten zu reduzieren.

Literatur

Allen M (1999) Do-it-yourself climate prediction. Nature 401:642

Allen MR, Ingram WJ (2002) Constraints on future changes in climate and the hydrologic cycle. Nature 419:224–232

Belz JU, Busch N, Hammer M, Hatz M, Krahe P, Meißner D, Becker A, Böhm U, Gratzki A, Löpmeier F-J, Malitz G, Schmidt T (2013) Das Juni-Hochwasser des Jahres 2013 an den Bundeswasserstraßen – Ursachen und Verlauf, Einordnung und fachliche Herausforderungen. Korresp Wasserwirtsch 6:624–634

Boucher O, Randall D, Artaxo P, Bretherton C, Feingold G, Forster P, Kerminen V-M, Kondo Y, Liao H, Lohmann U, Rasch P, Satheesh SK, Sherwood S, Stevens B, Zhang X-Y (2013) Clouds and aerosols. In: Stocker TF, Qin D, Plattner G-K, Tignor MMB, Allen SK, Boschung J, Nauels A, Xia Y, Bex V, Midgley PM (Hrsg) Climate change 2013: The physical science basis. Working group I contribution to the fifth assessment report of the Intergovernmental Panel on Climate Change. Cambridge University Press, Cambridge, S 571–657

Bronstert A (2003) The flood on the Elbe River in August 2002 and the efficiency of water retention in the Havel detention basins. Geophys Res Abstr 5:14648

Conradt T, Roers M, Schröter K, Elmer F, Hoffmann P, Koch H, Hattermann FF, Wechsung F (2013) Vergleich der Extremhochwässer 2002 und 2013 im deutschen Teil des Elbegebiets und deren Abflusssimulation durch SWIM-live. Hydrol Wasserbewirtsch 57:241–245

Czymzik M, Dulski P, Plessen B, von Grafenstein U, Naumann R, Brauer A (2010) A 450 year record of spring–summer flood layers in annually laminated sediments from Lake Ammersee (southern Germany). Water Resour Res 46:W11528. doi:10.1029/2009WR008360

Efron B, Tibshirani RJ (1993) An introduction to the bootstrap. Chapman & Hall, New York

Hartmann DL, Klein Tank AMG, Rusticucci M, Alexander LV, Brönnimann S, Charabi YA-R, Dentener FJ, Dlugokencky EJ, Easterling DR, Kaplan A, Soden BJ, Thorne PW, Wild M, Zhai P (2013) Observations: Atmosphere and surface. In: Stocker TF, Qin D, Plattner G-K, Tignor MMB, Allen SK, Boschung J, Nauels A, Xia Y, Bex V, Midgley PM (Hrsg) Climate change 2013: The physical science basis. Working group I contribution to the fifth assessment report of the Intergovernmental Panel on Climate Change. Cambridge University Press, Cambridge, S 159–254

Helms M, Ihringer J, Nestmann F (2002) Analyse und Simulation des Abflussprozesses der Elbe. In: Nestmann F, Büchele B (Hrsg) Morphodynamik der Elbe. Institut für Wasserwirtschaft und Kulturtechnik. Universität Karlsruhe (TH), Karlsruhe, S 91–202

Hirabayashi Y, Mahendran R, Koirala S, Konoshima L, Yamazaki D, Watanabe S, Kim H, Kanae S (2013) Global flood risk under climate change. Nat Clim Change 3:816–821

Kirtman B, Power SB, Adedoyin AJ, Boer GJ, Bojariu R, Camilloni I, Doblas-Reyes F, Fiore AM, Kimoto M, Meehl G, Prather M, Sarr A, Schär C, Sutton R, Oldenborgh GJ van, Vecchi G, Wang H-J (2013) Near-term climate change: Projections and predictability. In: Stocker TF, Qin D, Plattner G-K, Tignor MMB, Allen SK, Boschung J, Nauels A, Xia Y, Bex V, Midgley PM (Hrsg) Climate change 2013: The physical science basis. Working group I contribution to the fifth assessment report of the Intergovernmental Panel on Climate Change. Cambridge University Press, Cambridge, S 953–1028

Königliche Elbstrombauverwaltung (1898) Der Elbstrom, sein Stromgebiet und seine wichtigsten Nebenflüsse, Bd 3.1. Reimer, Berlin

Mudelsee M (2014) Climate time series analysis: Classical statistical and bootstrap methods, 2. Aufl. Springer, Cham

Mudelsee M, Börngen M, Tetzlaff G, Grünewald U (2003) No upward trends in the occurrence of extreme floods in central Europe. Nature 425:166–169

Mudelsee M, Börngen M, Tetzlaff G, Grünewald U (2004) Extreme floods in central Europe over the past 500 years: Role of cyclone pathway „Zugstrasse Vb". J Geophys Res 109:D23101. doi:10.1029/2004JD005034

Mudelsee M, Deutsch M, Börngen M, Tetzlaff G (2006) Trends in flood risk of the river Werra (Germany) over the past 500 years. Hydrol Sci J 51:818–833

Ploeg RR van der, Schweigert P (2001) Elbe River flood peaks and postwar agricultural land use in East Germany. Naturwissenschaften 88:522–525

Stern N (2007) The economics of climate change: The Stern review. Cambridge University Press, Cambridge

Stocker TF, Qin D, Plattner G-K, Tignor MMB, Allen SK, Boschung J, Nauels A, Xia Y, Bex V, Midgley PM (2013) Climate change 2013: The physical science basis. Working group I contribution to the fifth assessment report of the Intergovernmental Panel on Climate Change. Cambridge University Press, Cambridge

Ward PJ, de Moel H, Aerts JCJH (2011) How are flood risk estimates affected by the choice of return-periods? Nat Hazards Earth Syst Sci 11:3181–3195

Dürre, Waldbrände, gravitative Massenbewegungen und andere klimarelevante Naturgefahren

Thomas Glade, Peter Hoffmann, Kirsten Thonicke

© Der/die Herausgeber bzw. der/die Autor(en) 2017
G. Brasseur, D. Jacob, S. Schuck-Zöller (Hrsg.), *Klimawandel in Deutschland,* DOI 10.1007/978-3-662-50397-3_12

12.1 Dürre

Neben meteorologischen und hydrologischen Risiken wie Stürmen und Überschwemmungen gehören Dürren zur Kategorie klimatologischer Extremereignisse. Weltweit gesehen beträgt ihr Anteil an allen registrierten Extremereignissen etwa 15 % (Münchner Rückversicherungs-Gesellschaft 2012). Im WMO-Report 2013 (WMO 2014) erfolgt eine detailliertere Differenzierung dieser Ereignisklasse. Dabei fallen – weltweit gesehen – noch 6 % in die Kategorie der Dürren. In Deutschland bzw. Europa liegt der Wert etwas darunter. Einen Zustand der atmosphärischen Zirkulationsverhältnisse in der unteren Troposphäre, bei dem es großräumig zu einem außergewöhnlich hohen Wasserdefizit im Boden kommt und bei dem eine ausreichende Wasserversorgung der Pflanzen nicht gewährleistet ist, bezeichnet man als meteorologische Dürre. Witterungssituationen, die lang anhaltend hohe Temperaturen, verhältnismäßig wenig Regen sowie hohe Einstrahlung begünstigen, können das Gleichgewicht zwischen Niederschlag und Verdunstung und damit den Wasserhaushalt erheblich stören. Ein solcher in unregelmäßigen Abständen wiederkehrender Zustand kann verschieden stark ausgeprägt sein und prinzipiell an jedem Ort der Erde auftreten. Zudem werden noch zwei weitere dürreähnliche Zustände unterschieden: Anders als die oben beschriebene Dürre werden diese nicht an klimatologischen Variablen festgemacht, sondern durch hydrologische oder landwirtschaftliche Variablen charakterisiert. Letztlich bestimmen auch die vorherrschenden sozioökonomischen Faktoren der betroffenen Region das Maß der Auswirkungen und Schäden – z. B. die Bevölkerungsdichte, die Landnutzung oder auch die Industrialisierung. Je nach Dauer derartiger Witterungssituationen können, beispielsweise durch das Absinken des Grundwasserspiegels und das Austrocknen kleinerer Binnengewässer, viele Bereiche unseres täglichen Lebens in Mitleidenschaft gezogen werden.

12.1.1 Einordnung vergangener Ereignisse

Meteorologische Ursachen, welche die Entwicklung sommerlicher Hitze- und Trockenperioden in Deutschland hervorrufen, werden durch die großräumige atmosphärische Zirkulation über Europa bestimmt. Die Verlagerungsgeschwindigkeit und Intensität atmosphärischer Wellen, die in mittleren Breiten unser Wettergeschehen maßgeblich prägen, werden durch viele Faktoren gesteuert, die sich nur im globalen Kontext erfassen lassen. Diese periodisch den Globus in höheren Atmosphärenschichten umspannenden Strukturen bestimmen wesentlich die Druck- und Temperaturverteilung und verlagern sich parallel zum Äquator zeitlich von West nach Ost. Sie können aus bis zu acht Wellenbergen und -tälern bestehen, und durch Überlagerungserscheinungen (Petoukhov et al. 2013) können sich stabile großräumige Wettersituationen einstellen (DWD 2004). So gelangten z. B. 2003 heiße und trockene Luftmassen aus der Sahara nach Mitteleuropa, die zu Rekordwerten in Europa und Deutschland führten, die bis dato als sehr unwahrscheinlich galten (Schär et al. 2004). ◘ Abb. 12.1 zeigt die großräumigen Unterschiede in Temperatur und Niederschlag während des Sommers 2003 in Bezug auf die Referenzperiode 1981–2010. Diese Konfiguration der atmosphärischen Zirkulation führte in weiten Teilen Europas zu Temperaturen, die den klimatologischen Durchschnitt um 1–4 °C übertrafen (◘ Abb. 12.1). In Deutschland lagen die Abweichungen zur Klimanormalperiode (1961–1990) für Nord- und Mitteldeutschland zwischen +3 und +4 °C (DWD 2014), im südlichen Teil Deutschlands deutlich darüber.

Anders als bei Extremereignissen wie Hochwasser, Stürmen und lokalen Unwettern besitzen Dürreperioden häufig großräumige Flächenausdehnungen. Sie können sowohl die Wirtschaft als auch langfristig das Wohlbefinden der Menschen stärker beeinträchtigen als andere Ereignisse (WMO 2012). Selbst stärkere Niederschläge vor oder nach Dürreperioden verringern häufig nicht das Schadenspotenzial: Wie das Jahr 2011 gezeigt hat, konnten auch überdurchschnittliche Regenmengen im Winter und Sommer das Defizit im März bis Mai sowie Oktober und November nicht kompensieren. Die Auswirkungen von Dürreperioden sind nicht nur großflächig, sondern häufig auch lang anhaltend.

Perioden mit extremer Trockenheit sind also nicht nur auf die Sommermonate begrenzt, sondern können auch im Frühjahr und Herbst spürbare Folgen hinterlassen. Ihre Ausprägung wird vor allem durch die Stabilität von Hochdruckwetterlagen über Mitteleuropa bestimmt. Bei längerem Andauern verdunstet mehr Wasser aus dem Boden, als ihm durch Regen zugeführt wird.

Obwohl sich in einem wärmeren Klima potenziell mehr Wasser in Dampfform in der Atmosphäre befindet, entscheiden letztlich die großräumige Zirkulation und die niederschlagsbildenden Prozesse darüber, ob das verfügbare Angebot an Wasser tatsächlich als Niederschlag zum Boden gelangt oder in der Atmosphäre verbleibt. Auswertungen von Stationsdaten in Deutschland von 1951 bis 2006 bestätigen, dass die relative Luftfeuchtigkeit trotz einer Zunahme der spezifischen Luftfeuchtigkeit abnimmt (Hattermann et al. 2013). Dabei wird der Masseanteil von Wasserdampf in feuchter Luft zwar größer, zugleich steigt jedoch der Abstand zwischen dem Dampfdruck des Wassers und dem durch die höhere Temperatur gestiegenen Sättigungsdampfdruck. Dadurch entsteht eine höhere Schwelle bei der Wolken- und Niederschlagsbildung, die örtlich zu längeren niederschlagsfreien Perioden und im Sommer zu niedrigeren Abflusswerten führen kann (Krysanova et al. 2008). So fällt bei der Betrachtung von Temperatur- und Niederschlagsaufzeichnungen (DWD 2010) – gemittelt über Deutschland für die Sommermonate Juni bis August – auf, dass sich genau die Jahre abheben (1983 und 1947), die in der Vergangenheit durch ein extremes Wasserdefizit geprägt waren.

Statistische Analysen der langen Beobachtungsreihen (1901–2003) für Deutschland zeigen, dass Sommeranomalien wie im Jahr 2003 mit einer Eintrittswahrscheinlichkeit von weniger als 0,01 % außerordentlich selten sind (Schönwiese und Janoschitz 2005). Das entspricht in etwa einem Ereignis pro 10.000 Jahren. Betrachtet man die Wahrscheinlichkeit für derartige Extremereignisse allerdings nach dem Extremsommer 2003, ergibt sich nach heutigem Wissen ein sehr viel kürzeres Wiederkehrintervall: nämlich nur von etwa 450 Jahren (Schönwiese und Janoschitz 2005). Derartige Hitzewellen und Dürreperioden werden jedoch unter einem wärmeren Klima wahrscheinlicher (IPCC 2013).

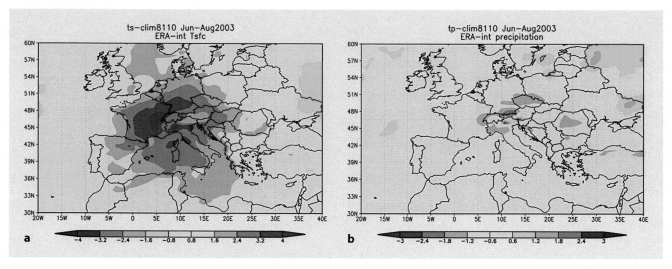

◻ Abb. 12.1 Großräumige Verteilung der Temperatur- (**a** in °C) und Niederschlagsabweichungen (**b** in mm/d) über Europa während des Sommers 2003 (Juni bis August) bezogen auf den Referenzzeitraum 1981–2010. (Climate Explorer o.J.)

12.1.2 Projektionen

Aus den globalen Klimaprojektionen des Fünften Sachstandsberichts des Weltklimarats (IPCC 2013) geht hervor, dass sich an der Häufigkeit blockierender Wetterlagen über Europa nur wenig ändern wird. Solche Wetterlagen sind besonders wichtig für die Ausbildung von Dürren. Allerdings gibt es Anzeichen dafür, dass sich sowohl die Andauer als auch die Intensität derartiger Zustände in der Atmosphäre verstärken könnten (Masato et al. 2013). Gesicherte Aussagen darüber sind jedoch nicht möglich. Allerdings zeigen regionalisierte Klimaprojektionen unter Annahme verschiedener Emissionsszenarien für Europa eine Zunahme klimatischer Extreme: Die Zahl der Hitzewellen steigt, und die Trockenphasen dauern länger. Die stärkste Ausprägung dieser Größen macht das Emissionsszenario RCP8.5 über Mitteleuropa sichtbar (Jacob et al. 2013). Primär allerdings liegt die größte Gefährdung in Südeuropa – so zeigen es auch frühere Szenarien (Fischer und Schär 2010) –, da die Effekte einer Kombination von zunehmender Hitze und Trockenheit dort noch größere Folgen haben als in Mitteleuropa.

Aber auch für Teile Ostdeutschlands zeigen Klimarechnungen eine Zunahme der sommerlichen Wasserknappheit (Jacob et al. 2013). Diese Situation begünstigt die Entwicklung von Dürreperioden, da sich zudem der mittlere Niederschlag im Sommer verringert. Die zugrunde liegenden Modelle projizieren einen Rückgang um 10 % bis zur Mitte des Jahrhunderts (2021–2050) und um 20 % bis zum Ende des Jahrhunderts (2071–2100). Die Änderungen beziehen sich dabei auf die Referenzperiode 1971–2000 und sind im Westen stärker als im Osten, da dort die mittlere Niederschlagssumme höher liegt.

Eine generelle Bewertung der in Deutschland betriebenen regionalen Klimamodelle (CCLM, Remo, STARS, WETTREG) konnte bislang nicht in zufriedenstellender Art und Weise umgesetzt werden. Vor allem die zukünftige Entwicklung des Niederschlags ist mit großen Unsicherheiten behaftet. Daher stellt jede einzelne regionale Klimasimulation ein mögliches Szenario für die zukünftige Entwicklung dar.

Ob sich die Häufigkeit und das Ausmaß von Dürren und dürreähnlichen Zuständen in Deutschland und Mitteleuropa zukünftig verändern, wird ausschließlich durch Einflussfaktoren auf der globalen Skala bestimmt. Die dafür verantwortlichen Witterungsverläufe über Mitteleuropa resultieren aus der Verstärkung troposphärisch angeregter planetarer Wellen mit niedriger Verlagerungsgeschwindigkeit. Sie können teils länger als eine Woche quasi stationär verweilen. Auch wenn sich diese in ihrer Häufigkeit nicht wesentlich ändern werden, so könnten doch die Folgen des Rekordsommers 2003 bei längerer Andauer übertroffen werden. Bisherige kurzfristigere Trockenperioden können sich dann zukünftig zu länger anhaltenden Dürren ausweiten.

12.2 Waldbrand

12.2.1 Bestandsaufnahme

Feuerregime, also Muster, die das Zusammenspiel zwischen Feuergefährdung, Entzündungen und Flächengröße beschreiben, sind ständigen Veränderungen und Anpassungen unterworfen, die durch Klimaschwankungen, Vegetationsdynamik und auch durch den Menschen hervorgerufen werden. Brände treten in Deutschland vornehmlich als Waldbrände auf oder werden gezielt zur Landschaftspflege und zum Erhalt geschützter Biotope gelegt, z. B. auf Heideflächen. Waldbrände sind in Deutschland von Natur aus sehr selten, da es keine Zündung oder Selbstentzündung durch Sonneneinstrahlung gibt, wie man dies häufig in den Mittelmeerregionen beobachten kann. Die übergeordnete natürliche Waldbrandursache ist in Deutschland der Blitzschlag (Müller 2009). Aufgrund der besonderen Bodeneigenschaften und des Übergangs zum Kontinentalklima besteht im Nordosten Deutschlands eine höhere Waldbrandgefahr als in anderen Regionen des Landes.

Das gemäßigte Klima, die stark fragmentierte Landschaft, aber auch das effektive Waldbrand-Monitoringsystem bewirken, dass bisher nur in extrem trockenen Jahren Waldbrände auftreten, wobei bis zu 2000 ha Wald verbrennen – bei einem gleichzeitig seit drei Jahrzehnten rückläufigen Trend der jährlichen Waldbrandflächen (BLE 2011): Vor allem das Monitoring hat sich verbessert, da inzwischen automatisierte Detektionssysteme eingesetzt werden. Allerdings hat über den gleichen Zeitraum die Klimavariabilität zugenommen, was die zunehmende Anzahl an Tagen mit hoher Waldbrandwarnstufe (Wittich et al. 2011) zeigt. Weiterhin wurde analysiert, dass extrem hohe Wandbrandgefahr in kürzeren Intervallen auftritt (Wastl et al. 2012). Einen ebenfalls seit 1958 signifikanten, zunehmenden Trend fanden Lavalle et al. (2009) in der Intensität der Feuersaison, d. h. größere Feuergefahr bei gleicher Saisonlänge, in Mittel- und Nordostdeutschland. Obwohl also die klimatisch bedingte Waldbrandgefahr steigt, kompensieren Sicherungsmaßnahmen dies derzeit noch. Weiterhin ist festzuhalten, dass sich die geplante Waldentwicklung und -strukturveränderung weg von großflächigen Monokulturen hin zu diverseren Waldbeständen bewegt hat, wodurch die potenzielle Waldbrandgefahr reduziert ist (Müller 2009).

12.2.2 Projektionen

Inwiefern sich dieser Trend zunehmender Feuergefährdung in der Zukunft fortsetzen wird, hängt nicht nur vom projizierten Klimawandel selbst ab, sondern auch von Veränderungen im Waldwachstum und den physiologischen Prozessen von Pflanzen. Offenere, stärker mit Gräsern bewachsene Wälder können bei gleicher klimatischer Gefährdung die Feuerausbreitung begünstigen, dichte Wälder ohne Grasunterwuchs dagegen verringern. Zusätzlich muss natürlich der veränderte Umgang des Menschen mit der Waldwirtschaft beachtet werden. Besonders die Qualität mit der Feuchte und Lage und die Quantität mit der Menge und Dimension des Brennmaterials bestimmen maßgeblich die Waldbrände. Jedoch kann auch ein höherer atmosphärischer CO_2-Gehalt die Wassernutzungseffizienz der Wälder und damit die Wasserspeicherung im Boden erhöhen. Dieser sogenannte CO_2-Düngungseffekt kann die Produktivität der Wälder steigern (▶ Kap. 17) und dabei möglicherweise indirekt die Waldbrandgefahr reduzieren. Daher muss zwischen Projektionen der Waldbrandgefahr und der Veränderung der Feuerregime unterschieden werden, die mithilfe von gekoppelten Vegetation-Feuer-Modellen simuliert werden können.

Da Waldbrände im Mittelmeerraum ein größeres Problem darstellen, sind vor allem Projektionen der Waldbrandgefahr und der Veränderung der Feuerregime für diese Region erstellt worden (Amatulli et al. 2013; San-Miguel-Ayanz et al. 2013). Aber auch für Deutschland sind entsprechende Projektionen aus europäischen, nationalen oder regionalen Studien verfügbar, die auf globale oder regionale Klimaprojektionen des Vierten Sachstandberichts des IPCC zurückgreifen. Die Emissionsszenarien SRES A2, A1B und A1FI wurden zugrunde gelegt, um die stärksten Veränderungen im zukünftigen Waldbrandrisiko zu erfassen. Am häufigsten wurde der kanadische Waldbrandindex FWI (*fire weather index*, van Wagner 1987) für Projektionen auf nationaler (Wittich et al. 2011) und europäischer Ebene (Lavalle et al. 2009) verwendet. Auch der Deutsche Wetterdienst benutzt für das Monitoring der aktuellen Waldbrandgefahr zunehmend

den FWI, auch wenn frühere Arbeiten auf deutsche Indizes zurückgegriffen haben (Badeck et al. 2004). Neuere methodische Untersuchungen des FWI haben jedoch darauf verwiesen, dass berechnete Risikoveränderungen unterschätzt werden könnten oder die geografische Verteilung gefährdeter Gebiete ungenau sein könnte, wenn Tagesmittelwerte statt Tagesmaxima für die Berechnung herangezogen werden. Daher sollten für entsprechende Zukunftsprojektionen Tagesmaxima verwendet werden (Bedia et al. 2013).

Generell ist das Bild der projizierten Veränderungen zukünftiger Waldbrände sehr heterogen und qualitativ unterschiedlich. Dies ist auf Unsicherheiten aus der Klimamodellierung zurückzuführen. Berechnungen, die mehrere regionale Klimasimulationen als Eingangsgrößen für den FWI verwenden, zeigen eine Zunahme des Waldbrandrisikos für die Mitte oder das Ende des 21. Jahrhunderts, beinhalten aber auch Ergebnisse, die eine Reduzierung des Risikos projizieren (◘ Tab. 12.1). Ein zunehmendes Waldbrandrisiko bedeutet, dass größere Gebiete betroffen sind, dass die Feuersaison länger dauert und dass es mehr Tage mit extremer Waldbrandgefahr gibt (Lavalle et al. 2009). Aktuellste Projektionen der Waldbrandgefahr sind im Klimaatlas des Deutschen Wetterdienstes zusammengefasst (www.deutscher-klimaatlas.de/forstwirtschaft).

12.2.3 Perspektiven

Projektionen des Waldbrandrisikos beinhalten nur die klimatische Gefährdung, jedoch nicht die Interaktionen zwischen Bestandsstruktur, menschlicher Nutzung und Feuer, die Feuereffekte verstärken oder abschwächen können. Entsprechende Simulationsexperimente mit gekoppelten Vegetation-Feuer-Modellen, die ebenfalls durch Klimaprojektionen angetrieben wurden, zeigen für Zentraleuropa keine Veränderungen der Feuerregime. Das heißt, weder die Feuerwahrscheinlichkeit noch die verbrannten Flächen zeigen eine signifikante Veränderung. Dies kann durch das verwendete prognostische Feuermodell erklärt werden, das ggf. nichtlineare Veränderungen in den verantwortlichen Prozessen in Zentraleuropa nicht berücksichtigt (Migliavacca et al. 2013a). Dazu könnte eine schnellere Feuerausbreitung zählen, die durch eine Ausdehnung der Grasflächen auf Kosten von Wäldern hervorgerufen würde. Zum anderen kann aber auch der CO_2-Düngeeffekt entsprechende Anstiege im klimatischen Waldbrandrisiko ausgleichen und die Veränderungen in den Waldbrandflächen möglicherweise klein halten (Thonicke und Cramer 2006). Zusätzlich ist festzuhalten, dass die menschliche Nutzung das Waldbrandrisiko mitbestimmt.

Während Projektionen des Waldbrandrisikos den klimatischen Rahmen möglicher Veränderungen darstellen, können physiologische Prozesse und konkrete Bestandsstrukturen dazu führen, dass dieser klimatische Rahmen gar nicht zum Tragen kommt. Feuerregime könnten demnach weniger von klimatischen Veränderungen als eher vom Wandel anderer Faktoren abhängig sein, d. h., wenn sich deren Muster verändern, dann verändert sich das tatsächliche Feuerregime. Diese Szenarien zeigen die potenzielle und tatsächliche Zündfähigkeit und Brennbarkeit der vorhandenen Brennmaterialien an. Dies wird sehr

◻ **Tab. 12.1** Projektionen zukünftiger Waldbrandgefährdungen und Waldbrandregime in Abhängigkeit von regionalen und globalen Klimaprojektionen sowie Emissionsszenarien für das 21. Jahrhundert und deren relative Veränderung im Vergleich zum historischen Zeitraum. Je nach Aspekt der untersuchten Feuerregime und der verwendeten Modelltypen („verwendete Methode") ergeben sich qualitativ unterschiedliche zukünftige Veränderungen

Klimamodell	Emissionsszenario	Verwendete Methode		Region	Berechnete Veränderung		Referenz
		Feuerrisikoindex	Feuermodell		Zeitraum	Veränderung: starke Zunahme: ++ leichte Zunahme: + keine Änderung: 0 leichte Abnahme: – starke Abnahme: – –	
DMI-HIRHAM	SRES A2	SSR des FWI		Europa	2071–2100 vs. 1961–1990	+	Lavalle et al. (2009)
CLM, REMO, STAR, WETTREG**	SRES A1B	FWI		Deutschland	2021–2050 vs. 1971–2000	++ (STAR) ++ (CLM) + (WETTREG) – (REMO)	Wittich et al. (2011)
KNMI-RACMO2 METO-HC-Had-RM3Q0 DMI-HIRHAM5	SRES A1B	FWI		Europa	2071–2100 vs. 1971–2000	+ (HadRM3Q0) + (RACMO2) – (HIRHAM)	FP7-FUME project ▶ http://cordis.europa.eu/result/rcn/54266_en.html
COSMO-CLM, ENSEMBLES-RCM	A1B	FFMC		Europa	2031–2050 vs. 1991–2010	– (COSMO) + (RCMs)	Cane et al. (2013)
KNMI-RACMO2, ECHAM5-HIRHAM5, METO-HC-Had-RM3Q0, ARPEGE-HIR-HAM5, HadCM3-RCA	A1B		CLM-AB*	Europa	2040–2069 vs. 1961–1990	0	Migliavacca et al. (2013b)
				Europa	2070–2099 vs. 1961–1990	0	
HadCM3, CSIRO2, PCM	A1FI		LPJ-Reg-FIRM*	Brandenburg	1975–2100	0 (ohne CO_2-Effekt) – (mit CO_2-Effekt)	Thonicke und Cramer (2006)

* Feuerwahrscheinlichkeit, Veränderung verbrannte Fläche und Feueremissionen
** alle an Globalmodell ECHAM5 gekoppelt

stark über die Waldbewirtschaftung gesteuert. Die Vorbeugung, Überwachung und Brandbekämpfung können folglich die Waldbrandgefahr auch im Klimawandel stark beeinflussen.

12.3 Gravitative Massenbewegungen

Die Naturgefahren der gravitativen Massenbewegungen beinhalten Prozesse wie Felsstürze, Muren, flach- und tiefgründige Rutschungen sowie andere komplexe Bewegungen (Glade et al. 2005). Diese sind auf verschiedenste Art von klimarelevanten Faktoren abhängig und werden ganz unterschiedlich direkt und indirekt vom Menschen beeinflusst (Klose et al. 2015; Schmidt und Dikau 2004). Gravitative Massenbewegungen treten an vollkommen natürlichen, vom Menschen unbeeinflussten Hängen auf, z. B. im hochalpinen Gebiet, an Hängen von eingeschnittenen Tälern und Schichtstufen in Mittelgebirgen (u. a. Hardenbicker et al. 2001; Terhorst 2001, 2009; Schmidt und Beyer 2001; Finkler et al. 2013; Bock et al. 2013; Garcia et al. 2010; Oeltzschner 1997) oder an Steilküsten (Günther und Thiel 2009; Kuhn und Prüfer 2014). Sie

treten aber auch an Böschungen auf, die vom Menschen geschaffen wurden, oder an übersteilten Hängen, etwa in Gebieten, in denen Baugebiete ausgewiesen (Kurdal et al. 2006) oder flächenhafte Flurbereinigungen durchgeführt wurden. Je nach Lokalität sind demzufolge die Dispositionen der Gebiete gegenüber klimatischen und hydrometeorologischen Auslösern komplett unterschiedlich (u. a. Dikau und Schrott 1999; Schmidt und Dikau 2004).

12.3.1 Felsstürze

Neben den hier nicht weiter behandelten Erdbeben sind besonders Starkniederschläge Auslöser von Felsstürzen, die häufig durch hydrometeorologische Vorgänge vorbereitet werden (Krautblatter et al. 2010a, 2010b). Hierzu gehört z. B. ein langanhaltender Niederschlag, der die offenen Gesteinsklüfte ausfüllt und dort zu großen Porenwasserdrücken führen kann. Diese können auch durch eine Schneeschmelze im Frühjahr erreicht werden.

Solche vorbereitenden Faktoren lösen gravitative Massenbewegungen nicht direkt aus, sondern erhöhen die Disposition der entsprechenden stabilitätsbeeinflussenden Variablen. Einen weiteren derartigen Faktor im Hochgebirge stellt der Permafrost dar. Der dauergefrorene Bereich stabilisiert die steilen alpinen Felswände zusätzlich (Haas et al. 2009). Durch die Klimaerwärmung werden bisher steile Gesteinsformationen in einen labilen Zustand versetzt und können sich dann entsprechend aus der Felswand ablösen (Krautblatter und Moser 2009; Krautblatter et al. 2013).

Eine ganz andere Situation ist an den Steilküsten Norddeutschlands zu beobachten (Günther und Thiel 2009; Kuhn und Prüfer 2014). Für deren Stabilität sind wieder die Klüftung des Gesteins und der anzutreffende Porenwasserdruck maßgeblich verantwortlich. Hinzu kommt hier aber auch noch die Wellenwirkung über die Brandung: Sie erodiert die Steilküsten kontinuierlich am Hangfuß, bis die darüber gelagerte Masse so instabil wird, dass sie kollabiert. Diese Grenze zwischen Stabilität des Kliffs und der Bewegungsauslösung kann durch interne Kräfteverschiebungen überschritten werden (verursacht z. B. durch die Verwitterung des Gesteins), kann aber auch durch externe Kräfte, beispielsweise über einen Sturm mit sehr hoher Brandung oder über Starkniederschläge, erreicht werden. Die klimatischen und hydrometeorologischen Faktoren beeinflussen folglich langfristig über die Wellenbewegungen und die Ausbildung der Brandungshohlkehlen die Stabilität ganzer Küstenabschnitte, führen aber bei extremen Situationen wie Starkniederschlägen oder einer starken Wellenbrandung auch zur Auslösung der Felsstürze.

Weiterhin treten Felsstürze an künstlichen Geländeanschnitten in vielfältigster Weise auf. Solche Anschnitte entstehen sehr häufig beim Bau der Verkehrsnetze (Straßen oder Eisenbahn, Röhlich et al. 2003) oder beim Hausbau in Hangbereichen. Hier kann es auch zur Auslösung der Felsstürze durch hydrometeorologische Faktoren kommen, die eigentliche Ursache im Sinne eines vorbereitenden Faktors ist jedoch in der anthropogenen Übersteilung zu sehen. Untersuchungen zeigten auch, dass zwischen dem Zeitpunkt solcher Übersteilung und dem eigentlichen Auslösen der Felsstürze viele Jahre, manchmal sogar viele Jahrzehnte liegen können. Dies erschwert die klare Trennung zwischen dem menschlichen Einfluss und den deutlich auf die Klimaänderungen zurückzuführenden Folgewirkungen.

Zusammenfassend ist festzuhalten, dass Felsstürze in den verschiedensten Regionen in Deutschland an natürlichen und künstlich übersteilten Felswänden auftreten (Röhlich et al. 2003). Die klimatischen und hydrometeorologischen Wirkungen sind dabei als vorbereitende Faktoren genauso wichtig wie für die Auslösung an sich (Krautblatter und Moser 2006; Schmidt und Dikau 2004). Eine klare Trennung zwischen den natürlichen und damit klar auf den Klimawandel zu beziehenden Gegebenheiten und den vom Menschen beeinflussten Faktoren ist überaus schwierig.

12.3.2 Muren

Muren sind Ströme aus Wasser, Schlamm- und Gesteinsmassen, die sich im Gebirge bergabwärts bewegen (◗ Abb. 12.2). Die kli-

◗ **Abb. 12.2** Murablagerung in Bad Überkingen, Schwäbische Alb. (Rainer Bell)

matischen und hydrometeorologischen Gegebenheiten wirken auch hier als vorbereitende und auslösende Faktoren: Wassergesättigtes Material ist leichter mobilisierbar als trockene Sedimente. Weiterhin spielen auch Vegetationsänderungen für die Muraktivität eine große Rolle. Im Falle einer Rodung oder eines natürlichen Windwurfs können bisher durch die Vegetation geschützte Bereiche bei Sturmereignissen zu potenziellen Quellgebieten von Muren werden. Außerdem können Murverbauungen den Prozessablauf maßgeblich verändern, indem sie beispielsweise die Muren abbremsen oder aufhalten. All dies beeinflusst, wie oft Muren auftreten und wie stark sie sind, und es überlagert mögliche Klimafolgenwirkungen.

Es ist festzustellen, dass sich die durch Klimaereignisse ausgelöste Muraktivität verändert (Damm und Felderer 2013). Dies wurde z. B. auch in dendromorphologischen Untersuchungen erkannt (Schneider et al. 2010), die in den veränderten Jahresringen die Wachstumsveränderungen von Bäumen, verursacht durch die Bewegung der Erdoberflächen, analysieren. Es ist aber nicht eindeutig, welche dieser Veränderungen auf die klimarelevanten Parameter zurückzuführen sind und welche von anderen Einflüssen in welcher Stärke überlagert werden.

12.3.3 Rutschungen

Bei Rutschungen werden meist Lockersedimente, aber auch geklüftete Felsmassen auf einer hangparallelen (Translationsrutschung) oder rotationsförmigen Gleitfläche (Rotationsrutschung) hangabwärts transportiert (◗ Abb. 12.3). Rutschungen treten an natürlichen sowie an künstlich übersteilten Hängen gleichermaßen auf und bewegen sich mit den verschiedensten Geschwindigkeiten: von langsam kriechend bis spontan ausbrechend und extrem schnell. Wichtig ist zu beachten, ob es Neuinitiierungen von Rutschungen sind oder ob es sich um Reaktivierungen bereits früherer Bewegungen handelt. Denn diese reagieren ganz unterschiedlich auf gleiche klimatische und hydro-meteorologische Gegebenheiten.

Auch Rutschungen bereiten sich vor, werden dann ausgelöst, und ihre Bewegung wird durch die Situation am Hang beeinflusst (Schmidt und Dikau 2005) – besonders davon, welche Pflanzen in welchem Alter den Hang bewachsen und durchwurzeln

◘ **Abb. 12.3** Rotationsrutschung bei Ockenheim, Rheinhessen. (Thomas Glade)

(Papathoma-Köhle und Glade 2013), wie die Geländeoberfläche geformt ist, wie stark der Boden verwittert ist, welches Gestein ansteht und wie viel Material und Wasser verfügbar sind. Die gleiche Niederschlagsmenge kann also mal Rutschungen auslösen und mal nicht – je nach Situation am Hang.

Viele Untersuchungen zu Rutschungen zeigen auch, dass besonders der Wege- und Siedlungsbau und die veränderten Hangdrainagen einen großen Einfluss auf das Rutschungsverhalten haben (Röhlich et al. 2003; Andrecs et al. 2007). Das gleiche Phänomen trifft auch für den Siedlungsbau zu – wenn auch räumlich weniger ausgedehnt. Wasser wird oberflächig und unterirdisch gesammelt und umgeleitet. Weiterhin werden auch agrarwirtschaftlich genutzte Flächen im Hangbereich sehr häufig von Landwirten dräniert, um die Nutzung zu intensivieren. Alle genannten Aktivitäten verändern die Hanghydrologie, wodurch die Rutschungsaktivität beeinflusst wird.

Natürliche Auslöser von Rutschungen sind neben Erdbeben (z.B. Nepal-Erdbeben, 25.04.15) besonders hydrometeorologische Faktoren. Hierzu zählen lang anhaltende Feuchteperioden oder eine schnelle Schneeschmelze genauso wie Starkregenereignisse (Krauter et al. 2012). Es gibt aber auch Untersuchungen, die eine erhöhte Rutschungsaktivität besonders nach lang anhaltenden Trockenperioden mit anschließenden, von der Stärke eher vernachlässigbaren Niederschlagsereignissen feststellen konnten (Glade und Dikau 2001). Analysen haben gezeigt, dass sich in der Trockenperiode tief greifende Risse im Oberboden bildeten, über die dann der Niederschlag sehr schnell in den Untergrund eindringen konnte und eine Rutschung reaktivierte, obwohl die eigentliche Niederschlagsmenge sehr gering war.

Aus diesen Ausführungen ist ersichtlich, dass es sicherlich einen Zusammenhang zwischen klimatischen Veränderungen und einer daraus resultierenden Rutschungsaktivität gibt (Dehn und Buma 1999; Krauter et al. 2012). Wie jedoch auch aus internationalen Studien abgeleitet werden kann (Mathie et al. 2007), ist aus den bisherigen Untersuchungen kein zwingender und eindeutiger Zusammenhang nachweisbar (Mayer et al. 2010). Eine eindeutige Trennung zwischen den Auswirkungen des Klimawandels und den Konsequenzen menschlicher Eingriffe lässt sich momentan noch nicht direkt und gesichert ableiten.

12.4 Kryosphäre

Naturgefahren in der Kryosphäre – in Gebieten mit gefrorenem Wasser – sind ganz unterschiedlich in ihrer räumlichen Verbreitung, in ihrer zeitlichen Aktivität und in Bezug auf ihre Wechselwirkung mit der Gesellschaft zu betrachten (Damm et al. 2012). Jedoch greift der Mensch in die Kryosphäre weniger ein, sodass die Auswirkungen seines Handelns auf diese Naturgefahren nicht so stark sind wie auf die Bereiche der gravitativen Massenbewegungen oder der Waldbrände. Dieser Beitrag konzentriert sich auf die Naturgefahren, ausgelöst durch den flächenhaften Rückgang des Permafrosts, durch Veränderungen von glazialen Systemen und Schneelawinen (Haeberli und Beniston 1998).

12.4.1 Auftauender Permafrost

Dauergefrorener Boden und Fels unterliegen momentan global massiven Veränderungen (Kääb 2007). Auch in Deutschland werden – wenn auch nur in Hochgebirgsregionen – seit einigen Jahren signifikante Veränderungen dokumentiert (Krautblatter et al. 2010a), die sicherlich auch mit dem Klimawandel in Verbindung stehen. Der Anstieg der durchschnittlichen Jahrestemperatur und die damit verbundene Erhöhung der Null-Grad-Isotherme (Linie gleicher Temperaturen) im Hochgebirge führen dazu, dass sich der Permafrost kontinuierlich abbaut (Gude und Barsch 2005).

Wie bei den Felsstürzen und den Muren bereits ausgeführt, kann erwartet werden, dass der Rückgang des Permafrosts massive Veränderungen im Prozessgefüge und in der Dynamik der Naturgefahren bewirkt (Damm und Felderer 2013). In den Regionen mit steilen Felswänden ist bereits zu beobachten, dass die Felssturzaktivität steigt (Krautblatter et al. 2010a). Durch den verschwindenden Permafrost tauen ganze Bergregionen auf, was besonders große Auswirkungen auf die dort vorhandene Infrastruktur hat, seien es die Bergbahnen mit den Bergstationen für den Tourismus, das Observatorium der Zugspitze oder die bewirtschafteten Berghütten der Alpenvereine (Weber 2003; Gude und Barsch 2005; Krautblatter et al. 2010b). Auch hochgelegene Schutthalden und Moränenzüge wurden bisher durch den Permafrost stabilisiert. Durch das Auftauen des gefrorenen Schutts kann dieser bei Starkniederschlägen leichter mobilisiert werden, und es besteht die Gefahr von häufigeren und größeren Murabgängen (Damm und Felderer 2013).

Neben diesen klassischen Naturgefahren verändert sich durch eine Klimaerwärmung auch das komplette Prozessgefüge in Hochgebirgsgebieten, die zwar unvergletschert, aber dennoch durch Frost geprägt sind. Es kann erwartet werden, dass sich die Solifluktion – die fließende Bewegung von Schutt- und Erdmassen an Hängen auf gefrorenem Untergrund – mit dem auftauenden Permafrost durch die erhöhte Wasserverfügbarkeit zuerst auf Bewegungsraten von bis zu mehreren Zentimetern bis Metern pro Jahr verstärkt, dann aber durch das fehlende Wasser wieder stark auf Millimeter bis Zentimeter pro Jahr reduziert wird. Der Eisanteil in aktiven Blockgletschern kann stark abnehmen. Durch das Verschwinden des Eisanteils wird sich die interne Reibung der Schutt- und Geröllmasse kontinuierlich erhöhen, bis sich diese nicht weiter bewegen werden. All diese Veränderungen werden u. a. die Oberflächenprozesse in ihren Eigenschaften und in ihrem räumlichen und zeitlichen Auftreten nachhaltig modifizieren.

12.4.2 Glaziale Systeme

Bereits seit vielen Jahren wird beobachtet, dass die glazialen Systeme global einer großen Veränderung unterliegen, was in den meisten Fällen einen massiven Gletscherrückzug bedeutet (Weber 2003; Owen et al. 2009; Zemp et al. 2006). Viele Studien zeigen, dass auch die in Deutschland befindlichen Gletscher an Masse verlieren und sich zurückziehen (Haeberli und Beniston 1998; Weber 2003). Dieser Trend wird sich in den kommenden Jahren noch fortsetzen, und es ist bei einer anhaltenden Klimaerwärmung bis zum Ende des 21. Jahrhunderts sogar zu erwarten, dass auch die letzten Gletscher in Deutschland bald verschwunden sein werden.

Dies wird signifikante Auswirkungen in den hochalpinen Gebieten, aber auch in den glazial geprägten Flusssystemen haben. Momentan ist in den europäischen Alpen zu beobachten, dass durch die erhöhten Schmelzraten im Sommer die Wasserverfügbarkeit bedeutend steigt und deshalb die sommerliche Wasserführung in den glazialen Flussregimen zunimmt (Collins 2007). Hierdurch nehmen die Sedimentfrachten in den Flüssen zu. Es ist jedoch zu erwarten, dass sich diese erhöhte Wasserführung mit dem Abschmelzen der Gletscher umgehend vermindert, wie dies bereits in anderen Regionen festgestellt wird (u. a. in Chile, Baraer et al. 2012). Wahrscheinlich wird sich das Abflussregime von einem glazialen Regime mit sommerlichen Abflussspitzen zu einem schneegeprägten Abflussregime mit Spitzen im Frühjahr verändern. Dies wird sicherlich massive Auswirkungen auf das komplette hochalpine Ökosystem haben, aber auch das raumwirksame Handeln der Menschen in den Tallagen der Gebirge verändern. Besonders ist hier zu beachten, dass diese Veränderungen in den gesamten Alpen stattfinden. Für Deutschland bedeutet dies, dass sich auch Flusssysteme, die ihr Quellgebiet in den an Deutschland angrenzenden alpinen Gebieten haben (z. B. in Österreich und der Schweiz), stark verändern werden.

Auch das von Gletschern frei werdende Gebiet wird sich massiv wandeln. Es beginnen periglaziale Prozesse in den bisher durch Eis bedeckten Regionen. Flächenmäßig sind dies, besonders in der Relation der gesamten Bundesrepublik, nur marginale Flächen. Diese werden sich jedoch signifikant verändern.

12.4.3 Schneelawinen

Mit der gemessenen Erwärmung steigt die Null-Grad-Isotherme in den Hochgebirgen, und es ist zu erwarten, dass sich der Anteil des als Schnee fallenden Niederschlags in Zukunft zugunsten des Anteils von in flüssiger Form fallendem Niederschlag verschiebt. Die Erhöhung der Schneegrenze wird dazu führen, dass weniger Schnee zur Verfügung steht. Dies wird auch einen Einfluss auf den Schneedeckenaufbau haben, da in höheren Lagen aufgrund der veränderten Gegensätze der Tag-/Nacht-Temperaturen

die Anzahl der Frost-Tau-Zyklen steigen wird und somit eine stärkere Schichtung der Schneedecke mit verändertem Wasserhaushalt zu erwarten ist (Bernhardt et al. 2012; Steinkogler et al. 2014).

Neben der Schneedecke selbst sind gerade für Schneelawinen die Schneeakkumulationen durch Windverfrachtung von zentraler Bedeutung (Warscher et al. 2013). Inwieweit sich mit der Klimaerwärmung auch Windfelder und die Verteilung der winterlichen Schneeakkumulationen ändern werden, ist schwer zu beurteilen. Weiterhin wird sicherlich weniger Schnee in tiefen Lagen abgelagert (Eckert et al. 2010; Lavigne et al. 2015). Es ist aber auch zu erwarten, dass Extremereignisse große Schneemengen in die Hänge bringen und, kombiniert mit schnellen Wetteränderungen, in kurzen Perioden die Schneelawinenaktivität erhöhen (Pielmeier et al. 2013). Zusätzlich könnte die Schneelawinenaktivität über den ganzen Winter verteilt eher abnehmen, Extremniederschlagsereignisse mit entsprechenden Lawinenabgängen wird es aber durchaus weiter geben.

12.5 Ausblick

Man muss klimarelevante Naturgefahren sehr differenziert betrachten. Einfache Kausalschlüsse zwischen Klimaveränderungen und natürlichen Prozessen an der Erdoberfläche können irreführend sein. Das Auftreten der präsentierten Naturgefahren ist von den vorbereitenden, auslösenden und kontrollierenden Faktoren abhängig. Wie dargelegt, unterscheidet sich die Bedeutung der jeweiligen Faktoren für die verschiedenen Naturgefahren signifikant. Zusätzlich wird die Einschätzung der Situation noch erschwert, da auch der Mensch direkt oder indirekt massiv in die Umwelt eingreift (Birkmann et al. 2011). Dadurch verändern sich die Wirkungsketten bei den jeweiligen Naturgefahren und somit auch die Konsequenzen (Klose et al. 2012). Diese lassen sich dadurch schwerer von den aus dem Klimawandel resultierenden Kräften differenzieren.

Um diese Aspekte in der Zukunft umfassend und im Sinne eines besseren Verständnisses der möglichen Auswirkungen des Klimawandels auch hinsichtlich einer Nachhaltigkeit besser verstehen zu können, sollten einige der angesprochenen Themenkomplexe bearbeitet werden. Neben vielen anderen Themen beinhaltet dies Folgendes:

- Die vielfältigen Wechselwirkungen der klimatologischen und hydrometeorologischen Faktoren müssen prozessorientiert durch Geländeuntersuchungen und ergänzende Modellierungen aufgearbeitet werden.
- Die vergangenen Situationen müssen den momentanen Gegebenheiten und den möglichen zukünftigen Entwicklungen gegenübergestellt werden.
- In Prozessuntersuchungen muss eindeutig zwischen vorbereitenden, auslösenden und kontrollierenden Faktoren unterschieden werden. Dies wird eine bessere Abschätzung der Auswirkungen der Änderungen im Klimasystem bei den verschiedenen Naturgefahren erlauben. Spezifisch für jede Naturgefahr müssen die möglichen menschlichen Eingriffe identifiziert und ihre Bedeutung in der jeweiligen Kinematik abgeschätzt und kalkuliert werden.

- Die natürlichen und die menschlichen Eingriffe müssen vergleichend bewertet werden, um die Auswirkungen der Änderungen einzelner Faktoren für spezifische Naturgefahren eindeutig abschätzen zu können.
- Die Kaskadeneffekte zwischen den einzelnen Naturgefahren müssen stärker berücksichtigt werden. Beispielsweise können ein Waldbrand oder eine Schneelawine dazu führen, dass in der darauf folgenden Zeit Felsstürze in tiefer gelegene Gebiete gelangen können, da die frühere Schutzwirkung des Waldes entfällt. Oder Muren können Flüsse blockieren: Es bilden sich Seen, die dann den Damm durchbrechen und große Überschwemmungen in den talabwärtsgelegenen Gebieten verursachen können.

12.6   Kurz gesagt

Klimarelevante Naturgefahren sind auf vielfältige Faktoren zurückzuführen, deren Zusammenwirken in der Gesamtheit betrachtet werden muss. Die vorbereitenden, auslösenden und kontrollierenden Faktoren werden in unterschiedlichster Weise vom Klimawandel beeinflusst. Dieses Zusammenspiel zeigt sich durch schleichende Veränderungen wie bei Dürre, Rückgang des Permafrosts und kriechenden gravitativen Massenbewegungen sowie an schnell ablaufenden Naturgefahren wie Waldbränden, Muren, Fels- und Bergstürzen sowie Schneelawinen. Klimatische und hydrometeorologische Faktoren beeinflussen hierbei die Naturgefahren langfristig auch überregional, z. B. die Auswirkungen lang anhaltender Dürre. Sie bestimmen aber auch ganz kurzfristig in kleinen Gebieten entsprechende Prozesse, etwa Muren nach einem Starkniederschlagsereignis. Weiterhin erschwert der menschliche Einfluss auf natürliche Prozesse die klare Zuordnung, welche der Veränderungen in der Häufigkeit oder der Stärke von Naturgefahren tatsächlich ausschließlich dem Klimawandel zuzuschreiben sind und welche Anteile hierbei der direkte menschliche Einfluss hat (z. B. besonders bei Waldbränden). Dies werden einige der zukünftigen Forschungsfelder im Kontext der klimarelevanten Naturgefahren ergründen.

Dürren, Waldbrände, gravitative Massenbewegungen und andere klimarelevante Naturgefahren lassen sich zwar auf den Klimawandel zurückführen, dürfen aber auch nicht darauf reduziert werden. Es gibt neben den klimatischen Steuerungen noch viele weitere, vom Klima nicht direkt beeinflusste Faktoren, die diese Naturgefahren sehr stark beeinflussen und sich erschwerend auch noch mit den Klimaveränderungen überlagern.

Literatur

Amatulli G, Camia A, San-Miguel-Ayanz J (2013) Estimating future burned areas under changing climate in the EU-Mediterranean countries. Sci Total Environ 450:209–222. doi:10.1016/j.scitotenv.2013.02.014

Andrecs P, Hagen K, Lang E, Stary U, Gartner K, Herzberger E, Riedel F, Haiden T (2007) Dokumentation und Analyse der Schadensereignisse 2005 in den Gemeinden Gasen und Haslau (Steiermark). BFW-Dokumentation. Schriftenreihe des Bundesforschungs- und Ausbildungszentrums für Wald, Naturgefahren und Landschaft, Bd. 6. Bundesforschungs- und Ausbildungszentrum für Wald, Naturgefahren und Landschaft, Wien, S 75

Badeck F-W, Lasch P, Hauf Y, Rock J, Suckow F, Thonicke K (2004) Steigendes klimatisches Waldbrandrisiko. AFZ/Wald 59(2):90-93

Baraer M, Mark BG, McKenzie JM, Condom T, Bury J, Huh K-I, Portocarrero C, Gomez J, Rathay S (2012) Glacier recession and water resources in Peru's Cordillera Blanca. J Glaciol 58(207):134–150. doi:10.3189/2012JoG11J1

Bedia J, Herrera S, San Martin D, Koutsias N, Gutierrez JM (2013) Robust projections of Fire Weather Index in the Mediterranean using statistical downscaling. Clim Chang 120(1–2):229–247. doi:10.1007/s10584-013-0787-3

Bernhardt M, Schulz K, Liston GE, Zängl G (2012) The influence of lateral snow redistribution processes on snow melt and sublimation in alpine regions. J Hydrol 424–425:196–206

Birkmann J, Böhm HR, Buchholz F, Büscher D, Daschkeit A, Ebert S, Fleischhauer M, Frommer B, Kähler S, Kufeld W, Lenz S, Overbeck G, Schanze J, Schlipf S, Sommerfeldt P, Stock M, Vollmer M, Walkenhorst O (2011) Glossar Klimawandel und Raumplanung Bd. 10. Akademie für Raumforschung und Landesplanung, Hannover (E-Paper der ARL)

BLE (2011) Waldbrandstatistik der Bundesrepublik Deutschland. Bundesanstalt für Landwirtschaft und Ernährung

Bock B, Wehinger A, Krauter E (2013) Hanginstabilitäten in Rheinland-Pfalz – Auswertung der Rutschungsdatenbank Rheinland-Pfalz für die Testgebiete Wißberg, Lauterecken und Mittelmosel. Mainzer Geowiss Mitt 41:103–122

Cane D, Wastl C, Barbarino S, Renier L A, Schunk C, Menzel A (2013) Projection of fire potential to future climate scenarios in the Alpine area: some methodological considerations. Climatic Change August 2013, Volume 119, Issue 3, pp 733–746

Climate Explorer (http://climexp.knmi.nl/)18.08.16

Collins DN (2007) Changes in quantity and variability of runoff from Alpine basins with climatic fluctuation and glacier decline. IAHS Publ 318:75–86

Damm B, Felderer A (2013) Impact of atmospheric warming on permafrost degradation and debris flow initiation – a case study from the eastern European Alps. E&G Quaternary Science Journal 62:2

Damm B, Pröbstl U, Felderer A (2012) Perception and impact of natural hazards as consequence of warming of the cryosphere in tourism destinations. A case study in the Tux Valley, Zillertaler Alps, Austria. Interpraevent 12:90–91

Dehn M, Buma J (1999) Modelling future landslide activity based on general circulation models. Geomorphology 30(1–2):175–187

Dikau R, Schrott L (1999) The temporal stability and activity of landslides in Europe with respect to climatic change (TESLEC): main objectives and results. Geomorphology 30:1–12

DWD (2004) Klimastatusbericht 2003: Statistisch-klimatologische Analyse des Hitzesommers 2003 in Deutschland. Deutscher Wetterdienst, Offenbach, S 123–132

DWD (2010) Klimastatusbericht 2009. Deutscher Wetterdienst, Offenbach

DWD (2014) Deutscher Klimaatlas. http://www.dwd.de/DE/klimaumwelt/klimaatlas/klimaatlas_node.html. Zugegriffen: 11. Mai 2016

Eckert N, Baya H, Deschatres M (2010) Assessing the response of snow avalanche runout altitudes to climate fluctuations using hierarchical modeling: Application to 61 winters of data in France. J Clim 23:3157–3180. doi:10.1175/2010JCLI3312.1

Finkler C, Emde K, Vött A (2013) Gravitative Massenbewegungen im Randbereich des Mainzer Beckens: Das Fallbeispiel Roterberg (Langenlonsheim, Rheinland-Pfalz). Mainzer Geowiss Mitt 41:51–102

Fischer EM, Schär C (2010) Consistent geographical patterns of changes in high-impact European heatwaves. Nat Geosci. doi:10.1038/NGEO866

García A, Hördt A, Fabian M (2010) Landslide monitoring with high resolution tilt measurements at the Dollendorfer Hardt landslide, Germany. Geomorphology 120(1–2):16–25

Glade T, Dikau R (2001) Landslides at the tertiary escarpments in Rheinhessen, Southwest Germany. Z Geomorphol, (Supplementband) 125:65–92

Glade T, Anderson M, Crozier MJ (Hrsg) (2005) Landslide hazard and risk. Wiley, Chichester, West Sussex, S 803

Gude M, Barsch D (2005) Assessment of geomorphic hazards in connection with permafrost occurrence in the Zugspitze area (Bavarian Alps, Germany). Geomorphology 66(1–4):85–93

Günther A, Thiel C (2009) Combined rock slope stability and shallow landslide susceptibility assessment of the Jasmund cliff area (Rügen Island, Germany). Nat Hazards Earth Syst Sci 9(3):687–698

Haas F, Heckmann T, Klein T, Becht M (2009) Rockfall measurements in Alpine catchments (Germany, Austria, Italy) by terrestrial laserscanning first results. Geophys Res Abstr 11:1607–7962

Haeberli W, Beniston M (1998) Climate Change and its impacts on glaciers and permafrost in the Alps. Ambio 27(4):258–265

Hardenbicker U, Halle S, Grunert JM (2001) Temporal occurrence of mass movements in the Bonn area. Z Geomorph, Supplementband 125:14–24

Hattermann FF, Kundzewicz ZW, Huang S, Vetter T, Gerstengarbe FW, Werner PC (2013) Climatological drivers of changes in flood hazard in Germany. Acta Geophys 61(2):463–477. doi:10.2478/s11600-012-oo70-4

IPCC (2013) Climate change 2013: The physical science basis, contribution of working group I to the fifth assessment report of the Intergovernmental Panel on Climate Change., http://www.ipcc.ch, S 1–2216

Jacob D, Petersen J, Eggert B, Alias A, Christensen O-B, Bouwer L, Braun A, Colette A, Déqué M, Georgievski G, Georgopoulou E, Gobiet A, Menut L, Nikulin G, Haensler A, Hempelmann N, Jones C, Keuler K, Kovats S, Kröner N, Kotlarski S, Kriegsmann A, Martin E, Meijgaard E, Moseley C, Pfeifer S, Preuschmann S, Radermacher C, Radtke K, Rechid D, Rounsevell M, Samuelsson P, Somot S, Soussana J-F, Teichmann C, Valentini R, Vautard R, Weber B, Yiou P (2013) EURO-CORDEX: new high-resolution climate change projections for European impact research. Reg Environ Change. Springer, Berlin, S 1–16

Kääb AFP (2007) Climate change impacts on mountain glaciers and permafrost. Glob Planet Chang 56:vii–ix

Klose M, Damm B, Terhorst B, Schulz N, Gerold G (2012) Wirtschaftliche Schäden durch gravitative Massenbewegungen. Entwicklung eines empirischen Berechnungsmodells mit regionaler Anwendung. Interpraevent 12:979–990

Klose M, Damm B, Terhorst B (2015) Landslide cost modeling for transportation infrastructures: a methodological approach. Landslide 12:321–334

Krautblatter M, Moser M (2006) Will we face an increase in hazardous secondary rockfall events in response to global warming in the foreseeable future? In: Price MF (Hrsg) Global change in mountain regions. Sapiens Publishing, Duncow, S 253–254

Krautblatter M, Moser M (2009) A nonlinear model coupling rockfall and rainfall intensity based \newline on a four year measurement in a high Alpine rock wall (Reintal, German Alps). Nat Hazards Earth Syst Sci 9(4):1425–1432. doi:10.5194/nhess-9-1425-2009

Krautblatter M, Moser M, Kemna A, Verleysdonk S, Funk D, Dräbing D (2010a) Climate change and enhanced rockfall activity in the European Alps. Z Dtsch Ges Geowiss 68:331–332

Krautblatter M, Verleysdonk S, Flores-Orozco A, Kemna A (2010b) Temperature-calibrated imaging of seasonal changes in permafrost rock walls by quantitative electrical resistivity tomography (Zugspitze, German/Austrian Alps). J Geophys Res 115(F2):F02003. doi:10.1029/2008jf001209

Krautblatter M, Funk D, Günzel FK (2013) Why permafrost rocks become unstable: a rock–ice-mechanical model in time and space. Earth Surf Process Landf 38(8):876–887. doi:10.1002/esp.3374

Krauter E, Kumerics C, Feuerbach J, Lauterbach M (2012) Abschätzung der Risiken von Hang- und Böschungsrutschungen durch die Zunahme von Extremwetterereignissen. Berichte der Bundesanstalt für Straßenwesen, Straßenbau (Heft 75, 61 S)

Krysanova V, Vetter T, Hattermann F (2008) Detection of change in the drought frequency in the Elbe basin: comparison of three methods. Hydrol Sci J 53(3):519–537

Kuhn D, Prüfer S (2014) Coastal cliff monitoring and analysis of mass wasting processes with the application of terrestrial laser scanning: A case study of Rügen, Germany. Geomorphology 213:153–165

Kurdal S, Wehinger A, Krajewski W (2006) Entwicklung von Baugebieten in Rheinhessen/Rheinland-Pfalz bei möglicher Hangrutschgefährdung. Mainzer Geowiss Mitt 34:135–152

Lavalle C, Micale F, Houston TD, Camia A, Hiederer R, Lazar C, Genovese G (2009) Climate change in Europe. 3. Impact on agriculture and forestry. A review (Reprinted). Agron Sustainable Dev 29(3):433–446. doi:10.1051/agro/2008068

Lavigne A, Eckert N, Bel L, Parent E (2015) Adding expert contributions to the spatiotemporal modelling of avalanche activity under different climatic influences. J R Stat Soc: Series C (Applied Statistics) 64(4):651–671. doi:10.1111/rssc.12095

Masato G, Hoskins BJ, Woollings T (2013) Winter and summer Northern Hemisphere blocking in CMIP5 models. J Clim 26:7044–7059. doi:10.1175/JCLI-D-12-00466.1

Mathie E, McInnes R, Fairbank H, Jakeways J (2007) Landslides and climate change: Challenges and solutions. proceedings of the International Conference on Landslides and Climate Change, Ventnor, Isle of Wight, UK, 21.–24.05.2007.

Mayer K, Patula S, Krapp M, Leppig B, Thom P, von Poschinger A (2010) Danger Map for the Bavarian Alps. Z Dtsch Ges Geowiss 161(2):119–128

Migliavacca M, Dosio A, Kloster S, Ward DS, Camia A, Houborg R, Cescatti A (2013a) Modeling burned area in Europe with the Community Land Model. J Geophys Res: Biogeosci 118(1):265–279. doi:10.1002/jgrg.20026

Migliavacca M, Dosio A, Camia A, Houborg R, Houston-Durrant T, Kaiser J W, Khabarov N, Krasovskii A, San Miguel-Ayanz J, Ward D S, Cescatti A (2013b) Modeling biomass burning and related carbon emissions during the 21st century in Europe. J Geophys Res: Biogeosci 118(4):1732–1747. doi:10.1002/2013JG002444

Müller M (2009) Auswirkungen des Klimawandels auf ausgewählte Schadfaktoren in den deutschen Wäldern. Wiss Zeitschr d TU Dresden 58(3-4):69–75

Münchner Rückversicherungs-Gesellschaft (2012) Georisikoforschung NatCat-SERVICE (Stand Juli 2012)

Oeltzschner H (1997) Untersuchungen von Massenbewegungen im südlichen Bayern durch das Bayerische Geologische Landesamt. Wasser Boden 49(1):46–50. doi:10.1016/j.geomorph.2008.04.019

Owen LA, Thackray G, Anderson RS, Briner J, Kaufman D, Roe G, Pfeffer W, YiC (2009) Integrated research on mountain glaciers: Current status, priorities and future prospects. Geomorphology 103(2):158–171. doi:10.1016/j.geomorph.2008.04.019

Papathoma-Köhle M, Glade T (2013) The role of vegetation cover change for landslide hazard and risk. In: Renaud G, Sudmeier-Rieux K, Estrella M (Hrsg) The role of ecosystems in disaster risk reduction. UNU-Press, Tokio, S 293–320

Petoukhov V, Rahmstorf S, Petri S, Schellnhuber HJ (2013) Quasiresonant amplification of planetary waves and recent Northern hemisphere weather extremes. Proceedings of the National Academy of Science of the USA. doi:10.1073/pnas.1222000110

Pielmeier C, Techel F, Marty C, Stucki T (2013) Wet snow avalanche activity in the Swiss Alps – trend analysis for mid-winter season. In: Naaim-Bouvet F, Durand Y, Lambert R (Hrsg) International Snow Science Workshop 2013 Proceedings. ISSW 2013, Grenoble – Chamonix Mont Blanc, 07.–11.10.2013. ANENA, Grenoble, S 1240–1246

Röhlich B, Jehle R, Krauter E (2003) Systematische Bestandsaufnahme des Gefährdungspotentials an Bahnstrecken durch Steinschlag, Felssturz und Hangrutsch im Mittelrhein-, Mosel- und Lahngebiet. 14. Tagung für Ingenieurgeologie, Kiel, 26.–29.03.2003., S 281–286

San-Miguel-Ayanz J, Moreno JM, Camia A (2013) Analysis of large fires in European Mediterranean landscapes: Lessons learned and perspectives. Forest Ecology and Management 294:11–22

Schär C, Vidale PL, Lüthi D, Frei C, Häberli C, Liniger M, Appenzeller C (2004) The role of increasing temperature variability in European summer heat waves. Nature 427:332–336

Schmidt J, Dikau R (2004) Modeling historical climate variability and slope stability. Geomorphology 60(3–4):433–447

Schmidt J, Dikau R (2005) Preparatory and triggering factors for slope failure: Analyses of two landslides near Bonn, Germany. Z Geomorphol 49(1):121–138

Schmidt KH, Beyer I (2001) Factors controlling mass movement susceptibility on the Wellenkalk-scarp in Hesse and Thuringia. Z Geomorphol, (Supplementband) 125:43–63

Schneider H, Höfer D, Irmler R, Daut G, Mäusbacher R (2010) Correlation between climate, man and debris flow events – A palynological approach. Geomorphology 120(1):48–55

Schönwiese CD, Janoschitz R (2005) Klima-Trendatlas Deutschland 1901–2000 Bd. 4. Inst. Atmosphäre Umwelt, Univ., Frankfurt/Main

Steinkogler W, Sovilla B, Lehning M (2014) Influence of snow cover properties on avalanche dynamics. Cold Reg Sci Technol 97:121–131 doi: 10.1016/j.coldregions.2013.10.002

Terhorst B (2001) Mass movements of various ages on the Swabian Jurassic escarpment geomorphologic processes and their causes. Z Geomorphol 125, (Supplementband 125):105–127

Terhorst B (2009) Landslide susceptibility in cuesta scarps of SW-Germany (Swabian Alb). In: Bierman P, Montgomery P (Hrsg) Key concepts in geomorphology

Thonicke K, Cramer W (2006) Long-term trends in vegetation dynamics and forest fires in Brandenburg (Germany) under a changing climate. Natural Hazards 38(1):

Wagner CE van (1987) Development and structure of the Canadian Forest Fire Index. Canadian Forestry Service, Technical Report 35: S 37

Warscher M, Strasser U, Kraller G, Marke T, Franz H, Kunstmann H (2013) Performance of complex snow cover descriptions in a distributed hydrological model system: A case study for the high Alpine terrain of the Berchtesgaden Alps. Water Resour Res 49(5):2619–2637. doi: 10.1002/wrcr.20219

Wastl C, Schunk C, Leuchner M, Pezzatti GB, Menzel A (2012) Recent climate change: Long-term trends in meteorological forest fire danger in the Alps. Agric For Meteorol 162:1–13. doi:10.1016/j.agrformet.2012.04.001

Weber M (2003) Informationen zum Gletscherschwund – Gletscherschwund und Klimawandel an der Zugspitze und am Vernagtferner (Ötztaler Alpen). Kommission für Glaziologie der Bayerischen Akademie der Wissenschaften, S 10

Wittich K-P, Löpmeier F-J, Lex P (2011) Waldbrände und Klimawandel in Deutschland. AFZ/Wald 18:22–25

WMO (2012) MO statement on the status of the global climate in 2011. http://www.wmo.int/pages/prog/wcp/wcdmp/documents/1085_en.pdf. Zugegriffen: 15. Mai 2016

WMO (2014) WMO statement on the status of the global climate in 2013. https://drive.google.com/file/d/0BwdvoC9AeWjUeEV1cnZ6QURVaEE/edit?pref=2&pli=1. Zugegriffen: 11. Mai 2016

Zemp M, Haeberli W, Hoelzle M, Paul F (2006) Alpine glaciers to disappear within decades? Geophys Res Lett 33(13):L13504. doi:10.1029/2006gl026319

Die Auswirkungen des globalen Klimawandels sind von Region zu Region sehr unterschiedlich ausgeprägt und können sich in ihrer Intensität stark unterscheiden. Das hängt im Wesentlichen von der geografischen Lage einer Region und deren Beschaffenheit ab: Welche natürlichen Bedingungen kennzeichnen sie? Welcher Nutzung durch den Menschen unterliegt die Region? Allein schon aus diesen Fragen geht hervor, dass für ein so hoch industrialisiertes Land wie Deutschland die Auswirkungen des Klimawandels außerordentlich vielfältig und komplex sind.

Die 13 in diesem Teil ausgewählten Schwerpunkte können deshalb nur eine grobe Übersicht über die Gesamtproblematik zu diesem Thema geben. Dabei sind die einzelnen Schwerpunkte durch Wechselwirkungen miteinander verknüpft. So hängen z. B. die Land- und Forstwirtschaft immer eng mit dem Schwerpunkt Wasser zusammen. Der Personen- und Güterverkehr spielt eine wichtige Rolle bei Fragen zur Entwicklung der Luftqualität. Und die Auswirkungen klimatischer Änderungen in Städten und urbanen Räumen führen schon jetzt und mit großer Wahrscheinlichkeit zunehmend auch in der Zukunft zu höheren Gesundheitsrisiken. Als problematisch können sich auch im Gesamtkontext des Klimawandels eine abnehmende Biodiversität in Deutschland, ein fortschreitender Verlust nutzbarer Böden und eine steigende Belastung der naturnahen Ökosysteme erweisen. Bei allen aufgeführten Zusammenhängen steigt im Rahmen der globalen Erwärmung grundsätzlich die Gefahr, dass sogenannte positive Rückkopplungen auftreten. Das bedeutet, dass sich Prozesse aufgrund der Rückkopplung verstärken und zu nicht mehr beherrschbaren Situationen führen können. Nachhaltig spürbar werden solche Auswirkungen dann, wenn die Wirtschaft davon betroffen wird, die weit gefächert ist und von der Industrie über die Energiewirtschaft bis hin zum Tourismus reicht.

Sämtliche Themen dieses Kapitels sind dazu gedacht, Anregungen zu geben und sich ausführlicher mit dem Klimawandel und seinen Folgen auseinanderzusetzen. Es gibt bereits eine Fülle von Forschungsarbeiten über die Auswirkungen des Klimawandels auf Deutschland, von denen die wichtigsten Publikationen im Literaturverzeichnis aufgeführt sind. Das gesamte Themenfeld befindet sich in einem ständigen Prozess der Weiterentwicklung. Daher wird dem Leser empfohlen, auch künftig Veröffentlichungen aufmerksam zu verfolgen.

Harry Vereecken, Peggy Gräfe, Hermann Lotze-Campen
(*Editors* Teil III)

Luftqualität

Martin G. Schultz, Dieter Klemp, Andreas Wahner

© Der/die Herausgeber bzw. der/die Autor(en) 2017
G. Brasseur, D. Jacob, S. Schuck-Zöller (Hrsg.), *Klimawandel in Deutschland*, DOI 10.1007/978-3-662-50397-3_13

Die Verschmutzung der Luft durch Beimengung gesundheitsschädlicher Substanzen in der Gas- oder Partikelphase wurde lange Zeit als ausschließlich lokales Problem betrachtet. Die ersten Maßnahmen zur Luftreinhaltung in Deutschland waren demzufolge auf die Identifikation und Beseitigung einzelner Emissionsquellen gerichtet (Uekötter 2003). Bis in die 1960er-Jahre wurde Luftverschmutzung im Wesentlichen als unmittelbar erfassbare Belastung durch Rauchgas wahrgenommen (ebd.); erst danach rückten andere Spurenbestandteile wie das im sogenannten Sommersmog enthaltene Ozon in den Vordergrund. Während eine akute Gesundheitsgefährdung aufgrund verschmutzter Außenluft in Deutschland heute höchstens in Ausnahmefällen auftritt, bleibt das Thema Luftqualität dennoch weiterhin relevant, weil zumindest einige Studien auf die Langzeitwirkung selbst geringfügiger Schadstoffkonzentrationen hinweisen (WHO 2008; Beelen et al. 2013) und es den Städten und Regionen in Deutschland oftmals nicht gelingt, die neuesten europäischen Zielwerte zur Feinstaub-, Stickoxid- oder Langzeit-Ozonbelastung einzuhalten. Hinzu kommt ein langsamer Anstieg der großräumigen Hintergrundbelastung einiger Spurengase wie z. B. des Ozons (HTAP 2010).

Gerade in Deutschland ist neben die lokale Extremwertbekämpfung die Notwendigkeit einer großflächigen Reduktion der Grundbelastung getreten. Dieses bedarf einer Ausweitung des Verständnisses luftchemischer Prozesse, da die Schadstoffkonzentrationen in diesem Bereich nicht mehr nur durch die Stärke der Emissionsquellen und die primäre Abbaurate bestimmt werden, sondern eine Vielzahl von chemischen und physikalischen Umwandlungsprozesse eine Rolle spielt. Weil diese Umwandlungsprozesse und auch die Emissionen von klimatischen Faktoren wie Sonneneinstrahlung, Temperatur und Niederschlag abhängen, ist zu erwarten, dass die projizierten Klimaänderungen für Deutschland auch die Luftschadstoffkonzentrationen beeinflussen werden. Gemäß dem Fünften Sachstandsbericht des Weltklimarates (IPCC 2013) wird die zukünftige Luftqualität zwar hauptsächlich von den Änderungen der Emissionsstärken beeinflusst, allerdings könnten Temperaturerhöhungen in verschmutzten Gebieten zu einer Zunahme der Schadstoffbelastung führen. Die Erforschung dieser Problematik steht jedoch noch am Anfang, sodass eine quantitative Abschätzung dieser Änderungen vor allem regional derzeit nicht möglich ist. Dieses Kapitel soll einen Überblick über die Zusammenhänge vermitteln und zumindest qualitativ auf mögliche künftige Entwicklungen hinweisen.

13.1 Physikalische und chemische Grundlagen

Luftverschmutzung wird hier ausschließlich als Belastung der Luft durch Feinstaub, Ozon (O_3), Stickstoffdioxid (NO_2) und andere Ozonvorläufersubstanzen wie Kohlenwasserstoffe und Kohlenmonoxid aufgefasst. Die geltende EU-Richtlinie 2008/50 EC und ihre nationale Umsetzung in der 39. Bundesimmissionsschutzverordnung zählt daneben auch Schwefeldioxid und Blei auf, die in der Praxis jedoch kaum noch relevant sind. Es gibt weitere Richtlinien (z. B. 2004/107 EC), die sich mit Grenzwerten für Arsen, Cadmium, Quecksilber, Nickel sowie polyzyklischen

aromatischen Kohlenwasserstoffen auseinandersetzen. Eine Diskussion dieser Substanzen würde den Rahmen dieses Kapitels sprengen.

Feinstäube – oder allgemeiner partikelförmige Luftbestandteile (engl. „particulate matter", PM) – bestehen gewöhnlich aus Mineralien, elementarem oder organischem Kohlenstoff (Ruß, kondensierte Kohlenwasserstoffe, biologische Partikel), Sulfat, Nitrat und Ammonium. In küstennahen Regionen können Natrium und Chlor in Form von Seesalz hinzukommen. Die in der Luft enthaltenen Partikel weisen Größen zwischen wenigen Nanometern und einigen Mikrometern auf und sind oft von einer Schicht flüssigen Wassers umgeben. Sie spielen eine bedeutende Rolle für die Bildung von Wolken und Niederschlag und reflektieren oder absorbieren sowohl sichtbare als auch infrarote Strahlung, wodurch sie das Klima beeinflussen. Die Partikel werden entweder direkt emittiert, z. B. durch Verbrennung, Staubaufwirbelung oder Reifenabrieb, oder sie bilden sich in der Atmosphäre durch die Nukleation von Gasen mit niedrigen Dampfdrücken. Existierende Partikel können sich zusammenballen (Koagulation), kleinere Partikel können sich auf größeren ansammeln (Akkumulation), oder sie wachsen durch Kondensation weiterer gasförmiger Bestandteile und durch die Aufnahme von Wasser. Die meisten Partikel werden durch Niederschlag aus der Atmosphäre entfernt, sie können jedoch auch in trockener Luft absinken (Sedimentation) und am Boden deponiert werden.

Für die Luftreinhaltung unterscheidet man die luftgebundenen Partikel nach Größenklassen. Feinstaubbestandteile mit Durchmessern von weniger als 10 Mikrometern werden als PM_{10} (*particulate matter*) bezeichnet, während die Bestandteile mit Durchmessern kleiner 2,5 Mikrometern als $PM_{2,5}$ gekennzeichnet werden. Da kleinere Partikel tiefer in den menschlichen Organismus eindringen können, üben sie eine stärkere Wirkung auf den menschlichen Organismus aus.

Die Belastung der Luft mit Partikeln kann vor allem in den Wintermonaten problematisch werden. Dann bilden sich aufgrund der niedrigeren Temperaturen häufiger stabile Inversionswetterlagen aus, sodass der Austausch der schadstoffbelasteten bodennahen Grenzschicht mit den darüber liegenden Luftschichten behindert wird und die Partikel sich über mehrere Tage hinweg ansammeln können. Dies wird stark durch die Gestalt der Landoberfläche beeinflusst. Generell weisen Städte in Kessellagen (z. B. Stuttgart) die höchsten Feinstaubkonzentrationen im Winter auf (Luftbilanz Stuttgart 2011).

Im Gegensatz zur Feinstaubbelastung ist die Belastung der bodennahen Luft durch Ozon vorwiegend im Sommer akut. Ozon wird nicht direkt emittiert, sondern bildet sich in der Atmosphäre unter Lichteinwirkung aus den Vorläufersubstanzen NO_x (also Stickstoffmonoxid und Stickstoffdioxid), Kohlenmonoxid und Kohlenwasserstoffen (Ehhalt und Wahner 2003; Seinfeld und Pandis 1998; Warneck 2000). Es gibt zwei wesentliche Schlüsselprozesse bei der Ozonentstehung: Erstens werden Kohlenmonoxid und Kohlenwasserstoffe durch Radikale oxidiert, wodurch diese Schadstoffe letztlich aus der Atmosphäre entfernt werden. Zweitens wird Stickstoffmonoxid katalytisch in Stickstoffdioxid umgewandelt und zurück – erst das ermöglicht eine Zunahme der Ozonkonzentration (◘ Abb. 13.1). Die meisten Stickoxide stammen aus der Verbrennung fossiler Kraftstoffe bei

Abb. 13.1 Schematische Darstellung der chemischen Prozesse, die zur Bildung von troposphärischem Ozon führen. *CO* Kohlenmonoxid, *NMKW* Nicht-Methan-Kohlenwasserstoffe, *OH* Hydroxylradikal, *HO₂* Hydroperoxyradikal, *RO₂* organische Peroxyradikale, *NO₂* Stickstoffdioxid, *NO* Stickstoffmonoxid, *O₃* Ozon

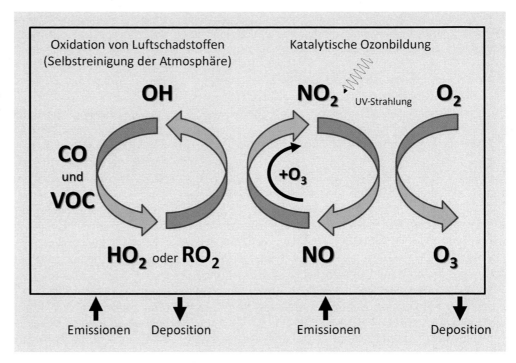

hohen Temperaturen, vor allem im Straßenverkehr. Kohlenmonoxid wird ebenfalls zu einem großen Teil in Motoren gebildet, allerdings spielt für die Kohlenmonoxidemissionen auch die Verbrennung pflanzlicher Materialien eine bedeutende Rolle, vor allem in Entwicklungsländern. Kohlenwasserstoffe haben viele verschiedene Quellen. Für die Ozonchemie sind neben den anthropogenen Emissionen auch natürliche Emissionen aus Pflanzen relevant, insbesondere weil die von Pflanzen freigesetzten Kohlenwasserstoffe besonders schnell oxidiert werden und daher in besonderem Maß Ozon bilden können. Wie viel Ozon gebildet wird, hängt neben der Menge an verfügbaren Vorläufersubstanzen auch von deren Zusammensetzung, von der Sonneneinstrahlung (UV-Licht) und von der Temperatur ab. Episoden mit besonders hohen Ozonkonzentrationen (Sommersmog) treten vor allem bei mehrtägigen stabilen Hochdruckwetterlagen auf.

Ozon wirkt in höheren Konzentrationen als Reizgas und kann vor allem bei Asthmatikern Atemprobleme verursachen und zu einer erhöhten Sterblichkeit führen (z. B. Filleul et al. 2006). Neuere Studien deuten darauf hin, dass auch niedrigere Ozonkonzentrationen den menschlichen Organismus langfristig schädigen können (EEA 2012). Neben den gesundheitlichen Auswirkungen wurden auch Schädigungen von Pflanzen nachgewiesen, was insbesondere zu reduzierten Ernteerträgen oder einer verminderten Qualität von Agrarprodukten führen kann (Lesser et al. 1990). Hierfür ist die Ozonbelastung der Pflanzen während der Wachstumsphase ausschlaggebend, und daher finden sich in der oben erwähnten EU-Richtlinie zur Luftreinhaltung (2008/50 EC) zwei unterschiedliche Grenzwerte für Ozon: Zum Schutz der Gesundheit darf ein Acht-Stunden-Mittelwert von $120\,\mu g/m^3$ an höchstens 25 Kalendertagen pro Jahr überschritten werden, während zur Vermeidung von Vegetationsschäden die maximale Ozondosis bezogen auf die Vegetationsperiode auf $18.000\,\mu g/m^3$ h festgelegt wird.

Stickoxide und einige Kohlenwasserstoffe wirken ebenfalls gesundheitsschädigend. Vor allem Stickstoffdioxid kann die Lungenfunktion beeinträchtigen (Kraft et al. 2005). Für die folgenden Diskussionen von Bedeutung ist in diesem Zusammenhang der katalytische Kreislauf der Stickoxide. Da Stickstoffmonoxid schnell mit Ozon reagiert und dabei Stickstoffdioxid bildet und weil aus der Spaltung von Stickstoffdioxid im UV-Licht wiederum Ozon entsteht, sind diese Schadstoffe eng miteinander gekoppelt, und die Reduktion des einen kann zur Erhöhung der Konzentration des anderen führen. Bei einer wissenschaftlich fundierten Analyse des Ozon- und NO_2-Problems sollte daher immer die Summe der beiden Bestandteile ($O_x = O_3 + NO_2$) betrachtet werden (Guicherit 1988; Klemp et al. 2012).

13.2 Entwicklung der Luftverschmutzung in Deutschland seit 1990

Die folgenden Bewertungen beziehen sich größtenteils auf den Zeitraum 1990–2011, da 1990 bei den meisten statistischen Betrachtungen als Referenzjahr herangezogen wird. Für eine weitreichendere historische Betrachtung wird auf das Werk von Uekötter (2003) verwiesen.

Wie **▢** Abb. 13.2 verdeutlicht, nahmen die Emissionen der meisten Luftschadstoffe in Deutschland seit 1990 kontinuierlich ab. Dabei ist der Rückgang zunächst vor allem auf die Reduktion der Emissionen aus stationären Quellen zurückzuführen, während seit dem Jahr 2000 die verschärften Abgasnormen im Straßenverkehr ihre Wirkung zeigen (Klemp et al. 2012). Insbesondere bei den Partikelemissionen gab es seit 2000 keinen weiteren Rückgang, was sich auch in den Konzentrationsverläufen widerspiegelt (**▢** Abb. 13.3). Die Emissionen der Ozonvorläufersubstanzen Stickoxide, Kohlenmonoxid (CO) und Nicht-Methan-Kohlenwasserstoffe (NMKW) haben seit 1990 um mindestens 50 % abgenommen.

Das deutsche Umweltbundesamt veröffentlichte auf seiner Webseite (Umweltbundesamt 2013) den folgenden Kommentar zur Entwicklung der Luftqualität in Deutschland:

» „Die Schadstoffbelastung der Luft nahm seit Beginn der 1990er-Jahre deutlich ab. Seit Anfang dieses Jahrzehnts gibt es trotz kontinuierlich verminderter Emissionen keinen eindeutig abnehmenden Trend der Belastung durch Feinstaub, Stickstoffdioxid und Ozon in Deutschland mehr (…)".

Unterstützt wird diese Aussage durch die Auswertungen diverser Spurenstofftrends (z. B. 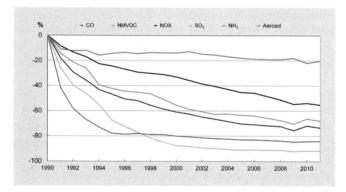 Abb. 13.3). Zu erkennen ist, dass die Feinstaubreduktion seit 1990 flächendeckend erfolgte und alle Arten von Messstationen umfasst. Dabei ist auffällig, dass die Daten der verkehrsnahen Stationen erst seit Mitte der 1990er-Jahre einen Rückgang zeigen, während die Konzentrationen in anderen städtischen und in ländlichen Gebieten bereits seit Anfang der 1990er-Jahre abnehmen (Spindler et al. 2013). Eine umfassende Analyse der Entwicklung der Feinstaubbelastung findet sich in Dämmgen et al. (2012).

Während im Allgemeinen keine gesundheitsschädigenden CO- und NMKW-Konzentrationen in der Außenluft gemessen werden, kommt es bei den NO_2-Werten immer wieder zu Überschreitungen der Grenzwerte, und dies trotz der verminderten

Gesamtemissionen von Stickoxiden. An praktisch allen Messstationen gibt es seit 1990 einen sehr viel geringeren Rückgang der NO_2-Konzentration im Jahresmittel (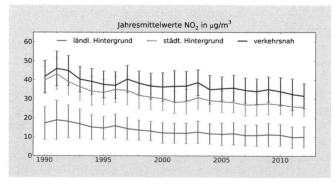 Abb. 13.4), als es die Entwicklung der Emissionen (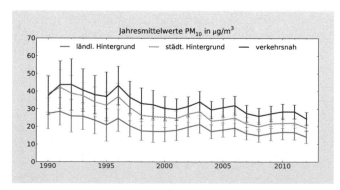 Abb. 13.2) vermuten ließe. Hierfür gibt es laut der Analyse von Klemp et al. (2012) zwei wesentliche Ursachen: Zum einen wird die städtische NO_2-Konzentration tagsüber bei den gegenwärtigen Stickoxidniveaus immer noch durch die Konzentration von sogenanntem Hintergrundozon, also der aus der Umgebung herantransportierten Ozonkonzentration, begrenzt und eben nicht durch die Stickoxidemissionen selbst. Zum anderen gibt es vor allem bei Dieselfahrzeugen in jüngerer Zeit vermehrt direkte Emissionen von NO_2, während früher die allermeisten Emissionen als NO in die Luft gelangten. Die jüngsten Entwicklungen legen nahe, dass auch die Falschangaben der Autohersteller über den Ausstoß von Dieselkraftfahrzeugen nicht unwesentlich dazu beigetragen haben, dass der erwartete Emissionsrückgang nicht eingetreten ist.

Diese Änderungen der Ozonvorläuferemissionen und -konzentrationen bewirken verschiedene Änderungen der Ozonkonzentrationen in Deutschland (Volz-Thomas et al. 2003). Während die Spitzenkonzentrationen und die Zahl der Tage mit Überschreitung der gesetzlichen Werte zum Gesundheitsschutz abnahmen (Abb. 13.5), ist die durchschnittliche Ozonkonzentration im Jahresmittel über die Jahre sogar leicht angestiegen (Abb. 13.6). Vor allem im städtischen Raum lässt sich dies durch die Abnahme der NO-Emissionen erklären, da NO schnell mit Ozon reagiert (dabei wird NO_2 gebildet) und die Ozonkonzentration in der Nähe starker NO-Quellen somit sehr niedrig wird. Dieses Phänomen der Ozontitration tritt vor allem im Winter auf, weil dann eine stabile Schichtung für weniger Durchmischung der Luft sorgt und zudem die Rückumwandlung von NO_2 zu NO durch ultraviolettes Licht (Fotolyse) verlangsamt abläuft.

Der beobachtete Anstieg der Konzentration von Hintergrundozon hängt jedoch nicht nur mit lokalen Änderungen zusammen, sondern wird durch eine Zunahme des Ferntransports von Luftverschmutzung aus dem übrigen Europa sowie Nordamerika und Asien überlagert (HTAP 2010). Hinzu kommen Langzeitänderungen, die durch die Zunahme der Methankonzentration hervorgerufen werden: Methan wirkt ebenso wie Kohlenmonoxid oder andere Kohlenwasserstoffe als „Brennstoff" der Ozonchemie. Es ist derzeit allerdings noch kaum möglich, belastbare quantitative Aussagen darüber zu erhalten, welcher Anteil der Änderung

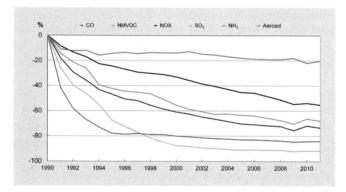

Abb. 13.2 Rückgang der Emissionen verschiedener Luftschadstoffe in Deutschland zwischen 1990 und 2011. Die Emissionsmengen sind auf die Werte von 1990 normiert, d. h. dass 1990 für alle Substanzen mit 100 % angegeben wird. *CO* Kohlenmonoxid, *NMKW* Nicht-Methan-Kohlenwasserstoffe, *NO$_x$* Stickoxide (NO und NO_2), *SO$_2$* Schwefeldioxid, *NH$_3$* Ammoniak. (Datenquelle: Umweltbundesamt)

Abb. 13.3 Zeitliche Entwicklung der PM$_{10}$-Feinstaubkonzentrationen an deutschen Messstationen im Zeitraum 1990–2012. (Datenquelle: Umweltbundesamt)

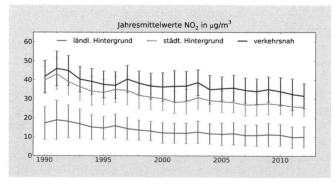

Abb. 13.4 Zeitliche Entwicklung der NO$_2$-Konzentrationen an Stationen des deutschen Luftmessnetzes im Zeitraum 1990–2012. (Datenquelle: Umweltbundesamt)

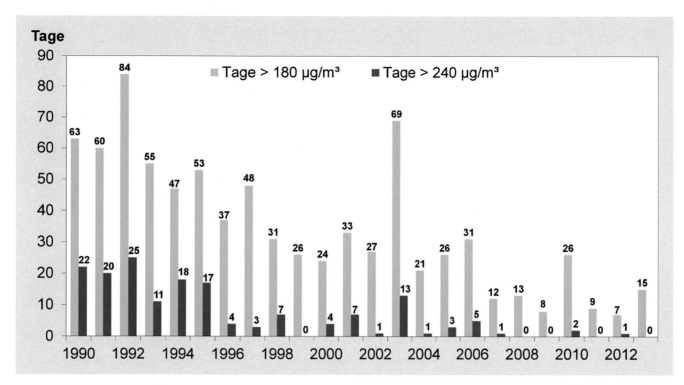

Abb. 13.5 Anzahl der Tage mit Überschreitungen der maximalen stündlich gemittelten Ozonkonzentration von 180 und 240 µg/m³ an deutschen Stationen. (Datenquelle: Umweltbundesamt)

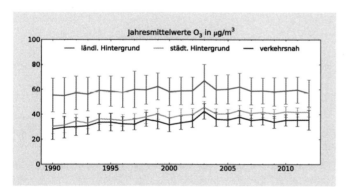

◘ **Abb. 13.6** Zeitliche Entwicklung der Ozonkonzentrationen an deutschen Messstationen zwischen 1990 und 2012. (Datenquelle: Umweltbundesamt)

auf welche Ursache zurückzuführen ist. Auch beginnende Klimaänderungen mögen bereits eine Rolle spielen, wie der deutlich höhere Jahresmittelwert der Ozonkonzentration des Jahres 2003 suggeriert, als es im Sommer zu einer ausgeprägten Hitzewelle über Europa kam. So zeigt ◘ Abb. 13.5, dass die Zahl der Tage mit Ozonkonzentrationen von mehr als 180 µg/m³ im Jahr 2003 in etwa so groß war wie im Durchschnitt der 1990er-Jahre.

13.3 Zukünftige Entwicklung der Luftqualität

Die zu erwartenden Klimaänderungen werden die zukünftige Entwicklung der Luftqualität in Deutschland vermehrt beeinflussen, da die Luftschadstoffkonzentrationen nicht nur von Emissionen, sondern auch von einer Vielzahl miteinander gekoppelter physikalischer und chemischer Prozesse abhängen, deren relative Bedeu-

tung u. a. von der Temperatur, der Häufigkeit bestimmter Wetterlagen oder der Bewölkung bestimmt wird. Da zu erwarten ist, dass die vom Menschen verursachten Emissionen von Luftschadstoffen in Deutschland in den kommenden Jahren weiter zurückgehen, werden natürliche Prozesse und klimatische Einflüsse immer wichtiger werden. Zudem gewinnen Emissions- und Konzentrationsänderungen in den Nachbarländern und selbst weltweit immer mehr an Bedeutung, da bei geringen lokalen Emissionen die sogenannten Hintergrundwerte das allgemeine Schadstoffniveau bestimmen. Bislang gibt es keine Studie, die sich unter Berücksichtigung aller dieser Zusammenhänge speziell mit der zukünftigen Entwicklung in Deutschland befasst. Die folgenden Ausführungen beruhen daher weitestgehend auf Analysen für Europa als Ganzes. Die angegebenen Zahlenwerte für Deutschland sind oft aus Abbildungen entnommen. Die verschiedenen im Text zitierten Modellstudien basieren auf unterschiedlichen Klima- und Emissionsszenarien, und die verwendeten Modelle weisen zudem deutliche Unterschiede in den berechneten Konzentrationsverteilungen bei gleichen Anfangs- und Randbedingungen auf (z. B. Solazzo et al. 2012a, 2012b). Belastbare quantitative Aussagen für Deutschland oder für einzelne deutsche Regionen sind daher kaum möglich.

Die Zusammenhänge zwischen Klimaänderung und bodennahen Ozon- sowie Feinstaubkonzentrationen sind in ◘ Tab. 13.1 zusammengefasst. Wie in ► Kap. 6 und 7 diskutiert wird, gehen derzeitige Projektionen künftiger Temperatur- und Niederschlagsänderungen davon aus, dass es in Deutschland in den kommenden Jahrzehnten nicht zu einer starken Änderung der mittleren Temperaturen kommen wird, sondern dass die prägnantesten Auswirkungen aufgrund der Zunahme von Extremwetterereignissen zu erwarten sind (s. a. Teil II). Mit Bezug auf die Faktoren, welche die Luftqualität beeinflussen, ist hier vor allem die prognostizierte

◼ **Tab. 13.1** Zusammenfassung der wichtigsten Auswirkungen des Klimawandels auf die Luftqualität. Auswirkungen auf bodennahes Ozon nach Royal Society (2008); Auswirkungen auf Feinstaub nach eigenen Recherchen

Zunahme von ...	bewirkt ...	Auswirkung auf bodennahes Ozon	Auswirkung auf Feinstaub
Temperatur	Schnellere Fotochemie, weniger Kondensation	Anstieg bei hohen Stickoxidwerten oder Abnahme bei niedrigen Stickoxidwerten	Abnahme wegen reduzierter Partikelbildung
	Anstieg biogener Kohlenwasserstoffemissionen	Anstieg	Anstieg durch vermehrte Bildung sekundärer organischer Aerosole
Feuchte	Erhöhter Ozonverlust und vermehrte Produktion von Hydroxylradikalen	Anstieg bei hohen Stickoxidwerten oder Abnahme bei niedrigen Stickoxidwerten	Abnahme durch beschleunigte Koagulation, verstärkte Sedimentation und vermehrtes Auswaschen
Starkniederschlägen	Auswaschen von Ozonvorläufersubstanzen und Partikeln	Keine Änderung der Mittelwerte	Keine Änderung der Mittelwerte
Dürreperioden	Erhöhte Temperatur und reduzierte Feuchte	Anstieg	Anstieg
	Pflanzenstress und reduzierte Öffnung der Spaltöffnungen	Anstieg	Keine Angabe
	Zunahme von Waldbränden	Anstieg	Anstieg
	Zunahme von Staubemissionen	Keine Angabe	Anstieg
	Weniger Auswaschen von Ozonvorläufersubstanzen und Partikeln aufgrund reduzierter Niederschlagshäufigkeit	Anstieg	Anstieg
Blockierenden Wetterlagen	Häufigere stagnierende Bedingungen und längere Verweildauer von Schadstoffen in der Atmosphäre	Anstieg	Anstieg
	Häufigere Hitzewellen	Anstieg	Anstieg

Zunahme extrem heißer Tage mit einhergehender Trockenheit zu nennen, da diese Bedingungen zu einer erhöhten fotochemischen Produktion sekundärer Luftschadstoffe führen. Längere Trockenperioden können dafür sorgen, dass Schadstoffe länger in der Luft verweilen, während umgekehrt die Zunahme von Starkniederschlägen für ein effizienteres Auswaschen löslicher Spurengase und Aerosole sorgen würde. Generell wirken die erwarteten Klimaänderungen eher in Richtung einer Zunahme der Schadstoffbelastung, sodass sie das Erreichen von Reduktionszielen erschweren werden (Giorgi und Meleux 2007).

Speziell für den süddeutschen Raum untersuchten Forkel und Knoche (2006) die Auswirkungen des Klimawandels auf die bodennahen Ozonkonzentrationen im Sommer. Ausgehend von einer durchschnittlichen Erwärmung um fast 2 °C zwischen den 1990er- und 2030er-Jahren finden sie eine Zunahme der Tageshöchstkonzentrationen um 4–12 µg/m³, was zu häufigeren Ozongrenzwertüberschreitungen führen würde. Der tägliche Acht-Stunden-Mittelwert von 120 µg/m³ darf an höchstens 25 Tagen im Jahr überschritten werden (EU-Richtlinie 2008/50 EC). Durch die Erwärmung würde die Zahl der Tage mit Ozonkonzentrationen über dem Grenzwert um 5–12 Tage zunehmen. Dabei wurde angenommen, dass anthropogene Emissionen unverändert bleiben, während die Emissionen biogener Kohlenwasserstoffe aufgrund der Temperaturerhöhung zunehmen. Neben den in ◼ Tab. 13.1 aufgeführten Wechselwirkungen trägt die in

diesem Modell prognostizierte Abnahme der Wolkenbedeckung zu einer Erhöhung der UV-Strahlung und damit zu einer vermehrten fotochemischen Aktivität bei.

Varotsos et al. (2013) führten eine ähnliche Untersuchung für Mitteleuropa durch, wobei sie die Ergebnisse dreier Modelle vergleichen, die jeweils auch eigene Temperaturprojektionen für den Zeitraum um 2050 verwenden. Die Modelle differieren deutlich und berechnen für die Region um Deutschland eine Zunahme der Ozon-Grenzwertüberschreitungen von 8–16 Tagen im Jahr, wobei die obere Grenze insofern zweifelhaft ist, als die von diesem Modell berechnete Temperaturerhöhung (90 %-Wert) mit 4 °C etwas hoch erscheint. Im Norden Deutschlands wird nach dieser Studie die Zahl der Überschreitungen nur etwa halb so viel zunehmen wie im Süden. Dies ist konsistent mit den Ergebnissen von Giorgi und Meleux (2007), die für den Zeitraum 2071–2100 eine Zunahme der sommerlichen Ozonkonzentrationen um bis zu 20 µg/m³ im Südwesten Deutschlands und um weniger als 4 µg/m³ im Norden und Osten Deutschlands erwarten. Im Südwesten spielen dabei vor allem die durch die erhöhten Sommertemperaturen zunehmenden Emissionen von Isopren eine Rolle. Die Studie von Varotsos et al. (2013) findet eine deutliche Korrelation zwischen Temperatur und Ozonkonzentration für die untersuchten ländlichen Messstationen in Deutschland.

Andersson und Engardt (2010) untersuchten die Auswirkungen von Änderungen der Isoprenemissionen und der Ozon-

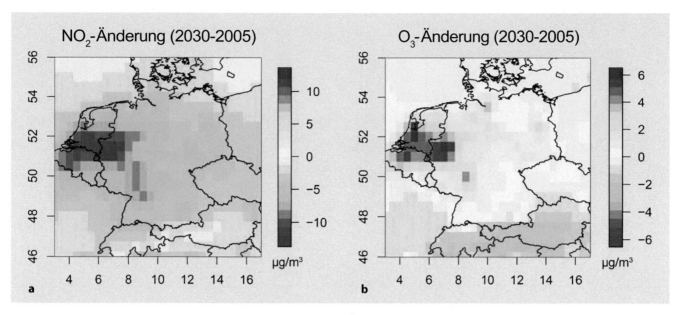

◘ Abb. 13.7 Simulierte Änderungen der mittleren jährlichen NO$_2$-Konzentrationen (**a**) und Ozonkonzentrationen (**b**) über Deutschland für den Zeitraum 2005–2030. Dargestellt ist ein Ensemble-Medianwert aus fünf regionalen Chemietransportmodellen. (Colette, persönliche Mitteilung, nach Colette et al. 2012, Szenario „High CLE")

trockendeposition, also der Zerstörung von Ozon an Materialoberflächen wie z. B. an Pflanzenblättern, auf die zukünftigen Ozonkonzentrationen in Europa. Sie stellten fest, dass Änderungen der Deposition eine größere Rolle spielen können als die pflanzlichen Emissionen. Bei gleichbleibenden anthropogenen Emissionen finden sie eine Zunahme der mittleren Ozonbelastung im Süden und Westen Europas, während im Norden niedrigere Ozonkonzentrationen zu erwarten sind. Colette et al. (2013) heben die Unsicherheit bei der Abschätzung künftiger biogener Emissionen hervor, die vor allem auf Unsicherheiten in der Berechnung von Wolken im Klimamodell zurückzuführen ist. Änderungen der Bewölkung bewirken auch Veränderungen der für die Fotosynthese in Pflanzen zur Verfügung stehenden Lichtintensität. Dadurch variiert auch die Menge an Kohlenwasserstoffen, die von Pflanzen emittiert werden.

Colette et al. (2013) sind ebenso wie die Autoren anderer Studien der Ansicht, dass die durch den Klimawandel bewirkten Effekte in der Regel deutlich kleiner sind als die Änderungen der atmosphärischen Zusammensetzung aufgrund von Emissionsminderungen, die durch weitere Maßnahmen zur Verbesserung der Luftqualität zu erwarten sind. Die verfügbaren Projektionen über zukünftige Schadstoffemissionen in Europa stimmen darin überein, dass diese weiter zurückgehen werden, obwohl erste Zweifel aufkommen, ob sich die ambitionierten Reduktionsziele in die Praxis umsetzen lassen (Klemp et al. 2012; Langner et al. 2012). Basierend auf Emissionsszenarien des *Global Energy Assessment* (GEA) (Riahi et al. 2012) haben Colette et al. (2012) die Auswirkungen zukünftiger Emissionen auf die bodennahen Ozonkonzentrationen in Europa anhand eines Ensembles von fünf verschiedenen Chemietransportmodellen simuliert. Stickoxid- und Kohlenwasserstoffemissionen würden demnach bis 2030 um etwa 50 % abnehmen, wenn alle bereits beschlossenen Maßnahmen umgesetzt würden. Im Durchschnitt zeigen die Modelle über Deutschland dann eine Abnahme der

NO$_2$-Konzentrationen um ca. 3–10 µg/m^3, wobei die stärkste Reduktion im Westen (Nordrhein-Westfalen, Rheinland-Pfalz) erwartet wird (◘ Abb. 13.7). Im Jahresdurchschnitt würden die bodennahen Ozonkonzentrationen um etwa 2–7 µg/m^3 zunehmen, was vor allem auf die geringere Titration (die Reaktion von Ozon mit Stickstoffmonoxid) im Winter zurückgeführt werden kann. Die sommerlichen Ozonkonzentrationen würden hingegen reduziert, sodass die gesundheitswirksame Dosis abnehmen sollte. Diese wird ausgedrückt durch die SOMO35-Diagnostik, die definiert ist als die Jahressumme der täglichen maximalen Acht-Stunden-Mittelwerte der Ozonkonzentration oberhalb von 35 ppb; das entspricht 70 µg/m^3 (WHO 2008; ◘ Abb. 13.8). Gemäß Colette et al. (2012) würde der Anteil der Stationen in Europa, an denen der Ozongrenzwert von 120 µg/m^3 an mehr als 25 Tagen im Jahr überschritten wird, mit diesen Reduktionen von 43 % im Jahr 2005 auf 2–8 % sinken.

Neben den Einflüssen der veränderten Meteorologie und der reduzierten Emissionen in Deutschland müssen bei der Betrachtung der künftigen Ozonbelastung auch die Änderungen des regionalen und globalen Hintergrunds berücksichtigt werden. So haben Szopa et al. (2006) verschiedene Szenarien berechnet, in denen die Emissionen von Ozonvorläufersubstanzen in verschiedenen Weltregionen variiert wurden. Daraus ergibt sich, dass die angestrebte Reduktion der Ozonkonzentrationen in Europa von der Zunahme der Hintergrundkonzentration fast vollständig zunichte gemacht wird. Die lokalen Emissionsminderungen bewirken allerdings eine Abnahme der sommerlichen Spitzenkonzentrationen. Ein nicht zu unterschätzender Parameter beim Anstieg der Ozon-Hintergrundkonzentration ist die Zunahme der Methankonzentration in der Atmosphäre (Fiore et al. 2008). Wegen der Langlebigkeit von Methan – die chemische Verweildauer von Methan in der Atmosphäre beträgt etwa 10 Jahre – sind hier globale Anstrengungen vonnöten, um die Emissionen und damit die Konzentrationen zurückzuschrauben.

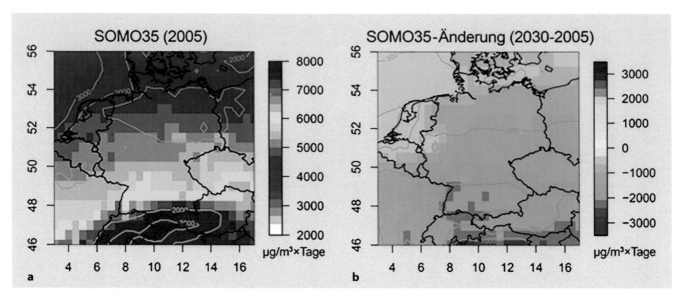

◘ Abb. 13.8 Mittlere simulierte Ozonbelastung in der Metrik SOMO35 über Deutschland für den Zeitraum 2000–2010 (**a**) und Änderung der Ozonbelastung bis zum Jahr 2030 (**b**). (Nach Colette et al. 2012, Szenario „High CLE")

Die höchsten und damit schädlichsten Ozonkonzentrationen treten während Hitzewellen auf. Die extreme Zunahme der Ozonkonzentrationen unter Hitzebedingungen ist vor allem auf die dann stagnierende Luftzirkulation zurückzuführen, die einen Aufbau der Spitzenwerte über mehrere Tage zulässt (z. B. Jacob und Winner 2009; Katragkou et al. 2011). Hinzu kommen erhöhte Emissionen biogener Kohlenwasserstoffe und eine reduzierte Trockendeposition von Ozon aufgrund der bei Dürre geschlossenen Spaltöffnungen der Pflanzen. Die zu erwartende Zunahme biogener Emissionen variiert stark zwischen verschiedenen Modellrechnungen, und dies hat einen erheblichen Einfluss auf die projizierten zukünftigen Ozonkonzentrationen (Langner et al. 2012). Wie sich die zukünftige Klimaentwicklung im Einzelnen auf die Emissionen von Pflanzen auswirken wird, ist noch unklar. Verschiedene Pflanzen können je nach Stressbelastung durch Hitze, Trockenheit oder Insektenbefall unterschiedliche Stoffe freisetzen, die dann auf verschiedene Weise die Ozonproduktion und die Bildung sekundärer organischer Partikel beeinflussen (Mentel et al. 2013). Langfristig ist hier zusätzlich zu berücksichtigen, dass es in Deutschland zu einer Veränderung des Waldbestands kommen wird, da vor allem die Fichte bei einer durchschnittlichen Erwärmung um 2–3 °C an vielen Standorten nicht mehr kultiviert werden kann (▶ Kap. 19; Kölling et al. 2009).

Fischer und Schär (2010) erwarten bis zum Ende des 21. Jahrhunderts eine Zunahme von tropischen Tagen (Temperatur >35 °C) und Nächten (Temperatur >20 °C) um 2–6 Tage pro Jahr. Die extreme Hitzeperiode des Sommers 2003 kann hier als Modellfall betrachtet werden. In diesem Jahr wurden an den deutschen Messstationen an insgesamt 69 Tagen Ozonkonzentrationen jenseits des EU-Warnwertes von 180 µg/m^3 gemessen, und an 13 Tagen überstiegen die Konzentrationen sogar den Wert von 240 µg/m^3 (◘ Abb. 13.5), was der Situation Anfang der 1990er-Jahre sehr nahekommt. Die zwischenzeitlich erreichte Reduktion der Spitzenkonzentrationen wurde also durch wenige Wochen mit besonders hohen Temperaturen konterkariert.

Eine Zunahme der Häufigkeit von stagnierenden Hochdruckwetterlagen könnte gemäß Giorgi und Meleux (2007) zu einem Anstieg von Isoprenemissionen und Ozonkonzentrationen führen, aber auch zu einer Zunahme der Stickoxidkonzentration in Ballungsräumen, da bei diesen Wetterbedingungen der Abtransport der Luftschadstoffe reduziert ist. Ähnliche Auswirkungen sind für die Feinstaubkonzentrationen zu erwarten.

Während die Ozonbelastung vor allem in den Sommermonaten relevant ist, treten Überschreitungen der Konzentrationsgrenzwerte für Partikel vornehmlich im Winter auf, wenn die kalte Luft stabil geschichtet ist. Da die verfügbaren Klimaprojektionen für Deutschland eher mildere Winter mit erhöhten Niederschlagsmengen erwarten lassen, sollte der Klimawandel zu einer Reduktion der Häufigkeit von Grenzwertüberschreitungen bei der Feinstaubkonzentration führen. Die verfügbaren Emissionsszenarien für Partikel und Partikelvorläufersubstanzen lassen ebenfalls eher eine weitere Reduktion erwarten (Cofala et al. 2007). Insgesamt gibt es hierzu jedoch bislang kaum quantitative Abschätzungen, und auch die Unsicherheiten bei der Modellierung von Partikelkonzentrationen sind nach wie vor sehr groß. Scheinhardt et al. (2013) erwarten – basierend auf einer statistischen Analyse von Messdaten aus Dresden – eine leichte Abnahme urbaner Partikelkonzentrationen aufgrund klimatischer Änderungen. Mues et al. (2012) finden für den extrem heißen Sommer 2003 eine Zunahme der gemessenen Partikelkonzentrationen, die von den Modellen jedoch nicht wiedergegeben wird. Es ist nicht klar, inwieweit diese Zunahme auf anthropogene oder natürliche Quellen wie Staub zurückzuführen ist oder ob unter solchen Wetterbedingungen weniger Aerosole deponiert oder ausgewaschen werden. Eine andere Erklärungsmöglichkeit besteht in der verstärkten Emission biogener Kohlenwasserstoffe aus Pflanzen, deren chemische Abbauprodukte effizient organische Partikel bilden können (Ehn et al. 2014; Mentel et al. 2013). Colette et al. (2013) erwarten eine Abnahme der sekundär gebildeten Partikel aufgrund der reduzierten Emissionen von Vorläufersubstanzen. Der Anteil natürlicher Aerosole am Feinstaub soll nach dieser Studie jedoch deutlich zunehmen. Insgesamt ergibt sich aus ihren Rechnungen eine Abnahme der mittleren $PM_{2,5}$-Konzentration über Europa um $7-8\,\mu g/m^3$ – und diese Abnahme ist praktisch ausschließlich auf Emissionsminderungen zurückzuführen.

13.4 Kurz gesagt

Aufgrund gezielter Maßnahmen zur Reduktion von Stickoxid-, Kohlenwasserstoff- und Feinstaubemissionen seit den 1990er-Jahren hat sich die Luftqualität in Deutschland in den vergangenen Jahrzehnten grundlegend verbessert. Die zu erwartenden Klimaänderungen würden bei gleichbleibenden Emissionen im Allgemeinen eine Zunahme der bodennahen Ozon- und Feinstaubkonzentrationen bewirken, sodass in Zukunft vermehrte Anstrengungen bei der Vermeidung von Emissionen erforderlich werden, um weitere Reduktionen zu erzielen. Während die Feinstaubbelastung überwiegend durch lokale Quellen hervorgerufen wird, gilt es beim Ozon, auch die Änderungen der Hintergrundkonzentration aufgrund von Ferntransport zu berücksichtigen. Ozon-Spitzenkonzentrationen sollten aufgrund lokaler Emissionsminderungen abnehmen. Dies wird allerdings durch die zukünftig wärmeren Sommer und vor allem bei einer Zunahme von extremen Hitzeperioden zumindest teilweise kompensiert. Um eine quantitative und regional aufgelöste Analyse vornehmen zu können, die auch urbane Ballungsräume umfasst und zu konkreten Politikempfehlungen führen könnte, bedarf es aufgrund der bestehenden Unsicherheiten und der komplexen Zusammenhänge weiterer Forschung.

Literatur

Amt für Umweltschutz (2011) Luftbilanz Stuttgart 2010/2011. http://www.stadtklima-stuttgart.de/stadtklima_filestorage/download/luft/Luftbilanz-Stgt-2010-2011.pdf. Zugegriffen: 22. Aug. 2016

Andersson C, Engardt M (2010) European ozone in a future climate: Importance of changes in dry deposition and isoprene emissions. J Geophys Res 115(D2). doi:10.1029/2008JD011690

Beelen R, Raaschou-Nielsen O, Stafoggia M, Andersen ZJ, Weinmayr G, Hoffmann B, Wolf K, Samoli E, Fischer P, Nieuwenhuijsen M, Vineis P, Xun WW, Katsouyanni K, Dimakopoulou K, Oudin A, Forsberg B, Modig L, Havulinna AS, Lanki T, Turunen A, Oftedal B, Nystad W, Nafstad P, De Faire U, Pedersen NL, Östenson CG, Fratiglioni L, Penell J, Korek M, Pershagen G, Eriksen KT, Overvad K, Ellermann T, Eeftens M, Peeters PH, Meliefste K, Wang M, Bueno-de-Mesquita B, Sugiri D, Krämer U, Heinrich J, de Hoogh K, Key T, Peters A, Hampel R, Concin H, Nagel G, Ineichen A, Schaffner E, Probst-Hensch N, Künzli N, Schindler C, Schikowski T, Adam M, Phuleria H, Vilier A, Clavel-Chapelon F, Declercq C, Grioni S, Krogh V, Tsai MY, Ricceri F, Sacerdote C, Galassi C, Migliore E, Ranzi A, Cesaroni G, Badaloni C, Forastiere F, Tamayo I, Amiano P, Dorronsoro M, Katsoulis M, Trichopoulou A, Brunekreef B, Hoek G (2013) Effects of long-term exposure to air pollution on natural-cause mortality: an analysis of 22 European cohorts within the multicentre ESCAPE project. Lancet online publication. doi:10.1016/S0140-6736(13)62158-3

Cofala J, Amann M, Klimont Z, Kupiainen K, Höglund-Isaksson L (2007) Scenarios of global anthropogenic emissions of air pollutants and methane until 2030. Atmos Environ 41(38):8486–8499

Colette A, Granier C, Hodnebrog Ø, Jakobs H, Maurizi A, Nyiri A, Rao S, Amann M, Bessagnet B, D'Angiola A, Gauss M, Heyes C, Klimont Z, Meleux F, Memmesheimer M, Mieville A, Rouïl L, Russo F, Schucht S, Simpson D, Stordal F,

Tampieri F, Vrac M (2012) Future air quality in Europe: a multi-model assessment of projected exposure to ozone. Atmos Chem Phys 12:10613–10630

Colette A, Bessagnet B, Vautard R, Szopa S, Rao S, Schucht S, Klimont Z, Menut L, Clain G, Meleux F, Curci G, Rouïl L (2013) European atmosphere in 2050, a regional air quality and climate perspective under CMIP5 scenarios. Atmos Chem Phys 13:7451–7471

Dämmgen U, Matschullat J, Zimmermann F, Strogies M, Grünhage L, Scheler B, Conrad J (2012) Emission reduction effects on bulk deposition in Germany – results from long-term measurements. 1. General introduction. Gefahrstoffe – Reinhalt Luft 72(1/2):49–54

EEA (2012) Climate change, impacts and vulnerability in Europe 2012 – An indicator-based report (EEA Technical report No 12/2012). European Environment Agency, Kopenhagen (http://www.eea.europa.eu/publications/climate-impacts-and-vulnerability-2012). Zugegriffen: 22. Aug. 2016

Ehhalt DH, Wahner A (2003) Oxidizing capacity. In: Holton JR, Curry JA, Pyle JA (Hrsg) Encyclopedia of atmospheric sciences, Bd. 6. Academic Press, Amsterdam, S 2415–2424

Ehn M, Thornton JA, Kleist E, Sipila M, Junninen H, Pullinen I, Springer M, Rubach F, Tillmann R, Lee B, Lopez-Hilfiker F, Andres S, Acir IH, Rissanen M, Schobesberger S, Kangasluoma J, Kontkanen J, Nieminen T, Kurtén T, Nielsen LB, Jørgensen S, Kjaergaard HG, Canagaratna M, Dal Maso M, Berndt T, Petäjä T, Wahner A, Kerminen VM, Kulmala M, Worsnop DR, Wildt J, Mentel TF (2014) A large source of low-volatility secondary organic aerosol. Nature 106:476. doi:10.1038/nature13032

EU Directive 2004/107 EC: http://eur-lex.europa.eu/LexUriServ/LexUriServ.do?uri=OJ:L:2005:023:0003:0016:EN:PDF. Zugegriffen: 22. Aug. 2016

EU Directive 2008/50 EC: http://eur-lex.europa.eu/LexUriServ/LexUriServ.do?uri=CELEX:32008L0050:EN:NOT. Zugegriffen: 22. Aug. 2016

Filleul L, Cassadou S, Médina S, Fabres P, Lefranc A, Eilstein D, Le Tertre A, Pascal L, Chardon B, Blanchard M, Declercq C, Jusot JF, Prouvost H, Ledrans M (2006) The relation between temperature, ozone, and mortality in nine French cities during the heat wave of 2003. Environ Health Perspect 114(9):1344–1347. doi:10.1289/ehp.8328

Fiore A, West JJ, Horowitz LW, Naik V, Schwarzkopf MD (2008) Characterizing the tropospheric ozone response to methane emission controls and the benefits to climate and air quality. J Geophys Res 113:D08307. doi:10.1029/2007JD009162

Fischer EM, Schaer C (2010) Consistent geographical patterns of changes in high-impact European heatwaves. Nat Geosci 3(6):398–403

Forkel R, Knoche R (2006) Regional climate change and its impact on photooxidant concentrations in southern Germany: Simulations with a coupled regional climate-chemistry model. J Geophys Res 111:D12302. doi:10.1029/2005JD006748

Giorgi F, Meleux F (2007) Modelling the regional effects of climate change on air quality. C R Geosci 339:721–733

Guicherit R (1988) Ozone on an urban and a regional scale with special reference to the situation in the Netherlands. In: Isaksen I (Hrsg) Tropospheric ozone – regional and global interactions. NATO ASC Series C, Bd. 227. D Reidel, Dordrecht, Niederlande, S 49–62

HTAP (2010) Dentener F, Keating T, Akimoto H (Hrsg) Hemispheric transport of air pollution, Part A: Ozone and particulate matter, Economic Commission for Europe, Air Pollution Studies No 17, Genf, 2010

IPCC (2013) Intergovernmental Panel on Climate Change, Climate change 2013 – The physical science basis. Cambridge University Press, New York, USA

Jacob DJ, Winner DA (2009) Effect of climate change on air quality. Atmos Environ 43(1):51–63. doi:10.1016/j.atmosenv.2008.09.051

Katragkou E, Zanis P, Kioutsioukis I, Tegoulias I, Melas D, Krüger BC, Coppola E (2011) Future climate change impacts on summer surface ozone from regional climate-air quality simulations over Europe. J Geophys Res 116:D22307. doi:10.1029/2011JD015899

Klemp D, Mihelcic D, Mittermaier B (2012) Messung und Bewertung von Verkehrsemissionen. Schriften des FZJ, Reihe Energie und Umwelt, Bd. 21., S 1866–1793

Kölling C, Knoke T, Schall P, Ammer C (2009) Überlegungen zum Risiko des Fichtenanbaus in Deutschland vor dem Hintergrund des Klimawandels. Forstarchiv 80:42–54 (http://www.waldundklima.de/klima/klima_docs/forstarchiv_2009_fichte_01.pdf). Zugegriffen: 22. Aug. 2016

Kraft M, Eikmann T, Kappos A, Künzli N, Rapp R, Schneider K, Seitz H, Voss JU, Wichmann HE (2005) The German view: Effects of nitrogen dioxide on human health – derivation of health-related short-term and long-term values. Int J Hyg Environ Health 208:305–318

Langner J, Engardt M, Baklanov A, Christensen JH, Gauss M, Geels C, Hedegaard GB, Nuterman R, Simpson D, Soares J, Sofiev M, Wind P, Zakey A (2012) A multi-model study of impacts of climate change on surface ozone in Europe. Atmos Chem Phys 12:10423–10440

Lesser VM, Rawlings JO, Spruill SE, Somerville MC (1990) Ozone effects on agricultural crops: statistical methodologies and estimated dose-response relationships. Crop Science 30:148–155

Mentel TF, Kleist E, Andres S, Dal Maso M, Hohaus T, Kiendler-Scharr A, Rudich Y, Springer M, Tillmann R, Uerlings R, Wahner A, Wildt J (2013) Secondary aerosol formation from stress-induced biogenic emissions and possible climate feedbacks. Atmos Chem Phys 13:8755–8770. doi:10.5194/acp-13-8755-2013

Mues A, Manders A, Schaap M, Kerschbaumer A, Stern R, Builtjes P (2012) Impact of the extreme meteorological conditions during the summer 2003 in Europe on particulate matter concentrations. Atmos Environ 55:377–391

Riahi K, Dentener F, Gielen D, Grubler A, Jewell J, Klimont Z, Krey V, McCollum D, Pachauri S, Rao S, van Ruijven B, van Vuuren DP, Wilson C (2012) Energy pathways for sustainable development. In: Nakicenovic N, IIASA (Hrsg) Global energy assessment: Toward a sustainable future. Laxenburg, Austria and Cambridge University Press, Cambridge, UK and New York, NY, USA

Royal Society (2008) Ground-level ozone in the 21st century: future trends, impacts and policy implications. Fowler D (Chair) (Science policy report no 15/08). The Royal Society, London. https://royalsociety.org/~/media/Royal_Society_Content/policy/publications/2008/7925.pdf. Zugegriffen: 22. Aug. 2016

Scheinhardt S, Spindler G, Leise S, Müller K, Linuma Y, Zimmermann F, Matschullat J, Herrmann H (2013) Comprehensive chemical characterisation of size-segregated PM10 in Dresden and estimation of changes due to global warming. Atmos Environ 75:365–373

Seinfeld JH, Pandis SN (1998) Atmospheric chemistry and physics. Wiley, New York

Solazzo E, Bianconi R, Vautard R, Appel KW, Moran MD, Hogrefe C, Bessagnet B, Brandt J, Christensen JH, Chemel C, Coll I, Denier van der Gon H, Ferreira J, Forkel R, Francis XV, Grell G, Grossi P, Hansen AB, Jeričević A, Kraljević L, Miranda AI, Nopmongcol U, Pirovano G, Prank M, Riccio A, Sartelet KN, Schaap M, Silver JD, Sokhi RS, Vira J, Werhahn J, Wolke R, Yarwood G, Zhang J, Rao ST, Galmarini S (2012a) Model evaluation and ensemble modelling of surface-level ozone in Europe and North America in the context of AQMEII. Atmos Environ 53:60–74

Solazzo E, Bianconi R, Pirovano G, Matthias V, Vautard R, Moran MD, Appel KW, Bessagnet B, Brandt J, Christensen JH, Chemel C, Coll I, Ferreira J, Forkel R, Francis XV, Grell G, Grossi P, Hansen AB, Miranda AI, Nopmongcol U, Prank M, Sartelet KN, Schaap M, Silver JD, Sokhi RS, Vira J, Werhahn J, Wolke R, Yarwood G, Zhang J, Rao ST, Galmarini S (2012b) Operational model evaluation for particulate matter in Europe and North America in the context of AQMEII. Atmos Environ 53:75–92

Spindler G, Grüner A, Müller K, Schlimper S, Herrmann H (2013) Long-term size-segregated particle (PM10, PM2.5, PM1) characterization study at Melpitz–influence of air mass inflow, weather conditions and season. J Atmos Chem 70:165–195

Szopa S, Hauglustaine DA, Vautard R, Menut L (2006) Future global tropospheric ozone changes and impact on European air quality. Geophys Res Lett 33:L14805. doi:10.1029/2006GL025860

Uekötter F (2003) Von der Rauchplage zur ökologischen Revolution. Eine Geschichte der Luftverschmutzung in Deutschland und den USA 1880–1970. Veröffentlichungen des Instituts für soziale Bewegungen, Schriftenreihe A: Darstellungen Bd. 26. Klartext, Essen

Umweltbundesamt (2013) Entwicklung der Luftqualität in Deutschland. http://www.umweltbundesamt.de/themen/luft/daten-karten/entwicklung-der-luftqualitaet. Zugegriffen: 29. Nov. 2013

Varotsos KV, Tombrou M, Giannakopoulos C (2013) Statistical estimations of the number of future ozone exceedances due to climate change in Europe. J Geophys Res 118:6080–6099. doi:10.1002/jgrd.50451

Volz-Thomas A, Beekman M, Derwent R, Law K, Lindskog A, Prevot A, Roemer M, Schultz M, Schurath U, Solberg S, Stohl A (2003) Tropospheric ozone and its control. Eurotrac synthesis and integration report, Bd. 1. Margraf, Weikersheim

Warneck P (2000) Chemistry of the natural atmosphere. Academic Press, San Diego

WHO (2008) Health risks of ozone from longrange transboundary air pollution. World Health Organization, Regional Office for Europe, Kopenhagen. http://www.euro.who.int/__data/assets/pdf_file/0005/78647/E91843.pdf. Zugegriffen: 22. Aug. 2016

Gesundheit

Jobst Augustin, Rainer Sauerborn, Katrin Burkart, Wilfried Endlicher, Susanne Jochner, Christina Koppe, Annette Menzel, Hans-Guido Mücke, Alina Herrmann

© Der/die Herausgeber bzw. der/die Autor(en) 2017
G. Brasseur, D. Jacob, S. Schuck-Zöller (Hrsg.), *Klimawandel in Deutschland*, DOI 10.1007/978-3-662-50397-3_14

14.1 Überblick

In den Unterkapiteln betrachten wir die direkten und indirekten gesundheitlichen Auswirkungen des Klimawandels in Deutschland und die jeweils spezifischen Anpassungsmaßnahmen.

Die multikausalen Zusammenhänge erschweren konkrete Aussagen und Prognosen zu den gesundheitlichen Folgen des Klimawandels. Trotzdem ist ein Einfluss klimatischer Veränderungen auf die Gesundheit der Menschen in Deutschland wahrscheinlich. Gefährdet sind dabei insbesondere verwundbare (vulnerable) Gruppen wie Kinder oder ältere Menschen. Um die Folgen klimatischer Veränderungen auf die Gesundheit zu minimieren, sind Maßnahmen zur Klimawandelanpassung und -vermeidung notwendig. Dabei gibt es spezifische Anpassungsmaßnahmen, z. B. im Bereich der Prävention von Hitzetoten oder UV-Schäden. Darüber hinaus führt die Stärkung von Gesundheitssystemen im Allgemeinen zu einer höheren Widerstandskraft von Gesellschaften gegenüber klimabedingten Gesundheitsrisiken. Bemerkenswert ist, dass Maßnahmen der Klima- und Gesundheitspolitik auch synergistisch wirken können, so etwa die Förderung von aktivem Transport (z. B. Fahrradfahren). Solche Maßnahmen können nur in einer intersektoralen Zusammenarbeit entwickelt und evaluiert werden.

14.2 Direkte Auswirkungen

14.2.1 Gesundheitliche Beeinträchtigungen durch thermische Belastung

Die Häufigkeit von Hitzewellen hat in den vergangenen Jahren in Deutschland zugenommen, wie entsprechende Episoden in den Jahren 1994, 2003, 2006, 2010 oder 2013 belegen (Coumou und Robinson 2013; Schär und Jendritzky 2004; Seneviratne et al. 2014). Auch künftig muss mit einer Zunahme an Hitzetagen und

Hitzewellen gerechnet werden (IPCC 2012, 2013), möglicherweise mit einer Verdoppelung bis 2020 bzw. einer Vervierfachung bis 2040 (Rahmstorf und Coumou 2011; Coumou et al. 2013). Bei Hitzewellen kommt es zu einer erhöhten Krankheitslast, insbesondere von Lungen- und Herzkreislauferkrankungen (Michelozzi et al. 2009; Scherber et al. 2013a, 2013b), sowie zu gesteigerten Sterberaten (Koppe et al. 2004). So verstarben 2003 während der sommerlichen Hitzewellen in zwölf europäischen Ländern schätzungsweise 50.000 bis 70.000 Menschen zusätzlich, was als eine der größten europäischen „Naturkatastrophen" anzusehen wäre (Larsen 2006; Robine et al. 2008). Erhöhte Sterblichkeitsraten bei thermischer Belastung im Sommer konnten auch für Deutschland nachgewiesen werden (Koppe 2005; Heudorf und Meyer 2005; Schneider et al. 2009). So war die Sterblichkeit (Mortalität) während der Hitzewelle 2003 in Baden-Württemberg besonders hoch (◘ Abb. 14.1). Betroffen sind aber nicht nur die Becken- und Tallagen Süddeutschlands. Auch in West- und Norddeutschland werden bei Hitzewellen erhöhte Sterberaten verzeichnet (Hoffmann et al. 2008). Während der dreiwöchigen Hitzewelle 1994 im überwiegend ländlich geprägten Brandenburg verstarben 10–50 %, in einigen Bezirken Berlins sogar 50–70 % mehr Menschen als in dieser Jahreszeit sonst üblich (Gabriel und Endlicher 2011).

Die thermischen Umweltbedingungen werden allerdings nicht nur durch die Temperatur der Umgebungsluft, sondern auch durch Luftfeuchtigkeit, Windgeschwindigkeit und Strahlungsverhältnisse gesteuert. Eine Bewertung der thermischen Umwelt kann über sogenannte thermische Indizes erfolgen. Entsprechende Modelle werden z. B. vom Deutschen Wetterdienst (Gefühlte Temperatur; GT) oder international (*Universal Thermal Climate Index;* UTCI) verwendet (Jendritzky et al. 2009). Die thermische Belastung wird dabei nach Kältereiz und Wärmebelastung unterschieden (Deussen 2007; Menne und Matthies 2009).

Der Wärmehaushalt des Menschen ist im Körperinnern auf eine gleichbleibende Temperatur von etwa 37 °C ausgerichtet

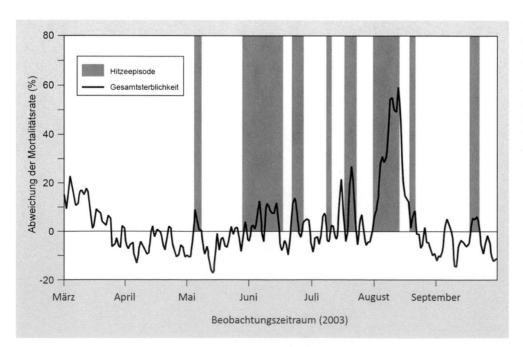

◘ **Abb. 14.1** Hitzewellen im Jahr 2003 in Baden-Württemberg (*grau*) und Abweichungen der täglichen Mortalitätsraten zwischen März und September vom Erwartungswert in %; die Vorverlegung des Sterbezeitpunkts – und der sich daran anschließende leichte Rückgang der Sterblichkeit – wird als *harvesting effect* bezeichnet. (Koppe und Jendritzky 2005)

(entspricht thermischem Komfortbereich). Mit zunehmender Wärme- oder Kältebelastung steigen die Anforderungen an das Herz-Kreislauf-System, den Bewegungsapparat und die Atmung, was in einer Zunahme der Erkrankungs- und Sterberaten resultiert (◙ Abb. 14.2). Studien zeigen, dass bei Hitzestress besonders Säuglinge, Kleinkinder, ältere und kranke Menschen gefährdet sind, bei denen das Thermoregulationssystem nur eingeschränkt funktionsfähig ist (D'Ippoliti et al. 2010; Bouchama et al. 2007; Eis et al. 2010). Zudem sind Personen, die Arbeitsschutzkleidung tragen, eine geringe Fitness oder Übergewicht haben, regelmäßig Alkohol, Drogen oder bestimmte Medikamente einnehmen, verstärkt hitzegefährdet (Koppe et al. 2004). Insgesamt gesehen variiert der individuelle thermische Komfortbereich jedoch auch nach geografischer Lage, Jahreszeit und Akklimatisation (physiologische Anpassungsfähigkeit des Körpers an die Umgebung) (Parsons 2003; Menne und Matthies 2009).

Die gesundheitlichen Risiken von thermischen Belastungen können durch eine verringerte Luftgüte bei erhöhten Konzentrationen von Stickoxiden, Ozon und Feinstaub verstärkt werden (◙ Abb. 14.3 und ▶ Abschn. 14.3.3; Burkart et al. 2013; Ren et al. 2006, 2008; Roberts 2004). Dieser Zusammenhang ist insbesondere für die städtische Bevölkerung von Bedeutung. Menschen in Städten sind zudem eher gefährdet als Menschen auf dem Land, da Städte bis zu 10 °C wärmer als ihre Umgebung sein können (▶ Kap. 22). Auch warme, „tropische" Nächte mit Temperaturen über 20 °C kommen in diesen städtischen Wärmeinseln häufiger vor und erschweren die notwendige nächtliche Erholung. In der europaweiten EuroHEAT-Studie zu den Auswirkungen von Hitzewellen auf die Mortalität in Großstädten wurden während Hitzewellen Werte der Übersterblichkeit zwischen 7,6 und 33,6 %, in extremen Einzelfällen auch über 50 % gefunden (D'Ippoliti et al. 2010).

■ **Anpassungsmaßnahmen**

Aus diesem Sachverhalt ergibt sich die Notwendigkeit, einerseits bei Hitzewellen die Bevölkerung kurzfristig durch ein effektives Warnsystem zu informieren und Verhaltensempfehlungen zu geben. Dabei sollte insbesondere den vulnerablen Gruppen eine erhöhte Aufmerksamkeit zukommen (Umweltbundesamt 2008). Zudem sind Hitzewarnsysteme auf ihre Effektivität hin zu evaluieren (Augustin et al. 2011). Andererseits müssen langfristig unsere Städte so (um-)gebaut werden, dass in ihnen nicht nur die Emission von Treibhausgasen so rasch und so weit wie möglich eingeschränkt, sondern auch durch Stadtplanung und Architektur eine Anpassung an die schon nicht mehr zu verhindernden Folgen des Klimawandels erreicht wird (Koppe et al. 2004; Endlicher 2012). Das Bewusstsein hinsichtlich der Gefahren, die im Klimawandel mit Hitzewellen verbunden sind, muss weiter verbessert werden. Im Hinblick auf den eingeschränkten Kapitelumfang wird für genauere Informationen zu Anpassungsmaßnahmen auf die Broschüre *Heat Health Actions Plans* der WHO verwiesen (Matthies et al. 2008).

14.2.2 Gesundheitliche Beeinträchtigungen durch UV-Strahlung

Die ultraviolette (UV-)Strahlung hat aufgrund ihrer strahlungsphysikalischen Eigenschaften einen bedeutenden Einfluss auf den menschlichen Körper. Beim Durchgang durch die Atmosphäre wird die Intensität der UV-Strahlung aufgrund von Streuung und Absorption geschwächt. Vor allem die stratosphärische Ozonschicht in einer Höhe von etwa 20 km (mittlere Breiten) sorgt dafür, dass wellenlängenabhängig Teile der UV-Strahlung herausgefiltert werden. Stark von der Ozonschichtdicke abhängig ist die biologisch besonders wirksame UVB-Strahlung, die aufgrund

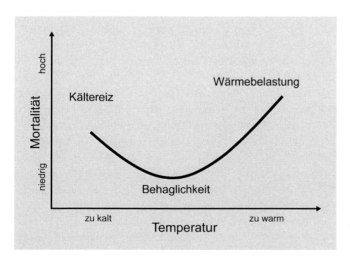

◙ **Abb. 14.2** Thermische Umweltbedingungen und Mortalität stehen in einem engen Bezug. Bei thermischem Komfort, also Behaglichkeit, ist das Mortalitätsrisiko am niedrigsten, es steigt sowohl bei Kältereiz als auch bei Wärmebelastung

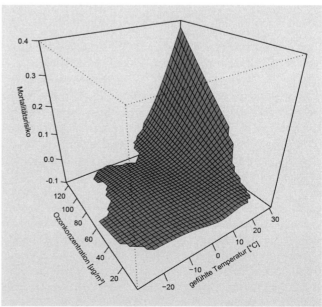

◙ **Abb. 14.3** Wirkung kombinierter Effekte von hohen Temperaturen (°C UTCI) und Ozonkonzentrationen auf die Mortalität in Berlin. Temperatur und Ozonkonzentration beziehen sich jeweils auf Zwei-Tages-Mittel. (Burkart et al. 2013)

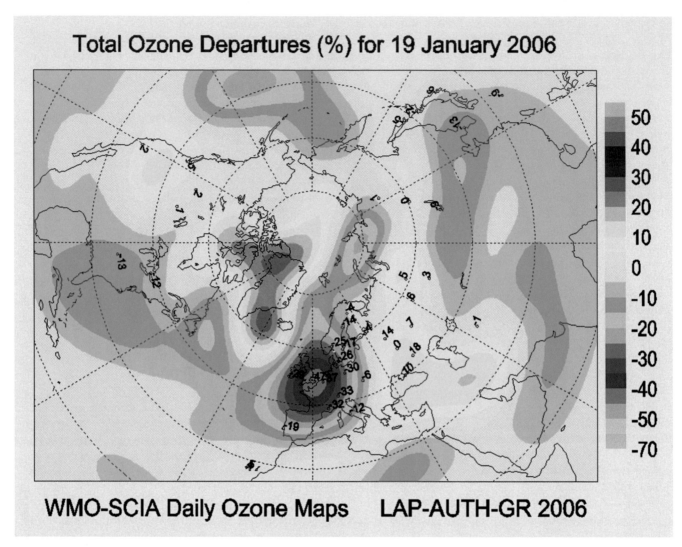

Abb. 14.4 Abweichung des Gesamtozons in % in der Nordhemisphäre am 19. Januar 2006. Referenz: Januarmittel der Jahre 1978–1988, Nordhemisphäre. (Environment Canada 2013)

ihrer krebserregenden (karzinogenen) Wirkung als Hauptrisikofaktor für die Entstehung von Hautkrebserkrankungen angesehen wird (Greinert et al. 2008). Neben der Ozonschicht wird die UV-Strahlung beim Durchgang durch die Atmosphäre von weiteren Faktoren beeinflusst, insbesondere von der Bewölkung. Sowohl die Bewölkung als auch das stratosphärische Ozon (Ozonchemie und -dynamik) unterliegen dem Einfluss klimatischer Gegebenheiten und sind damit auch sensitiv gegenüber klimatischen Veränderungen.

Der verstärkte Eintrag ozonzerstörender Substanzen vor allem von Fluorchlorkohlenwasserstoffen hat in der Vergangenheit dazu geführt, dass die natürliche, vor der UV-Strahlung schützende Ozonschicht in der Stratosphäre geschädigt wurde. Damit einhergehend zeigte sich eine merkliche Zunahme von Hautkrebserkrankungen in der Bevölkerung (Breitbart et al. 2012), die nach Greinert et al. (2008) neben Verhaltensaspekten auch auf die sich erhöhende UV-Strahlung zurückzuführen ist. Hautkrebs ist inzwischen mit 234.000 Neuerkrankungen pro Jahr (2013) die häufigste Krebserkrankung in Deutschland (Katalinic 2013).

Neben Hautkrebs ist der Graue Star (Katarakt) eine der wesentlichen Folgeerscheinungen einer erhöhten UV-Exposition des Menschen (Shoham et al. 2008). Der Vollständigkeit halber ist zu erwähnen, dass die UVB-Strahlung die Vitamin-D-Produktion im Körper anregt und damit bei richtiger Dosierung auch einen positiven Effekt auf die Gesundheit hat, da das Risiko reduziert wird, an Osteoporose zu erkranken oder einen Herzinfarkt zu bekommen (Norval et al. 2011).

Internationale Abkommen – u. a. das Montrealer Protokoll von 1994 – zur Reglementierung des Eintrags ozonzerstörender Substanzen zeigen mittlerweile Wirkung, sodass etwa bis Mitte des Jahrhunderts mit einer Regeneration der Ozonschicht gerechnet werden kann (Bekki und Bodeker 2010). Noch nicht vollends geklärt ist der Einfluss des Klimawandels auf den Ozonhaushalt (Ozondynamik und -chemie) sowie auf jene Faktoren (z. B. Bewölkung), welche die UV-Strahlung beeinflussen. Prognosen zur zukünftigen UV-Strahlung und zu den Folgeerscheinungen für die Gesundheit sind jedoch komplex und mit zahlreichen Unsicherheiten behaftet. Insbesondere die Bewölkung erschwert aufgrund ihrer hohen räumlichen und zeitlichen Variabilität eine solche Prognose. Für das Jahr 2050 haben Köpke et al. (2007) ohne Berücksichtigung der Bewölkung einen Rückgang der UV-Strahlung auf Werte der 1970er-Jahre modelliert. Aufgrund des prognostizierten Rückgangs der Bewölkung im Sommer in Mitteleuropa wird dieser Effekt jedoch wahrscheinlich überkompensiert, sodass die Autoren netto eine Erhöhung der UV-Strahlung um 5–10 % annehmen. Darüber hinaus werden vermutlich lokale, temporäre Extremereignisse wie die sogenannten Ozonniedrigereignisse an Bedeutung gewinnen. Dabei handelt es sich um lokal begrenzte ozonarme Luftmassen, die aus den polaren Regionen bis nach Mitteleuropa vordringen können und mit teilweise sehr hohen UV-Strahlungswerten einhergehen. Sie treten insbesondere im Frühjahr auf, also zu einer Zeit, zu der die Haut besonders empfindlich gegenüber UV-Strahlung ist. Während der vergangenen Jahrzehnte wurde eine Häufigkeitszunahme dieser etwa 3–5 Tage dauernden Ereignisse ausgemacht (Rieder et al. 2010). ◘ Abb. 14.4 zeigt beispielhaft ein Ozonniedrigereignis am 19. Januar 2006 mit einer um bis zu 47 % reduzierten Ozonkonzentration (<200 Dobson Units) über Mitteleuropa.

Unabhängig von einer (klimatisch bedingten) Veränderung der UV-Strahlung ist davon auszugehen, dass klimatische Veränderungen das menschliche Expositionsverhalten wie z. B. einen vermehrten Aufenthalt im Freien beeinflussen werden (Bharath und Turner 2009; Ilyas 2007). Sonnenreiche Tage mit Temperaturen im thermischen Komfortbereich führen zu einer deutlich erhöhten UV-Exposition, weil Menschen beispielsweise mehr im Garten arbeiten oder sich im Schwimmbad aufhalten (Knuschke et al. 2007). Versuche mit Mäusen haben darüber hinaus verdeutlicht, dass die Umgebungstemperatur die karzinogene Wirkung der UV-Strahlung beeinflusst (van der Leun und de Gruijl 2002) und erhöhen kann (van der Leun et al. 2008). Nach van der Leun und de Gruijl (2002) lassen sich die Ergebnisse annäherungsweise auch auf Menschen übertragen.

Kelfkens et al. (2002) haben die veränderte Hautkrebshäufigkeit unter dem Klimawandel für Europa modelliert. Die Ergebnisse zeigen, dass die durch den Klimawandel zusätzlich auftretenden Hautkrebsfälle in Mitteleuropa noch mehrere Jahrzehnte zunehmen werden. Norval et al. (2011) prognostizieren für die Vereinigten Staaten von Amerika einen Anstieg des Grauen Stars bis zum Jahr 2050 um 1,3–6,9 %.

Um den negativen Einfluss der UV-Strahlung auf die Gesundheit zu minimieren, wurden Instrumente wie der UV-Index entwickelt. Studien zur Evaluierung solcher Anpassungsmaßnahmen verdeutlichen jedoch, dass die Maßnahmen beziehungsweise ihre Kommunikation bislang noch Defizite aufweisen. Beispielsweise konnten Wiedemann et al. (2009) aufzeigen, dass der UV-Index in der Bevölkerung noch relativ unbekannt ist und wenn bekannt, dann oftmals nicht richtig interpretiert werden kann. Daher sollte einer guten Kommunikation zielgruppenspezifischer Anpassungsmaßnahmen zukünftig verstärkt Beachtung geschenkt werden.

14.3 Indirekte Auswirkungen

14.3.1 Pollenflug und Allergien

Die WHO beziffert die Zahl der Menschen, die weltweit unter Allergien leiden, auf 30–40 % der Gesamtbevölkerung (Pawankar et al. 2011). In Deutschland sind laut einer Studie des Robert Koch-Instituts 30 % der Bevölkerung von Allergien betroffen, wobei 14,8 % der Bevölkerung unter Heuschnupfen leiden (Langen et al. 2013). Der Klimawandel hat u. a. Auswirkungen auf allergene Pflanzen und kann zu einer Veränderung der Pollensaison, Pollenmenge sowie Pollenallergenität führen und die Verbreitung von invasiven Arten begünstigen. All diese Faktoren beeinflussen die Allergieentstehung und können massivere allergische Erkrankungen hervorrufen (Beggs 2004).

Der Beginn der Pollensaison wird maßgeblich von der Pflanzenphänologie bestimmt. Da phänologische Frühjahrsphasen überwiegend temperaturgesteuert sind, hat der Klimawandel in den vergangenen drei Jahrzehnten zu deutlichen Veränderungen in Deutschland geführt (Menzel und Estrella 2001; Chmielewski 2007). Wie eine europaweite Studie zeigt, haben sich Frühjahrsphasen durchschnittlich um etwa 2 Wochen verfrüht (Menzel et al. 2006). Aufgrund der milderen Witterung im Frühjahr startet die Pollensaison heute bereits merklich früher (Frei und Gassner 2008). Eine Verlängerung der Pollensaison wird vor allem für Gräser beobachtet (Fernandez Rodriguez et al. 2012).

▪ Invasive Arten

Eine weitere Lücke im Pollenkalender schließt die invasive Art *Ambrosia artemisiifolia L.* (*Ambrosia*, Beifußblättriges Traubenkraut). Die ursprünglich in Nordamerika beheimatete *Ambrosia* wächst seit den 1980er-Jahren in größeren Beständen in Teilen Südeuropas (Zink et al. 2012). Die wärmeliebende Art gedeiht in Deutschland vor allem im Rheintal, Südhessen, Ostbayern sowie in Berlin und Brandenburg (Otto et al. 2008) und wird sich mit steigenden Temperaturen sehr wahrscheinlich weiter ausbreiten. Städte als Wärmeinseln (► Kap. 22) können dabei das Vorkommen dieser invasiven Art ebenfalls begünstigen. *Ambrosia*-Pollen werden als hochallergen eingestuft (Eis et al. 2010). *Ambrosia* blüht im Spätsommer und Herbst, wodurch sich der Zeitraum mit Pollenallergenen in der Luft nun fast über das ganze Jahr erstreckt (PID 2012).

▪ Pollenmenge und -allergenität

Ein Faktor, der sehr wahrscheinlich auch zu häufigeren, schwereren allergischen Erkrankungen und neuen Sensibilisierungen führt, ist die gestiegene Pollenmenge (Ziello et al. 2012) in den vergangenen Jahrzehnten; vor allem in Städten. Als Ursachen werden die Temperaturzunahme sowie die erhöhte atmosphärische CO_2–Konzentration genannt (Beggs 2004). Ziello et al. (2012) dokumentieren eine generelle Zunahme der gesamten Pollenmenge auch in Deutschland: Von 584 Zeitreihen waren 21 % statistisch signifikanten Veränderungen unterworfen, 65 % davon zeigten wiederum einen Anstieg der Pollenmenge. Experimente in Klimakammern (Ziska und Caulfield 2000) oder entlang eines Stadt-Land-Gradienten (Ziska et al. 2003) bestätigten, dass höhere CO_2-Werte zu einer verstärkten Pollenproduktion der *Ambrosia* führen. Während der Dürreperiode im Jahr 2003 war jedoch eine deutlich geringere atmosphärische Pollenmenge von Beifuß, Ampfer und Brennnessel in der Südschweiz zu beobachten (Gehrig 2006). Ein weiterer Stressfaktor sind städtische Umweltbedingungen (Jochner et al. 2013): So war die Pollenproduktion der Birke (*Betula pendula L.*) in München gegenüber dem ländlichen Umland verringert.

Pollenallergene sind spezifische Proteine, die bei bestimmten Menschen zu einer immunologischen Überreaktion führen (Huynen et al. 2003). Ob die jüngst zu beobachtende Temperaturerhöhung eine Veränderung der Allergenität mit sich bringt, ist noch nicht geklärt. Europäische Studien belegen, dass das Hauptallergen der Birke (Bet v 1) verstärkt bei höheren Temperaturen gebildet wird (Hjelmroos et al. 1995; Ahlholm et al. 1998). Im Gegensatz dazu waren der Allergengehalt von *Ambrosia* (Ziska et al. 2003) sowie des Weißen Gänsefußes (*Chenopodium alba*, Guedes et al. 2009) in Städten – also unter wärmeren Bedingungen – reduziert.

In Gebieten mit starker Luftverschmutzung reagieren Pollen mit Luftschadstoffen wie Ozon und Feinstaub, was die Allergenität der Pollen erhöht (Beck et al. 2013; Behrendt et al. 1992, 1997; D'Amato et al. 2010). So erzeugt z. B. die Interaktion zwischen Feinstaub und Pollen allergenhaltige Aerosole, die aufgrund ihrer Größe tief in die Lunge eindringen und bei sensibilisierten Personen Asthma auslösen können (Behrendt und Becker 2001). Zusätzlich begünstigen Dieselrußpartikel die Entstehung von Allergien (Fujieda et al. 1998).

■ **Anpassungsmaßnahmen**

Ein wichtiges und gleichzeitig einfaches Instrumentarium zur Reduktion allergener Pollen ist die Stadtplanung (Bergmann et al. 2012). Durch die Auswahl von geeigneten Baumarten für die Begrünung von Straßenzügen, öffentlichen Plätzen und Parkanlagen kann die Pollenkonzentration allergologisch relevanter Arten maßgeblich gesteuert werden.

Die Kontrolle von kontaminierten Gütern wie z. B. Vogelfutter trägt zur Reduktion der weiteren Ausbreitung von *Ambrosia* bei. Ferner verringert eine Bekämpfung mit entsprechender Kontrolle der invasiven Pflanze durch Ausreißen und Mahd die Pollenkonzentration. In Deutschland existiert keine Meldepflicht für *Ambrosia*-Vorkommen, jedoch könnte die Einführung einer Meldepflicht nach dem Vorbild der Schweiz das Vorkommen drastisch dezimieren.

14.3.2 Infektionserkrankungen

Das Auftreten vieler Infektionserkrankungen ist u. a. von klimatischen Bedingungen abhängig, denn veränderte Temperaturen, Niederschlagsmuster und häufigere Extremwetterereignisse können sich auf die Vermehrung und Verbreitung von Krankheitserregern und deren Überträger (Vektoren) auswirken. Eine deutschlandspezifische Perspektive ist hierbei nicht ausreichend, da Tourismus, Migration und Warentransport dazu führen, dass sich Krankheitserreger leicht über Ländergrenzen hinweg ausbreiten. Wegen des knappen Raums können nur die wesentlichen Erkrankungen angesprochen werden.

■ **Durch Nahrungsmittel oder Wasser übertragene Erkrankungen**

Durch Nahrungsmittel verursachte Magen-Darm-Infektionen werden in Deutschland vor allem durch die Erreger *Campylobacter* (65.713 Fälle im Jahr 2010) und *Salmonella Typhi* (25.306 Fälle im Jahr 2010) ausgelöst und treten gehäuft im Frühjahr und im Sommer auf (ECDC 2013). Die Häufigkeit dieser und anderer mit Lebensmitteln assoziierten Erkrankungen kann durch Änderungen der Temperatur beeinflusst werden. So wird bei Infektionen mit Salmonellen ein linearer Anstieg der Krankheitsfälle um 5–10 % pro °C Temperaturerhöhung über einer Schwelle von 6 °C beobachtet (Kovats et al. 2004). Jedoch war die Anzahl von Salmonelleninfektionen in Deutschland zuletzt eher rückläufig (RKI).

Krankheitserreger können auch durch Trinkwasser und Badegewässer oder bei Überschwemmungen auf den Menschen übertragen werden (Bezirtzoglou et al. 2011). Weltweit häufig beobachtete Beeinträchtigungen der Trinkwasserqualität durch Starkregenereignisse (Cann et al. 2013) wurden in Deutschland bisher nicht dokumentiert. In den vergangenen Jahren wurden jedoch vermehrt Vibrioneninfektionen an der Nord- und Ostsee registriert, die sich bisher vor allem in Wundinfektionen äußerten, aber auch zu Durchfallerkrankungen führen können. Auch die bei steigenden Wassertemperaturen oft sprunghafte Vermehrung von Cyanobakterien – auch Blaualgen genannt, daher der Begriff Algenblüte – in Binnenseen oder Küstengewässern der Ostsee birgt Gesundheitsrisiken, da teilweise Toxine freigesetzt werden, die z. B. zu Hautreizungen führen können (Stark et al. 2009).

■ **Durch Vektoren übertragene Erkrankungen**

Vektoren sind Überträger von Krankheitserregern, die Infektionskrankheiten auslösen. In Deutschland sind die Lyme-Borreliose und die Frühsommer-Meningoenzephalitis (FSME) die bedeutendsten Vektorerkrankungen, denn sie werden durch die in Deutschland etablierten Zecken wie den gemeinen Holzbock (*Ixodes ricinus*) übertragen. Zecken, die den Borreliose-Erreger (*Borrelia burgdorferi*) übertragen, kommen im ganzen Bundesgebiet vor. Das FSME-Virus übertragende Zecken sind vor allem im Süden Deutschlands verbreitet (RKI 2013). Grundsätzlich begünstigt der zu erwartende Temperaturanstieg die Populationsdichte der Zecken sowie deren Ausbreitung nach Norden und in die Höhenzüge hinein. Zudem werden eine frühere Zeckenaktivität und damit eine verlängerte Zeckensaison erwartet. Veränderungen im Jahresniederschlag können die Lebensbedingungen für Zecken je nach Region verschlechtern (z. B. weniger Niederschlag im Nordosten) oder verbessern (z. B. mehr Niederschlag im Süden) (Süss et al. 2008). Seit dem Beginn der offiziellen Meldepflicht von FSME im Jahr 2001 zeichnet sich in den Daten des Robert Koch-Instituts zu den jährlichen FSME-Fallzahlen in Deutschland jedoch kein eindeutiger Trend ab. Denn auch wenn der Klimawandel das Zeckenvorkommen in der beschriebenen Weise begünstigt, sind die Infektionsraten in der Bevölkerung von vielen weiteren Faktoren abhängig, z. B. vom Anteil geimpfter Personen (bei FSME), von der Landnutzung und vom Freizeitverhalten der Menschen. In diesen Bereichen liegt auch das Potenzial für Anpassungsmaßnahmen (Lindgren und Jaenson 2006).

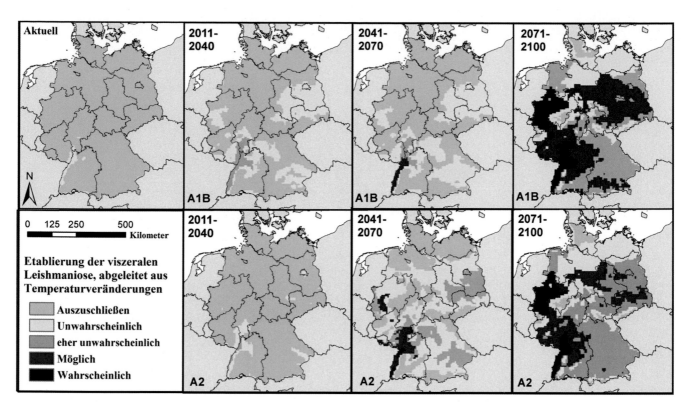

Abb. 14.5 Einstufung von Risikogebieten für die viszerale Leishmaniose in Deutschland unter aktuellen und projizierten Temperaturbedingungen (SRES-Szenarien A1B und A2). Berücksichtigt wurden die Temperaturansprüche von Erreger (*Leishmania infantum*) und Überträger (*Phlebotomus* spp.). Die Berechnungen basieren auf 30-Jahres-Durchschnittsdaten. (Fischer et al. 2010)

Tropische Infektionserkrankungen treten in Deutschland bisher fast ausschließlich auf, wenn infizierte Personen aus dem Ausland nach Deutschland einreisen (Jansen et al. 2008). Die Gefahr von autochthonen Infektionen – also einer Ansteckung innerhalb Deutschlands – setzt voraus, dass der Krankheitserreger und der passende Vektor hierzulande vorkommen und dass es ausreichend warm für die Erregerentwicklung im Vektor ist. Diese beiden Bedingungen werden durch steigende Durchschnittstemperaturen begünstigt (Hemmer et al. 2007).

So verbessern sich in Deutschland die klimatischen Bedingungen für die Ausbreitung von Malaria. Doch war die Malaria bis Mitte des 20. Jahrhunderts ohnehin in Europa verbreitet; sie wurde erst durch die Trockenlegung von Brutgebieten, Mückenbekämpfung und verbesserte Gesundheitsversorgung ausgerottet (Dalitz 2005). Unter Fortführung dieser Maßnahmen ist eine Wiederausbreitung der Malaria bis 2050 in Deutschland daher unwahrscheinlich (Holy et al. 2011).

Im Fall des Denguefiebers wurden in den vergangenen Jahren einzelne örtlich begrenzte autochthone Ausbrüche in südeuropäischen Regionen verzeichnet (Tomasello und Schlagenhauf 2013). Dies ist darauf zurückzuführen, dass der Vektor – die Mückenart *Aedes albopictus* – in vielen Teilen Südeuropas bereits etabliert ist und die Erreger durch infizierte Touristen aus tropischen Ländern eingeschleppt wurden. In Deutschland wird *Aedes albopictus* seit 2007 vereinzelt entlang der Verkehrsrouten aus dem Süden angetroffen (Becker et al. 2013). Autochthone Krankheitsfälle von Denguefieber sind in Deutschland bisher nicht bekannt, könnten aber bis 2050 vereinzelt vorkommen.

Die Leishmaniose (Erreger: *Leishmania infantum*) ist eine in mediterranen Ländern etablierte Erkrankung, die Geschwüre der Haut und Organschäden hervorruft. In Deutschland sind bisher vor allem aus diesen Ländern eingeführte Hunde betroffen, die die Krankheit auch auf Menschen übertragen können (Aspock et al. 2008). Der eigentliche Vektor der Leishmanien ist jedoch die Sandfliege (*Phlebotomus* spp.). Autochthone Fälle der Leishmaniose traten in Deutschland bisher so gut wie nicht auf, da die Temperaturen für die Etablierung von Sandfliegen und Leishmanien bisher zu niedrig sind. Unter Zuhilfenahme von Klimaprojektionen (Emissionsszenarien SRES A1B und A2) kann jedoch gezeigt werden, dass im Zuge des Klimawandels die autochthone Übertragung von Leishmaniose bis Ende des Jahrhunderts in einigen Regionen Deutschlands wahrscheinlicher wird (Abb. 14.5; Fischer et al. 2010).

Das Hantavirus gilt als eine Erkrankung, die für menschliche Populationen zunehmend relevant wird (Ulrich et al. 2002). In Deutschland findet die Übertragung des Hantavirus häufig durch die Inhalation von Aerosolen aus erregerhaltigen Ausscheidungen von Rötelmäusen statt (RKI 2012). Die Anzahl von Hantavirusinfektionen ist stark von der Größe der Nagerpopulationen abhängig. Diese kann durch den Klimawandel begünstigt werden, z. B. durch geringere Dezimierung in milderen Wintern oder durch besonders gute Futterbedingungen im Herbst (Buchenmast) (Faber et al. 2010). Dies kann auch für das Auftreten anderer durch Nagetiere übertragene Erkrankungen wie die Hasenpest (Tularämie) oder das Feldfieber (Leptospirose) bedeutsam sein.

◘ **Tab. 14.1** Übersicht über die wesentlichen klimasensiblen Infektionskrankheiten, ihre Erreger, den Übertragungsweg (ggf. Vektor) und eine Einschätzung der Zunahme des Risikos je nach Zeitrahmen und Ausmaß der globalen Erwärmung (+2 °C bis +4 °C). Die qualitative Einschätzung orientiert sich an der im Text zitierten Literatur

Krankheit	Erreger	Übertragung (ggf. Vektor)	Derzeitige Gefährdung	Bis 2050	Bis 2100 +2 °C-Welt	Bis 2100 +4 °C-Welt
Magen-Darm-Erkrankungen (ggf. Wundinfektionen und Blutvergiftung bei Vibrionen)	Salmonellen, *Campylobacter* und andere	Nahrung	++	++	++	++
	Giardia lamblia	Süßwasser	+	+	+	++
	Cryptosporidium		+	+	+	++
	E. coli, *Campylobacter*		+	++	++	+++
	Vibrionen (z. B. *V. cholerae*)	Süß- und Meerwasser	+	+	+	++
Hautreizungen, Magen-Darm-Beschwerden, Leberschäden, neuronale Schäden	Toxin produzierende Cyanobakterien („Blaualgen"), Toxin-Beispiele: Microcystine, Anatoxin	Meerwasser, Verzehr von Meeresfrüchten, selten Trinkwasser	0	+	+	++
Lyme-Borreliose	*Borrelia burgdorferi*	Zecken *(Ixodes ricinus)*	+	++	++	+++
FSME*	FSME-Virus		+	+	++	+++
Leptospirose (Feldfieber)	Spirochäten	Nager (ggf. im Zuge von Überschwemmung**)	+	+	+	++
HFRS***	Hantavirus (Art: Puumalavirus)	Nager	+	+	++	++
Tularämie (Hasenpest)	*Francisella tularensis*	Nager, Zecken, Mücken	+	+	+	++
Malaria tropica	*Plasmodium falciparum*	*Anopheles*-Mücken	0	0	+	++
Malaria tertiana	*Plasmodium vivax*, *Plasmodium ovale*	*Anopheles*-Mücken	0	0	+	++
Leishmaniose der Haut	*Leishmania infantum*	Sandmücken	0	+	+	+++
Denguefieber	Denguevirus	*Aedes*-Mücken	0	+	+	+++
Gelbfieber	Gelbfiebervirus	*Aedes*-Mücken	0	+	+	++
Chikungunyafieber	Chikungunyavirus	*Aedes*-Mücken	0	+	+	++
West-Nil-Fieber (WNF)	WNF-Virus	*Culex*-Mücken	0	+	+	++

*FSME = Frühsommer-Meningoenzephalitis, **Süßwasserüberschwemmungen, ***HFRS: hämorrhagisches Fieber mit renalem Syndrom

0 = praktisch keine Gefährdung, + = Krankheit kommt vereinzelt vor, ++ = Krankheit häufiger, gut beherrschbar, +++ = Krankheit häufiger, Herausforderung für Anpassung

◘ Tab. 14.1 gibt eine Übersicht über die wesentlichen klimasensiblen Infektionskrankheiten für Deutschland und eine Einschätzung zum Gesundheitsrisiko je nach Zeitrahmen und Klimaprojektion.

■ **Anpassungsmaßnahmen**

Zum Schutz vor Infektionskrankheiten könnte das bisher passive Meldesystem durch ein aktives Warnsystem ergänzt werden, in dem Daten aus Epidemiologie, Veterinärmedizin und Ökologie integriert werden. Dabei ist auch die Aufklärung der Menschen bezüglich gesundheitsrelevanter Verhaltensweisen wichtig, z. B. Zecken- oder Mückenschutz. Insbesondere im Gesundheitssektor sollte durch die Stärkung des Bewusstseins für bisher seltene Infektionskrankheiten deren Prävention, rasche Diagnose und Behandlung gewährleistet werden (Panic und Ford 2013). Die Entwicklung von neuen Medikamenten und Impfstoffen ist angesichts der bedrohlichen Resistenzentwicklung eine Aufgabe, der sich Wirtschaft und Zivilgesellschaft verstärkt stellen sollten. Insgesamt sollte sowohl in Deutschland als auch in Projekten der Entwicklungszusammenarbeit eine Stärkung der Gesundheitsversorgung, insbesondere der Basisversorgung, im Vordergrund stehen (Menne et al. 2008).

◘ **Tab. 14.2** Anzahl der Tage, an denen in Deutschland von 1994 bis 2004 Acht-Stunden-Mittelwerte von Ozon über 120 µg/m³ gemessen wurden (für das jeweilige Jahr über alle Ozon-Messstationen gemittelt), *fett gedruckt*: der außerordentlich heiße Sommer 2003. (Aus Mücke 2008)

Jahr	1994	1995	1996	1997	1998	1999	2000	2001	2002	2003	2004
Anzahl Tage	32	29	20	22	19	21	19	21	19	**51**	19

◘ **Tab. 14.3** Anzahl der Tage in den Jahren 2001–2004 mit Überschreitungen des 24-Stunden-Mittelwerts von Feinstaub (PM$_{10}$) von 50 µg/m³ in Deutschland, *fett gedruckt*: der außerordentlich heiße Sommer 2003. (Aus Mücke 2008)

Jahr	2001	2002	2003	2004
An der Verkehrsmessstation mit der höchsten Belastung	117	103	**132**	73
Über verkehrsbezogene Messstationen in der Stadt gemittelt	65	75	**82**	55
Über städtische Hintergrundstationen gemittelt	22	30	**38**	16
Über ländliche Hintergrundstationen gemittelt	7	12	**17**	5

14.3.3 Gesundheitliche Beeinträchtigungen durch Luftschadstoffe

Luftverunreinigungen beeinträchtigen die Gesundheit des Menschen. Durch den Anstieg der mittleren Lufttemperatur im Rahmen des Klimawandels verändern sich die Transport- und Durchmischungsprozesse in der Atmosphäre. Das beeinflusst die physikalischen und chemischen Komponenten der Luftqualität. Lufthygienisch relevante Extremwetterereignisse werden vor allem während der Sommerhalbjahre vermehrt und verstärkt vorkommen. Hierzu zählen insbesondere Hitzeepisoden mit gleichzeitig erhöhten Luftschadstoffkonzentrationen (Vandentorren und Empereur-Bissonnet 2005; Menne und Ebi 2006; ► Kap. 13). Trocken-heiße Witterung mit starker Sonneneinstrahlung intensiviert zum einen die Bildung des Luftschadstoffs Ozon (Mücke 2011). Zum anderen kann sich die Belastung durch Feinstaub (PM$_{10}$) erhöhen, und zwar anthropogen bedingt etwa durch den Automobilverkehr und durch andere Ursachen wie Waldbrände – dann steigt auch die Luftverunreinigung mit Kohlenmonoxid, Stickstoffdioxid und Schwefeldioxid (Kislitsin et al. 2005). Dies zeigt z. B. eine Auswertung der Ozon- und PM$_{10}$-Konzentrationen des Sommers 2003 für Deutschland (◘ Tab. 14.2 und 14.3; Mücke 2008). Darüber hinaus können durch Luftverunreinigungen veränderte natürliche biologische Luftbeimengungen wie z. B. Pollen eine Quelle für zusätzliche gesundheitliche Belastungen sein (Behrendt et al.1992, 1997; ► Abschn. 14.3.1).

Im Nachgang des Hitzesommers 2003 wurde u. a. im europaweiten Projekt EuroHeat belegt, dass der Effekt von Hitzetagen auf die Mortalität durch erhöhte Konzentrationen von Ozon und Feinstaub (PM$_{10}$) verstärkt wird. Dieser Kombinationseffekt trifft insbesondere für die Risikogruppe der älteren Menschen, Kleinkinder und chronisch kranken Personen zu (WHO 2009). Zudem sind Luftschadstoffe vor allem für Menschen in städtischen Ballungsräumen bedeutsam (Bell et al. 2004; Noyes et al. 2009; ► Kap. 13).

Eine Trennung bzw. Zuordnung der Gründe für eine erhöhte Mortalität ist schwierig und mit Unsicherheiten behaftet, da zwischen den Einflussfaktoren Hitze, Luftschadstoffe und Aeroallergene starke Wechselwirkungen bestehen. Dass die lokale Luftverschmutzung durch Ozon und PM$_{10}$ sowie heiße Witterung synergistisch wirken und ggf. die Gesamtmortalität steigern, untersuchten Burkart et al. (2013) für Lissabon und Berlin. Es kann derzeit aber noch nicht abschließend bewertet werden, ob es sich bei den erhöhten Sterblichkeitsraten bei Hitze und Luftverschmutzung immer um synergistische Effekte handelt oder auch um parallele Einzelwirkungen (Noyes et al. 2009). Studien zum Kombinationseffekt von Lufttemperatur und unterschiedlichen Konzentrationsniveaus von Luftschadstoffen zeigen, dass der Einfluss der Temperatur auf die Mortalität in Gebieten mit niedriger bis mittlerer Luftschadstoffbelastung stärker ist als der der Luftschadstoffe (Goncalves et al. 2007; Krstic 2011). Doch stellten Katsouyanni et al. (2001) auch fest, dass eine hohe Lufttemperatur den ungünstigen Einfluss von Schadstoffen auf die Gesundheit verstärkt: In einer warmen Klimaregion bewirkt ein Feinstaubanstieg von 10 µg/m³ eine Zunahme der Gesamtmortalität um 0,8 %, hingegen beträgt die Zunahme in kühlerem Klima nur 0,3 %.

Eine stärkere Luftschadstoffwirkung bei hoher Lufttemperatur wirkt sich zum einen besonders auf Herz-Kreislauf-Erkrankungen und die dadurch bedingte Sterblichkeit aus, also z. B. Herzinfarkte (Choi et al. 2007; Lin und Liao 2009; Ren et al. 2009). Zum anderen werden Erkrankungen der Atemwege wie Asthma (Hanna et al. 2011; Lavigne et al. 2012), chronisch-obstruktive Atemwegserkrankungen (Yang und Chen 2007) und Lungenentzündungen (Chiu et al. 2009) begünstigt. Dies wird u. a. damit begründet, dass sich die Menschen in der warmen Jahreszeit mehr im Freien aufhalten und deshalb auch gegenüber Luftschadstoffen verstärkt exponiert sind (Stieb et al. 2009).

Um durch Luftschadstoffe hervorgerufene gesundheitliche Belastungen zu vermeiden, sollte die Bevölkerung auf längere körperliche Anstrengungen zu Zeiten hoher Ozonkonzentrationen während der Mittags- und Nachmittagsstunden verzichten. Auf öffentlicher Seite sollten aus umwelt- und gesundheitspolitischer Sicht die Zielwerte für Luftschadstoffe dauerhaft eingehalten werden. Einem unkontrollierten Anstieg des Energieverbrauchs und damit einhergehender Emissionen – etwa von Ozonvorläufersubstanzen, weil im Sommer vermehrt Klimaanlagen eingesetzt werden – ist vorzubeugen.

14.4 Synergien von Klima- und Gesundheitsschutz

Klima- und Gesundheitspolitik können synergistisch wirken. Man spricht hier von *win-win*-Situationen oder den *health co-benefits* von Klimaschutzmaßnahmen. Beispiele für solche Effekte in Deutschland sind:

- Fahrradfahren und andere Formen des aktiven Transports vermeiden nicht nur CO_2-Emissionen, sondern reduzieren auch das Herz-Kreislauf-Risiko (Woodcock et al. 2009).
- Verminderte Treibhausgasmissionen durch verminderten Kfz-Verkehr, Energieeinsparungen und saubere Energiegewinnung verringern insbesondere in Städten die gesundheitlichen Risiken durch Luftverschmutzung (Markandya et al. 2009).
- Eine Steigerung der Energieeffizienz durch gute Gebäudeisolierung kann die Anzahl von Krankheits- und Sterbefällen durch Hitze und Kälte reduzieren (Wilkinson et al. 2009).
- Städtebauliche Maßnahmen wie der Ausbau städtischer Grünflächen bewirken eine CO_2-Reduktion in der Luft und verringern durch kühlere Luft und Schatten (▶ Kap. 22) das Risiko hitzebedingter Gesundheitsschäden (UN-HABITAT und EcoPlan International 2011).
- Vier Fünftel der landwirtschaftlichen Treibhausgasemissionen – insbesondere Methan – werden durch Viehzucht verursacht. Eine Ernährung mit einem hohen Anteil gesättigter Fettsäuren aus tierischen Produkten kann das Herz-Kreislauf-Risiko erhöhen. Gemeinsam betrachtet kann eine Verringerung des Konsums tierischer Produkte und eine damit einhergehende Verringerung des Viehbestands somit dem Klima- und Gesundheitsschutz zuträglich sein (Friel et al. 2009).

Eine Förderung dieser und ähnlicher Maßnahmen würde dem Klima- und dem Gesundheitsschutz gleichermaßen gerecht.

14.5 Kurz gesagt

Die WHO hat 2009 den Klimawandel als bedeutende und weiterhin zunehmende Bedrohung für die Gesundheit eingestuft. Dies gilt auch für Deutschland. Direkte Auswirkungen, die wir in Deutschland beobachten, sind beispielsweise eine steigende Anzahl von warmen Tagen und Hitzewellen, die vor allem chronisch Kranke und alte Menschen belasten. Zudem wirken sich Wetterphänomene auf Erreger und Überträger von Infektionskrankheiten, Pollenflug sowie Luftschadstoffe aus und beeinflussen dadurch indirekt die Gesundheit. Beispiele hierfür sind eine verlängerte Pollensaison mit verstärkter Belastung von Allergikern und die steigende Wahrscheinlichkeit, dass bestimmte Infektionserkrankungen auftreten. Darüber hinaus ist davon auszugehen, dass klimatische Veränderungen auch das (Frei-

zeit-)Verhalten der Menschen beeinflussen, die sich z. B. mehr im Freien aufhalten werden. Dadurch bedingt kann es zu einer erhöhten Exposition gegenüber UV-Strahlung, Vektoren wie Zecken oder auch Luftschadstoffen kommen, was die Gesundheit nochmals beeinträchtigen würde.

Klima- und Gesundheitspolitik weisen erhebliche Synergien auf. Diese müssen genutzt werden, um sowohl klimatische Veränderungen insgesamt als auch deren Folgen für die Gesundheit zu minimieren. Solche Maßnahmen zur Vermeidung sowie Anpassung an den Klimawandel sollten in intersektoraler Zusammenarbeit entwickelt und evaluiert werden.

Literatur

Ahlholm JU, Helander ML, Savolainen J (1998) Genetic and environmental factors affecting the allergenicity of birch (Betula pubescens ssp czerepanovii [Orl] Hamet–ahti) pollen. Clin Exp Allergy 28:1384–1388

Aspock H, Gerersdorfer T, Formayer H, Walochnik J (2008) Sandflies and sand-fly-borne infections of humans in Central Europe in the light of climate change. (Review). Wien Klin Wochenschr 120(19–20 Suppl 4):24–29. doi:10.1007/s00508-008-1072-8

Augustin J, Paesel KH, Mücke H-G, Grams H (2011) Anpassung an die gesundheitlichen Folgen des Klimawandels. Untersuchung eines Hitzewarnsystems am Fallbeispiel Niedersachsen. Präv Gesundheitsf 6:179–184

Beck I, Jochner S, Gilles S, McIntyre M, Buters JTM, Schmidt-Weber C, Behrendt H, Ring J, Menzel A, Traidl-Hoffmann C (2013) High environmental ozone levels lead to enhanced allergenicity of birch pollen. PLoS ONE. doi:10.1371/journal.pone.0080147

Becker N, Geier M, Balczun C, Bradersen U, Huber K, Kiel E, Tannich E (2013) Repeated introduction of Aedes albopictus into Germany, July to October 2012. [Research Support, Non-US Gov't. Parasitol Res 112(4):1787–1790. doi:10.1007/s00436-012-3230-1

Beggs PJ (2004) Impacts of climate change on aeroallergens: past and future. Clin Exp Allergy 34:1507–1513

Behrendt H, Becker WM (2001) Localization, release and bioavailability of pollen allergens: the influence of environmental factors. Curr Opin Immunol 13:709–715

Behrendt H, Becker WM, Friedrichs KH et al (1992) Interaction between aeroallergens and airborne particulate matter. Int Arch Allergy Immunol 99:425–428

Behrendt H, Becker WM, Fritzsche C et al (1997) Air pollution and allergy: experimental studies on modulation of allergen release from pollen by air pollutants. Int Arch Allergy Immunol 113(1–3):69–74

Bekki S, Bodeker GE (2010) Future ozone and its impact on surface UV. Ozone assessment report 2010. World Meteorological Organization, Global ozone research and monitoring project, Report no 52

Bell ML, McDermott A, Zeger SL, Samet JM, Dominici F (2004) Ozone and short-term mortality in 95 US urban communities 1987–2000. JAMA 292:2372–2378

Bergmann K-C, Zuberbier T, Augustin J, Mücke H-G, Straff W (2012) Klimawandel und Pollenallergie: Städte und Kommunen sollten bei der Bepflanzung des öffentlichen Raums Rücksicht auf Pollenallergiker nehmen. Allergo J 21(2):103–108

Bezirtzoglou C, Dekas K, Charvalos E (2011) Climate changes, environment and infection: facts, scenarios and growing awareness from the public health community within Europe. Anaerobe 17(6):337–340. doi:10.1016/j.anaerobe.2011.05.016

Bharath AK, Turner RJ (2009) Impact of climate change on skin cancer. J R Soc Med 102:215–218

Bouchama A, Dehbi M, Mohamed G, Matthies F, Shoukri M, Menne B (2007) Prognostic factors in heat related deaths: a meta-analysis. Arch Intern Med 12 167(20):2170–2176

Breitbart EW, Waldmann A, Nolte S, Capellaro M, Greinert R, Volkmer B, Katalinic A (2012) Systematic skin cancer screening in Northern Germany. J Am Acad Dermatol 66(2):201–211

Burkart K, Canário P, Scherber K, Breitner S, Schneider A, Alcoforado MJ, Endlicher W (2013) Interactive short-term effects of equivalent temperature and air pollution on human mortality in Berlin and Lisbon. Environ Pollut 183:54–63

Cann KF, Thomas DR, Salmon RL, Wyn-Jones AP, Kay D (2013) Extreme water-related weather events and waterborne disease. [Research Support, Non-US Gov't Review. Epidemiol Infect 141(4):671–686. doi:10.1017/S0950268812001653

Chiu HF, Cheng MH, Yang CY (2009) Air pollution and hospital admissions for pneumonia in a subtropical city: Taipei. Taiwan Inhal Toxicol 21(1):32–37. doi:10.1080/08958370802441198

Chmielewski F-M (2007) Phänologie – ein Indikator der Auswirkungen von Klimaänderungen auf die Biosphäre. Promet 33(1/2):28–35

Choi JH, Xu QS, Park SY, Kim JH, Hwang SS, Lee KH, Lee HJ, Hong YC (2007) Seasonal variation of effect of air pollution on blood pressure. J Epidemiol Community Health 61:314–318

Coumou D, Robinson A (2013) Historic and future increase in the frequency of monthly heat extremes. Environ Res Lett 8:034018. doi:10.1088/1748-9326/8/3/034018

Coumou D, Robinson A, Rahmstorf S (2013) Global increase in record-breaking monthly-mean temperatures. Clim Chang 118(3–4):771–782

Dalitz MK (2005) Autochthone Malaria in Mitteldeutschland. Dissertation, Martin-Luther-Universität Halle-Wittenberg

D'Amato G, Cecchi L, D'Amato M et al (2010) Urban air pollution and climate change as environmental risk factors of respiratory allergy: an update. J Investig Allergol Clin Immunol 20(2):95–102

Deussen A (2007) Hyperthermia and hypothermia – Effects on the cardiovascular system. Anaesthesist 56(9):907–911

D'Ippoliti D, Michelozzi P, Marino C, de'Donato F, Menne B, Katsouyanni K, Kirchmayer U, Analitis A, Medina-Ramón M, Paldy A, Atkinson R, Kovats S, Bisanti L, Schneider A, Lefranc A, Iñiguez C, Perucci CA (2010) The impact of heat waves on mortality in 9 European cities: results from the EuroHEAT project. Environ Health 9:37

Eis D, Helm D, Laußmann D, Stark K (2010) Klimawandel und Gesundheit – Ein Sachstandsbericht. Robert-Koch-Institut, Berlin

Endlicher W (2012) Einführung in die Stadtökologie. Ulmer, Stuttgart

Environment Canada (2013) http://exp-studies.tor.ec.gc.ca/cgi-bin/selectMap. Zugegriffen: 17. Dez. 2013

European Center for Disease Prevention and Control (2013) Annual epidemiological report 2012. Reporting on 2010 surveillance data and 2011 epidemic intelligence data. Stockholm

Faber MS, Ulrich RG, Frank C, Brockmann SO, Pfaff GM, Jacob J, Krüger DH, Stark K. Steep rise in notified hantavirus infections in Germany, April 2010. Euro Surveill. 2010;15(20):pii=19574. Available online: http://www.eurosurveillance.org/ViewArticle.aspx?ArticleId=19574

Fernandez Rodriguez S, Adams-Groom B, Tormo Molina R, Palacios S, Brandao RM, Caeiro E, Gonzalo Garijo A, Smith M (2012) Temporal and spatial distribution of Poaceae pollen in areas of southern United Kingdom, Spain and Portugal. The 5th European Symposium on Aerobiology. 3–7 September 2012, Krakow, Poland. Alergologia Immunologia 9(2–3):153

Fischer D, Thomas SM, Beierkuhnlein C (2010) Temperature-derived potential for the establishment of phlebotomine sandflies and visceral leishmaniasis in Germany. Geospat Health 5(1):59–69

Frei und Gassner 2008

Friel S, Dangour AD, Garnett T, Lock K, Chalabi Z, Roberts I, Haines A (2009) Public health benefits of strategies to reduce greenhouse-gas emissions: food and agriculture. Lancet 374(9706):2016–2025. doi:10.1016/S0140-6736(09)61753-0

Fujieda S, Diaz–Sanchez D, Saxon A (1998) Combined nasal challenge with diesel exhaust particles and allergen induces in vivo IgE isotype switching. Am J Respir Cell Mol Biol 19(3):507–512

Gabriel K, Endlicher W (2011) Urban and rural mortality rates during heat waves in Berlin and Brandenburg. Germany Environ Pollut 159:2044–2055

Gehrig R (2006) The influence of the hot and dry summer 2003 on the pollen season in Switzerland. Aerobiologia 22:27–34

Goncalves et al. 2007

Greinert R, Breitbart EW, Volkmer B (2008) UV-induzierte DNA-Schäden und Hautkrebs. In: Kappas M (Hrsg) Klimawandel und Hautkrebs. Ibidem, Stuttgart, S 145–173

Guedes et al. 2009

Hanna AF, Yeatts KB, Xiu A, Zhu Z, Smith RL, Davis NN, Talgo KD, Arora G, Robinson PJ, Meng Q, Pinto JP (2011) Associations between ozone and morbidity using the Spatial Synoptic Classification system. Environ Health 10:49

Hemmer CJ, Frimmel S, Kinzelbach R, Gurtler L, Reisinger EC (2007) Globale Erwärmung: Wegbereiter für tropische Infektionskrankheiten in Deutschland? Dtsch Med Wochenschr 132(48):2583–2589. doi:10.1055/s-2007-993101

Heudorf U, Meyer C (2005) Gesundheitliche Auswirkungen extremer Hitze am Beispiel der Hitzewelle und der Mortalität in Frankfurt am Main im August 2003. Gesundheitswesen 67:369–374

Hjelmroos M, Schumacher MJ, van Hage-Hamsten M (1995) Heterogeneity of pollen proteins within individual Betula pendula trees. Int Arch Allergy Appl Immunol 108:368–376

Hoffmann B, Hertel S, Boes T, Weiland D, Jockel KH (2008) Increased cause-specific mortality associated with 2003 heat wave in Essen. Germany J Toxicol Env Heal A 71(11–12):759–765

Holy M, Schmidt G, Schröder W (2011) Potential malaria outbreak in Germany due to climate warming: risk modelling based on temperature measurements and regional climate models. Environ Sci Pollut Res 18(3):428–435. doi:10.1007/s11356-010-0388-x

Huynen M et al (2003) Phenology and human health: allergic disorders. Report on a WHO meeting, Rome, Italy, 16–17 January 2003.

Ilyas M (2007) Climate augmentation of erythemal UV-B radiation dose damage in the tropics and global change. In: Curr Sci 93(11):1604–1608

IPCC (2012) Managing the risks of extreme events and disasters to advance climate change adaptation: special report of the Intergovernmental Panel on Climate Change. Intergovernmental Panel on Climate Change, Geneva

IPCC (2013) Summary for policymakers. In: Stocker TF, Qin D, Plattner G-K, Tignor M, Allen SK, Boschung J, Nauels A, Xia Y, Bex V, Midgley PM (Hrsg) Climate change 2013: The physical science basis. Contribution of working group I to the fifth assessment report of the Intergovernmental Panel on Climate Change. Cambridge University Press, Cambridge, United Kingdom and New York, NY, USA

Jansen A, Frank C, Koch J, Stark K (2008) Surveillance of vector-borne diseases in Germany: trends and challenges in the view of disease emergence and climate change. Parasitol Res 103(1):11–17. doi:10.1007/s00436-008-1049-6

Jendritzky G, Bröde P, Fiala D, Havenith G, Weihs P, Batcherova E, DeDear R (2009) Der Thermische Klimaindex UTCI. In: Wetterdienst D (Hrsg) Klimastatusbericht 2009. Deutscher Wetterdienst, Offenbach (Selbstverlag), Offenbach a.M., S 96–101 (www.utci.org)

Jochner S, Höfler J, Beck I, Göttlein A, Ankerst DP, Traidl-Hoffmann C, Menzel A (2013) Nutrient status: a missing factor in phenological and pollen research? J Exp Bot 64(7):2081–2092

Katalinic A (2013) Wie häufig ist Hautkrebs in Deutschland? Gesellschaftspolitische Kommentare – Sonderausgabe Hautkrebs 1(2013):7–8

Katsouyanni K, Touloumi G, Samoli E, Gryparis A, Le Tertre A, Monopolis Y, Rossi G, Zmirou D, Ballester F, Boumghar A, Anderson HR, Wojtyniak B, Paldy A, Braunstein R, Pekkanen J, Schindler C, Schwartz J (2001) Confounding and effect modification in the short-term effects of ambient particles on total mortality: results from 29 European cities within the APHEA2 project. Epidemiology 12:521–531

Kelfkens G, Verlders GJM, Slaper H (2002) Integrated risk assessment. In: Kelfkens G, Bregmann A, de Gruijl FR, van der Leun JC, Piquet A, van Oijen T, Gieskes WWC, van Loveren H, Velders GJM, Martens P, Slaper H (Hrsg) Ozone layer – climate change interactions. Influence on UV levels and UV related effects. Summary report of OCCUR (Ozone and Climate Change interaction effects for Ultraviolet radiation and Risks)

Kislitsin V, Novikov S, Skvortsova N (2005) Moscow smog of summer 2002. Evaluation of adverse health effects 255–265. In: Kirch W, Menne B, Bertollini R (Hrsg) Extreme weather events and public health responses. WHO Regional Office for Europe. Springer, Berlin-Heidelberg-New York

Knuschke P, Unverricht I, Ott G, Janssen M (2007) Personenbezogene Messung der UV-Exposition von Arbeitnehmern im Freien. Abschlussbericht zum Projekt „Personenbezogene Messung der UV-Exposition von Arbeitnehmern im Freien" – Projekt F 1777. Bundesanstalt für Arbeitsschutz und Arbeitsmedizin, Dortmund

Köpke P, Placzek M, Staiger H, Winkler P (2007) Solare UV-Strahlung und ihre Wirkung auf den Menschen. Promet 33(3/4):95–108 (Deutscher Wetterdienst (DWD), Offenbach)

Koppe C (2005) Gesundheitsrelevante Bewertung von thermischer Belastung unter Berücksichtigung der kurzfristigen Anpassung der Bevölkerung an die lokalen Witterungsverhältnisse. Dissertation, Fakultät für Forst- und Umweltwissenschaften, Albert-Ludwigs-Universität, Freiburg i Brsg

Koppe C, Jendritzky G (2005) Inclusion of short-term adaptation to thermal stresses in a heat load warning procedure. Meteorol Z 14(2):271–278

Koppe C, Kovats S, Jendritzky G, Menne B (2004) Heat-waves: risks and responses. World Health Organisation (WHO) Europe, Kopenhagen

Kovats RS, Edwards SJ, Hajat S, Armstrong BG, Ebi KL, Menne B (2004) The effect of temperature on food poisoning: a time-series analysis of salmonellosis in ten European countries. Epidemiol Infect 132(3):443–453. doi:10.1017/s0950268804001992

Krstic G (2011) Apparent temperature and air pollution vs. elderly population mortality in Metro Vancouver. PLoS ONE 6:e25101

Langen U, Schmitz R, Steppuhn H (2013) Häufigkeit allergischer Erkrankungen in Deutschland. Ergebnisse der Studie zur Gesundheit Erwachsener in Deutschland (DEGS1). Bundesgesundheitsbl 56:698–706

Larsen J (2006) Setting the record straight: More than 52,000 Europeans died from heat in summer 2003. http://www.earth-policy.org/plan_b_updates/2006/update56. Zugegriffen: 13. Dez. 2013

Lavigne E, Villeneuve PJ, Cakmak S (2012) Air pollution and emergency department visits for asthma in Windsor, Canada. Can J Public Health 103:4–8

Van der Leun JC, de Gruijl FR (2002) Climate change and skin cancer. Photochem Photobiol Sci 1:324–326

Van der Leun JC, Piacentini RD, de Gruijl FR (2008) Climate change and human skin cancer. Photochem Photobiol Sci 7:730–733

Lin CM, Liao CM (2009) Temperature-dependent association between mortality rate and carbon monoxide level in a subtropical city: Kaohsiung, Taiwan. Int J Environ Health Res 19:163–174

Lindgren E, Jaenson T (2006) Lyme Borreliosis in Europe: influences of climate and climate change, epidemiology, ecology and adaptation measures. World Health Organisation (WHO). http://www.euro.who.int/__data/assets/pdf_file/0006/96819/E89522.pdf. Zugegriffen: 12. März 2014

Markandya A, Armstrong BG, Hales S, Chiabai A, Criqui P, Mima S, Tonne C, Wilkinson P (2009) Public health benefits of strategies to reduce greenhouse-gas emissions: low-carbon electricity generation. Lancet 374(9706):2006–2015. doi:10.1016/S0140-6736(09)61715-3

Matthies F, Bickler G, Cardeñosa Marín N, Hales S (2008) Heat-health action plans. World Health Organisation Europe, Kopenhagen

Menne B, Ebi KL (Hrsg) (2006) Climate change and adaptation strategies for human health. Published on behalf of the World Health Organization, Regional Office for Europe. Steinkopff, Darmstadt

Menne B, Matthies F (Hrsg) (2009) Improving public health responses to extreme weather/heat-waves – EuroHEAT. World Health Organisation/Europe, Kopenhagen

Menne B, Apfel F, Kovats S, Racioppi F (2008) Protecting health in Europe from climate change. World Health Organisation (WHO) Europe, Kopenhagen

Menzel A, Estrella N (2001) Plant phenological changes. In: Walther G-R, Burga CA, Edwards PJ (Hrsg) „Fingerprints" of climate change: Adapted behaviour and shifting species ranges. Kluwer Academic/Plenum, New York, S 123–137

Menzel A et al (2006) European phenological response to climate change matches the warming pattern. Glob Chang Biol 12:1969–1976

Michelozzi P, Accetta G, De Sario M, D'Ippoliti D, Marino C et al (2009) High temperature and hospitalizations for cardiovascular and respiratory causes in 12 European cities. Am J Respir Crit Care Med 179:383–389

Mücke H-G et al (2008) Gesundheitliche Auswirkungen von klimabeeinflussten Luftverunreinigungen. In: Lozan J (Hrsg) Warnsignal Klima: Gesundheitsrisiken; Gefahren für Pflanzen, Tiere und Menschen, GEO Wissenschaftliche Auswertungen. Universitätsverlag, Hamburg, S 121–125

Mücke H-G (2011) Beurteilung von troposphärischen Ozonkonzentrationen in Europa auf der Grundlage der Luftgüteleitlinien der Weltgesundheitsorganisation (WHO). Immissionsschutz 16(3):108–112

Norval M, Lucas RM, Cullen AP, de Gruijl FR, Longstreth J, Takizawa Y, van der Leun JC (2011) The human health effects of ozone depletion and interactions with climate change. Photochem Photobiol Sci 10:199–255

Noyes PD, McElwee ME, Miller HD, Clark BW, Van Tiem LA, Walcott KC, Erwin Levin KNED (2009) The toxicology of climate change: Environmental contaminants in a warming world. Environ Int. 2009 Aug;35(6):971–86. doi:10.1016/j.envint.2009.02.006. Epub 2009 Apr 16.

Otto C, Alberternst B, Klingenstein F, Nawrath S (2008) Verbreitung der Beifußblättrigen Ambrosie in Deutschland. BfN–Skripten, Bd. 235. Bundesamt für Naturschutz (BfN), Bonn, Bad Godesberg

Panic M, Ford JD (2013) A review of national-level adaptation planning with regards to the risks posed by climate change on infectious diseases in 14 OECD nations. Int J Environ Res Public Health 10(12):7083–7109. doi:10.3390/ijerph1012708

Parsons KC (2003) Human thermal environments: The effects of hot, moderate and cold environments on human health, comfort and performance, 2. Aufl. Taylor & Francis, London

Pawankar R, G W Canonica, ST Holgate, Lockey RF (2011) WAO white book on allergy 2011–2012: Executive summary. World Allergy Organization, Milwaukee. www.worldallergy.org/publications/wao_white_book.pdf. Zugegriffen: 17. Dez. 2013

PID (Polleninformationsdienst) (2012) Pollenvorhersage – Der Weg ihrer Entstehung. Neuer Pollenflugkalender für Deutschland. www.pollenstiftung.de/pollenvorhersage/pollenflug-kalender/. Zugegriffen: 12. Dez. 2013

Rahmstorf S, Coumou D (2011) Increase of extreme events in a warming world. Proceedings of the National Academy of Sciences of the United States of America 108(44):17905–17909

Ren C, Williams GM, Tong S (2006) Does particulate matter modify the association between temperature and cardiorespiratory diseases? Environ Health Perspect 114:1690–1696

Ren C, Williams GM, Morawska L, Mengersen K, Tong S (2008) Ozone modifies associations between temperature and cardiovascular mortality: analysis of the NMMAPS data. Occup Environ Med 65:255–260

Ren C, Williams GM, Mengersen K, Morawska L, Tong S (2009) Temperature enhanced effects of ozone on cardiovascular mortality in 95 large US communities, 1987–2000: Assessment using the NMMAPS data. Arch Environ Occup Health 64:177–184

Rieder HE, Staehelin J, Maeder JA, Peter T, Ribatet M, Davison AC, Stübi R, Weihs R, Holawe F (2010) Extreme events in total ozone over Arosa – Part 1: Application of extreme value theory. Atmos Chem Phys 10:10021–10031

RKI – Robert Koch-Institut (2012) Hantavirus-Erkrankungen: Hinweise auf Anstieg der Fallzahlen in 2012. Epidemiologisches Bulletin 10:

Robert Koch-Institut (2013) FSME: Risikogebiete in Deutschland (Stand: Mai 2013). Epidemiologisches Bulletin 18:

Roberts S (2004) Interactions between particulate air pollution and temperature in air pollution mortality time series studies. Environ Res 96:328–337

Robine JM, Cheung SLK, Le Roy S, Van Oyen H, Griffiths C, Michel JP, Herrmann FR (2008) Death toll exceeded 70,000 in Europe during the summer of 2003. C R Biol 331(2):171–178

Schär C, Jendritzky G (2004) Climate change: Hot news from summer 2003. Nature 432(7017):559–560

Scherber K, Endlicher W, Langner M (2013a) Spatial analysis of hospital admissions for respiratory diseases during summer months in Berlin taking bioclimatic and socio-economic aspects into account. Erde 144(3–4):217–237

Scherber K, Endlicher W, Langner M (2013b) Klimawandel und Gesundheit in Berlin-Brandenburg. In: Jahn H, Krämer A, Wörmann T (Hrsg) Klimawandel und Gesundheit. Internationale, nationale und regionale Herausforderungen. Springer-Verlag, Berlin-Heidelberg, S 25–38

Schneider A, Breitner S, Wolf K, Hampel R, Peters A, Wichmann H-E (2009) Ursachenspezifische Mortalität, Herzinfarkt und das Auftreten von Beschwerden bei Herzinfarktüberlebenden in Abhängigkeit von der Lufttemperatur in Bayern (MOHIT). Helmholtz Zentrum München – Deutsches Forschungszentrum für Gesundheit und Umwelt, Institut für Epidemiologie (Hrsg), München. http://www.helmholtzmuenchen.de/fileadmin/EPI_II/PDF/Schlussbericht_Endfassung_MOHIT_Dec2009.pdf. Zugegriffen: 13. Dez. 2013

Seneviratne SI, Donat M, Mueller B, Alexander LV (2014) No pause in the increase of hot temperature extremes. Nat Clim Chang 4:161–163

Shoham A, Hadziahmetovic M, Dunaief JL, Mydlarski MB, Shipper HM (2008) Oxidative stress in diseases of the human cornea. Free Radic Biol Med 45:1047–1055

Stark K, Niedrig M, Biederbick W, Merkert H, Hacker J (2009) Die Auswirkungen des Klimawandels. Welche neuen Infektionskrankheiten und gesundheitlichen Probleme sind zu erwarten? Bundesgesundheitsblatt Gesundheitsforschung Gesundheitsschutz 52(7):699–714. doi:10.1007/s00103-009-0874-9

Stieb DM, Szyszkowicz M, Rowe BH, Leech JA (2009) Air pollution and emergency department visits for cardiac and respiratory conditions: a multi-city time-series analysis. Environ Health 8:25

Süss J, Klaus C, Gerstengarbe FW, Werner PC (2008) What makes ticks tick? Climate change, ticks, and tick-borne diseases. J Travel Med 15(1):39–45. doi:10.1111/j.1708-8305.2007.00176.x

Tomasello D, Schlagenhauf P (2013) Chikungunya and dengue autochthonous cases in Europe. Travel Med Infect Dis:2007–2012. doi:10.1016/j.tmaid.2013.07.006

Ulrich R, Hjelle B, Pitra C, Krüger DH (2002) Emerging viruses: The case „Hantavirus". Intervirology 45(4–6):318–327. doi:10.1159/000067924

Umweltbundesamt (2008) Ratgeber: Klimawandel und Gesundheit. Informationen zu gesundheitlichen Auswirkungen sommerlicher Hitze, Hitzewellen und Tipps zum vorbeugenden Gesundheitsschutz. Dessau-Roßlau. http://www.umweltbundesamt.de/publikationen/ratgeber-klimawandel-gesundheit. Zugegriffen: 13. Dez. 2013

UN-HABITAT, EcoPlan International Inc (2011) Planning for climate change – a strategic, value-based approach for urban planners. www.unhabitat.org/downloads/docs/pfcc-14-03-11.pdf. Zugegriffen: 3. Jan. 2014

Vandentorren S, Empereur-Bissonet P (2005) Health impact of the 2003 heat wave in France. In: Kirch W, Menne B, Bertollini R (Hrsg) Extreme weather events and public health responses. WHO Regional Office for Europe, Kopenhagen. Springer, Berlin-Heidelberg-New York, S 81–87

WHO - Weltgesundheitsorganisation (2009) Improving public health responses to extreme weather/heat waves – EuroHEAT. Technical summary; 60 p. WHO Regional Office for Europe, Kopenhagen

Wiedemann PM, Schütz H, Börner F, Walter G, Claus F, Sucker K (2009) Ansatzpunkte zur Verbesserung der Risikokommunikation im Bereich UV. Ressortforschungsberichte zur kerntechnischen Sicherheit und zum Strahlenschutz. Urn:nbn:de:0221-2009011236. Bundesamt für Strahlenschutz, Salzgitter

Wilkinson P, Smith KR, Davies M, Adair H, Armstrong BG, Barrett M, Chalabi Z (2009) Public health benefits of strategies to reduce greenhouse-gas emissions: household energy. Lancet 374(9705):1917–1929. doi:10.1016/S0140-6736(09)61713-X

Woodcock J, Edwards P, Tonne C, Armstrong BG, Ashiru O, Banister D et al (2009) Public health benefits of strategies to reduce greenhouse-gas emissions: urban land transport. Lancet 374(9705):1930–1943. doi:10.1016/S0140-6736(09)61714-1

Yang CY, Chen CJ (2007) Air pollution and hospital admissions for chronic obstructive pulmonary disease in a subtropical city: Taipei, Taiwan. J Toxicol Env Heal A 70:1214–1219

Ziello C et al (2012) Changes to airborne pollen counts across Europe. PLoS ONE 7(4):e34076

Zink K, Vogel H, Vogel B, Magyar D, Kottmeier C (2012) Modeling the dispersion of Ambrosia artemisiifolia L. pollen with the model system COSMO–ART. Int J Biometeorol 26:669–680

Ziska LH, Caulfield FA (2000) Rising atmospheric carbon dioxide and ragweed pollen production: Implications for public health. Aust J Plant Physiol 27:893–898

Ziska LH, Gebhard DE, Frenz DA, Faulkner S, Singer BD, Straka JG (2003) Cities as harbingers of climate change: Common ragweed, urbanization, and public health. J Allergy Clin Immunol 111:290–295

Biodiversität

Stefan Klotz, Josef Settele

© Der/die Herausgeber bzw. der/die Autor(en) 2017
G. Brasseur, D. Jacob, S. Schuck-Zöller (Hrsg.), *Klimawandel in Deutschland,* DOI 10.1007/978-3-662-50397-3_15

Die Vielfalt des Lebens (Biodiversität) steht im Fokus der öffentlichen Diskussion und vieler Wissenschaftsdisziplinen. Das hat vor allem zwei Ursachen: Erstens wird das zunehmende Aussterben von Arten beklagt, besonders wenn es um sehr auffällige, „schöne" oder wirtschaftlich bedeutende Arten geht. Zweitens wird diskutiert: Wenn es weniger Arten gibt, dann verringern sich ökologische Leistungen für den Menschen, z. B. die Produktion von Biomasse oder die Kohlenstoff- und Stickstoffbindung.

Die Öffentlichkeit setzt Biodiversität oft mit Artenvielfalt gleich. Biodiversität umfasst aber weit mehr: die genetische Vielfalt innerhalb von Arten und die Vielfalt physiologischer Leistungen und biologischer Wechselwirkungen, z. B. Nahrungsnetze, Konkurrenz und Symbiosen. Sie schließt auch die Vielfalt an Lebensgemeinschaften und Ökosystemen ein. Der Klimawandel beeinflusst alle Elemente der Biodiversität. Auf allen Organisationsstufen des Lebens, vom Biomolekül bis zur Biosphäre, findet man Reaktionen auf klimatische Veränderungen.

In diesem Beitrag werden die direkten Wirkungen des Klimawandels charakterisiert und den Hierarchiestufen des Lebens folgend dargestellt. Daneben gibt es indirekte Wirkungen des Klimawandels, wo beispielsweise der Mensch durch Veränderungen in der Landnutzung biologische Systeme beeinflusst. Diese indirekten Wirkungen werden hier nicht thematisiert und gehen in den meisten Fällen nicht nur auf Anpassungs- oder Klimaschutzmaßnahmen zurück, sondern haben komplexe Ursachen und Konsequenzen, wie z. B. die generelle Ressourcenverknappung.

15.1   Wandel der Biodiversität in Deutschland

Seit der Entstehung des Lebens auf der Erde hat sich die Vielfalt an biologischen Formen und funktionellen Typen der Lebewesen ständig verändert. Generell hat die biologische Vielfalt immer zugenommen. Im Verlauf der Erdgeschichte haben jedoch fünf bisher bekannte große Massensterben diese Entwicklung unterbrochen (Klotz et al. 2012). Dafür verantwortlich waren erdgeschichtliche Prozesse wie große Vulkanausbrüche, Meteoriteneinschläge und Kontinentaldrift. Mit der Vorherrschaft des Menschen auf der Erde setzte das sechste Massensterben ein – verursacht durch die massive Nutzung und Übernutzung natürlicher Ressourcen (Barnosky et al. 2011).

Im Unterschied zu den ersten fünf Massensterben wird das gegenwärtige Massensterben vom Menschen verursacht. Immer stärker nutzt die wachsende Weltbevölkerung Flächen und Ressourcen, sodass die aktuelle Aussterberate stark zugenommen hat.

Die Ursachen dafür sind weitgehend bekannt. Fünf Faktoren treiben den Biodiversitätswandel besonders an (Sala et al. 2000):

- An erster Stelle steht die Landnutzung durch den Menschen, also die Umwandlung von natürlichen Lebensräumen und Ökosystemen in Nutzökosysteme.
- Zweitens beeinflusst der Klimawandel direkt die Arten und Lebensräume.
- Drittens verändern die zunehmenden Nährstoffeinträge (z. B. Nitrat) massiv bestehende Ökosysteme.
- Vierte Triebkraft des Biodiversitätswandels ist die bewusste Einführung, Einschleppung und anthropogen bedingte Einwanderung (z. B. durch Bau von neuen Kanälen) von

Arten in neue geografische Regionen und neue Lebensräume. Diesen Prozess bezeichnet man auch als „biologische Invasionen" (Pyšek et al. 2004).
- Fünftens steigt die globale CO_2-Konzentration in der Atmosphäre – das beeinflusst Konkurrenzverhältnisse zwischen Organismen in Ökosystemen.

Letztlich verschärft der Klimawandel die kritische Situation – wie groß die Rolle des Klimawandels in der aktuellen Biodiversitätskrise ist, lässt sich aufgrund der vielen Einflüsse schwer abschätzen (Settele et al. 2014). Offen ist die Frage, welche Rolle der Klimawandel in der Zukunft haben wird. Aktuelle Annahmen gehen von einer deutlichen Zunahme des Einflusses auf die Biodiversität aus (Pompe et al. 2011).

Deutschlands Landfläche war zu über 90 % mit Wäldern bedeckt. Mit rund 30 % Wald und über 50 % landwirtschaftlicher Nutzfläche, bezogen auf die Landesfläche Deutschlands, haben sich die Bedingungen heute für viele Arten grundlegend geändert. Mit der Entwicklung der Landwirtschaft stieg zunächst die Artenzahl, denn viele Arten aus Süd- und Südosteuropa sowie Kleinasien fanden hier neue Lebensräume, beispielsweise Ackerwildkrautarten, aber auch an offene Landschaften angepasste Vögel wie das Rebhuhn.

Seit der zweiten Hälfte des 20. Jahrhunderts aber gehen die Pflanzen- und Tierarten in Deutschland und Mitteleuropa massiv zurück. Die Menschen intensivierten die Landwirtschaft; Städte und Industrieflächen dehnten sich aus. Dadurch wurde Lebensraum zerstört oder fragmentiert, und die Nährstoffbelastung (Eutrophierung) der Landschaft stieg. Seit dem 16. Jahrhundert sind in Deutschland nach Angaben des Bundesamtes für Naturschutz (BfN) 47 Pflanzenarten, 12 Säugetierarten, 14 Vogel- und 10 Fischarten ausgestorben (▶ www.bfn.de). Oberflächlich betrachtet erscheinen diese Zahlen wenig alarmierend. Berücksichtigt man jedoch die Gefährdungsangaben in den verschiedenen Roten Listen und generell in der floristischen und faunistischen Literatur, ist der Artenschwund dramatisch. Früher häufig vorkommende und auffällige Arten sind aus vielen Landschaftsräumen verschwunden, oder es leben dort nur noch kleine Restpopulationen. Für viele Arten muss man von einem drastischen Rückgang in der Fläche ausgehen.

Grob geschätzt ist fast jede zweite Art in irgendeiner Form gefährdet oder zumindest auf dem Rückzug. Der durch den Menschen verursachte (anthropogene) Klimawandel verschärft diese schwierige Situation (Essl und Rabitsch 2013; Mosbrugger et al. 2014), und es ist damit zu rechnen, dass sich die Auswirkungen des Klimawandels künftig drastisch bemerkbar machen (Settele et al. 2014).

15.2   Biodiversität und Klima

Klimatische Faktoren bestimmen wesentlich die Verbreitung von Genotypen, Populationen, Arten, Ökosystemen und Großlebensräumen (Biome, z. B. die Laubwaldzone). Viele Verbreitungsgebiete von Pflanzen und Tieren zeichnen die Klimazonen nach, sind an bestimmte ozeanische oder kontinentale Klimabedingungen gebunden oder beschränken sich auf klar abgrenzbare

Höhenstufen in den Gebirgen. Diese direkte Abhängigkeit vom Klima wird überlagert von den jeweiligen Ansprüchen an die Böden oder an die Lebensräume insgesamt. Dabei spielen abiotische wie biotische Faktoren eine Rolle. Biotische Einflüsse sind vor allem Konkurrenz, Symbiosen und Nahrungsnetze. Aufgrund gut bekannter klimatischer Abhängigkeiten dienen bestimmte Pflanzen und Tiere auch als Zeigerorganismen für die klimatischen Verhältnisse. In Deutschland und in Mitteleuropa eignen sich bei Gefäßpflanzen die Zeigerwerte nach Ellenberg: Mithilfe der Ansprüche der Pflanzen an Klima und Boden – etwa Temperatur, Kontinentalität und Feuchtigkeit – lässt sich auf klimatische Bedingungen an ihrem Standort schließen (Ellenberg et al. 1992). Ebenso sind die Klimaansprüche bestimmter Tiere gut bekannt. Vor allem mit den Untersuchungen zum Einfluss des Klimawandels auf die Biodiversität sind Indikatoren und Indikationssysteme entwickelt worden (vgl. Settele et al. 2008; Winter et al. 2013; Wiemers et al. 2013 und ▶ Abschn. 15.2.3). Das Klima bestimmt wesentlich auch die natürliche Ausdehnung der Ökosysteme und Großlebensräume.

Daher kann jede Form des Klimawandels einschneidende Konsequenzen für genetische Strukturen, das Verhalten und Vorkommen von Arten, biologische Wechselbeziehungen sowie die Struktur und Funktion von Ökosystemen haben – das betrifft dann auch die essenziellen Ökosystemdienstleistungen für den Menschen (MEA 2005). Für Deutschland und Mitteleuropa liegen zwei umfassende Darstellungen zum Einfluss des Klimawandels auf die Biodiversität vor (Mosbrugger et al. 2012; Essl und Rabitsch 2013), in denen zahlreiche Beispiele und Fallstudien im Detail erläutert werden.

15.2.1 Der Klimawandel als Selektionsfaktor – genetische Konsequenzen

Bei Arten mit großen oder fragmentierten Lebensräumen ist zu erwarten, dass sich ihre Populationen klimabedingt stärker aufgliedern: Populationen aus wärmeren Regionen sollten frostempfindlicher, Populationen aus kühleren Teilen des Verbreitungsgebiets hitzeempfindlicher sein. Populationen an den Arealrändern sind oft besser an klimatischen Stress angepasst (Bridle et al. 2010). Wenn Individuen einer Art wandern und sich ausbreiten können, werden sich bei Klimawandel die Lebensräume von Populationen verschieben. Dadurch dürften Arten mit einer weiten Temperaturtoleranz wahrscheinlich eine stärkere Populationsstrukturierung aufweisen. Populationen an den Rändern ihres Verbreitungsgebiets sind oft genetisch weniger heterogen als Populationen aus dem Zentrum (vgl. auch Eckert et al. 2008). Dennoch kann man nicht direkt von der Herkunft der Population oder des Ökotyps einer Art auf deren Klimaanpassungsfähigkeit schließen (Beierkuhnlein et al. 2011). Der weit verbreitete Glatthafer *(Arrhenatherum elatius),* eines der häufigsten Wiesengräser in Deutschland und Europa, zeigt interessante genetische Differenzierungen in Populationen mit unterschiedlichen Klimaansprüchen (Michalski et al. 2010). Dieses Beispiel verdeutlicht die praktischen Konsequenzen: Bei Renaturierung in Gebieten, in denen langfristig mit Klimaveränderungen gerechnet werden muss, sollten Pflanzen klimatisch angepasster

Herkünfte ausgesät und gepflanzt werden. Für Renaturierungs-, Ausgleichs- und Ersatzmaßnahmen sollten also nicht nur lokale Populationen infrage kommen. Wenn weitere Forschungsergebnisse vorliegen, wird man die Auswahl der Saatgutherkünfte anpassen müssen.

Regionale klimatische Unterschiede im Gesamtareal einer Art haben die Populationen bereits in der Vergangenheit genetisch differenziert. Klimaveränderungen können zudem mikroevolutionäre Prozesse in Gang setzen, z. B. bei der Taufliege *(Drosophila melanogaster):* Aufgrund neuer klimatischer Bedingungen kamen innerhalb von 20 Jahren bestimmte Genvarianten (Allele) häufiger vor, andere weniger häufig (Umina et al. 2005). Experimente mit erhöhtem Kohlendioxidgehalt der Luft auf Schweizer Bergwiesen ergaben genetische Anpassungen (Leadley et al. 1999). So sind beim Kleinen Wiesenknopf *(Sanguisorba minor)* durch Mikroevolution veränderte Populationen entstanden: Als Folge erhöhten CO_2-Gehalts der Luft nimmt die Zahl der Blätter zu. Diese Eigenschaft bleibt bei Verpflanzung erhalten, auch wenn die CO_2-Konzentration nicht mehr erhöht ist (Wieneke et al. 2004) – es hat sich also die genetische Konstitution verändert. Auch Tiere zeigen genetische Veränderungen aufgrund schnellen Klimawandels (Karell et al. 2011; Ozgul et al. 2010; Durka und Michalski 2013). Der Klimawandel ist ein wesentlicher Selektionsfaktor. Gleichzeitig dürften mikroevolutionäre Anpassungen weiter verbreitet sein als bisher belegt. Dies hat Konsequenzen für Verbreitungsmodelle, die bisher von genetischer und ökologischer Konstanz der Arten ausgehen.

15.2.2 Veränderung in der Physiologie und im Lebensrhythmus von Tier und Pflanze

Auf den Klimawandel reagieren Arten mit physiologisch-anatomischen und morphologischen Veränderungen: z. B. mehr Behaarung als Schutz gegen erhöhte UV-Strahlung und Austrocknung (Beckmann et al. 2012). Arten mit großer Flexibilität ihres Erscheinungsbildes können besser auf den Klimawandel reagieren.

Viel auffälliger erscheinen jedoch die Veränderungen im Lebensrhythmus von Pflanzen und Tieren. Besonders hervorzuheben sind die phänologischen Untersuchungen an Pflanzen, das heißt die Erfassung der Entwicklungsstadien wie zum Beispiel Blühbeginn, Beginn der Blattentfaltung usw. Die besten Messnetze haben die nationalen und internationalen Wetterdienste. Die Daten ermöglichen, global die Vegetationsphasen abhängig vom Klima räumlich und zeitlich gut aufgelöst zu erfassen (de Jong et al. 2013). Diese nationalen und globalen Daten bestätigen eindeutig die Verlängerung der Vegetationsperiode in Mitteleuropa. Mithilfe sogenannter phänologischer Gärten beobachten sie seit den 1970er-Jahren die Entwicklung von Wild- und Kulturpflanzen im Jahresverlauf. Regelmäßige phänologische Beobachtungen gibt es in Deutschland aber schon seit 1951 (▶ www. dwd.de/phaenologie). Erfasst werden bestimmte Merkmale bei ausgewählten Arten der Gefäßpflanzen, z. B. Beginn der Blüte, Blattentfaltung, Reife von Früchten und Herbstfärbung. Die Daten dieser Messungen korrelieren in vielen Fällen hochgradig signifikant mit Veränderungen bestimmter klimatischer Parameter, was als Beleg für direkte Auswirkungen des Klimawandels auf die Phänologie der beobachteten Pflanzenarten gewertet wird (vgl. Menzel et al. 2006).

Auch der Lebensrhythmus von Tieren verändert sich. Das Tierbeobachtungsprogramm (▶ http://zacost.zamg.ac.at/phaeno_portal/anleitung/tiere.html) sammelt seit 1951 Informationen etwa zum Reinigungs- und Sammelflug der Honigbiene *(Apis mellifera)*, zum Kleinen Fuchs *(Aglais urticae)* und Zitronenfalter *(Gonepteryx rhamni)*, aber auch zum ersten Kuckucksruf *(Cuculus canorus)*.

Viele Veröffentlichungen belegen Veränderungen im Lebensrhythmus von Tieren: Zugvögel kommen früher zurück (Stervander et al. 2005; Huntley et al. 2007; Lemoine et al. 2007; Baierlein und Hüppop 2009; Sudfeldt et al. 2010), die Eiablage beginnt früher (Crick et al. 1997), oder Verhaltensmuster verändern sich generell (Schaefer et al. 2007). Bei Fischen wurde eine frühere Laichzeit nachgewiesen (Wedekind und Küng 2010); verschiedene Insekten haben andere Flugperioden (Hassall et al. 2007; Dell et al. 2005). Neue Lebensrhythmen zeigen nicht nur den Klimawandel an, sondern können auch die Wechselbeziehungen zwischen Organismen verändern (▶ Abschn. 15.2.4).

Datenreihen zur Phänologie eignen sich hervorragend, den Einfluss des Klimawandels auf lebende Organismen zu erkennen. Gemessen wird dabei nicht der Klimawandel selbst, sondern die unterschiedlichen Auswirkungen auf bestimmte Organismen werden ermittelt. Der Wandel hat Konsequenzen für die Landwirtschaft, z. B. bei Aussaat- und Erntezeiten, aber auch für den Naturschutz, wenn Managementmaßnahmen geplant werden. Nach den Ergebnissen des Weltklimaberichts gehören die veränderten Lebensrhythmen zu den wenigen Umweltveränderungen, die größtenteils dem Klimawandel zuzuschreiben sind (Settele et al. 2014). Bei fast allen anderen Phänomenen – etwa bei Veränderungen der Verbreitung oder dem Aussterben von Arten – kommen meist viele weitere Faktoren hinzu.

15.2.3 Veränderungen in den Verbreitungsmustern

Historische Daten zeigen, wie sich die Verbreitung bestimmter Arten in Deutschland verändert hat – besonders gut dokumentiert bei Gefäßpflanzen. Natürlich ist nicht jede Änderung klimabedingt. Viele Faktoren beeinflussen die Verbreitung, beispielsweise die Landnutzung, der Nährstoffeintrag und die Einschleppung fremdländischer Arten. Dennoch lassen sich einige Arealveränderungen auf den Klimawandel zurückführen, gerade wenn es sich um sehr klimaempfindliche Arten handelt. Wärmere Winter führen dazu, dass aus klimatisch stärker durch den Atlantik bestimmten nordwestlichen Gebieten Deutschlands Arten weiter nach Nordosten vordringen und gleichzeitig Arten aus Süddeutschland ihr Verbreitungsgebiet weiter nach Norden ausdehnen (Walther et al. 2001a, 2001b, 2002). Zum Beispiel dringt die im Westen Deutschlands heimische Stechpalme *(Ilex aquifolium)* weiter nach Norden und Osten vor, und das Affen-Knabenkraut *(Orchis simia)* breitet sich weiter nach Norden aus. Viele fremdländische Pflanzen, die als Zierpflanzen nach Deutschland kamen, profitieren von der Klimaerwärmung. Besonders immer-

grüne Arten (Pompe et al. 2011), etwa die Lorbeerkirsche *(Prunus laurocerasus)* und der Meerfenchel *(Crithmum maritimum)*. Auch andere Arten, die relativ kalte Winter ertragen, profitieren von hohen Sommertemperaturen. In urbanen Ballungsräumen findet man neue, wärmeangepasste Arten zuerst, da hier zusätzlich das Stadtklima wirkt (Gutte et al. 1987; Wittig et al. 2012).

Auch viele Tierarten breiten sich klimabedingt weiter aus, so etwa einige Libellenarten und Tagfalter (Trautmann et al. 2012). Dagegen lassen sich Rückgänge von Pflanzen- und Tierarten in Deutschland bisher meist nicht eindeutig dem Klimawandel zuordnen (Trautmann et al. 2012; Pompe et al. 2011; Rabitsch et al. 2013b). Zwar haben viele feuchtigkeitsliebende Arten deutliche Verluste in verschiedenen Regionen und Lebensräumen zu verzeichnen, verursacht allerdings meist durch veränderte Landnutzung. Da jedoch Aussterbeprozesse nicht sofort nach Veränderung der Lebensbedingungen, sondern oft verzögert einsetzen, ist das zunehmende Aussterben von Arten aufgrund der Klimaveränderung erst in der Zukunft zu erwarten.

Mit sogenannten Nischenmodellen, die Klimawandelszenarien nutzen und das aktuelle Verbreitungsgebiet einer Art abhängig von den aktuellen Umweltbedingungen berücksichtigen, lassen sich Projektionen künftiger Verbreitungsgebiete erstellen. Demnach besteht erhebliche Aussterbegefahr. Würde die Temperatur um 4 °C steigen, wird etwa ein Fünftel der (550 modellierten) Pflanzenarten Deutschlands bis 2080 mehr als drei Viertel der heute geeigneten Gebiete nicht mehr besiedeln (Pompe et al. 2008). Diese Angaben sind Ergebnisse von Berechnungen auf der Basis von verschiedenen Klimaszenarien. Modellberechnungen können jedoch generell mögliche genetische Anpassungen (vgl. ▶ Abschn. 15.2.1) von Arten derzeit nicht berücksichtigen. Aktuelle Nischenmodelle schließen jedoch neben dem Klima zunehmend auch andere abiotische und anthropogene Umweltkenngrößen ein (Kühn et al. 2009; Heikkinen et al. 2006; Hanspach et al. 2011). Mit zunehmend besser werdenden Kenntnissen zur Biologie und Ökologie von Arten, oft aus Experimenten resultierend, werden die Nischenmodelle detaillierter.

Besonders stark bedroht sind insektenbestäubte Arten, weniger windbestäubte (Hanspach et al. 2013), weil erstere von zum Teil spezialisierten Bestäubern abhängen. Auch die Verbreitung von Tagfaltern könnte sich ändern: Simulationen zufolge geht der Dunkle Wiesenknopf-Ameisenbläuling *(Maculinea nausithous)* stark zurück (Settele et al. 2008). Der Große Feuerfalter *(Lycaena dispar)* hingegen scheint sich, wie in Freilandbeobachtungen bestätigt wurde, auszubreiten. Die Entwicklungen, wie sie für eine Vier-Grad-Welt projiziert wurden, sind für beide Arten in ◘ Abb. 15.1 dargestellt.

Wie empfindlich ist die deutsche Tierwelt gegenüber dem Klimawandel? Eine Analyse von 500 ausgewählten Arten ergab (Rabitsch et al. 2010): Für 63 dieser Arten bedeutet der Klimawandel ein hohes Risiko. Am stärksten betroffen sind Schmetterlinge, Weichtiere (z. B. Schnecken) und Käfer. Besonders viele klimasensible Arten finden sich im Süden, Südwesten und Nordosten des Landes. Auch Säugetiere sind durch den Klimawandel gefährdet (Rabitsch et al. 2010). Wenngleich sich keine generelle Bilanz der Artenverluste und -gewinne durch klimabedingtes Aussterben oder Einwanderung ziehen lässt, ist ein größerer Artenwandel zu erwarten.

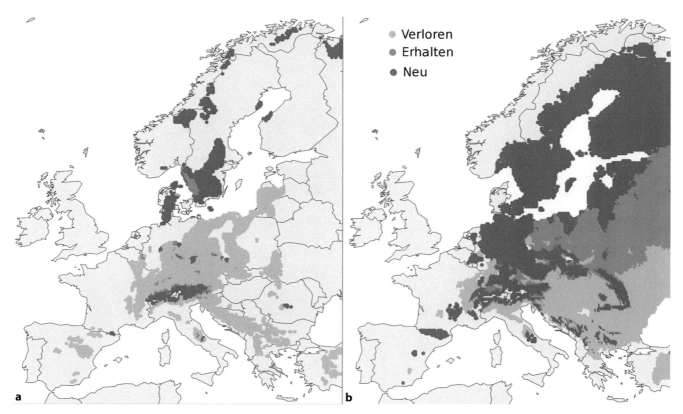

● Verloren
● Erhalten
● Neu

a

b

☐ **Abb. 15.1** Klimatischer Nischenraum für den Dunklen Wiesenknopf-Ameisenbläuling *(Maculinea nausithous)* (a) und den Großen Feuerfalter *(Lycaena dispar)* (b), in einer Vier-Grad-Welt für 2080 im Vergleich zum Jahr 2000; deutlich sind die Verluste für *M. nausithous* und die Gewinne für *L. dispar* in Deutschland. (Aus Settele et al. 2008)

15.2.4 Klimawandel und biologische Interaktionen

Der Klimawandel beeinflusst die Wechselwirkungen zwischen Organismen wie Bestäubung, Konkurrenz, Parasitismus, Pflanzenfraß und Räuber-Beute-Beziehungen. Am meisten weiß man über Einflüsse auf die Bestäubung. Der Klimawandel greift in die Verhältnisse zwischen Pflanze und Bestäuber ein. Denn er verändert die Entwicklungsphasen der Pflanzen, und diese sind wiederum für die Bestäuber wichtig. Die zentrale Frage ist: Wie sehr entkoppeln sich die Pflanzenentwicklung sowie die Entwicklung und Aktivität der Bestäuber (vgl. Hegland et al. 2009)? Wenn Pflanzen deutlich vor der Aktivitätsperiode ihrer Bestäuber blühen, kommt es seltener zu Bestäubung und Befruchtung, und es entstehen weniger Früchte und Samen. Bei Kulturpflanzen führt das zu erheblichen Ernteausfällen – mehr als ein Drittel der Kulturpflanzen und gut zwei Drittel der Wildpflanzen werden von Insekten bestäubt (Kearns et al. 1998). Damit hängt die Populationsentwicklung dieser Arten davon ab, ob deren Bestäuber zur selben Zeit am selben Ort sind wie die zu bestäubenden Pflanzen. Oder umgekehrt: Entwickeln sich die Bestäuber im Jahreslauf schneller als die Pflanzen, dann sind hoch spezialisierte Bestäuber gefährdet, weil ihnen die spezielle Nahrung fehlt. Diese zeitliche Diskrepanz in der Entwicklung von Pflanzen und Bestäubern wurde an zahlreichen Beispielen nachgewiesen (Schweiger et al. 2010). Zudem verringern höhere Temperaturen die Nektarproduktion, sodass es bestimmten Bestäubern an Nahrung mangelt (Petanidou und Smets 1996). Veränderungen im Pflanze-Bestäuber-Verhältnis beeinflussen also direkt die Populationsentwicklung von Pflanzen und ihren Bestäubern.

Konkurrenzverhältnisse zwischen Arten werden beeinflusst, wenn aufgrund von Klimaveränderungen (Caplat et al. 2008; Harvey et al. 2010):

- neue Arten in das Konkurrenzgeschehen eingreifen,
- die Vitalität von Arten in den Lebensräumen geschwächt wird,
- die Vitalität von bereits in den Lebensgemeinschaften vorkommenden Arten gestärkt wird,
- durch Aussterben Konkurrenten entfallen.

Generell stehen die Untersuchungen dazu noch am Anfang. Bekannt ist bei Vögeln die Konkurrenz um Insektennahrung: Wenn durch mildere Winter die Populationen der überwinternden Vogelarten weniger reduziert werden, stehen für zurückkehrende Zugvögel weniger Nahrungsressourcen zur Verfügung (Visser et al. 2006).

Bei höheren Temperaturen kann der Parasitenbefall von Organismen steigen (z. B. Møller et al. 2011). Hauptsächlich beeinflussen jedoch Veränderungen im Lebensrhythmus das Wirt-Parasit-Verhältnis. Wie bei der Bestäubung kann es zur Entkoppelung von Wechselbeziehungen kommen, oder völlig neue Wirt-Parasiten-Kombinationen können entstehen.

Früher beginnende oder verlängerte Vegetationsperioden beeinflussen direkt pflanzenfressende Tiere. Generell kann man zwar von einer besseren Verfügbarkeit von Ressourcen ausgehen, aber bei hoch spezialisierten Pflanzenfressern kann die Verschie-

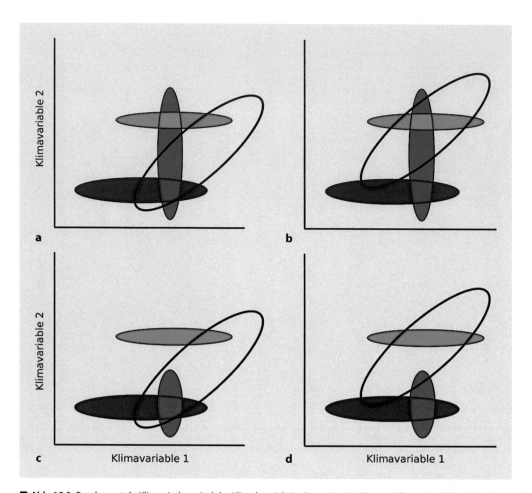

■ **Abb. 15.2** Fundamentale Klimanischen sind der Klimabereich, in dem eine Art (Spezies) theoretisch überleben kann. Gezeigt sind hier die Klimanischen von drei Arten (Sp. 1–3; dargestellt als farbige Ellipsen: blau, rot, grün). Die transparenten Ellipsen zeigen die gegenwärtigen (**a, c**) und künftigen Klimabedingungen (**b, d**). Wo sich Klimanischen überlappen, sind Wechselbeziehungen zwischen zwei Arten möglich. Zwei Arten können nur dann interagieren, wenn deren Klimanischen innerhalb der gegebenen Klimabedingungen überlappen. Art 1 (*blau*) hat zwar das Potenzial, mit zwei Arten (Art 2, *rot* und Art 3, *grün*) zu interagieren, kann aber aufgrund der momentan herrschenden Klimabedingungen nur mit Art 2 interagieren (**c**). Bei Verschiebung der Klimabedingungen (Änderung der beiden Klimavariablen auf der x- und y-Achse) kann die evtl. lang etablierte Interaktion mit Art 2 nicht mehr stattfinden, wohingegen eine neue mit Art 3 möglich wird (**b**). Ob neue Wechselbeziehungen entstehen, hängt allerdings vom Grad der Spezialisierung ab. Generalisten mit einer breiteren Klimanische und einem größeren Potenzial zu Interaktionen werden seltener relevante Interaktionen verlieren (**a, b**), wohingegen Spezialisten mit enger Nische und geringem Potenzial zu Interaktionen diese ganz verlieren können (**c, d**). (Verändert nach Schweiger et al. 2010, 2013).

bung der Phänologie der Nahrungspflanzen zur zeitlich bedingten Verringerung der Ressourcen führen. Außerdem können sich Pflanzenfresser bedingt durch veränderte Klimabedingungen auch neue Nahrungspflanzen erschließen.

Auch Räuber-Beute-Verhältnisse verändern sich mit dem Klimawandel. Da der Siebenschläfer *(Glis glis)* seinen Winterschlaf früher beendet, ist ein höherer Räuberdruck auf verschiedene Singvögel entstanden (Adamik und Kral 2008). Zudem beeinflussen Veränderungen der Lebensphasen die Räuber-Beute-Verhältnisse. ■ Abb. 15.2 zeigt modellhaft die Möglichkeiten der Veränderungen ökologischer Beziehungen einschließlich Entkoppelung und neuer Wechselbeziehungen (Schweiger et al. 2010).

15.2.5 Biologische Invasionen

Die Verbreitungsgebiete vieler Arten haben sich im Verlauf der Erdgeschichte ständig verlagert. Aussterben und Neueinwanderung sind natürliche Prozesse, die auch ohne direkten und

indirekten Einfluss des Menschen geschehen. Neu ist jedoch, dass der Mensch auf vielfältige Weise heute ganz maßgeblich die Ausbreitung beeinflusst. Der vom Menschen verursachte Transport von Arten, ihre Etablierung und Ausbreitung außerhalb ihres bisherigen Verbreitungsgebietes heißt „biologische Invasion" (Auge et al. 2001; Pyšek et al. 2004). Im Unterschied zur natürlichen Ausbreitung verlaufen biologische Invasionen bedeutend schneller und in einem deutlich größeren geografischen Ausmaß. Natürliche Barrieren wie Ozeane und Gebirgsmassive werden absichtlich oder unabsichtlich durch Maßnahmen des Menschen überwunden. Das globale Transport- und Handelsnetz (Schifffahrts- und Fluglinien, neue Straßen, Kanäle und Schienenwege) wird immer größer und dichter, erleichtert den Ferntransport – sogar über Kontinente hinweg. Nicht nur Nutztiere, Kultur- und Zierpflanzen werden global ausgebreitet, sondern auch unerwünschte Begleiter gelangen in neue Regionen. Diese sogenannten Transportbegleiter befinden sich entweder in den Handelsgütern, in Erden, anderen Schüttgütern oder in Verpackungen. Große Schiffe werden durch Ballastwasser stabilisiert – viele Arten reisen darin auf allen Weltmeeren mit. Zudem verbinden neue Kanäle bisher getrennte Gewässer.

Biologische Invasionen begannen erstmals in größerem Umfang in der Jungsteinzeit, als der Mensch landwirtschaftlich tätig wurde und damit Arten sowohl gezielt als auch unbewusst (Transportbegleiter wie z. B. Verunreinigungen im Saatgut) ausbreitete. Gleichzeitig entstanden neue Lebensräume (Agrarökosysteme auf den landwirtschaftlichen Flächen, Brachflächen an den dauerhaften Siedlungsplätzen). Der Artenaustausch und neue anthropogene Lebensräume sind wichtige Ursachen für Invasionen. Dieser Prozess hat sich bis heute verstärkt – besonders augenfällig derzeit in Städten.

Der Invasionsprozess verläuft in vier Phasen (Williamson 1996):

1. Absichtlicher oder unabsichtlicher Transport von Arten in ein neues Verbreitungsgebiet.
2. Etablierung der Arten im neuen Gebiet.
3. Vermehrung und Aufbau stabiler Populationen.
4. Massenvermehrung und Ausbreitung, verbunden mit gesundheitlichen, ökonomischen und/oder ökologischen Auswirkungen.

Der Klimawandel beeinflusst biologische Invasionen sowohl direkt als auch indirekt, z. B. durch die Anpassung der Landnutzung an den Klimawandel. Er wirkt auf alle Phasen des Invasionsprozesses. Durch Klimaveränderungen können Extremereignisse wie Hochwasser und Stürme zunehmen und so den Transport von Arten beschleunigen. Südliche Arten etwa können sich leichter in einem nunmehr wärmeren Gebiet ansiedeln, da sich die Lebens- und Wuchsbedingungen für sie verbessert haben. Neue Klimabedingungen steigern die Erfolgsraten bei der Vermehrung und Etablierung von Arten. Weiterhin wird die Konkurrenzkraft von fremdländischen Arten durch den Klimawandel begünstigt. Dadurch können sich die Arten leichter in neuen Lebensräumen ausbreiten (Walther et al. 2009).

Die Entwicklung von Flora und Fauna in Städten gibt Hinweise, wie der Klimawandel generell Flora und Fauna beeinflusst. Denn die städtische Wärmeinsel kann man als Vorwegnahme künftiger Entwicklungen in der offenen Landschaft im Zuge des Klimawandels ansehen. Viele Studien haben belegt: Urbane Räume fungieren für fremdländische Arten als nach Norden vorgeschobene Arealinseln (Kowarik 2010). Beispielsweise leben viele wärmeliebende Insekten in Gebäuden, aber auch auf städtischen Freiflächen. Typische Pflanzen städtischer Wärmeinseln in Deutschland sind die Feige *(Ficus carica)* und der Götterbaum *(Ailanthus altissima)*.

Anpassungen an den Klimawandel können Invasionen begünstigen. Hierzu zählt besonders der Anbau von fremdländischen Energiepflanzen, z. B. des China-Schilfs *(Miscanthus chinensis)*. Nach dem Schlüssel-Schloss-Prinzip ändern sich auch Lebensgemeinschaften (Auge et al. 2001). Ursprüngliche Arten leiden unter dem Klimawandel, verlieren an Vitalität, können sich weniger gut gegenüber Konkurrenz behaupten oder sterben sogar aus. Diese Nischen können dann neue Arten besetzen – also der neue Schlüssel passt in das veränderte Schloss.

Invasive Arten können ökologische und ökonomische Konsequenzen haben. Oder sie führen sogar zu Gesundheitsgefahren

für den Menschen. Die Asiatische Tigermücke *(Stegomyia albopicta)* etwa kann sich durch den Klimawandel weiter ausbreiten und die Erreger der Dengue-Krankheit, das West-Nil-Virus und das Gelbfiebervirus übertragen (Kowarik 2010). Andere vom Klimawandel profitierende fremdländische Arten wiederum haben keinen negativen Einfluss, sondern stabilisieren sogar geschädigte Lebensräume. Global, europaweit und national werden Maßnahmen zur Prävention und zum Management invasiver Arten geplant und durchgeführt (Kowarik 2010; Rabitsch et al. 2013a). Doch sind eben nicht alle fremdländischen Arten negativ zu betrachten, vor allem dann nicht, wenn sie aus benachbarten Regionen stammen. Diese Frage wurde auch international intensiv diskutiert (Walther et al. 2009). Auch ist der Klimawandel normalerweise nicht die Ursache der Invasion, trägt aber entscheidend zu deren Erfolg bei (Settele et al. 2014).

15.2.6 Veränderung von Ökosystemen und Konsequenzen für den Naturschutz

Für Deutschland gibt es eine Übersicht über die Gefährdung von Schutzgebieten und ihren wichtigen Lebensgemeinschaften und Ökosystemen (Vohland et al. 2013). Wie stark der Klimawandel ein Ökosystem gefährdet, ist viel schwieriger einzuschätzen als die Gefährdung einzelner Arten oder ökologischer Wechselbeziehungen. Denn zu viele weitere Faktoren bestimmen, wie sich ein Ökosystem zusammensetzt und wie leistungsfähig es ist. Noch schwieriger sind Schwellenwerte oder Kipppunkte *(tipping points)* zu bestimmen – also Bereiche, in denen ein Ökosystem umkippt (Essl und Rabitsch 2013). Dazu gibt es nur wenige Untersuchungen von einzelnen Ökosystemen. Am meisten weiß man noch über Gewässer.

Anhand der erwarteten Dynamik der betroffenen Arten lässt sich die Gefährdung von Lebensräumen analysieren. Unberücksichtigt bleiben dabei aber die Wechselbeziehungen in einem Ökosystem. Deshalb liefern diese Analysen zwar wertvolle Hinweise, erlauben aber nur eingeschränkt Aussagen zu den Ökosystemen (Hanspach et al. 2013). Die wesentlichen entscheidenden Umweltfaktoren für bestimmte Ökosystemtypen sind jedoch bekannt, sodass man auf deren Basis die Empfindlichkeit von Ökosystemen oder Habitaten einschätzen kann. Besonders empfindlich sind in Deutschland Ökosysteme der Hochgebirge, verschiedene Typen von Feuchtgebieten, Moore, Dünen, stehende Gewässer und Fließgewässer sowie Feucht- und natürliche Nadelwälder. Wie genau sich ein Ökosystem verändert, ist bisher nicht bekannt. Zuerst werden sich Mengenverhältnisse von Arten untereinander verschieben: Besonders empfindliche Arten sterben aus, neue Arten dringen in das System ein. Dabei erwarten wir neue Ökosysteme, die nur bedingt mit den gegenwärtigen Systemen vergleichbar sein werden (Hobbs et al. 2009). Jedoch werden die Übergänge eher fließend sein, da voraussichtlich der Prozess relativ langsam ablaufen wird. Kommen jedoch Änderungen der Landnutzung, z. B. auch durch Klimaanpassungs- oder Schutzmaßnahmen (Biomasseanbau) oder Stickstoffeinträge dazu, werden die Auswirkungen schneller und drastischer sein. Dieser Wandel der Ökosysteme sowie die Einflüsse des Klimawandels auf die Genetik, auf die Lebensphasen von Arten und auf deren Verbreitung fordern den Naturschutz heraus.

Noch bestehen erhebliche Unsicherheiten über die Auswirkungen des Klimawandels. Wichtige Trends gelten zwar als sicher, dennoch bleiben große Wissenslücken – vor allem auf der Ebene von Ökosystemen. Um diese Lücken zu verkleinern, scheint deshalb der Aufbau klimaorientierter Monitoringsysteme wichtig zu sein (Dröschmeister und Sukopp 2009; Wiemers et al. 2013; Winter et al. 2013).

Trotz Unsicherheiten muss der staatliche und ehrenamtliche Naturschutz jedoch handeln. Die Dynamik, die der globale Wandel erzeugt, erfordert flexible und dynamische Konzepte, u. a. damit sich die Resilienz erhöht. Viele Jahrzehnte galt der bewahrende oder konservierende Naturschutz als gesetzt. Den neuen Anforderungen wird dieser Ansatz aber nicht gerecht. Eine ganz wesentliche Antwort auf die gegenwärtigen und zukünftigen Probleme ist der Prozessschutz – ein Ansatz, der in den 1970er-Jahren im Naturschutz aufkam (Riecken 2006; Doyle und Ristow 2006). Demnach benötigen wir verschiedene Typen von Schutzgebieten und müssen gleichzeitig die Bedeutung neu entstehender Systeme bewerten.

Großflächiger Naturschutz in Nationalparks und Biosphärenreservaten sichert den Bestand wichtiger Arten und Ökosysteme. Diese Gebiete sind auch wesentliche Quellen von Arten, die durch Genaustausch Populationen in kleineren Schutzgebieten stabilisieren können. Kleinere Schutzgebiete kombiniert mit linearen Landschaftselementen wie Feldrainen, Hecken und Gräben gewährleisten, dass die Landschaft für klimabedingtes Weiterwandern von Arten durchlässig bleibt. Sogenannte Biotopverbundkonzepte und das Konzept „Grüne Infrastruktur" der Europäischen Union erlangen also zusätzlich Bedeutung.

Um klimabedingte Veränderungen in Habitaten zu kompensieren, sind neue Managementverfahren notwendig. Wird etwa die Mahd der Wiesen angepasst, ändert sich unter Klimawandel das Mikroklima nicht so schnell wie das Makroklima. Das schützt z. B. den gefährdeten *Maculinea*-Ameisenbläuling.

15.3 Kurz gesagt

Der Klimawandel wirkt sich heute und künftig auf vielfältige Weise auf die Biodiversität aus. Betroffen sind alle Organisationsstufen des Lebens, Physiologie und Genetik der Organismen sowie Lebensrhythmus und Verbreitung der Arten. Auch die Wechselwirkungen zwischen Organismen wie Konkurrenz, Räuber-Beute-Beziehungen und Parasitismus können sich klimabedingt verändern, biologische Invasionen beschleunigt werden. Sehr wahrscheinlich wird der Klimawandel neue Ökosysteme hervorbringen und damit Funktionen und Dienstleistungen von Ökosystemen für den Menschen verändern. Dadurch werden Lebensgemeinschaften wichtige Stoff- und Energiekreisläufe stärker beeinflussen. Da mehrere anthropogene Triebkräfte die Biodiversität gefährden, ist der Klimawandel nur ein – aber ein besonders wichtiger – Faktor der aktuellen Biodiversitätskrise. Wenn sich Krankheitserreger und ihre Überträger stärker ausbreiten, berührt das den Menschen ebenso wie die Veränderungen von Ökosystemen, wenn sich deren Leistungen und ihre Produktivität verringern.

Wer kann auf die Veränderungen der Biodiversität durch den Klimawandel reagieren? Einflussmöglichkeiten haben sowohl die hauptsächlichen Landnutzer, insbesondere die Land- und Forstwirtschaft, als auch der Naturschutz. Nutzungs- und Bewirtschaftungsmaßnahmen müssen stärker auf die Sicherung der Stabilität bzw. Resilienz der Systeme gegenüber klimatischen Extremen ausgerichtet werden. Das kann durch neue Bewirtschaftungsverfahren und durch die Nutzung besser angepasster Tier- und Pflanzenarten erfolgen. Der Naturschutz muss stärker die Dynamik der Systeme bei der Definition seiner Ziele berücksichtigen. Insbesondere ist es wichtig, durch eine effektive grüne Infrastruktur Artenvielfalt nicht nur in isolierten Schutzgebieten, sondern generell in den Kulturlandschaften zu sichern.

Literatur

Adamik P, Kral M (2008) Climate- and resource-driven long-term changes in dormice populations negatively affect hole-nesting songbirds. J Zool 275:209–215

Auge H, Klotz S, Prati D, Brandl R (2001) Die Dynamik von Pflanzeninvasionen: ein Spiegel grundlegender ökologischer und evolutionsbiologischer Prozesse. In: Reichholf JH (Hrsg) Gebietsfremde Arten, die Ökologie und der Naturschutz. Rundgespräche der Kommission für Ökologie. Pfeil, München, S 41–58

Bairlein F, Hüppop O (2009) Klimawandel und Vogelwelt – eine kurze Übersicht. In: NABU (Hrsg) Klimawandel und Biodiversität. Eigenverlag: NABU-Bundesverband, Berlin, S 15–22

Barnosky AD, Matzke N, Tomiya S, Wogan GOU, Swartz B, Quental TB, Marshall C, McGuire JL, Lindsey EL, Maguire KC, Mersey B, Ferrer EA (2011) Has the Earth's sixth mass extinction already arrived? Nature 471(7336):51–57

Beckmann M, Hock M, Bruelheide H, Erfmeier A (2012) The role of UV-B radiation in the invasion of Hieracium pilosella – comparison of German and New Zealand plants. Environ Exp Bot 75:173–180

Beierkuhnlein C, Jentsch A, Thiel D, Willner E, Kreyling J (2011) Ecotypes of European grass species respond specifically to warming and extreme drought. J Ecol 99:703–713

Bridle JR, Polechová J, Kawata M, Butlin RK (2010) Why is adaptation prevented at ecological margins? New insights from individual-based simulations. Ecol Lett 13:485–494

Caplat P, Anand M, Bauch C (2008) Interactions between climate change, competition, dispersal, and disturbances in a tree migration model. Theor Ecol 1:209–220

Crick HQP, Dudley C, Glue DE, Thomson DL (1997) UK birds are laying eggs earlier. Nature 388:526

Dell D, Sparks TH, Dennis RLH (2005) Climate change and the effect of increasing spring temperatures on emergence dates on the butterfly Apatura iris (Lepidoptera: Nymphalidae). Eur J Entomol 102:161–167

Doyle U, Ristow M (2006) Biodiversitäts- und Naturschutz vor dem Hintergrund des Klimawandels. Für einen dynamischen integrativen Schutz der biologischen Vielfalt. Naturschutz und Landschaftsplanung 38(4):101–107

Dröschmeister R, Sukopp U (2009) Monitoring der Auswirkungen des Klimawandels auf die biologische Vielfalt in Deutschland. Nat Landsch 84(1):13–17

Durka W, Michalski SG (2013) Genetische Vielfalt und Klimawandel. In: Essl F, Rabitsch W (Hrsg) Biodiversität und Klimawandel: Auswirkungen und Handlungsoptionen für den Naturschutz in Mitteleuropa. Springer, Berlin, S 132–136

Eckert CG, Samis KE, Lougheed SC (2008) Genetic variation across species' geographical ranges: the central-marginal hypothesis and beyond. Mol Ecol 17:1170–1188

Ellenberg H, Weber HE, Düll R, Wirth V, Werner W, Paulißen D (1992) Zeigerwerte von Pflanzen in Mitteleuropa. Scr Geobot 18:1–258

Essl F, Rabitsch W (Hrsg) (2013) Biodiversität und Klimawandel: Auswirkungen und Handlungsoptionen für den Naturschutz in Mitteleuropa. Springer, Berlin, Heidelberg

15

Gutte P, Klotz S, Lahr C, Trefflich A (1987) Ailanthus altissima (Mill) Swingle – eine vergleichende pflanzengeographische Studie. Folia Geobot Phytotaxon 22:241–262

Hanspach J, Kühn I, Schweiger O, Pompe S, Klotz S (2011) Geographical patterns in prediction errors of species distribution models. Glob Ecol Biogeogr 20:779–788

Hanspach J, Kühn I, Klotz S (2013) Risikoabschätzung für Pflanzenarten, Lebensraumtypen und ein funktionelles Merkmal. In: Vohland K, Badeck F, Böhning-Gaese K, Ellwanger G, Hanspach J, Ibisch PL, Klotz S, Kreft S, Kühn I, Schröder E, Trautmann S, Cramer W (Hrsg) Schutzgebiete Deutschlands im Klimawandel – Risiken und Handlungsoptionen. Ergebnisse eines F+E-Vorhabens (FKZ 806 82 270). Naturschutz und biologische Vielfalt, Bd. 129. Bundesamt für Naturschutz (BfN), Bonn, S 71–85

Harvey JA, Bukovinszky T, van der Putten WH (2010) Interactions between invasive plants and insect herbivores: A plea for a multitrophic perspective. Biol Conserv 143:2251–2259

Hassall C, Thompson DJ, French GC, Harvey IF (2007) Historical changes in the phenology of British Odonata are related to climate. Glob Chang Biol 13:933–941

Hegland SJ, Nielsen A, Lázaro A, Bjerknes AL, Totland O (2009) How does climate warming affect plant-pollinator interactions? Ecol Lett 12:184–195

Heikkinen RK, Luoto M, Araújo MB, Virkkala R, Thuiller W, Sykes MT (2006) Methods and uncertainties in bioclimatic envelope modelling under climate change. Prog Phys Geogr 30:751–777

Hobbs RJ, Higgs E, Harris JA (2009) Novel ecosystems: implications for conservation and restoration. Trends Ecol Evol 24:599–605

Huntley B, Green RE, Collingham YC, Willis SG (2007) A climatic atlas of European breeding birds. Lynx Edicions, Barcelona

Jong R de, Verbesselt J, Zeileis A, Schaepman M (2013) Shifts in global vegetation activity trends. Remote Sens 5:1117–1133

Karell P, Ahola K, Karstinen T, Valkama J, Brommer JE (2011) Climate change drives microevolution in a wild bird. Nat Commun 2:208

Kearns CA, Inouye DW, Waser NM (1998) Endangered mutualisms: The conservation of plant-pollinator interactions. Annu Rev Ecol Syst 29:83–112

Klotz S, Baessler C, Klussmann-Kolb A, Muellner-Riehe AN (2012) Biodiversitätswandel in Deutschland. In: Mosbrugger V, Brasseur GP, Schaller M, Stribny B (Hrsg) Klimawandel und Biodiversität – Folgen für Deutschland. Wiss Buchgesell, Darmstadt, S 38–56

Kowarik I (2010) Biologische Invasionen: Neophyten und Neozoen in Mitteleuropa, 2. Aufl. Ulmer, Stuttgart

Kühn I, Vohland K, Badeck F, Hanspach J, Pompe S, Klotz S (2009) Aktuelle Ansätze zur Modellierung der Auswirkungen von Klimaänderungen auf die biologische Vielfalt. Nat Landsch 84:8–12

Leadley PW, Niklaus PA, Stocker R, Körner C (1999) A field study of the effects of elevated CO2 on plant biomass and community structure in a calcareous grassland. Oecologia 118:39–49

Lemoine N, Bauer H-G, Peintinger M, Böhning-Gaese K (2007) Effects of climate and land-use change on species abundance in a Central European bird community. Conserv Biol 21(2):495–503

MEA – Millennium Ecosystem Assessment (2005) Ecosystems and human well-being. Synthesis report. Island Press, Washington

Menzel A, Sparks TH, Estrella N, Koch E, Aasa A, Ahas R, Alm-Kübler K, Bissolli P, Braslavska OG, Briede A, Chmielewski FM, Crepinsek Z, Curnel Y, Dahl A, Defila C, Donnelly A, Filella Y, Jatczak K, Mage F, Mestre A, Nordli O, Penuelas J, Pirinen P, Remisova V, Scheifinger H, Striz M, Susnik A, Van Vliet AJH, Wielgolaski FE, Zach S, Zust ANA (2006) European phenological response to climate change matches the warming pattern. Glob Chang Biol 12:1969–1976

Michalski SG, Durka W, Jentsch A, Kreyling J, Pompe S, Schweiger O, Willner E, Beierkuhnlein C (2010) Evidence for genetic differentiation and divergent selection in an autotetraploid forage grass (Arrhenatherum elatius). Theor Appl Genet 120:1151–1162

Møller AP, Saino N, Adamik P, Ambrosini R, Antonov A, Campobello D, Stokke BG, Fossoy F, Lehikoinen E, Martin-Vivaldi M (2011) Rapid change in host use of the common cuckoo Cuculus canorus linked to climate change. Proc R Soc B: Biol Sci 278:733–738

Mosbrugger V, Brasseur GP, Schaller M, Stribny B (Hrsg) (2012) Klimawandel und Biodiversität – Folgen für Deutschland. Wiss Buchgesell, Darmstadt

Mosbrugger V, Brasseur GP, Schaller M, Stribny B (Hrsg) (2014) Klimawandel und Biodiversität – Folgen für Deutschland, 2. Aufl. Wiss Buchgesell, Darmstadt

Ozgul A, Childs DZ, Oli MK, Armitage KB, Blumstein DT, Olson LE, Tuljapurkar S, Coulson T (2010) Coupled dynamics of body mass and population growth in response to environmental change. Nature 466:482–485

Petanidou T, Smets E (1996) Does temperature stress induce nectar secretion in Mediterranean plants? New Phytol 133:513–518

Pompe S, Hanspach J, Badeck F, Klotz S, Thuiller W, Kühn I (2008) Climate and land use change impacts on plant distributions in Germany. Biol Lett 4:564–567

Pompe S, Berger S, Bergmann J, Badeck F, Lübbert J, Klotz S, Rehse AK, Söhlke G, Sattler S, Walther GR, Kühn I (2011) Modellierung der Auswirkungen des Klimawandels auf die Flora und Vegetation in Deutschland: Ergebnisse aus dem F+E-Vorhaben FKZ 805 81 001. BfN-Skripten, Bd. 304. Bundesamt für Naturschutz, Bonn

Pyšek P, Richardson DM, Rejmanek M, Webster GL, Williamson M, Kirschner J (2004) Alien plants in checklists and floras: towards better communication between taxonomists and ecologists. Taxon 53:131–143

Rabitsch W, Winter M, Kühn E, Kühn I, Götzl M, Essl F, Gruttke H (2010) Auswirkungen des rezenten Klimawandels auf die Fauna in Deutschland – Bonn-Bad Godesberg (Bundesamt für Naturschutz). Naturschutz und Biologische Vielfalt, Bd. 98.

Rabitsch W, Gollasch S, Isermann M, Starfinger U, Nehring S (2013a) Erstellung einer Warnliste in Deutschland noch nicht vorkommender invasiver Tiere und Pflanzen. BfN-Skripten, Bd. 331. BfN, Bonn

Rabitsch W, Essl F, Kühn I, Nehring S, Zangger A, Bühler C (2013b) Arealänderungen. In: Essl F, Rabitsch W (Hrsg) Biodiversität und Klimawandel: Auswirkungen und Handlungsoptionen für den Naturschutz in Mitteleuropa. Springer, Berlin, S 59–66

Riecken U (2006) Geschichte des Biotopschutzes. Nat Landsch 81:2–7

Sala OE, Chapin SFIII, Armesto JJ, Berlow E, Bloomfield J, Dirzo R, Huber-Sanwald E, Huenneke LF, Jackson RB, Kinzig A, Leemans R, Lodge DM, Mooney HA, Oesterheld M, Poff NL, Sykes MT, Walker BH, Walker M, Wall DH (2000) Global Biodiversity Scenarios for the Year 2100. Science 287:1770–1774

Schaefer HC, Jetz W, Böhning-Gaese K (2007) Impact of climate change on migratory birds: community reassembly versus adaptation. Glob Ecol Biogeogr 17:38–49

Schweiger O, Biesmeijer JC, Bommarco R, Hickler T, Hulme PE, Klotz S, Kühn I, Moora M, Nielsen A, Ohlemüller R, Petanidou T, Potts SG, Pyšek P, Stout JC, Sykes MT, Tscheulin T, Vilà M, Walther GR, Westphal C, Winter M, Zobel M, Settele J (2010) Multiple stressors on biotic interactions: how climate change and alien species interact to affect pollination. Biol Rev 85:777–795

Schweiger O, Essl F, Kruess A, Rabitsch W, Winter M (2013) Erste Änderungen in ökologischen Beziehungen. In: Essl F, Rabitsch W (Hrsg) Biodiversität und Klimawandel: Auswirkungen und Handlungsoptionen für den Naturschutz in Mitteleuropa. Springer, Berlin, Heidelberg, S 75–83

Settele J, Kudrna O, Harpke A, Kühn I, Van Swaay C, Verovnik R, Warren M, Wiemers M, Hanspach J, Hickler T, Kühn E, Van Halder I, Veling K, Vliegenthart A, Wynhoff I, Schweiger O (2008) Climatic risk atlas of European butterflies. BioRisk 1:1–710

Settele J, Scholes R, Betts R, Bunn S, Leadley P, Nepstad D, Overpeck JT, Taboada MA (2014) Terrestrial and inland water systems. In: Climate change 2014: Impacts, adaptation, and vulnerability. Part A: Global and sectoral aspects. In: Field CB, Barros VR, Dokken DJ, Mach KJ, Mastrandrea MD, Bilir TE, Chatterjee M, Ebi KL, Estrada YO, Genova RC, Girma B, Kissel ES, Levy AN, MacCracken S, Mastrandrea PR, White LL (Hrsg) Contribution of working group II to the fifth assessment report of the Intergovernmental Panel on Climate Change. Cambridge University Press, Cambridge, United Kingdom and New York, NY, USA (im Druck)

Stervander M, Lindström A, Jonzén N, Andersson A (2005) Timing of spring migration in birds: long-term trends, North Atlantic Oscillation and the significance of different migration routes. J Avian Biol 36:210–221

Sudfeldt C, Dröschmeister R, Langgemach T, Wahl J (Hrsg) (2010) Vögel in Deutschland – 2010. Dachverband Deutscher Avifaunisten. Bundesamt für Naturschutz, Münster

Trautmann S, Lötters S, Ott J, Buse J, Filz K, Rödder D, Wagner N, Jaeschke A, Schulte U, Veith M, Griebeler EM, Böhning-Gaese K (2012) Auswirkungen auf geschützte und schutzwürdige Arten. In: Mosbrugger V, Brasseur GP, Schaller M, Stribrny B (Hrsg) Klimawandel und Biodiversität : Folgen für Deutschland, S 260–289

Umina PA, Weeks AR, Kearny MR, McKechnie SW, Hoffmann AA (2005) A rapid shift in a classic clinal pattern in Drosophila reflecting climate change. Science 308:691–693

Visser ME, Holleman LJM, Gienapp P (2006) Shifts in caterpillar biomass phenology due to climate change and its impact on the breeding biology of an insectivorous bird. Oecologia 147:164–172

Vohland K, Badeck F, Böhning-Gaese K, Ellwanger G, Hanspach J, Ibisch PL, Klotz S, Kreft S, Kühn I, Schröder E, Trautmann S, Cramer W (Hrsg) (2013) Schutzgebiete Deutschlands im Klimawandel – Risiken und Handlungsoptionen: Ergebnisse eines F+E-Vorhabens (FKZ 806 82 270). Naturschutz und biologische Vielfalt, Bd. 129. Bundesamt für Naturschutz, Bonn

Walther GR, Burga CA, Edwards PJ (2001a) „Fingerprints" of climate change – Adapted behaviour and shifting species ranges. Kluwer Academic/Plenum Publishers, New York

Walther GR, Carraro G, Klötzli F (2001b) Evergreen broad-leaved species as indicators for climate change. In: Walther GR, Burga CA, Edwards PJ (Hrsg) „Fingerprints" of climate change – Adapted behaviour and shifting species ranges. Kluwer Academic/Plenum Publishers, New York, S 151–162

Walther GR, Post E, Convey P et al (2002) Ecological responses to recent climate change. Nature 416:389–395

Walther GR, Roques A, Hulme PE, Sykes MT, Pyšek P, Kühn I, Zobel M, Bacher S, Botta-Dukát Z, Bugmann H, Czúcz B, Dauber J, Hickler T, Jarošík V, Kenis M, Klotz S, Minchin D, Moora M, Nentwig W, Ott J, Panov VE, Reineking B, Robinet C, Semenchenko V, Solarz W, Thuiller W, Vilà M, Vohland K, Settele J (2009) Alien species in a warmer world – risks and opportunities. Trends Ecol Evol 24:686–693

Wedekind C, Küng C (2010) Shift of spawing season and effects of climate warming on developmental stages of a grayling (Salmonidae). Conserv Biol 24:1418–1423

Wiemers M, Musche M, Striese M, Kühn I, Winter M, Denner M (2013) Naturschutzfachliches Monitoring Klimawandel und Biodiversität. Teil 2: Weiterentwicklung des Monitoringkonzeptes und Auswertung ausgewählter vorhandener Daten. Schriftenreihe des LfULG. 25. Sächsisches Landesamt für Umwelt, Landwirtschaft und Geologie (LfULG), Dresden

Wieneke S, Prati D, Brandl R, Stöcklin J, Auge H (2004) Genetic variation in Sanguisorba minor after 6 years in situ selection under elevated CO_2. Glob Chang Biol 10:1389–1401

Williamson M (1996) Biological invasions. Chapman & Hall, London.

Winter M, Musche M, Striese M, Kühn I (2013) Naturschutzfachliches Monitoring Klimawandel und Biodiversität. Teil 1: Auswirkungen des Klimawandels auf die Biodiversität, Ziele und Grundlagen des Monitorings. Schriftenreihe des LfULG, Bd. 24. Sächsisches Landesamt für Umwelt, Landwirtschaft und Geologie (LfULG), Dresden

Wittig R, Kuttler W, Tackenberg O (2012) Urban-industrielle Lebensräume. In: Mosbrugger V, Brasseur GP, Schaller M, Stribrny B (Hrsg) Klimawandel und Biodiversität : Folgen für Deutschland, S 290–307

Wasserhaushalt

Harald Kunstmann, Peter Fröhle, Fred F. Hattermann, Andreas Marx,
Gerhard Smiatek, Christian Wanger

© Der/die Herausgeber bzw. der/die Autor(en) 2017
G. Brasseur, D. Jacob, S. Schuck-Zöller (Hrsg.), *Klimawandel in Deutschland,* DOI 10.1007/978-3-662-50397-3_16

Wasser ist für den Menschen und seine Umwelt von zentraler Bedeutung. Seine jahreszeitliche Verfügbarkeit prägt Ökosysteme wie auch Kulturen und Gesellschaften. Die Herausforderung, zu viel, zu wenig oder zu schmutziges Wasser zu bewältigen, begleitet den Menschen seit Jahrtausenden. Mit der globalen Klimaänderung verändert sich auch der Wasserkreislauf, insbesondere die Quelle erneuerbaren Süßwassers, nämlich der Niederschlag. Grund ist die mit der globalen Erwärmung einhergehende Intensivierung des Wasserkreislaufs, die zu vergrößerten atmosphärischen Energieumsätzen führt. Aufgrund der Wechselwirkung von Atmosphärendynamik und Landoberflächen sind so in manchen Regionen heftigere Niederschläge, in anderen Regionen aber entgegengesetzte Extreme, nämlich längere und häufigere Trockenperioden und Dürren möglich. Die Abschätzung der zukünftigen räumlichen und zeitlichen Verteilung der terrestrischen Wasserverfügbarkeit gehört zu den zentralen wissenschaftlichen Herausforderungen des 21. Jahrhunderts.

16.1 Wissenschaftliche Grundlagen, Methoden und Unsicherheiten der hydrologischen Klimaimpaktanalyse

Aussagen über die zu erwartenden Auswirkungen des globalen Klimawandels auf die regionale Hydrologie werden in der Regel auf der Basis von drei hierarchisch angeordneten Modellsystemen gewonnen. Das erste Modellsystem ist ein globales Klimamodell, das die klimatischen Folgen eines angenommenen Emissionsszenarios abschätzt. Seine Ergebnisse bilden den Antrieb für dynamische oder statistische regionale Klimamodellsysteme (▶ Kap. 4), die das regionale Klima auf Skalen bis zu einigen Kilometern beschreiben. Diese Resultate, also die so generierten meteorologischen Felder, z. B. von Niederschlag, Temperatur, aber auch Strahlung, Luftfeuchte und Wind, werden anschließend in hydrologische Modellsysteme unterschiedlicher Komplexität eingegeben, die nun die einzelnen Prozesse des hydrologischen Zyklus auf Skalen bis hin zu einigen zehn bis hundert Metern Auflösung simulieren. Auf dieser Basis werden dann lokale hydrologische Klimafolgeanalysen möglich.

Die Unsicherheiten in den so abgeleiteten hydrologischen Aussagen können gegenwärtig jedoch noch beträchtlich sein (Blöschl et al. 2010). Neben den inhärenten Unsicherheiten der beteiligten Modelle führen vor allem Mittelungen und Glättungen an den Modellrändern im Skalenübergang sowie eine fehlende Rückkopplung zwischen den drei hierarchisch angeordneten Modellen zu zusätzlichen Unsicherheiten.

Für die meisten in der hydrologischen Klimaimpaktanalyse eingesetzten hydrologischen Modelle sind Temperatur und Niederschlag die wichtigsten antreibenden Klimavariablen. Die möglichst genaue Abbildung ihrer raumzeitlichen Dynamik ist eine zentrale Anforderung an die regionale Klimamodellierung. Gegenwärtige regionale Klimasimulationen haben in der Regel Schwierigkeiten, die beobachteten statistischen Kenngrößen in den sogenannten Kontrollsimulationen befriedigend zu reproduzieren. Die Evaluierung zahlreicher regionaler Modelle mit Beobachtungen der Jahre 1961–2000 offenbart in Mitteleuropa Bandbreiten in der Reproduktion der gemessenen Werte in der Größenordnung von 4–6 °C für die Temperatur des Monatsmittels und von mehr als 40 % im Niederschlag (z. B. Christensen et al. 2008). ◼ Tab. 16.1 zeigt Bandbreiten der Abweichungen von simulierter Temperatur und Niederschlag für verschiedene Regionen. Abweichungen in den saisonalen Gebietsmittelwerten für den meteorologischen Winter (Dezember bis Februar) und Sommer (Juni bis August) von −4 bis 2,9 °C für die Temperatur und −54 bis 78 % im Niederschlag zeigen beispielhaft, dass regionale Klimamodelle für den Raum Deutschland beträchtliche Defizite aufweisen.

Die Anforderungen der hydrologischen Klimaimpaktanalyse und der hydrologischen Modelle gehen aber weit über die saisonalen Mittelwerte hinaus. Saisonalität, Frequenz und Intensität des simulierten Niederschlags sind ebenso wichtig wie die korrekte räumliche Verteilung. Regionale Untersuchungen zeigen, dass die Fehlerbandbreiten in der Reproduktion von spezifischen Größen der lokalen, kleinräumigen Klimavariabilität noch größer sind. Auch wenn gewisse Unsicherheiten in den meteorologischen Beobachtungen unterstellt werden können, sind diese Unsicherheitsspannen und Fehler aufgrund ihrer Größenordnung nicht zu vernachlässigen. Klimaantriebe für hydrologische Modellsysteme werden deshalb in gewissen Grenzen mithilfe von statistischen Verfahren nachträglich korrigiert.

In einer solchen statistischen Korrektur wird aus dem Vergleich der simulierten und der beobachteten Größen der gerichtete Fehler (Bias) berechnet und zur Ermittlung einer korrigierenden Transferfunktion eingesetzt, die wiederum auf die mit dem regionalen Klimamodell simulierten Daten angewandt wird (▶ Kap. 4).

Die so korrigierten meteorologischen Antriebsdaten können die Reproduktion hydrologischer Kenngrößen in hydrologischen Klimaimpaktsimulationen stark verbessern. Grundsätzlich problematisch ist dabei jedoch, dass die unterschiedlichen Zustandsgrößen (z. B. Temperatur und Niederschlag) in der Regel unabhängig voneinander biaskorrigiert werden und dadurch mögliche physikalische Abhängigkeiten der Variablen untereinander verlorengehen. Zudem wird davon ausgegangen, dass eine Stationarität der Modellfehler gegeben ist, dass sich die Modellfehler also mit der Zeit bzw. über die Simulationszeiträume hinweg und damit für die Zukunft nicht ändern. Gegenwärtig wird in der Anwendung korrigierter Datenensembles die optimale Lösung für den Antrieb in hydrologischen Simulationen gesehen: Ensembles, die aus mehreren regionalen Klimamodellen mit verschiedenen Kombinationen der antreibenden globalen Modelle und eventuell auch mit unterschiedlichen Biaskorrekturverfahren realisiert werden.

In Untersuchungen zur Auswirkung der Klimaänderung auf den Wasserhaushalt müssen die hier genannten Einschränkungen der Leistungsfähigkeit regionaler Klimaprojektionen in jedem Fall berücksichtigt und in jeder Untersuchung auch transparent dargelegt werden.

Tab. 16.1 Bandbreiten der Abweichungen von simulierten und beobachteten Temperaturwerten *T* und Niederschlagswerten *N* in verschiedenen Gebieten (Differenz zwischen den simulierten und den beobachteten Werten)

Gebiet	Parameter	Zeitraum	Mittelwert	Bandbreite	Einheit	Anzahl der Modelle	Quelle
Mitteleuropa	T	Winter	1,4	0,8–1,8	°C	15	Jacob et al. (2007)
	T	Sommer	0,5	−1–1,3	°C	15	
	N	Winter	51	21–93	%	15	
	N	Sommer	4	−18–35	%	15	
Deutschland	T	Jahr	–	−1,1–0,9	°C	2	Kotlarski et al. (2005)
	N	Jahr	–	−31–108	mm	2	
	T	Winter	−0,33		°C	9	Berg et al. (2013)
	T	Sommer	−1,1		°C	9	
	N	Winter	64		%	9	
	N	Sommer	33,6		%	9	
Alpen-Rhein	N	Winter	–	−54–47	%	10	Bülow et al. (2009)
	N	Sommer	–	28–22	%	10	
Main	N	Winter	–	−14–78	%	10	Krahe et al. (2009)
	N	Sommer	–	−20–34	%	10	

16.2 Auswirkungen der Klimaänderung auf ausgewählte Aspekte des Wasserhaushalts

16.2.1 Beobachtungen

■ Der Wasserhaushalt von Deutschland

Deutschland ist grundsätzlich ein wasserreiches Land. Pro Einwohner und Jahr stehen etwa 2300 m³ Wasser zur Verfügung, was deutlich über dem Grenzwert von 1700 m³ pro Jahr und Einwohner liegt, den die Weltorganisation für Meteorologie (*World Meteorological Organization*, WMO) als Grenzwert für Gebiete mit Wasserknappheit definiert hat (z. B. Falkenmark und Lindh 1976). Regional gibt es jedoch deutliche Unterschiede. Das obere Einzugsgebiet der Donau liegt mit 4000 m³ pro Einwohner und Jahr weit über der WMO-Marke, das deutsche Einzugsgebiet des Rheins aufgrund der großen Bevölkerungsdichte mit 1450 m³ pro Einwohner und Jahr aber darunter. Im kontinental geprägten Einzugsgebiet der Elbe beträgt der Wert sogar nur etwa 1000 m³ pro Einwohner und Jahr.

Der Wasserkreislauf ist eng an das Klima gekoppelt. Durchschnittlich fallen in Deutschland ca. 770 mm Niederschlag pro Jahr; davon gelangen etwa 280 mm in die Oberflächengewässer und letztlich zum Meer. Der Rest wird durch Pflanzen aufgenommen oder verdunstet direkt vom Boden oder aus den Gewässern. Trends in der Temperatur und der Strahlung können als wichtigste Einflussgrößen für die Verdunstung ähnlich starke Auswirkungen auf den Landschaftswasserhaushalt haben wie Änderungen im Niederschlag.

Die jährlichen Niederschlagsmengen sind nicht gleichmäßig über Deutschland verteilt, und insbesondere im Osten gibt es Regionen, in denen die maximal mögliche Verdunstung den Niederschlag übersteigt. Dazu kommt, dass der Wasserbedarf der Landschaft im Sommer durch den Wasserverbrauch der Pflanzen wesentlich höher ist als im Winter. Deshalb kann es auch in Deutschland in bestimmten Regionen oder Jahreszeiten zu Wassermangelsituationen kommen.

Untersucht man nun langjährige Veränderungen in den Wasserhaushaltsgrößen einer Region oder eines Einzugsgebiets, so muss berücksichtigt werden, dass neben dem Klima der Mensch nicht nur indirekt, sondern durch seine Aktivitäten in der Landschaft und durch Infrastrukturmaßnahmen (z. B. dem Bau von Talsperren und Rückhaltebecken) direkt in den Wasserhaushalt eingegriffen hat.

So zeigen beispielsweise Koch et al. (2010) für die Niedrigwasserabflüsse der Elbe, dass diese seit der Errichtung der Speicherkaskade in der Moldau zugenommen haben, obwohl die durchschnittlichen Abflüsse insgesamt keinen deutlichen Trend zeigen. Für das Abflussregime des alpinen Teils des Rheins zeigen Maurer et al. (2011) auf, dass der Rückgang der Abflüsse im Sommer und die Zunahme im Winter zwar einerseits durch die Temperaturerhöhung und eine damit einhergehende Häufung von Regenniederschlägen und Tauperioden bereits im Winter erklärt werden könnte. Andererseits kann aber auch die Bewirtschaftung von Talsperren im Alpenraum einen ähnlich starken Umverteilungseffekt haben.

Hattermann et al. (2012) zeigen, dass die von Petrow und Merz (2009) diskutierten Trends in den jährlichen Hochwasserabflüssen für den Zeitraum 1951–2002 ihre Ursache wahrscheinlich nicht im Wassermanagement oder Landschaftswandel haben, sondern auf Änderungen in den klimatischen Eingangsgrößen zurückgehen (▶ Kap. 10).

■ Mittlere Abflüsse und Abflussregime

▢ Abb. 16.1 zeigt die beobachteten Trends im Klima und im Abfluss für die Einzugsgebiete von Rhein, Donau und Elbe. Man

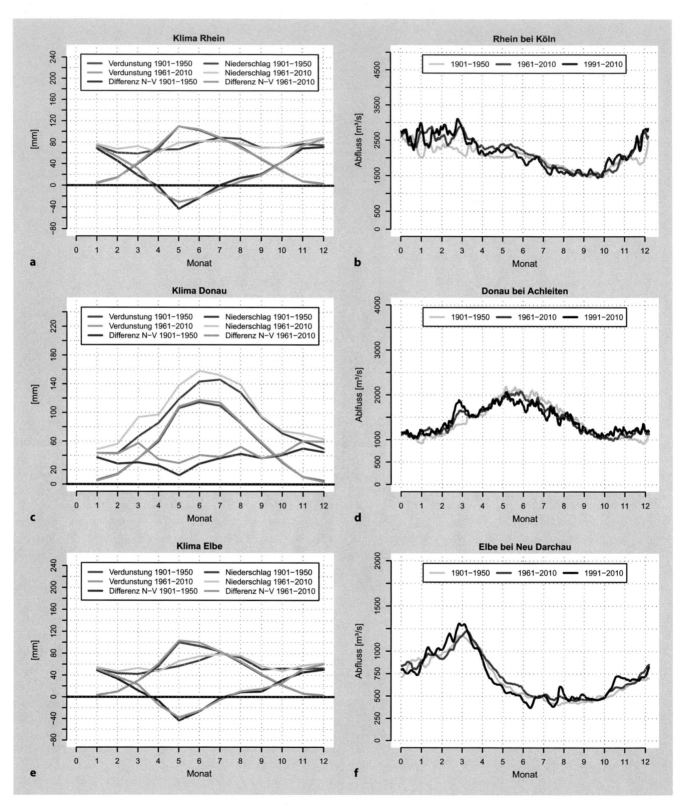

◻ Abb. 16.1 Änderungen von flächengewichtetem Niederschlag *N*, der aktuellen Verdunstung *V*, der Differenz von Niederschlag und Verdunstung *N–V* (*links*) und dem beobachteten Abfluss (*rechts*) für die Einzugsgebiete von Rhein (**a, b**), Donau (**c, d**) und Elbe (**e, f**). (Klimadaten: Deutscher Wetterdienst, Abflussdaten: Global Runoff Data Centre)

sieht, dass im Einzugsgebiet des Rheins, der mit seinen Zuflüssen einen wesentlichen Teil Westdeutschlands umfasst, der Niederschlag im Winter und teilweise im Frühjahr in den vergangenen 50 Jahren leicht zugenommen und im Sommer abgenommen hat, wobei insgesamt weiterhin die meisten Niederschläge im Sommer fallen. Ebenfalls leicht zugenommen hat die Verdunstung, allerdings nicht so stark wie die Niederschläge, sodass im Rheineinzugsgebiet die Abflüsse im Winter relativ stark zugenommen haben. Dies ist in den vergangenen zwei Jahrzehnten besonders ausgeprägt. Im Sommer dagegen haben die Abflüsse etwas abgenommen. Die Tendenz einer Zunahme der winterlichen und einer Abnahme der sommerlichen Abflüsse ist, ebenfalls für die vergangenen zwei Jahrzehnte, noch stärker an der Elbe ausgeprägt. Für die meisten untersuchten Gebirgspegel in den Alpen finden Kormann et al. (2015) Trends in den Abflüssen besonders im Frühjahr und Frühsommer, was sie mit dem Klimawandel in Verbindung bringen. Für die Donau bei Achleiten, die aufgrund der Schneeschmelze in den Alpen ihre Abflussspitze in den Sommermonaten hat, erkennt man noch keine starken Trends. Gletscher- und Schneeschmelzanteile im Donau- bzw. Rheinabfluss werden ausführlich in den nationalen Berichten zum Klimawandel in Österreich (APCC 2014) und in der Schweiz (CCHydro 2012) erörtert.

▪ Bodenfeuchte

Der Boden ist der wichtigste Umsatzraum für den Landschaftswasserhaushalt (▶ Kap. 20). Er bildet die Schnittstelle zwischen atmosphärischen und terrestrischen Prozessen und ist außerdem das Substrat für die ihn bedeckende Vegetation. Für die Wasserflüsse und Speicherung von Wasser entscheidend sind seine hydrologischen Eigenschaften, so z. B. für die Bildung von Oberflächenabfluss und damit für die Entstehung von Hochwasser (▶ Kap. 10). Zusammen mit der Vegetationsbedeckung steuert der Boden die Verdunstung und Abflussbildung in einem Flusseinzugsgebiet. Für die meteorologischen Prozesse ist er das „Gedächtnis des Niederschlags", da er Niederschlagswasser speichert und über die Verdunstung zu einem späteren Zeitpunkt wieder abgibt. Die Bodenfeuchte steuert insbesondere die Aufteilung der solaren Nettostrahlung in die Flüsse fühlbarer und latenter Wärme sowie den Bodenwärmestrom. ◘ Abb. 16.2 zeigt, dass für Deutschland kein einheitlicher Trend in der Veränderung der mittleren jährlichen Bodenfeuchte feststellbar ist. Während im Süden und Südwesten der Boden tendenziell feuchter wird, wird er im Osten und Nordosten eher trockener. Die Größenordnung bewegt sich in beiden Fällen bei ±1 mm/Jahr.

▪ Grundwasser

Stark anthropogen überprägt sind in Deutschland Trends in den Grundwasserständen. Durch Eindeichung von Auengebieten und Marschen zum Schutz der hier siedelnden Menschen und Entwässerung von landwirtschaftlichen Flächen zur Überführung von Weideland in Ackerland hat der Mensch großflächig in den Grundwasserhaushalt eingegriffen und reguliert seitdem künstlich den flurnahen Wasserstand. Für die weniger regulierten Grundwasserstände in den aus dem Pleistozän stammenden Hochlagen Nordostdeutschlands nahe der Wasserscheide gibt

Lischeid (2010) maximale Absenkungen um bis zu 100 mm pro Jahr an. In Grundwassererneuerungsgebieten liegt die Abnahme des Grundwasserspiegels zwischen 10 und 30 mm pro Jahr. Etwa 75 % der Gesamtfläche Brandenburgs weisen eine Abnahme der Grundwasserstände auf (Lischeid 2010; Germer et al. 2011).

▪ Schnee

Zur Veränderung der Schneedecke liegen insbesondere für einige Mittelgebirge Untersuchungen vor: ◘ Abb. 16.3 zeigt verschiedene für die Entwicklung von Schnee wichtige klimatische Kenngrößen für den Feldberg (Baden-Württemberg, 1490 m) und für den Brocken (Sachsen-Anhalt, 1142 m) und die Perioden 19511990 und 1991–2012. Beide Beispiele zeigen, dass die mittlere Schneedecke in der zweiten Periode abgenommen und die schneefreie Zeit, bedingt durch die ebenfalls gezeigte Temperaturerhöhung, zugenommen hat, obwohl am Brocken auch der winterliche Niederschlag leicht angestiegen ist. In KLIWA (2005) wird das Langzeitverhalten der Schneedecke in Baden-Württemberg und Bayern analysiert. Es wird hier abgeleitet, dass der verbreitete Rückgang der Schneedeckendauer, vor allem in den tieferen Lagen, auf die erheblich angestiegenen Lufttemperaturen im Jahresabschnitt Dezember bis März zurückgeführt werden kann. Zeitreihenuntersuchungen der Maximalwerte des Wasseräquivalents einzelner Stationen zeigen, dass die im Bezugszeitraum 1951–1996 eingetretenen Rückgänge zwischen 25 und 60 % betragen. Für den deutschen Alpenanteil ist zurzeit keine Gesamtbetrachtung der Schneedeckenänderung vorhanden. Für die Entwicklung der Schneedecke in den Schweizer Alpen zeigen Scherrer et al. (2013), dass die Summen für den jährlich akkumulierten Neuschnee starke dekadische Schwankungen aufweisen, die ihr Minimum in den späten 1980er- und 1990er-Jahren hatten und seitdem wieder ansteigen, wobei die tiefer gelegenen Messstationen vom Rückgang stärker betroffen sind. In den österreichischen Alpen ist Niederschlag in fester Form, also als Schnee, besonders im Sommer, aber zum Teil auch im Winter zurückgegangen (Schöner et al. 2009; ▶ Kap. 7).

▪ Seen

Ebenfalls schwierig, da stärker durch menschliche Eingriffe überprägt, ist die Untersuchung von Trends in der Wasserstandsentwicklung in Seen. Hupfer und Nixdorf (2011) berichten, dass seit mehr als 30 Jahren sinkende Seespiegel in Norddeutschland beobachtet werden. Allerdings waren für verschiedene Seen in Brandenburg und Mecklenburg-Vorpommern die Wasserstände im 20. Jahrhundert mehrfach auf einem ähnlich niedrigen Niveau wie in den vergangenen Dekaden (Kaiser et al. 2012). Periodische Seespiegelschwankungen mit Amplituden von 1–2 m sind ein Charakteristikum der durch Regen- und Grundwasserzufluss gespeisten Seen in dieser Region (Kaiser et al. 2014). In LUBW (2011) werden die Trends und Ursachen für insgesamt fallende Wasserspiegel im Bodensee im 20. Jahrhundert diskutiert, wobei eine Hauptursache in den Wassernutzungen im Einzugsgebiet gesehen wird. In der nahen Vergangenheit, in der es kaum noch gravierende menschliche Eingriffe gegeben hat, sind die Wasserstände eher konstant geblieben.

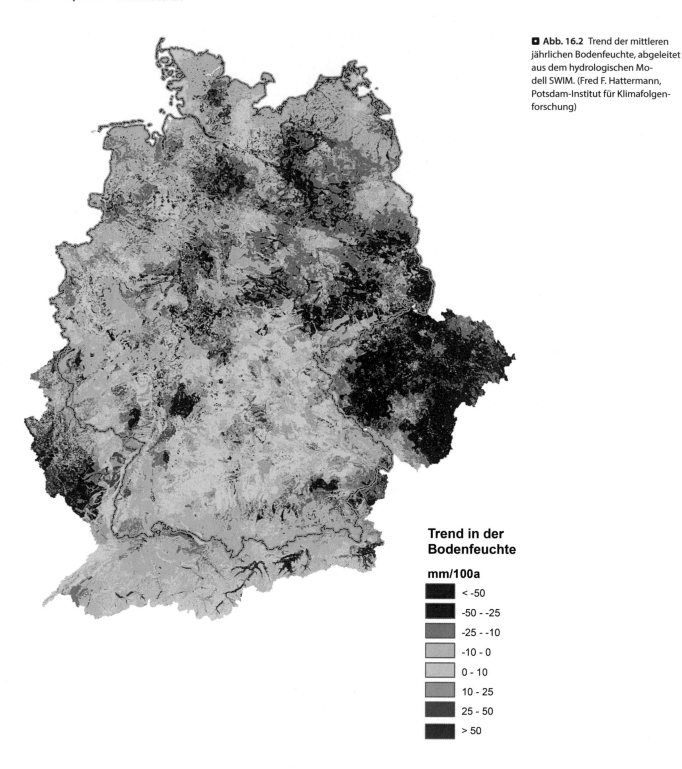

Abb. 16.2 Trend der mittleren jährlichen Bodenfeuchte, abgeleitet aus dem hydrologischen Modell SWIM. (Fred F. Hattermann, Potsdam-Institut für Klimafolgenforschung)

Trend in der Bodenfeuchte

mm/100a

■	< -50
■	-50 - -25
■	-25 - -10
■	-10 - 0
■	0 - 10
■	10 - 25
■	25 - 50
■	> 50

16.2.2 Projektionen für die Zukunft

Eine Vielzahl von Studien diskutiert die Unsicherheiten für die zukünftige Entwicklung der hydrologischen Prozesse und der Wasserressourcen in Deutschland (z. B. Maurer et al. 2011; Merz et al. 2012). Blöschl und Montanari (2010) sind der kontroversen Meinung, dass viele Studien die Unsicherheit der Modellergebnisse unterschätzen, die Auswirkungen für die Gesellschaft aber überschätzen. Die Formulierung von Emissionsszenarien selbst ist eine Möglichkeit, die Unsicherheit der Projektionen abzubilden, indem z. B. mittlere Szenarien und insbesondere Worst-Case-Szenarien ge-

bildet werden. Um außerdem eine gewisse Einschätzung der möglichen Unsicherheit der für jedes Szenario berechneten Modellprojektionen zu erlangen, haben sich Ensemble-Rechnungen etabliert.

■ Mittlere Abflüsse und Abflussregime

Die möglichen Folgen des Klimawandels auf den Rhein, die Donau und Teile der Elbe werden für zwei zukünftige Zeitperioden bis zum Ende dieses Jahrhunderts in KLIWAS (2011) umfassend untersucht. Hier wird ein hydrologisches Modell jeweils durch ein Ensemble von regionalen Klimamodellen angetrieben, und darauf aufbauend werden Bandbreiten der monatlichen Abfluss-

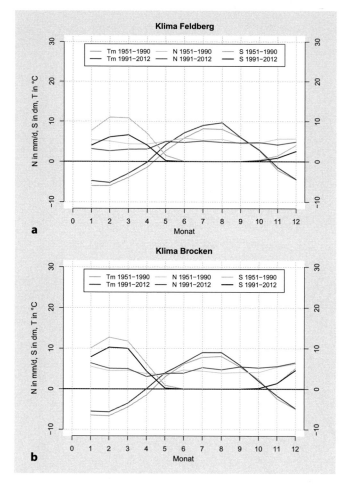

● Abb. 16.3 Mittlere monatliche Minimumtemperatur am Boden'ᵐ, Niederschläge *N* und Schneedeckenhöhe *S* der Klimastationen Feldberg (**a**) und Brocken (**b**). (Klimadaten: Deutscher Wetterdienst)

änderungen ermittelt. Für den Rhein ergeben sich in der nahen Zukunft von 2021 bis 2050 im Mittel der Projektionen keine signifikanten Änderungen im Jahresabfluss, aber höhere Abflüsse im Winter- und niedrigere im Sommerhalbjahr. In der ferneren Zukunft bis 2100 würden die Abflüsse im Szenarienkorridor um 10–25 % fallen, mit einer noch stärkeren Verlagerung der Abflüsse vom Sommer in den Winter (Nilson et al. 2011). Für die Donau zeigen Klein et al. (2011) mit demselben Szenarien- und Modellaufbau und für dieselben Szenarienperioden, dass die sommerlichen Abflüsse am Pegel Achleiten in naher Zukunft leicht fallen und die durchschnittlichen Jahresabflüsse in der fernen Zukunft um bis zu 40 % abnehmen werden, wobei insgesamt das Abflussregime einen stärker pluvialen Charakter annimmt und damit die sommerlichen Abflüsse relativ stark sinken. Kling et al. (2012) bestätigen diese Ergebnisse für die Donau bis Wien in hydrologischen Simulationen, angetrieben mit 21 Klimaprojektionen aus dem ENSEMBLES-Projekt und für das Szenario A1B.

Mit einem ähnlichen Ensemble von regionalen Klimamodellen, wie in KLIWAS (2011) beschrieben, kommen Hattermann et al. 2014 für den Rhein, die Elbe und die Donau zu sehr ähnlichen Ergebnissen (● Abb. 16.4). Während die Abflüsse im Einzugsgebiet von Rhein und Donau im Winter zu- und im Sommer

abnehmen, besonders ausgeprägt in der zweiten Szenarienperiode zum Ende des Jahrhunderts (2061–2090), zeigt sich für die Elbe kein einheitliches Bild. Im Rhein dagegen nehmen gegen Ende des Jahrhunderts die Abflüsse insgesamt ab.

Speziell für die sommerlichen Niedrigwasserabflüsse in Mitteleuropa zeigen Feyen und Dankers (2009), dass diese an fast allen größeren Flüssen in Deutschland fallen werden. Huang et al. (2013) treiben ein hydrologisches Modell für die großen Flussgebiete in Deutschland durch Szenarienergebnisse (Szenario A1B) aus drei regionalen Klimamodellen an. Sie folgern, dass sich in der Mehrheit der Ergebnisse im Vergleich der Perioden 1961–2000 und 2061–2100 Niedrigwassersituationen in Zukunft häufen und länger dauern werden. Die Niedrigwasserperiode von Flüssen, die durch nival-pluviales Regime geprägt sind, verschiebt sich weiter in den späten Herbst.

In einer Studie, in der drei verschiedene hydrologische Modelle durch zwei regionale Klimamodelle angetrieben werden (Wagner et al. 2013), kommen Ott et al. (2013) für die Einzugsgebiete von Ammer, Mulde und Ruhr zu dem Schluss, dass die Unsicherheit der Änderung für die nahe Zukunft bis 2050 groß ist. Die Unterschiede des Klimaantriebs aus den zwei Regionalmodellen sind dabei größer als die der Ergebnisse der hydrologischen Modelle. Auch Vetter et al. (2013) berichten für ein Ensemble aus fünf regionalen Klimamodellen für das Szenario RCP 8.5, durch das drei hydrologische Modelle für drei Flussgebiete angetrieben werden, dass die durch den Klimaantrieb generierte Unsicherheit größer ist als die Unsicherheit, die durch die hydrologischen Modelle erzeugt wird.

Diese klimabedingte Änderung der Abflusscharakteristika in den großen Einzugsgebieten Deutschlands hin zu mehr pluvialen Regimen, wie sie schon Bormann (2010) für die beobachteten Abflüsse beschreibt, würde sich also für die Mehrheit der deutschen Einzugsgebiete und in der Mehrheit der Simulationsergebnisse in Zukunft fortsetzen: insgesamt weniger Abfluss im Sommer, teilweise eine Zunahme im Winter, höchster Abfluss früher im Jahr und der niedrigste Abfluss später im Jahr. Auch für Studien mit sehr hoch aufgelösten Klimaprojektionen (Kunstmann et al. 2004; Marx et al. 2008) für alpine Einzugsgebiete wird von zu erwartenden Abnahmen des Sommer- und Zunahme des Winterabflusses berichtet. Eine generelle Aussage zu klimabedingten Änderungen von extremen Hoch- und Niedrigwassersituationen in Deutschland ist dabei aber nicht möglich.

▪ Grundwasser

Besonders sensitiv auf Änderungen im Klima reagiert die Grundwasserneubildung. Das liegt zum einen daran, dass zum Grundwasser nur der Teil des Niederschlags gelangt, der nicht durch die Pflanzen aufgenommen wird, oberflächlich verdunstet oder abgeflossen ist. Zum anderen ist die Jahreszeit mit der höchsten Grundwasserneubildung die vegetationsfreie Zeit, also der Winter. Durch die in vielen Regionen Deutschlands beobachtete Verlagerung von Niederschlag aus dem Sommer in den Winter kann die Grundwasserneubildung insgesamt steigen. Allerdings verringert sich die vegetationsfreie Zeit durch den Anstieg der Temperatur, und die Verdunstung steigt insgesamt. Hattermann et al. (2008) ermitteln für das deutsche Einzugsgebiet der Elbe einen

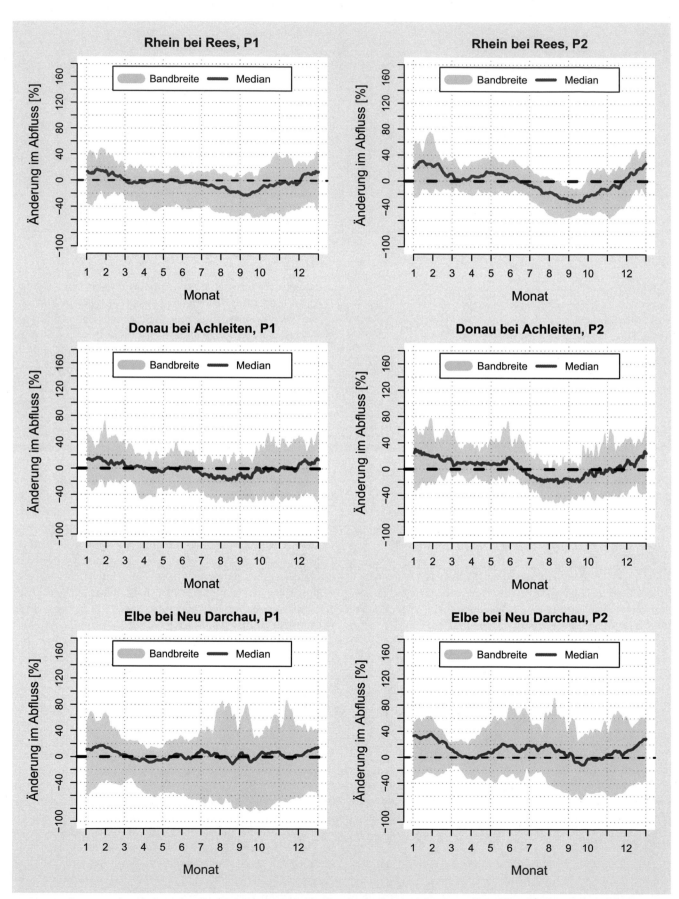

◨ **Abb. 16.4** Änderung des Abflusses unter Emissionsszenario SRES A1B für den Rhein bei Rees, für die Donau bei Achleiten und für die Elbe bei Neu Darchau als Differenz zwischen der Referenzperiode 1981–2010 und der Simulationsperiode 2031–2060 (links) bzw. der Simulationsperiode 2061–2090 (rechts). (Verändert nach Hattermann et al. 2014)

Rückgang der Grundwasserneubildung um ca. 30 %. Barthel et al. (2011) zeigen die Änderung der Grundwasserneubildung für das obere Donaueinzugsgebiet bis zur österreichischen Grenze – hier unter Benutzung des regionalen Klimamodells REMO und des Szenarios A1B. Die Grundwasserneubildung nimmt als Ergebnis im Vergleich der Perioden 1971–2000 und 2011–2060 ab, und der Monat mit der höchsten Grundwasserneubildung verschiebt sich um bis zu 2 Monate in den Winter.

- **Schnee**

Modellbasierte Klimaprojektionen zeigen eine Erhöhung der mittleren Temperatur und eine gewisse Steigerung der Winterniederschläge. Daraus wird auf eine weitere Verschiebung von Schneefall zu Regen und auf ein verstärktes Auftreten von Ereignissen geschlossen, in denen Regen auf die vorhandene Schneedecke fällt (Schneider et al. 2013). Für den alpinen Raum zeigen Steger et al. (2013) eine relative Abnahme des Schneewassers bis Mitte des 21. Jahrhunderts in der Größenordnung von 40–80 % bezogen auf die Referenzperiode 1971–2000. Die größten Veränderungen finden in Gebieten bis zu einer Höhe von 1500 m statt. Sauter et al. (2010) berechnen für den Schwarzwald eine Abnahme der Schneetage mit einer Schneedecke von mehr als 10 cm um bis zu 66 %. Besonders betroffen sind auch hier Bereiche bis 1000 m. Schneider et al. (2013) erwarten in der Zukunft keine substanzielle Beeinflussung der Abflüsse durch Schnee, gleichwohl führen geringerer Schneefall und eine frühere Schneeschmelze zu einer Vorverlagerung der Abflüsse im Jahr (Wolf-Schumann und Dumont 2010) und zu einem leicht erhöhten Potenzial für die Wasserkraftnutzung. Regional kann auch Regen, der auf eine vorhandene Schneedecke fällt, den Winterabfluss erhöhen und seine Variabilität verändern (▶ Kap. 7).

- **Küstengewässer**

Der Anstieg des mittleren Meeresspiegels wird seit Jahrzehnten für die Weltmeere, aber auch für die deutsche Nord- und Ostsee beobachtet und beschrieben. Seit den 1950er-Jahren wurde für küstenwasserbauliche Fragestellungen von einem sogenannten säkularen Meeresspiegelanstieg von 25 cm/Jahrhundert in der Nordsee und von rund 15 cm/Jahrhundert in der Ostsee ausgegangen. Aktuelle Untersuchungen gehen für die Zukunft von einem beschleunigten Meeresspiegelanstieg auch in der Nord- und Ostsee aus (IPCC 2013; BACC 2008). Die meisten Angaben für den Meeresspiegelanstieg bis Ende des 21. Jahrhunderts liegen in einer Größenordnung von unter einem Meter. Einzelne Autoren geben teilweise deutlich höhere Werte für den zu erwartenden Meeresspiegelanstieg an (▶ Kap. 9).

Zusätzlich zu den Änderungen des mittleren Wasserstands sind zukünftig auch Veränderungen des Seegangsklimas zu erwarten, die im Wesentlichen aus den Veränderungen der Windgeschwindigkeiten und der Windrichtungen resultieren. Für die deutsche Nordsee und für die deutsche Ostsee wurden auf der Grundlage von Ergebnissen des Modells COSMO-CLM mittlere Anstiege der signifikanten Wellenhöhen in einer Größenordnung von 5–10 % abgeschätzt.

16.3 Wissenschaftliche Basis und Optionen von Anpassungsmaßnahmen

Die Anpassung fokussiert in Deutschland auf die Abwehr von Hochwasser, auf die Wasserqualität, den Umgang mit Niedrigwassersituationen und den Küstenschutz. Anpassungsmaßnahmen reichen hier von der Erarbeitung von Handlungsstrategien über verändertes Management bis hin zu technischer Anpassung. In der Bundesrepublik Deutschland liegen für Gewässer Zuständigkeiten von der Bundes- über die Landesebene bis hin zu den Kommunen vor. Daher kommt der vertikalen Integration – oder *multilevel governance*, also dem Zusammenspiel der zuständigen Ebenen – eine besondere Bedeutung zu (Beck et al. 2011). ◘ Tab. 16.2 gibt einen grundsätzlichen Überblick über mögliche Anpassungsoptionen, technische Maßnahmen und Managementstrategien.

Auf Bundesebene wurde mit der Deutschen Anpassungsstrategie (DAS 2008) der Rahmen zur Anpassung an die Folgen des Klimawandels gesetzt, und mit dem Aktionsplan Anpassung (2011) wurden die in der Deutschen Anpassungsstrategie an den Klimawandel genannten Ziele und Handlungsoptionen mit konkreten Aktivitäten unterlegt. In direkter Bundesverantwortung im Projekt KLIWAS werden z. B. wissenschaftliche Grundlagen erarbeitet, um die möglichen Auswirkungen des Klimawandels auf die schiffbaren Gewässer und die Wasserstraßeninfrastruktur in Deutschland abzuschätzen. Hieraus wird schließlich der konkrete Anpassungsbedarf abgeleitet, und es werden Anpassungsoptionen erarbeitet. Die Integration von Anpassungserfordernissen in Normen und technische Regelwerke wird durch die neue Technische Regel Anlagensicherheit (TRAS) „Vorkehrungen und Maßnahmen wegen der Gefahrenquellen Niederschläge und Hochwasser" angestrebt. Damit werden die Betreiberpflichten hinsichtlich der Berücksichtigung der Gefahrenquellen durch Niederschläge und Hochwasser durch einen grundsätzlich anzuwendenden Aufschlag für Neuanlagen und eine Nachrüstungspflicht bis 2050 konkretisiert (Aktionsplan Anpassung 2011).

Die Länder Baden-Württemberg und Bayern sowie der Deutsche Wetterdienst kamen im Dezember 1998 zum Kooperationsvorhaben „Klimaveränderung und Konsequenzen für die Wasserwirtschaft (KLIWA)" zusammen, dem sich 2007 auch Rheinland-Pfalz angeschlossen hat. Dieses hat zu einer Fokussierung auf die Erhöhung der Resilienz geführt, indem beispielsweise der „Lastfall Klimaänderung" in die Festlegung des Bemessungshochwassers für Anlagen des technischen Hochwasserschutzes eingegangen ist. So wird in Bayern z. B. auf den Scheitelabfluss eines hundertjährlichen Hochwassers ein Klimafaktor von 15 % aufgeschlagen. Die Infobox zeigt konkret die bereits erfolgten und die zukünftig geplanten Anpassungsmaßnahmen an den Klimawandel im Wasserbereich am Beispiel Bayerns auf.

Für den Bereich der Küstengewässer wird insbesondere in den KLIMZUG-Vorhaben RAdOst, KLIMZUG-Nord sowie Nordwest 2050 eine Vielzahl von Anpassungsoptionen an die Auswirkungen des Klimawandels wissenschaftlich, aber auch in einem Netzwerk-Bildungsprozess und in sogenannten Lern- und Aktionsallianzen auf den relevanten gesellschaftli-

◘ **Tab. 16.2** Anpassungsoptionen, technische Maßnahmen und Managementstrategien. (Hattermann et al. 2011)	
Hochwasserschutz	Wiederherstellung der natürlichen Rückhalteräume und Erhöhung der Infiltrationskapazität, z. B. Auenrenaturierung und Änderung der Landnutzung
	Einschränkung der Siedlung und Bebauung in Risikogebieten
	Standards im Bausektor wie Objektschutz, Oberflächendurchlässigkeit und Dachbegrünungen
	Verbesserung des technischen Hochwasserschutzes, z. B. Erhöhung von Deichen, Erhöhung des Speicherraums und Erneuern von Entwässerungssystemen
	Verbesserung der Prognoseverfahren und des Informationsflusses
	Verbesserung der Versicherungen gegen Hochwasserschäden
	Aufhebung des Anschluss- und Benutzungszwangs der öffentlichen Regenwasserkanalisation in den Ortssatzungen
	Berücksichtigung von abflussmindernden Maßnahmen bei der Bauleitplanung
Trockenheit und Niedrigwasserschutz	Verbesserung technischer Maßnahmen zur Erhöhung der Wasserverfügbarkeit, z. B. Vorratsmengen, Wassertransfers, und künstliche Grundwasseranreicherung
	Steigerung der Effizienz der Wassernutzung, z. B. durch bessere Wasserinfrastruktur, Nutzung von Grauwasser und effizientere landwirtschaftliche Bewässerung
	Wirtschaftliche Anreize, etwa durch Wasserpreisgestaltung
	Beschränkung von Wasser in Zeiten der Knappheit
	Landschaftsplanerische Maßnahmen zum Schutz des Wasserhaushalts, z. B. Änderung der Landnutzung, Waldumbau und weniger Flächenversiegelungen
	Verbesserung der Prognoseverfahren, Überwachung des Informationsflusses
	Verbesserung der Versicherungsangebote gegen Dürreschäden
Allgemeine Maßnahmen zur Anpassung	Sensibilisierung, Informationskampagnen
	Aufbau finanzieller Ressourcen

chen sowie administrativen Ebenen diskutiert. Im Projekt RAd-Ost werden auf Gebietsebene konkrete Anpassungsoptionen für Hochwasser- und Küstenschutzanlagen an der deutschen Ostseeküste gegeben (Fröhle 2012), die zudem Anforderungen aus der touristischen Nutzung sowie aus Sicht des Natur- und Umweltschutzes einbeziehen. Auf administrativer Ebene wird derzeit von den Küstenschutzbehörden der Küstenländer Niedersachsen, Bremen, Hamburg, Schleswig-Holstein und Mecklenburg-Vorpommern für die Bemessung von Deichen, Hochwasserschutzdünen sowie anderen Hochwasserschutzanlagen erstmals einheitlich ein sogenannter Klimazuschlag für den Bemessungshochwasserstand von 0,5 m angenommen. Angesichts der Projektionen des mittleren globalen Meeresspiegelanstiegs im 21. Jahrhundert von bis zu 1 m (IPCC 2013) ist dieser Wert als sehr niedrig einzuschätzen weshalb der Klimazuschlag mindestens 1 m betragen sollte.

den. Regionale Klimaprojektionen und Ensembleauswertungen auf der Basis unterschiedlicher Klimaszenarien und Modellsysteme zeigen, dass die mittleren Abflüsse z. B. an Rhein und Donau im Winter zu- und im Sommer weiter abnehmen werden. Bei starker regionaler Differenzierung wird insgesamt eine Entwicklung hin zu mehr pluvialen Regimen erwartet, und die höchsten mittleren Abflüsse werden früher im Jahr auftreten. Für Küstengewässer wird ein verändertes Seegangsklima erwartet, u. a. ein mittlerer Anstieg der Wellenhöhen um bis zu 10 %.

16.4   Kurz gesagt

Mit der globalen Erwärmung verändert sich der Wasserhaushalt. Dies kann regional sehr unterschiedlich sein. Regionale Klimamodelle zeigen für Deutschland weiterhin große gerichtete Fehler in der Reproduktion des Jetztzeitklimas. Während für die Temperaturen Fehler von bis zu 1 °C ausgemacht werden können, werden saisonale Niederschläge um bis zu 60 % von den Modellen über- oder unterschätzt. Rhein und Elbe zeigen wie die meisten Flüsse in Deutschland eine Zunahme der mittleren winterlichen Abflüsse und einen Rückgang im Sommer. Gebirgspegel in den Alpen zeigen Zunahmen mittlerer Abflüsse eher im Frühjahr. Insgesamt sind Änderungen im Abflussregime aber noch nicht stark ausgeprägt. Für einige Pegel kann kein statistisch signifikanter Trend abgeleitet wer-

Anpassungsmaßnahmen an den Klimawandel im Wasserbereich am Beispiel des Freistaats Bayern

Zur Stärkung des natürlichen Rückhalts, also um Niederschläge im Einzugsgebiet zurückhalten und um Hochwasserwellen dämpfen zu können, wurden von 2001 bis 2010:

- 55 km Deich zurückverlegt und 230 ha Auwald aufgeforstet,
- 764 km Gewässer und 1883 ha Ufer renaturiert,
- mehr als 8 Mio. m³ ungesteuerter Rückhalteraum aktiviert.

Der technische Hochwasserschutz erhöht das Schutzniveau. Überregional wirkende Hochwasserspeicher und gesteuerte Flutpolder werden deshalb als unerlässlich angesehen, wenn bei einem großen Hochwasser die Rückhalteräume in der Fläche gefüllt sind. Seit dem Hochwasser 2013 hat die Überlastfall-

betrachtung von Schutzanlagen einen neuen Stellenwert bekommen, also die gezielte Umleitung von Flusswasser auf landwirtschaftliche Flächen, um die Hochwasserspitze zu verringern. Von 2001 bis 2010 wurden z. B.:

- 400.000 Einwohner vor Hochwasser und 45.000 Einwohner vor Wildbächen (Hochwasser und Muren) sowie vor Lawinen geschützt,
- 78 km Schutzmauern, 107 km Deiche, 5 km mobile Schutzwände errichtet,
- 8,6 Mio. m³ Rückhalteraum und ein gesteuerter Flutpolder mit 6,6 Mio. m³ Volumen geschaffen.

Hochwasservorsorge und Hochwasserrisikomanagement sind weitere wesentliche Bestandteile des Hochwasserschutzes, um

mit unvermeidbaren Restrisiken umgehen zu können.

- Die „Bayerische Plattform Naturgefahren" bündelt deshalb im Internet alle Informations- und Warndienste wie z. B. Hochwassernachrichtendienst, Niedrigwasserinformationsdienst und Georisiken.
- Die Überschwemmungsgebiete aller größeren Gewässer wurden detailliert ermittelt. Mit den betroffenen Kommunen wird eine Bewertung der örtlichen Hochwasserrisiken durchgeführt.

Der beim Hochwasser 2013 bewährte Hochwassernachrichtendienst wird hinsichtlich Langfristvorhersage und größere Genauigkeit zukünftig weiter verbessert.

Literatur

Aktionsplan Anpassung (2011) Aktionsplan Anpassung der Deutschen Anpassungsstrategie an den Klimawandel vom Bundeskabinett am 31. August 2011 beschlossen

APCC (2014) Österreichischer Sachstandsbericht Klimawandel 2014 (AAR14). Austrian Panel on Climate Change (APCC). Verlag der Österreichischen Akademie der Wissenschaften, Wien

BACC (2008) Assessment of climate change for the Baltic Sea basin, Series: Regional climate studies, BACC Author Team. Springer, Berlin, Heidelberg

Barthel R, Reichenau T, Muerth M, Heinzeller C, Schneider K, Hennicker R, Mauser W (2011) Folgen des Globalen Wandels für das Grundwasser in Süddeutschland – Teil 1: Naturräumliche Aspekte. Grundwasser – Zeitschrift der Fachsektion Hydrogeologie 16:247–257. doi:10.1007/s00767-011-0179-4

Beck S, Bovet J, Baasch S, Reiß P, Görg C (2011) Synergien und Konflikte von Strategien und Maßnahmen zur Anpassung an den Klimawandel. UBA-FBNr: 001514. FKZ: 3709 41 126 Climate Change 18. Umweltbundesamt, Dessau-Roßlau

Berg P, Wagner S, Kunstmann H, Schädler G (2013) High resolution regional climate model simulations for Germany: Part I – validation. Clim Dyn 40:401–414

Blöschl G, Montanari A (2010) Climate change impacts – throwing the dice? Hydrol Process 24(3):374–381. doi:10.1002/hyp.7574

Bormann H (2010) Runoff regime changes in German rivers due to climate change. Erdkunde 64(3):257–279. doi:10.3112/erdkunde.2010.03.04

Bülow K, Jacob D, Tomassini L (2009) Vergleichende Analysen regionaler Klimamodelle für das heutige und zukünftige Klima KLIWAS – Auswirkungen des Klimawandels auf Wasserstraßen und Schifffahrt in Deutschland. 1. Statuskonferenz, 18.–19. März 2009.

CCHydro (2012) Effects of climate change on water resources and waters. Synthesis report on "Climate change and hydrology in Switzerland" (CCHydro) project. Federal Office for the Environment FOEN, Bern (http://www.bafu.admin.ch/publikationen/publikation/01670/index.html?lang=en)

Christensen JH, Boberg F, Christensen OB, Lucas-Picher P (2008) On the need for bias correction of regional climate change projections of temperature and precipitation. Geophys Res Lett 35. doi:10.1029/2008GL035694

DAS (2008) Deutsche Anpassungsstrategie an den Klimawandel, vom Bundeskabinett am 17. Dezember 2008 beschlossen. http://www.bmu.de/themen/klima-energie/klimaschutz/anpassung-an-den-klimawandel/

Falkenmark und Lindh (1976), quoted in UNEP/WMO. "Climate change 2001: Working group II: Impacts, adaptation and vulnerability". UNEP. Retrieved 2009-02-03

Feyen L, Dankers R (2009) Impact of global warming on streamflow drought in Europe. Geophys J Res 114:D17116. doi:10.1029/2008JD011438

Fröhle P (2012) To the effectiveness of coastal and flood protection structures under terms of changing climate conditions. Proc 33rd International Conference on Coastal Engineering, ICCE, Santander, Spain, 2012, July 1–6.

Germer S, Kaiser K, Bens O, Hüttl RF (2011) Water balance changes and responses of ecosystems and society in the Berlin- Brandenburg region, Germany – a review. Erde 142(1/2):65–95

Hattermann FF, Post J, Krysanova V, Conradt T, Wechsung F (2008) Assessment of water availability in a Central European river basin (Elbe) under climate change. Adv Clim Change Res 4:42–50

Hattermann FF, Weiland M, Huang S, Krysanova V, Kundzewicz ZW (2011) Model-supported impact assessment for the water sector in Central Germany under climate change – a case study. Water Resour Manage 25:3113–3134

Hattermann FF, Kundzewicz ZW, Vetter HST, Kron W, Burghoff O, Hauf Y, Krysanova V, Gerstengarbe F-W, Werner P, Merz B, Bronstert A (2012) Flood risk in holistic perspective – observed changes in Germany. In: Changes of flood risk in Europe. IAHS Press, Wallingford, S 212–237

Hattermann FF, Huang S, Koch H (2014) Climate change impacts on hydrology and water resources in Germany. Meteorol Z. doi:10.1127/metz/2014/0575

Huang S, Krysanova V, Hattermann FF (2013) Projection of low flow conditions in Germany under climate change by combining three RCMs and a regional hydrological model. Acta Geophys 61(1):151–193. doi:10.2478/s11600-012-0065-1

Hupfer M, Nixdorf B (2011) Zustand und Entwicklung von Seen in Berlin und Brandenburg. Materialien der Interdisziplinären Arbeitsgruppen, IAG Globaler Wandel – Regionale Entwicklung. Diskussionspapier, Bd. 11. Berlin-Brandenburgische Akademie der Wissenschaften, Berlin

IPCC (2013) Summary for policymakers. In: Stocker TF, Qin D, Plattner G-K, Tignor M, Allen SK, Boschung J, Nauels A, Xia Y, Bex V, Midgley PM (Hrsg) Climate change 2013: The physical science basis. Contribution of working group I to the fifth assessment report of the Intergovernmental Panel on Climate Change. Cambridge University Press, Cambridge, United Kingdom and New York, NY, USA

Jacob D, Bärring L, Christensen OB, Christensen JH, de Castro M, Déqué M, Giorgi F, Hagemann S, Hirschi M, Jones R, Kjellström E, Lenderink G, Rockel B, Sanchez E, Schär C, Seneviratne SI, Somot S, van Ulden A, van den Hurk B (2007) An inter-comparison of regional climate models for Europe: model performance in present-day climate. Clim Chang 81:31–52

Kaiser K, Lorenz S, Germer S, Juschus O, Küster M, Libra J, Bens O, Hüttl RF (2012) Late Quaternary evolution of rivers, lakes and peatlands in northeast Germany reflecting past climatic and human impact – an overview. E&G Quaternary Science Journal 61(2):103–132. doi:10.3285/eg.61.2.01

Kaiser K, Koch PJ, Mauersberger R, Stüve P, Dreibrodt J, Bens O (2014) Detection and attribution of lake-level dynamics in northeastern central Europe in recent decades. Reg Environ Change 14:1587–1600

Klein B, Lingemann I, Krahe P, Nilson E (2011) Einfluss des Klimawandels auf mögliche Änderungen des Abflussregimes an der Donau im 20. und 21.

Jahrhundert. In: KLIWAS-Tagungsband „Auswirkungen des Klimawandels auf Wasserstraßen und Schifffahrt in Deutschland" 2. Statuskonferenz, 25. und 26. Oktober 2011. BMVBS, Berlin

Kling H, Fuchs M, Paulin M (2012) Runoff conditions in the upper Danube basin under an ensemble of climate change scenarios. J Hydrol 424(425):264–277. doi:10.1016/j.jhydrol.2012.01.011

KLIWA (2005) Langzeitverhalten der Schneedecke in Baden-Württemberg und Bayern. Eigenverlag, München

KLIWAS (2011) Tagungsband „Auswirkungen des Klimawandels auf Wasserstraßen und Schifffahrt in Deutschland". 2. KLIWAS (Klima, Wasser, Schifffahrt) -Statuskonferenz, 25. und 26. Oktober 2011. BMVBS, Berlin

Koch H, Wechsung F, Grünewald U (2010) Analyse jüngerer Niedrigwasserabflüsse im tschechischen Elbeeinzugsgebiet. Hydrol Wasserbewirtsch 54(3):169–178

Kormann C, Francke T, Bronstert A (2015) Detection of regional climate change effects on alpine hydrology by daily resolution trend analysis in Tyrol, Austria. J Water Clim Change 6(1):124–143

Kotlarski S, Block A, Böhm U, Jacob D, Keuler K, Knoche R, Rechid D, Walter A (2005) Regional climate model simulations as input for hydrological applications: evaluation of uncertainties. Adv Geosci 5:119–125

Krahe P, Nilson E, Carambia M, Maurer T, Tomassini L, Bülow K, Jacob D, Moser H (2009) Wirkungsabschätzung von Unsicherheiten der Klimamodellierung in Abflussprojektionen – Auswertung eines Multimodell-Ensembles im Rheingebiet. Hydrol Wasserbewirtsch 53(5):316–331

Kunstmann H, Schneider K, Forkel R, Knoche R (2004) Impact analysis of climate change for an Alpine catchment using high resolution dynamic downscaling of ECHAM4 time slices. Hydrol Earth Syst Sci 8:1031–1045

Lischeid G (2010) Landschaftswasserhaushalt in der Region Berlin-Brandenburg. Materialien der Interdisziplinären Arbeitsgruppen IAG Globaler Wandel – Regionale Entwicklung. Diskussionspapier, Bd. 2. Berlin-Brandenburgische Akademie der Wissenschaften, Berlin (http://www.mugv.brandenburg.de/cms/media.php/lbm1.a.3310.de/udb_wasser.pdf)

LUBW (2011) Langzeitverhalten der Bodensee-Wasserstände. Landesanstalt für Umwelt, Messungen und Naturschutz Baden-Württemberg, Karlsruhe

Marx A, Mast M, Knoche R, Kunstmann H (2008) Global climate change and regional impact on the water balance – Case study in the German alpine area. Wasserwirtsch 98(9):12–16

Maurer T, Nilson E, Krahe P (2011) Entwicklung von Szenarien möglicher Auswirkungen des Klimawandels auf Abfluss- und Wasserhaushaltskenngrößen in Deutschland. acatech Materialien, Bd. 11. Eigenverlag, München

Merz B, Maurer T, Kaiser K (2012) Wie gut können wir vergangene und zukünftige Veränderungen des Wasserhaushalts quantifizieren? Hydrol Wasserbewirtsch 56(5):244–256

Nilson E, Carambia M, Krahe P, Larina M, Belz JU, Promny M (2011) Ableitung und Anwendung von Abflussszenarien für verkehrswasserwirtschaftliche Fragestellungen am Rhein. In: KLIWAS-Tagungsband „Auswirkungen des Klimawandels auf Wasserstraßen und Schifffahrt in Deutschland" 2. Statuskonferenz, 25. und 26. Oktober 2011. BMVBS, Berlin

Ott I, Duethmann D, Liebert J, Berg P, Feldmann H, Ihringer J, Kunstmann H, Merz B, Schaedler G, Wagner S (2013) High resolution climate change impact analysis on medium sized river catchments in Germany: An ensemble assessment. J Hydrometeorol. doi:10.1175/JHM-D-12-091.1

Petrow T, Merz B (2009) Trends in flood magnitude, frequency and seasonality in Germany in the period 1951–2002. J Hydrol 371(1–4):129–141

Sauter T, Weitzenkamp B, Schneider C (2010) Spatio-temporal prediction of snow cover in the Black Forest mountain range using remote sensing and a recurrent neural network. Int J Climatol 30:2330–2341. doi:10.1002/joc.2043

Scherrer SC, Wüthrich C, Croci-Maspoli M, Weingartner R, Appenzeller D (2013) Snow variability in the Swiss Alps 1864–2009. Int J Climatol. doi:10.1002/joc.3653

Schneider C, Laizé CL, Acreman RMC, Flörke M (2013) How will climate change modify river flow regimes in Europe? Hydrol Earth Syst Sci 17:325–339. doi:10.5194/hess-17-325-2013

Schöner W, Auer I, Böhm R (2009) Long term trend of snow depth at Sonnblick (Austrian Alps) and its relation to climate change. Hydrol Process 23(7):1052–1063

Steger C, Kotlarski S, Jonas T, Schär C (2013) Alpine snow cover in a changing climate: a regional climate model perspective. Clim Dyn 41:735–754. doi:10.1007/s00382-012-1545-3

Vetter T, Huang S, Yang T, Aich V, Gu H, Krysanova V, Hattermann FF (2013) Intercomparison of climate impacts and evaluation of uncertainties from different sources using three regional hydrological models for three river basins on three continents. Impacts World 2013, International Conference on Climate Change Effects, Potsdam.

Wagner S, Berg P, Schädler G, Kunstmann H (2013) High resolution regional climate model simulations for Germany: Part II – Projected climate changes. Clim Dyn 40(1):415–427. doi:10.1007/s00382-012-1510-1

Wolf-Schumann U, Dumont U (2010) Einfluss der Klimaveränderung auf die Wasserkraftnutzung in Deutschland. Wasserwirtschaft 8:28–33

Biogeochemische Stoffkreisläufe

Nicolas Brüggemann, Klaus Butterbach-Bahl

© Der/die Herausgeber bzw. der/die Autor(en) 2017
G. Brasseur, D. Jacob, S. Schuck-Zöller (Hrsg.), *Klimawandel in Deutschland,* DOI 10.1007/978-3-662-50397-3_17

Der Klimawandel wirkt sich auf die biogeochemischen Stoffkreisläufe von Kohlenstoff und Stickstoff in der Biosphäre aus und beeinflusst deren Stoffaustausch mit der Atmosphäre, dem Grundwasser und den Oberflächengewässern. Der Schwerpunkt dieses Kapitels liegt auf wenig intensiv bis nicht genutzten terrestrischen Ökosystemen, da intensiv landwirtschaftlich genutzte Systeme deutlich stärker durch Nutzung und Management beeinflusst werden als durch den Klimawandel.

Die Projektion von Änderungen der biogeochemischen Stoffflüsse ist sowohl aufgrund der großen räumlichen Heterogenität von Umweltfaktoren wie Bodenart, Flurabstand, Topografie, Landnutzung und Vegetationsbedeckung als auch wegen der hohen räumlich-zeitlichen Variabilität des Klimawandels nach wie vor mit großen Unsicherheiten behaftet. Gleichwohl kann davon ausgegangen werden, dass sich die ökosystemaren Kohlenstoff- und Stickstoffflüsse zwischen Biosphäre, Atmosphäre und Hydrosphäre zukünftig deutlich verändern werden – mit positiven wie auch negativen Rückkopplungseffekten auf den Klimawandel. Im Folgenden werden die zu erwartenden Veränderungen für die einzelnen betroffenen terrestrischen Ökosysteme, soweit möglich, nach Faktoren getrennt dargestellt.

17.1   Wald

Wälder sind von großer Bedeutung für den Kohlenstoff-, Stickstoff- und Wasserkreislauf der Erde. Global betrachtet sind Wälder herausragende Kohlenstoff- und Stickstoffspeicher sowie Regulatoren des Wassergehalts der Atmosphäre. Sie spielen damit eine maßgebliche Rolle in der Regulation des Klimas. In ▶ Kap. 19 werden die Bedeutung der Waldbiomasse als Kohlenstoffspeicher und ihre Beeinflussung durch Bewirtschaftung, Nutzung und Klimawandel näher beleuchtet. Hier werden insbesondere die Stoffumsetzungen im Boden, der Stoffaustausch mit der Atmosphäre und dem Grund- und Oberflächenwasser sowie deren Beeinflussung durch unterschiedliche Aspekte des Klimawandels betrachtet.

17.1.1   Temperaturänderungen

Die Temperatur ist neben der Wasserverfügbarkeit die wichtigste Kontrollvariable für biogeochemische Prozesse. Im Allgemeinen werden Stoffumsetzungen durch Erhöhung der Temperatur beschleunigt. Dies gilt auch für die Prozesse, die an der Entstehung von Spurengasen beteiligt sind. So war in einem Fichtenwald in der Nähe von Augsburg über einen Beobachtungszeitraum von 5 Jahren die Bodentemperatur der entscheidende Parameter, der die Höhe der Bodenemissionsraten von Kohlendioxid (CO_2) und Stickstoffmonoxid (NO) steuerte, wobei die höchsten Emissionsraten bei den höchsten Bodentemperaturen auftraten (Wu et al. 2010). Bei weiterer Temperaturzunahme ist damit zu rechnen, dass auch die Emissionen dieser beiden Gase aus Böden zunehmen werden, wenn nicht die Wasserverfügbarkeit im Boden limitierend wirkt (▶ Abschn. 17.1.2). Die Höhe der Kohlenstoffspeicherung im Boden hängt stark von klimatischen Faktoren ab. Daher ist bei fortgesetztem Anstieg der minimalen

Bodentemperaturen in Deutschland (Kreyling und Henry 2011) insbesondere im Winter mit einer vermehrten Zersetzung der organischen Bodensubstanz zu rechnen. Das hätte eine Verringerung der ökosystemaren Kohlenstoffspeicherfunktion zur Folge.

Jeder biologische und biogeochemische Prozess besitzt seine eigene spezifische Temperaturabhängigkeit, was dazu führen kann, dass bei Temperaturerhöhung zuvor eng gekoppelte, im Gleichgewicht stehende Prozesse entkoppelt werden und aus dem Gleichgewicht geraten. Dies tritt beispielsweise bei der Fotosynthese und der Atmung (Respiration) auf – den beiden wichtigsten Prozessen der Kohlenstoffaufnahme und -abgabe in allen Ökosystemen. Während die Fotosyntheserate bei den meisten Pflanzenarten, insbesondere der gemäßigten und kühleren Klimazonen, oberhalb von 30 °C rasch abfällt, nimmt die Atmung mit weiter steigender Temperatur zunächst weiter zu, bis es dann auch hier, meist oberhalb von 40 °C, ebenfalls zu einer Abnahme kommt (◘ Abb. 17.1). Bei intensiveren sommerlichen Hitzeperioden ist deshalb mit einer Abnahme der CO_2-Aufnahmekapazität der Wälder in Deutschland zu rechnen, auch wenn dabei wie im Rekordsommer 2003 die Gesamtökosystemrespiration trockenheitsbedingt ebenfalls, aber deutlich weniger stark als die Fotosynthese abnimmt (Ciais et al. 2005). Das bedeutet, dass die Funktion von Wäldern, atmosphärisches CO_2 aufzunehmen, bei weiterer Erwärmung stark abnehmen könnte. Andererseits können erhöhte Temperaturen durch erhöhte Mineralisierung organischer Bodensubstanz auch die Stickstoffversorgung von Wäldern verbessern und dadurch das Waldwachstum stimulieren.

Nicht nur hohe Temperaturen, sondern auch Änderungen in der Häufigkeit und Dauer von Frostperioden mit nachfolgenden Auftauphasen können den Stoffumsatz und Treibhausgasausstoß im Boden stimulieren. In Freilanduntersuchungen in Fichtenwäldern konnte gezeigt werden, dass in Auftauphasen, die längeren, intensiven Frostperioden folgen, mehr als 80 % der jährlichen Lachgas-(N_2O-)Emissionen freigesetzt werden können und dabei die jährlichen N_2O-Flüsse signifikant höher sind als in weitgehend frostfreien Jahren (Papen und Butterbach-Bahl 1999; Matzner und Borken 2008; Goldberg et al. 2010; Wu et al. 2010). Dabei ist die Höhe der N_2O-Emissionen abhängig von der Länge sowie der Intensität und Eindringtiefe des der Auftauphase vorausgehenden Frostes. Bei fehlender oder nur geringmächtiger Schneedecke ist die Eindringtiefe besonders groß. Obwohl in Deutschland in tieferen Lagen mit einer Abnahme der winterlichen Frostwahrscheinlichkeit zu rechnen ist und der Boden in vielen Gebieten in Zukunft frostfrei bleiben wird (Kreyling und Henry 2011), ist in höheren Lagen, die bisher im Winter eine weitgehend kontinuierliche Schneebedeckung aufwiesen, zukünftig eine Zunahme von Frost-Auftau-Zyklen bei geringerer Schneebedeckung denkbar. Da unter diesen Umständen in Kälteperioden ein tieferes Eindringen des Frostes ermöglicht wird, könnten in diesen Gebieten die winterlichen Boden-N_2O-Emissionen zukünftig ansteigen. Inwieweit und in welchem Ausmaß sich zukünftige Temperaturänderungen auf die Treibhausgasbilanz von Wäldern bzw. allgemein von Landökosystemen in Deutschland auswirken werden, ist derzeit unklar und muss durch Langzeitbeobachtungen im Freiland abgesichert werden.

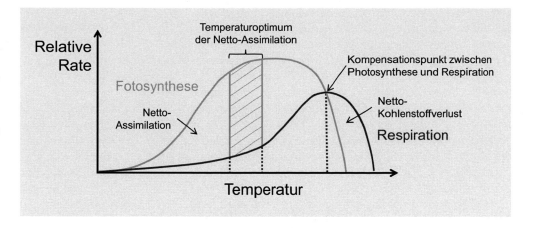

■ **Abb. 17.1** Schema der Temperaturabhängigkeiten der pflanzlichen Fotosynthese und Atmung. Nettoassimilation ist die Differenz zwischen der Fotosynthese und der Atmung der Pflanze. Nettokohlenstoffverlust bedeutet, dass die Pflanze mehr Kohlenstoff über die Atmung verliert, als sie über die Fotosynthese aufnimmt, sich somit also selbst „verzehrt". (Verändert nach Larcher 2003).

17.1.2 Veränderte Wasserverfügbarkeit

In Zukunft ist mit längeren und stärker ausgeprägten Phasen von Sommertrockenheit in Deutschland zu rechnen (▶ Kap. 16), die den ökosystemaren Stoffumsatz und Stoffaustausch deutlich beeinflussen werden. Lang anhaltende Bodentrockenheit kann auch bei hohen Bodentemperaturen die Aktivität der Bodenmikroorganismen, aber auch die Atmung der Pflanzenwurzeln hemmen. Hierbei ist die Länge der Trockenheit und der darauf folgenden Wiederbewässerungsphase für die Gesamtwirkung hinsichtlich der Kohlenstoffbilanz des Bodens von entscheidender Bedeutung. So führte in Simulationen längere Sommertrockenheit in einem Fichtenwald nicht zu einer Zunahme der jährlichen CO_2-Emissionen aus dem Boden, auch nicht nach Wiederbewässerung (Borken et al. 1999). Im Gegensatz dazu führte in derselben Studie eine kürzere Sommertrockenheit mit längerer Wiederbewässerungsphase zu einer Zunahme der jährlichen Bodenatmungsrate um ca. 50 %.

Auch die Emission anderer Spurengase ist stark abhängig vom Wassergehalt des Bodens und wird durch länger anhaltende Bodentrockenheit stark beeinflusst. So können längere Trockenperioden mit anschließender Wiederbewässerung zu einer signifikanten Verringerung der Flüsse von CO_2, N_2O und NO führen, wie in einem Laborexperiment mit Bodenkernen aus einem Fichtenwald im Fichtelgebirge gezeigt werden konnte (Muhr et al. 2008). Hier erreichten nach Wiedereinstellung des ursprünglichen Bodenwassergehalts lediglich die Bodenatmungsraten rasch wieder das Ausgangsniveau, während die N_2O- und NO-Flüsse auf einem niedrigeren Niveau als die Kontrollen blieben. In einem vergleichbaren Experiment mit Bodenkernen aus demselben Waldökosystem konnte eine durch Trockenheit bedingte Verringerung der Kohlenstoff- und Stickstoffmineralisation sowie der CO_2-Abgabe aus dem Boden festgestellt werden, die mit größerer Intensität der Trockenheit zunahm (Muhr et al. 2010). Auch die Methanaufnahme in den Boden ist stark von der Bodenfeuchte abhängig. So konnte in einem Mischwald in Thüringen (Hainich) mit abnehmendem Bodenwassergehalt eine Zunahme der Methanaufnahme beobachtet werden (Guckland et al. 2009).

Zusammenfassend kann festgestellt werden, dass starke, lang anhaltende sommerliche Bodentrockenheit mit hoher Wahrscheinlichkeit zu einer Abnahme der Bodenemissionen von

Treibhausgasen aus Waldböden führen wird. Allerdings kann diese trockenheitsbedingte Abnahme der Bodenemissionen, die per se einen treibhausgasverringernden Effekt darstellen würde, durch eine noch stärkere Reduktion der pflanzlichen CO_2-Aufnahme überkompensiert werden, die dann in der Summe zu einer negativen Gesamttreibhausbilanz führen könnte. Auf besonders drastische Weise konnte dies im „Jahrhundertsommer" 2003 beobachtet werden, als ein Zusammenspiel sehr hoher Temperaturen mit wochenlanger Trockenheit zu einer deutlichen Abnahme der ökosystemaren Netto-CO_2-Aufnahme bis hin zur Netto-Abgabe von CO_2 aus Waldökosystemen in ganz Europa führte (Ciais et al. 2005). Im Gegensatz dazu kann ein durch höhere Winterniederschläge bedingter phasenweiser starker Anstieg der Bodenwassergehalte zu Episoden von Methan- und Lachgasemissionen führen. Welche dieser Prozesse für die Gesamttreibhausgasbilanz ausschlaggebend sein werden, ist derzeit unklar.

17.1.3 Änderungen der Baumartenzusammensetzung

Der Klimawandel wird wahrscheinlich durch Hitzestress, sommerliche Trockenphasen, Sturmschäden, zunehmende Brandhäufigkeit und Förderung des Schädlingsbefalls zu Verschiebungen der Baumartenverteilung und -häufigkeit in Deutschland führen (▶ Kap. 19). Die forstliche Umstellung auf eine neue Baumart bzw. eine Veränderung der Baumartenzusammensetzung können zu erheblichen Veränderungen im Kohlenstoff- und Stickstoffhaushalt führen. Bei einer Untersuchung an 18 Standorten in Bayern, an denen Fichten oder Kiefern durch Douglasien oder Buchen ersetzt wurden, konnte einerseits eine signifikante Abnahme der Bodenkohlenstoffvorräte bis in eine Tiefe von 50 cm einschließlich der Streuschicht von durchschnittlich 7–11 % beobachtet werden, andererseits war eine deutliche Zunahme der Stickstoffvorräte im Mineralboden von 5–8 % zu verzeichnen (Prietzel und Bachmann 2012). In einer Laborinkubationsstudie wurde der Effekt der Baumart auf die Kohlenstoff- und Stickstoffmineralisation sowie die N_2O-Emission untersucht. Es konnte gezeigt werden, dass die N_2O-Emissionen aus Buchenboden im Vergleich zu Fichtenboden mehr als 3-mal und verglichen mit Eichenboden sogar mehr als 20-mal höher lagen (Papen et al.

2005). Dieses Muster wurde durch Freilandbeobachtungen bestätigt (Butterbach-Bahl et al. 2002; Papen et al. 2005).

Zunehmende Trockenperioden können insbesondere in Kombination mit Schäden durch Windwurf den Borkenkäferbefall in Fichtenbeständen verstärken, der bei Ausbleiben von Gegenmaßnahmen ein Absterben der Fichte auch auf größeren Flächen zur Folge haben kann (Temperli et al. 2013). Eine derartige Entwicklung konnte in den vergangenen Jahren beispielsweise im Nationalpark Bayerischer Wald verfolgt werden, die hinsichtlich der biogeochemischen Stoffumsetzungen im Boden der Situation nach Kahlschlag ähnelte. Insbesondere für Fichtenwälder wurde gezeigt, dass Kahlschlag zu erhöhten Lachgasemissionen (Papen und Brüggemann 2006) und Nitratausträgen (Weis et al. 2006) sowie zu einer Verringerung der Methanaufnahme in den Boden führt (Wu et al. 2011).

Wie sich zukünftig in Deutschland die Baumartenzusammensetzung und -verteilung verändern werden, hängt von vielerlei Faktoren ab (▶ Kap. 19). Beispielsweise ist die Buche eine trockenstress- und überflutungssensitive Baumart. In einem zukünftigen Klima mit intensiveren sommerlichen Hitze- und Trockenphasen, aber auch mit häufigeren Überschwemmungen im Herbst und Winter werden deshalb sowohl für den süddeutschen Raum (Rennenberg et al. 2004) als auch für Nordostdeutschland (Scharnweber et al. 2011) erschwerte ökologische Rahmenbedingungen für die Buche projiziert. Diese dürften langfristig zu einer Abnahme der Buchenbestände führen. Auch häufiger auftretende Sturmschäden könnten die Baumartenzusammensetzung zukünftig verändern. So wird z. B. für den Solling, ein Mittelgebirge im niedersächsischen Weserbergland, eine deutliche Zunahme der Schäden in Fichten- und Kiefernbeständen durch Windwurf im Laufe des 21. Jahrhunderts projiziert (Panferov et al. 2009). Das Ausmaß der Schäden ist hierbei stark abhängig von den lokalen Gegebenheiten, insbesondere der Kombination aus klimatischen und Bodenfaktoren mit Baumart, Baumalter und Bestandsstruktur. Simulationen zeigen, dass auch die Brandhäufigkeit in natürlichen Ökosystemen in Deutschland zunehmen könnte. Hierbei erwies sich die relative Luftfeuchtigkeit als beste Projektionsvariable für die Feuerhäufigkeit in 9 von 13 untersuchten Bundesländern (Holsten et al. 2013). Die gleiche Studie sagt bis zum Jahr 2060 für Deutschland eine deutliche Abnahme der durchschnittlichen relativen Luftfeuchtigkeit voraus, besonders in den Sommermonaten. Dies impliziert ein im entsprechenden Maße steigendes Brandrisiko und damit auch eine Zunahme der Freisetzung von gespeichertem Kohlenstoff durch Waldbrände.

Den erhöhten Risiken für die Stabilität der Wälder in Deutschland wird bereits vielerorts mit einem Umbau des Waldes hin zu stabileren, laubbaumbasierten Wäldern begegnet (▶ Kap. 19). Inwieweit sich dieser Umbau auf die Stoffumsetzungen im Boden und den Treibhausgasaustausch auswirken wird, hängt sehr stark von den hierfür gewählten Baumarten ab. Nicht nur hinsichtlich der Trockenresistenz, sondern auch bezüglich der N_2O-Emissionen sind hierbei die Kiefer und die Eiche der Buche vorzuziehen.

17.1.4 Einfluss erhöhter Stickstoffdeposition in Kombination mit dem Klimawandel

Die Auswirkungen des Klimawandels können durch gleichzeitige Änderungen weiterer Einflussgrößen verstärkt werden. So wird für weite Teile Europas, auch für Deutschland, eine Zunahme der atmosphärischen Stickstoffdeposition für die kommenden Jahrzehnte vorhergesagt (Galloway et al. 2004; Simpson et al. 2011). Da Waldwachstum zumeist stickstofflimitiert ist, ist der durch den atmosphärischen Stickstoffeintrag hervorgerufene Düngeeffekt zunächst mit einer Steigerung der Kohlenstoffaufnahme durch die Wälder in der Größenordnung von 20–40 kg Kohlenstoff pro Kilogramm Stickstoff verbunden (de Vries et al. 2009). In Kombination mit einer Temperaturerhöhung und einer Veränderung von Niederschlagsmustern kann erhöhte atmosphärische Stickstoffdeposition allerdings auch zu einer deutlichen Steigerung der bodenbürtigen Spurengasflüsse, insbesondere der Stickstoffspurengase, führen. Für Waldgebiete in Deutschland wurde für den Zeitraum 2031–2039 eine mittlere Zunahme der N_2O-Emissionen von 13 % sowie eine Zunahme der NO-Emissionen von im Mittel 10 % im Vergleich zum Zeitraum 1991–2000 vorhergesagt (Kesik et al. 2006). In der gleichen Arbeit wurden allerdings für andere Teile Europas auch deutliche, durch die für diese Gebiete prognostizierte Zunahme sommerlicher Bodentrockenheit hervorgerufene Rückgänge der Stickstoff-Spurengasemissionen simuliert. Diese Prognosen sind allerdings aufgrund der großen Bandbreite der mit verschiedenen regionalen Klimamodellen erstellten Niederschlagsszenarien mit großer Unsicherheit behaftet (Smiatek et al. 2009).

Eine Untersuchung entlang eines europäischen Klima- und Stickstoffdepositionsgradienten, inwieweit Fichtenwurzeln mit Ektomykorrhizapilzen (EcM) besiedelt sind, ergab, dass an den Standorten mit den geringeren Jahresdurchschnittstemperaturen und der geringeren Stickstoffdeposition der EcM-Besiedlungsgrad um ein Vielfaches höher lag als an den wärmeren Standorten mit höherer Stickstoffdeposition (Ostonen et al. 2011). Dieser Befund lässt darauf schließen, dass eine Temperaturerhöhung sowie eine Zunahme der atmosphärischen Stickstoffdeposition zu einer Abnahme des EcM-Besiedlungsgrades und damit zu einer Verringerung der Widerstandsfähigkeit von Fichtenbeständen gegenüber Umweltveränderungen führen könnte, da die symbiontischen Pilze eine überaus wichtige Rolle in der Nährstoff- und Wasserversorgung der Bäume spielen.

17.1.5 Reaktive Spurengase und ihre Rückkopplungseffekte

Stickstoffmonoxid spielt eine entscheidende Rolle bei der Bildung troposphärischen Ozons (▶ Kap. 13), das nicht nur toxisch auf Pflanzen, Tiere und Menschen wirkt (▶ Kap. 14), sondern auch ein starkes Treibhausgas ist. Die Emission von NO aus Böden ist stark temperaturabhängig (Wu et al. 2010; Oertel et al. 2012) und kann daher zu einer positiven Rückkopplung mit dem Klimawandel führen. NO-Emissionen aus Wäldern tragen zwar nur in geringem Umfang zur Jahresgesamtemission von NO in Deutschland bei, jedoch kann dieser Beitrag im Sommer regional auf über 20 % anwachsen (Butterbach-Bahl et al. 2009) und in dieser Phase einen signifikanten Beitrag zur bodennahen Ozonbildung und damit zur Verschlechterung der Luftqualität leisten. In den für Deutschland erwarteten heißeren und trockeneren Sommern könnten zukünftig deutlich höhere Ozonkonzentrationen auftreten. Die Ursache liegt im Zusammenwirken von durch Hitzestress verstärkten pflanzlichen Emissionen flüchtiger organischer Verbindungen („biogenic volatile organic compounds", BVOC) und erhöhten Emissionen von Stickoxiden (NO_x) aus Böden, aus zunehmend häufiger auftretenden Bränden sowie aus energetischen Verbrennungsprozessen (Meleux et al. 2007). In Kombination mit hoher Strahlungsintensität führte diese Faktorenkombination während der Hitzewelle (Definition ▶ Kap. 6) im Extremsommer 2003 europaweit zu weit überdurchschnittlichen bodennahen Ozonkonzentrationen (Solberg et al. 2008).

Erhöhte troposphärische Ozonkonzentrationen können das Pflanzenwachstum durch Schädigung des fotosynthetisch aktiven Gewebes erheblich mindern. So führte die Langzeiteinwirkung der doppelten Umgebungskonzentration von Ozon auf ausgewachsene Buchen im Freiland zu einer Verringerung des Stammwachstums um 44 %, jedoch gleichzeitig zu einer Zunahme der Bodenatmung (Matyssek et al. 2010). Für die Schädigung des Fotosyntheseapparats ist die von den Blättern aufgenommene Ozonmenge von entscheidender Bedeutung (Matyssek et al. 2004). Diese kann jedoch durch Einwirkung von Trockenheit, auf die die Pflanzen mit einer Verringerung der Leitfähigkeit der Spaltöffnungen der Blätter reagieren, deutlich reduziert werden, sodass sommerliche Bodentrockenheit prinzipiell zu einer Verringerung der negativen Ozonwirkungen führen könnte. Ist die sommerliche Trockenphase allerdings sehr stark ausgeprägt, können die hierdurch bedingten negativen Auswirkungen auf die pflanzliche Fotosyntheseleistung und damit auf das Pflanzenwachstum gravierender sein als der Ozonstress bei guter Wasserversorgung (Löw et al. 2006). Unter Berücksichtigung all dieser Faktoren schätzen Sitch et al. (2007), dass durch ansteigende troposphärische Ozonkonzentrationen die pflanzliche Primärproduktion bis zum Jahr 2100 im Vergleich zum Jahr 1901 global um 14–23 % zurückgehen könnte.

17.1.6 Austrag gelöster organischer Kohlenstoffverbindungen

Bedingt durch den Klimawandel, durch erhöhte Stickstoffdeposition sowie durch erhöhte atmosphärische Kohlendioxidkonzentrationen ist mit einer Zunahme der Primärproduktion in naturnahen Ökosystemen der gemäßigten Klimazone zu rechnen, die aller Wahrscheinlichkeit nach auch zu einer Zunahme der pflanzlichen Streuproduktion und damit der Streufallmenge führen wird (Butterbach-Bahl et al. 2011). Diese könnte wiederum die Ursache für einen verstärkten Austrag von organischen Kohlenstoff- („dissolved organic carbon", DOC) und Stickstoffverbindungen („dissolved organic nitrogen", DON) in die Oberflächengewässer sein, insbesondere bei erhöhten Jahresniederschlägen (Kalbitz et al. 2007). So zeigten Streumanipulationsexperimente in einem Fichtenwald im Fichtelgebirge, dass eine Erhöhung der Streufallmenge um 80 % mit einem signifikanten

Anstieg der DOC-Flüsse, insbesondere aus der unmittelbar unter der frischen Streuschicht liegenden, noch kaum zersetzten organischen Auflageschicht verbunden war (Klotzbücher et al. 2012). Dies weist darauf hin, dass frische Streu den Abbau der organischen Auflage stimulieren und somit zu einer Erhöhung der DOC-Konzentrationen im Sickerwasser führen kann.

Nicht nur die Streufallmenge, sondern auch Temperatur und Niederschlag haben einen entscheidenden Einfluss auf den DOC-Austrag. In einer 22 Waldökosysteme in Bayern umfassenden Studie über einen Zeitraum von 12–14 Jahren konnte gezeigt werden, dass in den untersuchten Wäldern die DOC-Austräge im Sickerwasser mit steigender Temperatur und vermehrtem Niederschlag zunahmen (Borken et al. 2011). In 12 von 22 Untersuchungsgebieten wurde im Untersuchungszeitraum eine deutliche Zunahme der DOC-Konzentrationen im Sickerwasser beobachtet. Dies könnte auf längere Sicht, insbesondere bei weiter zunehmenden Temperaturen und steigenden Jahresniederschlägen, auf Dauer zu einem erheblichen Kohlenstoffverlust aus den Wäldern in Deutschland sowie zu einer Zunahme der Belastung von Oberflächengewässern mit gelösten organischen Verbindungen führen. Um diesen Trend auch für andere Gebiete in Deutschland bestätigen zu können, sind allerdings weitere Langzeitbeobachtungen in bestehenden und noch zu etablierenden Messnetzen erforderlich.

17.2 Moore

Moore haben über Jahrhunderte bis Jahrtausende Kohlenstoff im Moorkörper akkumuliert und stellen auch für Deutschland wichtige Kohlenstoffspeicher dar (▶ Kap. 20). Die Akkumulation von Kohlenstoff in Mooren liegt an den sehr niedrigen Zersetzungsraten ihrer organischen Substanz, die überwiegend durch die mangelhafte bzw. in größeren Tiefen vollständig fehlende Sauerstoffverfügbarkeit sowie oft auch durch den sehr geringen Stickstoffgehalt des organischen Materials bedingt ist. Die Stabilität dieses Kohlenstoffspeichers ist allerdings sehr eng an die hydrologischen Rahmenbedingungen geknüpft, insbesondere an einen ganzjährig hohen Grundwasserstand bis knapp unterhalb der Bodenoberfläche. Besonders große Kohlenstoffverluste treten in trockenen Sommern auf, in denen sowohl die Temperaturen als auch der Flurabstand hoch sind. Diese Bedingungen fördern den aeroben vollständigen Abbau (Mineralisierung) der organischen Substanz unter Freisetzung des Kohlenstoffs als Kohlendioxid. Es können sogar Torfbrände entstehen, die einen sehr großen Kohlenstoffverlust darstellen und schwer zu löschen sind. Ist der Flurabstand allerdings natürlicherweise im Sommer bereits recht hoch, führt eine weitere Zunahme desselben nicht notwendigerweise zu einer weiteren Stimulation der Kohlendioxidemissionen, wie in einem Feldexperiment mit künstlicher Absenkung des Wasserspiegels in einem Niedermoor im Fichtelgebirge gezeigt wurde (Muhr et al. 2011).

Für ein flussnahes Niedermoor in Nordostdeutschland wurden durchschnittliche Abbauraten der organischen Bodenhorizonte von 0,7 cm Mächtigkeit pro Jahr über einen Zeitraum von 40 Jahren gemessen (Kluge et al. 2008). Für ein zukünftiges Klima mit im Schnitt 2 °C höheren Temperaturen und 20 % ge-

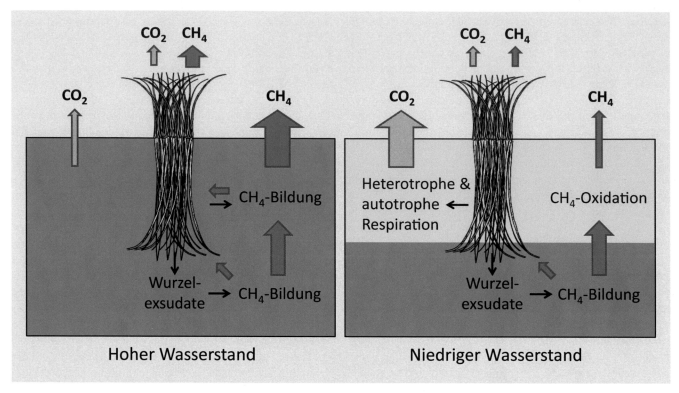

◘ Abb. 17.2 Schematische Darstellung des Einflusses des Wasserstands auf die Methan(CH_4)-Emission eines Moorökosystems. Autotrophe Respiration bezeichnet die Atmung lebenden Pflanzengewebes, wohingegen heterotrophe Respiration für die Atmung von Bodenmikroorganismen steht, die abgestorbenes organisches Material zersetzen. Bei Wurzelexsudaten handelt es sich um durch Pflanzenwurzeln ausgeschiedene lösliche organische Substanzen (wie Säuren und Zuckerverbindungen). (Verändert nach van Huissteden 2004)

ringerem Niederschlag im Sommerhalbjahr sagt dieselbe Studie eine Zunahme der Abbaurate um ca. 5 % innerhalb der nächsten 50 Jahre voraus. In Hochmooren entlang eines Gradienten von Nordschweden bis Nordostdeutschland – und damit mit zunehmender Temperatur – wurde eine deutliche Zunahme der Zersetzbarkeit insbesondere von Gefäßpflanzenrückständen gefunden, in diesem Fall beim Scheidigen Wollgras (*Eriophorum vaginatum*) (Breeuwer et al. 2008). Dies ist insbesondere deshalb von Bedeutung, da mit zunehmender Erwärmung der Anteil der Gefäßpflanzen in Mooren deutlich steigen (Breeuwer et al. 2010) und somit die Stabilität des gespeicherten Kohlenstoffs aufgrund der höheren Abbauraten der Pflanzenstreu abnehmen wird.

Eine Klimaerwärmung kann auch zu einer deutlichen Zunahme der Methanemissionen aus Feuchtgebieten führen, wie anhand von Modellergebnissen für bestimmte zwischeneiszeitliche Phasen gezeigt wurde (van Huissteden 2004). Die alles entscheidende Steuergröße hierfür ist der Wasserstand, insbesondere im Sommer. Ist der Wasserstand auch im Sommer hoch, kann die Temperaturzunahme die Methanemission weiter steigern. Ist der Wasserstand niedrig, nehmen die Methanemissionen zugunsten der Kohlendioxidemissionen deutlich ab (◘ Abb. 17.2).

Atmosphärischer Stickstoffeintrag kann vor allem in nährstoffarmen Hochmooren zu deutlichen Veränderungen in der Zusammensetzung der Pflanzenarten und den Stoffumsetzungen und damit zu einer Abnahme der Stabilität der organischen Substanz führen (Bobbink et al. 1998). Insbesondere für die vom Torfmoos *(Sphagnum)* herrührende organische Substanz konnte eine erhöhte Zersetzbarkeit bei erhöhter Stickstoffzufuhr beo-

bachtet werden (Breeuwer et al. 2008). Dies hat Implikationen für die Langzeitstabilität des gespeicherten Kohlenstoffs, besonders für die mitteleuropäischen Hochmoorgebiete, die bereits jetzt, und zukünftig wahrscheinlich verstärkt, einem erhöhten atmosphärischen Stickstoffeintrag ausgesetzt sind.

Nordostdeutsches Niedermoorsubstrat zeigte eine hohe Nitrataufnahme- und -abbaukapazität, die mit zunehmendem Zersetzungsgrad und zunehmender Temperatur deutlich stieg (Cabezas et al. 2012). Der Grund für die erhöhte Nitrataufnahme des stärker zersetzten Torfmaterials lag in der erhöhten Konzentration von gelöster organischer Substanz, die eine wichtige Rolle in der Denitrifikation, d. h. im mikrobiellen Abbau von Nitrat, spielt. Dies hat Auswirkungen auf das Management von Mooren, denn die stark zersetzte oberste Torfschicht sollte vor einer Wiedervernässung nicht entfernt werden, wenn mit erhöhtem Stickstoffeintrag zu rechnen ist oder sogar Wasser mit hohem Stickstoffgehalt für die Wiedervernässung genutzt werden soll (Cabezas et al. 2012). Im umgekehrten Fall kann bei niedrigem Stickstoffgehalt die Wiedervernässung insbesondere aus der bereits stark abgebauten obersten Schicht erhebliche Mengen DOC freisetzen, die dann mit dem Oberflächenabfluss aus dem Moor ausgetragen werden können (Cabezas et al. 2013).

Durch Klimawandel und Änderung der Flurabstände oder Nährstoffeintrag ausgelöste Änderungen der Pflanzenartenzusammensetzung können ebenfalls einen entscheidenden Einfluss auf die Stoffumsetzungen und Treibhausgasemissionen von Feuchtgebieten haben. So wurden in einem degradierten und wieder vernässten Brackwasser-Niedermoor an der Ostseeküste

Mecklenburg-Vorpommerns die mit Abstand höchsten Methanemissionen in Beständen der Gemeinen Strandsimse *(Bolboschoenus maritimus)* gefunden (Koebsch et al. 2013). Unterschiede in den biogeochemischen Prozessen zwischen zwei Niedermooren in Süddeutschland wurden trotz deutlicher hydrologischer Unterschiede zwischen beiden Gebieten auf den Einfluss von Gefäßpflanzen zurückgeführt. Daraus kann gefolgert werden, dass eine durch den Klimawandel bedingte Veränderung der Pflanzenartenzusammensetzung in Zukunft die Treibhausgasbilanz von Mooren und anderen Feuchtgebieten entscheidend beeinflussen könnte.

Die Renaturierung von Feuchtgebieten durch Wiedervernässung kann durch die Erhöhung der Kohlenstoffspeicherkapazität eine volkswirtschaftlich vergleichsweise günstige Maßnahme zur Erreichung von Klimaschutzzielen darstellen (Grossmann und Dietrich 2012a). Hierbei müssen jedoch einerseits die durch die Wiedervernässung zunächst ansteigenden Methanemissionen berücksichtigt werden, die das Erreichen der Klimaschutzziele erschweren können. Andererseits muss auch die Wasserverfügbarkeit in die Rechnung einbezogen werden, da hierbei Kosten an anderer Stelle, z. B. dem Wassertransfer zwischen verschiedenen Einzugsgebieten, auftreten können, die einer Umsetzung der Maßnahme entgegenstehen (Grossmann und Dietrich 2012b). Eine vollständige Renaturierung von Hochmooren gelingt jedoch nur, wenn die dafür notwendigen Voraussetzungen einer geschlossenen hydrologischen Schutzzone um das zu renaturierende Moorgebiet geschaffen werden können (Bönsel und Sonneck 2012). Ist der laterale Wasserabfluss aus der zentralen Hochmoorzone, in der die typische Moorvegetation vorherrschen sollte, zu groß, so dominieren Bäume das Vegetationsbild und führen durch ihren starken Wasserentzug zu einer negativen Rückkopplung auf die Wasserbilanz und damit auf den Renaturierungserfolg.

17.3   Küstengebiete

Das Wattenmeer kann aus biogeochemischer Sicht als ein Reaktor angesehen werden, in dem die aus dem Meer angespülte organische Substanz durch das regelmäßige zweimal tägliche Trockenfallen beschleunigt mineralisiert wird (Beck und Brumsack 2012). Die hierbei freigesetzten Nährstoffe werden mit der nächsten Flut vom Meerwasser wieder aufgenommen und bilden die Grundlage für die hohe Produktivität des Ökosystems Wattenmeer. Wie sich der zukünftig zu erwartende Meeresspiegelanstieg sowie wahrscheinlich häufiger auftretende Stürme auf diesen fein abgestimmten Nährstoffkreislauf auswirken, ist bisher nur ungenügend verstanden (Beck und Brumsack 2012).

Der für das 21. Jahrhundert vorhergesagte Meeresspiegelanstieg erfordert Anpassungsstrategien im Rahmen des Küstenschutzes. Diese werden allerdings mit hoher Wahrscheinlichkeit dazu führen, dass die den Deichen vorgelagerten Küstenabschnitte, die das Wattenmeer, Salzmarschen und Dünen umfassen, einem erhöhten Erosionsdruck und längeren Überflutungsphasen ausgesetzt sein werden (Sterr 2008). Inwieweit dies die biogeochemischen Stoffumsetzungs- und Austauschprozesse beeinflussen wird und wie stark dadurch die Ökosystemfunktionen

und Ökosystemdienstleistungen des Wattenmeers eingeschränkt werden, ist bisher weitgehend ungeklärt. Dieser Aspekt sollte allerdings unbedingt bei der Planung von Anpassungsstrategien berücksichtigt werden.

17.4   Kurz gesagt

Der Klimawandel wird auch in Deutschland aller Wahrscheinlichkeit nach deutliche Auswirkungen auf die ungenutzten und wenig genutzten Ökosysteme haben: sowohl den Klimawandel verstärkende als auch abschwächende Wirkungen. In günstigen Jahren mit langen Wachstumsperioden und ausreichenden Niederschlägen auch im Sommer kann – insbesondere in Verbindung mit erhöhten atmosphärischen CO_2-Konzentrationen und erhöhter Stickstoffdeposition – das Pflanzenwachstum stark stimuliert werden. Das wiederum kann zu einer Zunahme der Aufnahmefunktion dieser Ökosysteme für Treibhausgase und für atmosphärischen reaktiven Stickstoff führen und damit zu einer Abmilderung des Klimawandels beitragen. In ungünstigen Jahren mit langer Sommertrockenheit und hohen Temperaturen können die naturnahen Ökosysteme allerdings auch zu Nettoquellen von Treibhausgasen und zu verstärkten Quellen von im Wasser gelösten organischen Substanzen werden, mit negativen Effekten auf den Klimawandel und die Wasserqualität. Die durch den Klimawandel bereits jetzt hervorgerufenen Veränderungen in unseren Ökosystemen einschließlich ihrer Stoffumsetzungen und Stoffaustauschprozesse zu verstehen und die zukünftige Entwicklung vorhersagen zu können, stellt eine große Herausforderung für die Umweltforschung dar, die nur durch zielgerichtete Prozessforschung in Verbindung mit umfangreich instrumentierter Langzeitumweltbeobachtung (Zacharias et al. 2011) gemeistert werden kann. Nur auf der Grundlage belastbarer Langzeitdaten können langfristig greifende, in die richtige Richtung wirkende Anpassungsmaßnahmen entwickelt werden.

Literatur

Beck M, Brumsack HJ (2012) Biogeochemical cycles in sediment and water column of the Wadden Sea: the example Spiekeroog Island in a regional context. Ocean Coast Manage 68:102–113. doi:10.1016/j.ocecoaman.2012.05.026

Bobbink R, Hornung M, Roelofs JGM (1998) The effects of air-borne nitrogen pollutants on species diversity in natural and semi-natural European vegetation. J Ecol 86:717–738

Bönsel A, Sonneck AG (2012) Development of ombrotrophic raised bogs in North East Germany 17 years after the adoption of a protective program. Wetlands Ecol Manage 20:503–520. doi:10.1007/s11273-012-9272-4

Borken W, Xu YJ, Brumme R, Lamersdorf N (1999) A climate change scenario for carbon dioxide and dissolved organic carbon fluxes from a temperate forest soil: drought and rewetting effects. Soil Sci Soc Am J 63:1848–1855

Borken W, Ahrens B, Schulz C, Zimmermann L (2011) Site-to-site variability and temporal trends of DOC concentrations and fluxes in temperate forest soils. Glob Change Biol 17:2428–2443. doi:10.1111/j.1365-2486.2011.02390.x

Breeuwer A, Heijmans M, Robroek BJM, Limpens J, Berendse F (2008) The effect of increased temperature and nitrogen deposition on decomposition in bogs. Oikos 117:1258–1268. doi:10.1111/j.2008.0030-1299.16518.x

Breeuwer A, Heijmans M, Robroek BJM, Berendse F (2010) Field simulation of global change: transplanting northern bog mesocosms southward. Ecosystems 13:712–726. doi:10.1007/s10021-010-9349-y

Butterbach-Bahl K, Gasche R, Willibald G, Papen H (2002) Exchange of N-gases at the Höglwald Forest – A summary. Plant Soil 240:117–123

Butterbach-Bahl K, Kahl M, Mykhayliv L, Werner C, Kiese R, Li C (2009) A European wide inventory of soil NO emissions using the biogeochemical models DNDC/Forest DNDC. Atmos Environ 43:1392–1402

Butterbach-Bahl K, Nemitz E, Zaehle S et al (2011) Nitrogen as a threat to the European greenhouse balance. In: Sutton MA, Howard CM, Erisman JW, Billen G, Bleeker A, Grennfelt P, van Grinsven H, Grizetti B (Hrsg) The European nitrogen assessment. Cambridge University Press, Cambridge, S 434–462

Cabezas A, Gelbrecht J, Zwirnmann E, Barth M, Zak D (2012) Effects of degree of peat decomposition, loading rate and temperature on dissolved nitrogen turnover in rewetted fens. Soil Biol Biochem 48:182–191

Cabezas A, Gelbrecht J, Zak D (2013) The effect of rewetting drained fens with nitrate-polluted water on dissolved organic carbon and phosphorus release. Ecol Engin 53:79–88. doi:10.1016/j.ecoleng.2012.12.016

Ciais P et al (2005) Europe-wide reduction in primary productivity caused by the heat and drought in 2003. Nature 437:529–533

De Vries W, Solberg S, Dobbertin M, Sterba H, Laubhann D, van Oijen M, Evans C, Gundersen P, Kros J, Wamelink GWW, Reinds GJ, Sutton MA (2009) The impact of nitrogen deposition on carbon sequestration by European forests and heathlands. For Ecol Manage 258:1814–1823. doi:10.1016/j.foreco.2009.02.034

Galloway JN et al (2004) Nitrogen cycles: past, present, and future. Biogeochemistry 70:153–226

Goldberg S, Borken W, Gebauer G (2010) N$_2$O emission in a Norway spruce forest due to soil frost: concentration and isotope profiles shed a new light on an old story. Biogeochemistry 97:21–30. doi:10.1007/s10533-009-9294-z

Grossmann M, Dietrich O (2012a) Social benefits and abatement costs of greenhouse gas emission reductions from restoring drained fen wetlands: a case study from the Elbe River basin (Germany). Irrig Drain 61:691–704. doi:10.1002/ird.166

Grossmann M, Dietrich O (2012b) Integrated economic-hydrologic assessment of water management options for regulated wetlands under conditions of climate change: a case study from the Spreewald (Germany). Water Resour Manage 26:2081–2108. doi:10.1007/s11269-012-0005-5

Guckland A, Flessa H, Prenzel J (2009) Controls of temporal and spatial variability of methane uptake in soils of a temperate deciduous forest with different abundance of European beech (Fagus sylvatica L.). Soil Biol Biochem 41:1659–1667. doi:10.1016/j.soilbio.2009.05.006

Holsten A, Dominic AR, Costa L, Kropp JP (2013) Evaluation of the performance of meteorological forest fire indices for German federal states. For Ecol Manage 287:123–131. doi:10.1016/j.foreco.2012.08.035

Kalbitz K, Meyer A, Yang R, Gerstberger P (2007) Response of dissolved organic matter in the forest floor to long-term manipulation of litter and throughfall inputs. Biogeochemistry 86:301–318. doi:10.1007/s10533-007-9161-8

Kesik M, Brüggemann N, Forkel R, Kiese R, Knoche R, Li C, Seufert G, Simpson D, Butterbach-Bahl K (2006) Future scenarios of N$_2$O and NO emissions from European forest soils. J Geophys Res 111:G02018. doi:10.1029/2005JG000115

Klotzbücher T, Kaiser K, Stepper C, van Loon E, Gerstberger P, Kalbitz K (2012) Long-term litter input manipulation effects on production and properties of dissolved organic matter in the forest floor of a Norway spruce stand. Plant Soil 355:407–416. doi:10.1007/s11104-011-1123-1

Kluge B, Wessolek G, Facklam M, Lorenz M, Schwärzel K (2008) Long-term carbon loss and CO2-C release of drained peatland soils in northeast Germany. Eur J Soil Sci 59:1076–1086. doi:10.1111/j.1365-2389.2008.01079.x

Koebsch F, Glatzel S, Jurasinski G (2013) Vegetation controls methane emissions in a coastal brackish fen. Wetlands Ecol Manage 21:323–337. doi:10.1007/s11273-013-9304-8

Kreyling J, Henry HAL (2011) Vanishing winters in Germany: soil frost dynamics and snow cover trends, and ecological implications. Clim Res 46:269–276. doi:10.3354/cr00996

Larcher W (2003) Physiological plant ecology. Springer, Berlin, Heidelberg

Löw M et al (2006) Extraordinary drought of 2003 overrules ozone impact on adult beech trees (Fagus sylvatica). Trees 20:539–548. doi:10.1007/s00468-006-0069-z

Matyssek R et al (2004) Comparison between AOT40 and ozone uptake in forest trees of different species, age and site conditions. Atmos Environ 38:2271–2281

Matyssek R et al (2010) Enhanced ozone strongly reduces carbon sink strength of adult beech (Fagus sylvatica) – Resume from the free-air fumigation study at Kranzberg Forest. Environ Pollut 158:2527–2532. doi:10.1016/j.envpol.2010.05.009

Matzner E, Borken W (2008) Do freeze-thaw events enhance C and N losses from soils of different ecosystems? A review. Eur J Soil Sci 59:274–284. doi:10.1111/j.1365-2389.2007.00992.x

Meleux F, Solmon F, Giorgi F (2007) Increase in summer European ozone amounts due to climate change. Atmos Environ 41:7577–7587. doi:10.1016/j.atmosenv.2007.05.048

Muhr J, Goldberg SD, Borken W, Gebauer G (2008) Repeated drying–rewetting cycles and their effects on the emission of CO$_2$, N$_2$O, NO, and CH$_4$ in a forest soil. J Plant Nutr Soil Sci 171:719–728. doi:10.1002/jpln.200700302

Muhr J, Franke J, Borken W (2010) Drying–rewetting events reduce C and N losses from a Norway spruce forest floor. Soil Biol Biochem 42:1303–1312. doi:10.1016/j.soilbio.2010.03.02

Muhr J, Höhle J, Otieno DO, Borken W (2011) Manipulative lowering of the water table during summer does not affect CO$_2$ emissions and uptake in a fen in Germany. Ecol Applic 21:391–401

Oertel C, Herklotz K, Matschullat J, Zimmermann F (2012) Nitric oxide emissions from soils: a case study with temperate soils from Saxony, Germany. Environ Earth Sci 66:2343–2351. doi:10.1007/s12665-011-1456-3

Ostonen I, Helmisaari H-S, Borken W, Tedersoo L, Kukumägi M, Bahram M, Lindroos A-J, Nöjd P, Uri V, Merilä P, Asi E, Lohmus K (2011) Fine root foraging strategies in Norway spruce forests across a European climate gradient. Global Change Biology 2011(17):3620–3632. doi:10.1111/j.1365-2486.2011.02501.x

Panferov O, Doering C, Rauch E, Sogachev A, Ahrends B (2009) Feedbacks of windthrow for Norway spruce and Scots pine stands under changing climate. Environ Res Lett 4:045019. doi:10.1088/1748-9326/4/4/045019

Papen H, Brüggemann N (2006) Klimarelevante Spurengase im ökologischen Waldumbau. In: Fritz P (Hrsg) Ökologischer Waldumbau in Deutschland. oekom, München, S 187–204

Papen H, Butterbach-Bahl K (1999) A 3-year continuous record of nitrogen trace gas fluxes from untreated and limed soil of a N-saturated spruce and beech forest ecosystem in Germany. 1. N$_2$O emissions. J Geophys Res 104:18,487–18,503

Papen H, Rosenkranz P, Butterbach-Bahl K, Gasche R, Willibald G, Brüggemann N (2005) Effects of tree species on C- and N-cycling and biosphere-atmosphere exchange of trace gases in forests. In: Binkley D, Menyailo O (Hrsg) Tree species effects on soils: implications for global change. NATO Science Series. Kluwer Academic Publishers, Dordrecht, S 165–172

Prietzel J, Bachmann S (2012) Changes in soil organic C and N stocks after forest transformation from Norway spruce and Scots pine into Douglas fir, Douglas fir/spruce, or European beech stands at different sites in Southern Germany. For Ecol Manage 269:134–148. doi:10.1016/j.foreco.2011.12.034

Rennenberg H, Seiler W, Matyssek R, Gessler A, Kreuzwieser J (2004) Die Buche (Fagus sylvatica L.) – ein Waldbaum ohne Zukunft im südlichen Mitteleuropa? Allg Forst Jagdztg 175:210–224

Scharnweber T, Manthey M, Criegee C, Bauwe A, Schröder C, Wilmking M (2011) Drought matters – Declining precipitation influences growth of Fagus sylvatica L. and Quercus robur L. in north-eastern Germany. For Ecol Manage 262:947–961. doi:10.1016/j.foreco.2011.05.026

Simpson D et al et al (2011) Atmospheric transport and deposition of reactive nitrogen in Europe. In: Sutton MA (Hrsg) The European nitrogen assessment. Cambridge University Press, Cambridge, S 298–316

Sitch S, Cox PM, Collins WJ, Huntingford C (2007) Indirect radiative forcing of climate change through ozone effects on the land carbon sink. Nature 488:791–794. doi:10.1038/nature06059

Smiatek G, Kunstmann H, Knoche R, Marx A (2009) Precipitation and temperature statistics in high-resolution regional climate models: Evaluation for the European Alps. J Geophys Res 114:D19107. doi:10.1029/2008JD011353

Solberg S, Hov Ø, Søvde A, Isaksen ISA, Coddeville P, De Backer H, Forster C, Orsolini Y, Uhse K (2008) European surface ozone in the extreme summer 2003. J Geophys Res 113:D07307. doi:10.1029/2007JD009098

Sterr H (2008) Assessment of vulnerability and adaptation to sea-level rise for the coastal zone of Germany. J Coast Res 242:380–393. doi:10.2112/07A-0011.1

17

Temperli C, Bugmann H, Elkin C (2013) Cross-scale interactions among bark beetles, climate change, and wind disturbances: a landscape modeling approach. Ecol Monograph 83:383–402

Van Huissteden (2004) Methane emission from northern wetlands in Europe during oxygen isotope stage 3. Quat Sci Rev 23:1989–2005

Weis W, Rotter V, Göttlein A (2006) Water and element fluxes during the regeneration of Norway spruce with European beech: effects of shelterwood-cut and clear-cut. For Ecol Manage 224:304–317. doi:10.1016/j.foreco.2005.12.040

Wu X, Brüggemann N, Gasche R, Shen Z, Wolf B, Butterbach-Bahl K (2010) Environmental controls over soil-atmosphere exchange of N_2O, NO, and CO_2 in a temperate Norway spruce forest. Glob Biogeochem Cycle 24:GB2012. doi:10.1029/2009GB003616

Wu X, Brüggemann N, Gasche R, Papen H, Willibald G, Butterbach-Bahl K (2011) Long-term effects of clear-cutting and selective cutting on soil methane fluxes in a temperate spruce forest in southern Germany. Environ Pollut 159:2467–2475. doi:10.1016/j.envpol.2011.06.025

Zacharias S et al (2011) A Network of terrestrial environmental observatories in Germany. Vadose Zone J 10:955–973. doi:10.2136/vzj2010.0139

Landwirtschaft

Horst Gömann, Cathleen Frühauf, Andrea Lüttger, Hans-Joachim Weigel

© Der/die Herausgeber bzw. der/die Autor(en) 2017
G. Brasseur, D. Jacob, S. Schuck-Zöller (Hrsg.), *Klimawandel in Deutschland*, DOI 10.1007/978-3-662-50397-3_18

18.1   Einleitung

Wie kaum ein anderer Wirtschaftsbereich hängt die Landwirtschaft von Witterung und Klima ab. Die Änderungen wichtiger Klimakenngrößen wie Temperatur und Niederschlag sowie der Konzentration von Spurengasen in der Atmosphäre beeinflussen unmittelbar physiologische Prozesse in Kulturpflanzen und damit den Ertrag und die Qualität der Ernteprodukte. Zudem wirken sich Klimaänderungen auf die Pflanzenproduktion indirekt aus, indem sie strukturelle und funktionelle Eigenschaften von Agrarökosystemen verändern. Hierzu zählen z. B. Elemente der genutzten und assoziierten Biodiversität (▶ Kap. 15), physikalische, chemische und biologische Kenngrößen des Bodens (▶ Kap. 20) oder das Auftreten von Pflanzenkrankheiten und Schädlingen. Auch die Leistungsfähigkeit von Nutztieren hängt von Klima und Witterung ab.

Nach den in Teil 1 dieses Buches für Deutschland mittelfristig projizierten klimatischen Änderungen sind sowohl negative als auch positive Konsequenzen für die deutsche Landwirtschaft zu erwarten. Entscheidend dafür, wie diese Effekte ausfallen, sind zum einen die Art und Intensität der Klimaveränderungen selbst, zum anderen die Empfindlichkeit der jeweils betrachteten Produktionssysteme und die Implementierung von Anpassungsmaßnahmen, mit deren Hilfe sich die Folgen des Klimawandels nutzen, vermeiden oder mildern lassen. Während z. B. eine moderate durchschnittliche Erwärmung oder die kontinuierliche Zunahme der atmosphärischen CO_2-Konzentration durchaus positive Wirkungen auf die deutsche Pflanzenproduktion haben können, wirken sich besonders extreme Wetterlagen – regional unterschiedlich – meist deutlich negativ auf einzelne Landnutzungs- oder Produktionssysteme aus.

Anpassungen an den Klimawandel sind im Zusammenhang mit der allgemeinen Entwicklung landwirtschaftlicher Betriebs-, Landnutzungs- und Produktionsstrukturen zu betrachten und zu bewerten – Triebkräfte sind dabei in erster Linie der technische Fortschritt, die steigende Produktivität sowie ökonomische und politische Rahmenbedingungen, die sich vor allem in den vergangenen 10 Jahren stark geändert haben. Insbesondere die Entwicklungen auf den Agrarmärkten, die ihrerseits durch weltweite Klimaveränderungen beeinflusst werden, wirken sich auf die deutsche Landwirtschaft aus. Dieses Kapitel fasst den derzeitigen Stand der Erkenntnisse zu den möglichen Wirkungen des Klimawandels auf die deutsche Landwirtschaft sowie Anpassungsoptionen zusammen, mit einem Schwerpunkt auf der Pflanzenproduktion.

18.2   Agrarrelevante klimatische Veränderungen

Im letzten Jahrhundert wurden für die Landwirtschaft folgende relevante Klimaveränderungen in Deutschland beobachtet: Neben einem Anstieg der mittleren Temperatur um etwa 1 °C (Gerstengarbe und Werner 2003) nahmen nach Analysen des DWD die Jahresniederschläge insgesamt um bis zu 15 % zu. Während die Niederschlagsmengen im Winter bis zu 30 % zulegten, wiesen sie im Sommer Abnahmen bis zu ca. 10 % auf, mit Ausnahme von Regionen an der Küste bzw. im Süden. Insgesamt nahmen die Jahresniederschläge in einzelnen Gebieten im Westen um bis zu 40 % zu, im Osten, bedingt durch das kontinentaler geprägte Klima, nur um bis zu 20 %.

Die Klimamodelle geben den Hinweis, dass sich die beobachteten Entwicklungen fortsetzen werden (▶ Kap. 4). Sehr wahrscheinlich werden wir durchschnittlich wärmere und trockenere Sommer erleben sowie wärmere, feuchtere und schneeärmere Winter. Darüber hinaus ist das Kohlendioxidangebot in der Atmosphäre für alle Pflanzen so hoch wie nie in der jüngeren Erdgeschichte und nimmt mittelfristig schnell weiter zu. Daneben steigt die Konzentration des für Pflanzen giftigen Ozons in den bodennahen Luftschichten. Zusätzlich müssen wir mit einer höheren Variabilität einzelner Witterungs- und Wetterereignisse rechnen, also insgesamt mit räumlich und zeitlich sehr unterschiedlichen Perioden von extremer Hitze, Trockenheit, hohen Ozonkonzentrationen und Starkniederschlägen (◘ Abb. 18.1).

In den letzten 15 Jahren ist ein deutlicher Rückgang der Niederschläge im Frühjahr (März, April, Mai) beobachtet worden.

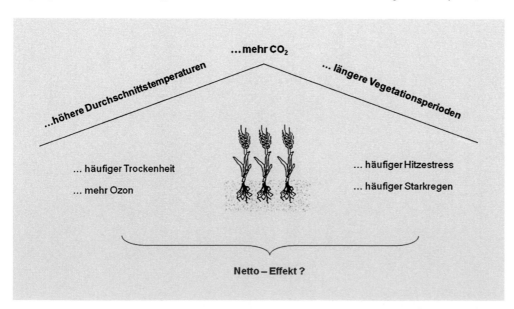

◘ Abb. 18.1 Agrarökosysteme im Klima der Zukunft. Unter den Rahmenbedingungen einer eindeutig projizierten Veränderung von Durchschnittswerten des Klimas ist die landwirtschaftliche Pflanzenproduktion mit einer zunehmenden Klimavariabilität, verbunden mit häufiger auftretenden Klimaextremen, konfrontiert. Wie sich das Zusammenspiel dieser unterschiedlichen Elemente des Klimawandels im Endeffekt auswirkt, ist größtenteils noch offen. (Nach Weigel 2011)

... mehr CO$_2$

...höhere Durchschnittstemperaturen

... längere Vegetationsperioden

... häufiger Trockenheit

... mehr Ozon

... häufiger Hitzestress

... häufiger Starkregen

Netto – Effekt ?

Da im gleichen Zeitraum die Temperatur und somit die Verdunstung zunahm, ging die Bodenfeuchte stark zurück. Diese ausgeprägte Frühjahrstrockenheit bilden die Klimaprojektionen in der Vergangenheit nicht ab, sodass keine Aussage über die zukünftige Entwicklung der Bodenfeuchtesituation im Frühjahr getroffen werden kann (Gömann et al. 2015).

18.3 Direkte Auswirkungen von Klimaveränderungen auf wichtige Kulturpflanzen

18.3.1 Temperaturveränderungen

■ **Wachstum, Ertrag**

Der Stoffwechsel und das Wachstum von Pflanzen hängen von Minimum, Optimum und Maximum der Temperatur sowie von Wärmesummen ab. Diese sind je nach Pflanzenart oder -sorte, Standort und Herkunft sehr unterschiedlich. Weiter steigende Durchschnittstemperaturen und mehr extreme Temperaturen, die zu Hitzestress führen, werden sich daher unterschiedlich auf die Produktion der verschiedenen Kulturpflanzen auswirken (Morison und Lawlor 1999; Porter und Gawith 1999).

Temperaturextreme oberhalb des art- oder sortenspezifischen Temperaturoptimums schädigen Kulturpflanzen meistens. Besonders temperaturempfindlich sind Phasen der Samen- und Fruchtbildung. Extremereignisse wie Hitzeperioden im Sommer mit Temperaturen nur wenig oberhalb der Durchschnittstemperaturen beeinträchtigen generative Stadien wie das Entfalten der Blüte bei Getreide (Porter und Gawith 1999; Barnabas et al. 2008). Bei Weizen und Mais führen Temperaturen über 30 bzw. 35 °C zur Sterilität der Pollen, stören so die Befruchtung und den Fruchtansatz. Das verringert die potenzielle Kornzahl und schmälert den Ertrag. Bei anderen empfindlichen Kulturen wie z. B. Tomaten können Blüten oder junge Früchte aufgrund von Hitzestress absterben.

Kritisch für den Ackerbau ist eine Zunahme der Temperaturvariabilität. Eine der wenigen diesbezüglich durchgeführten Simulationen ergab, dass sich Ertragsschwankungen bei Weizen verdoppeln, wenn eine Verdopplung der regulären Abweichungen der saisonalen Durchschnittstemperaturen angenommen wird, und dass dies insgesamt zu einem vergleichbaren Ertragsrückgang führt wie durch eine durchschnittliche Temperaturerhöhung um 4 °C (Porter und Semenov 1999).

■ **Qualität**

Temperaturveränderungen können auch die Qualität pflanzlicher Produkte beeinflussen. Hitzestress während der Kornfüllung wie im heißen Sommer 2006 erhöht bei Weizen den Proteingehalt des Korns und verändert die Proteinqualität, was sich wiederum auf die Backeigenschaften auswirkt (BMELV 2006). Zuckerrüben weisen unter Hitzestress erhöhte Aminostickstoffgehalte auf, was einerseits dem Rübenertrag zugutekommt, andererseits aber die Zuckerkristallisation behindert. Bei Raps reduzieren hohe Temperaturen den Ölgehalt, steigern aber den Proteingehalt. Das schränkt dessen Verwendung als Biodiesel ein, bringt aber Vorteile für die Tierernährung mit sich. Bei einigen Kulturen

führen höhere Nachttemperaturen zu unerwünschten Effekten: Zum Beispiel wird in Weintrauben mehr Säure abgebaut, oder die Fruchtausfärbung ist bei bestimmten Apfelsorten verringert.

Bisher haben die steigenden Temperaturen die Qualität der deutschen Weine verbessert und den Anbau von Rotweinsorten begünstigt. Dabei ist das Mostgewicht, ein Indikator für den Zuckergehalt in den Weintrauben, ein entscheidendes Qualitätsmerkmal. Bei hohen Temperaturen steigt das Mostgewicht schnell. Die Ausbildung der Aromen benötigt jedoch Zeit. Als Faustregel gilt, dass dies etwa 100 Tage ab der Blüte dauert. Wird der Beginn der Lese in warmen Jahren wie 2003 nur nach dem Mostgewicht festgelegt, ist weder das Aroma fertig ausgebildet, noch sind die Trauben voll ausgereift.

■ **Phänologie**

Viele Prozesse in den Pflanzen werden durch die Temperatur und durch die Tageslänge gesteuert. Steigende Temperaturen und höhere Wärmesummen verlängern insgesamt die Vegetationsperiode. Sie beeinflussen sowohl den Beginn als auch die Dauer einzelner phänologischer Stadien der Pflanzen wie den Vegetationsbeginn. Doch auch die nachfolgenden Entwicklungsphasen wie Blüte und Abreife werden durch die höheren Temperaturen beschleunigt und beginnen früher. Dies kann einerseits zur Folge haben, dass etwa beim Getreide die wichtige Kornfüllungsphase verkürzt wird und sich der Ertrag verringert. Andererseits zeigen Modellsimulationen eine potenziell positive Wirkung auf den Ertrag, da Getreide unter erhöhten Temperaturen früher zu blühen beginnt, wodurch späterer Hitzestress umgangen werden kann (Nendel et al. 2014).

Ferner kann es zu einer Entkopplung von Systemen kommen. So reagieren beispielsweise Pflanzen insbesondere im Frühjahr vor allem temperatursensitiv, viele Tiere wie etwa bestäubende Insekten dagegen vorrangig fotosensitiv. Wenn sich die Temperaturverläufe durch den Klimawandel ändern, bleiben die Tageslängen und damit die Aktivität der fotosensitiven Tiere gleich. Hier stellt sich die Frage, inwiefern sich bestäubende Insekten über Generationen dem veränderten Klima anpassen, d. h. ihre Aktivität früher im Jahr aufnehmen können, oder inwiefern sich der Lebensraum von angepassten Insekten etwa aus südlicheren Ländern nach Deutschland verlagert.

Das Ende der Vegetationsperiode hängt von verschiedenen Faktoren ab. Je nach Pflanzenart ist neben der Temperatur auch die Tageslänge entscheidend. Bereits das erste Auftreten von tieferen Temperaturen kann die Blattverfärbung und den Blattfall auslösen. Nachfolgend wieder steigende Temperaturen können von den betroffenen Pflanzen nicht mehr genutzt werden. Dazu sind nur Winterkulturen in der Lage. Dauern milde Temperaturen allerdings zu lange an, entwickeln sich die Bestände zu stark für die Überwinterung. Viele Kulturen brauchen einen Kältereiz im Winter (Vernalisation). Ist das Kältebedürfnis während der Ruhezeit nicht erfüllt, kommt es bei Wintergetreide zu Ertragsverlusten, da der Übergang zur Blühphase nicht gleichmäßig erfolgt. Ein verzögerter und ungleichmäßiger Austrieb beim Spargel zu Saisonbeginn wird ebenfalls mit einer unzureichenden Vernalisation in einzelnen Regionen in Verbindung gebracht.

Gemüse im Freiland baut man meistens satzweise an, d. h., vom Frühjahr bis zum Herbst werden die Kulturen zeitlich ver-

◻ Tab. 18.1 Erträge (t/ha) der verschiedenen Pflanzen aus dem zweimaligen Fruchtfolgeversuch in Braunschweig mit der FACE-Technik unter normaler (370–380 ppm) und erhöhter CO_2-Konzentration (550 ppm) sowie mit ausreichender (N100) und reduzierter Stickstoffdüngung (N50 = 50 % von N100) Angegeben sind die Kornerträge und die Rübenfrischmassen. (Verändert nach Weigel und Manderscheid 2012)

CO_2	N	2000	2001	2002	2003	2004	2005
		Wintergerste	Zuckerrübe	Winterweizen	Wintergerste	Zuckerrübe	Winterweizen
Normal	100	9,52	68,1	5,70	5,90	71,7	8,38
	50	7,84	61,1	4,74	4,74	64,2	7,31
Erhöht	100	10,2	73,4	6,59	6,87	76,8	9,70
	50	8,50	66,2	5,94	5,58	74,5	7,58
%-CO_2-Effekt	100	7,5	7,8	15,6	16,5	7,1	15,8
	50	8,5	8,3	11,7	17,6	16,0	3,7

setzt gepflanzt und geerntet. Steigen mit dem Klimawandel die Temperaturen, ist das kein Problem, da der Unterschied zwischen der mittleren Temperatur im Sommeranbau und der im Frühjahrs- und Herbstanbau deutlich größer ist als der erwartete Temperaturanstieg durch den Klimawandel (Fink et al. 2009). Verwendet werden hierfür Sorten, die an höhere bzw. niedrigere Temperaturen angepasst sind. Ein Mehrertrag bei satzweisem Anbau kann nur erreicht werden, wenn ein zusätzlicher Satz in einer verlängerten Vegetationsperiode produziert werden kann.

18.3.2 Niederschlagsveränderungen

Grundsätzlich sind Niederschlag und Wasserhaushalt ausschlaggebend dafür, welche Kulturpflanzen sich erfolgreich anbauen lassen. Bereits geringe Veränderungen der Niederschlagsmengen wirken sich deutlich auf die Produktivität von Agrarökosystemen aus. Da die Verdunstung vor allem von der Temperatur abhängt und um ca. 5 % pro °C Temperaturerhöhung zunimmt, beeinflusst die Klimaerwärmung auch den Wasserhaushalt eines Agrarökosystems.

In längeren Trockenphasen versuchen Pflanzen, die verringerte Bodenwasserverfügbarkeit durch vermehrtes Wurzelwachstum zu kompensieren, da hierdurch ein größeres Bodenvolumen erschlossen werden kann. Insgesamt wird das oberirdische Sprosswachstum beeinträchtigt. Sowohl zwischen den Arten als auch den Sorten gibt es Unterschiede in der Reaktion auf Wasserstress. Auch sind Kulturpflanzen während der einzelnen Entwicklungsstadien unterschiedlich empfindlich gegenüber Wasserstress. Empfindliche Phasen bei Getreide sind die Blüte, Bestäubung und Kornfüllung. Unzureichende Wasserversorgung kann teilweise in späteren Wachstumsphasen kompensiert werden. Bei Obst und Gemüse, die in der Regel als Frischware vermarktet werden, sowie Zierpflanzen führt Wassermangel zu einem Totalausfall, da aufgrund der erheblichen Qualitätsverluste keine Vermarktung mehr möglich ist.

Die Blattentwicklung verkraftet selbst zeitlich begrenzten Wasserstress nicht gut: Die Blätter wachsen schlechter, was sich in einer sinkenden Blattfläche, einer nachhaltig beeinträchtigten Fotosynthese und letztlich in Ertragsverlusten widerspiegelt. Besonders bei einjährigen Kulturpflanzen verkürzt eine häufigere

Frühjahrstrockenheit (► Abschn. 18.2) oder eine zunehmende Sommertrockenheit die effektive Entwicklungsdauer. Dabei geht eine beschleunigte Abreife der Pflanzen meistens nicht nur auf Kosten der Fruchtbildung, sondern auch zulasten der Produktqualität. Tritt Trockenheit bereits zu Vegetationsbeginn auf, kann sich abhängig von der Bodenart auch das Keimen und Aufgehen von Ackerkulturen verringern. Darüber hinaus sind bei geringer Bodenfeuchte Nährstoffe schlechter verfügbar, Pflanzenschutzmittel weniger wirksam, der Humusaufbau verringert und die Anfälligkeit des Bodens gegenüber Winderosion hoch (► Kap. 20).

18.3.3 Anstieg der CO_2-Konzentration in der Atmosphäre

Kohlendioxid (CO_2) aus der Atmosphäre bildet die Grundlage für Wachstum und Entwicklung aller Pflanzen. Viele Pflanzen der mittleren und hohen Breiten sind sog. C_3-Pflanzen (z. B. Weizen, Roggen und Zuckerrüben). Dagegen gehören etwa Mais, Hirse und Zuckerrohr zu den C_4-Pflanzen. Für die meisten C_3-Pflanzen ist die heutige CO_2-Konzentration der Atmosphäre suboptimal. Eine höhere CO_2-Konzentration regt bei C_3-Pflanzen in der Regel die Fotosynthese an und vermindert gleichzeitig die Verdunstung über die Spaltöffnungen der Blätter. Hingegen reagieren C_4-Pflanzen nicht oder kaum mit einer Steigerung der Fotosynthese, drosseln aber ebenfalls die Verdunstung (Leakey et al. 2009). Bei beiden Pflanzentypen verbessert sich dabei die Wassernutzungseffizienz.

Inwieweit diese Auswirkungen das Wachstum der Kulturpflanzen ankurbeln und letztlich den Ertrag unter Feldbedingungen steigern, ist nicht abschließend geklärt (► Kap. 17). Wetter und Witterung, die Nährstoff- und Wasserversorgung sowie Sorteneigenschaften können die CO_2-Wirkung erheblich verändern. Die Mehrzahl der Experimente zum sogenannten CO_2-Düngeeffekt – meist CO_2-Anreicherungsversuche – fanden unter mehr oder weniger künstlichen Umwelt- und Wachstumsbedingungen statt, z.B. in Klimakammern, Gewächshäusern und Feldkammern, als Topfversuche und mit optimaler Wasser- und Nährstoffversorgung. Das Ergebnis: Bei einer CO_2-Anreicherung um bis zu 80 % gegenüber der jeweiligen Umgebungskonzentration von 350–385 ppm CO_2 in der Atmosphäre nahmen die Erträge um 25–30 % zu (Kimball 1983; Ainsworth und McGrath 2010). Versuche in den USA, Japan und Deutschland mit Weizen, Reis, Soja, Gerste und Zuckerrüben unter realen Anbaubedingungen mit der FACE-Technik (*free air carbon dioxide enrichment*) ergaben geringere Wachstumssteigerungen um 10–14 % (◘ Tab. 18.1; Long et al. 2006; Weigel und Manderscheid 2012).

Experimente und Modelle haben gezeigt, dass Kulturpflanzen unter erhöhten CO_2-Konzentrationen weniger Wasser abgeben und der Boden häufig feuchter ist (Kirkham 2011; Burkart et al. 2011). Das heißt: Höhere CO_2-Konzentrationen können auch deshalb das Wachstum steigern, weil die Pflanzen über mehr Wasser verfügen. Dieser Effekt ist für C_3- und C_4-Pflanzen gleichermaßen relevant. Da C_4-Pflanzen auf höhere CO_2-Konzentrationen aber nicht mit mehr Fotosynthese reagieren, sind positive Wachstumseffekte nur unter Trockenheit zu erwarten. Feldversuche mit der FACE-Technik an Mais in den USA und Deutschland bestätigen das: Erhöhte CO_2-Konzentrationen von etwa 550 ppm kompensieren größtenteils trockenheitsbedingte Ertragsverluste (Leakey et al. 2009; Manderscheid et al. 2014).

Fast alle Studien zum CO_2-Düngeeffekt zeigen, dass sich die Gehalte an Makro- und Mikroelementen sowie sonstigen Inhaltsstoffen wie Zucker, Vitaminen und sekundären Pflanzenstoffen ändern. Bei CO_2-Anreicherungsversuchen mit Konzentrationen von 550–650 ppm verringerte sich der Stickstoffgehalt in den Blättern von Grünlandarten und in Samen und Früchten, etwa Getreidekörnern, um 10–15 % im Vergleich zur heutigen CO_2-Konzentration (Taub et al. 2007; Erbs et al. 2010). Ändert sich die pflanzliche Qualität dcrart, ändert sich nicht nur die Qualität von Nahrungs- und Futtermitteln, sondern auch die Nahrungsquelle, beispielsweise für pflanzenfressende Insekten und sonstige Schaderreger (Chakraborty et al. 2000).

18.3.4 Interaktionen und Rückkopplungen: CO_2, Temperatur, Niederschlag

Die positive Wirkung von erhöhten CO_2-Konzentrationen auf die Fotosynthese von Kulturpflanzen verstärkt sich mit steigender Temperatur (Long 1991; Manderscheid et al. 2003). Allerdings nicht immer beim Pflanzenwachstum: Es wurden sowohl positive (z. B. keine) als auch negative Wechselwirkungen festgestellt (Batts et al. 1997; Mitchell et al. 1993; Prasad et al. 2002). In letzterem Fall führte das Wachstum unter CO_2-Anreicherung und höheren Temperaturen, verglichen mit dem Wachstum unter der heutigen CO_2-Konzentration, zu einer Verringerung.

Verringert sich durch mehr CO_2 in der Atmosphäre die Verdunstung über die Blätter und den ganzen Bestand, kann die Wassernutzungseffizienz deutlich steigen. Weniger Verdunstung bedeutet zudem eine Verringerung des latenten Wärmestroms, sodass gleichzeitig die Blatt- und Bestandsoberflächen um 1–2 °C wärmer werden können. Die positive Rückkopplung auf die Wassernutzungseffizienz könnte einen Wassermangel aufgrund künftig abnehmender Sommerniederschläge ganz oder teilweise kompensieren. Die physiologische Rückkopplung mit dem latenten Wärmestrom wiederum könnte die Effekte einer Erwärmung der Atmosphäre weiter verstärken. Ob die CO_2-Wirkung auf den pflanzlichen Wasserhaushalt in einem künftig wärmeren Klima Bodentrockenheit und Trockenstress tatsächlich mildern wird, bleibt jedoch Spekulation.

Wird also bei höheren Temperaturen auch die Wasserversorgung zum limitierenden Faktor, könnte der CO_2-Düngeeffekt die Wechselwirkungen entscheidend beeinflussen. Viele Pflanzenwachstums- und Ertragsmodelle haben die Wirkung der CO_2-Düngung untersucht: Negative Ertragseffekte bei Getreide, die allein wärmeren Temperaturen und schlechterer Wasserversorgung geschuldet sind, fallen wesentlich geringer aus oder kehren sich ins Positive um, wenn man den CO_2-Düngeeffekt berücksichtigt. Das hängt wiederum davon ab, wie hoch man in den Modellen die CO_2-bedingte Ertragssteigerung ansetzt. Auch wenn man die Folgen zunehmender Extremereignisse bewertet, ist zu berücksichtigen, dass in den Modellszenarien allen Pflanzen mehr CO_2 zur Verfügung steht. Kulturpflanzen tolerieren unter hohen CO_2-Konzentrationen Hitze besser als unter den heutigen CO_2-Bedingungen (Hamilton et al. 2008).

Zum einen wissen wir noch nicht genug über die Wechselwirkungen der verschiedenen Klimafaktoren untereinander. Zum anderen ist wenig darüber bekannt, wie andere Faktoren (z. B. das landwirtschaftliche Management in Form von Düngung, Bodenbearbeitung, Bewässerung und Sortenwahl) diese Wechselwirkungen beeinflussen. Wirken sich erhöhte CO_2-Konzentrationen immer noch positiv aus, wenn die Pflanzen beispielsweise weniger Stickstoff bekommen? Diese Frage ist bislang nicht eindeutig geklärt. Zunächst brauchen derartige Fragen eine Antwort, um geeignete Anpassungsmaßnahmen ableiten zu können (Schaller und Weigel 2007).

18.4 Auswirkungen von Klimaveränderungen auf agrarrelevante Schadorganismen

Klimafaktoren beeinflussen das Auftreten von pflanzlichen Schadorganismen, zu denen Bakterien, Pilze und Viren sowie Insekten, Unkräuter und eingewanderte Arten zählen. Witterung und Klima bestimmen, wie anfällig die Wirtspflanze ist und wie die Schaderreger sich entwickeln, ausbreiten und überdauern. Der Acker- und Gartenbau sowie das Grünland reagieren empfindlich, wenn infolge von Klimaveränderungen Pflanzenkrankheiten zunehmen oder neu auftauchen.

Die Auswirkungen von Schadorganismen auf die Landwirtschaft durch die zu erwartenden Änderungen im Zuge des Klimawandels zu quantifizieren und zu bewerten ist komplex und schwierig. Denn der Klimawandel wirkt nicht nur auf die Schadorganismen selbst, sondern ebenfalls auf ihre als Nützlinge bezeichneten Gegenspieler. Wie Veränderungen einzelner Klimafaktoren die ausbalancierten Wechselwirkungen zwischen Schad- und Nutzorganismen beeinträchtigen, lässt sich zurzeit noch nicht hinreichend beantworten (Chakraborty et al. 2000; Juroszek und von Tiedemann 2013a, 2013b, 2013c). Allerdings dürften Änderungen agronomischer Faktoren wie Bodenbearbeitung oder Fruchtfolge das Auftreten von Schaderregern deutlich stärker beeinflussen als Klimaänderungen.

18.5   Auswirkungen von Klimaveränderungen auf landwirtschaftliche Nutztiere

Klimaveränderungen wirken sich zum einen indirekt über Veränderungen in der Futterbereitstellung, Futterzusammensetzung bzw. -qualität auf die Viehhaltung aus. Zum anderen wirken höhere Temperaturen, Strahlungsintensitäten und Luftfeuchten direkt auf die Gesundheit und damit die Produktivität der Tiere (DGfZ 2011; DLG 2013; Gauly et al. 2013).

Liegt die Luftfeuchtigkeit über 70 %, leiden Milchkühe bereits bei Temperaturen über 24 °C unter Hitzestress. Das haben Untersuchungen auf Basis des Temperatur-Luftfeuchte-Index (THI) ergeben, der in diesem Fall einen Wert von rund 70 aufweist. Höhere THI-Werte verringern die Milchleistung und -qualität, wobei auch Unterschiede in den Haltungssystemen dazu beitragen (Nienaber und Hahn 2007; Hammami et al. 2013; Sanker 2012). So wurde in Nordwestdeutschland ein kontinuierlicher Anstieg der Milchleistung bei einem THI von 0–30 beobachtet; bei einem THI von 60 blieb die Milchleistung konstant und nahm rapide ab, wenn der THI-Wert über 62 lag (Brügemann et al. 2011, 2012). Gleichzeitig sank der Proteingehalt der Milch mit steigendem THI.

Bei Hitzestress steigt der Energiebedarf der Tiere, da möglicherweise ein Wärmeüberschuss entsteht, der abgeführt werden muss (Walter und Löpmeier 2010). Daneben verbessern höhere Temperaturen die Bedingungen für Überträger von Krankheitserregern. Allerdings führt auch der globale Tiertransport nach Zentraleuropa dazu, dass neue Krankheiten wie z. B. die Blauzungenkrankheit auftreten (Mehlhorn 2007).

18.6   Auswirkungen auf die Agrarproduktion

Die Folgen des projizierten Klimawandels auf die Pflanzenproduktion in Deutschland wurden in einigen Studien analysiert. Vergleichbare Untersuchungen für die Tierproduktion liegen nicht vor. Um Ertragseffekte abzuschätzen, wurden in zahlreichen Studien mechanistische oder dynamische Wachstumsmodelle und in geringerem Umfang statistische Modelle genutzt. Während Wachstumsmodelle pflanzenphysiologische Prozesse, u. a. den CO_2-Düngeeffekt, sowie Bodeneigenschaften, Wasserverfügbarkeit und Management (z. B. Düngungsregime) explizit berücksichtigen, sind diese Zusammenhänge in statistischen Ansätzen implizit enthalten. Die Modelle wurden in der Regel mit Daten von Versuchsstandorten, aber auch von statistischen Ertragserhebungen überprüft und danach beurteilt, inwiefern sie beobachtete Ertragsschwankungen reproduzieren können. Dabei ist einerseits zu bedenken, dass Schwankungen in erhobenen Erträgen nicht nur auf Witterungsschwankungen beruhen, sondern teilweise auf weiteren Effekten wie einer Änderung der Anbaustruktur. Andererseits schlagen sich Ertragseinbußen infolge extremer Witterungsereignisse wie Kahlfrost, d. h. strenge Fröste ohne schützende Schneedecke, nicht vollständig nieder, da betroffene Bestände teilweise umgebrochen werden und stattdessen eine Sommerkultur angebaut wird.

Bei der Ertragsmodellierung wird davon ausgegangen, dass die bestehenden Zusammenhänge und Wechselwirkungen zwischen den Bodeneigenschaften und Witterungsbedingungen auf die Ertragsänderung den gleichen Gesetzmäßigkeiten folgen wie in der Vergangenheit. Es gibt bisher zu wenige Untersuchungen darüber, welche Auswirkungen das Überschreiten von Schwellenwerten (wie erhöhte Temperaturen während der Bestäubung oder früheres Einsetzen von Wasserstress) hat. Es wird unterstellt, dass die bisher bekannten Zusammenhänge in den nächsten Jahrzehnten weiter gültig sind. Daher erstreckt sich der Zeithorizont für die Betrachtung von Ertragsänderungen zumeist bis Mitte dieses Jahrhunderts.

Um die Auswirkungen des erwarteten Klimawandels abzuschätzen, werden die Wirkmodelle mit verfügbaren Klimaprojektionsdaten gespeist. Entscheidend für die Ergebnisse sind neben der Wahl des Emissionsszenarios das globale bzw. regionale Klimamodell sowie das Wirkmodell (z. B. Ertragsmodell) selbst. Während die simulierten Temperaturänderungen verschiedener Globalmodelle innerhalb bestimmter Bandbreiten liegen, aber gleiche Tendenzen aufweisen, unterscheiden sich die Projektionen zum Niederschlag besonders bei der jahreszeitlichen Verteilung deutlich. Die allein mit Klimaparametern simulierten Ertragsabweichungen reichen von negativ bis positiv. Wird der Effekt einer höheren CO_2-Konzentration auf den Ertrag mit berücksichtigt, kommt es, abhängig von der Kultur, zu deutlich positiven Ertragseffekten. Damit trägt der CO_2-Düngeeffekt in den Ertragsprojekten maßgeblich zu den projizierten Ertragsanstiegen bei.

Einige Ergebnisse solcher Klimafolgenuntersuchungen sind in ◘ Tab. 18.2 exemplarisch für Winterweizen zusammengefasst. Sie vermitteln einen Eindruck über die Bandbreite der rein klimabedingten Ertragswirkungen. Demnach verändern sich die Weizenerträge bis Mitte des 21. Jahrhunderts regional unterschiedlich – je nach Standort- und Klimabedingungen. Mit CO_2-Düngeeffekt können die Erträge regional um mehr als 20 % steigen, ohne CO_2-Düngeeffekt aber auch um bis zu 24 % sinken. Demnach müssen die ostdeutschen Regionen ohne CO_2-Düngeeffekt tendenziell die höchsten Ertragsverluste hinnehmen. Berücksichtigt man den CO_2-Effekt und vor allem die verbesserte Wassernutzungseffizienz, kann der Winterweizenertrag regional um 5–9 % zunehmen. Dieser Effekt fällt in Regionen mit geringerem Niederschlagsniveau und leichteren Böden stärker aus (Kersebaum und Nendel 2014; Lüttger und Gottschalk 2013).

Für die Produktivität von Grünland in Hessen ergab sich im Rahmen einer Klimafolgenabschätzung eine Ertragszunahme von etwa 10 % (USF 2005), für den brandenburgischen Landkreis Märkisch-Oderland ein Verlust von etwa 15 %, jeweils gegenüber der heutigen Klimasituation (Mirschel et al. 2005). Die Auswirkungen des Klimawandels auf die Quantität und die Qualität von Futterpflanzen beeinflussen wiederum die Ernährung der Tiere (Hawkins et al. 2013).

Kurz- bis mittelfristig, das bedeutet innerhalb der nächsten 20–30 Jahre, sind abgesehen von einer möglichen Zunahme der jährlichen Variabilität sowie extremer Wetterlagen keine gravierend negativen Effekte des Klimawandels auf die Pflanzenproduktion zu erwarten. Ganz im Gegenteil: Die für diesen Zeitraum projizierten relativ geringen Temperaturzunahmen und geringen Abnahmen der Sommerniederschläge fördern eher das Pflanzenwachstum, allerdings nicht überall gleich. Die bisherigen regionalen Unterschiede im Ertragsniveau dürften sich verstärken. In den ertragsschwächeren Regionen können zudem die Erträge stärker jährlich schwanken, weil die jährliche Variabilität des Klimas zunimmt und mehr Extreme wie Hitzewellen und Trockenheit auftreten.

■ **Tab. 18.2** Relative Ertragsänderungen von Winterweizen in einzelnen Bundesländern, Naturräumen und Flusseinzugsgebieten in Deutschland. Die Daten wurden in verschiedenen regionalen Klimafolgenstudien mittels Modellberechnungen ohne Berücksichtigung des CO_2-Düngeeffekts sowie mit CO_2-Düngeeffekt (*in Klammern*) ermittelt. Zugrunde liegen die SRES- und RCP-Szenarien

Bundesland, Naturraum oder Flusseinzugsgebiet	Ertragsänderung in %	Szenario (SRES, RCP)	Zeithorizont
Baden-Württemberg [1]	−14	A1	2050
Hessen [2]	−10	B2	2041–2050
Brandenburg [3]	−17 (−10)	A1B	2055
Märkisch-Oderland [4]	−5 (0,5)	A1B	2055
Sachsen-Anhalt [5]	−7 bis 1	A1B	2071–2100
Elbeeinzugsgebiet	−7,5	A1, B2	2020
Elbeeinzugsgebiet [6]	−14 bis −8 −24 bis −20	RCP 2.6 RCP 8.5	2031–2060
Rheineinzugsgebiet [6]	−3 bis 3 8 bis 11	RCP 2.6 RCP 8.5	2031–2060
Nordrhein-Westfalen [7, 8] (verschiedene Regionen)	bis −5 (10 bis <20) bis −7 (5 bis <15)	A1B B1	2050

[1] Stock (2009); [2] Alcamo et al. (2005); [3] Wechsung et al. (2008); [4] Mirschel et al. (2005); [5] Kropp et al. (2009a); [6] Lüttger und Gottschalk (2013); [7] Burkhardt und Gaiser (2010); [8] Kropp et al. (2009b)

18.7 Anpassungsmaßnahmen

Entwicklung und Anwendung von Anpassungsmaßnahmen entscheiden mit darüber, welche Chancen die Landwirtschaft durch den Klimawandel nutzen kann bzw. wie verwundbar die Agrarproduktion künftig sein wird. Die Palette der möglichen Maßnahmen reicht von der Auswahl der Kulturpflanzen bis zum gesamtbetrieblichen Management und bezieht vor- und nachgelagerte Produktionszweige sowie den internationalen Agrarhandel mit ein. Darüber hinaus greifen Anpassungsmaßnahmen aus anderen Bereichen in die Landwirtschaft ein: z. B. über Maßnahmen des vorsorgenden Hochwasserschutzes wie der Ausweisung von Überschwemmungsgebieten, in denen die Landwirtschaft besonderen Auflagen unterliegt.

Welche konkreten Anpassungsoptionen gibt es? Einige Beispiele: Im Bereich Anbaueignung, Wachstum, Produktivität und Gesundheit von Kulturpflanzen können die Aussaattermine im Herbst oder im Frühjahr, Saatdichten und Reihenabstände geändert werden. Darauf abgestimmt lassen sich Düngungsstrategien optimieren, auch um den CO_2-Effekt zu nutzen, sowie das Pflanzenschutzmanagement anpassen. Grundsätzlich kann man geeignetere Sorten oder Kulturen auswählen. Voraussetzung ist jedoch, dass diese durch züchterische Fortschritte ähnlich wie in der Vergangenheit auch zukünftig bereitgestellt werden können. Beispielsweise lässt sich durch den Anbau von trocken- und hitzestresstoleranteren Sorten das Anbaurisiko verringern oder durch einen Wechsel der Befestigung, Ausrichtung und Beschneidung der Weinreben das Wachstum und die Zuckereinlagerung in die Beeren infolge steigender Temperaturen wieder etwas verlangsamen.

Mit Blick auf Weiterentwicklungen im Bereich des gezielten Pflanzenschutzes, wie er heute Praxis ist, besteht eine hohe Anpassungsfähigkeit in Bezug auf klimawandelbedingte Änderungen bei Pflanzenkrankheiten und Schädlingen. Zudem kann eine bessere Agrarwettervorhersage Anpassungen im Anbau unterstützen. In der Produktionstechnik stehen z. B. Verfahren der Be- und Entwässerung, Techniken zur Konservierung der Bodenfeuchte einschließlich Humusaufbau, Folienabdeckung, Frostschutzberegnung oder Hagelnetze zur Verfügung. Ob und welche Maßnahmen umgesetzt werden, hängt letztlich von ihrer Rentabilität ab, die wiederum von der Kultur und den jeweiligen Rahmenbedingungen bestimmt wird.

Eine höhere Diversität im Produktionsprogramm kann klimabedingt steigende Produktionsrisiken abfedern, beispielsweise durch eine ausgewogene Mischung von Winter- und Sommerkulturen. Ebenso wichtig sind Reservekapazitäten für unvorhergesehene Wetterlagen, Lager für Getreidevorräte sowie Liquiditätsreserven. Alternativ oder ergänzend lassen sich Produktionsrisiken durch Versicherungen abdecken.

Auch die Nutztierhaltung bietet Anpassungsmöglichkeiten: etwa durch Zucht wärmetoleranter, robuster und krankheitsresistenter Tiere. Dabei sind jedoch die Strategien der Tierseuchenbekämpfung kontinuierlich weiterzuentwickeln. Zudem werden Verfahrenstechniken und Stallsysteme entwickelt, die Hitzestress kompensieren (DGfZ 2011).

In einigen Studien wurde im Vergleich mit einer projizierten Referenzsituation untersucht, wie sich landwirtschaftliche Produktionsstrukturen infolge von klimabedingten Ertragsveränderungen anpassen und Einkommen ändern. Simulationsergebnisse für das Elbegebiet sowie landwirtschaftliche Betriebe in Berlin und Brandenburg zeigen vergleichsweise geringe klimabedingte Anpassungen der Produktionsstruktur und Auswirkungen auf die landwirtschaftlichen Einkommen (Gömann et al. 2003; Lotze-Campen et al. 2009). Dabei sind viele Anpassungsmaßnahmen weder in den Ertragsmodellen noch in den agrarökonomischen Modellen berücksichtigt, sodass die ermittelten geringen klimabedingten Auswirkungen überschätzt sein dürften.

Im Vergleich zu den Klimaänderungen beeinflussen Entwicklungen auf den Agrarmärkten, agrar- und umweltpolitische Rahmenbedingungen sowie Produktionskosten die landwirtschaftliche Produktion und die Einkommen viel gravierender. Zum Beispiel waren bis 2006 die Agrarpreise niedrig und sanken tendenziell weiter. Deshalb wurden viele Agrarflächen nicht mehr bewirtschaftet. Seit 2007 haben sich die Rahmenbedingungen jedoch verbessert: Die Agrarpreise sind deutlich gestiegen, auch wenn sie mittelfristig stark schwanken, und es wird Bioenergie gefördert. Projektionen zufolge werden Agrarflächen infolge der deutlich gestiegenen Rentabilität wieder stärker genutzt (Offermann et al. 2014). Unter diesen Rahmenbedingungen werden die Landwirte voraussichtlich viele Anpassungsmaßnahmen umsetzen, um ihre Erträge zu sichern, etwa die Beregnung, deren Bedeutung in den trockener werdenden Regionen Deutschlands zunimmt.

18.8   Kurz gesagt

Die Auswirkungen der erwarteten Klimaveränderungen erscheinen für die deutsche Landwirtschaft in den nächsten 20–30 Jahren im Wesentlichen beherrschbar. Für die längerfristigen klimatischen Veränderungen sind die Anforderungen zur Anpassung der Landwirtschaft in Deutschland neu zu analysieren. Zunehmende extreme Wetterlagen wie Früh-, Spät- und Kahlfröste, extreme Hitze, Dürre, Hagel und Sturm könnten die Landwirtschaft herausfordern. Bislang gibt es nur wenige belastbare Erkenntnisse, wie sich künftige agrarrelevante Extremereignisse auswirken, sowie über die Möglichkeiten des Risikomanagements.

Einerseits bestehen erhebliche Unsicherheiten bezüglich der Entwicklungen auf den Agrarmärkten, der zukünftigen politischen Rahmenbedingungen sowie der Klimaveränderungen in den nächsten 20–30 Jahren. Andererseits ist die Landwirtschaft sehr anpassungsfähig, weil landwirtschaftliche Produktionszyklen deutlich kürzer sind als die Zeithorizonte des Klimawandels und weil die Landwirtschaft sich rasch technologisch wie strukturell verändert. Zudem passen sich landwirtschaftliche Betriebe traditionell an neue Witterungs- und Klimaverhältnisse an.

Daher unterliegt die Landwirtschaft zwar einem latenten, jedoch keinem dringenden Anpassungsdruck an den Klimawandel. Dies spiegeln zurzeit auch die Strategien vieler Bundesländer zur Anpassung an den Klimawandel wider. Die meisten Maßnahmen der Länder liegen in den Bereichen Monitoring, Forschung und Beratung.

Literatur

Ainsworth EA, McGrath JM (2010) Direct effects of rising atmospheric carbon dioxide and ozone on crop yields. In: Lobell D, Burke M (Hrsg) Climate change and food security. Adapting agriculture to a warmer world. Advances in Global Change Research, Bd. 37. Springer, Dordrecht Heidelberg London New York, S 109–130 doi: 10.1007/978-90-481-2953-9

Alcamo J, Priess J, Heistermann M, Onigkeit J, Mimler M, Priess J, Schaldach R, Trinks D (2005) INKLIM Baustein 2, Abschlussbericht des Wissenschaftlichen Zentrums für Umweltsystemforschung (USF) – Universität Kassel. Projekt: Klimawandel und Landwirtschaft in Hessen: Mögliche Auswirkungen des Klimawandels auf landwirtschaftliche Erträge. http://klimawandel.hlug.de/fileadmin/dokumente/klima/inklim/endberichte/landwirtschaft.pdf

Barnabas B, Jager K, Feher A (2008) The effect of drought and heat stress on reproductive processes in cereals. Plant Cell Environ 31(1):11–38

Batts GR, Morison JIL, Ellis RH, Hadley P, Wheeler TR (1997) Effects of CO_2 and temperature on growth and yield of crops of winter wheat over four seasons. Eur J Agron 7(1–3):43–52

BMELV – Bundesministerium für Ernährung, Landwirtschaft und Verbraucherschutz (2006) Besondere Ernte- und Qualitätsermittlung (BEE) 2006. Reihe: Daten-Analysen. http://www.bmelv-statistik.de/

Brügemann K, Gernand E, von Borstel UU, König S (2011) Genetic analyses of protein yield in dairy cows applying random regression models with time-dependent and temperature x humidity-dependent covariates. J Dairy Sci 94:4129–4139

Brügemann K, Gernand E, von Borstel UU, König S (2012) Defining and evaluating heat stress thresholds in different dairy cow production systems. Arch Tierzucht 55:13–24

Burkart S, Manderscheid R, Wittich K-P, Löpmeier FJ, Weigel HJ (2011) Elevated CO_2 effects on canopy and soil water flux parameters measured using a large chamber in crops grown with free-air CO_2 enrichment. Plant Biol 13:258–269

Burkhardt J, Gaiser T (2010) Modellierung der Folgen des Klimawandels auf die Pflanzenproduktion in Nordrhein-Westfalen. Abschlussbericht, im Auftrag des Ministeriums für Umwelt und Naturschutz, Landwirtschaft und Verbraucherschutz des Landes Nordrhein-Westfalen, Institut für Nutzpflanzenwissenschaften und Ressourcenschutz der Universität Bonn, Abteilung Pflanzenernährung (INRES-PE), Bonn

Chakraborty S, von Tiedemann A, Teng PS (2000) Climate change: potential impact on plant diseases. Environ Pollut 108:317–326

DGfZ – Deutsche Gesellschaft für Züchtungskunde e (2011) Der Klimawandel und die Herausforderungen für die Nutztierhaltung von morgen in Deutschland. Positionspapier der DGfZ-Projektgruppe Klimarelevanz in der Nutztierhaltung

DLG – Deutsche Landwirtschafts-Gesellschaft (2013) Vermeidung von Wärmebelastungen für Milchkühe. Merkblatt 336 Download am 24.06.2013. http://www.dlg.org/fileadmin/downloads/merkblaetter/dlg-merkblatt_336.pdf

Erbs M, Manderscheid R, Jansen G, Seddig S, Pacholski A, Weigel H-J (2010) Effects of free-air CO_2 enrichment and nitrogen supply on grain quality parameters and elemental composition of wheat and barley grown in a crop rotation. Agric Ecosyst Environ 136(1–2):59–68

Fink M, Kläring H-P, George E (2009) Gartenbau und Klimawandel in Deutschland. Landbauforschung SH 328:1–9

Gauly M, Bollwein H, Breves G, Brügemann K, Dänicke S, Das G, Demeler J, Hansen H, Isselstein J, König S, Lohölter M, Martinsohn M, Meyer U, Potthoff M, Sanker C, Schröder B, Wrage N, Meibaum B, von Samson-Himmelstjerna G, Stinshoff H et al (2013) Future consequences and challenges for dairy cow production systems arising from climate change in Central Europe - a review. Animal 7(5):843–859

Gerstengarbe F-W, Werner PC (2003) Klimaänderungen zwischen 1901 und 2000. In: Nationalatlas Bundesrepublik Deutschland. Spektrum Akademischer Verlag, Heidelberg, Berlin, S 58–59

Gömann H, Kreins P, Julius C, Wechsung F (2003) Landwirtschaft unter dem Einfluss des globalen Wandels sowie sich ändernde gesellschaftliche Anforderungen: interdisziplinäre Untersuchung künftiger Landnutzungsänderungen und resultierender Umwelt- und sozioökonomischer Aspekte. Schr Gesellsch Wirtsch Sozialwiss Landbaues 39:201–208

Gömann H, Bender A, Bolte A, Dirksmeyer W, Englert H, Feil J-H, Frühauf C, Hauschild M, Krengel S, Lilienthal H, Löpmeier F-J, Müller J, Mußhoff O, Krengel S, Offermann F, Seider P, Schmidt M, Seintsch B, Steidl J, Strohm K, Zimmer Y (2015) Agrarrelevante Extremwetterlagen und Möglichkeiten von Risikomanagementsystemen. Studie im Auftrag des Bundesministeriums für Ernährung und Landwirtschaft (BMEL), Abschlussbericht: Stand 03.06.2015. Thünen Rep, Bd. 30. Johann Heinrich von Thünen-Institut, Braunschweig doi:10.3220/REP1434012425000

Hamilton H, Heckathorn S, Joshi P, Wang D, Barua D (2008) Interactive effects of elevated CO_2 and growth temperature on the tolerance of photosynthesis to acute heat stress in C_3 and C_4 species. J Integr Plant Biol 50:1375–1387

Hammami H, Bormann J, M'hamdi N, Montaldo HH, Gengler N (2013) Evaluation of heat stress effects on production traits and somatic cell score of Holsteins in a temperate environment. J Dairy Sci 96:1844–1855

18

Literatur

Hawkins E, Fricker TE, Challinor AJ, Ferro CAT, Ho CK, Osborne TM (2013) Increasing influence of heat stress on French maize yields from the 1960s to the 2030s. Glob Change Biol 19:937–947

Juroszek P, von Tiedemann A (2013a) Climatic changes and the potential future importance of maize diseases: a short review. Journal of Plant Diseases and Protection 120:49–56

Juroszek P, von Tiedemann A (2013b) Climate change and potential future risks through wheat diseases: a review. European Journal of Plant Pathology 136:21–33

Juroszek P, von Tiedemann A (2013c) Plant pathogens, insect pests and weeds in a changing global climate: a review of approaches, challenges, research gaps, key studies, and concepts. Journal of Agricultural Science 151(2):163–188

Kersebaum KC, Nendel C (2014) Site-specific impacts of climate change on wheat production across regions of Germany using different CO_2 response functions. Eur J Agron 52:22–32

Kimball BA (1983) Carbon dioxide and agricultural yield – an assemblage and analysis of 430 prior observations. Agron J 75:779–788

Kirkham MB (2011) Elevated carbon dioxide – impacts on soil and plant water relations. CRC Press. Francis &Taylor,

Kropp J, Roithmeier O, Hattermann F, Rachimow C, Lüttger A, Wechsung F, Lasch P, Christiansen ES, Reyer C, Suckow F, Gutsch M, Holsten A, Kartschall T, Wodinski M, Hauf Y, Conradt T, Österle H, Walther C, Lissner T, Lux N, Tekken V, Ritchie S, Kossak J, Klaus M, Costa L, Vetter T, Klose M (2009a) Klimawandel in Sachsen-Anhalt. Verletzlichkeiten gegenüber den Folgen des Klimawandels. Potsdam-Institut für Klimafolgenforschung, Telegraphenberg A31, 14473 Potsdam

Kropp J, Holsten A, Lissner T, Roithmeier O, Hattermann F, Huang S, Rock J, Wechsung F, Lüttger A, Pompe S (UFZ), Kühn I (UFZ), Costa L, Steinhäuser M, Walther C, Klaus M, Ritchie S, Metzger M (2009b) Klimawandel in Nordrhein-Westfalen - Regionale Abschätzung der Anfälligkeit ausgewählter Sektoren. Abschlussbericht des Potsdam-Instituts für Klimafolgenforschung (PIK) für das Ministerium für Umwelt und Naturschutz, Landwirtschaft und Verbraucherschutz Nordrhein-Westfalen (MUNLV)

Leakey ADB, Ainsworth EA, Bernacchi CJ, Rogers A, Long SP, Ort DR (2009) Elevated CO_2 effects on plant carbon, nitrogen, and water relations: six important lessons from FACE. J Exp Bot 60:2859–2876

Long SP (1991) Modification of the response of photosynthetic productivity to rising temperature by atmospheric CO_2 concentration: has its importance been underestimated? Plant, Cell Environ 14:729–739

Long SP, Ainsworth EA, Leakey ADB, Nösberger J, Ort DR (2006) Food for thought: lower than expected crop yield stimulation with rising CO_2 concentrations. Sci 312:1918–1921

Lotze-Campen H, Claussen L, Dosch A, Noleppa S, Rock J, Schuler J, Uckert G (2009) Klimawandel und Kulturlandschaft Berlin. Potsdam-Institut für Klimafolgenforschung. PIK-Report 113:1436–0179

Lüttger, Gottschalk (2013) Regionale Projektionen für Deutschland zu Erträgen von Silomais und Winterweizen bei Klimawandel, Folien zur Tagung „Vom globalen Klimawandel zu regionalen Anpassungsstrategien" am 2., 3. September in Göttingen. http://www.kliff-niedersachsen.de.vweb5-test.gwdg.de/wp-content/uploads/2012/11/T1-Andrea-L%C3%BCttger-et-al..pdf. Zugegriffen: 20. Mai 2016

Manderscheid R, Burkart S, Bramm A, Weigel H-J (2003) Effect of CO_2 enrichment on growth and daily radiation use efficiency of wheat in relation to temperature and growth stage. Eur J Agron 19(3):411–425

Manderscheid R, Erbs M, Weigel H-J (2014) Interactive effects of free-air CO_2 enrichment and drought stress on maize growth. Eur J Agron 52:1–10

Mehlhorn H, Walldorf V, Klimpel S, Jahn B, Jaeger F, Eschweiler J, Hoffmann B, Beer M (2007) First occurrence of culicoides obsoletus-transmitted Bluetongue virus epidemic in Central Europe. Parasitol Res 101(1):219–228

Mirschel W, Eulenstein F, Wenkel KO, Wieland R, Müller L, Willms M, Schindler U, Fischer A et al (2005) 6. Regionale Ertragsschätzung für wichtige Fruchtarten auf repräsentativen Ackerstandorten in Märkisch-Oderland mit Hilfe von SAMT. In: Wiggering (Hrsg) Entwicklung eines integrierten Klimaschutzmanagements für Brandenburg (http://z2.zalf.de/content/1784_Ertrag_fuer_Klimawandel_Mirschel.pdf)

Mitchell RAC, Mitchell VJ, Driscoll SP, Franklin J, Lawlor DW (1993) Effects of increased CO_2 concentration and temperature on growth and yield of winter wheat at 2 levels of nitrogen application. Plant Cell Environ 16:521–529

Morrison JIL, Lawlor DW (1999) Interactions between increasing CO_2 concentration and temperature on plant growth. Plant Cell Environ 22:659–682

Nendel C, Kersebaum KC, Mirschel W, Wenkel KO (2014) Testing farm management options as a climate change adaptation strategy using the MONICA model. Eur J Agron 52:47–56

Nienaber JA, Hahn GL (2007) Livestock production system management responses to thermal challenges. Int J Biometeorol 52:149–157

Offermann F, Deblitz C, Golla B, Gömann H, Haenel H-D, Kleinhanß W, Kreins P, von Ledebur O, Osterburg B, Pelikan J, Röder N, Rösemann C, Salamon P, Sanders J, de Witte T (2014) Thünen-Baseline 2013–2023: Agrarökonomische Projektionen für Deutschland. Thünen Rep, Bd. 19. Johann Heinrich von Thünen-Institut, Braunschweig

Porter JP, Gawith M (1999) Temperatures and the growth and development of wheat: a review. Eur J Agron 10:23–36

Porter JR, Semenov MA (1999) Climate variability and crop yields in Europe. Nature 400:724

Prasad PVV, Boote KJ, Allen LH, Thomas JMG (2002) Effects of elevated temperature and carbon dioxide on seed-set and yield of kidney bean (Phaseolus vulgaris L.). Glob Change Biol 8(8):710–721

Sanker C (2012) Untersuchungen von klimatischen Einflüssen auf die Gesundheit und Milchleistung von Milchkühen in Niedersachsen. Dissertation. Georg-August-Universität Göttingen

Schaller M, Weigel H-J (2007) Analyse des Sachstands zu Auswirkungen von Klimaveränderungen auf die deutsche Landwirtschaft und Maßnahmen zur Anpassung. Landbauforsch Völkenrode SH, Bd. 316. FAL, Braunschweig, S 248

Stock M (2009) KLARA, Klimawandel, Auswirkungen, Risiken und Anpassung. PIK Report No, Bd. 99. Potsdam-Institute Climate Impact Research, Potsdam

Taub DR, Miller B, Allen H (2007) Effects of elevated CO_2 on protein concentration of food crops: a meta-analysis. Glob Change Biol 14:1–11

USF - Umweltsystemforschung der Universität Kassel (2005) Klimawandel und Landwirtschaft in Hessen, mögliche Auswirkungen des Klimawandels auf landwirtschaftliche Erträge. Abschlussbericht des wissenschaftlichen Zentrums für Umweltsystemforschung der Universität Kassel. INKLIM Baustein 2

Walter K, Löpmeier F-J (2010) Fütterung und Haltung von Hochleistungskühen 5. Hochleistungskühe und Klimawandel. Landbauforschung – vTI Agriculture and Forestry Research 1(60):35–44

Wechsung F, Gerstengarbe F-W, Lasch P, Lüttger A (2008) Die Ertragsfähigkeit ostdeutscher Ackerflächen unter Klimawandel. PIK-Report. Potsdam-Institute Climate Impact Research, Potsdam

Weigel H-J (2011) Klimawandel – Auswirkungen und Anpassungsmöglichkeiten. Landbauforsch SH 354:9–28

Weigel H-J, Manderscheid R (2012) Crop growth responses to free air CO_2 enrichment and nitrogen fertilization: rotating barley, ryegrass, sugar beet and wheat. Eur J Agron 43:97–107

Wald und Forstwirtschaft

Michael Köhl, Daniel Plugge, Martin Gutsch, Petra Lasch-Born, Michael Müller, Christopher Reyer

© Der/die Herausgeber bzw. der/die Autor(en) 2017
G. Brasseur, D. Jacob, S. Schuck-Zöller (Hrsg.), *Klimawandel in Deutschland*, DOI 10.1007/978-3-662-50397-3_19

Fast ein Drittel von Deutschland ist mit Wald bedeckt. Das entspricht etwa 11,4 Mio. Hektar (BMEL 2014). Auf einem Hektar Waldboden stehen durchschnittlich rund 336 m³ Holz – so viel wie der Inhalt von knapp fünf 40-Fuß-Containern. Mit insgesamt 3662 Mio. m³ besitzt Deutschland den größten Holzvorrat in Europa (Forest Europe 2011; BMEL 2014). Jedes Jahr kommen 11,1 m³/ha dazu (Oehmichen et al. 2011); Holzeinschlag und natürlicher Abgang (Mortalität) schöpfen jedoch rund 87 % des Zuwachses ab (BMEL 2014).

Durch Fotosynthese und Biomassewachstum entziehen Wälder der Atmosphäre Kohlendioxid (CO_2) und binden es als Kohlenstoff im Holz. In jedem Kubikmeter Holz stecken je nach Baumart bzw. Holzdichte rund 270 kg Kohlenstoff. Damit ist der Wald ein wichtiger Kohlenstoffspeicher. Zwischen 2002 und 2012 hat der deutsche Wald jährlich rund 52 Mio. t CO_2 aus der Atmosphäre aufgenommen (Dunger et al. 2014) und wirkt deshalb in diesem Zeitraum als Kohlenstoffsenke. Diese Menge entspricht etwa 15 % der durchschnittlichen jährlichen CO_2-Emissionen der privaten Haushalte hierzulande.

Wälder produzieren nicht nur den nachwachsenden Rohstoff Holz, sondern sie leisten auch viel für die Umwelt und wirken ausgleichend auf das Klima. Über ihre Blätter und Nadeln verdunsten Bäume Wasser, das sie mit ihren Wurzeln aus dem Boden saugen. Ein Buchenwald kann im Sommer täglich mehrere tausend Liter Wasser pro Hektar verdunsten (Schreck et al. 2016). Der Wasserdampf kondensiert und bildet Wolken; diese reflektieren Sonnenstrahlen und wirken somit der globalen Erwärmung entgegen. Besonders stark ist dieser Effekt in den Tropen.

Klimawandel und Wälder stehen in einem komplexen Wirkungsgefüge: Die Waldzerstörung, vor allem in den Tropen, trägt etwa ein Sechstel zu den jährlichen globalen Treibhausgasemissionen bei; Klimaveränderungen beeinflussen die Produktivität und Lebenskraft (Vitalität) von Wäldern. Energetische und stoffliche Verwendung von geerntetem Holz können den Verbrauch und damit die Emissionen fossiler Energieträger vermindern. Zudem wird Kohlenstoff in der Biomasse, im Waldboden und in Holzprodukten gebunden (FAO 2010; Knauf et al. 2015).

Wälder bedecken ein Drittel der Landfläche der Erde (FAO 2010) und sind der größte Kohlenstoffspeicher auf dem Land (Pan et al. 2011). Eingeteilt werden sie in drei Großlebensräume: nördliche (boreale), gemäßigte und tropische Wälder. Die tropischen Wälder besitzen mit 471 ± 93 Pg (Petagramm) – ein Petagramm entspricht 1 Mrd. Tonnen – in ihrer Vegetation und im Boden den größten Kohlenstoffvorrat, gefolgt von den borealen Wäldern mit 272 ± 23 Pg Kohlenstoff, der größtenteils im Boden gespeichert ist. In den gemäßigten Breiten sind 119 ± 9 Pg Kohlenstoff in den Wäldern gespeichert (Pan et al. 2011). Die europäischen Wälder gehören weitgehend der gemäßigten Zone an. Der deutsche Wald speichert 2,2 Pg Kohlenstoff, davon 59 % in der Baumbiomasse, 1 % in Totholz und 40 % in Streu und Waldboden. Pro Jahr nahm der Wald im Bezugszeitraum 1990–2002 22 Mio. t Kohlenstoff auf (BMELV 2009).

19.1   Wälder im globalen Kohlenstoffkreislauf

Bäume binden in ihrer Biomasse atmosphärisches CO_2 als Kohlenstoff. In Totholz oder Streu wird Kohlenstoff dagegen abgebaut und entweder als CO_2 in die Atmosphäre freigesetzt oder als Bodenkohlenstoff aufgenommen. Ist die C-Bindung durch Fotosynthese und Wachstum größer als die CO_2-Freisetzung durch Abbauprozesse, wird der Wald zur Kohlenstoffsenke. In Naturwäldern stellt sich über längere Zeit und große Gebiete ein Gleichgewicht zwischen Auf- und Abbau von Biomasse ein (Lal 2005; Luyssaert et al. 2008), sodass sich langfristig betrachtet Bindung und Freisetzung die Waage halten.

Der Nationale Inventarbericht zu Treibhausgasemissionen (NIR) (UBA 2011) und die Ergebnisse der 2. Bodenzustandserhebung zeigen, dass die Kohlenstoffvorräte in den deutschen Waldböden in etwa stabil geblieben oder sogar gestiegen sind (Block und Gauer 2012; Russ und Riek 2011).

Störungen des Waldgefüges, etwa durch Sturmschäden oder Waldsterben nach Insektenbefall, können bewirken, dass über einen längeren Zeitraum große Mengen CO_2 in die Atmosphäre gelangen. Neben diesen Schädigungen wird der Wald zu einer CO_2-Quelle (Kurz et al. 2008), wenn Wald- und Bodenspeicher durch anthropogen getriebene Entwaldung und Degradation vernichtet werden. Besonders in den Tropen tragen diese Prozesse jährlich mit rund 10–17 % oder 2,8 ± 0,4 Pg Kohlenstoff zu den globalen Treibhausgasemissionen bei (Houghton 2013; IPCC 2007; Settele et al. 2014). Demgegenüber steht eine Kohlenstoffaufnahme von 4,0 ± 0,7 Pg pro Jahr. Entsprechend kann von einer Senkenfunktion der globalen Wälder von 1,1 ± 0,8 Pg Kohlenstoff pro Jahr ausgegangen werden (Settele et al. 2014).

Bis auf wenige Ausnahmen wie Nationalparks oder Bannwälder werden Deutschlands Wälder bewirtschaftet: Zwischen 2002 und 2008 wurden jährlich etwa 70 Mio. m³ verwertbares Nutzholz geerntet (Oehmichen et al. 2011). Im Kohlenstoffkreislauf spielen Holzernte und -verwendung daher eine wichtige Rolle. Je nach Nutzungsdauer, möglicher Mehrfachnutzung und Verwendungszweck können viele Holzprodukte zum Klimaschutz beitragen:

— In Holz festgelegter Kohlenstoff wird nach der Holzernte in Holzprodukten gespeichert (Produktspeicher).
— Energetische Nutzung von Holz setzt zwar CO_2 frei, vermeidet aber gleichzeitig CO_2-Emissionen aus fossilen Energieträgern (energetische Substitution).
— Bei der Herstellung funktionsgleicher Produkte verbraucht die Verwendung von Holz in der Regel weniger Energie als die Verwendung alternativer Materialien (z. B. Ziegel, Kalksandsteine, Stahl, Aluminium). Damit lassen sich ebenso Emissionen aus fossilen Energieträgern einsparen (stoffliche Substitution) (Bergman et al. 2014 ; Knauf et al. 2015).

Wälder, die für die energetische Substitution durch Holz genutzt werden, schöpfen nicht das maximale Potenzial der Kohlenstoffspeicherung aus. Darüber hinaus ist die Energiedichte von Holz geringer als die fossiler Energieträger. Hierdurch entsteht eine sogenannte Kohlenstoffschuld. Diese gleicht sich jedoch über einen längeren Zeitraum durch die erhöhten Substitutionseffekte und die begrenzte maximale Kohlenstoffspeicherfähigkeit von Wäldern aus bzw. wird überkompensiert (Mitchell et al. 2012).

19

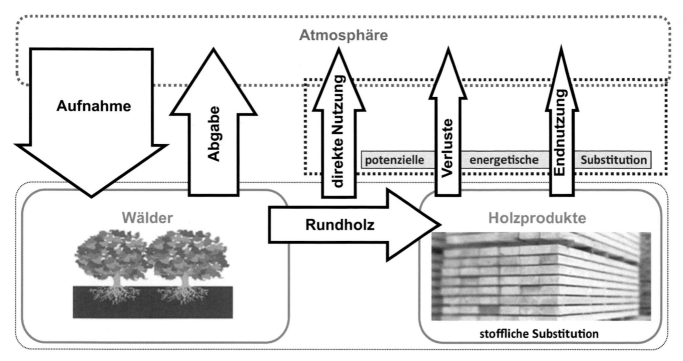

Abb. 19.1 Wald und Klima – Kohlenstoffspeicher und Kohlenstoffflüsse. Die Größe der Pfeile ist proportional zu den Anteilen an den Kohlenstoffflüssen

Der Waldspeicher vergrößert sich nur so lange, bis ein konstantes Gleichgewicht zwischen Auf- und Abbau von Biomasse erreicht ist. Dagegen akkumulieren die positiven Effekte der Substitution mit der Zeit, es wird ein „Vermeidungsguthaben" aufgebaut. Waldwachstum und stoffliche Holzverwendung verlagern den Kohlenstoff zwischen Atmosphäre, Waldspeicher und Holzproduktspeicher (◘ Abb. 19.1), aber bringen kein zusätzliches CO_2 in dieses System. Der Aufbau von Wald- und Produktspeicher kann, bei entsprechender langfristiger Nutzung der Produkte, einen Nettoeffekt auf die Kohlenstoffbindung haben. Die aktuell wieder populärer werdende Holzverbrennung zur Energiegewinnung führt im Gegensatz zur Verbrennung fossiler Energieträger nicht zu einer Erhöhung des CO_2-Gehalts der Atmosphäre.

19.2 Was der Klimawandel mit dem deutschen Wald macht

Die erwarteten bzw. projizierten Klimaänderungen im 21. Jahrhundert werden die Zusammensetzung der Baumarten in Deutschlands Wäldern beeinflussen. Auch Schadfaktoren werden sich verändern (Lindner et al. 2010; Müller 2009). Das zieht nicht nur ökologische Folgen nach sich, sondern auch bedeutende ökonomische (Hanewinkel et al. 2012). Wälder waren aufgrund des genetischen Potenzials von Bäumen in der Lage, sich an vergangene Phasen von natürlichem Klimawandel anzupassen. Die aktuelle, teilweise anthropogen bedingte Klimaveränderung weist eine höhere Geschwindigkeit auf als vergleichbare historische Änderungen im Klimasystem. Aufgrund der Langlebigkeit von Bäumen ist ein Abwarten auf die natürliche Anpassung mit den gesellschaftlichen Anforderungen an den Wald als Ökosystem und Ressource voraussichtlich nicht vereinbar. Ein gerichtetes Einschreiten der Forstwirtschaft zum Erhalt der

multifunktionalen Wälder ist dementsprechend notwendig. Im Folgenden werden die vorhandenen Erkenntnisse zum Einfluss des Klimawandels auf den deutschen Wald als Grundlage für eine solche Anpassung dargestellt.

19.2.1 Veränderte Ausbreitungsgebiete und Artenzusammensetzung

Mithilfe von „Klimahüllenmodellen" entwickelte der Forstwissenschaftler Christian Kölling 2007 ein erstes Konzept, um die ökologischen Effekte des Klimawandels auf die Anbaumöglichkeiten der Baumarten in Deutschland zu untersuchen (Kölling 2007). Er beschrieb die Häufigkeitsverteilung der wichtigsten Baumarten in Deutschland abhängig von Jahresmitteltemperatur und Jahresniederschlagssumme. Unter Verwendung von Klimaprojektionen für Deutschland von einem Regionalmodell (WETTREG) und einem Emissionsszenario (SRES B1) leitete er Aussagen etwa zur Anbaueignung der Rotbuche *(Fagus sylvatica)* und Gemeinen Fichte *(Picea abies)* ab: In Bayern könnte die Rotbuche demnach zusätzlich höhere Gebirgslagen besiedeln, während für die Gemeine Fichte in den wärmeren Regionen Bayerns ein höheres Anbaurisiko bestehen könnte (Kölling et al. 2007). Wegen ihrer Einfachheit (Bolte et al. 2008) und aufgrund der eingeschränkten Modell- und Szenarienauswahl stellen die grafischen Klimahüllen von Kölling (2007) nur einen ersten Schritt auf dem Weg zu belastbaren Aussagen über die Zukunft der Artenzusammensetzung unserer Wälder dar.

Komplexere Klimahüllenmodelle berücksichtigen viele verschiedene Klimaparameter und berechnen, wie groß die Wahrscheinlichkeit ist, dass bestimmte Baumarten in einer Region vorkommen. Demnach liegt die Verbreitungsgrenze von Stiel- und Traubeneiche *(Quercus robur* und *Quercus petraea)* und

Waldkiefern *(Pinus sylvestris)* im Zeitraum 2071–2100 (Szenario SRES A2) deutlich weiter im Osten und Norden als heute (Henschel 2008). Im westlichen Teil Deutschlands wachsen dann wesentlich weniger Kiefern.

Modelle zur Baumartenverteilung sind statistische Modelle auf der Basis von Inventurdaten der deutschen Bundeswaldinventur BWI II (Hanewinkel et al. 2010; Falk und Mellert 2011) oder der Monitoringdaten des ICP Forests *(International Co-operative Programme on Assessment and Monitoring of Air Pollution Effects on Forests)* (Hanewinkel et al. 2012; Meier et al. 2012). Sie zeigen, wie sich Anbaueignung und -risiko einzelner Baumarten regional verschieben. Berechnungen ergaben: Im Vergleich zum Jahr 2000 nehmen die geeigneten Flächen für Fichtenanbau in Baden-Württemberg bis 2030 um 21 % ab (SRES-Szenario B1), bis 2100 um 93 % (SRES-Szenario A2) (Hanewinkel et al. 2010). In Fläche umgerechnet entspricht dies einem Rückgang von 190.000 bzw. 860.000 ha. Wolfgang Falk und Karl Mellert von der Bayerischen Landesanstalt für Wald und Forstwirtschaft ermittelten für Bayern anhand zweier verschiedener Baumartenverteilungsmodelle für das Szenario B1 (Modell WETTREG), dass die Zahl der Flächen mit geringer Anbaueignung – also hohem Anbaurisiko – der Weißtanne *(Abies alba)* zunimmt. Nur auf einigen Gebirgsstandorten, z. B. in den Bayerischen Alpen oder im Bayerischen Wald, kann in Zukunft die Anbaueignung der Weißtanne zunehmen (Falk und Mellert 2011).

Mit einem Vegetationsmodell wurde die Dynamik der häufigsten europäischen Baumarten bei Klimaveränderungen untersucht (Hickler et al. 2012). Simulationen bis 2085 (A2-SRES-Szenario mit zwei globalen Zirkulationsmodellen) zufolge wandelt sich die Vegetation in weiten Teilen Europas deutlich – das wirkt sich auf die Bewirtschaftung von Wäldern und auf Schutzgebiete aus. Demnach weisen 31–42 % von Europa im Jahr 2085 einen anderen Vegetationstyp auf. Als ein Hotspot der Veränderung wurde die Übergangszone zwischen den Laubwäldern der gemäßigten Breiten und borealen Nadelwäldern in Nordeuropa und den höheren Berglagen Zentraleuropas ausgemacht. Diese Untersuchungen berücksichtigen allerdings nicht eine natürliche lokale Anpassung der einzelnen Arten, die dazu führen kann, dass die Veränderung der Vegetationstypen weniger drastisch ausfällt.

Mit kombinierten Modellen für Baumartenverteilung und Wald lassen sich die erforderlichen Migrationsraten für die Areale verschiedener Baumarten in Europa schätzen (Meier et al. 2012). Das Ergebnis: Außer der Waldkiefer können alle in den Alpen vorkommende Arten neu entstandene Areale erschließen. Dagegen bleibt die Baumverteilung in Nord- und Südeuropa recht stabil. Bei den Pionierbaumarten, die auf kargen und sonnenreichen Standorten die Erstbesiedlung vornehmen, liegen die Migrationsraten sehr hoch, bei den Klimaxbaumarten, die das Endstadium der natürlichen Sukzession im Wald darstellen, nur etwa ein Zehntel so hoch. Während des 21. Jahrhunderts gehen die mittleren Migrationsraten überall zurück, allerdings bei den Pionierbaumarten geringer als bei den Klimaxbaumarten.

In Sachsen und Thüringen haben die Forstverwaltungen verschiedene Zusammensetzungen von Baubeständen unter Berücksichtigung unterschiedlicher Emissionsszenarien mithilfe des Habitatmodells BERN simuliert. Dabei setzten sie Standorteigenschaften wie Boden und Klima in Beziehung zu

aktuell vorkommenden Waldgesellschaften und berechneten ihre künftige Vorkommenswahrscheinlichkeit mittels beispielhafter Projektionen des Regionalmodells WETTREG für Sachsen (B1-SRES-Szenario) bzw. Thüringen (A1B-Szenario). Besonders in den Mittelgebirgen gibt es demnach künftig weniger Potenzial für Fichtenwälder. Stattdessen finden dort Buchen gute Wuchsbedingungen. In den Tieflagen lösen Eichenwälder die Buchenwälder ab. Daher plant man, in Sachsen und Thüringen in den Bergregionen mehr Buchen, im Tiefland mehr Eichen anzubauen. Da solche Planungen im forstlichen Bereich durch die langen Umtriebszeiten langfristige Konsequenzen haben, ist eine fortlaufende, kritische Überprüfung der gewonnen Erkenntnisse auf der Grundlage neuer Ergebnisse der Klimaforschung unabdingbar (Gemballa und Schlutow 2007; Eisenhauer und Sonnemann 2009; Schlutow et al. 2009; Frischbier et al. 2010). In Mitteleuropa wird der Eichenwald möglicherweise generell zunehmen, während Kiefern- und Fichtenwälder sich zurückziehen werden (Hanewinkel et al. 2012).

19.2.2 Längere Vegetationsperioden

In den vergangenen Jahrzehnten haben sich die Vegetationsperioden ausgedehnt (Menzel und Fabian 1999; Chmielewski und Rötzer 2001; Bissolli et al. 2005). So beginnen Laubaustrieb oder Blüte früher im Jahr, Laubverfärbung und Blattfall setzen dagegen später ein. Längere Vegetationsperioden können die Produktion von mehr Biomasse ermöglichen, wenn Nährstoffe ausreichend zur Verfügung stehen. Negative Auswirkungen sind aber ebenfalls möglich. Beispielsweise können die Wechselwirkungen zwischen Arten, etwa bei der Bestäubung, gestört werden (Menzel et al. 2006). Mildere Winter können die Frosthärte von Bäumen verringern und damit mehr Spätfrostschäden verursachen. Durch hohe Wintertemperaturen kann der Stoffwechsel während der Winterruhe aktiviert werden, was die Bäume schwächt (Kätzel 2008). Eine früher beginnende und später endende Wachstumsperiode kann nur dann in vermehrtes Wachstum umgesetzt werden, wenn die Bäume im Sommer nicht in Trockenstress geraten, weil das Bodenwasser früher verbraucht ist (Richardson et al. 2010). Längere Vegetationszeiten können sich auch auf durch bestimmte Wärmesummen limitierte Schadorganismen von Bäumen auswirken.

19.2.3 Waldschäden: keine einfachen Antworten

Der Klimawandel schädigt den Wald direkt oder indirekt (Möller 2009; Müller 2009; Petercord et al. 2009). Windbruch und Trockenstress beispielsweise sind direkte Schäden, ebenso vermehrter Schädlingsbefall durch verändertes Klima. Indirekt wirkt der Klimawandel, indem er die Empfänglichkeit (Prädisposition) der Bäume für schädliche Einflüsse verändert und sie z. B. stärker auf Schadfaktoren reagieren (Müller 2008, 2009). Zuverlässige Aussagen zu den direkten und indirekten Folgen des Klimawandels sind schwierig, weil es komplexe Wechselwirkungen zwischen potenziellen Wirtsbaumarten und dem Klimawandel gibt. Da-

19

rüber hinaus lässt sich schwer beurteilen, wie potenzielle Schädlinge auf den Klimawandel reagieren. Sie haben zudem natürliche „Gegenspieler", deren Reaktionen auf ein verändertes Klima ebenfalls zu berücksichtigen ist.

Die Unsicherheit von Vorhersagen ergibt sich außerdem aus den möglichen Arealverschiebungen der Baumarten. Schäden sind vor allem dann zu erwarten, wenn Baumarten infolge des Klimawandels in nun ungeeigneten Regionen verbleiben. Mit der Anpassung der Waldbewirtschaftung und durch natürliche Arealverschiebungen werden Baumarten aber auch in Regionen vorkommen, die für sie geeignet sind.

▪ Mehr Kohlendioxid in der Atmosphäre

Nach verschiedenen Klimaszenarien entwickelt sich die Kohlendioxidkonzentration in der Atmosphäre bis 2100 auf Werte zwischen 400 ppm – RCP8.5 – 1370 ppm (Vuuren et al. 2011). Direkte Baumschäden und direkte Wirkungen auf abiotische und biotische Schadfaktoren dadurch sind sehr unwahrscheinlich. Eher wirken höhere CO_2-Konzentrationen indirekt, indem sie die Modifikation der Nahrungsqualität der Pflanzen steigern (Docherty et al. 1997; Veteli et al. 2002; Whittaker 1999). Tendenziell steigen Biomasseproduktion und Stoffumsatz der Pflanzen – eventuell wirkt sich das auf Risikostreuung und Verteidigung aus. Auch der Knospenaustrieb verändert sich, potenzielle Schadfaktoren treffen auf andere Entwicklungsphasen der Bäume.

▪ Steigende Temperatur

Die Erde wird wärmer: Die globale Oberflächentemperatur könnte bis 2100 um bis zu 4,8 °C steigen. Berücksichtigt man Unsicherheiten in den Klimaprojektionen, ist eine Steigerung um bis zu 7,8 °C möglich (IPCC 2014). Prinzipiell kann das direkt die Entwicklung von Insekten beeinflussen. Wärmere Blattoberflächen steigern die Fraßaktivität blattfressender Insekten, weniger Stickstoff in den Blättern dämpft oder stimuliert potenzielle Schadinsekten.

Nach der sogenannten Temperatursummenregel ist das Produkt aus wirksamer Temperatur und Entwicklungsdauer konstant (Schäfer 2003): je höher die Temperatur, desto schneller durchlaufen Insekten ihre Entwicklungsstadien. Unklar ist aber zumeist, ob sich das für eine bestimmte Art grundsätzlich positiv oder negativ auswirkt.

Bei stabilen Generationsfolgen von Insekten werden höhere Temperaturen vorrangig Entwicklungsstadien verkürzen, oder sie beginnen früher. Einige Insekten sind dadurch erfolgreicher und verursachen in kürzeren Zeitabständen Schäden. Hingegen verläuft etwa die Entwicklung der Forleule *(Panolis flammea)* ganz anders: Höhere Temperaturen in der Schwärmzeit verkürzen das Endstadium der Metamorphose, das Imaginalstadium. Dadurch kommt es zu einer unvollständigen Eiablage, und es gibt weniger Nachkommen (Escherich 1931; Majunke et al. 2000).

Bei variablen und temperaturgesteuerten Generationsfolgen ist bei höheren Temperaturen mit kürzeren Entwicklungszeiten oder einer Erhöhungen der Generationen pro Jahr zu rechnen. Schädlinge wie der Große braune Rüsselkäfer *(Hylobius abietis)* und der Blaue Kiefernprachtkäfer *(Phaenops cyanea)* dürften dann öfter als einjährige statt zweijährige Generationen vorkommen. Das bedeutendste mitteleuropäische rindenzerstörende (cambi-

ophage) Insekt, der Große achtzähnige Fichtenborkenkäfer *(Ips typographus)*, könnte zunehmend drei statt bisher zwei Generationen im Jahr hervorbringen. Doch wie stark würden diese Entwicklungen den Wald gefährden? Das ist selbst in diesen bekannten Fällen noch nicht abschließend untersucht (Schopf 1989). Die Schäden der Rüssel- und Kiefernprachtkäfer würde man zwar eventuell schnell sehen, aber es würden sich auch die Schadzeiträume verkürzen. Eine dritte Generation bei *Ips typographus* kann zusätzlichen Schaden anrichten. Das Ende der Eiablage im Spätsommer ist jedoch fotoperiodisch gesteuert (Schopf 1989). Nach bisherigen Erkenntnissen ist dieser Borkenkäfer nicht in der Lage, im Ei-, Larven- oder Puppenstadium zu überwintern (Schmidt-Vogt 1989), sodass sich eine nicht vollendete dritte Generation auch negativ auf die Populationsentwicklung auswirken könnte.

▪ Invasive und partizipierende Arten

Steigt die Temperatur in Mitteleuropa, könnten sich bislang unauffällige Arten besser entwickeln (partizipierende Arten), an wärmeres Klima angepasste Arten würden einwandern (invasive Arten). Zu diesen Gruppen gehören beispielsweise die Prozessionsspinner *(Thaumetopoea sp.)*, die Prachtkäfer *(Buprestidae)* oder auch der Kieferholznematode *(Bursaphelenchus xylophilus)*, der Schwarze Nutzholzborkenkäfer *(Xyloborus germanus)* (Immler und Blaschke 2007) sowie der Erreger des Kieferntriebsterbens *(Spaeropsis sapinea)* (Hänisch et al. 2006; Heydeck 2007). Dabei ist jedoch zu prüfen, ob Vorkommen und Anpassung dieser Arten tatsächlich mit dem Klimawandel zu tun haben.

▪ Extreme Witterung

Dürren, Überflutungen und Stürme können direkt den Wald schädigen. Sturm ist der bedeutendste direkte Schadfaktor in deutschen Wäldern. In den vergangenen Jahren nahmen Sturmschäden deutlich zu (Majunke et al. 2008). In deutschen Wäldern steigt zudem der Anteil sturmgefährdeter mittelalter und alter Bestände – sogar ohne Zunahme von Witterungsextremen muss man deshalb mit mehr Schadholz rechnen.

Durch Witterungsextreme – vor allem Niederschlag und Stürme – entsteht darüber hinaus jedoch auch eine höhere Prädisposition der Bäume für schädigende Insekten. Mit den heutigen Aufarbeitungstechnologien lassen sich Massenvermehrungen von Borkenkäfern nach Dürre und Stürmen jedoch immer besser verhindern.

▪ Arealverschiebungen und Waldbrandgefahr

Aus den klimabedingten Arealverschiebungen von Bäumen ergeben sich Gebiete, in denen die entsprechenden Baumarten künftig nicht mehr existieren können (Krisengebiete). Zudem entstehen Gebiete, in denen sich bestimmte Arten neu ansiedeln werden (Initialgebiete). In den Krisengebieten werden Bäume empfindlicher gegenüber biotischen Schadfaktoren und von diesen vermehrt heimgesucht. Außerdem werden sich Folgeorganismen, die bisher kaum in Erscheinung traten, stärker zu Erstbesiedlern entwickeln. In Initialgebieten, in denen sich die andernorts verdrängten Baumarten neu ansiedeln oder angebaut werden, bilden sich neue Lebensräume. Dorthin expandieren auch potenzielle Schadorganismen, deren Population nach einer Anfangsphase exponentiell wächst und sich an den neuen

Mehr Kohlenstoff speichern – aber wie?

Unter rein ökologischen Gesichtspunkten wäre eine Nichtnutzung der Wälder mit zunächst einhergehendem Aufbau des Kohlenstoffspeichers eine mögliche Option. Jedoch ist die Speicherfähigkeit auf einen Gleichgewichtszustand begrenzt (Kohlenstoffabnahme durch Mortalität und Zersetzung entspricht C-Sequestrierung) und schließt Substitutionseffekte aus. Unter den realen gesellschaftlichen Anforderungen an den Wald könnte vor allem durch neue Bewirtschaftungsstrategien und Kaskadennutzung von Holzprodukten mehr Kohlenstoff gespeichert werden als durch eine Nichtnutzung. Dabei spielen verschiedene Instrumente zur Intensivierung der Holzproduktion eine wichtige Rolle:

— Ernte der Bäume zum Zeitpunkt des maximalen Gesamtzuwachses, inklusive Mehrfachnutzung des Holzes und Ersatz von energieintensiveren Materialien durch Holz und energetischer Endnutzung zur Substitution von fossilen Brennstoffen.
— Frühzeitige Verjüngung von überalterten Beständen bzw. Beständen mit überdurchschnittlich großer Vorratshaltung.
— Baumartenwechsel hin zu leistungsstarken und raschwüchsigen Arten.
— Überführung von Altersklassenwäldern in Dauerwälder.

Auch bei den alternativen Bewirtschaftungen und anschließender Kaskadennutzung der Holzprodukte sind der Senkenleistung von Wäldern natürliche Grenzen gesetzt. So müsste eine klimafreundliche und klimaangepasste Bewirtschaftung von Beständen im Einzelfall geplant und umgesetzt werden, da die lokalen Standortverhältnisse berücksichtigt werden müssen (Krug et al. 2010). Durch Ausgleichs- oder Ersatzmaßnahmen in Form von Aufforstung, z. B. von landwirtschaftlichen Grenzertragsflächen, kann allerdings zusätzliche Speicher- und Senkenleistung geschaffen werden. Jedoch bestehen hier vielfältige konkurrierende Nutzungsinteressen und hohe rechtliche und gesellschaftliche Hindernisse.

Lebensraum anpasst. Ein markantes Beispiel: Verschiedene Arten von Kurzschwanzmäusen besiedeln bereits heute Waldumbauflächen.

Die von Klimaszenarien skizzierten Änderungen, u. a. Wassermangel, erhöhen die Waldbrandgefahr (Badeck et al. 2004; Hänisch et al. 2006; SMUL 2008). Aber die Waldstrukturen verändern sich, sodass die besonders gefährlichen und schwer bekämpfbaren Vollfeuer – das sind Brände vom Boden bis zur Kronenschicht – unwahrscheinlicher werden könnten. Außerdem sind Waldbrandvorbeugung, -überwachung und -bekämpfung sehr effektiv. Wird der Schutz vor Waldbränden beibehalten und weiterentwickelt, lässt sich die Waldbrandgefahr trotz Klimawandels in Deutschland wahrscheinlich beherrschen (Müller 2004, 2008, 2009).

19.2.4 Temperatur und Niederschläge beeinflussen Produktivität

Die Hitzewelle im Sommer 2003 lässt die Auswirkungen des Klimawandels auf den Wald erahnen. Der Kronenzustand als ein Indikator für die Vitalität eines Baumes hat sich 2003 bei den meisten Baumarten deutlich verschlechtert – Trockenheit und Hitze mit den damit verbundenen Wassermangelerscheinungen sind dafür eine plausible Erklärung (ICP 2004). Eine Projektion mit mehreren globalen Klimamodellen weist jedoch darauf hin, dass durch den zu erwartenden Klimawandel europaweit etwas mehr Flächen entstehen, auf denen Wald gedeihen kann (Schröter et al. 2005). Neben dem Management (Köhl et al. 2010) beeinflusst wohl auch die Änderung der Niederschläge entscheidend die Produktivität von Wald. Nehmen die Niederschläge zu, könnte in Deutschland bei drei von vier Hauptbaumarten die Produktivität um bis zu 7 % steigen. Wird es eher trockener, geht die Produktivität besonders an wasserarmen Standorten um 4–16 % zurück (Lasch et al. 2005; Lindner et al. 2010). Der Sommer 2003 hat zudem gezeigt: Bei Trockenheit und Wassermangel betreiben Wälder weniger Fotosynthese und mehr Atmung, sodass sie zu CO_2-Quellen werden (Dobbertin und de Vries 2008; ▶ Kap. 17). Damit wird in den Trockenperioden die Kohlenstoffspeicherleistung der Wälder vermindert.

19.2.5 Kohlenstoffhaushalt: von der Senke zur Quelle

Seit 1990 nimmt die Leistung des Waldes als Kohlenstoffsenke auf bewirtschafteten Flächen in Deutschland ab (Krug et al. 2009). Diese Entwicklung ist einerseits dem Altersklassenaufbau der Aufforstungen nach dem 2. Weltkrieg geschuldet – damals wurden durch Insektenbefall und die sog. „Reparationshiebe" der Alliierten zerstörte Wälder wieder aufgeforstet. Andererseits resultiert die verringerte Senkenleistung aus der zyklischen Nutzung. Spätestens seit 2002 werden der Vorratsaufbau und vergangene Mindernutzungen verstärkt mobilisiert und führen zu einer stetigen Abnahme der Senkenleistung, da kurz- bis mittelfristig mehr Kohlenstoff durch Altbestandsernte freigesetzt wird, als durch nachwachsende Jungbestände sequestriert werden kann.

Auf Basis der Waldentwicklungs- und Holzaufkommensmodellierung (WEHAM) wurde unabhängig von den Auswirkungen des Klimawandels projiziert, dass der deutsche Wald in den kommenden vier Jahrzehnten von einer CO_2-Senke zu einer CO_2-Quelle werden wird (Dunger et al. 2005; Dunger und Rock 2009; Polley und Kroiher 2006; Krug et al. 2010).

19.3 Anpassung in der Forstwirtschaft

Die Anpassung der Bewirtschaftung an den Klimawandel zielt auf eine höhere Vitalität von Wäldern. Anpassungen an Niederschlagsdefizite und höhere Temperaturen lassen sich mit Veränderungen in der Baumartenwahl (Lasch et al. 2005), der Bestandsstruktur etwa durch geringere Stammzahlen, neuen Durchforstungsmethoden, Verjüngungskonzepten oder im Anbau trockenresistenter Herkünfte realisieren (Reyer et al. 2009).

In der Forstwirtschaft sind Entscheidungen langfristig. Zudem bestehen komplexe Wechselwirkungen zwischen dem regionalen Klimawandel und ökologischen, ökonomischen sowie sozialen Faktoren. Das alles erhöht das Produktionsrisiko im Wald (Taeger et al. 2013). Somit hängt viel von der Auswahl

Gewinnmaximierer   Waldreinertragsmaximierer   Zielstärkennutzer

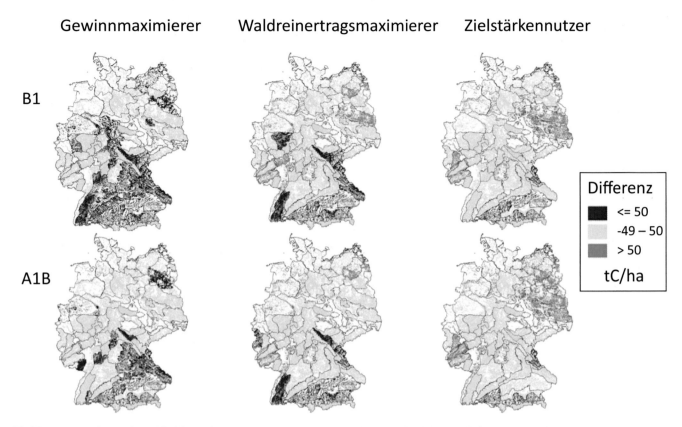

■ Abb. 19.2 Veränderung des Waldkohlenstoffspeichers [tC/ha] zwischen 2000 und 2100 nach Waldbewirtschaftungstypen und Klimaszenarien (*rot* Speicherabnahme, *grün* Speicherzunahme, *gelb* keine Speicheränderung)

der richtigen Baumarten oder den richtigen Herkünften bereits angebauter Arten ab, die mit den erwarteten Umweltbedingungen besser zurechtkommen (Bolte et al. 2009). Mit dem Anbau trockenstressresistenter Pflanzen lässt sich die Forstwirtschaft offenbar an den Klimawandel anpassen (Fyllas und Troumbis 2009; Temperli et al. 2012). Jedoch müssen Auswahl und Mischung der Baumarten regional betrachtet werden. Standortbedingungen, der projizierte regionale Klimawandel und die Reaktion der einzelnen Arten darauf müssen berücksichtigt werden (Temperli et al. 2012). So wurde im Zuge großflächiger Aufforstungen nach den „Reparationshieben" (► Abschn. 19.2.5) die trockenanfällige Gemeine Fichte in klimatisch nur bedingt geeigneten Gebieten angebaut, sodass es heute ein Ungleichgewicht zwischen Standort und Klimabedingungen gibt. Durch den Klimawandel wird sich dieses verstärken und auf weitere Gebiete ausbreiten (Ludemann 2010).

Köhl et al. (2010) haben die Auswirkungen von unterschiedlichen Bewirtschaftungszielen bei verschiedenen Klimaszenarien untersucht. Die drei Waldbewirtschaftungstypen haben unterschiedliche Ziele: Der „Gewinnmaximierer" nutzt den Wald, sobald der Wertzuwachs unter 2 % sinkt. Der „Waldreinertragsmaximierer" nutzt den Wald beim Maximum des mittleren jährlichen Ertrags. Und der „Zielstärkennutzer" bewegt sich nah an naturnaher Waldwirtschaft und nutzt Bäume ab einem definierten Zieldurchmesser. Das Ergebnis: Je nach Bewirtschaftungstyp und Klimaszenario verändert sich von 2000 bis 2100 neben der Holzproduktion und der Baumartenzusammensetzung auch die Menge an Waldkohlenstoff (■ Abb. 19.2). Dabei beeinflusst unter den in der Studie vorausgesetzten Randbedingungen die Waldbewirtschaftung die künftige Bestandsentwicklung stärker als der Klimawandel. Ähnliches wurde für boreale Wälder berichtet (Alam et al. 2008; Garcia-Gonzalo et al. 2007; Briceño-Elizondo et al. 2006).

Da Anpassungsplanungen im forstlichen Bereich langfristige Konsequenzen haben, ist eine fortlaufende, kritische Überprüfung der gewonnenen Erkenntnisse auf der Grundlage neuer Ergebnisse der Klimaforschung mit mehreren und neueren Modell- und Szenarienensembles unabdingbar (Krug et al. 2010a).

19.4 Kurz gesagt

In der Vergangenheit haben sich Wälder an die geringen Veränderungen des am Wuchsort herrschenden Klimas angepasst. Die gegenwärtige Geschwindigkeit des Klimawandels in Verbindung mit der aktuellen Verteilung der Baumarten überfordert jedoch die natürliche Anpassung. Vegetationszonen, Verbreitungsgebiete der Baumarten und Artzusammensetzung der Wälder verschieben sich. Sowohl die höheren Temperaturen als auch die veränderte Verteilung der Niederschläge sowie zunehmende Extremereignisse werden sich auf die Waldökosysteme auswirken. Trockenstress durch weniger Sommerniederschläge und die dadurch beschleunigte Entwicklung von Insekten sowie die steigende Gefahr von Waldbränden und Stürmen werden die Anfälligkeit der Bäume erhöhen.

In Mitteleuropa wird der Eichenwald zunehmen, beginnend in den Tieflagen. Der Buchenwald wandert von den Tieflagen in die Mittelgebirge. Dort werden sich die Kiefern- und Fichtenwälder allmählich zurückziehen.

Bei Anpassungsstrategien spielen somit die Waldbewirtschaftung sowie die standort- und klimaangepasste Auswahl der Baumarten eine große Rolle. Geeignete Strategien berücksichtigen auch die Produktion des Rohstoffs und Energieträgers Holz. So lässt sich die Funktion von Wäldern als Zwischenspeicher im globalen Kohlenstoffkreislauf sichern und fördern. Holzprodukte können zudem energieintensive Materialien und fossile Energieträger ersetzen und zu einer Reduktion der Treibhausgasemissionen beitragen.

Literatur

Alam A, Kilpeläinen A, Kellomäki S (2008) Impacts of thinning on growth, timber production and carbon stocks in Finland under changing climate. Scand J Forest Res 23:501–512

Badeck FW, Lasch P, Hauf Y, Rock J, Suckow F, Thonicke K (2004) Steigendes klimatisches Waldbrandrisiko. AFZ-Der Wald 59:90–93

Bergman R, Puettmann M, Taylor A, Skog KE (2014) The Carbon Impacts of Wood Products. For Prod J 64:220–231

Bissolli P, Müller-Westermeier G, Dittmann E, Remisová V, Braslavská O, Stastný P (2005) 50-year time series of phenological phases in Germany and Slovakia: a statistical comparison. Meteorol Z 14(2):173–182

Block J, Gauer J (2012) Waldbodenzustand in Rheinland-Pfalz: Ergebnisse der zweiten landesweiten Bodenzustandserhebung BZE II. Mitt Forschungsanst Waldökologie und Forstwirtschaft Rheinland-Pfalz 70:228

BMEL (2014) Der Wald in Deutschland. Ausgewählte Ergebnisse der dritten Bundeswaldinventur. Bundesministerium für Ernährung und Landwirtschaft, Berlin

BMELV (2009) Waldbericht der Bundesregierung 2009. Bundesministerium für Ernährung, Landwirtschaft und Verbraucherschutz, Berlin

Bolte A, Ibisch P, Menzel A, Rothe A (2008) Was Klimahüllen uns verschweigen. AFZ-Der Wald 15:800–803

Bolte A, Ammer C, Löf M, Madsen P, Nabuurs G-J, Schall P et al (2009) Adaptive forest management in central Europe: climate change impacts, strategies and integrative concept. Scand J Forest Res 24:473–482

Briceño-Elizondo E, Garcia-Gonzalo J, Peltola H, Kellomäki S (2006) Carbon stocks and timber yield in two boreal forest ecosystems under current and changing climatic conditions subjected to varying management regimes. Environ Sci Policy 9(3):237–252

Chmielewski FM, Rötzer T (2001) Response of tree ponology to climate change across Europe. Agric For Meteorol 108:101–112

Dobbertin M, de Vries W (2008) Interactions between climate change and forest ecosystems. In: Fischer R (Hrsg) Forest ecosystems in a changing environment: identifying future monitoring and research needs Report and Recommendations – COST Strategic Workshop, 11–13 March 2008. Stueber Grafik, Göttingen, S 8–12

Docherty M, Salt DT, Holopainen JK (1997) The impacts of climate change and pollution on forest pests. In: Watt AD, Stork NE, Hunter MD (Hrsg) Forests and Insects. Chapman & Hall, London

Dunger K, Rock J (2009) Projektionen zum potentiellen Rohholzaufkommen. AFZ-Der Wald 64(20):1079–1081

Dunger K, Bösch B, Polley H (2005) Das potentielle Rohholzaufkommen 2002 bis 2022 in Deutschland. AFZ 60(3):114–116

Dunger K, Stümer W, Oehmichen K, Riedel T, Ziche D, Grüneberg E, Wellbrock N (2014) Nationaler Inventarbericht Deutschland. Kapitel 7.2 Wälder. Umweltbundesamt (UBA), Dessau-Roßlau

Eisenhauer D-R, Sonnemann S (2009) Waldbaustrategien unter sich ändernden Umweltbedingungen – Leitbilder, Zielsystem, Waldentwicklungstypen. Waldökol Landschaftsforsch Natursch 8:71–88

Escherich K (1931) Die Forstinsekten Mitteleuropas. Raul Parey, Berlin

Falk W, Mellert KH (2011) Species distribution models as a tool for forest management planning under climate change: risk evaluation of Abies alba in Bavaria. J Veg Sci 22(4):621–634

FAO (2010) Global Forest Resources Assessment 2010: Main Report, Rome. FAO Forestry Paper

Forest Europe (2011) State of Europe's Forests. UN-ECE, UN-FAO, FOREST EUROPE Liaison Unit Oslo. Oslo, Geneva, Rome:337

Frischbier N, Profft I, Arenhövel W (2010) Die Ausweisung klimawandelangepasster Bestandeszieltypen für Thüringen. Forst Holz 65(2):28–35

Fyllas N, Troumbis A (2009) Simulating vegetation shifts in north-eastern Mediterranean mountain forests under climatic change scenarios. Global Ecology and Biogeography 18(1):64–77

Garcia-Gonzalo J, Peltola H, Briceño-Elizondo E, Kellomäki S (2007) Effects of climate change and management on timber yield in boreal forests, with economic implications: a case study. Clim Chang 81:431–454

Gemballa R, Schlutow A (2007) Überarbeitung der Forstlichen Klimagliederung Sachsens. AFZ-Der Wald 15:822–826

Hanewinkel M, Hummel S, Cullmann DA (2010) Modelling and economic evaluation of forest biome shifts under climate change in Southwest Germany. For Ecol Manage 259(4):710–719

Hanewinkel M, Cullmann DA, Schelhaas MJ, Nabuurs GJ, Zimmermann NE (2012) Climate change may cause severe loss in the economic value of European forest land. Nat Clim Chang 3(3):203–207

Hänisch T, Kehr R, Schubert O (2006) Schwarzkiefer auf Muschelkalk trotz Sphaeropsis-Befall? AFZ-Der Wald 61:227–230

Henschel A (2008) Habitatmodellierung der drei Baumarten Waldkiefer, Traubeneiche und Stieleiche. Geographisches Institut. Berlin, Humboldt-Universität. Diplom, 119 S

Heydeck P (2007) Pilzliche und pilzähnliche Organismen als Krankheitserreger an Kiefern. In: Ministerium für Ländliche Entwicklung, Umwelt und Verbraucherschutz des Landes Brandenburg (Hrsg) Die Kiefer im nordostdeutschen Tiefland – Ökologie und Bewirtschaftung. Eberswalder Forstliche Schriftenreihe, Bd. XXXII. Verlagsgesellschaft, Potsdam

Hickler T, Vohland K, Feehan J, Miller PA, Smith B, Costa L, Giesecke T, Fronzek S, Carter TR, Cramer W, Kuhn I, Sykes MT (2012) Projecting the future distribution of European potential natural vegetation zones with a generalized, tree species-based dynamic vegetation model. Glob Ecol Biogeogr 21(1):50–63

Houghton RA (2013) The emissions of carbon from deforestation and degradation in the tropics: past trends and future potential. Carbon Manag 4:539–546

ICP (2004) The condition of forests in Europe: 2004 Executive Report, Geneva

Immler T, Blaschke M (2007) Forstschädlinge profitieren vom Klimawandel. LWF aktuell 14(5):24–26

IPCC (2007) Intergovernmental Panel on Climate Change: Climate Change 2007 – The physical science basis. Contribution of Working Group 1 to the Fourth Assessment Report of the IPCC

IPCC (2014) Climate change 2014: Synthesis report. Contribution of Working groups I, II and III to the Fifth Assessment Report of the Intergovernmental Panel on Climate Change, Geneva

Kätzel R (2008) Klimawandel. Zur genetischen und physiologischen Anpassungsfähigkeit der Baumarten. Arch Forstwes Landschaftsökol 42:9–15

Knauf M, Köhl M, Mues V, Olschofsky K, Frühwald A (2015) Modeling the CO_2-effects of forest management and wood usage on a regionl basis: Carbon Balance and Management 10:13

Köhl M, Hildebrandt R, Olschofksy K, Köhler R, Rötzer T, Mette T, Pretzsch H, Köthke M, Dieter M, Mengistu A, Makeschin F, Kenter B (2010) Combating the effects of climatic change on forests by mitigation strategies. Carbon Balance Manag 5(8)

Kölling C (2007) Klimahüllen für 27 Waldbaumarten. AFZ-Der Wald 23:1242–1245

Kölling C, Zimmermann L, Walentowski H (2007) Klimawandel: Was geschieht mit Buche und Fichte? AFZ-Der Wald 11:584–588

Krug J et al (2009) Options for accounting carbon sequestration in German forests. Carbon Balance Manag 4:5

Krug J, Köhl M (2010a) Bedeutung der deutschen Forstwirtschaft in der Klimapolitik. AFZ-Der Wald 65(17):30–33

Krug J, Kriebitzsch W-U, Riedel T, Olschofsky K, Bolte A, Polley H, Stümer W, Rock J, Öhmichen K, Kroiher F, Wellbrock N (2010b) Potenziale zur Vermeidung von Emissionen sowie der zusätzlichen Sequestrierung im Wald und daraus resultierenden Fördermaßnahmen. Studie im Auftrag des Bundesministeriums für Ernährung, Landwirtschaft und Verbraucherschutz. Thünen-Institut, Hamburg

Kurz WA, Dymond CC, Stinson G, Rampley GJ, Neilson ET, Carroll AL, Ebata T, Safranyik L (2008) Mountain pine beetle and forest carbon feedback to climate change. Nature 452:987–990

Lal R (2005) Forest soils and carbon sequestration. For Ecol Manage 220:242–258

Lasch P, Badeck F, Suckow F, Lindner M, Mohr P (2005) Model-based analysis of management alternatives at stand and regional level in Brandenburg (Germany). For Ecol Manage 207(1–2):59–74

Lindner M, Maroschek M, Netherer S, Kremer A, Barbati A, Garcia-Gonzalo J, Seidl R, Delzon S, Corona P, Kolstrom M, Lexer MJ, Marchetti M (2010) Climate change impacts, adaptive capacity, and vulnerability of European forest ecosystems. For Ecol Manage 259(4):698–709

Ludemann T (2010) Past fuel wood exploitation and natural forest vegetation in the Black Forest, the Vosges and neighbouring regions in western Central Europe. Palaeogeogr Palaeoclimatol Palaeoecol 291:154–165

Luyssaert S, Schulze E-D, Börner A, Knohl A, Hessenmöller D, Law BE, Ciais P, Grace J (2008) Old-growth forests as global carbon sinks. Nature 455:213–215

Majunke C, Möller K, Funke M (2000) Zur Massenvermehrung der Forleule (Panolis flammea Schiff., Lepidoptera, Noctuidae) in Brandenburg. Forstwirtsch Landsch ökol 34:127–132

Majunke C, Matz S, Müller M (2008) Sturmschäden in Deutschlands Wäldern von 1920 bis 2007. AFZ-Der Wald 63:380–381

Meier ES, Lischke H, Schmatz DR, Zimmermann NE (2012) Climate, competition and connectivity affect future migration and ranges of European trees. Glob Ecol Biogeogr 21(2):164–178

Menzel A, Fabian P (1999) Growing season extended in Europe. Nature 452:987–990 (397:6721)

Menzel A, Sparks TH, Estrella N, Roy DB (2006) Altered geographical and temporal variability in response to climate change. Glob Ecol Biogeogr 15:498–504

Mitchell SR, Harmon ME, O'Connell, Kari FR (2012) Carbon debt and carbon sequestration parity in forest bioenergy production. GCB Bioenergy 4:818–827

Möller K (2009) Aktuelle Waldschutzprobleme und Risikomanagement in Brandenburgs Wäldern. Eberswalder Forstliche Schriftenreihe 42:63–72

Müller M (2004) Klimawandel – Auswirkungen auf abiotische Schadeinflüsse und auf Waldbrände sowie mögliche forstliche Anpassungsstrategien. In: Brandenburgischer Forstverein e. V. (Hrsg) Klimawandel – Wie soll der Wald der Zukunft aussehen?. Brandenburgischer Forstverein, Eberswalde, S 45–55

Müller M (2008) Grundsätzliche Überlegungen zu den Auswirkungen eines Klimawandels auf potenzielle Schadfaktoren in mitteleuropäischen Wäldern. In: Forstverein Mecklenburg-Vorpommern e. V. (Hrsg) Tagungsberichte, S 152–161

Müller M (2009) Auswirkungen des Klimawandels auf ausgewählte Schadfaktoren in den deutschen Wäldern. Wiss Zeitschr TU Dresden 58(3–4):69–75

Oehmichen K, Demant B, Dunger K, Grüneberg E, Hennig P, Kroiher F, Neubauer M, Polley H, Riedel T, Rock J, Schwitzgebel F, Stümer W, Wellbrock N, Ziche D, Bolte A (2011) Inventurstudie 2008 und Treibhausgasinventar Wald. Landbauforschung vTI agriculture and forestry research. Sonderheft, Bd. 343. Thünen-Institut, Braunschweig

Pan Y, Birdsey RA, Fang J, Houghton R, Kauppi PE, Kurz WA et al (2011) A large and persistent carbon sink in the world's forests. Science 333:988–993

Petercord R, Leonhard S, Muck M, Lemme H, Lobinger G, Immler T, Konnert M (2009) Klimaänderung und Forstschädlinge. LWF aktuell 72:4–7

Polley H, Kroiher F (2006) Struktur und regionale Verteilung des Holzvorrates und des potenziellen Rohholzaufkommens in Deutschland im Rahmen der Clusterstudie Forst- und Holzwirtschaft. Inst Waldökol Waldinvent. BFH, Eberswalde, S 128

Reyer C, Guericke M, Ibisch PL (2009) Climate change mitigation via afforestation, reforestation and deforestation avoidance – and what about adaptation to environmental change? New For 38:15–34

Richardson et al (2010) Influence of spring and autumn phenological transitions on forest ecosystem productivity. Phil Trans R Soc 365:3227–3246

Russ A, Riek W (2011) Pedotransferfunktionen zur Ableitung der nutzbaren Feldkapazität – Validierung für Waldböden des nordostdeutschen Tieflands. Waldökologie, Landschaftsforschung und Naturschutz 11:5–17

Schäfer M (2003) Wörterbuch der Ökologie. Spektrum Akademischer Verlag, Heidelberg und Berlin

Schlutow A, Profft I, Frischbier N (2009) Das BERN-Modell als Instrument zur Einschätzung der Angepasstheit von Waldgesellschaften und Baumarten an den Klimawandel in Thüringen. Forst Holz 64(4):31–33

Schmidt-Vogt H (1989) Krankheiten, Schäden, Fichtensterben. Die Fichte, Bd. 2. (Teil 2)

Schopf A (1989) Die Wirkung der Photoperiode auf die Induktion der Imaginaldiapause von Ips typographus (L) (Col, Scolytidae). J Appl Entomol 107:275–288

Schreck M, Lackner C, Walli AM (2016) Österreichs Wald. Bundesforschungs- und Ausbildungszentrum für Wald, Naturgefahren und Landschaft, Wien, (85):28

Schroeter D, Cramer W, Leemans R, Prentice I, Araújo M, Arnell A et al (2005) Ecosystem Service Supply and Vulnerability to Global Change in Europe. Science 310:1333–1337

Settele J, Scholes R, Betts R, Bunn SE, Leadley D, Nepstad D et al (2014) Terrestrial and inland water systems. In: IPCC (Hrsg) Climate Change 2014. Impacts, adaptation and vulnerability. Part A: Global and sectoral aspects. Contribution of Working Group II to the Fifth Assessment Report of the Intergovernmental Panel on Climate Change. Cambridge University Press, Cambridge, S 271–359

SMUL – Sächsisches Staatsministerium für Umwelt und Landwirtschaft (2008) Sachsen im Klimawandel. Thieme und Co KG, Meißen

Taeger S, Zang C, Liesebach M, Schneck V, Menzel A (2013) Impact of climate and drought events on the growth of Scots pine (Pinus sylvestris L.) provenances. For Ecol Manage 307:30–42

Temperli C, Bugmann H, Elkin C (2012) Adaptive management for competing forest goods and services under climate change. Ecol Appl 22:2065–2077

UBA (2011) Berichterstattung unter der Klimarahmenkonvention der Vereinten Nationen und dem Kyoto-Protokoll. Nationaler Inventarbericht zum Deutschen Treibhausgasinventar. Climate Change 11:1990–2009

Veteli TO, Kuokkanen K, Julkunen-Tiitto R, Roininen H, Tahvanainen J (2002) Effects of elevated CO_2 and temperature on plant growth and herbivore defensive chemistry. Glob Chang Biol 8:1240–1252

Vuuren DP van, Edmonds J, Kainuma M, Riahi K, Thomson A, Hibbard K et al (2011) The representative concentration pathways: an overview. Clim Chang 109:5–31

Whittaker JB (1999) Impacts and responses at population level of herbivorous insects to elevated CO_2. Eur J Entomol 96:149–156

Boden

Eva-Maria Pfeiffer, Annette Eschenbach, Jean Charles Munch

© Der/die Herausgeber bzw. der/die Autor(en) 2017
G. Brasseur, D. Jacob, S. Schuck-Zöller (Hrsg.), *Klimawandel in Deutschland,* DOI 10.1007/978-3-662-50397-3_20

Wir müssen nicht tief graben, um die Wohlfahrtswirkungen von Böden zu erfahren: Umweltfaktoren und Lebewesen haben ein buntes Mosaik von Böden geschaffen – mit großer Vielfalt von Formen und Eigenschaften. Aus den Umwandlungsprodukten mineralischer und organischer Substanzen sind dabei eigene Naturkörper entstanden, die im Gegensatz zum Ausgangsgestein mit Wasser, Luft und Lebewesen durchsetzt sind. Böden speichern und regulieren Nährstoffe, Energie und Wasser und greifen regelnd in den Naturhaushalt ein – und dies fast zum Nulltarif.

Böden bieten Pflanzen, Tieren und Menschen Lebensraum und Standort. Sie spielen eine zentrale Rolle in der Umwelt und im Klimageschehen. Dabei erfüllen sie unverzichtbare Funktionen: Böden dienen der Produktion von Nahrungs- und Futtermitteln sowie von Rohstoffen und Bioenergie; sie stellen die Grundlage für wertvolle Naturschutzgebiete dar und sind Archive der Kultur- und Landschaftsgeschichte. Da Böden eine so wichtige Ressource sind, stehen sie unter gesetzlichem Schutz (Bodenschutzgesetz, BBodSchutzG 1998). Zentrales Anliegen eines nachhaltigen Erdsystemmanagements muss es sein, unsere Böden mit ihren vielfältigen Funktionen zu erhalten – sowohl als wichtige Standorte für Acker, Grünland, Wald, Forst oder städtische Lebensräume als auch für naturnahe Systeme wie Moore,

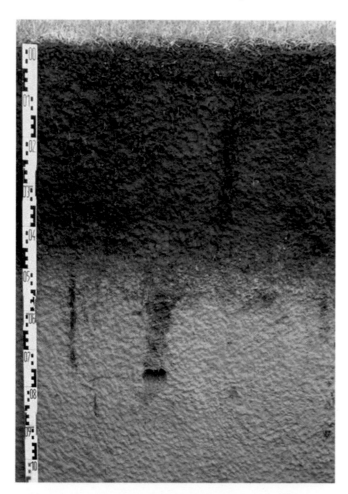

☐ **Abb. 20.1** Die Schwarzerde aus weichselzeitlichem Löss (Eickendorf, Magdeburger Börde), der höchstbewertete Boden Deutschlands: Dieser „Bodenschatz" des Mitteldeutschen Trockengebiets ist durch unsachgemäßen Flächenverbrauch und klimabedingte Sommertrockenheit und Niederschlagsverschiebungen bedroht

☐ **Abb. 20.2** Die Kalkmarsch aus holozänen marinen Feinsanden (Katinger Watt, Nordfriesland), ein wertvoller Forststandort an der Nordseeküste: Diese ertragreichen Böden sind durch den Meeresspiegelanstieg extrem gefährdet

Küsten, Auen oder Trockenrasen. Böden stellen begrenzte Ressourcen dar, die durch Intensivierung der vielen Nutzungs- und Produktionsansprüche extrem belastet oder sogar unwiderruflich vernichtet werden. Durch ihre Einbindung in die Energie-, Wasser- und Stoffkreisläufe gefährden darüber hinaus die zu erwartenden Temperatur- und Niederschlagsänderungen die Funktionen und Leistungen dieser zentralen Lebensgrundlage auch in Deutschland.

20.1 Diversität von Böden

Böden sind Naturkörper mit einem ganz eigenen Aufbau und eigener Klassifikation. Im Gelände charakterisiert man sie anhand von systematischen Profilbeschreibungen, wobei das Bodenprofil ein Längsschnitt durch die oberen Meter der Erdkruste darstellt. Böden lassen sich in abgrenzbare Tiefenbereiche aufteilen, in sogenannte Bodenhorizonte. Diese entstehen im Verlauf der Bodenbildung aus Gesteinen durch Umwandlung und Verlagerung von Stoffen oder Energieeintrag durch Pflanzen. Die verschiedenen Horizontkombinationen definieren die unterschiedlichen Bodentypen wie z. B. die durch klimabedingte Trockenheit belasteten, wertvollen Schwarzerden (☐ Abb. 20.1) oder die durch den Meeresspiegelanstieg gefährdeten ertragreichen Kalkmarschen (☐ Abb. 20.2). Das Klima, Gestein und Relief, die Organismen und der Mensch haben im Laufe der

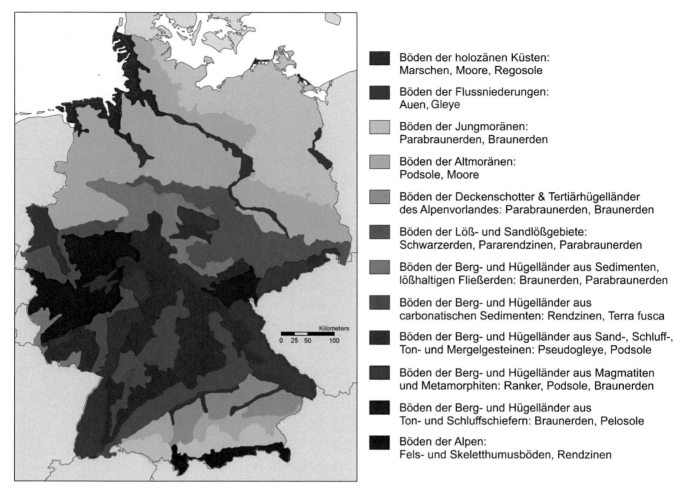

Böden der holozänen Küsten:
Marschen, Moore, Regosole

Böden der Flussniederungen:
Auen, Gleye

Böden der Jungmoränen:
Parabraunerden, Braunerden

Böden der Altmoränen:
Podsole, Moore

Böden der Deckenschotter & Tertiärhügelländer
des Alpenvorlandes: Parabraunerden, Braunerden

Böden der Löß- und Sandlößgebiete:
Schwarzerden, Pararendzinen, Parabraunerden

Böden der Berg- und Hügelländer aus Sedimenten,
lößhaltigen Fließerden: Braunerden, Parabraunerden

Böden der Berg- und Hügelländer aus
carbonatischen Sedimenten: Rendzinen, Terra fusca

Böden der Berg- und Hügelländer aus Sand-, Schluff-,
Ton- und Mergelgesteinen: Pseudogleye, Podsole

Böden der Berg- und Hügelländer aus Magmatiten
und Metamorphiten: Ranker, Podsole, Braunerden

Böden der Berg- und Hügelländer aus
Ton- und Schluffschiefern: Braunerden, Pelosole

Böden der Alpen:
Fels- und Skeletthumusböden, Rendzinen

❏ **Abb. 20.3** Böden der verschiedenen Regionen in Deutschland werden unterschiedlich auf Klimaänderungen reagieren. (Verändert nach KA 5 2005)

Zeit, besonders in den vergangenen 11.500 Jahren, ca. 60 unterschiedliche Bodentypen geformt (KA 5 2005). Aus Gesteinen hat sich ein komplexes und lockeres Kompartiment des Erdsystems entwickelt, die Pedosphäre, in der sich die Geo-, Hydro-, Atmo- und Biosphäre wechselseitig durchdringen. Diese bildet den Wurzel- und Lebensraum für Organismen und versorgt sie mit Nährstoffen, organischem Material, Wasser, Luft und Energie. Bodenorganismen steuern wesentliche Vorgänge in den terrestrischen Ökosystemen wie die verschiedenen Stoffkreisläufe, den Abbau und die Anreicherung organischer Substanz, den Abbau von Schadstoffen, die Stickstofffixierung sowie die Ausbildung und Aufrechterhaltung der Bodenstruktur. Die Vielfalt des Lebens im Boden ist größer als die auf dem Boden (Theuerl und Buscot 2010; Bodenatlas 2015).

Die Diversität der Böden spiegelt sich auch in den Bodenregionen in Deutschland wider (❏ Abb. 20.3). Bis auf wenige Ausnahmen wie Tropen-, Wüsten- oder Permafrostböden, die nur als Relikte auftreten, kommen in Deutschland fast alle Bodeneinheiten der Erde vor: von Rohböden aus unterschiedlichsten Gesteinen bis hin zu Relikten komplexer Paläoböden aus alten tertiären, tropisch verwitterten Gesteinen. Deshalb ist immer auch eine regionale Analyse und eine standortdifferenzierende Betrachtung der Klimawirkung auf Deutschlands Böden notwendig (siehe z. B. Engel und Müller 2009; Eschenbach

und Pfeiffer 2011; MUNLV NRW 2011). Aufgrund ihrer unverzichtbaren Funktionen und Leistungen gilt es in Deutschland, die Bodenvielfalt auch unter veränderten Klimabedingungen zu erhalten.

20.2 Böden im Klimasystem: Funktionen und Ökosystemdienstleistungen

Zwar wurden schon früh die Auswirkungen des Klimawandels auf Böden und ihre Funktionen untersucht (Brinkmann und Sombroek 1996; Lal et al. 1998; Scharpenseel und Pfeiffer 1998), aufgrund der komplexen Wechselwirkungen zwischen den Bodenbildungsfaktoren beschrieb man aber mithilfe von Modellen nur die Qualität der Auswirkungen (Kersebaum und Nendel 2014; Kamp 2007; Trnka et al. 2013). Bis heute bleibt weitgehend unklar, wie groß die Folgen sein werden. Messungen oder Langzeitbeobachtungen sind rar (Pfeiffer 1998; Blume und Müller-Thomsen 2008; Varallyay 2010; Hüttl et al. 2012; Vanselow-Algan 2014) oder fehlen.

Eine grundlegende Schwierigkeit besteht darin, dass die Witterungsfaktoren, denen die Böden ausgesetzt sind, bereits in der Vergangenheit und auch gegenwärtig variieren und eine erhebliche Schwankungsbreite aufweisen. Dies macht eine genaue

Analyse der in der Vergangenheit aufgetretenen Muster sowie der Klimaprojektionen erforderlich, um so die Unterschiede zu den Bedingungen, an die die Ökosysteme angepasst sind, zu quantifizieren. Diese Schwierigkeit erfordert eine intensivere Befassung mit den klimabedingten Bodenveränderungen, als dies bisher der Fall war.

Der Boden als Naturkörper bildet ein effektives, aber träges Puffersystem, das sich beispielsweise von Belastungen nur langsam erholt. Böden haben ein langes Gedächtnis. Über den Boden sind lokale, regionale und globale Stoffkreisläufe miteinander verbunden. Böden ermöglichen nicht nur Pflanzenwachstum unter wechselnder, teilweise extremer Witterung, sondern auch Wechselwirkungen mit dem Untergrund und der Atmosphäre. All dies legt nahe, dass sich Klimaänderungen direkt auf Böden auswirken werden, auf ihre Qualität und ihre Ökosystemdienstleistungen sowie auf die globalen biogeochemischen Kreisläufe. Wie der Klimawandel die Kreisläufe beeinträchtigt, wurde bisher noch nicht umfassend analysiert.

20.2.1 Folgen für die natürlichen Standortfunktionen von Böden

Ändert sich das Klima wie projiziert, steigen die Temperaturen und die Verdunstung, die Häufigkeit trockener Sommer nimmt zu; im Herbst und Winter dagegen gibt es mehr Niederschläge, und auch Starkregen treten häufiger auf (◘ Tab. 20.1). Auch wenn die derzeitigen Modelle noch mit hohen Unsicherheiten behaftet sind, greifen die Folgen eines Klimawandels in alle Funktionen des Bodens ein. Besonders Böden mit Grund- und Staunässe wie Marschen und Auen in den Küsten- und Flussniederungen sowie die Moore werden durch geänderte Wasser- und Energiehaushalte ihre Standorteigenschaften und damit ihre Ökosystemdienstleistungen verändern oder gar verlieren. In Hochmooren, deren Hydrologie durch den Niederschlag gesteuert wird, werden sich z. B. die Wachstumsbedingungen für die dort angepasste Vegetation verschlechtern, wenn es im Sommer weniger regnet (Vanselow-Algan et al. 2015).

Steigt klimabedingt der Meeresspiegel, kann auch das Grundwasser im Küstenbereich steigen, und die Bodenfeuchte ändert sich. Weiter kann dies zum Eindringen von Salz in den Wurzelbereich der Pflanzen führen. Das hat Folgen etwa für Trockenrasengesellschaften, die natürliche Bodenfruchtbarkeit von Marschenböden oder die Ausgleichfunktion von Auenlandschaften im Bereich der küstennahen Flüsse. In diesen Regionen ist mit erheblichen Verlusten der Bodenvielfalt und -funktionen zu rechnen.

Mittels bodenkundlicher Feldanalysen in sensiblen Regionen lassen sich Prognosen entwickeln und Modelle überprüfen. Daraus können regionale Anpassungs- und Vermeidungsstrategien für schutzbedürftige Ökosysteme und ihre Böden abgeleitet werden. Dabei wird auch die Ertragsfähigkeit der genutzten Böden in Deutschland berücksichtigt (Jensen et al. 2011).

Aktuelle Untersuchungen zur Sommertrockenheit in Mooren und in anderen Ökosystemen zeigen, dass gute Feldtechniken vorhanden sind, um die Klimawirkungen auf Böden zu erfassen. Allerdings müssen die Klimawirkungen gezielt und in Langzeit-

studien ermittelt werden (Vanselow-Algan et al. 2015). Dabei sind insbesondere die bestehenden Dauerbeobachtungsflächen der Bundesländer einzubeziehen, die die unterschiedlichen regionalen Einflüsse abbilden.

■ Änderungen der Nutzungsfunktionen von Böden

Böden stellen die Standorte für Nahrungs-, Futter-, Energie- und Holzpflanzen dar. Rund 90 % unserer Lebensmittel stammen weltweit aus der Agrarpflanzenproduktion (Godfray et al. 2010). Nach Angaben der Ernährungs- und Landwirtschaftsorganisation der Vereinten Nationen (FAO) erfordert allein das Wachstum der Weltbevölkerung auf mehr als 9 Mrd. Menschen bis zum Jahr 2050 eine Ertragszunahme in der Landwirtschaft um 70 % (▶ Kap. 18). Dabei sind Flächen berücksichtigt, die erst noch in die Agrarproduktion integriert werden müssen (Vance et al. 2003). Die politisch geförderten Anpassungsmaßnahmen an den Klimawandel führen außerdem dazu, dass man auf immer mehr Flächen Energiepflanzen und Pflanzen für die Produktion von Biokraftstoffen zulasten wertvoller Standorte der Nahrungsmittelproduktion anbaut. Somit sind die Erträge der Nahrungsmittelproduktion pro Fläche deutlich zu erhöhen und dies unter teilweise ungünstigeren Klimabedingungen. Gleichzeitig gilt es, die weiteren Dienstleistungen der Böden und Agrarökosysteme zu erhalten sowie die Umweltbelastungen zu verringern (Tilman et al. 2002).

Sommertrockenheit beeinträchtigt über den Wasserhaushalt der Böden die Pflanzenproduktion, da aufgrund mangelnder Wasserzufuhr die Fotosynthese der Pflanzen reduziert wird. Das wirkt sich auf die natürliche Ertrags- und Funktionsfähigkeit der land- und forstwirtschaftlich genutzten Böden aus (▶ Kap. 18 und 19). Der Wasservorrat im Boden bestimmt letztlich, wie viel Wasser den Pflanzen zur Verfügung steht (▶ Kap. 16). Frühjahrs- und Sommertrockenheit mit Wassermangel in den Oberböden während der Hauptvegetationszeit verringert auch die Nährstoffverfügbarkeit in den Böden. Ist wenig Wasser im Boden, führen Düngemaßnahmen nicht zum gewünschten Ziel, denn die Pflanzen nehmen die Nährstoffe schlechter auf, wodurch die Ertragsunsicherheit steigt (Olde Venterink et al. 2002). Zudem waschen zunehmende Herbst- und Winterniederschläge verstärkt nicht genutzte Düngernährstoffe aus. Diese geänderte Nährstoffdynamik erhöht z. B. das Risiko einer erhöhten Nitrat- und Phosphatauswaschung in das Grundwasser und trägt damit zur Verschlechterung unserer Trinkwasserqualität bei. Solche klimabedingten Effekte sind regional sehr unterschiedlich ausgeprägt und erfordern regionale bodenkundliche Feldstudien (Engel und Müller 2009).

Was bislang kaum wahrgenommen wird: Viele Agrarböden sind durch extreme Witterungsereignisse verstärkt dem Bodenabtrag (Erosion) ausgesetzt, wenn sie aufgrund von Wassermangel nach der Ernte ohne Nach- oder Zwischenfrucht bleiben und somit die schützende Vegetationsdecke fehlt. Bereits jetzt kommt es bei wiederholt heftigen Niederschlägen zur Bodenzerstörung durch Erosion (◘ Tab. 20.1).

Wärmere Sommertemperaturen verstärken auch in feuchten Böden den Abbau der organischen Substanz und damit die CO_2-Emissionen. Dadurch können sich in Waldböden die organischen Auflagen verringern und die Humusformen nachteilig verändern. Außerdem können trockenstressempfindliche Baumarten wie die Fichte (*Picea abies*) in einigen Regionen

▣ Tab. 20.1 Wesentliche zu erwartende Auswirkungen von erwarteten Klimaänderungen auf Böden in Deutschland sind mit hohen Unsicherheiten verbunden

Auswirkungen auf verschiedene Bodenfunktionen und -gefährdungen	Klimaänderungen					
	Temperaturanstieg, längere Sommer, kürzere Winter	Abnahme Sommerniederschläge	Zunahme Winterniederschläge	Zunahme extremer Niederschläge	Zunahme extremer Stürme	Meeresspiegelanstieg
Bodenbildung, Bodendiversität	✛	✛	✛	✛	✛	✛
Diversität der Bodenorganismen	✛	✛	✛	✛	✛	✛
Produktion Nahrung, Holz, Futter	⬍	⬇	(⬍)	(⬇)	(⬇)	
Produktion erneuerbarer Energien	⬍	⬇	(⬍)	(⬇)	(⬇)	
Wasserspeicher, Grundwasserneubildung	⬇	⬇	⬆	(⬍)	(⬇)	⬍
Regulation Nährstoffkreislauf	⬍	⬍	⬍	(⬇)	(⬇)	⬍
Kohlenstoffspeicherung	⬍	⬍	⬍	(⬇)	(⬇)	⬍
Abkühlungsfunktion in Städten	⬇	⬇	(⬆)			
Schadstoffabbau und -pufferung	(⬍)	(⬇)	✛	✛		✛
Erosion durch Wind		⬆	(⬇)		⬆	(⬇)
Erosion durch Wasser	(⬍)	⬆	⬆	⬆		

Legende:

⬆ Zunahme zu erwarten

⬇ Abnahme zu erwarten

⬍ In Abhängigkeit von Standortbedingungen: Zu- oder Abnahme zu erwarten

✛ Zu- oder Abnahme zu erwarten: Effekt unterschiedlicher Ausprägung

(⬆) Durch indirekte Wirkungen: Zunahme möglich

(⬇) Durch indirekte Wirkungen: Abnahme möglich

(⬍) Durch indirekte Wirkungen in Abhängigkeit von Standortbedingungen: Zu- oder Abnahme möglich

ausfallen (► Kap. 19), wobei jedoch die Bewirtschaftungsform die künftige Waldstruktur am meisten beeinflussen wird (Köhl et al. 2010).

Aktuelle Modellrechnungen zur Wirkung des Klimawandels auf die Produktion von Nahrungsmitteln zeigen große Unsicherheiten (Asseng et al. 2013). Da das regionale Klima bei der Beur-

teilung der Produktionsfunktion von Böden eine Schlüsselrolle spielt, ist es erforderlich, die Regionalisierung der Klimamodelle voranzutreiben und diese mit Wirkmodellen zu verknüpfen. Dies ist für die Land- und Forstwirtschaft besonders wichtig, um so die klimaempfindlichen Gebiete in Deutschland zu identifizieren und Anpassungsmaßnahmen vorzuschlagen.

20.2.2 Auswirkungen auf den Bodenwasserhaushalt

Das im Oberbodenboden gespeicherte Wasser ist von besonderer Qualität: Als „grünes Wasser" bestimmt es, wie viel Wasser die Pflanzen und Mikroorganismen nutzen, speichern und über die Verdunstung wieder an die Atmosphäre abgeben können. Es ist eben mehr als „blaues", also See, Fluss- und Grundwasser, oder „graues" Brauchwasser (▶ Kap. 16).

Die Witterung beeinflusst zum einen direkt den aktuellen Wasservorrat im Boden. Bei Sommertrockenheit und gleichzeitig hohen Temperaturen dringt weniger Wasser in den Boden ein, gleichzeitig verdunstet mehr Wasser. Somit verfügen die Pflanzen über weniger Bodenwasser, und das Grundwasser kann absinken (Bräunig und Klöcking 2008). Das gefährdet den Ertrag, sodass Agrarflächen künftig mehr beregnet oder vermehrt wassersparende Kulturen angebaut werden müssen (Engel und Müller 2009).

Zum anderen beeinflusst das Klima indirekt den Wasserhaushalt: Die stärkeren Niederschläge in den vegetationsfreien Jahreszeiten fließen infolge von Verdichtungen und Verschlämmungen verstärkt als Oberflächenwasser ab, da sie nicht mehr vollständig in den Boden eindringen (herabgesetzte Infiltration). Dies führt zu einem erhöhten Bodenabtrag. Das erodierte Bodenmaterial ist unwiederbringlich verloren. Der Effekt ist besonders negativ zu bewerten, da es die nährstoffreichen Oberböden betrifft. Darüber hinaus werden klimabedingte Vegetationsänderungen und deren Rückkopplungen den Bodenwasserhaushalt beeinflussen (Seneviratne et al. 2010; Varallyay 2010); zum Beispiel führte eine verminderte Vegetationsbedeckung auf Lössböden zu erhöhtem Bodenverlust infolge von Wassererosion.

Zunehmendes Sickerwasser im Winter wäscht Nähr- und Düngerstoffe stärker aus, vor allem Nitrat und Phosphat. Im nordostdeutschen Tiefland kann der Klimawandel dazu führen, dass der Wasserüberschuss im Winter die zunehmenden Sommerwasserdefizite nicht ausgleichen kann. Das führt dazu, dass zur Gewinnung von Trinkwasser neue Grundwasserreserven erschlossen werden müssen. In den Gewinnungsgebieten ist dies immer mit einem weiteren Absinken der ohnehin begrenzten Grundwasservorräte verbunden. Weiter verstärkt sich die Winderosion, wenn die Oberböden der sandigen Böden stärker austrocknen.

Die Folgen eines geänderten Bodenwasserhaushalts sind klar: Mehr Wasser und gleichzeitig höhere Temperaturen im Herbst und Frühjahr führen in einigen Regionen Deutschlands dazu, dass organische Substanz verstärkt abgebaut wird und dadurch mehr CO_2 in die Atmosphäre gelangt. In anderen Gebieten drosselt ein Wasserüberangebot in Böden den Abbau organischen Materials.

Böden steuern die Wasser-, Energie- und Nährstoffhaushalte in unseren Landschaften. Jedoch fehlt bislang eine quantitative Abschätzung der möglichen Folgen des Klimawandels. Besonders betroffene Gebiete zu identifizieren, die Empfindlichkeit der natürlichen Bodenfunktionen zu bewerten, die zeitlichen Änderungen der Bodenparameter zu berücksichtigen (◘ Tab. 20.2) und einen geeigneten vorsorgenden Bodenschutz unter Berücksichtigung des Klimawandels zu entwickeln und umzusetzen stellt eine große Herausforderung dar.

20.2.3 Böden und ihre unverzichtbaren Klimafunktionen

Es ist keine einseitige Angelegenheit: Wie das Klima die Böden verändert, so wirken die Böden auch auf das Klima. Die Wechselwirkungen sind jedoch komplex und bisher nur unzureichend untersucht (Varallyay 2010).

■ Senke und Quelle für klimarelevante Spurengase

Böden speichern erhebliche Mengen an organischem Material und fungieren damit als Senken für Kohlenstoff und Stickstoff. Bodennutzung und -bewirtschaftung beeinflussen die Freisetzung und Bindung von CO_2. Nimmt der Humusgehalt im Boden zu, leistet der Boden als Kohlenstoffsenke (C-Sequestrierung) einen Beitrag zur Minderung des Treibhausgases CO_2 in der Atmosphäre und wirkt damit der Erwärmung entgegen. Durch sauerstofffreien (anaeroben) Kohlenstoffumsatz in den Böden der Feuchtgebiete und in Deponien gelangen Spurengase in die Atmosphäre, besonders Kohlendioxid (CO_2), Methan (CH_4) und Distickstoffmonoxid (N_2O) – die Böden fungieren hier also als Quelle für Treibhausgase (Pfeiffer 1998; Vanselow-Algan et al. 2015). Die Moore, die grundwasserbeeinflussten Flussmarschen und Auen sowie die nassen Gleye haben große Speicher-, aber auch Freisetzungspotenziale und können bei angepasster Nutzung die Treibhausgasbilanzen verbessern (▶ Kap. 17).

In den Bodenbereichen mit Sauerstoff kann Methan, das aus der bodennahen Atmosphäre oder aus anaeroben Bodentiefen stammt, wieder oxidiert werden. Böden fungieren somit auch als natürliche Methansenken. Diese Bodenfunktion nutzt man beispielsweise bei der biologischen Methanoxidation in Bodenabdeckungen auf Deponien (Gebert et al. 2011).

Der Klimawandel wird sich auch auf unsere Waldökosysteme und deren Klimafunktion auswirken; sowohl die Artenzusammensetzung der Wälder als auch die Kohlenstoffspeicherungsfunktion sind betroffen. Es ist anzunehmen, dass die Senkenfunktion der Waldböden im Kohlenstoffhaushalt bedingt durch klimatische Veränderungen zurückgehen wird (▶ Kap. 19).

Eine umfassende Abschätzung der Quellen- und Senkenfunktion von Feuchtböden in Deutschland gibt es derzeit nicht. Ebenso fehlt eine standortspezifische Bilanzierung der Menge, Qualität und Umsetzbarkeit von Kohlenstoff in Böden unterschiedlicher Regionen (Hüttl et al. 2012). Diese Informationen sind aber notwendig, um eine nachhaltige Flächennutzung und ein angepasstes Flächenrecycling zu ermöglichen.

Auch zu Agrarböden mangelt es noch an Wissen (▶ Kap. 18). Um Ertrag und Qualität der Nahrung zu sichern, brauchen die Böden Stickstoff, mit der unweigerlichen Bildung von Lachgas. Aber wie sieht die N_2O-Bilanz aus? Mit welcher Art von Bewirtschaftung lassen sich N_2O-Emissionen verringern? Hier besteht Forschungsbedarf (Fuss et al. 2011; Küstermann et al. 2013).

■ Kühlfunktion des Bodens

Da unsere Böden Wasser- und Energieflüsse regulieren, sorgen sie auch für Abkühlung. Sowohl der Boden als auch die Pflanzen verdunsten Wasser. Damit beeinflusst der Boden den Wärmehaushalt der bodennahen Atmosphäre und das lokale Klima. Die Verdunstung verbraucht Energie und verringert somit die

> **⬛ Tab. 20.2** Zeitliche Dimensionen der Änderungen von Bodenparametern durch den Klimawandel in Deutschland

Zeitskala (Jahre)	Bodenparameter mit Relevanz für klimabezogene Veränderungen in Deutschland
<0,1	Temperatur, Wassergehalt, Lagerungsdichte, Gesamtporosität, Infiltration, Durchlässigkeit, Zusammensetzung der Bodenluft, Nitratgehalt etc.
0,1–1	Gesamtwasserkapazität, nutzbare Feldkapazität, Wasserleitfähigkeit, Nährstoffstatus, Zusammensetzung der Bodenlösung
1–10	Intensität der Wasserbindung am Welkepunkt, Bodensäure, Kationenaustauschkapazität (KAK), austauschbare Kationen, Biofilme
10–100	Spezifische Oberflächen, Zusammensetzung von im Boden gebildeten Tonmineralen, Gehalt an organischer Substanz (SOM)
100–1000	Primäre Mineralzusammensetzung, chemische Zusammensetzung der Mineralkomponenten
>1000	Textur, Körnungsverteilung, Dichte/Struktur des Ausgangsmaterials

Umwandlung der eingestrahlten Energie in Wärme. Modellhafte Berechnungen verdeutlichen den Einfluss der Wechselwirkungen von Boden und Atmosphäre auf die Lufttemperatur (Jaeger und Seneviratne 2011). Das Netzwerk *Terrestrial Environmental Observatories* (TERENO) untersucht, wie sich der Klimawandel und die Landnutzung in Deutschland auf die Wechselwirkungen von Boden und Vegetation und die untere Atmosphäre auswirken (Zacharias et al. 2011). Belastbare Befunde aus diesen Analysen, die in ein praxisrelevantes Handlungskonzept einfließen können, liegen noch nicht vor.

Besonders in der Stadt ist diese Kühlfunktion der Böden wichtig, die beispielhaft in dem Projekt HUSCO für Hamburg untersucht wird (Wiesner et al. 2014). Jedoch beeinträchtigt die Versiegelung in den Städten die natürlichen Klimafunktionen des Bodens, denn dadurch dringt weniger Wasser in den Boden ein, und es fließt mehr über die Oberfläche ab. Das verhindert den Austausch zwischen Boden und Atmosphäre (Wessolek et al. 2011; Jansson et al. 2007). Versiegelte Böden und auch stark verdichtete Oberböden können ihre Kühlungsfunktion in der Stadt nicht mehr ausüben. Umso wichtiger ist der nachgewiesene Kühlungseffekt städtischer Grünanlagen und Parks durch Verdunstung (Lee et al. 2009; ▶ Kap. 22).

Weniger berücksichtigt ist bisher, dass die Kühlfunktion der Böden generell vom Wasserhaushalt des Bodens, der Wasserverfügbarkeit und Nachlieferung des Wassers gesteuert wird, wie das auch Modellberechnungen bestätigen (Goldbach und Kuttler 2012). Die Differenz zwischen Erdoberfläche und Grundwasserspiegel, der Flurabstand, von zwei bis fünf Metern ist nach Modellberechnungen besonders bedeutend für diese Kühlungsleistung (Maxwell und Kollet 2008).

Stadtböden weisen verschiedene Flurabstände auf und sind sehr unterschiedlich zusammengesetzt, da sie einerseits aus technogenen, andererseits aus natürlichen Substraten bestehen. Messungen der Klimafunktion von Stadtböden an ausgewählten Standorten in Hamburg zeigen: Die tägliche Erwärmung der Luft ist zu 11–17 % auf unterschiedliche Wassergehalte des Oberbodens zurückzuführen (Wiesner et al. 2014).

Wie Stadtböden nun aber die Ausbildung des kleinräumigen Klimas in der Stadt beeinflussen, lässt sich aufgrund ihrer unterschiedlichen Beschaffenheit nicht anhand von einfachen bodenphysikalischen Grundgrößen ermitteln. Die Kühlfunktion des Bodens in der Stadt wird beeinflusst durch Boden- und Flächennutzung (etwa Parks und Grünanlagen im Verhältnis zu bebauten Flächen), Versiegelungsart und -grad, Niederschlagsmenge und -verteilung sowie das Bodenwasserspeichervermögen, den Flurabstand und die Wassernachlieferung in den oberflächennahen Wurzelraum und zur Verdunstungsoberfläche. Es besteht Forschungsbedarf, um die Klimaänderung durch Böden in der Stadt zu charakterisieren (Eschenbach und Pfeiffer 2011). Dies würde auch differenzierte Aussagen zur Klimafunktion von Böden bei unterschiedlicher Nutzung und die Entwicklung von Anpassungsstrategien an den Klimawandel ermöglichen.

■ **Standort für erneuerbare Energie**

Unsere Böden sind ein wichtiger Faktor bei der Produktion erneuerbarer Energien: Sie dienen Windrädern als Standort, Biogaspflanzen und weiteren nachwachsenden Energierohstoffen wie etwa Holz als Produktionsfläche. Dadurch können die Verbrennung fossiler Energieträger und die Emission von Treibhausgasen aus der Landwirtschaft verringert werden. Allerdings ist diese Klimaschutzfunktion der Böden kritisch abzuwägen: Neben dem bereits erwähnten hohen Flächenbedarf und der damit verbundenen Flächenkonkurrenz für die Nahrungsmittelproduktion sind direkte Folgen für die Böden zu erwarten. Die Ernte von großen Massen an frischem, schwerem Pflanzenmaterial für die Biogasreaktoren und Heizwerke erfordert den Einsatz sehr schwerer Ernte- und Transportmaschinen. Dadurch wird der Boden bis weit unter die Pflugtiefe verdichtet. Durch die projizierten höheren Niederschläge im Herbst und Frühjahr wird dieser Prozess verstärkt. Das stört nachhaltig viele Bodenfunktionen, etwa die Lebensraumfunktion und die Wasserinfiltration und -speicherkapazität, weil die wasser- und luftführenden groben und mittleren Poren verringert werden.

Wenn man schnellwüchsige Energiepflanzen anbaut, diese energetisch nutzt und Gärreste aus Biogasanlagen wieder auf die Felder bringt, hinterlässt das langfristig Spuren im Nährstoff- und Kohlenstoffkreislauf sowie in der Gefügestabilität der Böden. Dies kann wiederum die Bodenverdichtung verstärken und damit die Ertragsfähigkeit verringern. Trotz der bereits laufenden Forschungsprojekte des BMBF bedarf es dringend weiterer Bewertungen zu Auswirkungen der Produktion von Energiepflanzen auf die physikalischen, chemischen und biologischen Eigenschaften sowie die Humusbilanz von Böden in den verschiedenen Regionen Deutschlands, insbesondere unter den sich ändernden Klimabedingungen.

20.3 Klima- und Bodenschutz zum Erhalt der Ressource Boden

Der Klimawandel wird künftig verstärkt die Formen der Landnutzung und Bewirtschaftung verändern. Neben den zunächst positiv erscheinenden Effekten wie z. B. die Erhöhung der mikrobiellen Aktivität oder die Veränderung der Qualität der organischen Substanz wird dies in den Böden Deutschlands langfristig vorwiegend negative Effekte hinterlassen, wenngleich regional unterschiedlich stark (BMU 2013). Das Spektrum der Bodengefährdung reicht von wenig auffälligen Funktionseinschränkungen bis hin zum vollständigen Verlust an nutzbarer Bodenoberfläche (WBGU 1994; Bodenatlas 2015). Viele der möglichen Auswirkungen hängen vom Bodentyp, von den einzelnen Standortfaktoren sowie der aktuellen Landnutzung bzw. den geplanten Landnutzungsänderungen ab (◘ Tab. 20.1). In welcher Zeit sich Bodenkenngrößen verändern, ist unterschiedlich – von wenigen Tagen bis Jahrtausenden (◘ Tab. 20.2).

In Deutschland sind besonders die Oberböden gefährdet. Durch Wind- und Wassererosion kann sich klimabedingt der Abtrag der wertvollen Ackerkrume verstärken und die in Jahrtausenden bis Jahrmillionen entstandenen fruchtbaren Oberböden vernichten. Außerdem lässt sich derzeit nicht annähernd einschätzen, wie sich genetisch veränderte Gärreste aus Biogasreaktoren, die wegen der hohen Nährstoffgehalte als „Dünger" wieder auf landwirtschaftliche Flächen ausgebracht werden, auf die Mikroorganismengemeinschaften und die Biodiversität im Boden auswirken. Ebenso setzen Schadstoffe den belebten Oberböden zu. Gesunde Böden beherbergen eine Vielfalt an Bodenorganismen. Geht diese verloren, sinken Bodenqualität und -fruchtbarkeit. Dies kann durch klimabedingte Änderungen der Temperatur und Niederschläge verstärkt werden.

Die deutsche Anpassungsstrategie der Bundesregierung an den Klimawandel (DAS 2008) berücksichtigt besonders den Boden als eigenständiges Ökosystem und stellt die hohe Gefährdung der Böden und Maßnahmen zur Vorsorge dar. Im Mittelpunkt stehen Agrarböden und die Prognose großräumiger, langjähriger Bodenverluste. Die Ergebnisse von Szenarien zur Bodenerosion zeigen, welche Unsicherheiten heute noch bei den Klimafolgenbewertungen bestehen: Während sich von 2011 bis 2040 die Erosionsgefahr großflächig zunächst kaum verändert, steigt zwischen 2041 und 2070 die Erosionsgefahr im Westen und Nordwesten Deutschlands, und bis 2100 verstärkt sich der Bodenverlust auch in anderen Regionen (Jacob et al. 2008). Dagegen zeigen andere Modellrechnungen, dass zunächst die Niederschlagsmengen pro Tag als Starkregen in den ost- und süddeutschen Bundesländern zwischen 2041 und 2070 sinken und dann bis zum Jahr 2100 auch diese Landesteile einer höheren Erosionsgefahr ausgesetzt sind (Spekat et al. 2007). Als Ursache wird hierbei insbesondere die fehlende schützende Pflanzenbedeckung der Böden in den Winter- und Frühjahrsmonaten genannt. Die aktuellen regionalen Modelle zur Bodenerosion müssen weiterentwickelt werden, um die räumliche und zeitliche Auflösung zu verbessern. Zudem müssten die Niederschlagsereignisse intensiver beobachtet werden, was eine Verdichtung des Messnetzes erfordert. Mit anderen Worten: Wir stehen erst am Anfang bei der Erstellung belastbarer Prognosen als Grundlage für künftige Bodenschutzmaßnahmen. Das Hauptproblem besteht in der Abschätzung von Starkregenereignissen und Stürmen, die die Erosion von Boden auslösen. Dies erfordert eine enge Zusammenarbeit zwischen Klimaforschern, Meteorologen und Bodenwissenschaftlern.

In Gebieten mit hoher Erosionsgefahr wendet man bereits abgeleitete Handlungsstrategien an. Sie stützen sich zum einen auf die konservierende Bodenbearbeitung, die die Gefügestabilität unserer Böden fördert. Zum anderen zielen sie darauf ab, die schützende Bodenbedeckung möglichst ganzjährig aufrechtzuerhalten. Dies wird jedoch bei abnehmenden sommerlichen Niederschlägen und auf Böden mit geringer Wasserspeicherkapazität zunehmend schwieriger. Auch hier müssen die Modelle verbessert werden, da sie die Gefügestabilität des Bodens bisher nur unzureichend abbilden.

Neben den Veränderungen von Niederschlägen und Temperatur beeinflusst auch die aktuelle Erhöhung der CO_2-Konzentrationen die Landökosysteme, denn der Energie- und Stoffeintrag in die Böden erfolgt vor allem über die Vegetation. Wie wirken sich also höhere CO_2-Konzentrationen auf Pflanzen, auf mikrobiologische Prozesse im Boden und schließlich auf die Qualität der organischen Bodensubstanz aus? Höhere CO_2-Konzentrationen verstärken bei den sogenannten C_3-Pflanzen wie Getreide und Hackfrüchten die Fotosynthese und verbessern das Pflanzenwachstum. Dafür verbrauchen die Pflanzen unter diesen Bedingungen aber weniger Wasser, sodass der Boden weniger austrocknet. Ebenso sinkt der Proteingehalt der C_3-Pflanzen (Stafford 2007). Der mikrobielle Abbau dieser Pflanzenreste könnte die Humusqualität und Gefügestabilität unserer Böden verändern. Systematische Untersuchungen dazu gibt es bisher jedoch nicht, da bei Agrarpflanzen meistens nur der Stickstoffgehalt gemessen wird. Es bedarf einer Analyse der Bestandsabfälle, die dem Boden zugeführt werden. Dabei genügt es nicht, Gesamtgehalte von Nährstoffen zu bestimmen, sondern auch die wichtigsten organischen Stoffgruppen und deren Veränderung sind zu betrachten.

Die oben genannten Bodenveränderungen, insbesondere der Gefügestabilität und der Wasserspeicherfähigkeit, sollten bei künftigen Abschätzungen der Erosion in den Modellen berücksichtigt werden. Künftige Prognosen zur Bodenerosion könnten realistischer ausfallen, wenn die bestimmenden Erosionsfaktoren wie die Krafteinwirkung durch Niederschläge auf die Bodenoberfläche und der damit einhergehenden Verlusts an wertvollem Oberboden in den Modellen berücksichtigt würden.

Eine weitere Gefahr für Böden ist die Versiegelung. Bebaute und versiegelte Böden können ihre Funktionen im Erd- und Klimasystem nicht mehr erfüllen. Aktuell liegt der sogenannte Flächenverbrauch für ganz Deutschland im vierjährigen Mittel bei etwa 104 ha pro Tag. Der weitere Verbrauch von Böden sollte verringert werden. Deshalb hat die Bundesregierung das 30-Hektar-pro-Tag-Ziel bis zum Jahr 2020 formuliert. Das heißt: Bis 2020 dürfen pro Tag nicht mehr als 30 ha Fläche dem Bau von Siedlungen und Verkehrswegen zum Opfer fallen (KBU 2009).

Auf der einen Seite wird die zunehmende sommerliche Trockenheit in bestimmten Regionen die natürlichen Wasservorräte weiter verringern und die Neubildung von Grundwasser reduzieren, wie dies z. B. für die mitteldeutschen Trockengebiete gezeigt wurde (Naden und Watts 2001). Außerdem werden sich unsere wertvollsten Böden in Deutschland mit höchster natürlicher Ertragsfähigkeit, die Schwarzerden aus Löss, weiter verschlechtern. Auf der anderen Seite ist in den Niederungsgebieten Deutschlands mit verstärkten Überflutungen (Morris et al. 2002) und zunehmender Bodenvernässung zu rechnen, wodurch viele ackerfähige Böden ggf. verlorengehen.

Wie sich Klimaänderungen auf die Böden auswirken können, wurde vielfach beschrieben. Ihre Quantifizierung ist jedoch noch unzureichend. Dies hat seine Ursache in der Vielfalt der Böden und der in ihnen ablaufenden Prozesse. Erschwert wird die Quantifizierung dadurch, dass die Wirkungen des Klimawandels durch mögliche Rückkopplungseffekte in den Böden zeitlich verzögert auftreten. Erschwerend kommt hinzu, dass sich bisher nur direkte Einflüsse auf Böden beobachten und modellieren lassen, nicht aber die langfristigen Effekte (Emmett et al. 2004). Zusätzlich sind die bisherigen Modellergebnisse mit großen Unsicherheiten behaftet, was sowohl an Unsicherheiten der Klimaprojektionen und ihrer Regionalisierung als auch an Unsicherheiten und Mängel bei der Parametrisierung von Bodengrößen liegt (Asseng et al. 2013).

20.3.1 Strategien und Herausforderungen

In Deutschland trägt die Gesellschaft Verantwortung für den nachhaltigen Umgang mit den natürlichen Ressourcen Boden, Wasser und Luft. Der Klimawandel wirkt sich in vielfältiger Weise auf die Böden aus. Bislang liegen nur wenige mehrjährige Beobachtungen und Messdaten vor, um einerseits die durch den Klimawandel bewirkten Veränderungen zu quantifizieren und andererseits Wirkmodelle anhand der Messreihen zu kalibrieren oder zu validieren. Um geeignete Handlungsempfehlungen ableiten zu können, bedarf es daher verstärkter Anstrengungen auf diesen Gebieten. Zunehmend müssen neben den globalen Auswirkungen des Klimawandels verstärkt nationale, regionale und lokale Analysen durchgeführt werden. Wir brauchen Strategien, die unter sich wandelnden Klimabedingungen den Struktur- und Funktionsverlust der Böden ebenso verhindern wie den Flächenverbrauch, den Rückgang der Biodiversität sowie die Vernichtung der Bodenvielfalt verringern.

Geeignete Werkzeuge zur Bewertung von Böden, besonders hinsichtlich ihrer Leistungen für Umwelt, Natur und Gesellschaft, sowie der Auswirkungen von Klimaänderungen auf das Ökosystem Boden müssen weiterentwickelt werden, damit ihre Anwendbarkeit erweitert wird und nicht auf einige ökologische Funktionen unserer Böden begrenzt bleibt (Fromm 1997; Robinson et al. 2009). Zukünftig müssen Methoden entwickelt werden, mit denen sich klimabedingte Bodenveränderungen, Langzeitschäden sowie die Reduzierung von Ökosystemdienstleistungen von Böden auch ökonomisch abschätzen lassen (Gambarelli 2013; Hedlund und Harris 2012; Whitten und Coggan 2013). Nur so wird es möglich sein, aufgrund von Kosten-Nutzen-Analysen adäquate Maßnahmen zu entwickeln, um klimabedingten Leistungs- und Funktionsminderungen unserer Böden entgegenzuwirken.

20.4 Kurz gesagt

Die Risiken für die Böden in Deutschland infolge des Klimawandels lassen sich zwar qualitativ anhand der ersten vorliegenden Abschätzungen und Modellierungen ableiten, jedoch nur schwer quantitativ fassen. Ebenso erlauben die wenigen Feldmessungen zur Änderung der Bodenfeuchte und Temperatur nur begrenzt Aussagen darüber, wie hoch diese Risiken sind. Durch den Klimawandel am meisten gefährdet ist die Produktionsfunktion von Böden, insbesondere durch regional unterschiedlich zunehmende Vernässung oder Austrocknung, durch verstärkte Bodenerosion und damit durch den Verlust des nährstoffreichen Oberbodens und des verfügbaren Wassers. Der vermehrte Abbau der organischen Substanz sowie abnehmende Nährstoffreserven kommen noch hinzu. Hinsichtlich der natürlichen Standortfunktionen muss mit abnehmender Biodiversität und Bodenvielfalt gerechnet werden. Die geänderten Klimafunktionen von Böden bringen das Senken-Quellen-Verhältnis aus dem Lot: Der Boden speichert weniger Kohlenstoff und setzt bei Verringerung der belüfteten Oberböden mehr klimarelevante Spurengase frei. Insgesamt zeichnen sich negative Folgen des Klimawandels ab, die langfristig mit dem Verlust lebenswichtiger „Dienstleistungen" unserer Böden einhergehen.

Literatur

Asseng S, Ewert F, Rosenzweig C, Jones JW, Hatfield JL, Ruane AC, Boote KJ, Thorburn PJ, Rötter RP, Cammarano D, Brisson N, Basso B, Martre P, Aggarwal PK, Angulo C, Bertuzzi P, Biernath C, Challinor AJ, Doltra J, Gayler S, Goldberg R, Grant R, Heng L, Hooker J, Hunt LA, Ingwersen J, Izaurralde RC, Kersebaum KC, Müller C, Naresh Kumar S, Nendel C, O'Leary G, Olesen JE, Osborne TM, Palosuo T, Priesack E, Ripoche D, Semenov MA, Shcherbak I, Steduto P, Stöckle C, Stratonovitch P, Streck T, Supit I, Tao F, Travasso M, Waha K, Wallach D, White JW, Williams JR, Wolf J (2013) Uncertainty in simulating wheat yields under climate change. Nat Clim Chang 3:827–832
BBodSchG (1998) Gesetz zum Schutz des Bodens. BGBl. I, G 5702 16 24.03.2008:502–510
Blume HP, Müller-Thomsen U (2008) A field experiment on the influence of the postulated global climatic change on coastal marshland soils. J Plant Nutr Soil Sci 170:145–156
BMU (2013) Dritter Bodenschutzbericht der Bundesregierung. Beschluss des Bundeskabinetts vom 12. Juni 2013. Bundesministerium für Umwelt, Naturschutz und Reaktorsicherheit (Hrsg)
Bodenatlas (2015) Heinrich Böll Stiftung, IASS Potsdam, BUND, LE MONDE diplomatique
Bräunig A, Klöcking B (2008) Klimawandel und Bodenwasserhaushalt – Einsatz eines Simulationsmodells zur Abschätzung der Klimafolgen auf den Wasserhaushalt von Böden Sachsens. http://www.umwelt.sachsen.de/umwelt/download/Arnd_Braeunig01.pdf. Zugegriffen: 1. Aug. 2008
Brinkmann R, Sombroek WG (1996) The effects of global change on soil conditions in relation to plant growth and food production. In: Bazzaz F, Sombroek WG (Hrsg) Global climate change and agricultural production. Direct and indirect effects of changing hydrological, pedological and plant physiological processes. Food and Agriculture Organization of the United Nations and Wiley, Chichester, New York, Brisbane, Toronto, Singapore
DAS (2008) Deutsche Anpassungsstrategie an den Klimawandel. Beschluss Bundeskabinett 17. Dezember 2008. http://www.bmub.bund.de/fileadmin/bmuimport/files/pdfs/allgemein/application/pdf/ das_gesamt_bf.pdf. Zugegriffen: 3. Okt. 2015
Emmett BA, Beier C, Estiarte M, Tietema A, Kristensen HL, Williams D, Penuelas J, Schmidt I, Sowerby A (2004) The response of soil processes to climate

change: results from manipulation studies of shrublands across an environmental gradient. Ecosystems 7:625–637

Engel N, Müller U (2009) Auswirkungen des Klimawandels auf Böden Niedersachsen. Landesamt für Bergbau, Energie und Geologie, LBEG, Hannover

Eschenbach A, Pfeiffer E-M (2011) Bodenschutz und Klimafolgen. Expertise für die Stadt Hamburg. Unveröffentlichtes Gutachten der BSU Hamburg

Fromm O (1997) Möglichkeiten und Grenzen einer ökonomischen Bewertung des Ökosystems Boden. Peter Lang, Frankfurt am Main

Fuss R, Ruth B, Schilling R, Scherb H, Munch JC (2011) Pulse emissions of N_2O and CO_2 from an arable field depending on fertilization and tillage practice. Agric Ecosys Environ 144:61–68

Gambarelli G (2013) A framework for the economic evaluation of soil functions. Background paper to the Swiss Soil Strategy

Gebert J, Rachor I, Gröngröft A, Pfeiffer E-M (2011) Temporal variability of soil gas composition in landfill covers. Waste Manage 31:935–945

Godfray J, Beddington R, Crute I, Haddad L, Lawrence D, Muir J, Pretty J, Robinson S, Thomas S, Toulmin C (2010) Food security: the challenge of feeding 9 billion people. Science 327:812–818. doi:10.1126/science.1185383

Goldbach A, Kuttler W (2012) Quantification of turbulent heat fluxes for adaptation strategies within urban planning. Int J Climate 33:143–159

Hedlund K, Harris J (2012) Delivery of soil ecosystem services: from Gaia to Genes. Wall DH, Bardgett RD, Behan-Pelletier V, Herrick JE, Jones H, Ritz K, Six J, Strong DR, van der Putten WH (Hrsg) Soil Ecology and Ecosystem Services. Oxford University Press, UK

Hüttl RF, Russel DJ, Sticht C, Schrader S, Weigel H-J, Bens O, Lorenz K, Schneider B, Schneider BU (2012) Auswirkungen auf Bodenökosysteme. In: Mosbrugger V, Brasseur G, Schaller M, Stribrny B (Hrsg) Klimawandel und Biodiversität: Folgen für Deutschland. Wissenschaftliche Buchgesellschaft, Darmstadt, S 128–163

Jacob D, Göttel H, Kotlarski S, Lorenz P, Sieck K (2008) Klimaauswirkungen und Anpassung in Deutschland – Phase 1: Erstellung regionaler Klimaszenarien für Deutschland. Clim Chang, Bd. 11. Umweltbundesamt, Dessau-Roßlau

Jaeger EB, Seneviratne SI (2011) Impact of soil moisture-atmosphere coupling on European climate extremes and trends in a regional climate model. Clim Dyn 36(9–10):1919–1939

Jansson C, Jansson PE, Gustafsson D (2007) Near surface climate in an urban vegetated park and its surroundings. Theor Appl Climatol 89:185–193

Jensen K, Härdtle W, Pfeiffer E-M, Meyer-Grünefeldt M, Reisdorff C, Schmidt K, Schmidt S, Schrautzer J, von Oheimb G (2011) Klimabedingte Änderungen in terrestrischen und semiterrestrischen Ökosystemen. In: Von Storch H, Claussen M: Klimabericht der Metropolregion Hamburg. Springer Verlag, Berlin Heidelberg, S 189–236

KA 5. Bodenkundliche Kartieranleitung (2005). Ad-hoc-AG Boden, BGR Hannover

Kamp T, Choudhury K, Ruser R, Hera U, Rötzer T (2007) Auswirkungen von Klimaänderungen auf Böden – Beeinträchtigungen der Bodenfunktionen. http://www.umweltbundesamt.de/boden-und altlasten/veranstaltungen/ws080122/index.htm. Zugegriffen: 5. Januar 2014

KBU – Kommission Bodenschutz bei Umweltbundesamt (2009) Flächenverbrauch einschränken – jetzt handeln – Empfehlungen der Kommission Bodenschutz bei Umweltbundesamt. Umweltbundesamt, Dessau-Roßlau

Kersebaum KC, Nendel C (2014) Site-specific impacts of climate change on wheat production across regions of Germany using different CO_2 response functions. Eur J Agronomy 52:22–32

Köhl M, Hildebrandt R, Olschofsky K, Köhler R, Rötzer T, Mette T, Pretzsch H, Köthke M, Dieter M, Abiy M, Makeschin F, Kenter B (2010) Combating the effects of climatic change on forests by mitigation strategies. Carbon Balance and Management 5(8). doi:10.1186/1750-0680-5-8

Küstermann B, Munch JC, Hülsbergen K-J (2013) Effects of soil tillage and fertilization on resource efficiency and greenhouse gas emissions in a long-term field experiment in Southern Germany. Eur J Agron 49:61–73

Lal R., Kimble J, Follett R, Stewart B A (Hrsg.) Soil processes and C cycles. Advances in Soil Science, CRC Press, Boca Raton, FL

Lee S-H, Lee K-S, Jin W-C, Song H-K (2009) Effect of an urban park on air temperature differences in a central business district area. Landsc Ecol Eng 5(2):183–191

Maxwell RM, Kollet SJ (2008) Interdependence of groundwater dynamics and land energy feedbacks under climate change. Nat Geosci 1(10):665–669

Morris JT, Sundareshwar PV, Nietch CT, Kjerfve B, Cahoon DR (2002) Responses of coastal wetlands to rising sea level. Ecol 83:2869–2877

MUNLV NRW (2011) Klimawandel und Boden. Auswirkungen der globalen Erwärmung auf den Boden als Pflanzenstandort. Ministerium für Klimaschutz, Umwelt, Landwirtschaft, Natur- und Verbraucherschutz des Landes Nordrhein-Westfalen, Düsseldorf

Naden PS, Watts CD (2001) Estimating climate-induced change in soil moisture at the landscape scale: an application to five areas of ecological interest in the UK. Clim Chang 49(4):411–440

Pfeiffer E-M (1998) Methanfreisetzung aus hydromorphen Böden verschiedener naturnaher und genutzter Feuchtgebiete (Marsch, Moor, Tundra, Reisanbau). Hamburger Bodenkd Arbeiten 37:207

Robinson D, Lebron I, Vereecken H (2009) On the definition of natural capital of soils: a framework for description, evaluation, and monitoring. SSSAJ 73(6):1904–1911

Scharpenseel HW, Pfeiffer EM (1998) Impacts of possible climate change upon soils: some regional consequences. Adv Geo Ecol 31:193–208

Seneviratne SI, Corti T, Davin EL, Hirschi M, Jaeger EB, Lehner I, Orlowsky B, Teuling AJ (2010) Investigating soil moisture-climate interactions in a changing climate: a review. Earth-Sci Rev 99(3–4):125–161

Spekat A, Enke W, Kreienkamp F (2007) Neuentwicklung von regional hoch aufgelösten Wetterlagen für Deutschland und Bereitstellung regionaler Klimaszenarien auf der Basis von globalen Klimasimulationen mit dem Regionalisierungsmodell WETTREG auf der Basis von globalen Klimasimulationen mit ECHAM5/MPI-OM T63L31 2010 bis 2100 für die SRES-Szenarien B1, A1B und A2. Endbericht. Im Rahmen des Forschungs- und Entwicklungsvorhabens: „Klimaauswirkungen und Anpassungen in Deutschland – Phase I: Erstellung regionaler Klimaszenarien für Deutschland" des Umweltbundesamtes. Umweltbundesamt, Potsdam

Stafford N (2007) The other greenhouse effect. Nature 448:526–528

Theuerl S, Buscot F (2010) Laccases: toward disentangling their diversity and functions in relation to soil organic matter cycling. Biol Fertil Soils 46:215–225

Tilman D, Cassman KG, Matson PA, Naylor R, Polasky S (2002) Agricultural sustainability and intensive production practices. Nature 418:671–677

Trnka M, Kersebaum KC, Eitzinger J, Hayes M, Hlavinka P, Svoboda M, Dubrovsky M, Smeradova D, Wardlow B, Pokorny E, Mozny M, Wilhite D, Zalud Z (2013) Consequences of climate change for the soil climate in Central Europe and the central plains of the United States. Clim Chang 120:405–418

Vance CP, Uhde-Stone C, Allan DL (2003) Phosphorus acquisition and use: critical adaptations by plants for securing a nonrenewable resource. New Phytol 157:423–447

Vanselow-Algan M (2014) Impact of summer drought on greenhouse gas fluxes and nitrogen availability in a restored bog ecosystem with differing plant communities. Hamburger Bodenkundliche Arbeiten 73:103

Vanselow-Algan M, Schmidt SR, Greven M, Fiencke C, Kutzbach L, Pfeiffer E-M (2015) High methane emissions dominate annual greenhouse gas balances 30 years after bog rewetting. Biogeosci Discuss 12:2809–2842. doi:10.5194/bgd-12-2809-2015

Varallyay GY (2010) The impact of climate change on soils and their water management. Agron Res 8(Special Issue II):385–396

Venterink OH, Davidsson TE, Kiehl K, Leonardson L (2002) Impact of drying and re-wetting on N, P and K dynamics in a wetland soil. Plant and Soil 243:119–130

WBGU – Wissenschaftlicher Beirat der Bundesregierung Globale Umweltveränderungen (1994) Welt im Wandel. Die Gefährdung der Böden Bd. 194. Economica, Bonn

Wessolek G, Nehls T, Kluge B et al (2011) Bodenüberformung und Versiegelung. In: Blume HP (Hrsg) Handbuch des Bodenschutzes, 4. Aufl. Wiley VCH, Weinheim, S 155–169

Whitten SM, Coggan A (2013) Market-based instruments and ecosystem services: opportunity and experience to date. In: Wratten S, Sandhu H, Cullen R, Costanza R (Hrsg) Ecosystem services in agricultural and urban landscapes. Wiley-Blackwell, Oxford, S 178–193

Wiesner S, Eschenbach A, Ament F (2014) Spatial variability of urban soil water dynamics – analysis of a monitoring network in Hamburg. Meteorologische Zeitschrift 23(2):143–157. doi:10.1127/0941-2948/2014/0571

Zacharias S, Bogena H, Samaniego L, Mauder M, Fuß R, Pütz T, Frenzel M, Schwank M, Baessler C, Butterbach-Bahl K, Bens O, Borg E, Brauer A, Dietrich P, Hajnsek I, Helle G, Kiese R, Kunstmann H, Klotz S, Munch JC, Papen H, Priesack E, Schmid HP, Steinbrecher R, Rosenbaum U, Teutsch G, Vereecken H (2011) A network of terrestrial environmental observatories in Germany. Vadose Zone J 10(3):955–959

Personen- und Güterverkehr

Heike Flämig, Carsten Gertz, Thorsten Mühlhausen

© Der/die Herausgeber bzw. der/die Autor(en) 2017
G. Brasseur, D. Jacob, S. Schuck-Zöller (Hrsg.), *Klimawandel in Deutschland*, DOI 10.1007/978-3-662-50397-3_21

Im Jahr 2010 war in Deutschland der Verkehrssektor für fast 20 % der energiebedingten Treibhausgase (CO_2-Äquivalente, CO_2e) verantwortlich (UBA 2012). Davon wurden mehr als 80 % durch den motorisierten Straßenverkehr verursacht (TREMOD 2014; eigene Auswertung). Absolut betrachtet sind seit 1990 die energiebedingten CO_2e-Emissionen durch den Verkehr zunächst angestiegen und erreichten 2004 den höchsten Wert. Insgesamt zeigt sich, dass die bisherigen Maßnahmen nicht ausreichen, um den notwendigen Beitrag des Verkehrs zu den Klimaschutzzielen zu gewährleisten (UBA und BMWi 2013). Das Klima hat sich bereits soweit verändert, dass zur Sicherung der Funktion der Verkehrssysteme auch Anpassungsmaßnahmen notwendig sind. Extremwetterereignisse wie Sturm und Hagel oder Wetterphänomene wie beispielsweise Gewitter, Windhosen und Nebel, aber auch Starkniederschlag oder extreme Temperaturen wirken sich in den Verkehrssystemen direkt aus. Details dazu finden sich in den europäischen Projekten WEATHER, EWENT, MOWE-IT. Bei Sturm und starken Winden kann es zu einer Blockierung von Strecken durch umgestürzte Bäume oder herabgefallene Bauteile sowie durch beschädigte Signale und Anlagen zur Stromversorgung kommen. Starkregen kann z. B. Überflutungen bzw. Unterspülungen, Überlastung von Entwässerungssystemen, Stabilitätsgefährdung von Dämmen und auch Erdrutsche zur Folge haben und dazu führen, dass die Verkehrsinfrastruktur zerstört oder nur eingeschränkt nutzbar ist. Höhere Temperaturen können Materialschäden, etwa Verformungen der Infrastrukturen und Überhitzung von elektronischen Anlagen, sowie Böschungsbrände hervorrufen, welche die Sicherheit mindern. Ebenso können das Zufußgehen oder das Radfahren, aber auch teilweise die Nutzung des Öffentlichen Personennahverkehrs (ÖPNV) wesentlich erschwert und gesundheitliche Beeinträchtigungen bei Personal und Reisenden ausgelöst werden. Dürren und Hochwasser führen bei den (Binnen-) Wasserstraßen zu eingeschränkter Abladetiefe mit geringerer Beladungsmöglichkeit entsprechend dem Tiefgang eines Schiffes. Das geht so weit, dass die Wasserstraßen nicht mehr schiffbar sind (siehe z. B. das europäische Projekt ECCONET (o.J.) oder das deutsche Forschungsprogramm KLIWAS (BMVI 2015)). Der Luft- und teilweise auch der Seeverkehr werden schon durch schwach ausgeprägte lokale Wetterphänomene im Ablauf gestört. Hinzu kommen langfristige Folgen eines Klimawandels (z. B. das Ansteigen des Meeresspiegels), die nicht nur Einfluss auf die landgebundenen Verkehrsinfrastrukturen nehmen können, sondern auch auf existierende und geplante Anlagen wie z. B. Flughäfen, Häfen und Terminals.

Das Auftreten von Extremwetterereignissen kann also einerseits Personen, Produktionssysteme und die öffentliche Ordnung direkt gefährden und andererseits operative Anpassungsmaßnahmen notwendig machen. Die geringere Zuverlässigkeit der Verkehrssysteme oder eine Beschränkung der Erreichbarkeit hat während einer Krise zum einen ökonomische Konsequenzen, für die Nutzerseite und führt zum anderen zu erhöhtem Aufwand bei allen gesellschaftlichen und wirtschaftlichen Institutionen (Feuerwehr, Krankenhäuser, Grundversorgung). Darüber hinaus belastet die Beseitigung der Folgeschäden besonders die Infrastrukturbetreiber sowie die Verkehrs- und Transportunternehmen.

21.1 Entwicklung der CO_2e-Emissionen im Verkehrssektor

Hinsichtlich der betriebsbedingten Treibhausgasausstöße sind die Entwicklungen der Verkehrsleistung in Tonnenkilometer (tkm) oder Personenkilometer (Pkm) bzw. der Fahrleistung in Fahrzeugkilometer (Fkm) sowie des Fahrzeugbestands (Größenklasse, Euronorm) von großer Bedeutung. Dabei unterscheiden sich die Entwicklungen im Bereich des Personen- und Güterverkehrs. Während trotz einer Zunahme der Personenverkehrsleistung deren verursachte absolute CO_2e-Emissionen abnahmen, stiegen die absoluten CO_2e-Emissionen bei zunehmender Güterverkehrsleistung tendenziell weiter an.

Im Jahr 2011 betrug die gesamte Fahrleistung im Personenverkehr 608,77 Mrd. Fahrzeugkilometer (DIW 2012). Die durchschnittliche jährliche Fahrleistung von Personenkraftwagen (Pkw) stieg auf 14.200 km im Jahr 2011 an (DIW 2012). Auch der Pkw-Bestand nahm in den vergangenen Jahren zu und betrug am 01.01.2014 rund 43,48 Mio. Fahrzeuge (KBA 2014a). Davon erfüllte fast jedes vierte Fahrzeug mindestens die Abgasnorm Euro-5, deren Emissionsgrenzwerte ab 2011 für Neuzulassungen bindend waren. Der Anteil der Neuzulassungen mit alternativen Antrieben wie Elektro-, Hybrid-, Gas- und Wasserstoffantrieb lag bei knapp 1,4 % (KBA 2014b).

◗ Abb. 21.1 stellt die absolute Entwicklung der CO_2e-Emissionen sowie die relative Entwicklung der CO_2e-Emissionen und der Verkehrsleistung im Personenverkehr gegenüber dem Basisjahr 1990 auf deutschem Hoheitsgebiet dar. Für die internationalen Flüge sind die Verkehrsleistungen und deren CO_2e-Emissionen zwischen dem deutschen und dem nächsten bzw. letzten ausländischen Flughafen in die Werte eingeflossen. Der Graph verdeutlicht, dass trotz der Zunahme der Verkehrsleistung (VL) im Personenverkehr seit dem Basisjahr 1990 die energiebedingten CO_2e-Emissionen leicht abgenommen haben. Dabei war der Rückgang beim Schienenpersonenverkehr noch ausgeprägter als bei den motorisierten Straßenverkehrsmitteln. Allerdings gilt dies nicht für den Luftpersonenverkehr. Trotz hoher Effizienzgewinne kam es aufgrund der noch höheren Zuwächse der Verkehrsleistung zu einem deutlichen Anstieg der CO_2e-Emissionen durch den Luftverkehr.

Im Vergleich zum Personenverkehr betrug im Jahr 2011 die gesamte Fahrleistung im Güterverkehr rund 85,1 Mrd. Fahrzeugkilometer (DIW 2012). Die durchschnittliche jährliche Fahrleistung der Lastkraftwagen (Lkw) und Zugmaschinen bewegt sich bei rund 21.700 km (DIW 2012). Ebenso ist der Bestand an Nutzfahrzeugen angestiegen und betrug zum 1. Januar 2014 rund 4,7 Mio. Fahrzeuge (KBA 2014a). Davon hatten 16,1 % mindestens einen der Euro-5-Norm vergleichbaren Standard (KBA 2014a). Der Anteil an Fahrzeugen mit alternativen Elektro-, Hybrid-, Gas- oder Wasserstoffantrieben betrug rund 0,6 % (KBA 2014b).

Rund 70 % der Gütertransporte in Deutschland – gemessen sowohl in den transportierten Mengen (Tonnage) als auch in der Transportleistung (in Tonnenkilometern) – werden mit steigender Tendenz vom Lkw übernommen (UBA 2012). Auch die internationalen Verkehrsträger Seeschifffahrt und Luftverkehr haben erheblich an Bedeutung gewonnen (UBA 2012). In der Folge nimmt

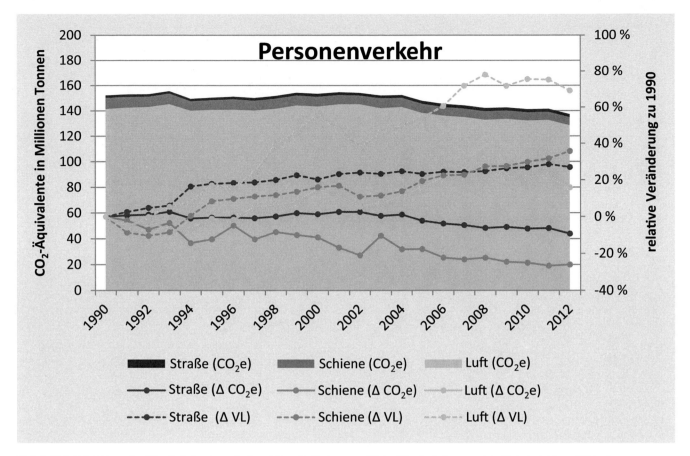

Abb. 21.1 Entwicklung der CO₂e-Emissionen sowie der relativen Veränderungen (Δ) der CO₂e-Emissionen und der Verkehrsleistung (*VL*) im Personenverkehr in Deutschland 1990–2012 (eigene Darstellung und Berechnungen auf Basis von TREMOD 2014). (Flämig)

der Gesamtenergieverbrauch im Bereich des Güterverkehrs weiter zu (Statistisches Bundesamt 2012). Auf die von Deutschland induzierten See- und Flugverkehre, die außerhalb von Deutschland erbracht werden, entfallen rund 17 % aller verkehrsbedingten CO₂e-Emissionen Deutschlands (International Transport Forum 2010).

Wie ◘ Abb. 21.2 zeigt, wird der Anstieg der energiebedingten CO₂e-Emissionen durch den Güterverkehr vor allem durch die Zunahme der Verkehrsleistung im Luftverkehr und teilweise im Straßengüterverkehr bestimmt. In dem Graph sind nur Verkehrsleistungen auf deutschem Hoheitsgebiet erfasst, mit Ausnahme des internationalen Flugverkehrs, der analog zum Personenverkehr bis zum nächsten bzw. letzten ausländischen Flughafen berücksichtigt ist.

Die Gründe für das seit Langem anhaltende Verkehrswachstum und die Anteilsverschiebungen zwischen den Verkehrsträgern sind vielfältig und häufig miteinander verknüpft (Flämig 2011). Der Ausbau der Verkehrswege, die Entwicklung der Verkehrstechnologien und auch die Deregulierung und Liberalisierung des Transportmarktes haben zu einer erheblichen Nachfragesteigerung insbesondere im Straßenverkehr beigetragen. In jüngster Zeit wird die Güterverkehrsentwicklung zudem verstärkt durch veränderte logistische Konzepte in Produktion und Handel wie Outsourcing und Just-in-Time sowie die rasante Entwicklung bei den Informations- und Kommunikationstechnologien beeinflusst. Aus der europäischen bzw. globalen Perspektive wirken sich zudem die Bevölkerungs- und Wirtschaftsentwicklung, insbesondere aufgrund des Wegfalls von Handelsbarrieren

und der immer effizienter werdenden Transportbedingungen (z. B. durch das Größenwachstum der Seeschiffe) und geringen Transportkosten, auf die Verkehrsnachfrage aus.

Die geringen Raumwiderstände, beispielsweise aufgrund von Verkehrsinfrastrukturausbau, führen zu einer Ausweitung der räumlichen Arbeitsteilung. Dadurch steigt der Transportaufwand weiter an. Das Verkehrswachstum in Deutschland ist daher vor allem ein Ergebnis des Wachstums der Entfernungen, da das Transportaufkommen nahezu konstant bleibt. Die Produktions- und Logistikstrategien von Handel und Industrie setzen dabei schwerpunktmäßig auf die hohe Flexibilität des Straßengüterverkehrs und zunehmend auf den Luftverkehr.

Standortentscheidungen und Siedlungsentwicklung haben sowohl für den Güterverkehr als auch den Personenverkehr eine große Bedeutung. So verlängern sich z. B. über die Suburbanisierung die Entfernungen für Wege im Alltag. Zudem führt die Ausdünnung bei Versorgungs- und sozialen Einrichtungen häufig zu größeren Einzugsbereichen. Im zeitlichen Verlauf ist die Anzahl der Wege pro Person und Tag relativ konstant geblieben. Dies gilt auch für das individuelle tägliche Reisezeitbudget (z. B. Axhausen 2010). Die durch den Infrastrukturausbau ermöglichten Zeitvorteile beeinflussen in der Konsequenz wieder Standortentscheidungen, da bei gleicher Reisezeit durch schnellere Straßen- oder Bahnverbindungen längere Wege zurückgelegt werden können. Diese Zusammenhänge zwischen räumlicher Entwicklung und Verkehrsinfrastruktur überlagern sich wiederum mit den Anforderungen anderer Lebensbereiche wie etwa des Arbeitsmarktes,

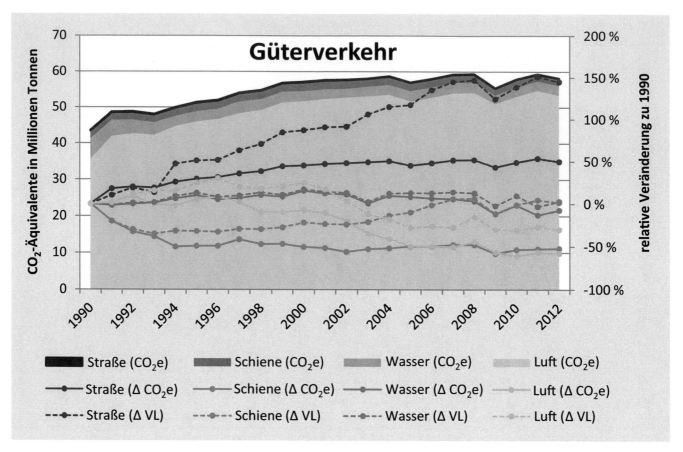

Abb. 21.2 Entwicklung der CO_2e-Emissionen sowie der relativen Veränderungen (Δ) der CO_2e-Emissionen und der Verkehrsleistung (*VL*) im Güterverkehr in Deutschland 1990–2012 (eigene Darstellung und Berechnungen auf Basis von TREMOD 2014). (Flämig)

sodass die Bereitschaft und die Notwendigkeit zu längeren Entfernungen gleichermaßen ansteigen. In der Konsequenz zeigen sich im Personenverkehr in der Verkehrsmittelnutzung und der Verkehrsleistung in Abhängigkeit vom Wohnstandort deutliche Unterschiede.

Neben Umsetzungsdefiziten liegt dies zum größten Teil auch darin begründet, dass die Lösung der verkehrsbedingten Klimaprobleme bisher vor allem im Verkehrssystem selbst gesucht wurde. Technologische und organisatorische Maßnahmen beim Einsatz der Transport- und Verkehrsmittel stehen häufig einseitig im Vordergrund. Vor dem Hintergrund der Entfernungszunahme verweisen Trendszenarien daher auf weiter zu erwartende Steigerungen beim CO_2e-Aufkommen im Verkehr (zum Beispiel UBA 2010). Zudem entstehen Emissionen auch beim Erstellen und beim Erhalten der Verkehrsinfrastrukturen. Zwar sind diese geringer als die verkehrsbedingten Emissionen. Dennoch gerät auch die Herstellung von Fahrzeugen und Infrastrukturen zunehmend in den Fokus (Öko-Institut 2013).

Die komplexen Systemstrukturen, Bedingungen und Wechselwirkungen von Produktions-, Logistik- und Gütertransportsystemen, aber auch der Personenmobilität erfordern Handlungsansätze, die diesem Charakter gerecht werden. Es muss integriert, also zusammenhängend, vorgegangen werden, um den Ressourcenverbrauch und die Verkehrsfolgen wie Emissionen, Flächenversiegelung, Immissionen und Unfallfolgen zu reduzieren.

21.2 Handlungsschwerpunkt Emissionsminderung im Verkehrsbereich

Die verkehrsbedingten Ressourcenverbräuche und Emissionen lassen sich grundsätzlich mit einer einfachen Formel ermitteln: Die bewegte Menge (Tonnen oder Personen) wird mit der Entfernung (Kilometer) und mit einem Faktor für den Ressourcenverzehr je Einheit (z. B. t je km) oder für die Emissionsmenge (Gramm an Emissionen je tkm bzw. Pkm) in Abhängigkeit vom Verkehrsmittel multipliziert. Die wesentlichen Steuerungsgrößen sind damit die Anzahl an transportierten Einheiten bzw. die zurückgelegten Wege, die Entfernung, das eingesetzte Verkehrsmittel und dessen Auslastung sowie die Fahrzeugtechnik und deren Betrieb (Flämig 2012). Daraus lassen sich fünf grundsätzliche Strategieansätze für die CO_2e-Minderung im Verkehrsbereich ableiten:

- Transportvermeidung hinterfragt die Notwendigkeit der Ortsveränderung von Personen und Gütern.
- Verkehrsvermeidung ist die Reduzierung der Fahrleistung durch die Verringerung von Entfernungen und eine möglichst effiziente Abwicklung der Mobilitätsnachfrage.
- Verkehrsverlagerung zielt auf eine veränderte Verkehrsmittelwahl hin zu Verkehrsmitteln mit geringeren spezifischen CO_2e-Emissionen (g/Pkm bzw. g/tkm), d. h. von Pkw und Lkw sowie Luftverkehr hin zu Bahn und Schiff sowie auf ÖPNV, Fahrrad und Fußverkehr.

— Verkehrsoptimierung trägt zur Reduzierung bzw. Optimierung der Bewegungen von Transportmitteln auf den Verkehrsinfrastrukturen bei.

— Fahrzeugseitige Emissionsminderung umfasst alle Maßnahmen zur technischen Optimierung, um den spezifischen CO_2e-Ausstoß des Transportmittels zu reduzieren.

Kompensation ermöglicht zwar Klimaneutralität, ohne jedoch die Verkehrssysteme in ihrer heutigen Erscheinungsform zu hinterfragen und zum notwendigen Umbau beizutragen. Die Reduktion der CO_2e-Emissionen erfordert vielmehr das Hinterfragen der Mobilitätsnotwendigkeit, die Verringerung von Entfernungen, die Verlagerung, Optimierung und verträgliche Gestaltung der Verkehre sowie weitere technische Innovationen zur fahrzeugseitigen Emissionsminderung. Die Überlegungen setzen damit deutlich vor dem Verkehr an und adressieren Entscheidungen der zentralen Akteure – etwa einzelner Personen, Unternehmen oder der öffentlichen Hand –, die für das Verkehrs- und Transportaufkommen und die zu überwindenden Distanzen verantwortlich sind (Flämig 2012).

Handlungsspielräume der Individuen bestehen in Entscheidungen über Wohnstandorte, Lebensstile, Autobesitz sowie Verkehrsmittelnutzung beim Personenverkehr, aber auch über das Konsumverhalten (Einkaufsverhalten, Entsorgung, Retouren) mit Rückwirkungen auf die Güterverkehrsnachfrage.

Der Handlungsspielraum von Handel und Industrie liegt vor allem im Bereich der Standort- und Lagerhaltungspolitik, wodurch kurze Wege und gebündelte Transporte ermöglicht werden. Durch eine entsprechende Produkt- und Sortimentspolitik können Mengendegressionseffekte realisiert werden. Ein logistisch optimiertes Produktdesign kann die Auslastung der Transportmittel erhöhen. In der Beschaffungs- und Distributionspolitik können durch Wieder- und Weiterverwendungs- sowie Wieder- und Weiterverwertungsstrategien regionale Wirtschaftskreisläufe gefördert werden. Darüber hinaus haben die Produktions- und Logistikstrategien, also die Art und Weise der Steuerung der logistischen Ketten (z. B. Push- vs. Pullkonzepte), einen entscheidenden Einfluss auf Art, Menge, Zusammensetzung und zurückzulegende Distanzen der zu transportierenden Güter (Löwa und Flämig 2011). Da die Geschäftsmodelle in der Regel relativ fix sind, sollten die Unternehmen dazu ermuntert werden, die operativen Effizienzgewinne durch die Reorganisation von Prozessen weiter zu forcieren, beispielsweise indem sie Transporte durch eine Qualitätsprüfung im Beschaffungsmarkt oder die Ökologisierung des Ausschreibungsverfahrens vermeiden.

Unternehmen sind aber auch aufgefordert, durch ein betriebliches Mobilitätsmanagement den Berufs- und Kundenverkehr ökologisch mitzugestalten. Im Idealfall hat dies auch positive Rückwirkungen auf das Verkehrsverhalten jedes Einzelnen im Alltag.

Der Handlungsspielraum der Logistikdienstleister bzw. Transport- und Verkehrsunternehmen umfasst die Vermeidung von Leerfahrten und die Realisierung von paarigen Verkehren mit voller Hin- und Rücktour, die Vermeidung von nicht voll ausgelasteten Transportgefäßen (z. B. von Lkw-Laderäumen oder Containern) oder von Umwegfahrten. Durch optimale Routen- und Tourenplanung sowie Fahrertraining lassen sich Fahrzeuge ökoeffizient nutzen. Handlungsspielraum besteht auch in der gemeinsamen technischen Optimierung der Aggregate (z. B. der Motoren) mit den Herstellern sowie in Verlagerungsmaßnahmen von Lufttransporten auf die Kombination von See-Luft-Transporten („sea-air") oder nur auf Seetransporte, von Lkw auf Bahn oder Binnenschiff, von motorisierten auf nichtmotorisierte Transportmittel.

Der Handlungsspielraum der Kommunen und Kreise besteht vor allem in der Verkehrs- und Stadtplanung. Die Option auf kurze Wege im Alltag setzt entsprechende langfristige Weichenstellungen bei der Flächenentwicklung voraus. Durch eine gezielte räumliche Entwicklung („Stadt der kurzen Wege"), mobilitätssensitive Standortentscheidungen und die Förderung regionaler Wirtschaftskreisläufe können strukturell die Voraussetzungen für die Reduzierung von Distanzen geschaffen werden. Um eine Verlagerung auf andere Verkehrsmittel („modal shift") erreichen zu können, ist eine Konzentration der Siedlungsentwicklung auf gut mit dem öffentlichen Verkehr erschlossene Standorte notwendig. Die Förderung des nichtmotorisierten Verkehrs, des öffentlichen Verkehrs und der inter- und multimodalen Vernetzung der alternativen Verkehrsmittel ist ein weiteres Kernelement der lokalen und regionalen Handlungsmöglichkeiten.

Ergänzend sind Maßnahmen der Verkehrssteuerung und des Mobilitätsmanagements notwendig. Auf der kommunalen Ebene zeigen die in den vergangenen Jahren erstellten verkehrsbezogenen Minderungskonzepte beispielsweise in den Regionen Hannover (Region Hannover 2011) und Tübingen (Institut für Mobilität und Verkehr 2010), dass Einzelmaßnahmen nicht ausreichen und ein breites Maßnahmenspektrum notwendig ist, um das politische Ziel einer Minderung der CO_2e-Emissionen um 40 % bis zum Jahr 2020, bezogen auf das Jahr 1990, erreichen zu können.

Handlungserfordernisse auf der Ebene des Bundes und der EU bestehen insbesondere in Rahmensetzungen, um den ökologischen Erneuerungsprozess des Wirtschafts- und Gesellschaftssystems zu beschleunigen. Richtlinien und Verordnungen im Verkehrssektor wie z. B. die Feinstaubrichtlinie oder die Grenzwertvorgaben für Abgasemissionen, aber auch produktbezogene Richtlinien und Verordnungen wie z. B. das Produkthaftungsgesetz sowie die Bindung von Fördermitteln, etwa an die Einführung eines Umweltmanagementsystems, bilden Bausteine einer nachhaltigen Verkehrsstrategie. Große Bedeutung hat zudem die Sicherstellung einer verlässlichen und dauerhaften Finanzierung für den öffentlichen Verkehr. Gleichzeitig müssen aber auch Rahmensetzungen außerhalb des Verkehrsbereichs sowie gesellschaftliche und wirtschaftliche Entwicklungen auf ihre Verkehrswirksamkeit hin überprüft werden. Beispielsweise ist die weitere Durchdringung von Wirtschaft und Gesellschaft mit Informations- und Kommunikationstechnologien hinsichtlich ihrer verkehrlichen Konsequenzen bisher zu wenig untersucht und politisch flankiert.

Große Aufmerksamkeit bei der Suche nach möglichen Handlungsansätzen zur Reduzierung der verkehrsbedingten Klimafolgen finden fahrzeugseitige CO_2-Emissionsminderungsmaßnahmen. Hier spielt die Mobilitäts- und Kraftstoffstrategie der Bundesregierung eine wichtige Rolle, die Alternativen für

Kraftstoffe, Antriebstechnologien und Infrastrukturen im Fokus hat. Dabei fließen derzeit viele Fördermittel in die Elektromobilität. Mit Elektrofahrzeugen werden die CO_2e-Emissionen vom Fahrzeug auf die Energiebereitstellung verlagert, wobei die Treibhausgasneutralität die ausreichende Verfügbarkeit von Strom aus erneuerbaren Energien voraussetzt (UBA 2013). Ein gesellschaftssensitiver Übergang vom fossilen zum postfossilen Verkehr ist notwendig, wenn Energiepreissteigerungen und Versorgungsengpässe nicht zu sozialen und ökonomischen Konflikten führen sollen.

Die bisherigen Entwicklungen von Verkehr und klimarelevanten Emissionen sowie die Umsetzungserfahrungen lassen allerdings vermuten, dass technische Verbesserungen fahrzeugseitig nicht ausreichen, um die erforderlichen Minderungen bei den CO_2e-Emissionen zu erreichen (UBA 2010). Vielmehr bedarf es weiterer Maßnahmen, um auch den Lärm und den Ausstoß anderer Luftschadstoffe zu reduzieren. Verkehrsverlagerung und Minderung der Verkehrsleistung könnten zudem dazu beitragen, die Anzahl der Verkehrstoten zu senken (Zielsetzung in Europäische Kommission 2011).

Zur CO_2e-Minderung sind demnach auch Ansätze erforderlich, die bei Individuen und Unternehmen zu Verhaltensänderungen führen. Die Aufklärung über die Wirkungszusammenhänge und ggf. ein entsprechendes ergänzendes Marketing unterstützen Klimaschutzkonzepte, die zudem von den verschiedenen Standardisierungen zur Bilanzierung und Berichterstattung, z. B. durch die Normsysteme ISO und EMAS, profitieren. Leitfäden zur methodischen Anwendung erleichtern die Umsetzung.

Allerdings zeigen sich bei den bisherigen Umsetzungsprojekten besondere kontextuelle Hemmnisse. So ist etwa die Umsetzung im ländlichen Raum mit einer starken Abhängigkeit vom Auto besonders schwierig. Durchgangsverkehre auf den Fernstraßen, insbesondere im Güterverkehr, können lokal kaum beeinflusst werden. Neben der Weiterentwicklung auf der Maßnahmenebene müssen daher auch Strategien auf der Handlungsebene für eine erfolgreiche Umsetzung weiterentwickelt werden.

21.3 Anpassung an Folgen des Klimawandels im Verkehrsbereich

Wetterereignisse können auf den effizienten Betrieb der Verkehrsmittel, die physische Infrastruktur und den sicheren Transport von Gütern und Personen Einfluss nehmen. Anpassungsnotwendigkeiten im Verkehrsbereich bestehen daher bei der Infrastruktur (Straßen, Bahnlinien, Wasserwegen), der Suprastruktur wie beispielsweise Umschlagsterminalanlagen und im Betrieb (Michaelides et al. 2014).

Anpassungsmaßnahmen im Verkehrsbereich zielen vorrangig darauf ab, die Folgen von Ereignissen durch den Klimawandel zu verhindern oder zumindest zu mildern sowie die Systemkapazitäten möglichst schnell wiederherzustellen. Ziel ist es, die sogenannte Resilienz der Verkehrssysteme zu verbessern.

Dabei sind die Verkehrsträger unterschiedlich betroffen und können unterschiedlich reagieren. Beispielsweise sind

– bedingt durch die Topologie des Luftverkehrs, die im Gegensatz zum Straßen- oder Schienennetzwerk lediglich durch einzelne Knoten, die Flughäfen, charakterisiert ist – langfristige und großflächige Störungen eher selten, da eine Zerstörung von Infrastruktur nur punktuell auftritt. Dagegen können schon relativ schwach ausgeprägte lokale Wetterphänomene sofort den Verkehrsablauf und somit die Verspätungssituation an einem Flughafen beeinflussen. So weisen die veröffentlichten Verspätungszahlen das Wetter als einen statistisch signifikanten Verursacher von Verspätungen im Luftverkehr auf (Eurocontrol 2013). Die Europäische Agentur für Flugsicherheit (*European Aviation Safety Agency*, EASA) listet das Wetter als signifikanten, aber nicht als einen dominierenden Faktor für das Auftreten von Zwischenfällen oder Unfällen im Luftverkehr (EASA 2012). Dies lässt sich auf die hohen Sicherheitsstandards im Luftverkehr zurückführen, die beim Auftreten von Wetterphänomenen mit Gefährdungspotenzial greifen und Änderungen der Prozeduren initiieren, die zu den von der Eurocontrol angegebenen Verspätungen im gesamten Netzwerk führen. Neben den an Flughäfen auftretenden Störungen sind auch die Flugstrecken betroffen, da Gewitter mit bis in die hohen Luftschichten reichenden Wolken ein Umfliegen dieses Luftraums erzwingen. Ähnlich, wenn auch mit einem anderen Zeithorizont verhält es sich im Seeverkehr.

Im Straßen- und Schienenverkehrsnetz ist davon auszugehen, dass die Instandhaltungserfordernisse zunehmen. Das Wasser- und das Schienennetz sind zwar bei geringen Störungen zunächst wesentlich robuster als das Luft- und das Straßennetz. Bei schweren Störungen aber, insbesondere der Hauptverkehrswege, wird zur Wiederherstellung des ursprünglichen Wasser- und Schienennetzes deutlich mehr Zeit benötigt. Dabei sind der Bau und die Instandhaltung von Schienenwegen wesentlich teurer, und durch die höhere betriebliche Komplexität ist der Bahnverkehr von Störungen stärker betroffen als das Straßenverkehrssystem. Aufgrund der Raum- und Stadtstrukturen stehen bauliche Maßnahmen an der Verkehrsinfrastruktur zudem immer in einem Gesamtkontext mit den baulichen Strukturen eines Raumes, beispielsweise zur Gestaltung von Entwässerung und Hitzeabfuhr, und erfordern daher eine integrierte Planung.

Nicht nur Schäden an der Verkehrsinfrastruktur, sondern auch Schäden an der Infrastruktur von Unternehmen sowie bei Zulieferern und Kunden können zu einer Unterbrechung der Produktion oder Dienstleistung führen und weitere unternehmerische Anpassungsmaßnahmen notwendig machen. Hier liefert die ISO-Norm 22301 „Managementsysteme für die Planung, Vorbereitung und operationale Kontinuität" entsprechende Hinweise. Zur Sicherung der Versorgung nutzen Unternehmen aus Handel und Industrie, deren Unternehmensaktivitäten in transportintensive Wertschöpfungsketten eingebunden sind, unter den Stichworten Risikomanagement, Betriebskontinuitätsmanagement oder Resilienz z. B. räumlich verteilte Beschaffungsstrategien oder synchromodale Transportkettenstrategien, bei denen der Verkehrsträger zu jedem Zeitpunkt gewechselt werden kann.

Anpassungsmaßnahmen im Verkehrsbereich sind in verschiedenen Handlungsfeldern notwendig (siehe u. a. BMLFUW

2012; UIC 2011; ARISCC 2011; sowie die EU-Projekte WEATHER (o.J.), EWENT (o.J.), MOWE-IT, RiMAROCC (2010), EUROCONTROL sowie das deutsche Projekt KLIWAS (BMVI 2015)).

Infrastrukturen

In diesem Bereich müssen beispielsweise die entsprechenden Planungs- und Baustandards in Abhängigkeit von der örtlichen Situation verändert werden, insbesondere

- zur Verbesserung des Wasserabflusses durch Anpassung der Dimensionierung von Entwässerungssystemen (Drainage- und Pumpanlagen) und Bereitstellung von Versickerungsflächen,
- zur Reduzierung der Flächenversiegelung (Wärmeinseleffekt) durch den Rückbau von Infrastrukturen,
- zur Anpassung von Baumarten und Vegetationskonzepten an den Verkehrswegen,
- zur Verbesserung der Hangbefestigungen an durch Erdrutsche gefährdeten Stellen,
- zur Verlegung von Infrastruktur bzw. Höherlegen von Trassen,
- zur Vermeidung des Aufschwimmens von Brücken,
- zur Verbesserung der Kühlungssysteme für (elektronische) Infrastrukturen,
- zur Sicherstellung des Einsatzes von Baumaterialien mit erhöhter Stabilität und Hitzebeständigkeit,
- zur Sicherstellung des Einsatzes endlos verschweißter Schienen,
- für die Installation von Beschattungseinrichtungen,
- für die Implementation von innovativer Verkehrsleittechnik und
- für den Aufbau von redundanten, comodalen Verkehrsinfrastrukturen.

Transport- und Umschlagtechnologien

Hier sind vor allem konstruktive Anpassungen notwendig, z.B.:
- robuste Auslegungen mechanischer Bauteile,
- verbesserte Kühlungssysteme für Fahrerkabinen, Fahrgastzellen und ggf. Laderäume sowie
- robuste Aufbauten der Transportmittel.

Sicherstellung des Betriebs

Das Maßnahmenspektrum umfasst hier:
- die Identifizierung, den Ausweis und Umbau eines Hauptroutennetzes und wichtiger Knoten,
- die Erarbeitung und regelmäßige Aktualisierung von Notfallplänen für spezifische Wetterereignisse,
- die Durchführung kürzerer Wartungs- und Instandhaltungsintervalle,
- das Monitoring und die Evaluierung gefährdeter Streckenabschnitte,
- die Vorbereitung auf den Umgang mit Verspätungen und Ausfällen,
- den Aufbau eines systematischen Baustellenmanagements, die Entwicklung von effizienten Bautechniken und einer Ad-hoc-Baulogistik,
- die Ausbildung und Schulung des Personals sowie

- die Einführung von Kompetenz- und Kommunikationsregelungen zwischen Unternehmen, öffentlichen Institutionen, Hilfseinrichtungen sowie Endkunden.

Sicherstellung der notwendigen Informationen

In diesem Bereich steht der Ausbau der Informations- und Frühwarnsysteme für die Entscheidungsfindung im Mittelpunkt, insbesondere in Form von

- frühen, verlässlicheren und detaillierteren Wetterinformationen,
- Ausweis von Alternativrouten und -verkehrswegen,
- anlassbezogener Information der Bevölkerung und der Wirtschaft, z.B. über Sichtverhältnisse,
- Schadenmonitoring entlang der Verkehrswege, z.B. an Trassen und Straßen und Knoten wie Bahnhöfen und Flughäfen,
- Monitoring der Temperaturen der Verkehrswege, z.B. von Schienen,
- Verbesserung der Vegetationskontrolle,
- einem Risikomanagement bei Verkehrsunternehmen und Verladern sowie Infrastrukturbetreibern und
- Berücksichtigung der klimabedingten Kosten in der Netz- und Investitionsplanung.

Rechtsnormen

Hier sind Änderungen des Planungs- und Baurechts notwendig, insbesondere
- im Bereich der Bauleitplanung,
- zur Steuerung der Entwicklung von Siedlungs- und Gewerbeflächen,
- hinsichtlich einer klimagerechten Regionalplanung,
- zur Entwicklung von Vorschriften für klimarobuste Verkehrs- und Energieinfrastruktursysteme,
- Rahmensetzungen für die Versicherungswirtschaft,
- für die Einbindung von verkehrlichen und wirtschaftlichen Fragen in Katastrophenschutzkonzepte und
- für Anpassungen der Verkehrssicherungspflicht, z.B. im Bereich der Straßenreinigungs-, Räum- und Streupflicht.

Darüber hinaus ist das Krisenmanagement für den Verkehrsbereich weiter auszubauen und umfasst vorbereitende Maßnahmen sowie Maßnahmen während des Auftretens eines Wetterereignisses. Eine Übersicht über das Maßnahmenspektrum wurde im Projekt *Management of Weather Events in the Transport System* im 7. Rahmenprogramm der EU erarbeitet (MOWE-IT et al. 2014a, 2014b, 2014c, 2014d, 2014e).

Je nach Besitzverhältnissen und Finanzierung ist die Maßnahmenumsetzung Aufgabe der öffentlichen Hand oder privater Unternehmen. Da infrastrukturelle und betriebliche Entscheidungen häufig zusammenspielen, sind in die Umsetzung in den meisten Fällen beide Akteursgruppen einzubinden.

Aufgrund der hohen Investitionskosten und der langen Lebensdauern von Verkehrsinfrastrukturen über viele Jahrzehnte ist deren klimagerechte Gestaltung eine langfristige Aufgabe, bei der *no-regret*-Maßnahmen mehr Berücksichtigung finden sollten (IPCC 1995, S. 53).

Neben den steigenden Investitionskosten für die Verkehrsinfrastruktur, die über entsprechende *pricing*-Systeme an die Nutzer weitergegeben werden, werden auch die betrieblichen Anpassungsmaßnahmen zu einer Zunahme der Transportkosten führen. Weitere technische Verbesserungen der Transport- und Verkehrsmittel werden die Kostensteigerungen nicht allein ausgleichen können.

Die Forschung zu Anpassungsmaßnahmen in den Verkehrssystemen selbst befindet sich noch in der Anfangsphase und ist nicht so weit vorangeschritten wie in anderen Anpassungsbereichen (Eisenack et al. 2011). Auch in den Logistik- und Verkehrsunternehmen gibt es bislang überwiegend lediglich eine allgemeine Problemdiskussion. Nur eine geringe Anzahl von Unternehmen setzt Maßnahmen zur Anpassung bereits konkret um (Pechan et al. 2011; Climate Service Center Germany 2014). Eine Unternehmensbefragung im Schienenverkehr hat gezeigt, dass ein großes Problem in dem mangelnden Wissen über die Zusammenhänge, die Folgen und die konkrete Betroffenheit liegt (Pechan et al. 2011) – eine Lücke, die mit den Projekten ARISCC und *Winter and Railways* für die Bahn sowie RiMAROCC und Projekten von CEDR für die Straße sowie den Maßnahmen von EUROCONTROL für die Luft teilweise geschlossen werden konnten.

Notwendig bleiben weitere Forschungsaktivitäten unter Einbindung der Infrastrukturbetreiber und Verkehrsunternehmen sowie der Transportnachfrager und der öffentlichen Hand. Gesucht ist eine gezielte Strategie, die Zusammenhänge aufzeigt, Handlungsempfehlungen formuliert und die Ausgestaltung von Finanzierungsinstrumenten konkretisiert. Im Mittelpunkt der infrastrukturellen Anpassungsmaßnahmen steht eine übergreifende Richtlinienarbeit, um die Voraussetzungen für deren standardisierte flächendeckende Umsetzung zu schaffen.

21.4   Kurz gesagt

Seit dem Basisjahr 1990 hat der Personen- und Güterverkehr zugenommen. Die Realisierung technischer und organisatorischer Maßnahmen zur Effizienzsteigerung konnte die absoluten induzierten negativen Klimaeffekte bisher nur im Personenverkehr leicht reduzieren, im Güterverkehr ist dies bislang nicht gelungen.

Die Verkehrssysteme beeinflussen den Klimawandel und werden durch Extremwetterereignisse und Wetterphänomene selbst in ihrer Funktionsfähigkeit eingeschränkt. Effizienz und Pünktlichkeit nehmen ab, die Sicherheit ist nicht mehr zwingend gegeben. Es kann zu Versorgungsengpässen kommen. Bisher steht die systematische Formulierung und flächendeckende Umsetzung wirksamer Anpassungsmaßnahmen noch aus. Allerdings ist eine klimagerechte Gestaltung der Infrastrukturen nur sehr langfristig zu realisieren und sollte heute im Rahmen von Reinvestitionszyklen mitgedacht werden, um noch höhere Folgeinvestitionen zu vermeiden.

Maßnahmen der Anpassung müssen daher durch verkehrsreduzierende bzw. -beeinflussende Maßnahmen ergänzt werden. Sie tragen nicht nur zur Reduzierung der Klimagase, sondern zugleich auch zu einer Abnahme anderer negativer Verkehrsfolgen wie Lärm, Flächenversiegelung oder Unfällen bei. Klimaschutz leistet dann sowohl einen Beitrag zur Minderung der globalen Erwärmung als auch zur Verbesserung der Lebensqualität vor Ort und zur Reduzierung der Ölabhängigkeit des Verkehrssystems. Dafür sind ein konsequentes Handeln zum Erreichen der Klimaschutzziele und ein vorausschauendes Agieren bei der Umsetzung von Anpassungsmaßnahmen notwendig.

Literatur

ARISCC, Nolte R, Kamburow C, Rupp J (2011) ARISCC: Adaptation of railway infrastructure to climate change. Final Report. http://www.ariscc.org/index.php?id=103. Zugegriffen: 2. Juni 2014

Axhausen KW (2010) Grundmodell des Verkehrsverhaltens, Verkehrssysteme, Zürich. http://www.ivt.ethz.ch/education/verkehrssysteme_msc/W2_Grundmodell_Verkehrsverhalten.pdf. Zugegriffen: 2. Febr. 2014

BMLFUW – Bundesministerium für Land- und Forstwirtschaft, Umwelt und Wasserwirtschaft, Kronberger-Kießwetter B, Balas M, Prutsch A (2012) Die österreichische Strategie zur Anpassung an den Klimawandel Teil 2 – AKTIONSPLAN – Handlungsempfehlungen für die Umsetzung. http://www.bmlfuw.gv.at/umwelt/klimaschutz/klimapolitik_national/anpassungsstrategie/strategie-kontext.html. Zugegriffen: 2. Juni 2014

BMVI – Bundesministerium für Verkehr und digitale Infrastruktur (2015) KLIWAS: Auswirkungen des Klimawandels auf Wasserstraßen und Schifffahrt in Deutschland. Abschlussbericht des BMVI. Fachliche Schlussfolgerungen aus den Ergebnissen des Forschungsprogramms KLIWAS. http://www.bmvi.de/SharedDocs/DE/Publikationen/WS/kliwas-abschlussbericht-des-bmvi-2015-03-12.pdf?__blob=publicationFile. Zugegriffen: 6. Apr. 2015

Climate Service Center Germany (2014) Klimawandelvermeidung und Anpassung im Transport und Logistiksektor Deutschland, Österreich und Schweiz. CDP & CSC Klimawandel Branchenfokus 2014. http://www.climate-service-center.de/imperia/md/content/csc/cdp-csc-climate-change-transport-logistic-2014-german.pdf. Zugegriffen: 14. Apr. 2014

DIW – Deutsches Institut für Wirtschaftsforschung (2012) Auto-Mobilität: Fahrleistungen steigen 2011 weiter. DIW Wochenbericht 47/2012 vom 21.11.2012, Berlin

EASA – European Aviation Safety Agency (2012) Annual Safety Review 2011. European Aviation Safety Agency, Köln. http://easa.europa.eu/newsroom-and-events/general-publications/annual-safety-review-2011. Zugegriffen: 22. Nov. 2014

ECCONET – Effects of climate change on the inland waterway networks. http://ecconet.eu/, zugegriffen am 2. Juni 2014

Eisenack K, Stecker R, Reckien D, Hoffmann E (2011) Adaptation to climate change in the transport sector: a review. Report 122. Potsdam-Institut für Klimafolgenforschung, Potsdam

EUROCONTROL – European Organisation for the Safety of Air Navigation (2013) Challenges of Growth 2013. https://www.eurocontrol.int/sites/default/files/content/documents/official-documents/reports/201307-challenges-of-growth-summary-report.pdf. Zugegriffen: 2. Apr. 2014

Europäische Kommission (2011) Weißbuch. Fahrplan zu einem einheitlichen europäischen Verkehrsraum – Hin zu einem wettbewerbsorientierten und ressourcenschonenden Verkehrssystem. http://ec.europa.eu/transport/themes/strategies/doc/2011_white_paper/white_paper_com%282011%29_144_de.pdf. Zugegriffen: 20. Mai 2016

EWENT – Extreme Weather impacts on European Networks of Transport. http://ewent.vtt.fi/, zugegriffen am 2. Juni 2014

Flämig H (2011) 2.4.7.1 Aufgaben des Güterverkehrs in Städten und Regionen. In: Bracher T, Haag M, Holzapfel H, Kiepe F, Lehmbrock M, Reutter U (Hrsg) Handbuch der kommunalen Verkehrsplanung. 62. Ergänzungslieferung 12/11, S 1–21

Flämig H (2012) Die Krux mit der Logistik. Ökologisches Wirtschaften 2(B27):24–25

Institut für Mobilität und Verkehr (2010) Mobilität 2030 Tübingen Abschlussbericht der Pilotphase im Projekt „Nachhaltiger Stadtverkehr Tübingen".

21

https://www.tuebingen.de/Dateien/mobilitaet_2030_tuebingen.pdf. Zugegriffen: 28. Febr. 2015

International Transport Forum (2010) Transportation greenhouse gas emission, country data 2010. http://www.internationaltransportforum.org/Pub/pdf/10GHGCountry.pdf. Zugegriffen: 11. Juni 2014

IPCC – Intergovernmental Panel On Climate Change (1995) IPCC Second Assessment - Climate Change 1995. A Report of the Intergovernmental Panel on Climate Change. https://www.ipcc.ch/pdf/climate-changes-1995/ipcc-2nd-assessment/2nd-assessment-en.pdf. Zugegriffen: 6. Juni 2014

KBA – Kraftfahrt-Bundesamt (2014a) Fahrzeugzulassungen (FZ). Bestand an Kraftfahrzeugen nach Umwelt-Merkmalen. 01.01.2014 (FZ13), Flensburg. http://www.kba.de/SharedDocs/Publikationen/DE/FZ/2014/fz13_2014_pdf.pdf?__blob=publicationFile&v=3. Zugegriffen: 6. Juni 2014

Kraftfahrt-Bundesamt KBA (2014b) Fahrzeugzulassungen (FZ). Neuzulassungen von Kraftfahrzeugen nach Umwelt-Merkmalen. Jahr 2013 (FZ14), Flensburg. http://www.kba.de/SharedDocs/Publikationen/DE/FZ/2013/fz14_2013_pdf.pdf?__blob=publicationFile&v=3. Zugegriffen: 6. Juni 2014

Löwa S, Flämig H (2011) Integration of logistics strategies in urban transport models. Conference proceedings, 4th METRANS National Urban Freight Conference 2011, Long Beach (USA). http://www.metrans.org/nuf/2011/documents/Papers/Lowa-Flamig-integration_paper_revised.pdf. Zugegriffen: 20. Febr. 2014

Michaelides S, Leviäkangas P, Doll C, Heyndrickx C (2014) Foreward: EU-funded projects on extreme and high-impact weather challenging European transport systems. Nat Hazards:5–22. doi:10.1007/s11069-013-1007-1

MOWE-IT, Temme A, Kreuz M, Mühlhausen T, Schmitz R, Hyvärinen O, Kral S, Schätter F, Bartsch M, Michaelides S, Tymvios F, Papadakis M, Athanasatos S (2014a) Guidebook for enhancing resilience of European air traffic in extreme weather events. http://www.mowe-it.eu/wordpress/wp-content/uploads/2013/02/Mowe_it_Guidebook_Air_transport.pdf. Zugegriffen: 12. Juni 2014

MOWE-IT, Siedl N, Schweighofer J (2014b) Guidebook for enhancing resilience of European inland waterway transport in extreme weather events. http://www.mowe-it.eu/wordpress/wp-content/uploads/2013/02/Move_it_Guidebook_IWT.pdf. Zugegriffen: 12. Juni 2014

MOWE-IT, Volodymyr G, Nazarenko K, Nokkala M, Hutchinson P, Kopsala P, Michaelides S, Tymvios F, Papadakis M, Athanasatos S (2014c) Guidebook for enhancing resilience of European maritime transport in extreme weather events. http://www.mowe-it.eu/wordpress/wp-content/uploads/2013/02/Mowe_it_Guidebook_maritime_transport.pdf. Zugegriffen: 12. Juni 2014

MOWE-IT, Jaroszweski D, Quinn A, Baker C, Hooper A, Kochsiek J, Schultz S, Silla A (2014d) Guidebook for enhancing resilience of European railway transport in extreme weather events. http://www.mowe-it.eu/wordpress/wp-content/uploads/2013/02/Move_it_Guidebook_Rail_transport.pdf. Zugegriffen: 12. Juni 2014

MOWE-IT, Doll C, Kühn A, Peters A, Juga I, Kral S, Enei R, Pietroni F, Mitsakis E, Stamos I, Schultmann F, Wiens M, Schätter F, Meng S, Bartsch M, Kynnös K, Hietajärvi A, Kostiainen J, Mantsinen H, Hinkka V (2014e) Guidebook for enhancing resilience of European road transport in extreme weather events. http://www.mowe-it.eu/wordpress/wp-content/uploads/2013/02/MOVE-IT_road_guidebook_final.pdf. Zugegriffen: 12. Juni 2014

Öko-Institut (2013) Treibhausgas-Emissionen durch Infrastruktur und Fahrzeuge des Straßen-, Schienen- und Luftverkehrs sowie der Binnenschifffahrt in Deutschland. Arbeitspaket 4 des Projektes Weiterentwicklung des Analyseinstrumentes Renewability. UBA-Texte, Bd. 96. Umweltbundesamt, Dessau-Roßlau

Pechan A, Rotter M, Eisenack K (2011) Eingestellt auf Klimafolgen? Ergebnisse einer Unternehmensbefragung zur Anpassung in der Energie- und Verkehrswirtschaft. Schriftenreihe des Instituts für ökologische Wirtschaftsforschung (IÖW), Bd. 200. Schriftenreihe des IÖW 200/11 (Eigenverlag), Berlin

Region Hannover (2011) Verkehrsentwicklungsplan pro Klima. http://www.hannover.de/content/download/224910/3523639/file/Verkehrsentwicklungsplan--proKlima--der-Region-Hannover.pdf. Zugegriffen: 28. Febr. 2015

RIMAROCC, Bles T, Ennesser Y, Fadeuilhe J-J, Falemo S, Lind B, Mens M, Ray M, Sandersen F (2010) Risk management for roads in a changing climate. A guidebook to the RIMAROCC Method. http://www.google.de/url?sa=t&rct=j&q=&esrc=s&source=web&cd=3&cad=rja&uact=8&ved=0CDEQFjAC&url=http%3A%2F%2Fdtvirt35.deltares.nl%2Fproducts%2F22249&ei=h0s

3VZnZKI2LaMfCgcgC&usg=AFQjCNFs1ebqcSxspBzT7NSEBDrSjOsEaA&bvm=bv.91071109,d.d2s. Zugegriffen: 28. Febr. 2015

Statistisches Bundesamt (2012) Nachhaltige Entwicklung in Deutschland. Indikatorenbericht 2012. https://www.destatis.de/DE/Publikationen/Thematisch/UmweltoekonomischeGesamtrechnungen/Umweltindikatoren/IndikatorenPDF_0230001.pdf?__blob=publicationFile. Zugegriffen: 5. Febr. 2014

TREMOD - Transport Emission Model (2014); Version 5.53

UBA – Umweltbundesamt (2010) CO$_2$-Emissionsminderung im Verkehr in Deutschland; Mögliche Maßnahmen und ihre Minderungspotenziale – Ein Sachstandsbericht des Umweltbundesamtes. http://www.umweltbundesamt.de/sites/default/files/medien/461/publikationen/3773.pdf. Zugegriffen: 11. Juni 2014

UBA – Umweltbundesamt (2012) Daten zum Verkehr. Ausgabe 2012. Dessau. http://www.umweltbundesamt.de/sites/default/files/medien/publikation/long/4364.pdf. Zugegriffen: 20. Febr. 2014

UBA – Umweltbundesamt (2013) Emissionen der sechs im Kyoto-Protokoll genannten Treibhausgase in Deutschland nach Quellkategorien in Tsd. t Kohlendioxid-Äquivalenten. http://www.umweltbundesamt.de/sites/default/files/medien/384/bilder/dateien/8_tab_thg-emi-quellkat_2013-10-02_neu.pdf. Zugegriffen: 20. Febr. 2014

UBA & BMWi – Umweltbundesamt, Bundesministerium für Wirtschaft und Technologie (Hrsg) (2013) Zahlen und Fakten Energiedaten. Nationale und internationale Entwicklung. Letzte Aktualisierung: 20.08.2013, Berlin

UIC – International Union of Railways, Rail System Department for the RSF (2011) Winter and Railways. http://uic.org/forms/IMG/pdf/500_uic_siafi_report__winter_and_railways.pdf. Zugegriffen: 2. Apr. 2015

WEATHER – Weather extremes: assessment of impacts on transport and hazards for European regions. http://www.weather-project.eu/weather/index.php. Zugegriffen am 2. Juni 2014

Städte

Wilhelm Kuttler, Jürgen Oßenbrügge, Guido Halbig

© Der/die Herausgeber bzw. der/die Autor(en) 2017

G. Brasseur, D. Jacob, S. Schuck-Zöller (Hrsg.), *Klimawandel in Deutschland,* DOI 10.1007/978-3-662-50397-3_22

Vielfache und auch als problematisch einzustufende Auswirkungen des Klimawandels sind in Städten allein aufgrund ihrer hohen Bevölkerungszahlen, der damit verbundenen Konzentration der Gebäude und Infrastrukturen einschließlich ihrer hohen Sachwerte wahrscheinlich. Städte sind zudem Knoten der Wirtschaft, des Verkehrs und der Kommunikation. Die Aufrechterhaltung ihrer Funktionsfähigkeit ist unter sich verändernden Umweltbedingungen von grundlegender Bedeutung für die räumliche Organisation der Gesellschaft. Bereits zu Beginn des 21. Jahrhunderts lebt weltweit über die Hälfte der Menschheit in Städten – mit zunehmender Tendenz. In Deutschland liegt der Anteil der Stadtbevölkerung bei rund 74 % (UN 2014). Eine Analyse der großklimatischen Auswirkungen auf die lokal zu erwartenden klimatischen, aber auch lufthygienischen Veränderungen erscheint deshalb als besonders wichtig.

Gegenwärtige und zukünftige stadtklimatische Herausforderungen treffen auf Städte und Stadtregionen, die komplex strukturiert sind. Historische Kerne, Wohn-, Industrie- und Gewerbegebiete aus vergangenen und aktuellen Erweiterungsphasen, komplexe Infrastrukturen und mosaikartige Flächennutzungen sind auf gegenwärtige und mögliche zukünftige Folgen des Klimawandels zu untersuchen und anzupassen. Das Spektrum möglicher Auswirkungen vergrößert sich durch die beträchtlichen Unterschiede zwischen einzelnen Städten, hervorgerufen durch die naturräumliche Lage oder durch die wirtschaftliche Ausrichtung und sozialen Strukturen. Schließlich sind Stadträume nach innen über soziodemografische und funktionale Kriterien differenziert zu betrachten. Damit ergeben sich auch kleinräumige Expositionen gegenüber dem Klima, beispielsweise in hoch verdichteten und stark versiegelten Quartieren, die zu einer ausgeprägten Verwundbarkeit der dort lebenden Bevölkerung führen. Diese Vielfalt an Problemen wird in der Stadtklimatologie erforscht und in der Stadtplanung durch Anpassungsmaßnahmen bearbeitet. Entsprechend gliedert sich der Beitrag in eine zusammenfassende Analyse der Klimawirkungen sowie der Systematik urbaner Verwundbarkeiten (Vulnerabilitäten) und die Ableitung möglicher Planungsmaßnahmen.

22.1   Stadtklimatische Herausforderungen

22.1.1   Ansteigende Lufttemperaturen und thermische Belastungen

Da Städte bereits unter den gegebenen klimatischen Verhältnissen meist wärmer als ihr Umland sind, können sie als Vorboten des globalen thermischen Klimawandels angesehen werden. Es wird davon ausgegangen, dass städtische Räume zukünftig häufiger, intensiver und länger von Überwärmung betroffen sein werden (Goldbach und Kuttler 2012). Thermische Belastungen städtischer Siedlungsräume mit ihren negativen Wirkungen auf Gesundheit und Wohlbefinden lassen sich jedoch nicht nur in der bodennahen Atmosphäre als städtische Wärmeinseln (*urban heat islands*) nachweisen, sondern auch im Untergrund: sowohl im Boden (Kuttler et al. 2012) als auch im Grund- und Trinkwasser (Menberg et al. 2013; Zhu et al. 2010). In diesem Fall wird von einer *subsurface urban heat island* gesprochen (Müller et al. 2014).

Höhere Bodentemperaturen führen nicht nur zu einer größeren Energiedichte des Bodens und des Grundwassers, sondern auch zu einer Erwärmung des Trinkwassers im Leitungssystem. Die Überwärmung des urbanen Bodens kann für den Stadtbewohner positiv, aber auch negativ sein:

- positiv, weil Boden und Grundwasser durch Wärmetauscher zur Energiegewinnung genutzt werden könnten, wo besonders hohe Bodentemperaturen anfallen;
- negativ hingegen, weil es durch die höhere Temperatur in den Trinkwasserleitungen zu einer Vermehrung hygienisch relevanter Mikroorganismen kommen kann, wodurch die Qualität des Trinkwassers herabgesetzt wird.

22.1.2   Luftinhaltsstoffe: Ozon, BVOCs und allergene Pollen

Zu den Luftinhaltsstoffen, deren Konzentrationen in einem erheblichen Maße von der Luft- und Strahlungstemperatur abhängen, zählt z. B. der sekundäre Spurenstoff Ozon (O_3), der sich in hohen Konzentrationen negativ auf die menschliche Gesundheit auswirkt. Bedeutsam sind zudem biogene flüchtige Kohlenwasserstoffe (BVOCs), die von verschiedenen Pflanzen abgegeben werden und als Vorläufersubstanzen für Ozon wirken, sowie ausgewählte allergene Pollenarten (Kuttler 2012).

Die Konzentration von Ozon weist – bedingt durch seine Vorläufergase – eine exponentielle Lufttemperatur- und Strahlungsabhängigkeit auf (Stathopoulon et al. 2008; Melkonyan und Wagner 2013). Das führt während sommerlicher starker Sonneneinstrahlung und hoher Lufttemperatur zu einem ausgeprägten Tagesgang der Konzentration mit höchsten Ozonwerten am Nachmittag und allgemein niedrigsten Werten in der Nacht (Melkonyan 2011). Besonders steigt die Ozonkonzentration zwischen 20 und 30 °C, jener Spanne, in der nicht nur das in der Luft enthaltene Peroxiacetylnitrat (PAN, $C_2H_3NO_5$) thermisch instabil ist, sondern auch das für die Ozonproduktion maßgebliche Stickstoffdioxid (NO_2) freigesetzt wird (Steiner et al. 2010).

Die Folgen des globalen Klimawandels veranschaulichen Melkonyan und Wagner (2013): Ausgangspunkt ihrer Rechnung ist der Acht-Stunden-Mittelwert für Ozon von 120 µg/m^3 pro Tag, der in der entsprechenden EU-Richtlinie festgehalten ist (▶ Kap. 13). Um gesundheitliche Schädigungen zu vermeiden, darf dieser an nicht mehr als 25 Tagen im Kalenderjahr überschritten werden. Bei einer angenommenen Erhöhung der Temperatur um 3 °C, die angesichts der derzeitigen Treibhausgasemissionen wahrscheinlich überschritten wird (IPCC 2014), wird sich an einem Industriestandort im Ruhrgebiet die Zahl der Ozonüberschreitungstage von derzeit 8 Tagen auf 19 Tage bis 2100 mehr als verdoppeln und damit nahe an den Schwellenwert kommen.

BVOCs werden bei hohen Temperaturen von einigen Laub- und Nadelbäumen bei thermischem Stress emittiert (Wagner 2013). Bekanntester Vertreter ist Isopren (C_5H_8). Zwar ist die Vegetationsdichte in Städten im Allgemeinen geringer als im Umland, jedoch kompensiert die hohe chemische Reaktivität von Isopren seine im Vergleich zu den anthropogenen flüchtigen Kohlenwas-

☐ Abb. 22.1 Tagesgänge der Konzentrationen an Isopren, Benzol und Toluol sowie der Lufttemperatur in einem urbanen Park (Grugapark, Essen) zwischen dem 1. und 5. Juni 2011. (Wagner 2013; eigene Übersetzung)

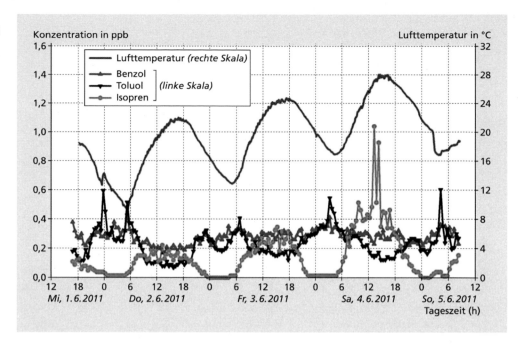

☐ Abb. 22.2 Pollenproduktion der Beifuß-Ambrosie unter vorindustriellen (1890), gegenwärtigen (2000) und zukünftigen CO_2-Konzentrationen (*Grau* CO_2-Konzentration, *Grün* Pollenproduktion je Pflanze; *Gelb* Masse an Pollen pro Blüte, *Blau* Anzahl der Blüten pro Pflanze)

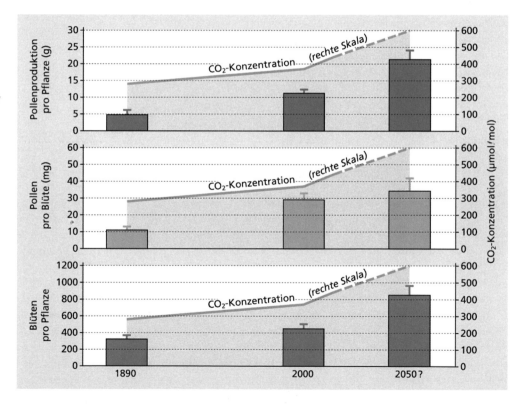

serstoffen (AVOCs) allgemein geringere Freisetzung. Bekanntester Vertreter der AVOCs ist Benzol (C_6H_6). Die Konzentrationen biogenen Isoprens können bei heißem Wetter um ein Mehrfaches höher sein als der Wert des anthropogenen Benzols (☐ Abb. 22.1), da dessen Emission nicht von der Lufttemperatur abhängt. Treten die für den globalen Klimawandel projizierten höheren Lufttemperaturen auf, muss in Straßen mit stark isoprenemittierenden Bäumen wie Ahornblättriger Pappel, Traubeneiche und Gemeiner Robinie davon ausgegangen werden, dass die Ozonkonzentration in diesen Bereichen ansteigen wird (Wagner und Kuttler 2014).

Bestimmte Pflanzen setzen allergene Pollen unter dem Einfluss höherer Lufttemperatur und CO_2-Konzentration, wie sie in Städten vergleichsweise vorherrschen (Büns und Kuttler 2012), verstärkt frei. So ist die Pollenproduktion der Beifuß-Ambrosie (*Ambrosia artemisiifolia*, C_3-Pflanze) in urbanen Gebieten nicht nur stärker als im Umland, sondern setzt auch wesentlich früher im Jahr ein. Überdies enthalten Pollen dieses Typs ein sich auf die Gesundheit des Menschen negativ auswirkendes Allergen (Amb a1). Bei weiterer Zunahme der CO_2-Konzentration muss davon ausgegangen werden, dass sich die Pollenproduktion stark erhöht; im Vergleich zu den vorindustriellen Werten soll sich diese sogar verdoppeln bis vervierfachen (Ziska et al. 2003) (◘ Abb. 22.2).

22.1.3 Starkniederschlagsereignisse im städtischen Bereich

Stadtgebiete werden mit besonderen hydrologischen Problemen als Folge des Klimawandels konfrontiert (KOM 2009; EEA 2008; SEK 2009). Überflutungen durch Extremniederschläge können im städtischen Bereich zu großen Gebäude- und Infrastrukturschäden sowie zu einer Unterbrechung der Verkehrs- und Versorgungswege durch überflutete Straßen, Keller, Tiefgaragen und sensible Gebäudebereiche (Heizung, Stromversorgung) führen.

Ensembles von Klimaprojektionen zeigen im Jahresmittel des Niederschlags bis Mitte des 21. Jahrhunderts kaum eine Veränderung zur gegenwärtigen Niederschlagssumme für Deutschland (Deutscher Wetterdienst o.J.). Andererseits ergeben die extremwertstatistischen Analysen im Rahmen der Fortschreibung des Projekts KOSTRA-DWD (KOSTRA 2005) sowie Untersuchungen mit Klimaprojektionsdaten eine Zunahme der Häufigkeit von Ereignissen mit großen Niederschlagsmengen (Deutschländer und Delalane 2012). Für die Stadt Köln ergibt sich auf der Basis von Ein-Stunden-Niederschlagssummen, berechnet mit dem Modell HIRHAM5 des Dänischen Meteorologischen Instituts dem Emissionsszenario SRES A1B, dass Niederschlagsereignisse, die von 1961 bis 2000 im Mittel einmal pro Jahr aufgetreten sind, bis Mitte des Jahrhunderts um 35 bis knapp 200 % häufiger auftreten werden (LANUV 2013; ◘ Abb. 22.3).

Im Rahmen einer vorausschauenden Stadtplanung und -entwicklung sollte bereits heute auf die wahrscheinliche Zunahme von Starkniederschlagsereignissen reagiert werden: Im Bestand und bei anstehenden Planungen sollten Maßnahmen zur Minderung von Schadensrisiken durch Starkniederschläge umgesetzt werden. Diese reichen von Dachbegrünungen und Anpassungen im Kanalnetz über Einrichtungen zur Wasserspeicherung, den Bau von Regenrückhaltebecken und temporären Retentionsflächen wie Sportplätzen bis hin zur alternativen Nutzung von Straßen oder Tunneln als Notwasserwege.

Allerdings beruhen das Verständnis und die Kenntnis der räumlichen Verteilung von Starkniederschlagsereignissen in Städten bisher auf den mehr oder meist weniger dichten Niederschlagsbodenmessnetzen: Die hohe räumliche Variabilität – speziell der Starkniederschläge – lässt sich damit nur unzureichend erfassen. Die Verwendung von Niederschlagsdaten aus Radarmessungen eröffnet Perspektiven für eine bessere Erfassung der räumlich-zeitlichem Niederschlagsverteilung: Der Deutsche Wetterdienst betreibt ein flächendeckendes Wetterradarmessnetz. Anhand der gemessenen Werte und unter Verwendung der Niederschlagswerte von Bodenmessstationen werden mit dem RADOLAN-Verfahren stündliche Radarniederschlagsdaten erzeugt (▶ Kap. 3). Die horizontale räumliche Auflösung dieser Daten beträgt 1 km × 1 km. Sobald eine hinreichend lange Zeitreihe an Radarniederschlagsdaten vorliegt, können für stadtplanerische Belange sowohl räumlich hochauflösende Niederschlagsklimatologien (z. B. jährliche Niederschlagssummen) als auch

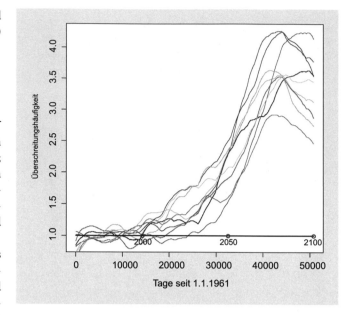

◘ **Abb. 22.3** Verlauf der Überschreitungshäufigkeit von Starkniederschlagsereignissen (99,99stes Perzentil) im Zeitraum 1961–2100 für neun Gitterpunkte im Raum Köln (*farbige Linien*). Die Überschreitungshäufigkeit 1,0 (100 %) entspricht dem Mittelwert über die Jahre 1961–2000; Basis: Ein-Stunden-Niederschlagssummen; Modell HIRHAM5, Szenario A1B. (LANUV 2013)

Andauer und Wiederkehrintervalle für Extremniederschläge zur Verfügung gestellt werden.

22.2 Urbane Verwundbarkeiten

Zunehmende thermische Belastungen, Konzentrationen von Luftschadstoffen und Starkniederschlagsereignisse können als singuläre Ereignisse oder in der zeitlichen Aneinanderreihung sowie im raum-zeitlichen Zusammenspiel Belastungen und Risiken in Städten auslösen. Unter Verwundbarkeiten (Vulnerabilitäten) wird in Anlehnung an die Auffassung des Weltklimarats (IPCC 2014) das Ausmaß verstanden, in dem ein System, in diesem Fall die Stadt, anfällig ist gegenüber nachteiligen Auswirkungen des Klimawandels. Dabei ist zu beachten, dass in jeder Stadtregion globale Veränderungsprozesse des Klimas mit lokalen Klimadynamiken zusammenspielen. Damit bilden die urbane Morphologie, also die Oberflächenstruktur, und die Landnutzung, zusammen mit den naturräumlichen Einflussgrößen die Exposition gegenüber dem Klimawandel, die auch das Ausmaß städtischer Verwundbarkeiten prägen.

Generell besteht die Meinung, dass sich die wissenschaftliche Bearbeitung von Anpassungsmaßnahmen an den Klimawandel noch in der Aufbauphase befindet (Hunt und Watkiss 2011; BMVBS 2010). Jedoch existieren auch ausgereifte Planungsstrategien, wie mögliche Folgen der Temperaturveränderung und Intensivierung des Wärmeinseleffekts, modifizierte Niederschlagsregime oder Extremereignisse für Stadtregionen abgemildert werden können, bzw. wie die urbane Resilienz gegenüber Klimarisiken erhöht werden kann (◘ Tab. 22.1). Abgeleitet aus internationalen Diskussionen über urbane Verwundbarkeit lassen sich mehrere Perspektiven bestimmen, die den zukünftigen

◻ Tab. 22.1 Klimafolgen und urbane Anpassungsmaßnahmen. (Carmin und Zangh 2009)

Veränderung	Wirkung	Anpassungsmaßnahme
Ansteigende Lufttemperaturen	Stärkerer Wärmeinseleffekt Vermehrte Luftverschmutzung Verschlechterung der Luftqualität Hitzestress für Menschen und Bäume Mehr wärmebezogene Krankheitsbilder	Gebäudebezogene Maßnahmen Erweiterung der Grün- und Wasserflächen Dach- und Fassadenbegrünung Planung durchlüfteter öffentlicher Räume
Zunehmende Niederschläge	Steigende Gefahr von Überflutungen Wachsende Beanspruchung des Abwassersystems	Optimierung der Wasserspeicher Retentionsflächen Ausweisung von Risikozonen Umsiedlungen
Abnehmende Niederschläge	Grundwasserabsenkung Folgen für die Vegetation Probleme der Statik für Gebäude	Wassersparende Maßnahmen Recycling von Brauchwasser
Meeresspiegelanstieg	Küstenerosion Versalzung Höheres Auflaufen von Sturmfluten	Verbesserung des Küstenschutzes Ausweisung von Pufferzonen

Forschungs- und Handlungsbedarf strukturieren können (World Bank 2010; UN Habitat 2011; Bulkeley 2013).

22.2.1 Urbane Verwundbarkeit als Problem der naturräumlichen Lage

Die naturräumliche Lage der Städte kann sich infolge des Klimawandels ungünstig auswirken. Besondere Expositionen entstehen durch Höhen- und Kessellage, Flussnähe, Küstennähe oder in Gebieten, die potenziell von Trinkwassermangel betroffen sind. Bisher sind mögliche Folgen vor allem für Städte in Küstenlage thematisiert worden (McGranahan et al. 2007; Hanson et al. 2011; Ratter et al. 2012). In Deutschland fallen die Städte der deutschen Nordseeküste in diese Kategorie, was auch durch Untersuchungen des *European Observation Network for Territorial Development and Cohesion* (ESPON) bestätigt wird (BBSR 2012). Wachsende Gefahren ergeben sich dabei vor allem durch Sturmfluten, insbesondere für Städte in Deltaregionen. Außerdem bestehen Überflutungsgefahren entlang von Flüssen, hervorgerufen durch Schnee- und Eisschmelze sowie Starkregen.

22.2.2 Urbane Verwundbarkeit als Problem der baulichen Umwelt und der technischen Infrastruktur

Um die Besonderheiten des lokalen Klimas und der urbanen Verwundbarkeiten verstehen zu können, sind Kenntnisse zur Struktur und Dynamik der Flächennutzung, vor allem der versiegelten Flächen, der Gebäude mit ihren Formen, ihrer Höhe und ihren Baumaterialien, der Infrastruktur zur Versorgung mit Strom, Wärme, Kühlung, Wasser und zur Entsorgung sowie zur Verkehrsinfrastruktur von großer Bedeutung (BMVBS und BBSR 2009). Erforscht ist bereits eine Vielzahl einzelner Stressoren, die im Klimawandel verstärkt auftreten können, z. B. Hitzewellen (zur Definition ▶ Kap. 6) in Städten (Revi et al. 2014). In Entwicklung befinden sich komplexe Ansätze, die auf direkte und vermittelte Klimafolgen mit nichtlinearen Rückkoppelungseffekten abzielen. Ihre Durchführung ist nicht nur mit erheblichen Datenproblemen verbunden, sondern erfordert auch weitergehende Ansätze zur urbanen Modellierung (Hunt und Watkiss 2011; Kirshen et al. 2008). Derzeit werden größere Forschungsprogramme aufgelegt, in denen die Auswirkungen des Klimawandels im Zusammenhang mit der Umsetzung der Energiewende auf der urbanen Ebene und zukünftig erforderlicher Infrastrukturausstattung untersucht werden. Der Stand der konzeptionellen Debatte ist dazu exemplarisch während der Internationale Bauausstellung in Hamburg zusammengetragen worden (IBA Hamburg 2015) und bildet den strategischen Bezugspunkt zur Umsetzung des Programms „Zukunftsstadt" (BMBF 2015).

22.2.3 Urbane Verwundbarkeit als Problem der städtischen Gesundheit und Bevölkerung

Klimawandel kann über neue oder sich verstärkende Gesundheitsrisiken schwerwiegende urbane Probleme erzeugen. Der Deutsche Städtetag (2012) schlägt dafür Maßnahmen vor, die Warnungen vor Hitzewellen und eine Einrichtung von Notfalldiensten enthalten, aber auch die verstärkte Kontrolle risikoreicher Infrastrukturen (Kühlketten, Trinkwasserversorgung) und generell eine verstärkte Beobachtung der Klimawirkungen beinhalten. Auf entsprechenden Handlungsbedarf verweisen auch die Fallstudien von Pfaffenbach und Siuda (2010) zur Stadt Aachen oder Scherber et al. (2013) zu Berlin. Danach besteht nicht nur ein nachweisbarer Zusammenhang zwischen thermischer Belastung und Mortalität, sondern auch eine Diskrepanz zwischen einerseits der Wahrnehmung von Hitze als Belastung und andererseits der Bereitschaft, insbesondere von Personen mit Erkrankungen des Herz-Kreislauf-Systems sowie der Atmungsorgane, geeignete Anpassungsstrategien aufzunehmen. Hinzu treten auch räumliche Aspekte, denn die Erfolgschancen von Bewältigungsstrategien für stadtklimatische Herausforderungen korrelieren hoch mit dem sozialen Status urbaner Sozialräume und sind in benachteiligten Quartieren schwieriger zu verbessern. Wie in ◻ Abb. 22.4 veranschaulicht, stellen städtische Quartiere mit vielen älteren, alleinstehenden Menschen besondere Risikoräume dar. Angesichts des demografischen Wandels und zuneh-

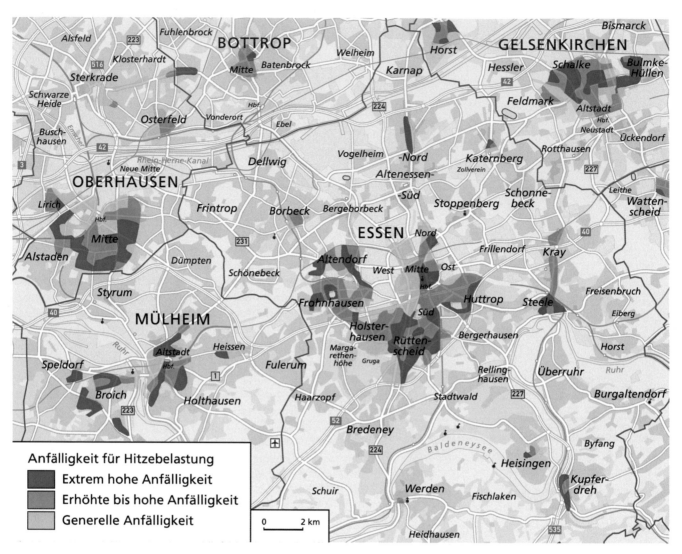

Anfälligkeit für Hitzebelastung
- Extrem hohe Anfälligkeit
- Erhöhte bis hohe Anfälligkeit
- Generelle Anfälligkeit

0   2 km

◘ **Abb. 22.4** Exemplarisch dargestellte Problemgebiete der Hitzebelastung im mittleren Ruhrgebiet (MUNLV 2010)

mender Altersarmut ist hier ein neues Interventionsfeld erkennbar, das von wissenschaftlicher Seite durch eine Kombination der Lokalisation urbaner Exposition gegenüber dem Klimawandel und der Sozialraumanalyse bearbeitet werden kann. Studien zum demografischen Wandel zeigen entsprechende Konzentrationen älterer Menschen sowohl in dicht besiedelten innerstädtischen Gebieten als auch zunehmend am Stadtrand auf, wo die Distanz zu Einrichtungen der medizinischen Versorgung zunimmt (Pohl et al. 2010).

22.3   Erfahrungen und Perspektiven einer klimaangepassten Stadtentwicklung

Während die klimaangepasste Stadtentwicklung (im Sinne von „adaptation") ein relativ neues Interventionsfeld darstellt, ist der Klimaschutz (im Sinne von „mitigation") schon länger Bestandteil der Stadtpolitik, angeregt durch örtliche Erfordernisse der Emissionsminderung und Luftreinhaltung. Die Konferenz der Vereinten Nationen zu Umwelt und Entwicklung in Rio de Janeiro (1992) und die daraus abgeleitete Lokale Agenda 21 hat

darüber hinaus einen umfassenden Antrieb zur Formulierung lokaler Nachhaltigkeitsstrategien gegeben. Im städtischen Klimaschutz stehen Energieeinsparung, energetische Sanierung, Förderung umweltfreundlicher Verkehrsträger und die Bildung für nachhaltige Entwicklung im Vordergrund. Diese werden angesichts der Diskussion um den globalen Klimawandel mit dem Ziel weitergeführt, die CO_2-Emissionen zu senken.

Während der städtische Klimaschutz als etabliert angesehen werden kann, tritt seit einigen Jahren die Klimaanpassung hinzu, befördert durch die Einsicht, dass sich das Klima im 21. Jahrhundert verändern wird und Städte darauf reagieren müssen (Reckien et al. 2014). Obwohl einige Städte wie Stuttgart wegen ihrer besonderen lokalklimatischen Situation bereits länger Ansätze der klimaangepassten Stadtplanung entwickelt haben (Klimaanpassungskonzept Stuttgart KLIMAKS 2012), ist in vielen Städten für dieses Praxisfeld noch erheblicher Nachholbedarf festzustellen. Dazu stehen viele Informationen aus inzwischen abgelaufenen koordinierten Programmen zur Unterstützung bereit, so etwa das Forschungsfeld „Urbane Strategien zum Klimawandel" im Rahmen des Programms „Experimenteller Wohnungs- und Städtebau" (ExWoSt) oder das Forschungsfeld

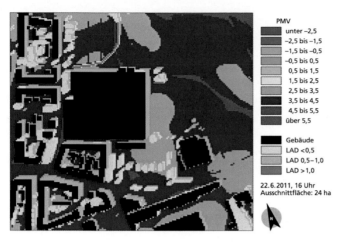

■ Abb. 22.5 Tagsituation der menschlichen Wärmebelastung (Ist-Zustand) während eines Hitzetages unter Verwendung des PMV-Index (Ausschnittfläche 24 ha; großes Gebäude *Mitte*: Warenmarkt in Essen). (Kuttler et al. 2011)

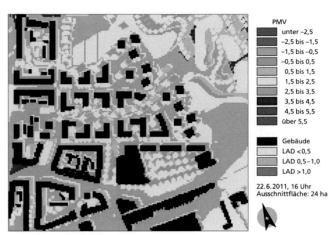

■ Abb. 22.6 Tagsituation der menschlichen Wärmebelastung (Planzustand) während eines Hitzetages unter Verwendung des PMV-Index (Ausschnittfläche 24 ha; aufgelockerte, durchgrünte Wohnbebauung). (Kuttler et al. 2011)

„Raumentwicklungsstrategien zum Klimawandel" im Aktionsprogramm Modellvorhaben der Raumordnung (MORO), die beide vom Bundesministerium für Verkehr, Bau und Stadtentwicklung (BMVBS) koordiniert wurden.

22.3.1 Beispiel für stadtklimatische Anpassungsstrategien

Planungshinweise für eine klimawandelangepasste Bebauung l sollen am Beispiel eines Quartiers in der Stadt Essen dargestellt werden. Dabei wurde auf modelltheoretischer Basis unter Verwendung des Modells ENVImet untersucht, wie sich die thermisch-klimatischen Verhältnisse einer Stadtgebietsfläche mit verdichtetem Siedlungsraum verändern, wenn die gegenwärtige Flächennutzung – hier am Beispiel eines Warenmarktes dargestellt – durch ein aufgelockertes Wohnquartier mit Grün- und Wasserelementen ersetzt wird. Untersucht wurde der Fall eines Hitzetages (16 Uhr UTC [koordinierte Weltzeit], tLuft >30 °C, Bewölkung: 0–1/8, Windgeschwindigkeit: <1 m/s) zur Zeit des sommerlichen Sonnenhöchststandes (Kuttler et al. 2011) und unter Verwendung des thermischen Behaglichkeitsmaßes PMV (*predicted mean vote*; psychophysisches Maß zur Abschätzung der thermischen Behaglichkeit, Kuttler et al. 2015). Ein Vergleich der Wärmebelastung zeigt bei gegenwärtiger Flächennutzung hohe Werte (also Unbehaglichkeit) an den Gebäudesüdfassaden, in unbeschatteten Straßenzügen und auf Freiflächen (■ Abb. 22.5). Grundsätzlich führt die Auflockerung des Untersuchungsgebiets durch Errichten einer durchgrünten Wohnbebauung zu einer deutlichen Reduktion der Wärmebelastung, die sich in PMV-Werten, die gegen null tendieren, niederschlägt (■ Abb. 22.6).

Mithilfe der an diesem Beispiel gezeigten Untersuchungen unter Verwendung geeigneter mikroskaliger Modelle lassen sich auch für kleinräumige Bereiche Empfehlungen aussprechen, wie die durch den globalen Klimawandel befürchteten thermischen Belastungen durch geeignete bauliche Maßnahmen bereits im Vorfeld zu minimieren sind. Voraussetzung dafür ist eine Regionalisierung des Stadtklimas mit Bezug auf die unterschiedli-

chen städtebaulichen Komponenten, für die beispielsweise das Konzept der *thermal zones* von Stewart und Oke (2009) einen Rahmen liefert. Zudem benötigt man dynamische Modelle der Stadtentwicklung, die gleichermaßen die derzeitige Gebäudestruktur und Landnutzung sowie ihre mögliche Veränderung im 21. Jahrhundert modellieren (für Hamburg z. B. Daneke und Oßenbrügge 2012; Bechtel 2012). Quantitative Szenarien der Stadtentwicklung können besonders in der Debatte über räumliche Leitbilder nützlich sein – beispielsweise bei der Diskussion des Leitbildes der „kompakten Stadt" oder der Förderung von Entwicklungsachsen bzw. Ansätzen der „dezentralen Konzentration" – und somit Anpassungen an mögliche Klimafolgen mittel- und langfristig verbessern. Hindernisse bestehen derzeit zum einen in der fragmentierten Datenlage, die gerade bei flächendeckender Betrachtung ohne zusätzliche umfangreiche Datenerhebung Probleme erzeugt und vergleichende Betrachtungen der Stadtregionen erschwert, zum anderen in der noch unzureichend integrierten Modellentwicklung, insbesondere zwischen der regionalen Klima- und Stadtentwicklungsmodellierung.

22.3.2 Städtische Klimapolitik und *multilevel governance*

Die beachtliche Bedeutungszunahme städtischer Klimapolitik auf nationaler und internationaler Ebene hat zahlreiche Fallstudien und Überblicksdarstellungen zum Thema städtische Klimapolitik im weiteren Sinne (*urban climate governance*) hervorgebracht (Bulkeley 2013). Vor allem die *governance*-Forschung ist über die Fragen, die sich beim urbanen Klimaschutz und der Klimaanpassung ergeben, sehr ausdifferenziert. Eine Zusammenfassung der diskutierten Aspekte kann vereinfachend von zentralen Parametern und zwei polarisierenden Betrachtungen ausgehen, aus denen sich die jeweils stadtspezifischen Steuerungsmodi der urbanen Klimapolitik ableiten lassen (■ Abb. 22.7).

Ein wesentlicher Parameter ist die gesetzlich fixierte Kompetenzverteilung, die sich in Deutschland vor allem im Baurecht

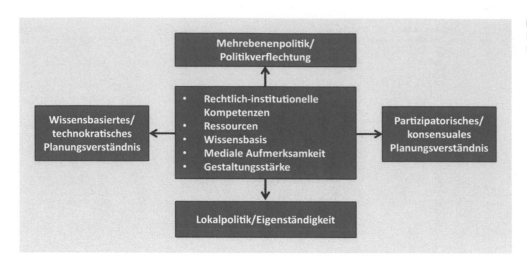

◻ **Abb. 22.7** Parameter städtischer Klimapolitik (modifiziert nach Bulkeley 2010). (Jürgen Oßenbrügge)

artikuliert. So stellt beispielsweise das Baugesetzbuch (BauGB 2013, § 1,5) fest:

» „Die Bauleitpläne sollen eine nachhaltige städtebauliche Entwicklung, die die sozialen, wirtschaftlichen und umweltschützenden Anforderungen auch in Verantwortung gegenüber künftigen Generationen miteinander in Einklang bringt, und eine dem Wohl der Allgemeinheit dienende sozialgerechte Bodennutzung gewährleisten. Sie sollen dazu beitragen, eine menschenwürdige Umwelt zu sichern, die natürlichen Lebensgrundlagen zu schützen und zu entwickeln sowie den Klimaschutz und die Klimaanpassung, insbesondere auch in der Stadtentwicklung, zu fördern, sowie die städtebauliche Gestalt und das Orts- und Landschaftsbild baukulturell zu erhalten und zu entwickeln."

Die Umsetzung dieser anspruchsvollen Aufgabe ist abhängig von der lokalen Wissensbasis und den verfügbaren Ressourcen, entsprechende Planungsgrundlagen zu erarbeiten und zu implementieren. In Deutschland bestehen große Unterschiede im Hinblick auf den rechtlichen Status der Städte (Kommune, kreisfreie Stadt, Stadtstaat/Bundesland) und damit verbunden in den administrativen Potenzialen und finanziellen Ressourcen, die für eine klimaangepasste Planung eingesetzt werden können. Weiterhin ist die öffentliche Aufmerksamkeit, die der Klimafrage im urbanen Kontext beigemessen wird, ein weiterer sehr wesentlicher Steuerungsfaktor – hier vor allem dann, wenn die Maßnahmen Verteilungswirkungen haben und wie bei der energetischen Sanierung zu Folgekosten der privaten Haushalte führen. Ähnliches gilt für Eingriffe in Mobilitätsformen oder Freihaltung bzw. Bebauung von Grünflächen. In Abhängigkeit der öffentlichen Debatte ist schließlich die Gestaltungskraft der Stadtregierung ein entscheidender Punkt, da Klimapolitik in der Regel eine mittel- bis langfristige Orientierung impliziert, die häufig in Widerspruch zu kurzfristigen Politikansätzen innerhalb von Wahlperioden gerät (Knieling und Roßnagel 2015).

Auf der Grundlage derartiger Parameter lassen sich idealtypisch Politikstile ableiten. Eine häufig gebrauchte Unterscheidung ergibt sich aus der hierarchischen (*top-down-*) und der partizipativen (*bottom-up-*)Politik. In der *top-down*-Perspektive

ist die urbane Klimapolitik in Deutschland abhängig von global ausgerichteten Vereinbarungen zum Klimaschutz, stadtbezogenen EU-Richtlinien sowie den Gesetzen und Maßnahmen des Bundes und der Bundesländer. Urbane Klimapolitik entfaltet sich so im komplexen Zusammenspiel unterschiedlicher institutioneller Ebenen (*multilevel governance*). Diese Strukturierung trifft auf ortsspezifische Konstellationen, in denen lokale Akteure in besondere Entscheidungs- und Konfliktkontexte eingebunden sind, die sich nicht verallgemeinern lassen. Die *bottom-up*-Perspektive betont diese besonderen lokalen Einflüsse, die sich mit basisdemokratischen Postulaten verbinden. Aus übergeordneten Gründen als notwendig erachtete Anpassungsmaßnahmen können vor diesem Hintergrund und aus vielen anderen Gründen auf erheblichen örtlichen Widerstand stoßen. Damit ist das Spannungsfeld benannt, das sich zwischen lokaler Eigenständigkeit einerseits und Abhängigkeiten aus der Politikverflechtung andererseits ergibt.

Eine weitere Gegenüberstellung basiert auf dem dominanten Planungsverständnis. Gerade in der Klimapolitik trifft ein in der früheren Planungspraxis sehr dominantes wissensbasiertes und technokratisches Verständnis auf neuere Perspektiven, die auf umfassender Partizipation und Kooperation unterschiedlicher Akteure aufbauen. Wie die Ausführungen dieses Beitrags gezeigt haben, ist die Formulierung von Zielen des urbanen Klimaschutzes und der Klimaanpassung in der Regel von komplexen Analysen, Modellrechnungen und Szenarien abhängig, die partizipativen Prozessen nicht unmittelbar zugänglich sind. Gleichzeitig ist die breite Auseinandersetzung über Ziele und Maßnahmen der Stadtentwicklung unumgänglich, gerade wenn auch „sperrige" Entscheidungen getroffen werden müssen, deren Qualität und Erfolge nur im langfristigen Denken erkennbar werden. Städtische Klimapolitik muss an diesen Polen ihre Wirksamkeit entfalten.

22.4   Kurz gesagt

Der globale Klimawandel stellt für Stadtregionen im Vergleich zu anderen Landnutzungsformen eine besondere Herausforderung dar. Städte sind wegen der hohen Bevölkerungs- und Infrastrukturdichte anfälliger gegenüber verschiedenen Klimafolgen. Daher müssen Klimaschutz- und Anpassungsmaßnahmen gefunden und umgesetzt werden, um die urbane CO_2-Bilanz zu verbessern und um weiter ansteigende Lufttemperaturen und zunehmende Starkniederschläge zu vermeiden. Auch die Entwicklung der Luftinhaltsstoffe muss beobachtet werden, da Stadtgebiete bei höherem thermischem Niveau steigende Ozonkonzentrationen und die zunehmende Verbreitung allergener Pollen begünstigen. Die Städte sind aufgerufen, ihre Verwundbarkeit gegenüber den Klimafolgen zu reduzieren und ihre Resilienz zu erhöhen. Neben einem kontinuierlich hohen Informationsstand über mögliche Klimafolgen gehört dazu auch eine Koordinierung unterschiedlicher Akteure und die Beteiligung der Stadtbevölkerung an allen Maßnahmen. Urbane Klimapolitik ist ein langfristig ausgelegter, auf breite Teilhabe aufbauender Transformationsprozess, der gleichermaßen auf die bebaute Umwelt wie auf das Handeln der Stadtgesellschaft einwirkt. Damit verbunden sind Veränderungen der Materialität des urbanen Raumes sowohl durch klimagerechte Stadtplanung als auch durch einen neuen Diskurs über Stadtentwicklung, in dem Aspekte des Klimaschutzes und der Klimaanpassung als selbstverständliche Elemente verstärkt aufgenommen werden müssen.

Literatur

BauGB (2013) Baugesetzbuch der Bundesrepublik Deutschland in der Fassung der Bekanntmachung vom 23. Sept. 2004 (BGBl. I S. 2414) zuletzt geändert durch Gesetz vom 11. Juni 2013 mit Wirkung 20. Sept. 2013

BBSR (2012) Deutschland in Europa: Ergebnisse des Programms ESPON 2013. Heft 1: Energie und Klima. Bundesamt für Bauwesen und Raumordnung (BBR), Bonn

Bechtel B (2012) Robustness of Annual Cycle Parameters to characterize the Urban Thermal Landscapes. IEEE Geoscience and Remote Sensing Letters 9(5):876–880. doi:10.1109/LGRS.2012.2185034

BMBF (2015) Die Zukunftsstadt. CO_2 neutral, energie- und ressourceneffizient, klimaangepasst und sozial. Bundesministerium für Bildung und Forschung (BMBF), Berlin

BMVBS (2010) Urbane Strategien zum Klimawandel. Bundesministerium für Verkehr, Bau und Stadtentwicklung (BMVBS), Berlin

BMVBS / BBSR (2009) Klimawandelgerechte Stadtentwicklung. Wirkfolgen des Klimawandels. Bundesministerium für Verkehr, Bau und Stadtentwicklung (BMVBS), Berlin

Bulkeley H (2010) Cities and the governing of climate change. Annual Review of Environment and Resources. 35:229–253

Bulkeley H (2013) Cities and climate change. Routledge, London

Büns C, Kuttler W (2012) Path-integrated measurements of carbon dioxide in the urban canopy layer. Atmos Environ 46:237–247. doi:10.1016/j.atmosenv.2011.09.077

Carmin J, Zangh Y (2009) Achieving urban climate adaptation in Europe and Central Asia. The World Bank, Policy Research Working Paper 5088

Daneke C, Oßenbrügge J (2012) Evaluating axial growth in Hamburg using a cellular automata model and landscape metrics. In: Campagna M (Hrsg) Planning support tools. Policy analysis, implementation and evaluation (INPUT 2012). Ricerca, Cagliari, S 659–667

Deutscher Städtetag (2012) Positionspapier: Anpassung an den Klimawandel. Empfehlungen und Maßnahmen der Städte. Deutscher Städtetag, Berlin

Deutscher Wetterdienst. Deutscher Klimaatlas. www.dwd.de/klimaatlas. Zugegriffen am 22. Aug. 2014

Deutschländer T, Delalane C (2012) Auswertung regionaler Klimaprojektionen für Deutschland hinsichtlich der Änderungen des Extremverhaltens von Temperatur, Niederschlag und Windgeschwindigkeit. Ein Forschungsvorhaben der ressortübergreifenden Behördenallianz. Eigenverlag, Offenbach am Main

EEA (2008) Impacts of Europe's changing climate – 2008 indicator-based assessment. EEA Report 4/2008

Goldbach A, Kuttler W (2012) Quantification of turbulent heat fluxes for adaptation strategies within urban planning. Int J Climatol. doi:10.1002/joc.3437

Hanson S et al (2011) A global ranking of port cities with high exposure to climate extremes. Clim Chang 104:89–111

Hunt S, Watkiss P (2011) Climate change impacts and adaptation in cities: a review of the literature. Clim Chang 104:13–49

IBA Hamburg, Umweltbundesamt, TU Darmstadt (Hrsg) (2015) Energieatlas Werkbericht 1. Zukunftskonzept Erneuerbares Wilhelmsburg. Jovis, Berlin

IPCC (2014) Working Group II. Impacts, adaptation, and vulnerability

Kirshen P, Ruth M, Anderson W (2008) Interdependencies of urban climate change impacts and adaptation strategies: a case study of Metropolitan Boston, USA. Clim Chang 86:105–122

Knieling J, Roßnagel A (Hrsg) (2015) Governance der Klimaanpassung. Akteure, Organisation und Instrumente für Stadt und Region. oekom, München

KOM (2009) Weißbuch: Anpassung an den Klimawandel: Ein europäischer Aktionsrahmen

KOSTRA (2005) KOSTRA-DWD-2000: Starkniederschlagshöhen für Deutschland (1951–2000), Grundlagenbericht. www.dwd.de/kostra. Zugegriffen: 22. Aug. 2014

Kuttler W (2012) Climate change on the urban scale-effects and counter-measures in Central Europe. In: Chhetri N (Hrsg) Human and Social Dimensions of Climate Change:105–142. http://www.intechopen.com/books/human-abd-social-dimensions-of-climate-change/climate-change-on-the-urban-scale-effects-and-counter-measures-in-central-europe. Zugegriffen: 22. Aug. 2014

Kuttler W, Dütemeyer D, Müller N, Barlag A-B (2011) Klimatische Situation im Modellquartier „Essen – Westviertel / Altendorf" an einem heißen Sommertag. Vergleichende Untersuchung zwischen Ist- und Plan-Zustand. Umweltamt, Essen

Kuttler W, Püllen H, Dütemeyer D, Barlag A-B (2012) Unterirdische Wärmeinsel in Oberhausen – Untersuchung subterraner Wärme- und Energieflüsse in verschiedenen Klimatopen. Dynaklim-Publikation 23. www.dynaklim.de. Zugegriffen: 22. Aug. 2014

Kuttler W, Miethke A, Dütemeyer D, Barlag AB (2015) Das Klima von Essen. Westarp Wissenschaften, Hohenwarsleben

Landeshauptstadt Stuttgart, Abteilung Stadtklimatologie (2012) Klimaanpassungskonzept Stuttgart. KLIMAKS, Stuttgart

LANUV (2013) Klimawandelgerechte Metropole Köln. Landesamt für Natur, Umwelt und Verbraucherschutz NRW. LANUV-Fachbericht, Bd. 50.

McGranahan G, Balk D, Anderson B (2007) The rising tide: assessing the risks of climate change and human settlements in low elevation coastal zones. Environ Urban 19:17–37

Melkonyan A (2011) Statistical analysis of long-term air pollution data in North Rhine-Westphalia, Germany. Essener Ökologische Schriften, Bd. 30. Westarp Wissenschaften, Hohenwarsleben

Melkonyan A, Wagner P (2013) Ozone and its projection in regard to climate change. Atmos Environ 67:287–295

Menberg K, Bayer P, Zossede K, Rumohr S, Blum P (2013) Subsurface urban heat island in German cities. Sci Total Environ 442:123–133

Müller N, Kuttler W, Barlag A-B (2014) Analysis of the subsurface urban heat island in Oberhausen. Germany Climate Research Vol 58:247–256

MUNLV – Ministerium für Umwelt und Naturschutz, Landwirtschaft und Verbraucherschutz NRD (2010) Handbuch Stadtklima – Maßnahmen und Handlungskonzepte für Städte und Ballungsräume zur Anpassung an den Klimawandel (Langfassung). Hrsg. MUNLV, Düsseldorf

Pfaffenbach C, Siuda (2010) Hitzebelastung und Hitzewahrnehmung der Generation 50plus in Aachen. Europa Regional 18(4):192–206

Pohl T, Giese F, Oßenbrügge J (2010) Suburbia als „räumliche Falle"? Folgen der demographischen und sozialräumlichen Entwicklung von Großstädten am Beispiel Hamburgs. Berichte zur deutschen Landeskunde 84(4):329–348

Ratter BMW, Philipp KHI, von Storch H (2012) Between hype and decline: recent trends of public perception of climate change. Environ Sci Policy 18:3–8

Reckien D et al (2014) Climate change response in Europe: what's the reality? Analysis of adaptation and mitigation plans from 200 urban areas in 11 countries. Clim Chang 122:331–340

Revi A et al (2014) Urban areas. Climate change 2014: impacts, adaptation, and vulnerability. Part A: Global and sectoral aspects. In: Contribution of Working Group II to the Fifth Assessment Report of the Intergovernmental Panel on Climate Change. Cambridge University Press, Cambridge, S 535–612

Scherber K, Endlicher W, Langer M et al (2013) Klimawandel und Gesundheit in Berlin-Brandenburg. In: Jahn HJ (Hrsg) Klimawandel und Gesundheit. Internationale, nationale und regionale Herausforderungen und Antworten. Springer, Berlin, S 25–38

SEK (2009) Arbeitsdokument der Kommissionsdienststellen zum Weissbuch Anpassung an den Klimawandel: Ein europäischer Aktionsrahmen. Zusammenfassung der Folgenabschätzung

Stathopoulou E, Mihalakakou G, Santamouris M, Bagiorgas HS (2008) On the impact of temperature on tropospheric ozone concentration levels in urban environments. J Earth System Sci 117:227–236

Steiner AL, Davis AJ, Sillman S, Owen RC, Michalak AM, Fiore AM (2010) Observed suppression of ozone formation at extremely high temperatures due to chemical and biophysical feedbacks. PNAS 107:19685–19690

Stewart und Oke (2009)

UN Department of Economic and Social Affairs, Population Division (2014) World urbanization prospects: the 2014 revision, Highlights (ST/ESA/SER.A/352)

UN Habitat (2011) Cities and climate change. Global report on human settlements 2011. UN-HABITAT, London

Wagner P (2013) Influence of isoprene on ozone formation in an urban environment. International Association for Urban Climate Newsletter 47, March 2013:33–37. http://urban-climate.org/newsletters/IAUC047.pdf. Zugegriffen: 25. Mai 2016

Wagner P, Kuttler W (2014) Biogenic and anthropogenic isoprene in the near-surface urban atmosphere - a case study in Essen, Germany. Sci Total Environ, accepted

World Bank (2010) Cities and climate change: an urgent agenda. The International Bank for Reconstruction and Development/The World Bank, Washington

Zhu K, Blum P, Ferguson G, Balke KD, Bayer P (2010) The geothermal potential of urban heat islands. Environ Res Lett 5:1–6

Ziska LH, Gebhard DE, Frenzu DA, Faulkner S, Singer B, Straka JG (2003) Cities as harbingers of climate change: common ragweed, urbanization and public health. J Allergy Clinical Immunol 111(2):290–295

22

Tourismus

Andreas Matzarakis, Martin Lohmann

© Der/die Herausgeber bzw. der/die Autor(en) 2017
G. Brasseur, D. Jacob, S. Schuck-Zöller (Hrsg.), *Klimawandel in Deutschland*, DOI 10.1007/978-3-662-50397-3_23

Tourismus meint einerseits ein Verhalten, also die Tätigkeit des Verreisens, andererseits ein Angebot, das diese Tätigkeit möglich oder attraktiv macht. Aus beiden Perspektiven, Nachfrage und Angebot, ist Tourismus für Deutschland von großer Bedeutung: Die Reisetätigkeit der Deutschen ist im internationalen Vergleich bemerkenswert groß, und Regionen und Orte in Deutschland sind für viele ein touristisches Ziel. Unter der Angebotsperspektive sind aber nicht nur die Destinationen inklusive der vielfältigen Angebote und Anbietergruppen dort zu nennen, auch die Bereiche Verkehr, Reiseveranstaltung und Reisevermittlung gehören dazu (Mundt 2006).

Für den Tourismus haben Klima und Wetter eine große Relevanz, sowohl als Treiber des Verhaltens wie als Angebotsfaktor (Matzarakis 2006; Scott et al. 2012; Lohmann und Hübner 2013). Wetter und Klima sind demnach sowohl Bestandteil des touristischen Angebots als auch limitierende Faktoren des Tourismus und Steuergrößen für die touristische Nachfrage. Sie sind außerdem in vielen Fällen ursächlich für die positive gesundheitliche Wirkung von Urlaubs- und Kuraufenthalten (Hoefert 1993). Insofern liegt es auf der Hand, dass dieser Sektor vom Klimawandel betroffen sein wird. Der Tourismus ist aber auch ein Faktor, der seinerseits einen erheblichen Einfluss auf das Klima und den Klimawandel hat (Lohmann und Aderhold 2009).

Tourismus hat in Deutschland eine große soziale und wirtschaftliche Bedeutung. Aktuelle Forschungsprojekte untersuchen die Wechselbeziehungen von Tourismus und Klimawandel sowie die zu erwartenden Folgen des Klimawandels für den Tourismus. Die Folgen für die touristische Nachfrage insgesamt sind angesichts der vielen Möglichkeiten, die die Touristen haben (Multi-Optionalität) (Lohmann et al. 2014), und wegen des sich daraus ergebenden großen Spielraums für mögliche Anpassungen (beispielsweise in der Wahl der Destination oder des Reisezeitpunkts) nicht einfach zu beschreiben. Für die Seite des touristischen Angebots werden hier beispielhafte Folgen in ausgewählten deutschen Destinationen dargestellt.

23.1 Tourismus in Deutschland – Überblick und Bedeutung

Die touristische Nachfrage der Deutschen bei Reisen mit Übernachtungen besteht aus verschiedenen Segmenten (◘ Tab. 23.1), die sich z. B. ergeben aus (Mundt 2006):

- dem Anlass der Reise (etwa Urlaubs-, Geschäfts- oder sonstige Reisen),
- der Reisedauer (also Kurzreisen mit 2–4 Tagen Dauer, Reisen mit 5-tägiger oder längerer Dauer) oder
- des Reiseziels (Inland oder Ausland).

Hinzu kommen als Nachfrager Gäste aus dem Ausland, die Reisen nach Deutschland unternehmen. Im Jahr 2012 gab es rund 72 Mio. Übernachtungen von Ausländern in gewerblichen Unterkünften in Deutschland (DZT 2014).

Die touristische Nachfrage ist für Deutschland schon rein quantitativ sehr bedeutsam. Für die Touristen – sieht man einmal von Geschäftsreisen ab – liegt der Sinn der Reise in der Regel allerdings nicht im wirtschaftlichen Effekt. Man sucht z. B. Erholung, Gesundheit, Lernen, neue Erfahrungen oder Stärkung sozialer Beziehungen (Lohmann et al. 2014). Diese Funktionen, die die soziale und psychische Bedeutung des Tourismus kennzeichnen, können auch unter Klimawandelaspekten relevant sein.

Das Segment der Urlaubsreisen hat dabei insgesamt die größte wirtschaftliche und soziale Bedeutung. Anders als bei beruflichen und sonstigen Reisen spielen bei Urlaubsreisen Klima- und Wetteraspekte eine sehr wichtige Rolle. Wir beschränken uns hier deswegen auf diesen Sektor des Tourismus. Voraussetzung für eine Nachfrage nach Urlaubsreisen ist, dass Menschen reisen können, also z. B. Zeit und Geld dafür übrig haben, und dass sie reisen wollen (Lohmann 2009; Lohmann und Beer 2013). Auch diese Basisvoraussetzungen können ggf. durch Klimawandelfolgen beeinflusst werden.

Der Nachfrage steht das touristische Angebot gegenüber. In erster Linie sind das die Reiseziele oder Destinationen, also geografisch vom Heimatort des Reisenden getrennte, angebbare Räume. Dazu gehören:
- natürliche Gegebenheiten wie Wälder, Strand oder Berge,
- oder Kultur wie historische Bauten, die oft die Attraktivität eines Ziels bestimmen und Grundlage für Aktivitäten sind,
- und spezifische touristische Einrichtungen, die dem Gast den Aufenthalt möglich oder angenehm machen, z. B. Hotels, Restaurants, Skilifte, Bootsvermietungen und Tagungsstätten.

Zudem gibt es auch Angebote, die – nahezu unabhängig von der Destination – einen Reiseanlass darstellen (beispielsweise *adventure, slow travel*). Da steht die Aktivität dominant über

◘ **Tab. 23.1** Touristische Nachfrage – Volumendaten

	Anzahl Reisen pro Jahr (Mio.)	Ausgaben pro Jahr (Mrd. Euro)	Reiseziel im Inland (Anteil in %)	Reiseziel im Ausland (Anteil in %)
Urlaubsreisen (5 Tage und mehr)*	70,3	67,3	31	69
Kurzurlaubsreisen(2–4 Tage)*	75,7	19,8	76	24
Berufliche Reisen**	75,0		überwiegend	
Sonstige Reisen***	38,6		überwiegend	
Gesamt	259,6			

Basis: Übernachtungsreisen der deutschsprachigen Wohnbevölkerung in Deutschland
Quellen: *FUR (2015), Reiseanalyse (RA 2015), Angaben für 2014; **VDR (2012); ***Schätzung der Autoren auf Basis der Daten der RA 2013 (FUR 2013)

der Region, dem Ort, den Sehenswürdigkeiten oder der Infrastruktur. Auch die Bereiche Transport, Reiseveranstaltung und Reisevermittlung zählen zum touristischen Angebot in Deutschland. Alle diese Angebote werden von Deutschen und Ausländern genutzt. Die vielfältige Tourismusbranche hat eine wichtige Rolle als Arbeitgeber. Vor allem in ländlichen, strukturschwachen Gebieten gibt es oft nur wenige Alternativen zu Arbeitsplätzen im Tourismus (Grimm et al. 2009). Die Politik im weitesten Sinn begleitet den Tourismus und versucht, ihn zu lenken.

Tourismus ist also sowohl angebots- als auch nachfrageseitig recht heterogen. Akteure, Determinanten und Strukturen sind vielfältig und in einem globalen Zusammenhang zu sehen. Bezüge zum Klimawandel lassen sich dabei an sehr vielen Stellen finden (Matzarakis 2010). Tatsächlich wird der Klimawandel zu den ganz großen Herausforderungen des globalen Tourismus gerechnet: Einerseits müssen den Klimawandel befördernde Effekte reduziert werden, andererseits sind Anpassungsleistungen zu erbringen (von Bergner und Lohmann 2014; Bartels et al. 2009).

23.1.1 Klimarelevanz des Tourismus – Tourismusrelevanz des Klimas

Im Prozess des Klimawandels ist Tourismus sowohl Opfer als auch Täter (Arent et al. 2014; Kovats et al. 2014). Die Täterrolle ergibt sich aus den mit der Reisetätigkeit verbundenen Treibhausgasemissionen, die für die Klimaänderungen (mit-)verantwortlich gemacht werden: Man nimmt an, dass der Tourismus rund 5 % der globalen Treibhausemissionen zu verantworten hat (Simpson et al. 2008). Der Löwenanteil von 75 % dieser tourismusbedingten CO_2-Emissionen entfällt auf den Transport, etwa 20 % auf die Unterkünfte. Eine naheliegende Lösung wäre, zur Reduzierung der Emissionen auf touristische Aktivitäten ganz zu verzichten oder den Transportanteil im Tourismus drastisch zu verringern. Eine solche Strategie erscheint für Deutschland zumindest kurz- und mittelfristig wenig wahrscheinlich. Die Vorteile touristischer Aktivität für Anbieter und Reisende sind so vielfältig, dass sie die wahrgenommenen Risiken des Klimawandels übertreffen, auch angesichts des möglichen Beitrags des Tourismus zu deren Abwendung. So konzentrieren sich die Bemühungen eher auf eine umweltfreundlichere Gestaltung der touristischen Angebote (Scott et al. 2009).

Klima und Wetter sind zentrale Faktoren des touristischen Angebots, vor allem in den Destinationen des Urlaubstourismus. Sie sind gleichzeitig Triebfeder der touristischen Nachfrage (Matzarakis 2006; Denstadli et al. 2011). Ob eine beliebige Region zur touristischen Destination werden kann, ergibt sich aus ihrer potenziellen Anziehungskraft wie etwa der landschaftlichen Schönheit oder Sehenswürdigkeiten, der touristischen Ausstattung mit beispielsweise Hotels und ihrer Erreichbarkeit (Lohmann 2009). Angenehmes Klima und verlässlich gutes Wetter gehören zu den Erfolgsfaktoren vieler Ferienregionen. Die naturräumlichen Gegebenheiten sind also Hauptbestandteil der Attraktivität eines Naturraums. Klima bildet eine natürliche Komponente im Tourismus, die bei der Limitierung und der Er-

möglichung des Tourismus eine wesentliche Rolle spielt (Abegg 1996; Matzarakis 2006). Klima und Wetter können außerdem die Erreichbarkeit einer Destination beeinflussen und schließlich eine bestimmte Ausstattung zweckmäßig oder nötig machen, um die Vorteile des Wetters auszunutzen oder die Nachteile zu minimieren.

Nachfrageseitig spielen bei der Reiseentscheidung Wetter- und Klimaimages eine wichtige Rolle, also die Vorstellungen, die der potenzielle Reisende vom Wetter in den möglichen Reisezielen zu verschiedenen Jahreszeiten hat (Lohmann und Hübner 2013). Sie werden in Bezug gesetzt zu Urlaubsmotiven, persönlichen Wetterpräferenzen (Lohmann 2003) oder geplanten Aktivitäten. So beeinflussen Klimaparameter die Wahl des Reiseziels und des Reisezeitpunkts, aber auch weitere Teilentscheidungen wie etwa die Entscheidung für eine bestimmte Unterkunftsform (Matzarakis 2006, 2010). Vor Ort ist das Wetter dann eine wichtige Rahmenbedingung, die die Wahl der Aktivitäten beeinflusst, aber auch die Reisezufriedenheit und die Wiederkehrbereitschaft (Scott et al. 2009).

23.2 Klimawandel und Tourismus

23.2.1 Touristisch relevante Klimawandelfolgen

Grundsätzlich bietet es sich an, auch bei den Klimawandelfolgen wiederum in Angebot und Nachfrage zu unterscheiden. Den Rahmen dafür setzt der Klimawandel mit seinen unterschiedlichen Ausprägungen über die Zeit und den Raum.

Für den Tourismus sind insbesondere vier Punkte von Bedeutung (Matzarakis und Tinz 2008):
1. das Tourismusklima (thermisch, ästhetisch und physikalisch),
2. Gefahren durch Wetter- und andere Naturereignisse,
3. die Ermöglichung von Aktivitäten (z. B. durch eine Schneedecke) und
4. die Änderung der biologischen Verhältnisse und Vielfalt (Pflanzen- und Tierwelt).

Insgesamt erscheinen die prognostizierten Änderungen bis 2030 nicht besonders hoch zu sein. Die wirklich massiven Veränderungen des Klimas und deren Folgen werden wir erst in bzw. nach der zweiten Hälfte dieses Jahrhunderts erleben, mit dann wahrscheinlich ebenfalls massiven Einflüssen auf Gesellschaft und Wirtschaft inklusive des Tourismus.

Lohmann und Kierchhoff (1999) identifizieren die Schnittstellen, an denen der Klimawandel auf das System Tourismus wirken kann (◘ Abb. 23.1; auch Lohmann 2001). Der Tourismus ist nicht nur von Veränderungen des physikalischen Klimas und der damit verbundenen Veränderung der natürlichen Umwelt betroffen, sondern ein entscheidender Einfluss kann auch von Veränderungen in der Wahrnehmung von Klima und Klimawandel, dem sozialen Konstrukt Klima ausgehen (Stehr und von Storch 1995). Das soziale Konstrukt Klima kann sich bis zu einem gewissen Grad unabhängig vom physikalischen Klima entwickeln. Neben den physischen, geologischen und ökologischen Veränderungen erscheint es deswegen im Rahmen der

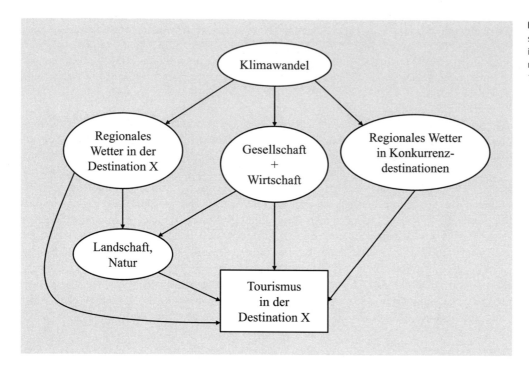

Abb. 23.1 Schnittstellen zwischen Klimawandel und Tourismus in einer Destination. (Verändert nach Lohmann und Kierchhoff 1999)

Klimafolgenforschung dringend erforderlich, auch soziologische und psychologische Fragestellungen zu berücksichtigen, um zu einer realistischen Abschätzung der Klimaänderungsfolgen für das Gesamtsystem zu kommen (Scott et al. 2009; Matzarakis 2010). Die soziale Dimension umfasst die Wahrnehmung und Bewertung von Klima und Klimawandel sowie Interpretationen und Erwartungshaltungen, Kommunikations- und Thematisierungsprozesse, deren Annahme in Gesellschaft, Wirtschaft und Politik (Klimawandel als Bedrohung?) und die darauf folgenden (Re-)Aktionen. Klimawandelfolgen sind deswegen nicht nur meteorologisch zu sehen, sondern finden sich z. B. auch in der Gesetzgebung oder in Änderungen der Wirtschaftsstruktur und beeinflussen so etwa Einkommen oder Mobilität (Lohmann 2001).

23.2.2 Klimawandel und touristisches Angebot

Im Hinblick auf mögliche Folgen der Klimaänderungen für den Tourismus steht das touristische Angebot im Vordergrund. Die mit dem Klimawandel assoziierten Entwicklungen bedeuten vor allem eine Veränderung der von den potenziellen Touristen in den Destinationen zu erwartenden Situation. Der größte Teil der Forschung auf diesem Gebiet bezieht sich deswegen auf Klimawandelfolgen in touristischen Zielgebieten. Effekte des Klimawandels in der touristischen Nachfrage werden in der Regel als Folge der Veränderungen in den Destinationen gesehen.

Zum einen kann der Klimawandel das Tourismusangebot direkt über das Wetter verändern. Zum anderen beeinflusst er indirekt das Angebot über die Infrastruktur des Tourismus, etwa wenn Stürme Gebäude zerstören, Land verloren geht oder die Wattfläche abnimmt. Außerdem können sozioökonomische Klimafolgen das Angebot verändern, z. B. wenn die Anbieter auf den tatsächlichen, vermeintlichen und/oder für die Zukunft befürchteten Klimawandel etwa mit vermehrten Indoor-Angeboten für schlechte Witterung reagieren. Dies wiederum kann sich auf die Nachfrage auswirken (Lohmann und Kierchhoff 1999).

Gegenwärtige klimatische Bedingungen und der Klimawandel beeinflussen also das touristische Angebot (Matzarakis et al. 2007). Dies beginnt bei einzelnen, wiederkehrenden Extremereignissen wie Überschwemmungen oder Hitzewellen (zur Definition ▶ Kap. 6), kann aber auch so weit gehen, dass die Folgen der klimatischen Änderungen einzelne Tourismusarten in bestimmten Gegenden in Zukunft ggf. unmöglich machen, z. B. den Skitourismus in niedrig gelegenen Gebieten, oder Destinationen komplett auslöschen wie etwa Inselstaaten im Pazifik (Scott et al. 2009; Matzarakis 2010). Somit wandelt sich das touristische Angebot in den Destinationen, und es ergeben sich neue Konstellationen in den grundlegenden Aspekten Attraktivität, Ausstattung und Erreichbarkeit. Das Ausmaß der Klimaänderungen und ihre Relevanz für den Tourismus sind je nach Destination unterschiedlich (Schmücker 2014).

23.3 Konkrete Beispiele für Deutschland

23.3.1 Küsten

Die Küsten zählen zu den bevorzugten Reisezielen in Deutschland. Urlauber und Tagesausflügler besuchen Nord- und Ostsee, weil sie dort ein für sie attraktives Angebot finden. Zu den Attraktivitätsfaktoren gehören u. a. Landschaft, Klima und Wetter sowie Strand- und Wasserbeschaffenheit. Diese werden durch den Klimawandel in unterschiedlichem Maße verändert.

Modellierungen von verschiedenen klimatischen Größen geben Einblicke in mögliche klimatische Entwicklungen, z. B. im Nordseegebiet. Diese umfassen etwa die Sturmtätigkeit, den Anstieg des Meeresspiegels sowie die Veränderungen der

Tidedynamik und des Seegangs. Es kann jedoch immer wieder festgestellt werden, dass sich die Aussagen teilweise erheblich voneinander unterscheiden, sodass bei vielen Parametern nur eine schwache Grundtendenz angegeben werden kann (Daschkeit und Schottes 2002). Die lokale Klimaentwicklung, etwa im Gebiet der Nordsee, ist vor allem von Änderungen in der großräumigen atmosphärischen Zirkulation im europäischen sowie atlantischen Raum abhängig. Ausschlaggebend hierfür ist im Nordseeraum vor allem die nordatlantische Oszillation (NAO), die für das Hervorrufen von Klimaanomalien in der nördlichen Hemisphäre bekannt ist (Weisse und Rosenthal 2003).

Hinsichtlich des Tourismus wurden von Matzarakis und Tinz (2008) und im Rahmen des KUNTIKUM-Projekts (Bartels et al. 2009) für die deutschen Küsten Untersuchungen bezüglich der klimatischen Veränderungen ausgearbeitet. In diesen Regionen handelt es sich hauptsächlich um Badetourismus an Nord- und Ostsee, und dieser beschränkt sich – klimatisch bedingt – vor allem auf die Zeit von etwa Mitte Juni bis Ende August. In dieser Zeit konzentriert sich im Strandbereich bei entsprechendem Wetter – Sonne, kein Regen, wenig Wind und hinreichend hohe Lufttemperatur, also thermische Behaglichkeit – und für das Baden ausreichend hoher Wassertemperatur ein Großteil der Touristen und Erholungssuchenden.

Nach Matzarakis und Tinz (2008) sind für die deutsche Nordsee (Husum) auf der Basis des Emissionsszenarios SRES A1B und Regionalmodells REMO für den Zeitraum 2021–2050 im Vergleich zum Zeitraum 1961–1990 zu erwarten:

- Anstieg der Lufttemperatur um 1 °C,
- Zunahme der Luftfeuchtigkeit,
- Zunahme der Tage mit thermischer Behaglichkeit um 4 Tage im Jahr,
- Abnahme der Kältebelastung um 16 Tage,
- Ausweitung der Badesaison um etwa 25 Tage bis 2050.

An der Ostsee (Bergen auf Rügen) ergibt sich ein ähnliches Bild, wobei die Anzahl der Tage mit thermischer Eignung hier von einem bereits höheren Niveau aus mehr ansteigt als an der Nordsee.

Nach den Ergebnissen eines Forschungsprojekts aus den 1990er-Jahren (Lohmann und Kierchhoff 1999) steigt wahrscheinlich unter diesen Bedingungen die touristische Nachfrage. Das ist verständlich, da sich dann eine Wettersituation ergibt, die dem optimalen Urlaubswetter näher kommt als das jetzige Küstenwetter. So ist zu erwarten, dass sich die Nachfrage nicht nur im Umfang, sondern auch in ihrer Struktur (d. h. es kommen u. U. neue Zielgruppen) ändern wird (Lohmann und Kierchhoff 1999).

23.3.2 Mittel- und Hochgebirgsregionen

Unter Klimawandelbedingungen werden sich auch in den Gebirgen Wetterbedingungen, Natur und Landschaft verändern. Die Veränderungen können auf den Sommer- wie auf den Wintertourismus wirken. Im Schwarzwald etwa wird die Sommersaison künftig deutlich eher beginnen und sich bis weit in den Herbst erstrecken. Die Zunahme der Lufttemperatur ist in dieser Region mit 1,1–1,2 °C etwas stärker ausgeprägt als in den Küstenregio-

nen (Matzarakis und Tinz 2008). Die Frequentierung der Badeseen wird zunehmen (Zebisch et al. 2005).

Wintersport wird wegen Schneemangels in niedrigen Lagen nur sehr selten möglich sein. Die resultierenden wirtschaftlichen Einbußen können vom Sommertourismus nicht kompensiert werden (Müller und Weber 2007). Das gilt auch für den Feldberg im Schwarzwald, da Schneesicherheit erst ab einer Höhe von 1500 Metern gegeben ist (Elsasser und Bürki 2002; Endler und Matzarakis 2011a, 2011b). Aufgrund der inzwischen praktisch flächendeckenden künstlichen Beschneiung der alpinen Skiressorts ist für diese inzwischen weniger der Grad der natürlichen als vielmehr der technischen Schneesicherheit entscheidend, also die Frage der Beschneibarkeit. Wie die natürliche Schneesicherheit wird auch die Beschneibarkeit von klimatischen Umgebungsparametern wie Lufttemperatur und Luftfeuchte bestimmt (Schmidt et al. 2012). Durch die vertikale Verschiebung von Gletscher- und Permafrostzonen (▶ Kap. 12) ist mit einer Destabilisierung der Wegenetze für Wander- und Bergsteigetourismus sowie von technischer Infrastruktur wie Liftanlagen und entsprechenden Sicherheitsrisiken für Besucher zu rechnen (Agrawala 2007).

Kurzfristige klimatologische Extremereignisse wie Stürme, Starkniederschläge, sommerliche Hitzewellen und winterliche Warmperioden stellen das Tourismusgeschäft in den Alpen vor große Herausforderungen (z. B. Breiling und Charamza 1999; Beniston 2007): Die große ökonomische Abhängigkeit des alpinen Tourismussektors von lokalen Klimaparametern macht diesen zum Hotspot gesellschaftlicher Herausforderungen des Klimawandels (Becken und Hay 2007).

Dem aus diesen Prozessen resultierenden Verlust touristischer Attraktivität stehen aber auch neue Chancen gegenüber. Die Attraktivitätssteigerung durch die Erhöhung der Sommertemperaturen und gleichzeitig eine im Vergleich zu mediterranen Hitzegebieten immer noch moderate Umgebungstemperatur zählen zu den positiven Klimafolgen für den Bergtourismus. Allerdings erscheint es fraglich, in welchem Maße diese Chancen die negativen ökonomischen Auswirkungen werden ausgleichen können.

23.3.3 Spezifische Anpassungsstrategien

Insgesamt zeichnen sich für die nächsten drei Jahrzehnte weder für die deutschen Küstenregionen noch für die Mittelgebirge dramatische Auswirkungen des Klimawandels ab. Entsprechend stehen bei den touristischen Anbietern Strategien sowohl in Richtung Klimaschutz als auch Anpassung im Vordergrund, ein Rückzug aus dem Tourismus wird kaum thematisiert. Unter dem Schlagwort des „nachhaltigen Tourismus" (FUR 2014) wird ergänzend versucht, den Tourismus in den Destinationen ressourcenschonend und klimaverträglich zu gestalten.

Solche Strategien sind z. B. im Rahmen des KUNTIKUM-Projekts entwickelt worden (Bartels et al. 2009). Hierbei wurde für verwundbare Regionen – die Nordsee als Küstenregion und den Schwarzwald als Mittelgebirgsregion – ein „Tourismus-Klimafahrplan" für Tourismusdestinationen erarbeitet.

In den einzelnen Regionen werden spezifische Anpassungsstrategien entwickelt. Der Schwarzwald z. B. definiert sich als Urlaubsregion sehr stark über den Wintertourismus. Deshalb wird versucht, den traditionellen Wintersport in dieser Region aufrechtzuerhalten. Aber auch diese Aufrechterhaltung ist technisch und klimatisch limitiert. Es werden neue Konzepte und Methoden entwickelt, um das Gebirge trotz des mangelnden Angebots an Wintersportmöglichkeiten auch im Winter für den Tourismus attraktiv zu halten. So können beispielsweise typische Sommeraktivitäten wie Mountainbiking oder Wandern auch an schönen Wintertagen durchgeführt werden.

23.4   Kurz gesagt

Der Klimawandel und seine direkten und indirekten Folgen können die zukünftige Entwicklung von Angebot und Nachfrage im Tourismus langfristig erheblich beeinflussen. Dabei ist der Klimawandel aber nur ein Faktor von vielen. Die verschiedenen Faktoren scheinen voneinander abhängig zu sein, d. h., wir haben es mit einem komplexen Wirkungsgefüge zu tun. Klimatische Veränderungen werden in den sensiblen Regionen wie Küsten und Gebirgen bis zur Mitte des 21. Jahrhunderts im Rahmen der mittleren Verhältnisse nicht sehr stark sein. Allerdings sind diese Regionen mehr durch Extremereignisse (z. B. Stürme oder Trockenheit) und deren indirekte Folgen gefährdet. Es geht aber auch um die gesellschaftliche Wahrnehmung und Bewertung des Klimawandels als Bedrohung oder auch als Chance und die sich daraus ergebenden Reaktionen.

Die möglichen Effekte des Klimawandels auf die touristische Nachfrage sind langfristig groß. Sie werden vor allem die Zielgebietsentscheidungen und den Reisezeitpunkt betreffen, z. B. wegen der Verschiebung von Schneegrenzen im Winter, unbekömmlicher Sommerhitze in Mittelmeerregionen oder potenzieller Zerstörung tourismusrelevanter Angebote in Küstennähe. In den Jahren bis 2030 sind aber „nur" schleichende Veränderungen ohne prägnante Effekte zu erwarten.

Für die Anbieter, vor allem die Zielgebiete, sind langfristige Anpassungsstrategien wichtig. Diese Strategien müssen jeweils „individuell" sein, da sie nicht nur durch den erwarteten bzw. eingetretenen physikalischen Klimawandel getrieben werden, sondern auch durch dessen Bewertung in der Region, die jeweiligen spezifischen Zielsetzungen für den Tourismus und die unterschiedlichen Ressourcen, die für eine Anpassung zur Verfügung stehen.

Literatur

Abegg B (1996) Klimaänderung und Tourismus. Schlussbericht NFP 31. vdf Hochschulverlag AG an der ETH, Zürich

Agrawala S (2007) Climate change in the European Alps. Adapting winter tourism and natural hazards management. OECD Publishing, Paris

Arent DJ, Tol RSJ, Faust E, Hella JP, Kumar S, Strzepek KM, Tóth FL, Yan D (2014) Key economic sectors and services. Climate change 2014: impacts, adaptation, and vulnerability. Part A: Global and sectoral aspects. In: Field CB, Barros VR, Dokken DJ, Mach KJ, Mastrandrea MD, Bilir TE, Chatterjee M, Ebi KL, Estrada YO, Genova RC, Girma B, Kissel ES, Levy AN, MacCracken S, Mastrandrea PR, White LL (Hrsg) Contribution of Working Group II to the Fifth Assessment Report of the Intergovernmental Panel on Climate Change. Cambridge University Press, Cambridge, S 659–708

Bartels C, Barth M, Burandt S, Carstensen I, Endler C, Kreilkamp E, Matzarakis A, Möller A, Schulz S (2009) Sich mit dem Klima wandeln! Ein Tourismus-Klimafahrplan für Tourismusdestinationen. Forschungsprojekt KUNTIKUM – Klimatrends und nachhaltige Tourismusentwicklung in Küsten- und Mittelgebirgsregionen. Leuphana Universität Lüneburg und Albert–Ludwigs-Universität, Freiburg

Becken S, Hay JE (2007) Tourism and climate change – risks and opportunities. Channel View Publications, Clevedon

Beniston M (2007) Linking extreme climate events and economic impacts: examples from the Swiss Alps. Energy Policy 35:5384–5392

Bergner NM von, Lohmann M (2014) Future challenges for global tourism: a Delphi survey. J Travel Res 53:420–432 (in press)

Breiling M, Charamza P (1999) The impact of global warming on winter tourism and skiing: a regionalised model for Austrian snow conditions. Reg Environ Chang 1:4–14

Daschkeit A, Schottes P (2002) Klimafolgen für Mensch und Küste am Beispiel der Nordseeinsel Sylt. Springer, Heidelberg

Denstadli JM, Jacobsen JKS, Lohmann M (2011) Tourist perceptions of summer weather in Scandinavia. Ann Tour Res 38:920–940

DZT (2014) Incoming-Tourismus Deutschland, 2014. Aufl. Deutsche Zentrale für Tourismus eV, Frankfurt

Elsasser H, Bürki R (2002) Climate change as a threat to tourism in the Alps. Clim Res 20:253–257

Endler C, Matzarakis A (2011a) Climate and tourism in the Black Forest during the warm season. Int J Biometeorol 55:173–186

Endler C, Matzarakis A (2011b) Climatic and tourism related changes in the Black Forest: winter season. Int J Biometeorol 55:339–351

FUR (2013) Reiseanalyse 2013. Forschungsgemeinschaft Urlaub und Reisen eV, Kiel

FUR (2014) Abschlussbericht zum Forschungsvorhaben: Nachfrage für Nachhaltigen Tourismus im Rahmen der Reiseanalyse. Erstellt für das Bundesministerium für Umwelt, Naturschutz, Bau und Reaktorsicherheit (BMUB), Kiel

FUR (2015) Reiseanalyse 2015. Forschungsgemeinschaft Urlaub und Reisen eV, Kiel. Grimm B, Lohmann M, Heinsohn K, Richter C, Metzler (2009) Auswirkungen des demographischen Wandels. Kurzfassung. Bundesministerium für Wirtschaft und Technologie, Berlin

Grimm B, Lohmann M, Heinsohn K, Richter C, Metzler D (2009) Auswirkungen des demographischen Wandels auf den Tourismus und Schlussfolgerungen für die Tourismuspolitik. Eine Studie im Auftrag des Bundeswirtschaftsministeriums für Wirtschaft und Technologie

Hoefert HW (1993) Kurwesen. In: Hahn H, Kagelmann JH (Hrsg) Tourismuspsychologie und Tourismussoziologie. Quintessenz, München, S 391–396

Kovats RS, Valentini R, Bouwer LM, Georgopoulou E, Jacob D, Martin E, Rounsevell M, Soussana J-F (2014) Europe. Climate change 2014: impacts, adaptation, and vulnerability. Part B: Regional aspects. In: Barros VR, Field CB, Dokken DJ, Mastrandrea MD, Mach KJ, Bilir TE, Chatterjee M, Ebi KL, Estrada YO, Genova RC, Girma B, Kissel ES, Levy AN, MacCracken S, Mastrandrea PR, White LL (Hrsg) Contribution of Working Group II to the Fifth Assessment Report of the Intergovernmental Panel on Climate Change. Cambridge University Press, Cambridge, S 1267–1326

Lohmann M (2001) Coastal resorts and climate change. In: Lockwood A, Medlik S (Hrsg) Tourism and hospitality in the 21st century. Butterworth-Heinemann, Oxford, S 284–295

Lohmann M (2003) Über die Rolle des Wetters bei Urlaubsreiseentscheidungen. In: Bieger T, Laesser C (Hrsg) Jahrbuch 2002/2003 der Schweizerischen Tourismuswirtschaft. Institut für Öffentliche Dienstleistungen und Tourismus der Universität St. Gallen:, St. Gallen, S 311–326

Lohmann M (2009) Coastal tourism in Germany – changing demand patterns and new challenges. In: Dowling R, Pforr C (Hrsg) Coastal tourism development - planning and management issues. Cognizant, Elmsford NY, S 321–342

Lohmann M, Aderhold P (2009) Urlaubsreisetrends 2020. FUR, Kiel

Lohmann M, Kierchhoff HW (1999) Küstentourismus und Klimawandel: Entwicklungspfade des Tourismus unter Einfluss des Klimawandels. Schlussbericht zum Forschungsvorhaben „Entwicklung des Tourismus im deutschen Küstenbereich unter besonderer Berücksichtigung der Wahrnehmung und Bewertung von Klimafolgen durch relevante Entscheidungsträger". Gefördert mit Mitteln des Bundesministeriums für Bildung, Wissenschaft, Forschung und Technologie; Förderkennzeichen 01 KJ 9505/2

Lohmann M, Beer H (2013) Fundamentals of tourism: what makes a person a potential tourist and a region a potential tourism destination? Poznan University of Economics Review Vol 13(4):83–97

Lohmann M, Hübner A (2013) Tourist behavior and weather – understanding the role of preferences, expectations and in-situ adaptation. Mondes du tourisme 8:44–59

Lohmann M, Schmücker D, Sonntag U (2014) Urlaubsreisetrends 2025: Entwicklung der touristischen Nachfrage im Quellmarkt Deutschland (Die Reiseanalyse-Trendstudie). FUR, Kiel

Matzarakis A (2006) Weather- and climate-related information for tourism. Tourism Hospitality Planning Development 3:99–115

Matzarakis A (2010) Climate change: temporal and spatial dimension of adaptation possibilities at regional and local scale. Schott C (Hrsg) Tourism and the implications of climate change: issues and actions, Emerald Group Publishing. Bridging Tourism Theory and Practice 3:237–259

Matzarakis A, Tinz B (2008) Tourismus an der Küste sowie in Mittel und Hochgebirge: Gewinner und Verlierer. In: Lozán JZ, Graßl H, Jendritzky G, Karbe L, Reise K (Hrsg) Warnsignal Klima: Gesundheitsrisiken Gefahren für Menschen, Tiere und Pflanzen. GEO/Wissenschaftliche Auswertungen, S 247–252

Matzarakis A, de Freitas CR, Scott D (2007) Developments in tourism climatology. Selbstverlag, Freiburg

Müller HR, Weber F (2007) Klimaveränderungen und Tourismus. Szenarienanalyse für das Berner Oberland 2030. FIF Universität Bern, 2007

Mundt JW (2006) Einführung in den Tourismus. Oldenbourg Wissenschaftsverlag, München

Schmidt P, Steiger R, Matzarakis A (2012) Artificial snowmaking possibilities and climate change based on regional climate modeling in the southern Black Forest. Meteorologische Zeitschrift 21:167–172

Schmücker D (2014) Klimawandel und Küstentourismus in Norddeutschland. Geographische Rundschau 66(3):40–45

Scott D, de Freitas CR, Matzarakis A (2009) Adaptation in the tourism and recreation sector. In: McGregor GR, Burton I, Ebi K (Hrsg) Biometeorology for adaptation to climate variability and change. Springer, Berlin, S 171–194

Scott D, Hall CM, Gössling S (2012) Tourism and climate change: impacts, adaptation and mitigation. Routledge, London

Simpson MC, Gössling S, Scott D, Hall CM, Gladin E (2008) Climate change – adaptation and mitigation in the tourism sector: frameworks, tools and practices. UNEP, University of Oxford, UNWTO, WMO, Paris

Stehr N, von Storch H (1995) The social construct of climate and climate change. Clim Res 5:99–105

VDR (2012) VDR-Geschäftsreiseanalyse 2012. Verband Deutsches Reisemanagement eV, Frankfurt am Main

Weisse R, Rosenthal W et al (2003) Szenarien zukünftiger, klimatisch bedingter Entwicklungen der Nordsee. In: Lozán JL, Rachor E, Reise K (Hrsg) Warnsignale aus Nordsee und Wattenmeer: Eine aktuelle Umweltbilanz. Wissenschaftliche Auswertungen. Wissenschaftliche Auswertungen, Hamburg, S 51–56

Zebisch M, Grothmann T, Schröter D, Hasse C, Fritsch U, Cramer W (2005) Klimawandel in Deutschland. Vulnerabilität und Anpassungsstrategien klimasensitiver Systeme. Climate Change 08:05

Infrastrukturen und Dienstleistungen in der Energie- und Wasserversorgung

Hagen Koch, Helmut Karl, Michael Kersting, Rainer Lucas, Nicola Werbeck

© Der/die Herausgeber bzw. der/die Autor(en) 2017

G. Brasseur, D. Jacob, S. Schuck-Zöller (Hrsg.), *Klimawandel in Deutschland*, DOI 10.1007/978-3-662-50397-3_24

24

Technische und soziale Infrastrukturen zeichnen sich durch Basisfunktionen aus, die zur Versorgung und Entwicklung einer Volkswirtschaft benötigt werden. Mit dieser allgemeinen Definition wird bereits deutlich, dass die Störung der Funktionsfähigkeit von Infrastrukturen immer auch die zu versorgenden Bereiche einer Gesellschaft betrifft. Um diese Zusammenhänge zu erfassen, sind systemanalytische Ansätze geeignet, die in übergreifender Weise die Verletzlichkeit der technischen Infrastrukturbereiche beschreiben. Hierbei ist zu beachten, dass sich die Planung und Gestaltung technischer Infrastrukturen durch eine hohe Pfadabhängigkeit – also eine hohe Abhängigkeit der weiteren Entwicklung von einmal getroffenen Entscheidungen – hinsichtlich der technischen und organisatorischen Systemgestaltung auszeichnen und somit eine Betrachtung über längere Zeiträume notwendig wird. Diese Pfadabhängigkeit mindert gleichzeitig die Fähigkeit, unmittelbar und flexibel auf Störereignisse zu reagieren.

Die Produktions- und Versorgungssysteme in Deutschland müssen sich langfristig an die Folgen des Klimawandels anpassen. Hierzu bedarf es zusätzlicher Investitionen in die Anlagen und Verteilnetze, um bei der Versorgung einen hohen Standard zu sichern. Um die Kosten für Produzenten und Nachfrager gering zu halten, sollten diese Investitionen im Rahmen des generellen Erneuerungs- und Ausbaubedarfs getätigt werden. Um den Investitionsbedarf abzuschätzen, können Szenarioanalysen erstellt werden (Gausemeier et al. 1996). Mittels dieses Instruments können unterschiedliche Zukünfte in Form von Sets von Änderungen relevanter Einflussgrößen modelliert und die sich daraus ergebenden Änderungen berechnet werden. Die Ergebnisse der unterschiedlichen Szenariorechenläufe setzen einen Rahmen, der die vielfältigen Anpassungserfordernisse aufzeigt. Diese resultieren auch aus Einflussfaktoren, die nicht mit dem Klimawandel zusammenhängen, z. B. die ökonomische, demografische und technologische Entwicklung. Es besteht damit die Herausforderung, die Folgen des Klimawandels unter den allgemeinen Bedingungen gesellschaftlicher Transformation modellhaft zu erfassen.

24.1 Zur Verletzlichkeit des Energiesystems in Deutschland

Die Diskussion über die Verletzlichkeit des Energiesystems, das eine wichtige Voraussetzung für wirtschaftliche sowie gesellschaftliche Aktivitäten darstellt, hat in der Forschung zwei wesentliche Ausgangspunkte. Zum einen stehen bei der Analyse kritischer Infrastrukturen alle Gefahren im Mittelpunkt, die zu einer Unterbrechung der Versorgung führen können. Unter dem Aspekt der Naturgefahren werden zunehmend auch Klimawandelfolgen betrachtet, insbesondere für die Elektrizitätsversorgung in Deutschland (Birkmann et al. 2010). Zum anderen wurde im Rahmen des KLIMZUG-Projekts Nordwest 2050 auf Ansätze der Resilienzforschung zurückgegriffen (Gößling-Reisemann et al. 2013), um auf regionaler Ebene Gestaltungsempfehlungen für die Entwicklung des Energiesystems zu geben. Hierbei wurden die Folgen des Klimawandels unter den Bedingungen einer allgemeinen Transformation des Energiesystems betrachtet und Szena-

rien für ein resilientes regionalisiertes Energiesystem entworfen (Wachsmuth und Gößling-Reisemann 2013).

Das Umweltbundesamt (UBA) hat 2009/2010 einen Stakeholderdialog zu den Chancen und Risiken des Klimawandels in der Energiewirtschaft durchgeführt (Dunkelberg et al. 2011). Im Mittelpunkt der Diskussion standen dabei die Elektrizitätserzeugung, insbesondere aus fossilen Energieträgern und Windenergie, sowie die Übertragung von Elektrizität in Stromnetze und ihre Verteilung. Hierbei wurde die Klimafolgenbetroffenheit nach Wertschöpfungsstufen differenziert, von der Energieträgergewinnung über Transport, Umwandlung, Übertragung und Verteilung der Energie bis hin zu ihrer Nachfrage. Auch die deutsche Anpassungsstrategie (DAS) orientiert sich in ihrer Beschreibung des Energiesektors an dieser energiewirtschaftlichen Wertschöpfungskette (Deutsche Bundesregierung 2008).

Als wesentliches Ergebnis dieser Untersuchungen kann festgehalten werden: Übereinstimmend wird eine hohe Verletzlichkeit der Hochspannungsnetze gegenüber Extremwetterereignissen, Stürmen und Schneelasten angenommen, welche die Versorgungssicherheit in größeren Gebieten beeinträchtigen kann. Auch können Hitzewellen (Definition ▶ Kap. 6) zu einer verminderten Leistungsfähigkeit und zu Kapazitätsengpässen bei konventionellen Grundlastkraftwerken führen, da diese auf ein kontinuierliches Wasserdargebot zur Kühlung angewiesen sind. Bei einem gleichzeitigen Anstieg des Kühlungsbedarfs im Gebäudebestand aufgrund längerer Hitzeperioden im Sommer besteht zudem die Gefahr einer Überlastung der Stromnetze.

Durch die Dezentralisierung des Versorgungssystems und die damit verbundene stärkere Bedeutung regenerativer Energiequellen verändert sich auch die Anfälligkeit des Systems gegenüber Klimaänderungen. Deutlich ist beispielsweise, dass sich auf der einen Seite die Abhängigkeiten von langen Transportketten und den Gewinnungsbedingungen in den Rohstofflieferländern verringern.

Auf der anderen Seite sind die regenerativen Energiequellen deutlich abhängig vom Wetter: Sonnenscheindauer, Windstärken, Wolkenbildung und Wasserdargebot können die Leistungsfähigkeit dieser Energiequellen beeinträchtigen, aber auch steigern (Koch et al. 2015). Insgesamt stieg der Anteil der erneuerbaren Energien am Bruttostromverbrauch – also an der Menge des insgesamt verbrauchten Stroms inklusive Verteilungsverlusten und des Eigenverbrauchs der Erzeuger – von 1990 über die Jahre 2000 bzw. 2010 von 3,4 % auf 6,2 % bzw. 17,0 und 27,8 % in 2014. Der Anteil am Verbrauch von Primärenergie – d. h. der direkt aus Kohle, Gas, Öl, Biomasse usw. erzeugten Energie und Verlusten, die bei der Erzeugung der Endenergie aus der Primärenergie entstehen – nahm von 1,3 % auf 2,9 % bzw. 9,9 % sowie 11,1 % in 2014 zu (BMWi 2015). Wetterabhängigkeit und steigender Anteil der erneuerbaren Energien an der Stromerzeugung begründen eine herausgehobene Betrachtung im Zusammenhang mit der Verletzlichkeit des Energiesystems als Ganzes.

24.1.1 Thermische Kraftwerke mit Wasserkühlung

Bei der Betrachtung der Klimawirkungen auf thermische Kraftwerke sind die zukünftigen technologischen und umweltrechtlichen Entwicklungen sowie die Entwicklung des Energiebedarfs zu beachten, da geänderte Umweltstandards, Produktionssysteme und Kühlverfahren den Wasserbedarf und -verbrauch maßgeblich beeinflussen. Ein Beispiel zur modellhaften Berücksichtigung dieser Rahmenbedingungen geben Vögele und Markewitz (2014).

Thermische Kraftwerke mit Wasserkühlung können aufgrund erhöhter Wassertemperaturen, teilweise auch unzureichender Wasserverfügbarkeit von Produktionseinschränkungen betroffen sein (Förster und Lilliestam 2010; Linnerud et al. 2011). Die Auswirkungen des Klimawandels auf die Produktion thermischer Kraftwerke werden somit von den hydrologischen Standortgegebenheiten beeinflusst, also vom Abfluss und von der Wassertemperatur. Daneben sind die Wahl des Kühlsystems und der von diesem abhängige Kühlwasserbedarf von Bedeutung. Einfache Durchlaufkühlsysteme sind gegenüber hohen Wassertemperaturen und Wassermangel durch Niedrigwasser deutlich anfälliger als Kreislaufkühlsysteme (Hoffmann et al. 2012; Koch und Vögele 2013; Koch et al. 2014).

Hinsichtlich der Wassernutzung thermischer Kraftwerke sind neben kraftwerksspezifischen Faktoren die Umweltbedingungen und gesetzlichen Bestimmungen hinsichtlich der für den Standort gültigen Grenzwerte zur maximal zulässigen Wasserentnahmemenge, zur Kühlwasseraufwärmung und zur Einleit- bzw. Mischtemperatur zu berücksichtigen. Strömung, Wassertiefe und weitere Faktoren unterscheiden sich entlang der Flüsse bzw. zwischen Flusseinzugsgebieten. Deswegen gelten für unterschiedliche Kraftwerksstandorte und Kühlsysteme verschiedene Grenzwerte. Steigt die Temperatur des Gewässers, so muss, falls die vorgeschriebene maximale Aufwärmspanne (Differenz der Temperatur von entnommenem und abgeleitetem Wasser) überschritten wird, der Kühlwasserbezug erhöht und die Abwärme über eine größere Menge Wasser abgeleitet werden. Steigt der Wasserbedarf zu stark an bzw. ist zu wenig Wasser verfügbar, muss die Leistung des Kraftwerks reduziert werden.

Eine Abschätzung der Wirkungen des Klimawandels auf thermische Kraftwerke in Deutschland zeigt, dass einige Regionen (z. B. die Rhein-Main-Neckar-Region) deutlich stärker als andere betroffen sind (Koch et al. 2015; ◘ Abb. 24.1). Trotz dieser regionalen Unterschiede gilt, dass sommerliche Hitzewellen wie in den Jahren 2003 oder 2006 im Allgemeinen großräumige Phänomene sind. Das heißt: Probleme bei der Kühlwasserversorgung thermischer Kraftwerke treten ebenfalls großräumig auf, wenn auch mit unterschiedlicher Intensität. Aus diesem Grund ist ein Ausgleich von Produktionsdefiziten in Deutschland durch Stromimporte, etwa aus Frankreich, nur begrenzt möglich (Rübbelke und Vögele 2011).

Koch et al. (2012) analysierten Szenarien mit unterschiedlichen ökonomischen Entwicklungen und unterschiedlichen Kraftwerkskapazitäten, Kühlsystemen und Wasserbedarfsforderungen für Berlin. Sie zeigen, dass durch technologische Entwicklung bzw. Anpassung der Kühlsysteme die Wirkungen des Klimawandels auf thermische Kraftwerke deutlich reduziert werden können.

Änderung der Auslastung [%]

-3.00 -2.00 -1.00 -0.50 -0.40 -0.30 -0.20 -0.10 0.00

◘ **Abb. 24.1** Jahresmittelwerte der Auslastung thermischer Kraftwerke mit Durchlaufkühlung; Änderung 2055 gegenüber 2010 bei einer Lufttemperaturzunahme von 2 °C. (Weisz et al. 2013)

24.1.2 Wasserkraftanlagen

Die Erzeugung von Elektroenergie an Wasserkraftanlagen stellte in der Vergangenheit einen bedeutenden Anteil der erneuerbaren Energien. Obwohl die in Deutschland installierte Wasserkraftkapazität in den vergangenen Jahren leicht angestiegen ist, ist ihr Beitrag an den erneuerbaren Energien von 1990 über die Jahre 2000 und 2010 bis 2014 jedoch von 92 % über 60 % bzw. 20 % auf 13 % gesunken (BMWi 2015; ◘ Abb. 24.2). Dies kann mit dem starken Ausbau anderer erneuerbarer Energien erklärt werden, insbesondere von Windkraft und Solarenergie (s. u.). Da mit Wasserkraftanlagen im Vergleich zu anderen erneuerbaren Energien sowohl Grund- als auch Spitzenlast erzeugt werden kann, ist sie auch zukünftig ein wichtiger Baustein für die erneuerbaren Energien.

Für die Auswirkungen des Klimawandels auf die Wasserkraft gibt es für Deutschland noch nicht sehr viele Studien. Deshalb wird hier auch über die Grenze nach Österreich und die Schweiz geschaut. Für Österreich wird bis 2040 mit einer leichten Zunahme der Wasserkrafterzeugung von 4–10 % gerechnet, je nach betrachtetem Klimaszenario. Bis zum Ende des Jahrhunderts ergeben sich allerdings größtenteils negative Klimawirkungen, die bezogen auf die Referenzperiode allge-

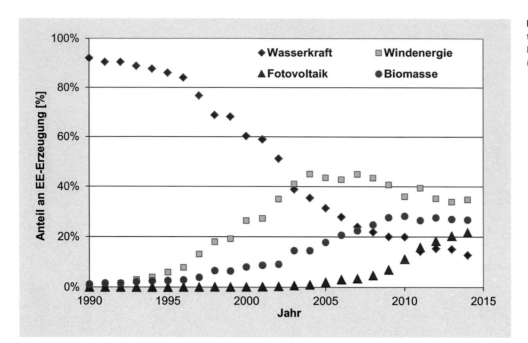

◻ Abb. 24.2 Entwicklung der Anteile an der Erzeugung erneuerbarer Energien (*EE*) (Daten: BMWi 2015). (Hagen Koch)

mein eine Reduktion der Wasserkrafterzeugung um bis zu 10 % betragen können (Klim Adapt 2010). Die Entwicklung der Wasserkrafterzeugung folgt damit weitestgehend den Trends in den Niederschlägen; in der zweiten Hälfte des Jahrhunderts wird auch die steigende Verdunstung aufgrund erhöhter Temperaturen immer bedeutsamer.

Für die Obere Donau, d. h. den deutschen Teil des Donaueinzugsgebiets, muss mit einer Reduktion der Wasserkrafterzeugung um 8–16 % bis 2060 gerechnet werden (Prasch und Mauser 2010). Für kleinere Einzugsgebiete in den Schweizer Alpen simulieren Schaefli et al. (2007) für den Zeitraum 2070–2099 eine Abnahme der Produktion um 36 % gegenüber der Kontrollperiode. Für das Elbeeinzugsgebiet berechnen Grossmann und Koch (2011) eine Abnahme der Wasserkrafterzeugung um 13 % bis 2050 im Vergleich zu 2010.

Durch Effizienzzuwächse der Wasserkraftanlagen, z. B. den Ersatz alter Turbinen und Generatoren im Rahmen von notwendigen Erneuerungs- oder Sanierungsarbeiten (Bundesministerium für Umwelt, Naturschutz und Reaktorsicherheit 2003), könnten die auftretenden Verluste allerdings größtenteils ausgeglichen werden.

24.1.3 Windkraftanlagen

Die Erzeugung von Elektroenergie durch Windkraftanlagen – auch Windenergieanlagen genannt – liefert in Deutschland einen steigenden Anteil an den erneuerbaren Energien. Die in Deutschland installierte Kapazität ist in den vergangenen Jahren deutlich angestiegen (1990 = 55 MW, 2000 = 6097 MW, 2010 = 27.180 MW, 2014 = 40.456 MW). Ihr Beitrag zu den erneuerbaren Energien ist von 0,4 % im Jahr 1990 auf über 26 % (2000) und von 2003 bis 2009 auf über 40 % gestiegen, um bei 36 % (2010) bzw. 35 % (2014) zu landen (◻ Abb. 24.2).

Bisherige Analysen der Auswirkungen des Klimawandels zeigen, dass je nach Analysegebiet unterschiedliche, im Allgemeinen

jedoch nur geringe Auswirkungen auf das Windkraftpotenzial zu erwarten sind. Nach Pryor et al. (2005a, 2005b) ist für Nordeuropa eher mit positiven Effekten zu rechnen, insbesondere im Winter. Hinsichtlich des Offshore-Windpotenzials in Nordeuropa, zu dem auch die deutschen Küstengebiete zählen, finden Barstad et al. (2012) eine geringfügige Abnahme, wobei auf die große Unsicherheit bezüglich der Ergebnisse hingewiesen wird.

Nach Koch und Büchner (2015) weisen die Wirkungen des Klimawandels in der Summe einen positiven Effekt auf. In einzelnen Monaten zeigen sich Trends, in anderen Monaten sind keine Änderungen bzw. einheitliche Trends festzustellen. Räumlich profitieren eher Mittel- und Norddeutschland, während in Süddeutschland nur geringe, teilweise auch negative Effekte zu erwarten sind. Für die Jahresproduktion ergibt sich insgesamt eine Erhöhung um 2–5 %. Die Zunahme ist jedoch gering im Vergleich zum geplanten Ausbau von On- und Offshore-Windkraftanlagen. Analysen von Koch et al. (2015) bestätigen diese Aussagen grundsätzlich.

24.1.4 Solarenergieanlagen

Solarenergie gewinnt wie auch Elektroenergie aus Windkraftanlagen einen steigenden Anteil an den erneuerbaren Energien insgesamt. Die installierte Kapazität von Fotovoltaikanlagen ist in den vergangenen Jahren deutlich angestiegen (1990 = 2,0 MW, 2000 = 114 MW, 2010 = 17.944 MW, 2014 = 38.236 MW). Ihr Beitrag zu den erneuerbaren Energien ist vom Jahr 1990 über die Jahre 2000 und 2010 bis zum Jahr 2014 von 0,004 % über 0,17 % bzw. 11,2 % auf 22 % gestiegen (BMWi 2015; ◻ Abb. 24.2).

Wachsmuth et al. (2013) analysieren die Wirkungen des Klimawandels auf Fotovoltaikanlagen in der Region Bremen-Oldenburg. Im Vergleich zur Referenzperiode 1981–2010 finden sie leicht positive Effekte des Klimawandels für die Perioden 2036–2065 und 2071–2100. Sie verweisen jedoch auf die hohe

Unsicherheit der Ergebnisse, da z. B. Extremwetterereignisse oder thermische Effekte wie die Reduktion der Effizienz der Fotovoltaikanlagen mit steigender Temperatur nicht berücksichtigt wurden. Im Vergleich zum weiteren Ausbau der Fotovoltaik sind die dargestellten Änderungen gering.

24.1.5 Ausblick Energiesystem

Hinsichtlich der Auswirkungen des Klimawandels auf die unterschiedlichen Erzeugungsformen ist die mit den Klimaszenarien verbundene Unsicherheit zu beachten. Dies gilt nicht zuletzt für klimatische Extremereignisse, da diese definitionsgemäß selten auftreten und schwer vorhersagbar sind. Die zur Wasserkrafterzeugung aufgeführten Ergebnisse können bei Nutzung anderer (Klima-)Eingangsdaten für die hydrologischen Modelle in eine andere Richtung tendieren. Die aufgeführten Einschränkungen der Produktion thermischer Kraftwerke aufgrund hoher Wassertemperaturen können hingegen als gut gesichert angesehen werden, da alle Klimamodelle steigende Lufttemperaturen projizieren, die zu höheren Wassertemperaturen führen. Die Auswirkungen bezüglich Windkraft- bzw. Solarenergieerzeugung stellen sich nach aktuellem Wissensstand als eher gering dar.

Insgesamt ergibt sich durch die Vielzahl und die Vielfalt der Erzeugungsarten in einem zukünftigen Energiesystem eine andere Risikoverteilung, die auf das Gesamtsystem im Krisenfall stabilisierend wirkt. Eine intelligente Netzsteuerung und eine Erhöhung der Speicherkapazitäten können dazu beitragen, Ausfälle abzupuffern und insgesamt Schwankungen von Angebot und Nachfrage auszugleichen. Positiv bewertet wird seitens Prognos/WI (2011), dass der Umgang mit diesen Risiken über das Ziel der Versorgungssicherheit bereits Regelungsgegenstand des Energiewirtschaftsgesetzes und Aufgabe der Bundesnetzagentur ist. Damit sind bereits grundsätzlich Handlungsoptionen und Zuständigkeiten im energiewirtschaftlichen System zur Versorgungssicherheit angelegt (Bothe und Riechmann 2008).

Durch die Veränderungen in den Versorgungsstrukturen erhöhen sich die Komplexität des Systems und die Anzahl der Akteure, die Versorgungsleistungen erbringen. Vor diesem Hintergrund müssen die bestehenden Formen des betrieblichen Risikomanagements an den Kraftwerksstandorten ergänzt werden durch eine umfassendere Risiko-*governance*, an der alle Akteure beteiligt werden, die etwas zur Risikominderung und Gefahrenabwehr beitragen können. Hierbei ist es wichtig, eine gemeinsame Wissensbasis zu schaffen, die sowohl die Risikolage beschreibt als auch die Wege zu Lösungen aufzeigt (Lucas 2014).

24.2 Wasserversorgung im klimatischen, demografischen und wirtschaftlichen Wandel

Während für das weltweite Dargebot an Trinkwasser durch den Klimawandel deutliche Einschnitte zu erwarten sind (Schewe et al. 2014), befindet sich Deutschland in einer moderaten Zone, was den Niederschlag und in der Folge die durchschnittliche Bildung von Grundwasser und das Abflussverhalten der Oberflä-

chengewässer angeht. Dennoch sind unterjährige und regionale Auswirkungen zu erwarten, je nachdem, ob das Trinkwasser aus Quell-, Grund- oder Fließgewässern gewonnen wird (MKULNV-NW 2011). Die wasserwirtschaftliche Bilanzierung, also die Gegenüberstellung des zukünftigen Wasserdargebots und der Wassernachfrage, ist für Versorgungsgebiete separat vorzunehmen, um die jeweiligen lokalen Besonderheiten und Auswirkungen berücksichtigen zu können.

Für Deutschland werden vergleichsweise moderate Auswirkungen des Klimawandels auf den Niederschlag und uneinheitliche Änderungen des möglichen Wasserdargebots erwartet (IPCC 2014; ▶ Kap. 7). In Verbindung mit weiteren – beispielsweise sozioökonomischen – Veränderungen können die technischen Infrastrukturen in der Wasserwirtschaft aber unter Anpassungsdruck geraten. Dieser wird dadurch hervorgerufen, dass sich durch den Klimawandel auch das Verbrauchsverhalten und die sozioökonomischen Entwicklungen ändern (Beauftragter der Bundesregierung für die Neuen Bundesländer 2011; MKULNV-NW 2013; BDEW 2010, 2012). Zur Vorgehensweise und Berechnung von Szenarien der Wasserwirtschaft haben z. B. Kersting und Werbeck (2013) gearbeitet. Für das Ruhrgebiet wurden dort sozioökonomische Wandeltrends und klimaabhängige Wirkungen im Hinblick auf den Wasserbedarf ermittelt und für unterschiedliche Szenarien fortgeschrieben. Die Ergebnisse werden weiter unten beschrieben.

24.2.1 Determinanten des Wasserbedarfs

Um Szenarien erstellen zu können, müssen Daten und Informationen über den Wasserbedarf differenziert nach einzelnen Wirkungsbereichen, etwa dem Wasserbedarf in Haushalten oder im Gewerbe, bestimmt werden. Für den Einsatz in Wasserbedarfsprognosen einzelner Versorgungsgebiete sind deshalb Wirkungsmodelle einzusetzen, die einen funktionalen Zusammenhang zwischen den sich ändernden Einflussfaktoren – den Wirkungsfeldern – und den Nachfragemengen in den Wirkungsbereichen abbilden. Für die Wirkungsfelder werden die jeweiligen relevanten Mengenkomponenten (z. B. Bevölkerungszahl, Arbeitsplätze oder Bruttowertschöpfung) und der spezifische Wasserbedarf (Liter je Einwohner und Tag, m^3 je 1000 € Bruttowertschöpfung) auf der jeweiligen regionalen Grundlage ermittelt und für die zukünftige Entwicklung geschätzt (Kluge et al. 2007; Prettenthaler und Dalla-Via 2007; Neunteufel 2010).

24.2.2 Bildung von Szenarien

Mittels Szenarien und regionsspezifischer Wirkungsmodelle werden die Auswirkungen des Klimawandels und der sozioökonomischen Entwicklungen auf den Wasserbedarf errechnet. Die Szenarien repräsentieren zukünftige Entwicklungen oder Kombinationen einzelner Entwicklungen von Einflussfaktoren auf die Wassernachfrage. Die Gegenüberstellung der Szenarienergebnisse liefert Erkenntnisse dahingehend, ob über alle Szenarien ähnliche Entwicklungen zu erwarten sind oder ob diese sich deutlich unterscheiden.

Die Berücksichtigung der Klimawirkungen auf den Wasserbedarf kann dabei auf unterschiedlichen Wegen erfolgen. Der Einfluss des Klimas auf die nachgefragten Jahreswassermengen wird beispielsweise durch eine Bewertung der Variabilität vergangener Jahreswassermengen (Mikat et al. 2010) oder durch die Summe der witterungsbedingt variablen Tagesverbräuche für ein Jahr abgeschätzt (Kluge et al. 2007).

Eine andere Vorgehensweise stellt die Entwicklung der Jahreswassermengen und die Entwicklung der Spitzenlast gegenüber den durchschnittlichen Tagesmengen dar, die aus den Jahresmengen berechnet werden. Die Spitzenlast kann dabei über eine Relation vergangener Abweichungen der Spitzenlast von der Normallast und der zukünftig zu erwartenden klimabedingten Witterungsverhältnisse modelliert werden (Tränckner et al. 2012; Roth et al. 2011). Eine Alternative bietet die tagesgenaue Schätzung des Wasserbedarfs mittels statistischer Modelle. Diese Modelle können unterschiedlichste Einflussfaktoren auf den Tageswasserverbrauch beinhalten, z. B. Temperatur, Niederschlag, Wochenenden oder Jahreszeiten. Die auf diesen Modellen basierenden geschätzten Tageswerte werden dem durchschnittlichen Tagesverbrauch gegenübergestellt. Mit diesem Verfahren kann auch der Einfluss zukünftiger Witterungslagen auf den Wasserverbrauch simuliert werden (Kersting und Werbeck 2013).

Ein Beispiel für die Ergebnisse einer Szenarienbildung für den zukünftigen Wasserbedarf im Ruhrgebiet ist in ◻ Abb. 24.3 dargestellt (Kersting und Werbeck 2013). Eine Kurzfassung und Übersicht über die eingesetzten Szenarien wird in Quirmbach et al. (2013) gegeben. Genutzt wurden in dieser Studie Ergebnisse des Regionalen Klimamodells CLM für das Emissionsszenario SRES A1B, die sich dadurch unterscheiden, dass die Realisierungen (CLM1, CLM2) zu unterschiedlichen Zeitpunkten und mit leicht unterschiedlichen Randbedingungen gestartet wurden. Berechnet wurden die Wasserbedarfsmengen bis zum Jahr 2030 für drei Zukunftsszenarien:

1. für ein Trendszenario, das die wesentlichen Entwicklungen trendmäßig fortschreibt,
2. für ein *best-case*-Szenario, das sich hinsichtlich der Bevölkerungs- und ökonomischen Entwicklung besser als das Trendszenario darstellt und eine zusätzliche Anstrengung im ressourcenschonenden Einsatz von Wasser in Haushalten und Gewerbe unterstellt, und
3. für ein *worst-case*-Szenario, in dem eine deutlichere Bevölkerungsabnahme und eine Verschlechterung der wirtschaftlichen Leistung angenommen wird.

Je nach Szenario wird die Wassernachfrage von 2010 bis 2030 um 14–18 % zurückgehen. Die Bandbreite der klimabedingten Schwankungen des Tagesbedarfs wird dagegen steigen. In der Referenzperiode (datenbedingt der Zeitraum 2002–2010) lagen 95 % aller täglichen Wasserverbrauchsmengen in dieser Region in einer Bandbreite von −8 bis +18 % um die langfristige Entwicklung der Durchschnittswerte. Durch die in Zukunft höheren Temperaturen, die Änderungen der jährlichen Niederschlagsmenge und die geänderte unterjährige Verteilung der Niederschläge wird insbesondere die Abweichung des Spitzenbedarfs vom Durchschnitt im Ruhrgebiet bis 2030 steigen. Während im Trendszenario der durchschnitt-

liche Wasserbedarf um 14 % zurückgeht, sinkt die obere Grenze der Bandbreite nur um 5–8 %, je nach verwendetem Klimamodell (hier die beiden Rechenläufe des dynamischen regionalen Klimamodells CLM). Wie im *best-case*-Szenario in der Modellierung für das Ruhrgebiet gezeigt, ist ein durchschnittlicher Rückgang der Wassernachfrage von ca. 16 % zu erwarten. Die obere Grenze der Bandbreite sinkt bis 2030 dagegen nur um 7–10 %. Innerhalb der dargestellten Bandbreite liegen 95 % aller täglichen Wasserbezüge. Wird eine extrem heiße und trockene Periode betrachtet, ergibt sich im Vergleich zur oberen Bandbreite der Referenzperiode für das Jahr 2030 ein nahezu unveränderter Wasserbedarf. Dieser ist für die beiden CLM-Rechenläufe in ◻ Abb. 24.3 als „Extremwert" abgebildet. Im *worst-case*-Szenario ist durchschnittlich mit einem Rückgang der Wasserbedarfsmenge um 18 % für das Ruhrgebiet zu rechnen. Die obere Bandbreite sinkt um 9–12 %. In extremen Perioden ist hier im Vergleich zur oberen Bandbreite der Referenzperiode lediglich mit einem Rückgang zwischen 2 und 3 % zu rechnen.

Für den deutschen Teil des Elbeeinzugsgebiets wird für unterschiedliche Szenarien (Blazejczak et al. 2012; Hartje et al. 2014; von Ansmann 2014) eine Abnahme des Wasserbedarfs in Haushalt und Kleingewerbe von 2004 bis 2020 um 10–20 % berechnet. Diese Abnahme wird größtenteils durch die demografische, teilweise auch technologische Entwicklung hervorgerufen. Dem Klimawandel, der sich in den Szenarien bis 2020 nur geringfügig bemerkbar macht, werden nur geringe Wirkungen zugerechnet. In den Szenarien wird von einer weiteren Konzentration um Metropolenregionen sowie einem weiteren Bevölkerungsrückgang in ländlichen Räumen ausgegangen. Somit können in einzelnen Regionen deutlich abweichende Trends auftreten. Dabei kann der Wasserbedarf im Allgemeinen mit hoher Sicherheit befriedigt werden; lokal werden Defizite ausgewiesen (Ansmann und Kaltofen 2011; Kaltofen et al. 2014).

Inwieweit diese regionalen Studien sich auf ganz Deutschland übertragen lassen, wäre in einer weiteren Studie zu klären.

Grundsätzlich ist der Haushaltswasserbedarf u. a. durch die Bevölkerungsgröße determiniert. Projektionen der Bevölkerungsentwicklung in Deutschland gehen von einer sinkenden Einwohnerzahl aus. So rechnet BMU (2010) damit, dass die Einwohnerzahl in Deutschland von ca. 83 Mio. auf voraussichtlich 67 Mio. im Jahre 2050 sinkt. Unter Annahme eines stabilen Wassergebrauchs von 123 l pro Einwohner und Tag ergäbe sich ein jährlicher Wasserbedarf von ca. 3,0 Mrd. m^3 im Jahr 2050, was einer Reduktion um ca. 18 % gegenüber 2008 entspräche. Dabei sind allerdings regional starke Unterschiede in der Entwicklung möglich, insbesondere zwischen Ballungsräumen und ländlich geprägten Gebieten. Ein verstärkter Trend zu Single-Haushalten mit spezifisch höherem Wasserverbrauch, wie er in den letzten Jahren beobachtet wurde, wirkt hingegen dem allgemein sinkenden Trend entgegen (s. auch Koch und Grünewald 2011)

24.2.3 Ausblick Wasserversorgung

Der Klimawandel stellt eine Herausforderung dar, der sich die Wasserversorgung stellen muss. Anpassungsmaßnahmen müssen berücksichtigen, dass die Wassernachfrage auch, aber

Abb. 24.3 Szenarienergebnisse für das Ruhrgebiet: Abweichungen des Wasserbedarfs vom Tagesdurchschnitt (p.d.). (Michael Kersting)

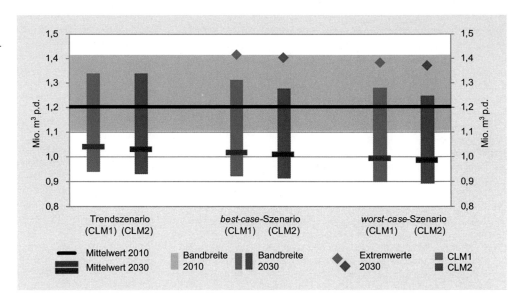

nicht nur durch Klimaänderungen bestimmt wird. Darüber hinaus ist insbesondere der sozioökonomische Wandel zu beachten. In den Wasserbedarfsszenarien für Versorgungsgebiete in Deutschland wird in den meisten Fällen ersichtlich, dass der Bedarf deutlich abnehmen wird, und zwar sowohl durch den wirtschaftlich-technologischen als auch den demografischen Wandel, hin zu weniger und älteren Einwohnern. Dieser Rückgang wird zudem durch Effekte des Klimawandels beeinflusst, z. B. durch höhere Durchschnittstemperaturen und ein geändertes Niederschlagsregime. Allerdings wird sich die Variabilität der täglich nachgefragten Wassermengen deutlich erhöhen. Insbesondere in den Sommermonaten wird die Spitzenlast im Trinkwasserbezug deutlicher über dem Jahresdurchschnitt liegen als in der Vergangenheit.

Diese Veränderungen führen zunächst durch die längere Verweildauer des Trinkwassers in den Leitungen zu technischen Herausforderungen. Zusätzlich wirkt sich diese Entwicklung durch den hohen Anteil an fixen Kosten bei der Wasserversorgung auf die Finanzierung aus. Werden die Kosten in starkem Maße durch mengenabhängige Entgelte refinanziert, ist wegen der hohen Fixkostenanteile durch den Einsatz langlebiger Infrastrukturen eine eindeutige Entwicklung zu skizzieren: Die durchschnittlichen Verbrauchsmengen sinken; die konstanten Fixkosten werden diesen zugeordnet, sodass die Entgelte pro Kubikmeter steigen, was zu einem verstärkten Anreiz führt, Wasser einzusparen. Dieses Gebühren- und Tarifsystem gilt es zu reformieren, wenn die Wasserver- und die Abwasserentsorgung in Zeiten des demografischen, wirtschaftlichen und Klimawandels finanzierbar bleiben sollen. Eine Kapazitätsreduzierung ist aufgrund der Langlebigkeit häufig nur im Zuge sukzessiver Erneuerungsmaßnahmen möglich bzw. kann aufgrund der nur wenig sinkenden Spitzenlasten nicht oder nur in begrenztem Umfang erfolgen.

Auf einen umfangreichen Rückbau von Wasserversorgungssystemen, die häufig Oberflächen- und Grundwasser sowie Uferfiltrat nutzen, in Erwartung der demografischen Entwicklung sollte auch im Sinne des Vorsorgeprinzips verzichtet werden. In Zukunft ist mit höheren Spitzenverbräuchen durch den Klima-

wandel zu rechnen, für den ebenfalls eine Versorgungssicherheit gewährleistet werden muss. Dezentrale Systeme können aufgrund ihrer Größe und Flexibilität zwar besser an Änderungen angepasst werden, doch müssen sie durch Redundanzen gegen Ausfall einzelner Quellen gesichert werden (s. auch Koch und Grünewald 2011).

24.3 Kurz gesagt

Bei den Effekten ist die mit den Klimaszenarien verbundene Unsicherheit – insbesondere für Klimaextreme – zu beachten. Berechnungen von Hochwasserschäden an Wasserkraftanlagen und thermischen Kraftwerken oder von Sturmschäden an Windkraftanlagen sind daher mit einer hohen Unsicherheit verbunden. Dies gilt nicht zuletzt, da Extreme definitionsgemäß seltene Ereignisse darstellen und schwer vorhersagbar sind.

Hinsichtlich der Wasserkrafterzeugung aufgeführte Ergebnisse können bei Nutzung anderer Ausgangsdaten für die hydrologischen Modelle (▶ Kap. 16) in eine andere Richtung tendieren, da für unterschiedliche Regionen Deutschland je nach genutztem Klimamodell eine Zu- oder Abnahme der Niederschläge projiziert wird. Langfristige Trends (z. B. Einschränkungen der Produktion thermischer Kraftwerke aufgrund hoher Wassertemperaturen) können hingegen als gut gesichert angesehen werden.

Der Klimawandel stellt die Versorgungssysteme vor neue Herausforderungen. Diese sind nicht isoliert zu betrachten, sondern werden durch den demografischen, wirtschaftlichen und siedlungsstrukturellen Wandel überlagert, verstärkt oder abgemildert. Alle Einflussfaktoren sind simultan zu betrachten, wenn die Versorgung in Zukunft sicher und effizient sein soll.

Gesondert zu untersuchen sind langfristige Trends, die sich aus den kombinierten Wandelprozessen ergeben, und kurzfristige Abweichungen vom Trend, die von Klimaextremen bestimmt werden. Da die Wandelprozesse in Regionen unterschiedlich ausfallen, sind spezifisch angepasste Szenarien anzuwenden, um mögliche zukünftige regionale Entwicklungen abzubilden.

Literatur

Ansmann T (2014) Szenarien zur Wassernachfrage der öffentlichen Wasserversorgung. In: Wechsung F, Hartje V, Kaden S, Venohr M, Hansjürgens B, Gräfe P (Hrsg) Die Elbe im globalen Wandel. Eine integrative Betrachtung. Konzepte für die nachhaltige Entwicklung einer Flusslandschaft, Bd. 9. Weißensee Verlag, Berlin, S 319–334

Ansmann T, Kaltofen M (2011) Modellierung der Haushaltswassernachfrage und -versorgung. In: Wechsung F, Koch H, Gräfe P (Hrsg) Elbe-Atlas des globalen Wandels. Weißensee Verlag, Berlin, S 74–75

Barstad I, Sorteberg A, dos-Santos Mesquita M (2012) Present and future offshore wind power potential in northern Europe based on downscaled global climate runs with adjusted SST and sea ice cover. Renew Energy 44:398–405

BDEW (2010) Auswirkungen des Klimawandels und des demografischen Wandels auf die Wasserwirtschaft (Wasser/Abwasser-Info). Bundesverband der Energie- und Wasserwirtschaft e.V., Berlin

BDEW (2012) Wasserfakten im Überblick. http://www.bdew.de/internet.nsf/id/C125783000558C9FC125766C0003CBAF/$file/Wasserfakten%20im%20%20%C3%9Cberblick%20-%20freier%20Bereich%20April%202012_1.pdf (Erstellt: April 2012)

Beauftragter der Bundesregierung für die Neuen Bundesländer (2011) Daseinsvorsorge im demografischen Wandel zukunftsfähig gestalten. Beauftragter der Bundesregierung für die Neuen Bundesländer, Berlin

Birkmann J, Bach C, Guhl S, Witting M, Welle T, Schmude M (2010) State of the Art der Forschung zur Verwundbarkeit kritischer Infrastrukturen am Beispiel Strom, Stromausfall. Forschungsforum Öffentliche Sicherheit, Schriftenreihe Sicherheit Nr. 2, Berlin

Blazejczak J, Gornig M, Hartje V (2012) Downscaling nonclimatic drivers for surface water vulnerabilities in the Elbe river basin. Reg Environ Chang 12:69–68

BMU (2010) Umweltpolitik – Wasserwirtschaft in Deutschland. Teil 1 – Grundlagen. Bundesministerium für Umwelt, Naturschutz und Reaktorsicherheit, Berlin

BMWi (2015) Zeitreihen zur Entwicklung der erneuerbaren Energien in Deutschland unter Verwendung von Daten der Arbeitsgruppe Erneuerbare Energien-Statistik (AGEE-Stat). Bundesministerium für Wirtschaft und Energie (BMWi), Berlin (Stand: Februar 2015)

Bothe D, Riechmann C (2008) Hohe Versorgungszuverlässigkeit bei Strom wertvoller Standortfaktor für Deutschland. Energiewirtschaftliche Tagesfragen 58(10):31–36 (Sonderdruck)

Bundesministerium für Umwelt, Naturschutz und Reaktorsicherheit (2003) Gutachten zur Berücksichtigung großer Laufwasserkraftwerke im EEG. Endbericht. http://www.ulrich-kelber.de/medien/doks/20030600_gutachten_wasserkraft.pdf

Deutsche Bundesregierung (2008) Deutsche Anpassungsstrategie an den Klimawandel. Die Bundesregierung, Berlin (http://www.bmu.de/files/pdfs/allgemein/application/pdf/das_gesamt_bf.pdf)

Dunkelberg E, Hirschl B, Hoffman E et al (2011) Ergebnis des Stakeholderdialogs zu Chancen und Risiken des Klimawandels – Energiewirtschaft. In: Hoffmann E, Gebauer J (Hrsg) Stakeholder Dialoge. Chancen und Risiken des Klimawandels. Reihe Climate Change, Bd. 03/2011. Umweltbundesamt, Dessau-Roßlau, S 67–75

Förster H, Lilliestam J (2010) Modeling thermoelectric power generation in view of climate change. Reg Environ Chang 10:327–338

Gausemeier J, Fink A, Schlake O (1996) Szenario-Management. Planen und Führen mit Szenarien. Hanser Fachbuchverlag, München

Gößling-Reisemann S, Stührmann S, Wachsmuth J, von Gleich A (2013) Vulnerabilität und Resilienz von Energiesystemen. In: Ekardt F, Hennig B (Hrsg) Die deutsche „Energiewende" nach Fukushima. metropolis-verlag, Marburg, S 367–395

Grossmann M, Koch H (2011) Wasserkraftanlagen. In: Wechsung F, Koch H, Gräfe P (Hrsg) Elbe-Atlas des globalen Wandels. Weißensee Verlag, Berlin, S 70–71

Hartje V, Ansmann T, Blazejczak J, Gömann H, Gornig M, Grossmann M, Hillenbrand T, Hoymann J, Kreins P, Markewitz P, Mutafoglu K, Richmann A, Sartorius C, Schulz E, Vögele S, Wal R (2014) Regionalisierung globaler sozioökonomischer Wandelprozesse für die Wasserwirtschaft – Die Elbe als mittleres Einzugsgebiet. In: Wechsung T, Hartje F, Kaden V, Venohr S, Hansjürgens M,

Gräfe BP (Hrsg) Die Elbe im globalen Wandel. Eine integrative Betrachtung. Konzepte für die nachhaltige Entwicklung einer Flusslandschaft 9. Weißensee Verlag, Berlin, S 35–66

Hoffmann B, Häfele S, Karl U (2012) Analysis of performance losses of thermal power plants in Germany – a system dynamics model approach using data from regional climate modelling. Energy 49:193–120

IPCC – Intergovernmental Panel on Climate Change (2014) Climate change 2013. The physical science basis. Working Group I Contribution to the IPCC Fifth Assessment Report. WGI, AR5, Cambridge

Kaltofen M, Hentschel M, Kaden S, Dietrich O, Koch H (2014) Wasserverfügbarkeit im deutschen Elbegebiet. In: Wechsung F, Hartje V, Kaden S, Venohr M, Hansjürgens B, Gräfe P (Hrsg) Die Elbe im globalen Wandel. Eine integrative Betrachtung. Konzepte für die nachhaltige Entwicklung einer Flusslandschaft, Bd. 9. Weißensee Verlag, Berlin, S 377–340

Kersting M, Werbeck N (2013) Trinkwasser und Abwasser in Zeiten des Wandels. Eine Szenarienbetrachtung für die dynaklim-Region. dynaklim-Publikation, Bd. 39. dynaklim, Essen

KlimAdapt (2010) Ableitung von prioritären Maßnahmen zur Adaption des Energiesystems an den Klimawandel. Endbericht, Studie im Auftrag der Österreichische Forschungsförderungsgesellschaft mbH (FFG). Technische Universität Wien, Wien

Kluge T, Deffner J, Götz K, Liehr S, Michel B, Michel F, Rüthrich W (2007) Wasserbedarfsprognose 2030 für das Versorgungsgebiet der Hamburger Wasserwerke GmbH (HWW). Ergebnisbericht. Institut für sozial-ökologische Forschung, Frankfurt am Main

Koch H, Grünewald U (2011) Anpassungsoptionen der Wasserbewirtschaftung an den globalen Wandel in Deutschland. acatech Materialien, Bd. 5. acatech – Deutsche Akademie der Technikwissenschaften, München

Koch H, Vögele S (2013) Hydro-climatic conditions and thermoelectric electricity generation – Part I: development of models. Energy 63:42–51

Koch H, Büchner M (2015) Is climate change a threat to the growing importance of wind power resources in the energy sector in Germany? In: Energy Sources, Part B: Economics, Planning, and Policy

Koch H, Vögele S, Kaltofen M, Grünewald U (2012) Trends in water demand and water availability for power plants – scenario analyses for the German capital Berlin. Clim Chang 110:879–899

Koch H, Vögele S, Hattermann F, Huang S (2014) Hydro-climatic conditions and thermoelectric electricity generation – Part II: model application to 17 nuclear power plants in Germany. Energy 69:700–707

Koch H, Vögele S, Hattermann F, Huang S (2015) The impact of climate change and variability on the generation of electrical power. Meteorol Z 24:173–188

Linnerud K, Mideksa T, Eskeland G (2011) The impact of climate change on nuclear power supply. Energy J 32:149–168

Lucas R (2014) Vom Wissensmanagement zum Wertemanagement. Anpassungslernen und regionaler Wandel. In: Beese K, Fekkak M, Katz C, Körner C, Molitor H (Hrsg) Anpassung an regionale Klimafolgen kommunizieren. Konzepte, Herausforderungen und Perspektiven. Oekom-Verlag, München, S 275–391

Mikat H, Wagner H, Roth U (2010) Wasserbedarfsprognose für Südhessen 2100 – Langfristige Prognose im Rahmen eines Klimafolgen-Projektes. gwf-Wasser Abwasser 151(12):1178–1186

MKULNV-NW (2011) Klimawandel und Wasserwirtschaft. Maßnahmen und Handlungskonzepte in der Wasserwirtschaft zur Anpassung an den Klimawandel. Ministerium für Klimaschutz, Umwelt, Landwirtschaft, Natur- und Verbraucherschutz des Landes Nordrhein-Westfalen, Düsseldorf

MKULNV-NW (2013) Umweltbericht Nordrhein-Westfalen 2013. Ministerium für Klimaschutz, Umwelt, Landwirtschaft, Natur- und Verbraucherschutz des Landes Nordrhein-Westfalen, Düsseldorf

Neunteufel R (2010) Wasserverbrauch und Wasserbedarf. Teil 1: Literaturstudie zum Wasserverbrauch – Einflussfaktoren, Entwicklung und Prognosen. Lebensministerium, Wien

Prasch M, Mauser W (2010) Globaler Wandel des Wasserkreislaufs am Beispiel der Oberen Donau. In: Klimaveränderung und Konsequenzen für die Wasserwirtschaft. KLIWA-Berichte, Bd. 15., S 293–302

Prettenthaler F, Dalla-Via A (2007) Wasser & Wirtschaft im Klimawandel. Konkrete Ergebnisse am Beispiel der sensiblen Region Oststeiermark. Verlag der österreichischen Akademie der Wissenschaften, Wien

Prognos/WI (2011) Evaluierung möglicher Anpassungsmaßnahmen in den Sektoren Energie, Industrie, Mittelstand und Tourismus vor dem Hintergrund der Erarbeitung eines „Aktionsplans Anpassung" der Bundesregierung. Endbericht. Im Auftrag des Bundesministeriums für Wirtschaft und Technologie. Prognos AG, Wuppertal Institut, Düsseldorf, Berlin, Wuppertal (http://www.prognos.com/fileadmin/pdf/publikationsdatenbank/110131_Prognos_Endbericht_-_BMWi_Anpassung_Klimawandel_final.pdf)

Pryor SC, Barthelmie RJ, Kjellström E (2005a) Potential climate change impact on wind energy resources in northern Europe: analyses using a regional climate model. Clim Dyn 25:815–835

Pryor SC, Schoof JT, Barthelmie RJ (2005b) Climate change impacts on wind speeds and wind energy density in northern Europe: empirical downscaling of multiple AOGCMs. Clim Res 29:183–198

Quirmbach M, Freistühler E, Kersting M, Wienert B (2013) Regionale Szenarien zum Klima- und sozioökonomischen Wandel der Emscher-Lippe-Region (Ruhrgebiet). dynaklim-Kompakt, Bd. 15. dynaklim, Essen

Roth U, Mikat H, Wagner H (2011) Prognose zur Entwicklung des Spitzenwasserbedarfs unter dem Einfluss des Klimawandels. Eine Abschätzung am Beispiel der hessischen Landeshauptstadt Wiesbaden. gwf-Wasser Abwasser 152(2):94–100

Rübbelke D, Vögele S (2011) Impacts of climate change on European critical infrastructures: the case of the power sector. Environ Sci Policy 14:53–63

Schaefli B, Hingray B, Musy A (2007) Climate change and hydropower production in the Swiss Alps: quantification of potential impacts and related modelling uncertainties. Hydrol Earth Syst Sci 11:1191–1205

Schewe J, Heinke J, Gerten D, Haddeland I, Arnell NW, Clark DB, Dankers R, Eisner S, Fekete BM, Colon-Gonzalez FJ, Gosling SN, Kim H, Liu X, Masaki Y, Portmann FT, Satoh Y, Stacke T, Tang Q, Wada Y, Wisser D, Albrecht T, Frieler K, Piontek F, Warszawski L, Kabat P (2014) Multimodel assessment of water scarcity under climate change. Proceedings of the National Academy of Sciences 111:3245–3250

Tränckner J, Koegst T, Nowack M (2012) Auswirkungen des demografischen Wandels auf die Siedlungsentwässerung (DEMOWAS). http://www.tu-dresden.de/die_tu_dresden/fakultaeten/fakultaet_forst_geo_und_hydrowissenschaften/fachrichtung_wasserwesen/isiw/sww/siedlungsentwaesserung/forschungse/2010_DemoWaS/DemoWaS_FinalReport.pdf

Vögele S, Markewitz P (2014) Szenarien zur Wassernachfrage großer thermischer Kraftwerke. In: Wechsung F, Hartje V, Kaden S, Venohr M, Hansjürgens B, Gräfe P (Hrsg) Die Elbe im globalen Wandel. Eine integrative Betrachtung. Konzepte für die nachhaltige Entwicklung einer Flusslandschaft, Bd. 9. Weißensee Verlag, Berlin, S 261–290

Wachsmuth J, Gößling-Reisemann S (2013) Sektorale Roadmap Energie – Handlungspfade und Handlungsempfehlungen auf dem Weg zu einem klimaangepassten und resilienten Energiesystem im Nordwesten, Projektbericht Nordwest 2050. Universität Bremen, Bremen

Wachsmuth J, Blohm A, Gößling-Reisemann S, Eickemeier T, Ruth M, Gasper R, Stührmann S (2013) How will renewable power generation be affected by climate change? The case of a metropolitan region in Northwest Germany. Energy 58:192–201

Weisz H, Koch H, Lasch P, Walkenhorst O, Peters V, Vögele S, Hattermann FF, Huang S, Aich V, Büchner M, Gutsch M, Pichler PP, Suckow F (2013) Methode einer integrierten und erweiterten Vulnerabilitätsbewertung: Konzeptuell-methodische Grundlagen und exemplarische Umsetzung für Wasserhaushalt, Stromerzeugung und energetische Nutzung von Holz unter Klimawandel. Clim Chang 13(13):205 (Im Auftrag des Umweltbundesamtes, Dessau-Roßlau)

Kosten des Klimawandels und Auswirkungen auf die Wirtschaft

Gernot Klepper, Wilfried Rickels, Oliver Schenker, Reimund Schwarze,
Hubertus Bardt, Hendrik Biebeler, Mahammad Mahammadzadeh, Sven Schulze

© Der/die Herausgeber bzw. der/die Autor(en) 2017
G. Brasseur, D. Jacob, S. Schuck-Zöller (Hrsg.), *Klimawandel in Deutschland*, DOI 10.1007/978-3-662-50397-3_25

Die Bestimmung der Kosten und die Bewertung der wirtschaftlichen Auswirkungen des Klimawandels und möglicher Anpassungsmaßnahmen sind komplex. Klimawandelbedingte Kosten entstehen in einer Kaskade von Wirkungsmechanismen und -kreisläufen, die jeweils mit zahlreichen Unsicherheiten verbunden sind. Die Menge der emittierten Treibhausgasemissionen bestimmt, wie sich die Atmosphäre und damit das Klima auf der Erde verändert. Die Reaktion des Klimasystems mit seinen zahlreichen Rückkopplungseffekten bestimmt die regional stark variierenden Klimaveränderungen. Diese Veränderungen gehen einher mit Veränderungen der verschiedenen Erdsysteme wie z. B. der Wachstumsbedingungen für Pflanzen oder der Wasserkreisläufe, die ihrerseits wieder auf die Zusammensetzung der Atmosphäre sowie auf die (regionale) Klimareaktion rückwirken. Die Veränderung des regionalen Klimas inklusive veränderter interner Variabilität von Extremereignissen hat Wirtschafts- und Wohlfahrtseffekte, die sowohl positiv als auch negativ ausfallen können. Die Reaktion auf diese Effekte durch Emissionskontrolle und Anpassung hat wiederum einen direkten Einfluss auf den Wirkungskreislauf, weil durch sie die Menge der Treibhausgasemissionen bestimmt wird.

Globale und regionale Klimaprojektionen für Deutschland wurden in Teil 1 diskutiert, und die vorangegangenen Kapitel in diesem Teil stellen regionale Besonderheiten sowie sektorale Auswirkungen des Klimawandels detailliert dar. In diesem Kapitel werden Möglichkeiten und Grenzen der gesamtwirtschaftlichen Bewertung beschrieben; potenzielle Probleme, Herausforderungen und Implikationen werden exemplarisch für den Bereich Gesundheit sowie Küstenschutz diskutiert. Darüber hinaus bietet das Kapitel einen Überblick über die Einschätzung von Unternehmen zu den Auswirkungen des Klimawandels.

25.1 Herausforderungen für die Quantifizierung der Kosten des Klimawandels

Klimawandel in seinen vielen regionalen Facetten verändert das komplexe Geflecht von Produktionsmöglichkeiten und Lebensqualität. Die Anpassung der Menschen an diese Veränderungen wird durch die regionalen Anpassungsoptionen bestimmt. Dies schließt individuelle Anpassung von Konsumenten und Unternehmen ein, aber es betrifft auch staatliche Maßnahmen, die eine Anpassung an die Auswirkungen des Klimawandels unterstützen. Diese Anpassungsprozesse werden auch durch Rückkopplungsprozesse von Klimawandel in anderen Weltregionen beeinflusst. So können internationale Handelsströme und globale Wertschöpfungsketten verändert werden. Eine weitere Anpassungsreaktion, die auf eine Region wie Deutschland einwirken kann, ist die Migration aus Regionen, deren Lebensgrundlagen durch Klimawandel besonders beeinträchtigt werden, in Regionen, in denen der Klimawandel nicht so starke negative Auswirkungen hat oder sogar die wirtschaftlichen Möglichkeiten verbessert. Aus diesen globalen Wechselwirkungen ergeben sich neben den direkten Auswirkungen zusätzliche indirekte Auswirkungen des Klimawandels. Eine Abschätzung der Kosten des Klimawandels

für Deutschland erfordert daher die Abschätzung dieser direkten und indirekten Effekte. Die Abschätzung der (wirtschaftlichen) Rückkopplungseffekte und damit der indirekten Kosten ist mit großen Unsicherheiten und Ungewissheiten verbunden, weshalb die Betrachtungen in den vorangegangenen Kapiteln in Teil III insbesondere auf die direkten Auswirkungen des Klimawandels in Deutschland fokussieren.

Eine Abschätzung von Kosten des Klimawandels ist mit einer Reihe weiterer Herausforderungen konfrontiert, die eine Quantifizierung erschweren und unter den folgenden Stichworten zusammengefasst werden können:

- Wirtschaftliche Kosten und soziale Kosten.
- Kosten auf unterschiedlichen Zeitskalen.
- Systemische Wirkungen des Klimawandels.
- Unsicherheiten in Bezug auf Extremereignisse.
- Projektionen von Anpassungsreaktionen.

25.1.1 Wirtschaftliche Kosten und soziale Kosten

Der Klimawandel wird Wirtschaftsprozesse direkt beeinflussen. Diese Veränderungen können im Prinzip mithilfe von Modellsimulationen wirtschaftlicher Prozesse quantifiziert werden. Gleichzeitig treten Veränderungen auf, die nicht direkt die Wirtschaftsaktivitäten beeinflussen, sondern das Wohlbefinden der Menschen. Diese (zusätzlichen) Wohlfahrtseinbußen lassen sich nur schwer quantifizieren und müssen indirekt bewertet werden, indem beispielsweise die subjektiv empfundenen Kosten erfragt werden. Dies betrifft z. B. die unten beschriebenen Effekte von Hitzewellen (Definition ▶ Kap. 6), bei denen nur die direkten wirtschaftlichen Auswirkungen, nicht aber die Verluste an Lebensqualität erfasst wurden. Noch extremer wird die Herausforderung, wenn der Klimawandel zu Todesfällen führt, die als Teil der Kosten identifiziert werden sollen. Daraus ergeben sich nicht zuletzt ethische Kontroversen.

25.1.2 Kosten auf unterschiedlichen Zeitskalen

Die Kosten des Klimawandels werden in dem Maße steigen, in dem sich das Klima zunehmend stärker verändert. Konkret bedeutet dies, dass bis zur Mitte dieses Jahrhunderts die Auswirkungen weitaus geringer ausfallen werden als gegen Ende des Jahrhunderts (▶ Kap. 4). Das hat zur Konsequenz, dass die Kosten des Klimawandels in der zweiten Hälfte dieses Jahrhunderts vor dem Hintergrund der dann vorherrschenden wirtschaftlichen Situation, sowohl in Deutschland als auch weltweit, bestimmt werden müssten. Allerdings gibt es praktisch keine Vorstellung darüber, wie die deutsche Wirtschaft und die Weltwirtschaft sich in den nächsten 50 Jahren entwickeln werden. Ein wichtiger Faktor für die Bestimmung der Kosten des Klimawandels ist natürlich das Ausmaß der Emissionen bzw. des Klimaschutzes, der ja den Klimawandel bestimmt.

25.1.3 Systemische Wirkungen des Klimawandels

Der Klimawandel hat vielfältige Ausprägungen und betrifft alle Lebensbereiche, direkt oder zumindest indirekt alle Wirtschaftsaktivitäten und verursacht gesellschaftliche Anpassungsprozesse. Die Summe dieser Effekte und ihrer miteinander reagierenden Rückkopplungseffekte kann heute nicht in angemessener Weise in Simulationsmodellen für die nächsten Jahrzehnte oder gar bis zum Ende dieses Jahrhunderts abgebildet werden. Der Klimawandel selbst wird darüber hinaus gesellschaftliche Reaktionen in Bezug auf Vermeidungsmaßnahmen von Treibhausgasemissionen hervorrufen, die wiederum die Kosten des Klimawandels verändern.

Erste Schritte in der Quantifizierung der wirtschaftlichen Folgen des Klimawandels bestehen deshalb darin, sich in der Forschung auf bestimmte Phänomene des Klimawandels zu konzentrieren, etwa auf Hitzewellen und bestimmte Wirtschaftssektoren, oder Regionen auf ihre Anfälligkeit demgegenüber zu untersuchen, etwa Landwirtschaft (▶ Kap. 18), Küstenzonen oder Tourismus (▶ Kap. 23). Die verschiedenen sektoral geschätzten Kosten können aber nicht unbedingt addiert werden, um zu den gesamtwirtschaftlichen Kosten zu kommen, denn dadurch würden positive wie auch negative Rückkopplungseffekte ignoriert.

25.1.4 Unsicherheiten in Bezug auf Extremereignisse

Für Deutschland wird vermutlich die Zunahme der Häufigkeit von Extremereignissen eine wichtige Rolle spielen. Die Extremereignisse sind von der Seite der naturwissenschaftlichen Modellierung her schon schwer zu quantifizieren. Noch schwieriger ist dies bei den wirtschaftlichen Folgen. Das Wissen um die Zunahme wird höchstwahrscheinlich zu Vorsorgemaßnahmen führen, die die Kosten der Extremereignisse verringern sollen. Darüber hinaus wird der Umfang dieser Vorsorgemaßnahmen entscheidend durch gesellschaftliche und rechtliche Prozesse determiniert. Nicht zuletzt beinhalten die Entscheidungen über die Vorsorge gegenüber Extremereignissen auch eine moralische Bewertung der Akzeptanz von Risiken.

25.1.5 Projektionen von Anpassungsreaktionen

Während der Klimawandel aufgrund der langen Verweildauer vieler Treibhausgase in der Atmosphäre frühzeitiges Handeln zur Emissionsvermeidung verlangt, gibt es Anpassungsmaßnahmen, die – anders als bei den Klimaschutzanstrengungen – zeitnah die Schäden größerer Klimawandelfolgen reduzieren können. Das hat zur Folge, dass Projektionen derartiger Maßnahmen sich auf die zweite Hälfte dieses Jahrhunderts konzentrieren, wenn die Anpassungsmaßnahmen besonders wichtig werden. Die wirtschaftlichen und gesellschaftlichen Rahmenbedingungen für Anpassung für diesen entfernten Zeitraum sind allerdings heute kaum verlässlich in Projektionen abbildbar. Daneben gibt es eine Reihe von Vorsorgeinvestitionen, die schon frühzeitig in Angriff genommen werden sollten. Dies trifft für Infrastrukturen zu, die eine lange Lebensdauer besitzen.

25.2 Kosten des Klimawandels: Modellierungsansätze

Die wirtschaftliche Bewertung des Klimawandels erfordert eine integrierte Betrachtung von natürlichen Veränderungen des Erdsystems und damit einhergehenden wirtschaftlichen Wirkungszusammenhängen. Angesichts der komplexen Wirkungszusammenhänge konzentrieren sich diese integrierten Bewertungsmodelle *(Integrated Assessment Models,* IAMs) auf bestimmte Aspekte von Wirkungskaskaden und Rückkopplungseffekten. Vereinfacht kann man zwischen IAMs mit exogenen und endogenen Emissionspfaden unterscheiden:

- Bei IAMs mit exogenen Emissionspfaden werden unterschiedliche Emissions- und damit Klimawandelszenarien detailliert bewertet (Szenarienanalyse).
- Bei IAMs mit endogenen Emissionspfaden werden die „optimalen" Emissionen als Reaktion auf den Klimawandel durch die Emissionskontrolle bestimmt (Optimierungsmodelle).

Szenarienanalysen basieren auf vorgegebenen naturwissenschaftlichen Klimaszenarien und bewerten daher exogene Emissionspfade. Die derzeit untersuchten Emissionspfade sind aus den RCP-Szenarien abgeleitet, die im Zuge des Fünften Sachstandsberichts des Weltklimarats (IPCC) die vorangegangene Generation von SRES-Emissionsszenarien abgelöst haben (van Vuuren et al. 2011; O'Neill et al. 2013). Bei den Szenarienanalysen werden unterschiedliche regionale und sektorale Fokussierungen vorgenommen sowie deren Interaktionen berücksichtigt. Rein sektorale Studien versuchen, die direkten Kosten des Klimawandels für bestimmte Wirtschaftssektoren oder Handlungsfelder zu bestimmen, ignorieren dabei aber gesamtwirtschaftliche Rückkopplungseffekte. Regional fokussierte Analysen integrieren häufig gesamtwirtschaftliche Rückkopplungseffekte, berücksichtigen aber nicht die indirekten Effekte des Klimawandels im Rest der Welt.

Rückkopplungseffekte zwischen den Kosten des Klimawandels einschließlich der Anpassungsmaßnahmen und den Kosten des Klimaschutzes sind Grundlage für „optimale" Emissionspfade, deren Berechnung in Optimierungsmodellen allerdings stark vereinfachte Wirkungsketten und Auswirkungsbeschreibungen voraussetzt. Diese werden ihrerseits in stilisierter Form aus Ergebnissen von wirtschaftlichen Szenarienanalysen abgeleitet. Eine Bewertung der wirtschaftlichen Auswirkungen des Klimawandels sowie die Bestimmung des wirtschaftlich effizienten Klimaschutzes setzen daher die Verwendung und Entwicklung beider Modellgruppen voraus. Allerdings hat die Forschung sich sehr viel stärker auf die globalen IAMs konzentriert als auf die sektoralen und regionalen Analysen, auf denen diese IAMs aufbauen.

Die Optimierungsmodelle benutzen in der Regel hoch aggregierte Schadensfunktionen, die im Extremfall den volkswirtschaftlichen Schaden des Klimawandels als funktionalen

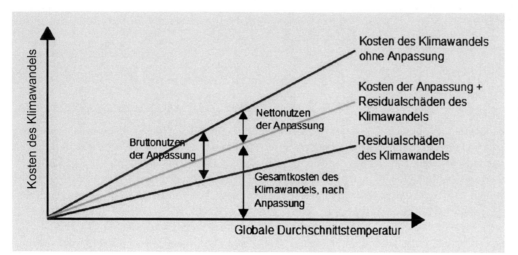

Abb. 25.1 Regionale Kosten des Klimawandels mit und ohne Anpassung (angelehnt an Stern 2007). Aus Gründen der Vereinfachung ist die Abhängigkeit der Kosten des Klimawandels von der globalen Durchschnittstemperatur linear dargestellt; in der Realität ist aber von einem deutlich nichtlinearen, konvexen Verlauf auszugehen

Zusammenhang von Temperaturänderung und Sozialprodukt definieren, meist in einer nichtlinearen Beziehung (Pindyck 2013; Fisher-Vanden et al. 2013). Das bekannteste Modell dieser Art ist das DICE-Modell von Nordhaus (Nordhaus 1991, 2010, 2014; Nordhaus und Yang 1996), das in vielen Varianten weiterentwickelt worden ist. Durch ihren Fokus auf die lange zeitliche Dimension sind diese Modelle in ihrer ökonomischen Struktur meist relativ einfach gehalten.

Das hohe Aggregationsniveau der Optimierungsmodelle begrenzt die Möglichkeit einer detaillierten Darstellung regionaler Anpassungsmöglichkeiten und hat dadurch möglicherweise einen beträchtlichen Einfluss auf die Abschätzung der Kosten des Klimawandels. In den meisten Studien ist Anpassung als Reaktion auf Klimafolgen nur implizit innerhalb der Schadensfunktion enthalten. Meist wird hierzu angenommen, dass sich die betroffenen Akteure autonom aus Eigeninteresse kosteneffizient an Klimafolgen anpassen würden. Auf dieser Annahme basiert auch die kleine Anzahl an Modellen, die Anpassung als Kontrollvariable explizit modellendogen beinhaltet. AD-DICE, ein Derivat des DICE-Modells, modelliert Anpassung als sogenannte Stromgröße (de Bruin et al. 2009). Das heißt, Kosten und Nutzen von Anpassungsmaßnahmen fallen gleichzeitig an. Bosello et al. (2010) wählen in ihren Arbeiten mit dem AD-WITCH-Modell einen anderen Ansatz und modellieren Anpassung als Bestandsgröße, in die investiert werden muss, damit es sich später auszahlt. Beide Ansätze sind plausibel für bestimmte Anpassungsmaßnahmen, können aber nicht die gesamte Komplexität von Anpassung abbilden.

Globale Optimierungsmodelle haben meistens eine zu grobe räumliche Abbildung, um explizit Ergebnisse für Deutschland ablesen zu können; wohl aber lassen sich Ergebnisse für Nord- oder Westeuropa ablesen. Wie aber bereits erwähnt, bieten diese Optimierungsmodelle in Bezug auf die sektoralen Auswirkungen kein sehr detailliertes Bild. Für relativ kleine Wirtschaftsräume wie Deutschland, bei dem die Rückkopplung der Emissionsvermeidung auf den globalen Klimawandel vernachlässigbar ist, bieten sich Szenarienanalysen an, die eine detaillierte Abbildung der wirtschaftlichen Auswirkungen untersuchen können.

Wirtschaftliche Szenarienanalysen ermöglichen außerdem eine genauere Untersuchung, inwieweit Anpassungsmaßnahmen

die Auswirkungen den Klimawandels abschwächen können. Für die Betrachtung der Anpassungsmaßnahmen ist es hilfreich, zwischen verschiedenen Kostenkategorien zu unterscheiden:

- Kosten des Klimawandels ohne Anpassungsmaßnahmen,
- Kosten der Maßnahmen zur Anpassung an den Klimawandel und
- Kosten des Klimawandels nach der Umsetzung von Anpassungsmaßnahmen (Residualschäden).

■ Abb. 25.1 stellt vereinfacht dar, wie anhand dieser Unterscheidung verschiedene Dimensionen der Kosten identifiziert werden können. Natürlich sind die zu betrachtenden Kostengrößen nicht, wie in der Abbildung vereinfacht dargestellt, linear und durch die globale Durchschnittstemperatur bestimmt, sondern durch unterschiedliche regionale und sektorale Klimaparameter wie Hitze- oder Niederschlagsextreme, die die Schäden sprunghaft nach oben treiben können.

25.3 Wirtschaftliche Auswirkungen des Klimawandels in Deutschland

Der Weltklimarat nimmt in seinem Fünften Sachstandsbericht (IPCC 2014) eine umfangreiche und detaillierte Klassifizierung der regionalen Risiken und Auswirkungen vor, inklusive der Bewertung, wie und in welchem Ausmaß diese Auswirkungen durch Vermeidung und Anpassung abgeschwächt werden können. Ersteres wird durch die oben angesprochenen RCP-Emissionsszenarien abgebildet; die Anpassungsmöglichkeiten werden durch eine Abschätzung der prozentualen Reduktion der Auswirkungen (für jedes Szenario) durch Anpassung dargestellt. Der IPCC vermeidet allerdings eine monetäre Bewertung seiner Einschätzung und präsentiert insofern nur eine qualitative Einschätzung der Auswirkungen, indem er für jede Region die wesentlichen Risiken darstellt. ■ Abb. 25.2 zeigt die IPCC Einschätzung der wesentlichen Risiken für Europa.

■ Abb. 25.2 zeigt die Einschätzung für zwei Emissionsszenarien, die in der langen Frist (2080–2100) entweder zu einem Anstieg der globalen Durchschnittstemperatur um 2 °C (relativ starke Emissionsvermeidung) oder 4 °C (geringe Emissionsver-

Europa				
Schlüsselrisiken	**Anpassung - Probleme und Perspektiven**	**Klimatische Antriebskräfte**	**Zeitrahmen**	**Risiko & Anpassungspotenzial**
Erhöhte wirtschaftliche Schäden und betroffene Menschen durch Überflutung in Flussgebieten und entlang von Küsten, verursacht durch zunehmende Urbanisierung und steigende Meeresspiegel, Küstenerosion und Scheiteldurchflüsse (hohes Vertrauen)	Anpassung kann die meisten der projizierten Schäden verhindern (hohes Vertrauen) -Signifikante Erfahrungen mit rein technischen Lösungen zum Hochwasserschutz und zunehmende Erfahrung mit Revitalisierung von Auen -Hohe Kosten für verstärkten Hochwasserschutz -Potenzielle Hemmnisse für die Umsetzung: Starke Nachfrage nach Land sowie Konflikte mit Umwelt- und Landschaftsschutzzielen	extremer Niederschlag / Meeresspiegel	Gegenwart / Kurzfristig (2030-2040) / Langfristig 2 °C (2080-2100) 4 °C	Sehr niedrig – Mittel – Sehr hoch
Erhöhte Einschränkungen bezüglich Wasserverfügbarkeit aus Flüssen und Grundwasserressourcen bei gleichzeitig erhöhtem Wasserbedarf (z.B. für Bewässerung, Energie und Industrie, Haushaltszwecke) und verringerter Wasserführung in Folge von erhöhter Verdunstung, besonders in Südeuropa (hohes Vertrauen)	-Bekannte Potenziale für die Anpassung durch größere Effizienz in der Wassernutzung und Strategien zur Einsparung von Wasser (z.B. bei Bewässerung, Anbau von angepassten Nutzpflanzen, Landnutzung, Industrien, Haushaltszwecke) -Umsetzung von bewährten Methoden und politischen Steuerungsinstrumenten in Managementplänen für Flusseinzugsgebiete und integriertes Wassermanagement	Erwärmungstrend / extreme Temperatur / Trend zur Trockenheit	Gegenwart / Kurzfristig (2030-2040) / Langfristig 2 °C (2080-2100) 4 °C	Sehr niedrig – Mittel – Sehr hoch
Erhöhte wirtschaftliche Schäden und gesundheitliche Beeinträchtigung durch Hitzewellen verbunden mit Folgen für Gesundheit und Wohlbefinden, Arbeitsproduktivität, Ernteerträge, Luftqualität und zunehmende Risiken von Wald- und Flächenbränden in Südeuropa und im borealen Gebiet von Russland (mittleres Vertrauen)	-Einsatz von Frühwarnsystemen -Anpassung von Wohnstätten und Arbeitsplätzen und der Infrastruktur für Transport und Energie -Verringerung der Emissionen um die Luftqualität zu verbessern -Verbesserte Bekämpfung von Wald- und Flächenbränden -Entwicklung von Versicherungsprodukten gegen durch Unwetter verursachte Ernteausfälle	extreme Temperatur	Gegenwart / Kurzfristig (2030-2040) / Langfristig 2 °C (2080-2100) 4 °C	Sehr niedrig – Mittel – Sehr hoch

◼ Abb. 25.2 Einschätzung der wesentlichen Risiken des Klimawandels und Möglichkeiten zur Anpassung bezogen auf Europa, basierend auf IPCC 2014. Bei den langfristigen Auswirkungen (2080 bis 2100) wird zwischen zwei Emissionsszenarien unterschieden (Temperaturanstieg um 2° und 4 °C). Die schraffierte Fläche zeigt jeweils, inwieweit sich die Auswirkungen durch Anpassung abschwächen lassen. (IPCC 2014, SPM.2 Tab. 1, Ausschnitte)

meidung) führen. Als wesentliche Risiken identifiziert der IPCC vermehrte Überschwemmungen, verschärfte Wasserknappheit (insbesondere in Südeuropa) und eine größere Häufigkeit von Hitzewellen. Vor allem bei der Wasserknappheit und den Auswirkungen von Hitzewellen wird das Potenzial, deren (wirtschaftliche) Auswirkungen durch Anpassungsmaßnahmen abzuschwächen, als eher gering eingeschätzt. Natürlich fallen in einem Emissionsszenario, das den Anstieg der globalen Durchschnittstemperatur auf 2 °C beschränkt, die Risiken geringer aus.

Nordhaus (2010) zeigt in einer Anwendung seines RICE-Modells, dass eine Reduktion der Emissionen, die den Temperaturanstieg auf 2 °C beschränkt, zu einem Anstieg der globalen Wohlfahrt (gemessen in Konsumäquivalenzeinheiten) um etwa 19 % führt, im Vergleich zu keiner Emissionskontrolle (und damit einem Temperaturanstieg von 6 °C). Allerdings zeigt er auch, dass es optimal wäre, eine weniger restriktive Emissionsvermeidung anzustreben, bei der es zu einem Temperaturanstieg um 3 °C kommt. Wegen der geringeren Emissionsvermeidungskosten betrüge der Wohlfahrtsgewinn dann 35 %. Allerdings basieren diese Schätzungen auf sehr vielen vereinfachenden Annahmen und beinhalten zahlreiche Unsicherheiten über die Entwicklung des Klimawandels, etwa bezüglich des Eintretens von Kipppunkten. Auch potenzielle Einflüsse von Extremereignissen bleiben unberücksichtigt. ► Kap. 31 diskutiert, zu welchen Ergebnissen diese integrierten Bewertungsmodelle kommen, wenn solche Unsicherheiten explizit berücksichtigt werden. Darüber hinaus ergeben sich selbst bei Analysen, die solche Unsicherheiten nicht berücksichtigen, zahlreiche zu berücksichtigende Szenarien im Hinblick auf die Umsetzung der Emissionskontrolle. Die in Nordhaus (2010) aufgeführten Zahlen basieren auf der Annahme einer international koordinierten Klimaschutzpolitik

mit flächendeckendem Handel von Emissionszertifikaten. In der Realität werden die Kosten des Klimaschutzes wahrscheinlich höher ausfallen, wenn nicht alle Staaten die günstigsten Maßnahmen zur Kontrolle der Treibhausgasemissionen einsetzen.

Wirtschaftliche Szenarioanalysen untersuchen detaillierter die sektoralen wirtschaftlichen Auswirkungen und regionalen Risiken. Gleichzeitig sind in den Szenarioanalysen die Kosten (der jetzt exogenen) Emissionskontrolle zu berücksichtigen. Aaheim et al. (2012) untersuchen unter Anwendung des multiregionalen und multisektoralen Wirtschaftsmodells GRACE, mit welchen wirtschaftlichen Auswirkungen die Veränderungen des Klimas in Europa einhergehen werden. Wie in der Darstellung des IPCC berücksichtigen sie Emissionsszenarien, die entweder zu einem Anstieg von 2 oder 4 °C der globalen Durchschnittstemperatur führen (inklusive der damit verbundenen Vermeidungskosten). Das GRACE-Modell beinhaltet 11 Sektoren, die von den regional unterschiedlichen Veränderungen in Temperatur und Niederschlag beeinflusst werden. Dabei werden auch Aspekte wie die Auswirkungen auf die Arbeitsproduktivität berücksichtigt. Die Autoren schätzen, dass es bei einem Anstieg der globalen Durchschnittstemperatur um 2 °C nur vergleichsweise moderate Veränderungen im regionalen Bruttoinlandsprodukt (BIP) geben wird und dass einige Regionen sogar etwas profitieren könnten. Bei einem Anstieg der globalen Durchschnittstemperatur um 4 °C ist zu erwarten, dass alle Regionen in Europa negative wirtschaftliche Auswirkungen verzeichnen könnten, insbesondere der Süden Europas.

Wie schon in der Risikoeinschätzung des Weltklimarats kommt es im Süden von Europa vor allem durch Wasserknappheit zu negativen wirtschaftlichen Auswirkungen, was umgekehrt durch die damit verbundenen Preiseffekte für landwirtschaftli-

25

◻ Tab. 25.1 Überblick über gesamtwirtschaftliche Studien zu den Auswirkungen des Klimawandels in Deutschland

Studie	Methodischer Ansatz	Klimawandelszenario	Betrachteter Zeitraum	Betrachtete Handlungsfelder	Annahmen zum Stand der Volkswirtschaft	Auswirkungen des Klimawandels
Kemfert (2007) [nicht begutachtet]	*Top-down*-Simulationsmodell mit sektoralen Effekten	+4,5 °C in Deutschland im Jahr 2100	2015–2100	Land- und Forstwirtschaft, Tourismus, Gesundheitswesen, Energie, Verkehr, Baugewerbe	Keine Angaben	Kumulierte Kosten von 792,5 Mrd. Euro bis 2050 (davon 296 Mrd. Euro zusätzliche Energiekosten, 331,5 Mrd. Euro Schäden, 165,1 Mrd. Euro Anpassungskosten)
Bräuer et al. (2009) [nicht begutachtet]	Aufsummierte sektorale Effekte	+1,5 °C [1,0–1,6] 2 °C [1,5–3,5]	2050 2100	Küsteninfrastruktur, Bauwirtschaft, Land- und Forstwirtschaft, Energie, Wasserwirtschaft, Tourismus, Verkehr, Versicherungen, Gesundheit	2011–2050: 1 %, 2051–2100: 0,5 % jährliches BIP-Wachstum	Zwischen +0,05 und −0,3 % des BIP zwischen +0,6 und 2,5 % des BIP als Nettoeffekt auf die öffentlichen Finanzen
Ciscar et al. (2011) [begutachtet]	Mittels eines gesamtwirtschaftlichen Modells sektorale *bottom-up*-Modelle verbunden	2,5 °C 5,4 °C	2080	Küsteninfrastruktur, Überschwemmungen größerer europäischer Flüsse, Landwirtschaft, Tourismus	Stand 2010	15 Mrd. Euro BIP −26 Mrd. Euro BIP für Modellregion Nördliches Zentraleuropa (Deutschland, Niederlande, Belgien, Polen)

che Produkte aber nur zu relativ moderaten gesamtwirtschaftlichen Auswirkungen in Zentral- und Osteuropa führt, da hier der landwirtschaftliche Sektor profitiert. Laut der Schätzung von Aaheim et al. (2012) würde es in Deutschland zu Einbußen beim BIP zwischen 0,2 und 0,3 % relativ zu 2004 kommen. Solche vergleichsweise niedrigen aggregierten Auswirkungen sollen aber nicht darüber hinwegtäuschen, dass es sowohl kumuliert als auch insbesondere in einzelnen Sektoren sehr wohl zu deutlich stärkeren Auswirkungen kommen kann. So wird z. B. geschätzt, dass der Forstsektor deutlich stärker beeinträchtigt wird. Außerdem unterschätzt die Studie langfristige Auswirkungen, aber auch den Effekt von langfristigen (geplanten) Anpassungsmaßnahmen.

Die Analyse von Aaheim et al. (2012) ist nur ein Beispiel für Studien, die einen breiteren geografischen Fokus haben und in denen Deutschland nur eine Teilregion darstellt. Im Rahmen des europäischen Forschungsprojekts PESETA wurden *bottom-up*-Schadensmodelle für verschiedene Handlungsfelder entwickelt – Küsteninfrastruktur, Überschwemmungen größerer europäischer Flüsse, Landwirtschaft, Tourismus – und mit einem berechenbaren allgemeinen Gleichgewichtsmodell der europäischen Volkswirtschaft verknüpft. Dabei kommen die Autoren zu dem Schluss, dass sich die Kosten des Klimawandels in Europa in einem Szenario mit einer durchschnittlichen Erwärmung in Europa von 2,5 °C auf etwa 20 Mrd. Euro im Jahr 2080 belaufen werden (Ciscar et al. 2011), wobei gewisse Regionen wie Skandinavien vom Klimawandel profitieren könnten. Würde ein Szenario mit 5,4 °C Erwärmung und einem unterstellten Anstieg des Meeresspiegels von 88 cm eintreten, wäre mit jährlichen Kosten in Höhe von 65 Mrd. Euro zu rechnen. Für die Region Nördliches Zentraleuropa, die neben Deutschland auch Belgien, die Niederlande und Polen umfasst, wäre im Szenario mit einer Erwärmung um 2,5 °C mit Kosten von ungefähr 15 Mrd. Euro zu rechnen, die sich im Falle des Szenarios mit starker Erwärmung und hohem

Anstieg des Meeresspiegels auf 26 Mrd. Euro erhöhen würden. Es gibt allerdings nur wenige Studien, die versuchen, die Auswirkungen der komplexen Wirkungsmechanismen im Klimawandel für Deutschland monetär zu bewerten. Drei dieser Studien werden in ◻ Tab. 25.1 zusammengefasst.

Allen drei Studien ist gemeinsam, dass sie einzelne Aspekte des Klimawandels herausgreifen und diese in unterschiedlicher Weise zu gesamtwirtschaftlichen Kosten aggregieren. Während die Analyse von Kemfert (2007, 2008) die Aggregation in einem numerischen gesamtwirtschaftlichen Modell vornimmt, werden in Bräuer et al. (2009) nur die Kosten aus den verschiedenen sektoralen Analysen zu einem gesamtwirtschaftlichen Kostenfaktor summiert. Die Ergebnisse des PESETA-Projekts (Ciscar et al. 2011) verknüpfen vergleichsweise detaillierte sektorale Ergebnisse mit einem numerischen allgemeinen Gleichgewichtsmodell, in dem auf einer hohen Aggregationsstufe die Interaktionseffekte simuliert werden.

Kemfert (2007) errechnet mithilfe des globalen Modells WIAGEM kumulierte Kosten des Klimawandels inklusive Kosten der Anpassung von 800 Mrd. Euro bis 2050. Das entspricht ungefähr 0,5 % des BIP-Wachstums in der entsprechenden Periode. In einer Nachfolgestudie (Kemfert 2008) wurden diese Ergebnisse auf einzelne Bundesländer heruntergebrochen. Die Simulationen zeigen, dass in absoluten Werten die bevölkerungsreichen und wirtschaftsstarken Bundesländer Baden-Württemberg und Bayern stark betroffen sind. Allerdings werden wirtschaftsschwächere Bundesländer wie Sachsen-Anhalt und Rheinland-Pfalz relativ zu ihrer Bruttowertschöpfung stärker belastet. Die Arbeiten von Kemfert stellen die einzige Analyse dar, die einen klaren Fokus auf Deutschland legt. Allerdings ist anzumerken, dass die hier diskutierten Studien nicht begutachtet wurden und viele Annahmen, gerade bezüglich der Schadensfunktionen, unklar und intransparent bleiben. Der Ansatz des Modells WIAGEM wurde beispielsweise von Roson et al. (2006) kritisch diskutiert.

In einer Studie im Auftrag des Bundesministeriums der Finanzen haben Bräuer et al. (2009) die Belastungen infolge des Klimawandels für die öffentlichen Finanzen untersucht. Dabei wurden zehn Handlungsbereiche mittels Fallstudien genauer betrachtet. Die Fallstudien umfassen u. a. Auswirkungen des Klimawandels auf Gebäude, Land- und Forstwirtschaft sowie Energie- und Wasserversorgung. Die Autoren führen keine eigenen Untersuchungen zu Klimafolgen durch, sondern greifen auf bestehende Ergebnisse aus der Literatur zurück und übertragen – sofern nötig – die Ergebnisse auf Deutschland. Dabei werden auf Basis der regionalen Klimamodelle WETTREG und REMO Klimaszenarien für 2050 und 2100 verwendet, die beispielhaft für das Jahr 2050 eine Temperaturänderung von durchschnittlich 1,5 °C [1,0–1,6 °C], vermehrte Niederschläge im Winter (+7 bis +14 %) und geringere Niederschläge im Sommer (−12 bis −16 %) beschreiben. Die Schätzungen von Bräuer et al. zeigen, dass 2050 der Klimawandel nur geringe Wirkungen auf die Finanzen der öffentlichen Hand haben könnte. Gemäß der Studie beträgt die zusätzliche Be- oder Entlastung des öffentlichen Haushalts zwischen +0,1 und −0,7 % (relativ zum BIP entspricht das zwischen +0,05 und −0,3 % des BIP). Ab 2100 sind diese Effekte größer – Mehrausgaben und rückläufige Steuereinnahmen könnten zu einer zusätzlichen Belastung zwischen −1,3 und −5,7 % des Haushalts (−0,6 und −2,5 % des BIP) führen. Diese Studie wurde ebenfalls nicht in einer begutachteten Zeitschrift veröffentlicht.

Die Studien von Kemfert und Bräuer bestätigen die weiter oben zitierten Studien mit Fokus auf Europa insofern, als auch sie eher mit geringen wirtschaftlichen Auswirkungen für Deutschland rechnen. Grundsätzlich muss man aber berücksichtigen, dass sich die Arbeiten in fundamentalen Annahmen bezüglich der Struktur der betrachteten Volkswirtschaften, der berücksichtigten Sektoren sowie der Wirkungsketten und -mechanismen der Klimafolgen auf die Ökonomie unterscheiden. So bleibt es z. B. schwierig zu bewerten, inwieweit die globalen Rückkopplungseffekte, die sich durch veränderte Migrations- und Handelsströme ergeben, angemessen berücksichtigt wurden (Schenker 2013). Umgekehrt muss man aber auch berücksichtigen, dass Anpassungsverhalten nicht explizit modelliert wird, sondern meist implizit in den Schadensfunktionen enthalten ist oder als autonome Anpassung durch die Preisreaktionen von Unternehmen und Haushalten berücksichtigt wird. Insofern ist es schwer zu beurteilen, ob diese Studien die Auswirkungen des Klimawandels unter- oder etwa sogar überschätzen.

In einigen empirischen Untersuchungen wird versucht, aus der Analyse des Zusammenhangs zwischen Klimazustand und Wirtschaftswachstum des bestehenden Klimas Regelmäßigkeiten für das Wirtschaftswachstum unter zukünftiger Klimaentwicklung abzuleiten. Diese Studien, welche die Abhängigkeit des Wirtschaftswachstums von Temperatur und Niederschlag in Querschnitts-, Zeitreihen- und Panelschätzungen untersuchen, anstatt die wirtschaftlichen Abläufe explizit zu modellieren, kommen zu dem Schluss, dass Deutschland zu den Profiteuren des Klimawandels gehört. So schätzen z. B. Burke et al. (2015), dass es nur mit einer Wahrscheinlichkeit von 9 % zu einer Verringerung des BIP in Deutschland als Folge des Klimawandels

kommen werde und eine deutliche Erhöhung des Pro-Kopf-BIP-Wachstums wahrscheinlich sei. Natürlich sind solche Studien mit den gleichen bzw. sogar zusätzlichen Einschränkungen zu interpretieren wie die Modelle, die Projektionen für zukünftiges Wirtschaftswachstum vorzunehmen versuchen. Trotzdem liefern empirische Untersuchungen wichtige Hinweise, wie sich z. B. die Arbeitsproduktivität in Abhängigkeit vom Klima entwickeln könnte. Bei der Abschätzung der regionalen gesamtwirtschaftlichen Auswirkungen muss aber kritisch hinterfragt werden, inwieweit die Zusammenhänge zwischen Klima und Wirtschaftswachstum in einem insgesamt wärmeren Klima mit veränderten Waren- und Handelsströmen noch gültig sind. Mit anderen Worten: Die systemischen Änderungen, die in der Weltwirtschaft mit dem Klimawandel einhergehen können, sind hier nicht berücksichtigt. Darüber hinaus bilden aggregierte Veränderungen gemessen in Sozialproduktzahlen nicht die zahlreichen sektoralen und regionalen Herausforderungen und Veränderungen ab, die mit dem Klimawandel einhergehen und zu beträchtlichen Verteilungskonflikten führen können.

25.4 Abschätzung sektoraler Kosten des Klimawandels

25.4.1 Hochwasser- und Küstenschutz

Die Analyse von Hochwasser- und Küstenschutz hat sich nicht im Rahmen der Anpassungsforschung herausgebildet, sondern ist für sich genommen bereits seit Jahrzehnten Gegenstand wissenschaftlicher Untersuchungen und seit Jahrhunderten gelebte Praxis. Allerdings ergeben sich aus der Dynamik des Klimawandels für die Wissenschaft und die Praxis neue Herausforderungen.

Das Untersuchungsdesign basiert in der Regel auf einer Flut- bzw. Überflutungsmodellierung, um die betroffenen Gebiete zu identifizieren. Dann werden mittels verschiedener Schadensfunktionen, beispielsweise in Abhängigkeit von der Landnutzung oder dem vorhandenen Gebäudebestand, die direkten materiellen Schäden ermittelt. Gegebenenfalls werden ergänzend indirekte materielle Schäden abgeleitet, die sich aus dem Verlust von Menschenleben ergeben. Allerdings werden diese Schäden häufig separat betrachtet und nicht in der integrierten Analyse berücksichtigt. Schadensereignisse werden zudem sowohl ohne als auch mit Anpassungsmaßnahmen betrachtet, um den Nutzen von Maßnahmen anhand vermiedener Schäden ableiten zu können. Unsicherheiten in Bezug auf die Ergebnisse resultieren hier vornehmlich aus der Wahl der räumlichen Skala: Je größer diese ist, desto gröbere Annahmen müssen getroffen werden. Je kleiner diese ist, desto detaillierter fallen zwar die Analysen aus, jedoch laufen sie Gefahr, sektorale oder regionale Rückkopplungseffekte und Anpassungsmaßnahmen jenseits des Analyseraums außer Acht zu lassen. Unter den genannten Vorbehalten sind die Ergebnisse einiger jüngerer Studien zu betrachten.

Die PESETA-Studie von Ciscar (2009) unterscheidet fünf Regionen innerhalb der Europäischen Union, wobei Deutschland der Region Nördliches Zentraleuropa zugeordnet ist. Die Bereiche Fluss- und Küstenhochwasser werden separat betrachtet. Bei Flusshochwässern werden für Temperaturanstiege von 2,5 °C, 3,9 °C, 4,1 °C und 5,4 °C im Zeitraum von 2071 bis 2100 deutlich höhere erwartete jährliche Schäden im Vergleich zum simulierten Basiszeitraum von 1961 bis 1990 ermittelt. Sie liegen je nach Szenario zwischen 1,5 Mrd. und 5,3 Mrd. Euro und spiegeln direkte Schäden in Abhängigkeit von der Landnutzung und dem Wasserstand bei Hochwasser wider (Ciscar 2009).

Um die Schäden für verschiedene Meeresspiegelanstiege im Bereich „Küstenhochwasser" zu untersuchen, werden Szenarien mit und ohne Anpassung generiert. Die Landnutzung an den Küsten wird als konstant angenommen. Als Auswirkungen des Klimawandels werden Landverluste und die Zahl der betroffenen Personen betrachtet. In einem bespielhaften Szenario mit starkem Meeresspiegelanstieg (58,5 cm) ergäbe sich für das nördliche Zentraleuropa ein Verlust von rund 900 Mio. Euro, der den Verlust an produktiver Landfläche widerspiegelt. Bezogen auf das Bruttoinlandsprodukt (BIP) ist der Verlust jedoch sehr klein, denn er liegt bei gut 0,01 %. Er lässt sich zwar durch Anpassung in Form von Küstenschutzinvestitionen noch weiter reduzieren, jedoch aufgrund der indirekten ökonomischen Effekte nicht eliminieren.

Die Arbeit der *Policy Research Corporation* (2009) analysiert den Status quo des europäischen Küstenschutzes und die aktuellen sowie die geplanten Ausgaben bis 2015. Demnach liegen die Ausgaben der betroffenen Bundesländer in Deutschland pro Jahr bis 2015 bei 49,3 Mio. Euro (Schleswig-Holstein), 30,6 Mio. Euro (Niedersachsen), 27 Mio. Euro (Hamburg), 17,0 Mio. Euro (Mecklenburg-Vorpommern) und 12 Mio. Euro (Bremen). Diese Ausgaben können zugleich als Kosten für die Anpassung interpretiert werden. Betrachtet man die gemäß PESETA-Studie notwendigen Ausgaben, wird konstatiert, dass diese in Deutschland durch die bis 2015 geplanten Ausgaben überschritten werden und demnach aktuell ausreichen müssten.

Rojas et al. (2013) fokussieren auf den Bereich der Flusshochwasser in Europa. Sie differenzieren ihre Ergebnisse dabei nach Ländern. Genutzt wird ein hydrologisches Modell, das zur Schätzung Schadensfunktionen in Abhängigkeit von der Fluthöhe mit Informationen zur Landnutzung und der Bevölkerungsdichte kombiniert. Betrachtet wird ein Klimawandelszenario (SRES A1B), das mit konsistenten Annahmen zum BIP- und Bevölkerungswachstum verbunden wird. Zudem werden Szenarien mit und ohne Anpassung betrachtet. Ermittelt werden nur die direkten Schäden für bestimmte Wiederkehrintervalle. Dabei werden z. B. für ein 100-jährliches Ereignis im Zeitablauf steigende erwartete Schäden berechnet. Sie liegen bei jährlich 540 Mio. Euro (2000er-Jahre), 1,14 Mrd. Euro (2020er-Jahre), 1,38 Mrd. Euro (2050er-Jahre) und 2,92 Mrd. Euro (2080er-Jahre). Auch hier wird Anpassung als lohnende Investition eingeschätzt. Würde in Deutschland eine Anpassung auf ein künftiges 100-jährliches Ereignis erfolgen, so würde dies laut Rojas et al. (2013) Kosten von 170 Mio. Euro verursachen und den erwarteten Schaden deutlich reduzieren.

Aus dem Bereich der grauen Literatur stammt eine Studie, die das PIK gemeinsam mit weiteren Instituten im Auftrag des Gesamtverbandes der Deutschen Versicherungswirtschaft (GDV) erstellt hat, um die mittleren langjährigen Schadensniveaus für Binnenhochwasser zu ermitteln (PIK et al. 2011). Die drei Szenarien A1B, A2 und B1 des Weltklimarats treiben hier regionale Klimamodelle (CCLM, REMO) an, die wiederum Input liefern für das hydrologische Modell SWIM, dass die Hochwasserabflüsse liefert, die schließlich mittels des Modells HQ-Kumul in Überschwemmungsschäden übersetzt werden Als Referenzwert dient der Zeitraum 1961–2000, dem für sieben Modellläufe jeweils die Zeiträume 2011–2040, 2041–2070 und 2071–2100 gegenübergestellt werden. Die Mittelwerte der Modellläufe für die Jahresschäden aller Perioden betragen 0,46, 0,85, 0,89 und 0,99 Mrd. Euro. Es wird also ein recht stetiger Anstieg der zu erwartenden mittleren Schäden festgestellt. Allerdings zeigt sich z. B. in den beiden Regionalmodellen auf Basis des IPCC-Szenarios B1 ein Rückgang der geschätzten Schäden, was die Sensitivität der Resultate verdeutlicht. Zudem nimmt die Bandbreite der Ergebnisse der einzelnen Szenarien im Zeitablauf zu. Weiterhin ist zu bemerken, dass keine sozioökonomischen Änderungen berücksichtigt werden.

Es lässt sich festhalten, dass es für den Bereich des Küsten- und Hochwasserschutzes eine Vielzahl an Forschungsprojekten und anderen Anstrengungen gibt, aus denen ein großer Fundus an begutachteter, aber auch grauer Literatur hervorgegangen ist und weiter hervorgeht. Es liegen Analysen auf allen Skalen vor. Dies gilt sowohl hinsichtlich der Schadensschätzung als auch der Bewertung von Anpassungs- und Schutzmaßnahmen. Die zweckmäßige Analyseebene hängt dabei von der Fragestellung ab. So gehen makroskalige Untersuchungen zwar auf Kosten der Detailgenauigkeit, jedoch sind sie eher in der Lage, gesamtwirtschaftliche Effekte und Feedbackmechanismen über Marktprozesse abzubilden. Unzureichend berücksichtigt scheinen in fast allen Studien bisher noch Schäden zu sein, die durch indirekte Effekte hervorgerufen werden, sowie immaterielle Schäden. Indirekte Schäden sind im Status quo zwar im Prinzip modellierbar, hängen in Zukunft aber von sozioökonomischen Veränderungen ab. Immaterielle Schäden unterliegen methodischen Problemen und erfordern in der Bewertung zahlreiche normative Annahmen. Darüber hinaus legen viele der Studien einen starken Fokus auf technische Anpassungsmaßnahmen und Aspekte und die damit verbundenen Kosten. So werden beispielsweise Alternativen wie Umsiedlung und Evakuierung anstelle von verstärktem Küstenschutz kaum berücksichtigt.

25.4.2 Hitzewellen und Gesundheitskosten

Der Klimawandel kann eine Reihe von teilweise komplexen Auswirkungen auf die menschliche Gesundheit und Arbeitsproduktivität haben (▶ Kap. 14). Eine zunehmende Zahl an Studien untersucht die Auswirkungen von Hitzewellen auf die Arbeitsproduktivität. Experimente und Laboruntersuchungen zeigen, dass ab einer Temperatur von 25 °C die Arbeitsproduktivität mit jedem Grad Temperaturanstieg in etwa um 2 % sinkt (Dell et al. 2014). In einer Metaanalyse zeigen Seppanen et al. (2006), dass ein Temperaturanstieg von 23 auf 30 °C in etwa mit einem Rückgang der Produktivität um 9 % verbunden ist. Betrachtet man aggregierte Daten auf der Ebene von Wirtschaftssektoren, so zeigt sich wie erwartet, dass unterschiedliche Sektoren unterschiedlich betroffen sind. Graff Zivin und Neidell (2014) finden für die USA, dass extrem heiße Tage insbesondere die Arbeitsproduktivität in der Land- und Fortwirtschaft, im Bau- und Erdbausektor und in der Energieversorgung beeinträchtigen. Für andere Industriezweige bestätigt sich dieser Einfluss nicht. Es zeigt sich vielmehr, dass Anpassungsmaßnahmen wie verbesserte Klimatisierung die Auswirkungen des Klimawandels für Arbeiten in geschlossenen Räumen begrenzen können. Im Gegensatz zu dieser Studie untersuchen Cachon et al. (2012) ausschließlich den Automobilsektor (wieder in den USA) und zeigen, dass es auch in diesem Sektor mit zahlreichen Arbeiten in klimatisierten Hallen zu Einbußen bei der Arbeitsproduktivität kommt: In Wochen mit extrem heißen Tagen (>32 °C) sinkt die Arbeitsproduktivität um etwa 8 %. Inwieweit dieser Effekt durch imperfekte Klimaanlagen, hitzebedingte Effekte außerhalb der Produktionshallen (z. B. verzögerte Anlieferung von Vorprodukten) oder geringere Anwesenheit von Arbeitern erklärt wird, ist unklar. Jones und Olken (2010) betrachten stattdessen Exportdaten und zeigen, dass in armen Ländern (die überwiegend bereits eher hohe Durchschnittstemperaturen haben) ein Anstieg der Temperatur um 1 °C im Durchschnitt mit einem Rückgang der Exporte um 2,4 % verbunden ist. Dieser Effekt tritt vor allem bei Agrar- und Rohstoffen sowie für Produkte aus dem verarbeitenden Gewerbe auf.

Die Ergebnisse im Hinblick auf die Arbeitsproduktivität lassen sich grundsätzlich auf Deutschland übertragen. Fasst man die Ergebnisse aus dieser Literatur zusammen, ergibt sich eine umgekehrte U-Form für den Zusammenhang zwischen Temperatur und Produktivität bzw. Wachstum (z. B. Nordhaus 2006; Heal und Park 2013; Burke et al. 2015) und damit auch so etwas wie eine „optimale Temperatur" für Produktivität und Wachstum. Da die historische mittlere Temperatur in Deutschland allerdings noch unter dieser optimalen Temperatur liegt, legen diese Studien den Schluss nahe, dass sich im Zuge des Klimawandels die Arbeitsproduktivität in Deutschland erhöht.

Potenzielle Produktivitätseinbußen an sehr heißen Tagen im Sommer würden durch Produktivitätszuwächse im restlichen Jahr überkompensiert. Wie bereits im vorherigen Abschnitt diskutiert, basieren diese Einschätzungen allerdings auf empirischen Zusammenhängen aus dem historischen Klima. Ob steigende Temperaturen in Deutschland zu einer potenziell höheren physischen Arbeitsproduktivität und zu einer Steigerung der gesamtwirtschaftlichen Produktivität führen, hängt auch davon ab, inwieweit Waren- und damit Vorleistungsströme durch den weltweiten Klimawandel beeinflusst werden. Insgesamt bleibt es fraglich, inwieweit solche globalen empirischen Schätzungen zur Prognose geeignet sind.

Ein verändertes Klima mit höheren Temperaturen beeinflusst aber nicht nur direkt die physische Arbeitsproduktivität, sondern auch die Gesundheit und das Wohlbefinden der Menschen (und damit dann auch wieder indirekt die Arbeitsproduktivität). Erhöhte Temperaturen können die Verbreitung neuer Infektionen begünstigen und grundsätzlich die Sterblichkeit erhöhen. Es gibt zwar zahlreiche Untersuchungen im Hinblick auf verringerte oder erhöhte Sterblichkeit durch den Klimawandel, inwieweit sich aber das subjektive Wohlbefinden verändert, ist bislang wenig untersucht (▶ Kap. 14).

Vor allem weniger belastbare Gruppen wie kranke und alte Menschen sind davon in besonderer Weise betroffen. Neben den internationalen Studien untersuchen Hübler et al. (2008) die Auswirkungen auf Deutschland. Sie bestimmen die volkswirtschaftlichen Kosten von zunehmendem Hitzestress, aber auch reduzierter Kältebelastung anhand der Daten aus dem Hitzejahr 2003. Auf Basis des Emissionsszenarios A1B wurden mittels des regionalen Klimamodells REMO Temperaturverläufe für den Zeitraum 2071–2100 errechnet. Daraus wurde die Veränderung des Ausmaßes hitzebedingter Gesundheitsfolgen abgeleitet, also wie sich Hitze auf die Sterblichkeit, hitzebedingte Krankheiten und die Leistungsfähigkeit auswirkt.

Da die zukünftige weltwirtschaftliche Entwicklung in den letzten Dekaden dieses Jahrhunderts, die Verfügbarkeit von Ressourcen und die Entwicklung des technischen Fortschritts nahezu unbekannt sind, bewerten Hübler et al. (2008) die Gesundheitskosten so, als ob der Klimawandel heute auftreten würde. Sie bestimmen also die Kosten relativ zum heutigen Bruttoinlandsprodukt und zum Stand der wirtschaftlichen Entwicklung. Da die Auswirkungen von Hitzeereignissen anhand der Daten der Hitzewelle 2003 erfolgen, wird unterschätzt, wie stark sich Individuen und Gesellschaft an die größere Gefahr von Hitzewellen nach dem Ereignis im Jahr 2003 angepasst haben und anpassen können. Als Messgröße für die Gesundheitskosten wird die Veränderung hitzebedingter Krankenhauskosten herangezogen, da es über die Kosten ambulanter Behandlungen keine Informationen gab. Daraus resultieren schließlich zusätzliche Krankenhauskosten von 430–500 Mio. Euro pro Jahr für den Prognosezeitraum 2071–2100.

Mithilfe des integrierten Bewertungsmodells WIAGEM und eines Klimaszenarios, das von einer globalen Erwärmung von 4,5 °C bis zum Jahr 2100 ausgeht, berichtet Kemfert (2007) von zusätzlichen Kosten für den deutschen Gesundheitssektor von 61 Mrd. Euro, kumuliert bis 2050. Dabei fallen die Kosten des Klimawandels mit rund 37 Mrd. Euro deutlich höher aus als die Anpassungskosten mit 23,8 Mrd. Euro. Allerdings ist unklar, unter welchen Annahmen diese Kosten ermittelt, welche Gesundheitsfolgen dabei genau berücksichtigt und welche Möglichkeiten der Anpassung unterstellt wurden. Während die grundlegenden medizinischen Wirkungsketten zum großen Teil bekannt sind, ist es äußerst schwierig abzuschätzen, wie sich die Gesellschaft an diese Auswirkungen anpassen wird und in welchem ökonomischen und technologischen Umfeld diese Auswirkungen schlussendlich anfallen werden.

Hitze- und/oder Wasserstress beeinflussen aber nicht nur die Arbeitsproduktivität, Gesundheit und Wohlbefinden, sondern haben auch einen unmittelbaren Einfluss auf die politische Stabilität. Hsiang et al. (2013) zeigen im Rahmen einer Metaanalyse, dass Wasserstress und erhöhte Temperaturen zu einem signifikant höheren Konfliktrisiko (zwischen Personen und zwischen Bevölkerungsgruppen) führen. Auch wenn dieser Zusammenhang in Deutschland eher nicht zu erwarten ist, so können doch die Konflikte in anderen Regionen auf Deutschland zurückwirken. Die globale Arbeitsteilung in Form von komplexen Wertschöpfungsketten und durch internationalen Handel können beeinträchtigt werden. Auch direkte Auswirkungen in Form von Migrationsströmen sind zu den mögli-

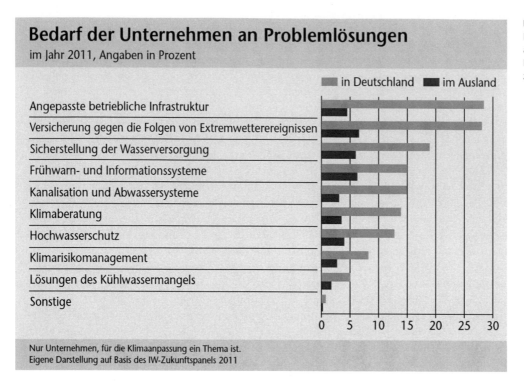

Abb. 25.3 Unternehmen, für die Klimawandel ein Thema ist, sehen an verschiedenen Stellen Bedarf für Problemlösungen. (Mahammadzadeh et al. 2013)

chen, aber kaum monetär zu bewertenden indirekten Kosten des Klimawandels zu rechnen.

25.5 Exkurs: Subjektive Einschätzung der Betroffenheit von Unternehmen

Mit einer Reihe von regionalen und bundesweiten Befragungen zu den Wirkungen des Klimawandels auf Unternehmen in Deutschland wurde in den vergangenen Jahren eine empirische Grundlage für die weitere wissenschaftliche Arbeit gelegt (Auerswald und Lehmann 2011; Freimann und Mauritz 2010; Fichter und Stecher 2011; Fichter et al. 2013; IHK 2009; Karczmarzyk und Pfriem 2011; Mahammadzadeh et al. 2013, 2014; Pechan et al. 2011; Stechemesser und Günther 2011). Die Befragungen zeigen, dass dem Klimaschutz derzeit noch weitaus mehr Aufmerksamkeit entgegengebracht wird als der Anpassung an den Klimawandel. Im Hinblick auf die organisatorische Verankerung kann festgestellt werden, dass in den Unternehmen vorwiegend die Einheiten mit dem Klimawandel betraut sind, die sich generell mit Umweltfragen befassen.

Unternehmen erwarten, in wachsendem Maße von den Folgen des Klimawandels betroffen zu sein. Knapp jedes zweite Unternehmen rechnet damit, um das Jahr 2030 durch den Klimawandel negativ betroffen zu sein, sei es im Inland oder im Ausland (Mahammadzadeh et al. 2013). Derzeit sind für Unternehmen die indirekten Folgen von größerem Gewicht als die direkten Folgen, doch werden die direkten Folgen perspektivisch an Bedeutung gewinnen. Auswertungen nach Unternehmens- und Funktionsbereichen ergeben, dass die größten Herausforderungen in den Bereichen Logistik sowie Investition und Finanzierung gesehen werden. Mit Blick auf die Risiken aus den direkten Klimafolgen wird insbesondere die betriebliche Logis-

tikfunktion als kritisch empfunden. Diese Prozesse sind wettersensibel. Auf solidem Fundament mit Blick auf den Klimawandel stehen die Bereiche Absatz und Vertrieb sowie Personal und Organisation (Mahammadzadeh et al. 2013). Im Branchenvergleich erwarten die Unternehmen der Branchen Maschinenbau und unternehmensnahe Dienstleistungen durch Klimaschutz und Klimaanpassung durchschnittlich mehr Chancen als Risiken und schätzen zudem ihre eigenen Kompetenzen entlang der betrieblichen Wertschöpfungskette eher hoch als gering ein. Auch die Unternehmen der Logistikbranche erhoffen sich durchschnittlich mehr Chancen als Risiken (Mahammadzadeh et al. 2013; Mahammadzadeh 2012).

Rund die Hälfte der Unternehmen sieht für sich aktuell keine direkten Klimafolgen in Deutschland, gut vier Fünftel für sich keine im Ausland (Mahammadzadeh et al. 2013). Nach eigenen Angaben ist für 27 % der Unternehmen, für die der Klimawandel ein Thema ist, der Frost die bedeutsamste Klimafolge. In der Befragung nannten Bauunternehmen den Frost besonders häufig. Dies erklärt sich vermutlich zum Teil durch vergleichsweise kalte Winter vor der Befragung, die im Frühjahr 2011 stattfand. Klimamodelle sagen hingegen für Deutschland mildere Winter voraus. Je nach Region sind dadurch auch häufigere Frost-Tauwetter-Wechsel möglich.

Drei weitere Klimafolgen sind annähernd genauso bedeutsam: Stürme, Starkregenereignisse und Hochwasser sowie der Temperaturanstieg. Eine geringere Bedeutung kommt Hagel, verminderten Niederschlägen im Sommer und Niedrigwasser sowie dem Blitzschlag zu.

Die Befragungen geben auch darüber Auskunft, was einer Anpassung an den Klimawandel seitens der Unternehmen entgegensteht. Als wichtigster Aspekt ist zu nennen, dass sich viele Unternehmen nicht oder noch nicht direkt vom Klimawandel betroffen sehen (Freimann und Mauritz 2010; Mahammadzadeh et al. 2013). Eine etwas geringere Rolle spielen indirekte Formen der Betroffenheit. Dabei haben fehlende Marktsignale wie die Nachfrage nach Produkten der Klimaanpassung eine größere Bedeutung als die regulatorische Dimension, bei der es derzeit vor allem Vorschriften zum Klimaschutz und nicht für das weitgehend private Gut der Anpassung an den Klimawandel gibt (Mahammadzadeh et al. 2013). Großes Gewicht kommt nach Angabe der Befragten auch den mit der Klimamodellierung verbundenen Unsicherheiten über den Klimawandel und die Klimafolgen zu.

Unternehmen reagieren bereits heute auf Klimaeinflüsse. Unter den Unternehmen, für die Klimaanpassung und Klimawandel von Bedeutung sind, sind Maßnahmen an Gebäuden mit 60 % am weitesten verbreitet. Das trifft für rund die Hälfte aller Unternehmen zu. In dieser Größenordnung liegen auch die Ergebnisse anderer Unternehmensbefragungen (Fichter und Stecher 2011). Maßnahmen an Gebäuden wie Isolierungen und Verschattungen dienen Klimaanpassung und Klimaschutz gleichermaßen und führen über Energieeinsparungen vergleichsweise schnell zu ökonomischen Gewinnen (Mahammadzadeh et al. 2013 ◘ Abb. 25.3). Von geringerer Bedeutung, aber durchaus noch recht häufig anzutreffen sind der Abschluss von Versicherungen und Maßnahmen im Logistikbereich. Der Befragung von Fichter und Stecher (2011) zufolge beziehen sich die Versicherungslösungen auf Ereignisse wie Stürme und Hagel, aber auch auf Lieferverzögerungen.

Auch wenn die Herausforderungen des sich wandelnden Klimas bei einigen Unternehmen und Branchen bereits Beachtung finden, spielt die Anpassung an den Klimawandel für die Breite der Unternehmen in Deutschland heute noch keine große Rolle. Konkrete Klimaschäden in der Vergangenheit sind ein wesentlicher Anstoß für eigene Initiativen (Osberghaus 2015). Dass die Herausforderungen des Klimawandels auch für das eigene Unternehmen in Zukunft jedoch an Relevanz gewinnen werden, sehen hingegen sehr viele der Befragten (Mahammadzadeh et al. 2013).

25.6   Kurz gesagt

Der Klimawandel verändert die Umwelt der Menschen in einer Vielzahl von Aspekten – Temperatur, Niederschläge, Häufigkeit von Extremereignissen, um nur einige Beispiele zu nennen. Er verändert damit auch die biologischen Grundlagen, die Wasserverfügbarkeit, Ökosystemdienstleistungen und nicht zuletzt auch ästhetische Aspekte der Umwelt. Alle diese Veränderungen finden global in unterschiedlichen Ausprägungen statt, verstärken oder verändern sich im Zeitablauf und zeigen ihre Wirkung in sehr unterschiedlichen Zeiträumen, die bis zu mehreren Jahrhunderten und Jahrtausenden reichen.

Die Abschätzung der Kosten dieser systemischen Veränderungen hängt vom zukünftigen Verhalten der Menschheit ab. Das wirtschaftliche Ausmaß des Klimawandels ist zum einen durch die zukünftigen Entscheidungen über die Emission von Treibhausgasen und zum anderen durch die Gestaltung von Anpassungsmaßnahmen bestimmt. Eine vollständige Erfassung und Modellierung dieser Veränderungsprozesse in der Natur und im Handeln von Staaten, Unternehmen und Haushalten über die nächsten Jahrhunderte ist nicht machbar und wird auch in

Zukunft nicht erreicht werden. Heute gibt es einerseits hoch aggregierte Abschätzungen von Klimaschäden, die auf Plausibilitätsüberlegungen beruhen und illustrativen Charakter haben. Andererseits gibt es detaillierte Untersuchungen über die Auswirkungen des Klimawandels auf bestimmte Sektoren oder Handlungsfelder in bestimmten Regionen, die versuchen, die Kosten des Klimawandels realitätsnäher abzuschätzen. Aber auch sie sind mit der Herausforderung konfrontiert, mit großen Unsicherheiten behaftete zukünftige Entwicklungen von Emissionen, Einkommen und Wirtschaftsleistung in ihre Szenarien einbauen zu müssen. Sie können bisher auch nicht die vielfältigen Rückkopplungsprozesse des Klimawandels auf einzelne Volkswirtschaften angemessen abbilden.

Trotzdem haben in den letzten Jahren besonders Studien zu einzelnen Handlungsfeldern die direkten Kosten des Klimawandels in ihren Größenordnungen zu bestimmen versucht. Auch für Europa gibt es einige Projekte und Studien, die die Kosten des Klimawandels abschätzen, aber nur wenige Arbeiten nehmen dabei Deutschland spezifisch in den Blick. Für ausgewählte Sektoren wie den Bereich des Küsten- und Hochwasserschutzes liegt eine Anzahl deutscher Studien vor, aus denen aber nur wenige wissenschaftlich begutachtete Veröffentlichungen entstanden sind. Dabei bleiben meist indirekte Effekte und nichtökonomische, immaterielle Schäden ausgeklammert.

Trotz aller Schwierigkeiten, gesamtwirtschaftliche Kosten des Klimawandels bis zum Ende des Jahrhunderts zu quantifizieren, liefern Szenarienanalysen, empirische Untersuchungen und sektorale Betrachtungen Einschätzungen in Bezug auf die möglichen Kosten. Die verschiedenen Studien lassen den Schluss zu, dass negative Auswirkungen des Klimawandels in Deutschland vor allem durch internationale Rückkopplungseffekte getrieben werden, während ohne diese Effekte die gesamtwirtschaftlichen Auswirkungen sogar positiv sein könnten. Diese Studien bieten aber nur eine grobe Orientierung, weil viele Effekte und Wirkungskanäle noch nicht ausreichend untersucht sind. Nichtsdestotrotz zeigen die Studien durch den Vergleich verschiedener Emissionsszenarien die Bedeutung des Klimaschutzes sowie insgesamt die Bedeutung der Anpassung für die Begrenzung der Kosten des Klimawandels auf.

Literatur

Aaheim A, Amundsen H, Dokken T, Wei T (2012) Impacts and adaptation to climate change in European economies. Glob Environ Chang 22(4):959–968

Auerswald H, Lehmann R (2011) Auswirkungen des Klimawandels auf das Verarbeitende Gewerbe – Ergebnisse einer Unternehmensbefragung. Ifo Dresden berichtet 2/2011:16–22

Bosello F, Carraro C, De Cian E (2010) Climate policy and the optimal balance between mitigation, adaptation, and unavoided damage. Clim Chang Econ 1:71–92

Bräuer I, Umpfenbach K, Blobel D et al (2009) Klimawandel: Welche Belastungen entstehen für die Tragfähigkeit der Öffentlichen Finanzen? Ecologic Institute, Berlin. http://ecologic.eu/download/projekte/1850-1899/1865/Endbericht_FINAL_Klimawandel.pdf

Bruin K de, Dellink R, Tol R (2009) AD-DICE: an implementation of adaptation in the DICE model. Clim Chang 95:63–81

Burke M, Hsiang SM, Miguel E (2015) Global non-linear effect of temperature on economic production. Nature 527:235–239

Cachon G, Gallino S, Olivares M (2012) Severe Weather and Automobile Assembly Productivity. The Wharton School, University of Pennsylvania. http://opim.wharton.upenn.edu/~cachon/pdf/weather_1015.pdf

Ciscar JC (2009) Climate change impacts in Europe. Final report of the PESETA research project. Joint Research Centre Scientific and Technical Report. http://ipts.jrc.ec.europa.eu/publications/pub.cfm?id=2879

Ciscar JC, Iglesias A, Feyen L et al (2011) Physical and economic consequences of climate change in Europe. Proceedings of the National Academy of Sciences 108:2678–2683

Dell M, Jones BF, Olken BA (2014) What do we learn from the weather? The new climate-economy literature. J Econ Lit 52:740–798

Fichter K, Stecher T (2011) Wie Unternehmen den Folgen des Klimawandels begegnen. Chancen und Risiken der Anpassung an den Klimawandel aus Sicht von Unternehmen der Metropolregion Bremen-Oldenburg, 13. Werkstattbericht. Universität Oldenburg, Oldenburg

Fichter K, Hintemann R, Schneider T (2013) Unternehmensstrategien im Klimawandel. Fallstudien zum strategischen Umgang von Unternehmen mit den Herausforderungen der Anpassung an den Klimawandel, 20. Werkstattbericht. Universität Oldenburg, Oldenburg

Fisher-Vanden K, Wing SI, Lanzi E, Popp D (2013) Modeling climate change feedbacks and adaptation responses: recent approaches and shortcomings. Clim Chang 117:481–495

Freimann J, Mauritz C (2010) Klimawandel und Klimaanpassung in der Wahrnehmung unternehmerischer Akteure. Werkstattreihe Nachhaltige Unternehmensführung, Bd. 26. Universität Kassel, Kassel

Graff Zivin J, Neidell MJ (2014) Temperature and the allocation of time: implications for climate change. J Labor Econ 32(1):1–26

Heal und Park 2013 Feeling the Heat: Temperature, Physiology & the Wealth of Nations NBER Working Paper No. 19725

Hsiang M, Solomon M, Burke M, Miguel E (2013) Quantifying the influence of climate on human conflict. Science 341:6151

Hübler M, Klepper G, Peterson S (2008) Costs of climate change – the effects of rising temperatures on health and productivity in Germany. Ecol Econ 68(1–2):381–393

IHK – Industrie- und Handelskammer für München und Oberbayern (2009) Die Wirtschaft und der Klimawandel. Reaktionen der Unternehmen, Studie in Zusammenarbeit mit dem Bayerischen Staatsministerium für Umwelt und Gesundheit. Industrie- und Handelskammer für München und Oberbayern, München

IPCC (2014) Summary for policymakers. Climate change 2014: Impacts, adaptation, and vulnerability. Part A: Global and sectoral aspects. In: Field CB, Barros VR, Dokken DJ, Mach KJ, Mastrandrea MD, Bilir TE, Chatterjee M, Ebi KL, Estrada YO, Genova RC, Girma B, Kissel ES, Levy AN, MacCracken S, Mastrandrea PR, White LL (Hrsg) Contribution of Working Group II to the Fifth Assessment Report of the Intergovernmental Panel on Climate Change. Cambridge University Press, Cambridge, S 1–32

Jones BF, Olken BA (2010) Climate shocks and exports. Am Econ Review 100(2):454–459

Karczmarzyk A, Pfriem R (2011) Klimaanpassungsstrategien von Unternehmen. Metropolis Verlag, Marburg

Kemfert C (2007) Klimawandel kostet die deutsche Volkswirtschaft Milliarden. DIW Wochenbericht 74(11):165–170

Kemfert C (2008) Kosten des Klimawandels ungleich verteilt: Wirtschaftsschwache Bundesländer trifft es am härtesten. DIW Wochenbericht 75(11):147–142

Mahammdzadeh M (2012) Klimaschutz und Klimaanpassung in Unternehmen: Eine SWOT-analytische Betrachtung der betrieblichen Funktionen. uwf – UmweltWirtschaftsForum 20(2–4):165–173

Mahammdzadeh M, Chrischilles E, Biebeler H (2013) Klimaanpassung in Unternehmen und Kommunen. Betroffenheiten, Verletzlichkeiten und Anpassungsbedarf. IW-Analysen, Bd. 83. Forschungsberichte aus dem Institut der deutschen Wirtschaft, Köln

Mahammdzadeh M, Bardt H, Biebeler H, Chrischilles E, Striebeck J (2014) Anpassung an den Klimawandel von Unternehmen – Theoretische Zugänge und empirische Befunde. Oekom Verlag München

Nordhaus W (2014) Estimates of the social cost of carbon: concepts and results from the DICE-2013R model and alternative approaches. J Assoc Environ Res Econ 1(1/2):273–312

Nordhaus WD (1991) To slow or not to slow: the economics of the greenhouse effect. The Econ J 101:920–937

Nordhaus WD (2006) Geography and macroeconomics: new data and new findings. PNAS 103(10):3510–3517

Nordhaus WD (2010) Economic aspects of global warming in a post-Copenhagen environment. Proceedings of the National Academy of Sciences 107:11721–11726

Nordhaus WD, Yang Z (1996) A regional dynamic general-equilibrium model of alternative climate-change strategies. Am Econ Rev 86:741–765

O'Neill BC et al (2013) A new scenario framework for climate change research: the concept of shared socio-economic pathways. Clim Chang 122(3):1–14

Osberghaus D (2015) The determinants of private flood mitigation measures in Germany – evidence from a nationwide survey. Ecol Econ 110:36–50

Pechan A, Rotter M, Eisenack K (2011) Anpassung in der Versorgungswirtschaft. Empirische Befunde und Einflussfaktoren. In: Karczmarzyk A, Pfriem R (Hrsg) Klimaanpassungsstrategien von Unternehmen. Metropolis Verlag, Marburg, S 313–335

PIK, FUB, UK, IAWG (2011) Auswirkungen des Klimawandels auf die Schadensituation in der deutschen Versicherungswirtschaft; Studie im Auftrag des GDV. http://www.gdv.de/wp-content/uploads/2012/01/Klimakonferenz_2011_PIK_Studie_Hochwasser.pdf

Pindyck RS (2013) Climate Change Policy: What Do the Models Tell Us? J Econ Lit 51:860–872

Policy Research Corporation (PRC) (2009) The economics of climate change adaptation in EU coastal areas, on behalf of the European Commission. http://ec.europa.eu/maritimeaffairs/documentation/studies/climate_change_en.htm

Rojas R, Feyen L, Watkiss P (2013) Climate change and river floods in the European Union: socio-economic consequences and the costs and benefits of adaptation. Glob Environ Chang 23(6):1737–1751. doi:10.1016/j.gloenvcha.2013.08.006

Roson R et al (2006) An integrated assessment model of economy-energy-climate-the model Wiagem: a comment. Integr Assess J 6(1):75–82

Schenker O (2013) Exchanging goods and damages: the role of trade on the distribution of climate change costs. Environ Res Econ 54(2):261–282

Seppanen O, Fisk WJ, Lei Q (2006) Effect of temperature on task performance in office environment. Ernest Orlando Lawrence Berkeley National Laboratory, Berkeley

Stechemesser K, Günther E (2011) Herausforderung Klimawandel, Auswertung einer deutschlandweiten Befragung im Verarbeitenden Gewerbe. In: Karczmarzyk A, Pfriem R (Hrsg) Klimaanpassungsstrategien von Unternehmen. Metropolis Verlag, Marburg, S 59–83

Stern (2007) The economics of climate change: the Stern review. Cambridge University Press, Cambridge

Vuuren DP van, Stehfest E, Elzen MGJ, Kram T, Vliet J, Deetman S, Isaac M, Goldewijk K, Hof A, Beltran MA, Oostenrijk R, Ruijven B (2011) RCP2.6 Exploring the possibility to keep global mean temperature increase below 2°C. Clim Chang 109(1–2):95–116

Die Auswirkungen des Klimawandels hängen von vielen Faktoren ab; das haben die vorherigen Teile gezeigt. Jedoch finden die physikalischen Prozesse des Klimawandels nicht in einem Vakuum statt: Die Risiken und möglichen Folgen des Klimawandels für Menschen, Produktions- und Ökosysteme sind eng mit sozioökonomischen Entwicklungen und Rahmenbedingungen verflochten. So sind nicht nur der wachsende Wert exponierter Infrastrukturen und Objekte wie beispielweise Immobilien in Küstengegenden oder die wachsende Zahl potenziell betroffener Menschen wichtig, um die Auswirkungen und Schäden des zukünftigen Klimawandels und sogenannter Extremereignisse bestimmen zu können. Darüber hinaus ist es auch bedeutsam, die Anpassungskapazitäten potenziell betroffener Menschen und Infrastrukturen zu ermitteln, die in verschiedenen Gesellschaften und Räumen unterschiedlich sind. Zudem ist zu beachten, dass Gewichtung und Bedeutung von Risiken eng mit der Frage der Wahrnehmung und Wertepräferenzen innerhalb sich wandelnder Gesellschaften verknüpft sind. Das heißt, der empfundene ästhetische oder identitätsstiftende Wert eines Landschaftsbildes kommt in der Größenordnung des Verlustes zum Ausdruck, wenn diese Landschaft klimabedingte Veränderungen erfährt. Solche Beziehungen und ihre komplexen Risikoprofile werden in diesem Teil eingehend thematisiert und neueste Konzepte zum Risiko und zur Vulnerabilität im Fünften Sachstandsbericht des Weltklimarats (IPCC) diskutiert und erläutert. Die vorliegenden Beiträge fokussieren besonders die gesellschaftlichen Dimensionen des Klimawandels, die mit den Leitbegriffen „Vulnerabilität", „Risiko" und „Anpassung" eng verbunden sind. Es wird aufgezeigt, dass ein aggregiertes Gesamtbild der Klimawirkungen für Deutschland als Grundlage für Folgenabschätzungen und Anpassungsplanungen noch nicht gezeichnet werden kann. Insbesondere verstärkende Effekte durch komplexe Interaktionen in unserer vernetzten Welt sind oft noch nicht berücksichtigt. Zudem nehmen die Autoren Fragen des Umgangs mit Unsicherheiten und Bandbreiten der Klimafolgenprojektionen in den Blick, die vor allem angesichts hoher Schadens-, aber auch Vermeidungskosten eine große Herausforderung für die gesellschaftliche Meinungsfindung und das Handeln von Entscheidungsträgern darstellen. Insgesamt beleuchten die Beiträge sowohl ausgewählte Aspekte der internationalen als auch der deutschen Diskussion. Teil IV weist darauf hin, dass wegen der hohen Komplexität des Untersuchungsgegenstands und der gegebenen Unsicherheiten Handlungsstrategien auf ein breites und integratives Risiko- und Risikomanagementkonzept aufgebaut sein sollten.

Olivia Serdeczny, Franziska Piontek, Jörn Birkmann
(*Editors* Teil IV)

Das Assessment von Vulnerabilitäten, Risiken und Unsicherheiten

Jörn Birkmann, Stefan Greiving, Olivia Serdeczny

© Der/die Herausgeber bzw. der/die Autor(en) 2017
G. Brasseur, D. Jacob, S. Schuck-Zöller (Hrsg.), *Klimawandel in Deutschland*, DOI 10.1007/978-3-662-50397-3_26

Die drei Schlüsselwörter in der Überschrift dieses Kapitels sind für sich genommen einfach. Aber die Begriffe beziehen sich dennoch auf komplexe und vielschichtige, zum Teil kontrovers diskutierte Konzepte, die es zu definieren und zu systematisieren gilt. Folglich werden diese Begriffe im ersten Teil des Kapitels näher beleuchtet, um u. a. deutlich zu machen, wie sie im neueren Risikoansatz des Fünften Sachstandsberichts (AR5) des Weltklimarats (IPCC) genutzt und abgegrenzt werden. Auch die Frage, was unter Unsicherheit und Bandbreiten möglicher Entwicklungen des Klimas und sogenannter sozioökonomischer Entwicklungspfade zu verstehen ist, spielt dabei eine wichtige Rolle. In dieser Hinsicht geht dieses Kapitel besonders auf die Diskussion im Zusammenhang des AR5-Berichts sowie auf ausgewählte Diskurse in Deutschland ein. Insgesamt wird dabei deutlich, dass bisherige Untersuchungsmethoden zu Risiken im Kontext des Klimawandels und darauf aufbauende Entscheidungsprozesse so weiterentwickelt werden müssen, dass einer eher engen Betrachtung von direkten Klimaauswirkungen heute eine breitere Perspektive auf Risiken und Anpassungsmöglichkeiten im Kontext des Klimawandels gegenübergestellt wird.

26.1   Die Risikoperspektive

Betrachtet man die neuesten Berichte des Weltklimarats wie beispielsweise den Fünften Sachstandsbericht – insbesondere der Arbeitsgruppe II – (IPCC 2014a) sowie den Synthesebericht des IPCC (IPCC 2015), so zeigt sich, dass den übergreifenden und komplexen Risiken, die nicht allein auf den Klimawandel zurückzuführen sind, dem Umgang mit Unsicherheiten sowie der Frage von Anpassungsoptionen eine wesentlich stärkere Aufmerksamkeit gewidmet wird als zuvor (IPCC 2007). Warum aber rücken neuerdings übergreifende und entstehende Risiken besonders in den Blickpunkt? Weshalb werden die Begriffe Vulnerabilität und Risiko in dem neuen Bericht deutlich voneinander unterschieden? Zudem ist zu prüfen, welche neuen Erkenntnisse es bezüglich der Frage gibt, wie man mit Unsicherheiten und Komplexität im Rahmen der Klimaanpassungsforschung und Klimarisikoforschung umgehen kann (▶ Kap. 30). Trotz wesentlicher Erweiterungen bestehender Daten zum Klimawandel und zur Klimavariabilität werden Unsicherheiten in Bezug auf die Auswirkungen und Risiken des Klimawandels selbst bei verbesserter Datenlage und wissenschaftlichem Fortschritt auch weiterhin bestehen bleiben. Daher sind der Umgang mit Unsicherheiten und die Bewertung von potenziellen Auswirkungen und Risiken im Kontext des Klimawandels Kernthemen eines gesellschaftlichen Umgangs mit dem Klimawandel, der auch zu thematisieren hat, wie die Einsichten und Erkenntnisse der Wissenschaft in einen demokratischen Prozess der Entscheidungsbildung einfließen (können) (▶ Kap. 29, 31).

26.1.1   Risiken und mögliche Anpassungsstrategien: von zwei Seiten her denken

Eine Kernerkenntnis der neueren IPCC-Berichte (AR5, IPCC SREX) liegt darin, dass die Chancen und Risiken im Kontext

des Klimawandels und entsprechende Strategien zur Anpassung komplexer Systeme von zwei Seiten oder Polen her definiert und analysiert werden müssen: einerseits aus der Perspektive des Klimawandels und andererseits aus der Perspektive der gesellschaftlichen Entwicklung bzw. der Veränderung sogenannter sozial-ökologischer Systeme. Risiken wie auch Kosten und Nutzen von unterschiedlichen Anpassungsstrategien und –maßnahmen (etwa Küstenschutzmaßnahmen gegen Meeresspiegelanstieg und Sturmfluten oder Frühwarnsysteme gegenüber Hitzestress) können sehr unterschiedlich ausfallen, je nachdem, welche Szenarien zur Entwicklung gesellschaftlicher und räumlicher Prozesse diesen Analysen zugrunde liegen. Beispielsweise können je nach demografischem und wirtschaftlichem Szenario unterschiedliche Werte hinter dem Deich entstehen („starkes Wachstum" oder „geringes Wachstum"), und damit kann auch der jeweilige zukünftige Nutzen einer Anpassungsmaßnahme oder Strategie deutlich höher oder geringer ausfallen. Auch in Bezug auf den Hitzestress – z. B. hinsichtlich der Zahl älterer Menschen, der demografischen Komponente von Szenarien – können sich je nach Szenario sehr unterschiedliche Auswirkungen ergeben. Tendenziell könnte ein höherer Nutzen für ein Hitzefrühwarnsystem bestehen, wenn es zukünftig deutlich mehr Menschen gibt, die potenziell besonders anfällig gegenüber Hitzestress sind und daher gewarnt werden müssen. Der Ansatz, die Kausalität von Risiken im Kontext des Klimawandels von zwei Seiten zu beleuchten, erstens dem Klimawandel und der Klimavariabilität und zweitens vonseiten des gesellschaftlichen Wandels, bietet einen neuen Problemfokus und Lösungszugang, in dem übergreifende Risiken als Schnittstellenproblem zwischen Umweltwandel und gesellschaftlichem Wandel begriffen werden.

Neben den zuvor genannten Anpassungsmaßnahmen sind auch CO_2-Minderungsziele wichtig, damit der Klimawandel und die damit aller Wahrscheinlichkeit nach verbundenen Extremereignisse in einem Rahmen bleiben, an den man sich überhaupt noch anpassen kann. Das neue Rahmenkonzept des Fünften Sachstandsberichts des Weltklimarats (IPCC 2014a), das sich stark auf den IPCC-Spezialbericht SREX bezieht (IPCC 2012), verdeutlicht in dieser Hinsicht, dass die gesellschaftliche Verwundbarkeit sowie diejenige von sozial-ökologischen Systemen ein wesentlicher Ausgangspunkt für Anpassungsstrategien ist, um mittel- oder langfristig mit veränderten Umwelten leben zu können. Andererseits wird eine Anpassung von Systemen wie Infrastrukturen oder Städten oder auch Ökosystemen mit der Zunahme des Klimawandels und der Steigerung der Intensität von sogenannten Extremereignissen deutlich schwieriger. Folglich sind nur in einer bestimmten Bandbreite von Klima- und Umweltveränderungen Anpassungsstrategien denkbar, und die Möglichkeiten, Risiken zu mindern, fallen bei einer 4- oder 6-Grad-plus-Welt deutlich geringer aus als in einer 2-Grad-plus-Welt.

Diese Grenzen der Anpassung werden in der folgenden Grafik des IPCC aus dem Europa-Kapitel deutlich (◻ Abb. 26.1).

Aktuelle Forschungen im Kontext der Vulnerabilitäts- und Anpassungsforschung zielen darauf ab, den Szenarien zum Klimawandel auch gesellschaftliche Szenarien gegenüberzustellen (O'Neill et al. 2015). Für den Klimawandel werden insbesondere RCP-Szenarien genutzt. Demgegenüber wird in SSP-Szenarien (*shared socio-economic pathways*), die für Fragen der Anpassung

Europa				
Schlüsselrisiken	**Anpassung - Probleme und Perspektiven**	**Klimatische Antriebskräfte**	**Zeitrahmen**	**Risiko & Anpassungspotenzial** (Sehr niedrig – Mittel – Sehr hoch)
Erhöhte wirtschaftliche Schäden und betroffene Menschen durch Überflutung in Flussgebieten und entlang von Küsten, verursacht durch zunehmende Urbanisierung und steigende Meeresspiegel, Küstenerosion und Scheiteldurchflüsse (hohes Vertrauen)	Anpassung kann die meisten der projizierten Schäden verhindern (hohes Vertrauen) -Signifikante Erfahrungen mit rein technischen Lösungen zum Hochwasserschutz und zunehmende Erfahrung mit Revitalisierung von Auen -Hohe Kosten für verstärkten Hochwasserschutz -Potenzielle Hemmnisse für die Umsetzung: Starke Nachfrage nach Land sowie Konflikte mit Umwelt- und Landschaftsschutzzielen	extremer Niederschlag; Meeresspiegel	Gegenwart; Kurzfristig (2030-2040); Langfristig (2080-2100) 2 °C / 4 °C	
Erhöhte Einschränkungen bezüglich Wasserverfügbarkeit aus Flüssen und Grundwasserressourcen bei gleichzeitig erhöhtem Wasserbedarf (z.B. für Bewässerung, Energie und Industrie, Haushaltszwecke) und verringerter Wasserführung in Folge von erhöhter Verdunstung, besonders in Südeuropa (hohes Vertrauen)	-Bekannte Potenziale für die Anpassung durch größere Effizienz in der Wassernutzung und Strategien zur Einsparung von Wasser (z.B. bei Bewässerung, Anbau von angepassten Nutzpflanzen, Landnutzung, Industrien, Haushaltszwecke) -Umsetzung von bewährten Methoden und politischen Steuerungsinstrumenten in Managementplänen für Flusseinzugsgebiete und integriertes Wassermanagement	Erwärmungstrend; extreme Temperatur; Trend zur Trockenheit	Gegenwart; Kurzfristig (2030-2040); Langfristig (2080-2100) 2 °C / 4 °C	
Erhöhte wirtschaftliche Schäden und gesundheitliche Beeinträchtigung durch Hitzewellen verbunden mit Folgen für Gesundheit und Wohlbefinden, Arbeitsproduktivität, Ernteerträge, Luftqualität und zunehmende Risiken von Wald- und Flächenbränden in Südeuropa und im borealen Gebiet von Russland (mittleres Vertrauen)	-Einsatz von Frühwarnsystemen -Anpassung von Wohnstätten und Arbeitsplätzen und der Infrastruktur für Transport und Energie -Verringerung der Emissionen um die Luftqualität zu verbessern -Verbesserte Bekämpfung von Wald- und Flächenbränden -Entwicklung von Versicherungsprodukten gegen durch Unwetter verursachte Ernteausfälle	extreme Temperatur	Gegenwart; Kurzfristig (2030-2040); Langfristig (2080-2100) 2 °C / 4 °C	

Abb. 26.1 Regionale Schlüsselrisiken durch den Klimawandel und das Potenzial zur Verringerung der Risiken durch Anpassung und Minderung. Jedes Schlüsselrisiko wird als sehr gering bis sehr hoch beschrieben für die drei Zeiträume: Gegenwart, kurzfristig (hier untersucht für 2030–2040) und langfristig (hier untersucht für 2080–2100). Kurzfristig unterscheiden sich die projizierten globalen mittleren Temperaturanstiege in den verschiedenen Emissionsszenarien nicht wesentlich. Langfristig werden die Risikolevels für zwei Szenarien des Anstiegs der globalen mittleren Temperatur dargestellt (2 und 4 °C über dem vorindustriellen Niveau). Diese Szenarien illustrieren das Potenzial von Minderung und Anpassung, die mit dem Klimawandel verbundenen Risiken zu verringern. Klimatische Treiber von Folgen werden durch Symbole bildlich dargestellt. (IPCC 2014b, SPM.2 Tab. 1, Ausschnitte)

und der Transformation unter Mitigationsszenarien entwickelt werden, stärkeres Gewicht auf Probleme der Armut, der Wohlstandsentwicklung oder der Demografie gelegt, da diese Faktoren Aussagen zur Anfälligkeit von Gesellschaften gegenüber den Einwirkungen des Klimawandels erlauben (van Ruijven et al. 2014). Diese SSP-Szenarien haben das Ziel, über verschiedene Szenarien relevante Veränderungen und unterschiedliche künftige Zustände von Gesellschaften bzw. gesellschaftliche Bedingungen abzubilden, z. B. Armut, Urbanisierung, demografischer Aufbau oder Wirtschaftskraft (O'Neill et al. 2015; van Ruijven et al. 2014). Die Diskussion der SSP-Szenarien ist allerdings noch recht jung, und eine quantitative Entwicklung der *storylines*, die den Szenarien als qualitative Elemente zugrunde liegen, befindet sich noch im Entwicklungs- und Abstimmungsprozess (O'Neill et al. 2015).

Unbeschadet dessen ist es eine wichtige wissenschaftliche Aufgabe, zukünftige Risiken nicht allein über ein enges Gefahrenverständnis (Hochwasser, Hitzestress oder Dürre) zu definieren, bei dem primär die Eintrittswahrscheinlichkeiten eines physischen Ereignisses sowie dessen Verbindung zum Klimawandel im Vordergrund stehen. Vielmehr sind Risiken eher im Kontext von zukünftigen möglichen Entwicklungspfaden der Umwelt bzw. des Klimas und der Gesellschaft zu verstehen, die als Grundlage für die Entwicklung von Anpassungsstrategien dienen sollten. Dementsprechend beruhen beispielsweise auch die Bestimmung von Schlüsselrisiken und die Einschätzung von Anpassungspotenzialen, wie sie sich in ◘ Abb. 26.1 wiederfinden, auf einem stark interdisziplinär gestalteten Prozess. Hier fließt Expertenwissen aus unterschiedlichen Disziplinen wie den Natur-, Ingenieurs- und Sozialwissenschaften ein. Eine Schwierigkeit bleibt allerdings vielfach die Bestimmbarkeit der Magnitude und Eintrittswahrscheinlichkeit von Risiken, weil sich aus der Integration sozioökonomischer Entwicklungspfade Möglichkeitsräume auftun, die die Ungewissheit vergrößern (► Kap. 5, ► Kap. 30). Anhand solcher Unsicherheiten wird auch die normative Dimension von Entscheidungsprozessen klar, die auf wissenschaftlichen Einsichten fußen. So ist die Frage, welches Gewicht welchen Risiken unter gegebenen Unsicherheiten beigemessen wird, nicht allein wissenschaftlich bestimmbar, sondern muss Gegenstand eines umfassenden Risikomanagements sein (► Kap. 29).

26.1.2 Vom IPCC-SREX-Spezialbericht zum Fünften IPCC-Sachstandsbericht

Seit der IPCC-Spezialbericht SREX *(Managing the risk of extreme events and disasters to advance climate change adaptation)* verabschiedet wurde, wird bei der Beurteilung möglicher Auswirkungen des Klimawandels und der Entwicklung von Anpassungsstrategien stärkeres Gewicht darauf gelegt, klar zwischen den verschiedenen Komponenten, die Risiken im Kontext des Klimawandels ausmachen, zu differenzieren. Dabei wird besonders auf folgende Komponenten geschaut: Gefahren, Exposition und Verwundbarkeit (IPCC 2012, 2014a). In diesem Zusammenhang kommt eine übergreifende Risikoperspektive zum Tragen, wie sie die Risiko- und Umweltforschung schon länger nutzt (UNDRO 1980; UN/ISDR 2004; IPCC 2012; Birkmann 2013). Dies bedeutet auch ein verändertes Verständnis von Verwundbarkeit im Vergleich zu vorherigen IPCC-Sachstandsberichten (IPCC 2001, 2007). Dieses neue Verständnis baut darauf auf, dass Menschen, Ökosysteme oder auch Infrastrukturen oder Städte unterschiedlich verwundbar gegenüber den Einwirkungen des Klimawandels sind. Die Verwundbarkeit wird dabei in eine Komponente der Anfälligkeit bzw. Sensitivität sowie eine zweite Komponente der Reaktions- und Anpassungskapazitäten differenziert. Damit wird deutlich: Risiken, die im Kontext des Klimawandels entstehen, basieren nicht allein darauf, dass es den Klimawandel als solchen gibt und dass er physische Prozesse wie z. B. klimawandelbedingte Veränderungen der Temperatur- und Niederschlagsmuster beeinflusst. Vielmehr kann sich ein Risiko im Kontext der Veränderung des Klimas erst durch die Verknüpfung mit exponierten und verwundbaren Gesellschaften, Städten, Infrastrukturen oder Ökosystemen entwickeln (◻ Abb. 26.2). Diese Zusammenhänge wurden in früheren IPCC-Berichten bereits unter dem Dach der Vulnerabilität betrachtet. In dieser Hinsicht unterscheidet das neue Konzept allerdings eindeutig zwischen der Vulnerabilität eines Systems oder einer Gesellschaft einerseits und der auf das System einwirkenden Gefahr andererseits, etwa Temperaturerhöhung, Hochwasser, Hitzestress usw. Beide Prozesse – a) die Veränderungen des Klimas sowie b) die gesellschaftlichen Veränderungen – sind gemeinsam zu betrachten, um im Rahmen von Anpassungsstrategien an den Klimawandel sowie des Risikomanagements hinreichende Handlungsbedarfe und Strategien ableiten zu können. Erst wenn Anpassungsstrategien und Risikominderungsansätze die mit den verschiedenen Treibern verbundenen Risiken abschwächen, sind nachhaltige Entwicklungspfade denkbar.

Ein Beispiel sind die im Zusammenhang mit dem Klimawandel steigenden Hitzegefahren. Risiken in diesem Zusammenhang – beispielsweise 2003 in ganz Europa oder 2013 in England – ergaben sich nicht allein deswegen, weil die Temperaturen stiegen und damit Hitzestress ausgelöst wurde, sondern auch weil bestimmte Bevölkerungsgruppen sehr anfällig gegenüber den Einwirkungen solcher Hitzephänomene sind, z. B. ältere Menschen (Fouillet et al. 2006). Heutige Anpassungsstrategien sind daher nicht allein an der Veränderung der Klimaparameter auszurichten. Sie müssen auch auf die vielschichtigen Interaktionen zwischen gesellschaftlichem (z. B. demografischem) Wandel und dem anthropogenen Klimawandel sowie der Klimavariabilität fokussieren (IPCC 2012).

26.2   Artikel 2 der Klimarahmenkonventionen

Das grundlegende Mandat einer wissenschaftlich getragenen Erörterung der Klimarisiken ist politisch gesetzt: Es gilt, gefährlichen Klimawandel zu vermeiden. Für die Arbeit des Weltklimarats, vor allem der Arbeitsgruppe II, ist insbesondere Artikel 2 der Klimarahmenkonvention eine zentrale Grundlage. Darin gilt es als Kernziel der Klimarahmenkonvention, die Stabilisierung der Treibhausgaskonzentrationen in der Atmosphäre auf einem Stand zu halten, der es erlaubt, gefährliche anthropogene Interaktionen und Störungen mit dem Klimasystem zu vermeiden (◻ Box).

[Klimarahmenkonvention]

„Das Endziel dieses Übereinkommens und aller damit zusammenhängenden Rechtsinstrumente, welche die Konferenz der Vertragsparteien beschließt, ist es, in Übereinstimmung mit den einschlägigen Bestimmungen des Übereinkommens die Stabilisierung der Treibhausgaskonzentrationen in der Atmosphäre auf einem Niveau zu erreichen, auf dem eine gefährliche anthropogene Störung des Klimasystems verhindert wird. Ein solches Niveau sollte innerhalb eines Zeitraums erreicht werden, der ausreicht, damit sich die Ökosysteme auf natürliche Weise den Klimaänderungen anpassen können, die Nahrungsmittelerzeugung nicht bedroht wird und die wirtschaftliche Entwicklung auf nachhaltige Weise fortgeführt werden kann." (UN 1992; Übersetzung: Lexikon der Nachhaltigkeit)

In dieser Hinsicht betont der neue IPCC-Bericht insbesondere der Arbeitsgruppe II (IPCC 2014a) sowie der Synthesebericht aller Arbeitsgruppen (IPCC 2015), dass die identifizierten Schlüsselrisiken und *reasons for concern* ein Werkzeug dafür sind, der Frage näherzukommen, was eine „gefährliche anthropogene Störung des Klimasystems" bzw. – anders übersetzt – eine „gefährliche anthropogene Einmischung in das Klimasystem" eigentlich ist.

Schlüsselrisiken werden dabei als „potenziell irreversible und negative Konsequenzen für Menschen oder sozial-ökologische Systeme" definiert. Diese Schlüsselrisiken ergeben sich aus der Interaktion zwischen Gefahren im Kontext des klimatischen Wandels, der Verwundbarkeit sowie der Exposition von Gesellschaften und Systemen. Was also ist „eine gefährliche anthropogene Einmischung" oder „Störung des Klimasystems"?

Aus Sicht der Autoren und auch aus Sicht der neuesten IPCC-Berichte lässt sich diese Frage nicht allein durch die Analyse von Klimaveränderungen beantworten. Vielmehr verlangt die Beantwortung eine stärker integrative Perspektive, die sowohl den physischen Klimawandel und daraus resultierende Gefahren als auch die Vulnerabilität und Exposition von Gesellschaften und Ökosystemen berücksichtigt. Erst dadurch lassen sich Aspekte des gefährlichen Klimawandels in Form von Risiken ermitteln.

In diesem Zusammenhang spielen auch Zeithorizonte eine wichtige Rolle, etwa für Anpassungsprozesse von Ökosystemen oder die Sicherung der Nahrungsmittelsicherheit, sowie eine gesellschaftliche und wirtschaftliche Entwicklung, die mit dem Ziel der Nachhaltigkeit vereinbar ist. Dabei geht es um die Frage, wie viel Zeit die verschiedenen Systeme haben, um sich an Klimaveränderungen anzupassen oder darauf vorzubereiten. Diese Aspekte zeigen bereits, dass das neue Risikokonzept im Fünften Sachstandsbericht hier möglicherweise neue Blickwinkel eröffnet.

26.3   Vergleich der Konzepte IPCC 2007 und IPCC 2014: internationaler und nationaler Diskurs

In der Vergangenheit hat man sich in Deutschland meistens auf das Vulnerabilitätskonzept des Weltklimarats bezogen (IPCC 2001, 2007). Fleischhauer kommt beispielsweise in ▶ Kap. 27 zu

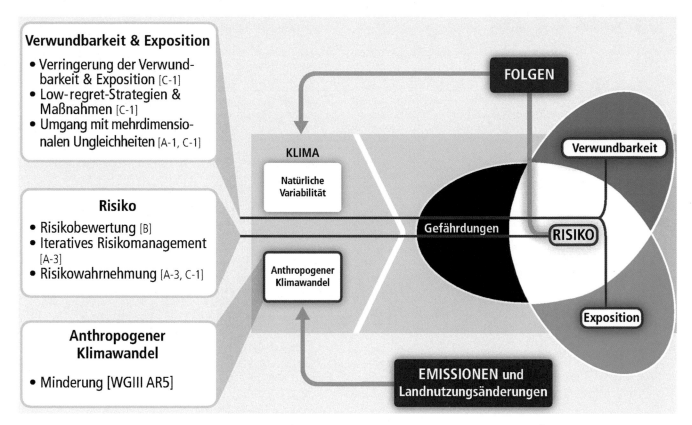

□ **Abb. 26.2** Der Lösungsraum. Kernkonzepte der WGII AR5, welche die wichtigsten Determinanten von Risiken und zentrale Überlegungen zum Risikomanagement im Zusammenhang mit Klimawandel darstellen. Dieses Rahmenkonzept wurde auch in der *Summary for Policy Makers* vorgestellt. Querverweise in *eckigen Klammern* verweisen auf Abschnitte mit den entsprechenden Bewertungsaussagen. (IPCC 2014b, Ausschnitt aus Abbildung SPM8)

dem Schluss, dass rund 40 % aller bisherigen Studien zur Vulnerabilität in Deutschland auf der Definition des IPCC-Berichts von 2007 beruhen und erst 25 % die neuere Definition verwenden. Nach der Definition des alten IPCC-Berichts aus dem Jahr 2007 ist die Verwundbarkeit eines Systems eine Funktion seiner Exposition gegenüber einem Klimasignal, der Sensitivität gegenüber diesem Signal und der potenziellen Anpassungskapazität des Systems. Demgegenüber beinhaltet das neuere IPCC-Konzept (2014a) eine sogenannte Risikoperspektive, in der zwischen der Exposition, der Vulnerabilität und der Gefahrenkomponente, die gemeinsam das Risiko determinieren, unterschieden wird. Ein Vergleich des Vulnerabilitäts- und des Risikokonzepts findet sich in □ Tab. 26.1.

In dieser Hinsicht stellt der IPCC-Spezialbericht *Managing the risks of extreme events and disasters to advance climate change adaptation* (IPCC 2012) die Zusammenhänge zwischen Klimawandel und Extremereignissen sowie die Komplementarität von Risikomanagement und Anpassung an den Klimawandel heraus (► Kap. 29). Dabei folgt der IPCC-SREX-Report dem Verständnis von Verwundbarkeit aus der Naturrisikoforschung (IPCC 2012, S. 32–33). Risiko ist dann als Funktion von Eintrittswahrscheinlichkeit und Konsequenz eines Ereignisses anzusehen, wobei die Verwundbarkeit als eine Teilkomponente des Risikobegriffs diese Konsequenzen maßgeblich bestimmt (Cardona 2011; Miller et al. 2010). Allerdings ist auch darauf hinzuweisen, dass sich bestimmte Phänomene – insbesondere schleichende Prozesse – einer klassischen, auf Wahrscheinlichkeiten fußenden Definition von Risiko entziehen. Deswegen rücken neben der

Orientierung an der Eintrittswahrscheinlichkeit eines physischen Ereignisses vor allem die Interaktion von Gefahren, die mit dem physischen Klimawandel verbunden sind, die Vulnerabilität einer Gesellschaft oder eines Ökosystems sowie die Exposition dieser Systeme in den Mittelpunkt der Betrachtung (IPCC 2014a). In diesem Zusammenhang zielt die neue Risikoperspektive auf eine bessere Abstimmung von Managementstrategien, die deutlich über eine rein auf die direkten Auswirkungen des Klimawandels fokussierte Sichtweise hinausgehen (IPCC 2012, 2014a; ► Kap. 29).

Diese Managementorientierung wird auch in den erweiterten Abbildungen im Fünften Sachstandsbericht (IPCC 2014a, b) veranschaulicht. Sie zeigen, dass das Risiko-Assessment in einen schrittweisen Prozess des Risikomanagements eingebettet sein sollte, der Ziele der Vulnerabilitäts- und Expositionsminderung sowie die Entwicklung sogenannter *low-regret*-Strategien und entsprechender Maßnahmen umfasst. Sie ermöglichen trotz Unsicherheiten in Bezug auf die Entwicklung des Klimas einen Nutzen, der größer ist als die damit verbundenen Kosten. Neben den *low-regret*-Strategien stellen sich ebenso Fragen der Verwundbarkeit im Sinne der Adressierung mehrdimensionaler gesellschaftlicher Ungleichheiten (□ Abb. 26.2).

Mithin sind die Anpassung an den Klimawandel sowie das Risiko- und Katastrophenmanagement von Extremereignissen als komplementäre Ansätze zum Umgang mit dem Klimawandel anzusehen.

□ Tab. 26.1 stellt den *Climate Change Vulnerability Assessment*-Ansatz des Weltklimarats aus dem Vierten Sachstandsbe-

26

◘ Tab. 26.1 Merkmale von Risiko- und Vulnerabilitätskonzepten. (Erweiterte eigene Darstellung auf Basis von Greiving et al. 2012, S. 7)

Konzept/Element	*Climate Change Vulnerability Assessment* (IPCC 2007; Füssel und Klein 2006)	Risikokonzepte nach dem IPCC-SREX-Report 2012 (IPCC 2012) und Fünftem Sachstandsbericht (IPCC 2014a, AR 5)
Definition	Vulnerabilität ist das finale Produkt einer Vulnerabilitätsabschätzung, wobei neben der Sensitivität und Anpassungskapazität der betroffenen Systeme auch die Magnitude und Frequenz des Klimawandels in die Definition eingehen.	Vulnerabilität ist eine Teilkomponente von Risiko: eine Eigenschaft des exponierten Systems – etwa des Ökosystems oder der Infrastruktur – oder der exponierten Gesellschaft.
Datengrundlagen	Die Datengrundlagen für die Bestimmung der Exposition stammen aus Klimaprojektionen für die Zukunft. Sensitivität wird in der Regel mit Status-quo-Daten beschrieben.	Die Datengrundlagen für die Bestimmung der Gefährdung stammen vielfach aus der Vergangenheit (z. B. Zeitreihen beobachteter Ereignisse) oder aus Projektionen zum zukünftigen Temperaturanstieg (IPCC AR5). Daten zur Verwundbarkeit werden aus sozioökonomischen Statistiken gewonnen, etwa zu vulnerablen Teilen der Bevölkerung.
Bezugsgröße	Kein Bezug zu Einzelereignissen; dargestellt sind in der Regel relative Veränderungen gegenüber einer Referenzperiode, basierend etwa auf Wirkungsketten.	Gefährdung wird teils in einer Frequenz-Magnitude-Funktion (Beziehung zwischen der Stärke eines Ereignisses und seiner Häufigkeit) für einen Bemessungsfall ausgedrückt. Die Definition des AR5 verweist allerdings auch darauf, dass Risiko als Produkt der Interaktion zwischen Gefahren, Exposition und Verwundbarkeit zu ermitteln ist. Dabei lässt sich eine Eintrittswahrscheinlichkeit – wenn überhaupt – nur für die Gefahrenkomponente ermitteln.
Reaktions- bzw. Anpassungskapazitäten	Die Anpassungskapazität eines Systems, mit seiner Betroffenheit gegenüber klimatischen Veränderungen umzugehen, geht in die Bewertung der Verwundbarkeit mit ein.	Die Reaktionskapazitäten gegenüber einem Extremereignis oder schleichenden Klimaveränderungen gehen mit in die Risikoabschätzung als Faktor, der die Verwundbarkeit mindert, ein.
Produkt	Im Mittelpunkt stehen relative Veränderungen der Verwundbarkeit eines Sektors oder Systems, ausgelöst durch klimatische Veränderungen. Die Darstellung in Karten ist umstritten, da dies eine räumliche Auflösung vermittelt, die in der Regel nur bedingt mit Daten hinterlegt ist, z. B. mit Daten für Anpassungskapazitäten.	Im Mittelpunkt steht das Risiko. Gefahren, Verwundbarkeiten und Risiken können teilweise visuell in Karten dargestellt werden.

richt (IPCC 2007; Füssel und Klein 2006) dem Risikokonzept des SREX-Reports (IPCC 2012) sowie der damit verknüpften erweiterten Perspektive des Fünften IPCC-Sachstandsberichts (IPCC 2014a) gegenüber. Dabei werden nur zentrale Merkmale skizziert.

Neben der Differenzierung der Vulnerabilitätskonzepte aus dem Vierten (2007) und Fünften Sachstandsbericht (2014) ist es von Bedeutung, Aussagen zur Struktur bisheriger Studien und Analysen zu den Klimafolgen und zur Vulnerabilität zu treffen.

Klimafolgen werden in zahlreichen Studien meist für einzelne Sektoren (z. B. Landwirtschaft ▶ Kap. 18, Wasserhaushalt ▶ Kap. 16) oder Elemente menschlicher Systeme (z. B. Infrastruktur ▶ Kap. 24, Verkehr ▶ Kap. 21) präsentiert. Eine solche sektorale Betrachtung liefert wichtige Informationen für die Entwicklung von Anpassungsmaßnahmen und Erstellung von Vulnerabilitätsanalysen; allerdings zeigt sich zunehmend, dass eine sektorübergreifende Perspektive notwendig ist, um mögliche Spannungen und Konflikte zwischen Anpassungsstrategien unterschiedlicher Sektoren zu erkennen und im Rahmen von Anpassungsstrategien und -programmen zu mindern. Wechselwirkungen zwischen Sektoren gehören zu den Prozessen, die wissenschaftlich bislang unzulänglich abgebildet sind. Dazu gehören z. B.:

- die Wasserverfügbarkeit für landwirtschaftliche Bewässerung,
- Verstärkungseffekte durch Überlagerung von Veränderungen in mehreren Sektoren (*hotspots*),
- Fernwirkungen, z. B. durch Handel oder Migration,
- indirekte Effekte mit nur teilweiser Attribution zu Klimawandel wie Verteilungseffekte oder Konflikte,
- Kipppunkte wie nichtlineare Ernteeinbußen oberhalb eines bestimmten Schwellenwerts.

Die Forschung hierzu bedarf weiterer raum- und kontextspezifischer Analysen, um beispielsweise sogenannte Kipppunkte von sozial-ökologischen Systemen auf kleinräumiger Ebene besser zu erkennen und verstehen zu können. Diese Kipppunkte könnten wichtige Ansatzpunkte für gezielte Anpassungsprogramme sein.

26.4 Schlüsselrisiken im Kontext des Fünften IPCC-Sachstandsberichts

Bei der Auswahl und Priorisierung von Risiken, die der Fünfte IPCC-Sachstandsbericht als Schüsselrisiken ausweist, kamen Auswahlkriterien zum Einsatz, die ein breiteres Risikoverständnis untermauern. Als Kriterien wurden u. a. folgende herangezogen:

a. Magnitude des Risikos – Risiken werden als Schlüsselrisiken angesehen, wenn ihre negativen Konsequenzen sehr hoch sein können. Diese können sich dabei auf unterschiedliche Metriken beziehen, z. B. auf die menschliche Mortalität, wirtschaftliche Schäden oder auf die kulturelle Bedeutung des exponierten Elements bzw. Systems.

b. Wahrscheinlichkeit des Eintritts eines Risikos und des Zeitpunkts, z. B. die Wahrscheinlichkeit, dass ein Gefahrenereignis eintritt und auf sehr verwundbare Gruppen trifft und auf diese einwirkt.

c. Irreversibilität und Beharrlichkeit von Bedingungen, die Risiken determinieren – beispielsweise die Dauerhaftigkeit von Triebkräften, die das Risiko erhöhen, bzw. im Umkehrschluss die geringen Möglichkeiten, diese Triebkräfte für Gefahren, Exposition und Verwundbarkeit (schnell) zu verringern.

d. Begrenzte Möglichkeiten, ein Gefahrenereignis oder einen Trend wie den Temperaturanstieg im Kontext des Klimawandels sowie Charakteristika der Verwundbarkeit zu mindern. Dies sind z. B. Risiken, die bereits in den kommenden Jahrzehnten eintreten könnten, unter verschiedenen RCP- und SSP-Szenarien als bedrohlich einzustufen sind und demzufolge nur begrenzt beeinflusst oder umgekehrt werden können (IPCC 2014a, eigene veränderte Übersetzung auf Basis des IPCC 2014b, S. 11–12).

Insgesamt weisen diese Kriterien auf ein deutlich breiteres Risikoverständnis hin, das über die Frage der Eintrittswahrscheinlichkeit eines Gefahrenereignisses hinausgeht. Gleichwohl bleibt es angesichts des Möglichkeitsraums, der sich aus der Kombination veränderter klimatischer und sozioökonomischer Bedingungen ergibt, eine Herausforderung, die Kriterien in ihrer Magnitude und Eintrittswahrscheinlichkeit zu bestimmen bzw. sie im Einzelfall anzuwenden. Risiken und Entwicklungspfade können räumlich und zeitlich sehr differenziert auftreten. Diese Tücken des neuen IPCC-Ansatzes könnten daher vor allem auf der regionalen und lokalen Ebene zum Tragen kommen, wenn es darum geht, über konkrete Anpassungsmaßnahmen und damit das Gewicht von Anpassung als Abwägungsbelang unter hohen Unsicherheiten zu entscheiden.

26.4.1 Beispiele für Schlüsselrisiken

Des Weiteren beschreibt ► Kap. 18 des Fünften IPCC-Sachstandsberichts Schlüsselrisiken vielfach als komplexe Interaktion zwischen vulnerablen Menschen und Lebenssicherungsstrategien einerseits sowie hoher Exposition und hoher potenzieller Gefahreneinwirkung andererseits. Als Schlüsselrisiken werden u. a. folgende Risiken identifiziert:

- Risiken von Tod, Verletzung und Gesundheitsschädigung sowie Zerstörung oder erheblicher Beeinträchtigung von Lebenssicherungsstrategien von Menschen, die in niedrig liegenden Küstenzonen sowie in *small island developing states* (SIDS) leben, aufgrund von Stürmen, Küstenüberschwemmungen und Meeresspiegelanstieg.

- Risiken schwerer Gesundheitsschädigungen sowie Zerstörung und erhebliche Beeinträchtigung von Lebenssicherungsstrategien für große Teile urbaner Bevölkerungsgruppen aufgrund von Hochwassern in zahlreichen Regionen.

- Systemische Risiken aufgrund von Extremwetterereignissen, die zu einem Zusammenbruch von kritischen Infrastrukturen und ihren Dienstleistungen führen können, z. B. Elektrizität, Wasserversorgung und Notfallversorgung.

- Risiken des Verlustes von ländlichen Lebenssicherungsstrategien und Einkommen aufgrund unzureichenden Zugangs zu Trink- und Bewässerungswasser sowie Risiken im Kontext reduzierter landwirtschaftlicher Produktivität.

Diese Beispiele verdeutlichen, dass die Abschätzung von Risiken neben den physischen Veränderungen des Klimas und sogenannten klimawandelbeeinflussten Gefahren auch gerade die Vulnerabilität von Menschen, Lebenssicherungs- und Produktionssystemen und Infrastrukturen umfasst. Dies spiegelt sich z. B. im letztgenannten Schlüsselrisiko wider, in dem es nicht allein um die Frage der Verfügbarkeit von Trinkwasser oder Wasser für die Bewässerung in der Landwirtschaft im Kontext des Klimawandels geht, sondern um Fragen des unzureichenden Zugangs, der eben auch durch gesellschaftliche Faktoren und Aushandlungsprozesse determiniert ist. Zudem weist auch das Beispiel der „systemischen Risiken" darauf hin, dass indirekte Wirkungskaskaden im Kontext des Klimawandels erhebliche Risiken implizieren können und die enorme Abhängigkeit von Gesellschaften in Industrieländern von den Leistungen kritischer Infrastrukturen für Grunddaseinsfunktionen des Lebens diese Risiken noch verschärfen kann. Darüber hinaus wurden in der Technischen Zusammenfassung (*Technical Summary*, TS) – der eigentlichen wissenschaftlichen Zusammenfassung – im Vergleich zur Zusammenfassung für politische Entscheidungsträger (*Summary for Policy Makers*) wichtige Differenzierungen zur Verwundbarkeit getroffen. Zahlreiche Schlüsselrisiken verdeutlichen, dass es sich um multidimensionale Vulnerabilitäten handelt, die neben Fragen der Armut oder des Alters von Menschen auch Fragen fehlerhafter und unzureichender *governance*-Strukturen umfassen (◘ Abb. 26.3). Folglich ist auch die sogenannte institutionelle Dimension von Verwundbarkeit zu ermitteln (vgl. IPCC 2014a).

26.5 Bandbreiten und Unsicherheiten

Unsicherheiten sowie mögliche Bandbreiten potenzieller Entwicklungen, die mit der Modellierung von Prozessen im Erdsystem und auch mit der Frage zukünftiger Expositionsmuster und Vulnerabilitäten von Gesellschaften oder Ökosystemen verknüpft sind, stellen eine signifikante Herausforderung für Planungs- und Entscheidungsprozesse dar. Neben normativen Aspekten, die bei der Bewertung von Anpassungsstrategien auftreten, ist auch die Planung und Umsetzung ausgewählter Anpassungs- und Transformationspfade Teil einer öffentlichen Entscheidungsbildung, die nicht allein auf Expertenwissen zurückgreifen kann (► Kap. 33).

■ Entscheidungstheoretische Perspektive
Die deskriptive Entscheidungstheorie differenziert bei Entscheidungssituationen wie folgt entlang des Grades der Sicherheit bzw. Unsicherheit über gegenwärtige und künftige Umweltzustände (Laux 2007):
- **Entscheidungen unter Sicherheit:** Die eintretende Situation bzw. Rechtsfolge für eine bestimmte Handlung ist bekannt (deterministisches Entscheidungsmodell, z. B. Grundlage der Straßenverkehrsordnung).

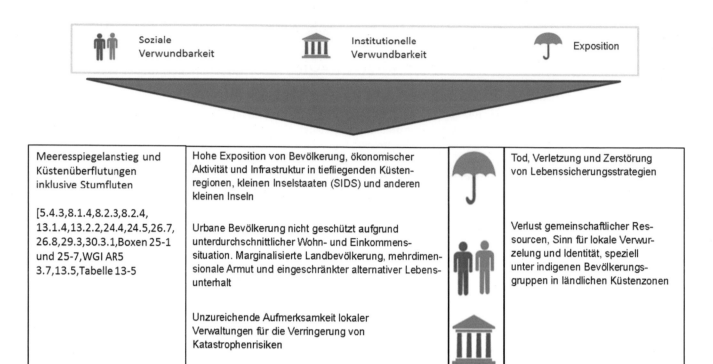

◙ Abb. 26.3 Eine Auswahl der Gefahren, Schlüsselvulnerabilitäten und -risiken, die im Bericht der Arbeitsgruppe II des IPCC für den Fünften Sachstandsbericht identifiziert wurden. Die Beispiele verdeutlichen die Komplexität der Risiken, die durch die interagierenden klimatischen Gefahren, Expositionen und vielfältige Vulnerabilitäten hervorgerufen werden. Risiken entstehen, wenn erhöhtes Gefahrenpotenzial mit sozialen, institutionellen, ökonomischen und umweltbezogenen Vulnerabilitäten zusammenkommt und auch die Exposition hoch ist, wie durch die Symbole dargestellt. (IPCC 2014c, eigene Übersetzung)

- **Entscheidungen unter Risiko:** Wahrscheinlichkeit für möglicherweise eintretende Umweltsituationen und deren Folgen ist bekannt (klassischer Hochwasserschutz).
- **Entscheidungen unter Ungewissheit:** Möglicherweise eintretende Umweltsituationen sind bekannt, allerdings nicht deren Eintrittswahrscheinlichkeiten und genauen Konsequenzen (Klimawandel).
- **Wahre Unbestimmtheit:** Keine Grundlage zur Beschreibung von Entwicklungsmöglichkeiten (z. B. bei den möglichen Folgen gänzlich neuer Technologien).

Risikokalkulationen beziehen sich in aller Regel auf die Gegenwart, während sich Aussagen zum Klimawandel auf Zeitabschnitte in der teilweise recht fernen Zukunft beziehen. In der probabilistischen Risikokalkulation wird eine Frequenz-Magnitude-Funktion oftmals aus Zeitreihen abgeleitet, die vielfach auf Beobachtungen aus der Vergangenheit beruhen. In dieser Hinsicht können Ansätze des Managements von Folgen des heutigen Klimas – nach Laux (2007) – als „Entscheidungen unter Risiko" bezeichnet werden. Die Reaktion auf einen möglichen, in seiner konkreten räumlich-zeitlichen Ausprägung und nicht über Wahrscheinlichkeitsaussagen bestimmbaren Klimawandel ist so allerdings nicht unbedingt fassbar. Deshalb sollte man im Kontext des Klimawandels von „Entscheidungen unter Ungewissheit" sprechen (nach Laux 2007).

Unsicherheit aufgrund unvollständigen Wissens kann über die Untersuchung der Systeme reduziert werden. Dabei kann die natürliche Variabilität der Umwelt nicht reduziert, aber in der Risikoabschätzung quantifiziert werden (Wahrscheinlichkeit und Konsequenz). Beim Klimawandel sind die Prozesszusammenhänge zwar überwiegend bekannt, die Wahrscheinlichkeit und Folgen aber nicht sicher bestimmbar. Dies geht neben den Quellen der Unsicherheiten, die einer computergestützten Modellierung inhärent sind, auch auf die Ungewissheit über die sozioökonomischen Entwicklungen bzw. den Input der Klimamodelle zurück und lässt sich prinzipiell nicht auflösen.

Entscheidungen unter Risiko sind in das Konzept der planerischen Entscheidung einzuordnen (Greiving 2002, S. 74; Faßbender 2012, S. 86). Dabei besitzt der Planungs- bzw. Entscheidungsträger einen Spielraum bei der Auswahl einer Analysemethode und Bewertung der Ergebnisse für formelle Verfahren (▶ Kap. 30). Das Gewicht des Belanges ergibt sich bei Risikoanalysen, d. h. bei Entscheidungen unter Unsicherheit, aus der Kombination von Eintrittswahrscheinlichkeit und Konsequenz bestimmter Ereignisse. In der Begründung für oder gegen eine bestimmte Anpassungsmaßnahme ist dann transparent darzulegen, welche fachlichen Daten und Prognosen herangezogen wurden und welche methodische Herangehensweise verwendet wird. Der Konsistenz der methodischen Herangehensweise kommt große Bedeutung für die Rechtssicherheit solcher Planungen zu. Dies gilt auch für Klimafolgenanalysen.

Demgegenüber bietet sich im Kontext des Umgangs mit Ungewissheiten bzw. des Umgangs mit zukünftigen Folgen des Klimawandels in der Praxis der Rückgriff auf das Vorsorgeprinzip an, das zum Tragen kommt, wenn ein Schutzgut Schaden nehmen kann („Besorgnispotenzial"). Für die Beurteilung eines Besorgnispotenzials ist auch die Sensitivität bzw. Verwundbarkeit zu betrachten, weil sich erst aus Verschneidung von Klimasignal und Sensitivität bzw. Verwundbarkeit beurteilen lässt, ob eine erhebliche Betroffenheit vorliegt. Hierbei wird oftmals auf Wahrscheinlichkeitsangaben verzichtet und stattdessen ein plausibler *worst case* als Abwägungsgrundlage herangezogen. Das Dilemma ist aber auch hier die Bestimmbarkeit der Betroffenheit, weil die Begründung von Maßnahmen über das Vorsorgeprinzip auch eine Frage der Verhältnismäßigkeit ist.

Eine wesentliche Schlussfolgerung besteht daher darin, dass Ungewissheit im Klimawandel prinzipiell zwar reduzierbar ist, beispielsweise über

- eine breitere Verfügbarmachung von Wissen (*problems of interplay*, *problem of scale*, Young 2002, 2010),
- die Weiterentwicklung von Methoden,
- Extremwertstatistik, die modellinterne Unsicherheit reduziert,

dass alle diese Ansätze jedoch auch die Komplexität vergrößern und dadurch Entscheidungen und Bewertungen tendenziell erschweren.

Gerade weil sich diese Ungewissheiten nicht vollständig beseitigen lassen, müssen Entscheidungsträger lernen, mit Ungewissheit in Planungs- und Entscheidungsprozessen umzugehen. Daher ist es wichtig, durch die Wissenschaft auch zu vermitteln, dass bei Verwendung des Risikokonzepts im Kontext der Klimafolgenbewertung und Anpassungsdiskussion keine Entscheidungen vorweggenommen werden, sondern hier ebenfalls weitere Abwägungen und Bewertungen erforderlich sind, die allerdings auf wissenschaftlich fundierten Informationen und Befunden aufbauen müssen.

26.6　Kurz gesagt

In dem neuen Risikoansatz des Fünften Sachstandsberichts des Weltklimarats wird verstärkt zwischen den Komponenten unterschieden, die Risiken im Kontext des Klimawandels ausmachen. Das Risikokonzept wird vom Vulnerabilitätskonzept unterschieden. Es rücken die Begriffe Gefahren, Exposition und Verwundbarkeit in den Fokus. Dieses Verständnis baut darauf auf, dass Menschen, Ökosysteme oder Infrastrukturen und Städte unterschiedlich verwundbar gegenüber dem Klimawandel sind. Die Höhe von Klimaschäden hängt dementsprechend nicht nur von der Stärke des Klimasignals, sondern auch von sozioökonomischen Entwicklungspfaden ab. So sollten auch Chancen und Risiken für Anpassungsprozesse von zwei Seiten her gedacht werden: aus der Perspektive des Klimawandels und aus der Perspektive der gesellschaftlichen Entwicklung. Allerdings wird Anpassung mit der Zunahme des Klimawandels deutlich schwieriger, und nur in einer bestimmten Bandbreite von Klima- und Umweltveränderungen sind Anpassungsstrategien möglich. Da jedoch die physikalischen Umweltveränderungen in keinem der Zukunftsszenarien klar eingegrenzt werden können und die sozialen Entwicklungen eine zusätzliche Dimension der Unsicherheiten mit sich bringen, müssen Entscheidungsträger mit Ungewissheit in Planungs- und Entscheidungsprozessen umgehen.

Literatur

Birkmann J (2013) Basic principles and theoretical basis. In: Birkmann J (Hrsg) Measuring vulnerability to natural hazards. Towards disaster resilient societies. United Nations University Press, New York, S 31–79

Cardona OD (2011) Disaster risk and vulnerability – notions and measurement of human and environmental insecurity. In: Brauch HG, Oswald-Spring U, Mesjasz C, Grin J, Kameri-Mbote P, Chourou B, Dunay P, Birkmann J (Hrsg) Coping with global environmental change, disasters and security – threats, challenges, vulnerabilities and risks. Springer, Berlin, S 107–122

Faßbender K (2012) Rechtsgutachten zu den Anforderungen an regionalplanerische Festlegungen zur Hochwasservorsorge erstattet im Auftrag des Regionalen Planungsverbands Oberes Elbtal/Osterzgebirge. Eigenverlag, Leipzig

Fouillet A, Rey G, Laurent F, Pavillon G, Bellec S, Ghihenneuc-Jouyaux C, Clavel J, Jougla E, Hémon D (2006) Excess Mortality Related to the August 2003 Heat Wave in France. Int Arch Occup Environ Health 80(1)

Füssel H-M, Klein RJT (2006) Climate change vulnerability assessments: an evolution of conceptual thinking. Clim Chang 75(3):301–329

Greiving S (2002) Räumliche Planung und Risiko. Gerling Akademie Verlag, München

Greiving S, Schneiderbauer S, Zebisch M (2012) Vulnerabilität – Begriffliche und konzeptionelle Einordnung und Stand der Forschung. Working Paper des Netzwerks Vulnerabilität. Eigenverlag, Berlin

IPCC (2001) IPCC Third Assessment Report. Synthesis Report. Cambridge University Press, Cambridge

IPCC (2007) Climate change 2007. Impacts, adaptation and vulnerability. In: Parry ML, Canziani OF, Palutikof JP, Van Der Linde PJ, Hanson CE (Hrsg) Contribution of Working Group II to the Fourth Assessment Report of the Intergovernmental Panel on Climate Change. Cambridge University Press, Cambridge, S 7–22

IPCC (2012) Managing the risks of extreme events and disasters to advance climate change adaptation. Special report of the Intergovernmental Panel on Climate Change

IPCC (2014a) WG II: Climate change 2014: Impacts, adaptation, and vulnerability. Intergovernmental Panel on Climate Change. IPCC Assessment Report, Bd. 5.

IPCC (2014b) Zusammenfassung für politische Entscheidungsträger. In: Field CB, Barros VR, Dokken DJ, Mach KJ, Mastrandrea MD, Bilir TE, Chatterjee M, Ebi KL, Estrada YO, Genova RC, Girma B, Kissel ES, Levy AN, MacCracken S, Mastrandrea PR, White LL (Hrsg) Klimaänderung 2014: Folgen, Anpassung und Verwundbarkeit. Beitrag der Arbeitsgruppe II zum Fünften Sachstandsbericht des Zwischenstaatlichen Ausschusses für Klimaänderungen (IPCC). Cambridge University Press, Cambridge (Deutsche Übersetzung durch Deutsche IPCC-Koordinierungsstelle, Österreichisches Umweltbundesamt, ProClim, Bonn/Wien/Bern, 2015)

IPCC (2014c) Technical summary. In: Field CB, Barros VR, Mach KJ, Mastrandrea MD, van Aalst M, Adger WN, Arent DJ, Barnett J, Betts R, Bilir TE, Birkmann J, Carmin J, Chadee DD, Challinor AJ, Chatterjee M, Cramer W, Davidson DJ, Estrada YO, Gattuso J-P, Hijioka Y, Hoegh-Guldberg O, Huang HQ, Insarov GE, Jones RN, Kovats RS, Romero-Lankao P, Larsen JN, Losada IJ, Marengo JA, McLean RF, Mearns LO, Mechler R, Morton JF, Niang I, Oki T, Olwoch JM, Opondo M, Poloczanska ES, Pörtner H-O, Redsteer MH, Reisinger A, Revi A, Schmidt DN, Shaw MR, Solecki W, Stone DA, Stone JMR, Strzepek KM, Suarez AG, Tschakert P, Valentini R, Vicuña S, Villamizar A, Vincent KE, Warren R, White LL, Wilbanks TJ, Wong PP, Yohe GW In: Climate Change 2014: Impacts, Adaptation, and Vulnerability. Part A: Field CB, Barros VR, Dokken DJ, Mach KJ, Mastrandrea MD, Bilir TE, Chatterjee M, Ebi KL, Estrada YO, Genova RC, Girma B, Kissel ES, Levy AN, MacCracken S, Mastrandrea PR, White LL (eds.) Global and Sectoral Aspects. Contribution of Working Group II to the Fifth Assessment Report of the Intergovernmental Panel on Climate Change. Cambridge University Press, Cambridge, United Kingdom and New York, NY, USA, pp 35–94

IPCC (2015) Climate Change 2014 – Synthesis Report (Klimawandel 2014) – Synthese Bericht. Intergovernmental Panel on Climate Change. IPCC Assessment Report, Bd. 5.

Laux H (2007) Entscheidungstheorie, 7. Aufl. Springer, Berlin

26

Lexikon der Nachhaltigkeit, https://www.nachhaltigkeit.info/artikel/klima-schutzkonvention_903.htm

Miller F, Osbahr H, Boyd E, Thomalla F, Bharwani S, Ziervogel G, Walker B, Birkmann J, van der Leeuw S, Rockström J, Hinkel J, Downing T, Folke C, Nelson D (2010) Resilience and vulnerability: complementary or conflicting concepts? Ecol Soc 15(3):11 (http://www.ecologyandsociety.org/vol15/iss3/art11/)

O'Neill B, Kriegler E, Ebi K, Kemp-Benedict E, Riahi K, Rothmann D, van Ruijven B, van Vuuren D, Birkmann J, Kok M, Levy M, Solecki B (2015) The roads ahead: narratives for shared socioeconomic pathways describing world futures in the 21st century. Glob Environ Chang (in press) http://dx.doi.org/10.1016/j.gloenvcha.2015.01.004

Ruijven BJ van, Levy MA, Agrawal A, Biermann F, Birkmann J, Carter TR et al (2014) Enhancing the relevance of shared socioeconomic pathways for climate change impacts, adaptation and vulnerability research. Clim Chang 122(3):481–494

UN (1992) United Nations Framework Convention on Climate Change. https://unfccc.int/resource/docs/convkp/conveng.pdf. Zugegriffen: 23. Mai 2016

UN/ISDR (2004) Living with risk. United Nations International Strategy for Disaster Reduction. Eigenverlag, Genf

UNDRO (1980) Natural disasters and vulnerability analysis. Report of Experts Group Meeting, 09.–12.07.1979. UNDRO, Genf

Young OR (2002) The institutional dimensions of environmental change: Fit, interplay, and scale. MIT Press, Cambridge MA

Young OR (2010) Institutional dynamics : Emergent patterns in international environmental governance. MIT Press, Cambridge, MA

Analyse der Literatur zu Klimawirkungen in Deutschland: ein Gesamtbild mit Lücken

Mark Fleischhauer, Stefan Greiving, Christian Lindner, Johannes Lückenkötter, Inke Schauser

© Der/die Herausgeber bzw. der/die Autor(en) 2017

G. Brasseur, D. Jacob, S. Schuck-Zöller (Hrsg.), *Klimawandel in Deutschland,* DOI 10.1007/978-3-662-50397-3_27

Dieses Unterkapitel präsentiert Ergebnisse einer umfassenden Literaturauswertung zu relevanten Klimawirkungen für Deutschland, die im Rahmen des Projekts „Netzwerk Vulnerabilität" vorgenommen wurde. In diesem Netzwerk sind 16 Bundesbehörden und Bundesinstitute sowie ein wissenschaftliches Konsortium vertreten (Umweltbundesamt 2012). Es sollte an dieser Stelle betont werden, dass aus Platzgründen viele Details nicht dargestellt werden können und daher auf die Ergebnisse der Gesamtstudie verwiesen wird (adelphi et al. 2015).

Die nach Regionen und Handlungsfeldern unterschiedlichen Auswirkungen des Klimawandels in Deutschland (Teil III) erfordern unterschiedliche Anpassungsmaßnahmen (Teil V). Sektorenübergreifende Bewertungen der vielfältigen Klimawirkungen können Entscheidungsträger dabei unterstützen, diejenigen Regionen und Themen zu identifizieren, die voraussichtlich besonders stark vom Klimawandel beeinträchtigt werden, d. h. vulnerabel sind, und wo daher vordringlich Anpassungsaktivitäten erfolgen sollten. Klimawirkungsanalysen können aber auch noch anderen Zwecken dienen (Füssel und Klein 2006; Hinkel 2011): der Vertiefung des Wissens über Klimawandelfolgen inklusive ihrer Wechselwirkungen, der Feststellung ihres Schadenspotenzials, der Erzeugung von Aufmerksamkeit für die potenziellen Gefahren des Klimawandels und der Beobachtung zeitlicher Entwicklungen von Klimawirkungen und Anpassungsaktivitäten.

Die zentrale Herausforderung für alle Klimawirkungs- und Vulnerabilitätsstudien ist es, mit der Abschätzung von den mit zukünftigen Entwicklungen verbundenen Unsicherheiten umzugehen, die von verschiedenen Quellen ausgehen, wie von bezifferbaren Fehlern in Daten über mehrdeutig formulierte Konzepte und Terminologien bis hin zu unsicheren Projektionen über menschliches Verhalten und gesellschaftliche Entwicklung (Birkmann et al. 2013). Die unsicheren künftigen Entwicklungen des Klimasignals (Klimaprojektionen), der Flächennutzungen und der sozioökonomischen Faktoren (z. B. Bevölkerungs- und Wirtschaftsentwicklung) werden aber bei fachlichen/politischen Entscheidungen von Akteuren im Abschätzungsprozess je nach zweckmäßigen fachlichen, oft aber auch politischen Grundeinstellungen unterschiedlich interpretiert. Die Verwendung von Ensembles in Klimawirkungs- und Vulnerabilitätsanalysen vergrößert die Bandbreite der Analyseergebnisse und macht somit die bestehenden Unsicherheiten sichtbar. Letztlich enthebt es die Entscheidungsträger jedoch nicht der Pflicht, aus dieser Bandbreite der Ergebnisse das für die Entscheidung von Maßnahmen geeignete auszuwählen.

Für Deutschland gab das Umweltbundesamt 2005 eine erste handlungsfeldübergreifende Analyse der Vulnerabilität in Auftrag (Zebisch et al. 2005). Seitdem wurde in Deutschland von den Behörden der Länder und des Bundes eine große Anzahl von Klimawirkungs- und Vulnerabilitätsstudien beauftragt und bearbeitet. Diese liegen entweder in Form landesweiter Studien vor, die mehrere Handlungsfelder abdecken wie z. B. für Brandenburg (Gerstengarbe et al. 2003), Baden-Württemberg (Stock 2005) oder Nordrhein-Westfalen (Kropp et al. 2009), oder auch als handlungsfeldbezogene und räumliche Teilstudien wie beispielsweise in Baden-Württemberg (LUBW 2014), Hessen (HLUG 2013) oder Rheinland-Pfalz (MWKEL 2014). Im Rahmen von Forschungsprojekten wurden ebenfalls auf europäischer (ESPON Climate 2011; EEA 2012), deutscher (BMVBS 2010) und auf regionaler Ebene – KlimaMORO (BMVBS 2013) oder KLIMZUG (BMBF 2014) – solche Untersuchungen durchgeführt. Darüber hinaus existieren Fallbeispiele im Rahmen von Projekten des 7. Forschungsrahmenprogramms oder von INTERREG-Projekten (Projektdatenbank siehe CLIMATE-ADAPT 2014).

27.1   Die Studie des Netzwerks Vulnerabilität

Von 2011 bis 2015 führte das Netzwerk Vulnerabilität eine aktuelle, methodisch konsistente deutschlandweite Zusammenschau bereits bestehender Vulnerabilitätsanalysen für die Fortschreibung der Deutschen Anpassungsstrategie durch, um die heute und in Zukunft für Deutschland wichtigsten Klimawirkungen handlungsfeldübergreifend zu identifizieren (adelphi et al. 2015; Greiving et al. 2015). Die vorhandene Literatur zu Klimawirkungen und Vulnerabilitäten wurde im Hinblick auf Angaben zu Exposition, Sensitivität und Anpassungskapazität sowie Vulnerabilitätskonzepten und Bewertungsmethoden analysiert. Basierend auf dieser umfassenden Literaturauswertung erarbeitete man einen „Klimastudienkatalog", eine interaktive Plattform, die es ermöglicht, sich strukturiert über die erwarteten Klimawirkungen in Deutschland zu informieren (Umweltbundesamt 2014). Im Folgenden präsentieren die Autoren die Ergebnisse der Literaturauswertung, wobei sie erst einen Überblick über die abgedeckten Handlungsfelder und Aussagen geben und dann die Methodik in den Studien diskutieren.

Insgesamt konnten 155 Studien ermittelt werden, von denen 75 Studien räumlich konkrete Aussagen zu Klimawirkungen in Deutschland enthalten (Stichtag: 31.08.2012). Der Großteil der Studien ist seit 2005 fertig gestellt worden, mit einem vorläufigen Maximum im Jahr 2011.

Etwa ein Drittel der untersuchten Studien (45 von 155 Studien) wurde von den Ländern (Landesministerien, Landesämter), weitere 27 Studien wurden vom Bund (Bundesministerien, Bundesämter) in Auftrag gegeben und betrachten somit die Gesamtfläche oder Teilflächen eines Bundeslandes, sodass von den 155 auf methodische Fragen untersuchten Studien 75 Studien einen klaren räumlichen Fokus auf einzelne oder mehrere Bundesländer haben.

27.1.1 Auswertung nach Handlungsfeldern

Die Deutsche Anpassungsstrategie DAS (Bundesregierung 2008) nennt 15 Handlungsfelder der deutschen Anpassungspolitik, darunter zwei Querschnittsthemen. Diese Untergliederung diente bei der Auswertung der in den Klimastudienkatalog des Netzwerks Vulnerabilität eingestellten 155 Studien als Grundlage für die inhaltliche Zuordnung (das DAS-Handlungsfeld Wasserhaushalt, Wasserwirtschaft, Küsten- und Meeresschutz wurde hierbei in zwei Handlungsfelder geteilt). Die Mehrheit der untersuchten Studien (92 von 155) betrachtet nicht nur ein, sondern mehrere Handlungsfelder und ist somit als „handlungsfeld- oder sektorübergreifend" zu bezeichnen, was jedoch nicht mit einer Aggregation bzw. Integration der Analyseergebnisse über die Handlungs-

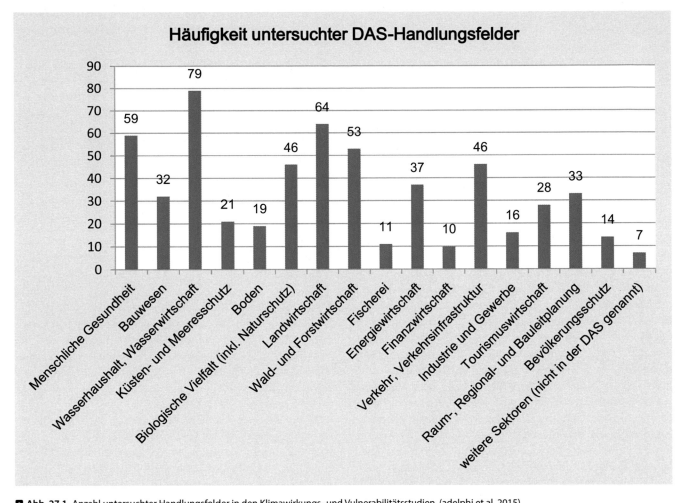

Häufigkeit untersuchter DAS-Handlungsfelder

○ **Abb. 27.1** Anzahl untersuchter Handlungsfelder in den Klimawirkungs- und Vulnerabilitätsstudien. (adelphi et al. 2015)

felder hinweg gleichzusetzen ist. 59 Studien hingegen beschränken sich auf Aussagen zu einem einzigen Handlungsfeld der Deutschen Anpassungsstrategie (○ Abb. 27.1). Die meisten Studien beschäftigen sich mit den Handlungsfeldern Wasserhaushalt und Wasserwirtschaft, Landwirtschaft, Menschliche Gesundheit sowie Forstwirtschaft. Am wenigsten gibt es zu den Handlungsfeldern Fischerei sowie Finanzwirtschaft. Die unausgewogene Verteilung fällt auf. Einerseits gibt sie einen Hinweis auf die Schwerpunkte der bisherigen Klimafolgenforschung und die Interessen der beauftragenden Institutionen, andererseits ist sie sicher auch auf die unterschiedlichen Umfänge der Handlungsfelder zurückzuführen.

Die Auswahl der untersuchten Handlungsfelder in Klimawirkungs- und Vulnerabilitätsstudien folgt keinem definierten Standard, sondern hängt von unterschiedlichen Faktoren ab, etwa von den vermuteten Auswirkungen innerhalb eines Bezugsraums (was u. a. durch die naturräumliche Ausstattung eines Raums bestimmt wird), dem zur Verfügung stehenden Budget und Zeitrahmen für die Erarbeitung der Studie, von der Datenverfügbarkeit, der Expertise der Bearbeiter und von der Interessenlage der Auftraggeber.

Nicht alle ausgewerteten Studien enthalten konkrete Ergebnisse für klar definierte Regionen, sondern einige treffen allgemeine Aussagen für Deutschland oder Europa insgesamt bzw. setzen sich in erster Linie mit methodischen Fragen zur Ermittlung von Klimawirkungen in einem bestimmten Handlungsfeld

auseinander. Aus deutscher Sicht interessant ist aber vor allem, welche räumlich konkreten Aussagen sich in Bezug auf einzelne Handlungsfelder für Deutschland insgesamt sowie für die Teilregionen (hier: Bundesländer) in den Klimawirkungs- und Vulnerabilitätsstudien finden. Dies ermöglicht einen Überblick über die tatsächlich für Deutschland bzw. die deutschen Bundesländer vorliegenden Informationen und zeigt bestehende Lücken auf.

Dazu wurden ausschließlich diejenigen Studien ausgewählt, in denen konkrete raumbezogene Aussagen zu den Auswirkungen des Klimawandels in Deutschland getroffen wurden. Die für die deutschen Bundesländer sowie Deutschland insgesamt relevanten Aussagen wurden dann aus den vorliegenden Studien extrahiert und zu einer Datenbank mit Aussagen zur Klimawirkung auf Länder- und Handlungsfeldebene zusammengefasst.

Über 50 % aller Aussagen zu Klimafolgen wurden in den vier Handlungsfeldern Wasserhaushalt und Wasserwirtschaft, Landwirtschaft, Wald- und Forstwirtschaft sowie Biologische Vielfalt getroffen (adelphi et al. 2015, ○ Abb. 27.4). Da bei diesen Handlungsfeldern ein enger Bezug zum Klimasignal besteht (insbesondere Temperatur, Niederschlag), kann hier eine starke Betroffenheit durch den Klimawandel vermutet werden. Ein weiterer Grund für den hohen Anteil dieser Handlungsfelder bei der Betrachtung in Klimawirkungs- und Vulnerabilitätsstudien besteht darin, dass es sich bei diesen Handlungsfeldern um Bereiche handelt, die für alle Bundesländer relevant sind. Ein weiterer

Grund mag darin liegen, dass sich in diesen Handlungsfeldern aufgrund des genannten direkten Zusammenhangs die sich ändernden Klimaparameter relativ einfach in bereits bestehende Analysemodelle und -methoden einspeisen lassen. Dies gilt auch für das Handlungsfeld Menschliche Gesundheit, für das ebenfalls eine hohe Anzahl an Aussagen getroffen wurde. Hier wurde in erster Linie das Thema des Hitzeinseleffekts in großen Agglomerationsräumen untersucht (adelphi et al. 2015, ◼ Tab. 27.1), bei dem ebenfalls ein direkter Zusammenhang zu dem sich ändernden Klima gesehen wird. Gleichwohl bestehen hier auch verstärkt indirekte Zusammenhänge, insbesondere in Bezug auf die Folgen von klimabezogenen Naturgefahren.

In den fünf Handlungsfeldern Energiewirtschaft, Tourismuswirtschaft, Boden, Verkehr, Verkehrsinfrastruktur sowie Küsten- und Meeresschutz existiert nur eine relativ geringe Anzahl an Aussagen, was zum einen daran liegen könnte, dass in einem Teil dieser Handlungsfelder die Klimafolgen als nicht so gravierend eingeschätzt werden. Zum anderen liegt es aber auch daran, dass die Handlungsfelder nur für bestimmte Teilbereiche Deutschlands relevant sind, so etwa der Küsten- und Meeresschutz für die Küstenländer oder die Tourismuswirtschaft für die bedeutendsten Touristendestinationen. Schließlich sind die Zusammenhänge mit dem Klima in diesen Handlungsfeldern häufig indirekter Natur und in starkem Maße von sozioökonomischen Faktoren abhängig, d. h., die Klimafolgen werden hier insbesondere auch von der Sensitivität des Handlungsfeldes bestimmt. Da eine derartige Analyse einen höheren methodischen Aufwand erfordert, ist dies möglicherweise ein weiterer Grund, warum diese Handlungsfelder nur mit mittlerer Häufigkeit betrachtet werden.

Für eine Gruppe von vier Handlungsfeldern, nämlich Bauwesen, Fischereiwirtschaft, Industrie & Gewerbe sowie Finanzwirtschaft, sind nur sehr wenige Aussagen in den ausgewerteten Vulnerabilitätsstudien zu finden. Als Grund könnte man vermuten, dass nur geringe Auswirkungen erwartet werden. Darüber hinaus wird bei den Akteuren in diesen Handlungsfeldern die eigene Betroffenheit durch den Klimawandel wohl noch nicht als sehr groß eingeschätzt. Bei der Fischereiwirtschaft kommt hinzu, dass dieses Handlungsfeld volkswirtschaftlich nur einen geringen Anteil ausmacht und es neben den Küstenländern auf relativ wenige Fischereibetriebe an Binnengewässern bezogen ist.

Um näherungsweise eine Aussage darüber zu machen, welche Bundesländer welche Vulnerabilitätsstudien angefertigt haben und was es für Gesamtdeutschland gibt, wurden die Aussagen in den Studien den einzelnen Bundesländern zugeordnet. Um die Übersichtlichkeit zu erhöhen, wurden die Handlungsfelder der Deutschen Anpassungsstrategie zu fünf Clustern zusammengefasst: Cluster 1: Umwelt und primärer Sektor, Cluster 2: Wasser und Fischerei, Cluster 3: Siedlungsentwicklung und Verkehr, Cluster 4: Produktion und Dienstleistung, Cluster 5: Gesundheit und Bevölkerungsschutz. ◼ Abb. 27.2 zeigt, wo die einzelnen Bundesländer die Schwerpunkte bei ihren Studien gesetzt haben. Hier zeigt sich, dass bei einigen Bundesländern bestimmte Cluster stärker im Vordergrund stehen als bei anderen (z. B. Dienstleistung und Produktion in Nordrhein-Westfalen), häufig aber auch ganze Cluster in einigen Ländern bislang gar nicht untersucht worden sind (beispielsweise fehlt das Cluster Siedlungsentwicklung und Verkehr in sechs Bundesländern).

27.1.2 Auswertung der inhaltlichen Aussagen zu den verschiedenen Handlungsfeldern

Die aus den Studien extrahierten Aussagen wurden für die Literaturanalyse darüber hinaus inhaltlich ausgewertet, um eine Übersicht zum gegenwärtigen Wissensstand zur Betroffenheit Gesamtdeutschlands bzw. einzelner Bundesländer durch den Klimawandel erstellen zu können. So wurden u. a. alle Aussagen nach einem Codierleitfaden für die qualitative Bewertung der Informationen den folgenden Kategorien zugeordnet (adelphi et al. 2015):

- ▬ Starke negative Auswirkungen
- ▬ Moderate negative Auswirkungen
- ▬ Geringe negative Auswirkungen
- ▬ Positive Auswirkungen
- ▬ Hohe Unsicherheit bzw. Schwierigkeit bei der Einschätzung der Aussagen

Durch diese Bewertung der Aussagen kann für jedes Bundesland und für die gesamte Bundesrepublik ein farblich an die Darstellung einer Ampel angelehntes „Klimawirkungsdiagramm" generiert werden, das alle vorliegenden Aussagen zu einem Handlungsfeld oder zu allen Handlungsfeldern in einem Bundesland nebeneinander abbildet und in gewissem Rahmen vergleichbar macht (adelphi et al. 2015, ◼ Abb. 27.3).

◼ Abb. 27.4 nennt anhand der einzelnen DAS-Handlungsfelder die Anzahl der Aussagen zu erwarteten Auswirkungen sowie die Anzahl der Aussagen, die laut den entsprechenden Studien explizit mit einer deutlichen Unsicherheit bzw. Schwierigkeit der Bewertung verbunden sind (z. B. Aussagen wie „auf vielfältige Weise beeinflusst", „wirken sich in unterschiedlicher Form und Intensität aus", „lassen sich nur sehr schwer Trends feststellen"). Davon ausgehend, dass bei der Untersuchung eines Handlungsfeldes innerhalb einer Klimawirkungs- und Vulnerabilitätsstudie jeweils ein methodischer Ansatz gewählt wurde, mit dem sowohl positive als auch negative Auswirkungen bestimmt werden können, kann man für diese Gegenüberstellung davon ausgehen, dass der Vergleich zwischen negativen und positiven Auswirkungen für ein Handlungsfeld tendenziell anzeigt, ob in diesem Handlungsfeld ausschließlich Nachteile oder ob in einem gewissen Maß auch positive Auswirkungen zu erwarten sind. Dieser Vergleich ist jedoch lediglich für die Betrachtung innerhalb eines Handlungsfeldes zulässig. Eine breite Streuung positiver und negativer Auswirkungen kann ein Hinweis darauf sein, dass unterschiedliche Studien auch zu unterschiedlichen Ergebnissen kommen können, etwa weil einige Analysen auf Klimatrends, andere auf Extremereignissen aufbauen, neue Daten oder Modelle zur Verfügung stehen oder unterschiedliche Modellensembles gewählt wurden.

Um ein präziseres Bild von Forschungsschwerpunkten und -lücken zu erhalten, werteten die Autoren im Auftrag des Umweltbundesamtes (adelphi et al. 2015) die Literatur auch hinsichtlich einzelner Klimawirkungen und ihrer Zuordnung zu den jeweiligen Handlungsfeldern der Deutschen Anpassungsstrategie DAS (Bundesregierung 2008) aus (◼ Tab. 27.1).

Die am häufigsten untersuchten Klimawirkungen (◼ Tab. 27.1) gehören zu den Handlungsfeldern, die auch ihrerseits am häu-

☐ Tab. 27.1 Liste der am häufigsten untersuchten Klimawirkungen. (adelphi et al. 2015)

DAS-Handlungsfeld	Klimawirkung	Anzahl der Untersuchungen
Wasserhaushalt, -wirtschaft	Hochwasser (alle Typen)	27
Landwirtschaft	Ertrag	25
Wasserhaushalt, -wirtschaft	Grundwasserstand (Quantität)	24
Menschliche Gesundheit	Hitzestress (z. B. Herz- Kreislauf-Erkrankungen, Hitzetote, Leistungsfähigkeit)	23
Biologische Vielfalt	Veränderung von Biotopen/Habitaten	21
Landwirtschaft	Verschiebung agrophänologischer Phasen und Veränderung der Wachstumsperiode	19
Wald- und Forstwirtschaft	Veränderung von Nutzfunktionen (Holzproduktion)	19
Biologische Vielfalt	Verschiebung von Ökosystemarealen	18
	Veränderung phänologischer Phasen (inkl. Früh- und Spätfröste)	17
Wald- und Forstwirtschaft	Hitze- und Trockenstress	17
	Schäden durch Extremereignisse (vor allem Windwurf)	17
	Schädlinge – trocken (Insekten)	17
Biologische Vielfalt	Veränderung der Ökosystemdienstleistungen	16
Boden	Erosion (fluvial, äolisch)/Bodenverdichtung/Hangrutschung	15
	Veränderung Bodenwassergehalt, Grundwasserneubildung	15
	Veränderung Produktionsfunktionen (Standortstabilität, Bodenfruchtbarkeit)	15
Biologische Vielfalt	Verbreitung invasiver Arten	15
Energiewirtschaft	Verfügbarkeit von Kühlwasser für thermische Kraftwerke → veränderte Leistung	15
Landwirtschaft	Schäden durch Extremereignisse	15
Wald- und Forstwirtschaft	Waldbrand	15
Wasserhaushalt, -wirtschaft	Niedrigwasser	15
	Quantität Oberflächenwasser	15
Landwirtschaft	Vernässung, Trocken- und Frostschäden, Wechselfröste	14
Tourismuswirtschaft	Beeinträchtigung/Wegfall touristischer Angebote	14
Wasserhaushalt, -wirtschaft	Grundwasserverfügbarkeit	14
Boden	Veränderung Nährstoffspeicherfunktionen (Kohlenstoff, Nitrat etc.)	13
Menschliche Gesundheit	Überträger von Krankheitserregern	13
Tourismuswirtschaft	Saisonale Nachfrageverschiebung	13
Wald- und Forstwirtschaft	Veränderung der Baumartenzusammensetzung	13
Biologische Vielfalt	Aussterben von Arten	12
Menschliche Gesundheit	Allergische Reaktionen (pflanzlich und tierisch)	12
Wasserhaushalt, -wirtschaft	Durchfluss Oberflächenwasser (jährlich, saisonal, täglich)	12
Boden	Veränderung Filter-/Pufferfunktionen (Wasser, Schadstoffe etc.)	11
Biologische Vielfalt	Rückgang der Bestände	11
Landwirtschaft	Schädlinge	11
Verkehr, Verkehrsinfrastruktur	Schiffbarkeit von Binnenwasserstraßen	11
Wald- und Forstwirtschaft	Veränderung von Schutzfunktionen (Naturgefahren, CO_2-Sequestrierung)	10
Wasserhaushalt, -wirtschaft	Trinkwasser	10

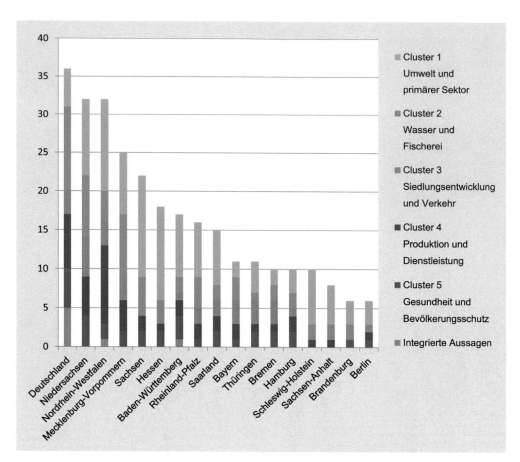

Abb. 27.2 Anzahl der Aussagen aus den Klimawirkungs- und Vulnerabilitätsstudien zu den Auswirkungen des Klimawandels pro Cluster und Bundesland. (eigene Darstellung nach adelphi et al. 2015)

Kategorien Klimawirkungsdiagramm

starke negative Auswirkungen + Anzahl der Aussagen	positive Auswirkungen + Anzahl der Aussagen
mittlere negative Auswirkungen + Anzahl der Aussagen	unsichere Auswirkungen + Anzahl der Aussagen
geringe negative Auswirkungen + Anzahl der Aussagen	Gesamtzahl der Studien

Die Darstellungsweise ermöglicht es, auch bei widersprüchlichen Angaben zu einem Sektor in einem Bundesland diese Ausprägungen darzustellen.

Dargestellt werden:
1. Stärke und Richtung der Auswirkungen (rot, orange, gelb, blau, grün)
2. Anzahl der Aussagen, die zur jeweiligen Ausprägung gemacht werden (Zahl)
3. Gesamtzahl der Studien (grau, Zahl)

Beispieldarstellung Sektor Landwirtschaft

1	1
1	
	1

„Die sich abzeichnenden Klimaänderungen wirken sich in unterschiedlicher Form und Intensität auf den Ackerbau und die Grünlandbewirtschaftung, den Gartenbau und die Tierhaltung aus. Dabei ergeben sich negative, aber auch einige positive Effekte. [...] Mit der Verlängerung der Vegetationsperiode und einer zunehmenden Photosyntheserate sind - ausreichende Wasserversorgung vorausgesetzt - höhere Erträge zu erzielen. [...] Durch ansteigende Temperatur und verstärkte Ausbreitungsmöglichkeiten im internationalen Warenverkehr sind eine erhebliche Zunahme Wärme liebender Insekten, wie Kartoffelkäfer, Blattläuse und Maiszünsler, sowie eine Zunahme von Primärschäden durch Blattfraß oder Saugschäden und auch Qualitätsverluste zu verzeichnen. [...] Wärme liebende Krankheiten nehmen zu, denen kurze Feuchte- oder Tauphasen zur Ausbreitung ausreichen (z.B. Getreideroste, Setosphaerica turcica – Blattflecken an Mais, Alternaria – Dürrfleckenkrankheit der Kartoffel, evtl. Apfelschorf, Feuerbrand)."

Abb. 27.3 Darstellung von Handlungsfeldaussagen aus Klimastudien im Klimawirkungsdiagramm. (adelphi et al. 2015); fiktives Beispiel in Anlehnung an LWK NRW 2012

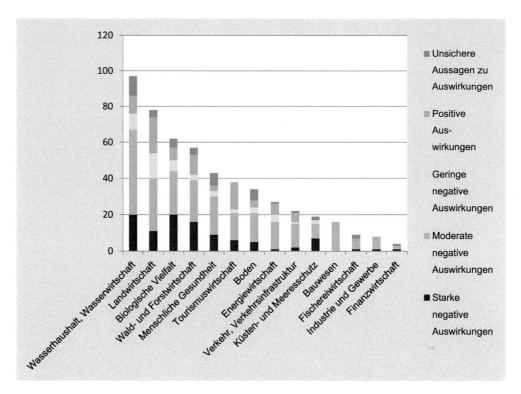

◘ **Abb. 27.4** Anzahl und Tendenz der Aussagen aus den Klimawirkungs- und Vulnerabilitätsstudien zu den Auswirkungen des Klimawandels. (adelphi 2015)

figsten in Studien untersucht wurden, also Wasserhaushalt und Wasserwirtschaft, Landwirtschaft, Menschliche Gesundheit, Biologische Vielfalt sowie Wald- und Forstwirtschaft (◘ Abb. 27.4). Insgesamt taucht nur die Hälfte der Handlungsfelder bei den am häufigsten untersuchten Klimawirkungen auf. Dies kann einerseits in der Bedeutung eines Handlungsfeldes begründet sein, andererseits liegt es aber möglicherweise auch daran, dass bestimmte Klimafolgen oft untersucht wurden, weil sie sich einfach untersuchen lassen (Bestehen geeigneter Modelle, Datenverfügbarkeit), ungeachtet der Tatsache, ob sie tatsächlich ein sehr bedeutendes Problem darstellen oder nicht.

Bei den am wenigsten untersuchten Klimafolgen zeigt sich, dass insbesondere in den eher technischen, infrastrukturellen Handlungsfeldern (Bauwesen, Energiewirtschaft, Tourismus und Verkehr, Verkehrsinfrastruktur) noch Lücken in der Forschung bestehen. Ein wesentlicher Grund ist vermutlich, dass die hier genannten Auswirkungen eher indirekte Klimafolgen darstellen und daher weniger gut abgeschätzt werden können, andererseits aber vonseiten der Experten aus handlungsfeldübergreifender Perspektive als bedeutend im Vergleich auch zu anderen Klimafolgen eingeschätzt werden (adelphi et al. 2015). Insgesamt zeigt sich daraus, dass die in der Deutschen Anpassungsstrategie genannten Handlungsfelder in der Analyse der Klimawirkungen – also letztlich in der aktuellen Klimafolgenforschungslandschaft – sehr ungleich repräsentiert sind.

27.1.3 Methodische Ansätze der Vulnerabilitätsstudien

Eine grundsätzliche Unterscheidung der Untersuchungsansätze zur Abschätzung von Klimafolgen ergibt sich bereits beim Grundverständnis. Hier steht auf der einen Seite das vom IPCC in der Vergangenheit verwendete Konzept zur Abschätzung der Klimawandelvulnerabilität (IPCC 2001, 2007; ► Kap. 26), das in rund 40 % der Studien (66 von 155) Verwendung findet. Es betrachtet die Verwundbarkeit eines Systems als Funktion seiner Exposition gegenüber einem Klimasignal, seiner Sensitivität gegenüber diesem Klimasignal und seiner potenziellen Anpassungskapazität. Auf der anderen Seite steht in erster Linie das später auch im Fünften IPCC-Sachstandsbericht verwendete Risikokonzept (IPCC 2014), das in etwa einem Viertel der Studien (37 von 155) zur Anwendung kommt. Hierbei wird zwischen den das Risiko determinierenden Faktoren (Exposition, Vulnerabilität und Gefahrenkomponente) unterschieden, also eine sogenannte Risikoperspektive eingenommen (► Kap. 26).

In den restlichen Studien finden sich Mischformen aus beiden Ansätzen bzw. gänzlich andere Konzepte, teilweise führen die Autoren gar nicht aus, wie der konzeptionelle Zusammenhang zwischen Klimaänderungen und den betroffenen Handlungsfeldern zu verstehen ist (◘ Abb. 27.5).

In den ausgewerteten Klimawirkungs- und Vulnerabilitätsstudien kamen unterschiedliche methodische Bewertungsansätze zum Einsatz: Bewertungen können rein qualitativ sein, d. h., sie verzichten gänzlich auf die „Rechenbarkeit" der Informationen und beschreiben verbal. Die Bewertung erfolgt beispielsweise als Einschätzung „hoch", „mittel", „gering". Sie können sich jedoch auch auf semiquantitative Bewertungsverfahren stützen. Bei diesen Verfahren erfolgt die Gewinnung der Daten nach qualitativen Kriterien, d. h., nicht direkt in Zahlen darstellbare Sachverhalte werden auf Basis subjektiver Bewertungen, etwa nach Kosten, Nutzen oder Punktwerten, in rechenbare Zahlenwerte übersetzt (etwa mittels einer Nutzwertanalyse). Schließlich kann die Bewertung quantitativ sein und auf Indikatoren fußen, die z. B. aus Messdaten oder durch Modellrechnungen ermittelt werden. Da die meisten dieser Analysen sich mit der Zukunft befassen, sind

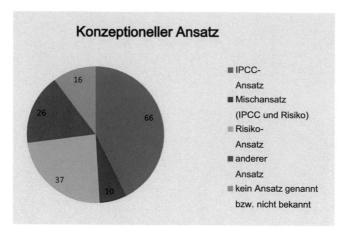

Konzeptioneller Ansatz

- IPCC-Ansatz
- Mischansatz (IPCC und Risiko)
- Risiko-Ansatz
- anderer Ansatz
- kein Ansatz genannt bzw. nicht bekannt

Abb. 27.5 Konzeptionelle Ansätze in den ausgewerteten Klimawirkungs- und Vulnerabilitätsstudien. (adelphi et al. 2015)

Daten aus Klimaprojektionen, aber auch sozioökonomische Szenarien, die zukünftige Zustände unserer Gesellschaft darstellen, notwendige Voraussetzung.

27.1.4 Zusammenfassung

Die betrachteten Zeiträume in den ausgewerteten Vulnerabilitäts- und Klimawirkungsstudien variieren, sie reichen in den früheren Studien bis 2055, haben jedoch einen Schwerpunkt beim Zeitraum 2071–2100. Für die Politikberatung günstig sind Studien, die zwischen einer nahen (z. B. 2035) und einer fernen Zukunft (z. B. 2085) unterscheiden. Mit wenigen Ausnahmen, etwa ESPON Climate (ESPON Climate 2011) und KlimaMORO-Vorstudie (BMVBS 2010), werden keine integrierten Aussagen über mehrere Handlungsfelder hinweg getroffen. Ebenso spielt Anpassungskapazität – neben Klimawirkungen die zweite Komponente von Klimavulnerabilität – in den meisten Studien eine nur untergeordnete Rolle und wird allenfalls qualitativ einbezogen, sodass man hier in der Regel von Klimawirkungsstudien und weniger von Vulnerabilitätsstudien sprechen muss.

Zusammenfassend hat die Auswertung von adelphi et al. (2015) gezeigt, dass innerhalb einzelner Studien oft sehr unterschiedliche Ansätze verwendet wurden. Auch die Studien selbst unterscheiden sich erheblich voneinander, was zum einen am wissenschaftlichen Fortschritt (neue Emissionsszenarien, neue Modelle), zum Teil aber auch an der Auswahl der zu untersuchenden Handlungsfelder und der betrachteten Themen liegt.

Für einige Bundesländer liegen Einzelstudien zu verschiedenen Handlungsfeldern bzw. zu verschiedenen Themen innerhalb eines Handlungsfeldes vor. Diese Studien schätzen beispielsweise für die süddeutschen Bundesländer Bayern, Baden-Württemberg und Rheinland-Pfalz die Auswirkungen des Klimawandels auf die Wasserwirtschaft ab (DWD et al. 2005). Für Sachsen-Anhalt wurde eine Studie zu den Kosten der Anpassung an den Klimawandel in Auftrag gegeben (UFZ 2011). In Hessen wurden knapp 20 Einzelstudien (zum Teil Aktualisierungen vorheriger Studien) zu den Auswirkungen des Klimawandels in verschiedenen

Handlungsfeldern (insbesondere Biologische Vielfalt, Land- und Forstwirtschaft) angefertigt (HLUG 2013). Dabei fällt auf, dass die Studien keiner einheitlichen Begriffssystematik folgen bzw. je nach Handlungsfeld unterschiedliche Definitionen verwenden, die als jeweils geeignet oder üblich gelten.

Viele Studien, die Aussagen zu den Auswirkungen des Klimawandels in Deutschland machen, beziehen sich nicht auf einzelne Bundesländer oder Teilregionen, sondern decken mit den Aussagen zu einzelnen Handlungsfeldern das gesamte Bundesgebiet ab. Als Beispiele aus den in den Literaturüberblick eingeflossenen Studien sind hier die Studien zu Auswirkungen des Klimawandels auf die Schadensituation in der deutschen Versicherungswirtschaft (GDV & PIK 2011), die Herausforderung des Klimawandels für den Bevölkerungsschutz (BBK 2011) oder die verschiedenen Studien der BASt zu den Auswirkungen auf Transport und Verkehr zu nennen (z. B. BASt 2010). Darüber hinaus sind auch europaweite Studien zu nennen, die zum Teil handlungsfeldübergreifende (z. B. von der EEA 2012 oder ESPON Climate 2011), zum Teil aber auch auf einzelne Handlungsfelder bezogene Aussagen machen.

Fast alle Studien, die sich auf mehrere Handlungsfelder beziehen, betrachten die einzelnen Handlungsfelder nebeneinander, d. h., es erfolgt keine Integration etwa im Sinne eines Gesamtindex. In der Regel werden bei der Abschätzung der zukünftigen Auswirkungen des Klimawandels die zukünftigen Klimaänderungen mit der gegenwärtigen Sensitivität in Beziehung gesetzt. Die Entwicklung der Sensitivitäten, die einen hohen Einfluss auf zukünftige Klimawirkungen haben, und deren zukünftiger Zustand wird in den ausgewerteten Studien nicht einbezogen. Diese Betrachtung war eines der Ziele bei der Analyse von Klimafolgen im Netzwerk Vulnerabilität. Daher wurde dort mit Szenarien der zukünftigen Siedlungs- und Bevölkerungsentwicklung gearbeitet (Greiving et al. 2015; adelphi et al. 2015).

Ein Vergleich der Betroffenheit der Bundesländer untereinander ist auf Basis der bestehenden Studien nicht möglich. Dafür sind die gegenwärtig vorhandenen Klimawirkungs- und Vulnerabilitätsstudien von zu großer Heterogenität: in Bezug auf Untersuchungsgegenstände, Methoden und Bewertungsmaßstäbe. Diese Grenzen der Aussagefähigkeit müssen bei der Verwendung des Klimastudienkatalogs (Umweltbundesamt 2014) und bei der Interpretation der Ergebnisse unbedingt berücksichtigt werden. Der Klimastudienkatalog ist daher als Informationssystem über bestehende Studien zu verstehen und sollte nicht als Grundlage für eine Vulnerabilitätsbewertung auf Bundesebene genutzt werden.

27.2 Kurz gesagt

Abschließend kann festgehalten werden, dass eine große Bandbreite an Ansätzen zur Bewertung von Vulnerabilitäten oder Klimawandelfolgen existiert, die gegenwärtig vorhandenen Klimawirkungs- und Vulnerabilitätsstudien von großer Heterogenität gekennzeichnet sind und keine vergleichbare Methodik existiert.

Darüber hinaus finden sich unterschiedliche konzeptionelle Ansätze (IPCC-Vulnerabilitätsansatz oder Risikoansatz),

Betrachtungszeiträume (z. B. 2050, 2085, 2100), verschiedene Klimamodelle und verschiedene Emissionsszenarien, und die Klimamodelldaten werden unterschiedlich regionalisiert. In einigen Studien werden integrierte Modelle zur Abschätzung der zukünftigen Auswirkungen eingesetzt, in anderen Studien plausible Annahmen aufgrund der Untersuchungsergebnisse rezenter Daten getroffen, sodass sich ein quantitativer Vergleich zwischen den Ergebnissen der Studien ebenso verbietet wie eine Verwendung auf anderen räumlichen Ebenen. Insbesondere bestehen in den eher technischen, infrastrukturellen Handlungsfeldern (Bauwesen, Energiewirtschaft, Tourismus und Verkehr, Verkehrsinfrastruktur) noch Lücken in der Forschung.

In der Konsequenz ist es daher nicht möglich, die Ergebnisse aus den verschiedenen Klimawirkungs- und Vulnerabilitätsstudien zu handlungsfeld- oder ländergrenzenüberschreitenden Aussagen zu aggregieren und auf dieser Basis flächendeckend vergleichende Aussagen zu den Auswirkungen und zum Anpassungsbedarf an den Klimawandel in Deutschland zu machen.

Durch die Zuordnung der Aussagen mithilfe eines Codierleitfadens kann für jedes Bundesland einzeln, aber auch für die gesamte Bundesrepublik ein „Klimawirkungsdiagramm" generiert werden, das alle Aussagen zu einem Handlungsfeld oder zu allen Handlungsfeldern nebeneinander abbildet, wodurch die Handlungsfelder vergleichbar werden.

Ein sinnvolles Konzept für eine regionen- und handlungsfeldübergreifende Klimafolgen- bzw. Vulnerabilitätsbewertungsmethode sollte an den während der Literaturanalyse identifizierten zentralen Kritikpunkten ansetzen, wie beispielsweise einer klaren Definition der Begriffe und einem handlungsfeldübergreifenden Ansatz, der auch die Wechselwirkungen zwischen den Handlungsfeldern berücksichtigt. Einzelne Handlungsfelder oder Klimafolgen sollten nicht aufgrund von Datenengpässen oder aus arbeitsökonomischen Gründen aus den Studien herausfallen. Eine Darstellung der Ergebnisse in räumlich differenzierter Weise erleichtert die Umsetzung in Anpassungsmaßnahmen.

Literatur

Adelphi, PRC, EURAC (2015) Vulnerabilität Deutschlands gegenüber dem Klimawandel. Umweltbundesamt. Clim Chang 24, Dessau-Roßlau. https://www.umweltbundesamt.de/sites/default/files/medien/378/publikationen/climate_change_24_2015_vulnerabilitaet_deutschlands_gegenueber_dem_klimawandel_0.pdf. Zugegriffen: 3. Jan. 2016

BASt – Bundesanstalt für Straßenwesen (2010) Anpassungsstrategie Klimawandel. Arbeitsgruppe „Klima" der BASt. Pressemitteilung vom Dezember 2010. http://www.bast.de/DE/Presse/Downloads/2010-27-langfassung-pressemitteilung.pdf?__blob=publicationFile. Zugegriffen: 11. Aug. 2016

BBK – Bundesamt für Bevölkerungsschutz und Katastrophenhilfe (2011) Klimawandel – Herausforderung für den Bevölkerungsschutz. Bundesamt für Bevölkerungsschutz und Katastrophenhilfe (BBK), Bonn

Birkmann J, Böhm HR, Buchholz F, Büscher D, Daschkeit A, Ebert S, Fleischhauer M, Frommer B, Köhler S, Kufeld W, Lenz S, Overbeck G, Schanze J, Schlipf S, Sommerfeldt P, Stock M, Vollmer M, Walkenhorst O (2013) Glossar Klimawandel und Raumentwicklung (2), überarbeitete Fassung. Hannover. E-Paper der ARL, Bd. 10.

BMBF – Bundesministerium für Bildung und Forschung (2014) KLIMZUG - Klimawandel in den Regionen zukunftsfähig gestalten. http://www.klimzug.de/. Zugegriffen: 22. Jan. 2014

BMVBS – Bundesministerium für Verkehr, Bau und Stadtentwicklung (2010) Klimawandel als Handlungsfeld der Raumordnung. BMVBS-Forschungen, Bd. 144. BMVBS, Berlin

BMVBS – Bundesministerium für Verkehr, Bau und Stadtentwicklung (2013) Wie kann Regionalplanung zur Anpassung an den Klimawandel beitragen? Ergebnisbericht des Modellvorhabens der Raumordnung „Raumentwicklungsstrategien zum Klimawandel" (KlimaMORO). BMVBS-Forschungen, Bd. 157. BMVBS, Berlin

Bundesregierung (2008) Deutsche Anpassungsstrategie an den Klimawandel. http://www.bmub.bund.de/fileadmin/bmu-import/files/pdfs/allgemein/application/pdf/das_gesamt_bf.pdf

CLIMATE-ADAPT – The European Climate Adaptation Platform (2014) Climate Change Adaptation in Europe. http://climate-adapt.eea.europa.eu/. Zugegriffen: 22. Jan. 2014

DWD, LUBW, LLfU & LUWG (2005) KLIWA – Kooperationsvorhaben Klimaveränderung und Konsequenzen für die Wasserwirtschaft

EEA - European Environment Agency (2012) Climate change, impacts and vulnerability in Europe 2012. An indicator-based report. European Environment Agency, Copenhagen

ESPON Climate (2011) Climate change and territorial effects on regions and local economies in Europe. http://www.espon.eu/main/Menu_Projects/Menu_AppliedResearch/climate.html

Füssel HM, Klein R (2006) Climate change vulnerability assessments: an evaluation of conceptual thinking. Clim Chang 75:301–329

GDV – Gesamtverband der Deutschen Versicherungswirtschaft e.V. & PIK – Potsdam-Institut für Klimafolgenforschung (2011) Auswirkungen des Klimawandels auf die Schadensituation in der deutschen Versicherungswirtschaft – Kurzfassung Hochwasser

Gerstengarbe F-W, Badeck F, Hattermann F, Krysanova F, Lahmer V, Lasch W, Stock P, Suckow M, Wechsung F, Werner PC (2003) Studie zur klimatischen Entwicklung im Land Brandenburg bis 2055 und deren Auswirkungen auf den Wasserhaushalt, die Forst- und Landwirtschaft sowie die Ableitung erster Perspektiven (Brandenburgstudie II). PIK Report, Bd. 83. Gefördert durch das Ministerium für Landwirtschaft, Umweltschutz und Raumordnung des Landes Brandenburg. Potsdam: PIK

Greiving S, Zebisch M, Schneiderbauer S, Lindner C, Lückenkötter J, Fleischhauer M, Buth M, Kahlenborn W, Schauser I (2015) A consensus based vulnerability assessment to climate change in Germany. Int J Clim Chang Strat Manage 7(3):306–326

Hinkel J (2011) Measuring vulnerability and adaptive capacity: towards a clarification of the science-policy interface. Glob Environ Chang 21(1):198–208

HLUG – Hessisches Landesamt für Umwelt und Geologie (2013) Fachzentrum Klimawandel Hessen. http://klimawandel.hlug.de/. Zugegriffen: 22. Jan. 2014

IPCC – Intergovernmental Panel on Climate Change (2001) Climate Change 2001: Synthesis Report. Contribution of the Working Group I, II, and III to the Third Assessment Report of the Intergovernmental Panel on Climate Change. Cambridge University Press, Cambridge

IPCC – Intergovernmental Panel on Climate Change (2007) Climate Change 2007: Synthesis Report. Contribution of Working Groups I, II and III to the Fourth Assessment Report of the Intergovernmental Panel on Climate Change. Cambridge University Press, Cambridge

IPCC – Intergovernmental Panel on Climate Change (2014) Summary for policymakers. Climate change 2014: Impacts, adaptation, and vulnerability. Part A: Global and sectoral aspects. In: Field CB, Barros VR, Dokken DJ, Mach KJ, Mastrandrea MD, Bilir TE, Chatterjee M, Ebi KL, Estrada YO, Genova RC, Girma B, Kissel ES, Levy AN, MacCracken S, Mastrandrea PR, White LL (Hrsg) Contribution of Working Group II to the Fifth Assessment Report of the Intergovernmental Panel on Climate Change. Cambridge University Press, Cambridge, S 1–32

Kropp J, Holsten A, Lissner T, Roithmeier O, Hattermann F, Huang S, Rock J, Wechsung F, Lüttger A, Pompe S, Kühn I, Costa L, Steinhäuser M, Walther C, Klaus M, Ritchie S, Metzger M (2009) Klimawandel in Nordrhein-Westfalen – Regionale Abschätzung der Anfälligkeit ausgewählter Sektoren. Abschlussbericht des Potsdam-Instituts für Klimafolgenforschung (PIK) für das Ministerium für Umwelt und Naturschutz, Landwirtschaft und Verbraucherschutz Nordrhein-Westfalen (MUNLV)

LUBW – Landesamt für Umwelt, Messungen und Naturschutz Baden-Württemberg (2014) Klimawandel und modellhafte Anpassung in Baden-Württemberg (KLIMOPASS). http://www.lubw.baden-wuerttemberg.de/servlet/is/69206/. Zugegriffen: 22. Jan. 2014

MWKEL – Ministerium für Wirtschaft, Klimaschutz, Energie und Landesplanung Rheinland-Pfalz (2014) Rheinland-Pfalz Kompetenzzentrum für Klimawandelfolgen. http://www.klimawandel-rlp.de/. Zugegriffen: 22. Jan. 2014

Stock M (2005) Klimawandel, Auswirkungen, Risiken und Anpassung (KLARA). Gefördert von der Landesanstalt für Umweltschutz Baden-Württemberg (LfU). PIK Report, Bd. 99. Potsdam-Institut für Klimafolgenforschung, Potsdam

UFZ – Helmholtz-Zentrum für Umweltforschung (2011) Kosten der Anpassung an den Klimawandel – Eine ökonomische Analyse ausgewählter Sektoren in Sachsen-Anhalt

Umweltbundesamt (2012) Netzwerk Vulnerabilität. http://www.netzwerk-vulnerabilitaet.de

Umweltbundesamt (2014) Klimastudienkatalog – Auswertung von Klimawirkungs- und Vulnerabilitätsstudien. http://netzwerk-vulnerabilitaet.de/klimastudienkatalog/index.php?view=karte. Zugegriffen: 24. Aug. 2016

Zebisch M, Grothmann T, Schröter D, Hasse C, Fritsch U, Cramer W (2005) Klimawandel in Deutschland. Vulnerabilität und Anpassungsstrategie klimasensitiver Systeme. Umweltbundesamt, Dessau-Rosslau

Klimawandel als Risikoverstärker in komplexen Systemen

Jürgen Scheffran

© Der/die Herausgeber bzw. der/die Autor(en) 2017

G. Brasseur, D. Jacob, S. Schuck-Zöller (Hrsg.), *Klimawandel in Deutschland*, DOI 10.1007/978-3-662-50397-3_28

Es ist viel darüber bekannt, wie sich der Klimawandel auf verschiedene Komponenten des Erdsystems auswirkt. Wie die einzelnen Teilsysteme zusammenspielen, ist aber noch wenig verstanden. Gibt es Änderungen in einem System, kann sich dies direkt oder indirekt auch auf andere Systeme auswirken. So können sich örtliche Ereignisse durch komplexe Wirkungsketten und Rückkopplungen über verschiedene räumliche und zeitliche Skalen ausbreiten. Daher wird der Klimawandel auch als „Risikoverstärker" und „Bedrohungsmultiplikator" bezeichnet (EU 2008; WBGU 2007). Im Folgenden werden einige Aspekte dieser Risikoverstärkung beleuchtet.

Zunächst braucht es dafür grundsätzliche Überlegungen, wie kompliziert und wie stabil das Zusammenspiel von Mensch und Umwelt ist. Die komplexen Zusammenhänge in hoch vernetzten Systemen zeigen sich an verschiedenen Risikofeldern in Brennpunkten des Klimawandels. Hierzu gehören Wirtschafts- und Finanzkrisen, verwundbare Infrastrukturen und Netzwerke, Destabilisierung sozialer und politischer Strukturen, Migration und Flucht betroffener Menschen sowie Sicherheitsrisiken und Gewaltkonflikte. Beim Arabischen Frühling etwa wird deutlich, dass solche Prozesse auch primäre und sekundäre Konsequenzen für Deutschland haben, die über globale und regionale Mechanismen wirksam werden.

Das Ziel der globalen Klimapolitik ist, die in der Klimarahmenkonvention (UN 1992) vereinbarte Stabilisierung des Klimasystems auf einem nicht gefährlichen Niveau zu erreichen. Dazu braucht es ein besseres wissenschaftliches Verständnis der zugrunde liegenden komplexen Wechselwirkungen, um eine vorausschauende, auf Anpassung ausgerichtete Politik zu ermöglichen, die riskante Pfade vermeidet und eine Stabilisierung ermöglicht.

28.1   Das komplexe Zusammenspiel von Mensch und Umwelt

Ein System ist stabil, wenn Störungen so gedämpft werden, dass ihre Dynamik innerhalb bestimmter Grenzen bleibt und wesentliche Systemmerkmale erhalten bleiben. Gerät das System aber ins Wanken, gibt es Umbrüche, Phasenübergänge und grundlegende Austauschprozesse in der inneren Ordnung. Beispiele sind der Zusammenbruch von Systemen, die Übergänge zwischen Krieg und Frieden oder der Wandel von der Ausbeutung zur nachhaltigen Nutzung von Ressourcen. Bei der sogenannten Viabilität geht es dabei darum, dass ein System mithilfe von Regulierungs- und Steuerungsmechanismen kritische Toleranzgrenzen nicht überschreitet (Aubin und Saint-Pierre 2007). Ein resilientes System dagegen ist fähig, sich nach einer äußeren Schockeinwirkung wieder herzustellen oder entsprechend zu wandeln. Dabei ist ein Wandel, der eine gezielte Anpassung an veränderte Bedingungen und innovatives Lernen ermöglicht, auf Dauer stabiler und robuster als eine Konservierung hochgradig empfindlicher und ausgrenzender Strukturen. Für die Bewahrung der Viabilität ist es wichtig, Ereignisketten, welche die Existenz eines Systems gefährden, möglichst früh zu erkennen und zu vermeiden. Bei der Abschätzung von Klimafolgen wurde ein solcher Versuch mit dem Leitplankenkonzept und

dem *tolerable-windows approach* unternommen (Petschel-Held et al. 1999; ▶ Kap. 30).

In diesem Zusammenhang ist die Komplexität eines Systems zu berücksichtigen. Sie drückt aus, wie schwierig es ist, das System zu verstehen, zu beschreiben oder durch Modelle zu repräsentieren. Das Wechselspiel zwischen der Komplexität und der Stabilität dynamischer Systeme hat seit den 1970er-Jahren die Ökosystemforschung geprägt (Scheffran 1983). Eine der Fragen dabei ist, unter welchen Bedingungen Mikroereignisse zu qualitativen Veränderungen auf der Makroebene führen und ob es Schwellen- und Kipppunkte gibt, bei deren Überschreiten Kettenreaktionen und Risikokaskaden ausgelöst werden, die sich in Raum und Zeit ausbreiten und einen Systemwechsel zur Folge haben. Beispiele sind Börsencrashs, Revolutionen, Massenfluchten oder Gewaltkonflikte (Kominek und Scheffran 2012). An der kritischen Schwelle zur Instabilität können bereits geringe Änderungen eine Rolle spielen, symbolisiert durch den aus der Chaostheorie bekannten Schmetterlingseffekt, wonach der Flügelschlag eines Schmetterlings einen Sturm auslösen könne. Dagegen sind Systeme im Kernbereich der Stabilität gegenüber Störungen weitgehend robust (Held und Schellnhuber 2004). Die Grenzbereiche zwischen Stabilität und Instabilität zu erkennen ist sehr bedeutend, um die Folgen des Klimawandels abzuschätzen.

Klimatische Extremereignisse, die durch nichtlineare Dynamiken, Phasenübergänge oder kritische Schwellenwerte beschreibbar sind, bergen die Möglichkeit von Risikokaskaden in komplexen Kausalketten (Bunde et al. 2002). Für die Zukunft sind als Folge des Klimawandels mehr und noch extremere Wetterlagen wahrscheinlich (IPCC 2012). Dürren, Sturm- und Flutkatastrophen, Waldbrände oder Hitzewellen bedrohen Gesundheit und Leben der jeweils betroffenen Menschen (Germanwatch 2015). In den letzten Jahren trafen sie sowohl Entwicklungsländer als auch Industrieländer, etwa im Zuge der Indusflut in Pakistan im Jahr 2010, der Dürre in China 2010 und 2011 sowie beim Taifun Haiyan auf den Philippinen 2013 – aber auch während der europäischen Hitzewelle 2003, bei den Elbefluten in Deutschland 2002 und 2013, bei den Wirbelstürmen in den USA 2005 und 2012 sowie den Bränden in Russland 2010. Die Folgen waren teils so verheerend, dass es in den jeweiligen Gebieten nicht möglich war, angemessen zu helfen, sodass gesellschaftliche Systeme außer Kraft gesetzt wurden. Die Hitzewelle 2003 etwa hinterließ in Europa Zehntausende von Todesopfern und mehr als 10 Mrd. Euro Schäden in der Landwirtschaft. So belasten Extremereignisse die Funktionsfähigkeit und Stabilität der davon betroffenen Systeme. Doch ob sie auch zu extremen negativen Auswirkungen in den Gesellschaften führen, wird erst durch deren Vulnerabilität, Resilienz und Viabilität bestimmt, die sich aus dem Zusammenspiel der Faktoren ergeben (◘ Abb. 28.1).

Neben örtlichen Einzelereignissen können auch Elemente des Klimasystems selbst instabil werden, wenn kritische Kippelemente angestoßen und verstärkende Effekte ausgelöst werden (Lenton et al. 2008). Mögliche Kippelemente sind das Abrutschen des Eisschildes in Grönland und der Westantarktis, die Freisetzung von gefrorenen Treibhausgasen wie Methan, die Abschwächung des Nordatlantikstroms oder die Änderung des asiatischen Monsuns. Diese Phänomene und die damit verbundenen Ereig-

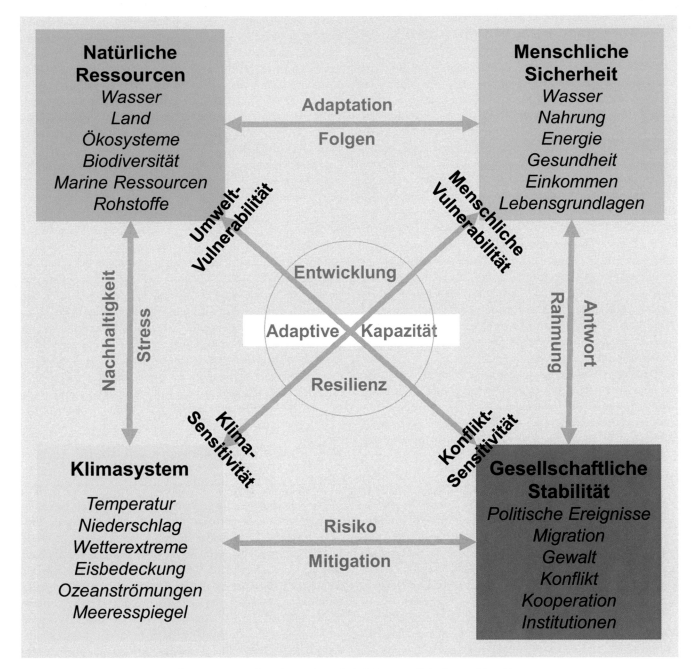

Abb. 28.1 Wirkungsketten der Wechselwirkung zwischen Klima und Gesellschaft. (Basiert auf Scheffran et al. 2012b)

nisketten können weltweit zu einem dauerhaften Wandel des Erdsystems führen. Änderungen im Klimasystem beeinflussen, wie funktionsfähig Umweltsysteme bzw. natürliche Ressourcen sind – etwa der Boden, die Wälder oder Ozeane. Je nach dem Grad der Verwundbarkeit ist dies ein Risiko für die menschliche Sicherheit (IPCC 2014), etwa indem die Versorgung mit Wasser, Energie, Nahrung und wirtschaftlichen Gütern beeinträchtigt wird. Die Reaktionen von Menschen darauf können gesellschaftliche Destabilisierung und Konflikte auslösen, die sich in einer vernetzten Welt kaskadenartig ausbreiten. Andererseits können auch kooperative und nachhaltige Strategien angestoßen werden, um die Ursachen und Folgen des Klimawandels abzuschwächen, indem Treibhausgasemissionen verringert werden oder eine Anpassung an den Klimawandel ermöglicht wird.

Angesichts der hohen Komplexität können konzeptionelle Modelle und Theorien nicht alle Wechselwirkungen im Erdsystem berücksichtigen (IPCC 2014, S. 777). Mithilfe eines integrativen Rahmens lassen sich allerdings wesentliche Zusammenhänge zwischen den Änderungen im Klimasystem und den Auswirkungen auf natürliche Ressourcen, menschliche Sicherheit und gesellschaftliche Stabilität verdeutlichen (Scheffran et al. 2012b, 2012c; ◘ Abb. 28.1). Die Dynamik und Stabilität in den jeweiligen Teilsystemen ist durch vielfältige Prozesse verbunden, wobei die Wahrscheinlichkeiten komplexer Wirkungsketten durch gegenseitige Sensitivitäten und Verwundbarkeiten bestimmt werden. Qualitative Analysen erlauben es, wichtige Krisenmuster zu klassifizieren (Eisenack et al. 2007).

28

28.2 Wie verwundbar sind Infrastrukturen, Versorgungsnetze und Wirtschaft?

Der Klimawandel kann die Funktionsfähigkeit der für Wirtschaft und Gesellschaft kritischen und oftmals verwundbaren Infrastrukturen und Versorgungsnetze beeinträchtigen (IPCC 2014, S. 775). Betroffene Systeme sind z. B. die Versorgung mit Wasser, Nahrung, Energie, Gütern und Dienstleistungen, die Bereitstellung von Kommunikation, Gesundheit, Transport und Sicherheit sowie menschliche Siedlungen und politische Einrichtungen. Dabei ist nicht nur bedeutend, dass Teilsysteme versagen. Vielmehr können sich Störungen einzelner Systemkomponenten über Kopplungen ausbreiten und das gesamte System ins Wanken bringen. Dies gilt in anderem Maße für Entwicklungsländer, die unmittelbar von Ökosystemdienstleistungen und Landwirtschaft abhängen, als für Industrieländer mit hoch vernetzten technischen Systemen, die weiter entwickelte Schutz- und Reaktionsmöglichkeiten haben. Dabei ist es wichtig, die Grenzen der Belastbarkeit sowie kritische Knotenpunkte und -verbindungen von Versorgungnetzen zu identifizieren und zu verstehen, ob örtliche Ausfälle von Teilen der Infrastruktur die Versorgung insgesamt zusammenbrechen lassen können.

Da praktisch alle Versorgungssysteme davon abhängen, dass das Stromnetz reibungslos arbeitet, ist die gesamte Gesellschaft betroffen, wenn dieses Netz ausfällt. Zwar beeinträchtigen Wetterextreme wie starke Stürme und Niederschläge das nationale Stromnetz meist nur für eine gewisse Zeit und örtlich begrenzt. Allerdings gab es auch Fälle, in denen geringfügige Ereignisse zu einem großflächigen Stromausfall führten. Nach heftigen Schneefällen in Nordrhein-Westfalen und Niedersachsen im November 2005 etwa fiel der Strom aus – einer der größten Ausfälle in der deutschen Geschichte: Rund 250.000 Menschen waren mehrere Tage ohne Strom, und es entstand ein wirtschaftlicher Schaden von etwa 100 Mio. Euro. Auch der Schneesturm in Nordamerika zum Jahreswechsel 2013/2014 bewirkte Stromausfälle für Hunderttausende von Menschen und traf Teile des Kommunikations- und Verkehrssystems.

Wird ein Versorgungssystem für eine Ressource getroffen, wirkt sich das oft auf andere Ressourcen aus. So beeinflusst der Klimawandel auf vielerlei Weise das Gefüge aus Wasser, Energie und Nahrung (Beisheim 2013). Ein Beispiel ist der Anbau von Pflanzen für die Produktion von Lebensmitteln oder Bioenergie. Wird die Landwirtschaft von den Folgen des Klimawandels getroffen, etwa durch verringerte Wasserverfügbarkeit, durch Bodendegradation, Starkregen oder Stürme, so beeinträchtigt dies die Produktion von Lebensmitteln und von Energie, was zum Anstieg der Preise führen kann. Das macht es attraktiver, die landwirtschaftliche Produktion auszuweiten – bei mehr Einsatz von Produktionsfaktoren wie Wasser, Energie, Pflanzenschutz- und Düngemitteln, was wiederum höhere Umweltbelastungen und mehr Nachfrage nach Landflächen zur Folge hat (Beisheim 2013).

Dem Klimawandel ausgesetzt sind auch Vermögenswerte und wirtschaftliche Prozesse wie die weltweiten Güter-, Handels- und Finanzmärkte, die für die Exportnation Deutschland wesentlich sind und die Klimawirkung von einzelnen Sektoren in weitere Teile der Gesellschaft transportieren können. Finanzgeschäfte und Preisinformationen repräsentieren virtuelle Mechanismen, die Ereignisse in kürzester Zeit weltweit miteinander verknüpfen. Klimabedingte Produktionsausfälle, Insolvenzen von Unternehmen oder Einbrüche an der Börse könnten sich über globale Netze und Märkte ausbreiten und weltweite Folgeschäden in der Versorgung und durch Preissteigerungen auslösen. Angesichts vieler Verbindungen zwischen Klimawandel und Finanzmärkten lassen sich Risikokaskaden analysieren und klassifizieren (Haas 2010; Onischka 2009).

Extremereignisse in einem Land können Produktionseinbrüche nach sich ziehen, die sich über globale Lieferketten ausbreiten (Levermann 2014). So trafen Überschwemmungen in Australien 2010 und 2011 die Kohleindustrie und brachten steigende Stahlpreise und Versorgungsengpässe in der Stahlindustrie mit sich. Dies war auch in Deutschland zu spüren, mit Auswirkungen auf Autoindustrie, Maschinenbau und andere Branchen. Das Hochwasser in Thailand 2011 führte zu Engpässen in der internationalen Elektronik- und Computerindustrie, zu hohen Preisen für Festplatten in Deutschland und zu Lieferengpässen in der Autoindustrie. Dies kann auch Lebensmittel betreffen, wie die mehrere Wochen dauernde und mit Bränden verbundene Hitzewelle in Russland und Zentralasien im Sommer 2010 gezeigt hat, die zu Exporteinschränkungen für Weizen führte. Die Dürren in den USA 2011 und 2012 sowie in China 2010 und 2011 zogen steigende Lebensmittelpreise nach sich (Sternberg 2013).

28.3 Umbrüche in Klima, Gesellschaft und Politik

In Gebieten, die gegenüber Klimastressoren besonders verwundbar sind und nur ein geringes Anpassungspotenzial haben, drohen unterschiedlichste Risiken. Hierzu gehören katastrophale Extremereignisse wie Dürren, Stürme oder Überschwemmungen, aber auch die schleichende Zerstörung natürlicher Ressourcen, die für die Bedürfnisbefriedigung und Existenz von Menschen elementar sind wie Wasser, Nahrung, Wälder oder Biodiversität (Hare et al. 2011). Viele Gefahren für die menschliche Sicherheit werden nicht allein oder primär durch den Klimawandel verursacht. Vielmehr sind komplexe Problemkonstellationen in den betroffenen Gebieten dafür verantwortlich: die Zerstörung von Ökosystemen, große Armut, politische Instabilität, die Übernutzung von Land oder auch das Fehlen von Frühwarnung und Katastrophenschutz (WBGU 2007). Besonders anfällig gegenüber Klimastress sind Küstenzonen und Flussgebiete, heiße und trockene Gebiete sowie Regionen, deren Wirtschaft von klimasensiblen Ressourcen und der Landwirtschaft abhängt.

Oft beschränken sich die primären Folgen auf die Regionen, in denen die klimatischen Stressoren wirken. Ebenso häufig ergeben sich jedoch wichtige indirekte Wirkungen, sekundäre Folgen und politische Maßnahmen, die räumlich über betroffene Gebiete hinausreichen und in entfernten Regionen Veränderungen auslösen, wie das Beispiel der Lebensmittelpreise zeigt. Einige Reaktionen können die Lage verschärfen, etwa wenn Menschen in Not den Raubbau von Ressourcen forcieren, in andere Risikozonen abwandern oder Gewalt gegen Konkurrenten anwenden, um das eigene Überleben zu sichern. In Ländern wie Deutschland werden dagegen Maßnahmen für die humanitäre Hilfe und den Katastrophenschutz ergriffen.

Da physische, wirtschaftliche und geopolitische Risiken miteinander verknüpft sind, können Auswirkungen klimabedingter Ereignisse in einer global vernetzten Welt direkt oder indirekt die soziale und politische Stabilität in den betroffenen Regionen untergraben und globale Folgen auslösen. Dank rasanter Entwicklungen in der Computertechnologie, bei Kommunikations- und Transportsystemen sind Menschen weltweit vernetzt und in der Lage, kollektiv auf örtliche Veränderungen zu reagieren. Besonders kritisch ist die Lage in fragilen und schwachen Staaten mit sozialer Fragmentierung und unzureichenden Verwaltungs- und Managementkapazitäten, die die Kernfunktionen der Regierung nicht garantieren können. Dazu zählen Recht und öffentliche Ordnung, das staatliche Gewaltmonopol, Wohlfahrt, Partizipation sowie öffentliche Dienstleistungen wie Infrastruktur, Gesundheit und Bildung (WBGU 2007). Zwar werden *failed states* dann oft mit Gewalt zusammengehalten. Dennoch tragen diese Entwicklungen dazu bei, dass die soziale und politische Stabilität brüchig wird, was die Problemlösungs- und Anpassungsfähigkeit von Gesellschaften am Ende doch überfordert. Verschiedene Prozesse solcher Destabilisierung können sich in Brennpunkten verstärken und auf Nachbarregionen ausstrahlen.

Besonders dort, wo menschliche Sicherheit oder soziale Stabilität bereits untergraben sind oder staatliche Einrichtungen womöglich zusätzliche Vulnerabilitäten hervorrufen, sind Gesellschaften gegenüber Klimaeinwirkungen besonders wenig resilient und anpassungsfähig. Wer bereits am Rand des Existenzminimums lebt, verkraftet weitere Belastungen kaum noch. Insbesondere Dürren haben aufgrund ihres großen räumlichen und zeitlichen Umfangs direkte und anhaltende Auswirkungen auf die weltweiten Lebensmittelmärkte. Werden Grundnahrungsmittel knapp und teurer, kann dies für arme gesellschaftliche Schichten existenzbedrohend sein und gesellschaftliche Umwälzungen und Konflikte auslösen. So wird die Dürre in China 2010 und 2011, die einen Marktdruck auf den internationalen Weizenpreis ausübte und die Verfügbarkeit von Lebensmitteln weltweit beeinflusste, als ein Auslöser für den Arabischen Frühling angesehen (Werrell und Femia 2013). Dies fiel zusammen mit einem hohen Erdölpreis, dem Ausbau von Bioenergie sowie Spekulationen auf den globalisierten Lebensmittelmärkten, weswegen die Lebensmittelpreise weltweit ebenfalls anzogen. Die Folgen trafen besonders den MENA-Raum, in dem die neun größten Importländer von Lebensmitteln liegen, von denen sieben politische Proteste erlebten (ebd.). Der entstandene Flächenbrand in der Region wurde durch elektronische Medien und soziale Netzwerke noch beschleunigt und vervielfacht (Kominek und Scheffran 2012). Die politischen Umbrüche haben bis heute Auswirkungen auf die Stabilität des gesamten Mittelmeerraums (offenkundig in Syrien) und durch Migrationsbewegungen, Terrorismus und wirtschaftliche Verflechtungen auch auf Deutschland.

Diese Kette von Ereignissen zeigt, wie in der global vernetzten Welt Naturgefahren, vermittelt über wirtschaftliche, soziale und politische Prozesse, die internationalen Beziehungen beeinflussen können (◻ Abb. 28.1). Im „komplexen Muster überlappender Stressoren" (Werz und Hoffman 2013) ist der Klima-

wandel zwar nicht die Hauptursache der Umbrüche. Aber er ist ein weiterer Stressor, der zusammen mit anderen Risiken für die menschliche Sicherheit dazu führt, dass die Schwelle zur sozialen und politischen Destabilisierung überschritten wird. Solche Muster der Instabilität bringen allerdings nicht nur negative Folgen mit sich. Sie eröffnen auch die Möglichkeit für Lernprozesse und gesellschaftliche Innovationen, im Sinne einer transformativen Resilienz, die ein System vorausschauend (antizipativ) auf zukünftige Risiken einstellt (Hodgson 2010).

28.4 Migration aus Umweltgründen

Der Sonderbericht des Weltklimarats (IPCC) von 2012 legt dar, dass sich Klimaextreme künftig stärker auf die Migration auswirken werden. Einem Positionspapier der EU-Kommission zufolge müsse Europa auf einen „wesentlich erhöhten Migrationsdruck gefasst sein" (EU 2008). Denn in Regionen, wo Armut, Gewalt, Ungerechtigkeit und soziale Unsicherheit herrschen, könne der klimabedingte Stress den Abwanderungsdruck erhöhen. Damit verbundene Fernwirkungen betreffen die EU wie auch Deutschland. Die Internationale Organisation für Migration (IOM) nennt als Gründe für Umweltmigration „plötzliche oder fortschreitende Umweltveränderungen, die [das] Leben oder [die] Lebensbedingungen so beeinträchtigen, dass [Menschen] gezwungen sind oder sich dafür entscheiden, ihre Heimat vorübergehend oder permanent zu verlassen" (IOM 2008). Im engeren Sinne als „Klimaflüchtlinge" bezeichnen Biermann und Boas (2008) Menschen, die ihren Lebensraum infolge von Meeresspiegelanstieg, Dürren und Wassermangel verlassen. Demgegenüber spricht sich das UN-Flüchtlingskommissariat (UNHCR) gegen die Begriffe „Klimaflüchtling" und „Umweltflüchtling" aus (UNHCR 2011), da sie ungenau seien und der Flüchtlingsbegriff auf politische Verfolgung und Bedrohung beschränkt ist.

Die Schätzungen in der Fachliteratur über die Zahlen zukünftiger Klimamigranten sind mit großen Unsicherheiten behaftet und gehen weit auseinander: Sie reichen von 50 Mio. bis zu 1 Mrd. Menschen (Jakobeit und Methmann 2012; Black et al. 2011). Da es viele mögliche Gründe für Migration und Flucht gibt und die Zusammenhänge hochgradig komplex sind, ist schwer zu bestimmen, welchen Einfluss Klimawandel darauf hat. Zum Beispiel können Umweltveränderungen Migration nicht nur befördern, sondern auch erschweren, indem sie die Armut der Landbevölkerung vergrößern und die Möglichkeiten zur Abwanderung einschränken (*trapped populations*, Black et al. 2011). Umweltbelastungen und Verwundbarkeiten können zunehmen, wenn Menschen in ökologisch fragile und von Konflikten betroffene Regionen abwandern – etwa in Küstenstädte, die wiederum von Stürmen oder Meeresspiegelanstieg betroffen sind. Eine Rolle spielt hierbei die Konkurrenz um knappe Ressourcen wie Acker- und Weideland, Wohnraum, Wasser, Arbeitsplätze und soziale Dienstleistungen (Gemenne et al. 2013).

Auch Industrieländer werden nicht von Umweltmigration verschont, wie der Hurrikan Katrina 2005 in den USA gezeigt hat. Von Überflutung gefährdete Risikozonen an Küsten oder Flussläufen können auch in Deutschland unbewohnbar werden und zur Abwanderung führen. Während dies hierzulande vorerst

28

kein Thema ist, führt die Debatte über die Zuwanderung von Flüchtlingen aus Krisengebieten zu innergesellschaftlichen Auseinandersetzungen. Viele der Zuwanderer in die EU stammen aus der MENA-Region und der Sahelzone. Neben destabilisierenden Fernwirkungen sind beide Regionen direkt vom Klimawandel betroffen, was den Migrationsdruck erhöht (BW 2012). Dies macht sich überall in Europa bemerkbar und beeinflusst – nicht zuletzt durch Medienberichte über Flüchtlingsströme – eine auf Abwehr ausgerichtete europäische Politik. Zum einen wird die Rolle von Migration als Auslöser von Sicherheitsproblemen, politischen Instabilitäten und Konflikten debattiert (Reuveny 2007). Zum anderen geht es auch darum, durch geeignete Anpassungs- und Resilienzstrategien, durch Migrationsnetzwerke sowie internationale Zusammenarbeit (Black et al. 2011; Scheffran et al. 2012a) konstruktive Entwicklungspotenziale von Migration zu stärken, neue Lebensgrundlagen für Migranten zu eröffnen und Konfliktpotenziale abzumildern.

28.5   Konfliktpotenziale des Klimawandels

Wie sehr Veränderungen der Umwelt und die Nutzung von Ressourcen zu Gewaltkonflikten beitragen, wird seit mehr als zwei Jahrzehnten wissenschaftlich kontrovers debattiert: Einige Studien legen dar, dass Naturkatastrophen und Ressourcenknappheit gesellschaftliche Systeme unter Stress setzen, ihre Stabilität gefährden und Gewaltkonflikte wahrscheinlicher machen (Homer-Dixon 1991, 1994). Andere Arbeiten sehen keine klaren, statistisch nachweisbaren Kausalitäten und betonen dagegen die Fähigkeit menschlicher Gesellschaften, Ressourcenprobleme durch Zusammenarbeit und Innovation zu bewältigen (Brauch 2009). Bislang waren die meisten Umweltkonflikte regional eingegrenzt, sie bedrohten die internationale Sicherheit nicht (Carius et al. 2006). Wenn der Klimawandel die Verfügbarkeit grundlegender Ressourcen wie Wasser, Nahrung und Biodiversität einschränkt, können sich allerdings damit verbundene Konflikte verschärfen. Zudem verbrauchen Gewaltkonflikte Ressourcen, was es erschwert, Konflikte zu lösen und das Klimaproblem zu bewältigen.

Die Debatte um Kausalitäten setzt sich bei den Zusammenhängen zwischen Klimawandel und Gewaltkonflikten fort. Indem Klimawandel die natürlichen und gesellschaftlichen Lebensgrundlagen in vielen Regionen der Erde verändert, entstehen mögliche Anlässe für Konflikte und Gewalthandlungen – bis hin zu Kriegen und Bürgerkriegen. Diese können selbst wiederum negative Folgen mit sich bringen wie Hungersnöte, Wirtschaftskrisen, Flucht, Ausbeutung von Ressourcen und die Zerstörung der Umwelt (WBGU 2007). Wenn sich die doppelte Verwundbarkeit gegen Umweltveränderungen und Gewaltkonflikte wechselseitig verstärkt, kann dies zu einer Eskalationsspirale führen, die schwer einzudämmen ist und auf andere Regionen übergreift. Andererseits eröffnen sich auch neue Anreize, die zugrunde liegenden Probleme kooperativ zu lösen.

Im Zusammenhang mit dem Klimawandel sind verschiedene Konfliktfelder relevant, von internationalen Spannungen bis hin zu innergesellschaftlichen Streitigkeiten. Je schwerwiegender die Folgen der weltweiten Erwärmung sind, umso mehr Anlässe für Gewaltkonflikte gibt es (Scheffran et al. 2012b). Einige Studien finden für längere historische Zeiträume wesentliche Wechselbeziehungen zwischen der Variabilität des Klimas und Gewaltkonflikten, besonders für die Zeit vom 14. Jahrhundert bis ins 19. Jahrhundert hinein, die sogenannte kleine Eiszeit in Europa (Tol und Wagner 2010). Andere Studien wiederum kommen für jüngere Zeiträume zu gemischten Ergebnissen (Burke et al. 2009; Buhaug 2010), die von regionalen Kontexten und Konfliktkonstellationen abhängen (Scheffran et al. 2012b). Der Versuch, durch bestimmte Selektionskriterien für Daten und Studien den Zusammenhang von Klimawandel und Gewalt über alle historischen Zeiträume, Weltregionen, Gewaltformen und kausale Mechanismen eindeutig zu belegen (Hsiang et al. 2013), hat die wissenschaftliche Diskussion verschärft (Raleigh et al. 2014).

Der zukünftige Klimawandel wird jedoch über historische Erfahrungen hinausgehen, was Raum für Szenarien und Plausibilitätsbetrachtungen eröffnet. Mögliche Konfliktkonstellationen betreffen die Auswirkungen des Klimawandels auf Niederschläge und Wasserverfügbarkeit, Wetterextreme und Naturkatastrophen, Landnutzung und Ernährungssicherheit, Vegetation und Biodiversität, Migration und Flucht, die alle zu Konfliktfaktoren werden können. Darüber hinaus sind auch die angesprochenen Folgen des Klimawandels für die Infrastruktur konfliktrelevant, ebenso wie Kippeffekte im Klimasystem, die Anpassungspotenziale sprengen und gesellschaftliche und politische Destabilisierung nach sich ziehen. Verstärken sich diese Prozesse gegenseitig, könnte sich dies in sozialen Unruhen, Aufständen, Gewalt, Kriminalität und bewaffneten Konflikten entladen. Besonders anfällig für solche Konflikte sind landwirtschaftlich geprägte Gesellschaften, deren Bevölkerung stark wächst, deren Entwicklungsniveau niedrig ist oder die bereits unter Gewaltkonflikten leiden (Raleigh und Urdal 2007).

Während der IPCC-Bericht von 2007 die mit dem Klimawandel verbundenen Konflikte und Sicherheitsrisiken nicht behandelt hat (Nordås und Gleditsch 2013), widmet sich der fünfte Bericht diesen Aspekten ausführlich (Gleditsch und Nordås 2014). Auch wenn es empirische Belege dafür gibt, dass Klimaänderungen über große raum-zeitliche Skalen und verschiedene Kausalketten das Risiko bewaffneter Konflikte erhöhen können (IPCC 2014, S. 1061), bleiben erhebliche Unsicherheiten. Große Übereinstimmung gibt es, dass das Konfliktrisiko vernachlässigbar ist, wenn andere Risikofaktoren extrem gering sind (IPCC 2014, S. 772).

Neben der möglichen Einbindung Deutschlands in militärische Interventionen in anderen Weltregionen sind auch in Europa mit dem Klimawandel verbundene Konfliktlagen denkbar. Hierzu gehören Spannungen um territoriale Ansprüche und natürliche Ressourcen in der Arktisregion und im Mittelmeerraum. Schmilzt etwa das Polareis ab, berührt dies die strategischen Interessen Europas, Russlands und Nordamerikas. Das Bestreben, ein Elektrizitätsnetz zwischen Europa, Nahost und Afrika auf der Grundlage erneuerbarer Energien zu errichten, eröffnet die Möglichkeit, den von Erdölinteressen geprägten Mittelmeerraum in eine Region kooperativer Sicherheit umzuwandeln – sofern die Nutzung nachhaltig, entwicklungsfördernd, friedlich und gerecht erfolgt (Schinke et al. 2012).

Auch Strategien zur Vermeidung des Klimawandels können bei jeweils anderen Akteuren Schäden, Kosten oder Widerstände auslösen, was zu gesellschaftlichen Differenzen, wenn auch nicht unbedingt zu gewalttätigen Konflikten, führt. Beispiele aus der deutschen Debatte sind die Auseinandersetzung um den Einsatz der Kernenergie oder die CO_2-Abscheidung und Speicherung als Beitrag zur Vermeidung/Begrenzung von CO_2-Emissionen sowie um die Folgen der Bioenergie (Scheffran und Cannaday 2013). Besonders konfliktträchtig erscheinen technische Eingriffe in das Klimasystem (*climate engineering*), um das Treibhausgas CO_2 aus der Atmosphäre zu entfernen oder den Strahlungshaushalt zu beeinflussen. Hier gibt es strittige Fragen zur Machbarkeit und Finanzierung, zu Folgen, Risiken und Verantwortlichkeiten, die weltweite, nationale und örtliche Ebenen auf komplexe Weise verbinden (Brzoska et al. 2012). Gleiches gilt für Differenzen über die Anpassung an den Klimawandel. Bei all dem sind Gerechtigkeitskonflikte relevant, wie Kosten zu verteilen sind oder wo Nutzen und Risiken des Klimawandels liegen, die kooperative Lösungen erschweren können.

Ob also der Klimawandel eher als „Bedrohungsverstärker" wirkt oder vielmehr kooperative Lösungen fördert, hängt maßgeblich davon ab, wie Gesellschaften auf den Klimawandel reagieren und welche Anpassungskapazitäten und institutionellen Strukturen es gibt, um eine Lösung der Probleme zu unterstützen (◘ Abb. 28.1): Zwar würden bei einer globalen Erwärmung von 4° große Deltagebiete im südlichen Asien überflutet und damit die Lebensgrundlage von Bauern zerstört werden. Ob es aber deswegen zu kriegerischen Auseinandersetzungen kommt, hängt u. a. davon ab, was diese Bauern in den nächsten Jahrzehnten anbauen, wie stark die betroffenen Regionen von der Landwirtschaft abhängen und wie weit soziale Sicherungssysteme Konflikte puffern können. All dies hat mit den Perspektiven einer nachhaltigen Systemtransformation zu tun, die die Problemlösungs- und Anpassungsfähigkeiten von Gesellschaften beeinflusst. Insofern ist die zukünftige sozioökonomische Entwicklung eine wichtige Unsicherheitsquelle bei der Betrachtung von Klimawandeleffekten in komplexen Systemen.

28.6   Kurz gesagt

Der Klimawandel gilt als Bedrohungsmultiplikator, der die Folgen durch komplexe Wirkungsketten in vernetzten Systemen verstärkt. Dies kann die Funktionsfähigkeit kritischer Infrastrukturen und Versorgungsnetze beeinträchtigen – z. B. das Gefüge aus Wasser, Energie und Nahrung. Über die weltweiten Märkte verbreitet, kann dies zu Produktionsausfällen, steigenden Preisen und Finanzkrisen in anderen Regionen führen, menschliche Sicherheit, soziale Lebensbedingungen und politische Stabilität untergraben, Migration und Konflikte verstärken.

Zu den Konfliktfeldern in Europa zählen Spannungen um territoriale Ansprüche und natürliche Ressourcen in der Arktis und im Mittelmeerraum. Für Deutschland sind auch Umbrüche in entfernten Regionen bedeutsam, etwa wenn Gewaltkonflikte humanitäre Hilfe nötig machen oder Migrationsbewegungen auslösen. Ziel einer vorausschauenden, auf Anpassung ausgerichteten Politik ist es, riskante Pfade früh zu vermeiden und Systeme unter Nutzung von Selbstorganisation zu stabilisieren. Investitionen in institutionelle Reaktionen können viele Gefährdungen

menschlicher Sicherheit abschwächen (IPCC 2014, S. 772). Dabei erlaubt ein integrativer Rahmen der Mensch-Umwelt-Interaktion, Stabilitätsbereiche, Kippeffekte und Risikokaskaden zu analysieren. Dennoch bleiben nicht zuletzt angesichts der Komplexität und der Vernetzung betroffener Systeme große Unsicherheiten hinsichtlich der Folgenkaskaden und Schäden bestehen. Das unterstreicht die Notwendigkeit, auch unter Unsicherheit Entscheidungen zu treffen.

Literatur

Aubin J-P, Saint-Pierre P (2007) An introduction to viability theory and management of renewable resources. In: Kropp J, Scheffran J (Hrsg) Decision making and risk management in sustainability science. Nova Science, New York, S 43–80

Beisheim M (2013) Der „Nexus" Wasser-Energie-Nahrung – Wie mit vernetzten Versorgungsrisiken umgehen? Stiftung Wissenschaft und Politik Deutsches Institut für Internationale Politik und Sicherheit

Biermann F, Boas I (2008) Protecting climate refugees: the case for a global protocol. Environ 50(6):8–16

Black R et al (2011) Foresight: migration and global environmental change. Final Project Report Bd. 33. The Government Office for Science, London

Brauch HG et al (2009) Securitizing global environmental change. In: Brauch HG (Hrsg) Facing global environmental change. Springer, Berlin, Heidelberg, S 65–102

Brzoska M, Link PM, Maas A, Scheffran J (2012) Geoengineering: an issue for peace and security studies? Sicherheit & Frieden / Security & Peace. Special Issue 30(4):185–229

Buhaug H (2010) Climate not to blame for African civil wars. Proceedings of the National Academy of Sciences (PNAS) 107:16477–16482

Bunde A, Kropp J, Schellnhuber HJ (2002) The science of disasters – climate disruptions, heart attacks, and market crashes. Springer, Berlin, Heidelberg

Burke MB, Miguel E, Satyanath S, Dykema JA, Lobell DB (2009) Warming increases the risk of civil war in Africa. Proceedings of the National Academy of Sciences 106:20670–20674

BW (2012) Klimafolgen im Kontext – Implikationen für Sicherheit und Stabilität im Nahen Osten und Nordafrika, Teilstudie 2. Dezernat Zukunftsanalyse des Planungsamtes der Bundeswehr, Strausberg

Carius A, Tänzler D, Winterstein J (2006) Weltkarte von Umweltkonflikten. Adelphi, Berlin

Eisenack K, Lüdeke MKB, Petschel-Held G, Scheffran J, Kropp JP (2007) Qualitative modelling techniques to assess patterns of global change. In: Kropp J, Scheffran J (Hrsg) Advanced methods for decision making and risk management in sustainability science. Nova Science, New York, S 99–146

EU (2008) Rat der Europäischen Union: Klimawandel und Internationale Sicherheit. Brüssel. http://register.consilium.europa.eu/pdf/de/08/st07/st07249.de08.pdf

Gemenne F, Brücker P, Ionesco D (2013) The state of environmental migration 2013. Institute for Sustainable Development and International Relations, International Organization for Migration, Paris

Germanwatch (2015) Global Climate Risk Index 2016. Germanwatch, Bonn. www.germanwatch.org/en/cri

Gleditsch NP, Nordås R (2014) Conflicting messages? The IPCC on conflict and human security. Polit Geogr 43:82–90

Haas A (2010) Klimawandel und Finanzmärkte. UmweltWirtschaftsForum (uwf) 18(1):3–9

Hare WL, Cramer W, Schaeffer M, Battaglini A, Jaeger CC (2011) Climate hotspots: key vulnerable regions, climate change and limits to warming. Reg Environ Chang 11(1):1–13

Held H, Schellnhuber HJ (2004) Evolution of perturbations in complex systems. Steffen W et al (2004) Global change and the earth system. Springer, Berlin, Heidelberg, S 145–147

Hodgson A (2010) Transformative resilience: a response to the adaptive imperative. Aberdour, Scotland. http://www.decisionintegrity.co.uk/DIL%20Transformative%20Resilience%20-%20Hodgson.pdf

28

Homer-Dixon TF (1991) On the threshold: environmental changes as causes of acute conflict. International Security 16(2):76–116

Homer-Dixon TF (1994) Environmental scarcities and violent conflict: evidence from cases. Int Sec 19(1):5–40

Hsiang SM, Burke M, Miguel E (2013) Quantifying the influence of climate on human conflict. Science Express 08:02. doi:10.1126/science.1235367

IOM (2008) World Migration Report 2008. http://www.iom.int/jahia/Jahia/cache/offonce/pid/1674?entryId=20275

IPCC (2012) Managing the risks of extreme events and disasters to advance climate change adaptation (SREX). Synthesis Report, IPCC, Geneva

IPCC (2014) Climate change 2014. Impacts, adaptation, and vulnerability. Genf

Jakobeit C, Methmann C et al (2012) Climate refugees as dawning catastrophe? A critique of the dominant quest for numbers. In: Scheffran J (Hrsg) (Hrsg) Climate change, human security and violent conflict. Springer, Berlin, S 301–314

Kominek J, Scheffran J (2012) Cascading processes and path dependency in social networks. In: Soeffner H-G (Hrsg) Transnationale Vergesellschaftungen. VS Verlag für Sozialwissenschaften, Wiesbaden

Lenton TM, Held H, Kriegler E, Hall JW, Lucht W, Rahmstorf S, Schellnhuber HJ (2008) Tipping elements in the Earth's climate system. PNAS 105(6):1786–1793

Levermann A (2014) Make supply chains climate-smart. Nature 506:27–29

Nordås R, Gleditsch NP (2013) The IPCC, human security, and the climate-conflict nexus. In: Redclift M, Grasso M (Hrsg) Handbook on climate change and human security. Edward Elgar, Cheltenham, S 67–88

Onischka M (2009) Definition von Klimarisiken und Systematisierung in Risikokaskaden. Diskussionspaper, Wuppertal Institut für Klima, Umwelt, Energie

Petschel-Held G, Schellnhuber HJ, Bruckner T, Toth FL, Hasselmann K (1999) The tolerable windows approach: theoretical and methodological foundations. Clim Chang 41(3–4):303–331

Raleigh C, Urdal H (2007) Climate change, environmental degradation and armed conflict. Polit Geogr 26(6):674–694

Raleigh C, Linke A, O'Loughlin JO (2014) Extreme temperatures and violence. Nat Clim Chang 4:76–77

Reuveny R (2007) Climate change-induced migration and violent conflict. Polit Geogr 26:656–673

Scheffran J (1983) Komplexität und Stabilität von Makrosystemen mit Anwendungen, Universität Marburg, Fachbereich Physik

Scheffran J, Cannaday T (2013) Resistance against climate change policies: the conflict potential of non-fossil energy paths and climate engineering. In: Balazs B, Burnley C, Comardicea I, Maas A, Roffey R (Hrsg) Global environmental change: new drivers for resistance, crime and terrorism?. Nomos, Baden-Baden

Scheffran J, Marmer E, Sow P (2012a) Migration as a contribution to resilience and innovation in climate adaptation. Appl Geogr 33:119–127

Scheffran J, Brzoska M, Brauch HG, Link PM, Schilling J (2012b) Climate change, human security and violent conflict: challenges for societal stability. Springer, Berlin

Scheffran J, Link M, Schilling J (2012c) Theories and models of the climate-security link. In: Scheffran et al (Hrsg) Climate change, human security and violent conflict. Springer, Berlin, S 91–132

Schinke B, Klawitter J, Kögler C (2012) DESERTEC – Zwischen Heilsanspruch und neokolonialen Befürchtungen. Wiss Frieden 3:39–42

Sternberg T (2013) Chinese drought, wheat, and the Egyptian uprising: how a localized hazard became globalized. In: Werrel CE, Femia F (Hrsg) The Arab Spring and climate change. Center for American Progress, Washington DC, S 7–14

Tol R, Wagner S (2010) Climate change and violent conflict in Europe over the last millennium. Clim Chang 9:65–79

UN (1992) United Nations Framework Convention on Climate Change. United Nations, New York

UNHCR (2011) Expert meeting on climate change and displacement. http://www.unhcr.org/cgi-bin/texis/vtx/search%5C?page=&comid=4e01e63f2&keywords=Bellagio-meeting

WBGU (2007) Klimawandel als Sicherheitsrisiko, Berlin: Wissenschaftlicher Beirat der Bundesregierung Globale Umweltveränderungen

Werrell CE, Femia F (2013) The Arab spring and climate change. A climate and security correlations series. Center for American Progress, Stimson Center, Washington DC

Werz M, Hoffman M (2013) Climate change, migration, and conflict. In: Werrel CE, Femia F (Hrsg) The Arab Spring and climate change. Center for American Progress, Washington DC, S 33–40

Übergreifende Risiken und Unsicherheiten

Ortwin Renn

© Der/die Herausgeber bzw. der/die Autor(en) 2017
G. Brasseur, D. Jacob, S. Schuck-Zöller (Hrsg.), *Klimawandel in Deutschland*, DOI 10.1007/978-3-662-50397-3_29

29

29.1 Bewertung von Risiken

Der Klimawandel ist ein brisantes Thema in der deutschen Öffentlichkeit. Rund 40 % der Menschen sind laut einer Umfrage im April 2013 der Meinung, dass der Klimawandel das höchste umweltbezogene Risiko für Deutschland darstellt (Swiss Re 2013). Andere Umfragen in Deutschland haben ähnliche Ergebnisse erbracht (Renn 2013). Hiernach sind die Deutschen mehrheitlich überzeugt, dass der Klimawandel eine Bedrohung darstellt. Zudem erwarten wir von der Regierung, noch mehr Maßnahmen zum Schutz des Klimas einzuleiten.

Aber gerade beim Klimaschutz klaffen Rhetorik und Wirklichkeit auseinander. Seit dem Beschluss der Bundesregierung, die Energiewende einzuleiten, steigt der Ausstoß von klimaschädlichem Kohlendioxid in Deutschland wieder an (UBA 2013). Zwar wird etwa die Energieeffizienz von elektrischen Haushaltsgeräten immer weiter verbessert. Doch gleichzeitig verbrauchen die Haushalte Jahr für Jahr mehr Strom (BDEW 2012). Insgesamt haben wir es in der Klimapolitik also mit komplexen Herausforderungen zu tun, die viele teils gegenläufige Ziele und Werte berühren und auch unerwartete Wirkungen zur Folge haben können (Renn 2014a).

Die Geschichte der Menschheit ist überwiegend durch kollektives Lernen durch Versuch und Irrtum gekennzeichnet (Roth 2007). Präventive Lernprozesse fallen schwer. Zwar kann die Wissenschaft inzwischen mit Klimamodellen künftige Irrtümer virtuell simulieren und helfen, sie zu vermeiden (WBGU 1999). Doch das ist immer mit Unsicherheiten und Mehrdeutigkeiten verbunden, die Anlass für gesellschaftliche Debatten über ihre Gültigkeit und Bedeutung für vorbeugende und risikovermeidende Strategien geben. Im Mittelpunkt steht daher die Frage, wie Individuen, Gesellschaften und die Weltgemeinschaft mit globalen Risiken umgehen sollen und wie sie die mit Risiko verknüpften Probleme von Komplexität, Unsicherheit und Mehrdeutigkeit angehen wollen (Hulme 2009). Zudem gilt es auszuhandeln, wie viel Aufmerksamkeit und wie viele Ressourcen eine Gesellschaft aufwenden soll, um ein Risiko zu mindern, während noch viele andere, ebenso gravierende Risiken die Menschheit bedrohen. Der Umgang mit Risiken setzt voraus, Prioritäten zu setzen, Unsicherheiten so weit wie möglich zu bestimmen und Zielkonflikte auszuhandeln. Gefragt ist also ein Konzept der Risikosteuerung (*risk governance*), das diese abwägende und vorbeugende Funktion übernehmen kann.

Das hier ausschnittsweise vorgestellte Konzept hilft bei der Orientierung, wie bei der Planung und Umsetzung von klimaschützenden Maßnahmen adäquat reagiert werden kann. Die Beschreibung des IRGC-Modells ist stark an die Beiträge von Renn und Dreyer (2013) sowie von Dreyer und Renn (2013) angelehnt. Es handelt sich um das *Risk Governance Framework*, das der Internationale Risikorat (IRGC) 2005 entworfen und auf verschiedene Anwendungsbereiche übertragen hat (Renn 2008; Renn und Walker 2008).

29.2 Vier-Phasen-Konzept der Risikosteuerung

Um die komplexen und hoch vernetzten Klimarisiken besser abschätzen und handhaben zu können, hat der Internationale Risikorat (IRGC) 2005 ein Konzept für eine in sich schlüssige Risikoregulierungskette entworfen. Klimarisiken sind nicht naturwissenschaftlich determiniert, sie ergeben sich immer aus dem Wechselspiel zwischen menschlichem Verhalten und natürlichen Reaktionen. An dieser Schnittstelle zwischen Technik, Organisation und Verhalten setzt das IRGC-Modell an (Renn 2011). Das vierstufige Verfahren umfasst alle wesentlichen Aspekte eines effektiven und gegenüber öffentlichen Anliegen sensiblen Umgangs mit Risiken. Ziel der IRGC-Veröffentlichung war zum einen, die oft verwirrenden Begriffe bei der Erforschung und Regulierung von Risiken in ein konsistentes terminologisches Gerüst zu bringen. Zum anderen will das Konzept ein Evaluierungsinstrument für *good governance* sein, also für einen vollständigen, effektiven, effizienten und sozialverträglichen Umgang mit Risiken (IRGC 2005).

29.2.1 Vorphase: Was bedeutet die inhaltliche „Rahmung"?

In einem idealisierten Ablauf des Steuerungsprozesses steht an erster Stelle die Phase des *pre-assessment*, im Deutschen oft „Vorphase" genannt (Ad-hoc-Kommission 2003; ◻ Abb. 29.1). Im Vordergrund steht dabei die Problemeingrenzung (*framing*), die begriffliche Konzipierung und Eingrenzung des betrachteten Risikos. Es gilt festzulegen, welche Kontextbedingungen und Erfassungsgrenze gelten sollen und wie Vergleichbarkeit zwischen den Risiken hergestellt werden kann (IRGC 2005). *Frames* sind häufig an kulturelle oder sozialgeografische Kontextbedingungen gebunden.

In dieser Phase wäre beispielsweise zu klären, welche Phänomene als Ursache für den Klimawandel angesehen werden und wie natürliche und menschengemachte Einflussgrößen in ihren Wirkungen getrennt erfasst, aber gemeinsam behandelt werden müssen (von Storch et al. 2013). Das *framing* legt fest, ob ein Phänomen überhaupt als Risiko betrachtet werden soll und, wenn ja, welche kausalen Wirkungsketten näher betrachtet und welche Fakten integriert bzw. ausgeschlossen werden sollen (Goodwin und Wright 2004). Es ist in dieser Phase sinnvoll, Stakeholder aus der Praxis zu befragen, um deren Sichtweise auf das Problem kennenzulernen und im Dialog mit den Stakeholdern das eigene Risikoforschungs- und später Managementkonzept abzustimmen (Renn 2014b). Auch hier sind spezifische kulturelle und geografische Kontextbedingungen mit zu beachten.

Der jüngste IPCC-Bericht (2014a: 12; übersetzt durch den Verfasser) hat in diesem Rahmen folgende Risiken als relevant eingestuft:

- Gefahr von Tod, Verletzung, Gesundheitsschäden oder Bedrohung der Lebensgrundlagen durch Sturmfluten, Überschwemmungen an den Küsten und den Anstieg des Meeresspiegels, vor allem in niedrig gelegenen Küstenzonen, Inselstaaten und auf kleinen Inseln.

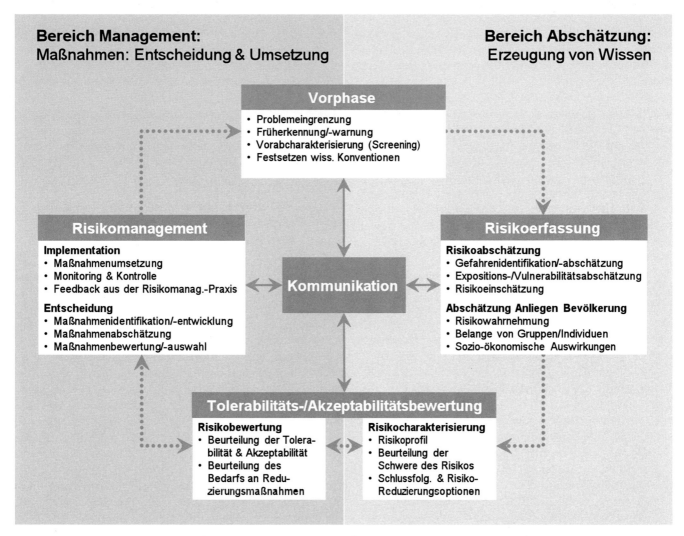

Bereich Management:
Maßnahmen: Entscheidung & Umsetzung

Bereich Abschätzung:
Erzeugung von Wissen

Vorphase
- Problemeingrenzung
- Früherkennung/-warnung
- Vorabcharakterisierung (Screening)
- Festsetzen wiss. Konventionen

Risikomanagement

Implementation
- Maßnahmenumsetzung
- Monitoring & Kontrolle
- Feedback aus der Risikomanag.-Praxis

Entscheidung
- Maßnahmenidentifikation/-entwicklung
- Maßnahmenabschätzung
- Maßnahmenbewertung/-auswahl

Kommunikation

Risikoerfassung

Risikoabschätzung
- Gefahrenidentifikation/-abschätzung
- Expositions-/Vulnerabilitätsabschätzung
- Risikoeinschätzung

Abschätzung Anliegen Bevölkerung
- Risikowahrnehmung
- Belange von Gruppen/Individuen
- Sozio-ökonomische Auswirkungen

Tolerabilitäts-/Akzeptabilitätsbewertung

Risikobewertung
- Beurteilung der Tolerabilität & Akzeptabilität
- Beurteilung des Bedarfs an Reduzierungsmaßnahmen

Risikocharakterisierung
- Risikoprofil
- Beurteilung der Schwere des Risikos
- Schlussfolg. & Risiko-Reduzierungsoptionen

◘ **Abb. 29.1** IRGC-Risikosteuerungsmodell. (Modifiziert nach IRGC 2005; eigene Übersetzung)

- Risiko von schweren Krankheiten und der Gefährdung von Lebensgrundlagen für große städtische Bevölkerungen ausgelöst durch Binnenhochwasser.
- Systemische Risiken durch extreme Wetterereignisse, die zum Zusammenbruch von Infrastrukturnetzen und kritischen Dienstleistungen führen können, etwa Stromnetze, Wasserversorgung, Gesundheits- und Notfalldienste.
- Risiko von Mortalität und Morbidität in Zeiten extremer Hitze, insbesondere für die städtische Bevölkerung und für Tätigkeiten im Freien sowohl in städtischen wie auch ländlichen Gebieten.
- Gefahr von Nahrungsmittelausfällen und dem Zusammenbruch der Nahrungsmittelversorgung aufgrund von Hitze, Dürren, Überschwemmungen sowie Starkregen und anderen Wetterextremen, vor allem für die ärmeren Bevölkerungsgruppen in städtischen und ländlichen Gebieten.
- Verlustrisiko des ländlichen Lebensunterhalts und Einkommens aufgrund eines unzureichenden Zugangs zu Trinkwasser und Bewässerungssystemen sowie aufgrund geringerer Produktivität der Landwirtschaft, vor allem für Bauern und Hirten mit geringem Einkommen in semiariden Regionen.

- Gefährdung von Meeres- und Küstenökosystemen sowie der biologischen Vielfalt und damit verbundener ökosystemarer Dienstleistungen, insbesondere für die küstennahe Bevölkerung und für die Fischfangindustrie in den Tropen und in der Arktis.
- Verlustrisiko der Land- und Binnengewässerökosysteme, der Biodiversität und der damit verbundenen ökosystemaren Dienstleistungen, die für den Lebensunterhalt der Bevölkerung wichtig sind.

Diese Liste ist nicht vollständig. In Deutschland sind nicht alle der aufgeführten Risiken von hoher Bedeutung. In Zukunft ist in Deutschland bei einer angenommenen Zunahme von Wetterextremen, vor allem von Hitzewellen, mit Ernteausfällen, wirtschaftlichen Einbußen bei klimasensiblen Branchen (etwa Tourismus) und ökosystemaren Belastungen zu rechnen. Der Schwerpunkt der IPCC-Risikoanalyse (IPCC 2014a) liegt auf der Vulnerabilität der Bevölkerung, die überwiegend auf nutzbare Vorteile aus Ökosystemen angewiesen ist. Weniger Beachtung finden etwa sekundär betroffene wirtschaftliche Aktivitäten wie Transportwesen, Tourismus oder die Produktion von Waren und weiterer Dienstleistungen. Auch die gesellschaftlichen und

29

politischen Risiken (▶ Kap. 28) führt diese Liste nicht auf. Welche Risiken aber nun als relevant einzustufen sind, ergibt sich nicht aus der Natur der Sache, sondern reflektiert auch immer die Wahrnehmungs- und Bewertungsschemata der Betrachter (Renn 2014a).

Deshalb empfiehlt das IRGC-*Risk-Governance*-Modell ausdrücklich, bei der Rahmensetzung bereits die Pluralität der gesellschaftlichen Problemdefinitionen und Risikodimensionen mit zu erfassen und einzubauen, selbst wenn das Problem globale Ausmaße annimmt. Dies kann durch Befragungen, Anhörungen und Dokumentenanalysen geschehen. Je mehr Dialoge zwischen den Klimamodellierern und den Stakeholdern eingeplant werden, desto größer ist die Chance, dass alle relevanten Auswirkungen einbezogen und bei den Risikoanalysen adäquat beachtet werden. Bezogen auf die aktuelle Klimapolitik in Deutschland würde dies bedeuten, einen Risikodialog in Form eines runden Tisches mit den Hauptbeteiligten aus Regierung, Wissenschaft, Privatwirtschaft und Zivilgesellschaft zu führen, an dem alle beteiligten Gruppen ihre Anliegen einbringen und die mögliche Verknüpfung wahrgenommener Risiken mit den Ergebnissen von Klimamodellen besprechen. Einen ähnlichen Vorschlag hat auch der Weltklimarat gemacht (IPCC 2014b).

Neben dem *framing* gibt es in der Vorphase noch weitere Prozessschritte (IRGC 2005; Ad-hoc-Kommission 2003; Renn 2008), etwa:

— Institutionelle Verfahren, um Risiken früh zu erkennen und mögliche Fehlentwicklungen an die Institutionen des Risikomanagements zu melden – etwa ein Frühwarnsystem für eventuelle Schadensverläufe
— Allgemein gültige Richtlinien, damit bereits im Vorfeld ein konsistentes und nachvollziehbares Verfahren der Risikobehandlung festgelegt werden kann – beispielsweise eine Einigung auf zentrale Indikatoren und auf ein Verfahren, wie diese gemessen werden
— Ein *screening*, um Risiken vorab zu charakterisieren und die für dieses Risiko notwendigen Methoden und wissenschaftlichen Schritte festzulegen – etwa ein Schnellverfahren zur vorzeitigen Ermittlung von möglichen Versorgungsengpässen beim Übergang auf erneuerbare Energiequellen
— Wissenschaftliche Verfahren und Techniken (wissenschaftliche Konventionen), die helfen, Risiken zu charakterisieren – beispielsweise eine Einigung über die Eignung und Aussagekraft der bei Klimaprognosen eingesetzten Schätzverfahren

Diese Aufgaben werden heute meist im Rahmen der Risikoabschätzung und oft informell oder routinemäßig geklärt. Damit sie transparent, vergleichbar und nachvollziehbar sind, ist aber eine Institutionalisierung wichtig, und die Verantwortlichkeiten müssen klar geregelt sein. Diese Regelung schafft zugleich eine gemeinsame Bewertungsbasis für alle Akteure.

Ein gutes Beispiel, um die Vorphase zu erläutern, ist der Hochwasserschutz. In der Vorphase ist zu klären, wer für Vorsorgemaßnahmen zuständig ist, welche grundlegenden Möglichkeiten infrage kommen und wer dies finanziert. Solche Vorabsprachen im Rahmen eines Klimadialogs sind gerade im Vorfeld der

Risikoberechnungen sinnvoll, um spätere strategische Absetzbewegungen („so war das doch nicht gemeint") zu verhindern. Im Vorfeld der Risikoanalyse lassen sich die unterschiedlichen in der Gesellschaft vorhandenen Problemdefinitionen, Interessen und Präferenzen klären. So pochen Anwohner häufig auf mehr technischen Schutz, z. B. darauf, dass Dämme erhöht werden. Umweltschützer hingegen setzen darauf, Polderflächen auszudehnen; Politiker wollen Versicherungslösungen ausweiten, und die Landesplaner hätten gern verschärfte Planungsvorgaben für Siedlungszwecke (Wachinger et al. 2013).

29.2.2 Risikoerfassung: der Zusammenklang physischer und wahrgenommener Risiken

In der zweiten Phase des IRGC-Modells geht es darum, Risiken wissenschaftlich zu identifizieren, charakterisieren und wenn möglich zu quantifizieren. Dabei wird zwischen der Risikoabschätzung und der Identifikation der Anliegen der Bevölkerung (Risikowahrnehmung) unterschieden (IRGC 2005). Generell sollen physische Risiken und die damit verbundenen Anliegen der Bevölkerung mit den besten wissenschaftlichen Methoden analysiert und – wenn möglich – quantifiziert werden. Die Ergebnisse dieser wissenschaftlichen Diagnose sollten dann später in die umfassende Risikobewertung einfließen. Die Erfassung von Risiken beispielsweise für Gesundheit und Umwelt, wirtschaftliches Wohlergehen und gesellschaftliche Stabilität muss also durch eine Analyse der Risikowahrnehmungen und Einstellungen wichtiger gesellschaftlicher Gruppen sowie der betroffenen Bevölkerung ergänzt werden. Es geht darum, das vorhandene Wissens- und Erfahrungspotenzial optimal zu nutzen. Dabei ist auch auf die Zeitdimension zu achten (Fuchs und Keller 2013): Oft entstehen Konflikte, weil eine Seite Risiken kurzfristig und die andere langfristig betrachtet. Auch besteht die Frage nach örtlichen Grenzen negativer Auswirkungen: Geht es um eine Gegend in Deutschland, um Deutschland als Ganzes, Europa oder die Welt?

Auch hier ist der Hochwasserschutz ein gutes Beispiel: Bei der Risikoanalyse wird versucht, die Wasser- und Schlammmassen zu schätzen und zu identifizieren und zu gewichten, wer oder was wie stark betroffen ist – einschließlich sekundärer Stressoren wie etwa Hygieneproblemen. In der Regel erfolgt das nach einer einfachen Formel: Summe der zu erwartenden Schadensausmaße abhängig von der Wahrscheinlichkeit eines auslösenden Ereignisses unter gegebenen Umständen der Exposition und Verwundbarkeit (Bähler et al. 2001). Allerdings sind solche Berechnungen mit großen Unsicherheiten behaftet. Denn die Höhe des Schadens richtet sich auch danach, wie sich Menschen und öffentliche Institutionen vor, während und nach einer Flutkatastrophe verhalten. Das wird weitgehend dadurch bestimmt, wie Individuen und Behörden Risiken einschätzen (Renn 2014a). Dabei geht es vor allem auch um kollektive Maßnahmen der Vorsorge, der Notfallplanung, des effektiven und schnellen Einsatzes von Hilfspersonal und der effektiven Nachsorge. Sind zum Beispiel Behörden auf den Ernstfall schlecht vorbereitet, weil dieser in ihrer Wahrnehmung gar nicht als realistisch eingestuft wurde, steigt das Risiko eines Schadens für alle. Oft besteht auch ein

Glaubwürdigkeitsproblem: Anwohner schenken den Warnungen seitens der Behörden keinen Glauben und rüsten sich nicht für ein Hochwasser. Es ist also notwendig, Risikoabschätzung und Risikowahrnehmung in gegenseitiger Abhängigkeit zu untersuchen, um zu einer verlässlichen Risikobewertung zu kommen.

29.2.3 Tolerabilitäts- und Akzeptabilitätsbewertung: Welche Risiken sind zumutbar?

Sobald alle wichtigen Daten gesammelt sind, tritt die dritte Phase ein: Die Daten werden zusammengefasst, interpretiert und bewertet. Nach dem IRGC-Modell geschieht dies in zwei Schritten: Risikocharakterisierung und Risikobewertung (IRGC 2005). Hierbei geht es vorrangig darum, ob das berechnete Risiko als akzeptabel, regulierungsbedürftig oder nicht tolerierbar eingestuft wird. Um die Akzeptabilität zu beurteilen, ist es notwendig, Schaden wie Nutzen der jeweiligen Aktivitäten, etwa die Energieerzeugung durch herkömmliche Kraftwerke auf Basis fossiler Brennstoffe. mit in die Analyse aufzunehmen.

Zunächst ist das Risiko des Klimawandels mit all seinen Unsicherheiten möglichst umfassend zu bewerten: Sind die zu erwartenden Auswirkungen gravierend genug, dass man Gegenmaßnahmen einleiten muss, die wiederum gesellschaftliche Ressourcen in Anspruch nehmen? Wird dies mit ja beantwortet, folgt eine nächste Frage: Ist es besser, die Ursachen des Klimawandels proaktiv zu bekämpfen oder sollte man lieber die Folgen abmildern? Es ist auch möglich, beides zu mischen: Wer entscheidet und wer trägt die Verantwortung für die Entscheidung?

Besonders schwierig ist, Unsicherheiten in die Bewertung einzubeziehen (▶ Kap. 30). Weiß man, wie sich Risikofolgen wahrscheinlich verteilen, können die Wahrscheinlichkeiten als Gewichtungen für die Folgenanalyse einbezogen werden. Bei noch unbekannten oder schwer einschätzbaren Risiken geht das nicht. Dann können Bewertungen nur aufgrund von subjektiven Einstellungen gegenüber unsicheren Folgen getroffen werden (Bonß 2013). Bei vielen, vor allem unsicheren Folgen lässt sich eine rechnerische Quantifizierung jedoch kaum durchführen. Hier ist man auf den Risikodialog und schlüssige Szenarien angewiesen. Dabei sind auch schwierig zu quantifizierende Faktoren wie Landschaftsschutz, Biodiversität und Ökosystemstabilität mit einzubeziehen.

Je unsicherer das Risiko ist und je kontroverser es gesehen wird, desto schwieriger ist es, Risiken und Kosten gegeneinander abzuwägen und miteinander zu vergleichen. Bei der Bewertung der Folgen eines *Business-as-usual*-Szenarios im Vergleich zu einem effektiven Klimaschutzszenario sind die zu erwartenden Kosten für die Folgen des Abwartens mit denjenigen für einen wirksamen Klimaschutz in Relation zu setzen. Dabei geht es nicht nur um Geld, sondern auch um ökologische, soziale und kulturelle Schäden. Diese „weichen" Folgeschäden sind in der Regel nicht objektiv messbar, sondern erfordern Instrumente der empirischen Sozialforschung wie Befragungen von Nutzern ökosystemarer Dienstleistungen, systematische Dokumentenanalysen und ökometrische Auswertungsverfahren. Um sowohl die harten wie die weichen Ergebnisse der Analyse vergleichend

zu bewerten, empfiehlt der IRGC einen Risikodialog, an dem die Vertreter der Behörden, der Klimawissenschaft und der betroffenen Stakeholder aus der Praxis teilnehmen. Am Ende steht ein Urteil, welche Klimafolgeszenarien akzeptierbar beziehungsweise tolerierbar sind (Fairman 2007; Renn 2008).

29.2.4 Risikomanagement: Wie lassen sich Wirksamkeit und demokratische Legitimation zentral nachweisen?

Die vierte Phase betrifft das Risikomanagement. Jetzt geht es darum, konkrete Maßnahmen oder Strategien zu wählen, um ein nicht tolerierbares Risiko zu vermeiden beziehungsweise so weit zu senken, dass es als akzeptabel anzusehen ist (IRGC 2005). Der IRGC setzt hier auf entscheidungsanalytische Methoden. Bezogen auf den Hochwasserschutz würde man nun die konkrete Vor- und Nachsorge festlegen. Hat man sich schon in der Vorphase auf die Grundzüge eines Programmes geeinigt, fällt es jetzt leichter, diese Maßnahmen öffentlich zu rechtfertigen und politisch durchzusetzen. Für jede der verhandelten Optionen sind die jeweiligen Vor- und Nachteile zu erfassen und gegeneinander abzuwägen.

Alle vier Phasen bedürfen einer intensiven Risikokommunikation einschließlich eines diskursiven Risikodialogs. Anders als in älteren Anleitungen zur Risikobehandlung empfohlen – etwa 1983 vom *National Research Council* (NRC 1983) – sieht der IRGC Risikokommunikation als einen kontinuierlich verlaufenden Prozess an, der von der Vorphase bis zum Risikomanagement dauert (IRGC 2005). Nicht nur aus Gründen demokratischer Entscheidungsfindung ist eine rasche und umfassende Kommunikation gefordert, dies bereichert auch den Managementprozess (Stern und Fineberg 1996). Das ist auch beim Hochwasserrisiko augenscheinlich: Werden nicht zeitgleich mit der Planung von Vor- und Nachsorge alle beschlossenen Maßnahmen und deren Konsequenzen adressatengerecht vermittelt, ist nicht zu erwarten, dass sich Individuen oder Institutionen risikogerecht verhalten.

29.3 Risikowahrnehmung in der pluralen Gesellschaft

Das IRGC-Konzept unterscheidet sich vom konventionellen Verständnis von Risikoregulierung und Risikomanagement: Es weist nicht nur den Natur- und Technikwissenschaften, sondern auch den Sozial- und Wirtschaftswissenschaften eine zentrale Rolle bei der wissenschaftlichen Erfassung des Risikos zu (Renn 2008). Dabei geht es nicht um die Frage der partizipativen Festlegung von politischen Maßnahmen (▶ Kap. 4). Vielmehr geht es darum, in einem ersten Schritt zu klären, wie sich physische Risiken wissenschaftlich so erfassen lassen, dass Vergleichbarkeit gewährleistet ist, und in einem zweiten Schritt, wie die Akteure diese Risiken wahrnehmen und bewerten.

Die Risikoerfassung ist im IRGC-Modell zweistufig angelegt: Zunächst schätzen Natur- und Technikwissenschaftler bestmöglich den objektiv messbaren Schaden, den eine Risikoquelle hervorrufen könnte, einschließlich der negativen Konsequenzen einzelner Maßnahmen. Zusätzlich sind Sozial- und Wirtschaftswissenschaftler gefragt, um Kern- und Streitpunkte in der Debatte zum Klimaschutz festzustellen. Zudem sollen sie untersuchen, was Interessensgruppen, Individuen oder die Gesellschaft als Ganzes mit einem bestimmten Risiko verbinden.

Warum ist gerade Letzteres für den Klimaschutz so zentral? Wie sich Risiken auswirken, ist niemals durch physische Ereignisse allein bestimmt. Wie hoch der Schaden ausfällt, ist immer ein Koppelprodukt von physischem Ereignis, etwa dem Klimawandel, organisatorischen Reaktionen von Behörden, Unternehmen, Politik sowie individuellem Verhalten der jeweils agierenden Individuen, das den Schaden steigern oder verringern kann. Das Risiko ergibt sich also erst aus der Wechselwirkung von physischen und psychisch-sozialen Faktoren (Taylor-Gooby und Zinn 2006). Es gilt, auch die psychosozialen Aspekte wissenschaftlich zu untersuchen. Das kann etwa durch Umfragen, die Analyse der Ergebnisse von Fokusgruppen, gesamtwirtschaftliche Modellierungen oder Anhörungen mit Interessensvertretern und vor allem durch methodische Triangulation geschehen, die gleichermaßen ökometrische, sozialwissenschaftliche und statistische Verfahren integriert. Anhand dieser Daten können weitgehend integrierte Klimaszenarien aufgebaut werden.

Wie die Gesellschaft ein bestimmtes Risiko wahrnimmt, untersucht die Risikowahrnehmungsforschung (Übersicht in: Boholm 1998; Breakwell 2007). Diese basiert auf dem Gedanken, dass die intuitive Wahrnehmung eines Risikos ein legitimer Bestandteil einer rationalen Risikobewertung ist und daher in die Risikobewertung einfließen sollte. Bei der intuitiven Wahrnehmung spielen z. B. die Begleitumstände einer Situation eine wichtige Rolle, etwa ob und wie genau das Risiko auf verschiedene Bevölkerungsgruppen verteilt ist, ob es institutionelle Kontrollmöglichkeiten gibt und inwieweit ein Risiko freiwillig eingegangen wird. Das lässt sich durch entsprechende Forschungsinstrumente messen und sollte streng wissenschaftlich erfolgen (Renn 2008). Die sich ergebenden Muster weisen auf besondere Anliegen der befragten Individuen und Gruppen hin und sollten daher auch in die Klimapolitik eingehen.

29.4   Schnittstelle Risikoerfassung und Risikomanagement

Es ist stark verbreitet, dass die primär wissenschaftliche Risikoerfassung und das primär politische Risikomanagement klar voneinander zu trennen sind. So soll z. B. der Weltklimarat (IPCC) für Fragen von Vermeidungs- und Anpassungspolitiken systematisch das vorhandene wissenschaftliche Wissen zusammentragen, aber nicht politische Maßnahmen des Klimaschutzes entwerfen. Die Trennung zwischen Risikoerfassung und Risikomanagement ist aber fließend und lässt sich nicht sinnvoll durchhalten (Hulme 2009). Deswegen beinhaltet das Konzept des risikogerechten Handelns des IRGC sowohl eine funktionale Trennung zwischen Risikoerfassung und Risikomanagement als auch eine enge inhaltliche Kooperation beider Aufgaben mit entsprechender Rückkopplung (IRGC 2005).

Dass sich diejenigen, die für die Risikoerfassung zuständig sind, und jene, die mit dem Risikomanagement betraut sind, gegenseitig abstimmen (Risikodialog), ist besonders in der Vorphase und bei der Risikobewertung wichtig. Da Sach- und Werturteile gleichbedeutend sind, sieht das IRGC-Konzept hier eine enge Kooperation von Risikoerfassung und Risikomanagement vor.

Die Erfassung von Klimarisiken und deren Steuerung fällt in Deutschland bei unterschiedlichen Institutionen an. Auf Bundesebene wirken mehrere Ministerien bei der Erfassung und Bewertung von klimaschädlichen Emissionen mit (Weingart et al. 2002: 28 f). Zudem ist die Aufgabenverteilung zwischen Kommunen, Ländern und dem Bund vielschichtig. Gleichzeitig konkurrieren viele runde Tische, Diskurskreise und Beteiligungsmaßnahmen miteinander. Gerade diese Fragmentierung der Klimapolitik und das Aufweichen der Trennung von Erfassen und Bewerten von Klimarisiken kennzeichnet die gegenwärtige Situation in Deutschland. Es könnte vermutlich mehr Einigkeit und Konsistenz geben, wenn das IRGC-*governance*-Modell konsequenter umgesetzt würde.

29.5   Risikokommunikation: Wie sollen und können Interessensgruppen und Bevölkerung beteiligt werden?

Das IRGC-Modell basiert auf der Überzeugung, dass Akteure aus Politik, Wirtschaft, Wissenschaft und Zivilgesellschaft dazu beitragen können und sollten, Risiken frühzeitig zu identifizieren, zu analysieren und dann auch zu reduzieren (IRGC 2005; Renn 2008). Während der Vorstufe etwa (◘ Abb. 29.1) kann Beteiligung helfen, Probleme besser zu verstehen und sich über das weitere Vorgehen zu einigen. In der Phase der wissenschaftlichen Risikoerfassung hat sie den Zweck, systematisches, erfahrungsbasiertes und alltagsbezogenes Wissen der gesellschaftlichen Gruppen einzubeziehen. Während der Risikobewertung dient sie der Rückkopplung von gesellschaftlichen Präferenzen und der sozialen und ethischen Bewertung durch betroffene und interessierte Gruppen. Das Risikomanagement profitiert von Beteiligung bei der Klärung und Abwägung positiver und negativer Wirkungen von Interventionen, um Risiken zu begrenzen. Schließlich gehört hierzu auch das Monitoring: Man benötigt systematische Beobachtungen, wie die Interventionen in der Realität wirken. Wie die jüngsten Beispiele von Bürgerprotesten, z. B. im Bereich der Energieversorgung, zeigen (Althaus 2012), ist es mit der *inclusive governance* in Deutschland allerdings noch nicht zum Besten bestellt (Renn und Schweizer 2012).

Besonders wichtig ist dabei, dass die verschiedenen Ebenen der Entscheidungsfindung miteinander verzahnt werden. Für Deutschland bedeutet das:

— Auf nationaler Ebene gilt es, die Gesamtstrategie zum Schutz des Klimas und ihre Implikationen für die lokale, regionale, nationale und internationale Ebene zu verdeutlichen. Die innere Konsistenz der Maßnahmen zum Klimaschutz muss den Bürgern und Bürgerinnen plausibel vermittelt werden, u. a. auch die Einsicht in die Notwendigkeit teils unpopulärer Maßnahmen. Angesichts eingangs erwähnter Umfrageergebnisse kann Vertrauen in die grundlegende Akzeptanz der Gesamtstrategie vorausgesetzt werden, aber nicht unbedingt eine Einsicht in die damit verbundenen Maßnahmen. Eine klare, von allen relevanten gesellschaftlichen Gruppen getragene Basisstrategie zur Umsetzung einer vorsorgenden Klimapolitik macht es der Politik im regionalen und kommunalen Umsetzungsprozess wesentlich leichter, Fragen nach Notwendigkeit und Nutzen einer Maßnahme zu beantworten und langwierige Grundsatzdiskussionen nicht immer wieder von Neuem führen zu müssen.

- Auf der regionalen Ebene gilt es, den Nutzen für die Region und die Verteilung von Belastungen und Risiken von Klimaschutzmaßnahmen oder vorbeugendem Katastrophenschutz für die Allgemeinheit herauszustellen. Ein wesentliches Kennzeichen ist dabei, dass die auftretenden Belastungen als fair verteilt angesehen werden. Die heutige Diskussion um Überflutungsgebiete zeugt von einer besonderen Sensibilität gegenüber Verteilungswirkungen. Hier ist auch die Politik gefordert, durch entsprechende Gestaltung eine faire Verteilung von Nutzen und Lasten herbeizuführen.

- Auf der lokalen Ebene müssen vor allem Aspekte der individuellen Selbstbestimmung und der emotionalen Identifikation angesprochen werden. Wenn Menschen den Eindruck haben, dass sie ihre Souveränität über das eigene lokale Umfeld einbüßen, ist mit Akzeptanzverweigerung zu rechnen. Ebenfalls werden Investitionen in den Klimaschutz nur auf Akzeptanz stoßen, wenn sie nicht als Eingriff in die gewachsene soziale und kulturelle Umgebung angesehen werden. Von daher sind vor allem neue Formen der Bürgerbeteiligung gefragt, die eine aktive Einbindung der lokalen Bevölkerung ermöglicht.

Die Öffentlichkeit kann dabei auf allen drei Ebenen beteiligt werden – auch zeitversetzt, wenn vereinbarte klimapolitische Maßnahmen bereits umgesetzt werden. Vor allem wird es darauf ankommen, die Schlüsselakteure Wirtschaft, Politik, Zivilgesellschaft und Wissenschaft systematisch miteinander zu verzahnen. Idealerweise sieht das folgendermaßen aus (ähnlich in Brettschneider 2013):

- **Vorphase:** Bereits bei der Frage, ob überhaupt ein Problem vorliegt und wie dieses zu fassen ist (*framing*), sind alle relevanten Gruppen mit ihrem spezifischen Sachwissen, ihrer Wertepluralität und ihrer Risikobereitschaft in die Risikosteuerung einzubeziehen. Vor allem die verschiedenen Perspektiven der Zivilgesellschaft und die Ausgangssituation müssen offen thematisiert werden: Welche Akteure sind betroffen? Besteht angesichts des drohenden Klimawandels Handlungsbedarf? Falls ja, bei wem? Wie stark sollte man darauf abheben, die Ursachen zu bekämpfen, wie stark darauf, die Folgen abzuschwächen? Um dies zu beantworten, eignen sich runde Tische mit hochrangigen Vertretern aus Politik, Wirtschaft, Verwaltung, Wissenschaft und Zivilgesellschaft. Diese benötigen allerdings ein klares Mandat und ein Alleinstellungsmerkmal, um effektiv arbeiten zu können (Renn 2014a). In Deutschland können diese runden Tische

nur Empfehlungen an die gewählten Entscheidungsgremien formulieren, aber diese Ratschläge können durchaus den Entscheidungsprozess maßgeblich beeinflussen.

- **Risikoerfassung:** Wenn ein Problem gemeinsam erkannt wurde, wie lässt es sich dann beschreiben und welche Optionen gibt es, um das Risiko zu begrenzen? Häufig ist zu beobachten, dass eine intensive Beteiligung von Interessengruppen und betroffenen Bürgerinnen und Bürgern nicht nur dazu führt, dass diese Mitwirkenden eine von der Wissenschaft ausgearbeitete Liste von Handlungsoptionen bewerten. Vielmehr entwerfen sie darüber hinaus auch im gemeinsamen Dialog völlig neue Optionen. So kommt es zu *win-win*-Lösungen, bei denen größere Zielkonflikte gar nicht erst auftreten (Fisher et al. 2009). Im Fall der Klimapolitik können diese Lösungsoptionen sowohl auf nationaler Ebene im Sinne von Grundstrategien, aber in Bezug auf deren Umsetzung auch auf Länder- und Kommunalebene identifiziert und bewertet werden. Dazu sind Dialogformen mit kreativen Anteilen wie Open-Space-Konferenzen oder Zukunftswerkstätten besonders geeignet (Nanz und Fritsche 2012). Ähnlich wie bei den runden Tischen bei der Risikoerfassung können diese Dialoge nur Lösungsoptionen vorschlagen, in Kraft setzen können diese Vorschläge allein die dazu legitimierten Entscheidungsträger.

- **Tolerabilitäts- und Akzeptabilitätsbewertung:** Sind die einzelnen Möglichkeiten bestimmt, folgt die vertiefte Analyse der jeweils damit verbundenen Vor- und Nachteile. Mit welchen Konsequenzen ist zu rechnen, wenn A oder B verwirklicht wird? Welche Unsicherheiten gibt es, und wie kann man sie charakterisieren? Solche Fragen lassen sich gut auf regionalen Konferenzen mit Experten und Planern erörtern – etwa im Zuge von Delphi- oder Werkstattverfahren (Schulz und Renn 2009). Mit einem Delphi-Verfahren lassen sich z. B. Risikofolgen, die mit großer Unsicherheit behaftet sind, von Experten aus verschiedenen Perspektiven und Disziplinen bewerten und dabei Konsenspotenziale ausloten. Die Ergebnisse dieses Bewertungsprozesses sind wiederum Empfehlungen an den legalen Entscheidungsträger.

- **Risikomanagement:** Die Frage nach der Bewertung und Auswahl von Optionen ist wieder am besten in einem umfassenden Dialog über die ursprünglichen Ziele und gesetzlichen Vorschriften aufgehoben. Hier gilt es, die Konsequenzen gegeneinander abzuwägen: Wie viel Verbesserung beim Klimaschutz ist einem wie viel an möglichen wirtschaftlichen oder gesellschaftlichen Risiken wert? Wie können Zielkonflikte aufgelöst und Prioritäten festgelegt werden? Gibt es keine Einigung, müssen die Argumente für jede Option dokumentiert und transparent dargestellt werden. Dabei ist zu prüfen, wie gut jede Option mit den geltenden Gesetzen und Normen einerseits und den Vorgaben der europäischen und nationalen Klimaschutzziele andererseits harmoniert.

In Anlehnung an das Mehrebenenmodell der Politikgestaltung sind bezüglich der Umsetzung folgende Fragen zu stellen: Welche Handlungsoptionen stehen der lokalen Ebene offen? Wie werden die Anforderungen der national vorgegebenen Strategien und regionale Umsetzungspläne regional umgesetzt und unterschiedlichen örtlichen Standorten zugeordnet? Gerade hier ist es wichtig, für Gemeinden möglichst viele Handlungsoptionen offen zu halten. Bürgerforen, Konsenskonferenzen oder Bürgerparlamente sind hier geeignete Formen für die Beteiligung von gesellschaftlichen Gruppen und lokaler Bevölkerung vor Ort (Kuklinski und Oppermann 2010).

In Fällen von tief greifenden Konflikten sind direkte Formen der Demokratie sinnvoll (Batt 2006). Dann können Bürgerbefragungen und -entscheide eine wichtige Funktion erfüllen. Denn sie ermöglichen eine direkte Rückbindung der betroffenen Menschen an die Politik und erhöhen die Chancen auf Akzeptanz (Schneider 2003).

Bürgerbeteiligung geht nicht ohne Konflikte. Alle müssen lernen, mit Konflikten konstruktiv umzugehen. Die Menschen früh zu informieren, ihnen alle Konsequenzen unvermeidbarer Belastungen zu nennen und sie darauf einzustellen ist Grundvoraussetzung für eine vorbeugende Akzeptanzpolitik in allen Bereichen.

Der 2014 vom Weltklimarat herausgegebene Fünfte Sachstandbericht unterstreicht die Notwendigkeit länderübergreifender Transparenz und umfassender Beteiligung im Hinblick auf ein effektives Katastrophenmanagement. Darin heißt es:

» „Wirksame nationale Systeme binden viele Akteure aus nationalen und subnationalen Regierungen, den Forschungseinrichtungen des privaten Sektors und der Zivilgesellschaft einschließlich der kommunalen Verbände ein. Diese spielen jeweils unterschiedliche und sich ergänzende Rollen für das Risikomanagement, entsprechend ihren gesellschaftlichen Aufgaben und Möglichkeiten" (IPCC 2014b; übersetzt durch den Verfasser).

Mit dieser Verpflichtung bewegen sich Weltklimarat und der Internationale Risikorat in ihren Richtlinien aufeinander zu.

29.6   Kurz gesagt

Das Modell des Internationalen Risikorates (IRGC) bindet die physischen und gesellschaftlichen Dimensionen von Risiko in seine wissenschaftliche Erfassung und politische Handhabung ein. Es erweitert die technisch-wissenschaftlichen Faktoren um gesellschaftliche Werte, Anliegen und Wahrnehmungen. Nur so können Gesellschaften effektiv und sozialverträglich mit Risiken umgehen. Denn eine effektive Klimapolitik braucht eine taktgenaue Abstimmung technischer Neuerungen, organisatorische Anpassungen und wirksame Verhaltensanreize (Renn 2011). Der IRGC-Ansatz setzt auf einen frühen, offenen und konstruktiven Dialog mit der Bevölkerung. Dabei gehören zur gegenseitigen Vertrauensbildung auch Ehrlichkeit und Aufrichtigkeit, die Vor- und Nachteile einer jeden Alternative in der Klimapolitik ungeschminkt darzustellen. Es reicht nicht, neue Techniken zu entwickeln und neue Systemlösungen auf den Weg zu bringen. Vielmehr muss sich der Erfolg der Klimapolitik daran messen lassen, wie gut es gelingt, das technisch Mögliche mit dem gesellschaftlich Wünschenswerten zu verbinden. Dazu kann ein integratives und inklusives Risikosteuerungsmodell beitragen.

Literatur

Ad-hoc-Kommission (2003) Neuordnung der Verfahren und Strukturen zur Risikobewertung und Standardsetzung im gesundheitlichen Umweltschutz der Bundesrepublik Deutschland: Abschlussbericht der Risikokommission. Bundesamt für Strahlenschutz, Salzgitter

Althaus M (2012) Schnelle Energiewende – bedroht durch Wutbürger und Umweltverbände? Protest, Beteiligung und politisches Risikopotenzial für Großprojekte im Kraftwerk- und Netzausbau. Report der Technischen Hochschule Wildau. http://opus.kobv.de/tfhwildau/volltexte/2012/124/

Bähler F, Wegmann M, Merz H (2001) Pragmatischer Ansatz zur Risikobeurteilung von Naturgefahren. Wasser, Energie, Luft 93:193–196

Batt H (2006) Direkte Demokratie im internationalen Vergleich. Aus Politik und Zeitgeschichte 10(2006):10–17

BDEW – Bundesverband der Energie- und Wasserwirtschaft (2012) Energiedaten. Berlin. http://www.bdew.de/internet.nsf/id/de_energiedaten. Zugegriffen: 9. Mai 2014

Boholm A (1998) Comparative studies of risk perception: a review of twenty years of research. J Risk Res 1(2):135–163

Bonß W (2013) Risk: dealing with uncertainty in modern times. Soc Chang Rev 1:7–13

Breakwell GM (2007) The psychology of risk. Cambridge University Press, Cambridge

Brettschneider F (2013) Großprojekte zwischen Protest und Akzeptanz. Brettschneider F, Schuster W (Hrsg) Stuttgart 21. Ein Großprojekt zwischen Protest und Akzeptanz. VS Verlag Springer, Wiesbaden, S 319–328

Dreyer M, Renn O (2013) Risk Governance – Ein neues Modell zur Bewältigung der Energiewende. In: Ostheimer J, Vogt M (Hrsg) Die Moral der Energiewende. Kohlhammer, Stuttgart

Fairman R (2007) What makes tolerability of risk work? Exploring the limitations of its applicability to other risk fields. In: Boulder F, Slavin D, Löfstedt R (Hrsg) The tolerability of risk. A new framework for risk management. Earthscan, London, S 19–136

Fisher R, Ury W, Patton BM (2009) Das Harvard Konzept. Der Klassiker der Verhandlungsführung, 23. Aufl. Campus, Frankfurt am Main

Fuchs S, Keller M (2013) Space and time: coupling dimensions in natural hazard risk management? In: Müller-Mahn D (Hrsg) The spatial dimension of risk. Earthscan, London, S 189–201

Goodwin P, Wright G (2004) Decision analysis for management judgement. Wiley, Chichester

Hulme M (2009) Why we disagree on climate change. Cambridge University Press, Cambridge

IPCC (2014a) Climate change 2014: impacts, adaptation, and vulnerability. WGII AR5 Technical Summary. http://ipcc-wg2.gov/AR5/images/uploads/IPCC_WG2AR5_SPM_Approved.pdf. Zugegriffen: 1. Juni 2014

IPCC (2014b) Special report on managing the risks of extreme events and disasters to advance climate change adaptation (SREX). www.ipcc-wg2.gov/SREX/images/uploads/SREX-SPMbrochure_FINAL.pdf

IRGC (2005) White paper on risk governance: towards an integrative approach (Autor: Renn O, Anhänge von Graham P) White Paper 1. International Risk Governance Council (IRGC), Genf

Kuklinski O, Oppermann B (2010) Partizipation und räumliche Planung. In: Scholich D, Müller P (Hrsg) Planungen für den Raum zwischen Integration und Fragmentierung. Internationaler Verlag der Wissenschaften. Peter Lang Verlag, Frankfurt am Main, S 165–171

Nanz P, Fritsche M (2012) Handbuch Bürgerbeteiligung. Verfahren und Akteure, Chancen und Grenzen. Bundeszentrale für politische Bildung, Bonn

NRC – National Research Council, Committee on the Institutional Means for Assessment of Risks to Public Health (1983) Risk assessment in the federal government: managing the process. National Academy of Sciences. National Academy Press, Washington, D.C

Renn O (2008) Risk Governance. Coping with uncertainty in a complex world. Earthscan, London

Renn O (2011) Die Energiewende muss sozial- und kulturwissenschaftlich unterfüttert werden. Bunsen-Magazin 13(5):177–178

Renn O (2013) Die Energiewende im Akzeptanztest: Neue Formen der Bürgerbeteiligung und Mitwirkung an der Umsetzung der Energiewende. In: Europäisches Zentrum für Föderalismus-Forschung Tübingen (Hrsg) Jahrbuch des Föderalismus 2013. Schwerpunktthema „Energiewende". Nomos, Baden-Baden, S 109–126

Renn O (2014a) Das Risikoparadox. Warum wir uns vor dem Falschen fürchten. Fischer, Frankfurt am Main

Renn O (2014b) Stakeholder involvement in risk governance. Ark Publications, London

Renn O, Walker K (2008) Global risk governance. Concept and practice using the IRGC Framework. International Risk Governance Council Bookseries 1. Springer, Heidelberg

Renn O, Schweizer P-J (2012) New forms of citizen involvement. Gabriel OW, Keil S, Kerrouche E (Hrsg) Political participation in France and Germany. ECPR Press, Colchester, S 273–296

Renn O, Dreyer M (2013) Risiken der Energiewende: Möglichkeiten der Risikosteuerung mithilfe eines Risk-Governance-Ansatzes. DIW Vierteljahreshefte zur Wirtschaftsforschung 82(3):29–44

Roth G (2007) Persönlichkeit, Entscheidung und Verhalten. Warum es so schwierig ist, sich und andere zu ändern. Klett-Cotta, Stuttgart

Schneider M-L (2003) Demokratie, Deliberation und die Leistung direktdemokratischer Verfahren. In: Schneider M-L (Hrsg) Zur Rationalität von Volksabstimmungen. Der Gentechnikkonflikt im direktdemokratischen Verfahren. Westdeutscher Verlag, Opladen, S 25–77

Schulz M, Renn O (2009) Das Gruppendelphi. Konzept und Fragebogenkonstruktion. VS-Verlag für Sozialwissenschaften, Wiesbaden

Stern PC, Fineberg V (1996) Understanding risk: informing decisions in a democratic society. National Research Council. National Academies Press, Washington DC

Storch H von, Krauß W (2013) Die Klimafalle. Hanser, München

Swiss Re (2013) International survey on risk and hazard. Report. Eigenverlag, Zürich

Taylor-Gooby P, Zinn J (2006) The current significance of risk. Dieselben (Hrsg) Risk in social science. Oxford University Press, Oxford, S 1–19

Umweltbundesamt UBA– (2013) Treibhausgasausstoß in Deutschland 2012 – vorläufige Zahlen aufgrund erster Berechnungen und Schätzungen des Umweltbundesamtes. Dessau. http://www.umweltbundesamt.de/uba-info-medien/4432.html. Zugegriffen: 9. Apr. 2014

Wachinger G, Begg C, Renn O, Kuhlicke C (2013) The risk perception paradox – implications for governance and communication of natural hazards. Risk Anal 33(6):1049–1065

WBGU – Wissenschaftlicher Beirat der Bundesregierung Globale Umweltveränderungen (1999) Welt im Wandel: Der Umgang mit globalen Umweltrisiken. Springer, Berlin

Weingart P, Engels A, Pansegrau P (2002) Von der Hypothese zur Katastrophe. Der anthropogene Klimawandel im Diskurs zwischen Wissenschaft, Politik und Massenmedien. Leske & Budrich, Opladen

Entscheidungen unter Unsicherheit in komplexen Systemen

Hermann Held

© Der/die Herausgeber bzw. der/die Autor(en) 2017
G. Brasseur, D. Jacob, S. Schuck-Zöller (Hrsg.), *Klimawandel in Deutschland,* DOI 10.1007/978-3-662-50397-3_30

Wichtige gesellschaftliche Entscheidungen betreffen üblicherweise Handlungen, deren Ziel es ist, an komplexen Systemen Veränderungen vorzunehmen, um das System noch besser auf die Herausforderungen der Zukunft auszurichten. In der Regel lassen sich jedoch die Folgen solcher Entscheidungen nicht genau vorhersagen. Experimentelle Wissenschaften genießen den Vorteil, sich Untersuchungsgegenstände wählen zu können, bei denen immer weiter verfeinerte Experimente die Unsicherheit hinsichtlich der Auswirkungen von Änderungen schließlich „ausreichend" verringern. Unsicherheit meint hier unvollständiges Wissen, das für die jeweilige Entscheidung relevant ist (Mastrandrea et al. 2010). Entscheider dagegen müssen dem ins Auge sehen, wenn sie bei gegebener Unsicherheit in oft vorgegebener Zeit urteilen und Pläne festlegen sollen. Auch Privatpersonen müssen unter Unsicherheit entscheiden, etwa beim Abschluss von Versicherungen: Es gibt eine Fülle von Angeboten, aber ob ein Angebot genutzt wird und, wenn ja, zu welchen Bedingungen, ist eine persönliche Entscheidung unter Unsicherheit: Soll man mit dem seltenen, aber drohenden möglichen Schaden leben? Oder wäre es besser, die Prämie zu zahlen und so im Mittel Geld zu verlieren – welches das Versicherungsunternehmen im Mittel gewinnt –, um damit einen möglichen finanziellen Großschaden abzuwehren, der die Lebensqualität außergewöhnlich belasten würde? Unsicherheit bei Entscheidungen über die Zukunft zu berücksichtigen wird so zu einem Kernpunkt der Entscheidung selbst (❏ Abb. 30.1); sie wird „eingepreist" (Sorger 1999).

Auch ganze Gesellschaften stehen vor Entscheidungen unter Unsicherheit. Ein Beispiel ist, angesichts von Vorhersagen über einen steigenden Meeresspiegel die Deiche zu erhöhen. Die Kosten dafür steigen mit der Höhe; außerdem geht oft ein Verlust an Lebensqualität damit einher, weil die Sicht auf das Meer behindert ist. Wie groß das Überschwemmungsrisiko wirklich wird und wann genau es in Form von Extremereignissen eintritt, ist unklar. Aus Sicht der Küstenländer rührt dies einerseits daher, dass sie die internationale Klimapolitik und damit das Ausmaß des Meeresspiegelanstiegs nicht selbst entscheiden und kaum beeinflussen können. Aber selbst wenn dies der Fall wäre, verblieben erhebliche naturwissenschaftliche und bautechnische Unsicherheiten darüber, welche Investitionen wirklich welchen Rückgang eines Überschwemmungsrisikos bewirken würden. So

stellen höhere Deiche eine gewisse Analogie zum Zahlen einer Versicherungsprämie dar. Wie im Folgenden ausgeführt werden wird, können jedoch nicht alle Entscheidungen unter Unsicherheit durch einen Versicherungsansatz gehandhabt werden. Im Folgenden wird daher hervorgehoben, dass es konkurrierende Möglichkeiten, „Entscheidungskriterien", gibt, Unsicherheit auszudrücken und unter Unsicherheit zu entscheiden. Es wird der Blick dafür geschärft, welche Aspekte bei einer jeweiligen Methode dabei besonders gut oder schlecht im Einklang mit dem Wertesystem der entscheidenden Person stehen könnten.

30.1   Die zentrale Entscheidungsfrage

Es gibt formale und daher systematische Möglichkeiten, Unsicherheit darzustellen und unter Einbeziehung dieser Unsicherheiten zu entscheiden. Ein Beispiel stellt die Geschichte der Diskussion des Klimaproblems aus global-wirtschaftlicher Sicht dar. Sie liefert wichtige Hinweise darauf, was die weltweite Klimapolitik antreibt, und zeigt mögliche Potenziale auf, konsistente Handlungen auf regionaler Ebene umzusetzen. Zugleich handelt es sich hierbei um einen besonders stark diskutierten und illustrativen Anwendungsfall für Entscheidung unter Unsicherheit in einem komplexen System. Wie viel Vermeidungsanstrengung ist bei Unsicherheit angesichts eines bestimmten Ziels angemessen? Das ist eine klimapolitisch fundamentale Frage. Eine entscheidungstheoretische Herausforderung des global betrachteten Klimaproblems liegt nun darin, dass wir die Gesamtheit der Klimawandelfolgen derzeit nur sehr schwer abschätzen und bewerten können. Die Vermeidungskosten lassen sich hingegen abschätzen. Dies liegt aus unserer Sicht wesentlich daran, dass das Energiesystem menschengemacht ist. Mit dieser Diskrepanz der Abschätzbarkeiten gilt es im Folgenden umzugehen.

Die Entscheidungstheorie (Sorger 1999) hat verschiedene Verfahren entwickelt, wie bei Unsicherheit so entschieden werden kann, dass der jeweilige Grad des Eingehens auf die unterschiedlichen Zielvorstellungen so gewählt wird, dass die daraus abgeleiteten Handlungsempfehlungen alle Möglichkeiten ausschöpfen und zugleich keine Selbstwidersprüche enthalten. Aus-

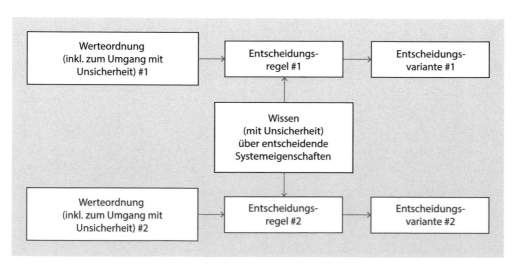

❏ **Abb. 30.1** Wissenschaftliches Wissen über das System kann in Kombination mit gesellschaftlichen normativen Vorgaben zu fundierten Entscheidungen führen. Der Umgang mit Unsicherheit ist hierbei selbst eine normative Vorgabe. Unterschiedliche Normen führen so zu unterschiedlichen Entscheidungen trotz identischer Systemwissensbasis.

gangspunkt ist immer das Eingeständnis, dass die Folgen unseres Handelns nicht nur von diesem Handeln selbst, sondern auch von bislang noch verborgenen Eigenschaften des Systems abhängen, das wir zu beeinflussen gedenken.

Wie ist nun unter Unsicherheit zu entscheiden? Diese Frage auf gesellschaftlicher Ebene zu beantworten ist selbst schon ein Akt von *governance* (▶ Kap. 29). Werden sich die Entscheider zu Unsicherheit etwa eher optimistisch oder pessimistisch verhalten, oder werden sie mit Wahrscheinlichkeiten gewichten? Welche Entscheidungsregel wir wählen, ist eine Vorentscheidung im ethisch-normativen Bereich. Entscheidungstheoretiker haben daher im Dialog mit der Gesellschaft transparent darzulegen, welche Bandbreite an Eigenschaften die jeweiligen Entscheidungsregeln mit sich bringen: Es gibt Hauptannahmen, aber auch überraschende Auswirkungen von Entscheidungen – und ggf. sind neue Regeln vorzuschlagen. Wie bei jeder normativen Vorauswahl fällt der Wissenschaft im Rahmen einer Politikberatung die Aufgabe zu, diejenigen Konsequenzen von Entscheidungen herauszuarbeiten, die sich für die Praxisakteure vermutlich als besonders bedeutsam herausstellen werden. Eben diese Konsequenzen sind dann in der Kommunikation mit Praxisakteuren besonders hervorzuheben. Fühlen sich die *stakeholder* mit allen Szenarien – d. h. den Konsequenzen möglicher Entscheidungen – unwohl, ist der Entscheidungsszenarienpool in einem iterativen Prozess (Edenhofer und Seyboth 2013; s. auch am Ende dieses Kapitels) zu erweitern, um so nach Möglichkeit befriedigendere Lösungen zu suchen. In der Regel wird hier jedoch nur eine Annäherung gelingen, und es werden sich nicht gleichzeitig alle Wünsche befriedigen lassen. Die Wahl des Umgangs mit Unsicherheit ist hierbei Teil dessen, was Entscheider beeinflussen können. Der im ▶ Kap. 29 vorgestellte „Risikodialog am runden Tisch" kann hierbei ein wirksames Instrument darstellen, sich darüber zu verständigen, wie Unsicherheit bei Entscheidungen Rechnung zu tragen ist.

30.2 Die Tradition des Utilitarismus und die Erwartungsnutzenmaximierung

Die derzeit wichtigste Entscheidungsmethode „Erwartungsnutzenmaximierung" (Sorger 1999) nimmt an, man könne alle verborgenen Systemeigenschaften inklusive aller möglichen Einstellungen benennen und in Zahlen darstellen. Die Gesamtheit dieser möglichen numerischen Einstellungen nennt die Entscheidungstheorie „Weltzustand". Wüssten wir, wie genau dieser aussieht, könnten wir die Folgen unserer Entscheidungen perfekt voraussagen. Wird dies nun noch in die Tradition des Utilitarismus eingebettet, der auf die Anordnung von möglichen Handlungen entlang einer einzigen numerisch ausdrückbaren Dimension hinausläuft, der sogenannten *utility*, ergibt sich folgende Weltsicht: Es sind nicht nur alle möglichen Handlungsfolgen vorstellbar, diese können auch mit einem Wahrscheinlichkeitsmaß unterlegt werden. Savage (1954) hat dies aus abstrakten, aber durchaus schlüssigen Theoriegrundsätzen motiviert. Hiernach kann das Wahrscheinlichkeitsmaß subjektiver oder objektiver Natur sein. Wenn es neue objektive Informationen gibt, kann das Maß mithilfe der Bayes-Formel aus dem Bereich der Statistik jeweils

auf den neuesten Stand gebracht werden. In dieser Weltsicht wird quasi Unsicherheit als stets durch Wahrscheinlichkeit ausdrückbar verengt. Aus einer Reihe weiterer abstrakter, plausibler Grundsätze folgt, dass sich somit jede Bewertung von Entscheidungen – im Sinne eines Rankings – als Erwartungsnutzenmaximierung ausdrücken lässt.

Es hat sich in der Tradition der Entscheidungstheorie und Ökonomik eingeschliffen, dass derjenige, der stets der Erwartungsnutzenmaximierung folgt, sich entlang des Ideals des „rationalen Entscheiders" verhalte. Dabei könnte mitschwingen, dass Akteure, die sich entsprechend eines konkurrierenden Entscheidungskriteriums verhalten, irrational, unreflektiert, unlogisch oder intellektuell überfordert sind. Eine unterschwellige Abwertung konkurrierender Entscheidungsmodelle (s. u.) hat somit bereits vor einem offenen Diskurs stattgefunden.

Wie in ▶ Abschn. 30.5 ausgeführt wird, kann es jedoch gute Gründe geben, vom Prinzip der Erwartungsnutzenmaximierung abzuweichen (wie dies insbesondere bei der Mehrzahl der 1000 im jüngsten IPCC-Bericht zusammengefassten Szenarien der Fall ist).

Für eine große Klasse von Entscheidungsproblemen macht das Konzept der Erwartungsnutzenmaximierung jedoch Sinn. Dies sei zunächst am Beispiel Deichhöhe und Versicherungen illustriert: Ziel wäre es zu versuchen, die Deichhöhe in einer Gesamtschau von ökonomischer, sicherheitstechnischer und ökologischer Sicht optimal zu bestimmen. Mithilfe von Modellen für den Erfolg internationaler Klimaschutzpolitik müsste eine Wahrscheinlichkeitsverteilung für das weltweite Emissionsverhalten abgeschätzt werden. Aus diesen würde dann mittels *downscaling* von globalen Klimamodellen eine Wahrscheinlichkeitsverteilung für künftige Sturmfluten ermittelt. Diese würden wiederum mit Überflutungsmodellen in Überflutungskarten übersetzt. Regionalwirtschaftliche Modelle würden daraus schließlich abschätzen, wie sich die geldlich bewerteten Schäden von Überflutungen verteilen. So könnten für verschiedene Deichhöhen der erwartete wahrscheinlichkeitsgemittelte Schaden ermittelt und die Kosten für den notwendigen Deichbau gegengerechnet werden. Es müsste dann die Deichhöhe gewählt werden, welche die Baukosten und die erwarteten vermiedenen Schäden optimiert. Allerdings empfehlen hier Ökonomen noch eine Modifikation: Es sind nicht die monetären Schäden, sondern es ist der „gefühlte Verlust" durch die monetären Schäden in Rechnung zu stellen. Dies gibt die Möglichkeit, seltene, aber große Schäden stärker zu gewichten, wie es auch dem Lebensgefühl der meisten Menschen entspricht. Optimiert wird in der ökonomischen Theorie daher nicht direkt das Monetäre, sondern das durch eine „Nutzenfunktion" gewichtete Monetäre.

Das Konzept der Erwartungsnutzenmaximierung für Entscheidungen bei unsicherer Datenlage ist daher Standard (gerade auch und zu Recht im Versicherungsbereich) und wird meist als zweckmäßig empfunden. Es dominiert die Wirtschaftswissenschaft bis heute. Sollten in einem Entscheidungsfall also tatsächlich die nötigen Eingabegrößen vorliegen, um das Erwartungsnutzenmaximum rechnerisch zu ermitteln, dürfte es kaum Gründe geben, ein anderes Entscheidungskriterium zu wählen. Aber spiegelt dies für den Fall des Klimawandels die Präferenzordnung aller gesellschaftlichen Akteure bestmöglich wider? Das kann bezweifelt werden. Denn das Erwartungsnutzenmaximum verlangt, sich alle möglichen Folgen unserer Handlungen vorzustellen und sie mit Wahrscheinlichkeiten zu belegen – ein ehrgeiziges Unterfangen bei komplexen Systemen! Beim Klimaproblem müssten wir uns alle möglichen Folgen des Klimawandels ausmalen, ihre Bewertung mühsam weltweit aushandeln, um die Gewinne und Verluste von Nutzen abschätzen zu können, und noch mit Wahrscheinlichkeiten belegen. Erst dann könnte formal der Erwartungsnutzen (*expected utility*, EU) maximiert und die „beste" Handlung ausgewählt werden.

30.3 Grenzen der Erwartungsnutzenmaximierung angesichts der Klimaproblematik

Dennoch findet diese Erwartungsnutzenmaximierung (EU-Max) in der wirtschaftlichen Betrachtung des Klimaproblems seit etwa 20 Jahren statt. Ein Ergebnis sind z. B. „sozial optimale" – d. h. wohlfahrtsoptimale – Pfade, die empfehlen, dass die weltweiten Emissionen nur moderat vom bislang üblichen Pfad abweichen mögen. Damit würden sich die Kosten, die entstehen, um den Ausstoß von Treibhausgasen zu verringern, und die Kosten, die entstünden, um die Schäden zu verhindern, die Waage halten. Nordhaus etwa fand noch 2008 optimale Pfade, die eine weltweite Erwärmung von höchstens 3,5 °C bedeuteten (Nordhaus 2008). Wird die Erwärmung allerdings nur so wenig gebremst, verletzt das die auf den vergangenen Klimakonferenzen vereinbarte Zwei-Grad-Obergrenze eklatant (zu diesem „Zwei-Grad-Ziel" siehe Schellnhuber 2010).

Ist nun das Zwei-Grad-Ziel „unvernünftig", weil es den Ergebnissen „rationaler Entscheidungen" widerspricht, die ein Optimum bei 3,5 °C angeben? Oder drückt vielmehr das Festhalten am Zwei-Grad-Ziel und dessen Begründung aus, dass sich die Unterstützer dieses Ziels nicht darüber im Klaren sind, was sie dann alles „mitkaufen" an entscheidungstheoretischen Paradoxien? Aus Sicht der Standard-Entscheidungstheorie wäre das so.

Weitzman (2009) allerdings zeigt aus Sicht des Autors, dass im Zusammenhang mit dem Klimawandel das Erwartungsnutzenmaximum als Entscheidungsgrundlage ungeeignet ist. Modellierte man das Wissen über die Empfindlichkeit des Klimasystems gegenüber Treibhausgaskonzentrationsänderungen konsequenter als bislang im EU-Max-Bezugsrahmen, kombiniert mit einer besonders steil ansteigenden, aber möglichen Schadensfunktion, müssten wir sofort alle Emissionen einstellen: Bei hoher Klimasensitivität würden im (Wahrscheinlichkeits-)Mittel die Folgen derart eklatant sein, dass sie jegliche Kosten der Vermeidung übersteigen würden. Diese enorme Spannbreite an Empfehlungen, die derzeit noch aus dem Kriterium des Erwartungsnutzenmaximums abgeleitet wird, kann nicht als politisch hilfreich bezeichnet werden.

Dass das Erwartungsnutzenmaximum als Kriterium sehr sensibel auf Änderungen von schwer bestimmbaren Eingangsgrößen reagiert – etwa die Wahrscheinlichkeit und das Ausmaß erwarteter Klimaschäden – bemerkten auch Anthoff et al. (2009). Der Standardreflex der Wissenschaftswelt wäre eigentlich gewesen, mehr Forschungsgelder zu fordern, um die aufgezeigten Wissenslücken so schnell wie möglich zu schließen und so das

Standard-Entscheidungsinstrument „EU-Max" stabil anwenden zu können. Doch dieses käme im Fall des Klimaproblems zu spät: In den kommenden 10 Jahren wird so viel in das weltweite Energiesystem investiert werden, dass dadurch die weltweite Klimaschutzpolitik der kommenden Jahrzehnte im Wesentlichen gebunden sein wird. Es braucht daher ergänzende oder sogar völlig andere Entscheidungskriterien, die mit dem vorhandenen Wissen effizienter zu haushalten verstehen und so schon heute Orientierung für die unmittelbar anstehenden Investitionsentscheidungen bieten können.

Wendet man das Erwartungsnutzenmaximum für komplexe Umweltsysteme an, ist es insbesondere im Umgang mit der Natur sehr schwer, nachvollziehbare Wahrscheinlichkeitsmaße für alle möglichen Weltzustände anzugeben. Der traditionelle Bayesianismus stellt jedoch in den Raum, es sei stets möglich und auch geboten, eine sinnvolle subjektive Wahrscheinlichkeitsverteilung als Standardausgangspunkt für unsicherheitsbehaftete Untersuchungen anzugeben. Gerade wenn es kaum Vorwissen gibt, verwickelt sich dieser Standpunkt jedoch in Widersprüche.

Daher könnte man geneigt sein, Kriterien heranzuziehen, die nicht auf Wahrscheinlichkeitsaussagen fußen. Diese basieren darauf, jeder möglichen Handlung einen besten oder schlimmsten Weltzustand zuzuweisen. In einem zweiten Schritt wird dann entlang der Entscheidungsachse eine bestmögliche Entscheidung vorgeschlagen (Sorger 1999): Ein Optimist würde z. B. von einer Klimasensitivität nahe Null ausgehen und bräuchte sich folglich nicht um das Klimaproblem zu kümmern. Das *minimum-regret*-Kriterium, das Kriterium „des geringsten Bedauerns", schließlich minimiert den maximal möglichen Nutzenabstand gegenüber einem imaginierten Akteur mit perfekter Information. Sogenannte „robuste" Kriterien nutzen dann einen Verschnitt aus EU-Max-Aspekten für Systemkomponenten, die besser verstanden sind, und aus Kriterien, die nicht auf Wahrscheinlichkeitsaussagen basieren, für weniger gut verstandene Komponenten (Lempert et al. 2006; Hall et al. 2012).

30.4 Mischformen probabilistischer und nichtprobabilistischer Kriterien

Konzepte, die nicht allein auf Wahrscheinlichkeiten fußen, konzentrieren sich auf die Extreme: Was kann im besten und was im schlechtesten Fall passieren? Daher weisen sie beim Klimaproblem die Schwierigkeit auf, dass sie letztlich in radikale Empfehlungen („Nichtstun" oder „Einstellen jeglicher Emission") münden würden, denn mit je einer gewissen Wahrscheinlichkeit könnten Folgen von Treibhausgasemissionen auch vernachlässigbar oder aber quasi unbegrenzt sein. Solche radikalen Empfehlungen dürften allerdings kaum die gesellschaftliche Präferenzordnung widerspiegeln. Vielleicht sind beide Ansätze, eine Wahrscheinlichkeitsverteilung unter allen Umständen wie beim Erwartungsnutzenmaximum und das völlige Absehen davon, also überhaupt eine Gewichtung unbestimmter Messgrößen anzugeben, zu radikal und unangemessen? Womöglich liegt das angemessene Modell, unser Wissen auszudrücken, in einem stetigen Übergang zwischen beiden? Derartige Modelle sind entwickelt worden. In der prominentesten Version lässt sich unser Wissen nicht mithilfe jeweils einer einzigen Wahrscheinlichkeitsverteilung ausdrücken, sondern eher mit einem Bündel von Verteilungen (Walley 1991).

So vielversprechend dieser Zugang ist, unsicheres Vorwissen zu modellieren, so wirft er doch neue Paradoxa auf (z. B. Walley 1991; Held und Edenhofer 2008). Der Autor tendiert dazu zu empfehlen, denselben zunächst in seinen Konsequenzen weiter zu untersuchen, bevor er in der Politikberatung eingesetzt würde.

30.5 Das Konzept der starken Nachhaltigkeit: Grenzwerte und die Kosten-Effektivitäts-Analyse

Dies lenkt den Blick auf eine radikal einfachere Lösung: das alte, umweltpolitisch etablierte Konzept von Grenzwerten, die nicht überschritten werden sollten, auch bekannt als Konzept der „starken Nachhaltigkeit" (Hediger 1999). Wo genau die Grenzwerte jeweils liegen sollen, hängt vom Wissen und von den Normen der beteiligten Akteure ab. Anlass zur Wahl von Grenzwerten sind Situationen der folgenden Kategorien:

1. Das Überschreiten einer naturgegebenen Schwankungsbreite: Mangels Systemwissen wird angenommen, dass sich eine Auswirkung „in Grenzen" halten könnte, wenn der Eingriff sich im Rahmen der natürlichen Schwankungsbreite bewegt;

2. *Tipping points* (Lenton et al. 2008): objektiv gegebene Schwellenwerte, deren Überschreitung langfristig einen „völlig anderen" Systemzustand zur Folge hätte, oder

3. wie beim Zwei-Grad-Ziel um einen politisch gesetzten, jedoch mit akademischem Wissen unterlegten Grenzwert (analog zur einer Geschwindigkeitsbegrenzung im Verkehrsbereich). Das Zwei-Grad-Ziel stellt nach Auffassung des Autors ein Hybrid aus den folgenden drei Begründungssträngen dar:

   – Es gibt bereits bekannte und ökonomisch bewertete Klimawandelfolgen, die die Gesellschaft aus Sicht der Proponenten des Zwei-Grad-Ziels vermeiden sollte.

   – Zugleich wird davon ausgegangen, dass wir bei Weitem nicht alle Folgen der Erwärmung kennen. Hier kann gefragt werden, wie stark die globale Mitteltemperatur im Rahmen der Erdgeschichte natürlicherweise schwanke und ob menschengemachte Erwärmung groß oder klein im Vergleich dazu sei. Aus einer Vorsorgeperspektive heraus könnte man dann fordern, den menschengemachten Beitrag in diesem Sinne „klein" zu halten.

   – Schließlich benötigt der politische Aushandlungsprozess stark kondensierte Zielvorstellungen; hier kann die Angabe einer möglichst einprägsamen, glatten, wenngleich akademisch informierten Zahl hilfreich sein. (Nicht gemeint ist hingegen ein *tipping point* für das gesamte Klimasystem, bei dem nach einer noch so kleinen Überschreitung die globale „Katastrophe" sicher unausweichlich wäre.)

Ist ein Grenzwert festgesetzt, wird das Erwartungsnutzenmaximum durch ein bedingtes Erwartungsnutzenmaximum ersetzt, das diesen Grenzwert einhält: die Kosten-Effektivitäts-Analyse (KEA). Man fragt, welche Politik es erlauben würde, den Grenzwert mit dem geringsten ökonomischen Aufwand einzuhalten.

Entscheidend ist hierbei, den Teil der Analyse, der die Wissenschaftswelt bis auf Weiteres überfordert, für eine Entscheidungsfindung nicht zu benötigen. Setzt man etwa ein Zwei-Grad-Ziel, braucht man im Anschluss die Klimawandelfolgen nicht zu modellieren, sondern „nur" die Transformation des (besser verstandenen) Energiesystems, das zu einer Zwei-Grad-Welt führen kann.

Dieses Vorgehen ist dann sinnvoll, wenn

I. man der Meinung ist, Klimawandelfolgen noch nicht annähernd vollständig abschätzen zu können, die Kosten des präventiven Zwei-Grad-Ziels jedoch schon;

II. die Kosten zur Erreichung des Zwei-Grad-Ziels als „klein" angesehen würden. Aus Sicht von immer mehr Wirtschaftsexperten treffen diese beiden Voraussetzungen zu:

   – (I) ist erfüllt, weil es einfacher ist, das Energiesystem zu modellieren als die natürliche Umwelt, denn das Energiesystem ist weniger komplex, menschengemacht und menschengesteuert.

   – Zu (II) berichtet der IPCC zusammenfassend, das Zwei-Grad-Ziel bedeute, das globale Wirtschaftswachstum um 0,06 Prozentpunkte pro Jahr zu senken – gegenüber einer Erwartung von 1,6–3 % pro Jahr (Edenhofer et al. 2014). Viele Akteure dürften diese Zahl als „klein" einstufen.

So könnte eine Gesellschaft über Grenzwerte und eine Kosten-Effektivitäts-Analyse zu Handlungen kommen, selbst wenn das gekoppelte Gesamtsystem noch nicht bewertet werden kann (Patt 1999; Held und Edenhofer 2008).

Starke Nachhaltigkeit und damit harte Grenzen als handlungsleitende Prinzipien münden jedoch in konzeptionelle Schwierigkeiten, sollte man mit der Möglichkeit rechnen müssen, dass der Grenzwert irgendwann nicht mehr einzuhalten wäre. Dieses kann auftreten, weil Handlungen verzögert wurden oder weil das System viel empfindlicher auf Eingriffe reagiert als erwartet.

Für den vorliegenden Fall, in dem die Situation eher der Kategorie „3" oder „1" denn „2" (s. o.) zuzurechnen ist, haben Schmidt et al. (2011) vorgeschlagen, das „Risiko" der Grenzüberschreitung mit den Aufwendungen für Klimaschutz zu verrechnen (Schmidt et al. 2011). Diese „weichere" Variante eines umweltpolitischen Ziels in Kombination mit KEA nennen sie „Kosten-Risiko-Analyse". Neubersch et al. (2014) weisen aus, dass sich im Fall des Zwei-Grad-Ziels dann etwa dieselben Handlungsempfehlungen ergäben wie infolge der noch standardmäßig verwendeten KEA. Bei anderen Anwendungen mag es jedoch größere Differenzen geben.

Anwender sollten darauf achten, ob künftiges Lernen über Systemantworten für ihren Entscheidungshorizont relevant ist. Wenn dies der Fall sein sollte, könnte es sinnvoll sein, von Anfang an mit der Kosten-Risiko-Analyse zu arbeiten. Der Autor erwartet, dass sie eine wichtige und einfach zu implementierende „Brückentechnologie" sein könnte, solange Formalismen, die kontinuierlich zwischen probabilistischem Wissen und Nichtwissen vermitteln würden (▶ Abschn. 30.4), nicht voll ausgearbeitet und verstanden sind. Das neue Instrument hat einen weiteren Vorteil gegenüber der älteren, strikten Interpretation: Die

Regel	Art des Ansatzes	Umgang mit Unsicherheit	Ziel
EU-Max	probabilisitsch	Subjektive Wahrscheinlichkeitsannahmen mit objektivierbarem Hinzulernen	Maximale erwartete (im Sinne von: wahrscheinlich-keitsgewichtete) Nutzen-funktion
Optimismus/Pessimismus	nichtprobabilistisch	Vorstellen & Selektion des best/schlechtestmöglichen Weltzustandes (keine Wahrscheinlichkeitsangaben) pro Handlung	Maximale Nutzenfunktion, nachdem für jede mögliche Handlung optimistisch/pessimistisch der Weltzustand selektiert wurde
Minimum regret	nichtprobabilistisch	Vorstellen & Selektion des Weltzustandes pro Handlung, bei dem das Bedauern am geringsten ausfiele, nachdem der wahre Zustand dann doch gelernt worden wäre	Maximale Nutzenfunktion nach Zustandsselektion
Kosten-Effektivitäts-Analyse (KEA)	Mischform; benötigt Grenzwert (z.B. Zwei-Grad-Ziel)	Ausgrenzen des Bereiches größter Unsicherheiten – diese werden als jenseits des Grenzwerts liegend angenommen	Maximale erwartete Nutzenfunktion vor dem Grenzwertes
Kosten-Risiko-Analyse	probabilistisch	Wie KEA, jedoch Einpreisung der Überschreitung des Grenzwerts; Eichung an bereits politisch gesetzten Klimazielen	Wie EU-Max

◘ **Abb. 30.2** Übersicht zu Entscheidungsregeln und ihren Merkmalen, sowohl auf Wahrscheinlichkeitsannahmen basierend (probabilistisch) als auch unabhängig davon. (Eigene Darstellung des Autors)

darin verwendete „weichere" Interpretation des Zwei-Grad-Ziels erlaubt es, dieses Ziel notfalls moderat zu überschreiten (falls es wegen weiterhin nicht umgesetzten globalen Klimaschutzes nicht anders möglich ist), das zugrunde liegende Normensystem jedoch aufrechtzuerhalten: Die Zwei-Grad-Community bliebe handlungsfähig, auch wenn das Ziel nicht mehr exakt einzuhalten wäre (◘ Abb. 30.2).

30.6 Konsequenzen für die Interaktion von Politik und Wissenschaft

Was bedeutet die vorliegende Analyse nun für Verwaltung und Politik? Der Umgang mit Unsicherheit bedarf auch normativer Setzungen. Die Verantwortung dafür, welche Normen *governance* bestimmen sollten, tragen Politik und Verwaltung. Diese Entscheidung kann gerade nicht von den Wissenschaftlern übernommen werden. Aber die Wissenschaft kann der Politik und Verwaltung ein reicheres und transparenteres Spektrum an ausgearbeiteten Vorschlägen für Normen und entsprechende Szenarien zur Verfügung stellen und auf den normativen Entscheidungsbedarf, der sich spezifisch aus Unsicherheit ergibt, hinweisen. In diesem Zusammenhang sei noch einmal auf das jüngste Politikberatungsmodell der Arbeitsgruppe III im Fünften Sachstandbericht des Weltklimarats (IPCC-WG3) verwiesen, das sogenannte „erleuchtet pragmatische Modell" (Edenhofer und Seyboth 2013; Edenhofer und Kowarsch 2015). Dementsprechend können weder Wissenschaftler noch die Gesellschaft unabhängig voneinander langfristige Ziele festlegen. Vielmehr würde die Gesellschaft normative Vorstellungen (Umweltziele, Umgang mit Unsicherheit) formulieren und die Wissenschaft deren Konsequenzen anhand von Szenarien illustrieren. In deren Lichte könnte die Gesellschaft ihre normativen Forderungen überdenken und ggf. revidieren, weil sie sich weiterer Zielkonflikte bewusst geworden wäre. Dieser Zyklus würde idealerweise bis zur vollständigen Konvergenz durchlaufen. Zunächst überzeugende Dringlichkeiten und weniger Wichtiges werden so nach und nach immer grundsätzlicher und fundamentaler geordnet. Mit Unsicherheit umzugehen ist dann nur ein Spezialfall unter vielen anderen normativen Aspekten, zu denen sich die Gesellschaft zu äußern hat. (Für die Wissenschaft ist hierbei wichtig, sich für das gesamte normative Spektrum zu öffnen, statt sich jeweils in die Denkweise einer einzigen Schule einzukapseln.)

Das Konzept zur Risikosteuerung des Internationalen Risikorats (*International Risk Governance Council*, IRGC) (► Kap. 29) wäre demnach mehrfach zu durchlaufen – ein überaus ehrgeiziges Unterfangen!

30.7 Kurz gesagt

Bei den meisten Entscheidungen, die komplexe Umweltsysteme betreffen, spielt Unsicherheit eine entscheidende Rolle. Dies ist besonders aus Sicht regionaler Akteure dann der Fall, wenn es abzuwägen gilt, wie genau man sich gegen schwer abzuschätzende Folgen des Klimawandels schützen soll. Das wirtschaftliche Standardinstrument der Erwartungsnutzenmaximierung kann versagen, solange das Wissen über das System mit teils großen Unsicherheiten behaftet ist. Das zeigen die Abwägungen des Klimaziels selbst. Dann ist zu prüfen, ob nicht z. B. kombinierte Entscheidungskriterien wie eine flexibilisierte Kosten-Effektivitäts-Analyse („Kosten-Risiko-Analyse") die Präferenzen der Entscheider besser repräsentiert. Die Wahl, nach welcher Methode unter Unsicherheit entschieden werden soll, ist bereits eine normative Vorentscheidung. Wie bei allen Entscheidungen über komplexe Systeme könnten Entscheider sie sinnvoll fällen, nachdem ein iterativer und transparenter Dialogprozess zwischen Entscheidern, Akteuren verschiedener gesellschaftlicher Gruppen und der Wissenschaft aktiv betrieben wurde.

Literatur

Anthoff D, Tol RSJ, Yohe GW (2009) Risk aversion, time preference, and the social cost of carbon. Environ Res Lett 4:024002

Edenhofer O, Kowarsch M (2015) Cartography of policy paths: a model for solution-oriented environmental assessments. Environ Sci Pol 51:56–64

Edenhofer O, Seyboth K (2013) Intergovernmental panel on climate change. Shogren JF (Hrsg) Encyclopedia of energy, Natural resource and environmental economics 1: ENERGY, 48–56

Edenhofer O, Pichs-Madruga R, Sokona Y, Farahani E, Kadner S, Seyboth K, Adler A, Baum I, Brunner S, Eickemeier P, Kriemann B, Savolainen J, Schlomer S, von Stechow C, Zwickel T, Minx JC (2014) Climate Change. Mitigation of climate change, Summary for Policymakers, Contribution of Working Group III to the Fifth Assessment Report of the Intergovernmental Panel on Climate Change. Cambridge University Press, Cambridge

Hall JW, Lempert RJ, Keller K, Hackbarth A, Mijere C, McInerney DJ (2012) Robust climate policies under uncertainty: a comparison of robust decision making and info-gap methods. Risk analysis. http://onlinelibrary.wiley.com/doi/10.1111/j.1539-7 6924.2012.01802.x/full

Hediger W (1999) Reconciling „weak" and „strong" sustainability. Int J Soc Econ 26:1120–1143

Held H, Edenhofer O (2008) Re-structuring the problem of global warming mitigation: „climate protection" vs. „economic growth" as a false trade-off. In: Hirsch Hadorn G, Hoffmann-Riem H, Biber-Klemm S, Grossenbacher-Mansuy W, Joye D, Pohl C, Wiesmann U, Zemp E (Hrsg) Handbook of transdisciplinary research. Springer, Heidelberg, S 191–204

Lempert RJ, Groves DG, Popper SW, Bankes SC (2006) A general, analytic method for generating robust strategies and narrative scenarios. Manage Sci 52:514–528

Lenton TM, Held H, Kriegler E, Hall J, Lucht W, Rahmstorf S, Schellnhuber HJ (2008) Tipping elements in the Earth's climate system. PNAS 105(6):1786–1793

Mastrandrea M, Field C, Stocker T, Edenhofer O, Ebi K, Frame D, Held H, Kriegler E, Mach K, Matschoss P et al (2010) Guidance note for lead authors of the IPCC fifth assessment report on consistent treatment of uncertainties. Intergovernmental Panel on Climate Change, Genf

Neubersch D, Held H, Otto A (2014) Operationalizing climate targets under learning: an application of cost-risk analysis. Clim Chang 126(3):305–318. doi:10.1007/s10584-014-1223-z

Nordhaus WD (2008) A question of balance: economic modeling of global warming. Yale University, New Haven

Patt A (1999) Separating analysis from politics. Policy Stud Rev 16(3–4):104–137

Savage LJ (1954) The foundations of statistics. Wiley, New York

Schellnhuber HJ (2010) Tragic triumph. Clim Chang 100:229–238. doi:10.1007/s10584-010-9838-1

Schmidt MGW, Lorenz A, Held H, Kriegler E (2011) Climate targets under uncertainty: 34 challenges and remedies. Clim Chang 104:783–791

Sorger G (1999) Entscheidungstheorie bei Unsicherheit. Lucius & Lucius, Stuttgart

Walley P (1991) Statistical reasoning with imprecise probabilities. Chapman & Hall, London

Weitzman ML (2009) On modeling and interpreting the economics of catastrophic climate change. Rev Econ Stat 91:1–19

V

Das Zwei-Grad-Ziel sowie daraus abgeleitete Obergrenzen für Treibhausgasemissionen bestimmen die gegenwärtige Klimaschutzdiskussion. Schäden durch künftige klimabezogene Naturgefahren wie Stürme, Überschwemmungen, Dürre und Waldbrände treiben hingegen die Diskussion um Maßnahmen zur Anpassung an den künftigen Klimawandel an. Dabei ist klar, dass der Klimawandel bereits vorhandene Stressfaktoren verstärkt – etwa die Versauerung und Verschmutzung von Böden, Luft und Ozeanen oder auch das Artensterben.

Klimaschutz und Anpassung an Klimawandel hängen ursächlich zusammen: Das Ambitionsniveau des globalen Klimaschutzes entscheidet über das Ausmaß regionaler Klimafolgeschäden und damit auch über jenes notwendiger Anpassungsmaßnahmen. Dass Letztere in ihrer Wirkung und Umsetzbarkeit begrenzt sind, erhöht die Anforderungen an den Klimaschutz.

Aber wie kann der notwendige Übergang in eine klimaverträgliche Weltwirtschaft gelingen, wie ein weitgehender, nachhaltiger Umbau verschiedenster Systeme realisiert werden? Welchen Beitrag zu einem solchen Übergang kann die Anpassung an den Klimawandel leisten? Und wo steht Deutschland in diesem Prozess?

Gegenwärtige Strategieprozesse auf allen räumlichen Ebenen formulieren zurzeit in erster Linie *no-regret-* und *win-win-*Optionen zur Anpassung an den Klimawandel. Die Maßnahmen werden jedoch nur schleppend umgesetzt – insbesondere auf kommunaler Ebene. Eine Evaluation, ob Strategieziele erfolgreich umgesetzt wurden, steckt noch in den Anfängen. Räumlich abgegrenzte Strategien im Mehrebenensystem sind – wenn überhaupt – nur schwach vernetzt. Dieses Kapitel beleuchtet Ursachen und Lösungsmöglichkeiten für diese Herausforderungen.

Es benennt Barrieren und Erfolgsfaktoren für deren Überwindung sowie bereits umgesetzte gute Beispiele zur Anpassung an den Klimawandel.

Die Forschung zeigt: Kulturelle Traditionen, Identität, Interessen, Werte sowie lokales Wissen und Einstellungen beeinflussen die Akzeptanz und Umsetzung von Anpassungsmaßnahmen stark. Bestehende Pfadabhängigkeiten – wie die einer einkommensschwachen Region – prägen Vorstellungen zur Umsetzbarkeit von Maßnahmen und damit den Umsetzungsprozess selbst. Aber wie können gesellschaftliche Akteure in die Strategieentwicklung wirksam einbezogen werden? Wie kann die große Herausforderung „Verbesserung sozialer Gerechtigkeit durch Klimaanpassung" angegangen werden? Die Gesellschaft wird über künftige Entwicklungspfade entscheiden – doch jede Entscheidung wird Folgen für diese und künftige Generationen haben, wird künftige Handlungsspielräume auf- oder verschließen. Das Kapitel setzt sich deshalb mit der Frage auseinander, ob inkrementelle Anpassung hinreichend ist oder ob Anpassung künftig stärker transformativ ausgelegt werden sollte.

Die Literatur zeigt, dass transformative Anpassung nur möglich wird, wenn Governance bestehendes lokales Wissen, Werte und Einstellungen berücksichtigt sowie Innovationen sozialen Handelns aus Nischen herausholt und in die Alltagspraxis bringt. Dazu eignen sich vor allem informelle Instrumente wie Partizipation und Kommunikation. Dieses Kapitel betrachtet informelle Steuerung als einen Erprobungsraum, der Innovationen sozialen Handelns fördert und somit auch Einstellungen schult, die einen Normen- und Wertewandel anstoßen können.

Petra Mahrenholz
(*Editor* Teil V)

Die klimaresiliente Gesellschaft – Transformation und Systemänderungen

Jesko Hirschfeld, Gerrit Hansen, Dirk Messner

© Der/die Herausgeber bzw. der/die Autor(en) 2017

G. Brasseur, D. Jacob, S. Schuck-Zöller (Hrsg.), *Klimawandel in Deutschland*, DOI 10.1007/978-3-662-50397-3_31

Der Klimawandel stellt die Gesellschaft vor enorme Herausforderungen, die mehr erfordern werden als kleine Schritte der Anpassung in einzelnen Sektoren oder Regionen. Um langfristig „klimaresilient" zu werden, wird eine weitreichende Transformation von Wirtschaft und Gesellschaft notwendig sein (Walker et al. 2004; Folke et al. 2010; IPCC 2014c). Diese Transformation wird sowohl aus der Perspektive des Klimaschutzes als auch aus der Perspektive der Anpassung an den Klimawandel notwendig werden und neben technologischen und wirtschaftlichen Anpassungen gesellschaftliche, kulturelle und politische Veränderungsprozesse erfordern (WBGU 2011).

In den nachfolgenden Unterkapiteln erörtern die Autoren die Zusammenhänge zwischen Klimaschutz und Anpassung an den Klimawandel, die Chancen, Risiken und Grenzen der Anpassung sowie den nationalen und globalen Transformationsbedarf. Es wird davor gewarnt, Klimaschutz und Anpassung an den Klimawandel als einfache Substitute zu betrachten und die Möglichkeiten von Anpassung zu überschätzen.

Neben den einzel- und volkswirtschaftlichen Auswirkungen des Klimawandels betrachten die Autoren auch die sozialen, politischen und ökologischen Auswirkungen in einem systemischen Zusammenhang und weisen zudem darauf hin, wie wichtig und schwierig räumliche und zeitliche Differenzierung sein kann.

31.1 Kausalzusammenhang zwischen Klimaschutz und Anpassung, Anpassungsgrenzen und Transformation

Klimaanpassung und Klimaschutz sind als komplementäre Maßnahmen zur Vermeidung negativer Klimawandelfolgen eng aneinander gekoppelt. Klimaschutzmaßnahmen sind, zeitverzögert, entscheidend für das Ausmaß des Klimawandels und damit auch für die notwendige Anpassung, während Kosten und Potenziale von Anpassung bestimmend für Klimaschutzanstrengungen sein können. Daneben konkurrieren sie um ähnliche Ressourcen und sind durch Synergien und Trade-offs verbunden (Klein et al. 2007; Moser 2012). Oft werden beide Maßnahmengruppen als Substitute behandelt, was jedoch die Gefahr birgt, wichtige Interaktionen sowie mögliche Grenzen der Anpassung zu ignorieren. Um Kosten und Risiken des Klimawandels zu reduzieren, ist ein aufeinander abgestimmter Mix aus ehrgeizigen Klimaschutzzielen und nachhaltigen Anpassungsmaßnahmen wichtig (IPCC 2014c).

Verschiedene Emissionspfade führen zu unterschiedlichen Klimafolgen und Unsicherheitsniveaus hinsichtlich der Wirksamkeit von Anpassungsmaßnahmen (IPCC 2013; ▶ Kap. 2). Die langfristige klimatische Entwicklung wird in hohem Maße davon abhängen, welche Klimaschutzanstrengungen unternommen werden. Die Anpassung an die bereits im Klimasystem eingeschriebene Erwärmung von bis zu ca. 2 °C gegenüber vorindustriellen Temperaturen muss hingegen in jedem Falle geleistet werden. Während bei den gemäßigten Emissionsszenarien eine Restabilisierung des Klimas auf höherem Niveau gegen Ende dieses Jahrhunderts projiziert wird, sind bei Szenarien mit höheren Emissionen auch nach 2100 noch langfristige und fundamentale Veränderungen zu erwarten (IPCC 2013). Entsprechend sind die

mit geringeren Klimaschutzanstrengungen verbundenen Szenarien höherer Emissionen nicht nur mit massiveren Auswirkungen, sondern auch mit größeren Unsicherheiten bezüglich der langfristig notwendigen Anpassungsleistungen behaftet.

Kurz- und mittelfristige Anpassungsmaßnahmen zielen oft auf die Verwirklichung sogenannter *low-* und *no-regret*-Optionen, die eine Verbesserung der Resilienz bezüglich verschiedener zukünftiger Klimaszenarien zum Ziel haben, oft unter gleichzeitiger Erfüllung anderer relevanter Politikziele (▶ Kap. 30; Hallegatte 2009). Insbesondere für langfristige Investitionsentscheidungen mit langen Vorlaufzeiten – z. B. Küsten- und Hochwasserschutz, Forstwirtschaft, Energieerzeugung sowie Siedlungs- und Infrastrukturplanung – kann die klimawandelbedingte Planungsunsicherheit jedoch zu einem erhöhten Risiko von Fehlinvestitionen und damit mittelbar zu steigenden Kosten führen. Robuste Anpassung in diesem Bereich bedarf daher neuer, schrittweiser Planungsverfahren und muss ein breites Band von möglichen „Klimazukünften" berücksichtigen (Hallegatte 2009; Dessai und Hulme 2007; Wilby und Dessai 2010). Klimaschutzanstrengungen sind ein entscheidender Faktor für die Breite dieses Bandes und wirken damit auf die Kosten und Realisierbarkeit von Anpassungsmaßnahmen (Hallegatte et al. 2012).

Global sind die zu erwartenden Kosten von Anpassung bisher unzureichend quantifiziert. Existierende Abschätzungen fokussieren auf Entwicklungsländer (World Bank 2010) und einzelne Sektoren wie z. B. Küstenschutz, Wasser- und Energieversorgung sowie Landwirtschaft (Fankhauser 2010). Globale ökonomische Schadenskosten sind unvollständig und aufgrund von zahlreichen Annahmen und hoher Aggregation wenig aussagekräftig beschrieben (IPCC 2014c). Insbesondere für Klimaszenarien jenseits von 3 °C Erwärmung existieren zudem kaum aktuelle Studien. Die in der Literatur dagegen ausführlich dokumentierten Klimaschutzkosten für verschiedene Emissionsszenarien beruhen zum Großteil auf *integrated-assessment*-Modellen (▶ Kap. 25). Diese bilden die Veränderungen im Energiesystem und anderen Sektoren sowie die damit einhergehenden Kosten und Veränderungen in der Weltwirtschaft ab. Sie berücksichtigen jedoch meist weder verbleibende Schadenskosten noch Kosten der Anpassung oder Rückkopplungen im Klimasystem explizit (Patt et al. 2010).

Diese Problematik der mangelnden Integration von Anpassung, Schadenskosten und Klimaschutz bestand schon im Vierten Sachstandsbericht (Parry 2009), und es gibt nach wie vor nur wenige globale Studien zu deren integrierter Kostenabschätzung (Bosello et al. 2010; de Bruin et al. 2009; ▶ Kap. 25). Trotz methodischer Fortschritte – etwa die bessere Repräsentation von Anpassung in *integrated-assessment*-Modellen durch das Vergleichen entsprechender sozioökonomischer Szenarien (Kriegler et al. 2012; van Vuuren et al. 2011) – ist die integrierte Modellierung von Klimaschutz-, Schadens- und Anpassungskosten derzeit noch in ihren Anfängen (Fisher-Vanden et al. 2013; Patt et al. 2010; Hirschfeld et al. 2015). Kritisch wird dabei die zentrale Rolle der in gewissem Maße beliebig gewählten Diskontrate zur Bestimmung gesellschaftlich optimaler Transformationspfade diskutiert (Guo et al. 2006; Weitzman 2013), da hohe Diskontraten ($>3\%$) zu einer weitgehenden Vernachlässigung von Klimakosten führen, die mehr als wenige Jahrzehnte in der

Zukunft liegen. Darüber hinaus hat die Schwierigkeit, das Risiko von katastrophalen Klimawandelfolgen adäquat zu berücksichtigen (Weitzman 2009), zu grundsätzlicher Kritik an der Eignung solcher Modelle als Grundlage für politische Entscheidungen geführt (Fisher-Vanden et al. 2013; Stern 2013).

Die gesellschaftlich optimale Mischung von Anpassung und Klimaschutz lässt sich demnach nach wie vor nicht aus Ergebnissen ökonomischer Modelle herleiten. Der Umgang mit „Unquantifizierbarkeiten" kann am ehesten mit einem gekoppelten Ansatz der Risikoanalyse erfolgen, wobei Methoden wie Multikriterienanalysen zur besseren Erfassung der Dimensionen von Risiko und Unsicherheit beitragen können (Vetter und Schauser 2013; van Ierland et al. 2013; ▶ Kap. 32). Hierbei können neben grundsätzlichen ethischen Überlegungen auch Risiken von Klimaschutzmaßnahmen einfließen, z. B. die Herausforderungen großskaliger Bioenergieverwendung (Chum et al. 2011), negative ökonomische Folgen für arme Länder (Jakob und Steckel 2014) oder die Risiken von „Geo-Engineering" (IPCC 2012). Zentrale Elemente einer solchen Risikoabschätzung sind das Risikominderungspotenzial und die Grenzen der Anpassung.

Harte, d. h. unveränderliche Grenzen stellen insbesondere die sogenannten Kipppunkte dar (Lenton et al. 2008; Levermann et al. 2012): großskalige, sprunghafte Zustandsänderungen von wichtigen Elementen des Erdsystems. Neben den Kipppunkten des physikalischen Klimasystems ist hier die erhöhte Gefahr sogenannter *regime shifts*, also dauerhafter Umwälzungen in den komplexen Mustern der global bedeutenden Ökosysteme relevant. So sind in der Arktis bereits Hinweise auf ein Überschreiten von Systemgrenzen und damit die Annäherung an Kipppunkte zu erkennen (Duarte et al. 2012; Lenton 2012; Post et al. 2009; Wassmann und Lenton 2012). Die Schädigung von tropischen Korallenriffen ist ebenfalls bereits nachgewiesen (Cramer et al. 2014), und die Gefahr des kompletten Verlustes dieses komplexen Ökosystems besteht selbst bei geringer weiterer Erwärmung (Frieler et al. 2012; Hoegh-Guldberg 2011), verbunden mit erheblichen Risiken für die Nahrungsversorgung, nicht nur von Küstenbewohnern. Auch die negativen Folgen der zunehmenden Ozeanversauerung stellen aufgrund der mangelnden Anpassungsmöglichkeiten eine harte Grenze dar (Pörtner et al. 2014). Sogenannte weiche Grenzen der Anpassung bezeichnen Bereiche, in denen die Klimawandelfolgen zwar theoretisch als technisch beherrschbar eingeschätzt werden, es aber Ziel- oder Wertkonflikte gibt, welche die Umsetzung entsprechender Maßnahmen behindern oder diese auf institutioneller, politischer oder gesellschaftlicher Ebene nicht durchführbar oder durchsetzungsfähig erscheinen lassen (Preston et al. 2013). Ein Beispiel sind Maßnahmen des Hochwasserschutzes, die nicht nur mit den Zielen des Küsten- und Naturschutzes kollidieren können, sondern auch mit den Interessen von Anwohnern und der Tourismusindustrie (Moser et al. 2012). Die Forschung hierzu steht, ähnlich wie diejenige zur Interaktion verschiedener Klimawandelfolgen (Warren 2011), noch am Anfang – insbesondere bezüglich der sozialen Grenzen von Anpassung und der Wechselwirkung zwischen sozialen und natürlichen Systemen (Adger et al. 2009; Preston et al. 2013).

Der Weltklimarat nimmt im Fünften Sachstandsbericht eine umfassende Bewertung von regionalen und globalen Schlüssel-

risiken unter verschiedenen Erwärmungs- und Anpassungsszenarien vor (IPCC 2014c). Das theoretische Potenzial von Anpassung zur Risikominderung für Europa wird dabei – isoliert betrachtet, also unabhängig von Kosten und politischen Prioritäten – insgesamt auch in einer Vier-Grad-Welt als relativ hoch eingeschätzt (◘ Abb. 31.1). Im Vergleich zu einer Zwei-Grad-Welt ist die Erschließung dieses theoretisch vorhandenen Potenzials jedoch mit entsprechend höherem Aufwand und höherer Unsicherheit verbunden. In anderen Kontinenten und für bestimmte Sektoren, auch für Subregionen in Europa, sind die verbleibenden Restrisiken selbst bei optimaler Anpassung in einer Vier-Grad-Welt dagegen teilweise hoch oder sehr hoch und damit in der Nähe harter Grenzen (◘ Abb. 31.1).

Auch wenn die Gesamtkosten von Klimaschutzanstrengungen, die noch immer zum Erreichen des Zwei-Grad-Ziels führen könnten, relativ gering ausfallen, wenn sie frühzeitig, unter Einbindung sämtlicher technologischen Möglichkeiten und global erfolgen (Luderer et al. 2013; IPCC 2014a), sind die Anforderungen, um zu einer Zwei-Grad-Welt zu kommen, doch erheblich (▶ Abschn. 31.2), zumal das dazu notwendige globale Einvernehmen hinsichtlich der Selbstverpflichtung zur Einhaltung ehrgeiziger Ziele nicht ausreicht – die Grenzen müssen ja auch eingehalten werden. So kann zumindest temporär ein Überschreiten der Zwei-Grad-Grenze nicht ausgeschlossen werden, ein sogenanntes *overshoot*-Szenario eintreten (Parry et al. 2009). Zudem droht beim Fortschreiben der derzeitigen Emissionstrends eine Erwärmung von mehr als 4 °C bis Ende des Jahrhunderts (IPCC 2013). Dort wo infolge solch starker Erwärmung Maßnahmen zur inkrementellen Anpassung nicht mehr ausreichen, würden transformative Anpassungsstrategien notwendig werden, die einen weitreichenden Wandel wirtschaftlicher, sozialer und politischer Systeme beinhalten (Smith et al. 2011; ▶ Kap. 33).

Für eine integrierte Betrachtung der Risiken und Kosten von Klimawandel und Klimaschutz besteht nach wie vor erheblicher Forschungsbedarf, insbesondere bezüglich der Operationalisierung und Quantifizierung von Anpassung und Schadenskosten. Nach derzeitigem Stand der Forschung ist allerdings klar, dass ambitionierte Klimaschutzanstrengungen unverzichtbar sind, um schwerwiegende und weitreichende globale Klimawandelfolgen abzuwenden (IPCC 2014b).

31.2 Globale Veränderungsprozesse und Transformation

Alleinige, radikale Reduzierungen der Treibhausgasemissionen der OECD-Länder reichen nicht mehr aus, um die Zwei-Grad-Leitplanke einzuhalten. Zwischen 1990 und 2010 sind deren jährliche Treibhausgasemissionen von gut 10 auf knapp 14 Gigatonnen gestiegen und stagnieren seitdem in etwa auf diesem Niveau. Die Emissionen der Nicht-OECD-Länder haben sich im gleichen Zeitraum von 10 auf 20 Gigatonnen erhöht, insbesondere infolge des hohen Wachstums in den Schwellenländern. Setzen sich die derzeitigen Trends fort, so dürften sich die OECD-Emissionen pro Jahr zwischen 2010 und 2040 auf einem Niveau von etwa 15 Gigatonnen einpendeln, während die Emissionen pro Jahr der

31

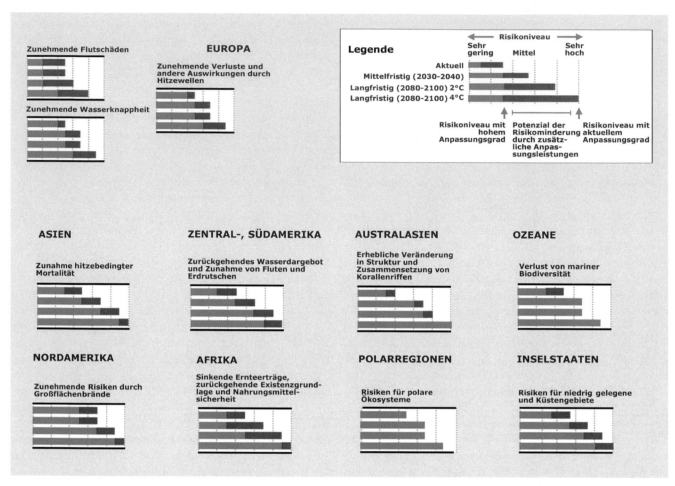

◙ **Abb. 31.1** Schlüsselrisiken für Europa auf verschiedenen Zeitskalen. Beispiele für Schlüsselrisiken mit hohem oder sehr hohem Risiko und geringer Anpassungskapazität bei starker Erwärmung in Weltregionen außerhalb Europas (nach IPCC 2014c). Balken zeigen das Risiko unter Annahme aktueller (*gesamter Balken*) oder optimaler Anpassung (*blauer Balken*), gegenwärtig, mittelfristig (2030–2040) sowie langfristig (2080–2100) für eine potenzielle Zwei-Grad- und Vier-Grad-Welt. (Nach Kovats et al. 2014, Tab. 23-5)

Nicht-OECD-Länder in diesem Zeitraum von 20 auf gut 30 Gigatonnen ansteigen würden (IEA 2013). Weil sich die Dynamiken in der Weltwirtschaft in den vergangenen zwei Jahrzehnten signifikant in Richtung der Nicht-OECD-Länder verschoben haben (OECD 2010; UNDP 2013; Kaplinsky und Messner 2008; Spence 2011), ist wirksamer Klimaschutz nur noch möglich, wenn die grundlegenden Wachstumsmuster aller Länder auf einen klimaverträglichen Pfad gebracht werden.

Globaler Klimaschutz ist daher zu einem Synonym für den Aufbau einer *global low carbon economy* (Edenhofer et al. 2009; Leggewie und Messner 2012; World Bank 2012) geworden. Neben der Frage, wie radikale Dekarbonisierung in OECD-Ländern gelingen kann, besteht die zweite Herausforderung darin, wie zunehmender Wohlstand in den Nicht-OECD-Ländern von Treibhausgasemissionen entkoppelt werden kann (Kharas 2010). Diese sozioökonomischen Dynamiken globalen Wandels werden auch in der internationalen Politik sichtbar, etwa in Diskussionen darüber, wie das „Recht auf Entwicklung" mit globalem Klimaschutz verbunden werden kann (Pan 2009; WBGU 2009). Globale Gerechtigkeits- und Verteilungsfragen bilden vor diesem Hintergrund eine zentrale Arena der weltweiten Klimapolitik und der Versuche, einen Übergang zu einer klimaverträglichen Ökonomie einzuleiten (Gesang 2011).

Der Übergang zu einer klimaverträglichen Wirtschaft wird in der Literatur zunehmend aus der Perspektive von Transitions- bzw. Transformationsprozessen diskutiert, um zu verdeutlichen, dass der Umbruch zu einer *low carbon economy* über klassische Muster des Strukturwandels (Transition) in einzelnen Marktwirtschaften hinausgeht und umfassende Prozesse des Wandels (Transformation) impliziert (Rotmans et al. 2001; Martens und Rotmans 2002; Grin et al. 2010; World Bank 2012; Brand et al. 2013). Der Wissenschaftliche Beirat der Bundesregierung Globale Umweltveränderungen (WGBU) hat vorgeschlagen, den Übergang zu einer klimaverträglichen und insgesamt nachhaltigen Weltwirtschaft als „große Transformation" zu beschreiben (WBGU 2011) und verweist auf fünf Argumentationsstränge, die aus der Perspektive des Wissenschaftlergremiums gute Gründe für diese Benennung liefern:

– Der Übergang zur Klimaverträglichkeit kann nur gelingen, wenn die globalen Wachstumsmuster in Richtung Dekarbonisierung verändert werden – wenn also ein neuer Pfad globaler Entwicklung eingeschlagen wird. Ob diese Weichenstellung gelingt, hängt einerseits davon ab, ob in den Industrieländern der Übergang zur Klimaverträglichkeit eingeleitet wird. Andererseits wird es von großer Bedeutung sein, ob die dynamisch wachsenden Schwellenländer bereit und in der Lage sind, Dekarbonisierung in das Zentrum ihrer Entwicklungsanstrengungen zu rücken (IPCC 2014c, Working Group III). Eine solche Veränderung von Wachstumsmustern setzt eine grundlegende Transformation institutioneller Rahmenbedingungen voraus, um Anreize für klimaverträgliche Investitionen zu schaffen (World Bank 2012; Edenhofer und Stern 2009; Schmitz et al. 2013; Global Commission on the Economy and Climate 2014).

- Die Entwicklung einer klimaverträglichen Weltwirtschaft impliziert einen weitgehenden Umbau der zentralen Infrastrukturen u. a. hin zu ressourcensparenden und klimarobusten Systemen, auf denen menschliche Gesellschaften basieren: in den weltweiten Energiesystemen, die für etwa 75 % der globalen Treibhausgasemissionen verantwortlich sind, in der Landnutzung (Waldnutzung, Landwirtschaft), auf die etwa 25 % der Emissionen entfallen, und in urbanen Räumen, weil ein großer Teil der Emissionen auf die Bedürfnisfelder Wohnen (Gebäude) und Mobilität in Städten zurückzuführen ist (Nakicenovic et al. 2000; WBGU 2011; Urban und Nordensvard 2013; IPCC 2014a). Die Urbanisierung ist von besonderer Bedeutung, weil die Zahl der Menschen, die in urbanen Räumen lebt, von derzeit 3 Mrd. auf 6 Mrd. Menschen im Jahr 2050 ansteigen wird (UN Habitat 2011). Bei Gebäuden und Mobilitätssystemen handelt es sich um besonders pfadabhängige Infrastrukturen, welche die Emissionspfade für viele Jahrzehnte prägen werden (IEA 2010; EWI et al. 2010). Ob also der Urbanisierungsschub, der sich insbesondere auf Nicht-OECD-Länder und hier vor allem auf Asien konzentriert, *low-carbon*-Mustern oder den etablierten treibhausgasintensiven Dynamiken der Stadtentwicklung folgt, ist aus der Perspektive des Klimaschutzes von großer Bedeutung (WBGU 2011).

- Dekarbonisierungsstrategien müssen auf technologischen Innovationen basieren. Die Literatur zum *rebound*-Effekt (Jackson 2009; Nordhaus 2013) verdeutlicht allerdings auch, dass eine absolute Abkopplung der Wohlstandsentwicklung von Emissionen nur gelingen kann, wenn sich zugleich soziale Innovationen durchsetzen: veränderte Lebensstile und Konsummuster, neue Wohlfahrtskonzepte sowie Normen und Wertesysteme, die den Erhalt der globalen Gemeinschaftsgüter zu einem kategorischen Imperativ machen (Skidelsky und Skidelsky 2012; World Bank 2012; Messner 2015).

- Die Transformation muss in einem sehr engen Zeitfenster stattfinden, wenn das Zwei-Grad-Ziel noch eingehalten werden soll (Allen et al. 2009; Meinshausen et al. 2009; WBGU 2009). Bis etwa 2070 müssten die Treibhausgasemissionen, die aus der Verbrennung fossiler Energieträger entstehen, weltweit auf null reduziert werden (WBGU 2014). So stellt sich die Frage, wie und ob Dynamiken der Transformation beschleunigt werden können (Grin et al. 2010). Zugleich bewirken Treibhausgasemissionen in der Gegenwart langfristige Dynamiken im Erdsystem, bis hin zum Risiko des Erreichens von Kipppunkten (Lenton et al. 2008). Die für menschliche Gesellschaften relevanten Zeitregimes verändern sich daher, ähnlich wie während der

industriellen Revolution (Osterhammel 2009; Sieferle et al. 2006; Leggewie und Messner 2012).

- Wenn Paul Crutzen und andere (Crutzen 2000; Williams et al. 2011) mit ihrem Argument recht behalten, dass die Menschheit zu einer zentralen Veränderungskraft im Erdsystem geworden ist, impliziert der Übergang zu einer nachhaltigen Wirtschafts- und Gesellschaftsordnung, dass die Menschen Institutionen sowie Normen und Wertesysteme „erfinden" müssen, um das Erdsystem im Anthropozän – nach Paul Crutzen das Zeitalter der Menschen – dauerhaft zu stabilisieren und damit die Existenzgrundlagen vieler künftiger Generationen zu erhalten. Diese Herausforderungen eines „Erdsystemmanagements" (Schellnhuber 1999; Biermann 2007, 2008) gehen über die existierenden Weltbilder internationaler Politik deutlich hinaus.

Der Verweis auf Klimaschutz und Anpassung an den Klimawandel im Kontext der Dynamiken globaler Entwicklung sowie die Diskussion über das Klimasystem als Gemeinschaftsgut (*global common*) (Ostrom 2010) führen zu der Frage, wie globale Kooperation gestaltet werden kann, um die Transformation zur Klimaverträglichkeit zu ermöglichen (Keohane und Victor 2010; Oberthuer und Gering 2005; Ostrom 2009; WBGU 2006; Messner und Weinlich 2016). In der Literatur wird auf vier zentrale Mechanismen verwiesen, welche die Klimaverhandlungen schwierig und langwierig mach(t)en:

1. auf das aus der Konzeption der *tragedy of the commons* (Hardin 1968), die auf die Gefahr der Übernutzung frei verfügbarer und begrenzter Ressourcen verweist, und der Theorie kollektiven Handelns (Olson 1965) bekannte „Trittbrettfahrerproblem" (Nordhaus 2013). Es bedeutet, dass das Zustandekommen von Kooperationsallianzen (z. B. zum Schutz des Klimasystems) erschwert wird, wenn Akteure, die sich nicht an diesen kooperativen Lösungen beteiligen, nicht an der weiteren Übernutzung bzw. Überlastung des Gemeinschaftsgutes gehindert werden können;

2. auf Verteilungskonflikte zwischen Industrie-, Schwellen- und Entwicklungsländern über die Kosten, die durch Treibhausgasreduzierungen entstehen, sowie über Verantwortlichkeiten zur Treibhausgasminderung, die sich für jeweilige Länder(gruppen) aus historischen, gegenwärtigen und zukünftig zu erwartenden Emissionen ergeben (WBGU 2009; Ott et al. 2008, Depledge 2005; Pan 2009);

3. auf die Sorge von Entscheidungsträgern, dass radikale Treibhausgasreduzierungen die Wettbewerbsfähigkeit ihrer Ökonomien schädigen, Beschäftigungseinbußen zur Folge haben oder – so der Diskurs in Schwellen- und Entwicklungsländern – Prozesse nachholender Entwicklung blockieren könnten (Leggewie und Messner 2012; World Bank 2012; OECD 2010; Sinn 2008);

4. auf die spezifische Zeitstruktur des Klimaproblems, die darin besteht, dass schwerwiegende Folgen des Klimawandels erst in einigen Jahrzehnten zu erwarten sind, politische Systeme und Entscheidungsträger jedoch primär auf aktuellen Problemdruck reagieren (Giddens 2009; Newton-Smith 1980; Zimmerman 2005; WBGU 2014).

Effekte der Anpassung	Systemdimensionen				
	wirtschaftlich		sozial	politisch/ institutionell	ökologisch
	einzel-wirtschaftlich	gesamt-wirtschaftlich			
Chancen ⇕ **Risiken**	Gewinne, vermiedene Schäden ⇕ Schäden, Verluste	Wohlfahrts-gewinne ⇕ Wohlfahrts-verluste	ausgleichend ⇕ polarisierend	konflikt-reduzierend ⇕ konflikt-verschärfend	positive ökosystemare Wirkungen ⇕ negative ökosystemare Wirkungen
Skalen-ebenen	←———— räumlich ————→				
	←———— zeitlich ————→				

◻ Abb. 31.2 Chancen und Risiken der Anpassung auf verschiedenen Dimensionen komplexer Systeme (Eigene Darstellung)

Diese Kooperationshemmnisse sind Gründe dafür, dass die internationale Staatengemeinschaft 21 Verhandlungsrunden benötigte, um im Dezember 2015 in Paris einen alle Staaten in Verpflichtungen einbindenden Weltklimavertrag abzuschließen, obwohl die naturwissenschaftlichen Grundlagen des Klimawandels, seiner Ursachen, Treiber und Wirkungen seit geraumer Zeit gut verstanden und sogar von der überwiegenden Zahl der Staaten akzeptiert waren. Das Pariser Klimaabkommen sieht erstmals in der Geschichte der Klimadiplomatie eine Dekarbonisierung der Weltwirtschaft in der zweiten Hälfte des 21. Jahrhunderts vor. Der Klimavertrag stellt einen Versuch dar, die Handlungsblockaden, die aus den vier Kooperationshemmnissen resultieren, durch Kompromisse, Selbstverpflichtungen der Staaten, Ausgleichszahlungen, Technologietransfer und Monitoringsysteme für die Umsetzung der Vereinbarungen zu überwinden. Auf Sanktionsmechanismen für Kooperationsverweigerer und Staaten, die ihren Verpflichtungen nicht nachkommen, haben sich die Staaten nicht einigen können. Ob diese historische Neuorientierung in Richtung Dekarbonisierung in den kommenden Jahren auf nationaler und internationaler Ebene auch tatsächlich durchgesetzt wird, bleibt abzuwarten.

31.3 Chancen und Risiken der Anpassung in komplexen Systemen

Chancen und Risiken der Anpassung an den Klimawandel sind sowohl auf globaler Ebene als auch im nationalen Maßstab bislang unzureichend quantifiziert und werden auch in Zukunft nur in Grenzen quantifizierbar sein (Watkiss 2009; JPI Climate 2011; Defra et al. 2012; Hirschfeld et al. 2015; Schröder und Hirschfeld 2015). Das stellt nationale, regionale und lokale Entscheidungsträger vor teilweise erhebliche Probleme bei der Formulierung angemessener Anpassungspolitiken. Die Schwierigkeiten bei der Abbildung der Kosten und Nutzen von Anpassungsmaßnahmen ergeben sich zum einen aus den klima- und ökosystemaren Unsicherheiten und Ungewissheiten, mit denen Klimaszenarien

nach wie vor behaftet sind und voraussichtlich auch dauerhaft sein werden. Zum anderen folgen sie aus der Komplexität der angesprochenen wirtschaftlichen, sozialen und politischen Systeme, die durch den Klimawandel zu reaktivem und proaktivem Handeln herausgefordert sind (WBGU 2011; ► Kap. 28).

Nach den bisher vorliegenden Analysen zu Kosten und Nutzen der Anpassung an den Klimawandel in Deutschland zeichnen sich die vordringlichsten Anpassungsbedarfe und größten erreichbaren Anpassungsnutzen in den Bereichen Hitze, Hochwasser und Stürme ab (Hübler und Klepper 2007; Robine et al. 2008; Hinkel et al. 2010; Tröltzsch et al. 2011; GDV 2013; Lehr und Nieters 2015; IPCC 2014b).

◻ Abb. 31.2 gibt einen Überblick zu den im Folgenden diskutierten Dimensionen komplexer Systeme (wirtschaftliche, soziale, politische, ökologische), die durch Maßnahmen zur Anpassung an den Klimawandel in positiver, neutraler oder negativer Weise beeinflusst werden können. Zur Abwägung zwischen Chancen und Risiken der Anpassung lassen sich die bereits erwähnten Kosten-Nutzen- und Multikriterienanalysen heranziehen. Letztere stellen die Effekte von Anpassungsmaßnahmen in der Vielfalt ihrer Dimensionen dar, ohne sie auf eine einheitliche Dimension von Geldwerten umzurechnen und damit unmittelbar vergleichbar zu machen.

Zusätzlich und über alle Systemdimensionen hinweg sind die räumlichen und zeitlichen Skalenebenen zu beachten. Es ist in vielen Fällen von hoher Relevanz für die Entscheidung über die Vorteilhaftigkeit einer Anpassungsmaßnahme, ob die Wirkungen der Maßnahme vor einem kleinräumig-lokalen Betrachtungshintergrund bewertet werden oder auf einer überregionalen, nationalen oder sogar globalen Skalenebene. Ebenso ist es häufig entscheidend, ob Wirkungen kurz-, mittel- oder langfristig betrachtet und in die Entscheidungsprozesse einbezogen werden.

Zur Entscheidungsfindung müssen die Systemdimensionen untereinander gewichtet werden. Außerdem sind für die einzelnen Dimensionen kritische Untergrenzen zu beachten, bei deren Unterschreitung die Stabilität der jeweiligen Systeme gefährdet wird (etwa einzelbetriebliche Rentabilität, sozialer Friede, Resilienz des betroffenen Ökosystems). Sowohl die Gewichtung als auch die Bezugnahme auf bestimmte räumliche und zeitliche Skalenebenen (lokal oder global, kurz- oder langfristig) können nur auf Grundlage von Werturteilen vorgenommen werden und sind damit im politischen Prozess zu treffende Entscheidungen. Anpassungsmaßnahmen an den Klimawandel sind also nicht allein aus individueller oder betriebswirtschaftlicher Perspektive zu betrachten, wenn unerwünschte Nebeneffekte oder sogar negative Gesamteffekte vermieden werden sollen (Hirschfeld und von Möllendorff 2015). Gleichzeitig stellen nur wenige Anpassungsmaßnahmen *win-win-win*-Lösungen für alle Akteursgruppen in allen Systemdimensionen und auf allen Skalenebenen dar. Häufig müssen in mindestens einer der Systemdimensionen Abstriche hingenommen werden, um die in einer anderen Dimension oder auf einer anderen Skalenebene gesetzten Ziele zu erreichen.

Bei der Gestaltung von Anpassungspolitiken sollten potenzielle Anpassungsmaßnahmen also im Hinblick auf ihre komplexen Auswirkungen in den verschiedenen Systemdimensionen analysiert und ihre Ansatzpunkte auf den verschiedenen räumlichen und zeitlichen Skalenebenen berücksichtigt werden. Entsprechend der Vielzahl der angesprochenen Systemdimensionen sind dabei die Zusammenarbeit zwischen verschiedenen sozial- und naturwissenschaftlichen Forschungsdisziplinen sowie die Einbeziehung der jeweils betroffenen und handlungsrelevanten Akteursgruppen notwendig.

Auf einzelwirtschaftlicher Ebene begrenzen Budgetrestriktionen und teilweise abträgliche Anreizsituationen die Handlungsmöglichkeiten von Unternehmen und Haushalten. In vielen Fällen fehlt bislang auch das Wissen über geeignete Anpassungsoptionen. Hier können durch Informationsbereitstellung sowie geeignete institutionelle Rahmensetzungen Anreizmuster verändert und Möglichkeiten zu autonomen Anpassungsanstrengungen eröffnet werden (▶ Kap. 33). Staatliche Institutionen haben hierzu in den letzten Jahren eine Vielzahl von Aktivitäten zur Anpassung an den Klimawandel gestartet (▶ Kap. 32). Damit könnten bei Haushalten und Unternehmen Win-win-Potenziale gezielt erzeugt und genutzt werden.

Für Wirtschaftsverbände, Nichtregierungsorganisationen und Vereine gilt es, sich und seine Mitglieder über Klimafolgen und Anpassungsoptionen zu informieren, diese zu diskutieren und ihre gemeinsame oder auch individuelle Umsetzung beratend zu begleiten (▶ Kap. 32).

Die Forschung schließlich kann Praxisfragen, Wissensbedarfe und vorhandenes Systemwissen der in diesem Kapitel genannten Akteure, Beteiligten und Betroffenen aufnehmen und in einem inter- und transdisziplinären Forschungsprozess (Jahn 2008) Wissen über die potenziellen Folgen des Klimawandels und die Chancen und Risiken von Klimaanpassungsmaßnahmen auf den verschiedenen Ebenen komplexer wirtschaftlicher, sozialer, politischer und ökologischer Systeme erarbeiten. Auf dieser Grundlage können wissenschaftliches Wissen mit gesellschaftlichen Visionen und Wertvorstellungen zusammengeführt, Klimaserviceprodukte entwickelt und wissensbasierte Transformationen (WBGU 2011) in Richtung einer klimaresilienten Gesellschaft ausgehandelt und angestoßen werden.

31.4 Kurz gesagt

Mangelnder Klimaschutz kann das Klimasystem in Zustände bringen, in denen Kipppunkte erreicht und Anpassungskapazitäten empfindlich überschritten werden. Während in Deutschland und Europa die Klimarisiken in einer Zwei-Grad-Welt durch optimale Anpassung bis 2100 theoretisch noch auf ein mittleres bis geringes Niveau begrenzt werden können, liegen die Risiken für andere Weltregionen wie beispielsweise die Nicht-OECD-Länder in südlichen Regionen auch bei optimaler Anpassung hoch bis sehr hoch und damit in der Nähe harter Grenzen der Anpassung. Zur Einhaltung des Zwei-Grad-Zieles wird allerdings ein Ausmaß an Klimaschutz notwendig sein, das über inkrementelle Strukturanpassungen weit hinausgehen muss: Es bedarf einer „großen Transformation" nationaler und globaler Wirtschaftsweisen, Rahmenbedingungen und Entwicklungspfade, sodass für die Nicht-OECD-Länder die Dekarbonisierung in den Mittelpunkt der Entwicklung rücken kann. Unter anderem sind eine konsequente Dekarbonisierung der Energiesysteme, der Landnutzung, des Wohnens und der Mobilität erforderlich. Das Abkommen der COP21 im Dezember 2015 in Paris ist ein wichtiger Schritt in diese Richtung.

Doch schon auf nationaler Ebene stehen gesellschaftliche Akteure und politische Entscheidungsträger vor komplexen Analyse- und Steuerungsproblemen. Um Klimarisiken zu begegnen und Chancen der Klimaanpassung auszuschöpfen, müssen die verschiedenen Dimensionen wirtschaftlicher, sozialer, politischer und ökologischer Systeme, räumliche und zeitliche Skalenebenen berücksichtigt und Praxisakteure einbezogen werden. Erweiterte Kosten-Nutzen-Analysen, die diese Vielzahl von Systemdimensionen und Skalenebenen einbeziehen oder auch mit Multikriterienanalysen gekoppelt werden können, sind geeignet, politische Akteure bei der Entscheidungsfindung zu unterstützen.

Eine Abkopplung der Wohlstandentwicklung von Emissionen und damit eine Vermeidung von *rebound*-Effekten kann jedoch nur gelingen, wenn sich zugleich veränderte Lebensstile und Konsummuster, neue Wohlfahrtskonzepte sowie Normen und Wertesysteme durchsetzen, die den Erhalt der globalen Gemeinschaftsgüter als unverzichtbar begreifen. Nur so kann eine Transformation in Richtung einer klimaresilienten Gesellschaft angestoßen, umgesetzt und verstetigt werden.

Literatur

Adger WN, Dessai S, Goulden M, Hulme M, Lorenzoni I, Nelson DR, Naess LO, Wolf J, Wreford A (2009) Are there social limits to adaptation to climate change? Clim Change 93:335–354

Allen MR, Frame DJ, Huntingford C, Jones CD, Lowe JA, Meinshausen M, Meinshausen N (2009) Warming caused by cumulative carbon emissions towards the trillionth tonne. Nature 458:1163–1166

Biermann F (2007) „Earth system governance" as a crosscutting theme of global change research. Glob Environ Chang 17:326–337

Biermann F (2008) Earth system governance. A research agenda. In: Young OR, King LA, Schroeder H (Hrsg) Institutions and environmental change. Principal findings, applications, and research frontiers. MIT Press, Cambridge, S 277–301

Bosello F, Carraro C, De Cian E (2010) Climate policy and the optimal balance between mitigation, adaptation and unavoided damage. Clim Chang Econ 1:71–92

Brand U, Brunnengräber A, Andresen S, Driessen P, Haberl H, Hausknost D, Helgenberger S, Hollaender K, Læssøe J, Oberthür S, Omann I, Schneidewind U (2013) Debating transformation in multiple crises. ISSC/UNESCO (2013) World social science report 2013: changing global environments. OECD Publishing and UNESCO Publishing, Paris

Bruin KC de, Dellink RB, Tol RS (2009) AD-DICE: an implementation of adaptation in the DICE model. Clim Chang 95:63–81

Chum H, Faaij A, Moreira J, Berndes G, Dhamija P, Dong H, Gabrielle B, Eng AG, Lucht W, Mapako M, Cerutti OM, McIntyre T, Minowa T, Pingoud K (2011) Bioenergy. In: Edenhofer O, Pichs-Madruga R, Sokona Y, Seyboth K, Matschoss P, Kadner S, Zwickel T, Eickemeier P, Hansen G, Schlömer S, Stechow C von (Hrsg) Climate Change 2014. Cambridge University Press, Cambridge

Cramer W, Yohe GW, Auffhammer M, Huggel C, Molau U, da Silva Dias MAF, Solow A, Stone DA, Tibig L (2014) Detection and attribution of observed impacts. Climate change 2014: impacts, adaptation, and vulnerability. Part A: Global and sectoral aspects. Contribution of Working Group II to the Fifth Assessment Report of the Intergovernmental Panel on Climate Change. Cambridge University Press, Cambridge, S 979–1037

Crutzen P (2000) The Anthropocene. Glob Chang Newsletter 41:17–18

Defra, Scottish Government, Welsh Government, Department of the Environment Northern Ireland (2012) The UK climate change risk assessment report 2012. Government report, London

Depledge J (2005) The organization of global negotiations: constructing the climate change regime. Earthscan, London

Dessai S, Hulme M (2007) Assessing the robustness of adaptation decisions to climate change uncertainties: a case study on water resources management in the East of England. Glob Environ Chang 17:59–72

Duarte CM, Lenton TM, Wadhams P, Wassmann P (2012) Abrupt climate change in the Arctic. Nat Clim Chang 2:60–62

Edenhofer O, Stern N (2009) Towards a global green recovery – recommendations for immediate G20 action. A study initiated by the Federal Foreign Office and carried out by the Potsdam Institute for Climate Impact Research and the London School of Economics. Potsdam-Institut für Klimafolgenforschung, Potsdam

Edenhofer O, Carraro C, Hourcade JC, Neuhoff K, Luderer G, Flachsland C, Jakob M, Popp A, Steckel J, Strohschein J, Bauer N, Brunner S, Leimbach M, Lotze-Campen H, Bosetti V, de Cian E, Tavoni M, Sassi O, Waisman H, Crassous-Doerfler R, Monjon S, Droege S, van Essen H, del Río P, Tuerk A (2009) The economics of decarbonisation. Report of the RECIPE Project. PIK, Potsdam

EWI – Energiewirtschaftliches Institut an der Universität Köln, Prognos AG und GWS – Gesellschaft für Wirtschaftliche 393 Strukturforschung (2010) Energieszenarien für ein Energiekonzept der Bundesregierung. Projekt Nr. 12/10. EWI, Prognos, GWS, Köln

Fankhauser S (2010) The costs of adaptation. Wiley interdisciplinary reviews: climate change 1:23–30

Fisher-Vanden K, Wing IS, Lanzi E, Popp D (2013) Modeling climate change feedbacks and adaptation responses: recent approaches and shortcomings. Climatic Change (2013) 117 (3):481–495

Folke C, Carpenter SR, Walker B, Scheffer M, Chapin T, Rockström J (2010) Resilience thinking: integrating resilience, adaptability and transformability. Ecol Society 15(4):20

Frieler K, Meinshausen M, Golly A, Mengel M, Lebek K, Donner SD, Hoegh-Guldberg O (2012) Limiting global warming to 2 °C is unlikely to save most coral reefs. Nat Clim Chang 3:165–170

GDV Gesamtverband der Deutschen Versicherungswirtschaft e.V. (2013) Naturgefahrenreport 2013. http://www.gdv.de/wp-content/uploads/2014/08/GDV_Naturgefahrenreport_2013n.pdf. Zugegriffen: 30. Mai 2016

Gesang B (2011) Klimaethik. Suhrkamp, Frankfurt

Giddens A (2009) The politics of climate change. Oxford University Press, Oxford

Global Commission on the Economy and Climate (2014) The new climate economy. www.new climateeconomy.report

Grin J, Rotmans J, Schot J (2010) Transitions to sustainable development. New directions in the study of long term transformative change. Routledge, London

Guo J, Hepburn CJ, Tol RS, Anthoff D (2006) Discounting and the social cost of carbon: a closer look at uncertainty. Environ Sci Policy 9:205–216

Hallegatte S (2009) Strategies to adapt to an uncertain climate change. Global Environ Chang 19:240–247

Hallegatte S, Shah A, Lempert R, Brown C, Gill S (2012) Investment decision making under deep uncertainty. Background paper prepared for this report. World Bank, Washington DC

Hardin G (1968) The tragedy of the commons. Science 162:1243–1248

Hinkel J, Nicholls RJ, Vafeidis A, Tol RSJ, Avagianou T (2010) Assessing risk of and adaptation to sea-level rise in the European Union: an application of DIVA. Mitigation and adaptation strategies for global change 15(7):1–17

Hirschfeld J, von Möllendorff C (2015) Klimaökonomie braucht erweiterte Bewertungsmaßstäbe. Ökologisches Wirtschaften 30(1):23–25

Hirschfeld J, Pissarskoi E, Schulze S, Stöver J (2015) Kosten des Klimawandels und der Anpassung an den Klimawandel aus vier Perspektiven - Impulse der deutschen Klimaökonomie zu Fragen der Kosten und Anpassung. Hintergrundpapier zum 1. Forum Klimaökonomie des BMBF-Förderschwerpunktes „Ökonomie des Klimawandels", Berlin.

Hoegh-Guldberg O (2011) Coral reef ecosystems and anthropogenic climate change. Reg Environ Chang 11:215–227

Hübler M, Klepper G (2007) Kosten des Klimawandels. Die Wirkung steigender Temperaturen auf Gesundheit und Leistungsfähigkeit. Aktualisierte Fassung 07/2007. Arbeitspapier im Auftrag des WWF Deutschland, Frankfurt am Main

IEA – International Energy Agency (2010) Energy Balances of IEA Countries. IEA, Paris

IEA – International Energy Agency (2013) World Energy Outlook 2013. Organization for Economic Co-operation and Development (OECD), London

Ierland EC van, Bruin K de, Watkiss P (2013) Multi-criteria analysis: decision support methods for adaptation. MEDIATION Project. Briefing Note 6:S 1–9

IPCC (2012) Meeting report of the intergovernmental panel on climate change. Expert meeting on Geoengineering. IPCC, Genf., S 99

IPCC (2013) Summary for Policymakers. In: Stocker TF, Qin D, Plattner G, Tignor M, Allen SK, Boschung J, Nauels A, Xia Y, Bex V, Midgley PM (Hrsg) Climate Change 2013: The physical science basis. Contribution of Working Group I to the Fifth Assessment Report of the Intergovernmental Panel on Climate Change. Cambridge University Press, Cambridge, S 33

IPCC (2014a) Climate Change 2014: Mitigation of climate change. Contribution of Working Group III to the Fifth Assessment. Report of the Intergovernmental Panel on Climate Change. Edenhofer O, Pichs-Madruga R, Sokona Y, Farahani E, Kadner S, Seyboth K, Adler A, Baum I, Brunner S, Eickemeier P, Kriemann B, Savolainen J, Schlömer S, von Stechow C, Zwickel T, Minx JC (Hrsg) Cambridge University Press, Cambridge, United Kingdom and New York, NY, USA

IPCC (2014b) Climate Change 2014. Synthesis Report. Contribution of Working Groups I, II and III to the Fifth Assessment Report of the Intergovernmental Panel on Climate Change. IPCC, Genf. (Core Writing Team, R.K. Pachauri and L.A. Meyer (Hrsg))

IPCC (2014c) Summary for Policymakers. Field CB et al (Hrsg) Climate change 2014: impacts, adaptation and vulnerability. Contribution of Working Group II to the Fifth Assessment Report of the Intergovernmental Panel on Climate Change. Cambridge University Press, Cambridge

Jackson T (2009) Prosperity without growth. Routledge, London

Jahn T (2008) Transdisziplinarität in der Forschungspraxis. In: Bergmann M, Schramm E (Hrsg) Transdisziplinäre Forschung. Integrative Forschungsprozesse verstehen und bewerten. Campus Verlag, Frankfurt, S 21–37

Jakob M, Steckel JC (2014) How climate change mitigation could harm development in poor countries. WIREs Clim Chang 5:161–168

JPI (Joint Programming Initiative) Climate (Hrsg) (2011) Strategic Research Agenda. Helsinki.

Kaplinsky R, Messner D (2008) The impacts of Asian drivers on the developing world. World Development 36(2):197–209

Keohane RO, Victor DG (2010) The regime complex for climate change. The Harvard Project on International Climate Agreements. Harvard University, Cambridge

Kharas H (2010) The emerging middle class in developing countries. OECD Development Centre Working Paper, Bd. 285.

Klein RJT, Huq S, Denton F, Downing TE, Richels RG, Robinson JG, Toth FL (2007) Inter-relationships between adaptation and mitigation. In: Parry ML, Canziani OF, Palutikof JP, van der Linden PJ, Hanson CE (Hrsg) Climate Change 2007: Impacts, adaptation and vulnerability. Contribution of Working Group II to the Fourth Assessment Report of the Intergovernmental Panel on Climate Change. Cambridge University Press, Cambridge, S 745–777

Kovats S, Valentini R, Bouwer LM, Georgopoulou E, Jacob D, Martin E, Rounsevell M, Soussana JF et al (2014) Europe. In: Field CB (Hrsg) Climate change 2014: impacts, adaptation and vulnerability. Cambridge University Press, Cambridge

Kriegler E, O'Neill BC, Hallegatte S, Kram T, Lempert RJ, Moss RH, Wilbanks T (2012) The need for and use of socio-economic scenarios for climate change analysis: a new approach based on shared socio-economic pathways. Glob Environ Chang 22:807–822

Leggewie C, Messner D (2012) The low-carbon transformation: a social science perspective. J Renew Sus Energy 4:

Lehr U, Nieters A (2015) Makroökonomische Bewertung von Extremwettereignissen in Deutschland. Ökologisches Wirtschaften 30.1:18–20

Lenton TM (2012) Arctic climate tipping points. AMBIO: J Human Environ 41:10–22

Lenton TM, Held H, Kriegler E, Hall JW, Lucht W, Rahmstorf S, Schellnhuber HJ (2008) Tipping elements in the Earth's climate system. PNAS 105:1786–1793

Levermann A, Bamber JL, Drijfhout S, Ganopolski A, Haeberli W, Harris NR, Huss M, Krüger K, Lenton TM, Lindsay RW (2012) Potential climatic transitions with profound impact on Europe. Clim Chang 110:845–878

Luderer G, Pietzcker RC, Bertram C, Kriegler E, Meinshausen M, Edenhofer O (2013) Economic mitigation challenges: how further delay closes the door for achieving climate targets. Environ Res Letters 8:034033

Martens P, Rotmans J (2002) Transitions in a globalizing world. Swets & Zeitlinger Publishers, Tokio

Meinshausen M, Meinshausen N, Hare W, Raper SCB, Frieler K, Knutti R, Frame DJ, Allen MR (2009) Greenhouse-gas emission targets for limiting global warming to 2 °C. Nature 458:1158–1161

Messner D (2015) A social contract for low carbon and sustainable development – reflections on non-linear dynamics of social realignments and technological innovations in transformation processes. Technol Forecasting Social Chang 98(9):260–270

Messner D, Weinlich S (2016) The evolution of human cooperation: lessons learned for the future of global governance. In: Messner D, Weinlich S (Hrsg) Global cooperation and the human factor in international relations. Routledge, New York, S 3–46

Moser SC (2012) Adaptation, mitigation, and their disharmonious discontents: an essay. Clim Chang 111:165–175

Moser SC, Jeffress Williams S, Boesch DF (2012) Wicked challenges at Land's End: managing coastal vulnerability under climate change. Annu Rev Environ Resources 37:51–78

Nakicenovic N, Alcamo J, Davis G, Vries B de, Fenhann J, Gaffin S, Gregory K, Grübler A, Jung TY, Kram T, Lebre La Rovere E, Michaelis L, Mori S, Morita T, Pepper W, Pitcher H, Price L, Riahi K, Roehrl A, Rogner H-H, Sankovski A, Schlesinger M, Priyadarshi S, Smith S, Swart R, Rooijen S van, Victor N, Dadi Z (2000) Special report on emissions scenarios. Working Group III. Cambridge University Press, Cambridge

Newton-Smith WH (1980) The structure of time. Routledge, London

Nordhaus WD (2013) The climate casino. Yale University Press, New Haven

Oberthuer S, Gehring T (2005) Reforming international environmental governance: an institutional perspective on proposals for a world environment organization. In: Biermann F, Bauer S (Hrsg) A world environment organization: solution or threat for effective international environmental governance?. Ashgate, Aldershot, S 205–235

OECD – Organization for Economic Co-operation and Development (2010) Perspectives on global development 2010: shifting wealth. OECD, Paris

Olson M (1965) The logic of collective action: public goods and the theory of groups. Harvard University Press, Cambridge

Osterhammel J (2009) Die Verwandlung der Welt. Eine Geschichte des 19. Jahrhunderts. Beck, München

Ostrom E (2009) A polycentric approach for coping with climate change. Background paper to the 2010 World Development Report. Policy Research Paper 5095. World Bank, Washington

Ostrom E (2010) Polycentric systems for coping with collective action and global environmental change. Glob Environ Chang 20:550–557

Ott HE, Sterk W, Watanabe R (2008) The Bali roadmap: new horizons for global climate policy. Clim Policy 8:91–95

Pan J (2009) Carbon budget proposal. Research Center for Sustainable Development. Chinese Academy of Social Sciences, Peking

Parry M (2009) Closing the loop between mitigation, impacts and adaptation. Clim Chang 96:23–27

Parry M, Lowe J, Hanson C (2009) Overshoot, adapt and recover. Nature 458:1102–1103

Patt AG, van Vuuren DP, Berkhout F, Aaheim A, Hof AF, Isaac M, Mechler R (2010) Adaptation in integrated assessment modeling: where do we stand? Clim Chang 99:383–402

Pörtner H-O, Karl D, Boyd PW, Cheung W, Lluch-Cota SE, Nojiri Y, Schmidt DN, Zavialov P (2014) Ocean systems. In: Field CB, Barros VR, Dokken DJ, Mach KJ, Mastrandrea MD, Bilir TE, Chatterjee M, Ebi KL, Estrada YO, Genova RC, Girma B, Kissel ES, Levy AN, MacCracken S, Mastrandrea PR, White LL (Hrsg) Climate Change 2014: Impacts, Adaptation, and Vulnerability. Part A: Global and sectoral aspects. Contribution of Working Group II to the Fifth Assessment Report of the Intergovernmental Panel on Climate Change. Cambridge University Press, Cambridge, United Kingdom and New York, NY, USA, S 411–484

Post E, Forchhammer MC, Bret-Harte MS, Callaghan TV, Christensen TR, Elberling B, Fox AD, Gilg O, Hik DS, Høye TT, Ims RA, Jeppesen E, Klein DR, Madsen J, McGuire AD, Rysgaard S, Schindler DE, Stirling I, Tamstorf MP, Tyler NJC, van der Wal R, Welker J, Wookey PA, Schmidt NM, Aastrup P (2009) Ecological dynamics across the Arctic associated with recent climate change. Science 325:1355–1358

Preston BL, Dow K, Berkhout F (2013) The climate adaptation frontier. Sustainability 5:1011–1035

Robine JM, Cheung SL, Le Roy S, Van Oyen H, Griffiths C, Michel JP, Herrmann FR (2008) Death toll exceeded 70,000 in Europe during the summer of 2003. C R Biol 331(2):171–178

Rotmans J, Kemp R, van Asselt M (2001) More evolution than revolution: transition management in public policy. J Futures Stud. Strat Thinking Pol 3:15–31

Schellnhuber H-J (1999) Earth system analysis and the second Copernican Revolution. Eingeladener Beitrag für das „Supplement to Nature", 402 (6761), C19-C23

Schmitz H, Johnson O, Altenburg T (2013) Rent management. The heart of green industrial policy. IDS Working Paper, Bd. 418. IDS, Brighton

Schröder A, Hirschfeld J (2015) Tourismus im Klimawandel – Dynamische Input-Output-Modellierung der deutschen Ostseeregion. Ökologisches Wirtschaften 30.1:26–27

Sieferle RP, Krausmann F, Schandl H, Winiwarter V (2006) Das Ende der Fläche. Zum gesellschaftlichen Stoffwechsel der Industrialisierung. Boehlau, Köln

Sinn HW (2008) Public policies against global warming: a supply side approach. International Tax and Public Finance 15:360–394

Skidelsky R, Skidelsky E (2012) How much is enough? Money and the good life. Allen Lane, London (dt. Übers. (2013). Wie viel ist genug? Kunstmann, München)

Smith MS, Horrocks L, Harvey A, Hamilton C (2011) Rethinking adaptation for a 4 C world. Stern N (2013) The structure of economic modeling of the potential impacts of climate change: grafting gross underestimation of risk onto already narrow science models. J Econ Lit 51:838–859

Spence M (2011) The next convergence: the future of economic growth in a multispeed world. Farrar, Straus and Giroux, New York

Stern N (2013) The structure of economic modeling of the potential impacts of climate change: grafting gross underestimation of risk onto already narrow science models. J Econ Lit 51:838–859

Tröltzsch J, Görlach B, Lückge H, Peter M, Sartorius C (2011) Ökonomische Aspekte der Anpassung an den Klimawandel. Literaturauswertung zu Kosten und Nutzen von Anpassungsmaßnahmen an den Klimawandel. Clim Chang, Bd. 19. Umweltbundesamt, Dessau-Roßlau

UN Habitat (2011) Global report on human settlements – cities and climate change. Routledge, New York

UNDP – (United Nations Development Programme (2013) Human development report – the rise of the South. UNDP, New York

Urban F, Nordensvard J (2013) Low carbon development: key issues. Routledge, London

Vetter A, Schauser I (2013) Adaptation to climate change: prioritizing measures in the German adaptation strategy. GAIA 22(4):248–254

Van Vuuren DP, Isaac M, Kundzewicz ZW, Arnell N, Barker T, Criqui P, Berkhout F, Hilderink H, Hinkel J, Hof A (2011) The use of scenarios as the basis for combined assessment of climate change mitigation and adaptation. Glob Environ Chang 21:575–591

Walker BC, Holling S, Carpenter SR, Kinzig A (2004) Resilience, adaptability and transformability in social–ecological systems. Ecol Soc 9(2):5

Warren R (2011) The role of interactions in a world implementing adaptation and mitigation solutions to climate change. Phil Trans R Soc A 369:217–241

Wassmann P, Lenton TM (2012) Arctic tipping points in an Earth system perspective. Ambio 41:1–9

Watkiss P (2009) Potential costs and benefits of adaptation options: a review of existing literature. UNFCCC Technical paper 2009/2. Eigenverlag, Bonn

WBGU – Wissenschaftlicher Beirat der Bundesregierung Globale Umweltveränderungen (2006) Die Zukunft der Meere – zu warm, zu hoch, zu sauer. Sondergutachten 2006. WBGU, Berlin

WBGU – Wissenschaftlicher Beirat der Bundesregierung Globale Umweltveränderungen (2009) Kassensturz für den Weltklimavertrag – Der Budgetansatz. WBGU, Berlin

WBGU – Wissenschaftlicher Beirat der Bundesregierung Globale Umweltveränderungen (2011) Welt im Wandel – Gesellschaftsvertrag für eine Große Transformation. WBGU, Berlin

WBGU – Wissenschaftlicher Beirat der Bundesregierung Globale Umweltveränderungen (2014) Klimaschutz als Weltbürgerbewegungen. WBGU, Berlin

Weitzman ML (2009) On modeling and interpreting the economics of catastrophic climate change. Rev Econ Stat 91:1–19

Weitzman ML (2013) Tail-hedge discounting and the social cost of carbon. J Econ Lit 51:873–882

Wilby RL, Dessai S (2010) Robust adaptation to climate change. Weather 65:180–185

Williams M, Zalasiewicz J, Haywood A, Ellis M (2011) Special theme issue: The Anthropocene – e new epoch of geological time. Phil Trans R Soc 369:842–867

World Bank (2010) Economics of adaptation to climate change – synthesis report. World Bank, Washington DC, S 136

World Bank (2012) Inclusive green growth – the pathway to sustainable development. The World Bank, Washington DC

Zimmerman D (2005) The A-theory of time, the B-theory of time, and taking tense seriously. Dialectica 59:401–457

Anpassung an den Klimawandel als neues Politikfeld

Andreas Vetter, Esther Chrischilles, Klaus Eisenack, Christian Kind,
Petra Mahrenholz, Anna Pechan

© Der/die Herausgeber bzw. der/die Autor(en) 2017
G. Brasseur, D. Jacob, S. Schuck-Zöller (Hrsg.), *Klimawandel in Deutschland,* DOI 10.1007/978-3-662-50397-3_32

Der Ausgangspunkt, Anpassung an den Klimawandel auf die politische Agenda in Deutschland zu setzen, war die internationale Verpflichtung aus der Klimarahmenkonvention (UNFCCC), nach der in den Vertragsstaaten Maßnahmenprogramme zur Anpassung an den Klimawandel entwickelt werden sollen. Der Bund griff dieses Ziel im Klimaschutzprogramm 2005 auf nationaler Ebene auf, das dann 2007 durch Beschluss der Umweltministerkonferenz auch auf Länderebene gestützt wurde (Stecker et al. 2012; Westerhoff et al. 2010). Die Bundesregierung verabschiedete schließlich 2008 die Deutsche Anpassungsstrategie an den Klimawandel (DAS) als Grundlage für einen mittel- bis langfristigen politischen Prozess. Dazu formuliert sie ein übergreifendes Ziel, benennt Handlungsoptionen und zentrale Akteure und definiert weitere Meilensteine (Bundesregierung 2008).

Während des letzten Jahrzehnts hat sich Anpassung an den Klimawandel nunmehr zu einem eigenständigen Politikfeld entwickelt (Massey und Huitema 2012). Die politische Umsetzung orientiert sich an einem Politikzyklus mit folgenden aufeinander aufbauenden Schritten:

- Bewertung von Klimafolgen und Vulnerabilitäten.
- Identifizierung und Auswahl von Anpassungsoptionen.
- Umsetzung von Anpassungsmaßnahmen.
- Monitoring und Evaluierung von Anpassungsmaßnahmen und Strategieprozess.

Auf Bundesebene werden inzwischen alle Schritte bearbeitet. Es ist davon auszugehen, dass mit dem sich erweiternden wissenschaftlichen Erkenntnisstand eine regelmäßige Überarbeitung der einzelnen Schritte und eine Neujustierung des Strategieprozesses zur Anpassung an den Klimawandel notwendig werden.

Dem Subsidiaritätsprinzip folgend ist dieser Politikzyklus auch auf den anderen politischen Ebenen relevant und wird dementsprechend in den Ländern und Kommunen etabliert – mit unterschiedlicher Geschwindigkeit und Bearbeitungstiefe. Während dabei die grundsätzlichen Anpassungsoptionen in Forschung und auf der überregionalen Ebene weitestgehend bekannt sind, erschweren unterschiedliche Barrieren (▶ Abschn. 32.2) die Umsetzung von bereits heute erforderlichen Anpassungsmaßnahmen. Insbesondere bei physischen, raumwirksamen Maßnahmen kommt dabei der kommunalen und regionalen Ebene eine maßgebliche Rolle zu. Auf EU-Ebene kann die Umsetzung insbesondere durch einen geeigneten Förder- und Rechtsrahmen unterstützt werden.

32.1 Politikgestaltung im Mehrebenensystem zur Anpassung an den Klimawandel

Viele Regionen Europas sind vulnerabel gegenüber Klimaänderungen. Extremereignisse wie Hochwasser in Flussgebieten und Küstenräumen sowie Hitzeperioden sind Schlüsselrisiken, die auch für Deutschland eine besondere Relevanz haben (▶ Kap. 31; EEA 2012; IPCC 2014). Da die Auswirkungen regional unterschiedlich sind, braucht es neben einer staaten- und länderübergreifenden strategischen Zusammenarbeit auch regional maßgeschneiderte Lösungen (Isoard 2011). Dabei sind auf unterschiedlichen räumlichen Ebenen Lösungsansätze gefragt (▶ Kap. 31). Für das Management von Hochwasserrisiken ist z. B.

das Flussgebiet die maßgebliche Betrachtungsebene, während die Anpassungsmaßnahmen vorrangig durch die Bundesländer und Kommunen umgesetzt werden. Das Politikfeld der Anpassung an den Klimawandel wird aufgrund der Breite an potenziellen Klimafolgen und Betroffenheiten durch eine Vielzahl von staatlichen und nichtstaatlichen Akteuren geprägt. Im Folgenden soll in hierarchischer Abfolge auf die zentralen politischen Ebenen mit Schwerpunkt auf der Bundesebene fokussiert werden.

32.1.1 Europäische Ebene

Die EU-Kommission legte 2013 die Europäische Strategie zur Anpassung an den Klimawandel vor, die Maßnahmen in EU-Mitgliedstaaten fördern, Wissensgrundlagen für Entscheidungen schaffen sowie bereitstellen und die Widerstandskraft der wichtigsten Wirtschafts- und Politikbereiche wie Landwirtschaft, Infrastruktur und Umwelt stärken soll. Die Strategie fokussiert auf die vorab identifizierten Haupthemmnisse: fehlende finanzielle und personelle Ressourcen sowie einen nicht vorhandenen politischen Willen (McCallum et al. 2013a). So wurden beispielsweise Leitlinien für die Formulierung von nationalen Strategien sowie deren Abstimmung mit Katastrophenschutzplänen erarbeitet (EC 2013a) oder auch finanzielle Mittel für Anpassungsmaßnahmen bereitgestellt. Der mehrjährige Finanzierungsrahmen für 2014–2020 hebt die Ausgaben für Klimaschutz auf 20 % des EU-Haushalts an (EC 2013b). Auch in den Förderprogrammen für Forschung (Horizon 2020) sowie für Umwelt (Life) wurde die Anpassung an den Klimawandel als Schwerpunkt gesetzt. EU-Maßnahmen zum *climate proofing* der Agrar-, Fischerei- und Strukturpolitik zur Stärkung des wirtschaftlichen, sozialen und territorialen Zusammenhalts innerhalb der EU ergänzen das Strategiepaket (McCallum et al. 2013b). Zudem stärkt die EU-Kommission den Diskussions- und Forschungsprozess zum Thema „Klimaservice", der Daten und Wissen zu Klimawandel und Anpassung bereitstellen soll (EC 2015).

Derzeit wird ein Indikatorenset zum Monitoring des Erfolgs nationaler Strategien erarbeitet. Auf dieser Basis werden die EU-Mitgliedstaaten bis 2017 über den Umsetzungsstand nationaler Maßnahmen berichten. Darüber hinaus geben die Nationalstaaten ihre Aktivitäten in den Bereichen Klimafolgen, Anpassung und Verwundbarkeit an das Sekretariat der Klimarahmenkonvention weiter (zur Auswertung der Länderaktivitäten s. Lesnikowski et al. 2015). Nach Prüfung dieser Berichte erwägt die EU-Kommission, im Falle unzureichender Fortschritte ein verbindliches Rechtsinstrument vorzuschlagen (EC 2013c). Vorschläge aus dem *Impact-assessment*-Bericht zur EU-Anpassungsstrategie, zusätzliche Wirkungen von Klimawandelfolgen, die sich außerhalb Europas ereignen und Risiken für die EU bergen (z. B. Gesundheits- oder Sicherheitsrisiken), sowie den daraus resultierenden Handlungsbedarf zu adressieren (McCallum et al. 2013a), werden von der Europäischen Strategie zur Anpassung an den Klimawandel nicht reflektiert.

Eine Analyse der Anpassungspolitiken in der EU (EEA 2014) zeigte, dass 21 Mitgliedstaaten bereits an der Entwicklung nationaler Strategien arbeiteten und 12 davon an der Erstellung nationaler Maßnahmenpläne. Ein Überblick zum Stand der Anpassungsaktivitäten in den einzelnen Mitgliedstaaten wird – in regelmäßig aktualisierter Fassung – auf der EU-Internetplattform „*Climate*-ADAPT" gegeben (▶ http://climate-adapt.eea.europa.eu/countries). Bisher überwiegen „weiche" Politikansätze. Die Durchführung von Maßnahmen, die neben dem Aufbau von Anpassungskapazitäten auch die Vulnerabilitäten deutlich reduzieren, steckt noch in den Anfängen. Als Barrieren für die Umsetzung von Anpassung identifizieren Clar et al. (2013) u. a.:

- politisch und administrativ nicht umsetzbare Anpassungspolitik,
- Mangel an politischem Handlungswillen,
- mangelnde Kooperation zwischen staatlichen Akteuren,
- unzureichende Ressourcen sowie
- Unsicherheiten der Klimasimulationen oder des Kosten-Nutzen-Verhältnisses von Anpassung (▶ Abschn. 32.2).

Die meisten nationalen Maßnahmen der EU-Nachbarländer fokussieren auf Forschung, Vulnerabilitätskartierung, Planung sowie Information und Sensibilisierung. So wurde beispielsweise in 22 Mitgliedstaaten eine Risiko- oder Vulnerabilitätsbewertung als Grundlage für die weitere Strategieausrichtung und Maßnahmenplanung durchgeführt (EEA 2014). Bisher haben nur wenige Staaten neue Rechtsinstrumente implementiert. Eher wird Klimawandel und Anpassung in vorhandene Politikinstrumente aufgenommen (*mainstreaming*), wie beispielsweise in die Umsetzung der Bewirtschaftungspläne gemäß EG-Wasserrahmenrichtlinie. Großbritannien gilt als Vorreiter für Klimagesetzgebung in Europa (EEA 2013), weil der britische *Climate Change Act* seit 2008 u. a. im Abstand von 5 Jahren eine Risikobewertung von Klimafolgen sowie Berichtspflichten für Wasser- und Energieversorger festschreibt (CCC 2014; Defra 2011).

Beschlüsse, nach denen die Mitgliedstaaten die Erfolge ihrer Anpassungsmaßnahmen evaluieren und bei Bedarf nachsteuern können, fehlen bisher fast vollständig (EEA 2013). Evaluationsprozesse zu entwickeln und umzusetzen ist gerade für einen langfristigen Prozess essenziell. Deshalb sollten bei der Weiterentwicklung nationaler Anpassungsstrategien Evaluierungskriterien und -zeiträume festgesetzt und Evaluierungsgremien eingesetzt werden, die Empfehlungen zur strategischen Weiterentwicklung aussprechen (Boyd et al. 2011).

32.1.2 Bundes- und Länderebene

Die DAS ist das grundlegende Dokument auf Bundesebene, das die Ziele und Grundsätze der Anpassung an den Klimawandel definiert und das Handeln der staatlichen Akteure leitet. Anpassung an den Klimawandel soll demnach durch *mainstreaming* umgesetzt werden, d. h. als „integraler Bestandteil von Planungs- und Entscheidungsprozessen in allen relevanten Handlungsfeldern" (Bundesregierung 2008). So behandelt beispielsweise die Nationale Strategie zum Schutz kritischer Infrastrukturen die Vulnerabilitäten gegenüber dem Klimawandel und unterstützt die Integration von Anpassung an den Klimawandel in unterschiedliche Sektorpolitiken (EEA 2013).

Die DAS forciert die horizontale Integration von Anpassung an den Klimawandel in die verantwortlichen Bundesministerien. Institutionalisiert wurde dieser Prozess, indem die Bundesregie-

rung die interministerielle Arbeitsgruppe Anpassungsstrategie (IMA Anpassungsstrategie) unter der Federführung des Bundesumweltministeriums einrichtete. Deutschland verfolgt dabei einen *network mode of governance*; das bedeutet, die Ministerien arbeiten auf freiwilliger Basis zusammen. Die Entscheidungen der IMA-Anpassungsstrategie werden nicht hierarchisch, sondern konsensual ausgehandelt und beschlossen. Die Einrichtung einer ausschließlich für Anpassung an den Klimawandel zuständigen Koordinierungseinheit wurde in vielen nationalen Anpassungsprozessen in Industrieländern verfolgt (Bauer et al. 2012).

Hervorgehoben wird in der DAS zudem das Prinzip der Subsidiarität, das auf die geteilten Zuständigkeiten zwischen Bund, Ländern und Kommunen Bezug nimmt. Das föderale System stellt besondere *governance*-Anforderungen an die vertikale Integration der Anpassungspolitik. Mit dem Ständigen Ausschuss Anpassung an die Folgen des Klimawandels (StA AFK) hat die Umweltministerkonferenz ein Gremium für die koordinierte Abstimmung zwischen Bund- und Länderebene etabliert. Inzwischen sind alle Bundesländer im Kontext Klimaanpassung aktiv: Vielfach werden eigene Strategien und Maßnahmenprogramme erarbeitet (Bundesregierung 2011; BMVBS 2010). Swart et al. (2009) stellen jedoch fest, dass die DAS keine explizite *governance*-Strategie für die Anpassung an den Klimawandel im Mehrebenensystem benennt, welche die Akteure auf den unterschiedlichen politischen Ebenen koordiniert und steuert.

Die Anpassungsstrategie wird demnach in einem Top-down-Ansatz durch die nationale Ebene vorangetrieben und ist auch weiterhin durch diese Aktivitäten und durch die Impulse aus der Forschung geprägt. Der nationale Anpassungsprozess ist durch einen kontinuierlichen wissenschaftlichen Beratungs- und Begleitprozess gekennzeichnet, der durch eine Vielzahl an Forschungsinstitutionen und wissenschaftlichen Fachbehörden gestützt wird. Für das Strategiedokument selbst bildeten die Erkenntnisse zu den projektierten Klimaänderungen aus dem Vierten Sachstandsbericht des IPCC und zu den Klimafolgen für Deutschland die Vulnerabilitätsstudie des Umweltbundesamtes von 2005 (Zebisch et al. 2005) die wissenschaftliche Basis. Inzwischen ist die methodische Grundlage für Letztere überarbeitet worden und integriert auch nichtklimatische Einflussgrößen auf die Vulnerabilität (Buth et al. 2015). Die Vulnerabilitätsanalyse ist Teil des Fortschrittsberichts zur Deutschen Anpassungsstrategie und Grundlage für die Bestimmung von Handlungserfordernissen im Anpassungsprozess (Bundesregierung 2015). Für eine wissenschaftlich fundierte Politikberatung zu sektorübergreifenden Aspekten der Anpassung an den Klimawandel richtete das Bundesumweltministerium 2006 das Kompetenzzentrum Klimafolgen und Anpassung (KomPass) im Umweltbundesamt dauerhaft ein. KomPass betreibt mit Mitteln der Ressortforschung des Bundesumweltministeriums (UFOPLAN) politikrelevante Forschung und trägt die Ergebnisse direkt in die Entscheidungs- und Abstimmungsgremien der DAS (IMA Anpassungsstrategie und StA AFK).

Zur breiteren Einbeziehung gesellschaftlicher Akteure werden von den Bundesministerien insbesondere Stakeholderdialoge, Forschungskonferenzen und Online-Umfragen genutzt. Weitere nichtstaatliche Akteure der Anpassung an den Klimawandel sind insbesondere Unternehmensverbände, z. B. der Versicherungswirtschaft, oder große vom Klimawandel potenziell betroffene Industriebetriebe (Daschkeit 2012). Die Beteiligung zielt dabei auf den Austausch von Wissen und Informationen ab; die Entscheidungshoheit verbleibt jedoch bei den staatlichen Institutionen (Rotter et al. 2013; Bauer et al. 2012). Hulme et al. (2009) erachten den Einbezug von Stakeholdern und informellen Netzwerken als essenziell für den Aufbau von Anpassungskapazität (▶ Kap. 28). Eine Beteiligung der breiten Öffentlichkeit wurde bisher im Strategieprozess kaum verfolgt. Diese wird allerdings auch schwer aktivierbar sein, denn die Bevölkerung schätzt die eigene Betroffenheit von den Folgen des Klimawandels überwiegend als gering ein (BMUB und UBA 2015).

Themen, die in der DAS bisher kaum aufgegriffen sind, betreffen erstens die internationale Ebene von Klimafolgen und deren (sekundäre) Auswirkungen auf Deutschland (Biesbroek et al. 2010). Zweitens sind Umweltgerechtigkeit und soziale Implikationen der Anpassung an den Klimawandel bisher kaum adressiert worden. Drittens wird in der DAS die Bedeutung der öffentlichen Bewusstseinsbildung hervorgehoben, jedoch wird keine nationale Kommunikationsstrategie erarbeitet.

Zukünftig, im Zuge der strategischen Weiterentwicklung wird zudem zu prüfen sein, ob der inkrementelle Ansatz – d. h. ein schrittweises Vorgehen mit eher kurzfristigen Lösungsansätzen und dem Fokus auf *low-* bzw. *no-regret*-Maßnahmen – ausreichend oder eine transformative Anpassungspolitik erforderlich ist, die mit einem sozialen (Werte-)Wandel einhergeht (EEA 2013; ▶ Kap. 33). Entsprechend bräuchte es auch einen fundamentalen Wandel des Planungssystems, denn derzeitige Planungsansätze, z. B. des Küstenschutzes, könnten sich als nicht zukunftsgerecht erweisen (Keskitalo 2010).

32.1.3 Kommunale Ebene

Der erste Aktionsplan Anpassung des Bundes (Bundesregierung 2011), der die politischen Grundsätze des Anpassungsprozesses in Deutschland widerspiegelt, sieht einen grundsätzlich eigenverantwortlichen Charakter von Anpassung und fordert ein hohes Maß an Eigeninitiative sowie einen regionalen Bezug (Bardt 2005). Folglich sind insbesondere Kommunen explizit als zentrale Akteure bei der Anpassung an den Klimawandel benannt, da sie zum einen vom Klimawandel besonders betroffen sind, zum anderen aber aufgrund ihrer Vielzahl an Kompetenzen und ihrer Bürgernähe auch eine besondere Verantwortung beim Umgang mit dem Klimawandel und seinen Folgen tragen.

Viele der kommunalen Aufgaben, beispielsweise in den Bereichen Gesundheit oder Wasser- und Energieversorgung, sind von den Folgen des Klimawandels betroffen, weshalb sowohl Klimaschutz als auch Anpassung an den Klimawandel zunehmend Raum in der kommunalpolitischen Praxis einnehmen. Die Rolle der Kommunen beim Klimaschutz wurde dabei schon sehr viel länger politisch adressiert und wissenschaftlich bearbeitet (Difu 2013). Anpassung auf kommunaler Ebene erhält nur langsam Eingang in Beratungsangebote kommunaler Verbände und Zusammenschlüsse (z. B. Klimabündnis – Europäisches Netzwerk von Städten, Gemeinden und Landkreisen zum Schutz

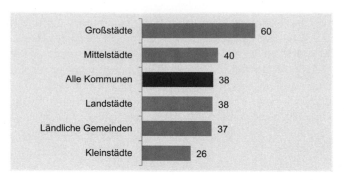

◻ **Abb. 32.1** Stand der Anpassung nach Gemeindetyp. Prozentualer Anteil der Gemeinden, die bereits Aktivitäten zur Anpassung an den Klimawandel aufweisen. Prozentsatz für „Alle Kommunen" über die Gemeindetypen gemittelt. (IW Köln)

des Weltklimas, ICLEI – *Local Governments for Sustainability*, Service- und Kompetenzzentrum: Kommunaler Klimaschutz). Dennoch können solche Einrichtungen, die bereits im Bereich Klimaschutz und Nachhaltigkeit aktiv sind, auch für Anpassung wichtige Multiplikatoren sein. Das gilt auch für die kommunalen Spitzenverbände wie den Städtetag, der 2012 ein Positionspapier zur Anpassung an den Klimawandel vorlegte (Welge 2012).

Zur aktuellen Bedeutung der Anpassung an den Klimawandel für die lokale Ebene wurden 2011 bundesweit Kommunalvertreter zu Aspekten der Anpassung an den Klimawandel befragt (Mahammadzadeh et al. 2013). Die Ergebnisse der Kommunalbefragung zeigen, dass 2013 nur etwas mehr als ein Drittel aller Kommunen eine Strategie der Anpassung verfolgt. Innerhalb dieser Gruppe können die Großstädte als Vorreiter bezeichnet werden. In der Gruppe der Großstädte – 6,7 % der Grundgesamtheit – geben mit rund 60 % überdurchschnittlich viele Gemeinden an, einer Anpassungsstrategie nachzugehen; ebenso bei Mittelstädten, wo immerhin noch 40 % die Frage nach Anpassungsaktivitäten bejahten. Der Anteil bei noch kleineren Gemeinden hingegen liegt ungefähr zwischen 26 und 38 % (◻ Abb. 32.1).

Der Stand der Anpassung in deutschen Gemeinden variiert, aber nicht nur nach Gemeindetyp; auch regional sind deutliche Unterschiede zu verzeichnen (Difu 2013). Oft ist nicht klar zu differenzieren, ob Klimarisiken öffentlich oder privat zu erbringende Leistungen betreffen und ob der Schutz dieser Leistungen wiederum in kommunaler Zuständigkeit liegt oder liegen sollte. Externe Treiber der kommunalen Anpassung sind insbesondere das zunehmende Problembewusstsein der ansässigen Bevölkerung, Impulse aus der regionalen Zusammenarbeit oder auch aus Förderprogrammen zur Anpassung. Gut die Hälfte der Großstädte, die im Rahmen der Befragung angaben, in der Anpassung aktiv zu sein, war in ein solches Förderprogramm involviert. Modellkommunen entwickelten sich beispielsweise in großen Forschungsprogrammen wie KLIMZUG, klimazwei, Klima-MORO oder ExWost (vgl. beispielsweise Knieling und Müller 2015). Dass die Zuständigkeiten für kommunale Anpassung nicht originär in den Verwaltungsstrukturen definiert sind, zeigt sich auch daran, dass beinahe die Hälfte der befragten Kommunen das Thema Anpassung nicht ausreichend im kommunalen Verwaltungshandeln integriert sieht. Am ehesten wird das Thema im Ressort Stadtplanung, Umwelt oder bei der Bauverwaltung angesiedelt, wobei es zunehmend auch die

Rechts-, Ordnungs- und Sicherheitsverwaltung oder auch die Verwaltung für Wirtschaftsangelegenheiten betrifft. Für eine erfolgreiche Anpassung scheint es daher nicht sinnvoll zu sein, sie als zusätzliche isolierte Aufgabe zu etablieren, sondern – ganz im Sinne des *mainstreamings* – als Querschnittsthema zu integrieren, beispielsweise in die Stadtplanung (Difu 2013; Rösler et al. 2013; vgl. auch ▶ Kap. 33). Dieser Prozess kann durch den Aufbau geeigneter institutioneller Strukturen wie Klimaanpassungsmanager unterstützt werden (Bauriedl et al. 2013).

32.2 Ansätze und Hemmschuhe der Umsetzung geeigneter Anpassungsmaßnahmen

Die Entwicklung geeigneter Politikinstrumente zur Anpassung an den Klimawandel wird in der Literatur vor allem für die Bundes- und Länderebene diskutiert. Politikinstrumente sollen zum einen helfen, die Anpassung an den Klimawandel auf die Agenda von Kommunen, Regionen und privaten Akteuren zu setzen. Zum anderen sollen Anpassungsmaßnahmen so gesteuert werden, dass adäquate klimaangepasste Strukturen aufgebaut werden. Im Idealfall knüpfen Instrumente daher an bekannte Barrieren an und unterstützen die Maßnahmen umsetzenden Akteure bei der Überwindung von Hemmnissen.

32.2.1 Politikinstrumente der Anpassung an den Klimawandel

Bereits die Auswahl der Politikinstrumente – d. h. welcher Klimafolge mit welchem Instrument begegnet werden soll – erweist sich als nicht trivial. So stellen sich beispielsweise die Fragen: Welchen Klimafolgen ist dringlich zu begegnen? Ist dafür staatliches Handeln überhaupt erforderlich? Dazu kommen weitere Hürden, welche die Finanzierung oder Durchsetzbarkeit der Instrumente betreffen. In diesem Kontext stellt sich auch die Frage, wie die Instrumente priorisiert und damit die relevantesten ausgewählt werden. Auf Bundesebene werden dazu Politikinstrumente zur Anpassung an den Klimawandel multikriteriell bewertet und mit den Ergebnissen der Vulnerabilitätsanalyse verknüpft, die durch das Netzwerk Vulnerabilität der Bundesoberbehörden erarbeitet wird (Buth et al. 2015; Vetter und Schauser 2013).

Der Aktionsplan Anpassung der DAS zeigt die Politikinstrumente auf, die von der Bundesregierung derzeit zur Anpassung an den Klimawandel verfolgt werden. Dazu gehören die Aufnahme von Anpassung an den Klimawandel in rechtliche Regelungen, etwa durch Novellierung des Raumordnungsgesetzes 2008 und des Baugesetzbuches 2011 und 2013, sowie in Förderprogramme wie u. a. die Nationale Klimaschutzinitiative und das Bundesprogramm Biologische Vielfalt (Bundesregierung 2011).

Im Folgenden werden beispielhaft Politikansätze zur Anpassung an den Klimawandel, nach Kategorien sortiert, vorgestellt, sie in der Literatur diskutiert werden und noch nicht eingeführt sind:

- **Rechtsinstrumente:** Reese et al. (2010) haben den Anpassungsbedarf für klimawandelrelevante Rechtsbereiche untersucht und zeigen auf, wie mit den Herausforderungen des Klimawandels rechtlich umgegangen werden kann. Im Hinblick auf die Anpassungsbarriere Unsicherheit wird auf das Risikoverwaltungsrecht verwiesen, das geeignete Ansatzpunkte wie eine angemessene Ermittlung und Bewertung von Risiken unter Beteiligung aller relevanten Akteure, den Vorzug von *no-regret*-Maßnahmen und die Berücksichtigung des aktuellen Wissensstandes durch regelmäßige Evaluierung bereithält. Als erforderlich angesehen werden u. a. eine erweiterte Bodennutzungsplanung für Außenbereichsflächen, um den Wasserrückhalt in der Fläche zu verbessern, und eine integrierte Mengenbewirtschaftung der Wasserversorgung durch Planungsinstrumente, um den unterschiedlichen Nutzungsansprüchen vor dem Hintergrund der durch den Klimawandel bedingten zunehmenden (regionalen/saisonalen) Wasserknappheit zu begegnen. Janssen (2012) schlägt vor, das im sächsischen Wasserrecht verankerte Hochwasserentstehungsgebiet zur Hochwasservorsorge bundeseinheitlich zu etablieren. Mit Bezug zum Naturschutzrecht betonen Möckel und Köck (2013), dass der Klimawandel ein flexibleres Management der Schutzgebiete erfordert, das sowohl Ziele als auch Managementpläne umfasst.

- **Ökonomische Instrumente:** Osberghaus et al. (2010) stellen das Erfordernis für staatliches Handeln im Falle eines Marktversagens heraus, insbesondere wenn es sich bei den Anpassungsmaßnahmen um öffentliche Güter handelt (▶ Kap. 31). Da öffentliche Informationen in Bezug auf den Klimawandel zu den typischen öffentlichen Gütern gehören, ist ein staatliches Handeln zur Forschungsförderung über Grundlagen des Klimawandels inklusive regionaler Klimawandelfolgen und Anpassungsoptionen gerechtfertigt. Für Deutschland erachten die Autoren insbesondere in den Handlungsfeldern Wasser und Küstenschutz staatliches Handeln als notwendig, so beim Deichbau und der Herstellung eines funktionierenden Versicherungsmarktes. Aber auch im Gesundheitssektor gibt es Anlass zu staatlichem Handeln, so etwa beim Aufbau von Hitzewarnsystemen oder bei der Weiterbildung von medizinischem Fachpersonal zu Anpassungsthemen. Schenker et al. (2014) unterscheiden bei ökonomischen Instrumenten zwischen Abgaben, Finanzbeihilfen, Steuer- und Abgabenerleichterungen, Kompensationsregeln und handelbaren Umweltlizenzen (▶ Kap. 33). Sie zeigen anhand von Barrieren für autonome Anpassung privater Akteure auf, mithilfe welcher staatlichen Instrumente diese überwunden werden können. Beispiel für ein potenziell geeignetes Instrument ist die verpflichtende Basisversicherung für Elementarschäden.

- **Planerische Instrumente:** Neben Planungsinstrumenten der Fach- und Raumplanung, die geeignet sind, Belange der Anpassung an den Klimawandel aufzugreifen (▶ Kap. 33), wird als neues Prüfinstrument das *climate proofing* diskutiert. Damit sollen die Auswirkungen des Klimawandels auf Pläne und Projekte ermittelt und in das Verfahren der Planaufstellung bzw. der Projektgenehmigung integriert werden (Birkmann und Fleischhauer 2009).Unklar ist, inwieweit sich das *climate proofing* in die Umweltverträglichkeitsprüfung (UVP) und Strategische Umweltprüfung

(SUP) integrieren lässt, da die letztgenannten Instrumente die Auswirkungen eines Projekts bzw. eines Plans auf die Umwelt und den Menschen prüfen, während das *climate proofing* die Umweltauswirkungen (Klimafolgen) auf die Planung bzw. das Projekt prüft und damit einer anderen Zielsetzung folgt (Birkmann et al. 2012). Runge et al. (2010) sehen eine Integration des umweltbezogenen Teils des *climate proofing* als möglich, jedoch nicht die Integration des Teils, der die Klimawirkungen auf die Gesellschaft bearbeitet. Roll et al. (2011) argumentieren dagegen für die UVP als zentrale Grundlage für die Planung klimaangepasster Projekte und sprechen sich gegen ein eigenständiges Instrument für die Anpassung an den Klimawandel aus. In diesem Sinne wurden im Eisenbahnbundesamt die internen Verwaltungsvorschriften geändert, sodass z. B. eine Vulnerabilitätsabschätzung für die Trassenplanung des Schienenverkehrs nunmehr verpflichtend ist. Die Europäische Kommission (EC 2013d, 2013e) erläutert in Leitfäden allgemeine Aspekte, wie der Klimawandel in UVP und SUP berücksichtigt werden sollte.

Zu den planerischen Instrumenten soll hier zusätzlich die Integration von Anpassung an den Klimawandel in Normen und technische Regeln erwähnt werden, die einen zusätzlichen Ansatzpunkt bildet, um Anpassung an den Klimawandel in die Planungen insbesondere von Infrastrukturen einzubinden.

32.2.2 Barrieren bei der Umsetzung

Aufgrund der größer werdenden Schere zwischen dem wachsenden Anpassungsbedarf und der Umsetzung von Anpassung wird vielfach von einem Anpassungsdefizit gesprochen (Burton 2014). Daher wird es immer wichtiger, Barrieren der Anpassung rechtzeitig zu identifizieren und zu untersuchen, um darauf aufbauend Möglichkeiten zu ihrer Überwindung zu ermitteln. Unter Barrieren können jedoch ganz allgemein Hindernisse, Beschränkungen und Widerstände verstanden werden, die den Anpassungsprozess erschweren oder gänzlich verhindern, jedoch prinzipiell überwunden oder reduziert werden können (Eisenack et al. 2014). Barrieren der Anpassung unterscheiden sich von sogenannten Grenzen der Anpassung. Eine Grenze ist erreicht, wenn trotz Anpassung persönliche oder gesellschaftliche Werte nicht länger geschützt werden können und beispielsweise Land dem ansteigenden Meer preisgeben werden muss (Moser und Ekstrom 2010; Adger 2009; Dow et al. 2013). Im Extremfall können Barrieren zu Grenzen der Anpassung werden, wenn aufgrund von Verzögerungen späterer Anpassungen große Schäden an Mensch und Umwelt nicht verhindert werden können. Bereits in weniger schlimmen Fällen können Barrieren, die heute nicht angegangen werden, zu überhöhten Anpassungskosten und Klimaschäden in der Zukunft führen.

Barrieren bei der Anpassung sind häufig sehr kontextspezifisch, d. h., sie fallen je nach beteiligten Akteuren (z. B. private oder öffentliche), Anpassungsmaßnahmen (z. B. investiv oder operativ) und Handlungszusammenhang (z. B. Einzel- oder Kol-

lektiventscheidung) sehr verschieden aus (Moser und Ekstrom 2010; Eisenack und Stecker 2011). Dies erschwert die Entwicklung einfacher Blaupausen für den Umgang mit und die Überwindung von Barrieren (▶ Kap. 33).

Im Folgenden werden drei häufig beschriebene Barrieren näher erläutert sowie erste Vorschläge zu ihrer Überwindung aufgezeigt. Die Überwindungsmöglichkeiten sind allerdings zumeist theoretischer Natur und basieren bisher nur selten auf empirischen Untersuchungen oder praktischen Erfahrungen:

1. Unsicherheit wird sehr häufig als Hinderungsgrund für Anpassung benannt. Darunter fällt zum einen begrenztes Wissen über aktuelle und künftige Klimaveränderungen, etwa die Entwicklung von Starkniederschlägen in Deutschland (▶ Kap. 7). Zum anderen zählt begrenztes Wissen über Art, Umfang und Beschaffenheit der betroffenen Einheiten und Systeme dazu, wie etwa die Auswirkung von Starkniederschlägen auf Verkehrswege, Stromversorgung oder hochwassergefährdete Wohngebiete. Offensichtlich erschweren Unsicherheiten die Planung und Umsetzung von angemessenen Anpassungsmaßnahmen. Häufig folgt daraus auch eine geringe Priorität der Anpassung für öffentliche Akteure (z. B. Lehmann et al. 2013 für Städte in Lateinamerika und Deutschland). Zur Beseitigung solcher Barrieren können auf lokaler Ebene mehr Personalressourcen bereitgestellt werden, wofür vermutlich eine entsprechende Informationsbereitstellung und Budgets von höheren institutionellen Ebenen erforderlich sind (Ekstrom und Moser 2014; Lehmann et al. 2013). Die Bundesregierung empfiehlt für den Umgang mit Unsicherheiten *no-regret*-Maßnahmen, die unabhängig von klimatischen Entwicklungen sinnvoll sind, oder flexible, nachsteuerbare Maßnahmen (Bundesregierung 2011).

2. Konfligierende Zeitskalen werden ebenfalls häufig als Barriere angeführt. Anpassungsmaßnahmen können heute zum Teil hohe Kosten verursachen, deren Nutzen jedoch erst in der Zukunft zutage tritt. Für Betroffene und Entscheider stellt sich daher die Frage, wann in der Zukunft der Nutzen spürbar wird bzw. wie weit diese Maßnahmen aufgeschoben werden (können). Diese Abwägung wird unter Umständen durch Privatinvestoren, Politiker, öffentliche Verwaltungen und Haushalte unterschiedlich getroffen. Generell geht es dabei um die Frage der ökonomischen bzw. politischen Anreize für eine vorausschauende Anpassung. Dies lässt sich exemplarisch an einer regulierten Netzinfrastruktur verdeutlichen (Arnell und Delaney 2006; Pechan 2014). Investitionsentscheidungen von Strom- und Schienennetzbetreibern orientieren sich nicht nur am Markt, da Preise und Investitionsmaßnahmen in Deutschland in diesem Bereich überwiegend reguliert werden, u. a. durch die Anreizregulierungsverordnung bzw. durch das Allgemeine Eisenbahngesetz. Da höhere Investitionskosten für Anpassungsmaßnahmen im Regelfall bislang nicht angerechnet werden können, gibt es für Netzbetreiber geringe Anreize, vorausschauende Anpassungsinvestitionen, insbesondere für bestehende Infrastruktur, vorzunehmen.

3. Unklare Verantwortlichkeiten sind ein weiteres mögliches Anpassungshindernis. Diese wurden z. B. im Kontext des

bundeseigenen deutschen Schienenverkehrs identifiziert (Rotter et al. 2016). Die involvierten privaten und öffentlichen Akteure sehen die Verantwortung für Anpassung bei den jeweils anderen bzw. meiden strategische Entscheidungen auf höheren Ebenen. In der Folge gibt es keinen koordinierten Anpassungsprozess, und Akteure mit anderen Prioritäten können Bestrebungen dazu ungehindert verlangsamen. Die Klärung und Aufteilung von Verantwortlichkeiten unter den beteiligten Akteuren kann dem entgegenwirken.

32.2.3 Ansatzpunkte erfolgreicher Umsetzung

Die erfolgreiche Entwicklung und Umsetzung von Maßnahmen zur Anpassung an Folgen des Klimawandels stellt für viele beteiligte Akteure eine Herausforderung dar. Neben den zuvor geschilderten Barrieren einer Maßnahmenumsetzung betrifft dies vor allem die Beurteilung, was als erfolgreiche Anpassung gelten kann, ebenso wie die Herangehensweise bei der Entwicklung und Umsetzung erfolgreicher Maßnahmen.

In der Fachliteratur und in der Praxis lassen sich verschiedene Ansätze zur Unterstützung der Entwicklung und Umsetzung von Anpassungsmaßnahmen finden: Es existieren Zusammenstellungen von Leitprinzipien für die Anpassung (etwa Prutsch et al. 2010 oder *Federal Facilities Environmental Stewardship & Compliance Assistance Center* o.J.), Kriterien zur Bewertung einzelner Maßnahmen (Kind und Mohns 2010; Tröltzsch et al. 2012) und mannigfaltige Ansätze zur Erfolgskontrolle von Maßnahmen (für eine Übersicht s. Bours et al. 2013). Fast alle diese Zusammenstellungen beziehen sowohl prozess- als auch ergebnisorientierte Aspekte von Maßnahmen ein. In der Fachliteratur überwiegt allerdings eine prozessorientierte Perspektive, die auf die Art der Entwicklung von Maßnahmen und ihre Einbettung in einen Umsetzungsprozess eingeht (Kind et al. 2015).

Hinsichtlich der Eigenschaften einer Maßnahme wird der Flexibilität oder Umkehrbarkeit große Wichtigkeit zugeschrieben, da diese Eigenschaften es ermöglichen, zu einem späteren Zeitpunkt verfügbare Erkenntnisse in die Ausgestaltung der Anpassung einzubeziehen (Vetter und Schauser 2013; Prutsch et al. 2010). Darüber hinaus sollte bei der Entwicklung einer Maßnahme deren Umsetzbarkeit stets im Blick bleiben, damit ihre Implementierung nicht durch institutionelle, soziale, kulturelle, finanzielle oder technologische Barrieren deutlich eingeschränkt wird (Smit und Pilifosova 2001).

Betrachtet man den Prozess der Entwicklung und Umsetzung einer Maßnahme, sind Partizipation und Kooperation bedeutsam, um u. a. über den systematischen Einbezug von Stakeholdern mögliche Konflikte, etwa zur Landnutzung, frühzeitig zu vermeiden bzw. beizulegen (Grothmann und Siebenhüner 2012). Zudem wird ein integrierender Ansatz als erfolgreich eingeschätzt, bei dem eine einzelne Maßnahme als ein Bestandteil in eine Anpassungsstrategie oder eine übergreifende multisektorale Politik aufgenommen wird (Doswald und Osti 2011).

Mit Blick auf die Wirkung einer Maßnahme werden die Kriterien Effektivität, im Sinne des Zielerreichungsgrades oder der Wahrscheinlichkeit der Zielerreichung (UNECE 2009), und Effizienz (Kind und Mohns 2010) als zentral für den Erfolg einer Maßnahme angesehen. Der Erfolgsfaktor der Robustheit betont, dass eine Maßnahme nicht nur unter einem bestimmten Szenario wirksam sein sollte, sondern idealerweise eine positive Wirkung unter unterschiedlichen zukünftigen Klimabedingungen entfaltet (Hallegatte 2009). Ähnlich gelagert ist der Anspruch, dass eine erfolgreiche Maßnahme positive Nebeneffekte haben sollte, die Entwicklungen in anderen Handlungsfeldern fördern (► Kap. 31), etwa im Klima- oder Naturschutz (Laaser et al. 2009). Damit gehen Überlegungen einher, dass eine Maßnahme nur dann als erfolgreich gelten kann, wenn negative Nebeneffekte weitestgehend vermieden wurden (Eriksen et al. 2011). Anpassungsaktivitäten sollten den Prinzipien der nachhaltigen Entwicklung folgen und somit Bedürfnisse der Umwelt, Gesellschaft und Wirtschaft berücksichtigen (Defra 2008).

Zu den *no-regret*-Maßnahmen zur Anpassung an den Klimawandel zählen z. B. Begrünungen, die das Stadtklima verbessern und gleichzeitig Erholungsflächen schaffen, Dachbegrünungen, die dämmen und Regenwasser zurückhalten, oder Renaturierungen von Gewässern. Angesichts möglicher Barrieren bei der Implementierung von Maßnahmen und Unsicherheiten über das Ausmaß von Klimafolgen stellen solche *no-regret*-Maßnahmen erfolgreiche Ansatzpunkte für die Umsetzung von Anpassung an moderate Auswirkungen des Klimawandels dar. Eine Vielzahl von bereits realisierten Maßnahmen dieser Art findet sich in der „Tatenbank", einer Datenbank des Umweltbundesamts.

32.3 Kurz gesagt

In Deutschland ist – wie in vielen Mitgliedstaaten der EU – Anpassung an den Klimawandel als eigenes Politikfeld mit einer nationalen Strategie, einem Maßnahmenplan sowie für die Umsetzung zuständigen Akteuren etabliert. Bisher werden überwiegend „weiche" Maßnahmen zur Wissensgenerierung und Informationsbereitstellung implementiert. Die Gründe dafür liegen u. a. bei Barrieren wie Unsicherheiten, fehlendem Handlungswillen oder mangelnden Ressourcen.

Demzufolge steckt auch die Evaluation von Strategien und Maßnahmen in den Anfängen. Eine regelmäßige Evaluation ist erforderlich, um Anpassungsstrategien zielgerichtet weiterzuentwickeln und, falls erforderlich, das Ambitionsniveau zu erhöhen.

Die DAS verfolgt eine horizontale und vertikale Integration von Anpassung an den Klimawandel. Staatliche wie nichtstaatliche Akteursgruppen werden umfassend am Strategieprozess beteiligt. Allerdings erfolgt dies bisher noch ohne deutlichen strategischen Ansatz, wie nichtstaatliche Akteure in Entscheidungen eingebunden und zur Eigenvorsorge aktiviert werden können. Zudem werden einige grundlegende Herausforderungen wie soziale Gerechtigkeit bei der Anpassung an den Klimawandel und (sekundäre) Wirkungen globaler Klimafolgen auf Deutschland kaum thematisiert.

Kommunale Anpassung an den Klimawandel ist als Aufgabe in vielen Großstädten bereits verankert. Anders sieht die Situation in kleineren Gemeinden aus, in denen das Thema oft nicht explizit aufgegriffen wird oder in denen es an klarer fachlicher und organisatorischer Zuständigkeit mangelt. Solche Barrieren der Anpassung müssen systematisch angegangen werden, da eine verzögerte Umsetzung bereits heute notwendiger Maßnahmen zu deutlich höheren Anpassungskosten und Klimaschäden in der Zukunft führen wird.

Literatur

Adger WN (2009) Commentary. Environ Plan 41:2800–2805

Arnell NW, Delaney EK (2006) Adapting to climate change: public water supply in England and Wales. Clim Chang 78:227–255

Bardt H (2005) Klimaschutz und Anpassung. Merkmale unterschiedlicher Politikstrategien. Die ökonomischen Kosten des Klimawandels und der Klimapolitik. Vierteljahresheft zur Wirtschaftsforschung 74(2):259–269

Bauer A, Feichtinger J, Steurer R (2012) The governance of climate change adaptation in 10 OECD countries: challenges and approaches. J Environ Policy Plan 14(3):279–304

Bauriedl S, Hafner S, Krebs F, Mauritz C, Pansa R, Roßnagel A, Walther M, Weidlich S (2013) Evaluation der Governance-Innovationen in Nordhessen. In: Roßnagel A (Hrsg) Regionale Klimaanpassung – Herausforderungen, Lösungen, Hemmnisse, Umsetzungen am Beispiel Nordhessens. Interdisciplinary research on climate change mitigation and adaptation, Bd. 5. Kassel University Press, Kassel, S 687–719

Biesbroek, G. R., Swart, R. J., Carter, T. R., Cowan, C., Henrichs, T., Mela, H., Morecroft, M. D. & Rey, D. (2010) Europe adapts to climate change: Comparing National Adaptation Strategies, Global Environmental Change, 20(3), pp. 440–450.

Birkmann J, Fleischhauer M (2009) Anpassungsstrategien der Raumentwicklung an den Klimawandel: „Climate Proofing" – Konturen eines neuen Instruments. Raumforschung und Raumordnung 67(2):114–127

Birkmann J, Schanze J, Müller P, Stock M (2012) Anpassung an den Klimawandel durch räumliche Planung – Grundlagen, Strategien, Instrumente. E-Paper der ARL 13, Hannover. http://nbn-resolving.de/urn:nbn:de:0156-73192

BMUB, UBA (2015) Umweltbewusstsein in Deutschland 2014 – Ergebnisse einer repräsentativen Bevölkerungsumfrage. Eigenverlag, Berlin

BMVBS (2010) Querschnittsauswertung von Status-quo Aktivitäten der Länder und Regionen zum Klimawandel. BMVBS-Online-Publikation 17/2011. http://www.bbsr.bund.de/BBSR/DE/Veroeffentlichungen/BMVBS/Online/2011/DL_ON172011.pdf;jsessionid=B0A1AAB4F4D3798C7110362FE8AAE010.live1041?__blob=publicationFile&v=2. Zugegriffen: 2. Febr. 2014

Bours D, McGinn C, Pringle C (2013) Monitoring & evaluation for climate change adaptation: a synthesis of tools, frameworks and approaches. http://www.seachangecop.org/node/2588. Zugegriffen: 20. Jan. 2014

Boyd E, Street R, Gawith M, Lonsdale K, Newton L, Johnstone K, Metcalf G (2011) Leading the UK adaptation agenda: a landscape of stakeholders and networked organizations for adaptation to climate change. In: Ford JD, Berrang-Ford L (Hrsg) Climate change adaptation in developed nations: from theory to practice. Advances in Global Change Research, Bd. 42. Springer, Heidelberg, S 85–102

Bundesregierung (2008) Deutsche Anpassungsstrategie an den Klimawandel. Deutsche Bundesregierung, Berlin. http://www.bmub.bund.de/fileadmin/bmu-import/files/pdfs/allgemein/application/pdf/das_gesamt_bf.pdf. Zugegriffen: 2. Febr. 2014

Bundesregierung (2011) Aktionsplan Anpassung der Deutschen Anpassungsstrategie an den Klimawandel. Deutsche Bundesregierung, Berlin. http://www.bmub.bund.de/fileadmin/bmu-import/files/pdfs/allgemein/application/pdf/aktionsplan_anpassung_klimawandel_bf.pdf. Zugegriffen: 2. Febr. 2014

Bundesregierung (2015) Fortschrittsbericht zur Deutschen Anpassungsstrategie an den Klimawandel. Deutsche Bundesregierung, Berlin

Burton I (2014) Practical adaptation: past, present and future. In: Palutikof JP, Boulter SL, Barnett J, Rissik D (Hrsg) Applied studies in climate adaptation. Wiley Blackwell, Chichester, S 383–385

Buth M, Kahlenborn W, Savelsberg J, Becker N, Bubeck P, Kabisch S, Kind C, Tempel A, Tucci F, Greiving S, Fleischhauer M, Lindner C, Lückenkötter J, Schonlau M, Schmitt H, Hurth F, Othmer F, Augustin R, Becker D, Abel M, Bornemann T, Steiner H, Zebisch M, Schneiderbauer S, Kofler C (2015) Vulnerabilität Deutschlands gegenüber dem Klimawandel. Clim Chang 24/2015. Umweltbundesamt, Dessau-Roßlau. http://www.umweltbundesamt.de/sites/default/files/medien/378/publikationen/climate_change_24_2015_vulnerabilitaet_deutschlands_gegenueber_dem_klimawandel_0.pdf. Zugegriffen: 25. Nov. 2015

CCC (2014) Mandate and Membership of the ASC. http://www.theccc.org.uk/about/structure-and-governance/asc-members/. Zugegriffen: 17. Jan. 2014

Clar C, Prutsch A, Steurer R (2013) Barriers and guidelines for public policies on climate change adaptation: a missed opportunity of scientific knowledge-brokerage. Natural Resour Forum 37:1–18

Daschkeit A (2012) Anpassung an den nicht mehr vermeidbaren Klimawandel – aktuelle Entwicklungen eines jungen Politikfeldes. ZSE 3:1–12

Defra (2008) Measuring adapting to climate change in England. A framework for action. http://archive.defra.gov.uk/environment/climate/documents/adapting-to-climate-change.pdf. Zugegriffen: 11. Jan. 2014

Defra (2011) The UK Climate Change Risk Assessment (CCRA). Defra, London

Difu (2013) KommAKlima – Kommunale Strukturen, Prozesse und Instrumente zur Anpassung an den Klimawandel in den Bereichen Planen, Umwelt und Gesundheit. Hinweise für Kommunen Klimawandel und Klimaanpassung in urbanen Räumen – eine Einführung, Köln

Doswald N, Osti M (2011) Ecosystem-based approaches to adaptation and mitigation – good practice examples and lessons learned in Europe. BfN-Skripten 306. http://www.bfn.de/fileadmin/MDB/documents/service/Skript_306.pdf. Zugegriffen: 15. Dez. 2013

Dow K, Berkhout F, Preston BL, Klein RJT, Midgley G, Shaw MR (2013) Limits to adaptation. Nat Clim Chang 3:305–307

EC (2013a) Guidelines on developing adaptation strategies. Accompanying the communication from the Commission to the European Parliament, the Council, the European Economic and Social Committee and the Committee of the Regions – an EU Strategy on adaptation to climate change. European Commission, Brüssel. http://ec.europa.eu/clima/policies/adaptation/what/docs/swd_2013_134_en.pdf. Zugegriffen: 17. Jan. 2014

EC (2013b) Technical guidance on integrating climate change adaptation in programmes and investments of Cohesion Policy. Accompanying the communication from the Commission to the European Parliament, the Council, the European Economic and Social Committee and the Committee of the Regions – an EU Strategy on adaptation to climate change. European Commission, Brüssel. http://ec.europa.eu/clima/policies/adaptation/what/docs/swd_2013_135_en.pdf. Zugegriffen: 17. Jan. 2014

EC (2013c) An EU Strategy on adaptation to climate change. European Commission, Brüssel. http://eur-lex.europa.eu/LexUriServ/LexUriServ.do?uri=CELEX:DKEY=725522:EN:NOT. Zugegriffen: 17. Jan. 2014

EC (2013d) Guidance on integrating climate change and biodiversity into Environmental Impact Assessment. European Commission, Brüssel. http://ec.europa.eu/environment/eia/pdf/EIA%20Guidance.pdf. Zugegriffen: 16. Jan. 2014

EC (2013e) Guidance on integrating climate change and biodiversity into Strategic Environmental Assessment. European Commission, Brüssel. http://ec.europa.eu/environment/eia/pdf/SEA%20Guidance.pdf. Zugegriffen: 16. Jan. 2014

EC (2015) A European research and innovation roadmap for Climate Services. European Commission, Brüssel. http://bookshop.europa.eu/en/a-european-research-and-innovation-roadmap-for-climate-services-pbKI0614177/downloads/KI-06-14-177-EN-N/KI0614177ENN_002.pdf?FileName=KI0614177ENN_002.pdf&SKU=KI0614177ENN_PDF&CatalogueNumber=KI-06-14-177-EN-N. Zugegriffen: 26. Nov. 2015

EEA (2012) Climate change, impacts and vulnerability in Europe. European Environment Agency, Kopenhagen

EEA (2013) Adaptation in Europe – addressing risks and opportunities from climate change in the context of socio-economic developments. European Environment Agency, Kopenhagen

EEA (2014) National adaptation policy processes in European countries – 2014. European Environment Agency, Kopenhagen

Literatur

Eisenack K, Stecker R (2011) A framework for analyzing climate change adaptations as actions. Mitigation and Adaptation Strategies for Global Change 17:243–260

Eisenack K, Moser SC, Hoffmann E, Klein RJT, Oberlack C, Pechan A, Rotter M, Termeer CJAM (2014) Explaining and overcoming barriers to climate change adaptation. Nat Clim Chang 4:867–872

Ekstrom JA, Moser SC (2014) Identifying and overcoming barriers in urban adaptation efforts to climate change: case study findings from the San Francisco Bay Area, California, USA. Urban Climate 9:54–74

Eriksen S, Aldunce P, Bahinipati CS, D'Almeida Martins R, Molefe JI, Nhemachena C, O'Brien K, Olorunfemi F, Park J, Sygna L, Ulsrud K (2011) When not every response to climate change is a good one: identifying principles for sustainable adaptation. Clim Develop 3:7–20

Federal Facilities Environmental Stewardship & Compliance Assistance Center (o.J.) Climate Change Adaptation Guiding Principles. https://www.fedcenter.gov/_kd/go.cfm?destination=Page&Pge_ID=3861. Zugegriffen am 15. Dez. 2013

Grothmann T, Siebenhüner B (2012) Reflexive governance and the importance of individual competencies – the case of adaptation to climate change in Germany. In: Brousseau E, Dedeurwaerdere T, Siebenhüner B (Hrsg) Reflexive governance for global public goods. MIT-Press, Cambridge, S 299–314

Hallegatte S (2009) Strategies to adapt to an uncertain climate change. Glob Environ Chang 19:240–247

Hulme M, Neufeld H, Colyer H, Ritchie A (2009) Adaptation and mitigation strategies: supporting European climate policy. The final report from the ADAM Project. University of East Anglia, Norwich. http://www.tyndall.ac.uk/sites/default/files/adam-final-report-revised-june-2009.html_.pdf. Zugegriffen: 18. Jan. 2014

IPCC (2014) Climate change 2014: impacts, adaptation and vulnerability. Contribution of Working Group II to the Fifth Assessment Report of the Intergovernmental Panel on Climate Change, Kap 23. University Press, Cambridge

Isoard S (2011) Perspectives on adaptation to climate change in Europe. In: Ford JD, Berrang-Ford L (Hrsg) Climate change adaptation in developed nations: from theory to practice. Advances in Global Change Research 42. Springer, Heidelberg, S 51–68

Janssen G (2012) Rechtsinstrumente der Klimaanpassung. In: Birkmann J, Schanze J, Müller P, Stock M (Hrsg) Anpassung an den Klimawandel durch räumliche Planung – Grundlagen, Strategien, Instrumente, E-Paper der ARL 13. Verlag der ARL, Hannover, S 106–120

Keskitalo CEH (2010) Conclusion: The development of adaptive capacity and adaptation measures in European countries. In: Keskitalo CEH (Hrsg) Developing adaptation policy and practice in Europe: multi-level governance of climate change. Springer, Dordrecht, S 339–366

Kind C, Mohns T (2010) Klimalotse – Leitfaden zur Anpassung an den Klimawandel. Offline Version des Leitfadens vom Kompetenzzentrum Klimafolgen und Anpassung. http://www.umweltbundesamt.de/sites/default/files/medien/515/dokumente/klimalotse_offlineversion.pdf. Zugegriffen: 12. Jan. 2014

Kind C, Vetter A, Wronski R (2015) Development and application of good practice criteria for evaluating adaptation measures. In: Leal W (Hrsg) Handbook of climate change adaptation. Springer, Berlin, S 297–318

Knieling J, Müller B (2015) Klimaanpassung in der Stadt- und Regionalentwicklung – Ansätze, Instrumente, Maßnahmen und Beispiele. Oekom, München

Laaser C, Leipprand A, de Roo C, Vidaurre R (2009) Report on good practice measures for climate change adaptation in river basin management plans. European Environment Agency – European Topic Centre on Water. http://icm.eionet.europa.eu/ETC_Reports/Good_practice_report_final_ETC.pdf. Zugegriffen: 13. Jan. 2014

Lehmann P, Brenck M, Gebhardt O, Schaller S, Süßbauer E (2013) Barriers and opportunities for urban adaptation planning: analytical framework and evidence from cities in Latin America and Germany. Mitigation Adapt Strateg Glob Chang 20:75–97

Lesnikowski AC, Ford JD, Berrang-Ford L, Barrera M, Heymann J (2015) How are we adapting to climate change? A global assessment. Mitigation Adapt Strateg Glob Chang 20:277–293

Mahammadzadeh M, Chrischilles E, Biebeler H (2013) Klimaanpassung in Unternehmen und Kommunen. Betroffenheiten, Verletzlichkeiten und Anpassungsbedarf Bd. 83. Inst. der dt. Wirtschaft, Medien, Köln

Massey E, Huitema D (2012) The emergence of climate change adaptation as a policy field: the case of England. Reg Environ Change. doi:10.1007/s10113-012-0341-2

McCallum S, Dworak T, Prutsch A, Kent N, Mysiak J, Bosello F, Klostermann J, Dlugolecki A, Williams E, König M, Leitner M, Miller K, Harley M, Smithers R, Berglund M, Glas N, Romanovska L, Sandt K van de, Bachschmidt R, Völler S, Horrocks L (2013a) Support to the development of the EU Strategy for adaptation to climate change: background report to the impact assessment, Part I – Problem definition, policy context and assessment of policy options. Environment Agency Austria, Vienna. http://ec.europa.eu/clima/policies/adaptation/what/docs/background_report_part1_en.pdf. Zugegriffen: 17. Jan. 2014

McCallum S, Prutsch A, Berglund M, Dworak T, Kent N, Leitner M, Miller K, Matauschek M (2013b) Support to the development of the EU Strategy for adaptation to climate change: background report to the impact assessment, Part II – Stakeholder involvement. Environment Agency Austria, Vienna. http://ec.europa.eu/clima/policies/adaptation/what/docs/background_report_part2_en.pdf. Zugegriffen: 17. Jan. 2014

Möckel S, Köck W (2013) European and German nature conservation instruments and their adaptation to climate change – a legal analysis. JEEPL 10:54–71

Moser SC, Ekstrom JA (2010) A framework to diagnose barriers to climate change adaptation. Proceedings of the National Academy of Sciences 107:22026–22031

Osberghaus D, Dannenberg A, Mennel T (2010) The role of the government in adaptation to climate change. Environment and Planning C: Government and Policy 28:834–850

Pechan A (2014) Which incentives does regulation give to adapt network infrastructure to climate change? – A German case study. Oldenburg Discussion Papers in Economics 14:V–365

Prutsch A, Grothmann T, Schauser I, Otto S, McCallum S (2010) Guiding principles for adaptation to climate change in Europe. ETC/ ACC Technical Paper 2010/6. http://acm.eionet.europa.eu/docs/ETCACC_TP_2010_6_guiding_principles_cc_adaptation.pdf. Zugegriffen: 14. Febr. 2013

Reese M, Möckel S, Bovet J, Köck W (2010) Rechtlicher Handlungsbedarf für die Anpassung an die Folgen des Klimawandels – Analyse, Weiter- und Neuentwicklung rechtlicher Instrumente. Berichte Umweltbundesamt 01/2010. Erich Schmidt Verlag, Berlin

Roll E, Lüdecke J, Neises F, Rommel S (2011) Klimawandel und Schienenwege – Die Umweltverträglichkeitsprüfung als Instrument zur klimagerechten Anpassung der Planung. UVP-Report 25(5):265–269

Rösler C, Langel N, Schormüller K (2013) Kommunaler Klimaschutz, erneuerbare Energien und Klimawandel in Kommunen. Ergebnisse einer Difu-Umfrage, Köln

Rotter M, Hoffmann E, Hirschfeld J, Schröder A, Mohaupt F, Schäfer L (2013) Stakeholder participation in adaptation to climate change – lessons and experience from Germany. Clim Change12/2013. Umweltbundesamt, Dessau-Roßlau. http://www.umweltbundesamt.de/sites/default/files/medien/461/publikationen/climate_change_12_2013_stakeholder_participation_in_adaptation_to_climate_change_bf_0.pdf. Zugegriffen: 2. Febr. 2014

Rotter M, Hoffmann E, Pechan A, Stecker R (2016) Competing priorities: how actors and institutions influence adaptation of the German railway system. Under review, Climatic Change, 137(3):pp 609–623

Runge K, Wachter T, Rottgardt EM (2010) Klimaanpassung, Climate Proofing und Umweltprüfung – Untersuchungsnotwendigkeiten und Integrationspotenziale. UVP-Report 24(4):165–169

Schenker O, Mennel T, Osberghaus D, Ekinci B, Hengesbach Ch, Sandkamp A, Kind Ch, Savelsberg J, Kahlenborn W, Buth M, Peters M, Steyer S (2014) Ökonomie des Klimawandels. Integrierte ökonomische Bewertung der Instrumente zur Anpassung an den Klimawandel. Clim Chang 16/2014. Umweltbundesamt, Dessau-Roßlau

Smit B, Pilifosova O (2001) Adaptation to climate change in the context of sustainable development and equity. In: McCarthy JC, Canziani OF, Leary NA,

Dokken DJ, White KS (Hrsg) Climate change 2001: impacts, adaptation, and vulnerability. Cambridge University Press, Cambridge

Stecker R, Mohns T, Eisenack K (2012) Anpassung an den Klimawandel – Agenda Setting und Politikintegration in Deutschland. ZfU 2012(2):179–208

Swart R, Biesbroek R, Binnerup S, Carter TR, Cowan C, Henrichs T, Loquen S, Mela H, Morecroft M, Reese M, Rey D (2009) Europe adapts to climate change: comparing national adaptation strategies. PEER report no 1. Projektveröffentlichung, ohne Verlag, siehe Online-Fassung: www.peer.eu/fileadmin/user_upload/publications/PEER_Report1.pdf, Helsinki

Tröltzsch J, Görlach B, Lückge H, Peter M, Sartorious C (2012) Kosten und Nutzen von Anpassungsmaßnahmen an den Klimawandel – Analyse von 28 Anpassungsmaßnahmen in Deutschland. Clim Chang 10/2012. Umweltbundesamt, Dessau-Roßlau

UNECE (2009) Guidance on water and adaptation to climate change. United Nations, Genf

Vetter A, Schauser I (2013) Anpassung an den Klimawandel – Priorisierung von Maßnahmen innerhalb der Deutschen Anpassungsstrategie. GAIA 22:248–254

Welge A (2012) Positionspapier: Anpassung an den Klimawandel. Empfehlungen und Maßnahmen der Städte, Köln

Westerhoff L, Keskitalo ECH, McKay H, Wolf J, Ellison D, Botetzagias I, Reysset B (2010) Planned adaptation measures in industrialised countries: a comparison of select countries within and outside the EU. In: Keskitalo CEH (Hrsg) Developing adaptation policy and practice in Europe: multi-level governance of climate change. Springer, Dordrecht, S 271–338

Zebisch M, Grothmann T, Schröter D, Hasse C, Fritsch U, Cramer W (2005) Klimawandel in Deutschland – Vulnerabilität und Anpassungsstrategien klimasensitiver Systeme. Clim Chang 08/05. Umweltbundesamt, Dessau-Roßlau. http://www.umweltbundesamt.de/sites/default/files/medien/publikation/long/2947.pdf. Zugegriffen: 2. Febr. 2014

Optionen zur Weiterentwicklung von Anpassungsstrategien

Petra Mahrenholz, Jörg Knieling, Andrea Knierim, Grit Martinez, Heike Molitor, Sonja Schlipf

© Der/die Herausgeber bzw. der/die Autor(en) 2017

G. Brasseur, D. Jacob, S. Schuck-Zöller (Hrsg.), *Klimawandel in Deutschland*, DOI 10.1007/978-3-662-50397-3_33

Die gegenwärtigen Trends globaler Treibhausgasemissionen und Klimaprojektionen legen schwerwiegende und weitreichende Zukunftsrisiken nahe (Teil I und II, ▶ Kap. 31), die eine nachhaltige Entwicklung aller Gesellschaften ernsthaft gefährden. Dabei verstärkt der Klimawandel Risiken wie Erosion, Luft- und Gewässerverschmutzung, Armut und Artensterben. Gleichzeitig sind es soziale, politische und ökonomische Prozesse, Verhältnisse und Strukturen, die für den Klimawandel und die resultierenden gesellschaftlichen Probleme ursächlich sind (Brunnengräber und Dietz 2013). Minderungs- und Anpassungsaktivitäten – wenn gut geplant und umgesetzt (Checkliste in UBA 2013) – können eine nachhaltige Entwicklung fördern und Entwicklungspfade eröffnen, die eine „große Transformation" ermöglichen (IPCC 2014; ▶ Kap. 31). Hierzu wäre – in Erweiterung und mit fließenden Übergängen von inkrementeller Anpassung – eine transformative Anpassung an den Klimawandel erforderlich. Letztere beinhaltet radikale Änderungen, bei denen sich die beeinflussten sozialen oder Umweltsysteme hin zu völlig neuen Mustern, Dynamiken oder Orten bewegen (Definitionen s. Park et al. 2012; Kates et al. 2012; EEA 2013). Das zentrale Ziel inkrementeller Anpassung hingegen ist, Wesen und Unversehrtheit eines Systems oder Prozesses in seinem bisherigen Ansatz zu erhalten (Park et al. 2012; Schipper 2007; Kates et al. 2012; Marshall et al. 2012) und den bestehenden sozialen und kulturellen Ordnungsrahmen nicht zu verändern (Pelling 2011). Inkrementelle Anpassung beinhaltet meist eine Verstärkung von Aktionen, die üblicherweise ergriffen werden, um Verluste durch Klimavariabilität bzw. extreme Wetterereignisse zu mindern oder entsprechende Gewinne zu erhöhen, wie bestehende Deiche zu verstärken, Frühwarnsysteme zu modifizieren oder die Wasserversorgung durch weitere Sparmaßnahmen oder größere Reservoire zu verbessern (EEA 2013; vgl. auch ▶ Kap. 32). Dies dürfte eine angemessene Antwort auf geringe oder moderate Klimarisiken sein. Bei schwerwiegenden und weitreichenden Risiken reicht es nicht, neue Lösungen in überholte Strukturen zu integrieren. Hier sind zusätzlich vorausschauende, transformative Anpassungsaktivitäten erforderlich (Kates et al. 2012), die zugrunde liegende Strukturen und Rahmenbedingungen transformieren und mit sozialen Innovationen einhergehen (Beck et al. 2013). Letzteres schließt auch einen Wandel von Werten und Normen ein. Anpassung sollte deshalb auch als Teil eines übergeordneten Transformationsprozesses aufgefasst werden, der gleichermaßen sozial-ökologische Ungerechtigkeiten abbaut und Demokratie vertieft (Brunnengräber und Dietz 2013).

33.1 Ansätze für eine strategische Weiterentwicklung von Anpassung

33.1.1 Inkrementelle und transformative Ansätze für Anpassungsmaßnahmen

IPCC (2014) nennt Beispiele für Anpassung, die bereits inkrementelle und transformative Elemente enthalten und in eine Weiterentwicklung von Anpassungsstrategien einbezogen werden sollten, so etwa Baustandards oder gesetzlich festgelegte Risikogebiete. Aus Vorsorgegründen kommt hier zur technisch-öko-

nomischen Innovation hinzu, dass soziale Praktiken verändert werden, die neue Muster, Dynamiken und Verortungen anstoßen. Vorschläge zur Anpassung, die in diese Kategorie fallen, sind z. B. die Diversifizierung des betrieblichen Produktionsprogramms in der Landwirtschaft, eine neue Kultur- und Sortenauswahl oder veränderte Anbaugebiete sowie die Nutzung von Grauwasser (▶ Kap. 18). Ein Vorschlag für Verhaltensänderungen wäre beispielsweise eine eingeschränkte Wasserentnahme in Zeiten der Knappheit. Eine eingeschränkte Bebauung oder gar der komplette Siedlungsrückzug aus (Hochwasser-)Risikogebieten, Deichrückverlegungen oder auch die Wiederherstellung natürlicher Retentionsräume und die Erhöhung der Infiltrationskapazität – z. B. durch Auenrenaturierung oder Änderung der Landnutzung – gehören zu den transformativen Anpassungsansätzen, die durch Orts- oder Aktivitätsveränderungen gekennzeichnet sind.

Umfassendere transformative Anpassungsansätze sollten Veränderungsprozesse einleiten, die auch gleichzeitig bestehende soziale Ungerechtigkeiten beseitigen (Pelling 2011). Hier kommt eine andere Auffassung des Zieles von nachhaltiger Entwicklung zum Ausdruck: Zur Reduktion des ökologischen Fußabdrucks kommt die ökologische Gerechtigkeit – meist global und intergenerational – hinzu, die sich beispielsweise im frei zugänglichen Anstieg der Lebensqualität für jeden ausdrückt. Beispielsweise zählt IPCC hierzu die Einführung einer medizinischen Grundversorgung für alle (IPCC 2014). Damit wird klar, dass die Visionen des Zielzustands und der Entwicklungspfade in diese Zielzustände auch das Ausmaß transformativer Anpassung bestimmen.

Die Umsetzung vorausschauender transformativer Anpassung dürfte nicht einfach sein. Gründe hierfür sind zum einen die Unsicherheiten künftiger Klimarisiken, aber auch der Wirkspektren von Anpassungsaktivitäten. Zum anderen spielen hohe finanzielle und soziale Kosten sowie Pfadabhängigkeiten eine Rolle, die dazu beitragen, existierende Gewohnheiten, Systeme und Politiken beizubehalten. Erfolgsfaktoren, die in der Weiterentwicklung von Anpassungsstrategien genutzt werden sollten, sind die Beteiligung von Akteuren, die Sicherung finanzieller Ressourcen für den Transformationsprozess sowie das Monitoring und die Evaluierung des Fortschritts (EEA 2013). Dass sich transformative Maßnahmen rechnen können, zeigt ein aktuell diskutiertes Beispiel für eine Deichrückverlegung inklusive der Wiederherstellung von Überflutungsflächen aus der Garbe-Niederung in Sachsen-Anhalt nahe der Landesgrenzen zu Niedersachsen und Brandenburg. Die Kosten für die Renaturierung dieser Auenlandschaften werden auf 13,7–18 Mio. Euro geschätzt. Dem stehen in einem Klimawandelszenario mit verstärkten Hochwasserereignissen als Nutzen, der sich hauptsächlich aus der Nährstoffretention, dem verbesserten Hochwasserschutz und einer hohen Wertschätzung des steigenden Artenreichtums ergibt, 29,3–46,5 Mio. Euro gegenüber (Tröltzsch et al. 2012).

33.1.2 Anpassung an den Klimawandel durch *governance*

Neben konkreten Lösungen, etwa in Bereichen wie Regenwasserbewirtschaftung, Bauleit- oder Regionalplanung (▶ Kap. 32), erfordert die Weiterentwicklung bisheriger Anpassungsstrategien

	Formelle Instrumente	Informelle Instrumente	Ökonomische Instrumente	Organisationsentwicklung
Charakter	Verbindlich und eindeutig durch Gesetze und Verordnungen	Überzeugung und Selbstbindung beteiligter Akteure durch Information, Beteiligung und Kooperation	Preisbasierter Lenkungsmechanismus nach dem Verursacher- und Gemeinlastprinzip	Langfristige Einbindung verschiedener Akteure in Entscheidungs- und Umsetzungsprozesse durch institutionalisierte Prozesse
Beispiele	*Festsetzungen zum vorbeugenden Hochwasserschutz und Siedlungsklima in der Bauleit- und Regionalplanung,* Bundesraumordnungsplanung Klimaanpassung	*Partizipative, handlungsfeldübergreifende Klimaanpassungsstrategien unter Verwendung von Szenarien, Leitbildern und Roadmaps,* Selbstverpflichtungen, *Risikokarten,* Informationskampagnen, *Bildungsarbeit, Zusammenarbeit mit Schulen* etc.	*Gesplittete Abwassergebühren, Bodenversiegelungsabgaben, Flächennutzungssteuern, Ressourcennutzungsrechte, Lastenausgleich im Hochwasserschutz, Förderprogramme,* öffentliche Investitionen, Zielvereinbarungen im Hochwasserschutz	Regionale Netzwerke mit institutionalisierten Trägerschaften, Beratungseinrichtungen zur Vermittlung zwischen Wissenschaft und Praxis, Leit- oder Stabsstellen in öffentlichen und privaten Einrichtungen
Ziele	Rechtliche Verbindlichkeit durch einen institutionalisierten Umsetzungsbezug	Umdenken in politischen Prozessen zu anpassungsfähigen *governance*-Systemen in lernfähigen Politikzyklen	Proaktive Steuerung der Handlungsmöglichkeiten einzelner Akteure zur Klimaanpassung, Schaffung eines gesellschaftlichen Ausgleichs für mögliche Folgekosten	Verankerung der Querschnittsaufgabe Klimaanpassung in laufende Umsetzungsprozesse
Steuerungsmodus für die Klimaanpassung	Flexibilisierung durch Befristungen im Einzelfall oder „Experimentierklauseln"	Ebenen-, handlungsfeld- und grenzübergreifende Zusammenarbeit	Erleichterung einzelner Klimaanpassungsmaßnahmen durch die Unterstützung privater Akteure	Verstetigung angestoßener Klimaanpassungsprozesse in lernenden Organisationsformen

⬛ Abb. 33.1 Instrumente der Klimawandel-*governance*: Kursiv und rot markierte Maßnahmen dienen transformativen Prozessen

Innovationen sozialen Handelns öffentlicher und privater Akteure, die durch *governance* gesteuert werden. Die in ⬛ Abb. 33.1 rot markierten Beispiele können transformative Anpassungsaktivitäten unterstützen (IPCC 2014, Tabelle SPM.1). Verwaltungen sollten diese Palette nutzen, denn sie haben eine strategische Verantwortung für eine Anpassung an den Klimawandel (s. auch DSt 2015).

Governance erhöht die Anpassungskapazität und Resilienz von Städten und Regionen (⬛ Abb. 33.1; Baasch et al. 2012; Fuchs et al. 2011; Vollmer und Birkmann 2012; Birkmann und Fleischhauer 2013). Der Weg hin zu resilienten Städten und Regionen kann Innovationen sozialen Handelns fördern und über eine Transformation zu einer klimaverträglichen Gesellschaft führen (▶ Kap. 31; WGBU 2011). *governance* muss Wege finden, wie diese Innovationen sozialen Handelns aus ihren Nischen heraus breitenwirksam werden können. So kann eine koordinierte Zusammenarbeit zwischen öffentlichen und privaten Akteuren eine Transformation zu einer nachhaltigen Gesellschaftsordnung beschleunigen (WGBU 2011). Kment (2010) und Bauriedl et al. (2014) weisen darauf hin, dass in den meisten Fällen noch keine ausreichende handlungsfeldübergreifende und querschnittsbezogene Betrachtung erfolgt (▶ Kap. 32). Um naturräumliche Zusammenhänge sowie Konflikte und Synergien bei der Weiterentwicklung von Strategien berücksichtigen zu können, sollte eine *governance* der Anpassung an den Klimawandel grundsätzlich ebenen-, handlungsfeld- und grenzübergreifend wirken (Ritter 2007; Knieling et al. 2011a; Overbeck et al. 2008). Deswegen sollten Ziele und Maßnahmen von Anpassungsstrategien mit anderen Strategien verschnitten werden. So sind Anpassungsstrategien in Deutschland idealerweise zu verschneiden mit

— der Nationalen Nachhaltigkeitsstrategie,
— der Waldstrategie 2020,
— der Nationalen Strategie zur biologischen Vielfalt,
— der Wasserrahmenrichtlinie und der Hochwasserrisikomanagementrichtlinie,
— der Meeresstrategie-Rahmenrichtlinie und Maritimen Raumordnung/IKZM,
— den Politiken zur Energiewende und Biomassestrategie,
— der Rohstoffstrategie und dem Ressourceneffizienzprogramm,
— dem Bundesverkehrswegeplan,
— der Strategie zum Schutz kritischer Infrastrukturen und
— der Hightech-Strategie.

Verbindliche, formelle Instrumente werden beispielsweise in der raumbezogenen Fach- und der räumlichen Gesamtplanung eingesetzt (Danielzyk und Knieling 2011). Hier ergibt sich u. a. Regelungsbedarf hinsichtlich des sich verändernden Siedlungsklimas (▶ Kap. 22) und im Hochwasserschutz (▶ Kap. 16). In Regionalplänen werden z. B. bereits Vorrang- und Vorbehaltsgebiete für den vorbeugenden Hochwasserschutz sowie Überschwemmungsgebiete festgesetzt (BMVBS 2014; Frommer et al. 2013; ARL 2009). Um der den Klimawandelszenarien immanenten Unsicherheit Rechnung zu tragen, könnten Vorrang- und Vorbehaltsgebiete auch flexibel, beispielsweise durch Befristungen in Einzelfällen oder „Experimentierklauseln", festgesetzt werden (BMVBS 2014; Frommer et al. 2013). Aber auch für Gebäude und andere Infrastrukturen lässt sich, z. B. durch angepasste oder neue Baunormen, eine zukunftsfähige Nutzung begünstigen.

Weil die Handlungsspielräume formeller Instrumente begrenzt sind (BMVBS 2013; Schlipf et al. 2008), werden informelle Instrumente ergänzt. Diese streben Regelungen durch Information, Beteiligung und Kooperation an (Bischoff et al. 2007). Sie schaffen Problembewusstsein und unterstützen einen Wertewandel (Frommer 2009; Greiving 2008). Durch ihren Einsatz können demnach neue strategische Ausrichtungen vorbereitet werden, die eine Transformation zu einer nachhaltigen Gesellschaft (WGBU 2011) ermöglichen. Hierzu könnten Ansätze der regionalen *governance* und des Risikomanagements zu einer *risk governance* zusammengeführt werden (Greiving 2005; Knieling et al. 2011b). Diese Zusammenführung impliziert ein Umdenken in politischen Prozessen zu lern- und anpassungsfähigen *governance*-Systemen in Politikzyklen (▶ Kap. 32; Horrocks 2005; Frommer 2010). Dies schließt die Nutzung von Szenarien (Alcamo und Henrichs 2009; Albert et al. 2012; Zimmermann et al. 2013; Hagemeier-Klose et al. 2013), Leitbildern und Roadmaps (z. B. Beuckert et al. 2011) sowie eines geeigneten Monitorings ein, das eine kontinuierliche Anpassung der Strategien an veränderte Rahmenbedingungen ermöglicht. Ein weiterführender Schritt einer Klimaanpassungs-*governance* wäre, *governance*-Instrumente zu entwickeln, die auf verschiedenen Entscheidungsebenen (z. B. EU, Bund, Land, Region, Kommune) Unsicherheiten einbeziehen (*multilevel-governance*, ▶ Kap. 32).

Als ökonomische Instrumente (Braun und Giraud 2009; Soltwedel 2005; Jordan et al. 2007; Zürn 2008) gelten Zielvereinbarungen, etwa zum Hochwasserrisikomanagement, die auf kommunaler Ebene zwischen den Akteuren abgeschlossen werden, als zielführend (Müller 2004; Greiving 2008). Sie basieren auf einem Ansatz, der quantifizierte Leistungs- und Wirkungsvorgaben mit der Projektförderung verknüpft, sodass Klimafolgenrisiken in einem bestimmten Umfang in einem festgelegten Zeitraum reduziert werden müssen. Im Rahmen der Umsetzung entsteht dabei Freiraum, sodass kreative Lösungsansätze zum Einsatz kommen können (Knieling et al. 2011b; Greiving 2008).

Die Entwicklung unterstützender Organisationsformen kann dazu beitragen, Bevölkerung, Unternehmen und Verbände langfristig als „Mit-Gestalter" in gesellschaftliche Strategie-, Entscheidungs- und Umsetzungsprozesse hin zu einer nachhaltigen Gesellschaft einzubinden (Danielzyk und Knieling 2011). Diese Organisationsformen unterscheiden sich u. a. in der Trägerschaft, der Verankerung auf der politischen Ebene und dem Grad der

Eigenständigkeit (Corfee-Morlot et al. 2011; Vogel et al. 2007). *Boundary organizations* übernehmen Vermittlungsaufgaben zwischen Akteuren aus Wissenschaft, Politik und Verwaltung, Wirtschaft und Zivilgesellschaft und arbeiten als Beratungseinrichtungen, Netzwerke einzelner Fachleute, Beauftragte oder Service-Einrichtungen (Bischoff et al. 2007). Sie sollen Fachwissen und praktische Anwendung integrieren (Corfee-Morlot et al. 2011) und Plattformen zur Kommunikation und Kooperation anbieten, über die andere Instrumente angewendet werden können, etwa Szenario- oder Leitbildprozesse (Fröhlich et al. 2014). Zu diesem Zweck werden zunehmend Klimadienste und Dienste zur Unterstützung einer Klimawandelanpassung aufgebaut (Bundesregierung 2015). Weil solche Prozesse Wissen generieren und Einstellungen bilden können, um zukunftsfähig im Sinne der Nachhaltigkeit zu handeln, ist zu erwarten, dass künftig stärker informelle Instrumente zur Weiterentwicklung von Anpassungsstrategien genutzt werden.

33.1.3 Partizipation

Die aktive Beteiligung unterschiedlicher gesellschaftlicher Gruppen bei der Weiterentwicklung von Anpassungsstrategien an den Klimawandel ist eine politische Notwendigkeit, um innovative und kreative Lösungen zu schaffen, die eine breite Akzeptanz finden können (Giddens 2009). Partizipation umfasst ein breites Spektrum möglicher Einflussnahme auf gesellschaftliche Entscheidungsprozesse, das von Stellungnahmen und der Bereitstellung von Erfahrungswissen über die Beteiligung an Planungsprozessen bis hin zum Aushandeln und Entscheiden über Ressourcenverteilung reichen kann (▶ Kap. 29; Renn 2012). Entscheidend für die Ausgestaltung von Partizipationsverfahren ist deren Zielsetzung und die Motivlage für Beteiligung (Walk 2013). Motive finden sich im individuellen Bedürfnis nach persönlicher Weiterentwicklung, eigenverantwortlichem Handeln und an Kompetenzentwicklung zur Teilhabe an – verbesserten und demokratischen – Entscheidungs- und Gestaltungsprozessen. Beteiligte wollen ihr Wissen und ihre Erfahrungen sowie Interessen und Argumente berücksichtigt sehen. Auch Beteiligungsverfahren zur Weiterentwicklung von Anpassungsstrategien an den Klimawandel sollten im Rahmen dieser unterschiedlichen Zielsetzungen gestaltet werden. Ausschlaggebend für das Gelingen von Partizipationsverfahren ist das Vorhandensein von echten Entscheidungsspielräumen und von Teilhabeangeboten, die von den Beteiligten als „reell" wahrgenommen werden, sowie deren Bereitschaft, ihre Zeit und ihr Wissen einzubringen. Wichtig für partizipative oder auch aktionsorientierte Prozesse zur Weiterentwicklung von Anpassungsstrategien ist eine gemeinsame Wissensbasis (Hohberg 2014).

Bereits durchgeführte Beteiligungsverfahren zur Anpassung an den Klimawandel (Knierim et al. 2013) können Erfolgsfaktoren offenbaren und lassen sich im Hinblick auf den Moment der Partizipation (Situationsanalyse, Planung, Umsetzung, Auswertung) und entsprechend dem Beteiligungsgrad (Information, Beratung, gemeinsame Entscheidung über Ziele, über Arbeitsschritte, über Ressourcenverwendung usw.) differenzieren. Aussagekräftig für die Qualität eines partizipativen Verfahrens ist seine Offenheit, also die erreichte Kohärenz zwischen den Zielen und dem Ausmaß, mit dem die Prozessbeteiligten Einfluss auf dessen Verlauf und Ergebnis nehmen können (Ison 2010). Ausschnitthaft werden hier ein Fall der partizipativen Szenarioentwicklung und ein integrativer, informeller regionaler Planungsprozess vorgestellt.

Zimmermann et al. (2013) zeigen beispielhaft für partizipative Szenarioentwicklungen, wie Vertreter aus Politik, Verwaltung, Bevölkerung und Wissenschaft die aufgrund des Klimawandels erwarteten künftigen Landnutzungsänderungen abschätzten und darauf aufbauend ein gemeinsames Verständnis einer erwünschten Zukunft entwickelten. Die Auswertung zeigt, dass Unterschiede u. a. dadurch bedingt waren, wie intensiv sich die Beteiligten mit den Szenarien auseinandersetzten und inwieweit sie selbst an der Entwicklung der Zukunftsbilder teilgenommen hatten. Dabei war die Wahrnehmung konkreter Betroffenheit in einem kleinräumigen Kontext und für die gebietsnahen Teilnehmer leichter als auf regionaler Ebene. Hier war es auch schwieriger, alle potenziell Betroffenen in das partizipative Verfahren einzubeziehen, sodass zum Teil allgemeiner und abstrakter diskutiert wurde. Weiter weisen die Autoren auf die Notwendigkeit hin, ein solches informelles, am Anfang eines Planungsprozesses stehendes Instrument an einen politischen Entscheidungsprozess zu koppeln, der eine gewisse Verbindlichkeit für die erzielten Ergebnisse schafft.

Im Großraum Dresden wurde ein „integriertes regionales Klimaanpassungsprogramm (IRKARP)" in einem informellen, unter breiter Beteiligung öffentlicher Partner organisierten Planungsprozess entwickelt (Hutter und Bohnefeld 2013). Aufgrund der großen thematischen Breite eines solchen Programms wurden mehr als hundert Organisationen aus Wissenschaft, Verwaltung und Wirtschaft einbezogen, um deren jeweilige Kompetenzen, Kenntnisse und Erfahrungen berücksichtigen zu können. Letztendlich beteiligten sich an der Formulierung des IRKARP jedoch überwiegend Wissenschaftler und Vertreter aus Behörden und Verbänden, während politische und zivilgesellschaftliche Akteure sich hier nicht einbrachten. Vor diesem Hintergrund stellen die IRKARP-Autoren fest, dass „eine demokratietheoretische Einordnung (…) der IRKARP-Formulierung noch zu leisten" und der gemeinsame Arbeitsprozess „vermutlich nicht als verhandlungsdemokratisch" zu bezeichnen ist (Hutter und Bohnefeld 2013). Mit Blick auf die hohe Anwendungsrelevanz dieses Falls fordern sie daher, dass eine systematische und methodische Herangehensweise an spannungsreiche Anforderungen weiterhin als Thema in Forschung und Praxis bearbeitet werden sollte. Auch die Fragen, ob und wie an dieser Stelle soziale und institutionelle Innovationsprozesse stattfinden, verdienen eine ausführliche und kritische Auseinandersetzung.

Es liegen nun vielfältige Erfahrungen mit Beteiligungsverfahren in einem breiten inhaltlichen Feld und in unterschiedlichen institutionellen Settings vor, die – und das ist das Neue – systematisch dokumentiert und damit für eine methodische Auswertung zugänglich sind. Damit wird das Zusammenwirken von situativen Einflussfaktoren einerseits und gezieltem methodischem Design andererseits schrittweise besser operationalisierbar und somit die Basis gelegt für einen gezielteren und erfolgreichen Einsatz von Partizipationsverfahren in der Zukunft (Baasch et al. 2013).

33.1.4 Kommunikation

Grundlegend in der Kommunikation von Themen, die eine Handlungskonsequenz erfordern, ist einerseits die Erkenntnis, dass eine reine Informationsvermittlung nicht direkt zu der gewünschten Handlung führt. Weder Wissen allein (Hellbrück und Kals 2012) noch allgemeine Einstellungen führen zwangsläufig zu einem gewünschten spezifischen Verhalten. Beispielsweise nutzen Personen mit einem hohen Umweltbewusstsein den öffentlichen Personennahverkehr, fliegen aber trotzdem im Urlaub in ferne Länder. Spezifische Einstellungen korrelieren hingegen sehr viel mehr mit konkretem Handeln: Wenn nach dem alltäglichen Mobilitätsverhalten und dem Reiseverhalten im Urlaub gefragt wird, stimmen Einstellungen und Verhalten gut überein. Andererseits ist der Zusammenhang zwischen einer konkreten Handlung und einer sich daraus entwickelnden Einstellung sehr viel deutlicher als umgekehrt (Schahn und Matthies 2008). Forschungen zu umweltrelevanten Einstellungen im Klimakontext sollten demnach nicht im Allgemeinen verbleiben, sondern nach konkreten, spezifischen Handlungskontexten fragen, um eine seriöse Grundlage für Kommunikationskonzepte zu erhalten.

Strategische Weiterentwicklungen sollten deshalb von einer Kommunikation der Anpassung an den Klimawandel begleitet werden, die Aspekte wie Komplexität, Umgang mit Unsicherheit und (Nicht-)Wissen zentral berücksichtigt. Klimaprojektionen für die Zukunft sind unsicher. Sie sind plausibel, treffen aber nicht sicher ein (▶ Kap. 2). Hier entsteht ein Dilemma zwischen einem Genauigkeitsanspruch der Wissenschaft und der Forderung nach konkreten Daten als Planungsgrundlage vonseiten der Praxis (Heidenreich et al. 2014). Wissenschaftliche Begrifflichkeiten hemmen hier die Kommunikation über Anpassung an den Klimawandel. Eine zielgruppenspezifische Übersetzung dieser Wissenschaftsbegriffe erleichtert ein Verstehen zwischen den Akteuren der Wissenschaft und der Praxis. Statt von Unsicherheit, das als Nichtwissen, Fehlen von Sicherheit vor Gefahren oder Fehlen von Selbstsicherheit missverstanden werden kann, empfiehlt es sich, von „Bandbreiten" oder alternativ „Spannweiten" möglicher Entwicklungen zu sprechen. Ebenso kann der Begriff „Risiko" als ein mögliches Ereignis mit geringer Auftretenswahrscheinlichkeit fehlinterpretiert werden (Grothmann 2014). Die Frage, welche Detailgenauigkeit wie und an wen zu vermitteln ist, sollte bei der Aufbereitung wissenschaftlicher Ergebnisse am Anfang stehen (Heidenreich et al. 2014). Ein gelungenes Beispiel, das einen gesellschaftlichen Bewusstseins- und Wertewandel im Sinne nachhaltiger Entwicklung befördern kann, findet sich im Konzept „Bildung für nachhaltige Entwicklung" (UNESCO 2014).

Komplexe Zusammenhänge sind mit dem klassischen Sender-Empfänger-Paradigma schwer kommunizierbar. Dialogorientierte und auf eine gewisse Dauer angelegte Interaktionen (Zwei-Wege Kommunikation) sind in diesem Kontext zu bevorzugen (Grothmann 2014). Dies ermöglicht einen wechselseitigen Lern- und Entwicklungsprozess der Beteiligten, in dem neue Erkenntnisse entstehen und der Transformationen begünstigen kann. Wichtig für den Anfang von partizipativen oder auch aktionsorientierten Prozessen zur Weiterentwicklung von Anpassungsstrategien ist eine gemeinsame Wissensbasis (Hohberg 2014).

Besonders wirkungsvoll sind adressatenspezifische Kommunikationsformate, die einen klaren Lebensweltbezug erkennen lassen. Akteursanalysen helfen, alle relevanten Akteure systematisch zu ermitteln und sie anschließend in den Transfer von neuen Erkenntnissen und daraus folgenden Strategieentwicklungen einzubeziehen (Nutz 2014; Stelljes et al. 2014). Welche Kommunikationsinstrumente hier passend sind, hängt entscheidend vom Wissensstand und vom Interesse bzw. der Funktion des Adressaten ab (z. B. Funktionsträger aus Politik, Wirtschaft und Verwaltung, Multiplikatoren aus dem Bildungs- und Medienbereich, soziale Gruppierungen wie Anwohner oder die allgemeine Öffentlichkeit). So sind Funktionsträger – wie die Erfahrung gezeigt hat – eher an schneller und gezielter Information und weniger an langen wissenschaftlichen Texten interessiert. Ein geeignetes Informationsmedium ist das Internet, das präzise und gezielte Ergebnisse und Zusammenhänge bieten sollte. Online-Diskurse bieten die Möglichkeit, neue Adressaten zu erreichen und eine Beteiligung am Diskurs zu eröffnen. Insbesondere für die allgemeine Öffentlichkeit haben Kurzvideos, Simulationen oder Karten eine unterstützende und anschauliche Wirkung. Da ein Großteil der menschlichen Wahrnehmung und Entscheidungsfindung auf Intuitionen und nicht auf rationalem Abwägen beruht, bieten die Bildsprache und damit verbundene Botschaften ein großes Potenzial, um für ein neues Thema zu sensibilisieren. Hier können Formate wie Klimanovellen oder Comics neue Vermittlungswege sein (Hohberg 2014; Körner und Lieberum 2014). Auch im Bildungsbereich finden interaktive Konzepte deutliches Interesse (Foos et al. 2014).

Anpassung an den Klimawandel sollte künftig erstens möglichst mit Klimaschutz zusammen kommuniziert werden. Klimaschutz hat sich als Thema gut etabliert, das Thema Anpassung an den Klimawandel weitestgehend (noch) nicht (Körner und Lieberum 2014). Das gilt auch für den Bildungsbereich, in dem allerdings ein deutliches Interesse vorhanden ist (Katz und Molitor 2014a). Erfahrungsgemäß kann das Thema Klimaschutz die Kommunikation über Anpassungsfähigkeit erfolgreich einleiten (Katz und Molitor 2014b). Zweitens kann eine Kommunikation der Anpassung an den Klimawandel Gehör finden, wenn die Kommunikation an aktuelle gesellschaftliche Themen anknüpft, z. B. an Innovation, Steigerung der Wettbewerbsfähigkeit, Standortsicherung, demografischen Wandel und im Bildungskontext an Themen wie Gesundheit, Ernährung, Biodiversität, Kultur und *urban gardening* (Foos et al. 2014). Klimabildungsgärten – nah am *urban gardening* – sind ein Beispiel für nachhaltige Entwicklung aus dem Bildungsbereich. Drittens sollten zur Kommunikation „Aufmerksamkeitsfenster" – wie ein aktuelles Starkregenereignis – genutzt werden, weil zu diesem Zeitpunkt die erfahrbare Betroffenheit und der Handlungsdruck bei Akteuren extrem hoch sind. Dabei sollte kein kausaler Zusammenhang zwischen dem Einzelereignis und der Klimaänderung postuliert werden. Oft werden häufigere und heftigere Extremereignisse nicht als Auswirkungen des Klimawandels wahrgenommen (Schuck-Zöller et al. 2014). In diesem Fall ist es – viertens – sinnvoll, bestehende Instrumente wie Katastrophenschutzpläne zu nutzen, um Erkenntnisse aus der Forschung zur Anpassung an den Klimawandel dort zu integrieren (▸ Kap. 32).

33.2 Anpassung als soziokultureller Wandel

» „Es ist absehbar, dass sich aus naturwissenschaftlichen Forschungsergebnissen allein keine Handlungsstrategien ableiten lassen, wie dem Klimawandel zu begegnen ist. Wie Menschen diesen wahrnehmen, welche Folgen er für sie hat und ob und in welcher Weise sie bereit sind, entsprechende Strategien tatsächlich umzusetzen, hängt stark vom jeweiligen sozialen und kulturellen Umfeld ab" (BMBF 2009).

Der Einfluss, den historische Ereignisse, kulturelle Traditionen, Werte und lokale Wissensmuster auf die Akzeptanz und Umsetzung von Anpassungsmaßnahmen haben, ist bisher bei der Formulierung von Anpassungsstrategien weitestgehend unberücksichtigt geblieben.

Die Ergebnisse der Forschungsprojekte RADOST, PROGRESS und ANiK, deren Untersuchungsgebiete sich in Gefährdungs- und Attraktivitätspotenzial ähneln (CSC 2013), unterstreichen die Bedeutung der geistes- und sozialwissenschaftlichen Ergebnisse für die künftige Anpassungsforschung sowie Weiterentwicklung von Anpassungsstrategien. Dies geschieht insbesondere vor dem Hintergrund, dass „Kommunen zu den zentralen Akteuren der Anpassung an den Klimawandel gehören. (…) Viele Maßnahmen zur Anpassung müssen mit und in den Kommunen entwickelt und umgesetzt werden" (Bundesregierung 2011; ▸ Kap. 32). In Kommunen würden daher Anpassungsmaßnahmen eher akzeptiert, wenn die kulturellen Traditionen und Wertvorstellungen ihrer Einwohner, ihre kommunalen Identitäten und lokalen geschichtlichen Entwicklungen in den technisch-planerischen und partizipativen Anpassungsprozessen berücksichtigt werden. Nur so können sich die Akteure breit mit solchen Maßnahmen identifizieren und sie auch umsetzen.

Lokale historische Ereignisse und Entwicklungslinien, jedoch auch die ehemalige politische Zugehörigkeit der Gemeinden zur Bundesrepublik oder DDR drücken sich oft in einem unterschiedlichen Verständnis von ökologischen und soziokulturellen Zusammenhängen und damit einem unterschiedlichen Umweltverständnis aus (Martinez et al. 2014a). In der Gemeinde Timmendorfer Strand in Schleswig-Holstein z. B. deckten sich die Interessen des Küstenschutzes und der Anpassung an den Klimawandel mit den Wünschen für die touristische Entwicklung. Erklären ließ sich dies mithilfe eines Rückblicks auf die sozioökonomische Entwicklung anlässlich einer Jahrtausendsturmflut. Die Sturmflut von 1872 und die danach beginnende touristische Entwicklung können als Gründungsmythos einer Gemeinde verstanden werden, die aus dem Nichts zu einem angesehenen Kur- und Badeort avancierte. Als Motor dieser Entwicklung war der Tourismus somit seit Anbeginn identitätsstiftend für die Gemeinde. Neben den akkumulierten materiellen Werten hat dies auch die immateriellen Werthaltungen wie unternehmerisches Denken, Investitionen in Kultur und Infrastruktur in der Gemeinde geprägt. So wurde ein Anpassungskonzept umgesetzt, das neben dem Küstenschutz auch aktiv dem Tourismus dient. Ausschlaggebend waren dabei die gute finanzielle Stellung der Gemeinde – und die damit vorhandene hohe Anpassungskapazität – sowie der partizipative Planungsprozess. In der Gemeinde Ummanz in Mecklenburg-Vorpommern hingegen wurde das

Küstenschutz- und Anpassungskonzept des Landes als Eingriff in die hart erarbeitete Identität und immateriellen Werte verstanden. Denn dort sollten viele küstennahe Flächen, die durch Entwässerung erst bewirtschaftbar geworden waren, nun durch das Anpassungskonzept „geopfert" werden, das u. a. eine Wiedervernässung nicht besiedelter Fläche vorsieht. Im Unterschied zur Gemeinde Timmendorfer Strand kann sich Ummanz die teurere Wunschoption einer Anpassungsmaßnahme in Form einer die gesamte Insel umfassenden Schutzanlage nicht leisten. Obgleich die Gemeinde sich selbst um eine Alternativlösung bemühte, führte dieses partizipative Herangehen nicht zum Erfolg. Die Skepsis gegenüber behördlichen Planungen scheint in Ummanz besonders groß zu sein und ist deutlich geprägt von den örtlichen Erfahrungen aus dem Übergang in ein neues politisch-ökonomisches System nach 1990. Daher ist die Vertrauensbildung schwierig, und Anpassungsmaßnahmen müssen unter Berücksichtigung der Wertvorstellungen der Akteure detailliert erörtert werden (Martinez et al. 2014b).

In Rostock und Lübeck führten differierende städtebauliche Entwicklungen und historische Erfahrungen im Umgang mit Sturmfluten zu unterschiedlichen Vulnerabilitätswahrnehmungen und Resilienzbildungen. Insbesondere sozioökonomische Pfadabhängigkeiten – wie im Fall Rostocks, einer vergleichsweise einkommensschwachen Region – prägen die unterschiedlichen Vorstellungen davon, was als Anpassung machbar und als Hochwasserschutz nötig ist. In den Diskursen in Lübeck wird beispielsweise häufig an frühere Sturmfluten erinnert, denen man langjährig und erfolgreich trotzen konnte, während man in Rostock mit dem Klimawandel die große Hoffnung verbindet, dass durch wärmere Sommer der Tourismus boomen wird und die Stadt dadurch wirtschaftliche Probleme überwinden kann (Heimann und Christmann 2013). Die Motivation zur Anpassung in Lübeck rührt insbesondere aus dem historischen Erbe der Hansestadt her, während in Rostock die Hoffnung auf einen Zugewinn in der Tourismusbranche den Diskurs über Anpassungsmaßnahmen treibt.

Im deutschsprachigen Alpenraum hingegen drückt das Naturgefahrenverständnis und -management der lokalen Akteure ein historisch gewachsenes Vertrauen in ein staatlich-professionell organisiertes Naturgefahrenmanagement aus. Lokale Akteure sehen daher eigenverantwortliches Agieren oft als weniger notwendig an (Kruse und Wesely 2013). Insofern müssten hier Anpassungsmaßnahmen besonders von staatlicher Seite koordiniert und kommuniziert werden, da dies besser mit den Wertvorstellungen der lokalen Akteure korrespondiert. Strategisch sollten hier kommunale Eigenverantwortung und Risikokultur vor dem Hintergrund der zunehmenden eigenen Betroffenheit gefördert werden.

Anpassungsstrategien und -maßnahmen sollten, wie vorstehende Beispiele zeigen, stets aus den jeweiligen Entwicklungstraditionen heraus mit Bezug auf geschichtliche Kontexte sowie lokale Interessen, Werte und Haltungen entwickelt werden. Diese lokalen Gegebenheiten prägen die Identität von Kommunen und Städten und damit auch ihre Fähigkeit zu bestimmten Lösungen entscheidend mit. Werte befinden sich in einem ständigen co-evolutionären Prozess mit der sozioökonomischen Entwicklung von Kommunen, auf den wiederum das politische Umfeld rahmengebend wirkt. In strategischen Weiterentwicklungen können deshalb Anpassungsbeispiele eher dort erfolgreich übertragen werden, wo sich die betroffenen Kommunen und Städte auch in Werthaltungen und Mentalitäten ähnlich sind (Martinez et al. 2014b).

33.3   Kurz gesagt

Anpassung an den Klimawandel kann zur nachhaltigen Entwicklung beitragen, insbesondere wenn sie mit sozialen Innovationen einhergeht. Erste Beispiele – wie etwa Nutzungsbeschränkungen durch gesetzliche Festlegungen – werden bereits diskutiert und sollten verstärkt in strategische Weiterentwicklungen einfließen. Diese transformativen Ansätze zur Anpassung an den Klimawandel schließen oftmals Verhaltensänderungen ein, die im Angesicht möglicher schwerwiegender klimawandelinduzierter Risiken für Umwelt und Gesellschaft erforderlich werden. Die Steuerung mithilfe von Rechts-, ökonomischen und zunehmend auch informellen Instrumenten wie Information und Partizipation tragen entscheidend zur Weiterentwicklung von Anpassung an den Klimawandel bei. Diese Instrumente helfen, Problembewusstsein zu schaffen, bringen kreative Lösungen hervor und können einen Wertewandel unterstützen. Dies setzt voraus, dass sich die Kommunikation auf konkrete Handlungskontexte bezieht, einen Lebensweltbezug hat, dialogorientiert und auf Dauer angelegt ist sowie in Beteiligungsverfahren echte Entscheidungsspielräume für die Beteiligten vorhanden sind und als „reell" wahrgenommen werden. Anpassungsmaßnahmen werden nur erfolgreich umgesetzt, wenn historische Ereignisse, kulturelle Traditionen, vorhandene Werte und lokales Wissen in die Transformationsprozesse einbezogen werden. Hilfreich ist, wenn unterstützende Organisationen Akteure und deren Netzwerke langfristig als Mitgestalter in strategische Weiterentwicklungen einbinden. Grundsätzlich sollte *governance* ebenen-, handlungsfeld- und grenzübergreifend angelegt werden.

Literatur

Albert C, Zimmermann T, Knieling J, von Haaren C (2012) Social learning can benefit decision-making in landscape planning: Gartow case study on climate change adaptation, Elbe valley biosphere reserve. Landsc Urban Plan 105(4):347–360

Alcamo J, Henrichs T (2009) Towards guidelines for environmental scenario analysis. Alcamo J (Hrsg) Environmental futures. The practice of environmental scenario analysis. Elsevier, Amsterdam, S 13–35

ARL (2009) Klimawandel als Aufgabe der Regionalplanung. Positionspapier aus der ARL 81. Hannover. http://shop.arl-net.de/media/direct/pdf/pospaper_81.pdf. Zugegriffen: 20. Jan. 2014

Baasch S, Bauriedl S, Hafner S, Weidlich S (2012) Klimaanpassung auf regionaler Ebene: Herausforderungen einer regionalen Klimawandel. Governance 70(3):191–201

Baasch S, Gottschick M, Knierim A (2013) Partizipation und Klimawandel – ein Resümee. In: Knierim A, Baasch S, Gottschick M (Hrsg) Partizipation und Klimawandel – Ansprüche, Konzepte und Umsetzung. KLIMZUG, Bd. 1. Oekom, München, S 269–279

Bauriedl S, Baasch S, Görg C (2014) Umgang mit Klimawandelrisiken – Mehr Handlungsfähigkeit durch Regionale Governance? In: Knieling J, Rossnagel A (Hrsg) Governance der Klimaanpassung. Akteure, Organisation und Instrumente für Stadt und Region. KLIMZUG, Bd. 6. Oekom, München

Beck S, Böschen S, Kropp C, Voss M (2013) Jenseits des Anpassungsmanagements. Zu den Potentialen sozialwissenschaftlicher Klimawandelforschung. GAIA 22(1):8–13

Beuckert S, Brand U, Fichter K, von Gleich A (2011) Leitorientiertes Roadmapping Nordwest 2050 Werkstattbericht Nr. 10. Oldenburg, Bremen

Birkmann J, Fleischhauer M et al (2013) Vulnerabilität von Raumnutzungen, Raumfunktionen und Raumstrukturen. In: Birkmann (Hrsg) Raumentwicklung im Klimawandel, S 44–68

Bischoff A, Selle K, Sinning H (2007) Informieren, Beteiligen, Kooperieren. Kommunikation in Planungsprozessen; eine Übersicht zu Formen, Verfahren und Methoden. Rohn Verlag, Dortmund

BMBF – Bundesministerium für Bildung und Forschung (2009) Soziale Dimensionen von Klimaschutz und Klimawandel. http://söf.org/de/1344.php. Zugegriffen: 27. Jan. 2014

BMVBS – Bundesministerium für Verkehr Bau und Stadtentwicklung (2013) Wie kann Regionalplanung zur Anpassung an den Klimawandel beitragen? Ergebnisbericht des Modellvorhabens der Raumordnung „Raumentwicklungsstrategien zum Klimawandel" (KlimaMORO) Bd. 157. BMVBS, Berlin

BMVBS – Bundesministerium für Verkehr, Bau und Stadtentwicklung (2014) Regionale Fragestellungen – regionale Lösungsansätze. Ergebnisbericht der Vertiefungsphase des Modellvorhabens der Raumordnung „Raumentwicklungsstrategien zum Klimawandel" (KlimaMORO). BMVBS-Online-Publikation 01/2014. http://www.bbsr.bund.de/BBSR/DE/Veroeffentlichungen/BMVBS/Online/2014/DL_ON012014.pdf?__blob=publicationFile&v=2

Braun D, Giraud O (2009) Politikinstrumente im Kontext von Staat, Markt und Governance. In: Schubert K, Bandelow N (Hrsg) Lehrbuch der Politikfeldanalyse 2.0. Oldenbourg, München, S 159–187

Brunnengräber A, Dietz K (2013) Transformativ, politisch und normativ: für eine Re-Politisierung der Anpassungsforschung. GAIA 22(4):224–227

Bundesregierung (2011) Aktionsplan Anpassung der Deutschen Anpassungsstrategie an den Klimawandel. Deutsche Bundesregierung, Berlin. http://www.bmub.bund.de/fileadmin/bmu-import/files/pdfs/allgemein/application/pdf/aktionsplan_anpassung_klimawandel_bf.pdf. Zugegriffen: 2. Febr. 2014

Bundesregierung (2015) Fortschrittsbericht zur Deutschen Anpassungsstrategie an den Klimawandel. Deutsche Bundesregierung, Berlin

Climate Service Center CSC– (2013) Workshops „Anpassung an den Klimawandel in Berg- und Küstenregionen" Transatlantische Dialoge. http://www.hzg.de/science_and_industrie/klimaberatung/csc_web/039029/index_0039029.html.de. Zugegriffen: 27. Jan. 2014

Corfee-Morlot J, Cochran I, Hallegatte S, Teasdale PJ (2011) Multilevel risk governance and urban adaptation policy. Clim Chang 104(1):169–197

Danielzyk R, Knieling J (2011) Informelle Planungsansätze. In: Akademie für Raumforschung und Landesplanung (Hrsg) Grundriss der Raumordnung und Raumentwicklung. Verlag der ARL, Hannover, S 473–498

DSt (2015) Starkregen und Sturzfluten in Städten – eine Arbeitshilfe. http://www.städtetag.info/imperia/md/content/dst/presse/2015/arbeitshilfe_starkregen_sturzfluten.pdf. Zugegriffen: 29. Mai 2015

EEA (2013) Adaptation in Europe – addressing risks and opportunities from climate change in the context of socio-economic developments. European Environment Agency, Kopenhagen

Foos E, Jahnke J, Aenis T (2014) Herausforderungen partizipativer Programmentwicklung – Beispiel KlimaBildungsGärten in Berlin. In: Beese K, Fekkak M, Katz C, Körner C, Molitor H (Hrsg) Anpassung an regionale Klimafolgen kommunizieren. Konzepte, Herausforderungen und Perspektiven. Klimawandel in Regionen zukunftsfähig gestalten. KLIMZUG, Bd. 2. Oekom, München, S 251–264

Fröhlich J, Knieling J, Kraft T (2014) Informelle Klimawandel-Governance Instrumente der Information, Beteiligung und Kooperation zur Anpassung an den Klimawandel. neopolis working papers: urban and regional studies, Bd. 15. HafenCity Universität Hamburg, Hamburg

Frommer B (2009) Handlungs- und Steuerungsfähigkeit von Städten und Regionen im Klimawandel. Der Beitrag strategischer Planung zur Erarbeitung und Umsetzung regionaler Anpassungsstrategien. Raumforschung und Raumordnung 67(2):128–141

Frommer B (2010) Regionale Anpassungsstrategien an den Klimawandel – Akteure und Prozess. Dissertation, TU Darmstadt, Darmstadt. WAR- Schriftenreihe

Frommer B, Schlipf S, Böhm HR, Janssen G, Sommerfeld P et al (2013) Die Rolle der räumlichen Planung bei der Anpassung an die Folgen des Klimawandels. In: Birkmann J (Hrsg) Raumentwicklung im Klimawandel, S 120–148

Fuchs S, Kuhlicke C, Meyer V (2011) Editorial for the special issue: vulnerability to natural hazards. The challenge of integration. Natural Hazards 58(2):609–619

Giddens A (2009) The politics of climate change. Polity Press, UK

Greiving S (2005) Der rechtliche Umgang mit Risiken aus Natur- und Technikgefahren – von der klassischen Gefahrenabwehr zum Risk Governance? Zeitschrift für Rechtsphilosophie 2:53–61

Greiving S (2008) Hochwasserrisikomanagement zwischen konditional und final programmierter Steuerung. In: Jarass HD (Hrsg) Wechselwirkungen zwischen Raumplanung und Wasserwirtschaft. Neue Vorschriften im Raumordnungsrecht und Wasserrecht Symposium des Zentralinstituts für Raumplanung an der Universität Münster und des Instituts für das Recht der Wasser- und Entsorgungswirtschaft an der Universität Bonn, 30.5.2008. Lexxion. Der Jur. Verl., Berlin, S 124–145

Grothmann T (2014) Handlungsmotivierende Kommunikation von Klimawandelunsicherheiten?! Empfehlungen aus der psychologischen Forschung. In: Beese K, Fekkak M, Katz C, Körner C, Molitor H (Hrsg) Anpassung an regionale Klimafolgen kommunizieren. Konzepte, Herausforderungen und Perspektiven. Klimawandel in Regionen zukunftsfähig gestalten. KLIMZUG, Bd. 2. Oekom, München, S 49–64

Hagemeier-Klose M, Albers M, Richter M, Deppisch S (2013) Szenario-Planung als Instrument einer „klimawandelangepassten" Stadt- und Regionalplanung – Bausteine der zukünftigen Flächenentwicklung und Szenarienkonstruktion im Stadt-Umland-Raum Rostock. Raumforschung und Raumordnung 71(5):413–426

Heidenreich M, Feske N, Hänsel S, Riedel K, Bernhofer C (2014) Zum Umgang mit Daten aus Klimamodellen – Herausforderungen für eine regional integrierte Klimaanpassung. In: Beese K, Fekkak M, Katz C, Körner C, Molitor H (Hrsg) Anpassung an regionale Klimafolgen kommunizieren. Konzepte, Herausforderungen und Perspektiven. Klimawandel in Regionen zukunftsfähig gestalten. KLIMZUG. Oekom, München, S 265–278

Heimann T, Christmann G (2013) Klimawandel in den deutschen Küstenstädten und -gemeinden. Befunde und Handlungsempfehlungen für Praktiker. http://www.irs-net.de/forschung/forschungsabteilung-3/progress/progress-abschlussbericht.pdf. Zugegriffen: 27. Jan. 2014

Hellbrück J, Kals E (2012) Umweltpsychologie. Springer, Wiesbaden

Hohberg B (2014) Moderierte Onlinediskussion als Kommunikations- und Beteiligungsinstrument – Kontext Klimawandel und Klimaanpassung. In: Beese K, Fekkak M, Katz C, Körner C, Molitor H (Hrsg) Anpassung an regionale Klimafolgen kommunizieren. Konzepte, Herausforderungen und Perspektiven. Klimawandel in Regionen zukunftsfähig gestalten. KLIMZUG, Bd. 2. Oekom, München, S 321–334

Horrocks L (2005) Objective setting for climate change adaptation policy. www.ukcip.org.uk/wordpress/wp-content/PDFs/Objective_setting.pdf. Zugegriffen: 27. Jan. 2014

Hutter G, Bohnefeld J (2013) Vielfalt und Methode – Über den Umgang mit spannungsreichen Anforderungen beim Formulieren eines Klimaanpassungsprogramms am Beispiel von REGKLAM. In: Knierim A, Baasch S, Gottschick M (Hrsg) Partizipation und Klimawandel – Ansprüche, Konzepte und Umsetzung. KLIMZUG, Bd. 1. Oekom, München, S 151–172

IPCC (2014) Climate change 2014: impacts, adaptation, and vulnerability. In: Field CB, Barros VR, Dokken DJ, Mach KJ, Mastrandrea MD, Bilir TE, Chatterjee M, Ebi KL, Estrada YO, Genova RC, Girma B, Kissel ES, Levy AN, MacCracken S, Mastrandrea PR, White LL (Hrsg) Part A: Global and sectoral aspects. Contribution of Working Group II to the Fifth Assessment Report of the Intergovernmental Panel on Climate Change. Cambridge University Press, Cambridge

Ison R (2010) System practice: how to act in a climate change world. Springer, Wiesbaden

Jordan A, Wurzel RKW, Zito AR (2007) New models of environmental governance. Are „new" environmental policy instruments (NEPIs) supplanting or supplementing traditional tools of government? In: Jacob K, Biermann

Literatur

F, Busch PO, Feindt PH (Hrsg) Politik und Umwelt. Verlag für Sozialwissenschaften, Wiesbaden, S 283–298

Kates RW, Travis WN, Wilbanks TJ (2012) Transformational adaptation when incremental adaptations to climate change are insufficient. PNAS 109(19):7156–7161

Katz N, Molitor H (2014a) Klimaanpassung – (k)ein Thema in umweltrelevanten Bildungsorganisationen? In: Beese K, Fekkak M, Katz C, Körner C, Molitor H (Hrsg) Anpassung an regionale Klimafolgen kommunizieren. Konzepte, Herausforderungen und Perspektiven. Klimawandel in Regionen zukunftsfähig gestalten. KLIMZUG, Bd. 2. Oekom, München, S 195–210

Katz N, Molitor H (2014b) Zusammenführung und Ausblick. In: Beese K, Fekkak M, Katz C, Körner C, Molitor H (Hrsg) Anpassung an regionale Klimafolgen kommunizieren. Konzepte, Herausforderungen und Perspektiven. Klimawandel in Regionen zukunftsfähig gestalten, Bd. 2. Oekom, München, S 410–467

Kment M (2010) Anpassung an den Klimawandel. JZ. Mohr Siebeck Verlag, Tübingen, S 62–72

Knieling J, Fröhlich J, Schaerffer M (2011a) Climate Governance. In: Buchholz F, Frommer B, Böhm HR (Hrsg) Anpassung an den Klimawandel – regional umsetzen! Ansätze zur Climate Adaption Governance unter der Lupe. Oekom, München, S 26–43

Knieling J, Fröhlich J, Greiving S, Kannen A, Morgenstern N, Moss T, Ratter B, Wickel M (2011b) Planerisch-organisatorische Anpassungspotenziale an den Klimawandel. In: Storch H von, Claussen M (Hrsg) Klimabericht für die Metropolregion Hamburg. Springer, Berlin, S 248–256

Knierim A, Gottschick M, Baasch S (2013) Partizipation und Klimawandel – Zur Einleitung. In: Knierim A, Baasch S, Gottschick M (Hrsg) Partizipation und Klimawandel – Ansprüche, Konzepte und Umsetzung. KLIMZUG, Bd. 1. Oekom, München, S 9–18

Körner C, Lieberum A (2014) Instrumente der Anpassungskommunikation in nordwest2050. Evaluation der Online-Medien. In: Beese K, Fekkak M, Katz C, Körner C, Molitor H (Hrsg) Anpassung an regionale Klimafolgen kommunizieren. Konzepte, Herausforderungen und Perspektiven. Klimawandel in Regionen zukunftsfähig gestalten. KLIMZUG, Bd. 2. Oekom, München, S 393–409

Kruse S, Wesely J (2013) Adaptives Naturgefahrenmanagement. Passende Maßnahmen für angepasste Organisationen in Zeiten des Klimawandels. Workshopbericht. http://www.wsl.ch/fe/wisoz/projekte/anik/ANiK_Workshopbericht_Adaptives_Naturgefahrenmanagement_2013_final.pdf. Zugegriffen: 27. Jan. 2014

Marshall NA, Park SE, Adger WN, Brown K, Howden SM (2012) Transformational capacity and the influence of place and identity. Environ Res Letters 7(3):034022

Martinez G, Orbach M, Frick F, Donargo A, Ducklow K, Morison N (2014a) The cultural context of climate change adaptation. Cases from the U.S. East Coast and the German Baltic Sea coast. In: Martinez G, Fröhle P, Meier H-J (Hrsg) Social dimensions of climate change adaptation in coastal regions. KLIMZUG, Bd. 5. Oekom, München, S 85–100

Martinez G, Frick F, Gee K (2014b) Zwei Küstengemeinden im Klimawandel – Zum sozioökonomischen und kulturellen Hintergrund von Küstenschutz für Planung, Umsetzung und Transfer von Anpassungsmaßnahmen. In: Beese K, Fekkak M, Katz C, Körner C, Molitor H (Hrsg) Anpassung an regionale Klimafolgen kommunizieren. Konzepte, Herausforderungen und Perspektiven. Klimawandel in Regionen zukunftsfähig gestalten. KLIMZUG, Bd. 2. Oekom, München, S 293–306

Müller B (2004) Neue Planungsformen im Prozess einer nachhaltigen Raumentwicklung unter veränderten Rahmenbedingungen –Plädoyer für eine anreizorientierte Mehrebenensteuerung. In: Müller B, Löb S, Zimmermann K (Hrsg) Steuerung und Planung im Wandel. Festschrift für Dietrich Fürst. Verlag für Sozialwissenschaften, Wiesbaden:, S 161–176

Nutz M (2014) Die Klimaanpassungsstrategie Nordhessen – Kurskorrekturen und Profilschärfung mit Hilfe von Instrumenten der systemischen Organisationsentwicklung. In: Beese K, Fekkak M, Katz C, Körner C, Molitor H (Hrsg) Anpassung an regionale Klimafolgen kommunizieren. Konzepte, Herausforderungen und Perspektiven. Klimawandel in Regionen zukunftsfähig gestalten. KLIMZUG, Bd. 2. Oekom, München, S 153–166

Overbeck G, Hartz A, Fleischhauer M (2008) Ein 10-Punkte-Plan „Klimaanpassung". Raumentwicklungsstrategien zum Klimawandel im Überblick. Informationen zur Raumentwicklung 6/7:363–380

Park SE, Marshall NA, Jakku E, Dowd AM, Howden SM, Mendham E, Fleming A (2012) Informing adaptation responses to climate change through theories of transformation. Glob Environ Chang 22:115–126

Pelling M (2011) Adaptation to climate change. From resilience to transformation. Routledge, London

Renn O (2012) Öffentlichkeitsbeteiligung – Aktueller Forschungsstand und Folgerungen für die praktische Umsetzung. In: Grünewald U, Bens H, Fischer H, Hüttl RF, Kaiser K, Knierim A (Hrsg) Wasserbezogene Anpassungsmaßnahmen an den Landschafts- und Klimawandel. Schweizerbart, Stuttgart, S 184–193

Ritter EH (2007) Klimawandel – eine Herausforderung für die Raumplanung. Raumforschung und Raumordnung 6:531–538

Schahn J, Matthies E (2008) Moral, Umweltbewusstsein und umweltbewusstes Handeln. In: Lantermann E-D, Linneweber V (Hrsg) Grundlagen, Paradigmen und Methoden der Umweltpsychologie. Verlag für Psychologie, Göttingen

Schipper L (2007) Climate change adaptation and development: exploring the linkages. Working Paper 107. Tyndall Centre for Climate Change Research 107:1–17

Schlipf S, Herlitzius L, Frommer B (2008) Regionale Steuerungspotenziale zur Anpassung an den Klimawandel. Möglichkeiten und Grenzen formeller und informeller Planung. RaumPlanung 137:77–82

Schuck-Zöller S, Bowyer P, Jacob D, Brasseur G (2014) Inter- und transdisziplinäres Arbeiten im Klimaservice. In: Beese K, Fekkak M, Katz C, Körner C, Molitor H (Hrsg) Anpassung an regionale Klimafolgen kommunizieren. Konzepte, Herausforderungen und Perspektiven. Klimawandel in Regionen zukunftsfähig gestalten. KLIMZUG, Bd. 2. Oekom, München, S 97–114

Soltwedel R (2005) Marktwirtschaftliche Instrumente. In: Akademie für Raumforschung und Landesplanung (Hrsg) Handwörterbuch der Raumordnung. ARL, Hannover, S 625–631

Stelljes N, Knoblauch D, Koerth R, Martinez G (2014) Akteursanalyse und Befragungen in RADOST – Klimaanpassung aus Sicht von Akteuren an der Ostseeküste. In: Beese K, Fekkak M, Katz C, Körner C, Molitor H (Hrsg) Anpassung an regionale Klimafolgen kommunizieren. Konzepte, Herausforderungen und Perspektiven. Klimawandel in Regionen zukunftsfähig gestalten. KLIMZUG, Bd. 2. Oekom, München, S 167–178

Tröltzsch J, Görlach B, Lückge H, Peter M, Sartorius C (2012) Kosten und Nutzen von Anpassungsmaßnahmen an den Klimawandel – Analyse von 28 Anpassungsmaßnahmen in Deutschland. Climate Change Reihe des Umweltbundesamtes 10/2012, Dessau-Roßlau. http://www.uba.de/uba-info-medien/4298.html. Zugegriffen: 20. März 2014

UBA (2013) Handbuch zur Guten Praxis der Anpassung an den Klimawandel. Umweltbundesamt, Dessau-Roßlau. http://www.umweltbundesamt.de/publikationen/handbuch-zur-guten-praxis-der-anpassung-an-den. Zugegriffen: 20. Apr. 2014

UNESCO (2014) Das Konzept der Gestaltungskompetenz. www.bne-portal.de/index.php?id=55. Zugegriffen: 24. Jan. 2014

Vogel C, Moser SC, Kasperson RE, Dabelko GD (2007) Linking vulnerability, adaptation, and resilience science to practice: pathways, players, and partnerships. Glob Environ Chang 17:349–364

Vollmer M, Birkmann J (2012) Indikatoren und Monitoring zur Vulnerabilität und Anpassung an den Klimawandel. In: Birkmann J, Schanze J, Müller P, Stock (Hrsg) Anpassung an den Klimawandel durch räumliche Planung – Grundlagen, Strategien, Instrumente. Akademie für Raumforschung und Landesplanung (ARL), Hannover (http://nbn-resolving.de/urn:nbn:de:0156-73192: 66- 87 Zugegriffen am 25.01.2014)

Walk H (2013) Herausforderungen für eine integrative Perspektive in der sozialwissenschaftlichen Klimafolgenforschung. In: Knierim A, Baasch S, Gottschick M (Hrsg) Partizipation und Klimawandel – Ansprüche, Konzepte und Umsetzung. KLIMZUG, Bd. 1. Oekom, München, S 21–35

WGBU (2011) Welt im Wandel – Gesellschaftsvertrag für eine große Transformation. Eigenverlag, Berlin

Zimmermann T, Fröhlich J, Knieling J, Kunert L (2013) Szenario-Workshops als partizipatives Instrument zur Anpassung an den Klimawandel. In: Knierim A, Baasch S, Gottschick M (Hrsg) (Hrsg) Partizipation und Klimawandel,

Ansprüche, Konzepte und Umsetzung. KLIMZUG, Bd. 1. Oekom, München, S 237–258

Zürn M (2008) Governance in einer sich wandelnden Welt – eine Zwischenbilanz. In: Schuppert GF, Zürn M (Hrsg) Governance in einer sich wandelnden Welt, 1. Aufl. Politische Vierteljahresschrift: PVS, Sonderheft, Bd. 41. Verlag für Sozialwissenschaften, Wiesbaden, S 553–580

Glossar

Jörg Cortekar [Koordinator]
Steffen Bender, Markus Groth, Diana Rechid [*reviewers*]

Begriffe

Abflussregime ▶ Regime

Anpassung (an die Folgen des Klimawandels) Initiativen und Maßnahmen, um die Empfindlichkeit natürlicher und menschlicher Systeme und Individuen gegenüber tatsächlichen oder erwarteten Auswirkungen der Klimaänderung zu verringern. Dies dient der Abmilderung zu erwartender Schäden, der Wahrnehmung von Chancen oder beidem.

Biaskorrektur Eine Biaskorrektur ist eine empirisch-statistische Methode, die eine oder mehrere Variablen einer Klimasimulation systematisch so verändert, dass sie der Statistik eines Beobachtungsdatensatzes angepasst wird.

C_3-Pflanzen Pflanzen, bei denen das Kohlendioxid in einer Verbindung mit drei Kohlenstoffatomen fixiert wird (= C_3). Bei heißem und trockenem Wetter schließen sich die Spaltöffnungen an der Unterseite der Blätter, was zu einer verringerten Aufnahme von Kohlendioxid und damit zu einer im Vergleich zu anderen Pflanzen geringeren Fotosyntheseleistung führt.

C_4-Pflanzen Pflanzen, bei denen das Kohlendioxid in einer Verbindung mit vier Kohlenstoffatomen fixiert wird (= C_4). Aufnahme und Fixierung von Kohlenstoffdioxid erfolgen räumlich voneinander getrennt. Durch die effektive Kohlendioxidfixierung ist auch bei geschlossenen Spaltöffnungen der Blätter (z. B. bei großer Trockenheit) genug Kohlendioxid vorhanden, um Fotosynthese zu betreiben. Dadurch weisen C_4-Pflanzen bei hohen Temperaturen und Trockenheit höhere Fotosyntheseraten auf als C_3-Pflanzen.

Climate engineering Technologische Eingriffe in die natürlichen Stoff-, Wasser- und Energiekreisläufe der Erde mit dem Ziel, Klimaänderungen zu vermindern.

C-Sequestrierung Nettotransfer von CO_2 aus der Atmosphäre in einen langfristigen Kohlenstoffspeicher mittels biotischer Prozesse, z. B. durch Aufforstung (sog. Kohlenstoffsenken), abiotischer oder technischer Prozesse (wie im Fall des *carbon capture and storage*) geschehen.

***Downscaling*/Regionalisierung** Methode zur Ableitung von lokalen oder regionalen Informationen aus großskaligen Modellen oder Daten. Zwei Hauptansätze werden unterschieden: a) Das dynamische Downscaling verwendet regionale Klimamodelle; b) das statistische (oder empirische) Downscaling verwendet statistische Beziehungen, die großskalige atmosphärische Variablen mit lokalen/regionalen Klimavariablen verknüpfen.

Dynamische Modelle Ein dynamisches Modell beschreibt zeitabhängige Prozesse. Es geht insbesondere um die Beschreibung der Veränderung von Systemkomponenten und ihren Beziehungen untereinander im Zeitablauf.

Emissionsszenario/-pfad Bei Emissionsszenarien handelt es sich um plausible Annahmen über die zukünftige Entwicklung der Treibhausgasemissionen unter Zugrundelegung sozioökonomischer Einflussfaktoren.

Ensemble In der Klimaforschung und verwandten Wissenschaften bezeichnet ein Ensemble eine Gruppe von ▶ Simulationen, die sich durch ein bestimmtes Merkmal unterscheiden und deren Ergebnisse eine Bandbreite möglicher Entwicklungen des Klimas wiedergeben. Ensembles werden verwendet, um den Einfluss der Ausgangsbedingungen auf das Klima zu untersuchen. Darüber hinaus werden Simulationen verschiedener Klimamodelle betrachtet, um Unsicherheiten der Modellierung durch unterschiedliche Parametrisierungen einzubinden.

Erdsystemmodell Mit Erdsystemmodellen werden die Wechselwirkungen wichtiger geophysikalischer und geochemischer Prozesse im Klimasystem unter Einbindung von Atmosphäre, Biosphäre, Hydrosphäre (alle Gewässer inklusive Ozeane und sonstige Wasserspeicher), Kryosphäre (Eis und Schnee), Reliefsphäre (alle Austauschprozesse an der Erdoberfläche) und Anthroposphäre (die durch den Menschen bestimmten Aktivitäten und Veränderungen) mit ihren Treibhausgasemissionen modelliert.

Exposition Gibt an, wie stark das Mensch-Umwelt-System oder einzelne Individuen bestimmten Klimaparametern wie Niederschlag und Temperatur ausgesetzt ist. Sie ist also ein Maß für die regionale Ausprägung globaler Klimaänderungen etwa hinsichtlich Stärke, Geschwindigkeit und Zeitpunkt.

Extremwertstatistik/extremwertstatistisch Darunter ist die statistische Analyse von Klimadaten möglichst langer klimatischer Zeitreihen mit Fokus auf Extremwerten zu verstehen. Mit geeigneten statistischen Methoden wird versucht, aus repräsentativen Stichproben von Extremwerten auf die Gesetzmäßigkeiten der Grundgesamtheit zu schließen. Dieses Verfahren wird oft für die Analyse von nichtstationären Klimaprozessen eingesetzt.

Feuerregime ▶ Regime

Flurabstand Höhenunterschied zwischen der Geländeoberkante (Erdoberfläche) und der Grundwasseroberfläche.

Fünfter Sachstandsbericht Vom ▶ Weltklimarat veröffentlichter Bericht, in dem die aktuellsten Erkenntnisse zum Klimawandel in drei Bänden zusammenfassend dargestellt sind. Der aktuellste dieser Berichte ist der Fünfte Sachstandsbericht aus den Jahren 2013 und 2014.

Gefäßpflanzen Pflanzen, die spezialisierte Leitbündel besitzen, in denen sie im Pflanzeninnern Wasser und Nährstoffe transportieren.

Gezeitenregime ▶ Regime

Governance häufig unscharf verwendeter Begriff, der allgemein das System der Steuerung, Regelung und Handlungskoordination einer politisch-gesellschaftlichen Einheit bezeichnet, wobei der Kommunikation eine besondere Bedeutung zukommt.

Impact assessments sind Folgenabschätzungen, um z.B. die Auswirkungen des Klimawandels auf natürliche, soziale oder wirtschaftliche Systeme zu ermitteln.

Impaktmodelle werden benutzt, um die Auswirkungen (= Impakts) des Klimawandels auf natürliche, technische oder andere Systeme (z. B. das Wirtschaftssystem oder den Menschen) zu quantifizieren.

Intergovernmental Panel on Climate Change ▶ Weltklimarat

Interne (Klima-)Variabilität Variationen im Klima durch natürliche interne Prozesse innerhalb des Klimasystems. Das Klima der Erde ist nicht statisch, sondern variiert auf Zeitskalen von Jahrzehnten bis Jahrtausenden als Reaktion auf die Interaktionen zwischen den Komponenten des Klimasystems.

IPCC ▶ Weltklimarat

Klimafolgenstudien ▶ *Impact assessments*

Glossar

Klimamodell/-modellierung Numerische Modelle unterschiedlicher Komplexität zur Darstellung des Klimasystems, welche die physikalischen, chemischen und biologischen Eigenschaften der Bestandteile des Klimasystems (oder eine Kombination von Bestandteilen) sowie deren Wechselwirkungen und Rückkopplungsprozesse berücksichtigen. Neben globalen Klimamodellen (GCM) werden regionale Klimamodelle (RCM) für die Simulation von regionalen Ausschnitten des globalen Klimasystems verwendet. ▶ *Downscaling*

Klimaprognose Resultat eines Versuchs, eine Schätzung der effektiven Entwicklung des Klimas in der Zukunft vorzunehmen, z. B. auf saisonaler, jahresübergreifender oder dekadischer Zeitskala. Weil die zukünftige Entwicklung des Klimasystems stark von den Ausgangsbedingungen abhängen kann, bestehen solche Prognosen in der Regel aus statistischen Angaben.

Klimaprojektion Klimaprojektionen sind Abbildungen möglicher Klimaentwicklungen für die nächsten Jahrzehnte und Jahrhunderte auf der Grundlage von Annahmen zur zukünftigen Entwicklung von Randbedingungen des Klimasystems, z. B. anthropogener Emissionen.

Klimarahmenkonvention Das internationale multilaterale Klimaschutzabkommen der Vereinten Nationen: *United Nations Framework Convention on Climate Change* (UNFCCC). Ihr Ziel ist es, eine vom Menschen verursachte Störung des Klimasystems zu verhindern. Die UNFCCC wurde 1992 im Rahmen der Konferenz der Vereinten Nationen für Umwelt und Entwicklung (UNCED) in Rio de Janeiro ins Leben gerufen und trat 2 Jahre später in Kraft.

Konvektion/konvektiv Konvektion ist eine Form der Wärmeübertragung, bei der Wärme durch strömende Flüssigkeiten oder Gase übertragen wird. Die natürliche Konvektion wird als der Wärmetransport bezeichnet, der ausschließlich durch Auswirkungen eines Temperaturunterschieds bewirkt wird. Bei der erzwungenen Konvektion wird der Transport durch äußere Einwirkung wie das Aufsteigen der Luft an einem Gebirge hervorgerufen.

Low-regret-Maßnahmen/-Strategien auch *limited-regret*-Maßnahmen sind relativ kostengünstige Strategien, die große Vorteile bringen, wenn die zukünftig projizierten Klimaverhältnisse eintreten. Sollten sich die Klimaverhältnisse nicht im erwarteten Ausmaß verändern und die durch die Maßnahmen zu vermindernden Schäden damit geringer ausfallen als erwartet, entstehen trotzdem nur relativ geringe Netto-Kosten.

Mortalität Die Mortalität bezeichnet die Anzahl der Sterbefälle bezogen auf die Gesamtanzahl der Lebewesen oder, bei der spezifischen Mortalität, bezogen auf die Anzahl der betreffenden Population, meist in einem bestimmten Zeitraum.

Niederschlagsregime ▶ Regime

Nordatlantische Oszillation (NAO) Schwankungen des Luftdruckgegensatzes zwischen dem Azorenhoch im Süden und dem Islandtief im Norden des Nordatlantiks. Die NAO beeinflusst entscheidend Wetter- und Klimaschwankungen über dem östlichen Nordamerika, dem Nordatlantik und Europa.

No-regret-Maßnahmen/-optionen Anpassungsmaßnahmen, die unabhängig vom Klimawandel ökonomisch, ökologisch und sozial sinnvoll sind. Sie werden vorsorglich ergriffen, um negative Auswirkungen zu vermeiden oder zu mindern. Ihr gesellschaftlicher Nutzen ist auch dann noch gegeben, wenn der primäre Grund für die ergriffene Strategie nicht im erwarteten Ausmaß zum Tragen kommt.

Numerisches allgemeines Gleichgewichtsmodell Mikrofundierte Simulation einer Volkswirtschaft, bei der die verschiedenen Konsum-, Produktions- und Investitionsentscheidungen der Wirtschaftssubjekte in einem Gleichgewichtszustand untersucht werden.

Parametrisierung Beschreibt in Klimamodellen Techniken zur Wiedergabe von Prozessen, die nicht direkt zeitlich oder räumlich von dem Modell aufgelöst werden können (z. B. Turbulenzen, Wolkenbildung, Bodenbeschaffenheit). Dabei werden Beziehungen zwischen den von der Modellauflösung erfassten Variablen und von Prozessen unterhalb der Modellauflösung hergestellt.

Perzentil Perzentile dienen dazu, die Verteilung einer großen Anzahl von Datenpunkten zu untersuchen. Dabei wird die Verteilung in 100 umfangsgleiche Teile zerlegt. Perzentile teilen die Verteilung also in 1 %-Segmente auf. Der Wert des i. Perzentils ist dabei so definiert, dass i % der Daten kleiner sind als der Wert dieses Perzentils.

Phänologie/phänologisch Die Lehre vom Einfluss des Wetters, der Witterung und des Klimas auf den jahreszeitlichen Entwicklungsgang und die Wachstumsphasen der Pflanzen und Tiere und dabei ein Grenzbereich zwischen Biologie und Klimatologie. Die Veränderungen phänologischer Zyklen auf klimatischer Zeitskala sind ein sichtbarer Indikator für Klimaänderungen.

Prognose/Vorhersage Die Begriffe werden in unterschiedlichen Fachbereichen unterschiedlich definiert. Allgemein handelt es sich um die wissenschaftlich begründete Vorraussage der künftigen Entwicklung, künftiger Zustände oder des vorraussichtlichen Verlaufs eines Systems, z.B. des Klimas, des Wetters oder des Abflussverhalten eines Flusses. Die Anfangsbedingungen können auf probabilistischen Annahmen oder realen Werten beruhen. Prognosen und Vorhersagen werden mit Computermodellen erstellt und verknüpfen die künftigen Zustände mit den vergangenen.

Projektion/projizieren Projektionen sind Abbildungen möglicher Entwicklungen für die nächsten Jahrzehnte und Jahrhunderte auf der Grundlage von Annahmen zur zukünftigen Entwicklung von Randbedingungen des betrachteten Systems.

Proxy Ein Proxy ist ein indirekter Anzeiger. Mit Proxy-Klimaindikatoren können klimabezogene Veränderungen in der Vergangenheit z. B. anhand von Pollenanalysen oder Eisbohrkernen gezeigt werden. Klimabezogene Daten, die mit dieser Methode hergeleitet wurden, werden als Proxydaten bezeichnet.

Quantil Ein Quantil ist ein Lagemaß in der Statistik. Das 25 %-Quantil ist beispielsweise der Wert, für den gilt, dass 25 % aller Werte kleiner sind als dieser Wert, der Rest ist größer.

RCP Die „Repräsentativen Konzentrationspfade (RCPs)" geben verschiedene Entwicklungspfade der Treibhausgaskonzentrationen und zugehöriger Emissionen wieder. Sie werden durch den Strahlungsantrieb zum Ende des 21. Jahrhunderts identifiziert. Diese physikalischen Schwellenwerte können durch verschiedene sozioökonomische Entwicklungen erreicht werden, die z. B. auch klimapolitische Maßnahmen berücksichtigen.
So beinhaltet der Konzentrationspfad des **RCP2.6** sehr ambitionierte Maßnahmen zur Reduktion von Treibhausgasemissionen. Er führt zum Strahlungsantrieb von etwa 3 W pro m2 um 2040 und geht dann zum Ende des 21. Jahrhunderts auf einen Wert von 2,6 W pro m^2 zurück. RCP2.6 repräsentiert damit den im Vergleich zu allen RCPs und SRES-Szenarien geringsten Strahlungsantrieb. Der Konzentrationspfad des **RCP4.5** führt zu einem Strahlungsantrieb von etwa 4,5 W pro m2 zum Ende des 21. Jahrhunderts.
RCP6.0 führt zu einem Strahlungsantrieb von 6 W pro m^2 zum Ende des 21. Jahrhunderts. Die Emissionen erreichen ihren Höhepunkt um 2080 und fallen dann bis zum Ende des Jahrhunderts.
Mit **RCP8.5** dagegen wird ein kontinuierlicher Anstieg der Treibhausgasemissionen beschrieben und zum Ende des 21. Jahrhunderts ein Strahlungsantrieb von 8,5 W pro m^2 erreicht.

Reanalyse/reanalysieren Rekonstruktion des Zustands eines Systems (z. B. der Atmosphäre) für einen Zeitraum in der Vergangenheit. Zur Erstellung einer Reanalyse werden sowohl Beobachtungsdaten als auch (numerische) Modelle verwendet. Reanalysen werden in der Praxis häufig zur Evaluierung der Simulationsgüte von Klimamodellen in Regionen bzw. für Parameter ohne direkte Beobachtungsdaten verwendet.

Rebound-Effekt Mengenmäßiger Unterschied zwischen den möglichen Ressourceneinsparungen, die durch bestimmte Effizienzsteigerungen entstehen, und den tatsächlichen Einsparungen. Diese Einsparungen entsprechen häufig nicht der Verminderung, die durch die Effizienzsteigerung theoretisch zu erreichen wäre, da die potenzielle Ressourceneinsparung häufig mit einem Mehrverbrauch teilweise wieder aufgezehrt wird.

Regime Ein Regime beschreibt allgemein ein bestimmtes Muster oder eine bestimmte Struktur eines betrachteten Gegenstands oder Sachverhalts, so z. B. Abflussregime, Niederschlagsregime oder Verhandlungsregime.

Regionalisierung ▶ Downscaling

Resilienz, resilient Leistungsfähigkeit eines Systems, äußere Einflüsse zu absorbieren und sich in Phasen der Veränderung so neu zu organisieren, dass wesentliche Strukturen und Funktionen erhalten bleiben.

Sensitivität Sensitivität bezeichnet im Allgemeinen die Empfindlichkeit eines Systems, Organismus oder einer Methode, auf einen bestimmten Impuls (z. B. eine bestimmte Klimaänderung) zu reagieren.

Signifikanz Unterschiede zwischen zwei oder mehr Datenmengen in der Statistik, wenn die Wahrscheinlichkeit (p-Wert), dass die Unterschiede durch Zufall zustande kommen würden, eine zuvor festgelegte Schwelle nicht überschreitet.

Simulation/simulieren Vorgehensweise zur Analyse von Systemen, die aufgrund ihrer Komplexität nicht theoretisch oder formelmäßig behandelt werden können. Deshalb werden durch Computermodelle Systemzustände nachgebildet (simuliert).

SRES-Szenarien Die im *Special Report on Emission Scenarios* (SRES) publizierten Emissionsszenarien wurden vielfach als Basis für Klimaprojektionen verwendet. Sie stellen verschiedene plausible Entwicklungen der Emissionen von Treibhausgasen und Aerosolen in die Atmosphäre dar. Sie basieren jeweils auf in sich konsistenten Annahmen zur globalen demografischen, sozioökonomischen und technologischen Entwicklung und deren Schlüsselbeziehungen.
Das **A1B-Szenario** geht von starkem Wirtschaftswachstum, rascher Entwicklung neuer Technologien sowie einem ausgewogenen Energiemix aus.
Das **B1-Szenario** geht von einer raschen Konvergenz der Volkswirtschaften und einem schnellen Übergang zur Dienstleistungs- und Informationsgesellschaft aus. Der Ressourcenverbrauch wird reduziert. Die Treibhausgasemissionen sind niedriger als im A1B-Szenario.
Das **B2-Szenario** beschreibt eine Welt mit Schwerpunkt auf lokalen Lösungen für eine wirtschaftliche, soziale und umweltgerechte Nachhaltigkeit. Es ist eine Welt mit einer stetig, jedoch langsamer als in A2 ansteigenden Weltbevölkerung, wirtschaftlicher Entwicklung auf mittlerem Niveau und weniger raschem, dafür vielfältigerem technologischem Fortschritt als in den B1- und A1-Szenarien. Obwohl das Szenario auch auf Umweltschutz und soziale Gerechtigkeit ausgerichtet ist, liegt der Schwerpunkt auf der lokalen und regionalen Ebene. Die Treibhausgasemissionen sind niedriger als im A1B-Szenario.
Das **A2-Szenario** geht von sehr heterogenen Volkswirtschaften und einer stark steigenden Weltbevölkerung aus. Wirtschaftswachstum und technologische Entwicklung sind langsamer als im A1B- und B1-Szenario. Die Treibhausgasemissionen sind zur Mitte des 21. Jahrhunderts ähnlich, gegen Ende des 21. Jahrhunderts höher als im A1B-Szenario.

Szenario Beschreibung, wie die Zukunft sich gestalten könnte, basierend auf einer kohärenten und in sich konsistenten Reihe von Annahmen über die treibenden Kräfte und wichtigsten Zusammenhänge.

Vegetationsmodell Mit Vegetationsmodellen werden Prozesse in der Landvegetation abgebildet. Boden-Vegetations-Atmosphären-Transfermodelle bilden die vertikalen Austauschprozesse zwischen Boden, Vegetation und Atmosphäre ab. Als dynamische Vegetationsmodelle werden oft die Modelle bezeichnet, die Prozesse auf Zeitskalen von Jahrzehnten bis Jahrtausenden abbilden. Vegetationsmodelle können für sich stehen und mit meteorologischen Daten angetrieben werden, sie können aber auch in Klimamodelle integriert werden.

Vorhersage ▶ Prognose

Weltklimarat/IPCC Die Abkürzung IPCC steht für *Intergovernmental Panel on Climate Change* (Zwischenstaatlicher Ausschuss für Klimaänderungen). In deutschsprachigen Medien wird der IPCC zumeist als Weltklimarat bezeichnet.

Wiederkehr Die Begriffe werden benutzt, um die Wiederkehrwahrscheinlichkeit von Extremereignissen (z. B. Hochwasser) anzugeben. Ihre Ermittlung erfolgt auf Basis statistischer Auswertungen (Bezugsgröße: Wiederkehrwert) von Beobachtungsreihen und historischen Ereignissen. Es wird immer Bezug auf einen Zeitraum genommen, etwa Jahre, Stunden, Tage oder Monate (Wiederkehrperiode oder -intervall).

Winderosion Die Erosion ist ein grundlegender Prozess im exogenen Teil des Gesteinskreislaufs. Er beinhaltet die Abtragung von mehr oder weniger stark verwitterten Gesteinen oder Lockersedimenten einschließlich der Böden. Wind wirkt vor allem dann erosiv, wenn er viel Material (Staub, Sand) mit sich führt, das dann ähnlich einem Sandstrahlgebläse am anstehenden Gestein des Untergrunds nagt.

Zirkulationsmodell Atmosphäre und Ozean sind die wichtigsten Komponenten des Klimasystems. Klimamodelle, welche die klimarelevanten Prozesse in Atmosphäre und Ozean abbilden, werden „globale" oder „allgemeine Zirkulationsmodelle", abgekürzt GCMs (*general circulation models*), genannt.

Zwei-Grad-Ziel Ziel der internationalen Klimapolitik, die globale Erwärmung auf weniger als zwei Grad Celsius gegenüber dem Niveau vor Beginn der Industrialisierung zu begrenzen.

Literatur

Die Texte wurden auf der Grundlage der folgenden, bereits bestehenden Glossare angepasst bzw. neu geschrieben.

Bender S, Schaller M (2014). Vergleichendes Lexikon. Wichtige Definitionen, Schwellenwerte und Indices aus den Bereichen Klima, Klimafolgenforschung und Naturgefahren. Climate Service Center Hamburg

Bildungsserver. Wiki Klimawandel (2013). http://klimawiki.org/klimawandel/index.php/Hauptseite (Zugegriffen am 10.05.2016)

Bundesanstalt für Wasserbau (o. J.). BAWiki. http://wiki.baw.de/de/index.php (Zugegriffen am 10.05.2016)

Climate Change Centre Austria (2013). Glossar Klima- und Klimafolgenforschung

Fakultät Informatik/Wirtschaftsinformatik der FH Würzburg (o. J.). iwiki http://www.iwiki.de/wiki/index.php/Hauptseite (Zugegriffen am 10.05.2016)

IPCC (2007). Klimaänderung. Synthesebericht. http://proclimweb.scnat.ch/portal/ressources/33685.pdf (Zugegriffen am 10.05.2016)

IPCC (2007). Klimaänderung. Zusammenfassungen für politische Entscheidungsträger. http://proclimweb.scnat.ch/portal/ressources/555.pdf (Zugegriffen am 10.05.2016)

Mosbrugger V, Brasseur G, Schaller, M, Stribrny B (Hrsg.) (2012). Klimawandel und Biodiversität. Darmstadt

Umweltbundesamt (o. J.): Glossar. https://www.umweltbundesamt.de/service/glossar (Zugegriffen am 02.06.2016)